FUNDAMENTOS DE CIRCUITOS ELÉTRICOS

EDITORA AFILIADA

A374f Alexander, Charles K.
   Fundamentos de circuitos elétricos / Charles K. Alexander, Matthew N. O. Sadiku ; tradução: José Lucimar do Nascimento ; revisão técnica: Antonio Pertence Júnior. – 5. ed. – Porto Alegre : AMGH, 2013.
   xxii, 874 p. : il. ; 28 cm.

   ISBN 978-85-8055-172-3

   1. Engenharia elétrica. 2. Circuitos elétricos. I. Sadiku, Matthew N. O. II. Título.

   CDU 621.37

Catalogação na publicação: Ana Paula M. Magnus – CRB 10/2052

Charles K. Alexander
Departamento de Engenharia
Elétrica e Computação
Cleveland State University

Matthew N. O. Sadiku
Departamento de
Engenharia Elétrica
Prairie View A&M University

FUNDAMENTOS DE CIRCUITOS ELÉTRICOS

5ª Edição

Tradução:

José Lucimar do Nascimento
Engenheiro Eletrônico e de Telecomunicações (PUC/MG)
Especialista em Sistemas de Controle (UFMG)
Professor e Coordenador de Ensino do CETEL

Revisão técnica:

Antonio Pertence Júnior
Engenheiro Eletrônico e de Telecomunicações (IPUC/MG)
Mestre em Engenharia pela UFMG
Professor da Universidade FUMEC/MG
Membro da SBMAG (Sociedade Brasileira de Eletromagnetismo)

AMGH Editora Ltda.
2013

Obra originalmente publicada sob o título
Fundamentals of Electric Circuits, 5th Edition
ISBN 0073380571 / 9780073380575

Original edition copyright ©2013, The McGraw-Hill Companies, Inc., New York, New York 10020. All rights reserved.

Gerente editorial: *Arysinha Jacques Affonso*

Colaboraram nesta edição:

Editora: *Viviane R. Nepomuceno*

Assistente editorial: *Caroline L. Silva*

Capa: *Leandro Correia (arte sobre capa original)*

Leitura final: *Carolina Hidalgo*

Editoração: *Triall Composição Editorial Ltda.*

Reservados todos os direitos de publicação, em língua portuguesa, à
AMGH Editora Ltda., uma parceria entre GRUPO A EDUCAÇÃO S.A. e McGRAW-HILL EDUCATION.
Av. Jerônimo de Ornelas, 670 – Santana
90040-340 – Porto Alegre – RS
Fone: (51) 3027-7000 Fax: (51) 3027-7070

É proibida a duplicação ou reprodução deste volume, no todo ou em parte, sob quaisquer formas ou por quaisquer meios (eletrônico, mecânico, gravação, fotocópia, distribuição na Web e outros) sem permissão expressa da Editora.

Unidade São Paulo
Av. Embaixador Macedo Soares, 10.735 – Pavilhão 5 – Cond. Espace Center
Vila Anastácio – 05095-035 – São Paulo – SP
Fone: (11) 3665-1100 Fax (11) 3667-1333

SAC 0800 703-3444 – www.grupoa.com.br

IMPRESSO NO BRASIL
PRINTED IN BRAZIL

Dedicado a nossas esposas, Kikelomo e Hannah, cuja compreensão e apoio verdadeiramente fizeram este livro possível.

Matthew e Chuck

Os Autores

Charles K. Alexander é professor de engenharia elétrica e computação do Fenn College of Engineering na Cleveland State University, Cleveland, Ohio. É também diretor do CREATE (Center for Research in Electronics and Aerospace Technology), um centro de pesquisa em eletrônica e tecnologia aeroespacial. De 2002 a 2006, foi reitor do Fenn College of Engineering. De 2004 a 2007 foi diretor do Ohio ICE, um centro de pesquisa em instrumentação, controle, eletrônica e sensores (uma coalizão entre a CSU, o Case, a University of Akron e diversas indústrias de Ohio). De 1998 a 2002, foi diretor interino do Institute for Corrosion and Multiphase Technologies e professor-convidado de engenharia elétrica e ciência da computação na Ohio University. De 1994 a 1996, foi decano de engenharia e ciência da computação na California State University, Northridge.

Charles K. Alexander

De 1989 a 1994, foi decano interino da faculdade de engenharia da Temple University e, de 1986 a 1989, professor e chefe do Departamento de Engenharia Elétrica dessa mesma universidade. No período de 1980 a 1986, ocupou os mesmos cargos na Tennessee Technological University. Foi professor-adjunto e professor de engenharia elétrica na Youngstown State University, de 1972 a 1980, onde recebeu o título de professor ilustre em 1977, em reconhecimento pelo seu "ensino e pesquisa de excelência". Foi professor-assistente de engenharia elétrica na Ohio University, de 1971 a 1972. Obteve os títulos de PhD (1971) e MSEE (1967), pela Ohio University, e BSEE (1965), pela Ohio Northern University.

Alexander atua como consultor em 23 companhias e organizações governamentais, entre as quais a Força Aérea e a Marinha norte-americanas, e vários escritórios de advocacia. Recebeu mais de US$ 85 milhões em fundos para pesquisa e desenvolvimento para projetos que vão desde energia solar a *software* para engenharia. É autor de 40 publicações e mais de 500 artigos especializados e apresentações técnicas, inclusive uma série de aulas em vídeo e caderno de exercício, coautor de *Fundamentals of Electric Circuits, Problem, Solving Made Almost Easy* e da 5ª edição do *Standard Handbook of Electronic Engineering*, da McGraw-Hill.

Alexander é membro do IEEE e atuou como seu presidente e CEO em 1997. Em 1993 e 1994, foi vice-presidente do IEEE e presidente do United States Activities Board (USAB). Em 1991 e 1992, foi diretor da Região 2, trabalhando no RAB (Regional Activities Board) e USAB. Também foi membro do Educational Activities Board. Exerceu os cargos de presidente do USAB Member Activities Council e vice-presidente do USAB Professional Activities Council for Engineers, bem como presidiu o RAB Student Activities Committee e o USAB Student Professional Awareness Committee.

Em 1998, recebeu o Distinguished Engineering Education Achievement Award do Engineering Council e, em 1996, o Distinguished Engineering Education Leadership Award do mesmo grupo. Ao se tornar membro do IEEE em 1994, a menção dizia "pela liderança no campo do ensino da engenharia e pelo desenvolvimento profissional dos estudantes de engenharia". Em 1984, recebeu a IEEE Centennial Medal e, em 1983, o IEEE/RAB Innovation Award, dado ao membro do IEEE que tivesse apresentado as melhores contribuições para as metas e objetivos do RAB.

Matthew N. O. Sadiku

Matthew N. O. Sadiku é, atualmente, professor da Prairie View A&M University. Antes de passar a trabalhar pela Prairie View, lecionava na Florida Atlantic University, Boca Raton e na Temple University, Filadélfia. Trabalhou também na Lucent/Avaya e na Boeing Satellite Systems.

Sadiku é autor de mais de 170 artigos especializados e mais de 30 livros, entre os quais *Elements of Electromagnetics* (Oxford University Press, 3ª edição, 2001), *Numerical Techniques in Electromagnetics* (2ª edição, CRC Press, 2000), *Simulation of Local Area Networks* (com M. Ilyas, CRC Press, 1994), *Metropolitan Area Networks* (CRC Press, 1994) e *Fundamentals of Electric Circuits* (com C. K. Alexander, McGraw-Hill). Seus livros são usados no mundo todo e alguns deles foram traduzidos para os idiomas coreano, chinês, italiano e espanhol. Recebeu o prêmio McGraw-Hill/Jacob Millman Award, em 2000, por contribuições destacadas no campo da engenharia elétrica. Foi presidente do IEEE Region 2 Student Activities Committee e editor-associado do IEEE Transactions on Education. Obteve seu título de PhD pela Tennessee Technological University, Cookeville.

Prefácio

Você pode estar se perguntando por que escolhemos para a capa desta edição uma foto de um veículo robô para exploração em Marte da NASA. Na verdade, escolhemos por várias razões. Primeiro, o espaço representa a fronteira mais emocionante para todo o mundo! Segundo, a maior parte do veículo robô consiste em diversos tipos de circuitos, que devem trabalhar sem necessidade de manutenção, porque quando o veículo robô estiver em Marte, será difícil encontrar um técnico!

O veículo robô tem um sistema de alimentação que fornece toda a energia necessária para movê-lo, ajudá-lo a recolher amostras e analisá-las, transmitindo os resultados e recebendo instruções da Terra. Uma das questões mais importantes que surge como um problema é o comando do veículo robô que leva cerca de 20 minutos para as comunicações serem transmitidas da Terra para Marte, fazendo que o veículo robô não execute rapidamente mudanças exigidas pela NASA.

O que acho mais incrível é que um dispositivo eletromecânico sofisticado e complicado como esse pode funcionar com tanta precisão e confiabilidade depois de voar milhares de quilômetros e cair saltando no solo, embora envolto em uma estrutura inflada. Você pode ver um vídeo fantástico de uma animação incrível da chegada desse veículo no planeta Marte em: http://www.youtube.com/watch?v=5UmRx4dEdRI. Divirta-se!

Destaques

Novidades desta edição

O Capítulo 13 apresenta um modelo para acoplamento magnético que conduz o estudante a uma análise mais fácil, bem como melhora a sua capacidade de encontrar erros. Utilizamos esse modelo com sucesso há anos e senti que era chegado o momento de adicioná-lo ao livro. Além disso, há mais de 600 novos problemas no final de cada capítulo, que foram editados, bem como os problemas práticos.

Como dito anteriormente, acrescentamos também o uso *MultiSim*™ da National Instruments nas soluções para quase todos os problemas resolvidos com o uso do *PSpice*®. Uma versão limitada do programa *MultiSim*, bem como alguns arquivos para a prática de exercícios, pode ser acessada no *site* da McGraw-Hill (www.mhhe.com/alexander). Os tutoriais do *PSpice*, *MATLAB*® e *KCIDE*, todos em português, estão no *site* do Grupo A.

Adicionamos 43 novos problemas no Capítulo 16, para melhorar o uso das poderosas técnicas de análise no domínio *s* que são usadas para determinar tensões e correntes em circuitos.

O que foi mantido das edições anteriores

Um curso de análise de circuitos talvez seja o primeiro momento em que os estudantes terão contato com a engenharia elétrica. Este também será o momento em que poderemos melhorar algumas das habilidades que eles necessitarão mais tarde quando aprenderem a projetar circuitos.

Um dos destaques desta edição é a seção de Problemas ao final de cada capítulo, em que constam questões cujo objetivo é estimular os estudantes a **elaborar problemas**. Essas questões foram desenvolvidas para melhorar as competências que representam uma parte importante no processo de projetos de circuitos. Sabemos que em um curso fundamental de circuitos não é possível desenvolver completamente essas habilidades, e que para desenvolvê-las totalmente os estudantes precisam vivenciar os projetos, que é uma atividade normalmente reservada para o seu último ano de curso. Isso não significa que algumas das competências não possam ser desenvolvidas e exercitadas em um curso de circuitos.

Este livro já incluía questões abertas que ajudam os estudantes a usarem a criatividade, essencial no aprendizado de projetos. Queríamos acrescentar muito mais nessa importante área e, por isso, desenvolvemos uma abordagem exatamente com essa finalidade. Quando desenvolvemos problemas para serem resolvidos, o nosso objetivo é que o estudante aprenda mais sobre a teoria e o processo de resolução de problemas. Por que não propor problemas de projeto aos estudantes? Isso é exatamente o que fazemos em cada capítulo. Dentro do conjunto de problemas comuns, temos um conjunto de problemas no qual pedimos ao estudante que elabore um problema para ajudar outros estudantes a entenderem melhor um conceito importante. Isso produz dois resultados importantes. O primeiro é uma melhor compreensão da base teórica, e o segundo é o desenvolvimento de algumas habilidades básicas de projeto. Assim, estamos aplicando de forma eficaz o princípio básico de aprender ensinando. Essencialmente, todos nós aprendemos melhor quando ensinamos um assunto, e sabemos que a elaboração de problemas eficazes é uma parte fundamental do processo de ensino. Os estudantes também devem ser incentivados a desenvolver problemas, quando apropriado, que tenham resultados significativos e não necessariamente manipulações matemáticas complicadas.

Outra vantagem interessante do nosso livro é que existe um total de 2.447 Exemplos, Problemas práticos, Questões para revisão e Problemas no final dos capítulos. As respostas para todos os Problemas práticos são apresentadas na sequência de seu enunciado em cada capítulo, e as respostas dos Problemas ímpares são apresentadas no Apêndice D.

A metodologia de ensino desta 5ª edição continua sendo a mesma das edições anteriores: apresenta a análise de circuitos de uma forma mais clara, atrativa e fácil de entender que outros livros de circuitos, e ajuda os estudantes a sentirem interesse no estudo de engenharia. Para isso, usamos as seguintes estratégias:

- **Aberturas dos capítulos e resumos**

    Cada capítulo inicia com uma discussão sobre como aperfeiçoar habilidades que contribuam para a resolução bem-sucedida de problemas, bem como para carreiras de sucesso ou, então, por uma orientação vocacional sobre uma subdisciplina da engenharia elétrica. Esta é seguida por uma introdução que associa o capítulo atual com os capítulos anteriores e enumera os objetivos do capítulo. O capítulo se encerra com um resumo dos principais conceitos e fórmulas.

- **Metodologia para a resolução de problemas**

    O Capítulo 1 introduz um método de seis etapas para a resolução de problemas envolvendo circuitos, que é adotado de modo consistente ao longo do livro e em suplementos de outras formas, como mídia, para promover práticas de resolução de problemas bem fundamentadas.

- **Estilo de escrita voltado para o estudante**

    Todos os princípios são apresentados de forma clara, lógica e em passo a passo. Evitamos o máximo possível a prolixidade e o fornecimento de detalhes em excesso que poderiam ocultar conceitos e impedir a compreensão geral do material.

- **Fórmulas em quadros e termos-chave**

    Fórmulas importantes são apresentadas em quadros como maneira de ajudar os estudantes a distinguir o que é essencial daquilo que não é. Da mesma forma, para garantir que eles compreendam claramente o significado do assunto, são definidos e destacados termos-chave.

- **Hipertextos**

    São usados hipertextos como ferramenta pedagógica. Eles atendem a diversos objetivos, como dicas, referências a outros trechos da obra, alertas, lembretes para não cometer certos erros comuns e ideias para a resolução de problemas.

- **Exemplos resolvidos**

    No final de cada seção é fornecida grande quantidade de exemplos detalhadamente resolvidos, que são considerados parte do texto e explicados de forma clara, sem exigir que o leitor deduza etapas faltantes. Esses exemplos dão aos alunos um perfeito entendimento da solução e confiança para resolverem os problemas por si só, e parte deles é resolvida de duas ou três maneiras diferentes.

- **Problemas práticos**

    Para ser mais didático, cada exemplo ilustrativo é seguido imediatamente por um problema prático com a resposta. Os estudantes podem seguir o exemplo, passo a passo, para resolver o problema prático sem ficar vasculhando páginas ou ver as respostas no final do livro. O problema prático também se destina a verificar se os estudantes compreenderam o exemplo precedente e também reforçará o entendimento do material antes que passem para a seção seguinte. As soluções completas para os problemas práticos estão disponíveis no *site* do Grupo A.

- **Seções com aplicações**

    A última seção em cada capítulo é dedicada a aspectos de aplicação prática dos conceitos estudados no capítulo. O material visto é aplicado a pelo menos um ou dois dispositivos ou problemas práticos, ajudando os estudantes a ver como os conceitos são aplicados a situações da vida real.

- **Questões para revisão**

    Dez questões de revisão no formato múltipla escolha são fornecidas no final de cada capítulo com as respectivas respostas. As questões para revisão se destinam a abordar os pequenos "truques" que os exemplos e os problemas talvez não abordem, e servem como dispositivo para autoavaliação e ajudam os estudantes a determinar seu nível de domínio sobre os conceitos apresentados no capítulo.

- **Ferramentas de computador**

    Reconhecendo as exigências da ABET® (Accreditation Board of Engineering and Technology) em relação a ferramentas computacionais integradas, é incentivado o uso do *PSpice*, do *MultiSim*, do *MATLAB* e do *KCIDE for Circuits* em nível facilitado para o estudante. O *PSpice* é abordado logo no início, de modo que os estudantes se familiarizem e usem essa ferramenta ao longo do livro. Os tutoriais sobre esses *softwares,* exceto do *MultSim*, estão disponíveis no *site* www.grupoa.com.br. O *MATLAB* também é introduzido logo no começo do livro.

- **Problemas voltados para elaboração de problemas**

  Finalmente, os problemas voltados para a *elaboração de problemas* são idealizados para ajudar os estudantes a desenvolverem habilidades que serão necessárias no desenvolvimento de projetos de circuitos.

- **Perfis históricos**

  Perfis históricos concisos ao longo do texto fornecem dados importantes e datas relevantes de personalidades da área para o estudo da engenharia elétrica, como Faraday Ampère, Edison, Henry, Fourier, Volta e Bell.

- **Discussão prévia sobre amplificadores operacionais**

  O amplificador operacional (AOP) como elemento básico é introduzido no início do livro.

- **Discussão sobre transformadas de Fourier e de Laplace**

  Para facilitar a transição entre o curso de Circuitos e os cursos de Sinais e Sistemas, as transformadas de Laplace e de Fourier são analisadas de forma abrangente e clara. Os capítulos são desenvolvidos de tal maneira que o professor interessado possa ir de soluções de circuitos de primeira ordem ao Capítulo 15. Isso possibilitará uma progressão bem natural, da transformada de Laplace à transformada de Fourier até circuitos CA.

- **Exemplos mais detalhados**

  Exemplos resolvidos com grande cuidado, de acordo com o método de resolução de seis etapas, fornecem um guia para os estudantes resolverem problemas de forma consistente. É apresentado pelo menos um exemplo com essa proposta em cada capítulo.

- **Aberturas de capítulo com EC 2000**

  Fundamentado no novo Critério 3 da ABET, com base em habilidades, as aberturas dos capítulos são dedicadas a discussões sobre como os estudantes poderão adquirir as habilidades necessárias que os levarão a uma carreira brilhante de engenheiro. Como essas habilidades e esses conhecimentos são muito importantes para o estudante durante o curso superior, assim como em sua carreira, usamos o título: *Progresso profissional*.

- **Problemas como lição de casa**

  Mais de 300 novos problemas de final de capítulo dão aos estudantes excelente oportunidade de prática, assim como de reforço de conceitos fundamentais.

- **Ícones para identificação de problemas como lição de casa**

  São usados ícones para destacar problemas relacionados com projeto de engenharia, bem como problemas que podem ser solucionados por meio do *PSpice*, *MultiSim*, *KCIDE* ou *MATLAB*.

Aplicações práticas

A seguir, apresentamos uma amostra das aplicações encontradas neste livro:

- Bateria recarregável de lanterna (Problema 1.11)
- Custo do consumo de uma torradeira (Problema 1.25)
- Potenciômetro (Seção 2.8)
- Projeto de um sistema de iluminação (Problema 2.61)
- Leitura de um voltímetro (Problema 2.66)
- Controle de velocidade de um motor (Problema 2.74)

- Apontador de lápis elétrico (Problema 2.79)
- Cálculo da tensão de um transistor (Problema 3.86)
- Modelo de um transdutor (Problema 4.87)
- Medidor de deformação (*strain gauge*) (Problema 4.90)
- Ponte de Weatstone (Problema 4.91)
- Projeto de um DAC de 6 bits (Problema 5.83)
- Amplificador de instrumentação (Problema 5.88)
- Projeto de um circuito de computador analógico (Exemplo 6.15)
- Projeto de um circuito com AOP (Problema 6.71)
- Projeto de um computador analógico para resolver equação diferencial (Problema 6.79)
- Subestação de energia elétrica – banco de capacitores (Problema 6.83)
- Flash eletrônico para câmeras fotográficas (Seção 7.9)
- Circuito para ignição de automóveis (Seção 7.9)
- Máquina de soldar (Problema 7.86)
- Acionador de *airbag* (Problema 8.78)
- Modelo elétrico de funções corpóreas – estudo de convulsões (Problema 8.82)
- Sensor eletrônico industrial (Problema 9.87)
- Sistema de transmissão de energia (Problema 9.93)
- Projeto de um oscilador Colpitts (Problema 10.94)
- Circuito amplificador estéreo (Problema 13.85)
- Circuito girador (*gyrator*) (Problema 16.62)
- Cálculo de número de estações permitidas na faixa de transmissão AM (Problema 18.63)
- Sinal de voz – taxa de Nyquist (Problema 18.65)

Organização

Este livro foi escrito para um curso de Análise de Circuitos Lineares com duração de dois semestres ou três bimestres, ou para um curso de um semestre usando uma seleção adequada de capítulos e seções feita pelo professor. O livro é dividido em três grandes partes:

- A **Parte 1**, constituída pelos Capítulos de 1 a 8, é destinada a circuitos de corrente contínua (CC). Ela abrange as leis e teoremas fundamentais, técnicas de análise de circuitos, assim como elementos ativos e passivos.
- A **Parte 2**, contendo os Capítulos de 9 a 14, trata de circuitos de corrente alternada (CA). Ela introduz fasores, análise em regime estacionário senoidal, energia elétrica CA, valor eficaz, sistemas trifásicos e resposta de frequência.
- A **Parte 3**, formada pelos Capítulos de 15 a 19, é dedicada a técnicas avançadas para análise de circuitos. Essa parte fornece aos estudantes uma introdução sólida à transformada de Laplace, séries de Fourier, transformada de Fourier e análise de circuitos de duas portas.

O material contido nas três partes é mais que suficiente para um curso de dois semestres e, portanto, o professor deve selecionar os capítulos e as seções que serão estudados. As seções identificadas com o símbolo de uma adaga (†) podem ser suprimidas, explicadas de forma breve ou dadas como lição de casa, pois podem ser omitidas sem perda de continuidade. O professor também pode escolher alguns exemplos, alguns problemas e algumas seções para abordar em sala de aula ou para dar como lição de casa. Como já afirmado anteriormente, utilizamos três ícones nesta edição. Usamos o ícone do *PSpice* (🖥) para indicar problemas que requerem o seu uso no processo de resolução, nos quais a complexidade do circuito é tal que essa ferramenta tornaria o processo de solução muito mais fácil, ou então, serve para verificar se o problema foi resolvido corretamente. Empregamos o ícone do *MATLAB* (♯ML) para denotar problemas nos quais é exigido o seu uso no processo de resolução, o qual faz sentido em virtude da constituição e complexidade do problema ou, então, serve como ferramenta de conferência para a solução encontrada por outro método. Finalmente, usamos o ícone de projeto (e⊋d) para identificar problemas que ajudam o estudante a desenvolver habilidades e conhecimentos necessários para projetos de engenharia. Problemas com maior grau de dificuldade são assinalados com um asterisco (*).

São apresentados problemas abrangentes após os problemas no final de cada capítulo. Eles são, em sua maioria, problemas aplicativos que exigem conhecimentos adquiridos naquele capítulo em particular.

Pré-requisitos

Como acontece com a maioria dos cursos introdutórios sobre circuitos, os principais pré-requisitos para um curso que adote este texto são a física e o cálculo. Alguma familiaridade com números complexos é útil na parte final do livro, porém, não exigida. Uma grande vantagem deste livro é que TODAS as equações matemáticas e TODOS os fundamentos de física, que serão necessários para o estudante, estão inclusos no texto.

Material de apoio

Knowledge Capturing Integrated Design Environment for Circuits (*KCIDE for Circuits*)

Esse *software*, desenvolvido pela Cleveland State University e financiado pela NASA, foi projetado para ajudar os estudantes a resolverem problemas com circuitos de forma organizada e usando a metodologia de seis etapas de resolução de problemas do livro. O *KCIDE for Circuits* possibilita aos estudantes resolverem um problema de circuitos no *PSpice* e *MATLAB*, acompanharem a evolução de sua resolução e salvarem um registro de seu processo para referência futura. Além disso, o *software* gera, automaticamente, um documento Word e/ou apresentação em PowerPoint. Esse *software* pode ser baixado livremente.

Agradecimentos

Gostaríamos de expressar nosso apreço pelo apoio amoroso que recebemos de nossas esposas (Hannah e Kikelomo), nossas filhas (Christina, Tamara, Jennifer, Motunrayo, Ann e Joyce), filho (Baixi) e dos membros de nossa família. Gostaríamos de agradecer ainda Baixi (agora Dr. Baixi Su Alexander) por sua ajuda em problemas de verificação para maior clareza e precisão.

Na McGraw-Hill, gostaríamos de agradecer a equipe editorial e de produção: Raghu Srinivasan, editor-sênior; Lora Kalb-Neyens, editora de desenvolvimento; Joyce Watters, gerente de projeto; e Margarite Reynolds, *designer*.

A 5ª edição foi muito beneficiada com o excelente trabalho de muitos revisores e dos participantes do simpósio que contribuíram para o sucesso das quatro primeiras edições! Além deles, as pessoas a seguir fizeram importantes contribuições para esta edição (em ordem alfabética):

Alok Berry, *George Mason University*

Anton Kruger, *University of Iowa*

Archie Holmes, *University of Virginia*

Arnost Neugroschel, *University of Florida*

Arun Ravindran, *University of North Carolina-Charlotte*

Vahe Caliskan, *University of Illinois-Chicago*

Finalmente, agradecemos o retorno recebido dos professores e alunos que usaram as edições anteriores. Queremos que isso continue. Assim, solicitamos que continuem nos enviando e-mails ou encaminhando-os ao editor. Podem nos contatar em c.alexander@ieee.org (Charles Alexander) e sadiku@ieee.org (Matthew Sadiku).

C. K. Alexander
M. N. O. Sadiku

Nota ao estudante

Talvez este seja seu primeiro curso de engenharia elétrica. Embora seja uma disciplina fascinante e desafiadora, o curso pode lhe causar certa intimidação. E, por isso, este livro foi escrito: para poder impedir isso. Um bom livro-texto e um bom professor são uma vantagem – mas o aprendizado depende de você. Tendo essas ideias em mente, certamente você se dará bem em seu curso.

- O presente curso é a base sobre a qual se apoia a maioria dos demais cursos do currículo de engenharia elétrica. Por essa razão, esforce-se o máximo possível. Estude regularmente durante o curso.
- A resolução de problemas é parte essencial do processo de aprendizado. Resolva o maior número possível de problemas. Comece resolvendo o problema prático, que vem logo após cada exemplo e, em seguida, prossiga para os problemas de final de capítulo. A melhor maneira de aprender é resolver um grande número de problemas. O asterisco ao lado do número do problema indica um problema desafiador.
- O *PSpice* e o *MultiSim*, programas de computador para análise de circuitos, são usados ao longo deste livro. O *PSpice* é o programa mais popular para essa análise utilizado na maioria das universidades; o tutorial sobre este programa está disponível como material *online*. Esforce-se para aprendê--los, porque é possível resolver qualquer problema de circuito com eles e, assim, se certificar de que está entregando uma solução correta para o problema.
- *MATLAB* é outro *software* muito útil na análise de circuitos e para os demais cursos que você está fazendo. O tutorial sobre o *MATLAB* também está disponível no *site* www.grupoa.com.br. A melhor maneira de aprendê--lo é começar a usá-lo assim que você conhecer alguns comandos.
- Cada capítulo termina com uma seção sobre como o material visto pode ser aplicado a situações da vida prática. Talvez os conceitos nessa seção possam ser novos e avançados para você. Sem dúvida nenhuma, você aprenderá mais detalhes em outras matérias. Nosso principal interesse aqui é ganhar familiaridade geral com tais ideias.
- Tente resolver as questões de revisão no final de cada capítulo, pois o ajudarão a descobrir alguns "truques" não revelados em sala de aula ou no livro-texto.
- Certamente foi investido um grande esforço para tornar os detalhes técnicos apresentados neste livro fáceis de serem compreendidos. Ele ainda contém todos os conceitos de matemática e física necessários para entender a teoria e será muito útil em outros cursos de engenharia. Entretanto, também nos concentramos na criação de uma referência para você usar tanto na universidade como na vida profissional ou na busca da obtenção de um grau acadêmico.
- É muito tentadora a ideia de vender seu exemplar após ter terminado seu curso; entretanto, recomendamos que você NÃO VENDA SEUS LIVROS

DE ENGENHARIA! Apesar de os livros sempre serem caros, o custo deste livro é praticamente o mesmo que paguei em dólares, pelos meus livros de circuitos no início da década de 1960. Na realidade, ele é realmente mais barato. Isso porque os livros de engenharia do passado não chegam nem perto da abrangência disponível hoje.

Na minha época de estudante, não vendi nenhum dos meus livros didáticos de engenharia e fiquei muito feliz por não ter feito isso! Descobri que precisei da maioria deles ao longo de minha carreira. No Apêndice A, é apresentado um breve resumo sobre resolução de determinantes; no Apêndice B, números complexos; e, no Apêndice C, fórmulas matemáticas. As respostas para os problemas com numeração ímpar são dadas no Apêndice D. Divirta-se!

Charles K. Alexander
Departamento de Engenharia Elétrica e Computação
Cleveland State University

Matthew N. O. Sadiku
Departamento de Engenharia Elétrica
Prairie View A&M University

Sumário

Parte 1   Circuitos CC   2

Capítulo 1   Conceitos básicos 3
1.1   Introdução 4
1.2   Sistemas de unidades 5
1.3   Carga e corrente 5
1.4   Tensão 8
1.5   Potência e energia 9
1.6   Elementos de circuito 12
1.7   †Aplicações 15
       1.7.1   Tubo de imagens de TV 15
       1.7.2   Contas de consumo de energia elétrica* .. 16
1.8   †Resolução de problemas 18
1.9   Resumo 21
       Questões para revisão 22
       Problemas 22
       Problemas abrangentes 25

Capítulo 2   Leis básicas 26
2.1   Introdução 27
2.2   Lei de Ohm 27
2.3   †Nós, ramos e laços 32
2.4   Leis de Kirchhoff 34
2.5   Resistores em série e divisão de tensão 39
2.6   Resistores em paralelo e divisão de corrente ... 40
2.7   †Transformações Y-delta (estrela-triângulo) 46
       2.7.1   Conversão delta-Y (triângulo-estrela) 47
       2.7.2   Conversão Y-delta 48
2.8   †Aplicações 51
       2.8.1   Sistemas de iluminação 52
       2.8.2   Projeto de medidores de CC 53
2.9   Resumo 57
       Questões para revisão 58
       Problemas 59
       Problemas abrangentes 68

Capítulo 3   Métodos de análise 70
3.1   Introdução 71
3.2   Análise nodal 71
3.3   Análise nodal com fontes de tensão 77
3.4   Análise de malhas 81
3.5   Análise de malhas com fontes de corrente ... 85
3.6   †Análises nodal e de malhas por inspeção ... 88
3.7   Análise nodal *versus* análise de malhas 91
3.8   Análise de circuitos usando o *PSpice* 92
3.9   †Aplicações: circuitos CC transistorizados 94
3.10   Resumo 99
       Questões para revisão 99
       Problemas 100
       Problemas abrangentes 111

Capítulo 4   Teoremas de circuitos 112
4.1   Introdução 113
4.2   Propriedade da linearidade 113
4.3   Superposição 115
4.4   Transformação de fontes 120
4.5   Teorema de Thévenin 122
4.6   Teorema de Norton 128
4.7   †Dedução dos teoremas de Thévenin e de Norton 131
4.8   Máxima transferência de potência 133
4.9   Verificação de teoremas de circuitos usando o *PSpice* 135
4.10   †Aplicações 137
       4.10.1   Modelagem de fontes 138
       4.10.2   Medida de resistência 140
4.11   Resumo 142
       Questões para revisão 143
       Problemas 143
       Problemas abrangentes 153

Capítulo 5   Amplificadores operacionais 154
5.1   Introdução 155
5.2   Amplificadores operacionais 155
5.3   Amplificador operacional ideal 158
5.4   Amplificador inversor 160
5.5   Amplificador não inversor 162
5.6   Amplificador somador 163
5.7   Amplificador diferencial 165
5.8   Circuitos com amplificadores operacionais em cascata 168
5.9   Análise de circuitos com amplificadores operacionais usando o *PSpice* 171
5.10   †Aplicações 172
       5.10.1   Conversor digital-analógico 172
       5.10.2   Amplificadores de instrumentação ... 174
5.11   Resumo 176

Questões para revisão......................... 177
Problemas 178
Problemas abrangentes 188

Capítulo 6   Capacitores e indutores.........................189
6.1 Introdução 190
6.2 Capacitores 190
6.3 Capacitores em série e em paralelo 196
6.4 Indutores 199
6.5 Indutores em série e em paralelo 203
6.6 †Aplicações 206
    6.6.1 Integrador 206
    6.6.2 Diferenciador 208
    6.6.3 Computador analógico 209
6.7 Resumo 213
Questões para revisão......................... 213
Problemas 214
Problemas abrangentes 222

Capítulo 7   Circuitos de primeira ordem..................223
7.1 Introdução 224
7.2 Circuitos RC sem fonte 224
7.3 Circuito RL sem fonte 229
7.4 Funções de singularidade 234
7.5 Resposta a um degrau de um circuito RC 241
7.6 Resposta a um degrau de um circuito RL............ 247
7.7 †Circuitos de primeira ordem com amplificador operacional 252
7.8 Análise de transiente usando o PSpice 255
7.9 †Aplicações 259
    7.9.1 Circuitos de retardo 259
    7.9.2 Flash eletrônico para câmeras fotográficas 260
    7.9.3 Circuitos a relé 262
    7.9.4 Circuito para ignição de automóveis 263
7.10 Resumo 264
Questões para revisão......................... 265
Problemas 266
Problemas abrangentes 275

Capítulo 8   Circuitos de segunda ordem 276
8.1 Introdução 277
8.2 Determinação dos valores inicial e final 277
8.3 Circuito RLC em série sem fonte 282
8.4 Circuito RLC em paralelo sem fonte 288
8.5 Resposta a um degrau de um circuito RLC em série 294
8.6 Resposta a um degrau de um circuito RLC em paralelo 299
8.7 Circuitos de segunda ordem gerais 301
8.8 Circuitos de segunda ordem contendo amplificadores operacionais 306
8.9 Análise de circuitos RLC usando o PSpice 308
8.10 †Dualidade 312
8.11 †Aplicações 314
    8.11.1 Sistema de ignição de automóveis 314
    8.11.2 Circuitos suavizador 316
8.12 Resumo 318
Questões para revisão......................... 319
Problemas 320
Problemas abrangentes 327

Parte 2   Circuitos CA   328

Capítulo 9   Senoides e fasores...............................329
9.1 Introdução 330
9.2 Senoides 331
9.3 Fasores 335
9.4 Relações entre fasores para elementos de circuitos 343
9.5 Impedância e admitância 345
9.6 †As leis de Kirchhoff no domínio da frequência .. 348
9.7 Associações de impedâncias 348
9.8 †Aplicações 354
    9.8.1 Comutadores de fase 354
    9.8.2 Pontes CA 356
9.9 Resumo 359
Questões para revisão......................... 360
Problemas 360
Problemas abrangentes 367

Capítulo 10   Análise em regime estacionário senoidal 369
10.1 Introdução 370
10.2 Análise nodal 370
10.3 Análise de malhas 373
10.4 Teorema da superposição 376
10.5 Transformação de fontes 379
10.6 Circuitos equivalentes de Thévenin e de Norton . 380
10.7 Circuitos CA com amplificadores operacionais ... 384
10.8 Análise CA usando o PSpice............. 386
10.9 †Aplicações 389
    10.9.1 Multiplicador de capacitância 389
    10.9.2 Osciladores 391
10.10 Resumo 393
Questões para revisão......................... 394
Problemas 395

Capítulo 11   Análise de potência em CA 405
11.1 Introdução 406
11.2 Potências instantânea e média 406
11.3 Máxima transferência de potência média 411

11.4	Valor RMS ou eficaz 414		**Capítulo 14**	**Resposta de frequência 545**
11.5	Potência aparente e fator de potência 417		14.1	Introdução 546
11.6	Potência complexa 419		14.2	Função de transferência 546
11.7	†Conservação de potência CA 423		14.3	†Escala de decibéis 549
11.8	Correção do fator de potência 426		14.4	Gráficos de Bode 551
11.9	†Aplicações 428		14.5	Ressonância em série 561
	11.9.1 Medição de potência 428		14.6	Ressonância em paralelo 565
	11.9.2 Custo do consumo de energia elétrica 431		14.7	Filtros passivos 568
				14.7.1 Filtro passa-baixas 569
11.10	Resumo 433			14.7.2 Filtro passa-altas 570
	Questões para revisão 434			14.7.3 Filtro passa-faixa 570
	Problemas 435			14.7.4 Filtro rejeita-faixa 571
	Problemas abrangentes 443		14.8	Filtros ativos 573
				14.8.1 Filtro passa-baixas de primeira ordem .. 574
Capítulo 12	**Circuitos trifásicos 445**			14.8.2 Filtro passa-altas de primeira ordem ... 574
12.1	Introdução 446			14.8.3 Filtro passa-faixa 574
12.2	Tensões trifásicas equilibradas 447			14.8.4 Filtro rejeita-faixa (ou notch) 576
12.3	Conexão estrela-estrela equilibrada 450		14.9	Fatores de escala 579
12.4	Conexão estrela-triângulo equilibrada 453			14.9.1 Aplicação de fatores de escala a amplitudes 579
12.5	Conexão triângulo-triângulo equilibrada 456			
12.6	Conexão triângulo-estrela equilibrada 458			14.9.2 Aplicação de fatores de escala a frequências 580
12.7	Potência em um sistema equilibrado 461			
12.8	†Sistemas trifásicos desequilibrados 466			14.9.3 Aplicação de fatores de escala a amplitudes e frequências 581
12.9	*PSpice* para circuitos trifásicos 470			
12.10	Aplicações 474		14.10	Resposta de frequência usando o *PSpice* 582
	12.10.1 Medição de potência trifásica 475		14.11	Cálculos usando o *MATLAB* 586
	12.10.2 Instalação elétrica residencial 480		14.12	†Aplicações 588
12.11	Resumo 482			14.12.1 Receptor de rádio 588
	Questões para revisão 483			14.12.2 Discagem por tom 590
	Problemas 484			14.12.3 Circuito de cruzamento 591
	Problemas abrangentes 491		14.13	Resumo 593
				Questões para revisão 594
Capítulo 13	**Circuitos de acoplamento magnético 493**			Problemas 595
				Problemas abrangentes 602
13.1	Introdução 494			
13.2	Indutância mútua 494		**Parte 3**	**Análise Avançada de Circuitos 604**
13.3	Energia em um circuito acoplado 502			
13.4	Transformadores lineares 505			
13.5	Transformadores ideais 511		**Capítulo 15**	**Introdução à transformada de Laplace 605**
13.6	Autotransformadores ideais 517			
13.7	†Transformadores trifásicos 520		15.1	Introdução 606
13.8	Análise de circuitos magneticamente acoplados usando o *PSpice* 522		15.2	Definição de transformadas de Laplace 607
			15.3	Propriedades das transformadas de Laplace 609
13.9	†Aplicações 527		15.4	Transformada de Laplace inversa 620
	13.9.1 O transformador como dispositivo de isolamento 527			15.4.1 Polos simples 620
				15.4.2 Polos repetidos 621
	13.9.2 O transformador como dispositivo de casamento de impedâncias 529			15.4.3 Polos complexos 622
			15.5	Integral de convolução 626
	13.9.3 Distribuição de energia elétrica 530		15.6	†Aplicação a equações integro-diferenciais 634
13.10	Resumo 532		15.7	Resumo 636
	Questões para revisão 533			Questões para revisão 637
	Problemas 534			Problemas 637
	Problemas abrangentes 544			

Capítulo 16 Aplicações da transformada de laplace 642

16.1 Introdução 643
16.2 Modelos de elementos de circuitos 643
16.3 Análise de circuitos 649
16.4 Funções de transferência 652
16.5 Variáveis de estado 657
16.6 †Aplicações 663
 16.6.1 Estabilidade de circuitos 663
 16.6.2 Síntese de circuitos 666
16.7 Resumo 671
 Questões para revisão 672
 Problemas 673
 Problemas abrangentes 682

Capítulo 17 Séries de Fourier 683

17.1 Introdução 684
17.2 Séries de Fourier trigonométricas 684
17.3 Considerações sobre simetria 692
 17.3.1 Simetria par 692
 17.3.2 Simetria ímpar 694
 17.3.3 Simetria de meia onda 695
17.4 Aplicações em circuitos 701
17.5 Potência média e valores RMS 704
17.6 Séries de Fourier exponenciais 708
17.7 Análise de Fourier usando o *PSpice* 713
 17.7.1 Transformada de Fourier discreta 714
 17.7.2 Transformada de Fourier rápida 714
17.8 †Aplicações 718
 17.8.1 Analisadores de espectro 718
 17.8.2 Filtros 719
17.9 Resumo 721
 Questões para revisão 723
 Problemas 723
 Problemas abrangentes 731

Capítulo 18 Transformada de Fourier 732

18.1 Introdução 733
18.2 Definição de transformada de Fourier 733
18.3 Propriedades das transformadas de Fourier 738
18.4 Aplicações em circuitos 751
18.5 Teorema de Parseval 753
18.6 Comparação entre transformadas de Fourier e de Laplace 756
18.7 †Aplicações 757
 18.7.1 Modulação de amplitude 757
 18.7.2 Amostragem 759
18.8 Resumo 760
 Questões para revisão 761
 Problemas 762
 Problemas abrangentes 768

Capítulo 19 Circuitos de duas portas 769

19.1 Introdução 770
19.2 Parâmetros de impedância 770
19.3 Parâmetros de admitância 774
19.4 Parâmetros híbridos 778
19.5 Parâmetros de transmissão 783
19.6 †Relações entre parâmetros 787
19.7 Interconexão de circuitos elétricos 790
19.8 Cálculo de parâmetros de circuitos de duas portas usando o *PSpice* 795
19.9 †Aplicações 798
 19.9.1 Circuitos transistorizados 798
 19.9.2 Síntese de circuitos em cascata 803
19.10 Resumo 806
 Questões para revisão 807
 Problemas 808
 Problemas abrangentes 818

Apêndice A Equações simultâneas e inversão de matrizes 819

Apêndice B Números complexos 828

Apêndice C Fórmulas matemáticas 836

Apêndice D Respostas para os problemas ímpares 841

Referências 865

Índice 867

FUNDAMENTOS DE CIRCUITOS ELÉTRICOS

5ª Edição

PARTE UM
CIRCUITOS CC

TÓPICOS

1. Conceitos básicos
2. Leis básicas
3. Métodos de análise
4. Teoremas de circuitos
5. Amplificadores operacionais
6. Capacitores e indutores
7. Circuitos de primeira ordem
8. Circuitos de segunda ordem

1

CONCEITOS BÁSICOS

Alguns livros devem ser degustados, outros devem ser engolidos e alguns poucos devem ser mastigados e digeridos.

Francis Bacon

Progresso profissional

Critérios ABET EC 2000 (3.a), "habilidade em aplicar conhecimentos de matemática, ciências e engenharia".

Quando se é estudante, é fundamental estudar matemática, ciências e engenharia com o propósito de torná-lo capaz de aplicar esses conhecimentos na resolução de problemas de engenharia. A capacidade, nesse caso, é a habilidade de pôr em prática os fundamentos dessas áreas na solução de um problema. Portanto, como podemos desenvolver e aperfeiçoar essa habilidade?

A melhor abordagem é resolver o maior número possível de problemas em todos os seus cursos. Entretanto, se você realmente quiser ter êxito nesse ponto, deverá dedicar um tempo para analisar onde, quando e por que você tem dificuldade em chegar de maneira fácil a soluções bem-sucedidas. Talvez você se surpreenda ao constatar que a maior dificuldade na resolução de problemas está relacionada com a matemática e não com a interpretação da teoria. Talvez você também constate que geralmente começa a resolver o problema de forma precoce. Investir um tempo para pensar em como resolvê-lo sempre irá, no final das contas, lhe poupar tempo e frustração.

No meu caso, o que funciona melhor é a aplicação de nossa técnica de seis etapas para resolução de problemas. Em seguida, identifico cuidadosamente as áreas nas quais tenho dificuldade e, muitas vezes, minhas reais deficiências estão no entendimento e na habilidade em usar corretamente certos princípios matemáticos. De imediato, lanço mão de meus livros de matemática fundamental e reviso atenciosamente as seções apropriadas e, em alguns casos, resolvo alguns problemas do exemplo do livro consultado. Isso me leva a outro ponto importante que você sempre deve seguir: ter à mão todos os seus livros-texto de fundamentos de matemática, ciências e engenharia.

Esse processo de sempre pesquisar um material que você acha que já assimilou em cursos anteriores pode parecer, a princípio, muito entediante; entretanto, à medida que suas habilidades se desenvolvem e seu conhecimento cresce, isso se tornará cada vez mais fácil. Pessoalmente falando, foi exatamente esse processo que me transformou de um estudante abaixo da média a alguém que pôde receber um título de Ph.D. e se tornar um pesquisador bem-sucedido.

1.1 Introdução

As teorias de circuitos elétricos e de eletromagnetismo são as duas teorias fundamentais sobre as quais todos os campos da engenharia elétrica se baseiam. Muitos ramos da engenharia elétrica, como geração de energia, máquinas elétricas, controle, eletrônica, comunicações e instrumentação, têm como princípio teoria dos circuitos elétricos. Portanto, o curso básico de teoria de circuitos elétricos é o curso mais importante para um estudante de engenharia elétrica e sempre é um excelente ponto de partida para quem está iniciando nessa área. A teoria de circuitos também é valiosa para os alunos que estão se especializando em outras áreas de ciências físicas, pois os circuitos são um excelente modelo para o estudo de sistemas de energia em geral e também por ter matemática aplicada, física e topologia envolvidas.

Na engenharia elétrica, estamos muitas vezes interessados na comunicação ou na transmissão de energia de um ponto a outro, e para isso é necessária uma interconexão de dispositivos elétricos. Tal interconexão é conhecida como *circuito elétrico* e cada componente do circuito é denominado *elemento*.

> **Circuito elétrico** é uma interconexão de elementos elétricos.

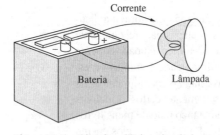

Figura 1.1 Circuito elétrico simples.

Um circuito elétrico simples, como mostrado na Figura 1.1, é formado por três elementos básicos: uma bateria, uma lâmpada e fios para interconexão. Ele pode existir por si só, pois tem várias aplicações, como uma lanterna, um holofote e assim por diante.

Um circuito real mais complexo é mostrado na Figura 1.2, representado pelo diagrama esquemático de um transmissor de rádio. Embora pareça complicado, esse circuito pode ser analisado empregando as técnicas estudadas neste livro. Nosso objetivo é que você aprenda várias técnicas analíticas e aplicações de *software* para descrever o comportamento de um circuito como esse.

Os circuitos elétricos são usados em inúmeros sistemas elétricos para realizar diferentes tarefas. O propósito deste livro não é o estudo dos vários empregos e aplicações de circuitos, mas, sim, a análise de circuitos. Nesse sentido, estudaremos o comportamento de um circuito: como ele responde a uma determinada entrada? Como os elementos e dispositivos interconectados interagem no circuito?

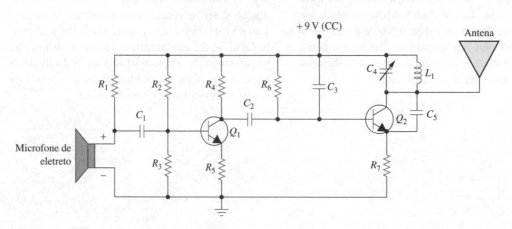

Figura 1.2 Circuito elétrico de um transmissor de rádio.

Começaremos nosso estudo definindo alguns conceitos básicos. Entre esses conceitos temos carga, corrente, tensão, elementos de circuito, potência e energia. Antes da definição de cada um deles, temos de estabelecer um sistema de unidades que usaremos ao longo do livro.

1.2 Sistemas de unidades

Como técnicos e engenheiros eletricistas, lidamos com quantidades mensuráveis. Entretanto, nossa medição deve ser dita em uma linguagem-padrão que praticamente todos os profissionais serão capazes de entender, independentemente do país onde a medida estiver sendo feita. O Sistema Internacional de Unidades (SI), adotado pela Conferência Geral de Pesos e Medidas em 1960, é conhecido como uma linguagem de medição internacional. Nesse sistema, existem seis unidades principais a partir das quais todas as demais grandezas físicas podem ser derivadas. A Tabela 1.1 mostra essas seis unidades, seus símbolos e as grandezas físicas que elas representam. As unidades SI são usadas ao longo de todo o livro.

Uma grande vantagem das unidades SI é o uso de prefixos baseados na potência de 10 para a obtenção de unidades maiores e menores em relação às unidades básicas. A Tabela 1.2 mostra os prefixos SI e seus símbolos. Por exemplo, a seguir temos expressões da mesma distância em metros (m):

$$600.000.000 \text{ mm} \quad 600.000 \text{ m} \quad 600 \text{ km}$$

1.3 Carga e corrente

O conceito de carga elétrica é o princípio fundamental para explicar todos os fenômenos elétricos. Da mesma forma, a quantidade mais elementar em um circuito elétrico é a *carga elétrica*. Todos nós experimentamos o efeito da carga elétrica quando tentamos tirar nosso suéter de lã e este fica preso ao nosso corpo ou vamos caminhar sobre um carpete e tomamos um choque.

Carga é uma propriedade elétrica das partículas atômicas que compõem a matéria, medida em coulombs (C).

Tabela 1.1 • As seis unidades SI básicas e uma unidade relevante usada neste livro.

Quantidade	Unidade básica	Símbolo
Comprimento	metro	m
Massa	quilograma	kg
Tempo	segundo	s
Corrente elétrica	ampère	A
Temperatura termodinâmica	kelvin	K
Intensidade luminosa	candela	cd
Carga	coulomb	C

Tabela 1.2 • Prefixos SI.

Multiplicador	Prefixo	Símbolo
10^{18}	exa	E
10^{15}	peta	P
10^{12}	tera	T
10^{9}	giga	G
10^{6}	mega	M
10^{3}	quilo	k
10^{2}	hecto	h
10	deka	da
10^{-1}	deci	d
10^{-2}	centi	c
10^{-3}	mili	m
10^{-6}	micro	μ
10^{-9}	nano	n
10^{-12}	pico	p
10^{-15}	femto	f
10^{-18}	atto	a

Sabemos, da física elementar, que toda matéria é formada por elementos fundamentais conhecidos como átomos, que são constituídos por elétrons, prótons e nêutrons. Também sabemos que a carga *e* em um elétron é negativa e igual em magnitude a $1{,}602 \times 10^{-19}$ C, enquanto um próton transporta uma carga positiva de mesma magnitude do elétron. A presença de números iguais de prótons e elétrons deixa um átomo com carga neutra.

Os seguintes pontos devem ser observados sobre a carga elétrica:

1. Coulomb é uma unidade grande para cargas. Em 1 C de carga, existem $1/(1{,}602 \times 10^{-19}) = 6{,}24 \times 10^{18}$ elétrons. Portanto, valores reais ou de laboratório para cargas se encontram na casa dos pC, nC ou μC.[1]
2. De acordo com observações experimentais, as únicas cargas que ocorrem na natureza são múltiplos inteiros da carga eletrônica $e = -1{,}602 \times 10^{-19}$ C.
3. A *lei da conservação das cargas* afirma que as cargas não podem ser criadas nem destruídas, apenas transferidas. Portanto, a soma algébrica das cargas elétricas de um sistema não se altera.

Agora, consideremos o fluxo de cargas elétricas. Uma característica exclusiva da carga elétrica é o fato de ela ser móvel; isto é, ela pode ser transferida de um lugar a outro, onde pode ser convertida em outra forma de energia.

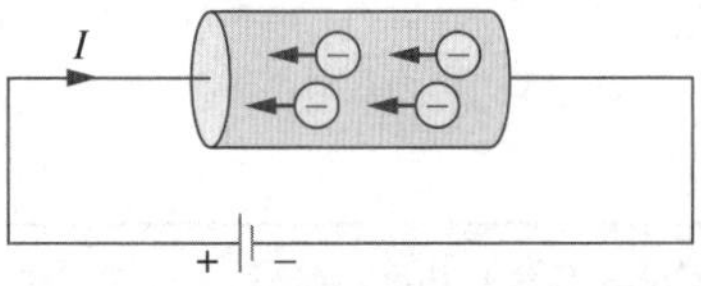

Quando um fio condutor (formado por vários átomos) é conectado a uma bateria (uma fonte de força eletromotriz), as cargas são compelidas a se mover; as cargas positivas se movem em uma direção, enquanto as cargas negativas se movem na direção oposta. A essa movimentação de cargas dá o nome de corrente elétrica. Por convenção, o fluxo da corrente é aquele das cargas positivas, isto é, ao contrário do fluxo das cargas negativas, conforme mostra a Figura 1.3. Essa convenção foi introduzida por Benjamin Franklin (1706--1790), cientista e inventor norte-americano. Embora saibamos que a corrente em condutores metálicos se deve a elétrons carregados negativamente, seguiremos a convenção adotada universalmente de que a corrente é o fluxo líquido das cargas positivas. Portanto,

Figura 1.3 Corrente elétrica devido ao fluxo de cargas eletrônicas em um condutor.

> Convenção é uma maneira padronizada de se descrever algo de modo que outros profissionais da área possam entender seu significado. Usaremos convenções do Institute of Electrical Electronics Engineers (IEEE) ao longo deste livro.

Corrente elétrica é o fluxo de carga por unidade de tempo, medido em ampères (A).

Matematicamente, a relação entre a corrente *i*, a carga *q* e o tempo *t* é

$$i \triangleq \frac{dq}{dt} \quad (1.1)$$

onde a corrente é medida em ampères (A) e

1 ampère = 1 coulomb/segundo

A carga transferida entre o instante t_0 e o instante *t* é obtida integrando ambos os lados da Equação (1.1). Obtemos

---

[1] Entretanto, um capacitor grande de uma fonte de alimentação é capaz de armazenar até 0,5 C de carga.

PERFIS HISTÓRICOS

André-Marie Ampère (1775-1836), matemático e físico francês, criou as bases da eletrodinâmica. Definiu corrente elétrica e, em meados de 1820, desenvolveu uma maneira de medi-la.

Nascido em Lyons, na França, aos 12 anos, Ampère aprendeu o latim em poucas semanas, já que havia um profundo interesse por matemática e muitos dos seus melhores trabalhos eram escritos nesse idioma. Foi um brilhante cientista e um escritor prolífico. Formulou as leis do eletromagnetismo. Inventou o eletroímã e o amperímetro. A unidade de corrente elétrica, o ampère, recebeu esse nome em sua homenagem.

Da Burndy Library Collection na Huntington Library, San Marino, Califórnia.

$$Q \triangleq \int_{t_0}^{t} i \, dt \quad (1.2)$$

A maneira pela qual definimos a corrente i na Equação (1.1) sugere que a corrente não precisa ser uma função de valor constante. Como muitos dos exemplos e problemas neste e nos capítulos posteriores sugerem, podem haver diversos tipos de corrente; isto é, a carga pode variar com o tempo de diversas maneiras.

Se a corrente não muda com o tempo e permanece constante, podemos chamá-la de *corrente contínua* (CC).

Corrente contínua (CC) é uma corrente que permanece constante ao longo do tempo.

Por convenção, o símbolo I é usado para representar uma corrente contínua desse tipo.

Uma corrente que varia com o tempo é conhecida pelo símbolo i. E uma forma comum de corrente é a corrente senoidal ou *corrente alternada* (CA).

Corrente alternada (CA) é uma corrente que varia com o tempo segundo uma forma de onda senoidal.

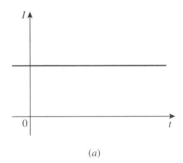
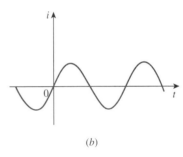

Figura 1.4 Dois tipos comuns de corrente: (*a*) corrente contínua (CC); (*b*) corrente alternada (CA).

Uma corrente desse tipo é aquela que usamos em nossas residências para ligarmos aparelhos de ar-condicionado, refrigeradores, máquinas de lavar roupa e outros eletrodomésticos. A Figura 1.4 ilustra as correntes contínua e alternada; esses são os dois tipos mais comuns de corrente. Veremos outros tipos de corrente mais à frente.

Ao definirmos corrente como a movimentação de cargas, é esperado que ela tenha um sentido de fluxo associado. Como mencionado anteriormente, esse sentido é, por convenção, tomado como o sentido da movimentação das cargas positivas. Sendo assim, uma corrente de 5 A poderia ser representada positiva ou negativamente, como pode ser observado na Figura 1.5. Em outras palavras, uma corrente negativa de –5 A fluindo em um determinado sentido, conforme mostrado na Figura 1.5*b*, é a mesma que uma corrente de +5 A fluindo no sentido oposto.

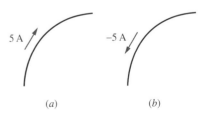

Figura 1.5 Fluxo convencional de corrente: (*a*) fluxo positivo de corrente; (*b*) fluxo negativo de corrente.

EXEMPLO 1.1

Qual é a quantidade de carga representada por 4.600 elétrons?

Solução: Cada elétron tem uma carga igual a $-1{,}602 \times 10^{-19}$ C. Portanto, 4.600 elétrons terão $-1{,}602 \times 10^{-19}$ C/elétron $\times$ 4.600 elétrons $= -7{,}369 \times 10^{-16}$ C.

PROBLEMA PRÁTICO 1.1

Calcule a quantidade de carga representada por seis milhões de prótons.

Resposta: $+9{,}612 \times 10^{-13}$ C.

EXEMPLO 1.2

A carga total entrando em um terminal é dada por $q = 5t \operatorname{sen} 4\pi t$ mC. Calcule a corrente no instante $t = 0{,}5$ s.

Solução: $i = \dfrac{dq}{dt} = \dfrac{d}{dt}(5t \operatorname{sen} 4\pi t)$ mC/s $= (5 \operatorname{sen} 4\pi t + 20\pi t \cos 4\pi t)$ mA

Para $t = 0{,}5$,

$$i = 5 \operatorname{sen} 2\pi + 10\pi \cos 2\pi = 0 + 10\pi = 31{,}42 \text{ mA}$$

PROBLEMA PRÁTICO 1.2

Se no Exemplo 1.2, $q = (10 - 10e^{-2t})$ mC, determine a corrente em $t = 1{,}0$ s.

Resposta: 2,707 mA.

EXEMPLO 1.3

Determine a carga total que entra em um terminal entre os instantes $t = 1$ s e $t = 2$ s se a corrente que passa pelo terminal é $i = (3t^2 - t)$ A.

Solução: $Q = \displaystyle\int_{t=1}^{2} i\, dt = \int_{1}^{2} (3t^2 - t)\, dt$

$$= \left(t^3 - \dfrac{t^2}{2} \right) \bigg|_{1}^{2} = (8 - 2) - \left(1 - \dfrac{1}{2}\right) = 5{,}5 \text{ C}$$

PROBLEMA PRÁTICO 1.3

A corrente que flui através de um elemento é

$$i = \begin{cases} 4 \text{ A}, & 0 < t < 1 \\ 4t^2 \text{ A}, & t > 1 \end{cases}$$

Calcule a carga que entra no elemento de $t = 0$ a $t = 2$ s.

Resposta: 13,333 C.

1.4 Tensão

Conforme explicado anteriormente, para deslocar o elétron em um condutor a determinado sentido é necessário algum trabalho ou transferência de energia. Esse trabalho é realizado por uma força eletromotriz (FEM) externa representada pela bateria na Figura 1.3. Essa FEM também é conhecida como *tensão* ou *diferença de potencial*. A tensão v_{ab} entre dois pontos a e b em um circuito elétrico é a energia (ou trabalho) necessária para deslocar uma carga unitária de a para b; matematicamente,

$$v_{ab} \triangleq \dfrac{dw}{dq} \tag{1.3}$$

onde w é a energia em joules (J) e q é a carga em coulombs (C). A tensão v_{ab}, ou simplesmente v, é medida em volts (V), nome dado em homenagem ao físico italiano Alessandro Antonio Volta (1745-1827), que inventou a primeira pilha voltaica. A partir da Equação (1.3) fica evidente que

$$1 \text{ volt} = 1 \text{ joule/coulomb} = 1 \text{ newton-metro/coulomb}$$

PERFIS HISTÓRICOS

Alessandro Antonio Volta (1745-1827), físico italiano, inventou a bateria elétrica, a qual forneceu o primeiro fluxo contínuo de eletricidade, e o capacitor.

Nascido de uma nobre família em Como, Itália, Volta realizou experimentos elétricos aos 18 anos. A sua invenção da bateria, em 1796, revolucionou o uso da eletricidade. A publicação de seu trabalho, em 1800, marcou o começo da teoria de circuitos elétricos. Volta recebeu várias homenagens durante a sua vida. A unidade de tensão, ou diferença de potencial, conhecido como *volt*, recebeu essa denominação em sua homenagem.

Da Burndy Library Collection na Huntington Library, San Marino, Califórnia.

Portanto,

> **Tensão** (ou **diferença de potencial**) é a energia necessária para deslocar uma carga unitária através de um elemento, medida em volts (V).

A Figura 1.6 mostra a tensão através de um elemento (representado por um bloco retangular) conectado aos pontos *a* e *b*. Os sinais positivo (+) e negativo (−) são usados para definir o sentido referencial ou a polaridade da tensão. E v_{ab} pode ser interpretada de duas maneiras: (1) o ponto *a* se encontra a um potencial de v_{ab} volts mais alto que o ponto *b* ou (2) o potencial no ponto *a* em relação ao ponto *b* é v_{ab}. Segue, logicamente, que em geral

$$v_{ab} = -v_{ba} \quad (1.4)$$

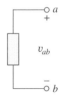

Figura 1.6 Polaridade da tensão v_{ab}.

Por exemplo, na Figura 1.7 temos duas representações da mesma tensão. Na Figura 1.7*a*, o ponto *a* se encontra +9 V acima do ponto *b*; na Figura 1.7*b* o ponto *b* se encontra −9 V acima do ponto *a*. Podemos dizer que, na Figura 1.7*a*, existe uma *queda de tensão* de 9 V de *a* para *b* ou, de forma equivalente, uma *elevação de tensão* de *b* para *a*. Em outras palavras, uma queda de tensão de *a* para *b* é equivalente a uma elevação de tensão de *b* para *a*.

Corrente e tensão são as duas variáveis básicas em circuitos elétricos. O termo comum *sinal* é usado para uma quantidade elétrica como uma corrente ou tensão (ou até mesmo onda eletromagnética) quando ela estiver transportando informações. Os engenheiros preferem chamá-la de sinais variáveis em vez de funções matemáticas do tempo em razão de sua importância em comunicações e outras disciplinas. Assim como a corrente elétrica, uma tensão constante é denominada *tensão CC* e é representada por V, enquanto uma tensão que varia com o tempo com uma forma senoidal é chamada *tensão CA* e é representada por *v*. Uma tensão CC é comumente produzida por uma bateria; uma tensão CA é produzida por um gerador elétrico.

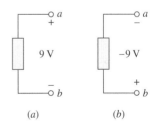

(a)   (b)

Figura 1.7 Duas representações equivalentes da mesma tensão v_{ab}: (*a*) o ponto *a* se encontra 9 V acima do ponto *b*; (*b*) o ponto *b* se encontra −9 V acima do ponto *a*.

1.5 Potência e energia

Embora corrente e tensão sejam as duas variáveis básicas em um circuito elétrico, elas sozinhas não são suficientes. Na prática, precisamos saber quanta *potência* um dispositivo elétrico é capaz de manipular. Considere, por exemplo,

> Tenha em mente que corrente elétrica passa sempre *através* de um elemento, já a tensão elétrica é sempre *sobre* os terminais do elemento ou entre dois pontos.

uma lâmpada de 100 W que fornece mais luz que uma de 60 W, ou mesmo quando pagamos nossas contas de luz às fornecedoras em que estamos pagando pela *energia* elétrica consumida ao longo de certo período. Portanto, os cálculos de potência e energia são importantes na análise de circuitos.

Para relacionar potência e energia à tensão e corrente, lembramos da física que:

> **Potência** é a velocidade com que se consome ou se absorve energia medida em watts (W).

Escrevemos essa relação como

$$p \triangleq \frac{dw}{dt} \tag{1.5}$$

onde p é a potência em watts (W), w é a energia em joules (J) e t é o tempo em segundos (s). Das Equações (1.1), (1.3) e (1.5), segue que

$$p = \frac{dw}{dt} = \frac{dw}{dq} \cdot \frac{dq}{dt} = vi \tag{1.6}$$

ou

$$p = vi \tag{1.7}$$

A potência p na Equação (1.7) é uma quantidade variável com o tempo e é denominada *potência instantânea*. Portanto, a potência absorvida ou fornecida por um elemento é o produto da tensão no elemento pela corrente através dele. Se a potência tem um sinal +, ela está sendo fornecida para o elemento ou absorvida por ele. Em contrapartida, se a potência tiver um sinal −, a potência está sendo fornecida pelo elemento. Mas como saber quando a potência tem um sinal positivo ou negativo?

O sentido da corrente e a polaridade da tensão desempenham um papel fundamental na determinação do sinal da potência. É importante, portanto, prestar atenção na relação entre corrente i e tensão v na Figura 1.8a. A polaridade da tensão e o sentido da corrente devem estar de acordo com aquelas mostradas na Figura 1.8a de modo que a potência tenha um sinal positivo. Isso é conhecido como *convenção de sinal passivo*. Pela convenção de sinal passivo, a corrente entra pela polaridade positiva da tensão. Nesse caso, $p = +vi$ ou $vi > 0$ implica que o elemento está absorvendo potência. Entretanto, se $p = -vi$ ou $vi < 0$, como na Figura 1.8b, o elemento está liberando ou fornecendo potência.

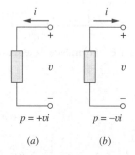

Figura 1.8 Polaridades referenciais para potência usando a convenção do sinal passivo: (*a*) absorção de potência; (*b*) fornecimento de potência.

> Quando os sentidos da tensão e da corrente estiverem de acordo com a Figura 1.8b, temos a *convenção do sinal ativo* e $p = +vi$.

> A **convenção de sinal passivo** é realizada quando a corrente entra pelo terminal positivo de um elemento e $p = +vi$. Se a corrente entra pelo terminal negativo, $p = -vi$.

A menos que dito o contrário, seguiremos a convenção de sinal passivo ao longo do livro. Por exemplo, o elemento em ambos os circuitos da Figura 1.9 tem absorção de potência de +12 W, pois uma corrente positiva entra pelo terminal positivo em ambos os casos. Entretanto, na Figura 1.10 o elemento está fornecendo potência de +12 W, pois uma corrente positiva entra pelo terminal negativo. Obviamente, uma absorção de potência de –12 W equivale a um fornecimento de potência de +12 W. Em geral,

+Potência absorvida = –Potência fornecida

Na realidade, a *lei da conservação da energia* tem de ser obedecida em qualquer circuito elétrico. Por essa razão, a soma algébrica da potência em um circuito, a qualquer instante de tempo, deve ser zero:

$$\sum p = 0 \qquad (1.8)$$

Isso confirma novamente o fato de que a potência total fornecida ao circuito deve ser igual à potência total absorvida.

A partir da Equação (1.6), a energia absorvida ou fornecida por um elemento do instante t_0 ao instante t é

$$w = \int_{t_0}^{t} p\, dt = \int_{t_0}^{t} vi\, dt \qquad (1.9)$$

Energia é a capacidade de realizar trabalho e é medida em joules (J).

As concessionárias de energia elétrica medem a energia em watts-hora (Wh), em que

$$1\ \text{Wh} = 3.600\ \text{J}$$

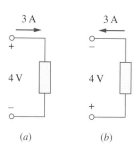

Figura 1.9 Dois casos de um elemento com absorção de potência de 12 W: (*a*) $p = 4 \times 3 = 12$ W; (*b*) $p = 4 \times 3 = 12$ W.

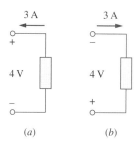

Figura 1.10 Dois casos de um elemento com fornecimento de potência de 12 W: (*a*) $p = -4 \times 3 = -12$ W; (*b*) $p = -4 \times 3 = -12$ W.

EXEMPLO 1.4

Uma fonte de energia com uma corrente constante de 2 A força a passagem dessa corrente através de uma lâmpada por 10 s. Se forem liberados 2,3 kJ na forma de energia luminosa e calorífica, calcule a queda de tensão na lâmpada.

Solução: A carga total é

$$\Delta q = i\, \Delta t = 2 \times 10 = 20\ \text{C}$$

A queda de tensão é

$$v = \frac{\Delta w}{\Delta q} = \frac{2{,}3 \times 10^3}{20} = 115\ \text{V}$$

PROBLEMA PRÁTICO 1.4

Mover uma carga q do ponto a ao ponto b requer –30 J. Determine a queda de tensão v_{ab} se: (a) $q = 6$ C, (b) $q = -3$ C.

Resposta: (a) –5 V, (b) 10 V.

EXEMPLO 1.5

Determine a potência fornecida para um elemento no instante $t = 3$ ms se a corrente que entra pelo terminal positivo for

$$i = 5 \cos 60\pi t\ \text{A}$$

e a tensão for: (a) $v = 3i$, (b) $v = 3di/dt$.

Solução: (a) A tensão é $v = 3i = 15 \cos 60\pi t$; portanto, a potência é

$$p = vi = 75 \cos^2 60\pi t\ \text{W}$$

No instante $t = 3$ ms,

$$p = 75 \cos^2 (60\pi \times 3 \times 10^{-3}) = 75 \cos^2 0,18\pi = 53,48 \text{ W}$$

(b) Determinamos a tensão e a potência como

$$v = 3\frac{di}{dt} = 3(-60\pi)5 \operatorname{sen} 60\pi t = -900\pi \operatorname{sen} 60\pi t \text{ V}$$

$$p = vi = -4.500\pi \operatorname{sen} 60\pi t \cos 60\pi t \text{ W}$$

No instante $t = 3$ ms,

$$p = -4.500\pi \operatorname{sen} 0,18\pi \cos 0,18\pi \text{ W}$$
$$= -14.137,167 \operatorname{sen} 32,4° \cos 32,4° = -6,396 \text{ kW}$$

PROBLEMA PRÁTICO 1.5

Determine a potência fornecida para o elemento no Exemplo 1.5 no instante $t = 5$ ms se a corrente permanecer constante e a tensão for:

(a) $v = 2i$ V

(b) $v = \left(10 + 5\int_0^t i\, dt\right)$ V.

Resposta: (a) 17,27 W, (b) 29,7 W.

EXEMPLO 1.6

Quanta energia uma lâmpada de 100 W consome em duas horas?

Solução: $w = pt = 100$ (W) $\times 2$ (h) $\times 60$ (min/h) $\times 60$ (s/min)
$= 720.000$ J $= 720$ kJ

Isso é o mesmo que

$$w = pt = 100 \text{ W} \times 2 \text{ h} = 200 \text{ Wh}$$

PROBLEMA PRÁTICO 1.6

Um forno elétrico consome 15 A quando conectado a uma linha de 120 V. Quanto tempo leva para consumir 180 kJ?

Resposta: 50 s.

1.6 Elementos de circuito

Conforme discutido na Seção 1.1, um elemento é o componente básico de um circuito. Um circuito elétrico é simplesmente uma interconexão de elementos, e a análise de circuitos é o processo de determinar tensões nos elementos do circuito (ou as correntes através deles).

Existem dois tipos de elementos encontrados nos circuitos elétricos: elementos *passivos* e elementos *ativos*. Um elemento ativo é capaz de gerar energia enquanto um elemento passivo não é. Exemplos de elementos passivos são resistores, capacitores e indutores; os elementos ativos típicos são geradores, baterias e amplificadores operacionais. Nosso objetivo nesta seção é ganhar familiaridade com alguns elementos ativos importantes.

Os elementos ativos mais importantes são fontes de tensão ou corrente que geralmente liberam potência para o circuito conectado a eles. Há dois tipos de fontes: as dependentes e as independentes.

> Uma **fonte independente ideal** é um elemento ativo que fornece uma tensão especificada ou corrente que é completamente independente de outros elementos do circuito.

PERFIS HISTÓRICOS

Exposição de 1884 Nos Estados Unidos, nada promoveu melhor o futuro da eletricidade como a Exposição Internacional de Eletricidade de 1884.

Imagine um mundo iluminado apenas por velas e lampiões de gás onde os meios de transporte mais comuns eram andar a pé, a cavalo ou em uma carruagem. Foi nesse mundo que foi criada uma exposição que destacava Thomas Edison e refletia sua alta capacidade de promover invenções e produtos. Suas exposições eram caracterizadas por espetaculares *displays* luminosos alimentados por um impressionante gerador "Jumbo" de 100 kW.

Os dínamos e lâmpadas de Edward Weston foram apresentados no *display* da Companhia de Iluminação Elétrica dos Estados Unidos. O famoso conjunto de instrumentos científicos de Weston também foi exibido.

Entre outros expositores proeminentes, podemos citar Frank Sprague, Elihu Thompson e a Brush Electric Company of Cleveland. A American Institute of Electrical Engineers (AIEE) sediou sua primeira reunião técnica em 7 e 8 de outubro no Franklin Institute durante a exposição. A AIEE se juntou ao Institute of Radio Engineers (IRE) em 1964 para formarem o Institute of Electrical and Electronics Engineers (IEEE).

Smithsonian Institution.

Em outras palavras, uma fonte de tensão independente ideal libera para o circuito a corrente que for necessária para manter a tensão em seus terminais. Fontes físicas como baterias e geradores podem ser consideradas como aproximações para fontes de tensão ideal. A Figura 1.11 mostra os símbolos para fontes de tensão independente. Note que ambos os símbolos nas Figuras 1.11*a* e *b* podem ser usados para representar uma fonte de tensão CC, porém, apenas o símbolo na Figura 1.11*a* pode ser utilizado para uma fonte de tensão variável com o tempo. De forma similar, uma fonte de corrente independente

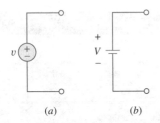

Figura 1.11 Símbolos para fontes de tensão independente: (a) usada para tensão constante ou variável com o tempo; (b) utilizada para tensão constante (CC).

Figura 1.12 Símbolo para fonte de corrente independente.

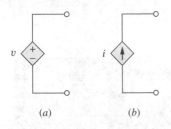

Figura 1.13 Símbolos para (a) fonte de tensão dependente; (b) fonte de corrente dependente.

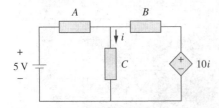

Figura 1.14 A fonte do lado direito é uma fonte de tensão controlada por corrente.

ideal é um elemento ativo que fornece uma corrente especificada completamente independente da tensão na fonte. Isto é, a fonte de corrente libera para o circuito a tensão que for necessária para manter a corrente designada. O símbolo para uma fonte de corrente independente é mostrado na Figura 1.12, na qual a seta indica o sentido da corrente i.

> Uma **fonte dependente** (ou **controlada**) **ideal** é um elemento ativo no qual a quantidade de energia é controlada por outra tensão ou corrente.

Fontes dependentes são normalmente designadas por símbolos com forma de losango, conforme mostrado na Figura 1.13. Já que o controle da fonte dependente é obtido por uma tensão ou corrente de algum outro elemento do circuito e a fonte pode ser de tensão ou de corrente, veja a seguir que há quatro tipos possíveis de fontes dependentes:

1. Fonte de tensão controlada por tensão (FTCT*).
2. Fonte de corrente controlada por tensão (FCCT).
3. Fonte de corrente controlada por corrente (FCCC).
4. Fonte de tensão controlada por corrente (FTCC).

Fontes dependentes são úteis no modelamento de elementos como transistores, amplificadores operacionais e circuitos integrados. Um exemplo de fonte de tensão controlada por corrente é mostrado no lado direito da Figura 1.14, em que a tensão $10i$ da fonte de tensão depende da corrente i através do elemento C. Os estudantes poderão ficar surpresos por saber que o valor da fonte de tensão dependente é $10i$ V (e não $10i$ A), pois se trata de uma fonte de tensão. O conceito-chave para se ter em mente é que uma fonte de tensão vem com polaridades $(+ -)$ em seu símbolo, enquanto uma fonte de corrente vem com uma seta, independentemente do que ela dependa.

Deve-se observar que uma fonte de tensão ideal (dependente ou independente) produzirá qualquer corrente necessária para garantir que a tensão entre seus terminais seja conforme expressa, enquanto uma fonte de corrente ideal produzirá a tensão necessária para garantir o fluxo de corrente expresso. Portanto, uma fonte ideal poderia, teoricamente, fornecer uma quantidade de energia infinita. Deve-se notar também que as fontes não apenas fornecem potência a um circuito, como também podem absorver potência de um circuito. Para uma fonte de tensão, conhecemos a tensão, mas não a corrente por ela fornecida ou absorvida. Do mesmo modo, conhecemos a corrente fornecida por uma fonte de corrente, mas não a tensão nela.

EXEMPLO 1.7

Calcule a potência fornecida ou absorvida em cada elemento na Figura 1.15.

Solução: Aplicamos a convenção de sinal para potência mostrada nas Figuras 1.8 e 1.9. Para p_1, a corrente de 5 A está saindo do terminal positivo da fonte (ou entrando pelo terminal negativo); portanto,

$$p_1 = 20(-5) = -100 \text{ W} \quad \text{Potência fornecida}$$

---

* N. de T.: É comum o leitor encontrar a designação em inglês VCVS (voltage-controlled voltage source) em vez de FTCT; CCVS (current-coltrolled voltage source) em vez de FCCT; VCCS (voltage-controlled current source) em vez de FCCC; e CCCS (current-controlled current source) em vez de FTCC.

Para p_2 e p_3, a corrente flui para o terminal positivo do elemento em cada caso.

$$p_2 = 12(5) = 60 \text{ W} \quad \text{Potência absorvida}$$
$$p_3 = 8(6) = 48 \text{ W} \quad \text{Potência absorvida}$$

Para p_4, devemos notar que a tensão é 8 V (positiva na parte superior), a mesma que a tensão para p_3, já que tanto o elemento passivo quanto a fonte dependente estão conectados aos mesmos terminais. (Lembre-se de que a tensão é sempre medida ao longo de um elemento em um circuito.) Desde que a corrente sai pelo terminal positivo,

$$p_4 = 8(-0{,}2I) = 8(-0{,}2 \times 5) = -8 \text{ W} \quad \text{Potência fornecida}$$

Devemos observar que a fonte de tensão independente de 20 V e a fonte de corrente dependente $0{,}2I$ estão fornecendo potência para o restante do circuito, enquanto os dois elementos passivos estão absorvendo potência. Da mesma forma,

$$p_1 + p_2 + p_3 + p_4 = -100 + 60 + 48 - 8 = 0$$

De acordo com a Equação (1.8), a potência total fornecida é igual à potência total absorvida.

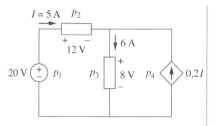

Figura 1.15 Esquema para o Exemplo 1.7.

Calcule a potência absorvida ou fornecida por componente do circuito na Figura 1.16.

Resposta: $p_1 = -45$ W, $p_2 = 18$ W, $p_3 = 12$ W, $p_4 = 15$ W.

PROBLEMA PRÁTICO 1.7

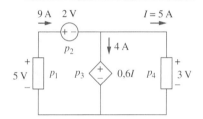

Figura 1.16 Esquema para o Problema prático 1.7.

1.7 †Aplicações[2]

Nesta seção, veremos duas aplicações práticas dos conceitos desenvolvidos neste capítulo. A primeira delas está relacionada com o tubo de imagens de uma TV e a outra com a maneira pela qual as concessionárias de energia elétrica determinam o valor das contas dos consumidores.

1.7.1 Tubo de imagens de TV

Uma importante aplicação do movimento de elétrons está tanto na transmissão como na recepção de sinais de TV. No lado da transmissão, uma câmera de TV reduz a cena de uma imagem óptica a um sinal elétrico. A varredura é efetuada com um fino fluxo de elétrons em um iconoscópio.

No lado da recepção, a imagem é reconstruída usando-se um tubo de raios catódicos (CRT – *cathode ray tube*) localizado no receptor da TV.[3] O CRT é representado na Figura 1.17. Diferentemente do iconoscópio que produz um feixe de elétrons de intensidade constante, o fluxo do CRT varia em intensidade de acordo com o sinal de entrada. O canhão de elétrons, mantido a um potencial elevado, dispara o fluxo de elétrons, que passa por dois conjuntos de placas para a deflexão horizontal e vertical de modo que o ponto na tela em que o fluxo incide pode se mover da direita para a esquerda e de cima para baixo. Quando o fluxo de elétrons atinge a tela fluorescente, ela libera luz naquele ponto. Portanto, o fluxo pode ser controlado de modo a "pintar" uma imagem na tela da TV.

Assim, nascia a câmera de televisão.

---

[2] Ao encontrar um símbolo de adaga precedendo o título de uma seção indica que se trata de uma seção que pode ser omitida, explicada brevemente ou ser dada como tarefa de casa.

[3] Os tubos de TV modernos usam uma tecnologia diferente.

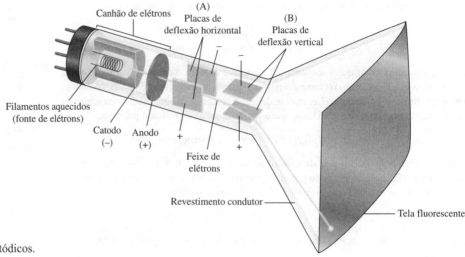

Figura 1.17 Tubo de raios catódicos.

EXEMPLO 1.8

O fluxo de elétrons em um tubo de imagem de TV carrega 10^{15} elétrons por segundo. Como engenheiro de projeto, determine a tensão V_0 necessária para acelerar o feixe de elétrons para atingir 4 W.

Solução: A carga de um elétron é

$$e = -1,6 \times 10^{-19} \text{ C}$$

Se o número de elétrons for n, então $q = ne$ e

$$i = \frac{dq}{dt} = e\frac{dn}{dt} = (-1,6 \times 10^{-19})(10^{15}) = -1,6 \times 10^{-4} \text{ A}$$

O sinal negativo indica que a corrente vai no sentido oposto ao fluxo de elétrons, conforme indicado na Figura 1.18, que é um diagrama simplificado do CRT para o caso em que as placas de deflexão verticais não transportam nenhuma carga. A potência do feixe é

$$p = V_o i \quad \text{ou} \quad V_o = \frac{p}{i} = \frac{4}{1,6 \times 10^{-4}} = 25.000 \text{ V}$$

Portanto, a tensão necessária é 25 kV.

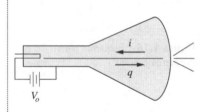

Figura 1.18 Um diagrama simplificado do tubo de raios catódicos para o Exemplo 1.8.

PROBLEMA PRÁTICO 1.8

Se um fluxo de elétrons em um tubo de imagem de TV carrega 10^{13} elétrons/segundo e passa por placas mantidas a uma diferença de potencial de 30 kV, calcule a potência do fluxo.

Resposta: 48 mW.

1.7.2 Contas de consumo de energia elétrica*

A segunda aplicação trata sobre a maneira como uma concessionária de energia elétrica cobra seus clientes. O custo da eletricidade depende da quantidade de energia consumida em quilowatts-hora (kWh). (Outros fatores que

---

* N. de T.: O leitor deve levar em consideração que a política de cobrança para o fornecimento de energia elétrica se refere aos Estados Unidos. Entretanto, como exemplo de aplicação, o item é válido.

PERFIS HISTÓRICOS

Karl Ferdinand Braun (1850-1918), da Universidade de Strasbourg, inventou o tubo de raios catódicos Braun, em 1879, que se tornou a base para o tubo de imagem usado por tantos anos em televisores. Ele ainda é, hoje, o dispositivo mais econômico, embora o preço de sistemas com telas planas esteja rapidamente se tornando competitivo. Antes de o tubo de Braun ser usado nos televisores, foi necessária a inventividade de **Vladimir K. Zworykin** (1889-1982) para desenvolver o iconoscópio de modo que a televisão moderna se transformasse em realidade. O iconoscópio evoluiu para o orticonoscópio e o orticonoscópio de imagem, que permitiu que imagens fossem capturadas e convertidas em sinais que poderiam ser enviados para o televisor.

afetam o custo são os de potência e demanda; por enquanto os ignoraremos.) Porém, mesmo que um consumidor não use nenhuma energia, existe uma tarifa mínima que o cliente deverá pagar, pois custa dinheiro mantê-lo conectado à rede de energia elétrica. À medida que o consumo aumenta, o custo por kWh diminui. É interessante observar o consumo médio mensal de eletrodomésticos de uma família constituída por cinco pessoas, conforme mostrado na Tabela 1.3.

Tabela 1.3 • Média mensal do consumo-padrão de eletrodomésticos.

Aparelho	Consumo em kWh	Aparelho	Consumo em kWh
Aquecedor de água	500	Máquina de lavar roupa	120
Freezer	100	Fogão elétrico	100
Iluminação	100	Secadora	80
Máquina de lavar louça	35	Forno de micro-ondas	25
Ferro de passar	15	Computador	12
TV	10	Rádio	8
Torradeira	4	Relógio	2

EXEMPLO 1.9

Um domicílio consome 700 kWh em janeiro. Determine o valor da conta de eletricidade para o mês usando a seguinte escala tarifária residencial:

- Tarifa mensal básica de US$ 12,00.
- O custo mensal dos primeiros 100 kWh é de 16 centavos/kWh.
- O custo mensal dos 200 kWh seguintes é de 10 centavos/kWh.
- O custo mensal dos 300 kWh seguintes é de 6 centavos/kWh.

Solução: Calculamos a conta de energia elétrica como segue.

Tarifa básica mensal = US$ 12,00

Primeiros 100 kWh a US$ 0,16/kWh = US$ 16,00

Os 200 kWh seguintes a US$ 0,10/kWh = US$ 20,00

Os 400 kWh restantes a US$ 0,06/kWh = US$ 24,00

Valor final da conta = US$ 72,00

$$\text{Custo médio} = \frac{\text{US\$72}}{100 + 200 + 400} = 10,2 \text{ centavos/kWh}$$

PROBLEMA PRÁTICO 1.9

Referindo-se à tarifa mensal residencial do Exemplo 1.9, calcule o custo médio por kWh se apenas 350 kWh forem consumidos em julho quando a família está na maior parte desse período viajando.

Resposta: 14,571 centavos/kWh.

1.8 †Resolução de problemas

Embora os problemas a serem resolvidos durante a carreira de um profissional variem de acordo com a complexidade e a magnitude, os princípios básicos a serem seguidos permanecem os mesmos. O processo descrito aqui é o desenvolvido pelos autores ao longo de vários anos de resolução de problemas com seus alunos, de questões de engenharia na indústria e para resolução de problemas na área de pesquisa.

Enumeraremos as seguintes etapas de forma simples e, em seguida, de forma mais elaborada.

1. **Defina** cuidadosamente o problema.
2. **Apresente** tudo o que você sabe sobre o problema.
3. Estabeleça um conjunto de soluções **alternativas** e determine aquela que promete a maior probabilidade de sucesso.
4. **Tente** uma solução para o problema.
5. **Avalie** a solução e verifique sua precisão.
6. O problema foi resolvido de forma **satisfatória**? Em caso positivo, apresente a solução; caso contrário, volte então à etapa 3 e retome o processo.

1. *Defina cuidadosamente o problema.* Esta pode ser a etapa mais importante do processo, pois é a base para todas as etapas restantes. Em geral, a apresentação de problemas de engenharia é um tanto incompleta. Você deve fazer tudo o que pode para certificar-se de que entendeu o problema por completo da forma como aquele que lhe apresentou o compreenda. Neste ponto, o tempo gasto identificando claramente o problema poupará tempo considerável e uma futura frustração. Como estudante, você pode esclarecer o enunciado do problema em um livro didático, pedindo ao professor para ajudá-lo a compreendê-lo melhor. Um problema com o qual você vai se deparar na vida profissional pode exigir que você consulte várias pessoas. Nesta etapa, é importante desenvolver perguntas que precisem ser feitas antes de continuar o processo de solução. Se tiver perguntas como essas, você precisa consultar pessoas ou recursos apropriados para obter as respectivas respostas. Com isso, é possível refinar o problema e usar esse aprimoramento como enunciado da questão para o restante do processo de solução.

2. *Apresente tudo o que sabe sobre o problema.* Agora você está pronto para escrever tudo o que sabe sobre o problema e suas soluções possíveis. Esta etapa importante poupará tempo e uma futura frustração.

3. *Estabeleça um conjunto de soluções **alternativas** e determine aquela que promete a maior probabilidade de sucesso.* Quase todo problema terá uma série de caminhos possíveis que o levarão a uma solução. É altamente desejável identificar o maior número de caminhos possíveis. Neste ponto,

você também precisa determinar que ferramentas estão disponíveis como *PSpice* e *MATLAB* e outros pacotes de *software* que podem reduzir enormemente o esforço e aumentar a precisão. Novamente, temos de enfatizar que o tempo gasto definindo cuidadosamente o problema e investigando abordagens alternativas para sua solução renderá muitos dividendos mais tarde. Avaliar as alternativas e determinar quais prometem a maior probabilidade de sucesso pode ser difícil, porém valerá o esforço. Documente bem esse processo, pois, certamente, você voltará a ele, caso a primeira abordagem não funcione.

4. *Tente uma solução para o problema*. Este é o momento de realmente começar a resolver o problema. O processo seguido deve ser bem documentado de modo a apresentar uma solução detalhada se bem-sucedida, e para avaliar o processo caso não tenha êxito. Essa avaliação detalhada pode levá-lo a correções que o conduzirão a uma melhor solução. Ela também poderá levar a novas alternativas a serem experimentadas. Muitas vezes, é prudente configurar uma solução antes de colocar números nas equações. Isso nos ajudará a verificar os resultados.

5. *Avalie a solução e verificar sua precisão*. Agora avalie completamente o que conseguiu realizar. Decida se tem uma solução aceitável em mãos, uma que você queira apresentar à sua equipe, ao gerente ou ao professor.

6. *O problema foi resolvido de forma **satisfatória**? Em caso positivo, apresente a solução; caso contrário, retome à etapa 3 e retome o processo.* Agora você precisa apresentar sua solução ou tentar outra saída. Neste ponto, concluir o problema pode levá-lo ao encerramento do processo. Entretanto, muitas vezes a apresentação de uma solução leva a um maior aprimoramento da definição do problema e o processo continua. Seguir esse processo pode, finalmente, levar a uma conclusão satisfatória.

Examinemos agora esse processo considerando um aluno de curso básico de engenharia elétrica ou de computação. (O processo básico também se aplica a praticamente qualquer curso de engenharia.) Tenha em mente que, embora as etapas tenham sido simplificadas para aplicar aos tipos de problemas acadêmicos, o processo, conforme mencionado, sempre precisa ser seguido. Consideremos um exemplo simples.

EXEMPLO 1.10

Determine a corrente que flui pelo resistor de 8 ohms (Ω) da Figura 1.19.

Solução:

1. *Defina cuidadosamente o problema*. Trata-se apenas de um exemplo simples, porém já podemos constatar que não sabemos a polaridade da fonte de 3 V. Temos as seguintes opções: (1) podemos perguntar ao professor qual deve ser a polaridade; (2) se não tivermos condições de perguntar a ele, então precisamos tomar uma decisão sobre o que fazer em seguida; (3) se tivermos tempo para trabalhar o problema de ambas as formas, podemos encontrar a corrente quando a fonte de 3 V for positiva na parte superior e, em seguida, positiva na parte inferior; (4) se não tivermos tempo suficiente para experimentar ambas as maneiras, suponha uma polaridade e então documente de forma cuidadosa sua decisão; (5) vamos supor que o professor informe que o sinal positivo seja na parte inferior, conforme ilustrado na Figura 1.20.

2. *Apresente tudo o que você sabe sobre o problema*. Apresentar tudo o que você sabe sobre o problema envolve identificar claramente o circuito de modo a definir o que buscamos.

   Dado o circuito exibido na Figura 1.20, calcule $i_{8\Omega}$.

   Agora verificamos com o professor se o problema está definido apropriadamente.

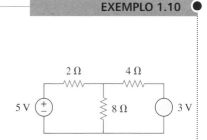

Figura 1.19 Exemplo ilustrativo.

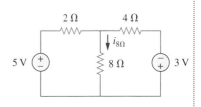

Figura 1.20 Definição do problema.

3. *Estabeleça um conjunto de soluções **alternativas** e determine aquela que promete a maior probabilidade de sucesso*. Há, basicamente, três técnicas que podem ser usadas para solucionar esse problema. Mais adiante, veremos que é possível utilizar análise de circuitos (leis de Kirchhoff e lei de Ohm), análise nodal e análise de malha.

O cálculo de $i_{8\Omega}$ usando análise de circuitos nos levará a uma solução no final, mas, provavelmente, dará muito mais trabalho que as análises nodal ou de malhas. Para calcular $i_{8\Omega}$ pela análise de malhas, é necessário escrever duas equações simultâneas que determinam as duas correntes de laço indicadas na Figura 1.21. O emprego da análise nodal requer uma equação de apenas uma incógnita. Essa é a forma mais fácil.

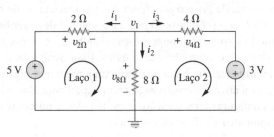

Figura 1.21 Emprego da análise nodal.

Portanto, encontraremos $i_{8\Omega}$ por meio da análise nodal.

4. *Tente uma solução para o problema*. Primeiro, escrevemos todas as equações necessárias de modo a encontrar $i_{8\Omega}$.

$$i_{8\Omega} = i_2, \quad i_2 = \frac{v_1}{8}, \quad i_{8\Omega} = \frac{v_1}{8}$$

$$\frac{v_1 - 5}{2} + \frac{v_1 - 0}{8} + \frac{v_1 + 3}{4} = 0$$

Agora, podemos calcular v_1.

$$8\left[\frac{v_1 - 5}{2} + \frac{v_1 - 0}{8} + \frac{v_1 + 3}{4}\right] = 0$$

o que nos leva a $(4v_1 - 20) + (v_1) + (2v_1 + 6) = 0$

$$7v_1 = +14, \quad v_1 = +2\,\text{V}, \quad i_{8\Omega} = \frac{v_1}{8} = \frac{2}{8} = \mathbf{0{,}25\ A}$$

5. *Avalie a solução e verifique sua precisão*. Agora, podemos usar as leis de Kirchhoff para verificar os resultados.

$$i_1 = \frac{v_1 - 5}{2} = \frac{2 - 5}{2} = -\frac{3}{2} = -1{,}5\,\text{A}$$

$$i_2 = i_{8\Omega} = 0{,}25\,\text{A}$$

$$i_3 = \frac{v_1 + 3}{4} = \frac{2 + 3}{4} = \frac{5}{4} = 1{,}25\,\text{A}$$

$$i_1 + i_2 + i_3 = \mathbf{-1{,}5 + 0{,}25 + 1{,}25 = 0} \quad \text{(Verificado)}$$

Aplicando a lei de Kirchhoff para tensão no laço 1,

$$-5 + v_{2\Omega} + v_{8\Omega} = -5 + (-i_1 \times 2) + (i_2 \times 8)$$
$$= -5 + [-(-1{,}5)2] + (0{,}25 \times 8)$$
$$= \mathbf{-5 + 3 + 2 = 0} \quad \text{(Verificado)}$$

Aplicando a lei e Kirchhoff para tensão no laço 2,

$$-v_{8\Omega} + v_{4\Omega} - 3 = -(i_2 \times 8) + (i_3 \times 4) - 3$$
$$= -(0{,}25 \times 8) + (1{,}25 \times 4) - 3$$
$$= -2 + 5 - 3 = 0 \quad \text{(Verificado)}$$

Portanto, agora temos um grau de confiança muito grande na precisão de nossa resposta.

6. *O problema foi resolvido de forma **satisfatória**? Em caso positivo, apresente a solução; caso contrário, retorne à etapa 3 e retome o processo.* Nesse caso, o problema foi resolvido de forma satisfatória.

A corrente que passa pelo resistor de 8 Ω é de 0,25 A fluindo para baixo através do resistor de 8 Ω.

Tente aplicar esse processo para alguns dos problemas mais difíceis no final do capítulo.

PROBLEMA PRÁTICO 1.10

1.9 Resumo

1. Um circuito elétrico consiste em elementos elétricos conectados entre si.
2. O Sistema Internacional de Unidades (SI) é a linguagem de medida internacional que permite aos engenheiros informarem seus resultados. A partir de seis unidades principais podem ser derivadas as unidades de outras grandezas físicas.
3. Corrente é o fluxo de carga por unidade de tempo.

$$i = \frac{dq}{dt}$$

4. Tensão é a energia necessária para deslocar 1 C de carga através de um elemento.

$$v = \frac{dw}{dq}$$

5. Potência é a energia fornecida ou absorvida por unidade de tempo. Ela também é o produto da tensão pela corrente.

$$p = \frac{dw}{dt} = vi$$

6. De acordo com a convenção de sinal passivo, adota-se um sinal positivo para a potência quando a corrente entra pelo terminal de polaridade positiva da tensão em um elemento.
7. Uma fonte de tensão ideal produz uma diferença de potencial específica entre seus terminais independentemente do que estiver conectado a ela. Uma fonte de corrente ideal produz uma corrente específica através de seus terminais, não interessando o que está conectado a ela.
8. As fontes de corrente e tensão podem ser dependentes ou independentes. Uma fonte dependente é aquela cujo valor depende de algum outro circuito variável.
9. Duas áreas de aplicação dos conceitos vistos neste capítulo são o tubo de imagem de TV e o procedimento de cobrança pelo fornecimento de energia elétrica.

Questões para revisão

1.1 Um milivolt é um milionésimo de um volt.
(a) verdadeiro   (b) falso

1.2 O prefixo *micro* significa:
(a) 10^6 (b) 10^3
(c) 10^{-3} (d) 10^{-6}

1.3 A tensão 2.000.000 V pode ser expressa em potência de 10 como:
(a) 2 mV   (b) 2 kV
(c) 2 MV   (d) 2 GV

1.4 Uma carga de 2 C fluindo por um dado ponto a cada segundo é uma corrente de 2 A.
(a) verdadeiro   (b) falso

1.5 A unidade de corrente é:
(a) coulomb   (b) ampère
(c) volt   (d) joule

1.6 A tensão é medida em:
(a) watts   (b) ampères
(c) volts   (d) joules por segundo

1.7 Uma corrente de 4 A carregando um material dielétrico acumulará uma carga de 24 C após 6 s.
(a) verdadeiro   (b) falso

1.8 A tensão em uma torradeira de 1,1 kW que produz uma corrente de 10 A é:
(a) 11 kV   (b) 1100 V
(c) 110 V   (d) 11 V

1.9 Qual das seguintes opções não é uma grandeza elétrica?
(a) carga   (b) tempo
(c) tensão   (d) corrente
(e) potência

1.10 A fonte dependente na Figura 1.22 é:
(a) fonte de corrente controlada por tensão
(b) fonte de tensão controlada por tensão
(c) fonte de tensão controlada por corrente
(d) fonte de corrente controlada por corrente

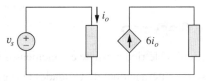

Figura 1.22 Esquema para a Questão para revisão 1.10.

Respostas: 1.1b, 1.2d, 1.3c, 1.4a, 1.5b, 1.6c, 1.7a, 1.8c, 1.9b, 1.10d.

Problemas

• Seção 1.3 Carga e corrente

1.1 Quantos coulombs são representados pelas seguintes quantidades de elétrons?
(a) $6,482 \times 10^{17}$ (b) $1,24 \times 10^{18}$
(c) $2,46 \times 10^{19}$ (d) $1,628 \times 10^{20}$

1.2 Determine a corrente que flui por um elemento se o fluxo de carga for dado por
(a) $q(t) = (3t + 8)$ mC
(b) $q(t) = (8t^2 + 4t - 2)$ C
(c) $q(t) = (3e^{-t} - 5e^{-2t})$ nC
(d) $q(t) = 10 \operatorname{sen} 120\pi t$ pC
(e) $q(t) = 20e^{-4t} \cos 50t\, \mu$C

1.3 Determine a carga $q(t)$ que flui por um dispositivo se a corrente for:
(a) $i(t) = 3$ A, $q(0) = 1$ C
(b) $i(t) = (2t + 5)$ mA, $q(0) = 0$
(c) $i(t) = 20 \cos(10t + \pi/6)\mu$A, $q(0) = 2\, \mu$C
(d) $i(t) = 10e^{-30t} \operatorname{sen} 40t$ A, $q(0) = 0$

1.4 Uma corrente de 7,4 A passa por um condutor. Calcule qual a carga que passa através de qualquer seção transversal desse condutor em 20 s.

1.5 Determine a carga total transferida ao longo do intervalo $0 \leq t \leq 10$ s quando $i(t) = \frac{1}{2}t$ A.

1.6 A carga que entra em determinado elemento é mostrada na Figura 1.23. Determine a corrente em:
(a) $t = 1$ ms
(b) $t = 6$ ms
(c) $t = 10$ ms

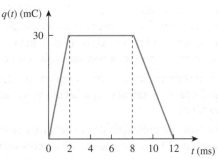

Figura 1.23 Esquema para o Problema 1.6.

1.7 A carga que flui por um fio é representada na Figura 1.24. Represente a corrente correspondente.

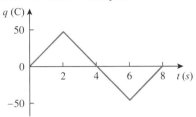

Figura 1.24 Esquema para o Problema 1.7.

1.8 A corrente que flui por um ponto em um dispositivo é mostrada na Figura 1.25. Calcule a carga total através do ponto.

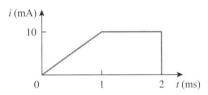

Figura 1.25 Esquema para o Problema 1.8.

1.9 A corrente através de um elemento é ilustrada na Figura 1.26. Determine a carga total que passa pelo elemento em:

(a) $t = 1$ s   (b) $t = 3$ s   (c) $t = 5$ s

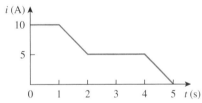

Figura 1.26 Esquema para o Problema 1.9.

● **Seções 1.4 e 1.5   Tensão, potência e energia**

1.10 Um raio com 10 kA atinge um objeto por 15 μs. Quanta carga é depositada sobre o objeto?

1.11 Uma bateria recarregável para lanterna é capaz de liberar 90 mA por cerca de 12 h. Quanta carga ela é capaz de liberar a essa taxa? Se a tensão em seus terminais for de 1,5 V, quanta energia a bateria pode liberar?

1.12 Se a corrente que passa através de um elemento for dada por

$$i(t) = \begin{cases} 3t\text{A}, & 0 \leq t < 6 \text{ s} \\ 18\text{A}, & 6 \leq t < 10 \text{ s} \\ -12\text{A}, & 10 \leq t < 15 \text{ s} \\ 0, & t \geq 15 \text{ s} \end{cases}$$

Faça um gráfico da carga armazenada no elemento durante o intervalo $0 < t < 20$ s.

1.13 A carga que entra pelo terminal positivo de um elemento é

$$q = 5 \operatorname{sen} 4\pi t \text{ mC}$$

enquanto a tensão nesse elemento (do positivo para o negativo) é

$$v = 3 \cos 4\pi t \text{ V}$$

(a) Determine a potência liberada para o elemento em $t = 0,3$ s.

(b) Calcule a energia liberada para o elemento entre 0 e 0,6 s.

1.14 A tensão v em um dispositivo e a corrente i através dele são

$$v(t) = 10 \cos 2t \text{ V}, \qquad i(t) = 20(1 - e^{-0,5t}) \text{ mA}$$

Calcule:

(a) A carga total no dispositivo em $t = 1$ s.

(b) A potência consumida pelo dispositivo em $t = 1$ s.

1.15 A corrente que entra pelo terminal positivo de um dispositivo é $i(t) = 6e^{-2t}$ mA e a tensão neste mesmo dispositivo é $v(t) = 10 di/dt$ V.

(a) Determine a carga liberada para o dispositivo entre $t = 0$ e $t = 2$ s.

(b) Calcule a potência absorvida.

(c) Determine a energia absorvida em 3 s.

● **Seção 1.6   Elementos de circuito**

1.16 A Figura 1.27 mostra a corrente e a tensão em um dispositivo.

(a) Esboce o gráfico da potência liberada para o dispositivo para $t > 0$.

(b) Determine a energia total absorvida pelo dispositivo para o período $0 < t < 4$ s.

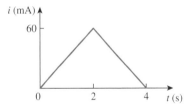

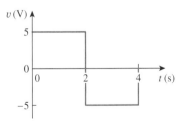

Figura 1.27 Esquema para o Problema 1.16.

1.17 A Figura 1.28 ilustra um circuito com cinco elementos. Se $p_1 = -205$ W, $p_2 = 60$ W, $p_4 = 45$ W, $p_5 = 30$ W, calcule a potência p_3 recebida ou liberada pelo elemento 3.

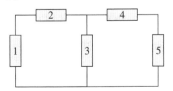

Figura 1.28 Esquema para o Problema 1.17.

1.18 Determine a potência absorvida em um dos elementos da Figura 1.29.

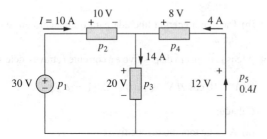

Figura 1.29 Esquema para o Problema 1.18.

1.19 Determine I para o circuito da Figura 1.30.

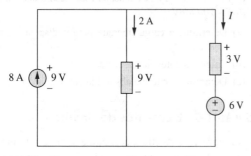

Figura 1.30 Esquema para o Problema 1.19.

1.20 Determine V_0 e a potência absorvida por cada elemento no circuito da Figura 1.31.

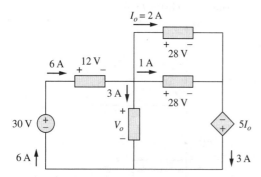

Figura 1.31 Esquema para o Problema 1.20.

• Seção 1.7 Aplicações

1.21 Uma lâmpada incandescente de 60 W opera em 120 V. Quantos elétrons e coulombs fluem através da lâmpada em um dia?

1.22 Um raio de 40 kA atinge um avião durante 1,7 ms. Quantos coulombs de carga são depositados no avião?

1.23 Um aquecedor elétrico de 1,8 kWh leva 15 min para ferver certa quantidade de água. Se isto for feito uma vez por dia e a eletricidade custar 10 centavos/kWh, qual o custo de sua operação durante 30 dias?

1.24 Uma concessionária de energia elétrica cobra 8,2 centavos/kWh. Se um consumidor manter ligada continuamente uma lâmpada de 60 W por um dia, qual será a tarifa cobrada do consumidor?

1.25 Uma torradeira de 1,5 kW leva em torno de 3,5 minutos para tostar quatro fatias de pão. Determine o custo do uso da torradeira uma vez ao dia por um mês (30 dias). Considere que a energia elétrica custe 8,2 centavos/kWh.

1.26 Uma pilha de lanterna tem um consumo de 0,8 ampères-hora (Ah) e uma vida útil de 10 horas.

(a) Qual é a quantidade de corrente por ela liberada?
(b) Quanta potência ela pode fornecer se a tensão entre seus terminais for de 6 V?
(c) Quanta energia é armazenada na bateria em Wh?

1.27 É necessária uma corrente contínua de 3 A por 4 horas para carregar uma bateria de automóvel. Se a tensão entre os polos da bateria for de $10 + t/2$ V, onde t é expresso em horas,

(a) Quanta carga é transportada como resultado do carregamento?
(b) Quanta energia é consumida?
(c) Qual é o custo para a carga da bateria? Suponha que a eletricidade custe 9 centavos/kWh.

1.28 Uma lâmpada incandescente de 60 W está conectada a uma fonte de 120 V e é deixada ligada continuamente em uma escadaria anteriormente escura. Determine:

(a) A corrente que passa pela lâmpada.
(b) O custo de deixar a lâmpada ligada ininterruptamente por um ano não bissexto se a eletricidade custa 9,5 centavos kWh.

1.29 Um fogão elétrico com quatro queimadores e um forno é usado no preparo de uma refeição como segue:

Queimador 1: 20 minutos   Queimador 2: 40 minutos
Queimador 3: 15 minutos   Queimador 4: 45 minutos
Forno: 30 minutos

Se cada queimador tem uma classificação de 1,2 kW e o forno de 1,8 kW e a energia elétrica tem um custo de 12 centavos por kWh, calcule o custo da energia elétrica utilizada no preparo dessa refeição.

1.30 A Reliant Energy (companhia de energia elétrica de Houston, Texas) cobra de seus consumidores o seguinte:

• Tarifa mensal US$ 6
• Primeiros 250 kWh a US$ 0,02/kWh
• Todos os kWh adicionais a US$ 0,07/kWh

Se um consumidor usar 2.436 kWh em um mês, quanto a Reliant Energy cobrará?

1.31 Em uma residência, um computador pessoal (PC) de 120 W é usado 4 h/dia, enquanto uma lâmpada de 60 W fica ligada 8 h/dia. Se a concessionária de energia elétrica cobra US$ 0,12/kW, calcule quanto essa residência paga por ano com o PC e a lâmpada.

Problemas abrangentes

1.32 Um fio telefônico tem uma corrente de 20 μA passando por ele. Quanto tempo leva para uma carga de 15 C passar pelo fio?

1.33 Um relâmpago transportou uma corrente de 2 kA e durou 3 ms. Quantos coulombs de carga estavam contidos no relâmpago?

1.34 A Figura 1.32 mostra o consumo de energia de determinada residência em 1 dia. Calcule:

(a) A energia total consumida em kW.

(b) A potência média por hora durante um período de 24 horas.

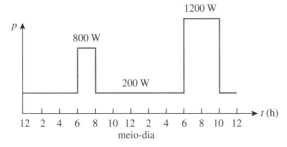

Figura 1.32 Esquema para o Problema 1.34.

1.35 O gráfico da Figura 1.33 representa a potência absorvida por uma planta industrial entre as 8 h e 8h30 da manhã. Calcule a energia total em MWh consumida pela planta.

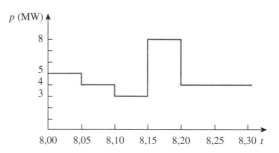

Figura 1.33 Esquema para o Problema 1.35.

1.36 Uma bateria pode ser classificada em ampères-hora (Ah). Uma bateria chumbo-ácida está na faixa de 160 Ah.

(a) Qual a corrente máxima que ela é capaz de fornecer por 40 h?

(b) Quantos dias ela vai durar se ela for descarregada a 1 mA?

1.37 Uma bateria de 12 V requer uma carga total de 40 Ah durante sua recarga. Quantos joules são fornecidos para a bateria?

1.38 Quanta energia é liberada por um motor de 10 HP em 30 minutos? Considere que 1 cavalo-vapor = 746 W.

1.39 Um televisor de 600 W é ligado por 4 h sem que ninguém esteja assistindo. Se a eletricidade custa 10 centavos/kWh, qual o valor desperdiçado?

2

LEIS BÁSICAS

Existem muitas pessoas orando para que as montanhas de dificuldades sejam removidas, quando o que elas realmente precisam é de coragem para escalá-las.
Autor desconhecido

Progresso profissional

Critérios ABET EC 2000 (3.b), "habilidade em projetar um sistema, componente ou processo para atender às necessidades desejadas".

Os engenheiros devem projetar e realizar experimentos, bem como analisar e interpretar dados. A maior parte dos estudantes dedica horas fazendo experimentos no colégio e na faculdade, por isso é comum esperar que você tenha prática nessas atividades. Minha sugestão é que, ao realizar experimentos no futuro, você invista mais tempo na análise e interpretação de dados.

E qual é o significado disso tudo? Se estiver examinando um gráfico da tensão *versus* resistência ou da corrente *versus* resistência ou ainda da potência *versus* resistência, o que você realmente verá? A curva faz sentido? Ela concorda com o que diz a teoria? Ela difere do esperado e, em caso positivo, por quê? Claramente, essa prática com dados aperfeiçoará sua habilidade.

E como você poderia desenvolvê-la e aperfeiçoá-la sendo que todos os experimentos em estudos exigem pouca ou nenhuma prática ao realizá-los?

Na verdade, desenvolver essa qualidade sob essa condição não é tão difícil quanto parece. O que, de fato, precisa ser feito é analisar o experimento, subdividi-lo em partes mais simples, reconstruí-lo tentando compreender por que cada elemento se encontra ali e, finalmente, determinar o que o autor está tentando lhe passar. Muito embora isso nem sempre possa acontecer, todo experimento que se realiza foi concebido por alguém que realmente estava motivado a lhe ensinar algo.

2.1 Introdução

O Capítulo 1 apresentou conceitos básicos como corrente, tensão e potência em um circuito elétrico. Determinar de forma efetiva os valores dessas variáveis em dado circuito requer a interpretação de algumas leis fundamentais que regem os circuitos elétricos, como a lei de Ohm e as leis de Kirchhoff.

Neste capítulo, além dessas leis, discutiremos algumas técnicas normalmente aplicadas no projeto e análise de circuitos. Entre tais técnicas temos a associação de resistores em série ou em paralelo, divisão de tensão, divisão de corrente e transformações delta-Y (ou triângulo-estrela) e Y-delta (ou estrela-triângulo). A aplicação dessas leis e técnicas se restringirá a circuitos resistivos. No final, vamos aplicá-las em casos reais, como iluminação elétrica e projeto de medidores CC.

2.2 Lei de Ohm

Os materiais geralmente possuem um comportamento característico de resistir ao fluxo de carga elétrica. Essa propriedade física, ou habilidade, é conhecida como *resistência* e é representada pelo símbolo R. A resistência de qualquer material com uma área da seção transversal (A) uniforme depende de A e de seu comprimento ℓ, conforme mostrado na Figura 2.1a. Podemos representar a resistência (conforme medição em laboratório), na forma matemática a seguir,

$$R = \rho \frac{\ell}{A} \quad (2.1)$$

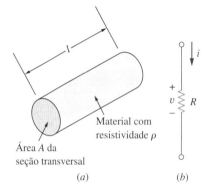

Figura 2.1 (*a*) Resistor; (*b*) símbolo de resistência usado em circuitos.

onde ρ é conhecida como *resistividade* do material em ohms-metro. Bons condutores, como cobre e alumínio, possuem baixa resistividade, enquanto isolantes, como mica e papel, têm alta resistividade. A Tabela 2.1 apresenta os

Tabela 2.1 • Resistividade de alguns materiais comuns.

Material	Resistividade (Ω · m)	Emprego
Prata	$1{,}64 \times 10^{-8}$	Condutor
Cobre	$1{,}72 \times 10^{-8}$	Condutor
Alumínio	$2{,}8 \times 10^{-8}$	Condutor
Ouro	$2{,}45 \times 10^{-8}$	Condutor
Carbono	4×10^{-5}	Semicondutor
Germânio	47×10^{-2}	Semicondutor
Silício	$6{,}4 \times 10^{2}$	Semicondutor
Papel	10^{10}	Isolante
Mica	5×10^{11}	Isolante
Vidro	10^{12}	Isolante
Teflon	3×10^{12}	Isolante

valores de ρ para alguns materiais comuns e mostra quais materiais são usados como condutores, isolantes e semicondutores.

O elemento de circuito usado para modelar o comportamento da resistência à corrente de um material é o *resistor*. Para poder construir os circuitos, os resistores normalmente são feitos de folhas metálicas e compostos de carbono. O símbolo de resistor é mostrado na Figura 2.1b, onde R significa a resistência do resistor, e ele é o elemento passivo mais simples.

Credita-se a Georg Simon Ohm (1787-1854), físico alemão, a descoberta da relação entre corrente e tensão para um resistor. Essa relação é conhecida como *lei de Ohm*.

> A **lei de Ohm** afirma que a tensão *v* em um resistor é diretamente proporcional à corrente *i* através dele.

Isto é,

$$v \propto i \qquad (2.2)$$

Ohm definiu a constante de proporcionalidade para um resistor como a resistência R. (Resistência é uma propriedade de material que pode mudar caso as condições internas ou externas do elemento sejam alteradas, por exemplo, se houver mudanças na temperatura.) Consequentemente, a Equação (2.2) fica

$$\boxed{v = iR} \qquad (2.3)$$

que é a forma matemática da lei de Ohm. R na Equação (2.3) é medida na unidade de ohms, designada Ω. Portanto,

> A *resistência R* de um elemento representa sua capacidade de resistir ao fluxo de corrente elétrica; ela é medida em ohms (Ω).

Considerando a Equação (2.3), podemos deduzir que

$$R = \frac{v}{i} \qquad (2.4)$$

de modo que

$$1\ \Omega = 1\ \text{V/A}$$

PERFIS HISTÓRICOS

Georg Simon Ohm (1787-1854), físico alemão, determinou experimentalmente, em 1826, as leis mais básicas relacionadas com tensão e corrente em um resistor. O trabalho de Ohm foi rejeitado pelos críticos no começo.

De origem humilde, em Erlangen, Bavaria, lançou-se à pesquisa no campo da eletricidade. Seus esforços resultaram em sua famosa lei. Foi condecorado com a Medalha Copley em 1841 pela Royal Society of London. Em 1849 assumiu o cargo de professor titular de física da Universidade de Munique. Em sua homenagem, a unidade de resistência recebeu o seu sobrenome, Ohm.

Para aplicar a lei de Ohm conforme declarada na Equação (2.3), devemos prestar atenção ao sentido da corrente *i* e à polaridade da tensão *v*, que têm de estar de acordo com a convenção de sinal passivo, conforme mostrado na Figura 2.1*b*. Isso implica que a corrente flui de um potencial mais alto para um mais baixo de modo que $v = iR$. Se a corrente fluir de um potencial mais baixo para um mais alto, $v = -iR$.

Uma vez que o valor de *R* pode variar de zero a infinito, é importante considerarmos os dois possíveis valores extremos de *R*. Um elemento com $R = 0$ é denominado *curto-circuito*, conforme observado na Figura 2.2*a*. Para um curto-circuito

$$v = iR = 0 \qquad (2.5)$$

mostrando que a tensão é zero, mas que a corrente poderia assumir qualquer valor. Na prática, um curto-circuito em geral é um fio de conexão que é, supostamente, um condutor perfeito. Portanto,

> **Curto-circuito** é um elemento de circuito com resistência que se aproxima de zero.

De forma similar, um elemento com $R = \infty$ é conhecido como um circuito aberto, conforme mostrado na Figura 2.2*b*. Para um circuito aberto,

$$i = \lim_{R \to \infty} \frac{v}{R} = 0 \qquad (2.6)$$

indicando que a corrente é zero, embora o valor da tensão possa ser qualquer um. Portanto,

> **Circuito aberto** é um elemento de circuito com resistência que se aproxima de infinito.

Um resistor pode ser fixo ou variável, sendo que a maior parte é do tipo fixo, significando que sua resistência permanece constante. Os dois tipos mais comuns de resistores fixos (de fio e compostos) são ilustrados na Figura 2.3. Os resistores compostos são usados quando é necessária resistência elevada. O símbolo para circuito na Figura 2.1*b* é para um resistor fixo. Os resistores variáveis têm resistência ajustável, seu símbolo é exposto na Figura 2.4*a* e um tipo comum é conhecido como *potenciômetro*, com o símbolo mostrado na Figura 2.4*b*, que é um elemento de três terminais com um contato deslizante ou cursor móvel. Deslizando-se o contato, a resistência entre o terminal do contato e os terminais fixos varia. Assim como os resistores fixos, os resistores variáveis podem ser de fio ou de compostos, conforme ilustrado na Figura 2.5. Embora resistores como os mostrados nas Figuras 2.3 e 2.5 sejam usados em

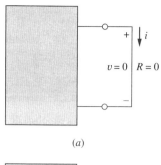

(*a*)

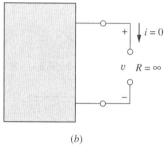

(*b*)

Figura 2.2 (*a*) Curto-circuito ($R = 0$); (*b*) circuito aberto (R = ∞).

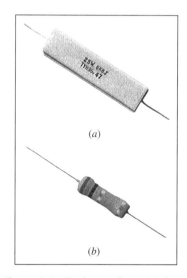

Figura 2.3 Resistores fixos: (*a*) de fio; (*b*) filme de carbono. (*Cortesia da Tech America*.)

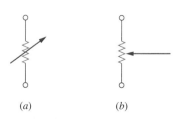

Figura 2.4 Símbolo de circuito para: (*a*) um resistor variável em geral; (*b*) um potenciômetro.

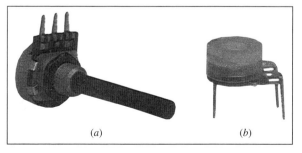

Figura 2.5 Resistores variáveis: (*a*) tipo composto; (*b*) potenciômetro com contato deslizante. (*Cortesia da Tech America*.)

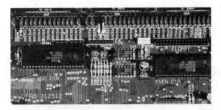

Figura 2.6 Resistores em placa de circuito integrado.

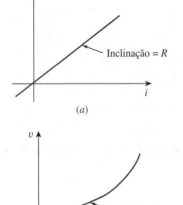

Figura 2.7 A curva característica i-v de: (a) um resistor linear; (b) um resistor não linear.

projetos de circuitos, hoje a maioria dos componentes de circuito, inclusive os resistores, são integrados ou então usam a tecnologia de montagem em superfície, conforme pode ser observado na Figura 2.6.

Devemos destacar que nem todos os resistores obedecem à lei de Ohm, e o que obedece é conhecido como resistor *linear*. Ele tem uma resistência constante e, portanto, apresenta sua curva característica conforme ilustrado na Figura 2.7a: seu gráfico i-v é uma linha reta que passa pela origem. Já um resistor *não linear* não obedece à lei de Ohm, sua resistência varia com a corrente, e sua curva característica i-v é mostrada na Figura 2.7b, e como exemplos temos a lâmpada comum e o diodo. Embora todos os resistores na prática possam apresentar comportamento não linear sob certas condições, partiremos do pressuposto, neste livro, de que todos os elementos projetados na realidade como resistores são lineares.

Uma medida útil em análise de circuitos é o inverso da resistência R, conhecida como *condutância*, uma medida que representa quanto um elemento conduz corrente elétrica, e representada por G:

$$G = \frac{1}{R} = \frac{i}{v} \qquad (2.7)$$

A unidade de condutância é o *mho* (ohm escrito ao contrário), com símbolo ℧, o ômega invertido. Embora os engenheiros muitas vezes usem o mho, neste livro preferimos utilizar o siemens (S), a unidade SI para condutância:

$$1\text{ S} = 1\text{ ℧} = 1\text{ A/V} \qquad (2.8)$$

Portanto,

> **Condutância** é a capacidade de um elemento conduzir corrente elétrica; ela é medida em mho (℧) ou siemens (S).

A mesma resistência pode ser expressa em ohms ou siemens. Por exemplo, 10 Ω é o mesmo que 0,1 S. Da Equação (2.7), podemos escrever

$$i = Gv \qquad (2.9)$$

A potência dissipada por um resistor pode ser expressa em termos de R. Usando as Equações (1.7) e (2.3),

$$p = vi = i^2 R = \frac{v^2}{R} \qquad (2.10)$$

A potência dissipada por um resistor também poderia ser expressa em termos de G como

$$p = vi = v^2 G = \frac{i^2}{G} \qquad (2.11)$$

Devemos observar dois pontos a partir das Equações (2.10) e (2.11):

1. A potência dissipada em um resistor é uma função não linear da corrente ou tensão.
2. Já que R e G são quantidades positivas, a potência dissipada em um resistor é sempre positiva. Portanto, um resistor sempre absorve potência do

circuito, confirmando a ideia de que é um elemento passivo, incapaz de gerar energia.

EXEMPLO 2.1

Um ferro elétrico drena 2 A em uma tensão de 120 V. Determine a resistência.

Solução: Da lei de Ohm,

$$R = \frac{v}{i} = \frac{120}{2} = 60 \, \Omega$$

PROBLEMA PRÁTICO 2.1

O componente essencial de uma tostadeira é um elemento elétrico (um resistor) que converte energia elétrica em energia térmica. Quanta corrente é absorvida por uma torradeira com resistência 15 Ω a 110 V?

Resposta: 7,333 A.

EXEMPLO 2.2

No circuito elétrico mostrado na Figura 2.8, calcule a corrente i, a condutância G e a potência p.

Solução: A tensão no resistor é a mesma da fonte de tensão (30 V), pois o resistor e a fonte de tensão são conectados ao mesmo par de terminais. Consequentemente, a corrente é

$$i = \frac{v}{R} = \frac{30}{5 \times 10^3} = 6 \, \text{mA}$$

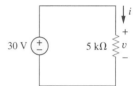

Figura 2.8 Esquema para o Exemplo 2.2.

A condutância é

$$G = \frac{1}{R} = \frac{1}{5 \times 10^3} = 0{,}2 \, \text{mS}$$

Podemos calcular a potência de diversas maneiras usando as Equações (1.7), (2.10) ou (2.11).

$$p = vi = 30(6 \times 10^{-3}) = 180 \, \text{mW}$$

ou

$$p = i^2 R = (6 \times 10^{-3})^2 5 \times 10^3 = 180 \, \text{mW}$$

ou

$$p = v^2 G = (30)^2 0{,}2 \times 10^{-3} = 180 \, \text{mW}$$

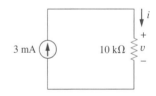

Figura 2.9 Esquema para o Problema prático 2.2.

PROBLEMA PRÁTICO 2.2

Para o circuito mostrado na Figura 2.9, calcule a tensão v, a condutância G e a potência p.

Resposta: 30 V, 100 μS, 90 mW.

EXEMPLO 2.3

Uma fonte de tensão de 20 senπt V é conectada em um resistor de 5 kΩ. Determine a corrente que passa pelo resistor e a potência dissipada.

Solução: $i = \dfrac{v}{R} = \dfrac{20 \, \text{sen} \, \pi t}{5 \times 10^3} = 4 \, \text{sen} \, \pi t \, \text{mA}$

Consequentemente,

$$p = vi = 80 \, \text{sen}^2 \pi t \, \text{mW}$$

PROBLEMA PRÁTICO 2.3

Um resistor absorve uma potência instantânea de 30 cos$^2 t$ mW, quando conectado a uma fonte de tensão $v = 15 \cos t$ V. Determine i e R.

Resposta: 2 cos t mA, 7,5 kΩ.

2.3 †Nós, ramos e laços

Uma vez que os elementos de um circuito elétrico podem ser interconectados de diversas maneiras, precisamos compreender alguns conceitos básicos de topologia de rede. Para diferenciar um circuito de rede podemos considerar uma rede como interconexão de elementos ou dispositivos, enquanto um circuito é uma rede que fornece um ou mais caminhos fechados. A convenção, ao tratar de topologia de rede, é usar a palavra rede em vez de circuito. Fazemos isso, muito embora essas duas palavras signifiquem a mesma coisa quando usadas neste contexto. Na topologia de rede, estudamos as propriedades relacionadas à colocação de elementos na rede e a configuração geométrica dela. Tais elementos incluem ramos, nós e laços.

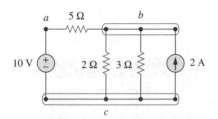

Figura 2.10 Nós, ramos e laços.

> **Ramo** representa um elemento único como fonte de tensão ou resistor.

Em outras palavras, um ramo representa qualquer elemento de dois terminais. O circuito da Figura 2.10 tem cinco ramos, como: a fonte de tensão de 10 V, a fonte de corrente de 2 A e os três resistores.

> **Nó** é o ponto de conexão entre dois ou mais ramos.

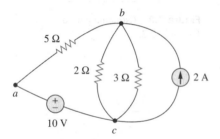

Figura 2.11 Circuito de três nós da Figura 2.10 redesenhado.

Em um circuito, um nó é normalmente indicado por um ponto. Se um curto-circuito (um fio de conexão) conecta dois nós, estes constituem um único nó, e o circuito da Figura 2.10 possui três nós: a, b e c. Observe que os três pontos que formam o nó b são conectados por fios perfeitamente condutores e, portanto, compõem um único ponto. O mesmo é verdade para os quatro pontos que formam o nó c. Demonstramos que o circuito da Figura 2.10 tem apenas três nós, redesenhando o circuito da Figura 2.11. Os dois circuitos nas Figuras 2.10 e 2.11 são idênticos. Entretanto, para deixar claro, os nós b e c são interligados por condutores perfeitos, como mostra a Figura 2.10.

> **Laço** é qualquer caminho fechado em um circuito.

Laço é um caminho fechado formado iniciando-se em um nó, passando por uma série de nós e retornando ao nó de partida sem passar por qualquer outro mais de uma vez. Diz-se que um laço é *independente* se ele contiver pelo menos um ramo que não faça parte de qualquer outro laço independente. Os laços, ou caminhos independentes, resultam em conjuntos de equações independentes.

É possível formar um conjunto independente de laços no qual um deles não contém tal ramo. Na Figura 2.11, $abca$ com o resistor de 2 Ω é independente. Um segundo laço com o resistor de 3 Ω e a fonte de corrente é independente. O terceiro poderia ser um com o resistor de 2 Ω associado em paralelo com o resistor de 3 Ω, e isso realmente forma um conjunto independente de laços.

Uma rede com b ramos, n nós e l laços independentes vão satisfazer o teorema fundamental da topologia de rede:

$$b = l + n - 1 \tag{2.12}$$

Conforme mostram as duas definições a seguir, a topologia de circuitos é de grande valia no estudo de tensões e correntes em um circuito elétrico.

> Dois ou mais elementos estão em **série** se eles compartilharem exclusivamente um único nó e, consequentemente, transportarem a mesma corrente.
>
> Dois ou mais elementos estão em **paralelo** se eles estiverem conectados aos mesmos dois nós e, consequentemente, tiverem a mesma tensão entre eles.

Os elementos estão em série quando estiverem conectados em cadeia ou em sequência, de ponta a ponta. Por exemplo, dois elementos estão em série se compartilharem um nó comum e nenhum outro elemento estiver conectado a esse nó; já os elementos em paralelo são conectados ao mesmo par de terminais. No circuito mostrado na Figura 2.10, a fonte de tensão e o resistor de 5 Ω estão em série, pois a mesma corrente fluirá através deles. Os resistores de 2 Ω e 3 Ω, bem como a fonte de corrente, estão em paralelo, porque estão conectados aos mesmos dois nós (*b* e *c*) e, consequentemente, têm a mesma tensão entre eles. Os resistores de 5 Ω e 2 Ω não estão nem em série nem em paralelo entre si.

EXEMPLO 2.4

Determine o número de ramos e nós no circuito mostrado na Figura 2.12. Identifique quais elementos estão em série e quais estão em paralelo.

Solução: Existem quatro elementos no circuito, que tem quatro ramos: 10 V, 5 Ω, 6 Ω e 2 A. O circuito tem três nós conforme identificado na Figura 2.13. O resistor de 5 Ω está em série com a fonte de tensão de 10 V, pois a mesma corrente fluiria em ambos. O resistor de 6 Ω está em paralelo com a fonte de corrente de 2 A, já que ambos estão conectados aos mesmos nós 2 e 3.

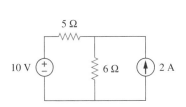

Figura 2.12 Esquema para o Exemplo 2.4.

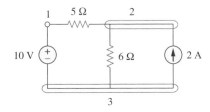

Figura 2.13 Os três nós no circuito da Figura 2.12.

PROBLEMA PRÁTICO 2.4

Quantos ramos e nós o circuito da Figura 2.14 tem? Identifique os elementos que estão em série e em paralelo.

Resposta: Podemos identificar cinco ramos e três nós na Figura 2.15. Os resistores de 1 Ω e 2 Ω estão em paralelo, assim como resistor de 4 Ω e a fonte de 10 V.

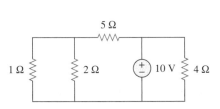

Figura 2.14 Esquema para o Problema prático 2.4.

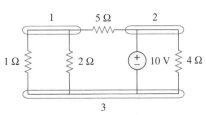

Figura 2.15 Resposta para o Problema prático 2.4.

2.4 Leis de Kirchhoff

A lei de Ohm por si só não é o bastante para analisar os circuitos; entretanto, quando associada com as duas leis de Kirchhoff, elas formam um conjunto de ferramentas poderoso e suficiente para analisar uma série de circuitos elétricos. As leis de Kirchhoff foram introduzidas pela primeira vez em 1847 pelo físico alemão Gustav Robert Kirchhoff (1824-1887) e são formalmente conhecidas como lei de Kirchhoff para corrente (LKC, ou lei dos nós) e lei de Kirchhoff para tensão (LKT, ou lei das malhas); sendo que a primeira se baseia na lei da conservação da carga, que exige que a soma algébrica das cargas dentro de um sistema não pode mudar.

> A **lei de Kirchhoff para corrente (LKC)** diz que a soma algébrica das correntes que entram em um nó (ou um limite fechado) é zero.

Matematicamente, a LKC implica o seguinte

$$\sum_{n=1}^{N} i_n = 0 \quad (2.13)$$

onde N é o número de ramos conectados ao nó e i_n é a *enésima* corrente que entra (ou sai) do nó. Conforme essa lei, as correntes que entram em um nó poderiam ser consideradas positivas, enquanto as correntes que saem do nó, negativas, e vice-versa.

Para provar a LKC, ou lei dos nós, vamos supor que um conjunto de correntes $i_k(t)$, $k = 1, 2, ...$, flua para o nó. A soma algébrica das correntes no nó seria

$$i_T(t) = i_1(t) + i_2(t) + i_3(t) + \cdots \quad (2.14)$$

Integrando ambos os lados da Equação (2.14), obtemos

$$q_T(t) = q_1(t) + q_2(t) + q_3(t) + \cdots \quad (2.15)$$

onde $q_k(t) = \int i_k(t)dt$ e $q_T(t) = \int i_T(t)dt$. Porém, a lei da conservação da carga elétrica requer que a soma algébrica das cargas elétricas no nó não se altere; isto é, que o nó não armazene nenhuma carga livre. Portanto, $q_T(t) = 0 \rightarrow i_T(t) = 0$, confirmando a validade da LKC.

Considere a Figura 2.16. Aplicando a LKC, temos

$$i_1 + (-i_2) + i_3 + i_4 + (-i_5) = 0 \quad (2.16)$$

uma vez que as correntes i_1, i_3 e i_4 estão entrando no nó, enquanto as correntes i_2 e i_5 estão saindo. Rearranjando os termos, obtemos

$$i_1 + i_3 + i_4 = i_2 + i_5 \quad (2.17)$$

A Equação (2.17) é uma forma alternativa da LKC:

> A soma das correntes que entram em um nó é igual à soma das correntes que saem desse nó.

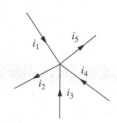

Figura 2.16 Correntes em um nó ilustrando a LKC.

PERFIS HISTÓRICOS

Gustav Robert Kirchhoff (1824-1887), físico alemão, enunciou duas leis básicas em 1847 referentes à relação entre correntes e tensões em uma rede elétrica. As leis de Kirchhoff, juntamente com a lei de Ohm, formam a base da teoria dos circuitos.

Filho de um advogado em Konigsberg, Prússia Oriental, com 18 anos Kirchhoff ingressou na Universidade de Konigsberg e, mais tarde, tornou-se professor universitário em Berlim. Seu trabalho em espectroscopia em colaboração com o químico alemão Robert Bunsen o levou à descoberta do césio, em 1860, e do rubídio, em 1861. Credita-se também a Kirchhoff a lei da radiação, por isso Kirchhoff é famoso entre engenheiros, químicos e físicos.

Note que a LKC também se aplica a um limite fechado. Isso pode ser considerado um caso genérico, pois um nó pode ser uma superfície fechada reduzida a um ponto. Em duas dimensões, um limite fechado é o mesmo que um caminho fechado. Conforme ilustrado de forma característica no circuito da Figura 2.17, a corrente total que entra na superfície fechada é igual à corrente total que sai da superfície.

Uma aplicação simples da LKC é a associação de fontes de corrente em paralelo. A corrente resultante é a soma algébricas das correntes fornecidas pelas fontes individuais; por exemplo, as fontes de corrente mostradas na Figura 2.18a podem ser combinadas, como mostra a Figura 2.18b. As fontes de corrente resultantes ou equivalentes podem ser encontradas aplicando a LKC ao nó a.

$$I_T + I_2 = I_1 + I_3$$

ou

$$I_T = I_1 - I_2 + I_3 \quad (2.18)$$

Figura 2.17 Aplicação da LKC a um limite fechado.

Um circuito não pode conter duas correntes diferentes, I_1 e I_2, em série, a menos que $I_1 = I_2$; caso contrário, a LKC será violada.

A segunda lei de Kirchhoff se baseia no princípio da conservação da energia:

> A **lei de Kirchhoff para tensão (LKT)** diz que a soma algébrica de todas as tensões em torno de um caminho fechado (ou laço) é zero.

Expresso matematicamente, a LKT, ou lei das malhas, afirma que

$$\sum_{m=1}^{M} v_m = 0 \quad (2.19)$$

onde M é o número de tensões no laço (ou o número de ramos no laço) e v_m é a m-ésima tensão.

Para ilustrar a LKT, considere o circuito da Figura 2.19. O sinal em cada tensão é a polaridade do terminal encontrado primeiro à medida que percorremos o laço, partindo de qualquer ramo e percorrendo o laço no sentido horário ou

Diz-se que duas fontes (ou circuitos em geral) são equivalentes se tiverem a mesma relação *i-v* em um par de terminais.

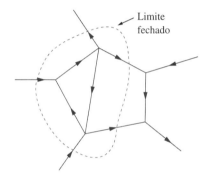

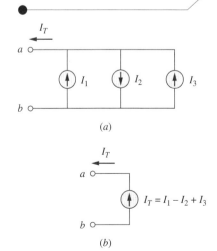

Figura 2.18 Fontes de corrente em paralelo: (*a*) circuito original; (*b*) circuito equivalente.

A LKT pode ser aplicada de duas maneiras: percorrendo o laço no sentido horário ou no sentido anti-horário. Independentemente do sentido adotado, a soma algébrica das tensões em torno do laço é zero.

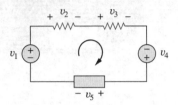

Figura 2.19 Circuito com um único laço ilustrando a LKT.

anti-horário, conforme mostrado; então, as tensões seriam $-v_1, +v_2, +v_3, -v_4$ e $+v_5$, nessa ordem. Por exemplo, ao atingirmos o ramo 3, o terminal positivo é encontrado primeiro; portanto, temos $+v_3$. Para o ramo 4, atingimos primeiro o terminal negativo; logo, temos $-v_4$. Consequentemente, a LKT resulta em

$$-v_1 + v_2 + v_3 - v_4 + v_5 = 0 \quad (2.20)$$

Rearranjando os termos, obtemos

$$v_2 + v_3 + v_5 = v_1 + v_4 \quad (2.21)$$

que pode ser interpretado como

> A soma das quedas de tensão é igual à soma das elevações de tensão. (2.22)

Essa é uma forma alternativa da LKT. Observe que, se tivéssemos percorrido no sentido anti-horário, o resultado teria sido $+v_1, -v_5, +v_4, -v_3$ e $-v_2$, que é o mesmo que antes, exceto pelo fato de os sinais estarem invertidos, portanto, as Equações (2.20) e (2.21) permanecem as mesmas.

Quando as fontes de tensão estiverem conectadas em série, a LKT pode ser aplicada para obter a tensão total. A tensão associada é a soma algébrica das tensões das fontes individuais. Por exemplo, para as fontes de tensão indicadas na Figura 2.20a, a fonte de tensão associada ou equivalente na Figura 2.20b é obtida aplicando a LKT.

$$-V_{ab} + V_1 + V_2 - V_3 = 0$$

ou

$$V_{ab} = V_1 + V_2 - V_3 \quad (2.23)$$

Para impedir a violação da LKT, um circuito não pode conter duas tensões diferentes V_1 e V_2 em paralelo a menos que $V_1 = V_2$.

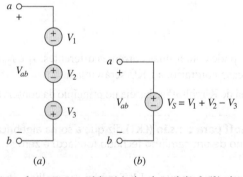

Figura 2.20 Fontes de tensão em série: (a) circuito original; (b) circuito equivalente.

EXEMPLO 2.5

Para o circuito da Figura 2.21a, determine as tensões v_1 e v_2.

Solução: Para encontrar v_1 e v_2, aplicamos a lei de Ohm e a lei de Kirchhoff para tensão. Consideremos que a corrente i flua pelo laço, conforme mostra a Figura 2.21b.

Da lei de Ohm,

$$v_1 = 2i, \quad v_2 = -3i \quad (2.5.1)$$

Aplicando a LKT pelo laço, obtemos

$$-20 + v_1 - v_2 = 0 \quad (2.5.2)$$

Capítulo 2 • Leis básicas 37

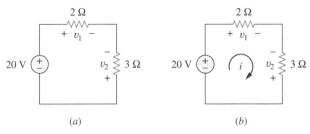

Figura 2.21 Esquema para o Exemplo 2.5.

Substituindo a Equação (2.5.1) na Equação (2.5.2), obtemos

$$-20 + 2i + 3i = 0 \quad \text{ou} \quad 5i = 20 \quad \Rightarrow \quad i = 4 \text{ A}$$

Finalmente, substituindo i na Equação (2.5.1), temos

$$v_1 = 8 \text{ V}, \quad v_2 = -12 \text{ V}$$

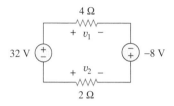

Figura 2.22 Esquema para o Problema prático 2.5.

Determine v_1 e v_2 no circuito da Figura 2.22.
Resposta: 16 V, –8 V.

PROBLEMA PRÁTICO 2.5

EXEMPLO 2.6

Determine v_o e i no circuito mostrado na Figura 2.23a.

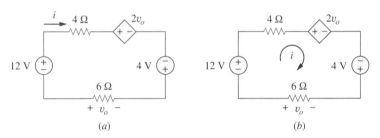

Figura 2.23 Esquema para o Exemplo 2.6.

Solução: Aplicamos a LKT no laço, como mostrado na Figura 2.23b. O resultado é

$$-12 + 4i + 2v_o - 4 + 6i = 0 \quad \text{(2.6.1)}$$

Aplicando a lei de Ohm ao resistor de 6 Ω, temos

$$v_o = -6i \quad \text{(2.6.2)}$$

Substituir a Equação (2.6.2) na Equação (2.6.1) obtemos

$$-16 + 10i - 12i = 0 \quad \Rightarrow \quad i = -8 \text{ A}$$

e $v_o = 48$ V.

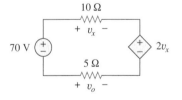

Figura 2.24 Esquema para o Problema prático 2.6.

Determine v_x e v_o no circuito da Figura 2.24.
Resposta: 20 V, –10 V.

PROBLEMA PRÁTICO 2.6

EXEMPLO 2.7

Determine a corrente i_o e a tensão v_o no circuito apresentado na Figura 2.25.

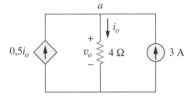

Figura 2.25 Esquema para o Exemplo 2.7.

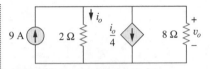

Figura 2.26 Esquema para o Problema prático 2.7.

Solução: Aplicando a LKC ao nó a, obtemos

$$3 + 0{,}5i_o = i_o \quad \Rightarrow \quad i_o = 6 \text{ A}$$

Para o resistor de 4 Ω, a lei de Ohm fornece

$$v_o = 4i_o = 24 \text{ V}$$

● **PROBLEMA PRÁTICO 2.7**

Determine v_o e i_o no circuito da Figura 2.26.
Resposta: 12 V, 6 A.

● **EXEMPLO 2.8**

Determine as correntes e tensões no circuito mostrado na Figura 2.27a.

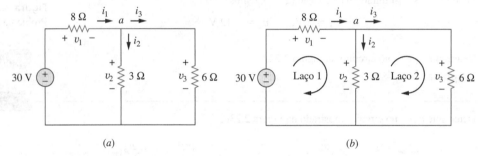

Figura 2.27 Esquema para o Exemplo 2.8.

Solução: Aplicamos a lei de Ohm e as leis de Kirchhoff. Pela lei de Ohm,

$$v_1 = 8i_1, \quad v_2 = 3i_2, \quad v_3 = 6i_3 \tag{2.8.1}$$

Uma vez que a tensão e a corrente de cada resistor estão relacionadas pela lei de Ohm, como mostrado, estamos realmente buscando três coisas: (v_1, v_2, v_3) ou (i_1, i_2, i_3). No nó a, aplicando a LKC temos

$$i_1 - i_2 - i_3 = 0 \tag{2.8.2}$$

Aplicando a LKT ao laço 1, como na Figura 2.27b,

$$-30 + v_1 + v_2 = 0$$

Expressamos isso em termos de i_1 e i_2, como na Equação (2.8.1), para obter

$$-30 + 8i_1 + 3i_2 = 0$$

ou

$$i_1 = \frac{(30 - 3i_2)}{8} \tag{2.8.3}$$

Aplicando a LKT ao laço 2,

$$-v_2 + v_3 = 0 \quad \Rightarrow \quad v_3 = v_2 \tag{2.8.4}$$

conforme esperado, já que os dois resistores estão em paralelo. Expressamos v_1 e v_2 em termos de i_1 e i_2 como indicado na Equação (2.8.1). A Equação (2.8.4) se torna

$$6i_3 = 3i_2 \quad \Rightarrow \quad i_3 = \frac{i_2}{2} \tag{2.8.5}$$

Substituindo as Equações (2.8.3) e (2.8.5) na Equação (2.8.2), temos

$$\frac{30 - 3i_2}{8} - i_2 - \frac{i_2}{2} = 0$$

ou $i_2 = 2$ A. A partir do valor de i_2, usamos agora as Equações (2.8.1) a (2.8.5) para obter

$$i_1 = 3 \text{ A}, \quad i_3 = 1 \text{ A}, \quad v_1 = 24 \text{ V}, \quad v_2 = 6 \text{ V}, \quad v_3 = 6 \text{ V}$$

Determine as correntes e tensões no circuito apresentado na Figura 2.28.

Resposta: $v_1 = 6$ V, $v_2 = 4$ V, $v_3 = 10$ V, $i_1 = 3$ A, $i_2 = 500$ mA, $i_3 = 1{,}25$ A.

PROBLEMA PRÁTICO 2.8

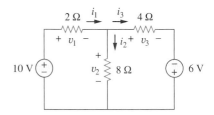

Figura 2.28 Esquema para o Problema prático 2.8.

2.5 Resistores em série e divisão de tensão

A necessidade de se associar resistores em série e em paralelo ocorre de forma tão frequente que merece especial atenção. Esse processo pode ser facilitado associando-se dois resistores por vez. Tendo isso em mente, considere o circuito com um único laço da Figura 2.29 e veja que ambos os resistores estão em série, já que a mesma corrente i flui em ambos. Aplicando a lei de Ohm a cada um dos resistores, obtemos

$$v_1 = iR_1, \quad v_2 = iR_2 \tag{2.24}$$

Se aplicarmos a LKT ao laço (percorrendo-o no sentido horário), temos

$$-v + v_1 + v_2 = 0 \tag{2.25}$$

Combinando as Equações (2.24) e (2.25), obtemos

$$v = v_1 + v_2 = i(R_1 + R_2) \tag{2.26}$$

ou

$$i = \frac{v}{R_1 + R_2} \tag{2.27}$$

Observe que a Equação (2.26) pode ser escrita como

$$v = iR_{eq} \tag{2.28}$$

o que implica o fato dos dois resistores poderem ser substituídos por um resistor equivalente R_{eq}; isto é,

$$R_{eq} = R_1 + R_2 \tag{2.29}$$

Portanto, a Figura 2.29 pode ser substituída por um circuito equivalente na Figura 2.30, pois apresenta as mesmas relações tensão-corrente nos terminais a-b. Um circuito equivalente como aquele da Figura 2.30 é útil na simplificação da análise de um circuito. Em geral,

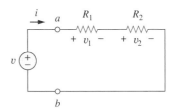

Figura 2.29 Um circuito com um único laço e dois resistores em série.

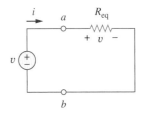

Figura 2.30 Circuito equivalente para o circuito da Figura 2.29.

> A **resistência equivalente** de qualquer número de resistores ligados em série é a soma das resistências individuais.

Para N resistores em série então,

$$R_{eq} = R_1 + R_2 + \cdots + R_N = \sum_{n=1}^{N} R_n \tag{2.30}$$

Resistores em série se comportam como um único resistor cuja resistência é igual à soma das resistências dos resistores individuais.

Para determinar a tensão em cada resistor na Figura 2.29, substituímos a Equação (2.26) na Equação (2.24) e obtemos

$$v_1 = \frac{R_1}{R_1 + R_2}v, \qquad v_2 = \frac{R_2}{R_1 + R_2}v \qquad (2.31)$$

Note que a tensão da fonte v é dividida entre os resistores na proporção direta de suas resistências; quanto maior for a resistência, maior a queda de tensão. Isso é chamado *princípio da divisão de tensão* e o circuito na Figura 2.29 é denominado *divisor de tensão*. Em geral, se um divisor de tensão tiver N resistores ($R_1, R_2, ..., R_N$) em série com a tensão de entrada v, o n-ésimo resistor (R_n) terá uma queda de tensão de

$$v_n = \frac{R_n}{R_1 + R_2 + \cdots + R_N}v \qquad (2.32)$$

2.6 Resistores em paralelo e divisão de corrente

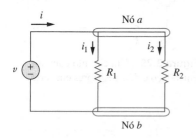

Figura 2.31 Dois resistores em paralelo.

Consideremos o circuito da Figura 2.31, em que dois resistores estão conectados em paralelo e, portanto, possuem a mesma queda de tensão entre eles. Da lei de Ohm,

$$v = i_1 R_1 = i_2 R_2$$

ou

$$i_1 = \frac{v}{R_1}, \qquad i_2 = \frac{v}{R_2} \qquad (2.33)$$

Aplicando a LKC em um nó a obtemos a corrente total i, conforme indicado a seguir

$$i = i_1 + i_2 \qquad (2.34)$$

Substituindo a Equação (2.33) na Equação (2.34), obtemos

$$i = \frac{v}{R_1} + \frac{v}{R_2} = v\left(\frac{1}{R_1} + \frac{1}{R_2}\right) = \frac{v}{R_{eq}} \qquad (2.35)$$

onde R_{eq} é a resistência equivalente dos resistores em paralelo:

$$\frac{1}{R_{eq}} = \frac{1}{R_1} + \frac{1}{R_2} \qquad (2.36)$$

ou

$$\frac{1}{R_{eq}} = \frac{R_1 + R_2}{R_1 R_2}$$

ou

$$R_{eq} = \frac{R_1 R_2}{R_1 + R_2} \qquad (2.37)$$

Portanto,

> A **resistência equivalente** de dois resistores em paralelo é igual ao produto de suas resistências dividido pela sua soma.

Deve-se enfatizar que isso se aplica apenas a dois resistores em paralelo. Da Equação (2.37), se $R_1 = R_2$, então $R_{eq} = R_1/2$.

Podemos estender o resultado da Equação (2.36) ao caso geral de um circuito com N resistores em paralelo. A resistência equivalente é

$$\frac{1}{R_{eq}} = \frac{1}{R_1} + \frac{1}{R_2} + \cdots + \frac{1}{R_N} \qquad (2.38)$$

Observe que R_{eq} é sempre menor que a resistência do menor resistor na associação em paralelo. Se $R_1 = R_2 = \ldots = R_N = R$, então

$$R_{eq} = \frac{R}{N} \qquad (2.39)$$

Por exemplo, se quatro resistores de 100 Ω estiverem conectados em paralelo, sua resistência equivalente é 25 Ω.

Normalmente é mais conveniente usar condutância em vez de resistência ao lidar com resistores em paralelo. A partir da Equação (2.38), a condutância equivalente para N resistores em paralelo é

$$G_{eq} = G_1 + G_2 + G_3 + \cdots + G_N \qquad (2.40)$$

onde $G_{eq} = 1/R_{eq}$, $G_1 = 1/R_1$, $G_2 = 1/R_2$, $G_3 = 1/R_3$, ..., $G_N = 1/R_N$. A Equação (2.40) afirma que:

> A **condutância equivalente** de resistores conectados em paralelo é a soma de suas condutâncias individuais.

As condutâncias em paralelo se comportam como uma única condutância cujo valor é igual à soma das condutâncias individuais.

Isso significa que podemos substituir o circuito da Figura 2.31 por aquele da Figura 2.32. Perceba a similaridade entre as Equações (2.30) e (2.40). A condutância equivalente de resistores em paralelo é obtida da mesma forma que a resistência equivalente dos resistores em série; igualmente, a condutância equivalente dos resistores em série é obtida exatamente da mesma forma que a resistência equivalente dos resistores em paralelo. Portanto, a condutância equivalente G_{eq} de N resistores em série (como aqueles ilustrados na Figura 2.29) é

$$\frac{1}{G_{eq}} = \frac{1}{G_1} + \frac{1}{G_2} + \frac{1}{G_3} + \cdots + \frac{1}{G_N} \qquad (2.41)$$

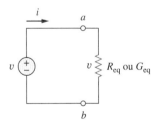

Figura 2.32 Circuito equivalente ao da Figura 2.31.

Dada a corrente total i que entra pelo nó a (Figura 2.31), como obtemos a corrente i_1 e i_2? Sabemos que o resistor equivalente tem a mesma tensão, ou

$$v = iR_{eq} = \frac{iR_1 R_2}{R_1 + R_2} \qquad (2.42)$$

Combinando as Equações (2.33) e (2.42), temos

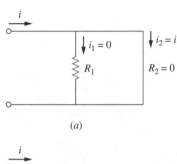

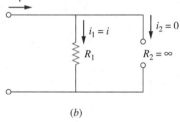

Figura 2.33 (a) Curto-circuito; (b) Circuito aberto.

$$i_1 = \frac{R_2 i}{R_1 + R_2}, \qquad i_2 = \frac{R_1 i}{R_1 + R_2} \qquad (2.43)$$

que mostra que a corrente total *i* é compartilhada pelos resistores na proporção inversa de suas resistências. Isso é conhecido como *princípio da divisão de corrente* e o circuito da Figura 2.31 é conhecido como *divisor de corrente*. Perceba que a maior corrente flui pela menor resistência.

Como caso extremo, suponha que um dos resistores da Figura 2.31 seja zero, e que $R_2 = 0$; isto é, R_2 é um curto-circuito, conforme mostrado na Figura 2.33a. A partir da Equação (2.43), $R_2 = 0$ resulta em $i_1 = 0$, $i_2 = i$. Isso significa que a corrente *i* desvia de R_1 e flui inteiramente pelo curto-circuito $R_2 = 0$, o caminho de menor resistência. Assim, quando temos um curto-circuito em um circuito, como na Figura 2.33a, devemos ter duas coisas em mente:

1. A resistência equivalente $R_{eq} = 0$. [Observe o que acontece quando $R_2 = 0$ na Equação (2.37).]
2. Toda a corrente flui pelo curto-circuito.

Como outro caso extremo, suponhamos que $R_2 = \infty$, isto é, R_2 é um circuito aberto, conforme mostrado na Figura 2.33b. A corrente ainda flui pelo caminho de menor resistência, R_1. Tomando o limite da Equação (2.37) quando $R_2 = \infty$, obtemos, nesse caso, $R_{eq} = R_1$.

Se dividirmos tanto o numerador como o denominador por $R_1 R_2$, a Equação (2.43) fica

$$i_1 = \frac{G_1}{G_1 + G_2} i \qquad (2.44a)$$

$$i_2 = \frac{G_2}{G_1 + G_2} i \qquad (2.44b)$$

Geralmente, se um divisor de corrente tiver *N* condutores ($G_1, G_2, ..., G_N$) em paralelo com a fonte de corrente *i*, o *n*-ésimo condutor (G_n) terá a corrente

$$i_n = \frac{G_n}{G_1 + G_2 + \cdots + G_N} i \qquad (2.45)$$

Muitas vezes é conveniente e possível associar resistores em série e em paralelo e reduzir uma rede resistiva a uma única *resistência equivalente* R_{eq}. Tal resistência equivalente é a resistência entre os terminais designados da rede e tem de apresentar a mesma curva característica *i-v* que a rede original nos terminais.

EXEMPLO 2.9

Determine a R_{eq} para o circuito mostrado na Figura 2.34.

Solução: Para obter R_{eq}, associamos resistores em série e em paralelo. Os resistores de 6 Ω e 3 Ω estão em paralelo e, portanto, sua resistência equivalente é

$$6\,\Omega \parallel 3\,\Omega = \frac{6 \times 3}{6 + 3} = 2\,\Omega$$

(O símbolo ∥ é usado para indicar uma associação em paralelo.) Da mesma forma, os resistores de 1 Ω e de 5 Ω estão em série; logo, sua resistência equivalente é

$$1\,\Omega + 5\,\Omega = 6\,\Omega$$

Figura 2.34 Esquema para o Exemplo 2.9.

Portanto, o circuito da Figura 2.34 é reduzido àquele da Figura 2.35a, na qual os dois resistores de 2 Ω estão em série e, portanto, sua resistência equivalente é

$$2\ \Omega + 2\ \Omega = 4\ \Omega$$

Esse resistor de 4 Ω agora está em paralelo com o resistor de 6 Ω da Figura 2.35a; sua resistência equivalente é

$$4\ \Omega \parallel 6\ \Omega = \frac{4 \times 6}{4 + 6} = 2{,}4\ \Omega$$

O circuito da Figura 2.35a agora é substituído pela Figura 2.35b, na qual os três resistores estão em série. Portanto, a resistência equivalente para o circuito é

$$R_{eq} = 4\ \Omega + 2{,}4\ \Omega + 8\ \Omega = 14{,}4\ \Omega$$

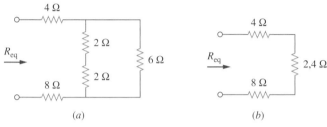

Figura 2.35 Circuitos equivalentes para o Exemplo 2.9.

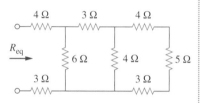

Figura 2.36 Esquema para o Problema prático 2.9.

Associando os resistores da Figura 2.36, determine R_{eq}.

Resposta: 10 Ω.

PROBLEMA PRÁTICO 2.9

EXEMPLO 2.10

Calcule a resistência equivalente R_{ab} no circuito da Figura 2.37.

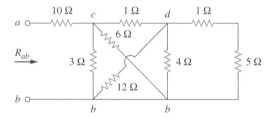

Figura 2.37 Esquema para o Exemplo 2.10.

Solução: Os resistores de 3 Ω e 6 Ω estão em paralelo, pois estão conectados aos mesmos nós c e b. A resistência da associação é

$$3\ \Omega \parallel 6\ \Omega = \frac{3 \times 6}{3 + 6} = 2\ \Omega \qquad (2.10.1)$$

De forma semelhante, os resistores de 12 Ω e 4 Ω estão em paralelo já que estão conectados aos mesmos dois nós, d e b. Logo,

$$12\ \Omega \parallel 4\ \Omega = \frac{12 \times 4}{12 + 4} = 3\ \Omega \qquad (2.10.2)$$

Os resistores de 1 Ω e 5 Ω também estão em série; portanto, sua resistência equivalente é

$$1\ \Omega + 5\ \Omega = 6\ \Omega \qquad (2.10.3)$$

Com essas três associações, podemos substituir o circuito da Figura 2.37 por aquele da Figura 2.38a, na qual 3 Ω em paralelo com 6 Ω resulta em 2 Ω, conforme calculado na Equação (2.10.1). Essa resistência equivalente de 2 Ω agora está em série com

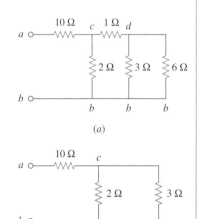

Figura 2.38 Circuitos equivalentes para o Exemplo 2.10.

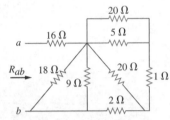

Figura 2.39 Esquema para o Problema prático 2.10.

a resistência de 1 Ω para dar uma resistência associada de 1 Ω + 2 Ω = 3 Ω. Portanto, substituímos o circuito da Figura 2.38a pela Figura 2.38b em que associamos os resistores de 2 Ω e 3 Ω em paralelo para obter

$$2\,\Omega \parallel 3\,\Omega = \frac{2 \times 3}{2 + 3} = 1{,}2\,\Omega$$

Esse resistor de 1,2 Ω está em série com o resistor de 10 Ω, de modo que

$$R_{ab} = 10 + 1{,}2 = 11{,}2\,\Omega$$

● **PROBLEMA PRÁTICO 2.10**

Determine R_{ab} para o circuito da Figura 2.39.

Resposta: 19 Ω.

● **EXEMPLO 2.11**

Determine a condutância equivalente G_{eq} para o circuito da Figura 2.40a.

Solução: Os resistores de 8 S e 12 S estão em paralelo e, portanto, sua condutância é

$$8\,S + 12\,S = 20\,S$$

Esse resistor de 20 S agora está em série com o de 5 S, como mostrado na Figura 2.40b, de forma que a condutância associada seja

$$\frac{20 \times 5}{20 + 5} = 4\,S$$

E está em paralelo com o resistor de 6 S. Portanto,

$$G_{eq} = 6 + 4 = 10\,S$$

Devemos notar que o circuito da Figura 2.40a é o mesmo que o da Figura 2.40c. Embora os resistores da a sejam expressos em siemens, aqueles da c são expressos em ohms. Para mostrar que os circuitos são os mesmos, encontramos o R_{eq} para o circuito da Figura 2.40c.

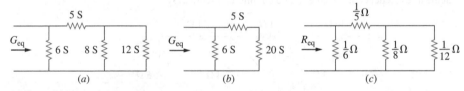

Figura 2.40 Esquema para o Exemplo 2.11: (a) circuito original; (b) seu circuito equivalente; (c) o mesmo circuito de (a), porém com os resistores expressos em ohms.

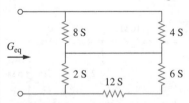

Figura 2.41 Esquema para o Problema prático 2.11.

$$R_{eq} = \frac{1}{6} \parallel \left(\frac{1}{5} + \frac{1}{8} \parallel \frac{1}{12}\right) = \frac{1}{6} \parallel \left(\frac{1}{5} + \frac{1}{20}\right) = \frac{1}{6} \parallel \frac{1}{4}$$

$$= \frac{\frac{1}{6} \times \frac{1}{4}}{\frac{1}{6} + \frac{1}{4}} = \frac{1}{10}\,\Omega$$

$$G_{eq} = \frac{1}{R_{eq}} = 10\,S$$

Este é o mesmo valor obtido anteriormente.

● **PROBLEMA PRÁTICO 2.11**

Calcule G_{eq} no circuito da Figura 2.41.

Resposta: 4 S.

● **EXEMPLO 2.12**

Determine i_o e v_o no circuito mostrado na Figura 2.42a. Calcule a potência dissipada no resistor de 3 Ω.

Solução: Os resistores de 6 Ω e 3 Ω estão em paralelo e, portanto, sua resistência associada é

$$6\,\Omega \parallel 3\,\Omega = \frac{6 \times 3}{6 + 3} = 2\,\Omega$$

Portanto, nosso circuito se reduz àquele mostrado na Figura 2.42b. Note que v_o não é afetado pela associação dos resistores, porque os resistores estão em paralelo e, consequentemente, apresentam a mesma tensão v_o. Da Figura 2.42b podemos obter v_o, de duas formas. Uma delas é aplicar a lei de Ohm para obter

$$i = \frac{12}{4+2} = 2 \text{ A}$$

e, então, $v_o = 2i = 2 \times 2 = 4$ V. Outra forma seria aplicar a divisão de tensão, já que os 12 V na Figura 2.42b são divididos entre os resistores de 4 Ω e 2 Ω. Portanto,

$$v_o = \frac{2}{2+4}(12 \text{ V}) = 4 \text{ V}$$

De modo similar, i_o pode ser associada de duas formas. Nossa abordagem é aplicar a lei de Ohm ao resistor de 3 Ω na Figura 2.42a agora que conhecemos v_o; logo,

$$v_o = 3i_o = 4 \quad \Rightarrow \quad i_o = \frac{4}{3} \text{ A}$$

Outra forma seria aplicar a divisão de corrente ao circuito da Figura 2.42a agora que conhecemos i, escrevendo

$$i_o = \frac{6}{6+3}i = \frac{2}{3}(2 \text{ A}) = \frac{4}{3} \text{ A}$$

A potência dissipada no resistor de 3 Ω é

$$p_o = v_o i_o = 4\left(\frac{4}{3}\right) = 5{,}333 \text{ W}$$

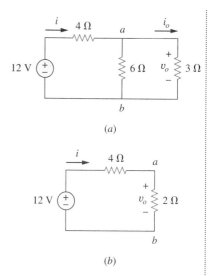

Figura 2.42 Esquema para o Exemplo 2.12: (a) circuito original; (b) seu circuito equivalente.

PROBLEMA PRÁTICO 2.12

Determine v_1 e v_2 no circuito mostrado na Figura 2.43. Calcule também i_1 e i_2 e a potência dissipada nos resistores de 12 Ω e 40 Ω.

Resposta: $v_1 = 10$ V, $i_1 = 833{,}3$ mA, $p_1 = 8{,}333$ W, $v_2 = 20$ V, $i_2 = 500$ mA, $p_2 = 10$ W.

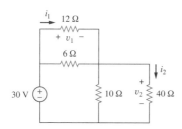

Figura 2.43 Esquema para o Problema prático 2.12.

EXEMPLO 2.13

Para o circuito mostrado na Figura 2.44a, determine: (a) tensão v_o; (b) potência fornecida pela fonte de corrente; (c) potência absorvida por cada resistor.

Solução: (a) Os resistores de 6 kΩ e 12 kΩ estão em série de modo que seu valor associado é igual a 6 + 12 = 18 kΩ. Portanto, o circuito da Figura 2.44a se reduz àquele mostrado na b. Agora, aplicamos a técnica de divisão de corrente para encontrar i_1 e i_2.

$$i_1 = \frac{18.000}{9.000 + 18.000}(30 \text{ mA}) = 20 \text{ mA}$$

$$i_2 = \frac{9.000}{9.000 + 18.000}(30 \text{ mA}) = 10 \text{ mA}$$

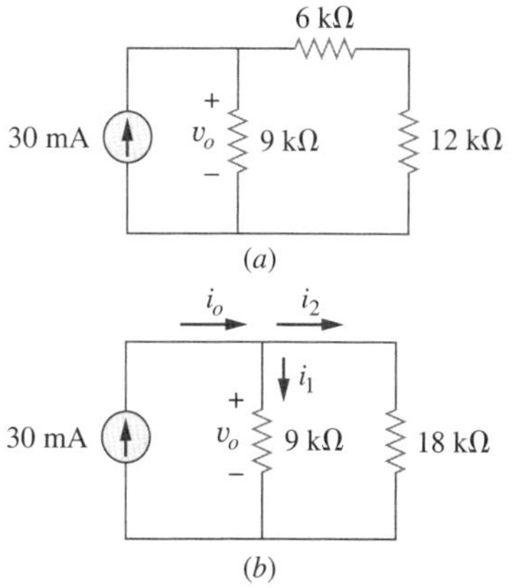

Note que a tensão entre os resistores de 9 kΩ e 18 kΩ é a mesma e $v_o = 9.000\, i_1 = 18.000\, i_2 = 180$ V, conforme esperado.

(b) A potência fornecida pela fonte é

$$p_o = v_o i_o = 180(30) \text{ mW} = 5{,}4 \text{ W}$$

Figura 2.44 Esquema para o Exemplo 2.13: (a) circuito original; (b) seu circuito equivalente.

(c) A potência absorvida pelo resistor de 12 kΩ é

$$p = iv = i_2(i_2 R) = i_2^2 R = (10 \times 10^{-3})^2 (12.000) = 1,2 \text{ W}$$

A potência absorvida pelo resistor de 6 kΩ é

$$p = i_2^2 R = (10 \times 10^{-3})^2 (6.000) = 0,6 \text{ W}$$

A potência absorvida pelo resistor de 9 kΩ é

$$p = \frac{v_o^2}{R} = \frac{(180)^2}{9.000} = 3,6 \text{ W}$$

ou

$$p = v_o i_1 = 180(20) \text{ mW} = 3,6 \text{ W}$$

Observe que a potência fornecida (5,4 W) é igual à potência absorvida (1,2 + 0,6 + 3,6 = 5,4 W). Essa é uma forma de conferir os resultados.

● **PROBLEMA PRÁTICO 2.13**

Para o circuito mostrado na Figura 2.45, determine: (a) v_1 e v_2; (b) potência dissipada nos resistores de 3 kΩ e 20 kΩ; e (c) potência fornecida pela fonte de corrente.

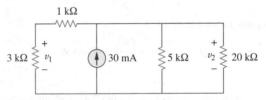

Figura 2.45 Esquema para o Problema prático 2.13.

Resposta: (a) 45 V, 60 V, (b) 675 mW, 180 mW, (c) 1,8 W.

2.7 †Transformações Y-delta (estrela-triângulo)

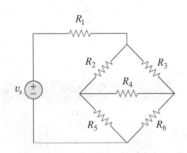

Figura 2.46 Circuito em ponte.

Muitas vezes surgem situações na análise de circuitos em que os resistores não estão nem em paralelo nem em série. Consideremos, por exemplo, o circuito em ponte da Figura 2.46. Como associamos os resistores R_1 a R_6 quando eles não estão nem em série nem em paralelo? Muitos circuitos do tipo mostrado nessa figura podem ser simplificados usando-se redes equivalentes de três terminais. Estas correspondem à rede ípsilon (Y) ou tê (T), mostrada na Figura 2.47, e à rede delta (Δ) ou pi (Π), ilustrada na Figura 2.48. Essas redes ocorrem por si só ou como parte de uma rede maior e são usadas em redes trifásicas, filtros elétricos e circuitos adaptadores. Nosso principal interesse aqui é como identificá-las quando forem parte de uma rede e como aplicar a transformação Y-delta (ou estrela-triângulo) na análise da rede.

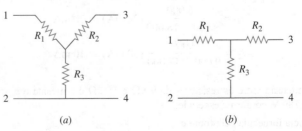

Figura 2.47 Duas formas da mesma rede: (a) Y; (b) T.

2.7.1 Conversão delta-Y (triângulo-estrela)

Suponha que seja mais conveniente trabalhar com uma rede Y em um ponto em que o circuito contém uma configuração delta. Sobrepomos uma rede Y à rede delta existente e encontramos as resistências equivalentes na rede Y, e, para obtê-las, comparamos as duas redes e nos certificamos de que a resistência entre cada par de nós na rede Δ (ou Π) é a mesma que a resistência entre o mesmo par de nós na rede Y (ou T). Para os terminais 1 e 2 das Figuras 2.47 e 2.48, por exemplo.

$$R_{12}(Y) = R_1 + R_3$$
$$R_{12}(\Delta) = R_b \parallel (R_a + R_c) \qquad (2.46)$$

Fazendo $R_{12}(Y) = R_{12}(\Delta)$, obtemos

$$R_{12} = R_1 + R_3 = \frac{R_b(R_a + R_c)}{R_a + R_b + R_c} \qquad (2.47a)$$

De forma similar,

$$R_{13} = R_1 + R_2 = \frac{R_c(R_a + R_b)}{R_a + R_b + R_c} \qquad (2.47b)$$

$$R_{34} = R_2 + R_3 = \frac{R_a(R_b + R_c)}{R_a + R_b + R_c} \qquad (2.47c)$$

Subtraindo a Equação (2.47c) da Equação (2.47a), obtemos

$$R_1 - R_2 = \frac{R_c(R_b - R_a)}{R_a + R_b + R_c} \qquad (2.48)$$

Somar as Equações (2.47b) e (2.48), resulta em

$$\boxed{R_1 = \frac{R_b R_c}{R_a + R_b + R_c}} \qquad (2.49)$$

e subtrair a Equação (2.48) da Equação (2.47b) nos leva a

$$\boxed{R_2 = \frac{R_c R_a}{R_a + R_b + R_c}} \qquad (2.50)$$

Subtraindo a Equação (2.49) da Equação (2.47a), obtemos

$$\boxed{R_3 = \frac{R_a R_b}{R_a + R_b + R_c}} \qquad (2.51)$$

Não precisamos memorizar as Equações (2.49) a (2.51). Para transformar uma rede Δ em uma rede Y, criamos um nó n extra, conforme exposto na Figura 2.49 e seguimos a regra da conversão:

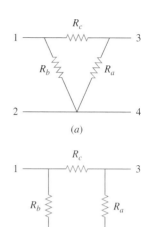

Figura 2.48 Duas formas da mesma rede: (a) Δ; (b) Π.

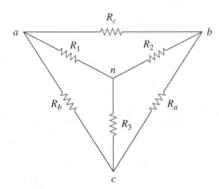

FIGURA 2.49 Superposição das redes Y e Δ como uma ferramenta na transformação de uma em outra.

> Cada resistor na rede Y é o produto dos resistores nos dois ramos adjacentes Δ, dividido pela soma dos três resistores Δ.

Pode-se seguir essa regra e obter das Equações (2.49) a (2.51) da Figura 2.49.

2.7.2 Conversão Y-delta

Para obter as fórmulas de conversão para transformar uma rede Y em uma rede delta equivalente, observamos das Equações (2.49) a (2.51) que

$$R_1 R_2 + R_2 R_3 + R_3 R_1 = \frac{R_a R_b R_c (R_a + R_b + R_c)}{(R_a + R_b + R_c)^2}$$
$$= \frac{R_a R_b R_c}{R_a + R_b + R_c} \quad (2.52)$$

Dividir a Equação (2.52) pelas Equações (2.49) a (2.51) nos leva às seguintes equações:

$$\boxed{R_a = \frac{R_1 R_2 + R_2 R_3 + R_3 R_1}{R_1}} \quad (2.53)$$

$$\boxed{R_b = \frac{R_1 R_2 + R_2 R_3 + R_3 R_1}{R_2}} \quad (2.54)$$

$$\boxed{R_c = \frac{R_1 R_2 + R_2 R_3 + R_3 R_1}{R_3}} \quad (2.55)$$

Das Equações (2.53) a (2.55) e da Figura 2.49, a regra da conversão de Y para Δ é a seguinte:

> Cada resistor na rede Δ é a soma de todos os produtos possíveis de Y resistores extraídos dois a dois, dividido pelo resistor Y oposto.

As redes Y e Δ são ditas *equilibradas* quando

$$R_1 = R_2 = R_3 = R_Y, \quad R_a = R_b = R_c = R_\Delta \quad (2.56)$$

Sob tais condições, as fórmulas de conversão ficam

$$\boxed{R_Y = \frac{R_\Delta}{3} \quad \text{ou} \quad R_\Delta = 3 R_Y} \quad (2.57)$$

Pode-se perguntar por que R_Y é menor que R_Δ. Bem, notamos que a conexão em Y é como uma conexão "em série", enquanto a conexão em Δ é como se fosse uma conexão "em paralelo".

Note que, ao fazer a transformação, não retiramos nem inserimos nada de novo no circuito, porque substituímos padrões de rede de três terminais diferentes, porém matematicamente equivalentes para criar um circuito no qual os resistores estão em série ou em paralelo, o que possibilita que calculemos a R_{eq}, caso necessário.

EXEMPLO 2.14

Converta a rede Δ da Figura 2.50a em uma rede Y equivalente.

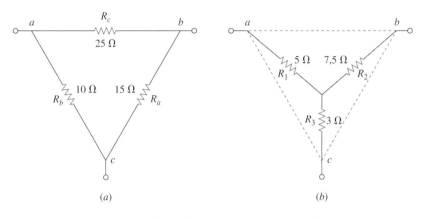

Figura 2.50 Esquema para o Exemplo 2.14: (a) rede Δ original; (b) rede Y equivalente.

Solução: Usando das Equações (2.49) a (2.51), obtemos

$$R_1 = \frac{R_b R_c}{R_a + R_b + R_c} = \frac{10 \times 25}{15 + 10 + 25} = \frac{250}{50} = 5\,\Omega$$

$$R_2 = \frac{R_c R_a}{R_a + R_b + R_c} = \frac{25 \times 15}{50} = 7{,}5\,\Omega$$

$$R_3 = \frac{R_a R_b}{R_a + R_b + R_c} = \frac{15 \times 10}{50} = 3\,\Omega$$

A rede Y equivalente é mostrada na Figura 2.50b.

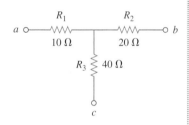

Figura 2.51 Esquema para o Problema prático 2.14.

PROBLEMA PRÁTICO 2.14

Transforme a rede Y da Figura 2.51 em uma rede delta.

Resposta: $R_a = 140\,\Omega$, $R_b = 70\,\Omega$, $R_c = 35\,\Omega$.

EXEMPLO 2.15

Obtenha a resistência equivalente R_{ab} para o circuito da Figura 2.52 e a use para encontrar a corrente i.

Solução:

1. **Definição.** O problema está claramente definido. Note que essa parte normalmente precisará de um investimento de tempo muito maior.

2. **Apresentação.** Fica claro, ao eliminarmos a fonte de tensão, que, no final das contas, temos um circuito puramente resistivo. Uma vez que ele é composto por deltas e ípsilons (triângulos e estrelas), há um processo mais complexo de associação de elementos. Podemos usar transformações estrela-triângulo como uma forma de abordagem na tentativa de encontrar uma solução. É útil localizar as estrelas (existem duas delas nesse caso, uma em n e outra em c) e os triângulos (existem três: can, abn, cnb).

3. **Alternativa.** Existem diferentes métodos que podem ser usados para solucionar esse problema. Já que o foco da Seção 2.7 é a transformação estrela-triângulo, esta deve ser a técnica a ser empregada. Outra abordagem seria encontrar a resistência equivalente injetando um amperímetro no circuito e encontrando a tensão entre a e b, que veremos no Capítulo 4.

50 Fundamentos de circuitos elétricos

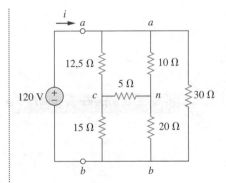

Figura 2.52 Esquema para o Exemplo 2.15.

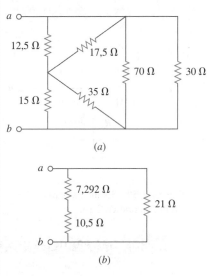

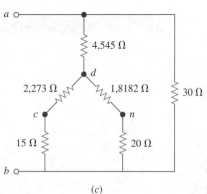

Figura 2.53 Circuitos equivalentes para a Figura 2.52, com a fonte de tensão eliminada.

A abordagem que podemos aplicar aqui para nos certificarmos seria usar uma transformação estrela-triângulo como primeira solução para o problema. Posteriormente, podemos verificar a solução iniciando com uma transformação triângulo-estrela.

4. **Tentativa.** Nesse circuito, existem duas redes Y e três redes Δ. Transformar apenas uma delas já o simplificará. Se convertermos a rede Y formada pelos resistores de 5 Ω, 10 Ω e 20 Ω, podemos selecionar

$$R_1 = 10\ \Omega, \qquad R_2 = 20\ \Omega, \qquad R_3 = 5\ \Omega$$

Portanto, das Equações (2.53) a (2.55), temos

$$R_a = \frac{R_1R_2 + R_2R_3 + R_3R_1}{R_1} = \frac{10 \times 20 + 20 \times 5 + 5 \times 10}{10}$$

$$= \frac{350}{10} = 35\ \Omega$$

$$R_b = \frac{R_1R_2 + R_2R_3 + R_3R_1}{R_2} = \frac{350}{20} = 17{,}5\ \Omega$$

$$R_c = \frac{R_1R_2 + R_2R_3 + R_3R_1}{R_3} = \frac{350}{5} = 70\ \Omega$$

Com o Y convertido em Δ, o circuito equivalente (com a fonte de tensão eliminada por enquanto) é mostrado na Figura 2.53a. Associando os três pares de resistores em paralelo, obtemos

$$70 \parallel 30 = \frac{70 \times 30}{70 + 30} = 21\ \Omega$$

$$12{,}5 \parallel 17{,}5 = \frac{12{,}5 \times 17{,}5}{12{,}5 + 17{,}5} = 7{,}292\ \Omega$$

$$15 \parallel 35 = \frac{15 \times 35}{15 + 35} = 10{,}5\ \Omega$$

de modo que o circuito equivalente é mostrado na Figura 2.53b. Assim, determinamos

$$R_{ab} = (7{,}292 + 10{,}5) \parallel 21 = \frac{17{,}792 \times 21}{17{,}792 + 21} = \mathbf{9{,}632\ \Omega}$$

Então

$$i = \frac{v_s}{R_{ab}} = \frac{120}{9{,}632} = \mathbf{12{,}458\ A}$$

Observe que fomos bem-sucedidos na resolução do problema. Agora, temos de avaliar a solução.

5. **Avaliação.** Desta vez, precisamos determinar se a resposta está correta e em seguida avaliar a solução final.

É relativamente fácil verificar a resposta; isso pode ser feito resolvendo o problema partindo de uma transformação triângulo-estrela. Transformemos o triângulo, *can*, em uma estrela.

Seja $R_c = 10\ \Omega$, $R_a = 5\ \Omega$ e $R_n = 12{,}5\ \Omega$. Isso conduzirá ao seguinte (façamos que *d* represente o centro da estrela):

$$R_{ad} = \frac{R_cR_n}{R_a + R_c + R_n} = \frac{10 \times 12{,}5}{5 + 10 + 12{,}5} = 4{,}545\ \Omega$$

$$R_{cd} = \frac{R_aR_n}{27{,}5} = \frac{5 \times 12{,}5}{27{,}5} = 2{,}273\ \Omega$$

$$R_{nd} = \frac{R_aR_c}{27{,}5} = \frac{5 \times 10}{27{,}5} = 1{,}8182\ \Omega$$

Isso agora conduz ao circuito mostrado na Figura 2.53c. Examinando a resistência entre d e b, temos duas associações série em paralelo, o que resulta em

$$R_{db} = \frac{(2{,}273 + 15)(1{,}8182 + 20)}{2{,}273 + 15 + 1{,}8182 + 20} = \frac{376{,}9}{39{,}09} = 9{,}642\ \Omega$$

E está em série com o resistor de 4,545 Ω, ambos os quais estão em paralelo com o resistor de 30 Ω. Isso resulta, em seguida, na resistência equivalente do circuito.

$$R_{ab} = \frac{(9{,}642 + 4{,}545)30}{9{,}642 + 4{,}545 + 30} = \frac{425{,}6}{44{,}19} = \mathbf{9{,}631\ \Omega}$$

Isso agora nos leva a

$$i = \frac{v_s}{R_{ab}} = \frac{120}{9{,}631} = \mathbf{12{,}46\ A}$$

Note que usar duas variações na transformação estrela-triângulo conduz aos mesmos resultados. Isso representa excelente comprovação.

6. **Satisfatório?** Uma vez que encontramos a resposta desejada determinando primeiro a resistência equivalente do circuito e as verificações das respostas, então temos claramente uma solução satisfatória. Isso representa o que pode ser apresentado à pessoa que está designando o problema.

Para o circuito em ponte da Figura 2.54, determine R_{ab} e i.

Resposta: 40 Ω, 6 A.

Figura 2.54 Esquema para o Problema prático 2.15.

PROBLEMA PRÁTICO 2.15

2.8 †Aplicações

Frequentemente, os resistores são usados para modelar dispositivos que convertem energia elétrica em calor ou em outras formas de energia. Entre dispositivos desse tipo, temos fio condutor, lâmpadas, aquecedores, fogão e forno elétricos, bem como alto-faltantes. Nesta seção, consideraremos dois problemas práticos que aplicam os conceitos desenvolvidos neste capítulo: sistemas de iluminação elétrica e o projeto de medidores CC.

PERFIS HISTÓRICOS

Thomas Alva Edison (1847-1931) talvez tenha sido o maior inventor norte-americano. Ele patenteou 1.093 invenções, entre as quais a lâmpada incandescente, o fonógrafo e o primeiro filme de cinema comercial, que foram marcantes.

Nascido em Milan, Ohio, o caçula de sete crianças, Edison teve apenas três meses de educação formal, pois detestava ir à escola. Foi educado em casa por sua mãe e rapidamente começou a ler. Em 1868, Edison leu um dos livros de Faraday e encontrou sua vocação. Mudou-se para Menlo Park, Nova Jersey, em 1876, onde dirigiu um laboratório de pesquisas com muitos funcionários. A maioria de suas invenções originou desse laboratório, que serviu como modelo para modernas organizações de pesquisa. Por causa de seus interesses diversos e ao número avassalador de suas invenções e patentes, Edison começou a fundar companhias manufatureiras para produzir os seus inventos. Com isso, projetou a primeira central elétrica a fornecer luz elétrica. Sua formação formal em engenharia elétrica iniciou-se em meados de 1880, com Edison assumindo papel de modelo e líder.

Biblioteca do Congresso.

2.8.1 Sistemas de iluminação

Os sistemas de iluminação como os residenciais ou de uma árvore de Natal normalmente são formados por N lâmpadas conectadas em série ou em paralelo, como mostra a Figura 2.55. Cada lâmpada é modelada como um resistor, e, supondo que todas as lâmpadas sejam idênticas e V_o seja a tensão de rede, a tensão entre cada lâmpada é V_o para a conexão em paralelo e V_o/N para a conexão em série. A conexão em série é fácil de ser fabricada, porém raramente é usada na prática por pelo menos duas razões. Em primeiro lugar, ela é menos confiável; quando uma lâmpada falha, todas as demais ficam apagadas. Em segundo, sua manutenção é mais difícil; quando uma lâmpada apresenta defeito, é preciso testar todas elas para ver qual está com defeito.

> Até o momento, consideramos que os fios de conexão são condutores perfeitos (ou seja, condutores de resistência zero). Entretanto, nos sistemas físicos reais a resistência do fio conector pode ser consideravelmente grande e a modelagem do sistema deve incluir essa resistência.

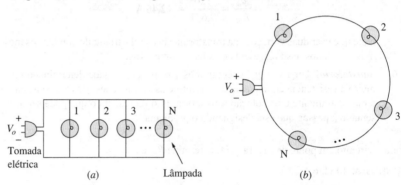

Figura 2.55 (a) Conexão em paralelo de lâmpadas; (b) Conexão em série de lâmpadas.

EXEMPLO 2.16

Três lâmpadas são conectadas a uma fonte de 9 V, conforme mostrado na Figura 2.56a. Calcule: (a) corrente total fornecida pela fonte; (b) corrente que passa por cada lâmpada; (c) resistência de cada lâmpada.

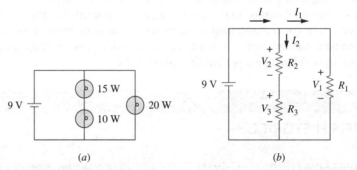

Figura 2.56 (a) Sistema de iluminação com três lâmpadas; (b) Modelo equivalente de circuito resistivo.

Solução: (a) A potência total fornecida pela fonte é igual à potência total absorvida pelas lâmpadas, ou seja:

$$p = 15 + 10 + 20 = 45 \text{ W}$$

Uma vez que $p = VI$, então a corrente total fornecida pela fonte é

$$I = \frac{p}{V} = \frac{45}{9} = 5 \text{ A}$$

(b) As lâmpadas podem ser representadas (modeladas) por resistores, como mostrado na Figura 2.56b. Visto que R_1 (lâmpada de 20 W) está em paralelo com a fonte bem como a associação em série de R_2 e R_3,

$$V_1 = V_2 + V_3 = 9 \text{ V}$$

A corrente que passa por R_1 é

$$I_1 = \frac{p_1}{V_1} = \frac{20}{9} = 2{,}222 \text{ A}$$

Pela LKC, a corrente que passa pela associação em série de R_2 e R_3 é

$$I_2 = I - I_1 = 5 - 2{,}222 = 2{,}778 \text{ A}$$

(c) Uma vez que $p = I^2 R$,

$$R_1 = \frac{p_1}{I_1^2} = \frac{20}{2{,}222^2} = 4{,}05 \text{ }\Omega$$

$$R_2 = \frac{p_2}{I_2^2} = \frac{15}{2{,}777^2} = 1{,}945 \text{ }\Omega$$

$$R_3 = \frac{p_3}{I_3^2} = \frac{10}{2{,}777^2} = 1{,}297 \text{ }\Omega$$

PROBLEMA PRÁTICO 2.16

Consulte a Figura 2.55 e considere a existência de dez lâmpadas que podem ser associadas em paralelo e dez que podem ser ligadas em série, cada uma das quais com potência nominal de 40 W. Se a tensão da rede elétrica for 110 V para as ligações em série e em paralelo, calcule a corrente através de cada lâmpada para ambos os casos.

Resposta: 364 mA (paralelo), 3,64 A (série).

2.8.2 Projeto de medidores de CC

Por sua natureza, os resistores são usados para controlar o fluxo de corrente. Tiramos proveito dessa propriedade em várias aplicações, por exemplo, em um potenciômetro (Figura 2.57). O termo *potenciômetro*, derivado das palavras *potencial* e *medidor*, implica que o potencial possa ser medido. Ele é um dispositivo de três terminais que opera segundo o princípio da divisão de tensão e é, essencialmente, um divisor de tensão ajustável. Como um regulador de tensão, é usado para controlar o volume em rádios, TVs e outros aparelhos. Na Figura 2.57,

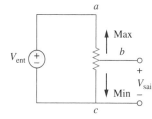

Figura 2.57 O potenciômetro no controle de níveis de potencial.

$$V_{\text{sai}} = V_{bc} = \frac{R_{bc}}{R_{ac}} V_{\text{ent}} \quad (2.58)$$

Onde $R_{ac} = R_{ab} + R_{bc}$. Portanto, V_{sai} (tensão de saída) diminui ou aumenta à medida que o contato deslizante do potenciômetro se move, respectivamente, em direção a c ou a.

Outra aplicação em que os resistores são usados para controlar o fluxo de corrente é em medidores CC analógicos, amperímetro, voltímetro e ohmímetro, que medem a corrente, a tensão e a resistência, respectivamente, e cada um deles emprega o movimento do galvanômetro d'Arsonval, mostrado na Figura 2.58. Esse movimento consiste, basicamente, em uma bobina de núcleo de ferro móvel montada sobre um pivô entre os polos de um ímã permanente. Quando a corrente passa pela bobina, ela cria um torque que faz o ponteiro sofrer uma deflexão, e seu nível determina a deflexão do ponteiro, que é registrada em uma escala associada ao galvanômetro. Por exemplo, se o galvanômetro tiver uma especificação de 1 mA, 50 Ω, seria necessário 1 mA para provocar uma deflexão de fundo de escala no galvanômetro. Introduzindo-se circuitos adicionais ao do galvanômetro de d'Arsonval, um amperímetro, voltímetro ou ohmímetro podem ser construídos.

Um instrumento capaz de medir tensão, corrente e resistência é chamado *multímetro* ou *volt ohmímetro* (VOM).

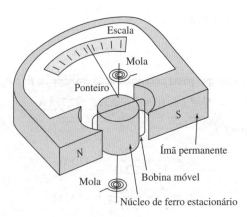

Figura 2.58 Galvanômetro de d'Arsonval.

> Carga é um componente que está recebendo energia (um coletor de energia) em contraposição a um gerador que fornece energia (uma fonte de energia). Estudaremos mais sobre carga na Seção 4.9.1.

Consideremos a Figura 2.59, em que um amperímetro e um voltímetro analógicos são conectados a um elemento. O voltímetro mede a tensão na *carga* e é, consequentemente, ligado em paralelo com o elemento. Conforme mostrado na Figura 2.60a, o voltímetro consiste em um galvanômetro de d'Arsonval em série com um resistor cuja resistência R_m é, deliberadamente, projetada para ser muito grande (teoricamente infinita) para poder minimizar a corrente absorvida do circuito. Para estender o intervalo de tensão que o medidor pode medir, normalmente se colocam resistores multiplicadores em série com os voltímetros, como na Figura 2.60b. O voltímetro multiescala da Figura 2.60b é capaz de medir tensões de 0 V a 1 V, 0 V a 10 V ou 0 V a 100 V, dependendo se a chave estiver conectada, respectivamente, a R_1, R_2 ou R_3.

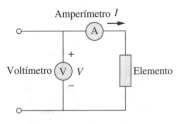

Figura 2.59 Conexão de um voltímetro e um amperímetro a um elemento.

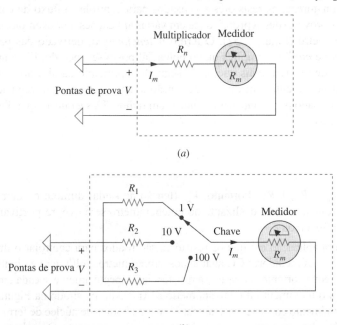

Figura 2.60 Voltímetros: (a) modelo de uma escala; (b) modelo multiescala.

Calculemos o resistor multiplicador R_n para o voltímetro de uma escala da Figura 2.60a, ou $R_n = R_1$, R_2 ou R_3, para o voltímetro multiescala da Figura 2.60b. Precisamos determinar o valor de R_n a ser conectado em série com a resistência interna R_m do voltímetro. Em qualquer projeto, consideramos o pior caso. Aqui, a pior situação ocorre quando a corrente de fundo de escala $I_{fs} = I_m$ passa pelo medidor. Isso também deveria corresponder à leitura de tensão máxima ou a tensão de fundo de escala, V_{fs}. Já que a resistência multiplicadora, R_n, está em série com a resistência interna, R_m,

$$V_{fs} = I_{fs}(R_n + R_m) \quad (2.59)$$

A partir disso, obtemos

$$R_n = \frac{V_{fs}}{I_{fs}} - R_m \quad (2.60)$$

De modo similar, o amperímetro mede a corrente que passa pela carga e é conectado em série com ela. Conforme mostra a Figura 2.61a, o amperímetro consiste em um galvanômetro de d'Arsonval em paralelo com um resistor cuja resistência R_m é, deliberadamente, projetada para ser muito pequena (teoricamente, zero) para minimizar a queda de tensão. Para possibilitar a multiescala, normalmente são conectados resistores shunt em paralelo com R_m, conforme mostrado na Figura 2.61b, que permitem que o medidor meça nas escalas de 0 a 10 mA, 0 a 100 mA ou 0 a 1 A, dependendo se a chave estiver conectada a R_1, R_2 ou R_3, respectivamente.

Agora nosso objetivo é obter o R_n shunt multiplicador para o amperímetro de escala única da Figura 2.61a, ou $R_n = R_1$, R_2 ou R_3 para o amperímetro multiescala na Figura 2.61b. Podemos notar que R_m e R_n estão em paralelo e que na leitura de fundo de escala $I = I_{fs} = I_m + I_n$, em que I_n é a corrente que passa pelo resistor shunt R_n. Ao aplicar o princípio da divisão da corrente nos leva a

$$I_m = \frac{R_n}{R_n + R_m} I_{fs}$$

ou

$$R_n = \frac{I_m}{I_{fs} - I_m} R_m \quad (2.61)$$

A resistência R_x de um resistor linear pode ser medida de duas maneiras. Uma maneira indireta é medir a corrente I que passa pelo resistor conectando um amperímetro em série a ele e a tensão V através da conexão de um voltímetro em paralelo com ele, conforme pode ser visto na Figura 2.62a. Então

$$R_x = \frac{V}{I} \quad (2.62)$$

O método direto de medição da resistência é usar um ohmímetro. Um ohmímetro consiste, basicamente, em um galvanômetro de d'Arsonval, um resistor variável ou potenciômetro e uma bateria, como mostra a Figura 2.62b. Aplicando a LKT ao circuito da Figura 2.62b, temos

$$E = (R + R_m + R_x)I_m$$

ou

$$R_x = \frac{E}{I_m} - (R + R_m) \quad (2.63)$$

O resistor R é selecionado de modo que o medidor forneça uma deflexão de fundo de escala, ou seja, $I_m = I_{fs}$ quando $R_x = 0$. Isso resulta em

$$E = (R + R_m)I_{fs} \quad (2.64)$$

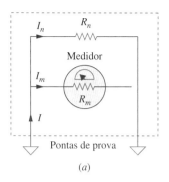

(a)

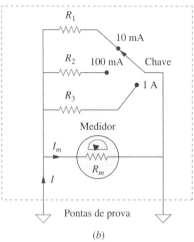

(b)

Figura 2.61 Amperímetros: (a) modelo de uma escala; (b) modelo multiescala.

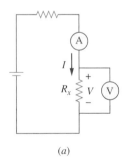

(a)

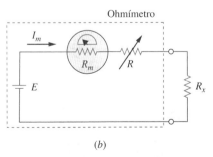

(b)

Figura 2.62 Duas formas de medir a resistência: (a) através de um amperímetro e um voltímetro; (b) através de um ohmímetro.

Substituindo a Equação (2.64) pela Equação (2.63), temos

$$R_x = \left(\frac{I_{fs}}{I_m} - 1\right)(R + R_m) \qquad (2.65)$$

Conforme mencionado, os tipos de medidores aqui discutidos são conhecidos como medidores *analógicos* e se baseiam no galvanômetro de d'Arsonval. Outro tipo de medidor, denominado *medidor digital*, se baseia em elementos de circuito ativos como os amplificadores operacionais, por exemplo, um multímetro digital mostra medidas de tensão CC ou CA, corrente e resistência na forma de números discretos, em vez de usar a deflexão de um ponteiro sobre uma escala contínua como acontece em um multímetro analógico. Os medidores digitais provavelmente serão aqueles que você encontrará em laboratórios modernos. Entretanto, o projeto de medidores digitais está além do escopo deste livro.

EXEMPLO 2.17

Seguindo a configuração do voltímetro da Figura 2.60, projete um voltímetro para as seguintes escalas múltiplas:

(a) 0 a 1 V (b) 0 a 5 V (c) 0 a 50 V (d) 0 a 100 V

Considere que a resistência interna $R_m = 2$ kΩ e a corrente de fundo de escala seja $I_{fs} = 100$ μA.

Solução: Aplicamos a Equação (2.60) e supomos que R_1, R_2, R_3 e R_4 correspondem às escalas 0 a 1 V, 0 a 5 V, 0 a 50 V e 0 a 100 V, respectivamente.

(a) Para a escala de 0 a 1 V,

$$R_1 = \frac{1}{100 \times 10^{-6}} - 2.000 = 10.000 - 2.000 = 8 \text{ k}\Omega$$

(b) Para a escala de 0 a 5 V,

$$R_2 = \frac{5}{100 \times 10^{-6}} - 2.000 = 50.000 - 2.000 = 48 \text{ k}\Omega$$

(c) Para a escala de 0 a 50 V,

$$R_3 = \frac{50}{100 \times 10^{-6}} - 2.000 = 500.000 - 2.000 = 498 \text{ k}\Omega$$

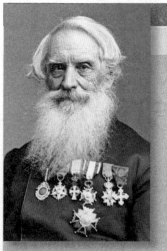

Biblioteca do Congresso.

PERFIS HISTÓRICOS

Samuel F. B. Morse (1791-1872), pintor norte-americano, inventou o telégrafo, a primeira aplicação prática comercial da eletricidade.

Morse nasceu em Charlestown, Massachusetts, e estudou em Yale e na Royal Academy of Arts, em Londres, para se tornar um artista. Na década de 1830, ficou intrigado com o desenvolvimento de um telégrafo. Ele tinha um protótipo em 1836 e submeteu seu invento à obtenção de uma patente em 1838. O senado norte-americano destinou verbas para Morse construir uma linha telegráfica entre as cidades de Baltimore e Washington, D.C. Em 24 de maio de 1844, enviou sua primeira mensagem famosa: "Que milagre Deus operou!". Morse também criou um sistema de código formado por pontos e traços para representação de letras e números, para envio de mensagens via telégrafo. A criação do telégrafo levou à invenção do telefone.

(d) Para a escala de 0 a 100 V,

$$R_4 = \frac{100 \text{ V}}{100 \times 10^{-6}} - 2.000 = 1.000.000 - 2.000 = 998 \text{ k}\Omega$$

Note que a razão entre a resistência total ($R_n + R_m$) e a tensão de fundo de escala V_{fs} é constante e igual a $1/I_{fs}$ para as quatro escalas. Essa razão (dada em ohms por volt ou Ω/V) é conhecida como *sensibilidade* do voltímetro. Quanto maior a sensibilidade, melhor o voltímetro.

PROBLEMA PRÁTICO 2.17

Seguindo a disposição da Figura 2.61, projete um amperímetro para as seguintes escalas múltiplas:

(a) 0 a 1 A   (b) 0 a 100 mA   (c) 0 a 10 mA

Suponha que a corrente de fundo de escala seja $I_m = 1$ mA e a resistência interna do amperímetro $R_m = 50$ Ω.

Resposta: Resistores shunt: 50 mΩ, 505 mΩ, 5,556 Ω.

2.9 Resumo

1. Um resistor é um elemento passivo no qual a tensão v nele é diretamente proporcional à corrente i que passa por ela. Isto é, um resistor é um dispositivo que obedece à lei de Ohm,

$$v = iR$$

onde R é a resistência do resistor.

2. Um curto-circuito elétrico é um resistor (um fio perfeitamente condutor) com resistência zero ($R = 0$). Um circuito aberto é um resistor com resistência infinita ($R = \infty$).

3. A condutância G de um resistor é o inverso de sua resistência:

$$G = \frac{1}{R}$$

4. Um ramo é um elemento simples de dois terminais em um circuito elétrico. Um nó é o ponto de conexão entre dois ou mais ramos. Um laço é um caminho fechado em um circuito. O número de ramos b, o número de nós n e o número de laços independentes l em uma rede estão relacionados da seguinte forma

$$b = l + n - 1$$

5. A lei das correntes de Kirchhoff (LKC), ou lei dos nós, afirma que as correntes em qualquer nó têm uma soma algébrica igual a zero. Em outras palavras, a soma das correntes que entram em um nó é igual à soma das correntes que saem do nó.

6. A lei das tensões de Kirchhoff (LKT), ou lei das malhas, afirma que as tensões ao longo de um caminho fechado têm soma algébrica igual a zero. Em outras palavras, a soma das elevações de tensão é igual à soma das quedas de tensão.

7. Dois elementos estão em série quando estiverem conectados, sequencialmente, com a extremidade de um na extremidade do outro. Quando os elementos estão em série, a mesma corrente passa por eles ($i_1 = i_2$), e eles estão em paralelo se estiverem conectados aos mesmos dois nós. Elementos em paralelo sempre têm a mesma tensão entre eles ($v_1 = v_2$).

8. Quando dois resistores R_1 (=1/G_1) e R_2 (=1/G_2) estão em série, sua resistência e condutância equivalentes, R_{eq} e G_{eq}, são

$$R_{eq} = R_1 + R_2, \qquad G_{eq} = \frac{G_1 G_2}{G_1 + G_2}$$

9. Quando dois resistores R_1 (=1/G_1) e R_2 (=1/G_2) estão em paralelo, sua resistência e condutância equivalentes, R_{eq} e G_{eq}, são

$$R_{eq} = \frac{R_1 R_2}{R_1 + R_2}, \qquad G_{eq} = G_1 + G_2$$

10. O princípio da divisão de tensão para dois resistores em série é

$$v_1 = \frac{R_1}{R_1 + R_2} v, \qquad v_2 = \frac{R_2}{R_1 + R_2} v$$

11. O princípio da divisão de corrente para dois resistores em paralelo é

$$i_1 = \frac{R_2}{R_1 + R_2} i, \qquad i_2 = \frac{R_1}{R_1 + R_2} i$$

12. As fórmulas para uma transformação delta-Y são

$$R_1 = \frac{R_b R_c}{R_a + R_b + R_c}, \qquad R_2 = \frac{R_c R_a}{R_a + R_b + R_c}$$

$$R_3 = \frac{R_a R_b}{R_a + R_b + R_c}$$

13. As fórmulas para uma transformação Y-delta são

$$R_a = \frac{R_1 R_2 + R_2 R_3 + R_3 R_1}{R_1}, \qquad R_b = \frac{R_1 R_2 + R_2 R_3 + R_3 R_1}{R_2}$$

$$R_c = \frac{R_1 R_2 + R_2 R_3 + R_3 R_1}{R_3}$$

14. As leis básicas vistas neste capítulo podem ser aplicadas a problemas de iluminação elétrica e projeto de medidores CC.

Questões para revisão

2.1 O inverso da resistência é:
(a) tensão
(b) corrente
(c) condutância
(d) coulombs

2.2 Um aquecedor elétrico drena uma corrente de 10 A de uma linha de 120 V. A resistência do aquecedor é:
(a) 1.200 Ω   (b) 120 Ω
(c) 12 Ω   (c) 1,2 Ω

2.3 A queda de tensão em uma torradeira de 1,5 kW que absorve uma corrente de 12 A é:
(a) 18 kV   (b) 125 V
(c) 120 V   (d) 10,42 V

2.4 A corrente máxima que um resistor de 80 kΩ/2 W pode conduzir com segurança é:
(a) 160 kA   (b) 40 kA
(c) 5 mA   (d) 25 μA

2.5 Uma rede tem 12 ramos e 8 laços independentes. Quantos nós existem nessa rede?
(a) 19   (b) 17   (c) 5   (d) 4

2.6 A corrente I no circuito da Figura 2.63 é:
(a) −0,8 A
(b) −0,2 A
(c) 0,2 A
(d) 0,8 A

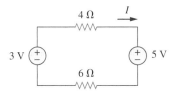

Figura 2.63 Esquema para a Questão para revisão 2.6.

2.7 A corrente I_o na Figura 2.64 é:
(a) –4 A   (b) –2 A
(c) 4 A   (d) 16 A

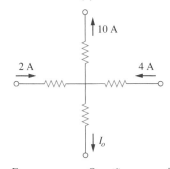

Figura 2.64 Esquema para a Questão para revisão 2.7.

2.8 No circuito da Figura 2.65, V é:
(a) 30 V
(b) 14 V
(c) 10 V
(d) 6 V

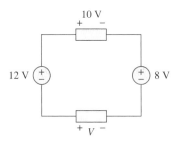

Figura 2.65 Esquema para a Questão para revisão 2.8.

2.9 Qual dos circuitos da Figura 2.66 fornecerá $V_{ab} = 7$ V?

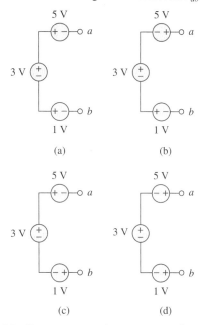

Figura 2.66 Esquema para a Questão para revisão 2.9.

2.10 No circuito da Figura 2.67, uma redução em R_3 leva a uma redução da:
(a) corrente em R_3
(b) tensão em R_3
(c) tensão em R_1
(d) potência dissipada em R_2
(e) nenhuma das alternativas anteriores

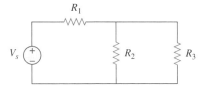

Figura 2.67 Esquema para a Questão para revisão 2.10.

Respostas: 2.1c, 2.2c, 2.3b, 2.4c, 2.5c, 2.6b, 2.7a, 2.8d, 2.9d, 2.10b, d.

Problemas

● **Seção 2.2 Lei de Ohm**

2.1 Elabore um problema, incluindo a solução, para ajudar estudantes a entender melhor a lei de Ohm. Use pelo menos dois resistores e uma fonte de tensão. Sugestão: você pode escolher dois resistores de uma vez ou um de cada vez, conforme achar melhor. Seja criativo.

2.2 Determine a resistência quente de uma lâmpada de 60 W/120 V.

2.3 Uma barra de silício tem 4 cm de comprimento com uma seção circular. Se a resistência da barra for 240 Ω à temperatura ambiente, qual o raio da seção transversal da barra?

2.4 (a) Calcule a corrente i na Figura 2.68 quando a chave se encontra na posição 1.
(b) Calcule a corrente quando a chave estiver na posição 2.

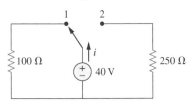

Figura 2.68 Esquema para o Problema 2.4.

Seção 2.3 Nós, ramos e laços

2.5 Para o gráfico de rede da Figura 2.69, determine o número de nós, ramos e laços.

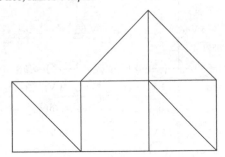

Figura 2.69 Esquema para o Problema 2.5.

2.6 No gráfico de rede mostrado na Figura 2.70, determine o número de ramos e nós.

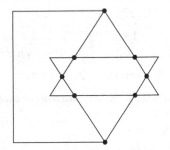

Figura 2.70 Esquema para o Problema 2.6.

2.7 Determine o número de ramos e nós no circuito da Figura 2.71.

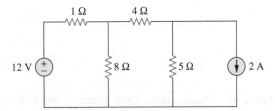

Figura 2.71 Esquema para o Problema 2.7.

Seção 2.4 Leis de Kirchhoff

2.8 Elabore um problema, incluindo a solução, para ajudar outros estudantes a entender melhor a lei de Kirchhoff para correntes (LKC). Elabore-o especificando os valores de i_a, i_b e i_c mostrados na Figura 2.72 e solicite aos estudantes para calcular os valores de i_1, i_2 e i_3. Procure especificar valores reais de corrente.

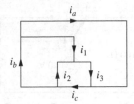

Figura 2.72 Esquema para o Problema 2.8.

2.9 Determine i_1, i_2 e i_3 no circuito da Figura 2.73.

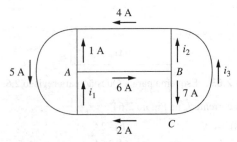

Figura 2.73 Esquema para o Problema 2.9.

2.10 Determine i_1 e i_2 no circuito da Figura 2.74.

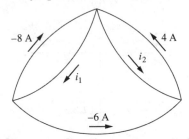

Figura 2.74 Esquema para o Problema 2.10.

2.11 No o circuito da Figura 2.75, determine V_1 e V_2.

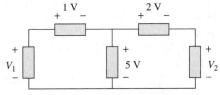

Figura 2.75 Esquema para o Problema 2.11.

2.12 No circuito da Figura 2.76, calcule v_1, v_2 e v_3.

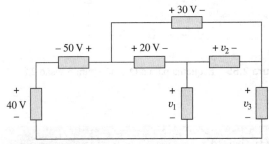

Figura 2.76 Esquema para o Problema 2.12.

2.13 Para o circuito da Figura 2.77, use a LKC para encontrar as correntes nos ramos I_1 a I_4.

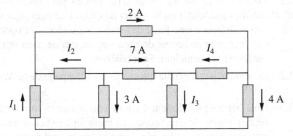

Figura 2.77 Esquema para o Problema 2.13.

2.14 Dado o circuito da Figura 2.78, use a LKT para determinar as tensões nos ramos V_1 a V_4.

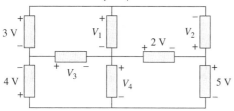

Figura 2.78 Esquema para o Problema 2.14.

2.15 Determine v e i_x, no circuito da Figura 2.79.

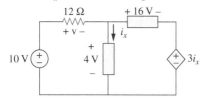

Figura 2.79 Esquema para o Problema 2.15.

2.16 Determine V_o no circuito da Figura 2.80.

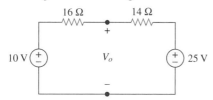

Figura 2.80 Esquema para o Problema 2.16.

2.17 Obtenha v_1 a v_3 no circuito da Figura 2.81.

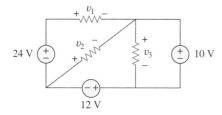

Figura 2.81 Esquema para o Problema 2.17.

2.18 Determine I e V_{ab} no circuito da Figura 2.82.

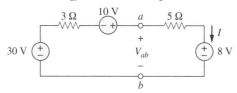

Figura 2.82 Esquema para o Problema 2.18.

2.19 A partir circuito da Figura 2.83, determine I, a potência dissipada pelo resistor e a potência fornecida por cada fonte.

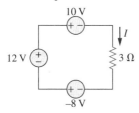

Figura 2.83 Esquema para o Problema 2.19.

2.20 Determine i_o no circuito da Figura 2.84.

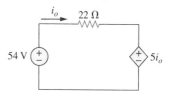

Figura 2.84 Esquema para o Problema 2.20.

2.21 Determine V_x no circuito da Figura 2.85.

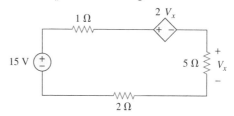

Figura 2.85 Esquema para o Problema 2.21.

2.22 Determine V_o no circuito da Figura 2.86 e a potência absorvida pela fonte controlada.

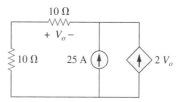

Figura 2.86 Esquema para o Problema 2.22.

2.23 No circuito mostrado na Figura 2.87, determine v_x e a potência absorvida pelo resistor de 12 Ω.

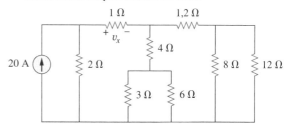

Figura 2.87 Esquema para o Problema 2.23.

2.24 Para o circuito da Figura 2.88, determine V_o/V_s em termos de α, R_1, R_2, R_3 e R_4. Se $R_1 = R_2 = R_3 = R_4$, qual o valor de α que produzirá $|V_o/V_s| = 10$?

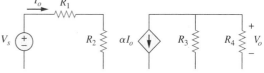

Figura 2.88 Esquema para o Problema 2.24.

2.25 Para a rede da Figura 2.89, determine a corrente, a tensão e a potência associadas ao resistor de 20 kΩ.

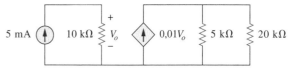

Figura 2.89 Esquema para o Problema 2.25.

Seções 2.5 e 2.6 Resistores em série e em paralelo

2.26 Para o circuito da Figura 2.90, $i_o = 3$ A. Calcule i_x e a potência total dissipada pelo circuito.

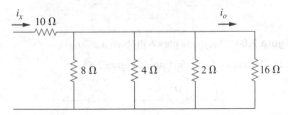

Figura 2.90 Esquema para o Problema 2.26.

2.27 Calcule I_o no circuito da Figura 2.91.

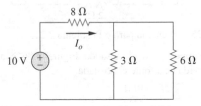

Figura 2.91 Esquema para o Problema 2.27.

2.28 Elabore um problema, usando a Figura 2.92, para ajudar e@d outros estudantes a entender melhor os circuitos em série e em paralelo.

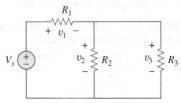

Figura 2.92 Esquema para o Problema 2.28.

2.29 Todos os resistores na Figura 2.93 são de 5 Ω cada. Determine R_{eq}.

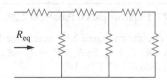

Figura 2.93 Esquema para o Problema 2.29.

2.30 Determine a R_{eq} para o circuito da Figura 2.94.

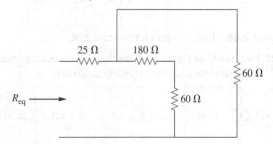

Figura 2.94 Esquema para o Problema 2.30.

2.31 Para o circuito da Figura 2.95, determine i_1 a i_5.

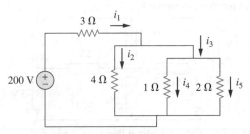

Figura 2.95 Esquema para o Problema 2.31.

2.32 Determine i_1 a i_4 no circuito da Figura 2.96.

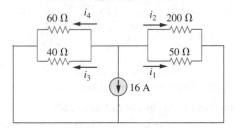

Figura 2.96 Esquema para o Problema 2.32.

2.33 Obtenha v e i no circuito da Figura 2.97.

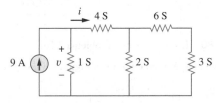

Figura 2.97 Esquema para o Problema 2.33.

2.34 Usando associações de resistências em série/paralelo, determine a resistência equivalente vista pela fonte no circuito da Figura 2.98 e a potência total dissipada pela rede de resistores.

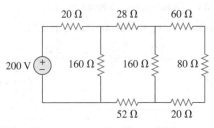

Figura 2.98 Esquema para o Problema 2.34.

2.35 Calcule V_o e I_o no circuito da Figura 2.99.

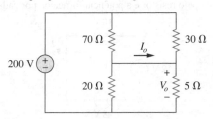

Figura 2.99 Esquema para o Problema 2.35.

2.36 Determine i e V_o no circuito da Figura 2.100.

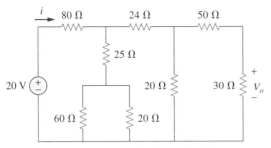

Figura 2.100 Esquema para o Problema 2.36.

2.37 Determine R para o circuito da Figura 2.101.

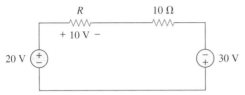

Figura 2.101 Esquema para o Problema 2.37.

2.38 Determine R_{eq} e i_o no circuito da Figura 2.102.

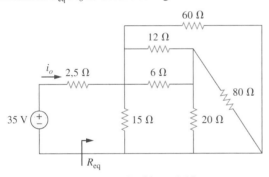

Figura 2.102 Esquema para o Problema 2.38.

2.39 Determine R_{eq} para cada circuito mostrado na Figura 2.103.

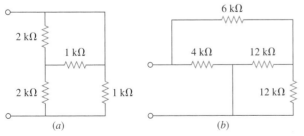

Figura 2.103 Esquema para o Problema 2.39.

2.40 Para a rede em cascata da Figura 2.104, determine I e R_{eq}.

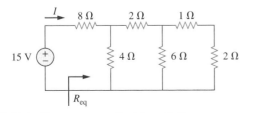

Figura 2.104 Esquema para o Problema 2.40.

2.41 Se $R_{eq} = 50\ \Omega$ no circuito da Figura 2.105, determine R.

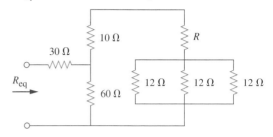

Figura 2.105 Esquema para o Problema 2.41.

2.42 Reduza cada um dos circuitos na Figura 2.106 a um único resistor nos terminais *a-b*.

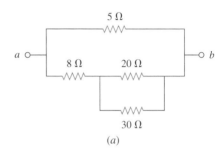

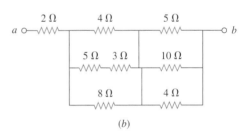

Figura 2.106 Esquema para o Problema 2.42.

2.43 Calcule a resistência equivalente R_{ab} nos terminais *a-b* para cada um dos circuitos da Figura 2.107.

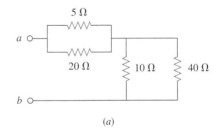

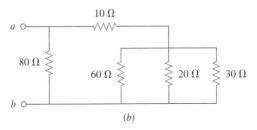

Figura 2.107 Esquema para o Problema 2.43.

2.44 Para o circuito da Figura 2.108, calcule a resistência equivalente nos terminais *a-b*.

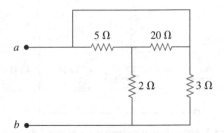

Figura 2.108 Esquema para o Problema 2.44.

2.45 Determine a resistência equivalente nos terminais *a-b* de cada circuito na Figura 2.109.

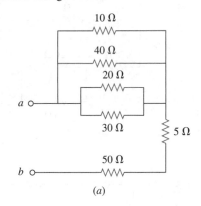

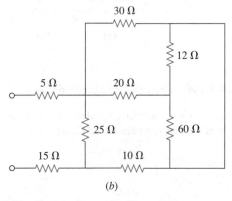

Figura 2.109 Esquema para o Problema 2.45.

2.46 Determine *I* no circuito da Figura 2.110.

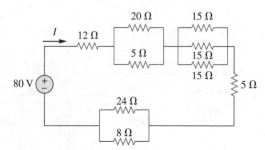

Figura 2.110 Esquema para o Problema 2.46.

2.47 Determine a resistência equivalente R_{ab} no circuito da Figura 2.111.

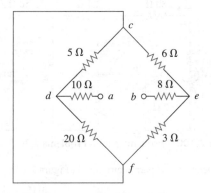

Figura 2.111 Esquema para o Problema 2.47.

● **Seção 2.7 Transformações Y-delta**

2.48 Converta os circuitos da Figura 2.112 de Y em Δ.

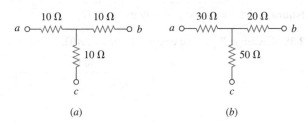

Figura 2.112 Esquema para o Problema 2.48.

2.49 Transforme os circuitos da Figura 2.113 de Δ em Y.

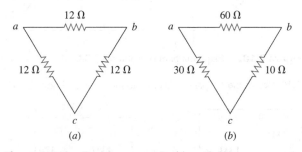

Figura 2.113 Esquema para o Problema 2.49.

2.50 Elabore um problema para ajudar outros estudantes a entender melhor as Transformações Y-Δ usando a Figura 2.114.

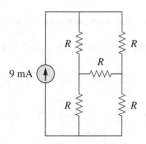

Figura 2.114 Esquema para o Problema 2.50.

2.51 Determine a resistência equivalente nos terminais *a-b* para cada um dos circuitos da Figura 2.115.

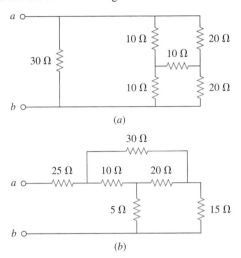

Figura 2.115 Esquema para o Problema 2.51.

* **2.52** Para o circuito mostrado na Figura 2.116, determine a resistência equivalente. Todos os resistores são de 3 Ω.

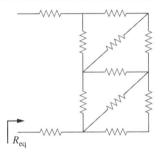

Figura 2.116 Esquema para o Problema 2.52.

* **2.53** Determine a resistência equivalente R_{ab} em cada um dos circuitos da Figura 2.117. No item (b), todos os resistores possuem um valor de 30 Ω.

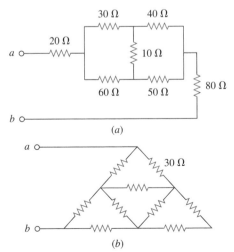

Figura 2.117 Esquema para o Problema 2.53.

---
* O asterisco indica um problema que constitui um desafio.

2.54 Considere o circuito da Figura 2.118. Determine a resistência equivalente nos terminais: (a) *a-b*, (b) *c-d*.

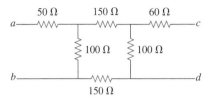

Figura 2.118 Esquema para o Problema 2.54.

2.55 Calcule I_o no circuito da Figura 2.119.

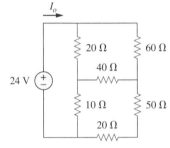

Figura 2.119 Esquema para o Problema 2.55.

2.56 Determine *V* no circuito da Figura 2.120.

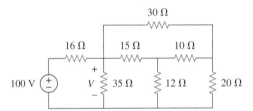

Figura 2.120 Esquema para o Problema 2.56.

* **2.57** Determine R_{eq} e *I* no circuito da Figura 2.121.

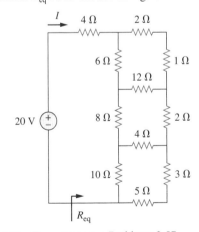

Figura 2.121 Esquema para o Problema 2.57.

● **Seção 2.8   Aplicações**

2.58 A lâmpada de 60 W na Figura 2.122 é de 120 V. Calcule V_s para fazer que a lâmpada opere nas condições estabelecidas.

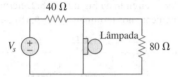

Figura 2.122 Esquema para o Problema 2.58.

2.59 Três lâmpadas estão conectadas em série a uma fonte de 120 V, conforme mostrado na Figura 2.123. Determine a corrente I que passa pelas lâmpadas. Cada lâmpada é específica para 120 V. Qual o valor da potência dissipada em cada lâmpada? Elas produzem muita luz?

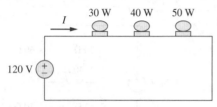

Figura 2.123 Esquema para o Problema 2.59.

2.60 Se as três lâmpadas do Problema 2.59 estiverem conectadas em paralelo a uma fonte de 120 V, calcule a corrente que passa em cada lâmpada.

2.61 Como engenheiro de projetos lhe foi solicitado projetar
ead um sistema de iluminação formado por uma fonte de alimentação de 70 W e duas lâmpadas, conforme mostrado na Figura 2.124. Você deve selecionar as duas lâmpadas das três opções a seguir:

$R_1 = 80\ \Omega$, custo US$ 0,60 (tamanho-padrão)

$R_2 = 90\ \Omega$, custo US$ 0,90 (tamanho-padrão)

$R_3 = 100\ \Omega$, custo US$ 0,75 (tamanho não padronizado)

O sistema deve ser projetado para um custo mínimo de modo que $I = 1{,}2\ \text{A} \pm 5\%$.

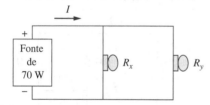

Figura 2.124 Esquema para o Problema 2.61.

2.62 Um sistema trifásico alimenta duas cargas A e B, conforme mostrado na Figura 2.125. A carga A é formada por um motor que drena uma corrente de 8 A, enquanto a carga B é um PC que consome 2 A. Considerando 10h/dia de uso por 365 dias e 6 centavos/kWh, calcule o custo anual de consumo de energia do sistema.

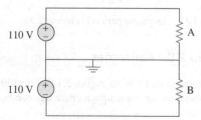

Figura 2.125 Esquema para o Problema 2.62.

2.63 Se um amperímetro com resistência interna de 100 Ω e capacidade de corrente de 2 mA deve medir 5 A, determine o valor da resistência necessária. Calcule a potência dissipada no resistor shunt.

2.64 O potenciômetro (resistor ajustável) R_x na Figura 2.126 deve ser projetado para ajustar a corrente i_x de 1 A a 10 A. Calcule os valores de R e R_x para que isso aconteça.

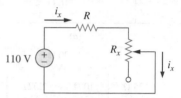

Figura 2.126 Esquema para o Problema 2.64.

2.65 Um galvanômetro de d'Arsonval com resistência interna de 1 kΩ requer 10 mA para produzir uma deflexão de fundo de escala. Calcule o valor de uma resistência em série necessária para medir 50 V de fundo de escala.

2.66 Um voltímetro de 20 kΩ/V indica uma leitura de fundo de escala de 10 V.

(a) Qual a resistência em série necessária para fazer que o medidor indique 50 V em fundo de escala?

(b) Qual a potência que o resistor dissipará quando o medidor indicar fundo de escala?

2.67 (a) Calcule a tensão V_o no circuito da Figura 2.127a.

(b) Determine a tensão V'_o medida quando um voltímetro com resistência interna de 6 kΩ estiver conectado, conforme mostrado na Figura 2.127b.

(c) A resistência finita do medidor introduz um erro na medida. Calcule o erro percentual como

$$\left| \frac{V_o - V'_o}{V_o} \right| \times 100\%$$

(d) Determine o erro percentual caso a resistência interna fosse de 36 kΩ.

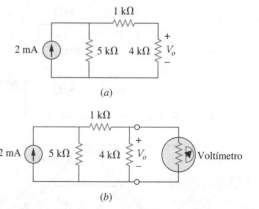

Figura 2.127 Esquema para o Problema 2.67.

2.68 (a) Determine a corrente I no circuito da Figura 2.128a.

(b) Um ohmímetro com resistência interna de 1 Ω é inserido na rede para medir I', como mostrado na Figura 2.128b. Qual o valor de I'?

(c) Calcule o erro percentual introduzido pelo medidor como

$$\left| \frac{I - I'}{I} \right| \times 100\%$$

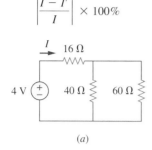

(a)

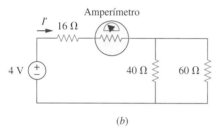

(b)

Figura 2.128 Esquema para o Problema 2.68.

2.69 Um voltímetro é usado para medir V_o no circuito da Figura 2.129. O modelo do voltímetro consiste em um voltímetro ideal em paralelo com um resistor de 100 kΩ. Digamos que $V_s = 40$ V, $R_s = 10$ kΩ e $R_1 = 20$ kΩ. Calcule V_o com e sem o voltímetro quando

(a) $R_2 = 1$ kΩ (b) $R_2 = 10$ kΩ (c) $R_2 = 100$ kΩ

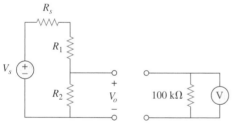

Figura 2.129 Esquema para o Problema 2.69.

2.70 (a) Considere a ponte de Wheatstone, mostrada na Figura 2.130. Calcule v_a, v_b e v_{ab}.

(b) Refaça o item (a) caso o GND fosse colocado em a em vez de o.

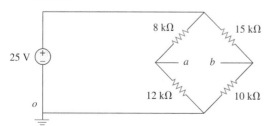

Figura 2.130 Esquema para o Problema 2.70.

2.71 A Figura 2.131 representa um modelo de um painel solar fotovoltaico. Dado que $V_s = 30$ V, $R_1 = 20$ Ω e $i_L = 1$ A, determine R_L.

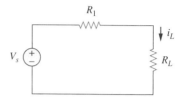

Figura 2.131 Esquema para o Problema 2.71.

2.72 Calcule V_o no circuito divisor de potência bidirecional na Figura 2.132.

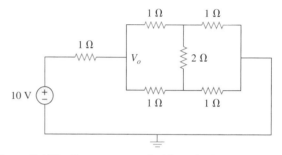

Figura 2.132 Esquema para o Problema 2.72.

2.73 Um modelo de amperímetro consiste em um amperímetro ideal em série com um resistor de 20 Ω. Ele é conectado com uma fonte de corrente e um resistor desconhecido R_x, como mostra a Figura 2.133. A leitura do amperímetro é anotada. Quando um potenciômetro R é adicionado e ajustado até que a leitura do amperímetro caia pela metade de sua leitura anterior, então $R = 65$ Ω. Qual é o valor de R_x?

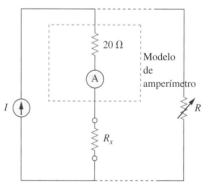

Figura 2.133 Esquema para o Problema 2.73.

2.74 O circuito da Figura 2.134 destina-se a controlar a velocidade de um motor de modo que ele absorva correntes de 5 A, 3 A e 1 A, quando a chave se encontrar nas posições alta, média e baixa, respectivamente. O motor pode ser modelado como uma resistência de carga de 20 mΩ. Determine as resistências em cascata para queda de tensão R_1, R_2 e R_3.

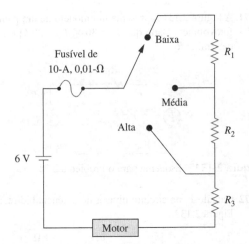

Figura 2.134 Esquema para o Problema 2.74.

2.75 Determine R_{ab} no circuito divisor de potência quadridirecional da Figura 2.135. Considere que cada elemento tem resistência igual a 1 Ω.

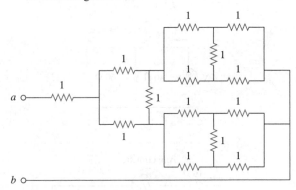

Figura 2.135 Esquema para o Problema 2.75.

Problemas abrangentes

2.76 Repita o Problema 2.75 para o divisor de oito vias mostrado na Figura 2.136.

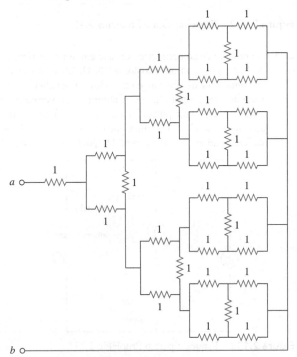

Figura 2.136 Esquema para o Problema 2.76.

2.77 Suponha que seu laboratório de circuitos tenha os seguintes resistores comerciais padrão disponíveis em grande quantidade:

1,8 Ω   20 Ω   300 Ω   24 kΩ   56 kΩ

Usando associações em série e em paralelo, e um número mínimo dos resistores disponíveis, defina como você obteria as seguintes resistências para projetar um circuito elétrico de:

(a) 5 Ω   (b) 311,8 Ω   (c) 40 kΩ   (d) 52,32 kΩ

2.78 No circuito da Figura 2.137, o contato divide a resistência do potenciômetro entre αR e $(1-\alpha)R$, $0 \leq \alpha \leq 1$. Determine v_o/v_s.

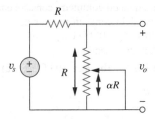

Figura 2.137 Esquema para o Problema 2.78.

2.79 Um apontador de lápis elétrico de 240 mW/6 V é conectado a uma fonte de 9 V, como mostra a Figura 2.138. Calcule o valor do resistor em série R_x para queda de tensão necessária para alimentar o apontador.

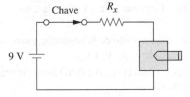

Figura 2.138 Esquema para o Problema 2.79.

2.80 Um alto-falante é conectado a um amplificador, conforme mostrado na Figura 2.139. Se um de 10 Ω consumir uma potência máxima de 12 W do amplificador, determine a potência máxima que um alto-falante de 4 Ω consumirá.

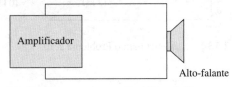

Figura 2.139 Esquema para o Problema 2.80.

2.81 Em determinada aplicação, o circuito da Figura 2.140 tem de ser projetado de forma a atender a dois critérios a seguir:

(a) $V_o/V_s = 0{,}05$

(b) $R_{eq} = 40$ kΩ

Se o resistor de carga de 5 kΩ for fixo, determine R_1 e R_2 para atender aos critérios.

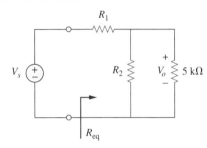

Figura 2.140 Esquema para o Problema 2.81.

2.82 O diagrama de pinos de um conjunto de resistências está representado na Figura 2.141. Determine a resistência equivalente entre os seguintes pontos:

(a) 1 e 2
(b) 1 e 3
(c) 1 e 4

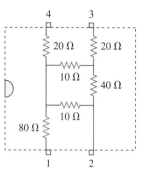

Figura 2.141 Esquema para o Problema 2.82.

2.83 Dois dispositivos sensíveis são especificados, como mostra a Figura 2.142. Determine os valores dos resistores R_1 e R_2 necessários para alimentar os dispositivos usando uma bateria de 24 V.

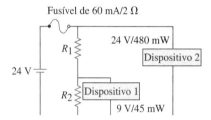

Figura 2.142 Esquema para o Problema 2.83.

3

MÉTODOS DE ANÁLISE

Nenhuma grande obra é realizada de forma apressada. Realizar uma grande descoberta científica, pintar uma grande tela, escrever um poema imortal, tornar-se um ministro ou um general famoso – realizar qualquer coisa de grandioso requer tempo, paciência e perseverança. Essas coisas são realizadas gradualmente, "pouco a pouco".

W. J. Wilmont Buxton

Progresso profissional

Carreira em eletrônica

Uma das áreas de aplicação para a análise de circuitos elétricos é a *eletrônica*. Esse termo foi usado, originalmente, para distinguir circuitos com corrente muito baixa, porém essa distinção não é mais válida, já que dispositivos semicondutores de potência operam com níveis de correntes elevados. Hoje, a eletrônica é considerada a ciência do movimento de cargas em um gás, no vácuo ou em um semicondutor, e a eletrônica moderna envolve transistores e circuitos transistorizados, sendo que os primeiros circuitos eletrônicos eram montados a partir de componentes; atualmente, muitos são produzidos na forma de circuitos integrados, fabricados em um substrato semicondutor ou *chip*.

Os circuitos eletrônicos encontram aplicações em diversas áreas como automação, transmissões de rádio e TV, computadores e instrumentação. Há uma gama enorme de dispositivos que usa circuitos eletrônicos, que é limitada apenas por nossa imaginação.

Um engenheiro eletricista normalmente realiza diversas funções e provavelmente usará, projetará ou construirá sistemas que incorporam alguma forma de circuitos eletrônicos. Portanto, a interpretação da operação e da análise desses circuitos é essencial para o profissional. A eletrônica se tornou uma especialidade distinta das demais disciplinas da engenharia elétrica. Como esse campo está sempre avançando, é necessário ser atualizado, e a melhor maneira para isso é tornar-se membro de alguma associação profissional, por exemplo, o Institute of Electrical and Electronics Engineers (IEEE), que, com mais de 300 mil associados, é a maior organização de profissionais do mundo, cujos associados se beneficiam enormemente dos inúmeros jornais, revistas, registros e anais de conferências/simpósios, publicados anualmente pelo instituto.

3.1 Introdução

Tendo compreendido as leis fundamentais da teoria dos circuitos (lei de Ohm e leis de Kirchhoff), agora estamos preparados para aplicar essas leis ao desenvolver duas técnicas poderosas para análise de circuitos: análise nodal, que se baseia em uma aplicação sistemática da lei de Kirchhoff para corrente (LKC), ou lei dos nós, e a análise de malhas, que se baseia em uma aplicação sistemática da lei de Kirchhoff para tensão (LKT), ou lei das malhas. Essas duas técnicas são tão importantes que este capítulo deve ser considerado o de maior destaque do livro todo. Consequentemente, os estudantes devem dedicar especial atenção a ele também.

Com as duas técnicas a serem desenvolvidas, teremos condições de analisar qualquer circuito linear pela obtenção de um conjunto de equações simultâneas que são, então, resolvidas para obter os valores necessários de corrente ou tensão. Um método para resolução de equações simultâneas envolve a regra de Cramer, que nos permite calcular variáveis do circuito como um quociente entre determinantes. Os exemplos do capítulo vão ilustrar esse método, e o Apêndice A também sintetiza brevemente os fundamente que o leitor precisa conhecer para aplicar essa regra. Outro método para resolução de equações simultâneas é usar o *MATLAB*, que é um *software* aplicativo, que possui um tutorial disponível no *site* (www.grupoa.com.br).

Neste capítulo, introduziremos também o emprego do *PSpice for Windows*, um programa de computador para simulação de circuitos que usaremos ao longo do texto. Finalmente, aplicaremos as técnicas aprendidas para analisar circuitos com transistores.

3.2 Análise nodal

A análise nodal fornece um procedimento genérico para análise de circuitos usando tensões nodais como variáveis de circuitos. Optar por tensões nodais em vez de tensões de elementos como essas variáveis é conveniente e reduz o número de equações que se deve resolver simultaneamente.

A análise nodal também é conhecida como *método do nó-tensão*.

Para simplificar as coisas, partiremos do pressuposto, nesta seção, de que os circuitos não contêm fontes de tensão, pois os que contêm serão analisados na seção seguinte.

Na *análise nodal*, estamos interessados em encontrar as tensões nos nós. Dado um circuito com *n* nós sem fontes de tensão, a análise envolve as três etapas a seguir:

Etapas para determinar tensões nodais:

1. Selecione um nó como referência. Atribua tensões $v_1, v_2, ..., v_{n-1}$ aos $n - 1$ nós restantes. As tensões são medidas em relação ao nó de referência.
2. Aplique a LKC a cada um dos $n - 1$ nós que não são de referência. Use a lei de Ohm para expressar as correntes nos ramos em termos de tensões nodais.
3. Resolva as equações simultâneas resultantes para obter as tensões nodais desconhecidas.

Agora, vamos explicar e aplicar as etapas dadas.

O primeiro passo na análise nodal é selecionar um nó como *nó de referência* ou *nó-base*. O nó de referência é comumente chamado *terra* (GND)

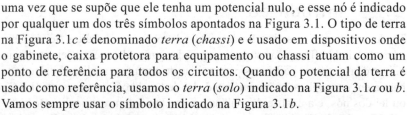

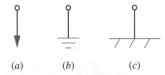

Figura 3.1 Símbolos comuns para indicar um nó de referência: (*a*) terra comum; (*b*) terra; (*c*) terra (chassi).

> O número de nós que não são de referência é igual ao número de equações independentes que vamos deduzir.

uma vez que se supõe que ele tenha um potencial nulo, e esse nó é indicado por qualquer um dos três símbolos apontados na Figura 3.1. O tipo de terra na Figura 3.1*c* é denominado *terra* (*chassi*) e é usado em dispositivos onde o gabinete, caixa protetora para equipamento ou chassi atuam como um ponto de referência para todos os circuitos. Quando o potencial da terra é usado como referência, usamos o *terra* (*solo*) indicado na Figura 3.1*a* ou *b*. Vamos sempre usar o símbolo indicado na Figura 3.1*b*.

Assim que escolhemos um nó de referência, atribuímos designações de tensão aos nós que não são de referência. Consideremos, por exemplo, o circuito da Figura 3.2*a*. O nó 0 é o de referência ($v = 0$), enquanto aos nós 1 e 2 são atribuídos, respectivamente, as tensões v_1 e v_2. Tenha em mente que as tensões nodais são definidas em relação ao nó de referência. Conforme ilustrado na Figura 3.2*a*, cada tensão nodal é a elevação de tensão a partir do nó de referência ao que não é de referência correspondente ou simplesmente a tensão daquele nó em relação ao nó de referência.

Como segunda etapa, aplicamos a LKC a cada um dos nós que não são de referência do circuito. Para evitar o acúmulo de informações, o circuito elétrico da Figura 3.2*a* é redesenhado na Figura 3.2*b*, em que, agora, acrescentamos i_1, i_2 e i_3 como as correntes através dos resistores R_1, R_2 e R_3, respectivamente. Aplicando a LKC ao nó 1, temos

$$I_1 = I_2 + i_1 + i_2 \tag{3.1}$$

No nó 2, temos

$$I_2 + i_2 = i_3 \tag{3.2}$$

Agora, aplicamos a lei de Ohm para expressar as correntes desconhecidas i_1, i_2 e i_3 em termos de tensões nodais. A ideia central é ter em mente que os resistores são elementos passivos, pela convenção de sinal passivo, e por isso a corrente sempre deve fluir de um potencial mais elevado para um mais baixo.

> Em um resistor, a corrente flui de um potencial **mais elevado** para um potencial **mais baixo**.

Podemos expressar esse princípio como

$$i = \frac{v_{\text{maior}} - v_{\text{menor}}}{R} \tag{3.3}$$

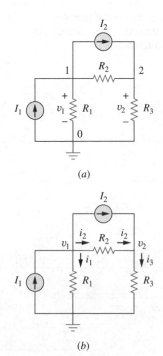

Figura 3.2 Circuito típico para análise nodal.

Note que esse princípio está de acordo com a maneira pela qual definimos resistência no Capítulo 2 (ver Figura 2.1). Sabendo disso, obtemos o seguinte da Figura 3.2*b*:

$$i_1 = \frac{v_1 - 0}{R_1} \quad \text{ou} \quad i_1 = G_1 v_1$$

$$i_2 = \frac{v_1 - v_2}{R_2} \quad \text{ou} \quad i_2 = G_2(v_1 - v_2) \tag{3.4}$$

$$i_3 = \frac{v_2 - 0}{R_3} \quad \text{ou} \quad i_3 = G_3 v_2$$

Substituindo a Equação (3.4) nas Equações (3.1) e (3.2) resulta, respectivamente, em

$$I_1 = I_2 + \frac{v_1}{R_1} + \frac{v_1 - v_2}{R_2} \quad (3.5)$$

$$I_2 + \frac{v_1 - v_2}{R_2} = \frac{v_2}{R_3} \quad (3.6)$$

Em termos de condutâncias, as Equações (3.5) e (3.6) ficam

$$I_1 = I_2 + G_1 v_1 + G_2(v_1 - v_2) \quad (3.7)$$

$$I_2 + G_2(v_1 - v_2) = G_3 v_2 \quad (3.8)$$

A terceira etapa na análise nodal é encontrar as tensões nodais. Se aplicarmos a lei dos nós aos $n-1$ nós que não são de referência, obtemos $n-1$ equações simultâneas, como as Equações (3.5) e (3.6) ou (3.7) e (3.8). Para o circuito da Figura 3.2, resolvemos as Equações (3.5) e (3.6) ou (3.7) e (3.8) para obter as tensões nodais v_1 e v_2, usando qualquer método-padrão como o da substituição, da eliminação, a regra de Cramer ou a inversão de matrizes. Para usar um dos dois últimos métodos, devem-se formular as equações simultâneas na forma matricial. Por exemplo, as Equações (3.7) e (3.8) podem ser formuladas na forma matricial como

> O Apêndice A discute como usar a regra de Cramer.

$$\begin{bmatrix} G_1 + G_2 & -G_2 \\ -G_2 & G_2 + G_3 \end{bmatrix} \begin{bmatrix} v_1 \\ v_2 \end{bmatrix} = \begin{bmatrix} I_1 - I_2 \\ I_2 \end{bmatrix} \quad (3.9)$$

que podem ser resolvidas para obter-se v_1 e v_2. A Equação (3.9) será generalizada na Seção 3.6. As equações simultâneas também podem ser resolvidas usando calculadoras ou pacotes de *software* como o *MATLAB*, *Mathcad*, *Maple* e *Quattro Pro*.

EXEMPLO 3.1

Calcule as tensões nodais no circuito mostrado na Figura 3.3a.

Solução: Considere a Figura 3.3b, na qual o circuito da Figura 3.3a foi preparado para análise nodal. Observe como as correntes são selecionadas para a aplicação da LKC. Exceto para os ramos com fontes de corrente, os nomes atribuídos às correntes são arbitrários, porém consistentes. (Por consistente queremos dizer que se, por exemplo, considerarmos que i_2 entra no resistor de 4 Ω do lado esquerdo, i_2 tem de deixar o resistor do lado direito.) O nó de referência é selecionado e as tensões nodais v_1 e v_2 agora devem ser determinadas.

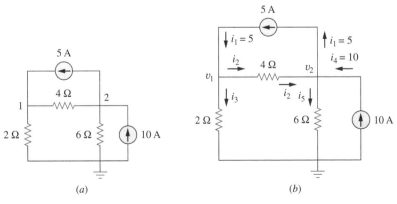

Figura 3.3 Esquema para o Exemplo 3.1: (*a*) circuito original; (*b*) circuito para análise.

No nó 1, aplicando a LKC e a lei de Ohm, obtemos

$$i_1 = i_2 + i_3 \quad \Rightarrow \quad 5 = \frac{v_1 - v_2}{4} + \frac{v_1 - 0}{2}$$

Multiplicando por 4 cada termo da última equação, obtemos

$$20 = v_1 - v_2 + 2v_1$$

ou

$$3v_1 - v_2 = 20 \quad \quad \quad \quad \text{(3.1.1)}$$

No nó 2 fazemos o mesmo e obtemos

$$i_2 + i_4 = i_1 + i_5 \quad \Rightarrow \quad \frac{v_1 - v_2}{4} + 10 = 5 + \frac{v_2 - 0}{6}$$

Multiplicando cada termo por 12, resulta em

$$3v_1 - 3v_2 + 120 = 60 + 2v_2$$

ou

$$-3v_1 + 5v_2 = 60 \quad \quad \quad \quad \text{(3.1.2)}$$

Desta vez, temos duas Equações simultâneas (3.1.1) e (3.1.2). Podemos resolver as equações usando qualquer método e obter os valores de v_1 e v_2.

■ **MÉTODO 1** Usando a técnica de eliminação, adicionamos as Equações (3.1.1) e (3.1.2).

$$4v_2 = 80 \quad \Rightarrow \quad v_2 = 20 \text{ V}$$

Substituindo $v_2 = 20$ na Equação (3.1.1), temos

$$3v_1 - 20 = 20 \quad \Rightarrow \quad v_1 = \frac{40}{3} = 13{,}333 \text{ V}$$

■ **MÉTODO 2** Para usar a regra de Cramer, precisamos colocar as Equações (3.1.1) e (3.1.2) na forma matricial como segue

$$\begin{bmatrix} 3 & -1 \\ -3 & 5 \end{bmatrix} \begin{bmatrix} v_1 \\ v_2 \end{bmatrix} = \begin{bmatrix} 20 \\ 60 \end{bmatrix} \quad \quad \text{(3.1.3)}$$

O determinante da matriz é

$$\Delta = \begin{vmatrix} 3 & -1 \\ -3 & 5 \end{vmatrix} = 15 - 3 = 12$$

Obtemos v_1 e v_2 como segue

$$v_1 = \frac{\Delta_1}{\Delta} = \frac{\begin{vmatrix} 20 & -1 \\ 60 & 5 \end{vmatrix}}{\Delta} = \frac{100 + 60}{12} = 13{,}333 \text{ V}$$

$$v_2 = \frac{\Delta_2}{\Delta} = \frac{\begin{vmatrix} 3 & 20 \\ -3 & 60 \end{vmatrix}}{\Delta} = \frac{180 + 60}{12} = 20 \text{ V}$$

que dá o mesmo resultado que obtivemos pelo método da eliminação.

Se precisarmos dos valores das correntes, podemos calculá-los facilmente a partir dos valores das tensões nodais.

$$i_1 = 5 \text{ A}, \quad i_2 = \frac{v_1 - v_2}{4} = -1{,}6668 \text{ A}, \quad i_3 = \frac{v_1}{2} = 6{,}666 \text{ A}$$

$$i_4 = 10 \text{ A}, \quad i_5 = \frac{v_2}{6} = 3{,}333 \text{ A}$$

O fato de i_2 ser negativo mostra que a corrente flui na direção oposta daquela suposta.

Obtenha as tensões nodais no circuito da Figura 3.4.

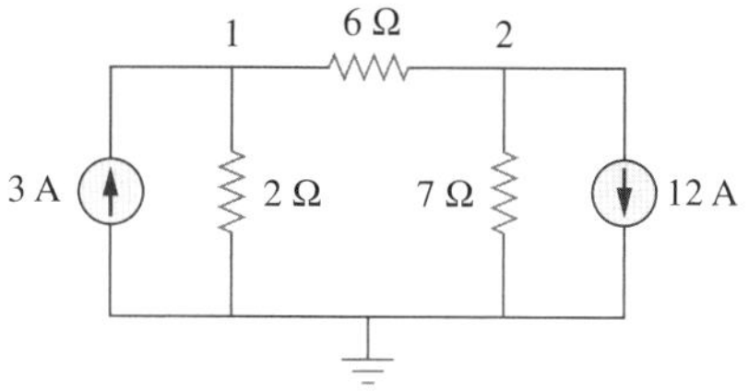

PROBLEMA PRÁTICO 3.1

Figura 3.4 Esquema para o Problema prático 3.1.

Resposta: $v_1 = -6$ V, $v_2 = -42$ V

EXEMPLO 3.2

Determine as tensões na Figura 3.5a.

Solução: O circuito neste exemplo tem três nós de referência, diferentemente do exemplo anterior que tinha dois nós que não eram de referência. Atribuímos as tensões aos três nós, conforme mostra a Figura 3.5b, e identificamos as correntes.

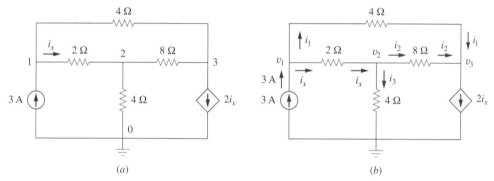

Figura 3.5 Esquema para o Exemplo 3.2: (a) circuito original; (b) circuito para análise.

No nó 1,

$$3 = i_1 + i_x \quad \Rightarrow \quad 3 = \frac{v_1 - v_3}{4} + \frac{v_1 - v_2}{2}$$

Multiplicando por 4 cada termo da última equação, obtemos

$$3v_1 - 2v_2 - v_3 = 12 \quad \text{(3.2.1)}$$

No nó 2,

$$i_x = i_2 + i_3 \quad \Rightarrow \quad \frac{v_1 - v_2}{2} = \frac{v_2 - v_3}{8} + \frac{v_2 - 0}{4}$$

Multiplicar por 8 e reorganizar os termos resulta em

$$-4v_1 + 7v_2 - v_3 = 0 \quad \text{(3.2.2)}$$

No nó 3,

$$i_1 + i_2 = 2i_x \quad \Rightarrow \quad \frac{v_1 - v_3}{4} + \frac{v_2 - v_3}{8} = \frac{2(v_1 - v_2)}{2}$$

Multiplicando por 8, reorganizando os termos, e dividindo por 3, obtemos

$$2v_1 - 3v_2 + v_3 = 0 \quad \text{(3.2.3)}$$

Temos três equações simultâneas a resolver para obter as tensões nodais v_1, v_2 e v_3. Resolveremos as equações das três maneiras.

■ MÉTODO 1 Usando a técnica de eliminação, adicionamos as Equações (3.2.1) e (3.2.3).

$$5v_1 - 5v_2 = 12$$

ou

$$v_1 - v_2 = \frac{12}{5} = 2{,}4 \tag{3.2.4}$$

Somando as Equações (3.2.2) e (3.2.3), temos

$$-2v_1 + 4v_2 = 0 \quad \Rightarrow \quad v_1 = 2v_2 \tag{3.2.5}$$

Substituir a Equação (3.2.5) na Equação (3.2.4) resulta em

$$2v_2 - v_2 = 2{,}4 \quad \Rightarrow \quad v_2 = 2{,}4, \quad v_1 = 2v_2 = 4{,}8 \text{ V}$$

Da Equação (3.2.3), obtemos

$$v_3 = 3v_2 - 2v_1 = 3v_2 - 4v_2 = -v_2 = -2{,}4 \text{ V}$$

Portanto,

$$v_1 = 4{,}8 \text{ V}, \quad v_2 = 2{,}4 \text{ V}, \quad v_3 = -2{,}4 \text{ V}$$

■ MÉTODO 2 Para usar a regra de Cramer, colocamos as Equações (3.2.1) a (3.2.3) na forma matricial.

$$\begin{bmatrix} 3 & -2 & -1 \\ -4 & 7 & -1 \\ 2 & -3 & 1 \end{bmatrix} \begin{bmatrix} v_1 \\ v_2 \\ v_3 \end{bmatrix} = \begin{bmatrix} 12 \\ 0 \\ 0 \end{bmatrix} \tag{3.2.6}$$

Desta, obtemos

$$v_1 = \frac{\Delta_1}{\Delta}, \quad v_2 = \frac{\Delta_2}{\Delta}, \quad v_3 = \frac{\Delta_3}{\Delta}$$

onde Δ, Δ_1, Δ_2 e Δ_3 são os determinantes a serem calculados como segue. Conforme explicado no Apêndice A para calcular o determinante de uma matriz 3 por 3, repetimos as duas primeiras colunas e realizamos uma multiplicação cruzada.

$$\Delta = \begin{vmatrix} 3 & -2 & -1 \\ -4 & 7 & -1 \\ 2 & -3 & 1 \end{vmatrix} = 21 - 12 + 4 + 14 - 9 - 8 = 10$$

De forma similar, obtemos

$$\Delta_1 = 84 + 0 + 0 - 0 - 36 - 0 = 48$$

$$\Delta_2 = 0 + 0 - 24 - 0 - 0 + 48 = 24$$

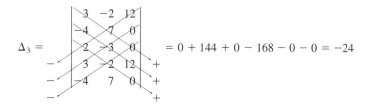

$$\Delta_3 = \ldots = 0 + 144 + 0 - 168 - 0 - 0 = -24$$

Portanto, determinamos

$$v_1 = \frac{\Delta_1}{\Delta} = \frac{48}{10} = 4{,}8 \text{ V}, \quad v_2 = \frac{\Delta_2}{\Delta} = \frac{24}{10} = 2{,}4 \text{ V}$$

$$v_3 = \frac{\Delta_3}{\Delta} = \frac{-24}{10} = -2{,}4 \text{ V}$$

conforme obtido através do Método 1.

■ **MÉTODO 3** Agora, usamos o *MATLAB* para resolver a matriz. A Equação (3.2.6) pode ser escrita na forma

$$\mathbf{AV} = \mathbf{B} \quad \Rightarrow \quad \mathbf{V} = \mathbf{A}^{-1}\mathbf{B}$$

onde **A** é a matriz quadrada 3 × 3; **B** é o vetor-coluna; e **V** é um vetor-coluna formado por v_1, v_2 e v_3 que queremos determinar. Usamos o *MATLAB* para determinar **V** como segue:

```
>>A = [3  -2  -1;  -4  7  -1;  2  -3  1];
>>B = [12  0  0]';
>>V = inv(A) * B
          4,8000
V =       2,4000
         -2,4000
```

Consequentemente, $v_1 = 4{,}8$ V, $v_2 = 2{,}4$ V e $v_3 = -2{,}4$ V, conforme obtido anteriormente.

Determine as tensões nos três primeiros nós que não são de referência no circuito da Figura 3.6.

Resposta: $v_1 = 32$ V, $v_2 = -25{,}6$ V, $v_3 = 62{,}4$ V.

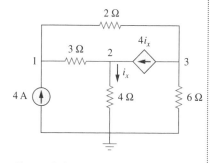

Figura 3.6 Esquema para o Problema prático 3.2.

PROBLEMA PRÁTICO 3.2

3.3 Análise nodal com fontes de tensão

Agora, vamos considerar como as fontes de tensão afetam a análise nodal. Usamos o circuito da Figura 3.7 para ilustração. Considere as duas possibilidades a seguir.

■ **CASO 1** Se a fonte de tensão estiver conectada entre o nó de referência e um de não referência, simplesmente configuramos a tensão no nó que não é de referência igual à tensão da fonte de tensão. Na Figura 3.7, por exemplo,

$$v_1 = 10 \text{ V} \tag{3.10}$$

Consequentemente, nossa análise é ligeiramente simplificada pelo conhecimento da tensão neste nó.

■ **CASO 2** Se a fonte de tensão (dependente ou independente) estiver conectada entre dois nós que não são de referência, eles formarão um *nó genérico* ou *supernó*; aplicamos tanto a LKC como a LKT para determinar as tensões nodais.

> Um supernó pode ser considerado uma superfície que engloba a fonte de tensão e seus dois nós.

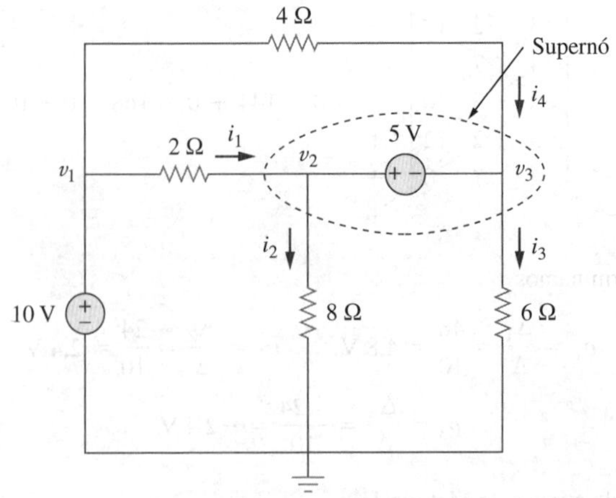

Figura 3.7 Um circuito com um supernó.

> Um **supernó** é formado envolvendo-se uma fonte de tensão (dependente ou independente) conectada entre dois nós que não são de referência e quaisquer elementos conectados em paralelo com ele.

Na Figura 3.7, os nós 2 e 3 formam um supernó. (Poderíamos ter mais de dois nós formando um único supernó. Ver, por exemplo, o circuito na Figura 3.14.) Analisamos um circuito com supernós usando as mesmas três etapas mencionadas na seção anterior, exceto pelo fato de os supernós serem tratados diferentemente. Por quê? Porque um componente essencial da análise nodal é aplicar a LKC, que necessita conhecermos a corrente por meio de cada elemento. Não há nenhuma maneira de se saber de antemão a corrente que passa por uma tensão nodal, entretanto, a LKC tem de ser realizada em um supernó como qualquer outro nó. Logo, no supernó na Figura 3.7,

$$i_1 + i_4 = i_2 + i_3 \tag{3.11a}$$

ou

$$\frac{v_1 - v_2}{2} + \frac{v_1 - v_3}{4} = \frac{v_2 - 0}{8} + \frac{v_3 - 0}{6} \tag{3.11b}$$

Para aplicar a lei de Kirchhoff para tensão no supernó na Figura 3.7, redesenhamos o circuito conforme mostrado na Figura 3.8. Percorrendo o laço no sentido horário, temos

$$-v_2 + 5 + v_3 = 0 \quad \Rightarrow \quad v_2 - v_3 = 5 \tag{3.12}$$

A partir das Equações (3.10), (3.11b) e (3.12), obtemos as tensões nodais.

Observe as seguintes propriedades de um supernó:

1. A fonte de tensão dentro do supernó fornece uma equação de restrição necessária para encontrar as tensões nodais.
2. Um supernó não tem nenhuma tensão própria.
3. Um supernó requer a aplicação tanto da LKC como da LKT.

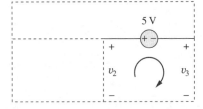

Figura 3.8 Aplicação da LKT em um supernó.

EXEMPLO 3.3

Para o circuito apresentado na Figura 3.9, determine as tensões nodais.

Solução: O supernó contém a fonte de 2 V, nós 1 e 2 e o resistor de 10 Ω. Aplicando a LKC ao supernó, conforme mostrado na Figura 3.10a, resulta em

$$2 = i_1 + i_2 + 7$$

Expressando i_1 e i_2 em termos de tensões nodais

$$2 = \frac{v_1 - 0}{2} + \frac{v_2 - 0}{4} + 7 \quad \Rightarrow \quad 8 = 2v_1 + v_2 + 28$$

ou

$$v_2 = -20 - 2v_1 \tag{3.3.1}$$

Para obter a relação entre v_1 e v_2, aplicamos a LKT ao circuito da Figura 3.10b. Percorrendo o laço, obtemos

$$-v_1 - 2 + v_2 = 0 \quad \Rightarrow \quad v_2 = v_1 + 2 \tag{3.3.2}$$

A partir das Equações (3.3.1) e (3.3.2), escrevemos

$$v_2 = v_1 + 2 = -20 - 2v_1$$

ou

$$3v_1 = -22 \quad \Rightarrow \quad v_1 = -7{,}333 \text{ V}$$

e $v_2 = v_1 + 2 = -5{,}333$ V. Note que o resistor de 10 Ω não faz qualquer diferença, pois está conectado através do supernó.

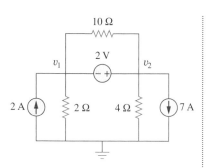

Figura 3.9 Esquema para o Exemplo 3.3.

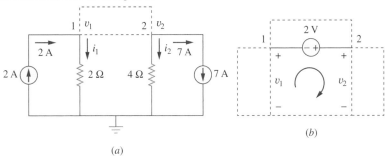

(a)

(b)

Figura 3.10 Aplicação da: (a) LKC ao supernó; (b) LKT ao laço.

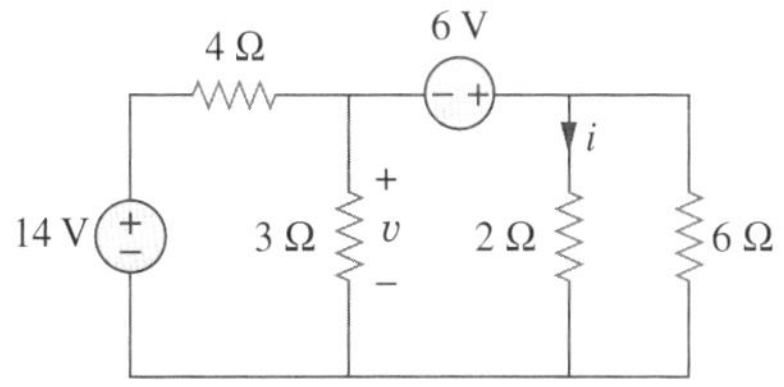

Figura 3.11 Esquema para o Problema prático 3.3.

Calcule v e i no circuito da Figura 3.11.

Resposta: – 400 mV, 2,8 A.

PROBLEMA PRÁTICO 3.3

EXEMPLO 3.4

Determine as tensões nodais no circuito da Figura 3.12.

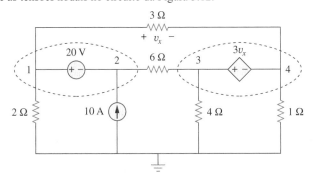

Figura 3.12 Esquema para o Exemplo 3.4.

Solução: Os nós 1 e 2 formam um supernó; o mesmo acontece com os nós 3 e 4. Aplicamos a LKC aos dois supernós como na Figura 3.13a. No supernó 1-2,

$$i_3 + 10 = i_1 + i_2$$

Expressando isso em termos de tensões nodais,

$$\frac{v_3 - v_2}{6} + 10 = \frac{v_1 - v_4}{3} + \frac{v_1}{2}$$

ou

$$5v_1 + v_2 - v_3 - 2v_4 = 60 \qquad (3.4.1)$$

No supernó 3-4,

$$i_1 = i_3 + i_4 + i_5 \quad \Rightarrow \quad \frac{v_1 - v_4}{3} = \frac{v_3 - v_2}{6} + \frac{v_4}{1} + \frac{v_3}{4}$$

ou

$$4v_1 + 2v_2 - 5v_3 - 16v_4 = 0 \qquad (3.4.2)$$

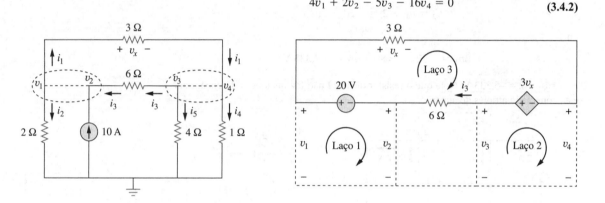

(a)   (b)

Figura 3.13 Aplicação da: (a) LKC aos dois supernós; (b) LKT aos laços.

Agora, aplicamos a LKT aos ramos envolvendo as fontes de tensão, conforme mostrado na Figura 3.13b. Para o laço 1,

$$-v_1 + 20 + v_2 = 0 \quad \Rightarrow \quad v_1 - v_2 = 20 \qquad (3.4.3)$$

Para o laço 2,

$$-v_3 + 3v_x + v_4 = 0$$

Porém $v_x = v_1 - v_4$ de modo que

$$3v_1 - v_3 - 2v_4 = 0 \qquad (3.4.4)$$

Para o laço 3,

$$v_x - 3v_x + 6i_3 - 20 = 0$$

Porém $6i_3 = v_3 - v_2$ e $v_x = v_1 - v_4$ Logo,

$$-2v_1 - v_2 + v_3 + 2v_4 = 20 \qquad (3.4.5)$$

Precisamos de quatro tensões nodais, v_1, v_2, v_3 e v_4 e isso requer apenas quatro das cinco Equações (3.4.1) a (3.4.5) para encontrá-las. Embora a quinta equação seja redundante, ela pode ser usada para comprovar os resultados. Podemos resolver diretamente as Equações (3.4.1) a (3.4.4), usando o *MATLAB*, e eliminar uma tensão nodal de modo a resolver três equações simultâneas em vez de quatro. A partir da Equação (3.4.3), $v_2 = v_1 - 20$. Substituindo isso, respectivamente, nas Equações (3.4.1) e (3.4.2), temos

$$6v_1 - v_3 - 2v_4 = 80 \qquad (3.4.6)$$

e
$$6v_1 - 5v_3 - 16v_4 = 40 \qquad (3.4.7)$$

As Equações (3.4.4), (3.4.6) e (3.4.7) podem ser formuladas na forma matricial como segue

$$\begin{bmatrix} 3 & -1 & -2 \\ 6 & -1 & -2 \\ 6 & -5 & -16 \end{bmatrix} \begin{bmatrix} v_1 \\ v_3 \\ v_4 \end{bmatrix} = \begin{bmatrix} 0 \\ 80 \\ 40 \end{bmatrix}$$

Usando a regra de Cramer,

$$\Delta = \begin{vmatrix} 3 & -1 & -2 \\ 6 & -1 & -2 \\ 6 & -5 & -16 \end{vmatrix} = -18, \qquad \Delta_1 = \begin{vmatrix} 0 & -1 & -2 \\ 80 & -1 & -2 \\ 40 & -5 & -16 \end{vmatrix} = -480,$$

$$\Delta_3 = \begin{vmatrix} 3 & 0 & -2 \\ 6 & 80 & -2 \\ 6 & 40 & -16 \end{vmatrix} = -3.120, \qquad \Delta_4 = \begin{vmatrix} 3 & -1 & 0 \\ 6 & -1 & 80 \\ 6 & -5 & 40 \end{vmatrix} = 840$$

Consequentemente, chegamos a tensões nodais como

$$v_1 = \frac{\Delta_1}{\Delta} = \frac{-480}{-18} = 26,67 \text{ V}, \qquad v_3 = \frac{\Delta_3}{\Delta} = \frac{-3.120}{-18} = 173,33 \text{ V},$$

$$v_4 = \frac{\Delta_4}{\Delta} = \frac{840}{-18} = -46,67 \text{ V}$$

e $v_2 = v_1 - 20 = 6,667$ V. Não usamos a Equação (3.4.5); ela pode ser usada para validar os resultados.

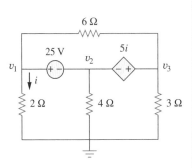

Figura 3.14 Esquema para o Problema prático 3.4.

Determine v_1, v_2 e v_3 no circuito da Figura 3.14 usando análise nodal.
Resposta: $v_1 = 7,608$ V, $v_2 = -17,39$ V, $v_3 = 1,6305$ V.

PROBLEMA PRÁTICO 3.4

3.4 Análise de malhas

A análise de malhas fornece outra maneira para se verificarem circuitos usando as correntes de malha como variáveis de circuito, e usar essas correntes em vez de correntes de elementos como variáveis é conveniente e reduz o número de equações que devem ser resolvidas matematicamente. Lembre-se de que um laço é um caminho fechado que não passa mais de uma vez pelo mesmo nó. Uma malha é um laço que não contém qualquer outro laço dentro de si.

A análise nodal aplica a LKC para encontrar tensões desconhecidas em dado circuito, enquanto a análise de malhas aplica a LKT para determinar correntes desconhecidas; esta não é tão genérica quanto a análise nodal, porque é aplicável apenas a um circuito que é *planar*, que pode ser desenhado em um plano sem nenhum ramo cruzado entre si; caso contrário, torna-se um circuito *não planar*. Um circuito pode ter ramos cruzados e ainda ser planar, se ele puder ser redesenhado de tal forma que não apresente mais nenhum ramo cruzando outro. Por exemplo, o circuito da Figura 3.15*a* tem dois ramos que se cruzam, porém ele pode ser redesenhado como na Figura 3.15*b*. Logo, o circuito da Figura 3.15*a* também é planar; entretanto, o circuito da Figura 3.16 é não planar, pois não há nenhuma maneira de redesenhá-lo sem que haja algum cruzamento entre ramos. Os circuitos não planares podem ser tratados usando-se análise nodal, contudo, eles não serão considerados neste texto.

A análise de malhas também é conhecida como *análise de laço* ou *método malha corrente*.

82 Fundamentos de circuitos elétricos

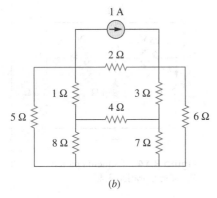

Figura 3.15 (a) Circuito planar com cruzamento de ramos; (b) o mesmo circuito redesenhado para não ocorrer o cruzamento de ramos.

> Embora o caminho *abcdefa* seja um laço e não uma malha, a LKT ainda vale nesse caso. Esta é a razão para o emprego, sem excesso de rigor, dos termos *análise de laços* e *análise de malhas*, para indicar a mesma coisa.

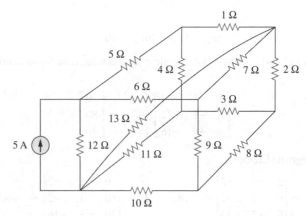

Figura 3.16 Circuito não planar.

Para compreender a análise de malhas, devemos, primeiro, explicar mais a respeito do significado de malha.

Malha é um laço que não contém nenhum outro laço em seu interior.

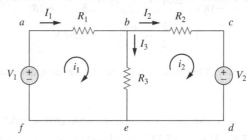

Figura 3.17 Um circuito com duas malhas.

Na Figura 3.17, por exemplo, os caminhos *abefa* e *bcdeb* são malhas, porém o trecho *abcdefa* não é uma malha. A corrente através de uma malha é conhecida como *corrente de malha*. Nessa análise, estamos interessados na aplicação da LKT para determinar as correntes de malha em dado circuito.

Nesta seção, vamos aplicar a análise de malhas a circuitos planares que não contêm fontes de corrente, e, nas próximas, consideraremos circuitos contendo fontes de corrente. Na análise de malhas de um circuito com n malhas, seguimos as etapas descritas.

Etapas na determinação de correntes de malha:

1. Atribua correntes de malha $i_1, i_2, ..., i_n$ a n malhas.
2. Aplique a LKT a cada uma das n malhas. Use a lei de Ohm para expressar as tensões em termos de correntes de malha.
3. Resolva as n equações simultâneas resultantes para obter as correntes de malha.

Para ilustrar as etapas citadas, consideremos o circuito da Figura 3.17. O primeiro passo requer que as correntes de malha i_1 e i_2 sejam atribuídas às malhas 1 e 2. Embora uma corrente de malha possa ser atribuída a cada malha em um sentido arbitrário, a convenção diz para supor que cada corrente de malha flua no sentido horário.

> O sentido da corrente de malha é arbitrário (sentido horário ou anti-horário) e não afeta a validade da solução.

Como segundo passo, aplicamos a LKT a cada malha. Aplicando a LKT à malha 1, obtemos

$$-V_1 + R_1 i_1 + R_3(i_1 - i_2) = 0$$

ou

$$(R_1 + R_3)i_1 - R_3 i_2 = V_1 \quad (3.13)$$

Para a malha 2, aplicando a LKT, temos

$$R_2 i_2 + V_2 + R_3(i_2 - i_1) = 0$$

ou

$$-R_3 i_1 + (R_2 + R_3)i_2 = -V_2 \quad (3.14)$$

Note na Equação (3.13) que o coeficiente de i_1 é a soma das resistências na primeira malha, enquanto o coeficiente de i_2 é o negativo da resistência comum às malhas 1 e 2. Observe agora que o mesmo é válido na Equação (3.14). Isso pode servir como uma maneira reduzida de se escrever as equações de malha. Exploraremos esse conceito na Seção 3.6.

A terceira etapa é determinar as correntes de malha. Colocando as Equações (3.13) e (3.14) na forma matricial, obtemos

$$\begin{bmatrix} R_1 + R_3 & -R_3 \\ -R_3 & R_2 + R_3 \end{bmatrix} \begin{bmatrix} i_1 \\ i_2 \end{bmatrix} = \begin{bmatrix} V_1 \\ -V_2 \end{bmatrix} \quad (3.15)$$

> A forma simplificada não será aplicável se uma corrente de malha tiver seu sentido suposto como horário e outra for suposta no sentido anti-horário, embora isso seja permitido.

que pode ser resolvida para obterem-se as correntes de malha i_1 e i_2. Temos a liberdade de usar qualquer técnica para solucionar as equações simultâneas. De acordo com a Equação (2.12), se um circuito possui n nós, b ramos e l laços ou malhas independentes, então $l = b - n + 1$. Portanto, são necessárias l equações simultâneas independentes para solucionar o circuito através da análise de malhas.

Note que as correntes de ramo são diferentes das de malha, a menos que a malha esteja isolada. Para distinguir entre os dois tipos de correntes, usaremos i para indicar correntes de malha e I para indicar correntes de ramo. Os elementos de corrente I_1, I_2 e I_3 são somas algébricas das correntes de malha. Fica evidente da Figura 3.17 que

$$I_1 = i_1, \quad I_2 = i_2, \quad I_3 = i_1 - i_2 \quad (3.16)$$

EXEMPLO 3.5

Para o circuito da Figura 3.18, determine as correntes de ramo I_1, I_2 e I_3 usando a análise de malhas.

Solução: Primeiro, obtemos as correntes de malha aplicando a LKT. Para a malha 1,

$$-15 + 5i_1 + 10(i_1 - i_2) + 10 = 0$$

ou

$$3i_1 - 2i_2 = 1 \quad (3.5.1)$$

Para a malha 2,

$$6i_2 + 4i_2 + 10(i_2 - i_1) - 10 = 0$$

ou

$$i_1 = 2i_2 - 1 \quad (3.5.2)$$

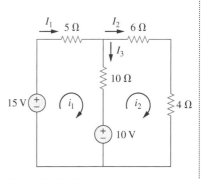

Figura 3.18 Esquema para o Exemplo 3.5.

■ **MÉTODO 1** Usando o método da substituição, substituímos a Equação (3.5.2) na Equação (3.5.1) e escrevemos

$$6i_2 - 3 - 2i_2 = 1 \quad \Rightarrow \quad i_2 = 1 \text{ A}$$

A partir da Equação (3.5.2), $i_1 = 2i_2 - 1 = 2 - 1 = 1$. Consequentemente,

$$I_1 = i_1 = 1 \text{ A}, \quad I_2 = i_2 = 1 \text{ A}, \quad I_3 = i_1 - i_2 = 0$$

■ **MÉTODO 2** Para usar a regra de Cramer, formulamos as Equações (3.5.1) e (3.5.2) na forma matricial como

$$\begin{bmatrix} 3 & -2 \\ -1 & 2 \end{bmatrix} \begin{bmatrix} i_1 \\ i_2 \end{bmatrix} = \begin{bmatrix} 1 \\ 1 \end{bmatrix}$$

Obtemos os determinantes

$$\Delta = \begin{vmatrix} 3 & -2 \\ -1 & 2 \end{vmatrix} = 6 - 2 = 4$$

$$\Delta_1 = \begin{vmatrix} 1 & -2 \\ 1 & 2 \end{vmatrix} = 2 + 2 = 4, \quad \Delta_2 = \begin{vmatrix} 3 & 1 \\ -1 & 1 \end{vmatrix} = 3 + 1 = 4$$

Portanto,

$$i_1 = \frac{\Delta_1}{\Delta} = 1 \text{ A}, \quad i_2 = \frac{\Delta_2}{\Delta} = 1 \text{ A}$$

como antes.

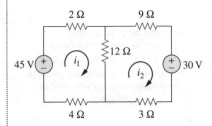

Figura 3.19 Esquema para o Problema prático 3.5.

● **PROBLEMA PRÁTICO 3.5**

Calcule as correntes de malha i_1 e i_2 no circuito da Figura 3.19.

Resposta: $i_1 = 2,5$ A, $i_2 = 0$ A.

● **EXEMPLO 3.6**

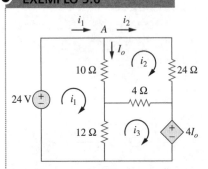

Figura 3.20 Esquema para o Exemplo 3.6.

Use a análise de malhas para encontrar a corrente I_o no circuito da Figura 3.20.

Solução: Aplicamos a LKT às três malhas, uma de cada vez. Para a malha 1,

$$-24 + 10(i_1 - i_2) + 12(i_1 - i_3) = 0$$

ou

$$11i_1 - 5i_2 - 6i_3 = 12 \qquad (3.6.1)$$

Para a malha 2,

$$24i_2 + 4(i_2 - i_3) + 10(i_2 - i_1) = 0$$

ou

$$-5i_1 + 19i_2 - 2i_3 = 0 \qquad (3.6.2)$$

Para a malha 3,

$$4I_o + 12(i_3 - i_1) + 4(i_3 - i_2) = 0$$

Porém, no nó A, $I_o = i_1 - i_2$, de modo que

$$4(i_1 - i_2) + 12(i_3 - i_1) + 4(i_3 - i_2) = 0$$

ou

$$-i_1 - i_2 + 2i_3 = 0 \qquad (3.6.3)$$

Na forma matricial, as Equações (3.6.1) a (3.6.3) ficam

$$\begin{bmatrix} 11 & -5 & -6 \\ -5 & 19 & -2 \\ -1 & -1 & 2 \end{bmatrix} \begin{bmatrix} i_1 \\ i_2 \\ i_3 \end{bmatrix} = \begin{bmatrix} 12 \\ 0 \\ 0 \end{bmatrix}$$

Obtemos os determinantes como a seguir

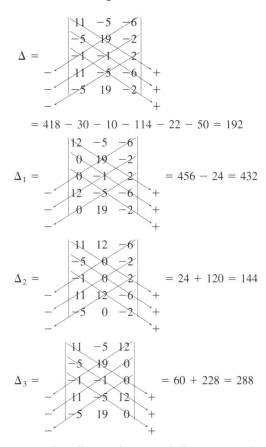

$$\Delta = \begin{vmatrix} 11 & -5 & -6 \\ -5 & 19 & -2 \\ -1 & -1 & 2 \\ 11 & -5 & -6 \\ -5 & 19 & -2 \end{vmatrix}$$

$$= 418 - 30 - 10 - 114 - 22 - 50 = 192$$

$$\Delta_1 = \begin{vmatrix} 12 & -5 & -6 \\ 0 & 19 & -2 \\ 0 & -1 & 2 \\ 12 & -5 & -6 \\ 0 & 19 & -2 \end{vmatrix} = 456 - 24 = 432$$

$$\Delta_2 = \begin{vmatrix} 11 & 12 & -6 \\ -5 & 0 & -2 \\ -1 & 0 & 2 \\ 11 & 12 & -6 \\ -5 & 0 & -2 \end{vmatrix} = 24 + 120 = 144$$

$$\Delta_3 = \begin{vmatrix} 11 & -5 & 12 \\ -5 & 19 & 0 \\ -1 & -1 & 0 \\ 11 & -5 & 12 \\ -5 & 19 & 0 \end{vmatrix} = 60 + 228 = 288$$

Calculamos as correntes de malha usando a regra de Cramer, a seguir

$$i_1 = \frac{\Delta_1}{\Delta} = \frac{432}{192} = 2{,}25 \text{ A}, \qquad i_2 = \frac{\Delta_2}{\Delta} = \frac{144}{192} = 0{,}75 \text{ A},$$

$$i_3 = \frac{\Delta_3}{\Delta} = \frac{288}{192} = 1{,}5 \text{ A}$$

Portanto, $I_o = i_1 - i_2 = 1{,}5$ A.

Figura 3.21 Esquema para o Problema prático 3.6.

PROBLEMA PRÁTICO 3.6

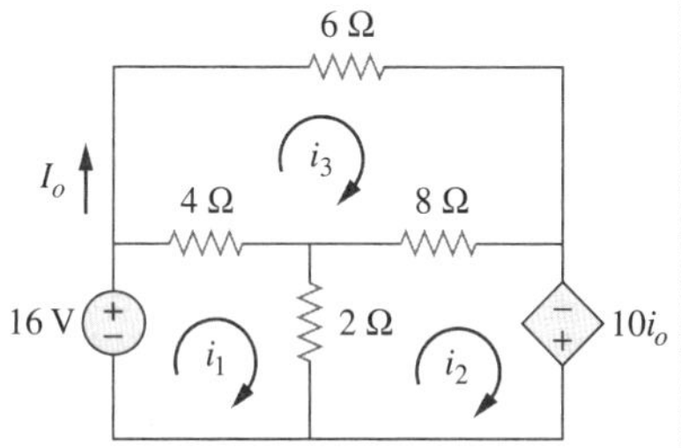

Usando a análise de malhas, determine I_o no circuito da Figura 3.21.

Resposta: −4 A.

3.5 Análise de malhas com fontes de corrente

Aplicar a análise de malhas a circuitos contendo fontes de corrente (dependentes ou independentes) pode, à primeira vista, parecer complicado. Porém, sua aplicação é muito mais fácil que aquela apresentada na seção anterior, pois a presença de fontes de corrente reduz o número de equações. Considere os dois casos possíveis a seguir.

Figura 3.22 Circuito com fonte de corrente.

■ **CASO 1** Quando existe uma fonte de corrente apenas em uma malha: considere, por exemplo, o circuito da Figura 3.22. Fazemos $i_2 = -5$ A e escrevemos uma equação de malha para a outra malha da maneira usual, isto é,

$$-10 + 4i_1 + 6(i_1 - i_2) = 0 \quad \Rightarrow \quad i_1 = -2 \text{ A} \tag{3.17}$$

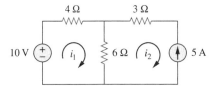

■ **CASO 2** Quando uma fonte de corrente existe entre duas malhas: considere o circuito da Figura 3.23a, por exemplo. Criamos uma *supermalha*, excluindo a fonte de corrente e quaisquer elementos a ela associados em série, como mostrado na Figura 3.23b. Logo,

> Uma **supermalha** é resultante quando duas malhas possuem uma fonte de corrente (dependente ou independente) em comum.

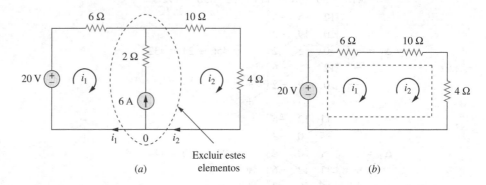

Figura 3.23 (a) Duas malhas com uma fonte de corrente em comum; (b) uma supermalha criada pela exclusão da fonte de corrente.

Como mostrado na Figura 3.23b, criamos uma supermalha como a periferia de duas malhas e a tratamos de forma diferente. (Se um circuito tiver duas ou mais supermalhas que se interceptam, elas devem ser combinadas para formar uma supermalha maior.) Por que tratá-la de forma diferente? Porque a análise de malhas aplica a LKT, que requer que saibamos a tensão em cada ramo, e não conhecemos a tensão em uma fonte de corrente de antemão. Porém, uma supermalha deve realizar a LKT como qualquer outra malha. Assim, aplicando a LKT à supermalha da Figura 3.23b, temos

$$-20 + 6i_1 + 10i_2 + 4i_2 = 0$$

ou

$$6i_1 + 14i_2 = 20 \tag{3.18}$$

Aplicamos a LKC a um nó no ramo no qual as duas malhas apresentam uma interseção. Aplicando a LKC ao nó 0 da Figura 3.23a, temos

$$i_2 = i_1 + 6 \tag{3.19}$$

Resolvendo as Equações (3.18) e (3.19), obtemos

$$i_1 = -3,2 \text{ A}, \quad i_2 = 2,8 \text{ A}$$

Observe as seguintes propriedades de uma supermalha:

1. A fonte de corrente na supermalha fornece a equação de restrição necessária para encontrar as correntes de malha.
2. Uma supermalha não possui corrente própria.
3. Uma supermalha requer a aplicação da LKT, bem como da LKC.

EXEMPLO 3.7

Para o circuito da Figura 3.24, determine i_1 a i_4 usando a análise de malhas.

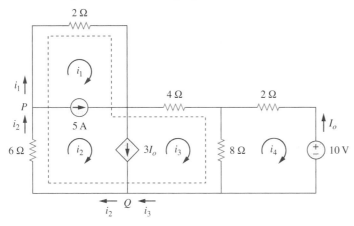

Figura 3.24 Esquema para o Exemplo 3.7.

Solução: Observe que as malhas 1 e 2 formam uma supermalha, já que possuem uma fonte de corrente em comum. Da mesma forma, as malhas 2 e 3 formam outra supermalha, uma vez que possuem uma fonte de corrente dependente em comum. As duas supermalhas se interceptam e formam uma supermalha maior conforme indicado. Aplicando a LKT à malha maior,

$$2i_1 + 4i_3 + 8(i_3 - i_4) + 6i_2 = 0$$

ou

$$i_1 + 3i_2 + 6i_3 - 4i_4 = 0 \quad \textbf{(3.7.1)}$$

Para a fonte de corrente independente, aplicamos a LKC ao nó P:

$$i_2 = i_1 + 5 \quad \textbf{(3.7.2)}$$

Para a fonte de corrente dependente, aplicamos a LKC ao nó Q:

$$i_2 = i_3 + 3I_o$$

Porém $i_o = -i_4$, logo,

$$i_2 = i_3 - 3i_4 \quad \textbf{(3.7.3)}$$

Aplicando a LKT na malha 4,

$$2i_4 + 8(i_4 - i_3) + 10 = 0$$

ou

$$5i_4 - 4i_3 = -5 \quad \textbf{(3.7.4)}$$

A partir das Equações (3.7.1) a (3.7.4),

$$i_1 = -7{,}5 \text{ A}, \quad i_2 = -2{,}5 \text{ A}, \quad i_3 = 3{,}93 \text{ A}, \quad i_4 = 2{,}143 \text{ A}$$

PROBLEMA PRÁTICO 3.7

Use a análise de malhas para determinar i_1, i_2 e i_3 na Figura 3.25.

Resposta: $i_1 = 4{,}632$ A, $i_2 = 631{,}6$ mA, $i_3 = 1{,}4736$ A.

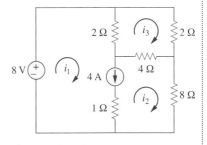

Figura 3.25 Esquema para o Problema prático 3.7.

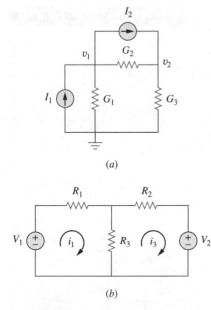

Figura 3.26 (a) O circuito da Figura 3.2; (b) o circuito da Figura 3.17.

3.6 †Análises nodal e de malhas por inspeção

Esta seção apresenta um procedimento genérico para análise nodal ou de malhas. Trata-se de um método mais curto que se baseia na inspeção de um circuito.

Quando todas as fontes em um circuito são fontes de corrente independentes, precisamos realmente aplicar a LKC a cada nó para obter as equações nó-tensão, conforme fizemos na Seção 3.2. Podemos ter as equações por mera inspeção do circuito. Reexaminemos, por exemplo, o circuito da Figura 3.2, mostrado novamente na Figura 3.26a por conveniência. O circuito possui dois nós que não são de referência, e as equações nodais foram obtidas na Seção 3.2 como segue

$$\begin{bmatrix} G_1 + G_2 & -G_2 \\ -G_2 & G_2 + G_3 \end{bmatrix} \begin{bmatrix} v_1 \\ v_2 \end{bmatrix} = \begin{bmatrix} I_1 - I_2 \\ I_2 \end{bmatrix} \quad (3.21)$$

Observe que cada um dos termos da diagonal é a soma das condutâncias conectadas diretamente ao nó 1 ou 2, enquanto os termos fora da diagonal são os negativos das condutâncias conectados entre os nós. Da mesma forma, cada termo do lado direito da Equação (3.21) é a soma algébrica das correntes que entram pelo nó.

Geralmente, se um circuito com fontes de corrente independentes tiver N nós que não são de referência, as equações nó-tensão podem ser escritas em termos das condutâncias como

$$\begin{bmatrix} G_{11} & G_{12} & \ldots & G_{1N} \\ G_{21} & G_{22} & \ldots & G_{2N} \\ \vdots & \vdots & \vdots & \vdots \\ G_{N1} & G_{N2} & \ldots & G_{NN} \end{bmatrix} \begin{bmatrix} v_1 \\ v_2 \\ \vdots \\ v_N \end{bmatrix} = \begin{bmatrix} i_1 \\ i_2 \\ \vdots \\ i_N \end{bmatrix} \quad (3.22)$$

ou simplesmente

$$\mathbf{Gv} = \mathbf{i} \quad (3.23)$$

onde

G_{kk} = Soma das condutâncias conectadas ao nó k.

$G_{kj} = G_{jk}$ = Negativo da soma das condutâncias diretamente conectadas aos nós k e j, $k \neq j$.

v_k = Tensão (desconhecida) no nó k.

i_k = Soma de todas as fontes de corrente independentes diretamente conectadas ao nó k, com correntes que entram no nó sendo tratadas como positivas.

G é a chamada *matriz de condutância*; **v** é o vetor de saída e **i** é o vetor de entrada. A Equação (3.22) pode ser resolvida para obter as tensões nodais desconhecidas, e isso é válido para circuitos com apenas fontes de corrente independentes e resistores lineares.

Igualmente, podemos obter equações malha-corrente por inspeção quando um circuito resistivo linear tiver apenas fontes de tensão independentes. Considere que o circuito da Figura 3.17, mostrado novamente na Figura 3.26b por conveniência, possui dois nós que não são de referência e as equações nodais foram deduzidas na Seção 3.4 como

$$\begin{bmatrix} R_1 + R_3 & -R_3 \\ -R_3 & R_2 + R_3 \end{bmatrix} \begin{bmatrix} i_1 \\ i_2 \end{bmatrix} = \begin{bmatrix} v_1 \\ -v_2 \end{bmatrix} \quad (3.24)$$

Podemos observar que cada um dos termos na diagonal é a soma das resistências na respectiva malha, enquanto cada um dos termos fora da diagonal é o negativo da resistência comum às malhas 1 e 2. Cada termo do lado direito da Equação (3.24) é a soma algébrica obtida no sentido horário de todas as fontes de tensão independentes na respectiva malha.

Em geral, se o circuito tiver N malhas, as equações malha-corrente poderão ser expressas em termos de resistências como

$$\begin{bmatrix} R_{11} & R_{12} & \ldots & R_{1N} \\ R_{21} & R_{22} & \ldots & R_{2N} \\ \vdots & \vdots & \vdots & \vdots \\ R_{N1} & R_{N2} & \ldots & R_{NN} \end{bmatrix} \begin{bmatrix} i_1 \\ i_2 \\ \vdots \\ i_N \end{bmatrix} = \begin{bmatrix} v_1 \\ v_2 \\ \vdots \\ v_N \end{bmatrix} \quad (3.25)$$

ou simplesmente

$$\mathbf{Ri} = \mathbf{v} \quad (3.26)$$

onde

R_{kk} = Soma das resistências na malha k.

$R_{kj} = R_{jk}$ = Negativo da soma das resistências em comum entre as malhas k e j, $k \neq j$.

i_k = Corrente de malha (desconhecida) para a malha k no sentido horário.

v_k = Soma de todas as fontes de tensão independentes na malha k, com a elevação de tensão sendo tratada como positiva.

$\mathbf{R}$ é a chamada *matriz de resistência*; $\mathbf{i}$ é o vetor de saída e $\mathbf{v}$ é o vetor de entrada. Podemos solucionar a Equação (3.25) para obtermos as correntes de malha desconhecidas.

EXEMPLO 3.8

Por inspeção, escreva a matriz das equações nó-tensão para o circuito da Figura 3.27.

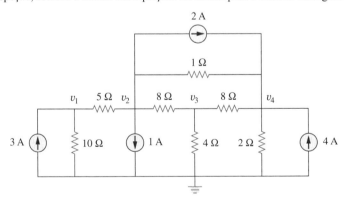

Figura 3.27 Esquema para o Exemplo 3.8.

Solução: O circuito da Figura 3.27 possui quatro nós que não são de referência, de modo que precisamos de quatro equações de nós. Isso implica que o tamanho da matriz de condutância $\mathbf{G}$ é uma matriz 4 por 4. Os termos da diagonal de $\mathbf{G}$, em siemens, são:

$$G_{11} = \frac{1}{5} + \frac{1}{10} = 0{,}3, \quad G_{22} = \frac{1}{5} + \frac{1}{8} + \frac{1}{1} = 1{,}325$$

$$G_{33} = \frac{1}{8} + \frac{1}{8} + \frac{1}{4} = 0{,}5, \quad G_{44} = \frac{1}{8} + \frac{1}{2} + \frac{1}{1} = 1{,}625$$

Os termos que se encontram fora da diagonal são:

$$G_{12} = -\frac{1}{5} = -0,2, \quad G_{13} = G_{14} = 0$$

$$G_{21} = -0,2, \quad G_{23} = -\frac{1}{8} = -0,125, \quad G_{24} = -\frac{1}{1} = -1$$

$$G_{31} = 0, \quad G_{32} = -0,125, \quad G_{34} = -\frac{1}{8} = -0,125$$

$$G_{41} = 0, \quad G_{42} = -1, \quad G_{43} = -0,125$$

O vetor de corrente de entrada **i** possui os seguintes termos, em ampères:

$$i_1 = 3, \quad i_2 = -1 - 2 = -3, \quad i_3 = 0, \quad i_4 = 2 + 4 = 6$$

Portanto, as equações de tensão nodal são:

$$\begin{bmatrix} 0,3 & -0,2 & 0 & 0 \\ -0,2 & 1,325 & -0,125 & -1 \\ 0 & -0,125 & 0,5 & -0,125 \\ 0 & -1 & -0,125 & 1,625 \end{bmatrix} \begin{bmatrix} v_1 \\ v_2 \\ v_3 \\ v_4 \end{bmatrix} = \begin{bmatrix} 3 \\ -3 \\ 0 \\ 6 \end{bmatrix}$$

que podem ser resolvidas usando o *MATLAB* para obter as tensões nodais v_1, v_2, v_3 e v_4.

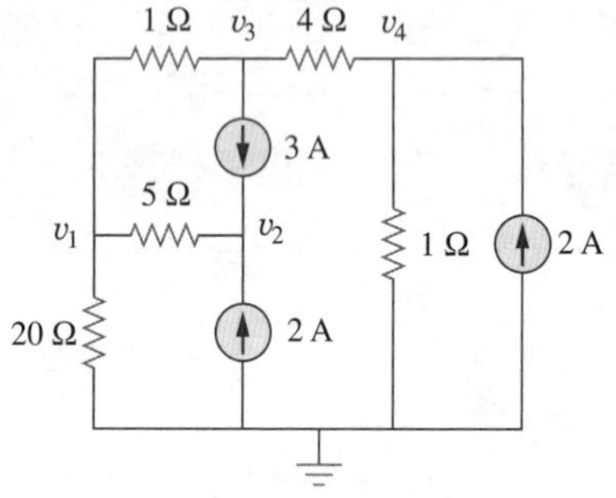

Figura 3.28 Esquema para o Problema prático 3.8.

● **PROBLEMA PRÁTICO 3.8**

Por inspeção, obtenha as equações nó-tensão para o circuito da Figura 3.28.

Resposta:
$$\begin{bmatrix} 1,25 & -0,2 & -1 & 0 \\ -0,2 & 0,2 & 0 & 0 \\ -1 & 0 & 1,25 & -0,25 \\ 0 & 0 & -0,25 & 1,25 \end{bmatrix} \begin{bmatrix} v_1 \\ v_2 \\ v_3 \\ v_4 \end{bmatrix} = \begin{bmatrix} 0 \\ 5 \\ -3 \\ 2 \end{bmatrix}$$

● **EXEMPLO 3.9**

Por inspeção, escreva as equações de correntes de malha para o circuito da Figura 3.29.

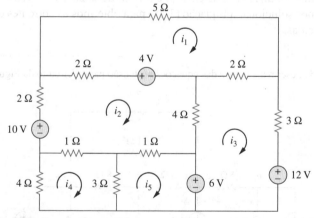

Figura 3.29 Esquema para o Exemplo 3.9.

Solução: Temos cinco malhas, portanto, a matriz de resistências é 5 por 5. Os termos da diagonal, em ohms, são:

$$R_{11} = 5 + 2 + 2 = 9, \quad R_{22} = 2 + 4 + 1 + 1 + 2 = 10,$$
$$R_{33} = 2 + 3 + 4 = 9, \quad R_{44} = 1 + 3 + 4 = 8, \quad R_{55} = 1 + 3 = 4$$

Os termos fora da diagonal são:

$$R_{12} = -2, \quad R_{13} = -2, \quad R_{14} = 0 = R_{15},$$
$$R_{21} = -2, \quad R_{23} = -4, \quad R_{24} = -1, \quad R_{25} = -1,$$
$$R_{31} = -2, \quad R_{32} = -4, \quad R_{34} = 0 = R_{35},$$
$$R_{41} = 0, \quad R_{42} = -1, \quad R_{43} = 0, \quad R_{45} = -3,$$
$$R_{51} = 0, \quad R_{52} = -1, \quad R_{53} = 0, \quad R_{54} = -3$$

O vetor de tensões de entrada **v** tem os seguintes termos em volts:
$$v_1 = 4, \quad v_2 = 10 - 4 = 6,$$
$$v_3 = -12 + 6 = -6, \quad v_4 = 0, \quad v_5 = -6$$

Portanto, as equações de corrente de malha são:

$$\begin{bmatrix} 9 & -2 & -2 & 0 & 0 \\ -2 & 10 & -4 & -1 & -1 \\ -2 & -4 & 9 & 0 & 0 \\ 0 & -1 & 0 & 8 & -3 \\ 0 & -1 & 0 & -3 & 4 \end{bmatrix} \begin{bmatrix} i_1 \\ i_2 \\ i_3 \\ i_4 \\ i_5 \end{bmatrix} = \begin{bmatrix} 4 \\ 6 \\ -6 \\ 0 \\ -6 \end{bmatrix}$$

A partir destas, podemos usar o *MATLAB* para obter as correntes de malha i_1, i_2, i_3, i_4 e i_5.

PROBLEMA PRÁTICO 3.9

Por inspeção, obtenha as equações de corrente de malha para o circuito da Figura 3.30.

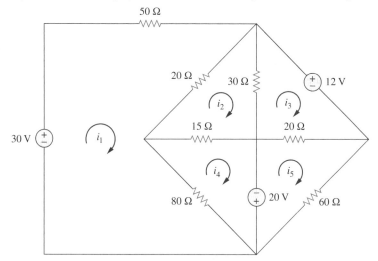

Figura 3.30 Esquema para o Problema prático 3.9.

Resposta:

$$\begin{bmatrix} 150 & -40 & 0 & -80 & 0 \\ -40 & 65 & -30 & -15 & 0 \\ 0 & -30 & 50 & 0 & -20 \\ -80 & -15 & 0 & 95 & 0 \\ 0 & 0 & -20 & 0 & 80 \end{bmatrix} \begin{bmatrix} i_1 \\ i_2 \\ i_3 \\ i_4 \\ i_5 \end{bmatrix} = \begin{bmatrix} 30 \\ 0 \\ -12 \\ 20 \\ -20 \end{bmatrix}$$

3.7 Análise nodal *versus* análise de malhas

Tanto a análise nodal como a análise de malhas fornecem uma maneira sistemática para analisar uma rede complexa. Alguém poderia perguntar: dada uma rede a ser analisada, como saber qual método é melhor ou mais eficiente? A escolha do melhor método é ditada por dois fatores.

O primeiro fator é a natureza da rede em particular. As redes que contêm muitos elementos conectados em série, fontes de tensão ou supermalhas são mais adequadas para análise de malhas, enquanto as redes com elementos associados em paralelo, fontes de corrente ou supernós são mais adequadas para análise nodal. Sendo assim, um circuito com um número menor de nós que o de malhas é mais bem analisado usando-se a análise nodal, enquanto um circuito com um número menor de malhas que o de nós é mais bem avaliado utilizando-se análise de malhas. O segredo é selecionar o método que resulta no menor número de equações.

O segundo fator são as informações necessárias. Se as tensões nodais forem imprescindíveis, pode ser conveniente aplicar a análise nodal. Se forem necessárias correntes de ramo ou de malha, é melhor empregar a análise de malhas.

É bom estar familiarizado com ambos os métodos de análise devido a, pelo menos, duas razões. Primeiro, se possível, pode-se usar um dos métodos para verificar os resultados de outro método. Em segundo lugar, já que cada método tem suas limitações, talvez apenas um método seja adequado para um problema em particular. Por exemplo, a análise de malhas é o único método a ser empregado para análise de circuitos transistorizados, conforme veremos na Seção 3.9, porém, ela não pode ser usada facilmente para resolver um circuito com amplificadores operacionais, conforme veremos no Capítulo 5, porque não existe uma maneira direta de se obter a tensão no amplificador operacional em si. Para redes não planares, a análise nodal é a única opção, pois a análise de malhas se aplica apenas a redes planares. Da mesma forma, a análise nodal é mais fácil de se resolver via computador, já que é fácil de ser programada. Isso permite analisar circuitos complexos que seriam um desafio para o cálculo manual. A seguir, apresentaremos um pacote de *software* baseado em análise nodal

3.8 Análise de circuitos usando o *PSpice*

PSpice é um programa para análise de circuitos via computador cuja utilização aprenderemos gradualmente ao longo do livro. Esta seção ilustra como usar o *PSpice for Windows* na análise de circuitos CC que estudamos até então.

Espera-se que o leitor estude, no tutorial do *PSpice* disponível em nosso *site* (www.grupoa.com.br), os tópicos sobre a criação de circuitos e a análise CC, antes de prosseguir nesta seção. Deve-se observar que o *PSpice* é útil apenas para determinar correntes e tensões de ramo quando os valores numéricos de todos os componentes do circuito são conhecidos.

EXEMPLO 3.10

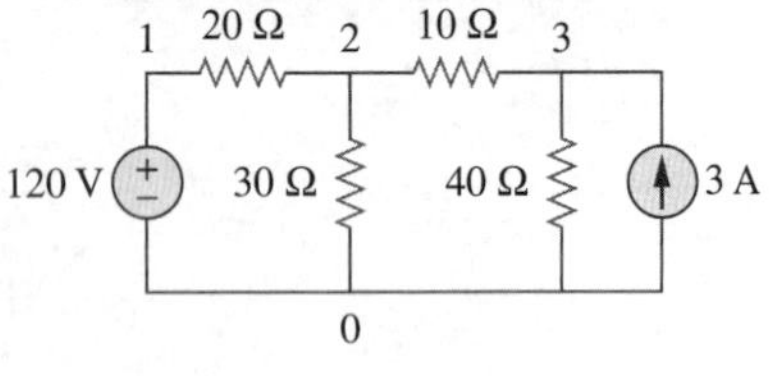

Use o *PSpice* para determinar as tensões nodais no circuito da Figura 3.31.

Solução: O primeiro passo é desenhar o circuito dado usando a ferramenta Schematics. Se forem seguidas as instruções fornecidas no tutorial (*site*) sobre criação de circuitos e análise CC, será gerado o esquema da Figura 3.32. Uma vez que se trata de uma análise CC, usamos a fonte de tensão VDC e a fonte de corrente IDC. Os pseudocomponentes VIEWPOINTS são acrescentados para mostrar as tensões nodais necessárias.

Figura 3.31 Esquema para o Exemplo 3.10.

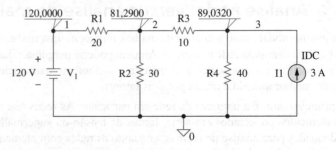

Figura 3.32 Esquema para o Exemplo 3.10; o esquema do circuito na Figura 3.31.

Assim que o circuito for desenhado e salvo como *exam310.sch*, executamos o *PSpice* selecionando **Analisys/Simulate**. O circuito é simulado e os resultados são exibidos em

VIEWPOINTS e também salvos no arquivo de saída *exam310.out*. O arquivo de saída inclui o seguinte:

```
NODE   VOLTAGE    NODE   VOLTAGE    NODE   VOLTAGE
(1)    120.0000   (2)    81.2900    (3)    89.0320
```

indicando que $V_1 = 120$ V, $V_2 = 81{,}29$ V, $V_3 = 89{,}032$ V.

Para o circuito da Figura 3.33, use o *PSpice* para determinar as tensões nodais.

PROBLEMA PRÁTICO 3.10

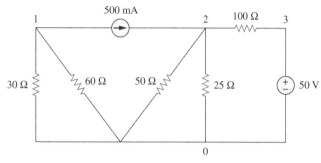

Figura 3.33 Esquema para o Problema prático 3.10.

Resposta: $V_1 = -10$ V, $V_s = 14{,}286$ V, $V_3 = 50$ V.

EXEMPLO 3.11

No circuito da Figura 3.34, determine as correntes i_1, i_2 e i_3.

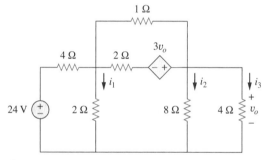

Figura 3.34 Esquema para o Exemplo 3.11.

Solução: O esquema é mostrado na Figura 3.35. (O esquema da Figura 3.35 inclui os resultados obtidos implicando que ele é o esquema exibido na tela *após* a simulação.) Note que E1 (uma fonte de tensão controlada por tensão), indicada na Figura 3.35, está

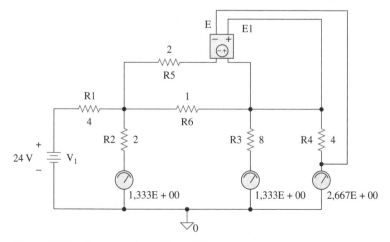

Figura 3.35 Esquema para a Figura 3.34.

● **PROBLEMA PRÁTICO 3.11**

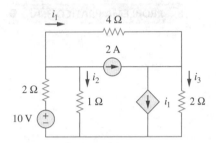

Figura 3.36 Esquema para o Problema prático 3.11.

conectada de tal forma que sua entrada é a tensão no resistor de 4 Ω; seu ganho é fixado em 3. De modo a poder mostrar as correntes necessárias, inserimos pseudocomponentes IPROBES nos ramos apropriados. O esquema é salvo como *exam311.sch* e simulado selecionando-se **Analysis/Simulate**. Os resultados são visualizados em IPROBES, conforme mostra a Figura 3.35 e salvo no arquivo de saída *exam311.out*. Do arquivo de saída ou IPROBES, obtemos $i_1 = i_2 = 1,333$ A e $i_3 = 2,667$ A.

Use o *PSpice* para determinar as correntes i_1, i_2 e i_3 no circuito da Figura 3.36.

Resposta: $i_1 = -428,6$ mA, $i_2 = 2,286$ A, $i_3 = 2$ A.

3.9 †Aplicações: circuitos CC transistorizados

A maioria de nós lida rotineiramente com produtos eletrônicos e tem certa experiência com computadores (PCs). O dispositivo ativo de três terminais, conhecido como *transistor*, é um componente básico para os circuitos integrados encontrado nesses produtos. Entender o funcionamento de um transistor é essencial antes de um engenheiro poder começar a projetar circuitos eletrônicos.

A Figura 3.37 representa vários tipos de transistores disponíveis no mercado, e há dois tipos básicos: *transistores de junção bipolar* (BJTs) e *transistores de efeito de campo* (FETs). Dos dois, consideraremos aqui apenas os BJTs, que foram os primeiros a ser introduzidos e ainda são usados. Nosso objetivo é apresentar detalhes suficientes sobre o BJT, permitindo o uso das técnicas apresentadas neste capítulo, a fim de analisar circuitos CC transistorizados.

Cortesia da Lucent Technologies/Bell Labs.

PERFIS HISTÓRICOS

William Shockley (1910-1989), **John Bardeen** (1908-1991) e **Walter Brattain** (1902-1987) inventaram em conjunto o transistor.

Nada teve tal impacto sobre a transição da "Era Industrial" para a "Era do Engenheiro" que o transistor. Tenho certeza de que os doutores Shockley, Bardeen e Brattain não tinham a mínima ideia de que eles teriam tal efeito sobre nossa história. Quando ainda trabalhavam no Bell Laboratories, foram capazes de demonstrar o transistor de ponto de contato, inventado por Bardeen e Brattain, em 1947, e o transistor de junção, que Shockley concebeu em 1948, e foram bem-sucedidos em sua produção em 1951.

É interessante notar que o conceito de transistor de efeito de campo, de modo geral usado hoje, foi concebido inicialmente em 1925-1928 por J. E. Lilienfeld, imigrante alemão nos Estados Unidos. Esse fato fica evidenciado pelas suas patentes do que parece ser um transistor de efeito de campo. Infelizmente, a tecnologia para concretizar esse dispositivo teve de aguardar até o ano de 1954, quando o transistor de efeito de campo de Shockley se tornou uma realidade. Imagine o que seria atualmente se tivéssemos esse transistor 30 anos antes!

Por suas contribuições para a criação do transistor, os doutores Shockley, Bardeen e Brattain receberam, em 1956, o Prêmio Nobel de Física. Deve-se notar que Bardeen foi o único a ganhar dois Prêmios Nobel de Física; o segundo veio posteriormente por seu trabalho no campo da supercondutividade na Universidade de Illinois.

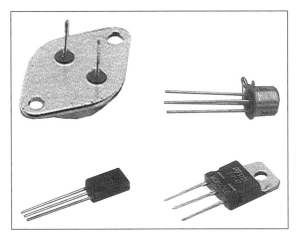

Figura 3.37 Vários tipos de transistores. (*Cortesia da Tech America.*)

Há dois tipos de BJTs: *npn* e *pnp*, e seus símbolos de circuito são apresentados na Figura 3.38. Cada tipo tem três terminais denominados emissor (E), base (B) e coletor (C). Para o transistor *npn*, as correntes e tensões do transistor são especificadas, conforme indicado na Figura 3.39. Aplicando a LKC à Figura 3.39a, obtemos

$$I_E = I_B + I_C \quad (3.27)$$

onde I_E, I_C e I_B são, respectivamente, as correntes de emissor, de coletor e de base. Da mesma forma, aplicando a LKT à Figura 3.39b, obtemos

$$V_{CE} + V_{EB} + V_{BC} = 0 \quad (3.28)$$

onde V_{CE}, V_{EB} e V_{BC} são, respectivamente, as tensões coletor-emissor, emissor-base e base-coletor. O BJT pode operar em um de três modos: ativo, corte e saturação. Quando os transistores operam no modo ativo, normalmente $V_{BE} \simeq 0{,}7$ V,

$$I_C = \alpha I_E \quad (3.29)$$

onde α é o chamado *ganho de corrente em base comum*. Na Equação (3.29), α representa a fração de elétrons injetada pelo emissor que é coletada pelo coletor. Da mesma maneira,

$$I_C = \beta I_B \quad (3.30)$$

onde β é conhecido como *ganho de corrente em emissor comum*, e α e β são propriedades características de um determinado transistor, para o qual adotam valores constantes. Normalmente, α assume valores no intervalo de 0,98 a 0,999, enquanto β assume valores na faixa de 50 a 1.000. Das Equações (3.27) a (3.30), fica evidente que

$$I_E = (1 + \beta)I_B \quad (3.31)$$

e

$$\beta = \frac{\alpha}{1 - \alpha} \quad (3.32)$$

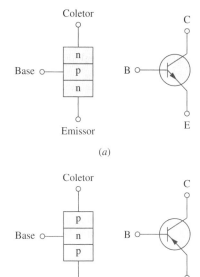

Figura 3.38 Dois tipos de BJTs e seus símbolos: (a) *npn*; (b) *pnp*.

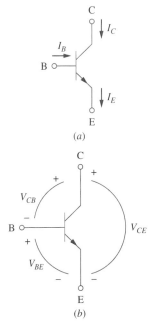

Figura 3.39 As variáveis ao longo dos terminais de um transistor *npn*: (a) correntes; (b) tensões.

> Na realidade, os circuitos transistorizados fornecem motivação para o estudo de fontes dependentes.

Essas equações mostram que, no modo ativo, o BJT pode ser modelado com uma fonte de corrente dependente controlada por corrente. Portanto, em análise de circuitos, o modelo CC equivalente na Figura 3.40b pode ser usado para substituir o transistor *npn* da Figura 3.40a. Já que β na Equação (3.32) é grande, uma corrente de base pequena controla altas correntes no circuito de saída, consequentemente, o transistor bipolar pode servir como amplificador gerando ganho de corrente, bem como ganho de tensão. Tais amplificadores podem ser usados para fornecer um nível de alimentação a transdutores, como alto-falantes ou motores de controle.

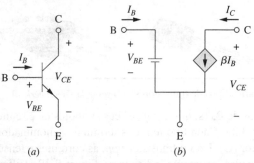

Figura 3.40 (a) Um transistor *npn*; (b) seu modelo CC equivalente.

Devemos observar que, nos exemplos a seguir, não se pode analisar diretamente circuitos transistorizados pela análise nodal em virtude da diferença de potencial entre os terminais do transistor. Somente quando o transistor é substituído por seu modelo equivalente é que podemos aplicar a análise nodal.

EXEMPLO 3.12

Determine I_B, I_C e v_o no circuito transistorizado da Figura 3.41. Considere que o transistor opera no modo ativo e que $\beta = 50$.

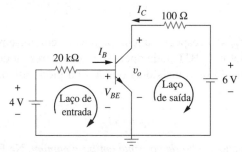

Figura 3.41 Esquema para o Exemplo 3.12.

Solução: Para o laço de entrada, a LKT fornece o seguinte

$$-4 + I_B(20 \times 10^3) + V_{BE} = 0$$

Uma vez que $V_{BE} = 0{,}7$ V no modo ativo,

$$I_B = \frac{4 - 0{,}7}{20 \times 10^3} = 165\ \mu A$$

Porém

$$I_C = \beta I_B = 50 \times 165\ \mu A = 8{,}25\ mA$$

Para o laço de saída, a LKT fornece o seguinte

$$-v_o - 100 I_C + 6 = 0$$

ou

$$v_o = 6 - 100 I_C = 6 - 0{,}825 = 5{,}175\ V$$

Note que $v_o = V_{CE}$ nesse caso.

Para o circuito transistorizado da Figura 3.42, seja $\beta = 100$ e $V_{BE} = 0,7$ V. Determine v_o e V_{CE}.

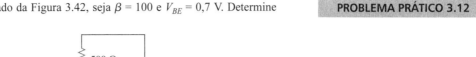

PROBLEMA PRÁTICO 3.12

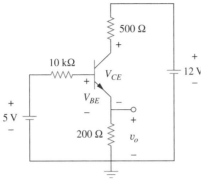

Figura 3.42 Esquema para o Problema prático 3.12.

Resposta: 2,876 V, 1,984 V.

EXEMPLO 3.13

Para o circuito BJT da Figura 3.43, $\beta = 150$ e $V_{BE} = 0,7$ V. Determine v_o.

Solução:

1. **Definição.** O circuito está claramente definido e o problema enunciado igualmente. Parece não haver nenhuma questão adicional a ser feita.

2. **Apresentação.** Devemos determinar a tensão de saída do circuito mostrado na Figura 3.43. O circuito contém um transistor ideal com $\beta = 150$ e $V_{BE} = 0,7$ V.

3. **Alternativa.** Podemos usar a análise de malhas para determinar v_o. Podemos substituir o transistor por seu circuito equivalente e usar análise nodal. Podemos tentar ambas as abordagens e usá-las para verificação do resultado obtido em cada uma delas. Como terceira verificação, podemos usar o circuito equivalente e resolvê-lo usando o *PSpice*.

4. **Tentativa.**

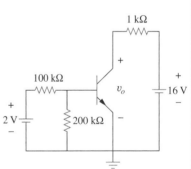

Figura 3.43 Esquema para o Exemplo 3.13.

■ **MÉTODO 1** Usando a Figura 3.44a, iniciamos com o primeiro laço.

$$-2 + 100k I_1 + 200k(I_1 - I_2) = 0 \quad \text{ou} \quad 3I_1 - 2I_2 = 2 \times 10^{-5} \quad (3.13.1)$$

Para o laço 2,

$$200k(I_2 - I_1) + V_{BE} = 0 \quad \text{ou} \quad -2I_1 + 2I_2 = -0,7 \times 10^{-5} \quad (3.13.2)$$

Como temos duas equações e duas incógnitas, podemos determinar I_1 e I_2. Somando a Equação (3.13.1) à Equação (3.13.2), obtemos:

$$I_1 = 1,3 \times 10^{-5} \text{A} \quad \text{e} \quad I_2 = (-0,7 + 2,6)10^{-5}/2 = 9,5 \text{ } \mu\text{A}$$

Uma vez que $I_3 = -150 I_2 = -1,425$ mA, podemos agora achar v_o usando o laço 3:

$$-v_o + {}^1k I_3 + 16 = 0 \quad \text{ou} \quad v_o = -1,425 + 16 = \mathbf{14{,}575 \text{ V}}$$

■ **MÉTODO 2** A substituição do transistor por seu circuito equivalente produz o circuito mostrado na Figura 3.44b. Agora, podemos usar análise nodal para encontrar v_o.

No nó número 1: $V_1 = 0,7$ V.

$$(0,7 - 2)/100k + 0,7/200k + I_B = 0 \quad \text{ou} \quad I_B = 9,5 \text{ } \mu\text{A}$$

No nó número 2, temos:

$$150 I_B + (v_o - 16)/1k = 0 \quad \text{ou}$$
$$v_o = 16 - 150 \times 10^3 \times 9,5 \times 10^{-6} = \mathbf{14{,}575 \text{ V}}$$

5. **Avaliação.** As respostas conferem, entretanto, para verificar mais uma vez, podemos usar o *PSpice* (Método 3), que nos fornece a solução apresentada na Figura 3.44c.
6. **Satisfatório?** Certamente obtivemos a resposta desejada com alto grau de confiabilidade. Agora, podemos apresentar nosso trabalho como uma solução ao problema.

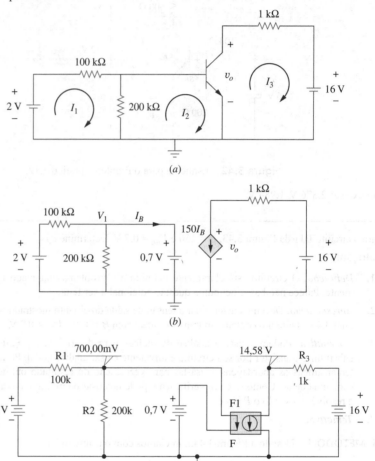

Figura 3.44 Solução do problema no Exemplo 3.13: (*a*) Método 1; (*b*) Método 2; (*c*) Método 3.

PROBLEMA PRÁTICO 3.13

O circuito transistorizado da Figura 3.45 tem $\beta = 80$ e $V_{BE} = 0,7$ V. Determine v_o e I_o.

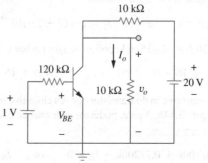

Figura 3.45 Esquema para o Problema prático 3.13.

Resposta: 12 V, 600 μA.

3.10 Resumo

1. A análise nodal é a aplicação da lei de Kirchhoff para corrente aos nós de referência. (Ela é aplicável tanto a circuitos planares como a não planares.) Expressamos o resultado em termos das tensões nodais. Resolver as equações simultâneas nos leva às tensões nodais.
2. Um supernó é formado por dois nós que não são de referência conectados por uma fonte de tensão (dependente ou independente).
3. A análise de malhas é a aplicação da lei de Kirchhoff para tensão às malhas em um circuito planar. Expressamos o resultado em termos de correntes de malha. Resolver as equações simultâneas nos leva a essas correntes.
4. Uma supermalha é formada por duas malhas que possuem uma fonte de corrente (dependente ou independente) comum.
5. Em geral, a análise nodal é usada quando um circuito tem um número de equações nodais menor que de equações de malhas. Normalmente, a análise de malhas é utilizada quando um circuito tem um número de equações de malhas menor que de equações nodais.
6. A análise de circuitos pode ser realizada usando o *PSpice*.
7. Os circuitos CC transistorizados podem ser analisados empregando as técnicas vistas neste capítulo.

Questões para revisão

3.1 No nó 1 no circuito da Figura 3.46, aplicando a LKC, obtemos:

(a) $2 + \dfrac{12 - v_1}{3} = \dfrac{v_1}{6} + \dfrac{v_1 - v_2}{4}$

(b) $2 + \dfrac{v_1 - 12}{3} = \dfrac{v_1}{6} + \dfrac{v_2 - v_1}{4}$

(c) $2 + \dfrac{12 - v_1}{3} = \dfrac{0 - v_1}{6} + \dfrac{v_1 - v_2}{4}$

(d) $2 + \dfrac{v_1 - 12}{3} = \dfrac{0 - v_1}{6} + \dfrac{v_2 - v_1}{4}$

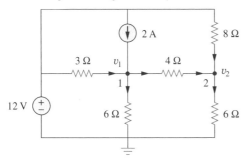

Figura 3.46 Esquema para as Questões para revisão 3.1 e 3.2.

3.2 No circuito da Figura 3.46, aplicando a LKC ao nó 2, temos:

(a) $\dfrac{v_2 - v_1}{4} + \dfrac{v_2}{8} = \dfrac{v_2}{6}$

(b) $\dfrac{v_1 - v_2}{4} + \dfrac{v_2}{8} = \dfrac{v_2}{6}$

(c) $\dfrac{v_1 - v_2}{4} + \dfrac{12 - v_2}{8} = \dfrac{v_2}{6}$

(d) $\dfrac{v_2 - v_1}{4} + \dfrac{v_2 - 12}{8} = \dfrac{v_2}{6}$

3.3 Para o circuito da Figura 3.47, v_1 e v_2 se relacionam segundo:

(a) $v_1 = 6i + 8 + v_2$ (b) $v_1 = 6i - 8 + v_2$
(c) $v_1 = -6i + 8 + v_2$ (d) $v_1 = -6i - 8 + v_2$

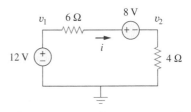

Figura 3.47 Esquema para as Questões para revisão 3.3 e 3.4.

3.4 No circuito da Figura 3.47, a tensão v_2 é:

(a) -8 V   (b) $-1,6$ V
(c) $1,6$ V   (d) 8 V

3.5 A corrente i no circuito da Figura 3.48 é:

(a) $-2,667$ A
(b) $-0,667$ A
(c) $0,667$ A
(d) $2,667$ A

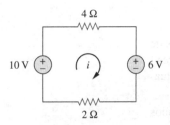

Figura 3.48 Esquema para as Questões para revisão 3.5 e 3.6.

3.6 A equação dos laços para o circuito da Figura 3.48 é:
(a) $-10 + 4i + 6 + 2i = 0$
(b) $10 + 4i + 6 + 2i = 0$
(c) $10 + 4i - 6 + 2i = 0$
(d) $-10 + 4i - 6 + 2i = 0$

3.7 No circuito da Figura 3.49, a corrente i_1 é:
(a) 4 A (b) 3 A
(c) 2 A (d) 1 A

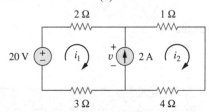

Figura 3.49 Esquema para as Questões para revisão 3.7 e 3.8.

3.8 A tensão v na fonte de corrente no circuito da Figura 3.49 é:
(a) 20 V
(b) 15 V
(c) 10 V
(d) 5 V

3.9 O nome de identificação no *PSpice* para uma fonte de tensão controlada por corrente é:
(a) EX
(b) FX
(c) HX
(d) GX

3.10 Qual das afirmações a seguir não são verdadeiras para o pseudocomponente IPROBE:
(a) Tem de estar associado em série.
(b) Ele mostra a corrente de ramo.
(c) Ele mostra a corrente que passa pelo ramo ao qual está conectado.
(d) Pode ser usado para mostrar a tensão conectando em paralelo.
(e) É usado apenas para análise CC.
(f) Não corresponde a um determinado elemento de circuito.

Respostas: 3.1a, 3.2c, 3.3a, 3.4c, 3.5c, 3.6a, 3.7d, 3.8b, 3.9c, 3.10b,d.

Problemas

● **Seções 3.2 e 3.3 Análise nodal**

3.1 Usando a Figura 3.50, elabore um problema para ajudar e@d outros estudantes a entender melhor a análise nodal.

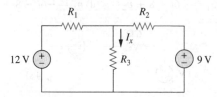

Figura 3.50 Esquema para os Problemas 3.1 e 3.39.

3.2 Para o circuito da Figura 3.51, obtenha v_1 e v_2.

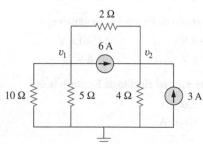

Figura 3.51 Esquema para o Problema 3.2.

3.3 Determine as correntes I_1 a I_4 e a tensão v_o no circuito da Figura 3.52.

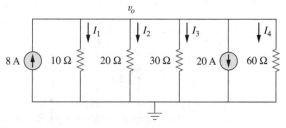

Figura 3.52 Esquema para o Problema 3.3.

3.4 Dado o circuito da Figura 3.53, calcule as correntes i_1 a i_4.

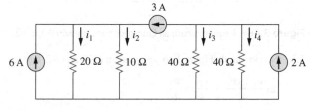

Figura 3.53 Esquema para o Problema 3.4.

3.5 Obtenha v_o no circuito da Figura 3.54.

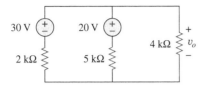

Figura 3.54 Esquema para o Problema 3.5.

3.6 Use a análise nodal para calcular V_1 no circuito da Figura 3.55.

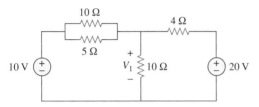

Figura 3.55 Esquema para o Problema 3.6.

3.7 Aplique a análise nodal para determinar V_x no circuito da Figura 3.56.

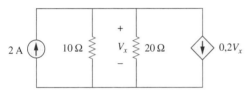

Figura 3.56 Esquema para o Problema 3.7.

3.8 Usando análise nodal, determine v_o no circuito da Figura 3.57.

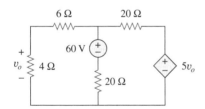

Figura 3.57 Esquema para os Problemas 3.8 e 3.37.

3.9 Determine I_b no circuito da Figura 3.58, usando análise nodal.

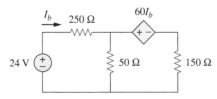

Figura 3.58 Esquema para o Problema 3.9.

3.10 Determine I_o no circuito da Figura 3.59.

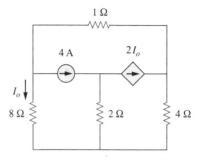

Figura 3.59 Esquema para o Problema 3.10.

3.11 Determine V_o e a potência dissipada em todos os resistores no circuito da Figura 3.60.

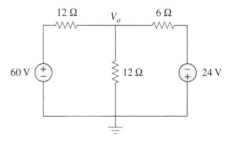

Figura 3.60 Esquema para o Problema 3.11.

3.12 Usando análise nodal, determine V_o no circuito da Figura 3.61.

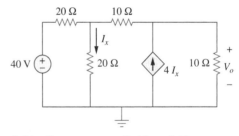

Figura 3.61 Esquema para o Problema 3.12.

3.13 Usando análise nodal, determine v_1 e v_2 no circuito da Figura 3.62.

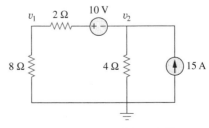

Figura 3.62 Esquema para o Problema 3.13.

3.14 Usando análise nodal, determine v_o no circuito da Figura 3.63.

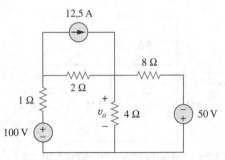

Figura 3.63 Esquema para o Problema 3.14.

3.15 Aplique análise nodal para determinar i_o e a potência dissipada em cada resistor no circuito da Figura 3.64.

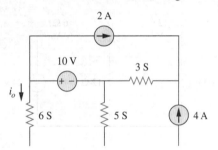

Figura 3.64 Esquema para o Problema 3.15.

3.16 Determine as tensões v_1 a v_3 no circuito da Figura 3.65 usando análise nodal.

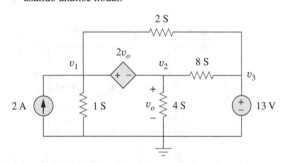

Figura 3.65 Esquema para o Problema 3.16.

3.17 Usando análise nodal, determine a corrente i_o no circuito da Figura 3.66.

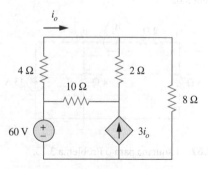

Figura 3.66 Esquema para o Problema 3.17.

3.18 Determine as tensões nodais no circuito da Figura 3.67 usando análise nodal.

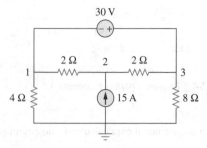

Figura 3.67 Esquema para o Problema 3.18.

3.19 Use a análise nodal para determinar v_1, v_2 e v_3 no circuito da Figura 3.68.

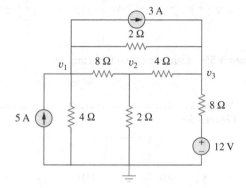

Figura 3.68 Esquema para o Problema 3.19.

3.20 Para o circuito da Figura 3.69, determine v_1 e v_2 usando análise nodal.

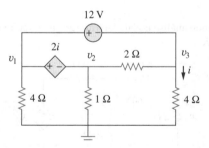

Figura 3.69 Esquema para o Problema 3.20.

3.21 Para o circuito da Figura 3.70, determine v_1 e v_2 usando análise nodal.

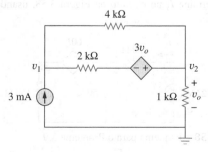

Figura 3.70 Esquema para o Problema 3.21.

3.22 Determine v_1 e v_2 para o circuito da Figura 3.71.

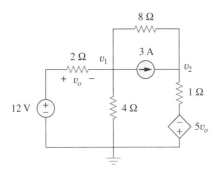

Figura 3.71 Esquema para o Problema 3.22.

3.23 Use a análise nodal para determinar V_o no circuito mostrado na Figura 3.72.

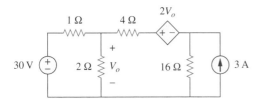

Figura 3.72 Esquema para o Problema 3.23.

3.24 Use a análise nodal e o *MATLAB* para determinar V_o no circuito da Figura 3.73.
ML

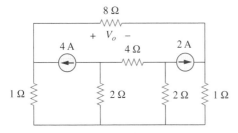

Figura 3.73 Esquema para o Problema 3.24.

3.25 Use análise nodal juntamente com o *MATLAB* para determinar as tensões nos nós da Figura 3.74.
ML

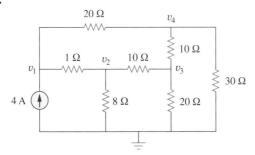

Figura 3.74 Esquema para o Problema 3.25.

3.26 Calcule as tensões nodais v_1, v_2 e v_3 no circuito da Figura 3.75.
ML

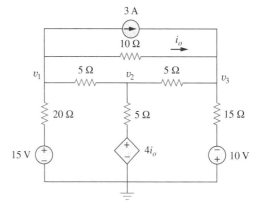

Figura 3.75 Esquema para o Problema 3.26.

* 3.27 Use a análise nodal para determinar as tensões v_1, v_2 e v_3 no circuito da Figura 3.76.
ML

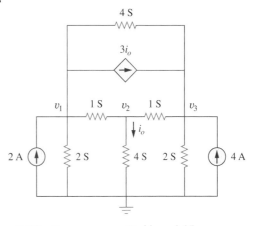

Figura 3.76 Esquema para o Problema 3.27.

* 3.28 Use o *MATLAB* para determinar as tensões nos nós a, b, c e d no circuito da Figura 3.77.
ML

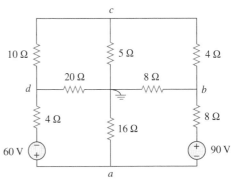

Figura 3.77 Esquema para o Problema 3.28.

---

* O asterisco indica um problema que constitui um desafio.

3.29 Use o *MATLAB* para determinar as tensões nodais no circuito da Figura 3.78.

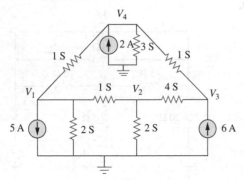

Figura 3.78 Esquema para o Problema 3.29.

3.30 Usando a análise nodal, determine v_o e i_o no circuito da Figura 3.79.

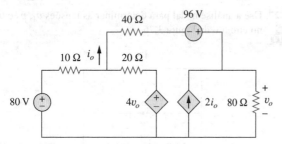

Figura 3.79 Esquema para o Problema 3.30.

3.31 Determine as tensões nodais para o circuito da Figura 3.80.

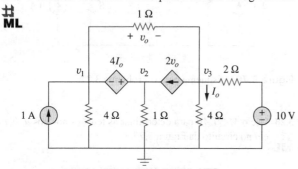

Figura 3.80 Esquema para o Problema 3.31.

3.32 Obtenha as tensões nodais v_1 e v_2 no circuito da Figura 3.81.

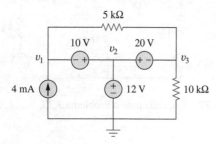

Figura 3.81 Esquema para o Problema 3.32.

● **Seções 3.4 e 3.5 Análise de malhas**

3.33 Qual dos circuitos da Figura 3.82 é planar? Para o circuito planar, redesenhe os circuitos para que não existam ramos cruzando entre si.

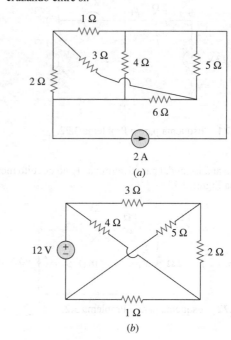

Figura 3.82 Esquema para o Problema 3.33.

3.34 Determine qual dos circuitos da Figura 3.83 é planar e redesenhe-o de modo a que não apresente ramos cruzados.

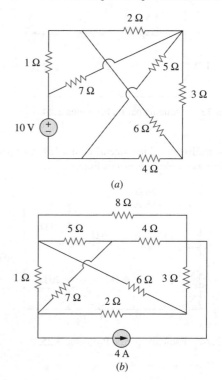

Figura 3.83 Esquema para o Problema 3.34.

3.35 Refaça o Problema 3.5, usando análise de malhas.

3.36 Use a análise de malhas para determinar i_1, i_2 e i_3 no circuito da Figura 3.84.

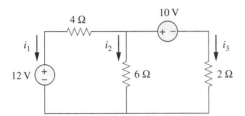

Figura 3.84 Esquema para o Problema 3.36.

3.37 Resolva o Problema 3.8, usando análise de malhas.

3.38 Aplique análise de malhas ao circuito da Figura 3.85 e obtenha I_o.

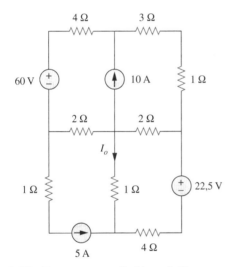

Figura 3.85 Esquema para o Problema 3.38.

3.39 Usando a Figura 3.50, do Problema 3.1, elabore um problema para ajudar outros estudantes a entenderem melhor a análise de malhas.

3.40 Para o circuito em ponte da Figura 3.86, determine i_o usando análise de malhas.

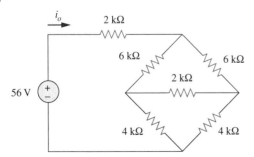

Figura 3.86 Esquema para o Problema 3.40.

3.41 Aplique análise de malhas para determinar i no circuito da Figura 3.87.

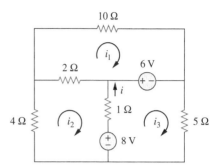

Figura 3.87 Esquema para o Problema 3.41.

3.42 Usando a Figura 3.88, elabore um problema para ajudar estudantes a entenderem melhor a análise de malhas usando matrizes.

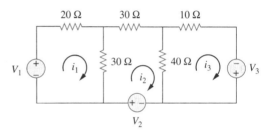

Figura 3.88 Esquema para o Problema 3.42.

3.43 Use a análise de malhas para determinar v_{ab} e i_o no circuito da Figura 3.89.

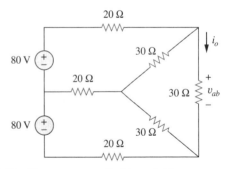

Figura 3.89 Esquema para o Problema 3.43.

3.44 Use análise de malhas para determinar i_o no circuito da Figura 3.90.

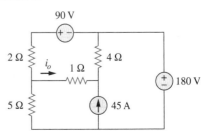

Figura 3.90 Esquema para o Problema 3.44.

3.45 Determine a corrente i no circuito da Figura 3.91.

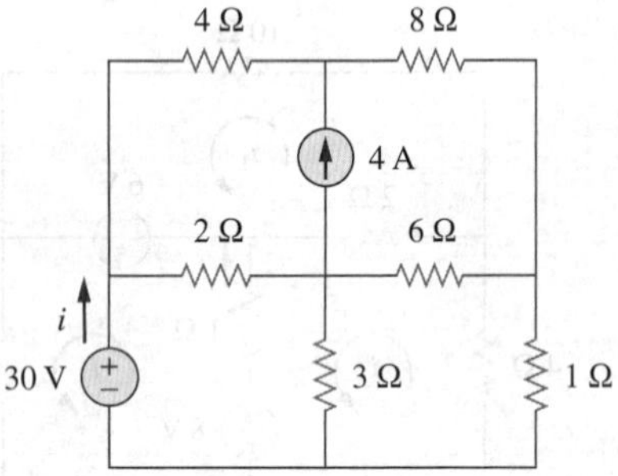

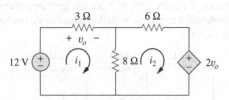

Figura 3.91 Esquema para o Problema 3.45.

3.46 Calcule as correntes de malha i_1 e i_2 na Figura 3.92.

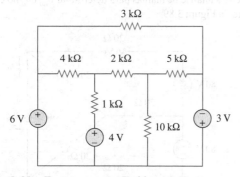

Figura 3.92 Esquema para o Problema 3.46.

3.47 Refaça o Problema 3.19, usando análise nodal.

3.48 Determine a corrente que passa pelo resistor de 10 kΩ no circuito da Figura 3.93, usando análise de malhas.

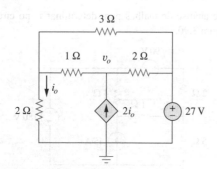

Figura 3.93 Esquema para o Problema 3.48.

3.49 Determine v_o e i_o no circuito da Figura 3.94.

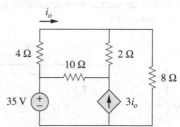

Figura 3.94 Esquema para o Problema 3.49.

3.50 Use a análise de malhas para determinar a corrente i_o no circuito da Figura 3.95.

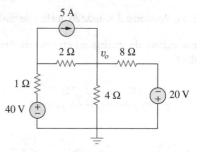

Figura 3.95 Esquema para o Problema 3.50.

3.51 Aplique análise de malhas para determinar v_o no circuito da Figura 3.96.

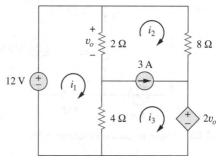

Figura 3.96 Esquema para o Problema 3.51.

3.52 Use a análise de malhas para determinar i_1, i_2 e i_3 no circuito da Figura 3.97.

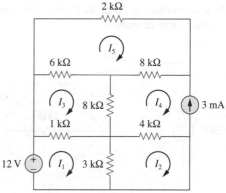

Figura 3.97 Esquema para o Problema 3.52.

3.53 Determine as correntes de malha no circuito da Figura 3.98, usando o *MATLAB*.

Figura 3.98 Esquema para o Problema 3.53.

3.54 Determine as correntes de malha i_1, i_2 e i_3 no circuito da Figura 3.99.

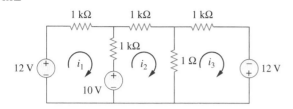

Figura 3.99 Esquema para o Problema 3.54.

* 3.55 No circuito da Figura 3.100 determine I_1, I_2 e I_3.

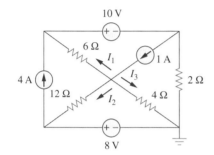

Figura 3.100 Esquema para o Problema 3.55.

3.56 Determine v_1 e v_2 no circuito da Figura 3.101.

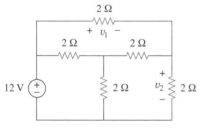

Figura 3.101 Esquema para o Problema 3.56.

3.57 No circuito da Figura 3.102, determine os valores de R, V_1 e V_2 dado que $i_o = 15$ mA.

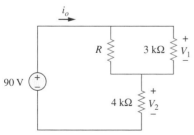

Figura 3.102 Esquema para o Problema 3.57.

3.58 Determine i_1, i_2 e i_3 no circuito da Figura 3.103.

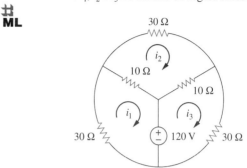

Figura 3.103 Esquema para o Problema 3.58.

3.59 Refaça o Problema 3.30, usando a análise de malhas.

3.60 Calcule a potência dissipada em cada resistor no circuito da Figura 3.104.

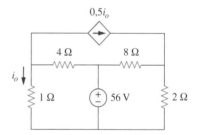

Figura 3.104 Esquema para o Problema 3.60.

3.61 Calcule o ganho de corrente i_o/i_s no circuito da Figura 3.105.

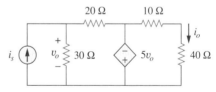

Figura 3.105 Esquema para o Problema 3.61.

3.62 Determine as correntes de malha i_1, i_2 e i_3 na rede da Figura 3.106.

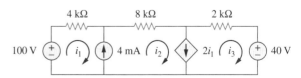

Figura 3.106 Esquema para o Problema 3.62.

3.63 Determine v_x e i_x no circuito mostrado na Figura 3.107.

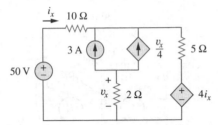

Figura 3.107 Esquema para o Problema 3.63.

3.64 Determine v_o e i_o no circuito da Figura 3.108.

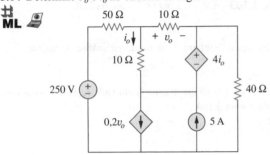

Figura 3.108 Esquema para o Problema 3.64.

3.65 Use o *MATLAB* para descobrir as correntes de malha no circuito da Figura 3.109.

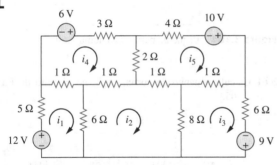

Figura 3.109 Esquema para o Problema 3.65.

3.66 Escreva um conjunto de equações de malha para o circuito da Figura 3.110. Use o *MATLAB* para determinar as correntes de malha.

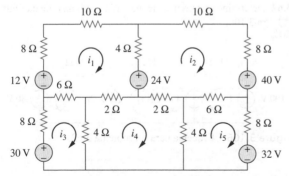

Figura 3.110 Esquema para o Problema 3.66.

● **Seção 3.6 Análises nodal e de malha por inspeção**

3.67 Obtenha, por inspeção, as equações de tensão nos nós para o circuito da Figura 3.111. Em seguida, determine V_o.

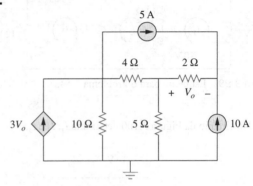

Figura 3.111 Esquema para o Problema 3.67.

3.68 Usando a Figura 3.112, elabore um problema que calcula V_o para ajudar outros estudantes a entenderem melhor a análise nodal. Procure usar valores que facilite os cálculos.

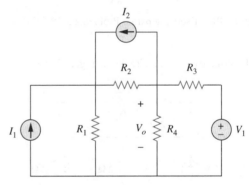

Figura 3.112 Esquema para o Problema 3.68.

3.69 Para o circuito da Figura 3.113, escreva, usando o método da inspeção, as equações de tensão nodal.

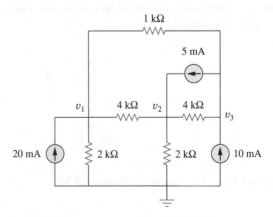

Figura 3.113 Esquema para o Problema 3.69.

3.70 Escreva as equações de tensão nos nós usando o método de inspeção e, em seguida, determine os valores de V_1 e V_2 no circuito da Figura 3.114.

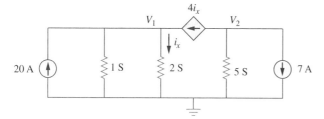

Figura 3.114 Esquema para o Problema 3.70.

3.71 Escreva as equações de corrente de malha para o circuito da Figura 3.115. Em seguida, determine os valores de i_1, i_2 e i_3.

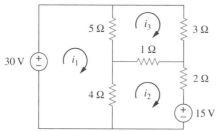

Figura 3.115 Esquema para o Problema 3.71.

3.72 Obtenha, por inspeção, as equações de corrente de malha para o circuito da Figura 3.116.

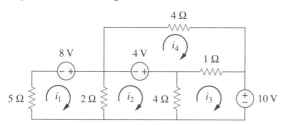

Figura 3.116 Esquema para o Problema 3.72.

3.73 Escreva, por inspeção, as equações de corrente de malha para o circuito da Figura 3.117.

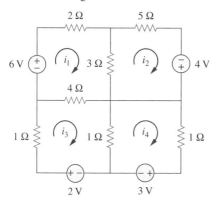

Figura 3.117 Esquema para o Problema 3.73.

3.74 Por inspeção, obtenha as equações de corrente de malha para o circuito da Figura 3.118.

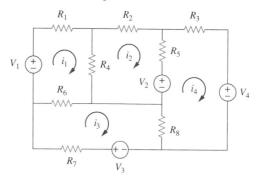

Figura 3.118 Esquema para o Problema 3.74.

• **Seção 3.8 Análise de circuitos usando o PSpice ou MultiSim**

3.75 Use o *PSpice* ou *MultiSim* para resolver o Problema 3.58.

3.76 Use o *PSpice* ou *MultiSim* para resolver o Problema 3.27.

3.77 Determine V_1 e V_2 no circuito da Figura 3.119, usando o *PSpice* ou *MultiSim*.

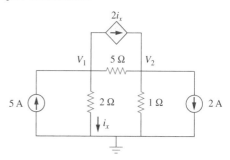

Figura 3.119 Esquema para o Problema 3.77.

3.78 Resolva o Problema 3.20, usando o *PSpice* ou *MultiSim*.

3.79 Refaça o Problema 3.28, usando o *PSpice* ou *MultiSim*.

3.80 Determine as tensões nodais v_1 a v_4 no circuito da Figura 3.120, usando o *PSpice* ou *MultiSim*.

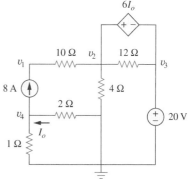

Figura 3.120 Esquema para o Problema 3.80.

3.81 Use o *PSpice* ou *MultiSim* para resolver o problema do Exemplo 3.4.

3.82 Se a Schematic Netlist (lista de ligações de um esquema) for a apresentada a seguir, desenhe a rede.

```
R_R1   1  2  2K
R_R2   2  0  4K
R_R3   3  0  8K
R_R4   3  4  6K
R_R5   1  3  3K
V_VS   4  0  DC   100
I_IS   0  1  DC   4
F_F1   1  3  VF_F1  2
VF_F1  5  0  0V
E_E1   3  2  1    3    3
```

3.83 O programa a seguir é o Schematic Netlist de determinado circuito. Desenhe o circuito e determine a tensão no nó 2.

```
R_R1   1  2  20
R_R2   2  0  50
R_R3   2  3  70
R_R4   3  0  30
V_VS   1  0  20V
I_IS   2  0  DC  2A
```

● **Seção 3.9 Aplicações**

3.84 Calcule v_o e I_o no circuito da Figura 3.121.

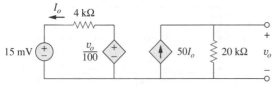

Figura 3.121 Esquema para o Problema 3.84.

3.85 Um amplificador de áudio com resistência de 9 Ω fornece potência para um alto-falante. Qual deve ser a resistência do alto-falante para se obter a potência máxima?

3.86 Para o circuito transistorizado da Figura 3.122, calcule a tensão v_o.

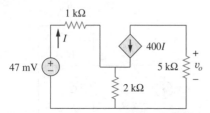

Figura 3.122 Esquema para o Problema 3.86.

3.87 Para o circuito da Figura 3.123, determine o ganho v_o/v_s.

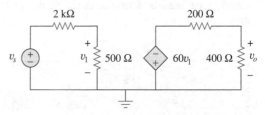

Figura 3.123 Esquema para o Problema 3.87.

* **3.88** Determine o ganho v_o/v_s do circuito amplificador transistorizado na Figura 3.124.

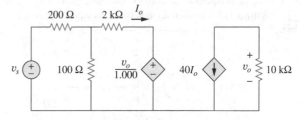

Figura 3.124 Esquema para o Problema 3.88.

3.89 Para o circuito com transistores mostrados na Figura 3.125, determine I_B e V_{CE}. Seja $\beta = 100$ $V_{BE} = 0,7$ V.

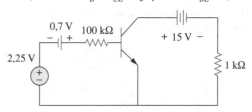

Figura 3.125 Esquema para o Problema 3.89.

3.90 Calcule v_s para o transistor na Figura 3.126 dados $v_o = 4$ V, $\beta = 150$ e $V_{BE} = 0,7$ V.

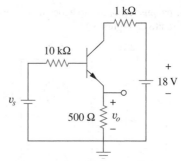

Figura 3.126 Esquema para o Problema 3.90.

3.91 Para o circuito transistorizado da Figura 3.127, determine I_B, V_{CE} e v_o. Suponha $\beta = 200$ e $V_{BE} = 0,7$ V.

3.92 Considere a Figura 3.128 e elabore um problema para ajudar outros estudantes a entenderem melhor os transistores. Certifique-se de que tenha usado números que possibilitem resultados lógicos.

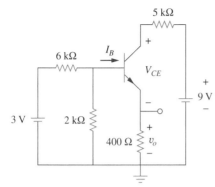

Figura 3.127 Esquema para o Problema 3.91.

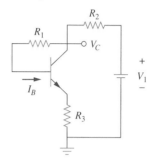

Figura 3.128 Esquema para o Problema 3.92.

Problema abrangente

* **3.93** Refaça o Exemplo 3.11 calculando-o manualmente.

TEOREMAS DE CIRCUITOS

O seu sucesso como engenheiro será diretamente proporcional à sua habilidade em se comunicar!
Charles K. Alexander

Progresso profissional

Aperfeiçoando suas habilidades em comunicação

Fazer um curso de análise de circuitos elétricos é uma das etapas para sua carreira em engenharia elétrica. Aperfeiçoar suas habilidades em comunicação enquanto você ainda está na faculdade também é importante, já que passará muito tempo comunicando-se.

Profissionais da área se queixam com frequência do despreparo dos engenheiros recém-formados tanto na comunicação escrita como na oral. Pode ser que você fale ou escreva rápido e com desenvoltura, porém, com que *eficiência* você se comunica? A arte da comunicação eficaz é de suma importância para seu sucesso como engenheiro, tornando-o um valioso patrimônio.

Para engenheiros da área, comunicação é fundamental para seu crescimento profissional. Considere o resultado de uma pesquisa de grandes empresas norte-americanas que perguntava quais fatores influenciavam na promoção gerencial, a qual incluía uma lista de 22 qualidades pessoais e sua importância no progresso profissional. Talvez você possa ficar surpreso ao saber que "capacidade técnica com base na experiência" tenha ocupado uma das quatro últimas posições dessa lista. Atributos como autoconfiança, ambição, flexibilidade, maturidade, capacidade de tomar decisões sensatas, realizar as coisas com e por meio das pessoas e capacidade de trabalhar arduamente ocuparam uma posição mais elevada nessa lista. No topo dela estava "habilidade em se comunicar". Quanto mais sua carreira avança, mais você precisará se comunicar. Portanto, você deve considerar a comunicação eficaz como uma importante ferramenta em sua caixa de ferramentas de engenheiro.

Aprender como se comunicar de maneira eficaz é uma tarefa para a vida toda, na qual você sempre deve estar atento, e a melhor época para começar é enquanto ainda está na faculdade. Procure continuamente oportunidades para desenvolver e reforçar suas habilidades em leitura, escrita, compreensão e orais. Isso pode ser feito por meio de apresentações em classe, projetos em equipe, participação ativa nas organizações estudantis e em cursos de comunicação. Você correrá menos risco mais tarde, quando estiver no ambiente de trabalho.

4.1 Introdução

Uma grande vantagem de analisar circuitos por intermédio das leis de Kirchhoff, como fizemos no Capítulo 3, é o fato de podermos analisá-los sem ter de mexer em sua configuração original. Uma desvantagem importante dessa abordagem é que, para um circuito grande e complexo, há muitos cálculos enfadonhos envolvidos.

O crescimento nas áreas de aplicação de circuitos elétricos levou a uma evolução dos circuitos simples para os complexos. Para lidar com essa complexidade, os engenheiros desenvolveram, ao longo dos anos, alguns teoremas para simplificar a análise de circuitos, como os teoremas de Thévenin e de Norton. E já que estes são aplicáveis apenas a circuitos *lineares*, discutiremos primeiro o conceito de linearidade em circuitos. Além dos teoremas de circuitos, abordaremos, neste capítulo, os conceitos de superposição, transformação de fontes e máxima transferência de potência. Os conceitos aqui desenvolvidos se aplicam, na última seção, à modelagem de fontes e medidas de resistência.

4.2 Propriedade da linearidade

Linearidade é a propriedade de um elemento descrever uma relação linear entre causa e efeito. Embora a propriedade se aplique a vários elementos de circuitos, limitaremos sua aplicabilidade aos resistores. Essa propriedade é uma combinação da propriedade de homogeneidade (aplicação de um fator de escala) e da propriedade da aditividade.

A propriedade da homogeneidade requer que, se a entrada (também chamada *excitação*) for multiplicada por uma constante, então a saída (também denominada *resposta*) deverá ser multiplicada por essa mesma constante. Por exemplo, para um resistor, a lei de Ohm relaciona a entrada i com a saída v,

$$v = iR \tag{4.1}$$

Se a corrente for aumentada por uma constante k, então a tensão aumenta correspondentemente de k, isto é,

$$\boxed{kiR = kv} \tag{4.2}$$

A propriedade de aditividade requer que a resposta para a soma de entradas seja a soma das respostas a cada entrada aplicada separadamente. Usando a relação tensão-corrente de um resistor, se

$$v_1 = i_1 R \tag{4.3a}$$

e

$$v_2 = i_2 R \tag{4.3b}$$

então aplicar $(i_1 + i_2)$ resulta em

$$\boxed{v = (i_1 + i_2)R = i_1 R + i_2 R = v_1 + v_2} \tag{4.4}$$

Um resistor é um elemento linear, pois a relação tensão-corrente satisfaz tanto a propriedade de homogeneidade quanto de aditividade.

Por exemplo, quando a corrente i_1 flui pelo resistor R, a potência é $p_1 = Ri_1^2$, e quando a corrente i_2 passa pelo resistor R, a potência é $p_2 = Ri_2^2$. Se a corrente i_1+i_2 passa por R, a potência absorvida é $p_3 = R(i_1 + i_2)^2 = Ri_1^2 + Ri_2^2 + 2Ri_1i_2 \neq p_1 + p_2$. Portanto, a relação de potência é não linear.

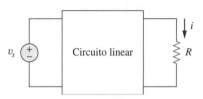

Figura 4.1 Circuito linear com entrada v_s e saída i.

Geralmente, um circuito é linear se ele for tanto aditivo como homogêneo, pois consiste apenas em elementos lineares, fontes lineares dependentes e independentes.

> Um **circuito linear** é um circuito cuja saída está linearmente relacionada (ou é diretamente proporcional) à sua entrada.

Ao longo deste livro, consideraremos apenas circuitos lineares. Note que já que $p = i^2R = v^2/R$ (tornando-a uma função quadrática em vez de uma função linear), a relação entre potência e tensão (ou corrente) é não linear. Portanto, os teoremas vistos neste capítulo não são aplicáveis à potência.

Para ilustrar o princípio da linearidade, consideremos o circuito linear mostrado na Figura 4.1, no qual não possui nenhuma fonte independente dentro dele. Porém, ele é excitado por uma fonte de tensão v_s, que serve como entrada, e é terminado com uma carga R. Poderíamos adotar a corrente i que passa por R como saída. Suponha que $v_s = 10$ V resulte em $i = 2$ A. De acordo com o princípio da linearidade, $v_s = 1$ V resultará em $i = 0,2$ A. Do mesmo modo, $i = 1$ mA tem que ser o resultado de $v_s = 5$ mV.

EXEMPLO 4.1

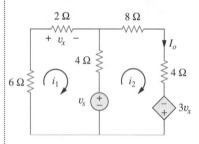

Figura 4.2 Esquema para o Exemplo 4.1.

Para o circuito da Figura 4.2, determine I_o quando $v_s = 12$ V e $v_s = 24$ V.

Solução: Aplicando a LKT aos dois laços, obtemos

$$12i_1 - 4i_2 + v_s = 0 \quad (4.1.1)$$

$$-4i_1 + 16i_2 - 3v_x - v_s = 0 \quad (4.1.2)$$

Porém $v_x = 2i_1$, logo, a Equação (4.1.2) fica

$$-10i_1 + 16i_2 - v_s = 0 \quad (4.1.3)$$

A soma das Equações (4.1.1) e (4.1.3) resulta em

$$2i_1 + 12i_2 = 0 \quad \Rightarrow \quad i_1 = -6i_2$$

Substituindo isso na Equação (4.1.1), obtemos

$$-76i_2 + v_s = 0 \quad \Rightarrow \quad i_2 = \frac{v_s}{76}$$

Quando $v_s = 12$ V,

$$I_o = i_2 = \frac{12}{76} \text{ A}$$

Quando $v_s = 24$ V,

$$I_o = i_2 = \frac{24}{76} \text{ A}$$

demonstrando que, quando o valor da fonte dobra, I_o dobra.

PROBLEMA PRÁTICO 4.1

Para o circuito da Figura 4.3, determine v_o quando $i_s = 30$ A e $i_s = 45$ A.

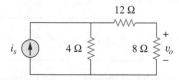

Figura 4.3 Esquema para o Problema prático 4.1.

Resposta: 40 V, 60 V.

EXEMPLO 4.2

Supondo $I_o = 1$ A e usando a propriedade de linearidade, encontre o valor real de I_o no circuito da Figura 4.4.

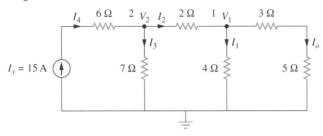

Figura 4.4 Esquema para o Exemplo 4.2.

Solução: Se $I_o = 1$ A, então $V_1 = (3 + 5)I_o = 8$ V e $I_1 = V_1/4 = 2$ A. Aplicando a LKC ao nó 1, temos

$$I_2 = I_1 + I_o = 3 \text{ A}$$

$$V_2 = V_1 + 2I_2 = 8 + 6 = 14 \text{ V}, \qquad I_3 = \frac{V_2}{7} = 2 \text{ A}$$

Aplicando a LKC ao nó 2, obtemos

$$I_4 = I_3 + I_2 = 5 \text{ A}$$

Consequentemente, $I_s = 5$ A. Isso mostra que supondo $I_o = 1$ resulta em $I_s = 5$ A, o valor real da corrente da fonte de 15 A resultará em $I_o = 3$ A como valor real.

PROBLEMA PRÁTICO 4.2

Suponha $V_o = 1$ V e use a propriedade da linearidade para calcular o valor real de V_o no circuito da Figura 4.5.

Resposta: 16 V.

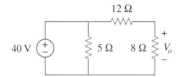

Figura 4.5 Esquema para o Problema prático 4.2.

4.3 Superposição

Se um circuito tiver duas ou mais fontes independentes, uma maneira de determinar o valor de uma variável específica (tensão ou corrente) é usar a análise nodal ou a de malhas apresentadas no Capítulo 3. Outra forma seria determinar a contribuição de cada fonte independente à variável e então somá-las. Essa última forma é conhecida como *superposição*.

O conceito da superposição se baseia na propriedade da linearidade.

> O princípio da **superposição** afirma que a tensão (ou a corrente) em um elemento em um circuito linear é a soma algébrica da soma das tensões (ou das correntes) naquele elemento em virtude da atuação isolada de cada uma das fontes independentes.

A superposição não se limita apenas à análise de circuitos e se aplica a vários campos em que causa e efeito guardam uma relação linear entre si.

O princípio da superposição ajuda a analisar um circuito linear como mais de uma fonte independente calculando, separadamente, a contribuição de cada fonte. Entretanto, para aplicar esse princípio, precisamos saber duas coisas:

1. Consideramos uma fonte independente por vez enquanto todas as demais fontes independentes estão *desligadas*. Isso implica substituir cada fonte de tensão por 0 V (ou um curto-circuito) e cada fonte de corrente por 0 A

> Geralmente são usados outros termos como *suprimidas, desativadas, mortas*, ou *ajustadas para o valor zero* para transmitir a mesma ideia.

(ou um circuito aberto). Dessa maneira, obtemos um circuito mais simples e mais fácil de manipular.

2. As fontes dependentes são deixadas intactas, pois elas são controladas por variáveis de circuito.

Com isso em mente, aplicamos o princípio da superposição em três etapas:

Etapas para a aplicação do princípio da superposição:
1. Desative todas as fontes independentes, exceto uma delas. Encontre a saída (tensão ou corrente) em razão dessa fonte ativa usando as técnicas vistas nos Capítulos 2 e 3.
2. Repita a etapa 1 para cada uma das demais fontes independentes.
3. Encontre a contribuição total somando algebricamente todas as contribuições em razão das fontes independentes.

Analisar um circuito por meio da superposição tem uma grande desvantagem: muito provavelmente envolverá maior trabalho. Se o circuito tiver três fontes independentes, talvez tenhamos de analisar três circuitos mais simples, cada um dos quais fornecendo sua contribuição em decorrência da fonte individual respectiva. Porém, a superposição ajuda efetivamente a reduzir um circuito complexo a circuitos mais simples pela substituição de fontes de tensão por curtos-circuitos e fontes de corrente por circuitos abertos.

Esteja certo de que a superposição se baseia na linearidade; por essa razão, ela não se aplica ao efeito sobre a potência devido a cada fonte, porque a potência absorvida por um resistor depende do quadrado da tensão ou corrente. Se for preciso o valor da potência, a corrente (ou a tensão) no elemento tem de ser calculada primeiro usando a superposição.

EXEMPLO 4.3

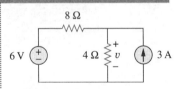

Figura 4.6 Esquema para o Exemplo 4.3.

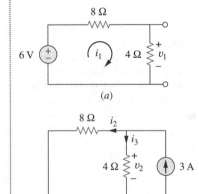

Figura 4.7 Esquema para o Exemplo 4.3: (*a*) cálculo de v_1; (*b*) cálculo de v_2.

Use o teorema da superposição para encontrar v no circuito da Figura 4.6.

Solução: Já que existem duas fontes, façamos que

$$v = v_1 + v_2$$

onde v_1 e v_2 são as contribuições devidas, respectivamente, à fonte de tensão de 6 V e à fonte de corrente de 3 A. Para obter v_1, fazemos que a fonte de corrente seja zero, conforme mostrado na Figura 4.7*a*. Aplicando a LKT ao laço da Figura 4.7*a*, temos

$$12i_1 - 6 = 0 \quad \Rightarrow \quad i_1 = 0{,}5 \text{ A}$$

Portanto,

$$v_1 = 4i_1 = 2 \text{ V}$$

Também poderíamos usar a divisão de tensão para obter v_1, escrevendo

$$v_1 = \frac{4}{4+8}(6) = 2 \text{ V}$$

Para obtermos v_2, fazemos que a fonte de tensão seja zero, como indicado na Figura 4.7*b*. Usando divisão de corrente

$$i_3 = \frac{8}{4+8}(3) = 2 \text{ A}$$

Logo,

$$v_2 = 4i_3 = 8 \text{ V}$$

e encontramos

$$v = v_1 + v_2 = 2 + 8 = 10 \text{ V}$$

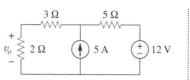

Figura 4.8 Esquema para o Problema prático 4.3.

Usando o teorema da superposição, determine v_o, no circuito da Figura 4.8.
Resposta: 7,4 V.

PROBLEMA PRÁTICO 4.3

EXEMPLO 4.4

Determine i_o no circuito da Figura 4.9 usando superposição.

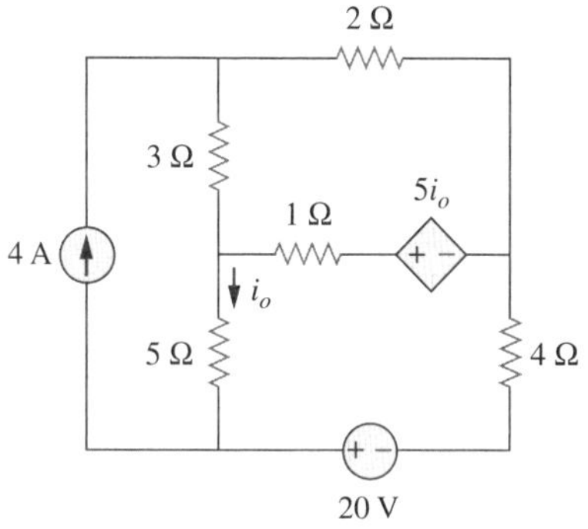

Solução: O circuito da Figura 4.9 envolve uma fonte dependente, que deve ser mantida intacta. Fazemos

$$i_o = i'_o + i''_o \qquad (4.4.1)$$

onde i'_o e i''_o são devidas, respectivamente, à fonte de corrente de 4 A e à fonte de tensão de 20 V. Para obter i'_o desativamos a fonte de tensão de 20 V de modo a ter o circuito da Figura 4.10a. Aplicamos a análise de malhas de modo a obter i'_o.

Para o laço 1,

$$i_1 = 4 \text{ A} \qquad (4.4.2)$$

Para o laço 2,

$$-3i_1 + 6i_2 - 1i_3 - 5i'_o = 0 \qquad (4.4.3)$$

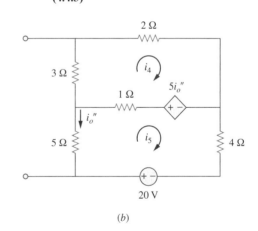

Figura 4.9 Esquema para o Exemplo 4.4.

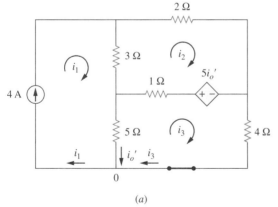

(a)

(b)

Figura 4.10 Esquema para o Exemplo 4.4: Aplicação do princípio da superposição para: (a) obter i'_o; (b) obter i''_o.

Para o laço 3,

$$-5i_1 - 1i_2 + 10i_3 + 5i'_o = 0 \qquad (4.4.4)$$

Mas no nó 0,

$$i_3 = i_1 - i'_o = 4 - i'_o \qquad (4.4.5)$$

Substituindo as Equações (4.4.2) e (4.4.5) nas Equações (4.4.3) e (4.4.4), temos duas equações simultâneas

$$3i_2 - 2i'_o = 8 \qquad (4.4.6)$$

$$i_2 + 5i'_o = 20 \quad (4.4.7)$$

que podem ser resolvidas para se obter

$$i'_o = \frac{52}{17} \text{ A} \quad (4.4.8)$$

Para obtermos i''_o, desativamos a fonte de corrente de 4 A de modo que o circuito fique como aquele mostrado na Figura 4.10b. Para o laço 4, a lei das malhas dá

$$6i_4 - i_5 - 5i''_o = 0 \quad (4.4.9)$$

e para o laço 5,

$$-i_4 + 10i_5 - 20 + 5i''_o = 0 \quad (4.4.10)$$

Mas $i_5 = -i''_o$. Substituindo isso nas Equações (4.4.9) e (4.4.10) temos

$$6i_4 - 4i''_o = 0 \quad (4.4.11)$$

$$i_4 + 5i''_o = -20 \quad (4.4.12)$$

que resolvemos para obter

$$i''_o = -\frac{60}{17} \text{ A} \quad (4.4.13)$$

Agora, substituir as Equações (4.4.8) e (4.4.13) na Equação (4.4.1) resulta em

$$i_o = -\frac{8}{17} = -0{,}4706 \text{ A}$$

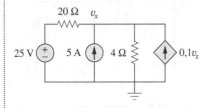

Figura 4.11 Esquema para o Problema prático 4.4.

● **PROBLEMA PRÁTICO 4.4**

Use superposição para determinar v_x no circuito da Figura 4.11.

Resposta: $v_x = 31{,}25$ V.

● **EXEMPLO 4.5**

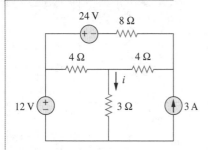

Figura 4.12 Esquema para o Exemplo 4.5.

Para o circuito da Figura 4.12, use o teorema da superposição para determinar i.

Solução: Nesse caso, temos três fontes. Façamos

$$i = i_1 + i_2 + i_3$$

onde i_1, i_2 e i_3 são devidas, respectivamente, às fontes de 12 V, 24 V e de 3 A. Para obter i_1, considere o circuito da Figura 4.13a. Associando em série o resistor de 4 Ω (do lado direito) com o resistor de 8 Ω dá 12 Ω. Os 12 Ω em paralelo com 4 Ω resulta em $12 \times 4/16 = 3$ Ω. Portanto,

$$i_1 = \frac{12}{6} = 2 \text{ A}$$

Para obtermos i_2, considere o circuito da Figura 4.13b. Aplicando a análise de malhas, temos

$$16i_a - 4i_b + 24 = 0 \quad \Rightarrow \quad 4i_a - i_b = -6 \quad (4.5.1)$$

$$7i_b - 4i_a = 0 \quad \Rightarrow \quad i_a = \frac{7}{4}i_b \quad (4.5.2)$$

Substituindo a Equação (4.5.2) na Equação (4.5.1) temos

$$i_2 = i_b = -1$$

Para obtermos i_3, considere o circuito da Figura 4.13c. Aplicando a análise nodal, temos

$$3 = \frac{v_2}{8} + \frac{v_2 - v_1}{4} \Rightarrow 24 = 3v_2 - 2v_1 \quad \text{(4.5.3)}$$

$$\frac{v_2 - v_1}{4} = \frac{v_1}{4} + \frac{v_1}{3} \Rightarrow v_2 = \frac{10}{3}v_1 \quad \text{(4.5.4)}$$

Substituindo a Equação (4.5.4) na Equação (4.5.3), resulta em $v_i = 3$ e obtemos

$$i_3 = \frac{v_1}{3} = 1 \text{ A}$$

Portanto,

$$i = i_1 + i_2 + i_3 = 2 - 1 + 1 = 2 \text{ A}$$

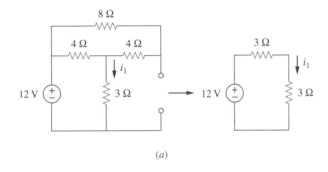

(a)

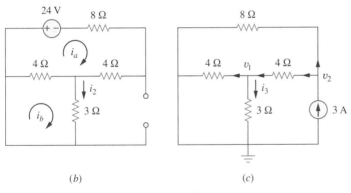

(b) (c)

Figura 4.13 Esquema para o Exemplo 4.5.

PROBLEMA PRÁTICO 4.5

Determine I no circuito da Figura 4.14 usando o princípio da superposição.

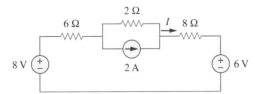

Figura 4.14 Esquema para o Problema prático 4.5.

Resposta: 375 mA.

4.4 Transformação de fontes

Já percebemos que a associação série-paralelo e a transformação estrela-triângulo ajudam a simplificar os circuitos. A *transformação de fontes* é outra ferramenta que ajuda a simplificá-los. Fundamental para essas ferramentas é o conceito de *equivalência*. Lembramos que um circuito equivalente é um circuito cujas curvas características v-i são idênticas à do circuito original.

Na Seção 3.6, vimos que as equações nó-tensão (ou malha-corrente) podem ser obtidas por simples inspeção de um circuito quando as fontes são todas de corrente independentes (ou todas de tensão independentes). Portanto, é conveniente, em análise de circuitos, sermos capazes de substituir uma fonte de tensão em série com um resistor por uma fonte de corrente em paralelo com um resistor, ou vice-versa, conforme apresentado na Figura 4.15. Qualquer uma dessas substituições é conhecida como *transformação de fontes*.

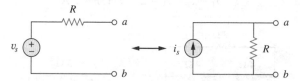

Figura 4.15 Transformação de fontes independentes.

> **Transformação de fontes** é o processo de substituir uma fonte de tensão v_s em série com um resistor R por uma fonte de corrente i_s em paralelo com um resistor R, ou vice-versa.

Os dois circuitos da Figura 4.15 são equivalentes, desde que tenham a mesma relação tensão-corrente nos terminais *a-b*. É fácil demonstrar que eles são de fato equivalentes. Se as fontes forem desativadas, a resistência equivalente nos terminais *a-b* em ambos os circuitos será R. Da mesma forma, quando os terminais *a-b* forem curto-circuitados, a corrente de curto-circuito (short-circuit) fluindo de *a* para *b* é $i_{sc} = v_s/R$ no circuito do lado esquerdo e $i_{sc} = i_s$ para o circuito da direita. Assim, $v_s/R = i_s$ para que os dois circuitos sejam equivalentes. Portanto, a transformação de fontes requer que

$$v_s = i_s R \quad \text{ou} \quad i_s = \frac{v_s}{R} \tag{4.5}$$

A transformação de fontes também se aplica a fontes dependentes, desde que tratemos adequadamente a variável dependente. Como mostrado na Figura 4.16, uma fonte de tensão dependente em série com um resistor pode ser transformada em uma fonte de corrente dependente em paralelo com o resistor, ou vice-versa, em que garantimos que a Equação (4.5) seja satisfeita.

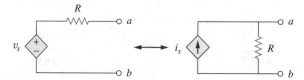

Figura 4.16 Transformação de fontes dependentes.

Assim como na transformação estrela-triângulo estudada no Capítulo 2, uma transformação de fontes não afeta a parte remanescente do circuito. Quando aplicável, essa transformação é uma poderosa ferramenta que possibilita manipulações de circuitos para facilitar a análise deles. Entretanto, devemos ter as seguintes questões em mente ao lidarmos com transformação de fontes.

1. Observe, na Figura 4.15 (ou Figura 4.16), que as setas da fonte de corrente estão voltadas para o polo positivo da fonte de tensão.
2. Note, na Equação 4.5, que a transformação de fontes não é possível quando $R = 0$, que é o caso de uma fonte de tensão ideal. Entretanto, para uma fonte de tensão não ideal, $R \neq 0$. De forma similar, uma fonte de corrente ideal com $R = \infty$ não pode ser substituída por uma fonte de tensão. Falaremos mais sobre fontes de tensão ideal e não ideal na Seção 4.10.1.

EXEMPLO 4.6

Use transformação de fontes para determinar v_o no circuito da Figura 4.17.

Solução: Primeiro, transformamos as fontes de tensão e de corrente para obter o circuito da Figura 4.18a. Associando em série os resistores de 4 Ω e de 2 Ω e transformando a fonte de tensão de 12 V, obtemos a Figura 4.18b. Agora, associamos em paralelo os resistores de 3 Ω e de 6 Ω para obter 2 Ω. Também, associamos as fontes de corrente de 2 A e de 4 A para obter uma fonte de 2 A. Portanto, aplicando transformações repetidamente, obtemos o circuito da Figura 4.18c.

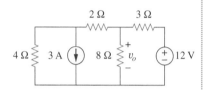

Figura 4.17 Esquema para o Exemplo 4.6.

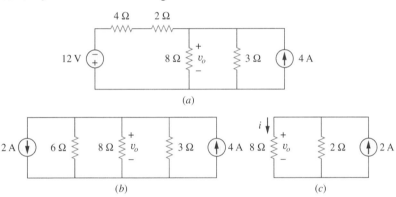

Figura 4.18 Esquema para o Exemplo 4.6.

Usamos divisão de corrente na Figura 4.18c para obter

$$i = \frac{2}{2 + 8}(2) = 0{,}4 \text{ A}$$

e

$$v_o = 8i = 8(0{,}4) = 3{,}2 \text{ V}$$

De forma alternativa, já que os resistores de 8 Ω e de 2 Ω da Figura 4.18c estão em paralelo, eles possuem a mesma tensão v_o. Portanto,

$$v_o = (8 \parallel 2)(2 \text{ A}) = \frac{8 \times 2}{10}(2) = 3{,}2 \text{ V}$$

PROBLEMA PRÁTICO 4.6

Determine i_o no circuito da Figura 4.19 usando transformação de fontes.

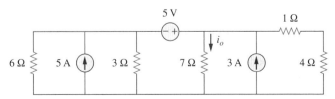

Figura 4.19 Esquema para o Problema prático 4.6.

Resposta: 1,78 A.

EXEMPLO 4.7

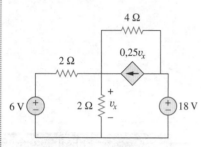

Figura 4.20 Esquema para o Exemplo 4.7.

Determine v_x na Figura 4.20 usando transformação de fontes.

Solução: O circuito da Figura 4.20 envolve uma fonte de corrente dependente controlada por tensão. Transformamos a fonte de corrente dependentes bem como a fonte de tensão independente de 6 V, conforme pode ser visto na Figura 4.21a. A fonte de tensão de 18 V não é transformada, pois não está associada em série com nenhum resistor. Os dois resistores de 2 Ω em paralelo são associados obtendo-se um resistor de 1 Ω, que está em paralelo com a fonte de corrente de 3 A. A fonte de corrente é transformada em uma fonte de tensão, conforme mostrado na Figura 4.21b. Observe que os terminais de v_x estão intactos. Aplicando a LKT ao laço da Figura 4.21b, obtemos

$$-3 + 5i + v_x + 18 = 0 \qquad (4.7.1)$$

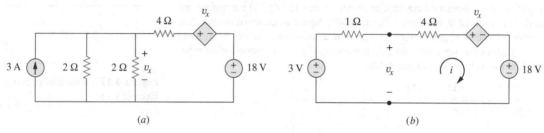

Figura 4.21 Esquema para o Exemplo 4.7: Aplicando a transformação de fontes ao circuito da Figura 4.20.

Aplicando a lei das malhas ao laço contendo apenas a fonte de tensão de 3 V, o resistor de 1 Ω e v_x nos conduz a

$$-3 + 1i + v_x = 0 \quad \Rightarrow \quad v_x = 3 - i \qquad (4.7.2)$$

Substituindo esse resultado na Equação (4.7.1), obtemos

$$15 + 5i + 3 - i = 0 \quad \Rightarrow \quad i = -4,5 \text{ A}$$

De modo alternativo, podemos aplicar a LKT ao laço contendo v_x, o resistor de 4 Ω, a fonte de tensão dependente controlada por tensão e a fonte de tensão de 18 V da Figura 4.21b. Obtemos

$$-v_x + 4i + v_x + 18 = 0 \quad \Rightarrow \quad i = -4,5 \text{ A}$$

Consequentemente, $v_x = 3 - i = 7{,}5$ V.

Figura 4.22 Esquema para o Problema prático 4.7.

PROBLEMA PRÁTICO 4.7

Use transformação de fontes para determinar i_x no circuito exposto na Figura 4.22.

Resposta: 7,059 mA.

4.5 Teorema de Thévenin

Na prática, muitas vezes pode acontecer de um determinado elemento em um circuito ser variável (normalmente, denominado *carga*), enquanto outros elementos são fixos. Como exemplo característico, temos uma tomada de uma residência onde se pode conectar diferentes aparelhos, constituindo em uma carga variável. Cada vez que o elemento variável for alterado, todo o circuito tem de ser analisado por completo novamente. Para evitar esse problema, o teorema de Thévenin fornece uma técnica pela qual a parte fixa do circuito é substituída por um circuito equivalente.

De acordo com esse teorema, o circuito linear da Figura 4.23a pode ser substituído pelo circuito da Figura 4.23b. (A carga na Figura 4.23 pode ser um simples resistor ou um circuito qualquer.) O circuito à esquerda dos terminais a-b na Figura 4.23b é conhecido como *circuito equivalente de Thévenin*; ele foi desenvolvido em 1883 por M. Leon Thévenin (1857-1926), engenheiro de telégrafo francês.

> O **teorema de Thévenin** afirma que um circuito linear de dois terminais pode ser substituído por um circuito equivalente formado por uma fonte de tensão V_{Th} em série com um resistor R_{Th}, onde V_{Th} é a tensão de circuito aberto nos terminais e R_{Th}, a resistência de entrada ou equivalente nos terminais quando as fontes independentes forem desativadas.

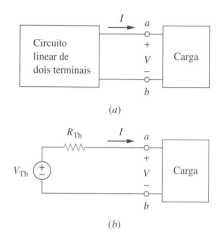

Figura 4.23 Substituição de um circuito linear de dois terminais por seu equivalente de Thévenin: (a) circuito original; (b) circuito equivalente de Thévenin.

A comprovação do teorema será dada posteriormente, na Seção 4.7. Nossa principal preocupação no momento é como encontrar a tensão equivalente de Thévenin V_{Th} e a resistência equivalente de Thévenin R_{Th}. Para tanto, suponha que os dois circuitos da Figura 4.23 sejam equivalentes – dois circuitos são ditos *equivalentes* se tiverem a mesma relação tensão-corrente em seus terminais. Vejamos o que tornará os dois circuitos da Figura 4.23 equivalentes. Se os terminais a-b forem tornados um circuito aberto (eliminando-se a carga), nenhuma corrente fluirá e, portanto, a tensão nos terminais a-b da Figura 4.23a terá de ser igual à fonte de tensão V_{Th} da Figura 4.23b, já que os dois circuitos são equivalentes. Logo, V_{Th} é a tensão de circuito aberto nos terminais, conforme ilustrado na Figura 4.24a; ou seja,

$$V_{Th} = v_{oc} \qquad (4.6)$$

Enfatizando, com a carga desconectada e os terminais em circuito aberto, desligamos todas as fontes independentes. A resistência de entrada (ou resistência equivalente) do circuito inativo nos terminais a-b da Figura 4.23a deve ser igual a R_{Th} da Figura 4.23b, pois os dois circuitos são equivalentes. Portanto, R_{Th} é a resistência de entrada nos terminais quando as fontes independentes forem desligadas, como pode ser observado na Figura 4.24b; ou seja,

$$R_{Th} = R_{ent} \qquad (4.7)$$

Para aplicar esse conceito na determinação da resistência equivalente de Thévenin R_{Th}, precisamos considerar dois casos.

■ **CASO 1** Se a rede não tiver fontes dependentes, desligamos todas as fontes independentes. R_{Th} é a resistência de entrada da rede, olhando-se entre os terminais a e b, como ilustrado na Figura 4.24b.

■ **CASO 2** Se a rede tiver fontes dependentes, desligamos todas as fontes independentes. Pelo teorema da superposição, as fontes dependentes não devem ser desligadas, pois elas são controladas por variáveis de circuito. Aplicamos uma tensão v_o aos terminais a e b, e determinamos a corrente resultante i_o. Então, $R_{Th} = v_o/i_o$, conforme mostra a Figura 4.25a. De forma alternativa, poderíamos inserir uma fonte de corrente i_o nos terminais a e b, como na Figura 4.25b, e encontrar a tensão entre os terminais v_o. Chegamos novamente a $R_{Th} = v_o/i_o$. Qualquer um dos dois métodos leva ao mesmo resultado. Em ambos os métodos, podemos supor qualquer valor de v_o e i_o. Poderíamos usar, por exemplo, $v_o = 1$ V ou $i_o = 1$ A, ou até mesmo valores não especificados de v_o ou i_o.

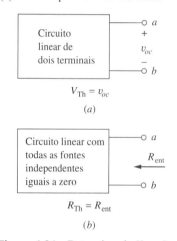

Figura 4.24 Determinando V_{Th} e R_{Th}.

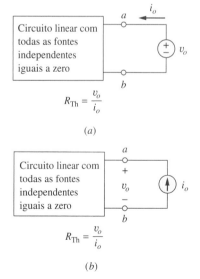

Figura 4.25 Determinando R_{Th} quando o circuito tem fontes dependentes.

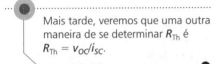

Mais tarde, veremos que uma outra maneira de se determinar R_{Th} é $R_{Th} = v_{oc}/i_{sc}$.

Muitas vezes, pode ocorrer de R_{Th} assumir um valor negativo; nesse caso, a resistência negativa ($v = -iR$) implica o fato de o circuito estar fornecendo energia. Isso é possível em um circuito com fontes dependentes, o que será ilustrado pelo Exemplo 4.10.

O teorema de Thévenin é muito importante na análise de circuitos, porque ajuda a simplificar um circuito, e um circuito grande pode ser substituído por uma única fonte de tensão independente e um único resistor. Essa técnica de substituição é uma poderosa ferramenta no projeto de circuitos.

Como mencionado, um circuito linear com uma carga variável pode ser substituído pelo equivalente de Thévenin, excluindo-se a carga. A rede equivalente se comporta externamente da mesma maneira que o circuito original. Consideremos um circuito linear terminado por uma carga R_L, conforme mostra a Figura 4.26a. A corrente I_L através da carga e a tensão V_L na carga são facilmente determinadas, uma vez que seja obtido o circuito equivalente de Thévenin nos terminais da carga, conforme ilustrado na Figura 4.26b. Dessa figura, obtemos

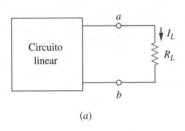

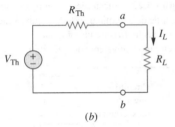

Figura 4.26 Um circuito com uma carga: (a) circuito original; (b) circuito equivalente de Thévenin.

$$I_L = \frac{V_{Th}}{R_{Th} + R_L} \quad (4.8a)$$

$$V_L = R_L I_L = \frac{R_L}{R_{Th} + R_L} V_{Th} \quad (4.8b)$$

Observe na Figura 4.26b que o equivalente de Thévenin é um simples divisor de tensão, nos levando a V_L por mera inspeção.

EXEMPLO 4.8

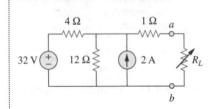

Figura 4.27 Esquema para o Exemplo 4.8.

Determine o circuito equivalente de Thévenin do circuito mostrado na Figura 4.27, à esquerda dos terminais a-b. Em seguida, determine a corrente através de $R_L = 6\ \Omega$, $16\ \Omega$ e $36\ \Omega$.

Solução: Determinamos R_{Th} desativando a fonte de 32 V (substituindo-a por um curto-circuito) e a fonte de corrente de 2 A (substituindo-a por um circuito aberto). O circuito se torna aquele mostrado na Figura 4.28a.
Portanto,

$$R_{Th} = 4 \parallel 12 + 1 = \frac{4 \times 12}{16} + 1 = 4\ \Omega$$

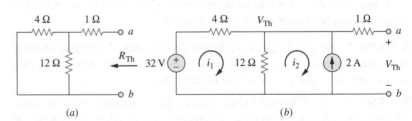

Figura 4.28 Esquema para o Exemplo 4.8: (a) determinando R_{Th}; (b) determinando V_{Th}.

Para determinar V_{Th}, consideremos o circuito da Figura 4.28b. Aplicando a análise de malhas aos dois laços, obtemos

$$-32 + 4i_1 + 12(i_1 - i_2) = 0, \quad i_2 = -2\ A$$

Calculando i_1, obtemos $i_1 = 0,5$ A. Portanto,

$$V_{Th} = 12(i_1 - i_2) = 12(0,5 + 2,0) = 30\ V$$

Alternativamente, é até mais fácil usar análise nodal. Ignoramos o resistor de 1 Ω já que nenhuma corrente passa por ele. No nó superior, a LKC nos dá

$$\frac{32 - V_{Th}}{4} + 2 = \frac{V_{Th}}{12}$$

ou

$$96 - 3V_{Th} + 24 = V_{Th} \implies V_{Th} = 30 \text{ V}$$

como havíamos obtido anteriormente. Também poderíamos usar transformação de fontes para descobrir V_{Th}.

O circuito equivalente de Thévenin é mostrado na Figura 4.29. A corrente que passa por R_L é

$$I_L = \frac{V_{Th}}{R_{Th} + R_L} = \frac{30}{4 + R_L}$$

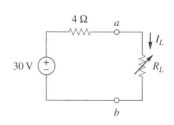

Figura 4.29 O circuito equivalente de Thévenin para o Exemplo 4.8.

Quando $R_L = 6$,

$$I_L = \frac{30}{10} = 3 \text{ A}$$

Quando $R_L = 16$,

$$I_L = \frac{30}{20} = 1,5 \text{ A}$$

Quando $R_L = 36$,

$$I_L = \frac{30}{40} = 0,75 \text{ A}$$

Usando o teorema de Thévenin, determine o circuito equivalente à esquerda dos terminais do circuito da Figura 4.30. Em seguida, determine I.

PROBLEMA PRÁTICO 4.8

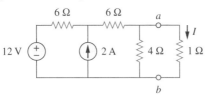

Figura 4.30 Esquema para o Problema prático 4.8.

Resposta: $V_{Th} = 6$ V, $R_{Th} = 3 \, \Omega$, $I = 1,5$ A.

EXEMPLO 4.9

Determine o equivalente de Thévenin do circuito da Figura 4.31.

Solução: Esse circuito contém uma fonte dependente, diferentemente do circuito do exemplo anterior. Para determinar R_{Th}, fazemos que a fonte independente seja igual a zero, porém não tocamos na fonte dependente. Entretanto, em virtude da presença da fonte dependente, excitamos a rede com a fonte de tensão v_o conectada aos terminais, conforme indicado na Figura 4.32a. Poderemos fazer que $v_o = 1$ V para facilitar os cálculos, já que o circuito é linear. Nosso objetivo é determinar a corrente i_o por meio dos terminais e então obter. (De forma alternativa, poderíamos inserir uma fonte de corrente de 1 A, encontrar $R_{Th} = 1/i_o$ a tensão v_o correspondente e então obter $R_{Th} = v_o/1$.)

Aplicando análise de malhas ao laço 1 do circuito da Figura 4.32a, temos

$$-2v_x + 2(i_1 - i_2) = 0 \quad \text{ou} \quad v_x = i_1 - i_2$$

Porém, $-4i_2 = v_x = i_1 - i_2$; portanto,

$$i_1 = -3i_2 \tag{4.9.1}$$

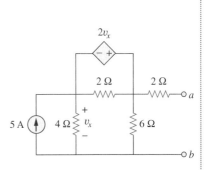

Figura 4.31 Esquema para o Exemplo 4.9.

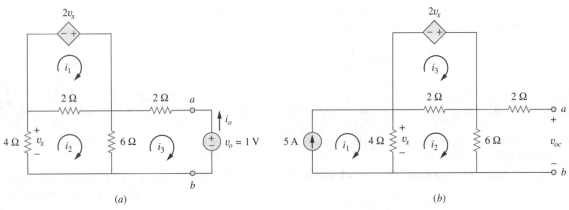

Figura 4.32 Determinando R_{Th} e V_{Th} para o Exemplo 4.9.

Para os laços 2 e 3, aplicando a LKT resulta em

$$4i_2 + 2(i_2 - i_1) + 6(i_2 - i_3) = 0 \tag{4.9.2}$$

$$6(i_3 - i_2) + 2i_3 + 1 = 0 \tag{4.9.3}$$

Resolvendo esse conjunto de equações, obtemos

$$i_3 = -\frac{1}{6} \text{ A}$$

Porém, $i_o = -i_3 = 1/6$ A. Logo,

$$R_{Th} = \frac{1 \text{ V}}{i_o} = 6 \text{ }\Omega$$

Para obter V_{Th}, determinamos v_{oc} (tensão de circuito aberto) no circuito da Figura 4.32b. Aplicando a análise de malhas, obtemos

$$i_1 = 5 \tag{4.9.4}$$

$$-2v_x + 2(i_3 - i_2) = 0 \implies v_x = i_3 - i_2$$
$$4(i_2 - i_1) + 2(i_2 - i_3) + 6i_2 = 0 \tag{4.9.5}$$

ou

$$12i_2 - 4i_1 - 2i_3 = 0 \tag{4.9.6}$$

Porém, $4(i_1 - i_2) = v_x$. A resolução dessas equações nos leva a $i_2 = 10/3$.
Portanto,

$$V_{Th} = v_{oc} = 6i_2 = 20 \text{ V}$$

O circuito equivalente de Thévenin é aquele mostrado na Figura 4.33.

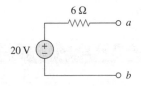

Figura 4.33 O equivalente de Thévenin para o circuito da Figura 4.31.

● **PROBLEMA PRÁTICO 4.9**

Determine o equivalente de Thévenin do circuito da Figura 4.34 à esquerda dos terminais.

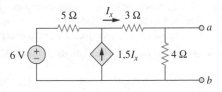

Figura 4.34 Esquema para o Problema prático 4.9.

Resposta: $V_{Th} = 5{,}333$ V, $R_{Th} = 444{,}4$ mΩ.

Determine o equivalente de Thévenin do circuito da Figura 4.35a nos terminais a-b.

Solução:

1. **Definição.** O problema está definido de forma clara; devemos determinar o equivalente de Thévenin do circuito mostrado na Figura 4.35a.

2. **Apresentação.** O circuito contém um resistor de 2 Ω em paralelo com um resistor de 4 Ω. Estes, por sua vez, estão em paralelo com uma fonte de corrente dependente. É importante notar que não existe nenhuma fonte independente.

3. **Alternativa.** O primeiro fato a ser considerado é que, uma vez que não há nenhuma fonte independente nesse circuito, temos de excitar o circuito externamente. Além disso, quando não há nenhuma fonte independente, não teremos um valor para V_{Th}; teremos de encontrar apenas R_{Th}.

   A forma mais simples é excitar o circuito com uma fonte de tensão de 1 V ou uma fonte de corrente de 1 A. Já que no final das contas o resultado será uma resistência equivalente (positiva ou negativa), prefiro usar a fonte de corrente e a análise nodal que conduzirá a uma tensão nos terminais de saída igual à resistência (com 1 A fluindo em v_o, esta será igual a 1 vez a resistência equivalente).

   Como forma alternativa, o circuito também poderia ser excitado por uma fonte de tensão de 1 V e usada a análise de malhas para encontrar a resistência equivalente.

4. **Tentativa.** Iniciamos escrevendo a equação nodal em a na Figura 4.35b, supondo $i_o = 1$ A.

   $$2i_x + (v_o - 0)/4 + (v_o - 0)/2 + (-1) = 0 \qquad (4.10.1)$$

   Uma vez que temos duas incógnitas e apenas uma equação, precisaremos

   $$i_x = (0 - v_o)/2 = -v_o/2 \qquad (4.10.2)$$

   Substituindo a Equação (4.10.2) na Equação (4.10.1), temos

   $$2(-v_o/2) + (v_o - 0)/4 + (v_o - 0)/2 + (-1) = 0$$
   $$= (-1 + \tfrac{1}{4} + \tfrac{1}{2})v_o - 1 \quad \text{ou} \quad v_o = -4 \text{ V}$$

   Já que $v_o = 1 \times R_{Th}$, então $R_{Th} = v_o/1 = -4$ Ω.

   O valor negativo da resistência nos informa que, de acordo com a regra dos sinais (passivo), o circuito da Figura 4.35a está fornecendo tensão. Obviamente, os resistores da Figura 4.35a não são capazes de fornecer tensão (eles a absorvem); é a fonte dependente que fornece tensão. Este é um exemplo de como uma fonte dependente e resistores poderiam ser usados para simular uma resistência negativa.

5. **Avaliação.** Antes de qualquer coisa, notamos que a resposta é um valor negativo. Sabemos que isso não é possível em um circuito passivo, porém, nesse circuito, não temos um dispositivo ativo (a fonte de corrente dependente). Portanto, o circuito equivalente é basicamente um circuito ativo capaz de fornecer energia.

   Agora, temos de avaliar a solução. A melhor maneira de se fazer isso é realizar uma verificação, usando um método diferente, e ver se o resultado obtido é o mesmo. Tentemos conectar um resistor de 9 Ω em série com uma fonte de tensão de 10 V nos terminais de saída do circuito original e, em seguida, o equivalente de Thévenin. Para tornar o circuito mais fácil de ser solucionado, podemos pegar e transformar a fonte de corrente em paralelo com o resistor de 4 Ω em uma fonte de tensão em série com o resistor de 4 Ω usando transformação de fontes. Isso, com a nova carga, nos fornece o circuito mostrado na Figura 4.35c.

   Agora, podemos escrever as duas equações de malha.

   $$8i_x + 4i_1 + 2(i_1 - i_2) = 0$$
   $$2(i_2 - i_1) + 9i_2 + 10 = 0$$

   Note que temos apenas duas equações, porém três incógnitas e, portanto, precisamos de uma equação de restrição. Podemos usar

   $$i_x = i_2 - i_1$$

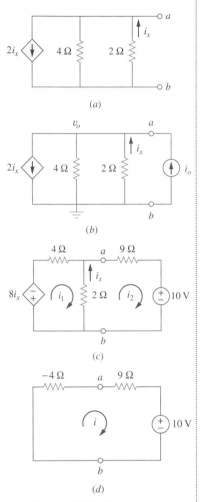

Figura 4.35 Esquema para o Exemplo 4.10.

Isso nos leva a uma nova equação para o laço 1. Simplificando, resulta em

$$(4 + 2 - 8)i_1 + (-2 + 8)i_2 = 0$$

ou

$$-2i_1 + 6i_2 = 0 \quad \text{ou} \quad i_1 = 3i_2$$
$$-2i_1 + 11i_2 = -10$$

Substituindo a primeira equação na segunda, temos

$$-6i_2 + 11i_2 = -10 \quad \text{ou} \quad i_2 = -10/5 = -2 \text{ A}$$

Usar o equivalente de Thévenin é bem fácil, uma vez que temos apenas um laço, conforme indicado na Figura 4.35d.

$$-4i + 9i + 10 = 0 \quad \text{ou} \quad i = -10/5 = -2 \text{ A}$$

6. *Satisfatório?* Está claro que determinamos o valor do circuito equivalente, conforme solicitado pelo enunciado do problema. A verificação valida essa solução (comparamos a resposta obtida por meio de circuito equivalente com aquela obtida usando-se a carga com o circuito original). Podemos apresentar tudo isso como uma solução para o problema.

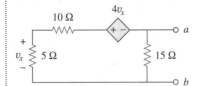

Figura 4.36 Esquema para o Problema prático 4.10.

● **PROBLEMA PRÁTICO 4.10**

Obtenha o equivalente de Thévenin do circuito da Figura 4.36.

Resposta: $V_{Th} = 0$ V, $R_{Th} = -7,5\ \Omega$.

4.6 Teorema de Norton

Em 1926, após cerca de 43 anos da publicação do teorema de Thévenin, E. L. Norton, engenheiro norte-americano da Bell Telephone Laboratories, propôs um teorema semelhante.

> O **teorema de Norton** afirma que um circuito linear de dois terminais pode ser substituído por um circuito equivalente formado por uma fonte de corrente I_N em paralelo com um resistor R_N, em que I_N é a corrente de curto-circuito através dos terminais e R_N é a resistência de entrada ou equivalente nos terminais quando as fontes independentes forem desligadas.

Portanto, o circuito da Figura 4.37a pode ser substituído por aquele da Figura 4.37b.

A prova do teorema de Norton será dada na seção seguinte. Por enquanto, estamos basicamente interessados em como obter R_N e I_N. Determinamos R_N da mesma maneira que o fazemos para R_{Th}. De fato, do que sabemos sobre a transformação de fontes, as resistências de Thévenin e de Norton são iguais; isto é,

$$\boxed{R_N = R_{Th}} \tag{4.9}$$

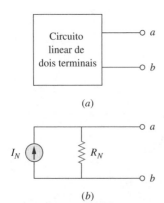

Figura 4.37 (a) Circuito original; (b) circuito equivalente de Norton.

Para descobrir a corrente I_N de Norton, determinamos a corrente de curto-circuito que flui entre os terminais a e b em ambos os circuitos da Figura 4.37. É evidente que a corrente de curto-circuito na Figura 4.37b é I_N. Esta tem de ser igual à corrente de curto-circuito entre os terminais a e b da Figura 4.37a, uma vez que as duas correntes são equivalentes. Portanto,

$$I_N = i_{sc} \quad (4.10)$$

mostrado na Figura 4.38. As fontes dependentes e independentes são tratadas da mesma forma que no teorema de Thévenin.

Observe a estreita relação entre os dois teoremas: $R_N = R_{Th}$ como na Equação (4.9) e

$$I_N = \frac{V_{Th}}{R_{Th}} \quad (4.11)$$

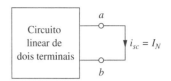

Figura 4.38 Encontrando a corrente de Norton I_N.

Isso é, basicamente, transformação de fontes. Por essa razão, a transformação de fontes é muitas vezes chamada transformação Thévenin-Norton.

Uma vez que V_{Th}, I_N e R_{Th} estão relacionadas de acordo com a Equação (4.11), determinar o circuito equivalente de Thévenin e de Norton requer que encontremos:

Os circuitos equivalentes de Thévenin e de Norton estão relacionados por uma transformação de fontes.

- A tensão de circuito aberto, v_{oc}, entre os terminais a e b.
- A corrente de curto-circuito, i_{sc}, nos terminais a e b.
- A resistência de entrada ou equivalente, R_{ent}, nos terminais a e b quando todas as fontes independentes estiverem desligadas.

Podemos calcular quaisquer dois desses três itens usando o método mais fácil e então usá-los para obter o terceiro item por meio da lei de Ohm. O Exemplo 4.11 ilustrará isso. Da mesma forma, já que

$$V_{Th} = v_{oc} \quad (4.12a)$$

$$I_N = i_{sc} \quad (4.12b)$$

$$R_{Th} = \frac{v_{oc}}{i_{sc}} = R_N \quad (4.12c)$$

os testes de circuito aberto e de curto-circuito são suficientes para encontrar qualquer circuito equivalente de Thévenin ou de Norton, de um circuito contendo pelo menos uma fonte independente.

EXEMPLO 4.11

Determine o circuito equivalente de Norton do circuito da Figura 4.39 nos terminais a-b.

Solução: Determinamos R_N da mesma forma que R_{Th} no circuito equivalente de Thévenin. Faça que as fontes independentes sejam iguais a zero. Isso leva ao circuito da Figura 4.40a, a partir do qual achamos R_N. Portanto,

$$R_N = 5 \| (8 + 4 + 8) = 5 \| 20 = \frac{20 \times 5}{25} = 4\,\Omega$$

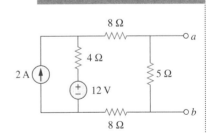

Figura 4.39 Esquema para o Exemplo 4.11.

Para encontrar I_N, curto-circuitamos os terminais a e b, conforme mostrado na Figura 4.40b. Ignoramos o resistor de 5 Ω, pois ele foi curto-circuitado. Aplicando-se a análise de malhas, obtemos

$$i_1 = 2\,\text{A}, \qquad 20i_2 - 4i_1 - 12 = 0$$

A partir dessas equações, obtemos

$$i_2 = 1\,\text{A} = i_{sc} = I_N$$

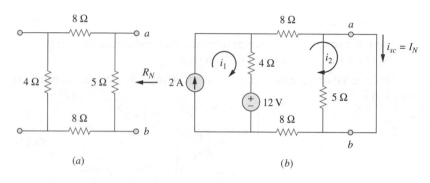

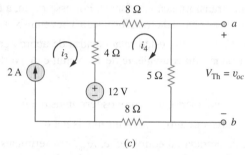

Figura 4.40 Esquema para o Exemplo 4.11, determinamos: (a) R_N; (b) $I_N = i_{sc}$; (c) $V_{Th} = v_{oc}$.

De forma alternativa, poderíamos determinar I_N a partir de V_{Th}/R_{Th}. Obtemos V_{Th} como a tensão de circuito aberto entre os terminais a e b na Figura 4.40c. Usando análise de malhas, obtemos

$$i_3 = 2 \text{ A}$$
$$25i_4 - 4i_3 - 12 = 0 \quad \Rightarrow \quad i_4 = 0{,}8 \text{ A}$$

e

$$v_{oc} = V_{Th} = 5i_4 = 4 \text{ V}$$

Portanto,

$$I_N = \frac{V_{Th}}{R_{Th}} = \frac{4}{4} = 1 \text{ A}$$

como obtido anteriormente. Isso também serve para confirmar a Equação (4.12c) que $R_{Th} = v_{oc}/i_{sc} = 4/1 = 4\ \Omega$. Consequentemente, o circuito equivalente de Norton é igual ao mostrado na Figura 4.41.

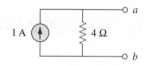

Figura 4.41 Equivalente de Norton do circuito da Figura 4.39.

● **PROBLEMA PRÁTICO 4.11**

Determine o equivalente de Norton para o circuito da Figura 4.42 nos terminais a-b.

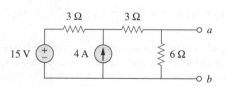

Figura 4.42 Esquema para o Problema prático 4.11.

Resposta: $R_N = 3\ \Omega$, $I_N = 4{,}5$ A.

EXEMPLO 4.12

Usando o teorema de Norton, determine R_N e I_N do circuito da Figura 4.43 nos terminais a-b.

Solução: Para determinar R_N, fazemos a fonte de tensão independente igual a zero e conectamos uma fonte de tensão $v_o = 1$ V (ou qualquer tensão v_o não especificada) aos terminais. Obtemos o circuito da Figura 4.44a. Ignoramos o resistor de 4 Ω, pois ele está curto-circuitado. Também em razão do curto-circuito, o resistor de 5 Ω, a fonte de tensão e a fonte de corrente dependente estão todos em paralelo. Portanto, $i_x = 0$. No nó a, $i_o = \frac{1v}{5\Omega} = 0{,}2$ A e

$$R_N = \frac{v_o}{i_o} = \frac{1}{0{,}2} = 5 \ \Omega$$

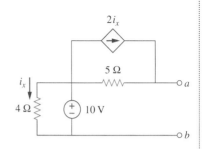

Figura 4.43 Esquema para o Exemplo 4.12.

Para determinar I_N, curto-circuitamos os terminais a e b e determinamos a corrente i_{sc}, conforme indicado na Figura 4.44b. Note, dessa figura, que o resistor de 4 Ω, a fonte de tensão de 10 V, o resistor de 5 Ω e a fonte de corrente dependente estão todos em paralelo. Portanto,

$$i_x = \frac{10}{4} = 2{,}5 \ \text{A}$$

No nó a, a LKC nos dá

$$i_{sc} = \frac{10}{5} + 2i_x = 2 + 2(2{,}5) = 7 \ \text{A}$$

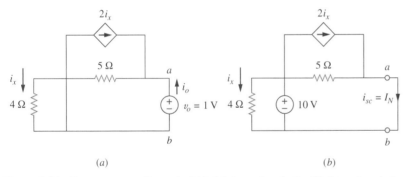

Figura 4.44 Esquema para o Exemplo 4.12: (a) determinando R_N; (b) determinando I_N.

Portanto,

$$I_N = 7 \ \text{A}$$

PROBLEMA PRÁTICO 4.12

Determine o circuito equivalente de Norton do circuito da Figura 4.45 nos terminais a-b.

Resposta: $R_N = 1 \ \Omega$, $I_N = 10$ A.

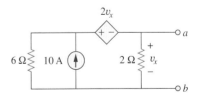

Figura 4.45 Esquema para o Problema prático 4.12.

4.7 †Dedução dos teoremas de Thévenin e de Norton

Nesta seção, provaremos os teoremas de Thévenin e de Norton usando o princípio da superposição.

Considere o circuito linear da Figura 4.46a. Supõe-se que o circuito contenha resistores e fontes dependentes e independentes. Temos acesso ao circuito

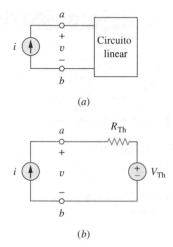

Figura 4.46 Dedução do circuito equivalente de Thévenin: (*a*) um circuito alimentado por corrente; (*b*) seu equivalente de Thévenin.

através dos terminais *a* e *b*, por meio dos quais a corrente de uma fonte externa é aplicada. Nosso objetivo é garantir que a relação tensão-corrente nesses terminais *a* e *b* seja idêntica àquela do circuito equivalente de Thévenin na Figura 4.46*b*. Para fins de simplicidade, vamos supor que o circuito dessa figura contenha duas fontes de tensão independentes v_{s1} e v_{s2} e duas fontes de corrente i_{s1} e i_{s2}; poderíamos obter qualquer variável de circuito, como a tensão v nos terminais, aplicando-se superposição, isto é, consideramos a contribuição em virtude de cada uma das fontes independentes, inclusive a fonte externa *i*. Pelo princípio da superposição, a tensão v nos terminais é

$$v = A_0 i + A_1 v_{s1} + A_2 v_{s2} + A_3 i_{s1} + A_4 i_{s2} \tag{4.13}$$

onde A_0, A_1, A_2, A_3 e A_4 são constantes. Cada termo do lado direito da Equação (4.13) é a contribuição da fonte independente relativa; isto é, $A_0 i$ é a contribuição de v em razão da fonte de corrente externa *i*, $A_1 v_{s1}$ é a contribuição em decorrência da tensão v_{s1} e assim por diante. Poderíamos reunir os termos para as fontes independentes internas como B_0, de modo que a Equação (4.13) fique

$$v = A_0 i + B_0 \tag{4.14}$$

onde $B_0 = A_1 v_{s1} + A_2 v_{s2} + A_3 i_{s1} + A_4 i_{s2}$. Agora, queremos avaliar os valores das constantes A_0 e B_0. Quando os terminais *a* e *b* estiverem em circuito aberto, $i = 0$ e $v = B_0$. Portanto, B_0 é a tensão de circuito aberto, v_{oc}, que é a mesma que V_{Th}, portanto

$$B_0 = V_{Th} \tag{4.15}$$

Quando todas as fontes internas são desligadas, $B_0 = 0$. O circuito pode ser substituído por uma resistência equivalente, R_{eq}, que é a mesma que R_{Th}, e a Equação (4.14) fica

$$v = A_0 i = R_{Th} i \quad \Rightarrow \quad A_0 = R_{Th} \tag{4.16}$$

Substituindo os valores de A_0 e B_0 na Equação (4.14), dá

$$v = R_{Th} i + V_{Th} \tag{4.17}$$

que expressa a relação tensão-corrente nos terminais *a* e *b* do circuito da Figura 4.46*b*. Portanto, os dois circuitos das Figuras 4.46*a* e 4.46*b* são equivalentes.

Quando o mesmo circuito linear for alimentado por uma fonte de tensão v, como mostrado na Figura 4.47*a*, a corrente fluindo no circuito pode ser obtida por superposição como

$$i = C_0 v + D_0 \tag{4.18}$$

onde $C_0 v$ é a contribuição para *i* em consequência da fonte de tensão v, e D_0 contém a contribuição para *i* por causa de todas as fontes independentes internas. Quando os terminais *a-b* forem curto-circuitados, $v = 0$, de modo que $i = D_0 = -i_{sc}$, onde i_{sc} é a corrente de curto-circuito que sai do terminal *a*, que é a mesma que a corrente de Norton, I_N, isto é,

$$D_0 = -I_N \tag{4.19}$$

Quando todas as fontes independentes internas forem desligadas, $D_0 = 0$ e o circuito pode ser substituído por uma resistência equivalente R_{eq} (ou uma condutância equivalente $G_{eq} = 1/R_{eq}$), que é a mesma que R_{Th} ou R_N. Portanto, a Equação (4.19) fica

$$i = \frac{v}{R_{Th}} - I_N \qquad (4.20)$$

Isso expressa a relação tensão-corrente nos terminais *a-b* do circuito da Figura 4.47*b*, confirmando que os dois circuitos das Figuras 4.47*a* e *b* são equivalentes.

4.8 Máxima transferência de potência

Em diversas situações práticas, um circuito é projetado para fornecer potência a uma carga. Existem aplicações em áreas como comunicações em que é desejável maximizar a potência liberada a uma carga. Agora, podemos tratar do problema de liberar a potência máxima a uma carga quando um sistema com perdas internas conhecidas for dado. Deve ser notado que isso resultará em perdas internas significativas maiores ou iguais à potência liberada à carga.

O circuito equivalente de Thévenin é útil para descobrir a potência máxima que um circuito linear pode liberar a uma carga. Partimos do pressuposto de que podemos ajustar a resistência de carga R_L. Se todo o circuito for substituído pelo equivalente de Thévenin, exceto a carga, conforme mostra a Figura 4.48, a potência liberada para a carga é

$$p = i^2 R_L = \left(\frac{V_{Th}}{R_{Th} + R_L}\right)^2 R_L \qquad (4.21)$$

Para um dado circuito, V_{Th} e R_{Th} são fixas. Variando a resistência de carga R_L, a potência liberada à carga varia conforme descrito na Figura 4.49. Percebemos, dessa figura, que a potência é pequena para valores pequenos ou grandes de R_L, mas máxima para o mesmo valor de R_L entre 0 e ∞. Agora, queremos mostrar que a potência máxima ocorre quando R_L é igual a R_{Th}. Isso é conhecido como *teorema da potência máxima*.

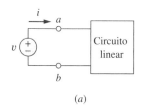
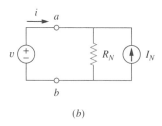

Figura 4.47 Dedução do circuito equivalente de Norton: (*a*) um circuito alimentado por tensão; (*b*) o equivalente de Norton.

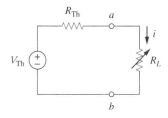

Figura 4.48 O circuito usado para máxima transferência de potência.

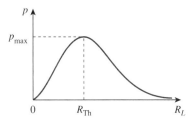

Figura 4.49 Potência liberada para a carga em função de R_L.

A **potência máxima** é transferida a uma carga quando a resistência de carga for igual à resistência de Thévenin quando vista da carga ($R_L = R_{Th}$).

Para provar o teorema da máxima transferência de potência, diferenciamos *p* na Equação (4.21) em relação a R_L e fazemos que o resultado seja igual a zero. Obtemos

$$\frac{dp}{dR_L} = V_{Th}^2 \left[\frac{(R_{Th} + R_L)^2 - 2R_L(R_{Th} + R_L)}{(R_{Th} + R_L)^4}\right]$$

$$= V_{Th}^2 \left[\frac{(R_{Th} + R_L - 2R_L)}{(R_{Th} + R_L)^3}\right] = 0$$

Isso implica que

$$0 = (R_{Th} + R_L - 2R_L) = (R_{Th} - R_L) \qquad (4.22)$$

que leva a

$$\boxed{R_L = R_{Th}} \qquad (4.23)$$

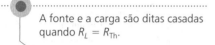

A fonte e a carga são ditas casadas quando $R_L = R_{Th}$.

mostrando que a máxima transferência de potência ocorre quando a resistência de carga R_L iguala a resistência de Thévenin R_{Th}. Podemos, prontamente, confirmar que a Equação (4.23) fornece a potência máxima, mostrando que $d^2p/dR_L^2 < 0$.

A potência máxima transferida é obtida substituindo a Equação (4.23) na Equação (4.21), para

$$p_{max} = \frac{V_{Th}^2}{4R_{Th}} \quad (4.24)$$

A Equação (4.24) se aplica apenas quando $R_L = R_{Th}$. Quando $R_L \neq R_{Th}$, calculamos a potência liberada para a carga usando a Equação (4.21).

EXEMPLO 4.13

Determine o valor de R_L para a máxima transferência de potência no circuito da Figura 4.50. Determine a potência máxima.

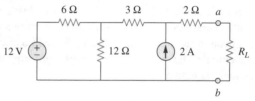

Figura 4.50 Esquema para o Exemplo 4.13.

Solução: Precisamos determinar a resistência de Thévenin R_{Th} e a tensão de Thévenin V_{Th}, entre os terminais a-b. Para obter R_{Th}, usamos o circuito na Figura 4.51a e obtemos

$$R_{Th} = 2 + 3 + 6 \| 12 = 5 + \frac{6 \times 12}{18} = 9 \, \Omega$$

Para obter V_{Th}, consideramos o circuito da Figura 4.51b. Aplicando análise de malhas,

$$-12 + 18i_1 - 12i_2 = 0, \quad i_2 = -2 \text{ A}$$

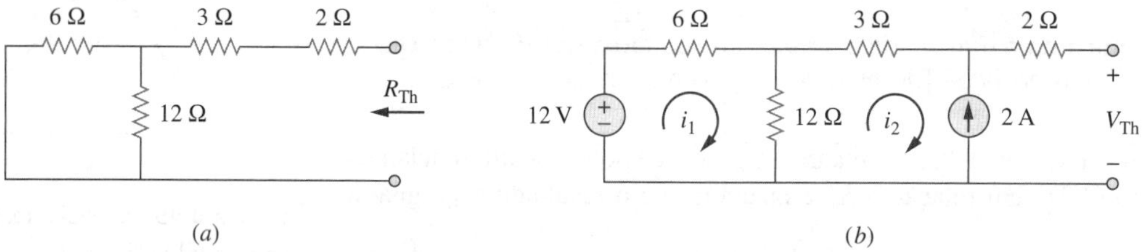

Figura 4.51 Esquema para o Exemplo 4.13: (a) determinando R_{Th}; (b) determinando V_{Th}.

Calculando i_1, obtemos $i_1 = -2/3$. Aplicando a LKT ao laço externo para obter V_{Th} entre os terminais a-b, obtemos

$$-12 + 6i_1 + 3i_2 + 2(0) + V_{Th} = 0 \quad \Rightarrow \quad V_{Th} = 22 \text{ V}$$

Para máxima transferência de potência,

$$R_L = R_{Th} = 9 \, \Omega$$

e a potência máxima é

$$p_{max} = \frac{V_{Th}^2}{4R_L} = \frac{22^2}{4 \times 9} = 13{,}44 \text{ W}$$

PROBLEMA PRÁTICO 4.13

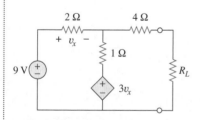

Figura 4.52 Esquema para o Problema prático 4.13.

Determine o valor de R_L que irá drenar a potência máxima do restante do circuito na Figura 4.52. Calcule a potência máxima.

Resposta: 4,222 Ω, 2,901 W.

4.9 Verificação de teoremas de circuitos usando o *PSpice*

Aprenderemos, agora, como usar o *PSpice* para verificar os teoremas vistos neste capítulo. Consideraremos especificamente o uso da análise de varredura CC para determinar o equivalente de Thévenin ou de Norton em qualquer par de nós em um circuito e a máxima transferência de potência para uma carga. Recomenda-se que o leitor leia no tutorial do *PSpice*, disponível em nosso *site* (www.grupoa.com.br), o tópico sobre análise CC como preparação para esta seção.

Para determinar o equivalente de Thévenin de um circuito em um par de terminais abertos utilizando o *PSpice*, usamos o editor de esquemas para desenhar o circuito e inserir uma fonte de corrente de prova independente, como Ip, nos terminais. A fonte de corrente de prova deve ter um nome de identificação ISRC. Em seguida, realizamos uma análise de varredura CC (DC Sweep) em Ip, conforme discutido no tutorial do nosso *site*. Normalmente, podemos deixar a corrente que passa por Ip variar de 0 V a 1 A em incrementos de 0,1 A. Após salvar e simular o circuito, usamos Probe para exibir um gráfico de tensão em Ip *versus* a corrente que passa por Ip. A interseção em zero do gráfico nos dá a tensão equivalente de Thévenin, enquanto a inclinação do gráfico é igual à resistência de Thévenin.

Determinar o equivalente de Norton envolve etapas similares, exceto que inserimos uma fonte de tensão independente de prova (com um nome de identificação VSRC), como Vp, nos terminais. Realizamos uma análise de varredura CC (DC Sweep) em Vp e fazemos Vp variar de 0 V a 1 V em incrementos de 0,1 V. Um gráfico da corrente através de Vp *versus* tensão Vp é obtido acessando o menu Probe após a simulação. A interseção em zero é igual à corrente de Norton, enquanto a inclinação do gráfico é igual à condutância de Norton.

Determinar a máxima transferência de potência para uma carga usando o *PSpice* envolve realizar uma varredura paramétrica CC no valor de componente de R_L na Figura 4.48 e representar a potência liberada para a carga em um gráfico em função de R_L. De acordo com a Figura 4.19, a potência máxima ocorre quando $R_L = R_{Th}$. Isso é mais bem ilustrado por meio de um exemplo, e o Exemplo 4.15 fará isso.

Usamos VSRC e ISRC, respectivamente, como nomes de componente para as fontes de tensão e de corrente.

EXEMPLO 4.14

Consideremos o circuito da Figura 4.31 (ver Exemplo 4.9). Use o *PSpice* para encontrar os circuitos equivalentes de Thévenin e de Norton.

Solução:

(a) Para encontrar a resistência de Thévenin R_{Th} e a tensão de Thévenin V_{Th} nos terminais *a-b* no circuito da Figura 4.31, usamos primeiro Schematics para desenhar o circuito, conforme mostrado na Figura 4.53a. Note que uma fonte de corrente de prova I2 é inserida nos terminais. Em **Analysis/Setput**, selecionamos DC Sweep (varredura CC). Na caixa de diálogo, selecionamos Linear como *Sweep Type* e *Current Source* (fonte de corrente) como *Sweep Var. Type*. Introduzimos I2 na caixa *Name* (nome), 0 como *Start Value* (valor inicial), 1 como *End Value* (valor final) e 0,1 como *Increment* (incremento). Após a simulação, adicionamos trace V(I2:–) a partir da janela A/D do *PSpice* e obtemos o gráfico mostrado na Figura 4.53b. A partir do gráfico, obtemos

$$V_{Th} = \text{Interseção em zero} = 20 \text{ V}, \qquad R_{Th} = \text{Inclinação} = \frac{26 - 20}{1} = 6 \, \Omega$$

Estas concordam com o que obtivemos analiticamente no Exemplo 4.9.

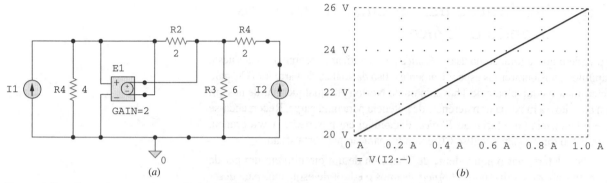

Figura 4.53 Esquema para o Exemplo 4.14: (a) esquema gráfico; (b) gráfico para determinar R_{Th} e V_{Th}.

(b) Para determinar o equivalente de Norton, modificamos o esquema na Figura 4.53a, substituindo a fonte de corrente de prova com uma fonte de tensão de prova V1. O resultado é o esquema na Figura 4.54a. Repetindo, na caixa de diálogo DC Sweep (varredura CC), selecionamos Linear como *Sweep Type* e Voltage Source como *Sweep Var. Type*. Introduzimos V1 na caixa de diálogo *Name*, 0 como *Start Value*, 1 como *End Value* e 0,1 como *Increment*. Na janela A/D do *PSpice*, adicionamos trace I (V1) e obtemos o gráfico da Figura 4.54b. Do gráfico, tiramos

$$I_N = \text{Interseção em zero} = 3{,}335 \text{ A}$$

$$G_N = \text{Inclinação} = \frac{3{,}335 - 3{,}165}{1} = 0{,}17 \text{ S}$$

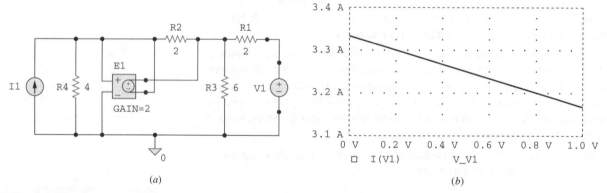

Figura 4.54 Esquema para o Exemplo 4.14: (a) esquema e; (b) gráfico para encontrar G_N e I_N.

PROBLEMA PRÁTICO 4.14

Refaça o Problema 4.9 usando o *PSpice*.

Resposta: $V_{Th} = 5{,}333$ V, $R_{Th} = 444{,}4$ mΩ.

EXEMPLO 4.15

Consulte o circuito da Figura 4.55. Use o *PSpice* para determinar a máxima transferência de potência para R_L.

Solução: Precisamos realizar uma análise de varredura CC em R_L para determinar quando a potência nela atinge seu máximo. Em primeiro lugar, desenhamos o circuito usando o recurso Schematics, conforme nos mostra a Figura 4.56. Assim que for desenhado, seguimos as três etapas dadas para preparo adicional do circuito para uma análise de varredura CC.

O primeiro passo envolve definir o valor de R_L como um parâmetro, já que queremos variá-la. Para tanto:

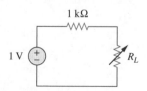

Figura 4.55 Esquema para o Exemplo 4.15.

1. Dê um duplo clique (**DCLICKL**) no valor 1k de R2 (representando R_L), para abrir a caixa de diálogo *Set Attribute Value*.
2. Substitua 1k por {RL} e clique em **OK** para aceitar a mudança.

Observe que as chaves são necessárias.

O segundo passo é definir o parâmetro. Para isso:

1. Selecione **Draw/Get New Part/Libraries ... /special.slb**.
2. Digite PARAM na caixa de diálogo *PartName* e clique em **OK**.
3. Arraste (**DRAG**) a caixa para qualquer posição próxima do circuito.
4. Dê um clique com o botão esquerdo (**CLICKL**) para encerrar o modo de posicionamento.
5. Dê um duplo clique (**DCLICKL**) para abrir a caixa de diálogo *PartName*: *PARAM*.
6. Dê um clique com o botão esquerdo do *mouse* (**CLICKL**) sobre *NAME1* = digitando RL (sem usar chaves) na caixa de diálogo *Value*. Dê um clique com o botão esquerdo do *mouse* (**CLICKL**) em **Save Attr** para aceitar a mudança.
7. Dê um clique com o botão esquerdo do *mouse* (**CLICKL**) sobre *VALUE1* = digitando 2k na caixa de diálogo *Value*. Dê um clique com o botão esquerdo do *mouse* (**CLICKL**) em **Save Attr** para aceitar a mudança.
8. Clique em **OK**.

O valor 2k no item 7 é necessário para um cálculo do ponto de polarização; ele não pode ser deixado em branco.

A terceira etapa é configurar a análise de varredura CC para varrer o parâmetro. Para tal:

1. Selecione **Analysis/Setput** para acionar a caixa de diálogo DC Sweep.
2. Como *Sweep Type*, selecione Linear (ou Octave para um intervalo de R_L mais amplo).
3. Como *Sweep Var. Type*, selecione Global Parameter.
4. Na caixa de diálogo *Name*, digite RL.
5. Na caixa de diálogo *Start Value*, digite 100.
6. Na caixa de diálogo *End Value*, digite 5k.
7. Na caixa de diálogo *Increment*, digite 100.
8. Clique em **OK** e **Close** para aceitar os parâmetros.

Após cumprir essas etapas e salvar o circuito, estamos prontos para realizar a simulação. Selecione **Analysis/Simulate**. Se não existirem erros, selecionamos **Add Trace** na janela A/D do *PSpice* e digitamos –V(R2:2)*I(R2) na caixa de diálogo *Trace Command*. (O sinal negativo é necessário, já que I(R2) é negativo.) Isso gera o gráfico de potência liberada para R_L já que R_L varia de 100 Ω a 5 kΩ. Também, podemos obter a potência absorvida por R_L digitando na caixa de diálogo *Trace Command*. De qualquer maneira, temos o gráfico da Figura 4.57, e fica evidente que a potência máxima é 250 μW. Note que o máximo ocorre quando R_L = 1 Ω, conforme esperado analiticamente.

Determine a potência máxima transferida para R_L se o resistor de 1 kΩ na Figura 4.55 for substituído por um resistor de 2 kΩ.

Resposta: 125 μW.

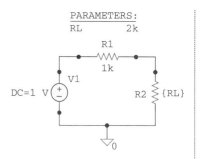

Figura 4.56 Esquema para o circuito da Figura 4.55.

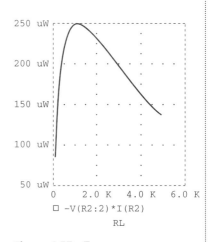

Figura 4.57 Esquema para o Exemplo 4.15: gráfico da potência em função de R_L.

PROBLEMA PRÁTICO 4.15

4.10 †Aplicações

Nesta seção, discutiremos duas aplicações práticas importantes dos conceitos vistos neste capítulo: modelagem de fontes e medidas de resistência.

4.10.1 Modelagem de fontes

A modelagem de fontes dá um exemplo da utilidade do circuito equivalente de Thévenin e de Norton. Uma fonte ativa como uma bateria é normalmente descrita por seu circuito equivalente de Thévenin ou de Norton. Uma fonte de tensão ideal fornece uma tensão constante independentemente da corrente drenada pela carga, enquanto uma fonte de corrente ideal fornece uma corrente constante independentemente da tensão na carga. Como nos mostra a Figura 4.58, as fontes de corrente e de tensão reais não são ideais em virtude das suas *resistências internas* ou *resistências de fonte* R_s e R_p, elas se tornam ideais à medida que $R_s \to 0$ e $R_p \to \infty$. Para demonstrar que este é o caso, considere o efeito da carga sobre as fontes de tensão, conforme mostrado na Figura 4.59a. Pelo princípio da divisão de tensão, a tensão na carga é

$$v_L = \frac{R_L}{R_s + R_L} v_s \qquad (4.25)$$

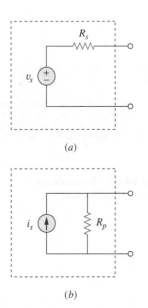

Figura 4.58 (a) Fonte de tensão real; (b) fonte de corrente real.

À medida que R_L aumenta, a tensão na carga se aproxima de uma tensão de fonte v_s, conforme ilustrado na Figura 4.59b. Da Equação (4.25), devemos observar o seguinte:

1. A tensão na carga será constante se a resistência interna R_s da fonte for zero ou, pelo menos, $R_s \ll R_L$. Quer dizer, quanto menor for R_s em relação a R_L, a fonte de tensão está mais próxima de ser uma fonte ideal.

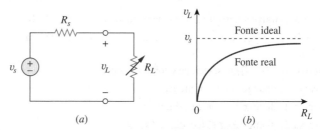

Figura 4.59 (a) Fonte de tensão real conectada a uma carga R_L; (b) A tensão de carga se reduz à medida que R_L diminui.

2. Quando a carga é desconectada (isto é, a fonte torna-se um circuito aberto de modo que $R_L \to \infty$), $v_{oc} = v_s$. Portanto, v_s pode ser considerada como a tensão de *fonte sem carga*. A conexão da carga faz que a tensão nos terminais caia; isso é conhecido como *efeito de carga*.

O mesmo argumento pode ser usado para uma fonte de corrente real quando conectada a uma carga, como mostrado na Figura 4.60a. Pelo princípio da divisão de corrente,

$$i_L = \frac{R_p}{R_p + R_L} i_s \qquad (4.26)$$

A Figura 4.60b mostra a variação da corrente de carga à medida que a resistência de carga aumenta. Repetindo, percebemos uma queda na corrente devido à carga (efeito de carga), e a corrente de carga é constante (fonte de corrente ideal) quando a resistência interna é muito alta (isto é, $R_p \to \infty$ ou, pelo menos, $R_p \gg R_L$).

Algumas vezes, precisamos conhecer a tensão de fonte sem carga, v_s, e a resistência interna R_s de uma fonte de tensão. Para descobrir v_s e R_s, seguimos o procedimento ilustrado na Figura 4.61. Primeiro, medimos a tensão de circuito aberto v_{oc}, como na Figura 4.61a, e fazemos

$$v_s = V_{OC} \qquad (4.27)$$

Em seguida, conectamos uma carga variável R_L entre os terminais como mostrado na Figura 4.61b. Ajustamos a resistência R_L até medirmos uma tensão de carga exatamente igual à metade da tensão de circuito aberto, $v_L = v_{oc}/2$, pois agora $R_L = R_{Th} = R_s$. Nesse ponto, desconectamos R_L e a medimos. Temos

$$R_s = R_L \qquad (4.28)$$

Por exemplo, uma bateria de carro pode ter $v_s = 12$ V e $R_s = 0{,}05$ Ω.

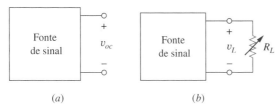

Figura 4.61 (a) medindo v_{oc}; (b) medindo v_L.

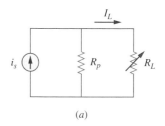

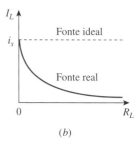

Figura 4.60 (a) Fonte de corrente real para uma carga R_L; (b) a corrente de carga diminui à medida que a R_L aumenta.

EXEMPLO 4.16

A tensão nos terminais de uma fonte de tensão é de 12 V quando conectada a uma carga de 2 W. Quando a carga é desconectada, a tensão nos terminais aumenta para 12,4 V. (a) Calcule a tensão de fonte v_s e resistência interna R_s. (b) Determine a tensão quando uma carga de 8 Ω é conectada à fonte.

Solução: (a) Substituímos a fonte por seu equivalente de Thévenin. A tensão nos terminais quando a carga é desconectada é a tensão de circuito aberto.

$$v_s = v_{oc} = 12{,}4 \text{ V}$$

Quando a carga é conectada, como mostrado na Figura 4.62a, $v_L = 12$ V e $p_L = 2$ W. Portanto,

$$p_L = \frac{v_L^2}{R_L} \quad \Rightarrow \quad R_L = \frac{v_L^2}{p_L} = \frac{12^2}{2} = 72 \text{ Ω}$$

A corrente de carga é

$$i_L = \frac{v_L}{R_L} = \frac{12}{72} = \frac{1}{6} \text{ A}$$

A tensão em R_s é a diferença entre a tensão de fonte v_s e a tensão de carga v_L, ou

$$12{,}4 - 12 = 0{,}4 = R_s i_L, \qquad R_s = \frac{0{,}4}{I_L} = 2{,}4 \text{ Ω}$$

(b) Agora que temos o equivalente de Thévenin da fonte, conectamos a carga de 8 Ω no equivalente de Thévenin conforme pode ser visto na Figura 4.62b. Usando a divisão de tensão, obtemos

$$v = \frac{8}{8 + 2{,}4}(12{,}4) = 9{,}538 \text{ V}$$

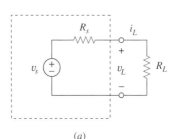

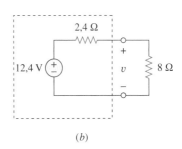

Figura 4.62 Esquema para o Exemplo 4.16.

PROBLEMA PRÁTICO 4.16

A tensão de circuito aberto medida em determinado amplificador é de 9 V. A tensão cai para 8 V quando um alto-falante de 20 Ω é conectado ao amplificador. Calcule a tensão quando um alto-falante de 10 Ω é usado em seu lugar.

Resposta: 7,2 V.

4.10.2 Medida de resistência

Embora o método do ohmímetro, projetado para medir resistências baixas, intermediárias ou altas, forneça a forma mais simples de se medir resistência, pode-se obter uma medida mais precisa usando uma ponte de Wheatstone, que é usada para medir resistências intermediárias entre 1 Ω e 1 MΩ. Valores de resistência muito baixos são medidos com um *miliohmímetro*, enquanto valores muito elevados são medidos com um *medidor Megger*.

A ponte de Wheatstone (ou ponte de resistências) é usada em uma série de aplicações. Aqui a usaremos para medir uma resistência desconhecida, R_x, que é conectada à ponte, conforme mostrado na Figura 4.63. A resistência variável é ajustada até que nenhuma corrente flua pelo galvanômetro, que é basicamente um galvanômetro de d'Arsonval operando como um dispositivo indicador de corrente sensível como um amperímetro na faixa dos microampères. Nessa condição $v_1 = v_2$ e diz-se que a ponte está *equilibrada*. Uma vez que não passa nenhuma corrente pelo galvanômetro, R_1 e R_2 se comportam como se estivessem em série; o mesmo acontece com R_3 e R_x. O fato de nenhuma corrente passar pelo galvanômetro também implica $v_1 = v_2$. Aplicando o princípio da divisão da tensão,

$$v_1 = \frac{R_2}{R_1 + R_2}v = v_2 = \frac{R_x}{R_3 + R_x}v \quad (4.29)$$

Portanto, nenhuma corrente passa pelo galvanômetro quando

$$\frac{R_2}{R_1 + R_2} = \frac{R_x}{R_3 + R_x} \quad \Rightarrow \quad R_2 R_3 = R_1 R_x$$

ou

$$\boxed{R_x = \frac{R_3}{R_1} R_2} \quad (4.30)$$

Se $R_1 = R_3$ e R_2 for ajustada até que nenhuma corrente passe pelo galvanômetro, então $R_x = R_2$.

Como descobrir a corrente que passa pelo galvanômetro quando a ponte de Wheatstone estiver *desequilibrada*? Encontramos o equivalente de Thévenin (V_{Th} e R_{Th}) em relação aos terminais do galvanômetro. Se R_m for a resistência do galvanômetro, a corrente que passa por ele na condição desequilibrada é

$$I = \frac{V_{Th}}{R_{Th} + R_m} \quad (4.31)$$

O Exemplo 4.18 ilustrará isso.

Nota histórica: O circuito em ponte foi inventada por Charles Wheatstone (1802-1875), um professor britânico que também inventou o telégrafo, já que Samuel Morse o fez de forma independente nos Estados Unidos.

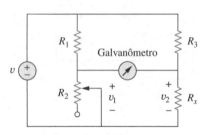

Figura 4.63 Ponte de Wheatstone; R_x é a resistência a ser medida.

EXEMPLO 4.17

Na Figura 4.63, $R_1 = 500$ Ω e $R_3 = 200$ Ω. A ponte é equilibrada quando R_2 é ajustada para 125 Ω. Determine a resistência desconhecida R_x.

Solução: Usando a Equação (4.30),

$$R_x = \frac{R_3}{R_1}R_2 = \frac{200}{500}125 = 50 \ \Omega$$

PROBLEMA PRÁTICO 4.17

Uma ponte de Wheatstone tem $R_1 = R_3 = 1$ kΩ. R_2 é ajustada até que nenhuma corrente passe pelo galvanômetro. Nesse ponto, $R_2 = 3,2$ KΩ. Qual o valor da resistência desconhecida?

Resposta: 3,2 kΩ.

EXEMPLO 4.18

O circuito na Figura 4.64 representa uma ponte desequilibrada. Se o galvanômetro tiver uma resistência de 40 Ω, determine a corrente que passa pelo galvanômetro.

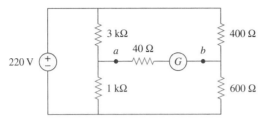

Figura 4.64 Ponte desequilibrada do Exemplo 4.18.

Solução: Precisamos primeiro substituir o circuito por seu equivalente de Thévenin nos terminais a e b. A resistência de Thévenin é encontrada usando o circuito da Figura 4.65a. Note que os resistores de 3 kΩ e de 1 kΩ estão em paralelo; assim como os resistores de 400 Ω e 600 Ω. As duas associações em paralelo formam uma associação em série em relação aos terminais a e b. Portanto,

$$R_{Th} = 3.000 \| 1.000 + 400 \| 600$$
$$= \frac{3.000 \times 1.000}{3.000 + 1.000} + \frac{400 \times 600}{400 + 600} = 750 + 240 = 990 \ \Omega$$

Para determinar a tensão de Thévenin, consideremos o circuito da Figura 4.65b. Usando o princípio de divisão de tensão,

$$v_1 = \frac{1.000}{1.000 + 3.000}(220) = 55 \text{ V}, \qquad v_2 = \frac{600}{600 + 400}(220) = 132 \text{ V}$$

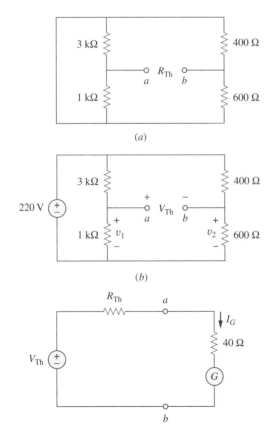

Figura 4.65 Esquema para o Exemplo 4.18: (a) encontrando R_{Th}; (b) encontrando V_{Th}; (c) determinando a corrente que passa pelo galvanômetro.

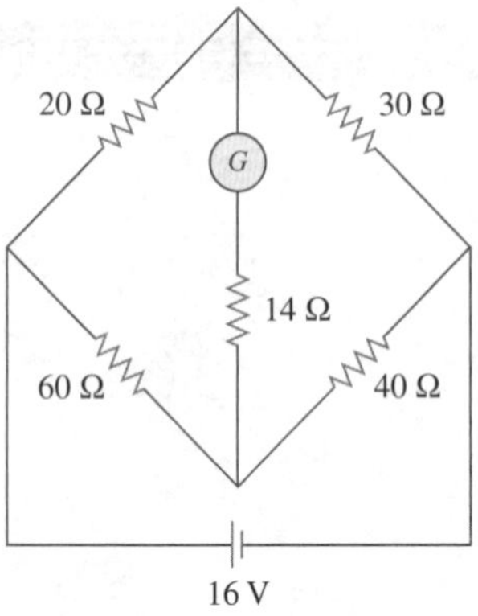

Figura 4.66 Esquema para o Problema prático 4.18.

PROBLEMA PRÁTICO 4.18

Aplicando a LKT no laço ab, obtemos

$$-v_1 + V_{Th} + v_2 = 0 \quad \text{ou} \quad V_{Th} = v_1 - v_2 = 55 - 132 = -77 \text{ V}$$

Determinando o equivalente de Thévenin, encontramos a corrente que passa pelo galvanômetro usando a Figura 4.65c.

$$I_G = \frac{V_{Th}}{R_{Th} + R_m} = \frac{-77}{990 + 40} = -74{,}76 \text{ mA}$$

O sinal negativo indica que a corrente flui no sentido oposto àquele suposto, isto é, do terminal b para o terminal a.

Obtenha a corrente que passa pelo galvanômetro, com resistência de 14 Ω, na ponte de Wheatstone, como mostrado na Figura 4.66.

Resposta: 64 mA.

4.11 Resumo

1. Uma rede linear é formada por elementos lineares, fontes dependentes lineares e fontes independentes lineares.

2. Os teoremas de circuitos são usados para reduzir um circuito complexo a um mais simples, tornando, portanto, mais fácil a análise de circuitos.

3. O princípio da superposição afirma que para um circuito com várias fontes independentes, a tensão (ou a corrente) em um elemento é igual à soma algébrica de todas as tensões (ou correntes) individuais devido a cada fonte independente atuando em dado instante.

4. Transformação de fontes é um procedimento para transformar uma fonte de tensão em série com um resistor em uma fonte de corrente em paralelo com um resistor, ou vice-versa.

5. Os teoremas de Thévenin e de Norton possibilitam que isolemos parte de um circuito enquanto seu restante é substituído por um equivalente. O circuito equivalente de Thévenin é formado por uma fonte de tensão V_{Th} em série com um resistor R_{Th}, enquanto o de Norton é constituído por uma fonte de corrente I_N em paralelo com um resistor R_N. Os dois teoremas se relacionam entre si pela transformação de fontes.

$$R_N = R_{Th}, \qquad I_N = \frac{V_{Th}}{R_{Th}}$$

6. Para dado circuito equivalente de Thévenin, a máxima transferência de potência ocorre quando $R_L = R_{Th}$, isto é, quando a resistência de carga é igual à resistência de Thévenin.

7. O teorema da máxima transferência de potência afirma que a potência máxima é liberada por uma fonte para a carga R_L, quando R_L for igual a R_{Th}, que é a resistência de Thévenin nos terminais da carga.

8. O *PSpice* pode ser usado para comprovar os teoremas de circuitos vistos neste capítulo.

9. A modelagem de fontes e a medida de resistências usando uma ponte de Wheatstone são aplicações do teorema de Thévenin.

Questões para revisão

4.1 A corrente que passa por um ramo em um circuito linear é de 2 A quando a tensão da fonte de entrada for de 10 V. Se a tensão for reduzida para 1 V e a polaridade invertida, a corrente que passa por esse ramo será:

(a) –2 A (b) – 0,2 A (c) 0,2 A
(d) 2 A (e) 20 A

4.2 Para a superposição, não é necessário que seja considerada apenas uma fonte independente por vez; um número qualquer de fontes independentes pode ser considerado ao mesmo tempo.

(a) verdadeiro (b) falso

4.3 O princípio da superposição se aplica ao cálculo de potência.

(a) verdadeiro (b) falso

4.4 Consulte a Figura 4.67. A resistência de Thévenin nos terminais a e b é:

(a) 25 Ω (b) 20 Ω
(c) 5 Ω (d) 4 Ω

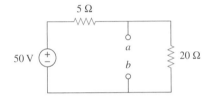

Figura 4.67 Esquema para as Questões para revisão 4.4 a 4.6.

4.5 A tensão de Thévenin nos terminais a e b do circuito da Figura 4.67 é:

(a) 50 A (b) 40 A
(c) 20 A (d) 10 A

4.6 A corrente de Norton nos terminais a e b do circuito da Figura 4.67 é:

(a) 10 A (b) 2,5 A
(c) 2 A (d) 0 A

4.7 A resistência de Norton R_N é exatamente igual à resistência de Thévenin R_{Th}.

(a) verdadeiro (b) falso

4.8 Que par de circuitos da Figura 4.68 são equivalentes?

(a) a e b
(b) b e d
(c) a e c
(d) c e d

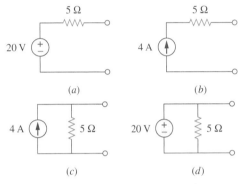

Figura 4.68 Esquema para a Questão para revisão 4.8.

4.9 Uma carga é conectada a uma rede. Nos terminais aos quais a carga está conectada, $R_{Th} = 10\ \Omega$ e $V_{Th} = 40$ V. A potência máxima fornecida à carga é:

(a) 160 W (b) 80 W
(c) 40 W (d) 1 W

4.10 Uma fonte fornece a potência máxima à sua carga quando a resistência de carga for igual à resistência da fonte.

(a) verdadeiro (b) falso

Respostas: 4.1b, 4.2a, 4.3b, 4.4d, 4.5b, 4.6a, 4.7a, 4.8c, 4.9c, 4.10a.

Problemas

● Seção 4.2 Propriedade da linearidade

4.1 Calcule a corrente i_o no circuito da Figura 4.69. Qual o valor da tensão de entrada é necessário para fazer que i_o seja igual a 5 A?

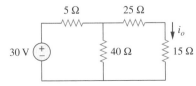

Figura 4.69 Esquema para o Problema 4.1.

4.2 Usando a Figura 4.70, elabore um problema para ajudar outros estudantes a entender melhor a linearidade.

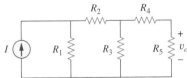

Figura 4.70 Esquema para o Problema 4.2.

4.3 (a) No circuito da Figura 4.71, calcule v_o e i_o quando $v_s = 1$ V.
(b) Determine v_o e i_o quando $v_s = 10$ V.

(c) Quais são os valores de v_o e i_o quando cada um dos resistores de 1 Ω for substituído por um resistor de 10 Ω e $v_s = 10$ V?

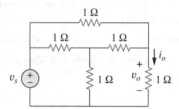

Figura 4.71 Esquema para o Problema 4.3.

4.4 Use a linearidade para determinar i_o no circuito da Figura 4.72.

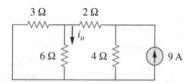

Figura 4.72 Esquema para o Problema 4.4.

4.5 Para o circuito da Figura 4.73, suponha que $v_o = 1$ V e use a linearidade para determinar o valor real de v_o.

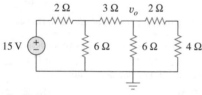

Figura 4.73 Esquema para o Problema 4.5.

4.6 Para o circuito linear apresentado na Figura 4.74, use o princípio da linearidade para completar a tabela a seguir.

Experimento	V_s	V_o
1	12 V	4 V
2		16 V
3	1 V	
4		−2 V

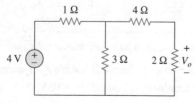

Figura 4.74 Esquema para o Problema 4.6.

4.7 Use o princípio da linearidade e a hipótese de que $V_o = 1$ V para determinar o valor real de V_o na Figura 4.75.

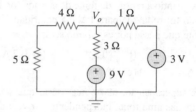

Figura 4.75 Esquema para o Problema 4.7.

● **Seção 4.3 Superposição**

4.8 Usando superposição, determine V_o no circuito da Figura 4.76. Confira usando o *PSpice* ou *MultiSim*.

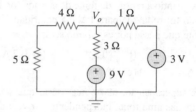

Figura 4.76 Esquema para o Problema 4.8.

4.9 Dado que $I = 4$ quando $V_s = 40$ V e $I_s = 4$ A e $I = 1$ A quando $V_s = 20$ V e $I_s = 0$, use o teorema da superposição e a linearidade para determinar o valor de I quando $V_s = 60$ V e $I_s = -2$ A.

Figura 4.77 Esquema para o Problema 4.9.

4.10 Usando a Figura 4.78, elabore um problema para ajudar outros estudantes a entenderem melhor o teorema da superposição. Note que a letra k é um ganho que você pode especificar de forma a tornar o problema de fácil solução, mas seu valor não deve ser nulo.

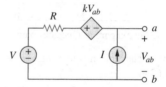

Figura 4.78 Esquema para o Problema 4.10.

4.11 Use o princípio da superposição para determinar i_o e v_o no circuito da Figura 4.79.

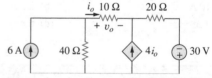

Figura 4.79 Esquema para o Problema 4.11.

4.12 Determine v_o no circuito da Figura 4.80 usando o princípio da superposição.

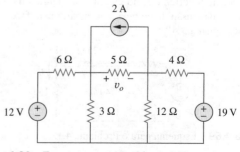

Figura 4.80 Esquema para o Problema 4.12.

4.13 Use superposição para determinar v_o no circuito da Figura 4.81.

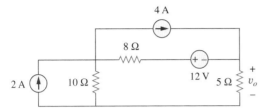

Figura 4.81 Esquema para o Problema 4.13.

4.14 Aplique o princípio da superposição para determinar v_o no circuito da Figura 4.82.

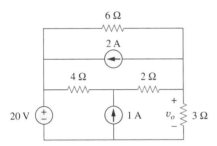

Figura 4.82 Esquema para o Problema 4.14.

4.15 Para o circuito da Figura 4.83, use superposição para determinar i. Calcule a potência liberada para o resistor de 3 Ω.

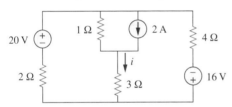

Figura 4.83 Esquema para os Problemas 4.15 e 4.56.

4.16 Dado o circuito da Figura 4.84, use superposição para obter i_o.

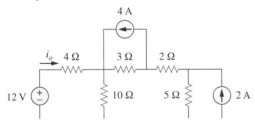

Figura 4.84 Esquema para o Problema 4.16.

4.17 Use superposição para obter v_x no circuito da Figura 4.85. Verifique seu resultado usando o *PSpice* ou *MultiSim*.

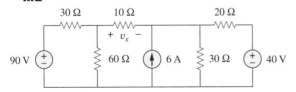

Figura 4.85 Esquema para o Problema 4.17.

4.18 Use superposição para determinar V_o no circuito da Figura 4.86.

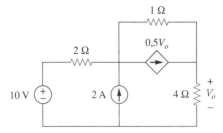

Figura 4.86 Esquema para o Problema 4.18.

4.19 Use superposição para determinar v_x no circuito da Figura 4.87.

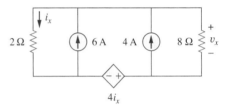

Figura 4.87 Esquema para o Problema 4.19.

● **Seção 4.4 Transformação de fontes**

4.20 Use transformação de fontes para reduzir o circuito da Figura 4.88 a uma única fonte de tensão em série com um único resistor.

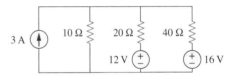

Figura 4.88 Esquema para o Problema 4.20.

4.21 Usando a Figura 4.89, elabore um problema para ajudar outros estudantes a entender melhor a transformação de fontes.

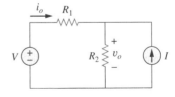

Figura 4.89 Esquema para o Problema 4.21.

4.22 Para o circuito da Figura 4.90, use transformação de fontes para determinar i.

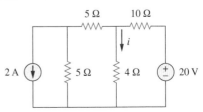

Figura 4.90 Esquema para o Problema 4.22.

4.23 Consultando a Figura 4.91, use transformação de fontes para determinar a corrente e a potência no resistor de 8 Ω.

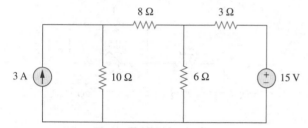

Figura 4.91 Esquema para o Problema 4.23.

4.24 Use transformação de fontes para determinar a tensão V_x no circuito da Figura 4.92.

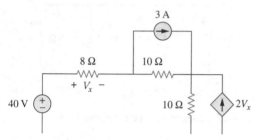

Figura 4.92 Esquema para o Problema 4.24.

4.25 Determine v_o no circuito da Figura 4.93 usando transformação de fontes. Verifique seu resultado usando o *PSpice* ou *MultiSim*.

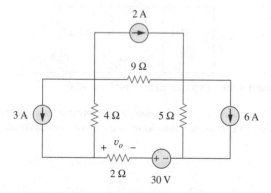

Figura 4.93 Esquema para o Problema 4.25.

4.26 Use transformação de fontes para determinar i_o no circuito da Figura 4.94.

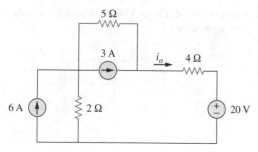

Figura 4.94 Esquema para o Problema 4.26.

4.27 Aplique transformação de fontes para determinar v_x no circuito da Figura 4.95.

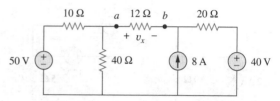

Figura 4.95 Esquema para o Problema 4.27.

4.28 Use transformação de fontes para determinar I_o na Figura 4.96.

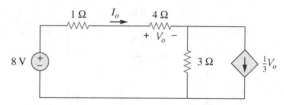

Figura 4.96 Esquema para o Problema 4.28.

4.29 Use transformação de fontes para obter v_o no circuito da Figura 4.97.

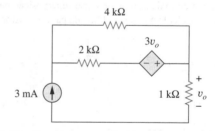

Figura 4.97 Esquema para o Problema 4.29.

4.30 Use transformação de fontes no circuito mostrado na Figura 4.98 para determinar i_x.

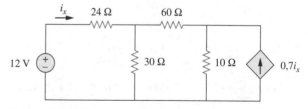

Figura 4.98 Esquema para o Problema 4.30.

4.31 Determine v_x no circuito da Figura 4.99 usando transformação de fontes.

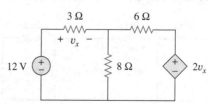

Figura 4.99 Esquema para o Problema 4.31.

4.32 Use transformação de fontes para determinar i_x no circuito da Figura 4.100.

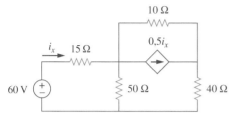

Figura 4.100 Esquema para o Problema 4.32.

● **Seções 4.5 e 4.6   Teoremas de Thévenin e de Norton**

4.33 Determine o circuito equivalente de Thévenin, referente ao circuito mostrado na Figura 4.101, visto pelo resistor de 5 Ω.

Em seguida, calcule a corrente no resistor de 5 Ω.

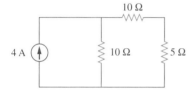

Figura 4.101 Esquema para o Problema 4.33.

4.34 Usando a Figura 4.102, elabore um problema que ajudará e☉d outros estudantes a entender melhor circuitos equivalentes de Thévenin.

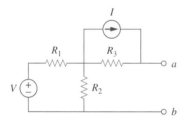

Figura 4.102 Esquema para os Problemas 4.34 e 4.49.

4.35 Use o teorema de Thévenin para encontrar v_o no Problema 4.12.

4.36 Calcule a corrente i no circuito da Figura 4.103 usando o teorema de Thévenin. (*Sugestão*: Determine o equivalente de Thévenin visto pelo resistor de 12 Ω.)

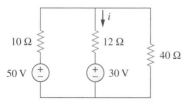

Figura 4.103 Esquema para o Problema 4.36.

4.37 Determine o equivalente de Norton em relação aos terminais *a-b* no circuito mostrado na Figura 4.104.

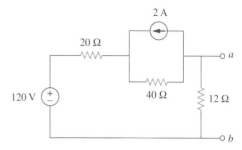

Figura 4.104 Esquema para o Problema 4.37.

4.38 Aplique o teorema de Thévenin para determinar V_o no circuito da Figura 4.105.

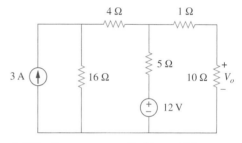

Figura 4.105 Esquema para o Problema 4.38.

4.39 Obtenha o equivalente de Thévenin nos terminais *a-b* do circuito da Figura 4.106.

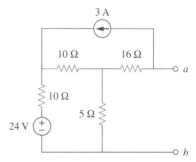

Figura 4.106 Esquema para o Problema 4.39.

4.40 Determine o equivalente de Thévenin nos terminais *a-b* do circuito da Figura 4.107.

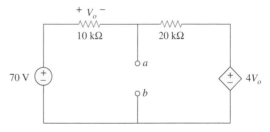

Figura 4.107 Esquema para o Problema 4.40.

4.41 Determine os equivalentes de Thévenin e de Norton nos terminais *a-b* do circuito mostrado na Figura 4.108.

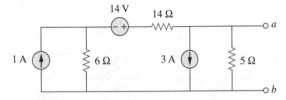

Figura 4.108 Esquema para o Problema 4.41.

* **4.42** Para o circuito da Figura 4.109, determine o equivalente de Thévenin entre os terminais *a-b*.

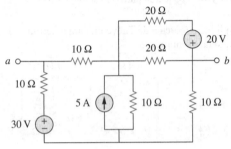

Figura 4.109 Esquema para o Problema 4.42.

4.43 Determine o equivalente de Thévenin a partir dos terminais *a* e *b* do circuito mostrado na Figura 4.110 e calcule i_x.

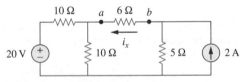

Figura 4.110 Esquema para o Problema 4.43.

4.44 Para o circuito da Figura 4.111, obtenha o equivalente de Thévenin conforme visto dos terminais.

(a) *a-b* (b) *b-c*

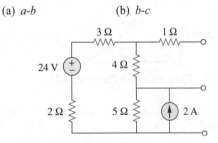

Figura 4.111 Esquema para o Problema 4.44.

4.45 Determine o equivalente de Norton do circuito da Figura 4.112 visto pelo terminais *a-b*.

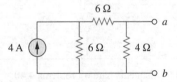

Figura 4.112 Esquema para o Problema 4.45.

---
* O asterisco indica um problema que constitui um desafio.

4.46 Usando a Figura 4.113, elabore um problema para ajudar **ead** outros estudantes a entender melhor circuitos equivalente de Norton.

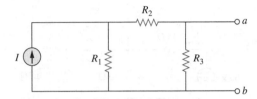

Figura 4.113 Esquema para o Problema 4.46.

4.47 Obtenha os circuitos equivalentes de Thévenin e de Norton do circuito na Figura 4.114 em relação aos terminais *a-b*.

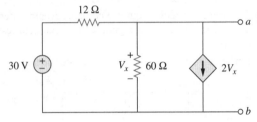

Figura 4.114 Esquema para o Problema 4.47.

4.48 Determine o equivalente de Norton nos terminais *a-b* para o circuito da Figura 4.115.

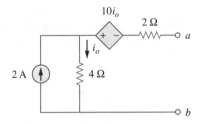

Figura 4.115 Esquema para o Problema 4.48.

4.49 Determine o equivalente de Norton visto pelos terminais *a-b* do circuito da Figura 4.102. Seja $V = 40$ V, $I = 3$ A, $R_1 = 10\ \Omega$, $R_2 = 40\ \Omega$ e $R_3 = 20\ \Omega$.

4.50 Obtenha o equivalente de Norton do circuito da Figura 4.116 à esquerda dos terminais *a-b*. Use o resultado para encontrar a corrente *i*.

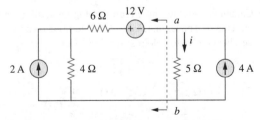

Figura 4.116 Esquema para o Problema 4.50.

4.51 Dado o circuito da Figura 4.117, obtenha o equivalente de Norton conforme visto dos terminais:

(a) *a-b*
(b) *c-d*

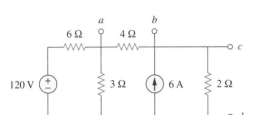

Figura 4.117 Esquema para o Problema 4.51.

4.52 Para o modelo de transistor da Figura 4.118, obtenha o equivalente de Thévenin nos terminais *a-b*.

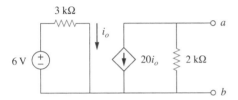

Figura 4.118 Esquema para o Problema 4.52.

4.53 Determine o equivalente de Norton nos terminais *a-b* do circuito da Figura 4.119.

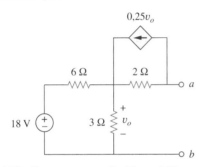

Figura 4.119 Esquema para o Problema 4.53.

4.54 Determine o equivalente de Thévenin entre os terminais *a-b* do circuito da Figura 4.120.

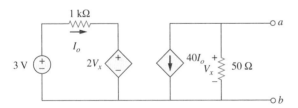

Figura 4.120 Esquema para o Problema 4.54.

* 4.55 Obtenha o equivalente de Norton nos terminais *a-b* do circuito da Figura 4.121.

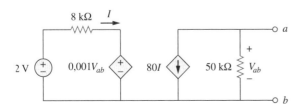

Figura 4.121 Esquema para o Problema 4.55.

4.56 Use o teorema de Norton para determinar V_o no circuito da Figura 4.122.

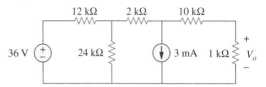

Figura 4.122 Esquema para o Problema 4.56.

4.57 Obtenha os circuitos equivalentes de Thévenin e de Norton nos terminais *a-b* para o circuito da Figura 4.123.

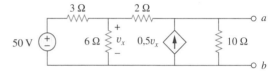

Figura 4.123 Esquema para os Problemas 4.57 e 4.79.

4.58 A rede na Figura 4.124 representa um modelo de um amplificador com transistor bipolar de emissor comum conectado a uma carga. Determine a resistência de Thévenin vista pela carga.

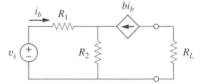

Figura 4.124 Esquema para o Problema 4.58.

4.59 Determine os equivalentes de Thévenin e de Norton nos terminais *a-b* do circuito da Figura 4.125.

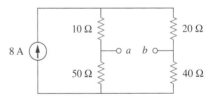

Figura 4.125 Esquema para o Problema 4.59.

* 4.60 Para o circuito da Figura 4.126, encontre os circuitos equivalentes de Thévenin e de Norton nos terminais *a-b*.

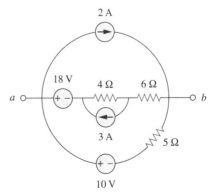

Figura 4.126 Esquema para os Problemas 4.60 e 4.81.

4.61 Obtenha os circuitos equivalentes de Thévenin e de Norton nos terminais *a-b* do circuito da Figura 4.127.

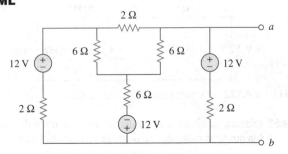

Figura 4.127 Esquema para o Problema 4.61.

4.62 Determine o equivalente de Thévenin do circuito da Figura 4.128.

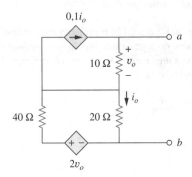

Figura 4.128 Esquema para o Problema 4.62.

4.63 Determine o equivalente de Norton para o circuito da Figura 4.129.

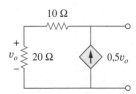

Figura 4.129 Esquema para o Problema 4.63.

4.64 Obtenha o equivalente de Thévenin visto nos terminais *a-b* do circuito na Figura 4.130.

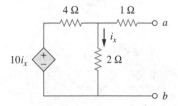

Figura 4.130 Esquema para o Problema 4.64.

4.65 Para o circuito mostrado na Figura 4.131, determine a relação entre V_o e I_o.

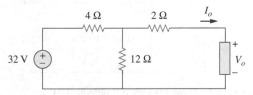

Figura 4.131 Esquema para o Problema 4.65.

● Seção 4.8   Máxima transferência de potência

4.66 Determine a potência máxima que pode ser liberada para o resistor R no circuito da Figura 4.132.

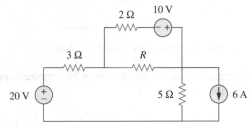

Figura 4.132 Esquema para o Problema 4.66.

4.67 O resistor variável R na Figura 4.133 é ajustado até absorver a potência máxima do circuito.

(a) Calcule o valor de R para a potência máxima.
(b) Determine a potência máxima absorvida por R.

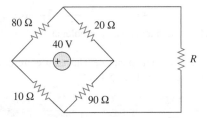

Figura 4.133 Esquema para o Problema 4.67.

4.68 Calcule o valor de R que resulta na máxima transferência de potência para o resistor de 10 Ω na Figura 4.134. Determine a potência máxima.

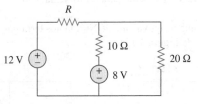

Figura 4.134 Esquema para o Problema 4.68.

4.69 Determine a potência máxima transferida para o resistor R no circuito da Figura 4.135.

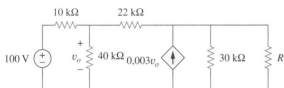

Figura 4.135 Esquema para o Problema 4.69.

4.70 Determine a potência máxima liberada para o resistor variável R mostrado no circuito da Figura 4.136.

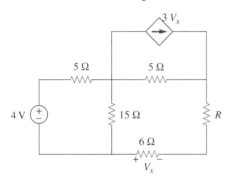

Figura 4.136 Esquema para o Problema 4.70.

4.71 Para o circuito da Figura 4.137, que resistor conectado entre os terminais a-b absorverá a potência máxima do circuito? De quanto é essa potência?

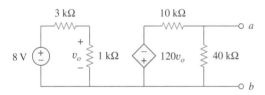

Figura 4.137 Esquema para o Problema 4.71.

4.72 (a) Para o circuito na Figura 4.138, obtenha o equivalente de Thévenin nos terminais a-b.

(b) Calcule a corrente em $R_L = 8\ \Omega$.

(c) Determine R_L para a máxima potência que pode ser liberada para R_L.

(d) Determine essa potência máxima.

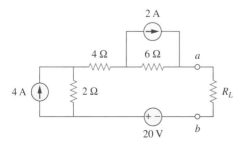

Figura 4.138 Esquema para o Problema 4.72.

4.73 Determine a potência máxima que pode ser liberada ao resistor variável R no circuito da Figura 4.139.

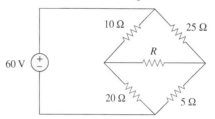

Figura 4.139 Esquema para o Problema 4.73.

4.74 Para a ponte mostrada na Figura 4.140, determine a carga R_L para a transferência de potência máxima e a potência máxima absorvida pela carga.

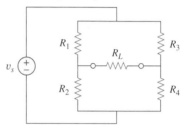

Figura 4.140 Esquema para o Problema 4.74.

* **4.75** Para o circuito da Figura 4.141, determine o valor de R tal que a potência máxima liberada para a carga seja de 3 mW.

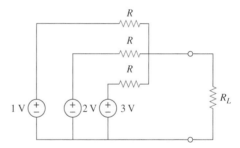

Figura 4.141 Esquema para o Problema 4.75.

● **Seção 4.9 Verificação dos teoremas de circuitos usando o *PSpice***

4.76 Resolva o Problema 4.34, usando o *PSpice* ou *MultiSim*. Seja $V = 40$ V, $I = 3$ A, $R_1 = 10\ \Omega$, $R_2 = 40\ \Omega$, e $R_3 = 20\ \Omega$.

4.77 Use o *PSpice* ou *MultiSim* para solucionar o Problema 4.44.

4.78 Use o *PSpice* ou *MultiSim* para solucionar o Problema 4.52.

4.79 Obtenha o equivalente de Thévenin do circuito da Figura 4.123 usando o *PSpice* ou *MultiSim*.

4.80 Use o *PSpice* ou *MultiSim* para determinar o circuito equivalente de Thévenin nos terminais a-b do circuito da Figura 4.125.

4.81 Para o circuito da Figura 4.126, use o *PSpice* ou *MultiSim* para determinar o equivalente de Thévenin nos terminais a-b.

Seção 4.10 Aplicações

4.82 Uma bateria tem uma corrente de curto-circuito de 20 A e uma tensão de circuito aberto de 12 V. Se a bateria for conectada a uma lâmpada de resistência 2 Ω, calcule a potência dissipada pela lâmpada.

4.83 Foram obtidos os seguintes resultados de medições feitas entre os dois terminais de um circuito resistivo.

Tensão nos terminais	12 V	0 V
Corrente nos terminais	0 A	1,5 A

Determine o equivalente de Thévenin do circuito.

4.84 Quando conectado a um resistor de 4 Ω, uma bateria tem uma tensão nos terminais de 10,8 V, mas produz 12 V em um circuito aberto. Determine o circuito equivalente de Thévenin para a bateria.

4.85 O equivalente de Thévenin nos terminais a-b do circuito linear mostrado na Figura 4.142 deve ser determinado por meio de medições. Quando um resistor de 10 kΩ é conectado aos terminais a-b, a medição da tensão resulta em 6 V. Quando um resistor de 30 kΩ é conectado aos terminais, o resultado para a medição de V_{ab} é de 12 V. Determine: (a) o equivalente de Thévenin nos terminais a-b; (b) V_{ab} quando um resistor de 20 kΩ é conectado aos terminais a-b.

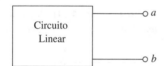

Figura 4.142 Esquema para o Problema 4.85.

4.86 Uma caixa preta com um circuito nela embutido é conectada a um resistor variável. São usados um amperímetro ideal (com resistência zero) e um voltímetro ideal (com resistência infinita) para medir corrente e tensão, conforme indicado na Figura 4.143. Os resultados são apresentados na tabela da página seguinte.

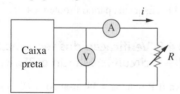

Figura 4.143 Esquema para o Problema 4.86.

(a) Determine i quando $R = 4$ Ω.
(b) Determine a potência máxima obtida da caixa preta.

$R(\Omega)$	$V(V)$	$i(A)$
2	3	1,5
8	8	1,0
14	10,5	0,75

4.87 É feito o modelo de um transdutor com uma fonte de corrente I_s e uma resistência em paralelo R_s. A medição da corrente nos terminais da fonte resulta em 9,975 mA quando do for usado um amperímetro com resistência interna de 20 Ω.

(a) Se o acréscimo de um resistor de 2 kΩ entre os terminais da fonte faz a leitura no amperímetro cair para 9,876 mA, calcule I_s e R_s.
(b) Qual será a leitura do amperímetro se a resistência entre os terminais da fonte for alterada para 4 kΩ?

4.88 Considere o circuito da Figura 4.144. Um amperímetro com resistência interna R_i é inserido entre A e B para medir I_o. Determine a leitura do amperímetro se:
(a) $R_i = 500$ Ω, (b) $R_i = 0$ Ω (Sugestão: Determine o circuito equivalente de Thévenin nos terminais a-b.)

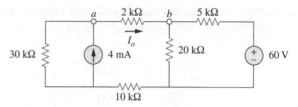

Figura 4.144 Esquema para o Problema 4.88.

4.89 Considere o circuito da Figura 4.145. (a) Substitua o resistor R_L por um amperímetro de resistência zero e determine a leitura do amperímetro. (b) Para verificar o teorema da reciprocidade, faça uma troca entre o amperímetro e a fonte de 12 V e determine novamente a leitura no amperímetro.

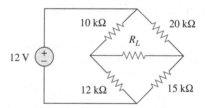

Figura 4.145 Esquema para o Problema 4.89.

4.90 A ponte de Wheatstone mostrada na Figura 4.146 é usada para medir a resistência de um extensômetro (*strain gauge*). O resistor ajustável tem um ajuste linear com valor máximo igual a 100 Ω. Se for determinado que a resistência do medidor de deformação é de 42,6 Ω, em que fração do curso completo do cursor deslizante ele se encontra quando a ponte estiver equilibrada?

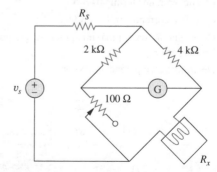

Figura 4.146 Esquema para o Problema 4.90.

4.91 (a) Na ponte de Wheatstone da Figura 4.147, selecione os valores de R_1 e R_3, tais que a ponte possa medir R_x no intervalo de 0 Ω a 10 Ω. (b) Repita o exercício para um intervalo de 0 Ω a 100 Ω.

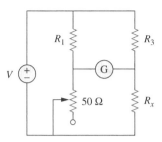

Figura 4.147 Esquema para o Problema 4.91.

* **4.92** Considere a ponte da Figura 4.148. A ponte se encontra
   ead equilibrada? Se o resistor de 10 kΩ for substituído por um
   resistor de 18 kΩ, que resistor conectado entre os terminais
   a-b absorve a potência máxima? Qual é essa potência?

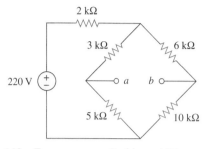

Figura 4.148 Esquema para o Problema 4.92.

Problemas abrangentes

4.93 O circuito da Figura 4.149 é um modelo de amplificador com transistores de emissor comum. Determine i_x usando transformação de fontes.

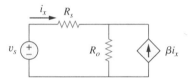

Figura 4.149 Esquema para o Problema 4.93.

4.94 Atenuador é um circuito de interface que reduz o nível de
ead tensão sem mudar a resistência de saída.

(a) Através da especificação de R_s e R_p na interface da Figura 4.150, projete um atenuador que atenda às seguintes especificações:

$$\frac{V_o}{V_g} = 0{,}125, \qquad R_{eq} = R_{Th} = R_g = 100 \ \Omega$$

(b) Usando a interface projetada no item (a), calcule a corrente através de uma carga de $R_L = 50 \ \Omega$ e $V_g = 12$ V.

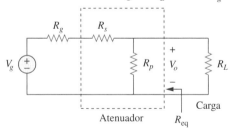

Figura 4.150 Esquema para o Problema 4.94.

* **4.95** Um voltímetro CC com sensibilidade de 20 kΩ/V é usado
   ead para encontrar o equivalente de Thévenin de um circuito linear. As leituras em duas escalas são as seguintes:

   (a) Escala 0-10 V: 4 V
   (b) Escala 0-50 V: 5 V

   Obtenha a tensão de Thévenin e a resistência de Thévenin do circuito linear.

* **4.96** Um conjunto de resistências é conectado a um resistor de
   ead carga R e uma bateria de 9 V conforme mostrado na Figura 4.151.

   (a) Determine o valor de R tal que $V_o = 1{,}8$ V.
   (b) Calcule o valor de R que drenará a corrente máxima. Qual é a corrente máxima?

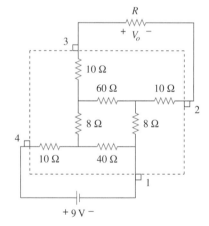

Figura 4.151 Esquema para o Problema 4.96.

4.97 Um circuito amplificador de emissor comum é mostrado
ead na Figura 4.152. Obtenha o equivalente de Thévenin para os pontos B e E.

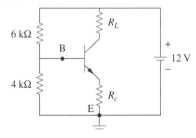

Figura 4.152 Esquema para o Problema 4.97.

* **4.98** Para o Problema prático 4.18, determine a corrente através do resistor de 40 Ω e a potência dissipada pelo resistor.

5.

AMPLIFICADORES OPERACIONAIS

Aqueles que não ponderam são fanáticos, aqueles que não podem são tolos, e aqueles que não ousam são escravos.

Lord Byron

Progresso profissional

Carreira em instrumentação eletrônica

A engenharia envolve a aplicação de princípios físicos ao desenvolver dispositivos para o benefício da humanidade. Porém, esses princípios não podem ser compreendidos sem medição; de fato, os físicos normalmente dizem que física é a ciência que mede a realidade. Assim como as medidas são as ferramentas para entender o mundo físico, os instrumentos são as ferramentas para medição. O amplificador operacional que será apresentado neste capítulo é um elemento fundamental da instrumentação eletrônica moderna. Consequentemente, o domínio de seus fundamentos é primordial para qualquer aplicação prática de circuitos eletrônicos.

Os instrumentos eletrônicos são usados em todos os campos da ciência e da engenharia. Eles se proliferaram na ciência e na tecnologia a ponto de que seria incabível ter uma formação técnica ou científica sem ter tido contato com os instrumentos eletrônicos. Por exemplo, físicos, fisiologistas, químicos e biólogos têm de aprender a usá-los. Particularmente, para os estudantes de engenharia elétrica, a habilidade na operação de instrumentos eletrônicos analógicos e digitais, como amperímetros, voltímetros, ohmímetros, osciloscópios, analisadores de espectro e geradores de sinais, é fundamental.

Além de desenvolver a capacidade de operar os instrumentos, alguns engenheiros eletricistas se especializam no projeto e na construção de instrumentos eletrônicos. Esses engenheiros sentem prazer em construir seus próprios instrumentos, sendo que a maioria deles inventa e patenteia suas invenções. Especialistas em instrumentos eletrônicos encontram colocação em faculdades de medicina, hospitais, laboratórios de pesquisa, indústria aeronáutica e em milhares de outras indústrias em que instrumentos eletrônicos são usados rotineiramente.

5.1 Introdução

Após termos aprendido as leis e teoremas básicos da análise de circuitos, agora estamos prontos para estudar um elemento de circuito ativo de fundamental importância: o *amplificador operacional* (ou AOP), que é um componente básico dos circuitos.

> O **amplificador operacional** é uma unidade eletrônica que se comporta como uma fonte de tensão controlada por tensão.

Ele também pode ser usado na construção de uma fonte de corrente controlada por corrente ou tensão. Um AOP é capaz de adicionar sinais, amplificar um sinal, integrá-lo ou diferenciá-lo. Essa habilidade em realizar operações matemáticas é a razão para ele ser chamado de *amplificador operacional*. Esse também é o motivo para o seu largo uso em projetos analógicos. Os amplificadores operacionais são populares em projetos de circuitos práticos, pois são versáteis, baratos, fáceis de usar e muito utilizados por projetistas.

Começaremos discutindo o AOP ideal e, posteriormente, consideraremos o AOP real. Usando-se a análise nodal como ferramenta, levamos em conta circuitos com amplificadores operacionais ideais como inversor, seguidor de tensão, somador e amplificador diferencial. Também analisaremos circuitos com amplificadores operacionais utilizando o *PSpice*. Finalmente, aprenderemos como um AOP é empregado em conversores digitais-analógicos e amplificadores para instrumentação.

> O termo amplificador operacional foi introduzido em 1947 por John Ragazzini e seus colegas, em seu trabalho sobre computadores analógicos para o National Defense Research Council, após a Segunda Guerra Mundial. Os primeiros amplificadores operacionais usavam válvulas em vez de transistores.

> Um amplificador operacional também pode ser considerado um amplificador de tensão de alto ganho.

5.2 Amplificadores operacionais

Um AOP é projetado de forma a executar algumas operações matemáticas quando componentes externos, como resistores e capacitores, estão conectados a seus terminais. Portanto,

> **Amplificador operacional** é um elemento de circuito ativo projetado para executar operações matemáticas de adição, subtração, multiplicação, divisão, diferenciação e integração.

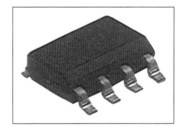

Figura 5.1 Um AOP típico.
(*Cortesia da Tech America.*)

Ele é um dispositivo eletrônico formado por um complexo arranjo de resistores, transistores, capacitores e diodos. Uma discussão completa do que há por dentro do amplificador operacional está fora do escopo deste livro. Bastará tratarmos o amplificador operacional como um componente básico para a criação de circuitos e simplesmente estudar o que acontece em seus terminais.

Os AOPs são encontrados no mercado em circuitos integrados sob diversas formas. A Figura 5.1 ilustra um circuito integrado de AOP comum. Uma forma conhecida é o *Dual In-line Package* (DIP) de oito pinos, mostrado na Figura 5.2a. O pino ou terminal 8 não é utilizado, e os terminais 1 e 5 são de pequeno interesse para nós. Os cinco terminais importantes são:

1. Entrada inversora, pino 2.
2. Entrada não inversora, pino 3.
3. Saída, pino 6.
4. Fonte de alimentação positiva V^+, pino 7.
5. Fonte de alimentação negativa V^-, pino 4.

> A pinagem na Figura 5.2a corresponde ao amplificador operacional (AOP) 741 para aplicações gerais fabricado pela Fairchild Semiconductor.

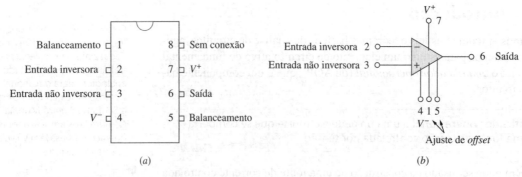

Figura 5.2 AOP comum: (*a*) pinagem; (*b*) símbolo representativo em circuitos.

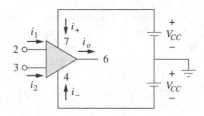

Figura 5.3 Alimentando o AOP.

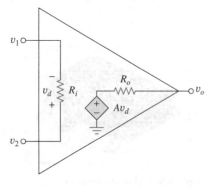

Figura 5.4 O circuito equivalente a um AOP real.

O símbolo representativo em circuitos para um AOP é o triângulo indicado na Figura 5.2*b*; conforme mostrado, ele possui duas entradas e uma saída, nas quais as entradas são marcadas com sinais negativo (−) e positivo (+) para especificar, respectivamente, entradas *inversora* e *não inversora*. Uma entrada aplicada ao terminal não inversor aparecerá com a mesma polaridade na saída, enquanto uma entrada aplicada ao terminal inversor aparecerá invertida na saída.

Como um elemento ativo, o AOP deve ser alimentado por uma fonte de tensão, conforme ilustrado na Figura 5.3. Embora, para simplificar, as fontes de alimentação muitas vezes sejam ignoradas em diagramas de circuitos com AOPs, as correntes das fontes de alimentação não devem ser menosprezadas. Pela LKC,

$$i_o = i_1 + i_2 + i_+ + i_- \qquad (5.1)$$

O modelo de circuito equivalente a um AOP é mostrado na Figura 5.4. A parte referente à saída consiste em uma fonte controlada por tensão em série com a resistência de saída R_o. Fica evidente, a partir dessa figura, que a resistência de entrada R_i é a resistência equivalente de Thévenin vista pelos terminais de entrada, enquanto a resistência de saída R_o é a resistência equivalente de Thévenin vista na saída. A tensão de entrada diferencial v_d é dada por

$$v_d = v_2 - v_1 \qquad (5.2)$$

onde v_1 é a tensão entre o terminal inversor e o terra, e v_2 é a tensão entre o terminal não inversor e o terra. O AOP detecta a diferença entre as duas entradas, multiplica-a pelo ganho A e faz que a tensão resultante apareça na saída. Portanto, a saída v_o é dada por

$$\boxed{v_o = Av_d = A(v_2 - v_1)} \qquad (5.3)$$

A é chamado *ganho de tensão de malha aberta*, pois é o ganho do AOP sem qualquer realimentação externa da saída para a entrada. A Tabela 5.1 apresenta

> Algumas vezes, o ganho de tensão é expresso em decibéis (dB), conforme discutido no Capítulo 14.
> **A** dB = 20 log$_{10}$ *A*

Tabela 5.1 • Faixas de valores comuns para parâmetros de AOPs.

Parâmetro	Faixas de valores	Valores ideais
Ganho de malha aberta (A)	10^5 para 10^8	∞
Resistência de entrada (R_i)	10^5 para 10^{13} Ω	∞ Ω
Resistência de saída (R_o)	10 para 100 Ω	0 Ω
Tensão de alimentação (V_{CC})	5 para 24 V	

os valores comuns de ganho de tensão A, resistência de entrada R_i, resistência de saída R_o e tensão de alimentação V_{CC}.

O conceito de realimentação é crucial para nosso entendimento em circuitos com AOPs. A realimentação negativa é obtida quando a saída é realimentada no terminal inversor do AOP. Conforme ilustra o Exemplo 5.1, quando não existe um caminho de realimentação da saída para a entrada, a razão entre a tensão de saída e a de entrada é denominada *ganho de malha fechada*, que é quase insensível em relação ao ganho de malha aberta A do AOP, como resultado de realimentação negativa. Por essa razão, os amplificadores operacionais são usados em circuitos com realimentação.

Uma limitação prática do AOP é que a magnitude de sua tensão de saída não pode exceder $|V_{CC}|$. Em outras palavras, a tensão de saída é dependente e limitada pela tensão da fonte de alimentação. A Figura 5.5 representa que o AOP pode operar em três modos, dependendo da tensão de entrada diferencial, v_d:

1. Saturação positiva, $v_o = V_{CC}$.
2. Região linear, $-V_{CC} \leq v_o = Av_d \leq V_{CC}$.
3. Saturação negativa, $v_o = -V_{CC}$.

Se tentarmos aumentar v_d além do intervalo linear, o AOP torna-se saturado e produz $v_o = V_{CC}$ ou $v_o = -V_{CC}$. Neste livro, partiremos do pressuposto de que nossos AOPs operam no modo linear. Isso significa que a tensão de saída fica limitada a

$$-V_{CC} \leq v_o \leq V_{CC} \quad (5.4)$$

Embora sempre devamos operar com o AOP na região linear, deve-se ter em mente a possibilidade de saturação em projetos envolvendo amplificadores operacionais, para evitar o projeto de circuitos com amplificadores operacionais que não funcionarão em laboratório.

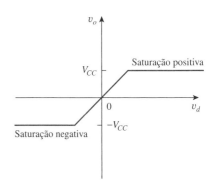

Figura 5.5 A tensão de saída, v_o, do AOP em função da tensão de entrada diferencial v_d.

> Ao longo deste livro, consideraremos que um AOP opera no intervalo linear. Tenha em mente a restrição de tensão do AOP nesse modo.

EXEMPLO 5.1

Um AOP 741 tem ganho de tensão de malha aberta igual a 2×10^5, resistência de entrada de 2 MΩ e resistência de saída de 50 Ω. O AOP é usado no circuito da Figura 5.6a. Determine o ganho de malha fechada, v_o/v_s. Determine a corrente i quando $v_s = 2$ V.

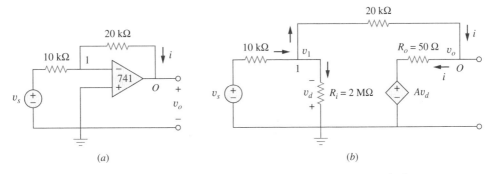

Figura 5.6 Esquema para o Exemplo 5.1: (a) circuito original; (b) circuito equivalente.

Solução: Usando o modelo de AOP da Figura 5.4, obtemos o circuito equivalente da Figura 5.6a, conforme ilustrado na b. Em seguida, resolvemos o circuito da Figura 5.6b utilizando análise nodal. No nó 1, a LKC resulta em

$$\frac{v_s - v_1}{10 \times 10^3} = \frac{v_1}{2.000 \times 10^3} + \frac{v_1 - v_o}{20 \times 10^3}$$

Multiplicando por 2.000×10^3, obtemos

$$200v_s = 301v_1 - 100v_o$$

ou

$$2v_s \simeq 3v_1 - v_o \quad \Rightarrow \quad v_1 = \frac{2v_s + v_o}{3} \quad (5.1.1)$$

No nó O,

$$\frac{v_1 - v_o}{20 \times 10^3} = \frac{v_o - Av_d}{50}$$

Porém, $v_d = -v_1$ e $A = 200.000$. Então

$$v_1 - v_o = 400(v_o + 200.000v_1) \quad (5.1.2)$$

Substituindo v_1 da Equação (5.1.1) na Equação (5.1.2), temos

$$0 \simeq 26.667.067v_o + 53.333.333v_s \quad \Rightarrow \quad \frac{v_o}{v_s} = -1,9999699$$

Esse é o ganho de malha fechada, pois o resistor de realimentação de 20 kΩ fecha o circuito entre os terminais de saída e de entrada. Quando $v_s = 2$ V, $v_o = -3,9999398$ V. A partir da Equação (5.1.1), obtemos $v_1 = 20,066667$ μV. Portanto,

$$i = \frac{v_1 - v_o}{20 \times 10^3} = 0,19999 \text{ mA}$$

Fica evidente que trabalhar com um AOP real é enfadonho, já que estamos lidando com números muito grandes.

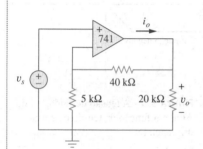

Figura 5.7 Esquema para o Problema prático 5.1.

● **PROBLEMA PRÁTICO 5.1**

Se o mesmo AOP 741 do Exemplo 5.1 for usado no circuito da Figura 5.7, calcule o ganho de malha fechada, v_o/v_s. Determine i_o quando $v_s = 1$ V.
Resposta: 9,00041; 657 μA.

5.3 Amplificador operacional ideal

Para facilitar o entendimento de circuitos com amplificadores operacionais, suporemos o emprego de AOPs ideais. Um AOP é ideal se ele apresentar as seguintes características:

1. Ganho de malha aberta infinito ($A \simeq \infty$).
2. Resistência de entrada infinita ($R_i \simeq \infty$).
3. Resistência de saída zero ($R_o \simeq 0$).

> Um **amplificador operacional ideal** é um amplificador com ganho de malha aberta infinito, resistência de entrada infinita e resistência de saída zero.

Embora deduzir que um AOP ideal forneça apenas uma análise aproximada, a maioria dos amplificadores modernos possui ganhos e impedâncias de entrada tão elevados que uma análise aproximada já é suficiente. A menos que informado o contrário, a partir de agora suporemos que todos os amplificadores operacionais usados sejam ideais.

Para análise de circuitos, o AOP ideal é ilustrado na Figura 5.8, que é derivado do modelo real na Figura 5.4. Duas características importantes do AOP ideal são:

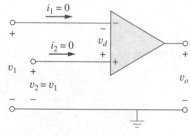

Figura 5.8 Modelo de AOP ideal.

1. Correntes em ambos os terminais de entrada são nulas:

$$i_1 = 0, \quad i_2 = 0 \qquad (5.5)$$

Isso se deve à resistência de entrada infinita, esta que entre os terminais de entrada implica que existe um circuito aberto e a corrente não é capaz de entrar no AOP. Mas a corrente de saída não é, necessariamente, igual a zero, de acordo com a Equação (5.1).

2. Tensão entre os terminais de entrada é igual a zero; isto é,

$$v_d = v_2 - v_1 = 0 \qquad (5.6)$$

ou

$$v_1 = v_2 \qquad (5.7)$$

Portanto, um AOP ideal tem corrente zero em seus dois terminais de entrada e a tensão entre os dois terminais de entrada é igual a zero. As Equações (5.5) e (5.7) são extremamente importantes e devem ser consideradas como as chaves para a análise de circuitos envolvendo amplificadores operacionais.

> As duas características podem ser exploradas notando-se que, para cálculos de tensão, a porta de entrada se comporta como um curto-circuito, enquanto para cálculos de corrente, a porta de entrada se comporta como um circuito aberto.

EXEMPLO 5.2

Refaça o Problema prático 5.1 usando o modelo de AOP ideal.

Solução: Podemos substituir o AOP na Figura 5.7 por seu modelo equivalente na Figura 5.9, conforme fizemos no Exemplo 5.1. Mas, na verdade, não precisamos fazer isso, basta ter em mente as Equações (5.5) e (5.7) à medida que analisamos o circuito da Figura 5.7. Por essa razão, o circuito da Figura 5.7 é apresentado como na Figura 5.9. Note que

$$v_2 = v_s \qquad (5.2.1)$$

Já que $i_1 = 0$, os resistores de 40 kΩ e de 5 kΩ estão em série; a mesma corrente passa por eles. v_1 é a tensão no resistor de 5 kΩ. Portanto, usando o princípio da divisão de tensão,

$$v_1 = \frac{5}{5 + 40} v_o = \frac{v_o}{9} \qquad (5.2.2)$$

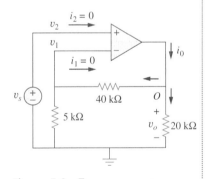

Figura 5.9 Esquema para o Exemplo 5.2.

De acordo com a Equação (5.7),

$$v_2 = v_1 \qquad (5.2.3)$$

Substituindo as Equações (5.2.1) e (5.2.2) na Equação (5.2.3) resulta no ganho de malha fechada,

$$v_s = \frac{v_o}{9} \quad \Rightarrow \quad \frac{v_o}{v_s} = 9 \qquad (5.2.4)$$

que está muito próximo ao valor 9,00041 obtido com o modelo real no Problema prático 5.1. Isso demonstra que pequenos erros desprezíveis resultam de termos suposto o uso de um AOP ideal.

No nó o,

$$i_o = \frac{v_o}{40 + 5} + \frac{v_o}{20} \text{mA} \qquad (5.2.5)$$

Da Equação (5.2.4), quando $v_s = 1$ V, $v_o = 9$ V. Substituir $v_o = 9$ V na Equação (5.2.5) produz

$$i_o = 0{,}2 + 0{,}45 = 0{,}65 \text{ mA}$$

Novamente, esse resultado está próximo ao valor 0,657 mA obtido no Problema prático 5.1 obtido com o modelo real.

PROBLEMA PRÁTICO 5.2

Repita o Exemplo 5.1 usando o modelo de AOP ideal.

Resposta: -2; 200 μA.

5.4 Amplificador inversor

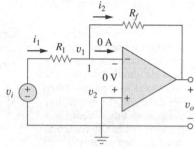

Figura 5.10 Amplificador inversor.

Nesta e nas seções posteriores, consideraremos alguns circuitos úteis com o emprego de amplificadores operacionais que normalmente atuam como módulos no projeto de circuitos mais complexos. O primeiro desses circuitos com AOP é o amplificador inversor mostrado na Figura 5.10, onde a entrada não inversora é aterrada, v_i é conectada à entrada inversora através de R_1, e o resistor de realimentação R_f é conectado entre a saída e a entrada inversora. Nosso objetivo é obter a relação entre a tensão de entrada v_i e a tensão de saída v_o. Aplicando a LKC ao nó 1,

$$i_1 = i_2 \quad \Rightarrow \quad \frac{v_i - v_1}{R_1} = \frac{v_1 - v_o}{R_f} \tag{5.8}$$

> Uma característica fundamental do amplificador inversor é que tanto o sinal de entrada quanto o de realimentação estão aplicados ao terminal inversor do AOP.

Porém, para um AOP ideal, $v_1 = v_2 = 0$, já que o terminal não inversor está aterrado. Portanto,

$$\frac{v_i}{R_1} = -\frac{v_o}{R_f}$$

ou

$$\boxed{v_o = -\frac{R_f}{R_1} v_i} \tag{5.9}$$

> Note que existem dois tipos de ganhos: nesse caso, temos o ganho de tensão de malha fechada Av, enquanto o amplificador operacional em si tem um ganho de tensão de malha aberta A.

O ganho de tensão is $A_v = v_o/v_i = -R_f/R_1$. A designação do circuito da Figura 5.10 como um *inversor* provém do sinal negativo. Por esse motivo,

> Um **amplificador inversor** inverte a polaridade do sinal de entrada amplificando-o ao mesmo tempo.

Perceba que o ganho é a resistência de realimentação dividida pela resistência de entrada, o que significa que o ganho depende apenas dos elementos externos conectados ao AOP. Em vista da Equação (5.9), um circuito equivalente para o amplificador inversor é mostrado na Figura 5.11. O amplificador inversor é usado, por exemplo, em um conversor corrente-tensão.

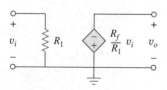

Figura 5.11 Circuito equivalente para o inversor da Figura 5.10.

EXEMPLO 5.3

Observe o AOP da Figura 5.12. Se $v_i = 0{,}5$ V, calcule: (a) tensão de saída v_o; e (b) corrente no resistor de 10 kΩ.

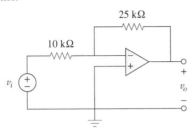

Figura 5.12 Esquema para o Exemplo 5.3.

Solução:

(a) Usando a Equação (5.9),

$$\frac{v_o}{v_i} = -\frac{R_f}{R_1} = -\frac{25}{10} = -2{,}5$$

$$v_o = -2{,}5 v_i = -2{,}5(0{,}5) = -1{,}25 \text{ V}$$

(b) A corrente que passa pelo resistor de 10 kΩ é

$$i = \frac{v_i - 0}{R_1} = \frac{0{,}5 - 0}{10 \times 10^3} = 50 \ \mu\text{A}$$

PROBLEMA PRÁTICO 5.3

Determine a saída do circuito com AOP mostrado na Figura 5.13. Calcule a corrente que passa pelo resistor de realimentação.

Resposta: $-3{,}15$ V, $26{,}25 \ \mu$A.

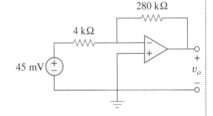

Figura 5.13 Esquema para o Problema prático 5.3.

EXEMPLO 5.4

Determine v_o no circuito com AOP mostrado na Figura 5.14.

Solução: Aplicando a LKC ao nó a,

$$\frac{v_a - v_o}{40 \text{ k}\Omega} = \frac{6 - v_a}{20 \text{ k}\Omega}$$

$$v_a - v_o = 12 - 2v_a \quad \Rightarrow \quad v_o = 3v_a - 12$$

Porém, $v_a = v_b = 2$ V para um AOP ideal, em virtude da queda de tensão zero entre os terminais de entrada do AOP. Portanto,

$$v_o = 6 - 12 = -6 \text{ V}$$

Note que se $v_b = 0 = v_a$, então $v_o = -12$, conforme esperado da Equação (5.9).

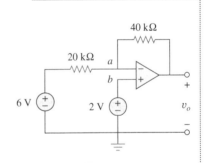

Figura 5.14 Esquema para o Exemplo 5.4.

PROBLEMA PRÁTICO 5.4

São mostrados dois tipos de conversores corrente-tensão (também conhecidos como *amplificadores de transresistência*) na Figura 5.15.

(a) Demonstre que, para o conversor da Figura 5.15a,

$$\frac{v_o}{i_s} = -R$$

(b) Demonstre que, para o conversor da Figura 5.15b,

$$\frac{v_o}{i_s} = -R_1\left(1 + \frac{R_3}{R_1} + \frac{R_3}{R_2}\right)$$

Resposta: Prova.

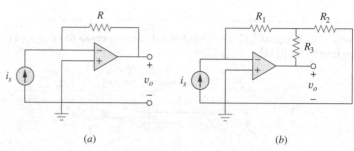

Figura 5.15 Esquema para o Problema prático 5.4.

5.5 Amplificador não inversor

Outra aplicação importante do AOP é o amplificador não inversor mostrado na Figura 5.16. Nesse caso, a tensão de entrada v_i é aplicada diretamente ao terminal da entrada não inversora, e o resistor R_1 é conectado entre o terra e o terminal inversor. Estamos interessados na tensão de saída e no ganho de tensão. A aplicação da LKC no terminal inversor resulta em

$$i_1 = i_2 \Rightarrow \frac{0 - v_1}{R_1} = \frac{v_1 - v_o}{R_f} \tag{5.10}$$

Mas $v_1 = v_2 = v_i$. A Equação (5.10) fica

$$\frac{-v_i}{R_1} = \frac{v_i - v_o}{R_f}$$

ou

$$\boxed{v_o = \left(1 + \frac{R_f}{R_1}\right)v_i} \tag{5.11}$$

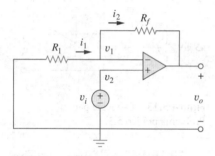

Figura 5.16 Amplificador não inversor.

O ganho de tensão é $A_v = v_o/v_i = 1 + R_f/R_1$, que não tem um sinal negativo. Portanto, a saída tem a mesma polaridade que a entrada.

> Um **amplificador não inversor** é um circuito com amplificador operacional projetado para fornecer um ganho de tensão positivo.

Novamente, notamos que o ganho depende apenas dos resistores externos.

Perceba que se o resistor de realimentação $R_f = 0$ (curto-circuito) ou $R_1 = \infty$ (circuito aberto) ou ambos, o ganho se torna 1. Sob essas condições ($R_f = 0$ e $R_1 = \infty$), o circuito da Figura 5.16 se torna aquele mostrado na Figura 5.17, que é chamado *seguidor de tensão* (ou *amplificador de ganho unitário*), pois a saída segue a entrada. Assim, para um seguidor de tensão

$$\boxed{v_o = v_i} \tag{5.12}$$

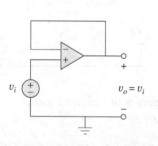

Figura 5.17 Seguidor de tensão.

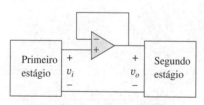

Figura 5.18 Seguidor de tensão usado para isolar dois estágios em cascata de um circuito.

Um circuito desses tem uma impedância de entrada muito alta e, portanto, é útil como um amplificador de estágio intermediário (ou *buffer*) para isolar um circuito do outro, conforme representado na Figura 5.18. O seguidor de tensão minimiza a interação entre os dois estágios e elimina o efeito de carga entre estágios.

EXEMPLO 5.5

Para o circuito com AOP da Figura 5.19, calcule a tensão de saída v_o.

Solução: Podemos resolver isso de duas maneiras: usando superposição ou análise nodal.

■ **MÉTODO 1** Usando superposição, fazemos

$$v_o = v_{o1} + v_{o2}$$

onde v_{o1} se deve à fonte de tensão de 6 V, e v_{o2}, à entrada de 4 V. Para obter v_{o1}, configuramos a fonte de 4 V igual a zero. Sob tal condição, o circuito se torna um inversor. Portanto, a Equação (5.9) dá

$$v_{o1} = -\frac{10}{4}(6) = -15 \text{ V}$$

Para se obter v_{o2}, configuramos a fonte de 6 V igual a zero. O circuito se transforma em um amplificador não inversor de modo que a Equação (5.11) se aplica.

$$v_{o2} = \left(1 + \frac{10}{4}\right)4 = 14 \text{ V}$$

Logo,

$$v_o = v_{o1} + v_{o2} = -15 + 14 = -1 \text{ V}$$

■ **MÉTODO 2** Aplicando a lei dos nós ao nó a,

$$\frac{6 - v_a}{4} = \frac{v_a - v_o}{10}$$

Porém $v_a = v_b = 4$, e, portanto,

$$\frac{6 - 4}{4} = \frac{4 - v_o}{10} \quad \Rightarrow \quad 5 = 4 - v_o$$

ou $v_o = -1$ V, como obtido pelo outro método.

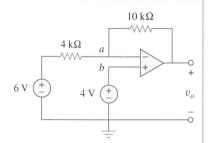

Figura 5.19 Esquema para o Exemplo 5.5.

PROBLEMA PRÁTICO 5.5

Calcule v_o no circuito da Figura 5.20.

Resposta: 7 V.

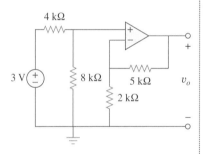

Figura 5.20 Esquema para o Problema prático 5.5.

5.6 Amplificador somador

Além da amplificação, o AOP pode realizar adições e subtrações. A adição é executada pelo amplificador somador visto nesta seção; a subtração é realizada pelo amplificador diferencial, que será visto na seção seguinte.

> Um **amplificador somador** é um circuito com amplificador operacional que combina várias entradas e produz uma saída que é a soma ponderada das entradas.

O amplificador somador, mostrado na Figura 5.21, é uma variação do amplificador inversor. Ele tira proveito do fato de que a configuração inversora é capaz de manipular diversas entradas ao mesmo tempo. Devemos ter em mente que a corrente que entra em cada entrada do AOP é zero. Aplicando a LKC ao nó a temos

$$i = i_1 + i_2 + i_3 \qquad (5.13)$$

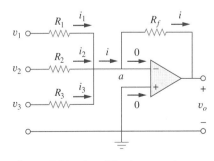

Figura 5.21 Amplificador somador.

Porém,

$$i_1 = \frac{v_1 - v_a}{R_1}, \quad i_2 = \frac{v_2 - v_a}{R_2}$$
$$i_3 = \frac{v_3 - v_a}{R_3}, \quad i = \frac{v_a - v_o}{R_f} \tag{5.14}$$

Notamos que $v_a = 0$ e, substituindo a Equação (5.14) na Equação (5.13), obtemos

$$v_o = -\left(\frac{R_f}{R_1}v_1 + \frac{R_f}{R_2}v_2 + \frac{R_f}{R_3}v_3\right) \tag{5.15}$$

indicando que a tensão de saída é uma soma ponderada das entradas. Por essa razão, o circuito da Figura 5.21 é denominado *somador*. E não é preciso dizer que o somador pode ter mais de três entradas.

EXEMPLO 5.6

Calcule v_o e i_o no circuito com AOP da Figura 5.22.

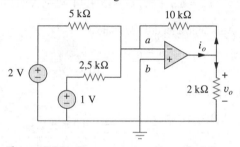

Figura 5.22 Esquema para o Exemplo 5.6.

Solução: Esse é um somador com duas entradas. Usando a Equação (5.15), temos

$$v_o = -\left[\frac{10}{5}(2) + \frac{10}{2,5}(1)\right] = -(4 + 4) = -8 \text{ V}$$

A corrente i_o é a soma das correntes que passam pelos resistores de 10 kΩ e 2 kΩ, os quais apresentam tensão $v_o = -8$ V neles, já que $v_a = v_b = 0$. Portanto,

$$i_o = \frac{v_o - 0}{10} + \frac{v_o - 0}{2} \text{ mA} = -0,8 - 4 = -4,8 \text{ mA}$$

PROBLEMA PRÁTICO 5.6

Determine v_o e i_o no circuito com AOP mostrado na Figura 5.23.

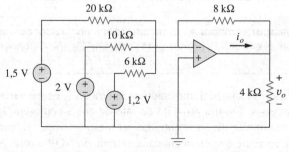

Figura 5.23 Esquema para o Problema prático 5.6.
Resposta: $-3,8$ V, $-1,425$ mA.

5.7 Amplificador diferencial

Os amplificadores de diferença (ou diferenciais) são usados em várias aplicações em que há necessidade de se amplificar a diferença entre dois sinais de entrada. Eles são primos de primeiro grau do *amplificador para instrumentação*, o amplificador mais útil e popular, sobre o qual falaremos na Seção 5.10.

> O amplificador diferencial também é conhecido como *subtrator*, sobre o qual saberemos mais adiante.

> Um **amplificador diferencial** é um dispositivo que amplifica a diferença entre duas entradas, porém rejeita quaisquer sinais comuns às duas entradas.

Considere o circuito com AOP mostrado na Figura 5.24. Tenha em mente que correntes nulas entram nos terminais do AOP. Aplicando a LKC ao nó a,

$$\frac{v_1 - v_a}{R_1} = \frac{v_a - v_o}{R_2}$$

ou

$$v_o = \left(\frac{R_2}{R_1} + 1\right)v_a - \frac{R_2}{R_1}v_1 \quad (5.16)$$

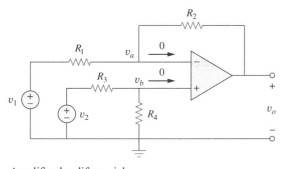

Figura 5.24 Amplificador diferencial.

Aplicando a LKC ao nó b,

$$\frac{v_2 - v_b}{R_3} = \frac{v_b - 0}{R_4}$$

ou

$$v_b = \frac{R_4}{R_3 + R_4}v_2 \quad (5.17)$$

Mas $v_a = v_b$. Substituir a Equação (5.17) na Equação (5.16) resulta em

$$v_o = \left(\frac{R_2}{R_1} + 1\right)\frac{R_4}{R_3 + R_4}v_2 - \frac{R_2}{R_1}v_1$$

ou

$$\boxed{v_o = \frac{R_2(1 + R_1/R_2)}{R_1(1 + R_3/R_4)}v_2 - \frac{R_2}{R_1}v_1} \quad (5.18)$$

Já que um amplificador diferencial deve rejeitar um sinal comum às duas entradas, o amplificador tem de ter a propriedade em que $v_o = 0$, quando $v_1 = v_2$. Isso existe quando

$$\frac{R_1}{R_2} = \frac{R_3}{R_4} \qquad (5.19)$$

Portanto, quando o circuito com AOP opera como um amplificador diferencial, a Equação (5.18) fica

$$v_o = \frac{R_2}{R_1}(v_2 - v_1) \qquad (5.20)$$

Se $R_2 = R_1$ e $R_3 = R_4$, o amplificador diferencial se torna um *subtrator*, com a saída

$$v_o = v_2 - v_1 \qquad (5.21)$$

EXEMPLO 5.7

Projete um circuito com AOP com entradas v_1 e v_2, tais que $v_o = -5v_1 + 3v_2$.

Solução: O circuito requer que

$$v_o = 3v_2 - 5v_1 \qquad (5.7.1)$$

Esse circuito pode ser construído de duas formas.

Projeto 1 Se quisermos usar apenas um AOP, podemos usar o circuito com AOP da Figura 5.24. Comparando a Equação (5.7.1) com a Equação (5.18), vemos que

$$\frac{R_2}{R_1} = 5 \quad \Rightarrow \quad R_2 = 5R_1 \qquad (5.7.2)$$

Da mesma forma,

$$5\frac{(1 + R_1/R_2)}{(1 + R_3/R_4)} = 3 \quad \Rightarrow \quad \frac{\frac{6}{5}}{1 + R_3/R_4} = \frac{3}{5}$$

ou

$$2 = 1 + \frac{R_3}{R_4} \quad \Rightarrow \quad R_3 = R_4 \qquad (5.7.3)$$

Se optarmos por $R_1 = 10$ kΩ e $R_3 = 20$ kΩ, então $R_2 = 50$ kΩ e $R_4 = 20$ kΩ.

Projeto 2 Se quisermos usar mais de um AOP, poderíamos colocar em cascata um amplificador inversor e um somador inversor de duas entradas, conforme nos mostra a Figura 5.25. Para o somador,

$$v_o = -v_a - 5v_1 \qquad (5.7.4)$$

e para o inversor,

$$v_a = -3v_2 \qquad (5.7.5)$$

Combinando as equações (5.7.4) e (5.7.5), obtemos

$$v_o = 3v_2 - 5v_1$$

que é o resultado desejado. Na Figura 5.25, podemos selecionar $R_1 = 10$ kΩ e $R_3 = 20$ kΩ ou $R_1 = R_3 = 10$ kΩ.

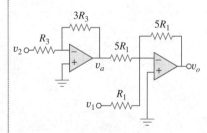

Figura 5.25 Esquema para o Exemplo 5.7.

PROBLEMA PRÁTICO 5.7

Desenhe um amplificador diferencial com ganho 7,5.

Resposta: Típico: $R_1 = R_3 = 20$ kΩ, $R_2 = R_4 = 150$ kΩ.

EXEMPLO 5.8

Um *amplificador de instrumentação* mostrado na Figura 5.26 é um amplificador de sinais de baixo nível usado em controle de processos ou em aplicações de medição, e se encontra disponível comercialmente em um único encapsulamento (CI). Demonstre que

$$v_o = \frac{R_2}{R_1}\left(1 + \frac{2R_3}{R_4}\right)(v_2 - v_1)$$

Solução: Reconhecemos que o amplificador A_3 da Figura 5.26 é um amplificador diferencial. Portanto, da Equação (5.20),

$$v_o = \frac{R_2}{R_1}(v_{o2} - v_{o1}) \tag{5.8.1}$$

Já que os amplificadores operacionais A_1 e A_2 não drenam nenhuma corrente, a corrente i flui pelos três resistores como se eles estivessem em série. Portanto,

$$v_{o1} - v_{o2} = i(R_3 + R_4 + R_3) = i(2R_3 + R_4) \tag{5.8.2}$$

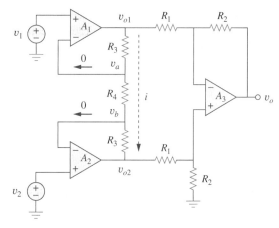

Figura 5.26 Amplificador de instrumentação; esquema para o Exemplo 5.8.

Porém,

$$i = \frac{v_a - v_b}{R_4}$$

e $v_a = v_1$; $v_b = v_2$. Consequentemente,

$$i = \frac{v_1 - v_2}{R_4} \tag{5.8.3}$$

Inserindo as Equações (5.8.2) e (5.8.3) na Equação (5.8.1), temos

$$v_o = \frac{R_2}{R_1}\left(1 + \frac{2R_3}{R_4}\right)(v_2 - v_1)$$

conforme exigido. Discutiremos em detalhes o amplificador para instrumentação na Seção 5.10.

PROBLEMA PRÁTICO 5.8

Obtenha i_o no amplificador de instrumentação da Figura 5.27.

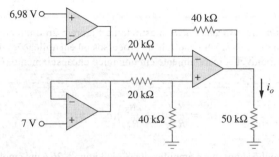

Figura 5.27 Amplificador de instrumentação; esquema para o Problema prático 5.8.

Resposta: $-800\ \mu A$.

5.8 Circuitos com amplificadores operacionais em cascata

Como sabemos, os circuitos com amplificadores operacionais são módulos ou componentes básicos para projeto de circuitos complexos. Em aplicações práticas, muitas vezes é necessário conectar circuitos com amplificadores operacionais em cascata (isto é, a saída do primeiro na entrada do segundo) para se obter um ganho geral maior. Normalmente, dois circuitos estão em cascata quando são interligados em sequência, um após o outro em uma única fila.

> Uma **conexão em cascata** é um arranjo em sequência de dois ou mais circuitos com amplificadores operacionais conectados de forma que a saída de um seja na entrada do seguinte.

Quando circuitos com AOPs estão em cascata, cada circuito em sucessão é denominado *estágio*; o sinal de entrada original é amplificado pelo ganho do estágio individual. Circuitos com amplificadores operacionais apresentam a vantagem de ser ligados em cascata sem alterar as relações entrada/saída. Isso porque cada circuito com AOP (ideal) possui resistência de entrada infinita e resistência de saída nula. A Figura 5.28 mostra uma representação em forma de diagramas em bloco de três circuitos com amplificadores operacionais em cascata. Uma vez que a saída de um estágio é a entrada do estágio seguinte, o ganho geral da interligação em cascata é o produto dos ganhos de cada circuito com AOP, ou

$$A = A_1 A_2 A_3 \tag{5.22}$$

Embora a conexão em cascata não afete as relações entrada/saída dos amplificadores operacionais, deve-se tomar cuidado no projeto de um circuito com AOPs reais de modo a garantir que a carga devida ao próximo estágio na cascata não sature o AOP.

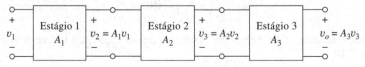

Figura 5.28 Conexão em cascata de três estágios.

EXEMPLO 5.9

Determine v_o e i_o no circuito da Figura 5.29.

Solução: Esse circuito é formado por dois amplificadores não inversores em cascata. Na saída do primeiro AOP,

$$v_a = \left(1 + \frac{12}{3}\right)(20) = 100 \text{ mV}$$

Na saída do segundo AOP,

$$v_o = \left(1 + \frac{10}{4}\right)v_a = (1 + 2{,}5)100 = 350 \text{ mV}$$

A corrente i_o necessária é a corrente que passa pelo resistor de 10 kΩ.

$$i_o = \frac{v_o - v_b}{10} \text{ mA}$$

Porém, $v_b = v_a = 100$ mV. Portanto,

$$i_o = \frac{(350 - 100) \times 10^{-3}}{10 \times 10^3} = 25 \text{ }\mu\text{A}$$

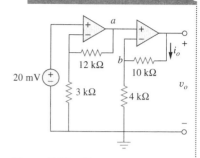

Figura 5.29 Esquema para o Exemplo 5.9.

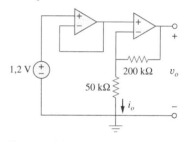

Figura 5.30 Esquema para o Problema prático 5.9.

PROBLEMA PRÁTICO 5.9

Determine v_o e i_o no circuito com amplificadores operacionais da Figura 5.30.
Resposta: 6 V, 24 μA.

EXEMPLO 5.10

Se $v_1 = 1$ V e $v_2 = 2$ V, determine v_o no circuito com amplificadores operacionais da Figura 5.31.

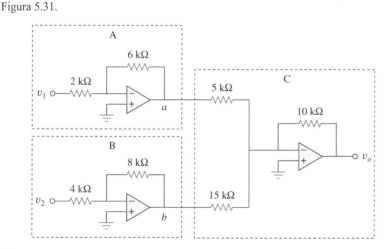

Figura 5.31 Esquema para o Exemplo 5.10.

Solução:
1. **Definição.** O problema está claramente definido.
2. **Apresentação.** Com uma entrada $v_1 = 1$ V e $v_2 = 2$ V, determine a tensão de saída do circuito mostrado na Figura 5.31. O circuito com amplificadores operacionais é, na verdade, composto por três circuitos. O primeiro deles atua como um amplificador de ganho $-3(-6 \text{ k}\Omega/2 \text{ k}\Omega)$ para v_1 e o segundo funciona como um amplificador de ganho $-2(-8 \text{ k}\Omega/4 \text{ k}\Omega)$ para v_2. O último circuito atua como um somador de dois ganhos diferentes para a saída dos outros dois circuitos.

3. **Alternativa.** Existem diversas maneiras de se trabalhar com esse circuito. Já que ele envolve amplificadores operacionais ideais, então uma abordagem puramente matemática vai funcionar de forma bem fácil. O segundo método seria usar o *PSpice* como uma confirmação do método matemático.

4. **Tentativa.** Façamos que a saída do primeiro circuito com AOP se chame v_{11} e a saída do segundo circuito com AOP, v_{22}. Em seguida, obtemos

$$v_{11} = -3v_1 = -3 \times 1 = -3 \text{ V},$$
$$v_{22} = -2v_2 = -2 \times 2 = -4 \text{ V}$$

No terceiro circuito, temos

$$v_o = -(10 \text{ k}\Omega/5 \text{ k}\Omega)v_{11} + [-(10 \text{ k}\Omega/15 \text{ k}\Omega)v_{22}]$$
$$= -2(-3) - (2/3)(-4)$$
$$= 6 + 2{,}667 = \mathbf{8{,}667 \text{ V}}$$

5. **Avaliação.** A fim de avaliarmos adequadamente nossa solução, precisamos identificar uma verificação razoável. Nesse caso, poderíamos facilmente usar o *PSpice*.

   Agora, podemos simular isso no *PSpice*. Vemos os resultados apresentados na Figura 5.32.

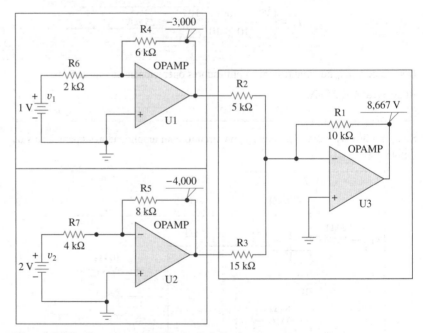

Figura 5.32 Esquema para o Exemplo 5.10.

Podemos notar que obtivemos os mesmos resultados usando duas técnicas completamente diferentes (a primeira é tratar os circuitos com amplificadores operacionais como simples ganhos e um somador, e a segunda usando análise de circuitos com o *PSpice*). Esse é um método muito interessante de garantir que temos a resposta correta.

6. **Satisfatório?** Estamos satisfeitos com a obtenção dos resultados solicitados. Agora, podemos apresentar nosso trabalho como uma solução ao problema.

PROBLEMA PRÁTICO 5.10

Se $v_1 = 7$ V e $v_2 = 3{,}1$ V, determine v_o no circuito com amplificadores operacionais da Figura 5.33.

Capítulo 5 • Amplificadores operacionais **171**

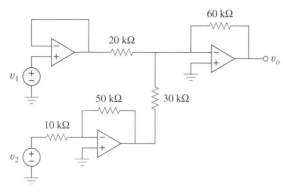

Figura 5.33 Esquema para o Problema prático 5.10.

Resposta: 10 V.

5.9 Análise de circuitos com amplificadores operacionais usando o *PSpice*

O *PSpice for Windows* não possui um modelo para um AOP ideal, embora seja possível criar um como um subcircuito usando a opção *Create Subcircuit* no menu *Tools*. Em vez de criar um AOP ideal, usaremos um dos quatro amplificadores operacionais reais disponíveis no mercado e fornecidos na biblioteca *eval.slb* do *PSpice*. Os modelos de AOP têm os nomes de componente LF411, LM111, LM324 e uA741, conforme mostrado na Figura 5.34. Cada um deles pode ser obtido em **Draw/Get New Part/libraries. . . /eval.lib**, ou simplesmente selecionando **Draw/Get New Part** e digitando o nome do componente na caixa de diálogo *PartName*, como usual. Note que cada um deles requer fontes CC, sem as quais o AOP não funcionará. Essas fontes deveriam ser conectadas como mostrado na Figura 5.3.

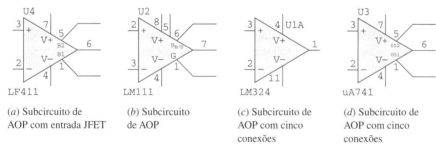

(*a*) Subcircuito de AOP com entrada JFET
(*b*) Subcircuito de AOP
(*c*) Subcircuito de AOP com cinco conexões
(*d*) Subcircuito de AOP com cinco conexões

Figura 5.34 Modelos de amplificadores operacionais reais disponível no *PSpice*.

EXEMPLO 5.11

Use o *PSpice* para resolver o circuito com amplificadores operacionais do Exemplo 5.1.

Solução: Usando o Schematics, desenhamos o circuito na Figura 5.6a como mostrado na Figura 5.35. Note que o terminal positivo da fonte de tensão v_s é conectado ao terminal inversor (pino 2) através do resistor 10 kΩ, enquanto o terminal não inversor (pino 3) é aterrado conforme requisitado na Figura 5.6a. Da mesma forma, observe como o AOP é alimentado; o terminal positivo V+ da fonte de alimentação (pino 7) é conectado a uma fonte de tensão CC de 15 V, enquanto o terminal negativo V– da fonte de alimentação (pino 4) está conectado a –15V. Os pinos 1 e 5 foram deixados flutuando (em aberto), porque eles são usados para ajustar o offset, que não nos interessa neste capítulo. Além de acrescentar as fontes de alimentação CC ao circuito original na Figura 5.6a, também adicionamos os pseudocomponentes VIEWPOINT e IPROBE para medir, respectivamente, a tensão de saída v_o no pino 6 e a corrente i necessária que passa pelo resistor de 20 kΩ.

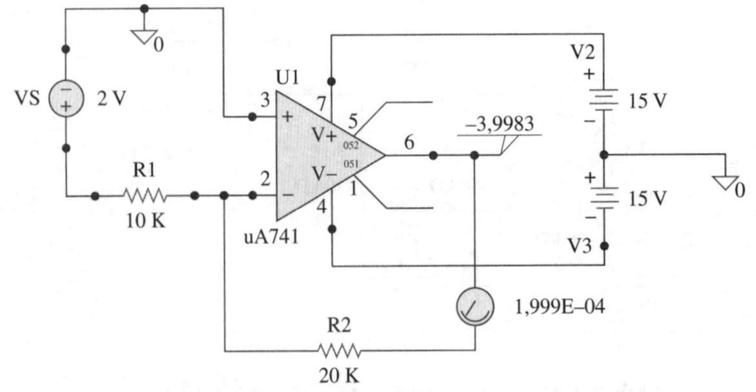

Figura 5.35 Esquema para o Exemplo 5.11.

Após salvar o esquema, simulamos o circuito selecionando **Analysis/Simulate** e temos os resultados apresentados em VIEWPOINT e IPROBE. A partir dos resultados, o ganho de circuito fechado é

$$\frac{v_o}{v_s} = \frac{-3,9983}{2} = -1,99915$$

e $i = 0,1999$ mA, de acordo com os resultados obtidos analiticamente no Exemplo 5.1.

PROBLEMA PRÁTICO 5.11

Refaça o Problema prático 5.1 usando o *PSpice*.

Resposta: 9,0027, 650,2 μA.

5.10 †Aplicações

O AOP é um módulo fundamental na instrumentação eletrônica moderna, ele é usado extensivamente em muitos dispositivos, juntamente com os resistores e outros elementos passivos. Entre suas inúmeras aplicações práticas, temos amplificadores para instrumentação, conversores digitais-analógicos, computadores analógicos, deslocadores de nível, filtros, circuitos de calibragem, inversores, somadores, integradores, diferenciadores, subtratores, amplificadores logarítmicos, comparadores, giradores (*gyrators*), osciladores, retificadores, reguladores, conversores tensão-corrente, conversores corrente-tensão e limitadores. Alguns deles já foram considerados.

Agora veremos duas outras aplicações: o conversor digital-analógico e o amplificador de instrumentação.

5.10.1 Conversor digital-analógico

O conversor digital-analógico (DAC) transforma sinais digitais em forma analógica. Um exemplo típico de um DAC de quatro bits é ilustrado na Figura 5.36a. O DAC de quatro bits pode ser implementado de várias formas. Uma implementação simples é a *escada binária ponderada*, mostrada na Figura 5.36b. Os bits são ponderados de acordo com a magnitude de sua posição ocupada, pelo valor decrescente R_f/R_n, de modo que cada bit menos significativo tem metade do peso do bit mais significativo seguinte.

Trata-se, obviamente, de um amplificador somador inversor. A saída está relacionada com as entradas, como mostra a Equação (5.15). Portanto,

$$-V_o = \frac{R_f}{R_1}V_1 + \frac{R_f}{R_2}V_2 + \frac{R_f}{R_3}V_3 + \frac{R_f}{R_4}V_4 \tag{5.23}$$

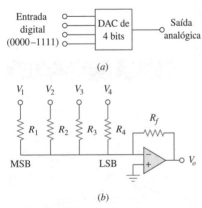

Figura 5.36 DAC de quatro bits: (*a*) diagrama em bloco; (*b*) atenuador progressivo ponderado binário.

A entrada V_1 é chamada *bit mais significativo* (MSB), enquanto a entrada V_4 é o *bit menos significativo* (LSB). Cada uma das quatro entradas binárias pode assumir apenas dois níveis de tensão: 0 V ou 1 V. Usando-se a entrada apropriada e os valores de resistor de realimentação, o DAC fornece uma única saída que é proporcional às entradas.

> Na prática, os níveis de tensão podem se encontrar geralmente entre 0 V e ±5 V.

EXEMPLO 5.12

No circuito com amplificadores operacionais da Figura 5.36b, consideremos $R_f = 10$ kΩ, $R_1 = 10$ kΩ, $R_2 = 20$ kΩ, $R_3 = 40$ kΩ e $R_4 = 80$ kΩ. Obtenha a saída analógica para as entradas binárias [0000], [0001], [0010], ..., [1111].

Solução: Substituindo os valores dados da entrada e os resistores de realimentação na Equação (5.23), obtemos

$$-V_o = \frac{R_f}{R_1}V_1 + \frac{R_f}{R_2}V_2 + \frac{R_f}{R_3}V_3 + \frac{R_f}{R_4}V_4$$
$$= V_1 + 0{,}5V_2 + 0{,}25V_3 + 0{,}125V_4$$

Usando essa equação, uma entrada digital $[V_1V_2V_3V_4] = [0000]$ produz uma saída analógica $-V_o = 0$ V; $[V_1V_2V_3V_4] = [0001]$ resulta em $-V_o = 0{,}125$ V.

De modo similar,

$$[V_1V_2V_3V_4] = [0010] \Rightarrow -V_o = 0{,}25 \text{ V}$$
$$[V_1V_2V_3V_4] = [0011] \Rightarrow -V_o = 0{,}25 + 0{,}125 = 0{,}375 \text{ V}$$
$$[V_1V_2V_3V_4] = [0100] \Rightarrow -V_o = 0{,}5 \text{ V}$$
$$\vdots$$
$$[V_1V_2V_3V_4] = [1111] \Rightarrow -V_o = 1 + 0{,}5 + 0{,}25 + 0{,}125$$
$$= 1{,}875 \text{ V}$$

A Tabela 5.2 sintetiza o resultado da conversão digital-analógica. Note que supomos que cada bit tenha um valor igual a 0,125 V. Portanto, nesse sistema, não

Tabela 5.2 • Valores de entrada e saída de um DAC de quatro bits.

Entrada binária $[V_1V_2V_3V_4]$	Valor decimal	Saída $-V_o$
0000	0	0
0001	1	0,125
0010	2	0,25
0011	3	0,375
0100	4	0,5
0101	5	0,625
0110	6	0,75
0111	7	0,875
1000	8	1,0
1001	9	1,125
1010	10	1,25
1011	11	1,375
1100	12	1,5
1101	13	1,625
1110	14	1,75
1111	15	1,875

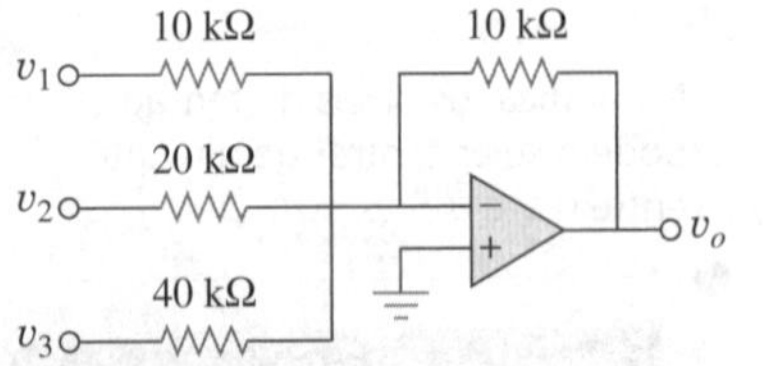

Figura 5.37 DAC de três bits; esquema para o Problema prático 5.12.

PROBLEMA PRÁTICO 5.12

podemos representar um valor de tensão entre 1,000 e 1,125, por exemplo. Essa falta de resolução é uma grande limitação das conversões digitais-analógicas. Para maior precisão, é necessária uma representação de palavra com um número de bits maior. Mesmo assim, uma representação digital de uma tensão analógica jamais é exata. Apesar dessa representação inexata, a representação digital tem sido usada para alcançar padrões de qualidade impressionante como CDs de áudio e fotografia digital.

Um DAC de três bits é mostrado na Figura 5.37.

(a) Determine $|V_o|$ para $[V_1V_2V_3] = [010]$.
(b) Determine $|V_o|$ se $[V_1V_2V_3] = [110]$.
(c) Se $|V_o| = 1,25$ V for desejado, qual deveria ser o valor de $[V_1V_2V_3]$?
(d) Para obter $|V_o| = 1,75$ V, qual deveria ser o valor de $[V_1V_2V_3]$?

Resposta: 0,5 V; 1,5 V; [101]; [111].

5.10.2 Amplificadores de instrumentação

Um dos circuitos mais úteis e versáteis com o uso de amplificadores operacionais para medições de precisão e controle de processos é o *amplificador de instrumentação* (IA), assim chamado em razão de seu largo emprego em sistemas de medição. Algumas aplicações típicas dos IAs são amplificadores de isolamento, amplificadores de termopares e sistemas de aquisição de dados.

Esse amplificador é uma extensão do amplificador diferencial, uma vez que ele amplifica a diferença entre seus sinais de entrada. Como pode ser observado na Figura 5.26 (ver Exemplo 5.8), um amplificador de instrumentação é formado, geralmente, por três amplificadores operacionais e sete resistores. Por conveniência, o amplificador é mostrado novamente na Figura 5.38a, onde os resistores são iguais, exceto pelo resistor externo de ajuste de ganho R_G conectado entre os terminais de ajuste de ganho. A Figura 5.38b apresenta seu símbolo esquemático. O Exemplo 5.8 mostra que

$$v_o = A_v(v_2 - v_1) \quad (5.24)$$

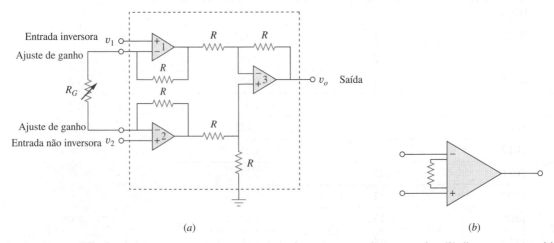

Figura 5.38 (a) Amplificador de instrumentação com uma resistência externa para ajustar o ganho; (b) diagrama esquemático.

onde o ganho de tensão é

$$A_v = 1 + \frac{2R}{R_G} \quad (5.25)$$

Conforme mostrado na Figura 5.39, o amplificador de instrumentação amplifica pequenas tensões de sinal diferencial sobrepostas a tensões de modo comum maiores. Uma vez que as tensões de modo comum são iguais, elas se cancelam.

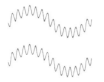 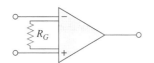

Pequenos sinais diferenciais sobrepondo-se a sinais de modo comum maiores

Amplificador de instrumentação

Sinal diferencial amplificado, sem nenhum sinal de modo comum

Figura 5.39 O IA rejeita tensões comuns, mas amplifica pequenas tensões de sinal. Floyd, T. L. *Electronic Devices*. 4. ed., © 1995, p. 795. Reproduzido com a permissão da Pearson Education Inc., Upper Saddle River, NJ.

O IA apresenta três características principais:

1. O ganho de tensão é ajustado por *um* resistor externo R_G.
2. A impedância de entrada de ambas as entradas é muito alta e não varia à medida que o ganho é ajustado.
3. A saída v_o depende da diferença entre as entradas v_1 e v_2 e não da tensão comum a elas (tensão de modo comum).

Em virtude do largo emprego dos IAs, os fabricantes desenvolveram esses amplificadores em um único CI. Um exemplo típico é o LH0036, desenvolvido pela National Semiconductor. O ganho pode ser variado de 1 a 1.000 por meio de um resistor externo cujo valor pode variar entre 100 Ω e 10 kΩ.

EXEMPLO 5.13

Na Figura 5.38, considere que $R = 10$ kΩ, $v_1 = 2{,}011$ V e $v_2 = 2{,}017$ V. Se R_G for ajustado para 500 Ω, determine: (a) o ganho de tensão; (b) a tensão de saída v_o.

Solução:

(a) O ganho de tensão é

$$A_v = 1 + \frac{2R}{R_G} = 1 + \frac{2 \times 10.000}{500} = 41$$

(b) A tensão de saída é

$$v_o = A_v(v_2 - v_1) = 41(2{,}017 - 2{,}011) = 41(6) \text{ mV} = 246 \text{ mV}$$

PROBLEMA PRÁTICO 5.13

Determine o valor do resistor externo de ajuste de ganho necessário para o IA da Figura 5.38 produzir um ganho igual a 142 quando $R = 25$ kΩ.

Resposta: 354,6 Ω.

5.11 Resumo

1. O AOP é um amplificador de ganho elevado que possui alta resistência de entrada e baixa resistência de saída.
2. A Tabela 5.3 sintetiza os circuitos com amplificadores operacionais vistos neste capítulo. A expressão para o ganho de cada circuito amplificador é válida independentemente de as entradas serem CC, CA ou variáveis no tempo em geral.

Tabela 5.3 • Síntese dos circuitos básicos com amplificadores operacionais.

Circuito com AOP	Nome/relação entrada/saída
(circuito amplificador inversor com R_1, R_2)	Amplificador inversor $v_o = -\dfrac{R_2}{R_1} v_i$
(circuito amplificador não inversor com R_1, R_2)	Amplificador não inversor $v_o = \left(1 + \dfrac{R_2}{R_1}\right) v_i$
(circuito seguidor de tensão)	Seguidor de tensão $v_o = v_i$
(circuito somador com R_1, R_2, R_3, R_f)	Somador $v_o = -\left(\dfrac{R_f}{R_1} v_1 + \dfrac{R_f}{R_2} v_2 + \dfrac{R_f}{R_3} v_3\right)$
(circuito amplificador diferencial com R_1, R_2)	Amplificador diferencial $v_o = \dfrac{R_2}{R_1}(v_2 - v_1)$

3. Um AOP ideal tem resistência de entrada infinita, resistência de saída nula e ganho infinito.
4. Para um AOP ideal, a corrente em cada um dos dois terminais de entrada é zero, e a tensão entre seus terminais de entrada é insignificante.
5. Em um amplificador inversor, a tensão de saída é um múltiplo negativo da entrada.
6. Em um amplificador não inversor, a saída é um múltiplo positivo da entrada.
7. Em um seguidor de tensão, a saída segue a entrada.
8. Em um amplificador somador, a saída é a soma ponderada das entradas.
9. Em um amplificador diferencial, a saída é proporcional à diferença das duas entradas.

10. Os circuitos com amplificadores operacionais podem ser colocados em cascata sem alterar as relações entrada/saída.
11. O *PSpice* pode ser usado para analisar um circuito com amplificadores operacionais.
12. Entre as aplicações típicas do AOP considerado neste capítulo, temos o conversor digital-analógico e o amplificador de instrumentação.

Questões para revisão

5.1 Os dois terminais de entrada de um AOP são identificados como:

(a) alto e baixo
(b) positivo e negativo
(c) inversor e não inversor
(d) diferencial e não diferencial

5.2 Para um AOP ideal, quais das seguintes afirmações não são verdadeiras?

(a) tensão diferencial entre os terminais de entrada é zero
(b) corrente nos terminais de entrada é zero
(c) corrente contínua do terminal de saída é zero
(d) resistência de entrada é zero
(e) resistência de saída é zero

5.3 Para o circuito da Figura 5.40, a tensão v_o é:

(a) -6 V (b) -5 V
(c) $-1,2$ V (d) $-0,2$ V

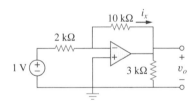

Figura 5.40 Esquema para as Questões para revisão 5.3 e 5.4.

5.4 Para o circuito da Figura 5.40, a corrente i_x é:

(a) 0,6 mA (b) 0,5 mA
(c) 0,2 mA (d) 1/12 mA

5.5 Se $v_s = 0$ no circuito da Figura 5.41, a corrente i_o é:

(a) -10 mA (b) $-2,5$ mA
(c) 10/12 mA (d) 10/14 mA

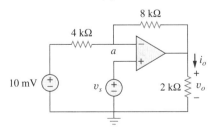

Figura 5.41 Esquema para Questões para revisão 5.5 e 5.7.

5.6 Se $v_s = 8$ mV no circuito da Figura 5.41, a tensão de saída é:

(a) -44 mV
(b) -8 mV
(c) 4 mV
(d) 7 mV

5.7 Consulte a Figura 5.41. Se $v_s = 8$ mV, a tensão v_a é:

(a) -8 mV (b) 0 mV
(c) 10/3 mV (d) 8 mV

5.8 A potência absorvida pelo resistor de 4 kΩ na Figura 5.42 é:

(a) 9 mW (b) 4 mW
(c) 2 mW (d) 1 mW

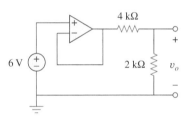

Figura 5.42 Esquema para a Questão para revisão 5.8.

5.9 Qual desses amplificadores é usado em um conversor digital-analógico?

(a) não inversor
(b) seguidor de tensão
(c) somador
(d) amplificador diferencial

5.10 Os amplificadores diferenciais são usados em:

(a) amplificadores de instrumentação
(b) seguidores de tensão
(c) reguladores de tensão
(d) *buffers*
(e) amplificadores somadores
(f) amplificadores subtratores

Respostas: 5.1c, 5.2c,d, 5.3b, 5.4b, 5.5a, 5.6c, 5.7d, 5.8b, 5.9c, 5.10a, f.

Problemas

● Seção 5.2   Amplificadores operacionais

5.1 O modelo equivalente de certo AOP é mostrado na Figura 5.43. Determine:

(a) Resistência de entrada.

(b) Resistência de saída.

(c) Ganho de tensão em dB.

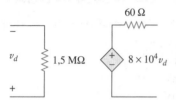

Figura 5.43   Esquema para o Problema 5.1.

5.2 O ganho de circuito aberto de um AOP é 100.000. Calcule a tensão de saída quando existem entradas de +10 μV no terminal inversor e +20 μV no terminal não inversor.

5.3 Determine a tensão de saída quando é aplicado –20 μV ao terminal inversor de um AOP e +30 μV ao seu terminal não inversor. Suponha que o AOP tenha um ganho de circuito aberto igual a 200.000.

5.4 A tensão de saída de um AOP é –4 V quando a entrada não inversora é 1 mV. Se o ganho de circuito aberto do AOP for de 2×10^6, qual é a entrada inversora?

5.5 Para o circuito com AOP da Figura 5.44, o AOP tem um ganho em malha aberta igual a 100.000, uma resistência de entrada igual a 10 kΩ e uma resistência de saída igual a 100 Ω. Determine o ganho de tensão v_o/v_i usando o modelo não ideal do AOP.

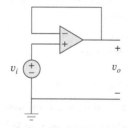

Figura 5.44   Esquema para o Problema 5.5.

5.6 Usando os mesmos parâmetros do AOP 741 do Exemplo 5.1, determine v_o no circuito com AOP da Figura 5.45.

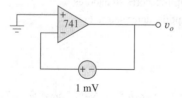

Figura 5.45   Esquema para o Problema 5.6.

5.7 O AOP da Figura 5.46 tem $R_i = 100$ kΩ, $R_o = 100$ Ω, $A = 100.000$. Determine a tensão diferencial v_d e a tensão de saída v_o.

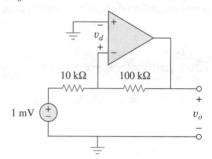

Figura 5.46   Esquema para o Problema 5.7.

● Seção 5.3   Amplificador operacional ideal

5.8 Calcule v_o para o circuito com AOP da Figura 5.47.

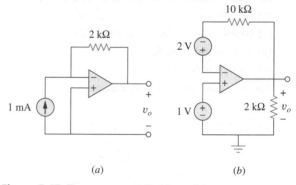

(a)   (b)

Figura 5.47   Esquema para o Problema 5.8.

5.9 Determine v_o para cada um dos circuitos com AOP da Figura 5.48.

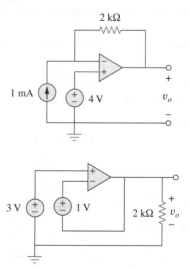

Figura 5.48   Esquema para o Problema 5.9.

5.10 Determine o ganho v_o/v_s do circuito na Figura 5.49.

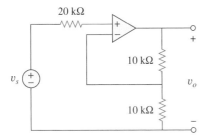

Figura 5.49   Esquema para o Problema 5.10.

5.11 Usando a Figura 5.50, elabore um problema para ajudar e2d outros estudantes a entender melhor como funciona um amplificador operacional (AOP).

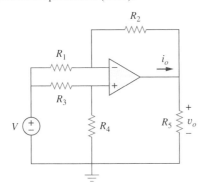

Figura 5.50   Esquema para o Problema 5.11.

5.12 Calcule a relação de tensão v_o/v_s para o circuito com AOP da Figura 5.51. Suponha que o AOP é ideal.

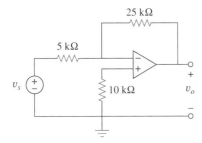

Figura 5.51   Esquema para o Problema 5.12.

5.13 Determine v_o e i_o no circuito da Figura 5.52.

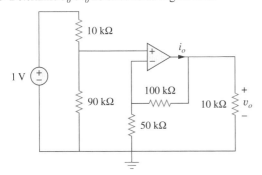

Figura 5.52   Esquema para o Problema 5.13.

5.14 Determine a tensão de saída v_o no circuito da Figura 5.53.

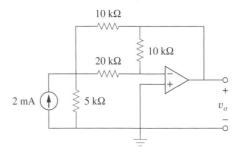

Figura 5.53   Esquema para o Problema 5.14.

● **Seção 5.4   Amplificador inversor**

5.15 (a) Determine a razão v_o/i_s no circuito com amplificadores operacionais da Figura 5.54.
   (b) Avalie a razão para $R_1 = 20$ kΩ, $R_2 = 25$ kΩ, $R_3 = 40$ kΩ.

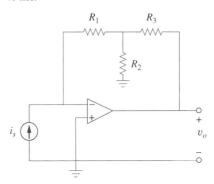

Figura 5.54   Esquema para o Problema 5.15.

5.16 Usando a Figura 5.55, elabore um problema para ajudar e2d outros estudantes a entenderem como funciona um AOP na configuração inversor.

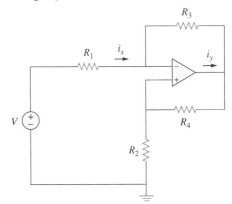

Figura 5.55   Esquema para o Problema 5.16.

5.17 Calcule o ganho v_o/v_i quando a chave na Figura 5.56 se encontra na:
   (a) Posição 1.
   (b) Posição 2.
   (c) Posição 3.

*
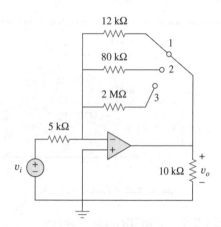

Figura 5.56 Esquema para o Problema 5.17.

* **5.18** Para o circuito da Figura 5.57, determine o equivalente de Thévenin visto pelos terminais *a-b*.

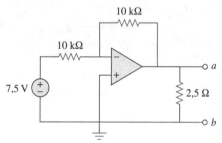

Figura 5.57 Esquema para o Problema 5.18.

5.19 Determine i_o no circuito da Figura 5.58.

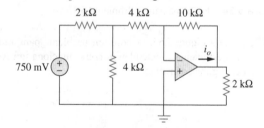

Figura 5.58 Esquema para o Problema 5.19.

* **5.20** No circuito da Figura 5.59, calcule v_o sendo que $v_s = 2$ V.

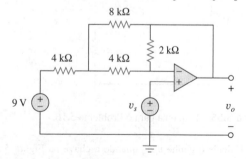

Figura 5.59 Esquema para o Problema 5.20.

---

* O asterisco indica um problema que constitui um desafio.

5.21 Calcule v_o no circuito com AOP da Figura 5.60.

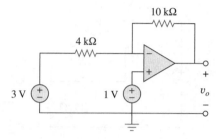

Figura 5.60 Esquema para o Problema 5.21.

5.22 Projete um amplificador inversor com ganho −15.
e𝟤d

5.23 Para o circuito com AOP da Figura 5.61, determine o ganho de tensão v_o/v_s.

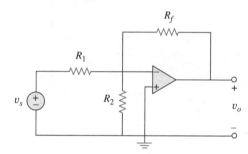

Figura 5.61 Esquema para o Problema 5.23.

5.24 No circuito mostrado na Figura 5.62, determine *k* na função de transferência de tensão $v_o = kv_s$.

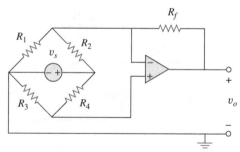

Figura 5.62 Esquema para o Problema 5.24.

● **Seção 5.5 Amplificador não inversor**

5.25 Calcule v_o no circuito elétrico com AOP da Figura 5.63.

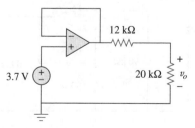

Figura 5.63 Esquema para o Problema 5.25.

5.26 Usando a Figura 5.64, elabore um problema para ajudar outros estudantes a entenderem melhor um AOP na configuração não inversor.

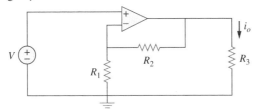

Figura 5.64 Esquema para o Problema 5.26.

5.27 Determine v_o no circuito com AOP da Figura 5.65.

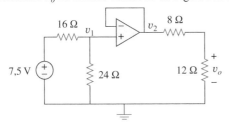

Figura 5.65 Esquema para o Problema 5.27.

5.28 Determine i_o no circuito com AOP da Figura 5.66.

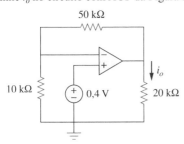

Figura 5.66 Esquema para o Problema 5.28.

5.29 Determine o ganho de tensão v_o/v_i do circuito com AOP da Figura 5.67.

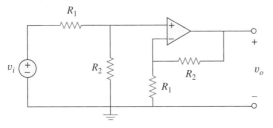

Figura 5.67 Esquema para o Problema 5.29.

5.30 No circuito mostrado na Figura 5.68, determine i_x e a potência absorvida pelo resistor de 20 kΩ.

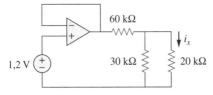

Figura 5.68 Esquema para o Problema 5.30.

5.31 Para o circuito da Figura 5.69, determine i_x.

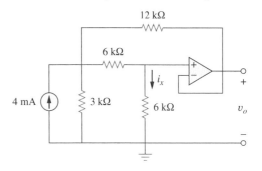

Figura 5.69 Esquema para o Problema 5.31.

5.32 Calcule i_x e v_o no circuito da Figura 5.70. Determine a potência dissipada pelo resistor de 60 kΩ.

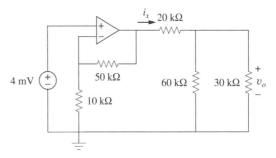

Figura 5.70 Esquema para o Problema 5.32.

5.33 Observe o circuito com AOP da Figura 5.71. Calcule i_x e a potência dissipada pelo resistor de 3 kΩ.

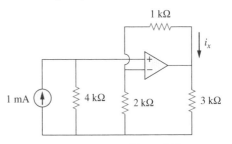

Figura 5.71 Esquema para o Problema 5.33.

5.34 Dado o circuito com AOP mostrado na Figura 5.72, expresse v_o em termos de v_1 e v_2.

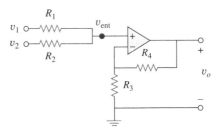

Figura 5.72 Esquema para o Problema 5.34.

5.35 Projete um amplificador não inversor de ganho 7,5.

5.36 Para o circuito mostrado na Figura 5.73, determine o equivalente de Thévenin nos terminais *a-b*. (Sugestão: Para determinar R_{Th}, aplique uma fonte de corrente i_o e calcule v_o.)

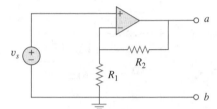

Figura 5.73 Esquema para o Problema 5.36.

● **Seção 5.6 Amplificador somador**

5.37 Determine a saída do amplificador somador da Figura 5.74.

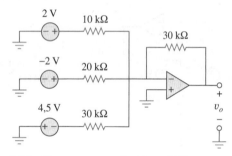

Figura 5.74 Esquema para o Problema 5.37.

5.38 Usando a Figura 5.75, elabore um problema para ajudar outros estudantes a entenderem melhor os amplificadores somadores.

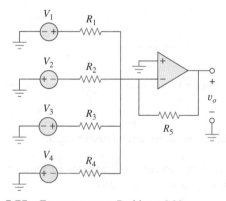

Figura 5.75 Esquema para o Problema 5.38.

5.39 Para o circuito com AOP da Figura 5.76, determine o valor de v_2 de modo que $v_o = -16{,}5$ V.

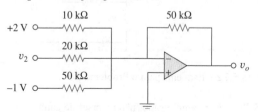

Figura 5.76 Esquema para o Problema 5.39.

5.40 Consultando o circuito mostrado na Figura 5.77, determine V_o em termos de V_1 e V_2 no circuito da Figura 5.77.

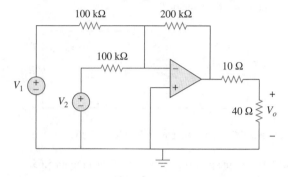

Figura 5.77 Esquema para o Problema 5.40.

5.41 Um *amplificador de média* é um somador que fornece uma saída igual à média das entradas. Utilizando valores de resistor de realimentação e de entrada apropriados, pode-se obter

$$-v_{sai} = \tfrac{1}{4}(v_1 + v_2 + v_3 + v_4)$$

Usando um resistor de realimentação de 10 kΩ, projete um amplificador de média com quatro entradas.

5.42 Um amplificador somador de três entradas possui resistores de entrada $R_1 = R_2 = R_3 = 75$ kΩ. Para produzir um amplificador de média, que valor de resistor de realimentação é necessário?

5.43 Um amplificador somador de quatro entradas possui $R_1 = R_2 = R_3 = R_4 = 80$ kΩ. Que valor de resistor de realimentação é necessário para transformá-lo em um amplificador de média?

5.44 Demonstre que a tensão de saída v_o do circuito da Figura 5.78 é

$$v_o = \frac{(R_3 + R_4)}{R_3(R_1 + R_2)}(R_2 v_1 + R_1 v_2)$$

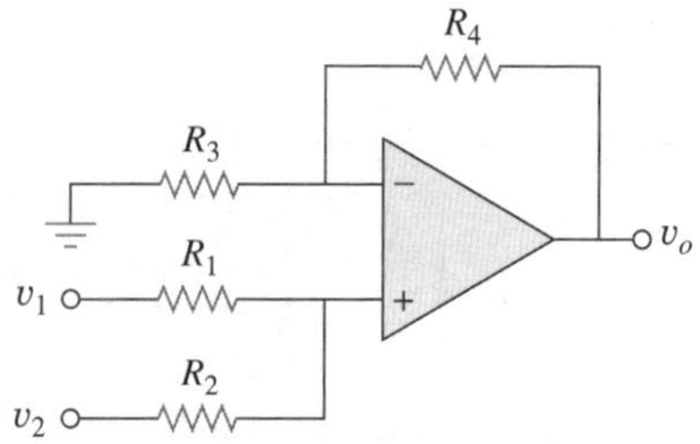

Figura 5.78 Esquema para o Problema 5.44.

5.45 Projete um circuito com AOP para realizar a seguinte operação:

$$v_o = 3v_1 - 2v_2$$

Todas as resistências devem ser ≤ 100 kΩ.

5.46 Usando apenas dois amplificadores operacionais, desenhe um circuito para calcular

$$-v_{sai} = \frac{v_1 - v_2}{3} + \frac{v_3}{2}$$

Seção 5.7 Amplificador diferencial

5.47 O circuito da Figura 5.79 é para um amplificador diferencial. Determine v_o, dado que $v_1 = 1$ V e $v_2 = 2$ V.

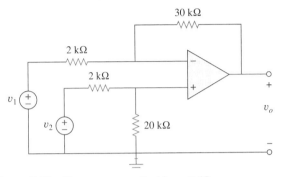

Figura 5.79 Esquema para o Problema 5.47.

5.48 O circuito da Figura 5.80 é um amplificador diferencial acionado por uma ponte. Determine v_o.

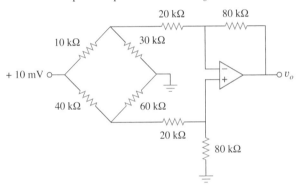

Figura 5.80 Esquema para o Problema 5.48.

5.49 Projete um amplificador diferencial para ter um ganho igual a 4 e uma resistência de entrada de modo comum de 20 kΩ em cada entrada.

5.50 Projete um circuito para amplificar a diferença entre duas entradas por 2,5.

(a) Use apenas um AOP.

(b) Use dois AOPs.

5.51 Usando dois amplificadores operacionais, projete um subtrator.

*5.52 Projete um circuito com amplificadores operacionais tal que

$$v_o = 4v_1 + 6v_2 - 3v_3 - 5v_4$$

Faça todos os resistores permanecerem na faixa dos 20 kΩ a 200 kΩ.

*5.53 O amplificador diferencial comum para operação com ganho fixo é mostrado na Figura 5.81a. Ele é simples e confiável, a menos que o ganho seja variável. Uma maneira de fornecer ajuste de ganho sem perder a simplicidade e precisão é usar o circuito da Figura 5.81b. Outra maneira é usar o circuito da Figura 5.81c.

Demonstre que:

(a) Para o circuito da Figura 5.81a,

$$\frac{v_o}{v_i} = \frac{R_2}{R_1}$$

(b) Para o circuito da Figura 5.81b,

$$\frac{v_o}{v_i} = \frac{R_2}{R_1} \cdot \frac{1}{1 + \frac{R_1}{2R_G}}$$

(c) Para o circuito da Figura 5.81c,

$$\frac{v_o}{v_i} = \frac{R_2}{R_1}\left(1 + \frac{R_2}{2R_G}\right)$$

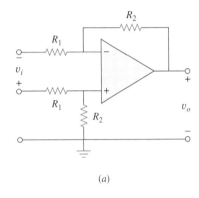

(a)

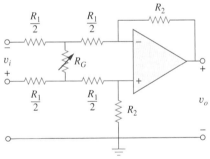

(b)

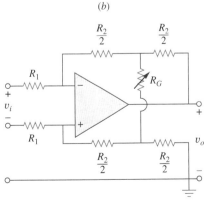

(c)

Figura 5.81 Esquema para o Problema 5.53.

Seção 5.8 Circuitos com amplificadores operacionais em cascata

5.54 Determine a relação de transferência de tensão v_o/v_s no circuito com amplificadores operacionais da Figura 5.82, onde $R = 10$ kΩ.

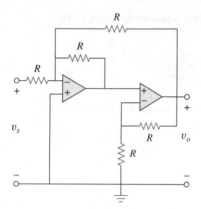

Figura 5.82 Esquema para o Problema 5.54.

5.55 Em certo dispositivo eletrônico, deseja-se um amplificador de três estágios cujo ganho de tensão geral é 42 dB. Os ganhos de tensão individuais dos dois primeiros estágios devem ser iguais, enquanto o ganho do terceiro deve ser de um quarto de cada um dos dois primeiros. Calcule o ganho de tensão de cada um deles.

5.56 Usando a Figura 5.83, elabore um problema para ajudar outros estudantes a entenderem melhor AOPs em cascata.

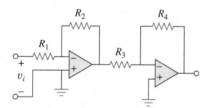

Figura 5.83 Esquema para o Problema 5.56.

5.57 Determine v_o no circuito com amplificadores operacionais da Figura 5.84.

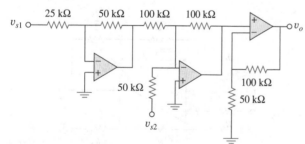

Figura 5.84 Esquema para o Problema 5.57.

5.58 Calcule i_o no circuito com amplificadores operacionais da Figura 5.85.

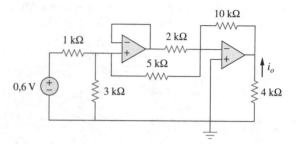

Figura 5.85 Esquema para o Problema 5.58.

5.59 No circuito com amplificadores operacionais da Figura 5.86, determine o ganho de tensão v_o/v_s. Considere $R = 10$ kΩ.

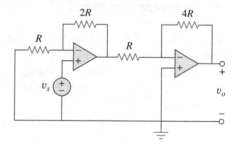

Figura 5.86 Esquema para o Problema 5.59.

5.60 Calcule v_o/v_i no circuito com amplificadores operacionais da Figura 5.87.

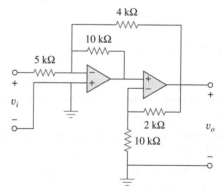

Figura 5.87 Esquema para o Problema 5.60.

5.61 Determine v_o no circuito da Figura 5.88.

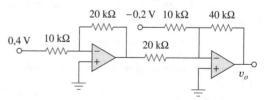

Figura 5.88 Esquema para o Problema 5.61.

5.62 Obtenha o ganho de tensão de circuito fechado v_o/v_i do circuito da Figura 5.89.

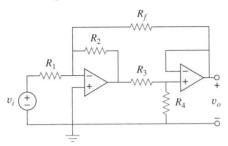

Figura 5.89 Esquema para o Problema 5.62.

5.63 Determine o ganho v_o/v_i do circuito na Figura 5.90.

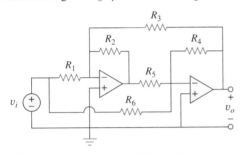

Figura 5.90 Esquema para o Problema 5.63.

5.64 Para o circuito com amplificadores operacionais mostrado na Figura 5.91, determine v_o/v_i.

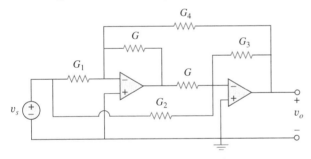

Figura 5.91 Esquema para o Problema 5.64.

5.65 Determine v_o no circuito com amplificadores operacionais da Figura 5.92.

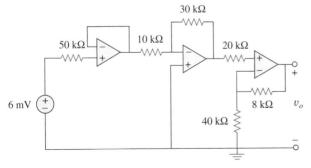

Figura 5.92 Esquema para o Problema 5.65.

5.66 Para o circuito da Figura 5.93, determine v_o.

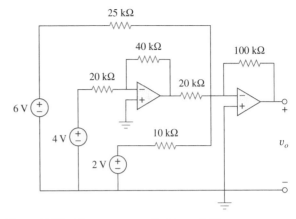

Figura 5.93 Esquema para o Problema 5.66.

5.67 Obtenha a saída v_o no circuito da Figura 5.94.

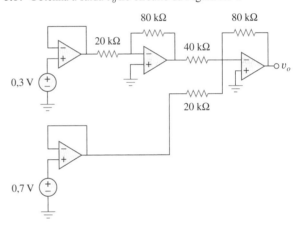

Figura 5.94 Esquema para o Problema 5.67.

5.68 Determine v_o no circuito da Figura 5.95, supondo que $R_f = \infty$ (circuito aberto).

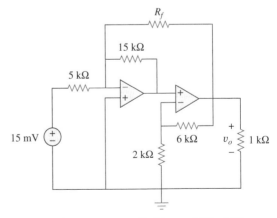

Figura 5.95 Esquema para os Problemas 5.68 e 5.69.

5.69 Repita o problema anterior se $R_f = 10$ kΩ.

5.70 Determine v_o no circuito com amplificadores operacionais da Figura 5.96.

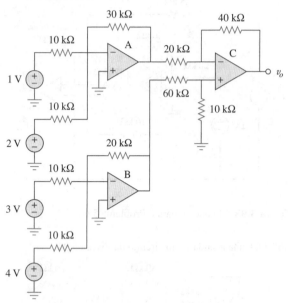

Figura 5.96 Esquema para o Problema 5.70.

5.71 Determine v_o no circuito com amplificadores operacionais da Figura 5.97.

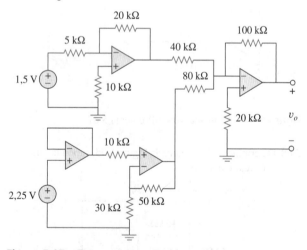

Figura 5.97 Esquema para o Problema 5.71.

5.72 Determine a tensão de carga v_L no circuito da Figura 5.98.

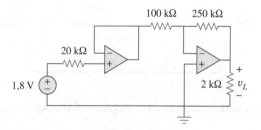

Figura 5.98 Esquema para o Problema 5.72.

5.73 Determine a tensão de carga v_L no circuito da Figura 5.99.

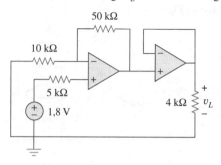

Figura 5.99 Esquema para o Problema 5.73.

5.74 Determine i_o no circuito com amplificadores operacionais da Figura 5.100.

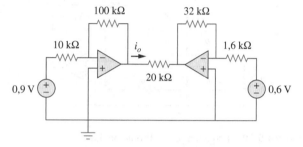

Figura 5.100 Esquema para o Problema 5.74.

• **Seção 5.9 Análise de circuitos com amplificadores operacionais usando o PSpice**

5.75 Refaça o Exemplo 5.11, usando o AOP real LM324 em vez do uA741.

5.76 Resolva o Problema 5.19, usando o *PSpice* ou *MultiSim* e o AOP uA741.

5.77 Resolva o Problema 5.48, usando o *PSpice* ou *MultiSim* e o AOP LM324.

5.78 Utilize o *PSpice* ou *MultiSim* para obter v_o no circuito da Figura 5.101.

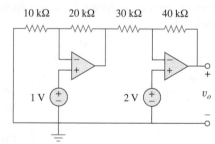

Figura 5.101 Esquema para o Problema 5.78.

5.79 Determine v_o no circuito com amplificadores operacionais da Figura 5.102, usando o *PSpice* ou *MultiSim*.

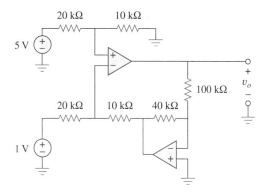

Figura 5.102 Esquema para o Problema 5.79.

5.80 Use o *PSpice* ou *MultiSim* para resolver o Problema 5.70.

5.81 Use o *PSpice* ou *MultiSim* para verificar os resultados no Exemplo 5.9. Considere amplificadores operacionais reais LM324.

● **Seção 5.10   Aplicações**

5.82 Um DAC de cinco bits cobre um intervalo de tensão de 0 V a 7,75 V. Calcule quanto vale cada bit em termos de tensão.

5.83 Projete um conversor digital-analógico de seis bits.
(a) Se quisermos $|V_o| = 1{,}1875$ V, quanto deveria ser $[V_1V_2V_3V_4V_5V_6]$?
(b) Calcule $|V_o|$ se $[V_1V_2V_3V_4V_5V_6] = [011011]$.
(c) Qual o valor máximo que $|V_o|$ pode assumir?

*5.84 Um DAC *escada R-2R* de quatro bits é apresentado na Figura 5.103.
(a) Demonstre que a tensão de saída é dada por
$$-V_o = R_f\left(\frac{V_1}{2R} + \frac{V_2}{4R} + \frac{V_3}{8R} + \frac{V_4}{16R}\right)$$
(b) Se $R_f = 12$ kΩ e $R = 10$ kΩ, determine $|V_o|$ para $[V_1V_2V_3V_4] = [1011]$ e $[V_1V_2V_3V_4] = [0101]$.

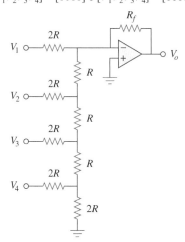

Figura 5.103 Esquema para o Problema 5.84.

5.85 No circuito com amplificadores operacionais da Figura 5.104, determine o valor de R de modo que a potência absorvida pelo resistor de 10 kΩ seja 10 mW. Considere $v_s = 2$ V.

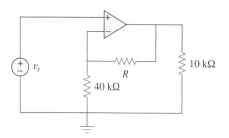

Figura 5.104 Esquema para o Problema 5.85.

5.86 Projete uma fonte de corrente ideal controlada por tensão (dentro dos limites de operação do AOP) onde a corrente de saída é igual a 200 $v_s(t)$ μA.

5.87 A Figura 5.105 mostra um amplificador de instrumentação com dois amplificadores operacionais. Deduza uma expressão para v_o em termos de v_1 e v_2. Como esse amplificador pode ser usado como um subtrator?

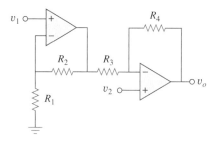

Figura 5.105 Esquema para o Problema 5.87.

*5.88 A Figura 5.106 mostra um amplificador para instrumentação comandado por um circuito em ponte. Calcule o ganho do amplificador.

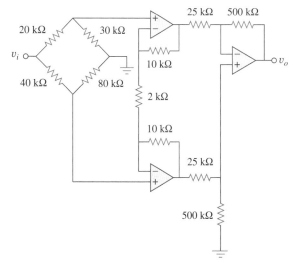

Figura 5.106 Esquema para o Problema 5.88.

Problemas abrangentes

5.89 Desenhe um circuito que forneça uma relação entre tensão de saída v_o e tensão de entrada v_s tal que $v_o = 12v_s - 10$. Estão disponíveis dois amplificadores operacionais, uma bateria de 6 V e vários resistores.

5.90 O circuito com AOP da Figura 5.107 é um *amplificador de corrente*. Determine o ganho de corrente i_o/i_s do amplificador.

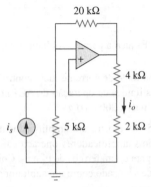

Figura 5.107 Esquema para o Problema 5.90.

5.91 Um amplificador de corrente não inversor é representado na Figura 5.108. Calcule o ganho i_o/i_s. Considere $R_1 = 8\ k\Omega$ e $R_2 = 1\ k\Omega$.

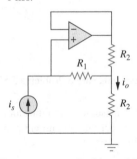

Figura 5.108 Esquema para o Problema 5.91.

5.92 Consulte o *amplificador em ponte* mostrado na Figura 5.109. Determine o ganho de tensão v_o/v_i.

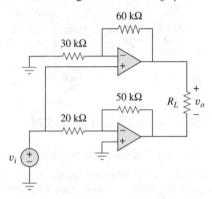

Figura 5.109 Esquema para o Problema 5.92.

*5.93 Um conversor tensão-corrente é mostrado na Figura 5.110, significando que $i_L = Av_i$ se $R_1R_2 = R_3R_4$. Descubra o termo constante A.

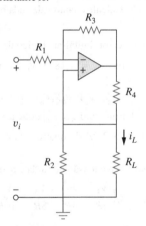

Figura 5.110 Esquema para o Problema 5.93.

6 CAPACITORES E INDUTORES

*Na ciência, o crédito vai para o homem que convence o mundo,
não para o que primeiro teve a ideia.*

Francis Darwin

Progresso profissional

Critérios ABET EC 2000 (3.c), "habilidade em projetar um sistema, componente ou processo para atender às necessidades desejadas".

A "habilidade em projetar um sistema, componente ou processo para atender às necessidades desejadas" é a razão para os engenheiros serem contratados, e é por isso que esta é a capacidade *técnica* mais importante para esse profissional. É interessante notar que o sucesso como engenheiro é diretamente proporcional à capacidade de ele se comunicar, porém, sua habilidade com projetos vem em primeiro lugar.

O projeto acontece quando se tem o que é chamado problema aberto que, finalmente, é definido pela solução. Dentro do contexto deste livro, podemos explorar apenas alguns desses elementos e buscar atingir todas as etapas de nossa técnica de resolução de problemas, que lhe ensinará vários elementos essenciais do processo de projeto.

Provavelmente, a parte mais importante do projeto é definir, de forma clara, o que é o sistema, o componente, o processo ou, no nosso caso, o problema. É raro ser atribuída a um engenheiro uma tarefa perfeitamente clara. Consequentemente, como estudante de engenharia, você pode desenvolver e aperfeiçoar essa habilidade, fazendo, a si próprio, aos seus colegas ou aos professores, perguntas voltadas a esclarecer o enunciado do problema.

Explorar e avaliar soluções e alternativas é outra parte importante do processo de projeto, sendo que você pode praticar essa parte do processo de projeto em quase todos os problemas com que se deparará.

6.1 Introdução

Até então, limitamo-nos a estudar circuitos resistivos. Neste capítulo, introduziremos dois novos e importantes elementos de circuitos lineares passivos: o capacitor e o indutor. Diferentemente dos resistores, que dissipam energia, os capacitores e os indutores não dissipam, mas sim, armazenam energia que pode ser posteriormente recuperada. Por essa razão, os capacitores e os indutores são chamados elementos de *armazenamento*.

A aplicação de circuitos resistivos é bastante limitada. Com a introdução dos capacitores e dos indutores, estaremos aptos a analisar os circuitos mais importantes e práticos. Esteja certo de que as técnicas de análise de circuitos, apresentadas nos Capítulos 3 e 4, são igualmente aplicáveis aos circuitos contendo capacitores e indutores.

A princípio, introduziremos os capacitores e descreveremos como associá-los em série ou em paralelo. Posteriormente, faremos o mesmo para os indutores. Como aplicações comuns, exploramos como os capacitores são associados com amplificadores operacionais para formarem integradores, diferenciadores e computadores analógicos.

> Contrastando com um resistor, que gasta ou dissipa energia de forma irreversível, um indutor ou um capacitor armazena ou libera energia (isto é, eles têm capacidade de memória).

6.2 Capacitores

Capacitor é um elemento passivo projetado para armazenar energia em seu campo elétrico. Além dos resistores, os capacitores são os componentes elétricos mais comuns, sendo largamente utilizados em eletrônica, comunicações, computadores e sistemas de potência, assim como, por exemplo, em circuitos de sintonia de receptores de rádio e como elementos de memória dinâmica em sistemas computadorizados.

Um capacitor é construído conforme representado na Figura 6.1.

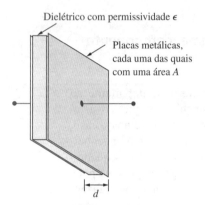

Figura 6.1 Capacitor comum.

> Um **capacitor** é formado por duas placas condutoras separadas por um isolante (ou dielétrico).

Em diversas aplicações práticas, as placas podem ser constituídas por folhas de alumínio, enquanto o dielétrico pode ser composto por ar, cerâmica, papel ou mica.

Quando uma fonte de tensão v é conectada ao capacitor, como na Figura 6.2, a fonte deposita uma carga positiva q sobre uma placa e uma carga negativa $-q$ na outra placa. Diz-se que o capacitor armazena a carga elétrica. A quantidade de carga armazenada, representada por q, é diretamente proporcional à tensão aplicada v de modo que

$$q = Cv \qquad (6.1)$$

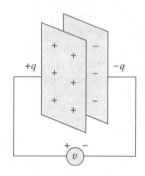

Figura 6.2 Capacitor com tensão aplicada v.

onde C, a constante de proporcionalidade, é conhecida como a *capacitância* do capacitor, e sua unidade é o farad (F), em homenagem ao físico inglês Michael Faraday (1791-1867). Da Equação (6.1), podemos deduzir a seguinte definição:

> De forma alternativa, capacitância é a quantidade de carga armazenada por placa para uma unidade de diferença de potencial em um capacitor.

> **Capacitância** é a razão entre a carga depositada em uma placa de um capacitor e a diferença de potencial entre as duas placas, medidas em farads (F).

PERFIS HISTÓRICOS

Michael Faraday (1791-1867), químico e físico inglês, provavelmente foi o maior experimentalista que existiu.

Nascido próximo a Londres, Faraday realizou seu sonho de infância trabalhando com o grande químico sir Humphry Davy, na Royal Institution, onde permaneceu por 54 anos. Realizou várias contribuições para todas as áreas das ciências físicas e criou palavras como eletrólise, anodo e catodo. Sua descoberta da indução eletromagnética, em 1831, foi um grande avanço no campo da engenharia, pois fornecia uma maneira de gerar eletricidade. O gerador e o motor elétricos operam segundo esse princípio.

Da Burndy Library Collection na Huntington Library, San Marino, Califórnia.

Perceba pela Equação (6.1) que 1 farad = 1 coulomb/volt.

Embora a capacitância C de um capacitor seja a razão entre a carga q por placa e a tensão aplicada v, ela não depende de q ou v, mas, sim, das dimensões físicas do capacitor. Por exemplo, para o capacitor de placas paralelas, mostrado na Figura 6.1, a capacitância é dada por

$$C = \frac{\epsilon A}{d} \qquad (6.2)$$

onde A é a área de cada placa, d é a distância entre as placas e ϵ é a permissividade do material dielétrico entre as placas. Embora a Equação (6.2) se aplique apenas a capacitores com placas paralelas, podemos inferir a partir dela que, geralmente, três fatores determinam o valor da capacitância:

1. A área das placas – quanto maior a área, maior a capacitância.
2. O espaçamento entre as placas – quanto menor o espaçamento, maior a capacitância.
3. A permissividade do material – quanto maior a permissividade, maior a capacitância.

> A capacitância e a tensão nominal de um capacitor são em geral inversamente proporcionais por causa das relações nas Equações (6.1) e (6.2). Há ocorrência de arco voltaico se d for pequena e V alta.

No mercado, encontram-se capacitores de diversos valores e tipos. Normalmente, os capacitores possuem valores na casa dos picofarads (pF) a microfarads (μF) e são descritos conforme o material dielétrico com que são feitos e pelo tipo variável ou então fixo. A Figura 6.3 ilustra os símbolos para os capacitores fixos e variáveis. Observe que, de acordo com a convenção dos sinais, se $v > 0$ e $i > 0$ ou $v < 0$ e $i < 0$, o capacitor está sendo carregado e se $v \cdot i < 0$, o capacitor está sendo descarregado.

A Figura 6.4 apresenta dois tipos comuns de capacitores de valor fixo. Os capacitores de poliéster são leves, em termos de peso, estáveis e sua variação com a temperatura é previsível. Em vez de poliéster, podem ser usados outros materiais dielétricos como mica e poliestireno. Os capacitores de filme são enrolados e encerrados em filmes plásticos ou metálicos. Já os eletrolíticos produzem uma capacitância extremamente elevada. A Figura 6.5 mostra os tipos mais comuns de capacitores variáveis. A capacitância de um trimmer (ou capacitor de compensação em série) é normalmente colocada em paralelo com outro capacitor de modo que a capacitância equivalente possa ser ligeiramente variada. A capacitância do capacitor variável a ar (placas combinadas) é

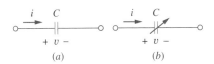

Figura 6.3 Símbolos para capacitores: (a) capacitor fixo; (b) capacitor variável.

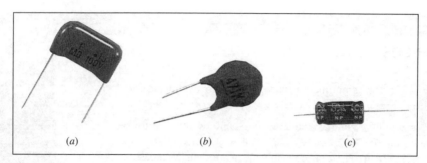

Figura 6.4 Capacitores fixos: (*a*) capacitor de poliéster; (*b*) capacitor cerâmico; (*c*) capacitor eletrolítico. (*Cortesia da Tech America*).

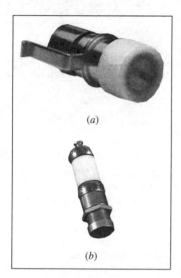

Figura 6.5 Capacitores variáveis: (*a*) trimmer; (*b*) trimmer de filme. (*Cortesia da Johanson.*)

variada girando-se o eixo. Os capacitores variáveis são usados em receptores de rádio, possibilitando a sintonia de várias estações. Além disso, são usados para bloquear CC, deixar passar CA, deslocar fases, armazenar energia, dar partida em motores e suprimir ruído.

Para obter a relação corrente-tensão do capacitor, utilizamos a derivada de ambos os lados da Equação (6.1). Já que

$$i = \frac{dq}{dt} \tag{6.3}$$

diferenciando ambos os lados da Equação (6.1), obtemos

$$\boxed{i = C\frac{dv}{dt}} \tag{6.4}$$

Essa é a relação entre corrente e tensão para um capacitor, supondo-se a regra de sinais (passivo). A relação é ilustrada na Figura 6.6 para um capacitor cuja capacitância é independente da tensão. Diz-se que os capacitores que realizam a Equação (6.4) são *lineares*. Para um *capacitor não linear*, o gráfico da relação corrente-tensão não é uma linha reta. E embora alguns capacitores sejam não lineares, a maioria é linear. Neste livro, suporemos que os capacitores sejam sempre lineares.

A relação tensão-corrente de um capacitor linear pode ser obtida integrando ambos os lados da Equação (6.4). Obtemos, então,

$$v(t) = \frac{1}{C}\int_{-\infty}^{t} i(\tau)d\tau \tag{6.5}$$

ou

$$\boxed{v(t) = \frac{1}{C}\int_{t_0}^{t} i(\tau)d\tau + v(t_0)} \tag{6.6}$$

onde $v(t_0) = q(t_0)/C$ é a tensão no capacitor no instante t_0. A Equação (6.6) mostra que a tensão do capacitor depende do histórico da corrente do capacitor. Portanto, o capacitor tem memória – uma propriedade que é muitas vezes explorada.

A potência instantânea liberada para o capacitor é

$$p = vi = Cv\frac{dv}{dt} \tag{6.7}$$

> De acordo com a Equação (6.4), para um capacitor poder transportar corrente, sua tensão tem de variar com o tempo. Portanto, para uma tensão constante, $i = 0$.

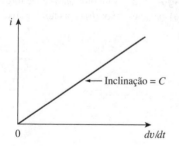

Figura 6.6 Relação tensão-corrente de um capacitor.

A energia armazenada no capacitor é, portanto,

$$w = \int_{-\infty}^{t} p(\tau)d\tau = C \int_{-\infty}^{t} v \frac{dv}{d\tau} d\tau = C \int_{v(-\infty)}^{v(t)} v \, dv = \frac{1}{2}Cv^2 \Big|_{v(-\infty)}^{v(t)} \quad (6.8)$$

Percebemos que $v(-\infty) = 0$, pois o capacitor foi descarregado em $t = -\infty$. Logo,

$$w = \frac{1}{2}Cv^2 \quad (6.9)$$

Usando a Equação (6.1), poderíamos reescrever a Equação (6.9) como segue

$$w = \frac{q^2}{2C} \quad (6.10)$$

As Equações (6.9) ou (6.10) representam a energia armazenada no campo elétrico existente entre as placas do capacitor. Essa energia pode ser recuperada, já que um capacitor ideal não pode dissipar energia. De fato, a palavra *capacitor* deriva da capacidade de esse elemento armazenar energia em um campo elétrico.

Destacamos a seguir as importantes propriedades de um capacitor:

1. Observe da Equação (6.4) que, quando a tensão em um capacitor não está variando com o tempo (isto é, tensão CC), a corrente pelo capacitor é zero. Portanto,

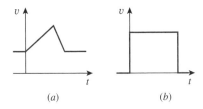

Figura 6.7 A tensão nos terminais de um capacitor: (*a*) permitida; (*b*) não permitida; não é possível uma mudança abrupta.

> Um **capacitor** é um circuito aberto em CC.

Entretanto, se conectarmos uma bateria (tensão CC) nos terminais de um capacitor, o capacitor carrega.

2. A tensão no capacitor deve ser contínua.

> A **tensão** em um capacitor não pode mudar abruptamente.

O capacitor resiste a uma mudança abrupta na tensão entre seus terminais. De acordo com a Equação (6.4), uma mudança descontínua na tensão requer uma corrente infinita, o que é fisicamente impossível. Por exemplo, a tensão em um capacitor pode ter a forma indicada na Figura 6.7*a*, enquanto não é fisicamente possível para a tensão do capacitor assumir a forma mostrada na Figura 6.7*b* em virtude das mudanças abruptas. Em contrapartida, a corrente que passa por um capacitor pode mudar instantaneamente.

3. O capacitor ideal não dissipa energia, mas absorve potência do circuito ao armazenar energia em seu campo e retorna energia armazenada previamente ao liberar potência para o circuito.

4. Um capacitor real, não ideal, possui uma resistência de fuga em paralelo conforme pode ser observado no modelo visto na Figura 6.8. A resistência de fuga pode chegar a valores bem elevados como 100 MΩ e pode ser desprezada para a maioria das aplicações práticas. Por essa razão, suporemos capacitores ideais neste livro.

> Uma forma alternativa de verificar isso é usar a Equação (6.9), que indica que a energia é proporcional ao quadrado da tensão. Já que injetar ou extrair energia pode ser realizado apenas ao longo de algum período finito, a tensão não pode mudar instantaneamente em um capacitor.

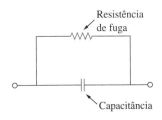

Figura 6.8 Modelo de circuito de um capacitor não ideal.

EXEMPLO 6.1

(a) Calcule a carga armazenada em um capacitor de 3 pF com 20 V entre seus terminais.
(b) Determine a energia armazenada no capacitor.

Solução:
(a) Como $q = Cv$,

$$q = 3 \times 10^{-12} \times 20 = 60 \text{ pC}$$

(b) A energia armazenada é

$$w = \frac{1}{2}Cv^2 = \frac{1}{2} \times 3 \times 10^{-12} \times 400 = 600 \text{ pJ}$$

PROBLEMA PRÁTICO 6.1

Qual é a tensão entre os terminais de um capacitor de 4,5 µF se a carga em uma placa for 0,12 mC? Quanta energia é armazenada?

Resposta: 26,67 V, 1,6 mJ.

EXEMPLO 6.2

A tensão entre os terminais de um capacitor de 5 µF é

$$v(t) = 10 \cos 6.000t \text{ V}$$

Calcule a corrente que passa por ele.

Solução: Por definição, a corrente é

$$i(t) = C\frac{dv}{dt} = 5 \times 10^{-6} \frac{d}{dt}(10 \cos 6.000t)$$
$$= -5 \times 10^{-6} \times 6.000 \times 10 \text{ sen } 6.000t = -0,3 \text{ sen } 6.000t \text{ A}$$

PROBLEMA PRÁTICO 6.2

Se um capacitor de 10 µF for conectado a uma fonte de tensão com

$$v(t) = 75 \text{ sen } 2.000t \text{ V}$$

determine a corrente através do capacitor.

Resposta: 1,5 cos 2.000t a.

EXEMPLO 6.3

Determine a tensão através de um capacitor de 2 µF se a corrente através dele for

$$i(t) = 6e^{-3.000t} \text{ mA}$$

Suponha que a tensão inicial no capacitor seja igual a zero.

Solução: Uma vez que $v = \frac{1}{C}\int_0^t i \, dt + v(0)$ e $v(0) = 0$,

$$v = \frac{1}{2 \times 10^{-6}} \int_0^t 6e^{-3.000t} \, dt \cdot 10^{-3}$$
$$= \frac{3 \times 10^3}{-3.000} e^{-3.000t} \Big|_0^t = (1 - e^{-3.000t}) \text{ V}$$

PROBLEMA PRÁTICO 6.3

A corrente contínua através de um capacitor de 100 µF é $i(t) = 50$ sen $120\pi t$ mA. Calcule a tensão nele nos instantes $t = 1$ ms e $t = 5$ ms. Considere $v(0) = 0$.

Resposta: 93,14 mV; 1,736 V.

EXEMPLO 6.4

Determine a corrente através de um capacitor de 200 μF cuja tensão é mostrada na Figura 6.9.

Solução: A forma de onda da tensão pode ser descrita matematicamente como segue

$$v(t) = \begin{cases} 50t \text{ V} & 0 < t < 1 \\ 100 - 50t \text{ V} & 1 < t < 3 \\ -200 + 50t \text{ V} & 3 < t < 4 \\ 0 & \text{caso contrário} \end{cases}$$

Uma vez que $i = C\, dv/dt$ e $C = 200$ μF, pegamos a derivada de v para obter

$$i(t) = 200 \times 10^{-6} \times \begin{cases} 50 & 0 < t < 1 \\ -50 & 1 < t < 3 \\ 50 & 3 < t < 4 \\ 0 & \text{caso contrário} \end{cases}$$

$$= \begin{cases} 10 \text{ mA} & 0 < t < 1 \\ -10 \text{ mA} & 1 < t < 3 \\ 10 \text{ mA} & 3 < t < 4 \\ 0 & \text{caso contrário} \end{cases}$$

Portanto, a forma de onda da corrente é aquela ilustrada na Figura 6.10.

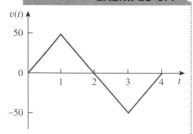

Figura 6.9 Esquema para o Exemplo 6.4.

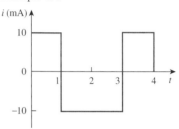

Figura 6.10 Esquema para o Exemplo 6.4.

PROBLEMA PRÁTICO 6.4

Um capacitor inicialmente descarregado de 1 mF possui a corrente mostrada na Figura 6.11 entre seus terminais. Calcule a tensão entre seus terminais nos instantes $t = 2$ ms e $t = 5$ ms.

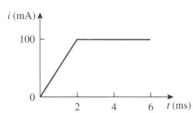

Figura 6.11 Esquema para o Problema prático 6.4.

Resposta: 100 mV, 400 mV.

EXEMPLO 6.5

Obtenha a energia armazenada em cada capacitor na Figura 6.12a em condições de CC.

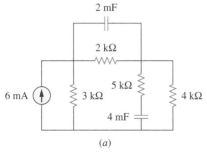

Figura 6.12 Esquema para o Exemplo 6.5.

Solução: Em CC, substituímos cada capacitor por um circuito aberto, conforme mostra a Figura 6.12b. A corrente através da associação em série dos resistores de 2 kΩ e de 4 kΩ é obtida por divisão de corrente, como segue

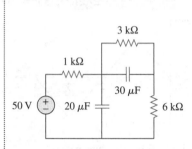

Figura 6.13 Esquema para o Problema prático 6.5.

● **PROBLEMA PRÁTICO 6.5**

$$i = \frac{3}{3 + 2 + 4}(6\text{ mA}) = 2\text{ mA}$$

Logo, as tensões v_1 e v_2 nos capacitores são

$$v_1 = 2.000i = 4\text{ V} \qquad v_2 = 4.000i = 8\text{ V}$$

e as energias neles armazenadas são

$$w_1 = \frac{1}{2}C_1 v_1^2 = \frac{1}{2}(2 \times 10^{-3})(4)^2 = 16\text{ mJ}$$

$$w_2 = \frac{1}{2}C_2 v_2^2 = \frac{1}{2}(4 \times 10^{-3})(8)^2 = 128\text{ mJ}$$

Em condições CC, determine a energia armazenada nos capacitores da Figura 6.13.
Resposta: 20,25 mJ, 3,375 mJ.

6.3 Capacitores em série e em paralelo

Sabemos dos circuitos resistivos que a associação série-paralelo é uma poderosa ferramenta para redução de circuitos. Essa técnica pode ser estendida para ligações série-paralelo de capacitores que são encontradas algumas vezes. Queremos substituir esses capacitores por um único capacitor equivalente C_{eq}.

Para obtermos o capacitor equivalente C_{eq} de N capacitores em paralelo, consideremos o circuito da Figura 6.14a, sendo que o seu equivalente se encontra na Figura 6.14b. Note que os capacitores possuem a mesma tensão v entre seus terminais. Aplicando a LKC à Figura 6.14a,

$$i = i_1 + i_2 + i_3 + \cdots + i_N \tag{6.11}$$

Porém, $i_k = C_k dv/dt$. Portanto,

$$i = C_1 \frac{dv}{dt} + C_2 \frac{dv}{dt} + C_3 \frac{dv}{dt} + \cdots + C_N \frac{dv}{dt}$$

$$= \left(\sum_{k=1}^{N} C_k\right) \frac{dv}{dt} = C_{eq} \frac{dv}{dt} \tag{6.12}$$

onde

$$\boxed{C_{eq} = C_1 + C_2 + C_3 + \cdots + C_N} \tag{6.13}$$

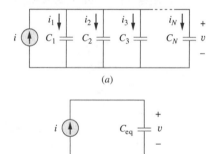

Figura 6.14 (a) N capacitores conectados em paralelo; (b) circuito equivalente para os capacitores em paralelo.

> A **capacitância equivalente** de N capacitores ligados em paralelo é a soma de suas capacitâncias individuais.

Observamos que os capacitores em paralelo se associam da mesma forma que os resistores em série.

Obtenhamos agora a C_{eq} de N capacitores ligados em série comparando o circuito da Figura 6.15a com o circuito equivalente da b. Perceba que a mesma corrente i passa (e, consequentemente, a mesma carga) pelos capacitores. Aplicando a LKT ao laço da Figura 6.15a,

$$v = v_1 + v_2 + v_3 + \cdots + v_N \qquad (6.14)$$

Mas $v_k = \dfrac{1}{C_k}\displaystyle\int_{t_0}^{t} i(\tau)d\tau + v_k(t_0)$. Portanto,

$$\begin{aligned}
v &= \frac{1}{C_1}\int_{t_0}^{t} i(\tau)d\tau + v_1(t_0) + \frac{1}{C_2}\int_{t_0}^{t} i(\tau)d\tau + v_2(t_0) \\
&\quad + \cdots + \frac{1}{C_N}\int_{t_0}^{t} i(\tau)d\tau + v_N(t_0) \\
&= \left(\frac{1}{C_1} + \frac{1}{C_2} + \cdots + \frac{1}{C_N}\right)\int_{t_0}^{t} i(\tau)d\tau + v_1(t_0) + v_2(t_0) \\
&\qquad\qquad\qquad\qquad\qquad\qquad + \cdots + v_N(t_0) \\
&= \frac{1}{C_{eq}}\int_{t_0}^{t} i(\tau)d\tau + v(t_0)
\end{aligned} \qquad (6.15)$$

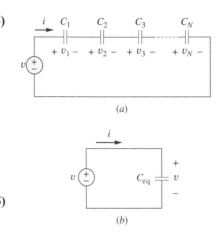

Figura 6.15 (*a*) *N* capacitores conectados em série; (*b*) circuito equivalente para os capacitores em série.

onde

$$\boxed{\dfrac{1}{C_{eq}} = \dfrac{1}{C_1} + \dfrac{1}{C_2} + \dfrac{1}{C_3} + \cdots + \dfrac{1}{C_N}} \qquad (6.16)$$

A tensão inicial $v(t_0)$ entre os terminais de C_{eq} tem de ser, pela LKT, igual à soma das tensões nos capacitores no instante t_0. Ou, conforme a Equação (6.15),

$$v(t_0) = v_1(t_0) + v_2(t_0) + \cdots + v_N(t_0)$$

Portanto, de acordo com a Equação (6.16),

> A **capacitância equivalente** dos capacitores associados em série é o inverso da soma dos inversos das capacitâncias individuais.

Note que os capacitores em série se associam da mesma forma que os resistores em paralelo. Para $N = 2$ (ou seja, dois capacitores em série), a Equação (6.16) fica

$$\dfrac{1}{C_{eq}} = \dfrac{1}{C_1} + \dfrac{1}{C_2}$$

ou

$$\boxed{C_{eq} = \dfrac{C_1 C_2}{C_1 + C_2}} \qquad (6.17)$$

EXEMPLO 6.6

Determine a capacitância equivalente vista entre os terminais *a-b* do circuito da Figura 6.16.

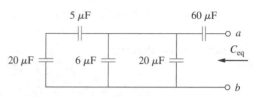

Figura 6.16 Esquema para o Exemplo 6.6.

Solução: Os capacitores de 20 μF e 5 μF estão em série; sua capacitância equivalente é

$$\frac{20 \times 5}{20 + 5} = 4\ \mu\text{F}$$

Esse capacitor de 4 μF está em paralelo com os capacitores de 6 μF e de 20 μF; sua capacitância associada é

$$4 + 6 + 20 = 30\ \mu\text{F}$$

Esse capacitor de 30 μF está em série com o capacitor de 60 μF. Portanto, a capacitância equivalente para todo o circuito é

$$C_{eq} = \frac{30 \times 60}{30 + 60} = 20\ \mu\text{F}$$

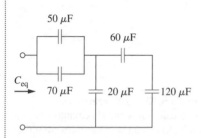

Figura 6.17 Esquema para o Problema prático 6.6.

● **PROBLEMA PRÁTICO 6.6**

Determine a capacitância equivalente nos terminais do circuito da Figura 6.17.

Resposta: 40 μF.

● **EXEMPLO 6.7**

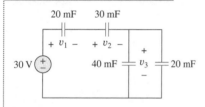

Figura 6.18 Esquema para o Exemplo 6.7.

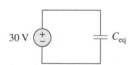

Figura 6.19 Circuito equivalente para a Figura 6.18.

Para o circuito da Figura 6.18, determine a tensão em cada capacitor.

Solução: Primeiro, determinamos a capacitância equivalente C_{eq}, mostrada na Figura 6.19. Os dois capacitores em paralelo, na Figura 6.18, podem ser associados para obter-se $40 + 20 = 60$ mF. Esse capacitor de 60 mF está em série com os capacitores de 20 mF e de 30 mF. Portanto,

$$C_{eq} = \frac{1}{\frac{1}{60} + \frac{1}{30} + \frac{1}{20}}\ \text{mF} = 10\ \text{mF}$$

A carga total é

$$q = C_{eq}v = 10 \times 10^{-3} \times 30 = 0{,}3\ \text{C}$$

Essa é a carga nos capacitores de 20 mF e 30 mF, pois eles estão em série com a fonte de 30 V. (Uma maneira grosseira de se ver isso é imaginar que a carga atua como a corrente, já que $i = dq/dt$). Portanto,

$$v_1 = \frac{q}{C_1} = \frac{0{,}3}{20 \times 10^{-3}} = 15\ \text{V} \quad v_2 = \frac{q}{C_2} = \frac{0{,}3}{30 \times 10^{-3}} = 10\ \text{V}$$

Tendo sido determinadas v_1 e v_2, agora usamos a LKT para determinar v_3 fazendo

$$v_3 = 30 - v_1 - v_2 = 5\ \text{V}$$

De forma alternativa, visto que os capacitores de 40 mF e 20 mF estão em paralelo, eles têm a mesma tensão v_3 e sua capacitância associada é igual a $40 + 20 = 60$ mF. Essa capacitância associada está em série com os capacitores de 20 mF e 30 mF e, consequentemente, tem a mesma carga sobre ela. Portanto,

$$v_3 = \frac{q}{60\ \text{mF}} = \frac{0{,}3}{60 \times 10^{-3}} = 5\ \text{V}$$

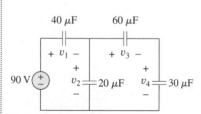

Figura 6.20 Esquema para o Problema prático 6.7.

● **PROBLEMA PRÁTICO 6.7**

Determine a tensão em cada capacitor na Figura 6.20.

Resposta: $v_1 = 45$ V, $v_2 = 45$ V, $v_3 = 15$ V, $v_4 = 30$ V.

6.4 Indutores

Indutor é um elemento passivo projetado para armazenar energia em seu campo magnético. Os indutores têm inúmeras aplicações em eletrônica e sistemas de potência, e são usados em fontes de tensão, transformadores, rádios, TVs, radares e motores elétricos.

Qualquer condutor de corrente elétrica possui propriedades indutivas e pode ser considerado um indutor. Mas, para aumentar o efeito indutivo, um indutor usado na prática é normalmente formado em uma bobina cilíndrica com várias espiras de fio condutor, conforme ilustrado na Figura 6.21.

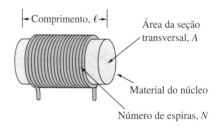

Figura 6.21 Forma típica de um indutor.

> Um **indutor** consiste em uma bobina de fio condutor.

Ao passar uma corrente através de um indutor, constata-se que a tensão nele é diretamente proporcional à taxa de variação da corrente. Usando a regra de sinais (passivo),

$$v = L\frac{di}{dt} \quad (6.18)$$

onde L é a constante de proporcionalidade denominada *indutância* do indutor. A unidade de indutância é o henry (H), cujo nome foi dado em homenagem ao inventor norte-americano Joseph Henry (1797-1878). Fica evidente pela Equação (6.18) que 1 henry é igual a 1 volt-segundo por ampère.

> Considerando a Equação (6.18), para um indutor ter tensão entre seus terminais, sua corrente tem de variar com o tempo. Portanto, $v = 0$ para corrente constante através do indutor.

> **Indutância** é a propriedade segundo a qual um indutor se opõe à mudança do fluxo de corrente através dele, medida em henrys (H).

A indutância de um indutor depende de suas dimensões físicas e de sua construção. As fórmulas para cálculo da indutância dos indutores de diferentes formatos são derivadas da teoria do eletromagnetismo e podem ser encontradas em manuais de engenharia elétrica. Por exemplo, para o indutor (solenóide) mostrado na Figura 6.21,

$$L = \frac{N^2 \mu A}{\ell} \quad (6.19)$$

onde N é o número de espiras, ℓ é o comprimento, A é a área da seção transversal e μ é a permeabilidade do núcleo. Podemos observar da Equação (6.19) que a indutância pode ser elevada, aumentando-se o número de espiras da bobina, usando-se material de maior permeabilidade como núcleo, ampliando a área da seção transversal ou reduzindo o comprimento da bobina.

Assim como os capacitores, os indutores encontrados no mercado vêm em diferentes valores e tipos. Os comerciais mais encontrados possuem valores de indutância que vão de poucos microhenrys (μH), como em sistemas de comunicações, a dezenas de henrys (H), como em sistemas de potência. Os indutores podem ser fixos ou variáveis, e seu núcleo pode ser de ferro, aço, plástico ou ar. Os termos *bobina* e *bobina de solenóide* também são usados para indutores. Na Figura 6.22 são apresentados indutores de uso comum. Os símbolos para indutores são mostrados na Figura 6.23, seguindo a regra de sinais (passivo).

A Equação (6.18) é a relação entre tensão e corrente para um indutor. A Figura 6.24 mostra graficamente essa relação para um indutor cuja indutância

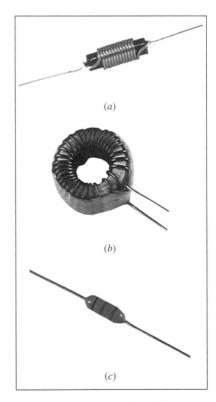

Figura 6.22 Diversos tipos de indutores: (*a*) indutor bobinado solenoidal; (*b*) indutor toroidal; (*c*) indutor em pastilha. (*Cortesia da Tech America.*)

PERFIS HISTÓRICOS

Joseph Henry (1797-1878), físico norte-americano, descobriu a indutância e construiu um motor elétrico.

Nascido em Albany, Nova York, Henry formou-se pela Albany Academy e ensinou filosofia na Princeton University de 1832 a 1846. Foi o primeiro secretário da Smithsonian Institution. Conduziu diversos experimentos sobre eletromagnetismo e desenvolveu poderosos eletroímãs que poderiam levantar objetos pesando milhares de libras. Interessante notar que Joseph Henry descobriu a indução eletromagnética antes de Faraday, mas deixou de publicar suas descobertas. A unidade de indutância, o henry, foi assim nomeada em sua homenagem.

CNOAA's People Collection.

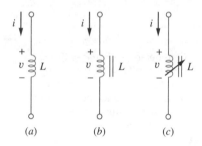

Figura 6.23 Símbolos para indutores: (*a*) núcleo preenchido com ar; (*b*) núcleo de ferro; (*c*) núcleo de ferro variável.

é independente da corrente. Um indutor desses é conhecido como *indutor linear*. Para um *indutor não linear*, o gráfico da Equação (6.18) não será uma linha reta, pois sua indutância varia com a corrente. Consideraremos indutores lineares neste livro, a menos que informado o contrário.

A relação corrente-tensão é obtida da Equação (6.18) como segue

$$di = \frac{1}{L}v\,dt$$

Integrando, obtemos

$$i = \frac{1}{L}\int_{-\infty}^{t} v(\tau)\,d\tau \qquad (6.20)$$

ou

$$\boxed{i = \frac{1}{L}\int_{t_0}^{t} v(\tau)\,d\tau + i(t_0)} \qquad (6.21)$$

onde $i(t_0)$ é a corrente total para $-\infty < t < t_0$ e $i(-\infty)$. A ideia de tornar $i(-\infty)$ é prática e razoável, pois deve existir um momento anterior quando não havia nenhuma corrente no indutor.

O indutor é projetado para armazenar energia em seu campo magnético. A energia armazenada pode ser obtida da Equação (6.18). A potência liberada para o indutor é

$$p = vi = \left(L\frac{di}{dt}\right)i \qquad (6.22)$$

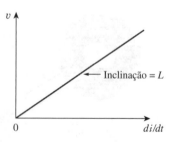

Figura 6.24 Relação tensão-corrente de um indutor.

A energia armazenada é

$$w = \int_{-\infty}^{t} p(\tau)\,d\tau = L\int_{-\infty}^{t} \frac{di}{d\tau} i\,d\tau$$
$$= L\int_{-\infty}^{t} i\,di = \frac{1}{2}Li^2(t) - \frac{1}{2}Li^2(-\infty) \qquad (6.23)$$

Como $i(-\infty) = 0$,

$$\boxed{w = \frac{1}{2}Li^2} \qquad (6.24)$$

Observe as seguintes propriedades importantes de um indutor:

1. Note, da Equação (6.18), que a tensão em um indutor é zero quando a corrente é constante. Portanto,

Um indutor atua como um curto-circuito em CC.

2. Uma propriedade importante do indutor é que ele se opõe à mudança de fluxo de corrente através dele.

A corrente através de um indutor não pode mudar instantaneamente.

De acordo com a Equação (6.18), uma mudança descontínua na corrente através de um indutor requer uma tensão infinita, que não é fisicamente possível, portanto, um indutor se opõe a uma mudança abrupta na corrente que passa por ele. Por exemplo, a corrente através de um indutor pode assumir a forma mostrada na Figura 6.25a, enquanto a corrente através de um indutor não pode assumir a forma mostrada na Figura 6.25b, em situações na prática, em razão de descontinuidades. Entretanto, a tensão em um indutor pode mudar abruptamente.

3. Assim como o capacitor ideal, o indutor ideal não dissipa energia; a energia armazenada nele pode ser recuperada posteriormente. O indutor absorve potência do circuito quando está armazenando energia e libera potência para o circuito quando retorna a energia previamente armazenada.

4. Um indutor real, não ideal, tem um componente resistivo significativo, conforme pode ser visto na Figura 6.26. Isso se deve ao fato de que o indutor é feito de um material condutor como cobre, que possui certa resistência denominada *resistência de enrolamento* R_w, que aparece em série com a indutância do indutor. A presença de R_w o torna tanto um dispositivo armazenador de energia como um dispositivo dissipador de energia. Uma vez que R_w normalmente é muito pequena, ela é ignorada na maioria dos casos. O indutor não ideal também tem uma *capacitância de enrolamento* C_w em decorrência do acoplamento capacitivo entre as bobinas condutoras. A C_w é muito pequena e pode ser ignorada na maioria dos casos, exceto em altas frequências. Neste livro, consideraremos indutores ideais.

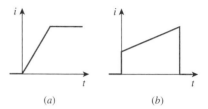

Figura 6.25 Corrente através de um indutor: (*a*) permitida; (*b*) não permitida; uma mudança abrupta não é possível.

Como, muitas vezes, um indutor é feito de um fio altamente condutor, ele possui uma resistência muito pequena.

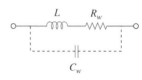

Figura 6.26 Modelo de circuito para um indutor real.

EXEMPLO 6.8

A corrente que passa por um indutor de 0,1 H é $i(t) = 10te^{-5t}$ A. Calcule a tensão no indutor e a energia armazenada nele.

Solução: Como $v = L\, di/dt$ e $L = 0,1$ H,

$$v = 0,1\frac{d}{dt}(10te^{-5t}) = e^{-5t} + t(-5)e^{-5t} = e^{-5t}(1 - 5t)\text{ V}$$

A energia armazenada é

$$w = \frac{1}{2}Li^2 = \frac{1}{2}(0,1)100t^2 e^{-10t} = 5t^2 e^{-10t}\text{ J}$$

PROBLEMA PRÁTICO 6.8

Se a corrente através de um indutor de 1 mH for $i(t) = 60\cos 100t$ mA, determine a tensão entre os terminais e a energia armazenada.

Resposta: -6 sen $100t$ mV, $1,8\cos^2(100t)$ μJ.

EXEMPLO 6.9

Determine a corrente através de um indutor de 5 H se a tensão nele for

$$v(t) = \begin{cases} 30t^2, & t > 0 \\ 0, & t < 0 \end{cases}$$

Determine, também, a energia armazenada no instante $t = 5$ s. Suponha $i(v) > 0$.

Solução: Uma vez que $i = \dfrac{1}{L}\int_{t_0}^{t} v(t)\,dt + i(t_0)$ e $L = 5$ H,

$$i = \frac{1}{5}\int_0^t 30t^2\,dt + 0 = 6 \times \frac{t^3}{3} = 2t^3 \text{ A}$$

A potência é $p = vi = 60t^5$. A energia armazenada é então

$$w = \int p\,dt = \int_0^5 60t^5\,dt = 60\frac{t^6}{6}\bigg|_0^5 = 156{,}25 \text{ kJ}$$

Alternativamente, podemos obter a energia armazenada usando a Equação (6.24), escrevendo

$$w\big|_0^5 = \frac{1}{2}Li^2(5) - \frac{1}{2}Li(0) = \frac{1}{2}(5)(2 \times 5^3)^2 - 0 = 156{,}25 \text{ kJ}$$

conforme obtido anteriormente.

PROBLEMA PRÁTICO 6.9

A tensão entre os terminais de um indutor de 2 H é $v = 10(1 - t)$ V. Determine a corrente que passa através dele no instante $t = 4$ s e a energia armazenada nele no instante $t = 4$s. Suponha $i(0) = 2$ A.

Resposta: –18 A, 320 J.

EXEMPLO 6.10

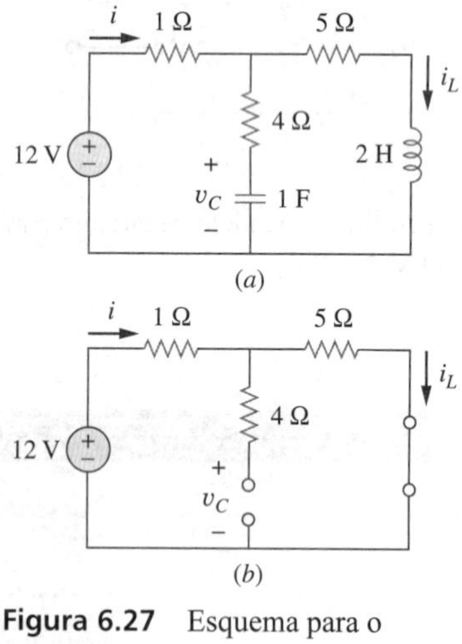

Considere o circuito da Figura 6.27a. Em CC, determine: (a) i, v_C e i_L; (b) a energia armazenada no capacitor e no indutor.

Solução: (a) Em CC, substituímos o capacitor por um circuito aberto e o indutor por um curto-circuito, como na Figura 6.27b. Fica claro dessa figura que

$$i = i_L = \frac{12}{1 + 5} = 2 \text{ A}$$

A tensão v_C é a mesma que a tensão no resistor de 5 Ω. Portanto,

$$v_C = 5i = 10 \text{ V}$$

(b) A energia no capacitor é

$$w_C = \frac{1}{2}Cv_C^2 = \frac{1}{2}(1)(10^2) = 50 \text{ J}$$

e que no indutor é

$$w_L = \frac{1}{2}Li_L^2 = \frac{1}{2}(2)(2^2) = 4 \text{ J}$$

Figura 6.27 Esquema para o Exemplo 6.10.

PROBLEMA PRÁTICO 6.10

Determine v_C, i_L e a energia armazenada no capacitor e no indutor no circuito da Figura 6.28 em CC.

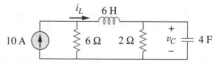

Figura 6.28 Esquema para o Problema prático 6.10.

Resposta: 15 V, 7,5 A, 450 J, 168,75 J.

6.5 Indutores em série e em paralelo

Agora que o indutor foi acrescentado à nossa lista de elementos passivos, é necessário estender a poderosa ferramenta da associação série-paralelo. Precisamos saber como encontrar a indutância equivalente de um conjunto de indutores conectados em série ou em paralelo encontrado em circuitos práticos.

Considere uma ligação em série de N indutores, conforme mostrado na Figura 6.29a, com o circuito equivalente apresentado na Figura 6.29b. Os indutores têm a mesma corrente passando por eles. Aplicando a LKT ao laço,

$$v = v_1 + v_2 + v_3 + \cdots + v_N \tag{6.25}$$

Substituindo $v_k = L_k \, di/dt$, obtemos

$$v = L_1 \frac{di}{dt} + L_2 \frac{di}{dt} + L_3 \frac{di}{dt} + \cdots + L_N \frac{di}{dt}$$

$$= (L_1 + L_2 + L_3 + \cdots + L_N) \frac{di}{dt} \tag{6.26}$$

$$= \left(\sum_{k=1}^{N} L_k \right) \frac{di}{dt} = L_{\text{eq}} \frac{di}{dt}$$

onde

$$\boxed{L_{\text{eq}} = L_1 + L_2 + L_3 + \cdots + L_N} \tag{6.27}$$

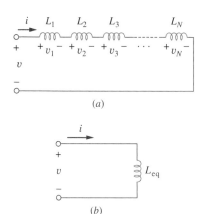

Figura 6.29 (a) Uma conexão em série de N indutores; (b) circuito equivalente para os indutores em série.

Assim,

> A **indutância equivalente** de indutores conectados em série é a soma das indutâncias individuais.

Indutores em série são associados exatamente da mesma forma que os resistores em série.

Consideremos agora uma ligação em paralelo de N indutores, como mostrado na Figura 6.30a, com o circuito equivalente na Figura 6.30b. Os indutores possuem a mesma tensão entre seus terminais. Usando a LKC,

$$i = i_1 + i_2 + i_3 + \cdots + i_N \tag{6.28}$$

Porém, $i_k = \frac{1}{L_k} \int_{t_0}^{t} v \, dt + i_k(t_0)$; portanto,

$$i = \frac{1}{L_1} \int_{t_0}^{t} v \, dt + i_1(t_0) + \frac{1}{L_2} \int_{t_0}^{t} v \, dt + i_2(t_0)$$

$$+ \cdots + \frac{1}{L_N} \int_{t_0}^{t} v \, dt + i_N(t_0)$$

$$= \left(\frac{1}{L_1} + \frac{1}{L_2} + \cdots + \frac{1}{L_N} \right) \int_{t_0}^{t} v \, dt + i_1(t_0) + i_2(t_0)$$

$$+ \cdots + i_N(t_0)$$

$$= \left(\sum_{k=1}^{N} \frac{1}{L_k} \right) \int_{t_0}^{t} v \, dt + \sum_{k=1}^{N} i_k(t_0) = \frac{1}{L_{\text{eq}}} \int_{t_0}^{t} v \, dt + i(t_0) \tag{6.29}$$

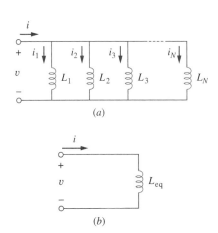

Figura 6.30 (a) Ligação em paralelo de N indutores; (b) circuito equivalente para os indutores em paralelo.

onde

$$\frac{1}{L_{eq}} = \frac{1}{L_1} + \frac{1}{L_2} + \frac{1}{L_3} + \cdots + \frac{1}{L_N} \qquad (6.30)$$

A corrente inicial $i(t_0)$ através de L_{eq} no instante $t = t_0$ deve ser, segundo a LKC, a soma das correntes dos indutores no instante t_0. Portanto, de acordo com a Equação (6.29),

$$i(t_0) = i_1(t_0) + i_2(t_0) + \cdots + i_N(t_0)$$

De acordo com a Equação (6.30),

> A **indutância equivalente** de indutores paralelos é o inverso da soma dos inversos das indutâncias individuais.

Observe que os indutores em paralelo são associados da mesma maneira que os resistores em paralelo.

Para dois indutores em paralelo ($N = 2$), a Equação (6.30) fica

$$\frac{1}{L_{eq}} = \frac{1}{L_1} + \frac{1}{L_2} \quad \text{ou} \quad L_{eq} = \frac{L_1 L_2}{L_1 + L_2} \qquad (6.31)$$

Desde que todos os elementos sejam do mesmo tipo, as transformações triângulo-estrela para resistores, discutidas na Seção 2.7, podem ser estendidas aos capacitores e indutores.

Nesse ponto, é apropriado fazermos um resumo das características mais importantes dos elementos de circuito básicos vistos até então. Este resumo é dado na Tabela 6.1.

Tabela 6.1 • Características importantes dos elementos básicos.[†]

Relação	Resistor (R)	Capacitador (C)	Indutor (L)
v-i:	$v = iR$	$v = \dfrac{1}{C}\displaystyle\int_{t_0}^{t} i(\tau)d\tau + v(t_0)$	$v = L\dfrac{di}{dt}$
i-v:	$i = v/R$	$i = C\dfrac{dv}{dt}$	$i = \dfrac{1}{L}\displaystyle\int_{t_0}^{t} v(\tau)d\tau + i(t_0)$
p ou w:	$p = i^2 R = \dfrac{v^2}{R}$	$w = \dfrac{1}{2}Cv^2$	$w = \dfrac{1}{2}Li^2$
Série:	$R_{eq} = R_1 + R_2$	$C_{eq} = \dfrac{C_1 C_2}{C_1 + C_2}$	$L_{eq} = L_1 + L_2$
Paralelo:	$R_{eq} = \dfrac{R_1 R_2}{R_1 + R_2}$	$C_{eq} = C_1 + C_2$	$L_{eq} = \dfrac{L_1 L_2}{L_1 + L_2}$
Em CC:	Idem	Circuito aberto	Curto-circuito
Variável do cicuito que não pode mudar abruptamente:	Não se aplica	v	i

[†] Supõe-se o uso da regra de sinais (passivo).

EXEMPLO 6.11

Determine a indutância equivalente do circuito mostrado na Figura 6.31.

Solução: Os indutores de 10 H, 12 H e 20 H estão em série, portanto, associá-los resulta em uma indutância de 42 H, que está em paralelo com o indutor de 7 H de modo que eles são associados para dar

$$\frac{7 \times 42}{7 + 42} = 6 \text{ H}$$

Esse indutor de 6 H está em série com os indutores de 4 H e 8 H. Portanto,

$$L_{eq} = 4 + 6 + 8 = 18 \text{ H}$$

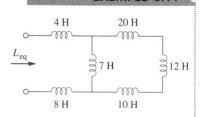

Figura 6.31 Esquema para o Exemplo 6.11.

PROBLEMA PRÁTICO 6.11

Calcule a indutância equivalente para o circuito indutivo em escada da Figura 6.32.

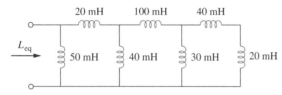

Figura 6.32 Esquema para o Problema prático 6.11.

Resposta: 25 mH.

EXEMPLO 6.12

Para o circuito da Figura 6.33, $i(t) = 4(2 - e^{-10t})$ mA. Se $i_2(0) = -1$ mA, determine: (a) $i_1(0)$; (b) $v(t)$, $v_1(t)$ e $v_2(t)$; (c) $i_1(t)$ e $i_2(t)$.

Solução: (a) A partir de $i(t) = 4(2 - e^{-10t})$ mA, $i(0) = 4(2 - 1) = 4$ mA. Uma vez que $i = i_1 + i_2$,

$$i_1(0) = i(0) - i_2(0) = 4 - (-1) = 5 \text{ mA}$$

(b) A indutância equivalente é

$$L_{eq} = 2 + 4 \parallel 12 = 2 + 3 = 5 \text{ H}$$

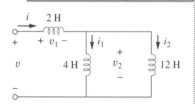

Figura 6.33 Esquema para o Exemplo 6.12.

Portanto,

$$v(t) = L_{eq}\frac{di}{dt} = 5(4)(-1)(-10)e^{-10t} \text{ mV} = 200e^{-10t} \text{ mV}$$

e

$$v_1(t) = 2\frac{di}{dt} = 2(-4)(-10)e^{-10t} \text{ mV} = 80e^{-10t} \text{ mV}$$

Uma vez que $v = v_1 + v_2$,

$$v_2(t) = v(t) - v_1(t) = 120e^{-10t} \text{ mV}$$

(c) A corrente i_1 é obtida como segue:

$$i_1(t) = \frac{1}{4}\int_0^t v_2 \, dt + i_1(0) = \frac{120}{4}\int_0^t e^{-10t} \, dt + 5 \text{ mA}$$

$$= -3e^{-10t}\Big|_0^t + 5 \text{ mA} = -3e^{-10t} + 3 + 5 = 8 - 3e^{-10t} \text{ mA}$$

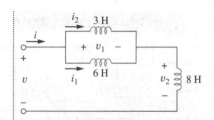

Figura 6.34 Esquema para o Problema prático 6.12.

● **PROBLEMA PRÁTICO 6.12**

De modo similar,

$$i_2(t) = \frac{1}{12}\int_0^t v_2\,dt + i_2(0) = \frac{120}{12}\int_0^t e^{-10t}\,dt - 1\text{ mA}$$

$$= -e^{-10t}\Big|_0^t - 1\text{ mA} = -e^{-10t} + 1 - 1 = -e^{-10t}\text{ mA}$$

Note que $i_1(t) + i_2(t) = i(t)$.

No circuito da Figura 6.34, $i_1(t) = 0{,}6e^{-2t}$ A. Se $i(0) = 1{,}4$ A, determine:
(a) $i_2(0)$; (b) $i_2(t)$ e $i(t)$; (c) $v_1(t)$, $v_2(t)$ e $v(t)$.

Resposta: (a) 800 mA, (b) $(-0{,}4 + 1{,}2e^{-2t})$ A, $(-0{,}4 + 1{,}8e^{-2t})$ A, (c) $-36e^{-2t}$ V, $-7{,}2e^{-2t}$ V, $-28{,}8e^{-2t}$ V.

6.6 †Aplicações

Elementos de circuito como resistores e capacitores encontram-se disponíveis no mercado em qualquer forma discreta ou em circuito integrado (CI). Diferentemente dos capacitores e resistores, os indutores com indutância considerável são difíceis de ser produzidos em substratos de CI. Consequentemente, os indutores (bobinas) normalmente vêm na forma discreta e tendem a ser mais volumosos e caros; por essa razão, não são tão versáteis como os capacitores e resistores, sendo mais limitados em aplicações. Entretanto, há diversas aplicações nas quais os indutores não têm nenhum substituto prático. Eles são usados rotineiramente em relés, circuitos de retardo, dispositivos de detecção (sensores), agulhas de toca-discos, circuitos telefônicos, receptores de rádio e TV, fontes de alimentação, motores elétricos, microfones e alto-falantes, citando apenas alguns exemplos.

Os capacitores e indutores possuem três propriedades especiais, que os tornam muito úteis nos circuitos elétricos:

1. Capacidade de armazenar energia, que os torna úteis como fontes de tensão e de corrente temporárias. Consequentemente, eles podem ser usados para gerar uma tensão ou corrente muito altas por um curto período.
2. Capacitores que se opõem a mudanças na tensão, enquanto os indutores se opõem a qualquer mudança abrupta na corrente. Essa propriedade torna os indutores úteis para supressão de arcos ou centelhas e para conversão de tensão CC pulsante em tensão CC relativamente suave.
3. Capacitores e indutores, que são sensíveis à frequência. Essa propriedade os torna úteis para discriminadores de frequência.

As duas primeiras propriedades são colocadas em prática em circuitos CC, enquanto a terceira é aproveitada em circuitos CA. Veremos como serão úteis essas propriedades em capítulos posteriores. Por enquanto, consideraremos três aplicações envolvendo capacitores e amplificadores operacionais: integrador, diferenciador e computador analógico.

6.6.1 Integrador

Entre os circuitos com amplificadores operacionais importantes que usam elementos armazenadores de energia, temos os integradores e os diferenciadores. Esses circuitos normalmente envolvem resistores e capacitores; os indutores (bobinas) tendem a ser mais volumosos e mais caros.

O integrador com amplificadores operacionais é usado em várias aplicações, especialmente em computadores analógicos, a serem vistos na Seção 6.6.3.

Integrador é um circuito com amplificador operacional cuja saída é proporcional à integral do sinal de entrada.

Se o resistor de realimentação R_f no familiar amplificador inversor da Figura 6.35a for substituído por um capacitor, obteremos um integrador ideal, conforme mostra a Figura 6.35b. É interessante notar que é possível obter uma representação matemática da integração dessa forma. No nó a na Figura 6.35b,

$$i_R = i_C \tag{6.32}$$

porém,

$$i_R = \frac{v_i}{R}, \quad i_C = -C\frac{dv_o}{dt}$$

Substituindo estas na Equação (6.32), obtemos

$$\frac{v_i}{R} = -C\frac{dv_o}{dt} \tag{6.33a}$$

$$dv_o = -\frac{1}{RC}v_i\, dt \tag{6.33b}$$

Integrando ambos os lados da equação, temos

$$v_o(t) - v_o(0) = -\frac{1}{RC}\int_0^t v_i(\tau)d\tau \tag{6.34}$$

Para garantir que $v_o(0) = 0$, é necessário sempre descarregar o capacitor do integrador antes da aplicação de um sinal. Supondo $v_o(0) = 0$,

$$\boxed{v_o = -\frac{1}{RC}\int_0^t v_i(\tau)d\tau} \tag{6.35}$$

que mostra que o circuito da Figura 6.35b fornece uma tensão de saída proporcional à integral da entrada. Na prática, o integrador com amplificador operacional requer um resistor de realimentação para reduzir o ganho CC e evitar saturação. Deve-se tomar cuidado para que o amplificador operacional opere dentro do intervalo linear de modo que ele não venha a saturar.

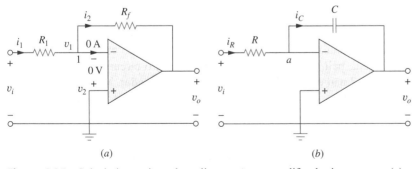

Figura 6.35 Substituir o resistor de realimentação no amplificador inversor em (a) produz um integrador em (b).

EXEMPLO 6.13

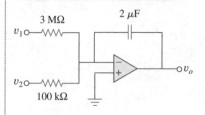

Figura 6.36 Esquema para o Exemplo 6.13.

Se $v_1 = 10 \cos 2t$ mV e $v_2 = 0,5t$ mV, determine v_o no circuito com amplificadores operacionais da Figura 6.36. Suponha que a tensão no capacitor seja inicialmente zero.

Solução: Esse circuito é um integrador somador e

$$v_o = -\frac{1}{R_1 C}\int v_1\, dt - \frac{1}{R_2 C}\int v_2\, dt$$

$$= -\frac{1}{3 \times 10^6 \times 2 \times 10^{-6}}\int_0^t 10 \cos(2\tau)\,d\tau$$

$$-\frac{1}{100 \times 10^3 \times 2 \times 10^{-6}}\int_0^t 0,5\tau\,d\tau$$

$$= -\frac{1}{6}\frac{10}{2}\,\text{sen}\, 2t - \frac{1}{0,2}\frac{0,5t^2}{2} = -0,833\,\text{sen}\, 2t - 1,25t^2\, \text{mV}$$

PROBLEMA PRÁTICO 6.13

O integrador da Figura 6.35b tem $R = 100$ kΩ e $C = 20$ μF. Determine a tensão de saída quando uma tensão CC de 2,5 mV é aplicada no instante $t = 0$. Suponha que o amplificador operacional esteja inicialmente com o offset ajustado.

Resposta: $-1,25t$ mV.

6.6.2 Diferenciador

Diferenciador é um circuito com amplificador operacional cuja saída é proporcional à taxa de variação do sinal de entrada.

Na Figura 6.35a, se o resistor de entrada for substituído por um capacitor, o circuito resultante é um diferenciador, como mostra a Figura 6.37. Aplicando a LKC ao nó a,

$$i_R = i_C \tag{6.36}$$

Porém,

$$i_R = -\frac{v_o}{R}, \qquad i_C = C\frac{dv_i}{dt}$$

Substituir estas na Equação (6.36) nos leva a

$$\boxed{v_o = -RC\frac{dv_i}{dt}} \tag{6.37}$$

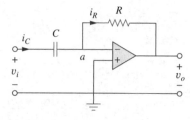

Figura 6.37 Diferenciador com amplificador operacional.

demonstrando que a saída é a derivada da entrada. Os circuitos diferenciadores são eletronicamente instáveis, pois qualquer ruído elétrico nele é muito amplificado pelo diferenciador. Por essa razão, o circuito diferenciador da Figura 6.37 não é tão útil e popular como o integrador. Na prática, ele raramente é usado.

EXEMPLO 6.14

Esboce a tensão de saída para o circuito da Figura 6.38a, dada a tensão de entrada na Figura 6.38b. Considere $v_o = 0$ em $t = 0$.

Solução: Trata-se de um diferenciador com

$$RC = 5 \times 10^3 \times 0{,}2 \times 10^{-6} = 10^{-3}\text{ s}$$

Para $0 < t < 4$ ms, podemos expressar a tensão de entrada na Figura 6.38b como

$$v_i = \begin{cases} 2.000t & 0 < t < 2\text{ ms} \\ 8 - 2.000t & 2 < t < 4\text{ ms} \end{cases}$$

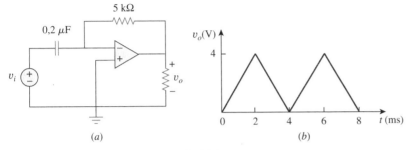

Figura 6.38 Esquema para o Exemplo 6.14.

Isso é repetido para $4 < t < 8$ ms. Usando a Equação (6.37), a saída é obtida como segue

$$v_o = -RC\frac{dv_i}{dt} = \begin{cases} -2\text{ V} & 0 < t < 2\text{ ms} \\ 2\text{ V} & 2 < t < 4\text{ ms} \end{cases}$$

Portanto, a saída tem a forma esboçada na Figura 6.39.

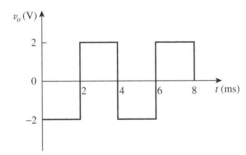

Figura 6.39 Saída do circuito da Figura 6.38a.

O diferenciador da Figura 6.37 tem $R = 100$ kΩ e $C = 0{,}1$ μF. Dado que $v_i = 1{,}25t$ V, determine a saída v_o.

Resposta: –12,5 mV.

PROBLEMA PRÁTICO 6.14

6.6.3 Computador analógico

Os amplificadores operacionais foram desenvolvidos inicialmente para computadores analógicos, os quais podem ser programados para solucionar modelos matemáticos de sistemas mecânicos ou elétricos, que são normalmente expressos em termos de equações diferenciais.

Resolver equações diferenciais simples por intermédio de um computador analógico requer colocar em cascata três tipos de circuitos com amplificadores operacionais: circuitos integradores, amplificadores somadores e amplificadores inversores/não inversores para aplicação de fatores de escala positivos. A melhor maneira de ilustrar como um computador analógico resolve uma equação diferencial é por meio de um exemplo.

Suponha que queiramos a solução $x(t)$ da equação

$$a\frac{d^2x}{dt^2} + b\frac{dx}{dt} + cx = f(t), \quad t > 0 \quad (6.38)$$

onde a, b e c são constantes e $f(t)$ é uma função forçada arbitrária. A solução é obtida resolvendo inicialmente o termo de derivada de ordem mais alta. Calculando d^2x/dt^2, temos

$$\frac{d^2x}{dt^2} = \frac{f(t)}{a} - \frac{b}{a}\frac{dx}{dt} - \frac{c}{a}x \quad (6.39)$$

Para obter dx/dt, o termo d^2x/dt^2 é integrado e invertido. Finalmente, para obter x, o termo dx/dt é integrado e invertido. A função é inserida no ponto apropriado, portanto, o computador analógico para resolver a Equação (6.38) é implementado interligando-se os somadores, inversores e integradores necessários. Podemos utilizar um plotter ou osciloscópio para ver a saída x ou dx/dt ou d^2x/dt^2, dependendo se ele estiver conectado ao sistema ou não.

Embora o exemplo anterior seja de uma equação diferencial de segunda ordem, qualquer equação diferencial pode ser simulada por um computador analógico, formado por integradores, inversores e somadores inversores. Porém, deve-se tomar cuidado ao selecionar os valores de resistores e capacitores para garantir que os amplificadores operacionais não se saturem durante o intervalo de tempo da solução.

Os computadores analógicos a válvulas foram construídos nas décadas de 1950 e 1960. Seu uso caiu recentemente, pois foram superados por modernos computadores digitais, entretanto, ainda estudamos os computadores analógicos por duas razões. Primeiro, a disponibilidade de amplificadores operacionais integrados tornou possível a construção de computadores analógicos de forma fácil e barata. Em segundo lugar, ter uma visão geral dos computadores analógicos ajuda na compreensão dos computadores digitais.

EXEMPLO 6.15

Projete um circuito de computador analógico para resolver a equação diferencial:

$$\frac{d^2v_o}{dt^2} + 2\frac{dv_o}{dt} + v_o = 10 \operatorname{sen} 4t, \quad t > 0$$

sujeito a $v_o(0) = -4$, $v'_o(0) = 1$, em que a primeira se refere à derivada do tempo.

Solução:
1. **Definição.** Temos um problema claramente definido e uma solução esperada. Devemos relembrar os estudantes que, em várias situações, o problema não se encontra tão bem definido e esta parte do processo de resolução de problemas poderia exigir um esforço muito maior. Se esse for o caso, então se deve sempre ter em mente que o tempo gasto aqui resultará em um esforço muito menor posteriormente e muito provavelmente iria lhe poupar uma série de transtornos no processo.
2. **Apresentação.** Fica claro que o emprego dos dispositivos apresentados na Seção 6.6.3 nos permitirá criar o circuito de computador analógico desejado. Precisaremos dos circuitos integradores (possivelmente combinados com uma capacidade de somador) e um ou mais circuitos inversores.
3. **Alternativa.** A abordagem para resolução desse problema é simples e objetiva. Precisaremos pegar os valores corretos de resistores e capacitores para podermos concretizar a equação que estamos representando. A saída final do circuito dará o resultado desejado.
4. **Tentativa.** Há um número infinito de possibilidades na escolha de resistores e capacitores, muitas das quais resultarão em soluções corretas. Valores muito

altos para resistores e capacitores resultarão em saídas incorretas. Por exemplo, valores baixos de resistores sobrecarregarão o circuito, e pegar valores de resistores que são muito grandes fará os amplificadores operacionais pararem de funcionar como dispositivos ideais. Os limites podem ser determinados a partir das características do amplificador operacional real.

Resolvemos, primeiro, a segunda derivada como segue

$$\frac{d^2v_o}{dt^2} = 10\,\text{sen}\,4t - 2\frac{dv_o}{dt} - v_o \qquad (6.15.1)$$

Essa resolução requer algumas operações matemáticas, entre as quais soma, aplicação de fator de escala e integração. Integrando ambos os lados da Equação (6.15.1) resulta em

$$\frac{dv_o}{dt} = -\int_0^t \left(-10\,\text{sen}(4\tau) + 2\frac{dv_o(\tau)}{d\tau} + v_o(\tau)\right)d\tau + v'_o(0) \qquad (6.15.2)$$

onde $v'_o(0) = 1$. Implementamos a Equação (6.15.2) usando o integrador somador mostrado na Figura 6.40a. Os valores dos resistores e capacitores foram escolhidos de forma que $RC = 1$ para o termo

$$-\frac{1}{RC}\int_0^t v_o(\tau)d\tau$$

Outros termos no integrador somador da Equação (6.15.2) são consequentemente implementados. A condição inicial $dv_o(0)/dt = 1$ é implementada conectando ao capacitor uma fonte de 1 V com uma chave, como mostrado na Figura 6.40a.

A próxima etapa é obter v_o integrando dv_o/dt e invertendo o resultado,

$$v_o = -\int_0^t \left(-\frac{dv_o(\tau)}{d\tau}\right)d\tau + v(0) \qquad (6.15.3)$$

Isso é implementado pelo circuito da Figura 6.40b com a fonte fornecendo a condição inicial de -4 V. Agora, associamos os dois circuitos na Figura 6.40a-b para obter o circuito completo, apresentado na Figura 6.40c. Quando for aplicado o sinal de entrada $10\,\text{sen}\,4t$, abrimos as chaves em $t = 0$ para obter a forma de onda de saída v_o, que pode ser vista em um osciloscópio.

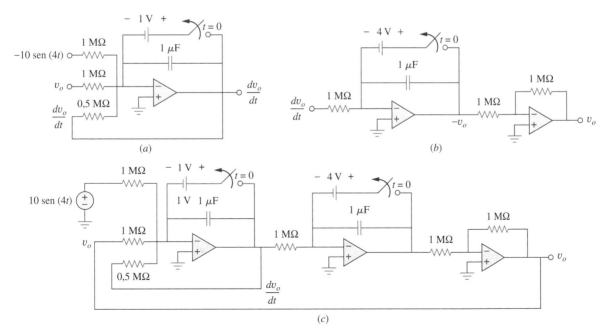

Figura 6.40 Esquema para o Exemplo 6.15.

5. **Avaliação.** A resposta parece correta, mas será que ela realmente está? Se for desejada uma solução real para v_o, então uma ótima verificação seria primeiro encontrar a solução construindo o circuito no *PSpice*. Esse resultado poderia ser então comparado com uma solução usando a capacidade de solução diferencial do *MATLAB*.

Já que o que é preciso fazer é apenas verificar o circuito e confirmar que ele representa a equação, existe uma técnica mais fácil de ser utilizada, simplesmente percorremos o circuito e verificamos se ele gera a equação desejada.

Entretanto, ainda temos opções a serem feitas. Poderíamos percorrer o circuito da esquerda para a direita, mas isso envolveria a diferenciação do resultado para obter a equação original. Uma abordagem mais fácil seria percorrer o circuito da direita para a esquerda. Essa é a abordagem que usaremos para verificar a resposta.

Iniciando com a saída, v_o, vemos que o amplificador operacional do lado direito nada mais é que um inversor com ganho unitário. Isso significa que a saída do circuito central é $-v_o$. A equação a seguir representa a ação do circuito central.

$$-v_o = -\left(\int_0^t \frac{dv_o}{dt} dt + v_o(0)\right) = -\left(v_o\Big|_0^t + v_o(0)\right)$$
$$= -(v_o(t) - v_o(0) + v_o(0))$$

onde $v_o(0) = -4$ V é a tensão inicial no capacitor.

Verificamos o circuito do lado esquerdo da mesma forma.

$$\frac{dv_o}{dt} = -\left(\int_0^t -\frac{d^2v_o}{dt^2} dt - v'_o(0)\right) = -\left(-\frac{dv_o}{dt} + v'_o(0) - v'_o(0)\right)$$

Agora, resta verificarmos se a entrada para o primeiro AOP é $-d^2v_o/dt^2$.

Examinando a entrada, vemos que ela é igual a

$$-10\,\text{sen}(4t) + v_o + \frac{1/10^{-6}}{0{,}5\,\text{M}\Omega}\frac{dv_o}{dt} = -10\,\text{sen}(4t) + v_o + 2\frac{dv_o}{dt}$$

que realmente produz $-d^2v_o/dt^2$ da equação original.

6. **Satisfatória?** A solução obtida é satisfatória. Agora, podemos apresentar esse desenvolvimento como uma solução para o problema.

PROBLEMA PRÁTICO 6.15

Projete um circuito de computador analógico para resolver a equação diferencial:

$$\frac{d^2v_o}{dt^2} + 3\frac{dv_o}{dt} + 2v_o = 4\cos 10t, \qquad t > 0$$

sujeito a $v_o(0) = 2$, $v'_o(0) = 0$.

Resposta: Ver Figura 6.41, onde $RC = 1$ s.

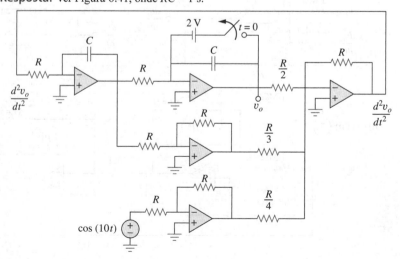

Figura 6.41 Esquema para o Problema prático 6.15.

6.7 Resumo

1. A corrente através de um capacitor é diretamente proporcional à taxa de variação da tensão em seus terminais.

$$i = C\frac{dv}{dt}$$

   A corrente através de um capacitor é zero a menos que a tensão varie. Portanto, um capacitor atua como um circuito aberto para uma fonte de tensão CC.

2. A tensão em um capacitor é diretamente proporcional à integral no tempo da corrente que passa por ele.

$$v = \frac{1}{C}\int_{-\infty}^{t} i\, dt = \frac{1}{C}\int_{t_0}^{t} i\, dt + v(t_0)$$

   A tensão em um capacitor não pode mudar instantaneamente.

3. Capacitores em série e em paralelo são associados da mesma forma que condutâncias.

4. A tensão em um indutor é diretamente proporcional à taxa de variação da corrente que passa por ele.

$$v = L\frac{di}{dt}$$

   A tensão no indutor é zero a menos que a corrente varie. Portanto, um indutor atua como um curto-circuito para uma fonte CC.

5. A corrente através de um indutor é diretamente proporcional à integral no tempo da tensão neste componente.

$$i = \frac{1}{L}\int_{-\infty}^{t} v\, dt = \frac{1}{L}\int_{t_0}^{t} v\, dt + i(t_0)$$

   A corrente através de um indutor não pode mudar instantaneamente.

6. Indutores em série e em paralelo são associados da mesma forma que resistores em série e em paralelo são associados.

7. Em dado instante t, a energia armazenada em um capacitor é $\frac{1}{2}Cv^2$ enquanto a energia armazenada em um indutor é $\frac{1}{2}Li^2$.

8. Três circuitos de aplicação, o integrador, o diferenciador e o computador analógico, podem ser construídos usando resistores, capacitores e amplificadores operacionais.

Questões para revisão

6.1 Qual a carga em um capacitor de 5 F quando ele é conectado a uma fonte de 120 V?
   (a) 600 C   (b) 300 C
   (c) 24 C   (d) 12 C

6.2 A capacitância é medida em:
   (a) coulombs   (b) joules
   (c) henrys   (d) farads

6.3 Quando a carga total em um capacitor é dobrada, a energia armazenada:
   (a) permanece a mesma   (b) é dividida pela metade
   (c) é dobrada   (d) é quadruplicada

6.4 A forma de onda da tensão representada na Figura 6.42 pode ser associada a um capacitor real?
   (a) Sim   (b) Não

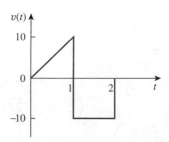

Figura 6.42 Esquema para a Questão para revisão 6.4.

6.5 A capacitância total de dois capacitores de 40 mF em série associada em paralelo com um capacitor de 4 mF é igual a:

(a) 3,8 mF (b) 5 mF (c) 24 mF
(d) 44 mF (e) 84 mF

6.6 Na Figura 6.43, se $i = \cos 4t$ e $v = \sen 4t$, o componente é um:

(a) resistor (b) capacitor (c) indutor

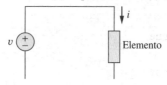

Figura 6.43 Esquema para a Questão para revisão 6.6.

6.7 Um indutor de 5 H muda sua corrente de 3 A em 0,2 s. A tensão produzida nos terminais do indutor é:

(a) 75 V (b) 8,888 V
(c) 3 V (d) 1,2 V

6.8 Se a corrente através de um indutor de 10 mH aumenta de zero a 2 A, qual é a quantidade de energia armazenada no indutor?

(a) 40 mJ (b) 20 mJ
(c) 10 mJ (d) 5 mJ

6.9 Indutores em paralelo podem ser associados da mesma forma que resistores em paralelo.

(a) Verdadeiro (b) Falso

6.10 Para o circuito da Figura 6.44, a fórmula para o divisor de tensão é:

(a) $v_1 = \dfrac{L_1 + L_2}{L_1} v_s$ (b) $v_1 = \dfrac{L_1 + L_2}{L_2} v_s$

(c) $v_1 = \dfrac{L_2}{L_1 + L_2} v_s$ (d) $v_1 = \dfrac{L_1}{L_1 + L_2} v_s$

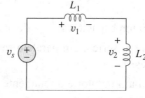

Figura 6.44 Esquema para a Questão para revisão 6.10.

Respostas: 6.1a, 6.2d, 6.3d, 6.4b, 6.5c, 6.6b, 6.7a, 6.8b, 6.9a, 6.10d.

Problemas

• Seção 6.2 Capacitores

6.1 Se a tensão em um capacitor de 7,5 F for $2te^{-3t}$ V, determine a corrente e a potência.

6.2 Um capacitor de 50 μF possui energia $w(t) = 10 \cos^2 377t$ J. Determine a corrente que passa pelo capacitor.

6.3 Elabore um problema para ajudar outros estudantes a entenderem melhor como os capacitores funcionam.

6.4 Uma corrente de 4 sen 4t A passa por um capacitor de 5 F. Descubra a tensão $v(t)$ no capacitor dado que $v(0) = 1$ V.

6.5 A tensão em um capacitor de 4 μF é mostrada na Figura 6.45. Descubra a forma de onda da corrente.

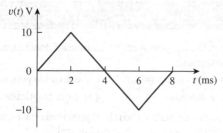

Figura 6.45 Esquema para o Problema 6.5.

6.6 A forma de onda da tensão apresentada na Figura 6.46 é aplicada em um capacitor de 55 μF. Desenhe a forma de onda da corrente que passa por ele.

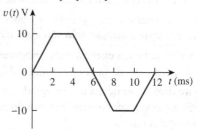

Figura 6.46 Esquema para o Problema 6.6.

6.7 Em $t = 0$, a tensão em um capacitor de 25 mF é 10 V. Calcule a tensão no capacitor para $t > 0$ quando a corrente 5t mA passa através dele.

6.8 Um capacitor de 4 mF apresenta a seguinte tensão em seus terminais.

$$v = \begin{cases} 50 \text{ V}, & t \leq 0 \\ Ae^{-100t} + Be^{-600t} \text{ V}, & t \geq 0 \end{cases}$$

Se o capacitor tiver uma corrente inicial de 2 A, determine:

(a) As constantes A e B.

(b) A energia armazenada no capacitor em $t = 0$.

(c) A corrente no capacitor para $t > 0$.

6.9 A corrente através de um capacitor de 0,5 F é $6(1 - e^{-t})$ A. Determine a tensão e a potência em $t = 2$ s. Suponha $v(0) = 0$.

6.10 A tensão em um capacitor de 5 mF é mostrada na Figura 6.47. Determine a corrente através do capacitor.

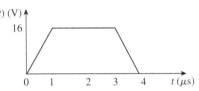

Figura 6.47 Esquema para o Problema 6.10.

6.11 Um capacitor de 4 mF tem a forma de onda para corrente apresentada na Figura 6.48. Supondo que $v(0) = 10$ V, esboce a forma de onda da tensão $v(t)$.

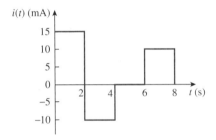

Figura 6.48 Esquema para o Problema 6.11.

6.12 Uma tensão igual a $30e^{-2.000t}$ V é medida entre uma associação paralela de um capacitor de 100 mF e um resistor de 12 Ω. Calcule a potência absorvida pela associação paralela.

6.13 Determine a tensão nos capacitores do circuito da Figura 6.49 em CC.

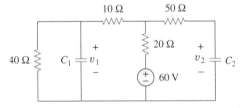

Figura 6.49 Esquema para o Problema 6.13.

● Seção 6.3 **Capacitores em série e em paralelo**

6.14 Capacitores de 20 pF e 60 pF conectados em série são associados em paralelo com capacitores de 30 pF e 70 pF conectados em série. Determine a capacitância equivalente.

6.15 Dois capacitores (25 μF e 75 μF) são ligados a uma fonte de 100 V. Determine a energia armazenada em cada capacitor se eles estiverem conectados em:

(a) Paralelo   (b) Série

6.16 A capacitância equivalente nos terminais a-b no circuito da Figura 6.50 é 30 μF. Calcule o valor de C.

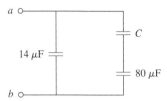

Figura 6.50 Esquema para o Problema 6.16.

6.17 Determine a capacitância equivalente para cada um dos circuitos da Figura 6.51.

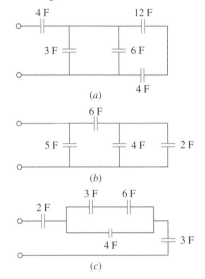

Figura 6.51 Esquema para o Problema 6.17.

6.18 Determine C_{eq} no circuito da Figura 6.52 se todos os capacitores forem de 4 μF.

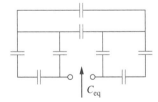

Figura 6.52 Esquema para o Problema 6.18.

6.19 Determine a capacitância equivalente entre os terminais a-b no circuito da Figura 6.53. Todas as capacitâncias se encontram em μF.

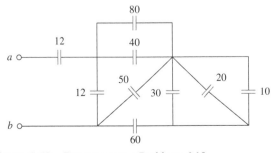

Figura 6.53 Esquema para o Problema 6.19.

6.20 Determine a capacitância equivalente nos terminais *a-b* do circuito da Figura 6.54.

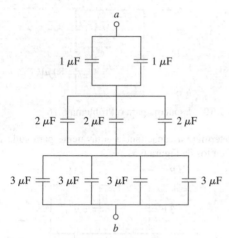

Figura 6.54 Esquema para o Problema 6.20.

6.21 Determine a capacitância equivalente nos terminais *a-b* do circuito da Figura 6.55.

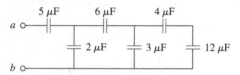

Figura 6.55 Esquema para o Problema 6.21.

6.22 Obtenha a capacitância equivalente do circuito da Figura 6.56.

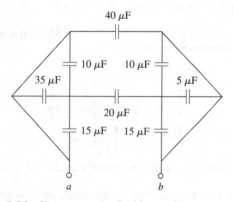

Figura 6.56 Esquema para o Problema 6.22.

6.23 Usando a Figura 6.57, elabore um problema que ajude outros estudantes a entenderem melhor como os capacitores funcionam juntos quando conectados em série e em paralelo.

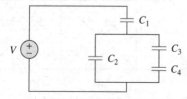

Figura 6.57 Esquema para o Problema 6.23.

6.24 Para o circuito da Figura 6.58, determine (a) a tensão em cada capacitor e (b) a energia armazenada em cada capacitor.

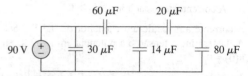

Figura 6.58 Esquema para o Problema 6.24.

6.25 (a) Demonstre que a regra de divisão de tensão para dois capacitores em série como na Figura 6.59a é

$$v_1 = \frac{C_2}{C_1 + C_2} v_s, \quad v_2 = \frac{C_1}{C_1 + C_2} v_s$$

supondo que as condições iniciais sejam zero.

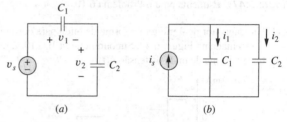

Figura 6.59 Esquema para o Problema 6.25.

(b) Para os dois capacitores em paralelo como indicados na Figura 6.59b, demonstre que a regra da divisão de corrente é

$$i_1 = \frac{C_1}{C_1 + C_2} i_s, \quad i_2 = \frac{C_2}{C_1 + C_2} i_s$$

supondo que as condições iniciais sejam zero.

6.26 Três capacitores, $C_1 = 5\ \mu F$, $C_2 = 10\ \mu F$ e $C_3 = 20\ \mu F$, estão conectados em paralelo e em uma fonte de 150 V. Determine:

(a) A capacitância total.

(b) A carga em cada capacitor.

(c) A energia total armazenada na associação em paralelo.

6.27 Dado que quatro capacitores de 4 μF podem ser conectados em série e em paralelo, calcule os valores máximo e mínimo que podem ser obtidos por tais associações série-paralelo.

6.28 Obtenha a capacitância equivalente do circuito apresentado na Figura 6.60.

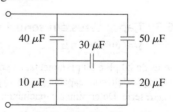

Figura 6.60 Esquema para o Problema 6.28.

---

* O asterisco indica um problema que constitui um desafio.

6.29 Determine C_{eq} para cada circuito da Figura 6.61.

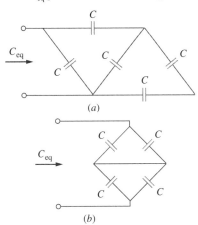

Figura 6.61 Esquema para o Problema 6.29.

6.30 Supondo que os capacitores estejam inicialmente descarregados, determine $v_o(t)$ no circuito da Figura 6.62.

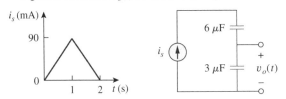

Figura 6.62 Esquema para o Problema 6.30.

6.31 Se $v(0) = 0$, determine $v(t)$, $i_1(t)$ e $i_2(t)$ no circuito da Figura 6.63.

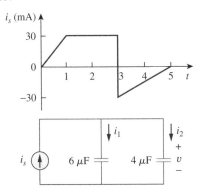

Figura 6.63 Esquema para o Problema 6.31.

6.32 No circuito da Figura 6.64, seja $i_s = 50e^{-2t}$ mA e $v_1(0) = 50$ V, $v_2(0) = 20$ V. Determine: (a) $v_1(t)$ e $v_2(t)$; (b) a energia em cada capacitor em $t = 0{,}5$ s.

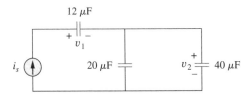

Figura 6.64 Esquema para o Problema 6.32.

6.33 Obtenha o circuito equivalente de Thévenin nos terminais, *a-b*, do circuito mostrado na Figura 6.65. Note que os circuitos equivalentes de Thévenin geralmente não existem para circuitos envolvendo capacitores e resistores. Este é um caso especial em que o circuito equivalente de Thévenin realmente existe.

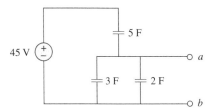

Figura 6.65 Esquema para o Problema 6.33.

● **Seção 6.4 Indutores**

6.34 A corrente através de um indutor de 10 mH é $10e^{-t/2}$ A. Determine a tensão e a potência em $t = 3$ s.

6.35 Um indutor possui uma mudança linear na corrente variando de 50 mA a 100 mA em 2 ms e induz uma tensão de 160 mV. Calcule o valor do indutor.

6.36 Elabore um problema para ajudar outros estudantes a entenderem melhor como os indutores funcionam.

6.37 A corrente através de um indutor 12 mH é 4 sen $100t$ A. Determine a tensão, no indutor no intervalo $\pi/200$ s e a energia armazenada em $t = \frac{\pi}{200}$ s.

6.38 A corrente através de um indutor de 40 mH é dada por

$$i(t) = \begin{cases} 0, & t < 0 \\ te^{-2t} \text{ A}, & t > 0 \end{cases}$$

Determine a tensão $v(t)$.

6.39 A tensão em um indutor de 200 mH é dada por

$$v(t) = 3t^2 + 2t + 4 \text{ V} \quad \text{para } t > 0.$$

Determine a corrente $i(t)$ que passa pelo indutor. Suponha que $i(0) = 1$ A.

6.40 A corrente através de um indutor de 5 mH é apresentada na Figura 6.66. Determine a tensão no indutor em $t = 1$, 3 e 5 ms.

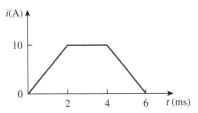

Figura 6.66 Esquema para o Problema 6.40.

6.41 A tensão em um indutor de 2 H é $20(1 - e^{-2t})$ V. Se a corrente inicial através do indutor for 0,3 A, determine a corrente e a energia armazenada no indutor em $t = 1$ s.

6.42 Se a forma de onda da tensão na Figura 6.67 for aplicada aos terminais de um indutor de 5 H, calcule a corrente através do indutor. Suponha $i(0) = -1$ A.

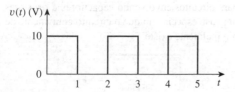

Figura 6.67 Esquema para o Problema 6.42.

6.43 A corrente em um indutor de 80 mH aumenta de 0 a 60 mA. Qual é a quantidade de energia armazenada no indutor?

*6.44 Um indutor de 100 mH é conectado em paralelo com um resistor de 2 kΩ. A corrente que passa pelo indutor é $i(t) = 50e^{-400t}$ mA. (a) Determine a tensão v_L no indutor. (b) Determine a tensão v_R no resistor. (c) A equação, a seguir, $v_R(t) + v_L(t) = 0$ é verdadeira? (d) Calcule a energia no indutor em $t = 0$.

6.45 Se a forma de onda da tensão na Figura 6.68 for aplicada a um indutor de 10 mH, determine a corrente $i(t)$. Suponha $i(0) = 0$.

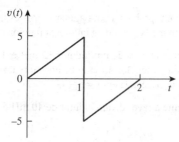

Figura 6.68 Esquema para o Problema 6.45.

6.46 Determine v_C, i_L e a energia armazenada no capacitor e indutor no circuito da Figura 6.69 em condições de CC.

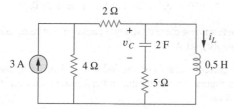

Figura 6.69 Esquema para o Problema 6.46.

6.47 Para o circuito da Figura 6.70, calcule o valor de R que **e2d** fará a energia armazenada no capacitor ser a mesma que aquela armazenada no indutor em CC.

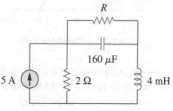

Figura 6.70 Esquema para o Problema 6.47.

6.48 Em condições CC de regime estacionário, determine i e v no circuito da Figura 6.71.

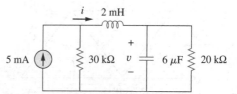

Figura 6.71 Esquema para o Problema 6.48.

• **Seção 6.5   Indutores em série e em paralelo**

6.49 Determine a indutância equivalente do circuito na Figura 6.72. Suponha que todos os indutores sejam de 10 mH.

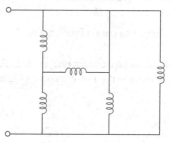

Figura 6.72 Esquema para o Problema 6.49.

6.50 Um circuito armazenador de energia é formado por indutores conectados em série de 16 mH e 14 mH associados em paralelo com indutores conectados em série de 24 mH e 36 mH. Calcule a indutância equivalente.

6.51 Determine a L_{eq} nos terminais a-b do circuito da Figura 6.73.

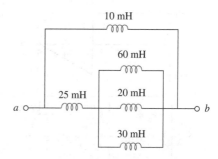

Figura 6.73 Esquema para o Problema 6.51.

6.52 Usando a Figura 6.74, elabore um problema para ajudar **e2d** outros estudantes a entenderem melhor como os indutores se comportam quando conectados em série e quando conectados em paralelo.

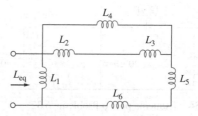

Figura 6.74 Esquema para o Problema 6.52.

6.53 Determine a L_{eq} nos terminais do circuito da Figura 6.75.

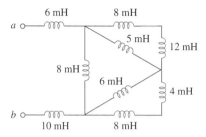

Figura 6.75 Esquema para o Problema 6.53.

6.54 Determine a indutância equivalente olhando pelos terminais do circuito da Figura 6.76.

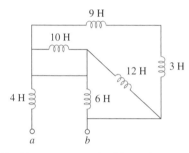

Figura 6.76 Esquema para o Problema 6.54.

6.55 Determine a L_{eq} em cada um dos circuitos da Figura 6.77.

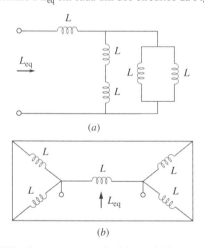

Figura 6.77 Esquema para o Problema 6.55.

6.56 Determine a L_{eq} no circuito da Figura 6.78.

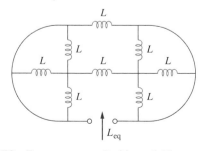

Figura 6.78 Esquema para o Problema 6.56.

*6.57 Determine a L_{eq} que pode ser usada para representar o circuito indutivo da Figura 6.79 nos terminais.

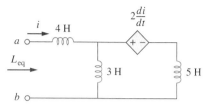

Figura 6.79 Esquema para o Problema 6.57.

6.58 A forma de onda da corrente na Figura 6.80 percorre um indutor de 3 H. Esboce a tensão através do indutor ao longo do intervalo $0 < t < 6$ s.

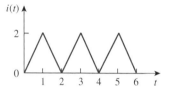

Figura 6.80 Esquema para o Problema 6.58.

6.59 (a) Para dois indutores em série como aqueles mostrados na Figura 6.81a, demonstre que o princípio da divisão da tensão é

$$v_1 = \frac{L_1}{L_1 + L_2} v_s, \qquad v_2 = \frac{L_2}{L_1 + L_2} v_s$$

supondo que as condições iniciais sejam zero.

(b) Para dois indutores em paralelo como aqueles apresentados na Figura 6.81b, demonstre que o princípio da divisão da corrente é

$$i_1 = \frac{L_2}{L_1 + L_2} i_s, \qquad i_2 = \frac{L_1}{L_1 + L_2} i_s$$

supondo que as condições iniciais sejam zero.

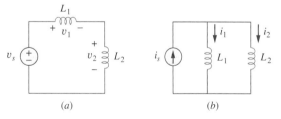

Figura 6.81 Esquema para o Problema 6.59.

6.60 No circuito da Figura 6.82, $i_o(0) = 2$ A. Determine $i_o(t)$ e $v_o(t)$ para $t > 0$.

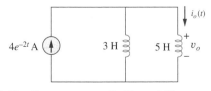

Figura 6.82 Esquema para o Problema 6.60.

6.61 Considere o circuito da Figura 6.83. Determine: (a) L_{eq}, $i_1(t)$ e $i_2(t)$, se $i_s = 3e^{-t}$ mA; (b) $v_o(t)$; (c) a energia armazenada no indutor de 20 mH em $t = 1$ s.

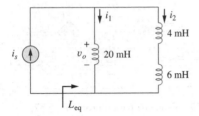

Figura 6.83 Esquema para o Problema 6.61.

6.62 Considere o circuito da Figura 6.84. Dado que $v(t) = 12e^{-3t}$ mV para $t > 0$ e $i_1(0) = -10$ mA, determine: (a) $i_2(0)$, (b) $i_1(t)$ e $i_2(t)$.

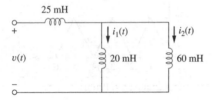

Figura 6.84 Esquema para o Problema 6.62.

6.63 No circuito da Figura 6.85, esboce v_o.

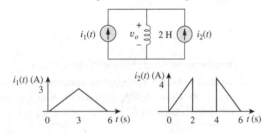

Figura 6.85 Esquema para o Problema 6.63.

6.64 A chave na Figura 6.86 se encontra na posição A há muito tempo. Em $t = 0$, a chave passa da posição A para B e é do tipo abre-fecha, de modo que não haja interrupção na corrente do indutor. Determine:

(a) $i(t)$ para $t > 0$.

(b) v *logo após* a chave ter passado para a posição B.

(c) $v(t)$ bem depois de a chave já estar na posição B.

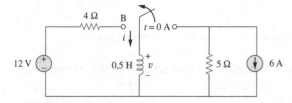

Figura 6.86 Esquema para o Problema 6.64.

6.65 Os indutores na Figura 6.87 são inicialmente carregados e conectados à caixa preta em $t = 0$. Se $i_1(0) = 4$ A, $i_2(0) -2$ A e $v(t) = 50e^{-200t}$ mV para $t \geq 0$, determine:

(a) A energia inicialmente armazenada em cada indutor.

(b) A energia total liberada para a caixa preta de $t = 0$ a $t = \infty$.

(c) $i_1(t)$ e $i_2(t)$, $t \geq 0$

(d) $i(t)$, $t \geq 0$

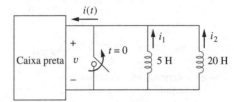

Figura 6.87 Esquema para o Problema 6.65.

6.66 A corrente $i(t)$ através de um indutor de 20 mH é igual, em magnitude, à tensão nele para todos os valores de tempo. Se $i(0) = 2$ A, determine $i(t)$.

● **Seção 6.6 Aplicações**

6.67 Um integrador com amplificadores operacionais possui $R = 50$ kΩ e $C = 0{,}04$ μF. Se a tensão de entrada for $v_i = 10$ sen $50t$ mV, obtenha a tensão de saída.

6.68 Uma tensão CC de 10 V é aplicada a um integrador com $R = 50$ kΩ, $C = 100$ μF em $t = 0$. Quanto tempo levará para o amplificador operacional saturar se as tensões de saturação forem +12 V e −12 V? Suponha que a tensão inicial no capacitor seja zero.

6.69 Um integrador com AOP e $R = 4$ MΩ e $C = 1$ μF tem a forma de onda mostrada na Figura 6.88. Desenhe a forma de onda de saída.

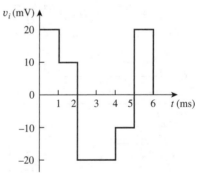

Figura 6.88 Esquema para o Problema 6.69.

6.70 Usando um único amplificador operacional, um capacitor e resistores de 100 kΩ ou menos, desenhe um circuito para implementar

$$v_o = -50 \int_0^t v_i(t)\, dt$$

Suponha $v_o = 0$ em $t = 0$.

6.71 Demonstre como você usaria um único AOP para gerar

$$v_o = -\int_0^t (v_1 + 4v_2 + 10v_3)\, dt$$

Se o capacitor integrador for $C = 2$ μF, obtenha os valores dos demais componentes.

6.72 Em $t = 1{,}5$ ms, calcule v_o devido aos integradores em cascata da Figura 6.89. Suponha que os integradores sejam reiniciados em 0 V no instante $t = 0$.

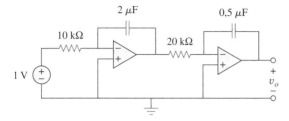

Figura 6.89 Esquema para o Problema 6.72.

6.73 Demonstre que o circuito da Figura 6.90 é um integrador não inversor.

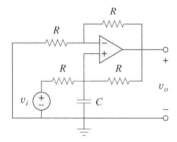

Figura 6.90 Esquema para o Problema 6.73.

6.74 A forma de onda triangular da Figura 6.91a é aplicada à entrada do diferenciador com amplificadores operacionais da Figura 6.91b. Desenhe a saída.

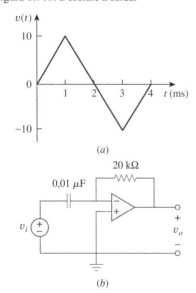

Figura 6.91 Esquema para o Problema 6.74.

6.75 Um diferenciador com amplificadores operacionais possui $R = 250$ kΩ e $C = 10$ μF. A tensão de entrada é uma rampa $r(t) = 12t$ mV. Determine a tensão de saída.

6.76 Uma forma de onda de tensão tem as seguintes características: uma inclinação positiva de 20 V/s por 5 ms seguida por uma inclinação negativa de 10 V/s por 10 ms. Se a forma de onda for aplicada a um diferenciador com $R = 50$ kΩ, $C = 10$ μF, esboce a forma de onda da saída.

* 6.77 A saída do circuito v_o com AOP da Figura 6.92a é apresentada na Figura 6.92b. Seja $R_i = R_f = 1$ MΩ e $C = 1$ μF. Determine a forma de onda da tensão de entrada e esboce-a.

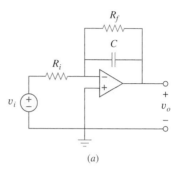

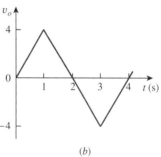

Figura 6.92 Esquema para o Problema 6.77.

6.78 Projete um computador analógico para simular

$$\frac{d^2v_o}{dt^2} + 2\frac{dv_o}{dt} + v_o = 10 \operatorname{sen} 2t$$

onde $v_o(0) = 2$ e $v'_o(0) = 0$.

6.79 Projete um circuito para computador analógico para resolver a seguinte equação diferencial ordinária.

$$\frac{dy(t)}{dt} + 4y(t) = f(t)$$

onde $y(0) = 1$ V.

6.80 A Figura 6.93 apresenta um computador analógico projetado para solucionar uma equação diferencial. Supondo que $f(t)$ seja conhecida, monte a equação para $f(t)$.

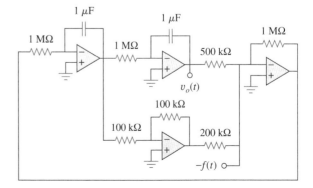

Figura 6.93 Esquema para o Problema 6.80.

6.81 Projete um computador analógico para simular a seguinte equação:

$$\frac{d^2v}{dt^2} + 5v = -2f(t)$$

6.82 Projete um circuito com amplificador operacional tal que

$$v_o = 10v_s + 2\int v_s dt$$

onde v_s e v_o são, respectivamente, a tensão de entrada e a de saída.

Problemas abrangentes

6.83 Seu laboratório tem disponível um grande número de capacitores de 10 μF na faixa de 300 V. Para projetar um banco capacitivo de 40 μF na faixa dos 600 V, quantos capacitores de 10 μF são necessários e como você os interligaria?

6.84 Um indutor de 8 mH é usado em um experimento de potência de fusão. Se a corrente através do indutor for $i(t) = 5 \operatorname{sen}^2 \pi t$ mA, $t > 0$, determine a potência liberada para o indutor e a energia armazenada nele em $t = 0,5$ s.

6.85 Um gerador de onda quadrada produz uma forma de onda de tensão mostrada na Figura 6.94a. Que tipo de componente de circuito é necessário para converter a forma de onda da tensão para a forma de onda triangular da corrente exposta na Figura 6.94b? Calcule o valor do componente, supondo que ele esteja inicialmente descarregado.

6.86 Um motor elétrico pode ser modelado como uma associação em série entre um resistor de 12 Ω e um indutor de 200 mH. Se uma corrente $i(t) = 2te^{-10t}$ A passa através da associação em série, determine a tensão nesta associação.

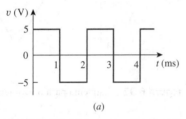
(a)

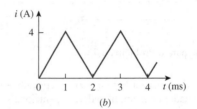
(b)

Figura 6.94 Esquema para o Problema 6.85.

7
CIRCUITOS DE PRIMEIRA ORDEM

Vivemos de nossos atos, não dos anos vividos; de pensamentos, não apenas da respiração; de sentimentos, não dos números em um disco de telefone. Deveríamos contar o tempo em pulsações. Vive mais aquele que pensa mais, sente-se o mais nobre aquele que age melhor.

P. J. Bailey

Progresso profissional

Carreiras em engenharia da computação

A formação em engenharia elétrica passou por drásticas mudanças nas últimas décadas. A maioria dos departamentos tornou-se conhecida como departamento de engenharia elétrica e engenharia de computação, enfatizando as rápidas mudanças por causa dos computadores, que ocupam um lugar de destaque na sociedade e na educação modernas. Eles se tornaram lugar-comum e ajudam a mudar os aspectos da pesquisa, do desenvolvimento, da produção, dos negócios e do entretenimento. Cientistas, engenheiros, médicos, advogados, professores, pilotos de avião, executivos – quase todo mundo se beneficia da capacidade de os computadores armazenarem grandes quantidades de informação e de processarem essas informações em períodos muito breves. A Internet é essencial nas empresas, na educação e em biblioteconomia, e, por isso, o emprego de computadores continua a crescer a passos largos.

Uma formação em engenharia da computação deve abranger o uso de *software*, projeto de *hardware* e técnicas básicas de modelagem, assim como deve incluir cursos em estruturas de dados, sistemas digitais, arquitetura de computadores, microprocessadores, interfaceamento, engenharia de *software* e sistemas operacionais.

Engenheiros eletricistas que se especializam em engenharia da computação encontram colocação no ramo da informática em inúmeras áreas onde os computadores são utilizados. Empresas produtoras de *software* estão crescendo rapidamente em número e tamanho e oferecendo empregos para aqueles que são capacitados em programação. Uma excelente maneira de progredir nos conhecimentos sobre os computadores é se afiliar à IEEE Computer Society, que patrocina várias revistas, periódicos e congressos.

7.1 Introdução

Agora que já examinamos individualmente os três elementos passivos (resistores, capacitores e indutores) e um elemento ativo (o amplificador operacional), estamos preparados para analisar circuitos contendo diversas associações de dois ou três dos elementos passivos. Neste capítulo, examinaremos dois tipos de circuitos simples: um circuito compreendendo um resistor e um capacitor e outro circuito formado por um resistor e um indutor. Estes circuitos são denominados, respectivamente, circuitos *RC* e *RL*, e, apesar de sua simplicidade, têm inúmeras aplicações em eletrônica, comunicações e sistemas de controle, como veremos mais adiante.

Realizamos a análise de circuitos *RC* e *RL* aplicando as leis de Kirchhoff da mesma forma que fizemos para os circuitos resistivos. A única diferença é que a aplicação das leis de Kirchhoff a circuitos puramente resistivos resulta em equações algébricas, enquanto a aplicação dessas leis a circuitos *RC* e *RL* produz equações diferenciais, que são mais difíceis de resolver que as algébricas. As equações diferenciais resultantes da análise de circuitos *RC* e *RL* são de primeira ordem, consequentemente, os circuitos são conhecidos coletivamente como circuitos *de primeira ordem*.

> Um circuito de **primeira ordem** é caracterizado por uma equação diferencial de primeira ordem.

Além da existência de dois tipos de circuitos de primeira ordem (*RC* e *RL*), existem duas maneiras de excitá-los. A primeira delas é pelas condições iniciais dos elementos de armazenamento nos circuitos, nos quais, chamados *circuitos sem fonte*, supomos que a energia esteja armazenada inicialmente no elemento capacitivo ou indutivo. A energia faz a corrente fluir no circuito e ser gradualmente dissipada nos resistores. Embora os circuitos sem fonte sejam, por definição, livres de fontes independentes, eles podem, eventualmente, ter fontes dependentes. A segunda forma de se excitar circuitos de primeira ordem é pelas fontes independentes, que serão consideradas neste capítulo como fontes CC. (Em capítulos futuros, consideraremos fontes senoidais e exponenciais.) Os dois tipos de circuitos de primeira ordem e as duas formas de excitá-los compõem, no total, quatro situações possíveis que estudaremos neste capítulo.

Finalmente, veremos quatro aplicações típicas de circuitos *RC* e *RL*: circuitos de retardo e a relés, um flash para câmeras fotográficas e um circuito para ignição de automóveis.

7.2 Circuitos *RC* sem fonte

Um circuito *RC* sem fonte ocorre quando sua fonte CC é desconectada abruptamente. A energia já armazenada no capacitor é liberada para os resistores.

Consideremos uma associação em série de um resistor e de um capacitor inicialmente carregado, conforme ilustrado na Figura 7.1. (O resistor e o capacitor podem ser a resistência e a capacitância equivalentes de associações de resistores e capacitores.) Nosso objetivo é determinar a resposta do circuito que, por motivos pedagógicos, suporemos ser a tensão $v(t)$ no capacitor. Uma vez que o capacitor está carregado inicialmente, podemos supor que no instante $t = 0$ a tensão inicial seja

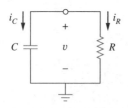

Figura 7.1 Circuito *RC* sem fonte.

> Resposta de um circuito corresponde à maneira pela qual um circuito reage a uma excitação.

$$v(0) = V_0 \quad (7.1)$$

com o valor correspondente da energia armazenada igual a

$$w(0) = \frac{1}{2}CV_0^2 \quad (7.2)$$

Aplicando a LKC ao nó superior do circuito da Figura 7.1, leva-nos a

$$i_C + i_R = 0 \quad (7.3)$$

Por definição, $i_C = C\, dv/dt$ e $i_R = v/R$. Portanto,

$$C\frac{dv}{dt} + \frac{v}{R} = 0 \quad (7.4a)$$

ou

$$\frac{dv}{dt} + \frac{v}{RC} = 0 \quad (7.4b)$$

Trata-se, portanto, de uma *equação diferencial de primeira ordem*, já que somente a primeira derivada de v está envolvida. Para resolvê-la, dispomos os termos como segue

$$\frac{dv}{v} = -\frac{1}{RC}dt \quad (7.5)$$

Integrando ambos os lados da equação, obtemos

$$\ln v = -\frac{t}{RC} + \ln A$$

onde $\ln A$ é a constante de integração. Portanto,

$$\ln \frac{v}{A} = -\frac{t}{RC} \quad (7.6)$$

Expressando em potência de e temos

$$v(t) = Ae^{-t/RC}$$

Porém, a partir das condições iniciais, $v(0) = A = V_o$. Portanto,

$$v(t) = V_0 e^{-t/RC} \quad (7.7)$$

Isso demonstra que a resposta em tensão do circuito RC é uma queda exponencial da tensão inicial. Uma vez que a resposta se deve à energia inicial armazenada e às características físicas do circuito e não a alguma fonte de tensão ou de corrente externa, ela é chamada *resposta natural* do circuito.

> A **resposta natural** de um circuito se refere ao comportamento (em termos de tensões e correntes) do próprio circuito, sem nenhuma fonte externa de excitação.

A resposta natural depende da natureza do circuito em si, sem nenhuma fonte externa. De fato, o circuito apresenta uma resposta apenas em razão da energia armazenada inicialmente no capacitor.

A resposta natural é ilustrada graficamente na Figura 7.2. Observe que em $t = 0$ temos a condição inicial correta como na Equação (7.1). À medida que t aumenta, a tensão diminui em direção a zero. A rapidez com que a tensão decresce

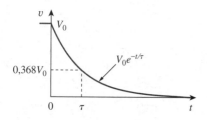

Figura 7.2 Resposta em tensão do circuito RC.

é expressa em termos da *constante de tempo*, representada por τ, a letra grega minúscula tau.

> A **constante de tempo** de um circuito é o tempo necessário para a resposta de decaimento a um fator igual a 1/e ou a 36,8% de seu valor inicial.[1]

Isso implica que, no instante $t = \tau$, a Equação (7.7) fica

$$V_0 e^{-\tau/RC} = V_0 e^{-1} = 0{,}368 V_0$$

ou

$$\boxed{\tau = RC} \qquad (7.8)$$

Em termos da constante de tempo, a Equação (7.7) pode ser escrita como segue

$$\boxed{v(t) = V_0 e^{-t/\tau}} \qquad (7.9)$$

Tabela 7.1 • Valores de $v(t)/V_0 = e^{-t/\tau}$.

t	$v(t)/V_0$
τ	0,36788
2τ	0,13534
3τ	0,04979
4τ	0,01832
5τ	0,00674

Com uma calculadora, fica fácil demonstrar que os valores de $v(t)/V_0$ são aqueles mostrados na Tabela 7.1. Fica evidente da Tabela 7.1 que a tensão $v(t)$ é menor que 1% de V_0 após 5τ (cinco constantes de tempo). Portanto, é costumeiro supor que um capacitor estará completamente descarregado (ou carregado) após cinco constantes de tempo. Em outras palavras, leva 5τ para o circuito atingir seu estado final ou regime estacionário quando não ocorre nenhuma mudança com o tempo. Note que, para cada intervalo de tempo igual a τ, a tensão é reduzida em 36,8% de seu valor anterior, $v(t + \tau) = v(t)/e = 0{,}368 v(t)$, independentemente do valor de t.

Observe na Equação (7.8) que, quanto menor a constante de tempo, mais rapidamente a tensão diminui, ou seja, mais rápida a resposta. Isso é ilustrado na Figura 7.4. Um circuito com uma constante de tempo pequena dá uma resposta mais rápida, já que atinge o regime estacionário (ou estado final) mais rapidamente em virtude da rápida dissipação da energia armazenada, enquanto um circuito com constante de tempo maior dá uma resposta mais lenta, pois leva mais tempo para atingir o regime estacionário. A qualquer velocidade, seja a constante de tempo pequena ou grande, o circuito atingirá o regime estacionário em cinco constantes de tempo.

Com a tensão $v(t)$ na Equação (7.9), podemos determinar a corrente $i_R(t)$.

$$i_R(t) = \frac{v(t)}{R} = \frac{V_0}{R} e^{-t/\tau} \qquad (7.10)$$

---

[1] A constante de tempo pode ser vista de outra perspectiva. Calculando a derivada de $v(t)$ na Equação (7.7) em $t = 0$, obtemos

$$\frac{d}{dt}\left(\frac{v}{V_0}\right)\bigg|_{t=0} = -\frac{1}{\tau} e^{-t/\tau}\bigg|_{t=0} = -\frac{1}{\tau}$$

Portanto, a constante de tempo é a taxa de decaimento inicial ou o tempo necessário para v/V_0 decair da unidade para zero, supondo uma taxa de decaimento constante. Essa interpretação da curva inicial da constante de tempo é normalmente usada em laboratório para se encontrar τ graficamente a partir da curva de resposta mostrada em um osciloscópio. Para determinar τ a partir da curva de resposta, trace a tangente à curva em $t = 0$, conforme ilustrado na Figura 7.3. A tangente intercepta o eixo do tempo em $t = \tau$.

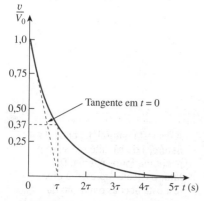

Figura 7.3 Determinação gráfica da constante de tempo τ a partir da curva de resposta.

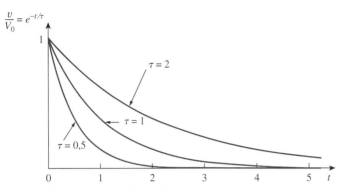

Figura 7.4 Gráfico de $v/V_0 = e^{-t/\tau}$ para diversos valores da constante de tempo.

A potência dissipada no resistor é

$$p(t) = vi_R = \frac{V_0^2}{R}e^{-2t/\tau} \quad (7.11)$$

A energia absorvida pelo resistor até o instante t é

$$w_R(t) = \int_0^t p(\lambda)d\lambda = \int_0^t \frac{V_0^2}{R}e^{-2\lambda/\tau}d\lambda$$
$$= -\frac{\tau V_0^2}{2R}e^{-2\lambda/\tau}\Big|_0^t = \frac{1}{2}CV_0^2(1 - e^{-2t/\tau}), \quad \tau = RC \quad (7.12)$$

Note que, à medida que $t \to \infty$, $w_R(\infty) \to \frac{1}{2}CV_0^2$, que é o mesmo que $w_C(0)$, a energia armazenada inicialmente no capacitor, a qual é finalmente dissipada no resistor.

Em suma:

O segredo para se trabalhar com um circuito RC sem fonte é encontrar:

1. A tensão inicial $v(0) = V_o$ no capacitor.
2. A constante de tempo τ.

Com esses dois itens, temos a resposta já que a tensão do capacitor $v_C(t) = v(t) = v(0)e^{-t/\tau}$. Assim que a tensão do capacitor é obtida inicialmente, outras variáveis (corrente de capacitor i_C, tensão v_R e a corrente do resistor i_R) podem ser determinadas. Ao encontrar a constante de tempo $\tau = RC$, R normalmente é a resistência equivalente de Thévenin nos terminais do capacitor; isto é, tiramos o capacitor C e encontramos $R = R_{Th}$ em seus terminais.

> A constante de tempo é a mesma não importando qual seja a saída definida.

> Quando um circuito contiver um único capacitor e vários resistores e fontes dependentes, o equivalente de Thévenin pode ser encontrado nos terminais do capacitor para formar um único circuito RC. Da mesma forma, pode-se usar o teorema de Thévenin quando vários capacitores puderem ser associados para formar um único capacitor equivalente.

EXEMPLO 7.1

Na Figura 7.5, façamos $v_C(0) = 15$ V. Determine v_C, v_x e i_x para $t > 0$.

Solução: Primeiro, precisamos adequar o circuito da Figura 7.5 ao circuito RC-padrão da Figura 7.1. Determinamos a resistência equivalente ou a resistência de Thévenin nos terminais do capacitor. Nosso objetivo sempre é obter, em primeiro lugar, a tensão v_C no capacitor. A partir desta, podemos determinar v_x e i_x.

Os resistores de 8 Ω e 12 Ω em série podem ser associados para resultar em um resistor de 20 Ω, que, em paralelo com o resistor de 5 Ω, podem ser associados de modo que a resistência equivalente fique

$$R_{eq} = \frac{20 \times 5}{20 + 5} = 4\,\Omega$$

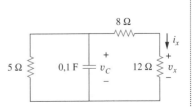

Figura 7.5 Esquema para o Exemplo 7.1.

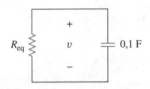

Figura 7.6 Circuito equivalente para o circuito da Figura 7.5.

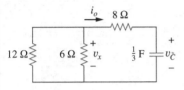

Figura 7.7 Esquema para o Problema prático 7.1.

● **PROBLEMA PRÁTICO 7.1**

● **EXEMPLO 7.2**

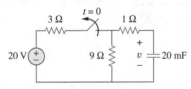

Figura 7.8 Esquema para o Exemplo 7.2.

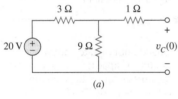

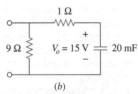

Figura 7.9 Esquema para o Exemplo 7.2: (a) $t < 0$, (b) $t > 0$.

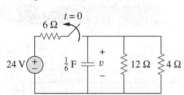

Figura 7.10 Esquema para o Problema prático 7.2.

● **PROBLEMA PRÁTICO 7.2**

Portanto, o circuito equivalente é o indicado na Figura 7.6, que é análogo ao circuito da Figura 7.1. A constante de tempo é

$$\tau = R_{eq}C = 4(0,1) = 0,4 \text{ s}$$

Portanto,

$$v = v(0)e^{-t/\tau} = 15e^{-t/0,4} \text{ V}, \qquad v_C = v = 15e^{-2,5t} \text{ V}$$

Da Figura 7.5, podemos usar o princípio da divisão de tensão para obter v_x; portanto

$$v_x = \frac{12}{12 + 8}v = 0,6(15e^{-2,5t}) = 9e^{-2,5t} \text{ V}$$

Finalmente,

$$i_x = \frac{v_x}{12} = 0,75e^{-2,5t} \text{ A}$$

Consulte o circuito da Figura 7.7. Seja, $v_C(0) = 60$ V. Determine v_C, v_x e i_o, para $t \geq 0$.

Resposta: $60e^{-0,25t}$ V, $20e^{-0,25t}$ V, $-5e^{-0,25t}$ A.

A chave no circuito da Figura 7.8 foi fechada por um longo período e é aberta em $t = 0$. Determine $v(t)$ para $t \geq 0$. Calcule a energia inicial armazenada no capacitor.

Solução: Para $t < 0$, a chave está fechada; o capacitor é um circuito aberto em CC, conforme representado na Figura 7.9a. Usando a divisão de tensão

$$v_C(t) = \frac{9}{9 + 3}(20) = 15 \text{ V}, \qquad t < 0$$

Uma vez que a tensão em um capacitor não pode mudar instantaneamente, a tensão no capacitor em $t = 0^-$ é a mesma que em $t = 0$, ou

$$v_C(0) = V_0 = 15 \text{ V}$$

Para $t > 0$, a chave é aberta e temos o circuito RC mostrado na Figura 7.9b. [Note que o circuito RC da Figura 7.9b é sem fonte; a fonte independente na Figura 7.8 é necessária para fornecer V_o ou a energia inicial para o capacitor.] Os resistores de 1 Ω e 9 Ω em série fornecem

$$R_{eq} = 1 + 9 = 10 \text{ Ω}$$

A constante de tempo é

$$\tau = R_{eq}C = 10 \times 20 \times 10^{-3} = 0,2 \text{ s}$$

Assim, a tensão no capacitor para $t \geq 0$ é

$$v(t) = v_C(0)e^{-t/\tau} = 15e^{-t/0,2} \text{ V}$$

ou

$$v(t) = 15e^{-5t} \text{ V}$$

A energia inicial armazenada no capacitor é

$$w_C(0) = \frac{1}{2}Cv_C^2(0) = \frac{1}{2} \times 20 \times 10^{-3} \times 15^2 = 2,25 \text{ J}$$

Se a chave da Figura 7.10 abrir em $t = 0$, determine $v(t)$ para $t \geq 0$ e $w_C(0)$.

Resposta: $8e^{-2t}$ V, 5,333 J.

7.3 Circuito *RL* sem fonte

Considere a conexão em série de um resistor e um indutor, conforme mostra a Figura 7.11. Nosso objetivo é determinar a resposta do circuito, que suporemos ser a corrente $i(t)$ por meio do indutor. Escolhemos a corrente do indutor como resposta para poder tirar proveito do conceito de que a corrente do indutor não pode mudar instantaneamente. Em $t = 0$, supomos que o indutor tenha uma corrente inicial I_o, ou

$$i(0) = I_0 \qquad (7.13)$$

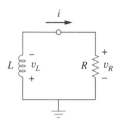

Figura 7.11 Circuito *RL* sem fonte.

com a energia correspondente armazenada no indutor como segue

$$w(0) = \frac{1}{2} L I_0^2 \qquad (7.14)$$

Aplicando a LKT no laço da Figura 7.11,

$$v_L + v_R = 0 \qquad (7.15)$$

Porém $v_L = L\, di/dt$ e $v_R = iR$. Portanto,

$$L\frac{di}{dt} + Ri = 0$$

ou

$$\frac{di}{dt} + \frac{R}{L}i = 0 \qquad (7.16)$$

Rearranjando os termos e integrando, temos

$$\int_{I_0}^{i(t)} \frac{di}{i} = -\int_0^t \frac{R}{L} dt$$

$$\ln i \Big|_{I_0}^{i(t)} = -\frac{Rt}{L}\Big|_0^t \quad \Rightarrow \quad \ln i(t) - \ln I_0 = -\frac{Rt}{L} + 0$$

ou

$$\ln \frac{i(t)}{I_0} = -\frac{Rt}{L} \qquad (7.17)$$

Exponenciando em *e*, obtemos

$$i(t) = I_0 e^{-Rt/L} \qquad (7.18)$$

Isso demonstra que a resposta natural de um circuito *RL* é uma queda exponencial da corrente inicial. A resposta em corrente é mostrada na Figura 7.12. Fica evidente, da Equação (7.18), que a constante de tempo para o circuito *RL* é

$$\boxed{\tau = \frac{L}{R}} \qquad (7.19)$$

onde τ está novamente na unidade de segundos. Portanto, a Equação (7.18) pode ser escrita como

$$\boxed{i(t) = I_0 e^{-t/\tau}} \qquad (7.20)$$

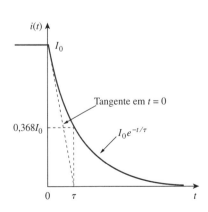

Figura 7.12 Resposta em corrente do circuito *RL*.

> Quanto menor a constante de tempo τ de um circuito, mais rápida a taxa de decaimento da resposta. Quanto maior for a constante de tempo, mais lenta a taxa de decaimento da resposta. A qualquer taxa, a resposta cai para menos que 1% de seu valor inicial (ou seja, atinge seu regime estacionário) após 5τ.

Com a corrente da Equação (7.20), podemos descobrir a tensão no resistor como segue

$$v_R(t) = iR = I_0 R e^{-t/\tau} \quad (7.21)$$

A potência dissipada no resistor é

$$p = v_R i = I_0^2 R e^{-2t/\tau} \quad (7.22)$$

A energia absorvida pelo resistor é

$$w_R(t) = \int_0^t p(\lambda)d\lambda = \int_0^t I_0^2 e^{-2\lambda/\tau} d\lambda = -\frac{\tau}{2} I_0^2 R e^{-2\lambda/\tau}\bigg|_0^t, \quad \tau = \frac{L}{R}$$

ou

$$w_R(t) = \frac{1}{2} L I_0^2 (1 - e^{-2t/\tau}) \quad (7.23)$$

> A Figura 7.12 mostra que uma interpretação de inclinação inicial pode ser dada à τ.

Observe que, enquanto $t \to \infty$, $w_R(\infty) \to \frac{1}{2} L I_0^2$ que é o mesmo que $w_L(0)$, a energia armazenada inicialmente no indutor, como na Equação (7.14). Repetindo, a energia que estava armazenada inicialmente no indutor é, no final das contas, dissipada no resistor.

Em suma:

> Quando um circuito contiver um único indutor e vários resistores e fontes dependentes, o equivalente de Thévenin pode ser encontrado nos terminais do indutor para formar um único circuito RL. Da mesma forma, pode-se usar o teorema de Thévenin quando vários indutores puderem ser associados para formar um único indutor equivalente.

O segredo para se trabalhar com o circuito *RC* sem fonte é determinar:

1. A corrente inicial $i(0) = I_0$ por meio do indutor.
2. A constante de tempo τ do circuito.

Com esses dois itens, obtemos a resposta, uma vez que a corrente no indutor $i_L(t) = i(t) = i(0)e^{-t/\tau}$. Assim que determinarmos a corrente i_L no indutor, outras variáveis (tensão v_L no indutor, tensão v_R no resistor e corrente do resistor i_R) podem ser estabelecidas. Perceba que, geralmente, R na Equação (7.19) é a resistência de Thévenin nos terminais do indutor.

EXEMPLO 7.3

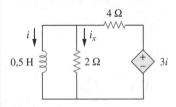

Figura 7.13 Esquema para o Exemplo 7.3.

Supondo que $i(0) = 10$ A, calcule $i(t)$ e $i_x(t)$ no circuito da Figura 7.13.

Solução: Há duas maneiras de se resolver esse problema. A primeira delas é obter a resistência equivalente nos terminais do indutor e então usar a Equação (7.20). A outra é começar do zero usando a lei de Kirchhoff para tensão. Seja lá qual for a estratégia adotada, sempre é bom obter primeiro a corrente no indutor.

■ **MÉTODO 1** A resistência equivalente é a mesma que a resistência equivalente de Thévenin nos terminais do indutor. Por causa da fonte dependente, inserimos uma fonte de tensão com $v_o = 1$ V nos terminais *a-b* do indutor, como indicado na Figura 7.14a. (Também poderíamos injetar uma corrente de 1 A nos terminais.) Aplicando a LKT aos dois laços, resulta em

$$2(i_1 - i_2) + 1 = 0 \quad \Rightarrow \quad i_1 - i_2 = -\frac{1}{2} \quad (7.3.1)$$

$$6i_2 - 2i_1 - 3i_1 = 0 \quad \Rightarrow \quad i_2 = \frac{5}{6} i_1 \quad (7.3.2)$$

Substituindo a Equação (7.3.2) na Equação (7.3.1), obtemos

$$i_1 = -3 \text{ A}, \quad i_o = -i_1 = 3 \text{ A}$$

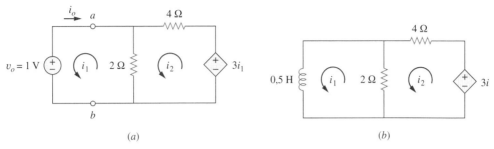

Figura 7.14 Resolução para o circuito da Figura 7.13.

Logo,

$$R_{eq} = R_{Th} = \frac{v_o}{i_o} = \frac{1}{3}\,\Omega$$

A constante de tempo fica

$$\tau = \frac{L}{R_{eq}} = \frac{\frac{1}{2}}{\frac{1}{3}} = \frac{3}{2}\,\text{s}$$

Portanto, a corrente por meio do indutor é

$$i(t) = i(0)e^{-t/\tau} = 10e^{-(2/3)t}\,\text{A}, \qquad t > 0$$

■ **MÉTODO 2** Podemos aplicar a LKT diretamente ao circuito como indicado na Figura 7.14b. Para o laço 1,

$$\frac{1}{2}\frac{di_1}{dt} + 2(i_1 - i_2) = 0$$

ou

$$\frac{di_1}{dt} + 4i_1 - 4i_2 = 0 \qquad (7.3.3)$$

Para o laço 2,

$$6i_2 - 2i_1 - 3i_1 = 0 \quad \Rightarrow \quad i_2 = \frac{5}{6}i_1 \qquad (7.3.4)$$

Substituindo a Equação (7.3.4) na Equação (7.3.3), temos

$$\frac{di_1}{dt} + \frac{2}{3}i_1 = 0$$

Rearranjando os termos,

$$\frac{di_1}{i_1} = -\frac{2}{3}dt$$

Uma vez que $i_1 = i$, podemos substituir i_1 por i e integrar:

$$\ln i \Big|_{i(0)}^{i(t)} = -\frac{2}{3}t \Big|_0^t$$

ou

$$\ln \frac{i(t)}{i(0)} = -\frac{2}{3}t$$

Exponenciando em e, finalmente obtemos

$$i(t) = i(0)e^{-(2/3)t} = 10e^{-(2/3)t}\,\text{A}, \qquad t > 0$$

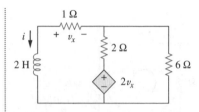

Figura 7.15 Esquema para o Problema prático 7.3.

● **PROBLEMA PRÁTICO 7.3**

que é o mesmo resultado obtido pelo Método 1.

A tensão no indutor é

$$v = L\frac{di}{dt} = 0{,}5(10)\left(-\frac{2}{3}\right)e^{-(2/3)t} = -\frac{10}{3}e^{-(2/3)t}\,\text{V}$$

Uma vez que o indutor e o resistor de 2 Ω estão em paralelo,

$$i_x(t) = \frac{v}{2} = -1{,}6667e^{-(2/3)t}\,\text{A}, \qquad t > 0$$

Determine i e v_x no circuito da Figura 7.15. Façamos $i(0) = 12$ A.

Resposta: $12e^{-2t}$ A, $-12e^{-2t}$ V, $t > 0$.

● **EXEMPLO 7.4**

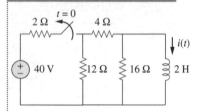

Figura 7.16 Esquema para o Exemplo 7.4.

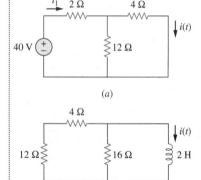

Figura 7.17 Resolução do circuito da Figura 7.16: (*a*) para $t < 0$; (*b*) para $t > 0$.

A chave do circuito da Figura 7.16 foi fechada por um longo período. Em $t = 0$, a chave é aberta. Calcule $i(t)$ para $t > 0$.

Solução: Quando $t < 0$, a chave está fechada e o indutor atua como um curto-circuito em CC. O resistor de 16 Ω é curto-circuitado; o circuito resultante é mostrado na Figura 7.17*a*. Para obter i_1 nessa figura, associamos os resistores de 4 Ω e 12 Ω em paralelo para chegar a

$$\frac{4 \times 12}{4 + 12} = 3\,\Omega$$

Logo,

$$i_1 = \frac{40}{2 + 3} = 8\,\text{A}$$

Obtemos $i(t)$ a partir de i_1 na Figura 7.17*a* usando o princípio da divisão de corrente, escrevendo o seguinte

$$i(t) = \frac{12}{12 + 4}i_1 = 6\,\text{A}, \qquad t < 0$$

Uma vez que a corrente através de um indutor não pode mudar instantaneamente,

$$i(0) = i(0^-) = 6\,\text{A}$$

Quando $t > 0$, a chave está aberta e a fonte de tensão é desconectada. Agora, temos o circuito *RL* sem fonte da Figura 7.17*b*. Combinando os resistores, temos

$$R_{\text{eq}} = (12 + 4)\,\|\,16 = 8\,\Omega$$

A constante de tempo é

$$\tau = \frac{L}{R_{\text{eq}}} = \frac{2}{8} = \frac{1}{4}\,\text{s}$$

Portanto,

$$i(t) = i(0)e^{-t/\tau} = 6e^{-4t}\,\text{A}$$

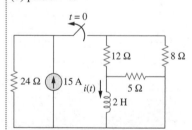

Figura 7.18 Esquema para o Problema prático 7.4.

● **PROBLEMA PRÁTICO 7.4**

Para o circuito da Figura 7.18, determine $i(t)$ para $t > 0$.

Resposta: $5e^{-2t}$ A, $t > 0$.

EXEMPLO 7.5

No circuito indicado na Figura 7.19, encontre i_o, v_o e i durante todo o tempo, supondo que a chave fora aberta por um longo período.

Solução: É melhor descobrirmos inicialmente a corrente i no indutor e depois obter outros valores a partir dela.

Para $t < 0$, a chave se encontra aberta. Como o indutor atua como um curto-circuito em CC, o resistor de 6 Ω está curto-circuitado, de modo a termos o circuito mostrado na Figura 7.20a. Logo, $i_o = 0$ e

$$i(t) = \frac{10}{2+3} = 2 \text{ A}, \qquad t < 0$$

$$v_o(t) = 3i(t) = 6 \text{ V}, \qquad t < 0$$

Logo, $i(0) = 2$.

Para $t > 0$, a chave está fechada e, portanto, a fonte de tensão está curto-circuitada. Agora, temos um circuito RL sem fonte, como indicado na Figura 7.20b. Nos terminais do indutor,

$$R_{Th} = 3 \parallel 6 = 2 \text{ }\Omega$$

de modo que a constante de tempo seja

$$\tau = \frac{L}{R_{Th}} = 1 \text{ s}$$

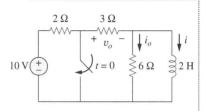

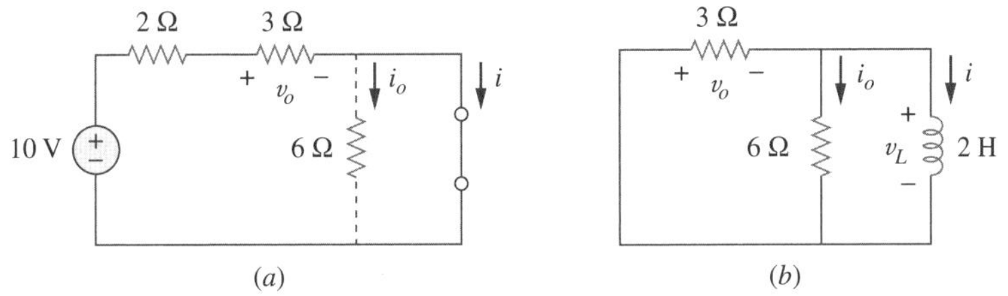

Figura 7.19 Esquema para o Exemplo 7.5.

Figura 7.20 O circuito da Figura 7.19 para: (a) $t < 0$; (b) $t > 0$.

Portanto,

$$i(t) = i(0)e^{-t/\tau} = 2e^{-t} \text{ A}, \qquad t > 0$$

Desde que o indutor esteja em paralelo com os resistores de 6 Ω e 3 Ω.

$$v_o(t) = -v_L = -L\frac{di}{dt} = -2(-2e^{-t}) = 4e^{-t} \text{ V}, \qquad t > 0$$

e

$$i_o(t) = \frac{v_L}{6} = -\frac{2}{3}e^{-t} \text{ A}, \qquad t > 0$$

Logo, durante todo o tempo,

$$i_o(t) = \begin{cases} 0 \text{ A}, & t < 0 \\ -\frac{2}{3}e^{-t} \text{ A}, & t > 0 \end{cases}, \qquad v_o(t) = \begin{cases} 6 \text{ V}, & t < 0 \\ 4e^{-t} \text{ V}, & t > 0 \end{cases}$$

$$i(t) = \begin{cases} 2 \text{ A}, & t < 0 \\ 2e^{-t} \text{ A}, & t \geq 0 \end{cases}$$

Percebemos que a corrente no indutor é contínua em $t = 0$, enquanto a corrente através do resistor de 6 Ω cai de 0 a −2/3 em $t = 0$ e a tensão no resistor de 3 Ω cai de 6 para 4 em $t = 0$. Percebemos também que a constante de tempo é a mesma independentemente da saída. Na Figura 7.21, temos um gráfico de i e i_o.

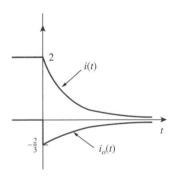

Figura 7.21 Gráfico de i e i_o.

PROBLEMA PRÁTICO 7.5

Determine i, i_o e v_o para todo t no circuito mostrado na Figura 7.22. Suponha que a chave foi fechada por um longo período. Deve-se observar que abrir uma chave em

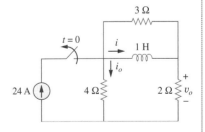

Figura 7.22 Esquema para o Problema prático 7.5.

série com uma fonte de corrente ideal cria uma tensão infinita nos terminais da fonte de corrente. É óbvio que essa situação é impossível. Para haver resolução do problema, podemos colocar um resistor shunt em paralelo com a fonte (que agora a transforma em uma fonte de tensão em série com um resistor). Em circuitos mais práticos, dispositivos que atuam como fontes de corrente são, em sua maioria, circuitos eletrônicos, que permitirão que a fonte atue como uma fonte de corrente ideal em seu intervalo operacional, porém a limitará em termos de tensão quando o resistor de carga for muito grande (como em um circuito aberto).

Resposta:

$$i = \begin{cases} 16 \text{ A}, & t < 0 \\ 16e^{-2t} \text{ A}, & t \geq 0 \end{cases}, \quad i_o = \begin{cases} 8 \text{ A}, & t < 0 \\ -5{,}333e^{-2t} \text{ A}, & t > 0 \end{cases},$$

$$v_o = \begin{cases} 32 \text{ V}, & t < 0 \\ 10{,}667e^{-2t} \text{ V}, & t > 0 \end{cases}$$

7.4 Funções de singularidade

Antes de prosseguirmos para a segunda metade deste capítulo, precisamos abrir um parêntese e considerar alguns conceitos matemáticos que vão ajudar a entender a análise de transientes. Uma compreensão básica de funções de singularidade nos ajudará a fazer sentido a resposta de circuitos de primeira ordem à aplicação repentina de uma fonte de tensão ou de corrente contínua independente.

As funções de singularidade (também conhecidas como *funções de comutação*) são muito úteis na análise de circuitos, pois servem como boas aproximações aos sinais de comutação que surgem em circuitos com operações de comutação, e também por serem úteis na descrição compacta e elegante de alguns fenômenos em circuitos, especialmente a resposta a um degrau de circuitos *RC* ou *RL* a serem discutidos nas seções seguintes. Por definição,

> **Funções de singularidade** são funções que são descontínuas ou então que apresentam derivadas descontínuas.

As três funções de singularidade mais usadas na análise de circuitos são: *degrau unitário*, *impulso unitário* e *rampa unitária*.

> A **função degrau unitário** $u(t)$ é 0 para valores negativos de t e 1 para valores positivos de t.

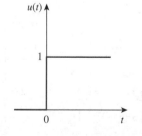

Figura 7.23 Função degrau unitário.

Em termos matemáticos,

$$u(t) = \begin{cases} 0, & t < 0 \\ 1, & t > 0 \end{cases} \quad (7.24)$$

A função degrau unitário é indefinida em $t = 0$, em que ela muda abruptamente de 0 para 1. Ela é adimensional, assim como outras funções matemáticas como o seno e o cosseno. A Figura 7.23 representa a função degrau unitário. Se a mudança abrupta ocorrer em $t = t_0$ (em que $t_0 > 0$) em vez de $t = 0$, a função degrau unitário fica

$$u(t - t_0) = \begin{cases} 0, & t < t_0 \\ 1, & t > t_0 \end{cases} \quad (7.25)$$

o que equivale a dizer que $u(t)$ está atrasada em t_0 segundos, conforme mostra a Figura 7.24a. Para obter a Equação (7.25) da Equação (7.24), simplesmente substituímos cada t por $t - t_0$. Se a mudança ocorrer em $t = -t_0$, a função degrau unitário fica

$$u(t + t_0) = \begin{cases} 0, & t < -t_0 \\ 1, & t > -t_0 \end{cases} \quad (7.26)$$

significando que $u(t)$ está adiantada em t_0 segundos, conforme pode ser visto na Figura 7.24b.

Usamos a função degrau para representar uma mudança abrupta na tensão ou corrente, como as mudanças que ocorrem em circuitos de sistemas de controle e computadores digitais. Por exemplo, a tensão

$$v(t) = \begin{cases} 0, & t < t_0 \\ V_0, & t > t_0 \end{cases} \quad (7.27)$$

pode ser expressa em termos da função degrau unitário como

$$v(t) = V_0 u(t - t_0) \quad (7.28)$$

Se fizermos $t_0 = 0$, então $v(t)$ é simplesmente a tensão degrau $V_0 u(t)$. Uma fonte de tensão $V_0 u(t)$ é mostrada na Figura 7.25a, e seu circuito equivalente é ilustrado na Figura 7.25b. Fica evidente, na Figura 7.25b, que os terminais a-b são curto-circuitados ($v = 0$) para $t < 0$ e que $v = V_0$ aparece nos terminais para $t > 0$. Similarmente, uma fonte de corrente $I_0 u(t)$ é mostrada na Figura 7.26a, enquanto seu circuito equivalente se encontra na Figura 7.26b. Note que para $t < 0$ existe um circuito aberto ($i = 0$), e que $i = I_0$ flui para $t > 0$.

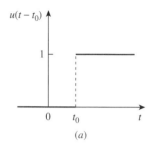

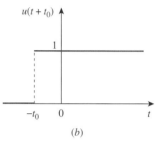

Figura 7.24 (a) A função degrau unitário atrasada de t_0; (b) a função degrau unitário adiantada de t_0.

De forma alternativa, podemos deduzir as Equações (7.25) e (7.26) da Equação (7.24), escrevendo $u[f(t)] = 1$, $f(t) > 0$, onde $f(t)$ pode ser $t - t_0$ ou $t + t_0$.

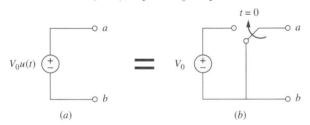

Figura 7.25 (a) Fonte de tensão $V_0 u(t)$; (b) seu circuito equivalente.

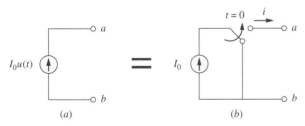

Figura 7.26 (a) Fonte de corrente $I_0 u(t)$; (b) seu circuito equivalente.

A derivada da função degrau unitário $u(t)$ é a *função impulso unitário* $\delta(t)$, que é escrita como segue

$$\delta(t) = \frac{d}{dt} u(t) = \begin{cases} 0, & t < 0 \\ \text{Indefinido}, & t = 0 \\ 0, & t > 0 \end{cases} \quad (7.29)$$

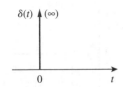

Figura 7.27 Função impulso unitário.

A função impulso unitário, também conhecida como função *delta*, é mostrada na Figura 7.27.

> A **função impulso unitário** $\delta(t)$ é zero em qualquer ponto, exceto em $t = 0$, onde ela é indefinida.

Correntes e tensões de pico ocorrem em circuitos elétricos como resultados de operações de comutação ou fontes de impulsos. Embora a função impulso unitário não seja fisicamente realizável (exatamente como ocorre com as fontes de tensão ideais, resistores ideais etc.), esta é uma ferramenta matemática muito útil.

O impulso unitário pode ser considerado um choque elétrico aplicado ou resultante e ser visualizado como um pulso de área unitária de curtíssima duração, sendo expresso matematicamente como

$$\int_{0^-}^{0^+} \delta(t)\, dt = 1 \qquad (7.30)$$

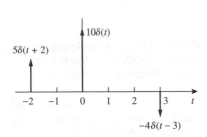

Figura 7.28 Três funções impulso.

onde $t = 0^-$ representa o instante exatamente anterior a $t = 0$, e $t = 0^+$, o instante logo após $t = 0$. Por essa razão, é costumeiro escrever-se 1 (representando uma área unitária) ao lado da seta usada para simbolizar a função impulso unitário, como mostra a Figura 7.27. A área unitária é conhecida como a *intensidade* da função impulso, e quando essa função tiver uma intensidade diferente da unidade, a área do impulso será igual à sua intensidade. Por exemplo, a função impulso $10\delta(t)$ possui uma área igual a 10. A Figura 7.28 ilustra as funções impulso $5\delta(t + 2)$, $10\delta(t)$ e $-4\delta(t - 3)$.

Para ilustrar como a função impulso afeta outras funções, calculemos a integral

$$\int_a^b f(t)\delta(t - t_0)\, dt \qquad (7.31)$$

onde $a < t_0 < b$. Já que $\delta(t - t_0) = 0$, exceto em $t = t_0$, o integrando é zero exceto em t_0. Portanto,

$$\int_a^b f(t)\delta(t - t_0)\, dt = \int_a^b f(t_0)\delta(t - t_0)\, dt$$

$$= f(t_0)\int_a^b \delta(t - t_0)\, dt = f(t_0)$$

ou

$$\boxed{\int_a^b f(t)\delta(t - t_0)\, dt = f(t_0)} \qquad (7.32)$$

Isso mostra que quando uma função é integrada com a função impulso, obtemos o valor da função no ponto onde ocorre o impulso. Essa é uma propriedade bastante útil da função impulso conhecida como propriedade de *amostragem* ou *peneiramento*. O caso especial da Equação (7.31) é para $t_0 = 0$. Então a Equação (7.32) se torna

$$\int_{0^-}^{0^+} f(t)\delta(t)dt = f(0) \qquad (7.33)$$

Integrando a função degrau unitário $u(t)$, obtemos a função rampa unitária $r(t)$; escrevemos

$$r(t) = \int_{-\infty}^{t} u(\lambda)d\lambda = tu(t) \qquad (7.34)$$

ou

$$r(t) = \begin{cases} 0, & t \leq 0 \\ t, & t \geq 0 \end{cases} \qquad (7.35)$$

A função rampa unitária é zero para valores negativos de t e apresenta uma inclinação unitária para valores positivos de t.

A Figura 7.29 mostra a função rampa unitária. Em geral, uma rampa é uma função que muda a uma velocidade constante.

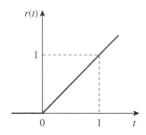

Figura 7.29 A função rampa unitária.

A função rampa unitária pode estar atrasada ou adiantada, conforme mostrado na Figura 7.30. Para a função rampa unitária atrasada,

$$r(t - t_0) = \begin{cases} 0, & t \leq t_0 \\ t - t_0, & t \geq t_0 \end{cases} \qquad (7.36)$$

e para a função rampa unitária adiantada,

$$r(t + t_0) = \begin{cases} 0, & t \leq -t_0 \\ t + t_0, & t \geq -t_0 \end{cases} \qquad (7.37)$$

Deve-se ter em mente que as três funções de singularidade (impulso, degrau e rampa) estão relacionadas por diferenciação como segue

$$\delta(t) = \frac{du(t)}{dt}, \qquad u(t) = \frac{dr(t)}{dt} \qquad (7.38)$$

ou por integração como

$$u(t) = \int_{-\infty}^{t} \delta(\lambda)d\lambda, \qquad r(t) = \int_{-\infty}^{t} u(\lambda)d\lambda \qquad (7.39)$$

Embora existam muitas outras funções de singularidade, neste momento, estamos interessados apenas nessas três (função impulso, degrau unitário e rampa).

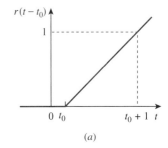

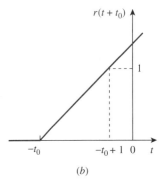

Figura 7.30 A função rampa unitária: (a) atrasada de t_0; (b) adiantada de t_0.

EXEMPLO 7.6

Expresse o pulso de tensão da Figura 7.31 em termos do degrau unitário. Calcule sua derivada e esboce-a.

Solução: O tipo de pulso da Figura 7.31 é denominado *função de porta*, que pode ser considerada uma função degrau que ativa em dado valor de t e desativa em outro valor de t. A função de porta mostrada na Figura 7.31 ativa em $t = 2$ s e desativa em $t = 5$ s. Ela

As funções de porta são usadas juntamente com chaves para permitir ou bloquear a passagem de outro sinal.

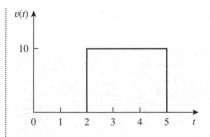

Figura 7.31 Esquema para o Exemplo 7.6.

é formada pela soma de duas funções degrau unitário, como ilustrado na Figura 7.32a. Da figura, fica evidente que

$$v(t) = 10u(t-2) - 10u(t-5) = 10[u(t-2) - u(t-5)]$$

Derivando a expressão anterior, obtemos

$$\frac{dv}{dt} = 10[\delta(t-2) - \delta(t-5)]$$

que é ilustrada na Figura 7.32b. Podemos obter a Figura 7.32b diretamente da Figura 7.31 observando simplesmente que há um aumento repentino de 10 V em $t = 2$ s levando a $10\delta(t-2)$. Em $t = 5$ s, há uma diminuição repentina de 10 V conduzindo a -10 V $\delta(t-5)$.

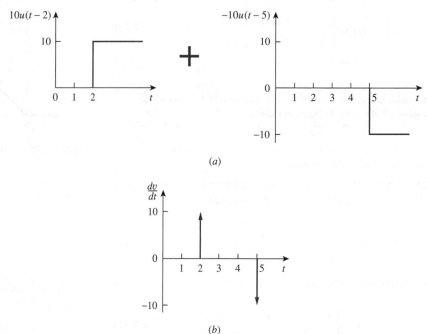

Figura 7.32 (a) Decomposição do pulso na Figura 7.31; (b) derivada do pulso da Figura 7.31

● **PROBLEMA PRÁTICO 7.6**

Expresse o pulso de corrente da Figura 7.33 em termos de degrau unitário. Determine sua integral e esboce-a.

Resposta: $10[u(t) - 2u(t-2) + u(t-4)]$ A, $10[r(t) - 2r(t-2) + r(t-4)]$ A·s. Ver Figura 7.34.

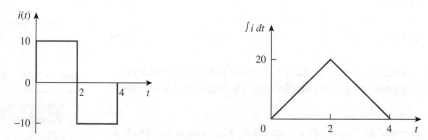

Figura 7.33 Esquema para o Problema prático 7.6.   **Figura 7.34** Integral de $i(t)$ na Figura 7.33.

● **EXEMPLO 7.7**

Expresse a função *dente de serra* mostrada na Figura 7.35 em termos de funções de singularidade.

Solução: Existem três maneiras de se resolver esse problema. A primeira delas é por meio de mera observação da função dada, enquanto os demais métodos envolvem certa manipulação gráfica da função.

■ **MÉTODO 1** Observando o esboço de $v(t)$ na Figura 7.35, não fica difícil perceber que a função $v(t)$ dada é uma combinação de funções de singularidade. Portanto, fazemos

$$v(t) = v_1(t) + v_2(t) + \cdots \quad (7.7.1)$$

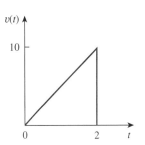

Figura 7.35 Esquema para o Exemplo 7.7.

A função $v_1(t)$ é a função rampa de inclinação 5, mostrada na Figura 7.36a; isto é,

$$v_1(t) = 5r(t) \quad (7.7.2)$$

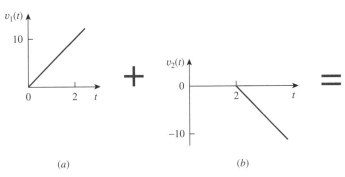

(a) (b) (c)

Figura 7.36 Decomposição parcial de $v(t)$ da Figura 7.35.

Já que $v_1(t)$ tende ao infinito, precisamos de outra função em $t = 2$ s de modo a obter $v(t)$. Façamos que essa função seja v_2, que é uma função rampa de inclinação –5, como ilustrado na Figura 7.36b; isto é,

$$v_2(t) = -5r(t - 2) \quad (7.7.3)$$

Somando-se v_1 e v_2 obtemos o sinal da Figura 7.36c. Obviamente, isso não é o mesmo que $v(t)$ na Figura 7.35, porém, a diferença é simplesmente uma constante de dez unidades para $t > 2$ s. Adicionando um terceiro sinal v_3, em que

$$v_3 = -10u(t - 2) \quad (7.7.4)$$

obtemos $v(t)$, conforme ilustrado na Figura 7.37. Substituindo as Equações (7.7.2) a (7.7.4) na Equação (7.7.1), obtemos

$$v(t) = 5r(t) - 5r(t - 2) - 10u(t - 2)$$

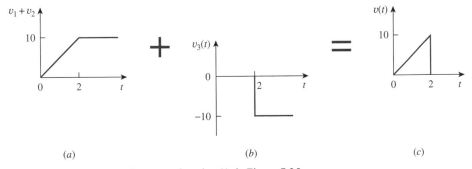

(a) (b) (c)

Figura 7.37 Decomposição completa de $v(t)$ da Figura 7.35.

■ **MÉTODO 2** Uma observação mais atenta da Figura 7.35 revela que $v(t)$ é uma multiplicação de duas funções: uma função rampa e uma função de porta. Portanto,

$$v(t) = 5t[u(t) - u(t-2)]$$
$$= 5tu(t) - 5tu(t-2)$$
$$= 5r(t) - 5(t - 2 + 2)u(t-2)$$
$$= 5r(t) - 5(t-2)u(t-2) - 10u(t-2)$$
$$= 5r(t) - 5r(t-2) - 10u(t-2)$$

o mesmo resultado de antes.

■ **MÉTODO 3** Esse método é similar ao Método 2. Notamos, na Figura 7.35, que $v(t)$ é uma multiplicação de uma função rampa e de uma função degrau, conforme pode ser observado na Figura 7.38. Portanto,

$$v(t) = 5r(t)u(-t+2)$$

Se substituirmos $u(-t)$ por $1 - u(t)$, podemos então substituir $u(-t+2)$ $1 - u(t-2)$. Logo,

$$v(t) = 5r(t)[1 - u(t-2)]$$

que pode ser simplificado como no Método 2 para se obter o mesmo resultado.

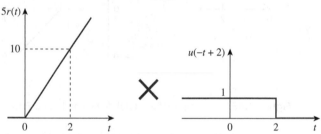

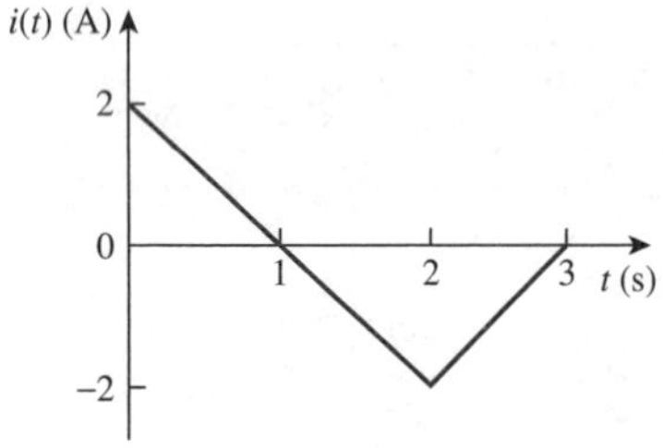

Figura 7.39 Esquema para o Problema prático 7.7.

Figura 7.38 Decomposição de $v(t)$ da Figura 7.35.

● **PROBLEMA PRÁTICO 7.7**

Consulte a Figura 7.39. Expresse $i(t)$ em termos de funções de singularidade.

Resposta: $2u(t) - 2r(t) + 4r(t-2) - 2r(t-3)$ A.

● **EXEMPLO 7.8**

Dado o sinal

$$g(t) = \begin{cases} 3, & t < 0 \\ -2, & 0 < t < 1 \\ 2t - 4, & t > 1 \end{cases}$$

expresse $g(t)$ em termos de funções degrau e de rampa.

Solução: O sinal $g(t)$ pode ser considerado como a soma de três funções especificadas dentro de três intervalos: $t < 0$, $0 < t < 1$ e $t > 0$.

Para $t < 0$, $g(t)$ pode ser considerada como 3 multiplicado por $u(-t)$, onde $u(-t) = 1$ para $t < 0$ e 0 para $t > 0$. Dentro do intervalo de tempo $0 < t < 1$, a função pode ser considerada como -2 multiplicado por uma função de porta $[u(t) - u(t-1)]$. Para $t > 1$, a função pode ser considerada como $2t - 4$ multiplicada pela função degrau unitário $u(t-1)$. Portanto,

$$g(t) = 3u(-t) - 2[u(t) - u(t-1)] + (2t - 4)u(t-1)$$
$$= 3u(-t) - 2u(t) + (2t - 4 + 2)u(t-1)$$
$$= 3u(-t) - 2u(t) + 2(t - 1)u(t-1)$$
$$= 3u(-t) - 2u(t) + 2r(t-1)$$

Pode-se evitar o problema de empregar $u(-t)$, substituindo por $1 - u(t)$. Portanto,

$$g(t) = 3[1 - u(t)] - 2u(t) + 2r(t-1) = 3 - 5u(t) + 2r(t-1)$$

De forma alternativa, podemos colocar $g(t)$ em um gráfico e aplicar o Método 1 do Exemplo 7.7.

Se

PROBLEMA PRÁTICO 7.8

$$h(t) = \begin{cases} 0, & t < 0 \\ -4, & 0 < t < 2 \\ 3t - 8, & 2 < t < 6 \\ 0, & t > 6 \end{cases}$$

expresse $h(t)$ em termos de funções de singularidade.

Resposta: $-4u(t) + 2u(t-2) + 3r(t-2) - 10u(t-6) - 3r(t-6)$.

EXEMPLO 7.9

Calcule as seguintes integrais envolvendo a função impulso.

$$\int_0^{10} (t^2 + 4t - 2)\delta(t - 2)\,dt$$

$$\int_{-\infty}^{\infty} [\delta(t - 1)e^{-t}\cos t + \delta(t + 1)e^{-t}\operatorname{sen} t]\,dt$$

Solução: Para a primeira integral, aplicamos a propriedade de peneiramento à Equação (7.32).

$$\int_0^{10} (t^2 + 4t - 2)\delta(t - 2)\,dt = (t^2 + 4t - 2)|_{t=2} = 4 + 8 - 2 = 10$$

De modo similar, para a segunda integral,

$$\int_{-\infty}^{\infty} [\delta(t - 1)e^{-t}\cos t + \delta(t + 1)e^{-t}\operatorname{sen} t]\,dt$$
$$= e^{-t}\cos t|_{t=1} + e^{-t}\operatorname{sen} t|_{t=-1}$$
$$= e^{-1}\cos 1 + e^{1}\operatorname{sen}(-1) = 0{,}1988 - 2{,}2873 = -2{,}0885$$

Calcule as seguintes integrais:

PROBLEMA PRÁTICO 7.9

$$\int_{-\infty}^{\infty} (t^3 + 5t^2 + 10)\delta(t + 3)\,dt, \qquad \int_0^{10} \delta(t - \pi)\cos 3t\,dt$$

Resposta: $28, -1$.

7.5 Resposta a um degrau de um circuito *RC*

Quando a fonte CC de um circuito *RC* for aplicada repentinamente, a fonte de tensão ou de corrente pode ser modelada como uma função degrau, e a resposta é conhecida como *resposta a um degrau*.

> A **resposta a um degrau** de um circuito é seu comportamento quando a excitação for a função degrau, que pode ser uma fonte de tensão ou de corrente.

Resposta a um degrau é a resposta do circuito decorrente de uma aplicação súbita de uma fonte de tensão ou de corrente CC.

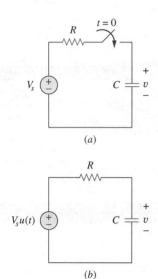

Figura 7.40 Circuito RC com entrada de degrau de tensão.

Consideremos o circuito RC da Figura 7.40a que pode ser substituído pelo circuito da figura b, onde V_s é uma constante, a fonte de tensão CC. Repetindo, optamos pela tensão do capacitor como resposta do circuito a ser determinada. Supomos uma tensão inicial V_0 no capacitor, embora isso não seja necessário para a resposta a um degrau. Já que a tensão de um capacitor não pode mudar instantaneamente,

$$v(0^-) = v(0^+) = V_0 \tag{7.40}$$

onde $v(0^-)$ é a tensão no capacitor imediatamente antes da mudança e $v(0^+)$ é sua tensão imediatamente após a mudança. Aplicando a LKC, obtemos

$$C\frac{dv}{dt} + \frac{v - V_s u(t)}{R} = 0$$

ou

$$\frac{dv}{dt} + \frac{v}{RC} = \frac{V_s}{RC}u(t) \tag{7.41}$$

onde v é a tensão no capacitor. Para $t > 0$, a Equação (7.41) fica

$$\frac{dv}{dt} + \frac{v}{RC} = \frac{V_s}{RC} \tag{7.42}$$

Rearranjando os termos, fica

$$\frac{dv}{dt} = -\frac{v - V_s}{RC}$$

ou

$$\frac{dv}{v - V_s} = -\frac{dt}{RC} \tag{7.43}$$

Integrando ambos os lados e introduzindo as condições iniciais,

$$\ln(v - V_s)\Big|_{V_0}^{v(t)} = -\frac{t}{RC}\Big|_0^t$$

$$\ln(v(t) - V_s) - \ln(V_0 - V_s) = -\frac{t}{RC} + 0$$

ou

$$\ln\frac{v - V_s}{V_0 - V_s} = -\frac{t}{RC} \tag{7.44}$$

Exponenciando ambos os lados

$$\frac{v - V_s}{V_0 - V_s} = e^{-t/\tau}, \qquad \tau = RC$$

$$v - V_s = (V_0 - V_s)e^{-t/\tau}$$

ou

$$v(t) = V_s + (V_0 - V_s)e^{-t/\tau}, \qquad t > 0 \tag{7.45}$$

Portanto,

$$v(t) = \begin{cases} V_0, & t < 0 \\ V_s + (V_0 - V_s)e^{-t/\tau}, & t > 0 \end{cases} \quad (7.46)$$

Isso é conhecido como *resposta completa* (ou resposta total) de um circuito RC à aplicação súbita de uma fonte de tensão CC, partindo do pressuposto de que o capacitor esteja inicialmente carregado. A razão para o termo "completa" ficará evidente mais adiante. Supondo que $V_s > V_0$, é mostrado na Figura 7.41 um gráfico de $v(t)$.

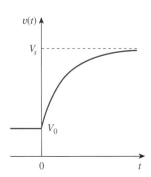

Figura 7.41 Resposta de um circuito RC com capacitor inicialmente carregado.

Se considerarmos que o capacitor esteja inicialmente descarregado, fazemos que $V_0 = 0$ na Equação (7.46), de modo que

$$v(t) = \begin{cases} 0, & t < 0 \\ V_s(1 - e^{-t/\tau}), & t > 0 \end{cases} \quad (7.47)$$

que pode ser escrito de forma alternativa como

$$v(t) = V_s(1 - e^{-t/\tau})u(t) \quad (7.48)$$

essa é a resposta completa a um degrau do circuito RC quando o capacitor está inicialmente descarregado. A corrente através do capacitor é obtida da Equação (7.47) usando-se $i(t) = C\,dv/dt$. Obtemos

$$i(t) = C\frac{dv}{dt} = \frac{C}{\tau}V_s e^{-t/\tau}, \quad \tau = RC, \quad t > 0$$

ou

$$i(t) = \frac{V_s}{R}e^{-t/\tau}u(t) \quad (7.49)$$

A Figura 7.42 mostra os gráficos da tensão $v(t)$ no capacitor, bem como da corrente $i(t)$ no capacitor.

Em vez de realizarem-se as derivadas dadas anteriormente, há uma abordagem sistemática – ou melhor, um método abreviado – para determinar a resposta a um degrau de um circuito RC ou RL. Reexaminemos a Equação (7.45), que é mais genérica que a Equação (7.48). Fica evidente que $v(t)$ possui duas componentes. Classicamente, existem duas maneiras de decompor isso em duas componentes. A primeira delas é dividi-la em "resposta natural e resposta forçada". Partindo inicialmente das respostas natural e forçada, podemos escrever a resposta total ou completa como

$$\boxed{\text{Resposta completa} = \underset{\text{energia armazenada}}{\text{resposta natural}} + \underset{\text{fonte independente}}{\text{resposta forçada}}}$$

ou

$$v = v_n + v_f \quad (7.50)$$

Onde

$$v_n = V_o e^{-t/\tau}$$

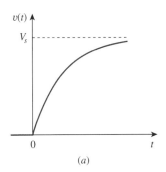

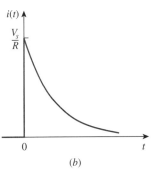

Figura 7.42 Resposta a um degrau de um circuito RC com capacitor inicialmente descarregado: (*a*) resposta em tensão; (*b*) resposta em corrente.

e

$$v_f = V_s(1 - e^{-t/\tau})$$

Estamos familiarizados com a resposta natural v_n do circuito, conforme discutido na Seção 7.2. v_f é conhecida como resposta *forçada* por ser produzida pelo circuito quando uma "força" externa (nesse caso, uma fonte de tensão) for aplicada. A resposta natural acaba se extinguindo juntamente com a componente transiente da resposta forçada, deixando apenas a componente em regime estacionário da resposta forçada.

Outra maneira de se observar a resposta completa é dividi-la em duas componentes: temporária e permanente, ou seja,

> Resposta completa = resposta transiente + resposta em regime estacionário
>   parte temporária   parte permanente

ou

$$v = v_t + v_{ss} \quad (7.51)$$

onde

$$v_t = (V_o - V_s)e^{-t/\tau} \quad (7.52a)$$

e

$$v_{ss} = V_s \quad (7.52b)$$

A *resposta transiente* v_t é temporária, pois é a parte da resposta completa que decai a zero à medida que o tempo se aproxima de infinito. Portanto,

> **Resposta transiente** é a resposta temporária do circuito que se extinguirá com o tempo.

A *resposta em regime estacionário* v_{ss} é a parte da resposta completa que permanecerá após a resposta transiente ter se extinguido. Logo,

> **Resposta em regime estacionário** é o comportamento do circuito um longo tempo após a excitação externa ter sido aplicada.

A primeira decomposição da resposta completa é em termos da fonte das respostas, enquanto a segunda decomposição é em termos de permanência das respostas. Sob certas condições, as respostas natural e transiente são iguais. O mesmo pode ser dito em relação às respostas forçadas e em regime estacionário.

Seja lá qual for o modo que a examinamos, a resposta completa na Equação (7.45) pode ser escrita como

> Isso é o mesmo que dizer que a resposta completa é a soma das respostas transiente e em regime estacionário.

$$\boxed{v(t) = v(\infty) + [v(0) - v(\infty)]e^{-t/\tau}} \quad (7.53)$$

onde $v(0)$ é a tensão inicial em $t = 0^+$ e $v(\infty)$ é o valor final ou em regime estacionário. Portanto, encontrar a resposta a um degrau de um circuito *RC* requer três coisas:

1. A tensão inicial $v(0)$ no capacitor.
2. A tensão final $v(\infty)$ no capacitor.
3. A constante de tempo τ.

Obtemos o item 1 do circuito dado para $t < 0$ e os itens 2 e 3 do circuito para $t > 0$. Uma vez que esses itens forem determinados, obtemos a resposta usando a Equação (7.53). Essa técnica se aplica igualmente a circuitos RL, como veremos na próxima seção.

Note que se a chave muda de posição em $t = t_0$ em vez de $t = 0$, há um atraso temporal na resposta de modo que a Equação (7.53) resulte em

$$v(t) = v(\infty) + [v(t_0) - v(\infty)]e^{-(t-t_0)/\tau} \quad (7.54)$$

onde $v(t_0)$ é o valor inicial em $t = t_0^+$. Tenha em mente que a Equação (7.53) ou (7.54) se aplica apenas a respostas a degrau, isto é, quando a excitação de entrada for constante.

> Uma vez determinados $x(0)$, $x(\infty)$ e τ, quase todos os problemas de circuitos neste capítulo podem ser resolvidos utilizando a fórmula a seguir:
> $$x(t) = x(\infty) + [x(0) - x(\infty)]e^{-t/\tau}$$

EXEMPLO 7.10

A chave da Figura 7.43 se encontra na posição A há um bom tempo. Em $t = 0$, a chave é mudada para a posição B. Determine $v(t)$ para $t > 0$ e calcule seu valor em $t = 1$ s e 4 s.

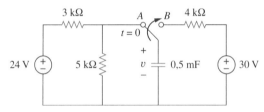

Figura 7.43 Esquema para o Exemplo 7.10.

Solução: Para $t < 0$, a chave se encontra na posição A. O capacitor atua como um circuito aberto em CC, porém v é a mesma tensão que aquela no resistor de 5 kΩ. Logo, a tensão no capacitor imediatamente antes de $t = 0$ é obtida por divisão de tensão como segue

$$v(0^-) = \frac{5}{5+3}(24) = 15 \text{ V}$$

Lançando mão do fato de que a tensão no capacitor não pode mudar instantaneamente,

$$v(0) = v(0^-) = v(0^+) = 15 \text{ V}$$

Para $t > 0$, a chave se encontra na posição B. A resistência de Thévenin para o capacitor é $R_{Th} = 4$ kΩ, e a constante de tempo é

$$\tau = R_{Th}C = 4 \times 10^3 \times 0{,}5 \times 10^{-3} = 2 \text{ s}$$

Já que o capacitor atua como um circuito aberto em CC no regime estacionário, $v(\infty) = 30$ V. Logo,

$$v(t) = v(\infty) + [v(0) - v(\infty)]e^{-t/\tau}$$
$$= 30 + (15 - 30)e^{-t/2} = (30 - 15e^{-0{,}5t}) \text{ V}$$

Em $t = 1$,

$$v(1) = 30 - 15e^{-0{,}5} = 20{,}9 \text{ V}$$

Em $t = 4$,
$$v(4) = 30 - 15e^{-2} = 27{,}97 \text{ V}$$

PROBLEMA PRÁTICO 7.10

Determine $v(t)$ para $t > 0$ no circuito da Figura 7.44. Suponha que a chave esteja aberta há um longo período e que é fechada em $t = 0$. Calcule $v(t)$ em $t = 0{,}5$.

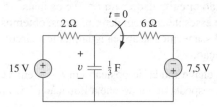

Figura 7.44 Esquema para o Problema prático 7.10.

Resposta: $(9{,}375 + 5{,}625e^{-2t})$ V para qualquer $t > 0$, 7,63 V.

EXEMPLO 7.11

Na Figura 7.45, a chave foi fechada há um longo tempo e é aberta em $t = 0$. Determine i e v durante todo o período.

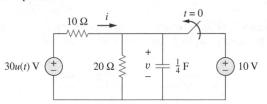

Figura 7.45 Esquema para o Exemplo 7.11.

Solução: A corrente i no resistor pode ser descontínua em $t = 0$, enquanto a tensão v no capacitor não. Portanto, é sempre melhor determinar v e, em seguida, i a partir de v.

Pela definição da função degrau unitário,

$$30u(t) = \begin{cases} 0, & t < 0 \\ 30, & t > 0 \end{cases}$$

Para $t < 0$, a chave está fechada e $30u(t) = 0$, de modo que a fonte de tensão $30u(t)$ seja substituída por um curto-circuito e deva ser considerada como se contribuísse com nada para v. Já que a chave se encontra fechada há um longo tempo, a tensão no capacitor atingiu o regime estacionário e o capacitor atua como um circuito aberto. Logo, o circuito se torna aquele mostrado na Figura 7.46a para $t < 0$, a partir do qual obtemos

$$v = 10 \text{ V}, \qquad i = -\frac{v}{10} = -1 \text{ A}$$

Já que a tensão no capacitor não pode mudar instantaneamente,

$$v(0) = v(0^-) = 10 \text{ V}$$

Para $t > 0$, a chave é aberta e a fonte de tensão de 10 V é desconectada do circuito. A fonte de tensão $30u(t)$ agora se encontra em operação, de modo que o circuito fique como o mostrado na Figura 7.46b. Após um longo período, o circuito atinge seu regime estacionário e o capacitor atua novamente como um circuito aberto. Obtemos $v(\infty)$ usando divisão de tensão, como segue

$$v(\infty) = \frac{20}{20 + 10}(30) = 20 \text{ V}$$

A resistência de Thévenin nos terminais do capacitor é

$$R_{\text{Th}} = 10 \parallel 20 = \frac{10 \times 20}{30} = \frac{20}{3} \, \Omega$$

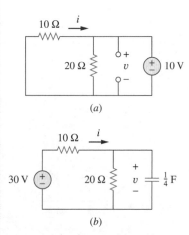

Figura 7.46 Solução para o Exemplo 7.11: (a) para $t < 0$; (b) para $t > 0$.

e a constante de tempo fica

$$\tau = R_{Th}C = \frac{20}{3} \cdot \frac{1}{4} = \frac{5}{3} \text{ s}$$

Portanto,

$$v(t) = v(\infty) + [v(0) - v(\infty)]e^{-t/\tau}$$
$$= 20 + (10 - 20)e^{-(3/5)t} = (20 - 10e^{-0,6t}) \text{ V}$$

Para obter i, observe, na Figura 7.46b, que i é a soma das correntes que passam pelo capacitor e resistor de 20 Ω, ou seja,

$$i = \frac{v}{20} + C\frac{dv}{dt}$$
$$= 1 - 0{,}5e^{-0,6t} + 0{,}25(-0{,}6)(-10)e^{-0,6t} = (1 + e^{-0,6t}) \text{ A}$$

Perceba, na Figura 7.46b, que a condição $v + 10i = 30$ é satisfeita, conforme esperado. Portanto,

$$v = \begin{cases} 10 \text{ V}, & t < 0 \\ (20 - 10e^{-0,6t}) \text{ V}, & t \geq 0 \end{cases}$$

$$i = \begin{cases} -1 \text{ A}, & t < 0 \\ (1 + e^{-0,6t}) \text{ A}, & t > 0 \end{cases}$$

Note que a tensão no capacitor é contínua, enquanto a corrente no resistor, não.

A chave na Figura 7.47 é fechada em $t = 0$. Determine $i(t)$ e $v(t)$ para todo o período. Observe que $u(-t) = 1$ para $t < 0$ e 0 para $t > 0$. Da mesma forma, $u(-t) = 1 - u(t)$.

PROBLEMA PRÁTICO 7.11

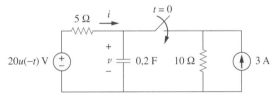

Figura 7.47 Esquema para o Problema prático 7.11.

Resposta:

$$i(t) = \begin{cases} 0, & t < 0 \\ -2(1 + e^{-1,5t}) \text{ A}, & t > 0, \end{cases}$$

$$v = \begin{cases} 20 \text{ V}, & t < 0 \\ 10(1 + e^{-1,5t}) \text{ V}, & t > 0 \end{cases}$$

7.6 Resposta a um degrau de um circuito RL

Consideremos o circuito RL da Figura 7.48a, que pode ser substituído pelo circuito da Figura 7.48b; nosso objetivo é determinar a corrente i no indutor como resposta do circuito. Em vez de aplicar as leis de Kirchhoff, usaremos uma técnica simples nas Equações (7.50) a (7.53). A resposta pode ser a soma da resposta transiente e a resposta em regime estacionário,

$$i = i_t + i_{ss} \qquad (7.55)$$

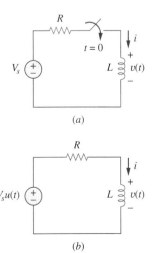

Figura 7.48 Circuito RL com tensão de entrada em degrau.

É sabido que a resposta transiente sempre é uma exponencial em queda, isto é,

$$i_t = Ae^{-t/\tau}, \quad \tau = \frac{L}{R} \tag{7.56}$$

onde A é a constante a ser determinada.

A resposta em regime estacionário é o valor da corrente um bom tempo depois de a chave da Figura 7.48a ser fechada. Sabemos que a resposta transiente basicamente se extingue após cinco constantes de tempo. Nesse momento, o indutor se torna um curto-circuito e a tensão nele é zero. Toda a tensão de entrada V_s aparece sobre R. Consequentemente, a resposta em regime estacionário fica

$$i_{ss} = \frac{V_s}{R} \tag{7.57}$$

Substituir as Equações (7.56) e (7.57) na Equação (7.55) resulta em

$$i = Ae^{-t/\tau} + \frac{V_s}{R} \tag{7.58}$$

Agora, determinamos a constante A do valor inicial de i. Façamos que I_0 seja a corrente inicial pelo indutor, que pode provir de uma fonte que não seja V_s. Uma vez que a corrente pelo indutor não pode mudar instantaneamente,

$$i(0^+) = i(0^-) = I_0 \tag{7.59}$$

Portanto, em $t = 0$, a Equação (7.58) resulta em

$$I_0 = A + \frac{V_s}{R}$$

Dessa, obtemos A como segue

$$A = I_0 - \frac{V_s}{R}$$

Substituindo A na Equação (7.58), obtemos

$$i(t) = \frac{V_s}{R} + \left(I_0 - \frac{V_s}{R}\right)e^{-t/\tau} \tag{7.60}$$

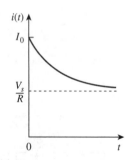

Figura 7.49 Resposta total do circuito RL com corrente inicial I_0 no indutor.

Essa é a resposta completa do circuito RL, que está ilustrada na Figura 7.49. A resposta na Equação (7.60) pode ser escrita como

$$i(t) = i(\infty) + [i(0) - i(\infty)]e^{-t/\tau} \tag{7.61}$$

onde $i(0)$ e $i(\infty)$ são, respectivamente, os valores inicial e final de i. Portanto, determinar a resposta a um degrau de um circuito RL requer três coisas:

1. A corrente inicial $i(0)$ no indutor em $t = 0$.
2. A corrente final $i(\infty)$ no indutor.
3. A constante de tempo τ.

Obtemos o item 1 do circuito dado para $t < 0$ e os itens 2 e 3 do circuito para $t > 0$. Uma vez que esses itens forem determinados, obtemos a resposta usando a Equação (7.61). Tenha em mente que essa técnica se aplica apenas para respostas a um degrau.

Novamente, se a mudança ocorrer em $t = t_0$ em vez de $t = 0$, a Equação (7.61) fornece

$$i(t) = i(\infty) + [i(t_0) - i(\infty)]e^{-(t-t_0)/\tau} \qquad (7.62)$$

Se $I_0 = 0$, então

$$i(t) = \begin{cases} 0, & t < 0 \\ \dfrac{V_s}{R}(1 - e^{-t/\tau}), & t > 0 \end{cases} \qquad (7.63a)$$

ou

$$i(t) = \frac{V_s}{R}(1 - e^{-t/\tau})u(t) \qquad (7.63b)$$

Esta é a resposta a um degrau do circuito RL com corrente inicial nula no indutor. A tensão no indutor é obtida da Equação (7.63) usando $v = L\, di/dt$. Obtemos

$$v(t) = L\frac{di}{dt} = V_s \frac{L}{\tau R} e^{-t/\tau}, \qquad \tau = \frac{L}{R}, \qquad t > 0$$

ou

$$v(t) = V_s e^{-t/\tau} u(t) \qquad (7.64)$$

A Figura 7.50 mostra as respostas a um degrau nas Equações (7.63) e (7.64).

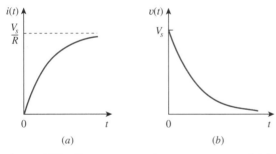

Figura 7.50 Respostas a um degrau com corrente inicial nula no indutor: (*a*) resposta da corrente; (*b*) resposta da tensão.

EXEMPLO 7.12

Determine $i(t)$ no circuito da Figura 7.51 para $t > 0$. Suponha que a chave tenha sido fechada há um bom tempo.

Solução: Quando $t < 0$, o resistor de 3 Ω está curto-circuitado e o indutor atua como um curto-circuito. A corrente através do indutor em $t = 0^-$ (ou seja, logo antes de $t = 0$) é

$$i(0^-) = \frac{10}{2} = 5\ \text{A}$$

Uma vez que a corrente no indutor não pode mudar

$$i(0) = i(0^+) = i(0^-) = 5\ \text{A}$$

Quando $t > 0$, a chave é aberta. Os resistores de 2 Ω e 3 Ω estão em série e, portanto,

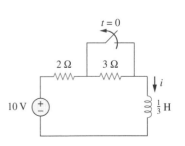

Figura 7.51 Esquema para o Exemplo 7.12.

$$i(\infty) = \frac{10}{2+3} = 2 \text{ A}$$

A resistência equivalente de Thévenin entre os terminais do indutor é

$$R_{Th} = 2 + 3 = 5 \text{ }\Omega$$

Para a constante de tempo,

$$\tau = \frac{L}{R_{Th}} = \frac{\frac{1}{3}}{5} = \frac{1}{15} \text{ s}$$

Portanto,

$$i(t) = i(\infty) + [i(0) - i(\infty)]e^{-t/\tau}$$
$$= 2 + (5-2)e^{-15t} = 2 + 3e^{-15t} \text{ A}, \quad t > 0$$

Verificação: Na Figura 7.51, para $t > 0$, a LKT tem de ser satisfeita, isto é,

$$10 = 5i + L\frac{di}{dt}$$
$$5i + L\frac{di}{dt} = [10 + 15e^{-15t}] + \left[\frac{1}{3}(3)(-15)e^{-15t}\right] = 10$$

Isso confirma o resultado.

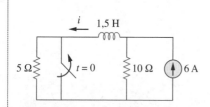

Figura 7.52 Esquema para o Problema prático 7.12.

● **PROBLEMA PRÁTICO 7.12**

A chave na Figura 7.52 foi fechada por um longo tempo, sendo aberta em $t = 0$. Determine $i(t)$ para $t > 0$.

Resposta: $(4 + 2e^{-10t})$ A para qualquer $t > 0$.

● **EXEMPLO 7.13**

Em $t = 0$, a chave 1 na Figura 7.53 é fechada e a chave 2 é fechada 4 s depois. Determine $i(t)$ para $t > 0$. Calcule i para $t = 2$ s e $t = 5$ s.

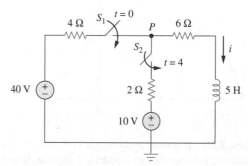

Figura 7.53 Esquema para o Exemplo 7.13.

Solução: Precisamos considerar, separadamente, os três intervalos de tempo: $t \leq 0$, $0 \leq t \leq 4$ e $t \leq 4$. Para $t < 0$, as chaves S_1 e S_2 estão abertas de modo que $i = 0$. Já que a corrente no indutor não pode mudar instantaneamente,

$$i(0^-) = i(0) = i(0^+) = 0$$

Para $0 \leq t \leq 4$, S_1 está fechada de modo que os resistores de 4 Ω e 6 Ω estão em série. (Lembre-se, neste momento, que S_2 ainda se encontra aberta.) Logo, supondo-se por enquanto S_1 fique fechada para sempre,

$$i(\infty) = \frac{40}{4+6} = 4 \text{ A}, \quad R_{Th} = 4 + 6 = 10 \text{ }\Omega$$

$$\tau = \frac{L}{R_{Th}} = \frac{5}{10} = \frac{1}{2} \text{ s}$$

Logo,

$$i(t) = i(\infty) + [i(0) - i(\infty)]e^{-t/\tau}$$
$$= 4 + (0 - 4)e^{-2t} = 4(1 - e^{-2t}) \text{ A}, \quad 0 \leq t \leq 4$$

Para $t \geq 4$, S_2 está fechada; a fonte de tensão de 10 V é conectada e o circuito muda. Essa mudança brusca não afeta a corrente do indutor, pois sua corrente não pode mudar abruptamente. Portanto, a corrente inicial é

$$i(4) = i(4^-) = 4(1 - e^{-8}) \simeq 4 \text{ A}$$

Para encontrar $i(\infty)$, façamos que v seja a tensão no nó P da Figura 7.53. Usando a LKC,

$$\frac{40 - v}{4} + \frac{10 - v}{2} = \frac{v}{6} \Rightarrow v = \frac{180}{11} \text{ V}$$

$$i(\infty) = \frac{v}{6} = \frac{30}{11} = 2{,}727 \text{ A}$$

A resistência de Thévenin nos terminais do indutor fica

$$R_{\text{Th}} = 4 \parallel 2 + 6 = \frac{4 \times 2}{6} + 6 = \frac{22}{3} \Omega$$

e

$$\tau = \frac{L}{R_{\text{Th}}} = \frac{5}{\frac{22}{3}} = \frac{15}{22} \text{ s}$$

Portanto,

$$i(t) = i(\infty) + [i(4) - i(\infty)]e^{-(t-4)/\tau}, \quad t \geq 4$$

Precisamos de $(t - 4)$ na exponencial em virtude do retardo de tempo. Portanto,

$$i(t) = 2{,}727 + (4 - 2{,}727)e^{-(t-4)/\tau}, \quad \tau = \frac{15}{22}$$
$$= 2{,}727 + 1{,}273e^{-1{,}4667(t-4)}, \quad t \geq 4$$

Juntando tudo isso,

$$i(t) = \begin{cases} 0, & t \leq 0 \\ 4(1 - e^{-2t}), & 0 \leq t \leq 4 \\ 2{,}727 + 1{,}273e^{-1{,}4667(t-4)}, & t \geq 4 \end{cases}$$

Em $t = 2$,

$$i(2) = 4(1 - e^{-4}) = 3{,}93 \text{ A}$$

Em $t = 5$,

$$i(5) = 2{,}727 + 1{,}273e^{-1{,}4667} = 3{,}02 \text{ A}$$

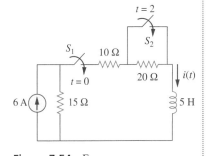

Figura 7.54 Esquema para o Problema prático 7.13.

PROBLEMA PRÁTICO 7.13

A chave S_1 da Figura 7.54 é fechada em $t = 0$ e a chave S_2 é fechada em $t = 2$ s. Calcule $i(t)$ para qualquer t. Determine $i(1)$ e $i(3)$.

Resposta:

$$i(t) = \begin{cases} 0, & t < 0 \\ 2(1 - e^{-9t}), & 0 < t < 2 \\ 3{,}6 - 1{,}6e^{-5(t-2)}, & t > 2 \end{cases}$$

$i(1) = 1{,}9997$ A, $i(3) = 3{,}589$ A.

7.7 †Circuitos de primeira ordem com amplificador operacional

Um circuito com AOP, contendo um elemento de armazenamento, apresentará um comportamento de primeira ordem, e os diferenciadores e integradores, vistos na Seção 6.6, são exemplos desses circuitos. Repetindo, por razões práticas, raramente são usados indutores em circuitos com AOP, e, consequentemente, aqui eles são considerados do tipo *RC*.

Como de praxe, analisamos os circuitos com AOP por meio da análise nodal. Algumas vezes, é usado o circuito equivalente de Thévenin para reduzir o circuito com AOP a um que possa ser facilmente manipulado. Os três exemplos a seguir ilustram os conceitos e foram cuidadosamente selecionados para abordar todos os possíveis circuitos com AOP do tipo *RC*, dependendo da localização do capacitor em relação ao AOP; ou seja, o capacitor pode estar no circuito de entrada, de saída ou de realimentação. O primeiro dos exemplos trata de um circuito com AOP sem fonte, enquanto os outros dois envolvem respostas a um degrau.

EXEMPLO 7.14

Para o circuito com amplificador operacional da Figura 7.55*a*, determine v_o para $t > 0$, dado que $v(0) = 3$ V. Façamos $R_f = 80$ kΩ, $R_1 = 20$ kΩ e $C = 5$ μF.

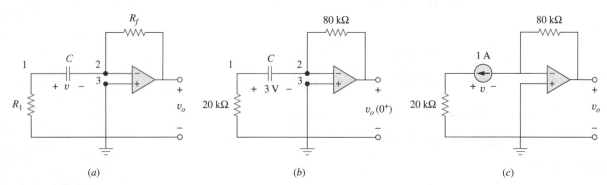

Figura 7.55 Esquema para o Exemplo 7.14

Solução: Esse problema pode ser solucionado de duas maneiras.

■ **MÉTODO 1** Considere o circuito na Figura 7.55*a*. Vamos deduzir a equação diferencial apropriada usando a análise nodal. Se v_1 for a tensão no nó 1, nesse nó, a LKC fornece

$$\frac{0 - v_1}{R_1} = C\frac{dv}{dt} \qquad (7.14.1)$$

Já que os nós 2 e 3 devem estar no mesmo potencial, o potencial no nó 2 é zero. Portanto, $v_1 - 0 = v$ ou $v_1 = v$ e a Equação (7.14.1) se torna

$$\frac{dv}{dt} + \frac{v}{CR_1} = 0 \qquad (7.14.2)$$

Isso é similar à Equação (7.4*b*), de modo que a solução é obtida da mesma maneira que na Seção 7.2, ou seja,

$$v(t) = V_0 e^{-t/\tau}, \qquad \tau = R_1 C \qquad (7.14.3)$$

onde V_0 é a tensão inicial no capacitor. Porém, $v(0) = 3 = V_0$ e $\tau = 20 \times 10^3 \times 5 \times 10^{-6} = 0{,}1$. Portanto,

$$v(t) = 3e^{-10t} \qquad (7.14.4)$$

A aplicação da LKC ao nó 2 resulta em

$$C\frac{dv}{dt} = \frac{0 - v_o}{R_f}$$

ou

$$v_o = -R_f C \frac{dv}{dt} \qquad (7.14.5)$$

Agora, podemos encontrar v_o como

$$v_o = -80 \times 10^3 \times 5 \times 10^{-6}(-30e^{-10t}) = 12e^{-10t} \text{ V}, \qquad t > 0$$

■ **MÉTODO 2** Apliquemos o método de atalho da Equação (7.53). Precisamos determinar $v_o(0^+)$, $v_o(\infty)$ e τ. Uma vez que $v(0^+) = v(0^-) = 3$ V, apliquemos a LKC ao nó 2 no circuito da Figura 7.55b para obter

$$\frac{3}{20.000} + \frac{0 - v_o(0^+)}{80.000} = 0$$

ou $v_o(0^+) = 12$ V. Já que o circuito é sem fonte, $v(\infty) = 0$ V. Para determinar τ, precisamos da resistência equivalente R_{eq} entre os terminais do capacitor. Se eliminarmos o capacitor e o substituirmos por uma fonte de corrente de 1 A, temos o circuito mostrado na Figura 7.55c. Aplicando a LKT ao circuito de entrada, obtemos

$$20.000(1) - v = 0 \quad \Rightarrow \quad v = 20 \text{ kV}$$

Então

$$R_{eq} = \frac{v}{1} = 20 \text{ k}\Omega$$

e $\tau = R_{eq}C = 0{,}1$. Portanto,

$$v_o(t) = v_o(\infty) + [v_o(0) - v_o(\infty)]e^{-t/\tau}$$
$$= 0 + (12 - 0)e^{-10t} = 12e^{-10t} \text{ V}, \qquad t > 0$$

como antes.

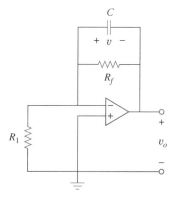

Figura 7.56 Esquema para o Problema prático 7.14.

Para o circuito com AOP da Figura 7.56, determine v_o para $t > 0$ se $v(0) = 4$ V. Suponha que $R_f = 50$ kΩ, $R_1 = 10$ kΩ e $C = 10$ μF.

PROBLEMA PRÁTICO 7.14

Resposta: $-4e^{-2t}$ V, $t > 0$.

EXEMPLO 7.15

Determine $v(t)$ e $v_o(t)$ no circuito da Figura 7.57.

Solução: Esse problema pode ser resolvido de duas maneiras, exatamente como no exemplo anterior. Entretanto, aplicaremos apenas o segundo método. E como estamos buscando a resposta a um degrau, podemos aplicar a Equação (7.53) e escrever

$$v(t) = v(\infty) + [v(0) - v(\infty)]e^{-t/\tau}, \qquad t > 0 \qquad (7.15.1)$$

onde precisamos encontrar apenas a constante de tempo τ, o valor inicial $v(0)$ e o valor final $v(\infty)$. Note que isso se aplica estritamente à tensão no capacitor em razão de uma entrada em degrau. Uma vez que nenhuma corrente entra nos terminais de entrada do AOP, os elementos no circuito de realimentação do AOP formam um circuito RC, com

$$\tau = RC = 50 \times 10^3 \times 10^{-6} = 0{,}05 \qquad (7.15.2)$$

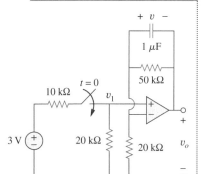

Figura 7.57 Esquema para o Exemplo 7.15.

Para $t < 0$, a chave é aberta e não existe nenhuma tensão no capacitor. Portanto, $v(0) = 0$.
Para $t < 0$, obtemos a tensão no nó 1 através do princípio da divisão de tensão como segue

$$v_1 = \frac{20}{20 + 10} 3 = 2 \text{ V} \tag{7.15.3}$$

Uma vez que não há nenhum elemento de armazenamento no circuito de entrada, v_1 permanece constante para qualquer t. No regime estacionário, o capacitor atua como um circuito aberto de modo que o circuito com AOP seja um amplificador não inversor. Portanto,

$$v_o(\infty) = \left(1 + \frac{50}{20}\right) v_1 = 3{,}5 \times 2 = 7 \text{ V} \tag{7.15.4}$$

Porém,

$$v_1 - v_o = v \tag{7.15.5}$$

de modo que

$$v(\infty) = 2 - 7 = -5 \text{ V}$$

Substituindo τ, $v(0)$ e $v(\infty)$ na Equação (7.15.1), temos

$$v(t) = -5 + [0 - (-5)]e^{-20t} = 5(e^{-20t} - 1) \text{ V}, \quad t > 0 \tag{7.15.6}$$

Das Equações (7.15.3), (7.15.5) e (7.15.6), obtemos

$$v_o(t) = v_1(t) - v(t) = 7 - 5e^{-20t} \text{ V}, \quad t > 0 \tag{7.15.7}$$

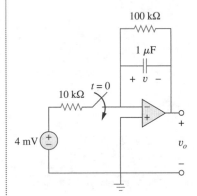

Figura 7.58 Esquema para o Problema prático 7.15.

● **PROBLEMA PRÁTICO 7.15**

Determine $v(t)$ e $v_o(t)$ no circuito com AOP na Figura 7.58.

Resposta: (Note que a tensão no capacitor e a tensão de saída devem ser iguais a zero, para $t < 0$, já que a entrada era zero para qualquer $t < 0$.) $40(1-e^{-10t})u(t)$ mV, $40(e^{-10t} - 1)u(t)$ mV.

● **EXEMPLO 7.16**

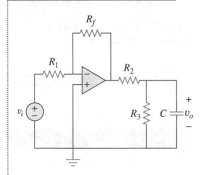

Figura 7.59 Esquema para o Exemplo 7.16.

Determine a resposta ao degrau $v_o(t)$ para $t > 0$ no circuito com AOP da Figura 7.59. Seja $v_i = 2u(t)$ V, $R_1 = 20$ kΩ, $R_f = 50$ kΩ, $R_2 = R_3 = 10$ kΩ e $C = 2$ μF.

Solução: Observe que o capacitor no Exemplo 7.14 se encontra no circuito de entrada, enquanto o capacitor no Exemplo 7.15 está no circuito de realimentação. Nesse exemplo, o capacitor se localiza na saída do amplificador operacional. Repetindo, podemos resolver esse problema diretamente usando a análise nodal, entretanto, usar o circuito equivalente de Thévenin pode simplificar o problema.

Eliminamos temporariamente o capacitor e encontramos o equivalente de Thévenin em seus terminais. Para obter V_{Th}, considere o circuito da Figura 7.60a. Uma vez que o circuito é um amplificador inversor,

$$V_{ab} = -\frac{R_f}{R_1} v_i$$

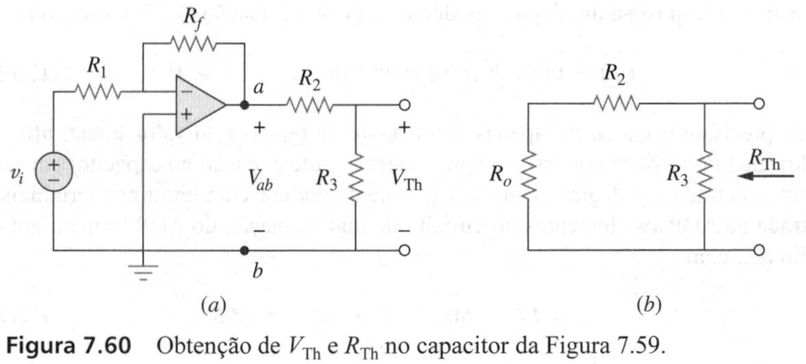

Figura 7.60 Obtenção de V_{Th} e R_{Th} no capacitor da Figura 7.59.

Por divisão de tensão,

$$V_{Th} = \frac{R_3}{R_2 + R_3}V_{ab} = -\frac{R_3}{R_2 + R_3}\frac{R_f}{R_1}v_i$$

Para obter R_{Th}, considere o circuito na Figura 7.60b, em que R_o é a resistência de saída do amplificador operacional. Uma vez que estamos supondo um AOP ideal, $R_o = 0$, e

$$R_{Th} = R_2 \parallel R_3 = \frac{R_2 R_3}{R_2 + R_3}$$

Substituindo os valores numéricos dados,

$$V_{Th} = -\frac{R_3}{R_2 + R_3}\frac{R_f}{R_1}v_i = -\frac{10}{20}\frac{50}{20}2u(t) = -2{,}5u(t)$$

$$R_{Th} = \frac{R_2 R_3}{R_2 + R_3} = 5\ \text{k}\Omega$$

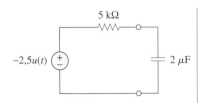

Figura 7.61 Circuito equivalente de Thévenin do circuito da Figura 7.59.

O circuito equivalente de Thévenin é mostrado na Figura 7.61, que é similar ao da Figura 7.40. Portanto, a solução é similar àquela da Equação (7.48), isto é,

$$v_o(t) = -2{,}5(1 - e^{-t/\tau})u(t)$$

onde $\tau = R_{Th}C = 5 \times 10^3 \times 2 \times 10^{-6} = 0{,}01$. Logo, a resposta ao degrau para $t > 0$ é

$$v_o(t) = 2{,}5(e^{-100t} - 1)u(t)\ \text{V}$$

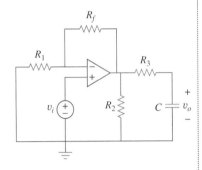

Figura 7.62 Esquema para o Problema prático 7.16.

Obtenha a resposta a um degrau $v_o(t)$ para o circuito da Figura 7.62. Seja $v_i = 4{,}5u(t)$ V, $R_1 = 20$ kΩ, $R_f = 40$ kΩ, $R_2 = R_3 = 10$ kΩ e $C = 2\ \mu$F.

Solução: $13{,}5(1 - e^{-50t})u(t)$ V.

PROBLEMA PRÁTICO 7.16

7.8 Análise de transiente usando o *PSpice*

Como discutido na Seção 7.5, a resposta transiente é a resposta temporária do circuito que logo desaparece. O *PSpice* pode ser usado para obter a resposta transiente de um circuito com elementos de armazenamento. Antes de prosseguir em sua leitura, é recomendado consultar o tutorial do *PSpice for Windows,* disponível em nosso *site* (www.grupoa.com.br), e fazer uma revisão sobre análise de transiente.

Se necessário, é realizado primeiro uma análise CC com o *PSpice* para determinação das condições iniciais, que, em seguida, são usadas na análise de transiente do *PSpice* para obter as respostas transientes. Recomenda-se, porém não é obrigatório, que, durante a análise CC, todos os capacitores sejam abertos, enquanto todos os indutores devem ser curto-circuitados.

> O *PSpice* usa "transiente" com o significado de "função do tempo". Consequentemente, a resposta transiente no *PSpice* talvez não se extinga conforme esperado.

EXEMPLO 7.17

Use o *PSpice* para determinar a resposta $i(t)$ para $t > 0$ no circuito da Figura 7.63.

Solução: Resolvendo-se esse problema manualmente, obtemos $i(0) = 0$, $i(\infty) = 2$ A, $R_{Th} = 6$, $\tau = 3/6 = 0{,}5$ s, de modo que

$$i(t) = i(\infty) + [i(0) - i(\infty)]e^{-t/\tau} = 2(1 - e^{-2t}),\quad t > 0$$

Para usar o *PSpice*, primeiro desenhamos o esquema conforme ilustrado na Figura 7.64. A partir do tópico "análise de transiente" do tutorial que se encontra no *site* (www.grupoa.com.br), verificamos que o nome de componente para uma chave fechada é Sw_tclose. Não precisamos especificar a condição inicial do indutor, pois o *PSpice* vai determiná-la a partir do circuito. Selecionando **Analysis/Setup/Transient**, configuramos *Print Step* em 25 ms e *Final Step* em $5\tau = 2{,}5$ s. Após salvar o arquivo do circuito,

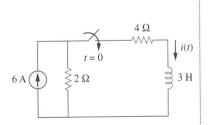

Figura 7.63 Esquema para o Exemplo 7.17.

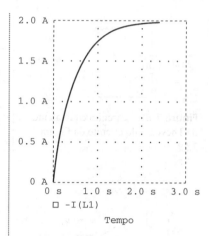

Figura 7.65 Esquema para o Exemplo 7.17; a resposta do circuito na Figura 7.63.

realizamos a simulação selecionando o comando **Analysis/Simulate**. Na janela *PSpice A/D*, selecionamos **Trace/Add** e exibimos –I(L1) como a corrente através do indutor. A Figura 7.65 mostra o gráfico de *i(t)*, que coincide com aquele obtido pelo cálculo manual.

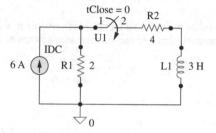

Figura 7.64 O esquema do circuito da Figura 7.63.

Observe que o sinal negativo em I(L1) é necessário, pois a corrente entra pelo terminal superior do indutor, que, por acaso, é o terminal negativo após uma rotação no sentido anti-horário. Uma maneira de se evitar o sinal negativo é garantir que a corrente entre pelo pino 1 do indutor. Para se obter esse sentido desejado de fluxo de corrente positivo, o símbolo do indutor inicialmente horizontal deve ser girado no sentido anti-horário em 270° e colocado na posição desejada.

PROBLEMA PRÁTICO 7.17

Para o circuito da Figura 7.66, use o *PSpice* para determinar $v(t)$ para $t > 0$.

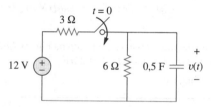

Figura 7.66 Esquema para o Problema prático 7.17.

Resposta: $v(t) = 8(1 - e^{-t})$ V, $t > 0$. A resposta é similar na forma àquela da Figura 7.65.

EXEMPLO 7.18

No circuito da Figura 7.67a, determine a resposta $v(t)$.

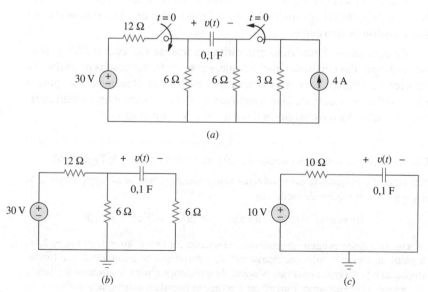

Figura 7.67 Esquema para o Exemplo 7.18. Circuito original (*a*); circuito para $t > 0$ (*b*); e circuito reduzido para $t > 0$ (*c*).

Solução:
1. **Definição.** O problema esta claramente enunciado e o circuito se encontra bem identificado.
2. **Apresentação.** Dado o circuito mostrado na Figura 7.67a, determine a resposta $v(t)$.
3. **Alternativa.** Podemos solucionar esse circuito usando técnicas de análise de circuito, análise nodal, análise de malhas ou por meio do *PSpice*. Resolvamos esse problema empregando técnicas de análise de circuitos (desta vez, circuitos equivalentes de Thévenin) e depois verificamos a resposta por intermédio de dois métodos do *PSpice*.
4. **Tentativa.** Para tempo < 0, a chave da esquerda está aberta e a da direita, fechada. Supondo que a chave da direita tenha sido fechada há um tempo suficientemente longo para o circuito ter atingido o regime estacionário, então, o capacitor atua como um circuito aberto e a corrente da fonte de 4 A flui pela associação paralela entre os resistores de 6 Ω e de 3 Ω (6 ∥ 3 = 18/9 = 2), produzindo uma tensão igual a $2 \times 4 = 8$ V $= -v(0)$.

   Em $t = 0$, a chave da esquerda é fechada e a da direita é aberta produzindo o circuito mostrado na Figura 7.67b.

   A maneira mais fácil para completar a solução é encontrar o circuito equivalente de Thévenin, como visto pelo capacitor. A tensão de circuito aberto (com o capacitor eliminado) é igual à queda de tensão no resistor de 6 Ω da esquerda ou 10 V (a queda de tensão é uniforme no resistor de 12 Ω, 20 V, e no resistor de 6 Ω, 10 V). Esta é a V_{Th}. A resistência vista onde o capacitor era igual a 12 ∥ 6 + 6 = 72/18 + 6 = 10 Ω, que é R_{eq}. Isso produz o circuito equivalente de Thévenin mostrado na Figura 7.67c. Combinando as condições de contorno ($v(0) = -8$ V e $v(\infty) = 10$ V) e $\tau = RC = 1$, obtemos

   $$v(t) = 10 - 18e^{-t}\ \text{V}$$

5. **Avaliação.** Existem duas maneiras de se resolver o problema por meio do *PSpice*.

■ **MÉTODO 1** Uma delas é realizar, em primeiro lugar, uma análise CC no *PSpice* para determinar a tensão inicial no capacitor. O esquema do circuito relevante se encontra na Figura 7.68a. Os dois pseudocomponentes VIEWPOINTs são inseridos para medir as tensões nos nós 1 e 2. Quando se efetua a simulação do circuito, obtemos os valores apresentados na Figura 7.68a como $V_1 = 0$ V e $V_2 = 8$ V. Portanto, a tensão inicial no capacitor é $v(0) = V_1 - V_2 = -8$ V. A análise de transientes no *PSpice* usa esse valor juntamente com o esquema da Figura 7.68b. Assim que o circuito dessa figura for desenhado, inserimos a tensão inicial no capacitor como IC = −8, selecionamos o comando **Analysis/Setup/Transient** e configuramos *Print Step* para 0,1 s e *Final Step* para $4\tau = 4$ s. Apos salvar o arquivo do circuito, selecionamos **Analysis/Simulate** para simular o circuito. Na janela A/D do *PSpice*, selecionamos **Trace/Add** e exibimos V(R2:2) − V(R3:2) ou V(C1:1) − V(C1:2) como a tensão $v(t)$ no capacitor. O gráfico de $v(t)$ é mostrado na Figura 7.69. Isso concorda com o resultado obtido pelo calculo manual, $v(t) = 10 - 18e^{-t}$ V.

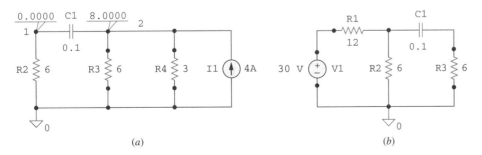

Figura 7.68 (a) Esquema para análise CC para obter $v(0)$; (b) esquema para análise de transiente usada na obtenção da resposta $v(t)$.

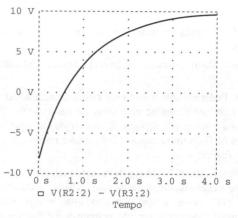

Figura 7.69 Resposta $v(t)$ para o circuito da Figura 7.67.

■ **MÉTODO 2** Podemos simular diretamente o circuito da Figura 7.67, já que o *PSpice* é capaz de lidar com chaves abertas e fechadas, bem como determinar automaticamente as condições iniciais. Usando essa abordagem, o esquema é desenhado como indicado na Figura 7.70. Após desenhar o circuito, selecionamos o comando **Analysis/Setup/Transient** e configuramos *Print Step* para 0,1 s e *Final Step* para $4\tau = 4$ s. Após salvar o arquivo do circuito, selecionamos **Analysis/Simulate** para simular o circuito. Na janela A/D do *PSpice*, selecionamos **Trace/Add** e exibimos V(R2:2) − V(R3:2) como tensão $v(t)$ no capacitor. O gráfico de $v(t)$ é o mesmo daquele da Figura 7.69.

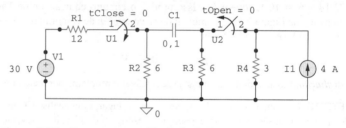

Figura 7.70 Esquema para o Exemplo 7.18.

6. *Satisfatório?* Fica claro que encontramos o valor da resposta de saída $v(t)$, conforme requisitado pelo enunciado do problema. Uma verificação realmente valida essa solução. Podemos apresentar tudo isso como uma solução completa para o problema.

● **PROBLEMA PRÁTICO 7.18**

A chave na Figura 7.71 foi aberta há um bom tempo, porém fechada em $t = 0$. Se $i(0) = 10$ A, determine $i(t)$ para $t > 0$ manualmente e também por meio do *PSpice*.

Resposta: $i(t) = 6 + 4e^{-5t}$ A. O gráfico de $i(t)$ obtido pela análise do *PSpice* é mostrado na Figura 7.72.

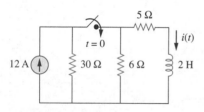

Figura 7.71 Esquema para o Problema prático 7.18.

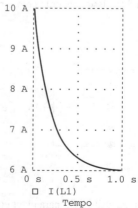

Figura 7.72 Esquema para o Problema prático 7.18.

7.9 †Aplicações

Entre os vários dispositivos para os quais existem aplicações para circuitos RC e RL, temos filtragem em fontes de alimentação CC, circuitos de suavização para comunicação digital, diferenciadores, integradores, circuitos de retardo e circuitos a relé. Algumas dessas aplicações tiram proveito das constantes de tempo curtas ou longas dos circuitos RC ou RL. Nesta seção, veremos quatro aplicações simples. As duas primeiras são circuitos RC, as duas últimas, circuitos RL.

7.9.1 Circuitos de retardo

Um circuito RC pode ser usado para fornecer vários tipos de retardos de tempo. A Figura 7.73 ilustra um circuito destes, que é formado basicamente por um circuito RC com o capacitor conectado em paralelo com uma lâmpada de neon. A fonte de tensão pode fornecer tensão suficiente para acender a lâmpada. Quando a chave é fechada, a tensão no capacitor aumenta gradualmente em direção a 110 V em uma taxa determinada pela constante de tempo do circuito, $(R_1 + R_2)C$. A lâmpada atuará como um circuito aberto e não emitirá luz até que a tensão nela exceda determinado nível, digamos 70 V, e quando esse nível for atingido, a lâmpada acende e o capacitor descarrega por meio dela. Em virtude da baixa resistência da lâmpada quando está ligada, a tensão no capacitor cai rapidamente e a lâmpada apaga. A lâmpada atua novamente como um circuito aberto e o capacitor recarrega. Ajustando R_2, podemos introduzir retardos longos ou curtos no circuito e fazer a lâmpada acender, recarregar e acender repetidamente a cada constante de tempo $\tau = (R_1 + R_2)C$, pois leva um período τ para que a tensão no capacitor fique suficientemente alta para acendê-la ou suficientemente baixa para desligá-la.

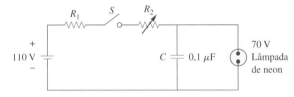

Figura 7.73 Um circuito de retardo RC.

Os sinalizadores intermitentes encontrados comumente em canteiros de obras de rodovias são um exemplo da utilidade de um circuito de retardo RC como este.

EXEMPLO 7.19

Considere o circuito da Figura 7.73 e suponha que $R_1 = 1{,}5$ MΩ, $0 < R_2 < 2{,}5$ MΩ. (a) Calcule os limites extremos da constante de tempo do circuito. (b) Quanto tempo leva para a lâmpada brilhar pela primeira vez após a chave ser fechada? Parta do pressuposto de que R_2 é o valor maior.

Solução: (a) O valor menor para R_2 é 0 Ω e a constante de tempo correspondente para o circuito é

$$\tau = (R_1 + R_2)C = (1{,}5 \times 10^6 + 0) \times 0{,}1 \times 10^{-6} = 0{,}15 \text{ s}$$

O maior valor para R_2 é 2,5 MΩ e a constante de tempo para o circuito é

$$\tau = (R_1 + R_2)C = (1{,}5 + 2{,}5) \times 10^6 \times 0{,}1 \times 10^{-6} = 0{,}4 \text{ s}$$

Portanto, pelo projeto de circuitos adequado, a constante de tempo pode ser ajustada para introduzir um retardo de tempo apropriado no circuito.

(b) Supondo que o capacitor esteja inicialmente descarregado, $v_C(0) = 0$, enquanto $v_C(\infty) = 110$. Porém,

$$v_C(t) = v_C(\infty) + [v_C(0) - v_C(\infty)]e^{-t/\tau} = 110[1 - e^{-t/\tau}]$$

onde $\tau = 0,4$ s, conforme calculado no item (a). A lâmpada acende quando $v_C = 70$ V. Se $v_C(t) = 70$ V em $t = t_0$, então,

$$70 = 110[1 - e^{-t_0/\tau}] \quad \Rightarrow \quad \frac{7}{11} = 1 - e^{-t_0/\tau}$$

ou

$$e^{-t_0/\tau} = \frac{4}{11} \quad \Rightarrow \quad e^{t_0/\tau} = \frac{11}{4}$$

Extraindo o logaritmo natural em ambos os lados, resulta

$$t_0 = \tau \ln \frac{11}{4} = 0,4 \ln 2,75 = 0,4046 \text{ s}$$

Uma fórmula mais genérica para determinar t_0 é

$$t_0 = \tau \ln \frac{-v(\infty)}{v(t_0) - v(\infty)}$$

A lâmpada acenderá repetidamente a cada t_0 segundos, se, e somente se, $v(t_0) < v(\infty)$.

O circuito RC da Figura 7.74 é projetado para operar um alarme que ativa quando a corrente através dele exceder a 120 μA. Se $0 \le R \le 6$ kΩ, determine o intervalo do retardo de tempo que o resistor variável pode proporcionar.

Resposta: Entre 47,23 ms e 124 ms.

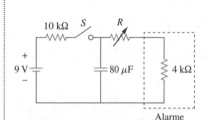

Figura 7.74 Esquema para o Problema prático 7.19.

● **PROBLEMA PRÁTICO 7.19**

7.9.2 Flash eletrônico para câmeras fotográficas

Um flash eletrônico é um exemplo comum de um circuito RC. Essa aplicação explora a capacidade de o capacitor se opor a qualquer mudança abrupta na tensão. A Figura 7.75 mostra um circuito simplificado, que consiste, basicamente, em uma fonte de tensão CC de alta tensão, um resistor limitador de corrente R_1 de alto valor e um capacitor C em paralelo com a lâmpada do flash de baixa resistência, R_2. Quando a chave se encontra na posição 1, o capacitor carrega lentamente em decorrência da constante de tempo grande ($\tau_1 = R_1 C$). Conforme ilustrado na Figura 7.76a, a tensão no capacitor aumenta gradualmente, de zero até V_s, enquanto sua corrente diminui gradualmente de $I_1 = V_s/R_1$ até zero. O tempo de carga é aproximadamente cinco vezes a constante de tempo,

$$t_{\text{carga}} = 5R_1 C \tag{7.65}$$

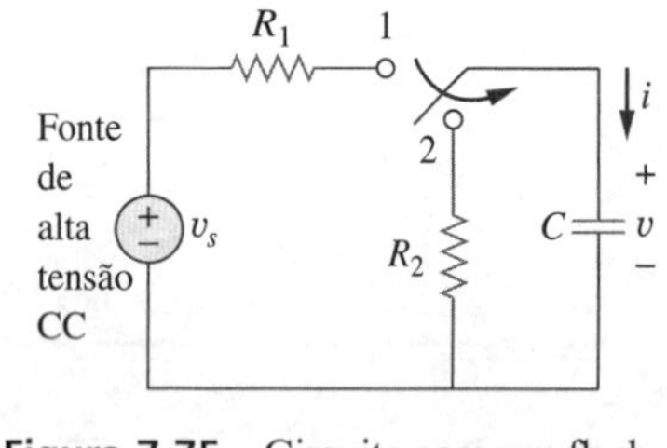

Figura 7.75 Circuito para um flash fornecendo carga lenta na posição 1 e descarga rápida na posição 2.

Com a chave na posição 2, a tensão no capacitor é descarregada. A baixa resistência R_2 da lâmpada do flash permite uma corrente de descarga elevada com pico $I_2 = V_s/R_2$ em um curto espaço de tempo, conforme representado na Figura 7.76b. A descarga acontece em aproximadamente cinco vezes a constante de tempo,

$$t_{\text{descarga}} = 5R_2 C \tag{7.66}$$

Portanto, o circuito RC simples da Figura 7.75 fornece um pulso de corrente elevada de curta duração. Um circuito como este também pode ser aplicado em soldagem elétrica por pontos e em válvulas de transmissão de radares.

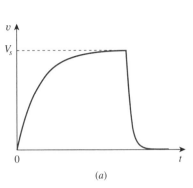
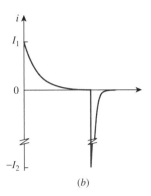

(a)   (b)

Figura 7.76 (a) Tensão no capacitor mostrando carga lenta e descarga rápida; (b) corrente no capacitor mostrando corrente de carga baixa $I_1 = V_s/R_1$ e corrente de descarga elevada $I_2 = V_s/R_2$.

EXEMPLO 7.20

Um flash eletrônico tem um resistor limitador de corrente de 6 kΩ e um capacitor eletrolítico de 2.000 μF carregado a 240 V. Se a resistência da lâmpada for de 12 Ω, determine: (a) a corrente de pico na carga; (b) o tempo necessário para o capacitor se carregar completamente; (c) a corrente de descarga de pico; (d) a energia total armazenada no capacitor; e (e) a potência média dissipada pela lâmpada.

Solução:

(a) A corrente de pico na carga é

$$I_1 = \frac{V_s}{R_1} = \frac{240}{6 \times 10^3} = 40 \text{ mA}$$

(b) Da Equação (7.65),

$$t_{carga} = 5R_1C = 5 \times 6 \times 10^3 \times 2.000 \times 10^{-6} = 60 \text{ s} = 1 \text{ minuto}$$

(c) A corrente de descarga de pico é

$$I_2 = \frac{V_s}{R_2} = \frac{240}{12} = 20 \text{ A}$$

(d) A energia total armazenada no capacitor é

$$W = \frac{1}{2}CV_s^2 = \frac{1}{2} \times 2.000 \times 10^{-6} \times 240^2 = 57{,}6 \text{ J}$$

(e) A energia armazenada no capacitor é dissipada na lâmpada durante o período de descarga. Da Equação (7.66),

$$t_{descarga} = 5R_2C = 5 \times 12 \times 2.000 \times 10^{-6} = 0{,}12 \text{ s}$$

Portanto, a potência média dissipada pela lâmpada é

$$p = \frac{W}{t_{descarga}} = \frac{57{,}6}{0{,}12} = 480 \text{ watts}$$

PROBLEMA PRÁTICO 7.20

O flash de uma câmera fotográfica tem um capacitor de 2 mF carregado a 80 V.

(a) Qual a carga no capacitor?
(b) Qual a energia armazenada no capacitor?
(c) Se o flash disparar em 0,8 ms, qual é a corrente média no flash?
(d) Qual é a potência liberada para o flash?
(e) Após uma fotografia ter sido tirada, o capacitor precisa ser recarregado por uma fonte que fornece um máximo de 5 mA. Quanto tempo leva para carregar o capacitor?

Resposta: (a) 160 mC, (b) 6,4 J, (c) 200 A, (d) 8 kW, (e) 32 s.

7.9.3 Circuitos a relé

Uma chave controlada magneticamente é chamada *relé*, que é, basicamente, um dispositivo eletromagnético usado para abrir ou fechar uma chave que controla outro circuito. A Figura 7.77a mostra um circuito a relé comum. O circuito a relé é um circuito RL como aquele mostrado na Figura 7.77b, onde R e L são a resistência e a indutância da bobina. Quando a chave S_1 da Figura 7.77a for fechada, o circuito a relé é energizado, fazendo que a corrente na bobina aumente gradualmente e produza um campo magnético. Finalmente, o campo magnético será suficientemente forte para atrair o contato móvel no outro circuito e fechar a chave S_2. Nesse ponto, diz-se que o relé é *armado*. O intervalo de tempo t_d entre o fechamento das chaves S_1 e S_2 é denominado *tempo de retardo do relé*.

Os relés foram usados originalmente nos primeiros circuitos digitais e ainda são empregados para chaveamento de circuitos de alta potência.

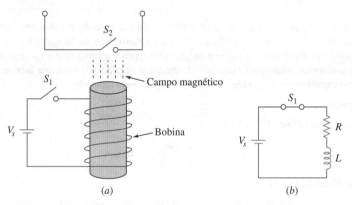

Figura 7.77 Circuito a relé.

EXEMPLO 7.21

A bobina de certo relé é acionada por uma bateria de 12 V. Se a bobina tiver uma resistência de 150 Ω, uma indutância de 30 mH e a corrente necessária para armá-lo for de 50 mA, calcule o tempo de retardo do relé.

Solução: A corrente através da bobina é dada por

$$i(t) = i(\infty) + [i(0) - i(\infty)]e^{-t/\tau}$$

onde

$$i(0) = 0, \quad i(\infty) = \frac{12}{150} = 80 \text{ mA}$$

$$\tau = \frac{L}{R} = \frac{30 \times 10^{-3}}{150} = 0{,}2 \text{ ms}$$

Portanto,

$$i(t) = 80[1 - e^{-t/\tau}] \text{ mA}$$

Se $i(t_d) = 50$ mA, então

$$50 = 80[1 - e^{-t_d/\tau}] \quad \Rightarrow \quad \frac{5}{8} = 1 - e^{-t_d/\tau}$$

ou

$$e^{-t_d/\tau} = \frac{3}{8} \quad \Rightarrow \quad e^{t_d/\tau} = \frac{8}{3}$$

Extraindo o logaritmo natural de ambos os lados, obtemos

$$t_d = \tau \ln \frac{8}{3} = 0{,}2 \ln \frac{8}{3} \text{ ms} = 0{,}1962 \text{ ms}$$

Alternativamente, podemos determinar t_d usando

$$t_d = \tau \ln \frac{i(0) - i(\infty)}{i(t_d) - i(\infty)}$$

PROBLEMA PRÁTICO 7.21

Um relé possui resistência de 200 Ω e indutância de 500 mH. Os contatos do relé fecham quando a corrente através da bobina atinge 350 mA. Quanto tempo leva entre a aplicação de 110 V na bobina e o fechamento do contato?

Resposta: 2,529 ms.

7.9.4 Circuito para ignição de automóveis

A capacidade de os indutores se oporem a mudanças rápidas na corrente os tornam úteis para geração de arcos voltaicos ou centelhas. O sistema de ignição de um automóvel faz uso dessa característica.

O motor a explosão de um automóvel requer que a mistura ar-combustível em cada cilindro seja inflamada em intervalos apropriados. Isso pode ser conseguido por meio de uma vela de ignição (Figura 7.78), que é formada, basicamente, por um par de eletrodos separados por uma folga. Pela criação de alta tensão (milhares de volts) entre os eletrodos, forma-se uma centelha nessa folga, inflamando, consequentemente, o combustível. Mas, como se pode obter uma alta tensão dessas a partir da bateria de um carro, que fornece apenas 12 V? Isso é possível por meio de um indutor (a bobina de ignição) L. Uma vez que a tensão no indutor é $v = L\,di/dt$, podemos tornar di/dt elevado criando uma grande mudança na corrente em um curto espaço de tempo. Quando a chave de ignição da Figura 7.78 é fechada, a corrente através do indutor aumenta gradualmente e atinge o valor final $i = V_s/R$, onde $V_s = 12$ V. Repetindo, o tempo necessário para o indutor carregar é cinco vezes a *constante de tempo* do circuito ($\tau = L/R$),

$$t_{\text{carga}} = 5 \frac{L}{R} \tag{7.67}$$

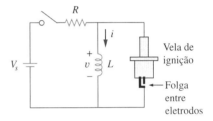

Figura 7.78 Circuito para um sistema de ignição de automóvel.

Uma vez que no regime estacionário i é constante, $di/dt = 0$ e a tensão no indutor é $v = 0$. Quando a chave abre repentinamente, cria-se alta tensão no indutor (em decorrência do campo que se estreita rapidamente) provocando uma centelha ou arco na folga entre os eletrodos. Essa centelha continua até que a energia armazenada no indutor seja dissipada na descarga da centelha. Em laboratórios, quando se está trabalhando com circuitos indutivos, esse mesmo efeito pode provocar um choque muito grave e, portanto, deve-se tomar muito cuidado.

EXEMPLO 7.22

Um solenoide com resistência de 4 Ω e indutância de 6 mH é usado em um circuito de ignição de automóvel semelhante àquele da Figura 7.78. Se a bateria fornece 12 V, determine: a corrente final através do solenoide quando a chave é fechada, a energia armazenada na bobina e a tensão na folga entre os eletrodos, supondo que a chave leve 1 μs para abrir.

Solução: A corrente final através da bobina é

$$I = \frac{V_s}{R} = \frac{12}{4} = 3 \text{ A}$$

A energia armazenada na bobina é

$$W = \frac{1}{2}LI^2 = \frac{1}{2} \times 6 \times 10^{-3} \times 3^2 = 27 \text{ mJ}$$

A tensão na folga entre eletrodos é

$$V = L\frac{\Delta I}{\Delta t} = 6 \times 10^{-3} \times \frac{3}{1 \times 10^{-6}} = 18 \text{ kV}$$

PROBLEMA PRÁTICO 7.22

A bobina de ignição de um sistema de ignição de automóvel possui indutância igual a 20 mH e resistência de 5 Ω. Com uma tensão de alimentação de 12 V, calcule: o tempo necessário para a bobina carregar completamente, a energia armazenada na bobina e a tensão gerada na folga entre os eletrodos se a chave abre em 2 μs.

Resposta: 20 ms, 57,6 mJ e 24 kV.

7.10 Resumo

1. A análise neste capítulo se aplica a qualquer circuito que possa ser reduzido a um circuito equivalente formado por um resistor e um único elemento de armazenamento de energia (indutor ou capacitor). Um circuito destes é de primeira ordem, pois seu comportamento é descrito por uma equação diferencial de primeira ordem. Ao analisar circuitos RC e RL, sempre se deve ter em mente que o capacitor é um circuito aberto em condições de regime estacionário CC, enquanto o indutor é um curto-circuito em condições de regime estacionário CC.

2. A resposta natural é obtida quando não há nenhuma fonte independente. Ela apresenta a forma geral

$$x(t) = x(0)e^{-t/\tau}$$

onde x representa a corrente (ou tensão) através de um resistor, capacitor ou indutor, e $x(0)$ é o valor inicial de x. Pelo fato de a maioria dos resistores, capacitores e indutores encontrados na prática sempre apresentar perdas, a resposta natural é uma resposta transiente, isto é, ela se extingue com o tempo.

3. A constante de tempo τ é o tempo necessário para uma resposta de decaimento para $1/e$ de seu valor inicial. Para circuitos RC, $\tau = RC$ e para circuitos RL, $\tau = L/R$.

4. Entre as funções de singularidade, temos as funções degrau unitário, rampa unitária e impulso unitário. A função degrau unitário $u(t)$ é

$$u(t) = \begin{cases} 0, & t < 0 \\ 1, & t > 0 \end{cases}$$

A função impulso unitário é

$$\delta(t) = \begin{cases} 0, & t < 0 \\ \text{Indefinido}, & t = 0 \\ 0, & t > 0 \end{cases}$$

A função rampa unitária é

$$r(t) = \begin{cases} 0, & t \leq 0 \\ t, & t \geq 0 \end{cases}$$

5. Resposta em regime estacionário é o comportamento do circuito após uma fonte independente ter sido aplicada por um longo período. A resposta transiente é a componente da resposta completa que se extingue com o passar do tempo.

6. A resposta total ou completa é formada pela resposta em regime estacionário e pela resposta transiente.

7. Resposta a um degrau é a resposta do circuito a uma aplicação repentina de uma corrente ou fonte CC. Determinar a resposta a um degrau de um circuito de primeira ordem requer o valor inicial $x(0^+)$, o valor final $x(\infty)$ e a constante de tempo τ. De posse desses três itens, obtemos a resposta a um degrau, como segue.

$$x(t) = x(\infty) + [x(0^+) - x(\infty)]e^{-t/\tau}$$

Uma forma mais genérica dessa equação é

$$x(t) = x(\infty) + [x(t_0^+) - x(\infty)]e^{-(t-t_0)/\tau}$$

Ou poderíamos escrevê-la como

Valor instantâneo = Valor final + [Valor inicial − Valor final] $e^{-(t-t_0)/\tau}$

8. O *PSpice* é muito útil para obtenção da resposta transiente de um circuito.

9. Quatro aplicações práticas dos circuitos *RC* e *RL* aqui apresentadas são: um circuito de retardo, um flash para câmera fotográfica, um circuito a relé e um circuito de ignição de automóvel.

Questões para revisão

7.1 Um circuito *RC* possui $R = 2\ \Omega$ e $C = 4$ F. A constante de tempo é:

(a) 0,5 s (b) 2 s (c) 4 s
(d) 8 s (e) 15 s

7.2 A constante de tempo para um circuito *RL* com $R = 2\ \Omega$ e $L = 4$ H é:

(a) 0,5 s (b) 2 s (c) 4 s
(d) 8 s (e) 15 s

7.3 Um capacitor em um circuito *RC* com $R = 2\ \Omega$ e $C = 4$ F está sendo carregado. O tempo necessário para a tensão no capacitor atingir 63,2% de seu valor em regime estacionário é:

(a) 2 s (b) 4 s (c) 8 s
(d) 16 s (e) nenhuma das anteriores

7.4 Um circuito *RL* tem $R = 2\ \Omega$ e $L = 4$ H. O tempo necessário para a corrente no indutor atingir 40% de seu valor em regime estacionário é:

(a) 0,5 s (b) 1 s (c) 2 s
(d) 4 s (e) nenhuma das anteriores

7.5 No circuito da Figura 7.79, a tensão no capacitor imediatamente antes de $t = 0$ é:

(a) 10 V (b) 7 V (c) 6 V
(d) 4 V (e) 0 V

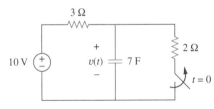

Figura 7.79 Esquema para as Questões para revisão 7.5 e 7.6.

7.6 No circuito da Figura 7.79, $v(\infty)$ é:

(a) 10 V (b) 7 V (c) 6 V
(d) 4 V (e) 0 V

7.7 Para o circuito da Figura 7.80, a corrente no indutor imediatamente antes de $t = 0$ é:

(a) 8 A (b) 6 A (c) 4 A
(d) 2 A (e) 0 A

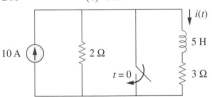

Figura 7.80 Esquema para as Questões para revisão 7.7 e 7.8.

7.8 No circuito da Figura 7.80, $i(\infty)$ é:
(a) 10 A (b) 6 A (c) 4 A
(d) 2 A (e) 0 A

7.9 Se v_s mudar de 2 V para 4 V em $t = 0$, podemos expressar v_s como:
(a) $\delta(t)$ V
(b) $2u(t)$ V
(c) $2u(-t) + 4u(t)$ V
(d) $2 + 2u(t)$ V
(e) $4u(t) - 2$ V

7.10 O pulso na Figura 7.116a pode ser expressa em termos de funções de singularidade como:
(a) $2u(t) + 2u(t-1)$ V
(b) $2u(t) - 2u(t-1)$ V
(c) $2u(t) - 4u(t-1)$ V
(d) $2u(t) + 4u(t-1)$ V

Respostas: 7.1d, 7.2b, 7.3c, 7.4b, 7.5d, 7.6a, 7.7c, 7.8e, 7.9c,d, 7.10b.

Problemas

• Seção 7.2 Circuito RC sem fonte

7.1 No circuito mostrado na Figura 7.81
$$v(t) = 56e^{-200t}\ \text{V},\quad t > 0$$
$$i(t) = 8e^{-200t}\ \text{mA},\quad t > 0$$

(a) Determine os valores de R e C.
(b) Calcule a constante de tempo τ.
(c) Determine o tempo necessário para a tensão cair para a metade de seu valor inicial em $t = 0$.

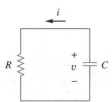

Figura 7.81 Esquema para o Problema 7.1.

7.2 Determine a constante de tempo para o circuito RC da Figura 7.82.

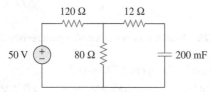

Figura 7.82 Esquema para o Problema 7.2.

7.3 Determine a constante de tempo para o circuito da Figura 7.83.

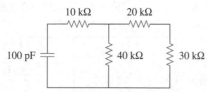

Figura 7.83 Esquema para o Problema 7.3.

7.4 A chave da Figura 7.84 se encontra na posição A há um bom tempo. Suponha que a chave mude instantaneamente de A para B em $t = 0$. Determine v para $t > 0$.

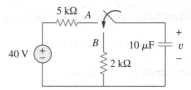

Figura 7.84 Esquema para o Problema 7.4.

7.5 Usando a Figura 7.85, elabore um problema para ajudar outros estudantes a entenderem melhor os circuitos RC sem fontes.

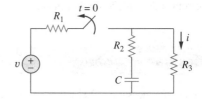

Figura 7.85 Esquema para o Problema 7.5.

7.6 A chave na Figura 7.86 foi fechada há um bom tempo e é aberta em $t = 0$. Determine $v(t)$ para $t \geq 0$.

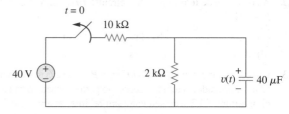

Figura 7.86 Esquema para o Problema 7.6.

7.7 Supondo que a chave na Figura 7.87 se encontra na posição A há um longo período e seja mudada para a posição B em $t = 0$. Em seguida, em $t = 1$ s, a chave se move de B para C. Determine $v_C(t)$ para $t \geq 0$.

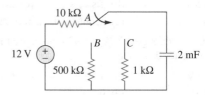

Figura 7.87 Esquema para o Problema 7.7.

7.8 Para o circuito da Figura 7.88, se

$$v = 10e^{-4t} \text{ V} \quad \text{e} \quad i = 0{,}2\, e^{-4t} \text{ A}, \quad t > 0$$

(a) Determine R e C.
(b) Determine a constante de tempo.
(c) Calcule a energia inicial no capacitor.
(d) Obtenha o tempo necessário para dissipar 50% da energia inicial.

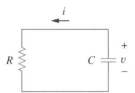

Figura 7.88 Esquema para o Problema 7.8.

7.9 A chave da Figura 7.89 abre em $t = 0$. Determine v_o para $t > 0$.

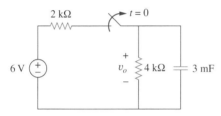

Figura 7.89 Esquema para o Problema 7.9.

7.10 Para o circuito da Figura 7.90, determine $v_o(t)$ para $t > 0$. Determine o tempo necessário para a tensão no capacitor decair para um terço de seu valor em $t = 0$.

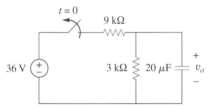

Figura 7.90 Esquema para o Problema 7.10.

● **Seção 7.3 Circuito RL sem fonte**

7.11 Para o circuito na Figura 7.91, determine i_o para $t = 0$.

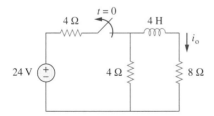

Figura 7.91 Esquema para o Problema 7.11.

7.12 Usando a Figura 7.92, elabore um problema para ajudar outros estudantes a entenderem melhor os circuitos RL sem fonte.

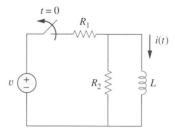

Figura 7.92 Esquema para o Problema 7.12.

7.13 No circuito da Figura 7.93,

$$v(t) = 80e^{-10^3 t} \text{ V}, \quad t > 0$$
$$i(t) = 5e^{-10^3 t} \text{ mA}, \quad t > 0$$

(a) Determine R, L e τ.
(b) Calcule a energia dissipada na resistência para $0 < t < 0{,}5$ ms.

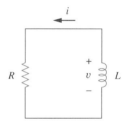

Figura 7.93 Esquema para o Problema 7.13.

7.14 Calcule a constante de tempo do circuito na Figura 7.94.

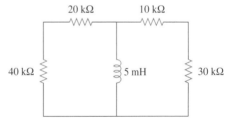

Figura 7.94 Esquema para o Problema 7.14.

7.15 Determine a constante de tempo para cada um dos circuitos da Figura 7.95.

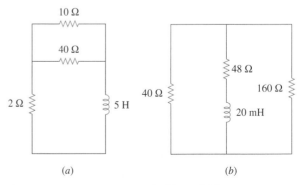

(a)   (b)

Figura 7.95 Esquema para o Problema 7.15.

7.16 Determine a constante de tempo para cada um dos circuitos na Figura 7.96.

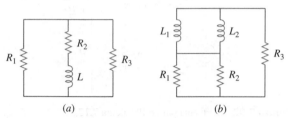

Figura 7.96 Esquema para o Problema 7.16.

7.17 Considere o circuito da Figura 7.97. Determine $v_o(t)$ se $i(0) = 6$ A e $v(t) = 0$.

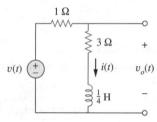

Figura 7.97 Esquema para o Problema 7.17.

7.18 Para o circuito da Figura 7.98, determine $v_o(t)$ quando $i(0) = 5$ A e $v(t) = 0$.

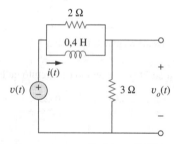

Figura 7.98 Esquema para o Problema 7.18.

7.19 No circuito da Figura 7.99, determine $i(t)$ para $t > 0$ se $i(0) = 6$ A.

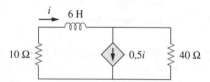

Figura 7.99 Esquema para o Problema 7.19.

7.20 Para o circuito da Figura 7.100,

$$v = 90e^{-50t} \text{ V}$$

e

$$i = 30e^{-50t} \text{ A}, \quad t > 0$$

(a) Determine L e R.
(b) Determine a constante de tempo.
(c) Calcule a energia inicial no indutor.
(d) Que fração da energia inicial é dissipada em 10 ms?

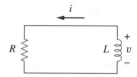

Figura 7.100 Esquema para o Problema 7.20.

7.21 No circuito da Figura 7.101, determine o valor de R para o qual a energia em regime estacionário armazenada no indutor será 1 J.

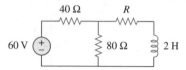

Figura 7.101 Esquema para o Problema 7.21.

7.22 Determine $i(t)$ e $v(t)$ para $t > 0$ no circuito da Figura 7.102 se $i(0) = 10$ A.

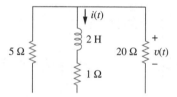

Figura 7.102 Esquema para o Problema 7.22.

7.23 Considere o circuito da Figura 7.103. Dado que $v_o(0) = 10$ V, determine v_o e v_x para $t > 0$.

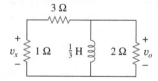

Figura 7.103 Esquema para o Problema 7.23.

● **Seção 7.4 Funções de singularidade**

7.24 Expresse os sinais a seguir em termos de funções de singularidade.

(a) $v(t) = \begin{cases} 0, & t < 0 \\ -5, & t > 0 \end{cases}$

(b) $i(t) = \begin{cases} 0, & t < 1 \\ -10, & 1 < t < 3 \\ 10, & 3 < t < 5 \\ 0, & t > 5 \end{cases}$

(c) $x(t) = \begin{cases} t - 1, & 1 < t < 2 \\ 1, & 2 < t < 3 \\ 4 - t, & 3 < t < 4 \\ 0, & \text{Caso contrário} \end{cases}$

(d) $y(t) = \begin{cases} 2, & t < 0 \\ -5, & 0 < t < 1 \\ 0, & t > 1 \end{cases}$

7.25 Elabore um problema para ajudar outros estudantes a entenderem melhor as funções de singularidade.

7.26 Expresse os sinais na Figura 7.104 em termos de funções de singularidade.

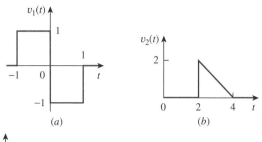

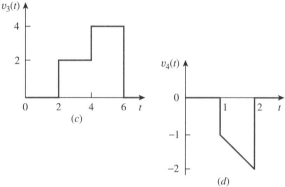

Figura 7.104 Esquema para o Problema 7.26.

7.27 Expresse $v(t)$ na Figura 7.105 em termos de funções degrau.

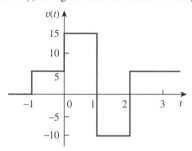

Figura 7.105 Esquema para o Problema 7.27.

7.28 Esboce a forma de onda representada por

$$i(t) = r(t) - r(t-1) - u(t-2) - r(t-2) + r(t-3) + u(t-4)$$

7.29 Esboce as seguintes funções:

(a) $x(t) = 10e^{-t}u(t-1)$

(b) $y(t) = 10e^{-(t-1)}u(t)$

(c) $z(t) = \cos 4t\delta(t-1)$

7.30 Calcule as integrais a seguir envolvendo as funções de impulso:

(a) $\int_{-\infty}^{\infty} 4t^2 \delta(t-1)\,dt$

(b) $\int_{-\infty}^{\infty} 4t^2 \cos 2\pi t \delta(t-0,5)\,dt$

7.31 Calcule as integrais a seguir:

(a) $\int_{-\infty}^{\infty} e^{-4t^2}\delta(t-2)\,dt$

(b) $\int_{-\infty}^{\infty} [5\delta(t) + e^{-t}\delta(t) + \cos 2\pi t\delta(t)]\,dt$

7.32 Calcule as integrais a seguir:

(a) $\int_{1}^{t} u(\lambda)\,d\lambda$

(b) $\int_{0}^{4} r(t-1)\,dt$

(c) $\int_{1}^{5} (t-6)^2 \delta(t-2)\,dt$

7.33 A tensão em um indutor de 10 mH é $15\delta(t-2)$ mV. Determine a corrente no indutor supondo que ele esteja inicialmente descarregado.

7.34 Calcule as seguintes derivadas:

(a) $\dfrac{d}{dt}[u(t-1)u(t+1)]$

(b) $\dfrac{d}{dt}[r(t-6)u(t-2)]$

(c) $\dfrac{d}{dt}[\operatorname{sen} 4t u(t-3)]$

7.35 Determine a solução para as equações diferenciais a seguir:

(a) $\dfrac{dv}{dt} + 2v = 0, \quad v(0) = -1\text{ V}$

(b) $2\dfrac{di}{dt} - 3i = 0, \quad i(0) = 2$

7.36 Determine v nas seguintes equações diferenciais, sujeita à condição inicial informada.

(a) $dv/dt + v = u(t), \quad v(0) = 0$

(b) $2\,dv/dt - v = 3u(t), \quad v(0) = -6$

7.37 Um circuito é descrito por

$$4\dfrac{dv}{dt} + v = 10$$

(a) Qual é a constante de tempo do circuito?

(b) Qual é o $v(\infty)$, valor final de v?

(c) Se $v(0) = 2$, determine $v(t)$ para $t \geq 0$.

7.38 Um circuito é descrito por

$$\dfrac{di}{dt} + 3i = 2u(t)$$

Determine $i(t)$ para $t > 0$, dado que $i(0) = 0$.

● **Seção 7.5 Resposta a um degrau de um circuito RC**

7.39 Calcule a tensão no capacitor para $t < 0$ e $t > 0$ para cada um dos circuitos da Figura 7.106.

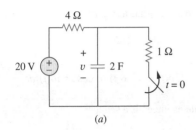

(a)

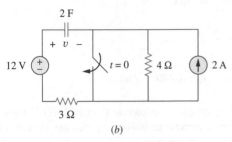

(b)

Figura 7.106 Esquema para o Problema 7.39.

7.40 Determine a tensão no capacitor para $t < 0$ e $t > 0$ para cada um dos circuitos da Figura 7.107.

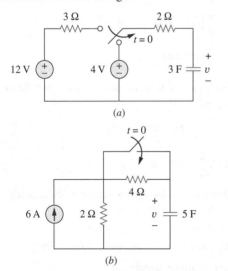

Figura 7.107 Esquema para o Problema 7.40.

7.41 Usando a Figura 7.108, elabore um problema para ajudar outros estudantes a entenderem melhor a resposta de um circuito RC.

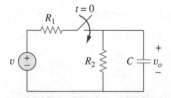

Figura 7.108 Esquema para o Problema 7.41.

7.42 (a) Se a chave na Figura 7.109 tiver sido aberta há um bom tempo e for fechada em $t = 0$, determine $v_o(t)$.

(b) Suponha que a chave se encontre fechada há um longo período e seja aberta em $t = 0$. Determine $v_o(t)$.

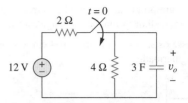

Figura 7.109 Esquema para o Problema 7.42.

7.43 Considere o circuito da Figura 7.110. Determine $i(t)$ para $t < 0$ e $t > 0$.

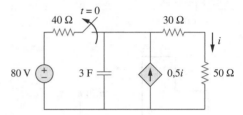

Figura 7.110 Esquema para o Problema 7.43.

7.44 A chave na Figura 7.111 se encontra na posição a há um bom tempo. Em $t = 0$, ela é mudada para a posição b. Calcule $i(t)$ para todo $t > 0$.

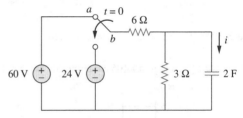

Figura 7.111 Esquema para o Problema 7.44.

7.45 Determine v_o no circuito da Figura 7.112 quando $v_s = 30u(t)$ V. Suponha que $v_o(0) = 5$ V.

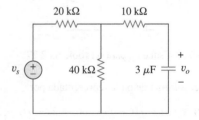

Figura 7.112 Esquema para o Problema 7.45.

7.46 Para o circuito na Figura 7.113, $i_s(t) = 5u(t)$. Determine $v(t)$.

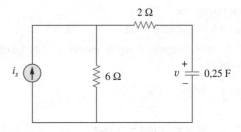

Figura 7.113 Esquema para o Problema 7.46.

7.47 Determine $v(t)$ para $t > 0$ no circuito da Figura 7.114 se $v(0) = 0$.

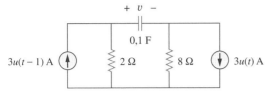

Figura 7.114 Esquema para o Problema 7.47.

7.48 Determine $v(t)$ e $i(t)$ no circuito da Figura 7.115.

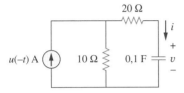

Figura 7.115 Esquema para o Problema 7.48.

7.49 Se a forma de onda na Figura 7.116a for aplicada ao circuito na Figura 7.116b, determine $v(t)$. Suponha que $v(0) = 0$.

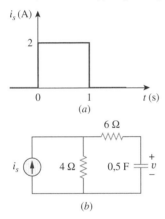

Figura 7.116 Esquema para o Problema 7.49 e para a Questão para revisão 7.10.

* **7.50** No circuito da Figura 7.117, determine i_x para $t > 0$. Seja $R_1 = R_2 = 1\ k\Omega$, $R_3 = 2\ k\Omega$ e $C = 0,25\ mF$.

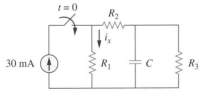

Figura 7.117 Esquema para o Problema 7.50.

● Seção 7.6 Resposta a um degrau de um circuito *RL*

7.51 Em vez de aplicar a técnica reduzida usada na Seção 7.6, use a LKT para obter a Equação (7.60).

---
* O asterisco indica um problema que constitui um desafio.

7.52 Usando a Figura 7.118, elabore um problema para ajudar outros estudantes a entenderem melhor a resposta a um degrau de um circuito *RL*.

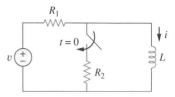

Figura 7.118 Esquema para o Problema 7.52.

7.53 Determine a corrente $i(t)$ no indutor para $t < 0$ e $t > 0$ para cada um dos circuitos da Figura 7.119.

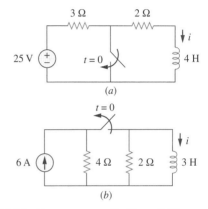

Figura 7.119 Esquema para o Problema 7.53.

7.54 Obtenha a corrente no indutor para $t < 0$ e $t > 0$ em cada um dos circuitos da Figura 7.120.

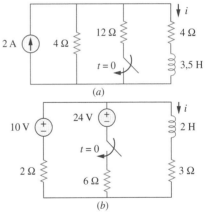

Figura 7.120 Esquema para o Problema 7.54.

7.55 Determine $v(t)$ para $t < 0$ e $t > 0$ no circuito da Figura 7.121.

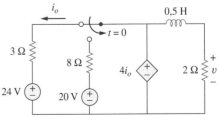

Figura 7.121 Esquema para o Problema 7.55.

7.56 Para o circuito mostrado na Figura 7.122, determine $v(t)$ para $t > 0$.

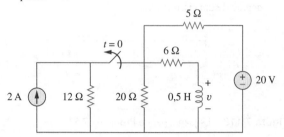

Figura 7.122 Esquema para o Problema 7.56.

* 7.57 Determine $i_1(t)$ e $i_2(t)$ para $t > 0$ no circuito da Figura 7.123.

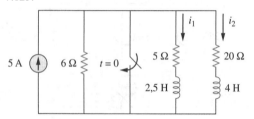

Figura 7.123 Esquema para o Problema 7.57.

7.58 Refaça o Problema 7.17 se $i(0) = 10$ A e $v(t) = 20u(t)$ V.

7.59 Determine a resposta ao degrau $v_o(t)$ para $v_s = 18u(t)$ no circuito da Figura 7.124.

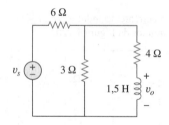

Figura 7.124 Esquema para o Problema 7.59.

7.60 Determine $v(t)$ para $t > 0$ no circuito da Figura 7.125 se a corrente inicial no indutor for zero.

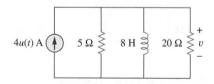

Figura 7.125 Esquema para o Problema 7.60.

7.61 No circuito da Figura 7.126, i_s varia de 5 A para 10 A em $t = 0$; isto é, $i_s = 5u(-t) + 10u(t)$. Determine v e i.

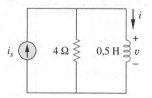

Figura 7.126 Esquema para o Problema 7.61.

7.62 Para o circuito da Figura 7.127, calcule $i(t)$ se $i(0) = 0$.

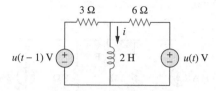

Figura 7.127 Esquema para o Problema 7.62.

7.63 Obtenha $v(t)$ e $i(t)$ no circuito da Figura 7.128.

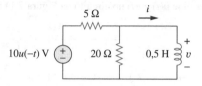

Figura 7.128 Esquema para o Problema 7.63.

7.64 Determine $i_L(t)$ e a energia total dissipada pelo circuito a seguir de $t = 0$ a $t = \infty$ s. O valor de $v_{in}(t)$ é igual a $[40 - 40u(t)]$ V.

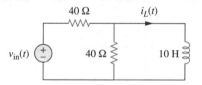

Figura 7.129 Esquema para o Problema 7.64.

7.65 Se o pulso de entrada na Figura 7.130a for aplicado ao circuito da Figura 7.130b, determine a resposta $i(t)$.

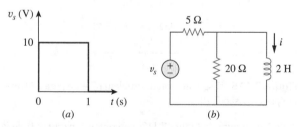

Figura 7.130 Esquema para o Problema 7.65.

● **Seção 7.7 Circuitos de primeira ordem com amplificador operacional**

7.66 Usando a Figura 7.131, elabore um problema para ajudar outros estudantes a entenderem melhor os circuitos de primeira ordem com AOP.

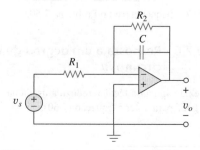

Figura 7.131 Esquema para o Problema 7.66.

7.67 Se $v(0) = 5$ V, determine $v_o(t)$ para $t > 0$ no circuito com AOP da Figura 7.132. Seja $R = 10$ kΩ e $C = 1$ μF.

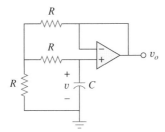

Figura 7.132 Esquema para o Problema 7.67.

7.68 Obtenha v_o para $t > 0$ no circuito da Figura 7.133.

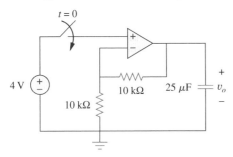

Figura 7.133 Esquema para o Problema 7.68.

7.69 Para o circuito com AOP da Figura 7.134, determine $v_o(t)$ para $t > 0$.

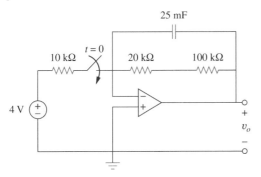

Figura 7.134 Esquema para o Problema 7.69.

7.70 Determine v_o para $t > 0$ quando $v_s = 20$ mV no circuito com AOP da Figura 7.135.

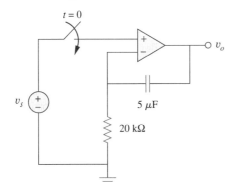

Figura 7.135 Esquema para o Problema 7.70.

7.71 Para o circuito com amplificador operacional da Figura 7.136, suponha $v_o = 0$ e $v_s = 3$ V. Determine $v(t)$ para $t > 0$.

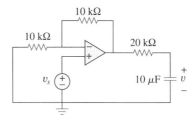

Figura 7.136 Esquema para o Problema 7.71.

7.72 Determine i_o no circuito com AOP da Figura 7.137. Parta do pressuposto de que $v(0) = -2$ V, $R = 10$ kΩ e $C = 10$ μF.

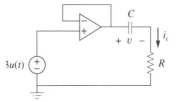

Figura 7.137 Esquema para o Problema 7.72.

7.73 Para o circuito com amplificador operacional da Figura 7.138, seja $R_1 = 10$ kΩ, $R_f = 20$ kΩ, $C = 20$ μF e $v(0) = 1$ V. Determine v_o.

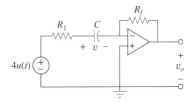

Figura 7.138 Esquema para o Problema 7.73.

7.74 Determine $v_o(t)$ para $t > 0$ no circuito da Figura 7.139. Seja $i_s = 10u(t)$ μA e suponha que o capacitor esteja inicialmente descarregado.

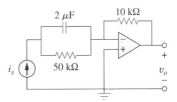

Figura 7.139 Esquema para o Problema 7.74.

7.75 No circuito da Figura 7.140, determine v_o e i_o, dado que $v_s = 4u(t)$ V e $v(0) = 1$ V.

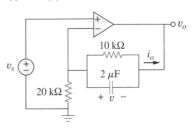

Figura 7.140 Esquema para o Problema 7.75.

Seção 7.8 Análise de transiente usando o PSpice

7.76 Repita o Problema 7.49 usando o *PSpice* ou *MultiSim*.

7.77 A chave na Figura 7.141 abre em $t = 0$. Use o *PSpice* ou *MultiSim* para determinar $v(t)$ para $t > 0$.

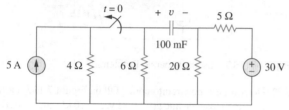

Figura 7.141 Esquema para o Problema 7.77.

7.78 A chave da Figura 7.142 passa da posição *a* para a posição *b* em $t = 0$. Use o *PSpice* ou *MultiSim* para determinar $i(t)$ para $t > 0$.

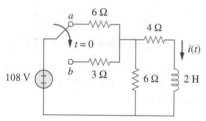

Figura 7.142 Esquema para o Problema 7.78.

7.79 No circuito da Figura 7.143, a chave já se encontra na posição *a* há um bom tempo, porém muda de repente para a posição *b* em $t = 0$. Determine $i_o(t)$.

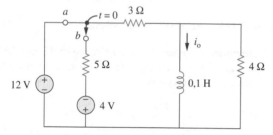

Figura 7.143 Esquema para o Problema 7.79.

7.80 No circuito da Figura 7.144, supondo que a chave já se encontre na posição *a* por um longo período, determine:

(a) $i_1(0)$, $i_2(0)$, e $v_o(0)$
(b) $i_L(t)$
(c) $i_1(\infty)$, $i_2(\infty)$, e $v_o(\infty)$

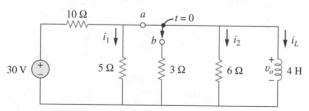

Figura 7.144 Esquema para o Problema 7.80.

7.81 Repita o Problema 7.65 usando o *PSpice* ou *MultiSim*.

Seção 7.9 Aplicações

7.82 No projeto de um circuito de comutação de sinais foi constatado que um capacitor de 100 μF era necessário para uma constante de tempo de 3 ms. Qual é o valor do resistor necessário para o circuito?

7.83 Um circuito *RC* é formado por uma associação em série entre uma fonte de 120 V, uma chave, um resistor de 34 MΩ e um capacitor de 15 μF. O circuito é usado para estimar a velocidade de um cavalo correndo em uma pista de 4 km. A chave fecha quando o cavalo cruza a linha de chegada. Supondo que o capacitor carregue até 85,6 V, calcule a velocidade do cavalo.

7.84 A resistência de uma bobina de 160 mH é igual a 8 Ω. Determine o tempo necessário para a corrente chegar a 60% de seu valor final quando a tensão é aplicada à bobina.

7.85 Na Figura 7.145 é mostrado um circuito oscilador de relaxação simples. A lâmpada de neon acende quando sua tensão atinge 75 V e apaga quando sua tensão cai para 30 V. Sua resistência é 120 Ω quando acesa e infinitamente elevada quando apagada.

(a) Por quanto tempo a lâmpada se encontra ligada cada vez que o capacitor descarrega?
(b) Qual é o intervalo de tempo entre acendimentos da lâmpada?

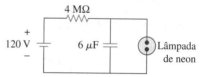

Figura 7.145 Esquema para o Problema 7.85.

7.86 A Figura 7.146 mostra um circuito para estabelecer o período em que é aplicada tensão aos eletrodos de uma máquina de soldar. O tempo é contabilizado em termos de quanto tempo leva para o capacitor se carregar de 0 a 8 V. Qual é o intervalo de tempo que o resistor variável permite ajustar?

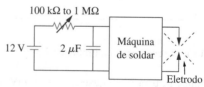

Figura 7.146 Esquema para o Problema 7.86.

7.87 Um gerador CC de 120 V energiza um motor cuja bobina possui indutância de 50 H e resistência de 100 Ω. Um resistor de descarga de campo de 400 Ω é ligado em paralelo com o motor para evitar dano a esse último, conforme indicado na Figura 7.147. O sistema se encontra em regime estacionário. Determine a corrente através do resistor de descarga 100 ms após o disjuntor ser acionado.

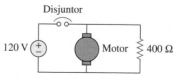

Figura 7.147 Esquema para o Problema 7.87.

Problemas abrangentes

7.88 O circuito na Figura 7.148a pode ser projetado como um integrador ou diferenciador aproximado, dependendo se a saída for em cima do resistor ou do capacitor, bem como da constante de tempo $\tau = RC$ do circuito e da largura T do pulso de entrada na Figura 7.148b. O circuito se comporta como um diferenciador se $\tau \ll T$, digamos $\tau < 0{,}1T$, ou um integrador se $\tau \gg T$, digamos $\tau > 10T$.

(a) Qual é a largura mínima do pulso que possibilitará uma saída de diferenciador no capacitor?

(b) Se a saída tiver de ser uma forma integrada da entrada, qual será o valor máximo que a largura de pulso pode ter?

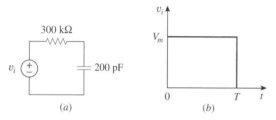

Figura 7.148 Esquema para o Problema 7.88.

7.89 Um circuito RL pode ser usado como diferenciador se a saída for tomada em relação ao indutor e $\tau \ll T$ (assim, $\tau < 0{,}1T$), onde T é largura do pulso de entrada. Se R for fixo em 200 kΩ, determine o valor máximo de L necessário para diferenciar um pulso com $T = 10$ μs.

7.90 Uma ponta de prova de atenuação empregada em osciloscópios foi projetada para reduzir a magnitude da tensão de entrada v_i por um fator 10. Conforme ilustrado na Figura 7.149, o osciloscópio possui resistência interna R_s e capacitância C_s, enquanto a ponta de prova tem resistência interna R_p. Se R_p for fixa em 6 MΩ, determine R_s e C_s para o circuito ter uma constante de tempo igual a 15 μs.

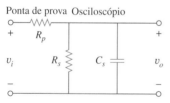

Figura 7.149 Esquema para o Problema 7.90.

7.91 O circuito da Figura 7.150 é usado por um estudante de biologia para estudar o "chute de uma rã". Ele notou que a rã dava um leve "chute" quando a chave era fechada, porém chutava violentamente por 5 s quando a chave era aberta. Faça um modelo da rã em termos de resistor e calcule sua resistência. Parta do pressuposto de que uma corrente de 10 mA é suficiente para a rã chutar violentamente.

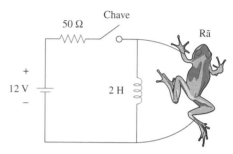

Figura 7.150 Esquema para o Problema 7.91.

7.92 Para movimentar um ponto na tela de um tubo de raios catódicos, é necessário um aumento linear na tensão nas placas de deflexão, conforme mostrado na Figura 7.151. Dado que a capacitância das placas é de 4 nF, esboce o fluxo de corrente através das placas.

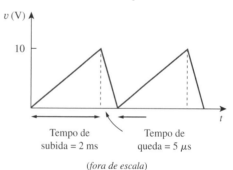

(fora de escala)

Figura 7.151 Esquema para o Problema 7.92.

CIRCUITOS DE SEGUNDA ORDEM

Todos os que podem cursar um mestrado em engenharia devem fazê-lo a fim de estender o sucesso de sua carreira! Se você quer trabalhar com pesquisa, o estado da arte em engenharia, lecionar em uma universidade ou iniciar seu próprio negócio, você realmente precisa cursar um doutorado!

Charles K. Alexander

Progresso profissional

Se deseja aumentar as oportunidades em sua carreira, é necessário ter domínio nas áreas da engenharia, e, para isso, é bom especializar-se, estudar, fazer uma pós-graduação ou um mestrado logo após se formar.

Cada título conquistado em engenharia representa habilidades que o estudante adquire. No bacharelado, aprende-se a linguagem da engenharia e os fundamentos de engenharia e projeto. No mestrado, é possível realizar projetos de engenharia avançados e transmitir seu trabalho de forma eficaz, tanto oralmente como pela escrita. Já o título de Ph.D. representa o entendimento amplo dos fundamentos da engenharia elétrica e tem como objetivo ultrapassar os limites da capacidade profissional e transmitir seu trabalho para outras pessoas.

Caso não tenha a mínima ideia de qual carreira prosseguir após a formatura, um programa de pós-graduação ampliará sua investigação para outras alternativas na carreira. E como esse diploma lhe dará apenas os fundamentos da engenharia, um mestrado, complementado por cursos na área de administração de empresas, trará mais benefícios aos estudantes que obterem um *Master's of Business Administration* (*MBA*). A melhor época para fazer um MBA é após já ter atuado alguns anos na área e decidido que sua carreira deve trilhar e ser aperfeiçoada no sentido dos negócios.

Os engenheiros devem estudar constantemente, tanto formal como informalmente, tirando proveito de todas as formas de educação. Talvez não haja melhor maneira de incrementar sua carreira que fazer parte de uma associação profissional como o IEEE e tornar-se um afiliado ativo.

8.1 Introdução

No capítulo anterior, consideramos circuitos com um único elemento de armazenamento (um capacitor ou um indutor) e que são considerados de primeira ordem, pois as equações diferenciais que os descrevem são de primeira ordem. Já neste capítulo, levamos em conta circuitos contendo dois elementos de armazenamento, que são conhecidos como *circuitos de segunda ordem*, porque suas respostas são descritas como equações diferenciais contendo derivadas segundas.

Exemplos comuns de circuitos de segunda ordem são os RLC, onde estão presentes os três tipos de elementos passivos, como mostram Figuras 8.1a e b. Outros exemplos são circuitos RL e RC, como os indicados nas Figuras 8.1c e d. Fica evidente a partir da Figura 8.1 que um circuito de segunda ordem pode ter dois elementos de armazenamento de tipo distinto ou do mesmo tipo (desde que estes não possam ser representados por um único elemento equivalente). Um circuito com amplificadores operacionais com dois elementos de armazenamento também pode ser um circuito de segunda ordem. Assim como nos circuitos de primeira ordem, o de segunda ordem pode conter vários resistores e fontes dependentes e independentes.

> Um **circuito de segunda ordem** é caracterizado por uma equação diferencial de segunda ordem. Ele é formado por resistores e o equivalente de dois elementos de armazenamento.

Nossa análise de circuitos de segunda ordem será similar àquela usada para os de primeira ordem. Em primeiro lugar, consideraremos circuitos que são excitados pelas condições iniciais de elementos de armazenamento. Embora esses circuitos possam conter fontes dependentes, eles são sem fontes independentes e darão respostas naturais como é de esperar. Posteriormente, consideraremos circuitos que são excitados por fontes independentes, que fornecerão tanto resposta transiente quanto de estado estável. Neste capítulo, observaremos apenas fontes CC independentes. O caso de fontes senoidais e exponenciais será postergado para os capítulos mais adiante.

Para começar, veremos como obter as condições iniciais para as variáveis de circuitos e suas derivadas, já que isso é crucial para a análise de circuitos de segunda ordem. Em seguida, analisaremos circuitos RLC em série e em paralelo como os apresentados na Figura 8.1 para os dois casos de excitação: pelas condições iniciais dos elementos de armazenamento de energia e pelas entradas em forma de degrau. Posteriormente, examinaremos outros tipos de circuitos de segunda ordem, inclusive com amplificadores operacionais. Consideraremos a análise de circuitos de segunda ordem no *PSpice*. Finalmente, veremos o sistema de ignição para automóveis e circuitos de suavização como aplicações características dos circuitos tratados neste capítulo. Outras aplicações como circuitos ressonantes e filtros serão vistas no Capítulo 14.

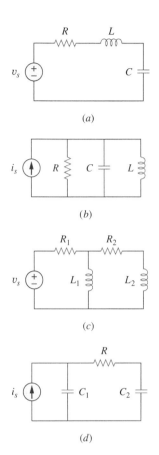

Figura 8.1 Exemplos típicos de circuitos de segunda ordem: (*a*) circuito RLC em série; (*b*) circuito RLC em paralelo; (*c*) circuito RL; (*d*) circuito RC.

8.2 Determinação dos valores inicial e final

Talvez o principal problema que os estudantes enfrentarão ao lidar com circuitos de segunda ordem seja o de encontrar as condições iniciais e finais em variáveis de circuitos. Os estudantes normalmente se sentem à vontade na determinação dos valores inicial e final de v e i, porém, muitas vezes sentem dificuldade em encontrar os valores iniciais de suas derivadas: dv/dt e di/dt. Por essa razão, esta seção é dedicada explicitamente para as sutilezas na obtenção de $v(0)$, $i(0)$, $dv(0)/dt$, $di(0)/dt$, $i(\infty)$ e $v(\infty)$. A menos que especificado o contrário, v representará, neste capítulo, a tensão no capacitor, enquanto i será a corrente no indutor.

Existem dois pontos fundamentais para se ter em mente na determinação das condições iniciais.

Primeiro, como sempre ocorre na análise de circuitos, devemos tratar com cuidado a polaridade da tensão $v(t)$ no capacitor e o sentido da corrente $i(t)$ através do indutor. Tenha em mente que v e i são definidas estritamente de acordo com a regra de sinais (passivo) (ver Figuras 6.3 e 6.23). Devem-se observar cuidadosamente como estas são definidas e aplicá-las de acordo.

Em segundo lugar, lembre-se de que a tensão no capacitor é sempre contínua de modo que

$$v(0^+) = v(0^-) \quad (8.1a)$$

e a corrente no indutor é sempre contínua de modo que

$$i(0^+) = i(0^-) \quad (8.1b)$$

onde $t = 0^-$ representa o instante imediatamente anterior ao evento de comutação e $t = 0^+$ é o instante imediatamente após o evento de comutação, supondo que esse evento ocorra em $t = 0$.

Portanto, ao determinar as condições iniciais, nos concentramos primeiro naquelas variáveis que não podem mudar abruptamente, a tensão no capacitor e a corrente no indutor, aplicando-se a Equação (8.1). Os exemplos a seguir ilustram esses conceitos.

EXEMPLO 8.1

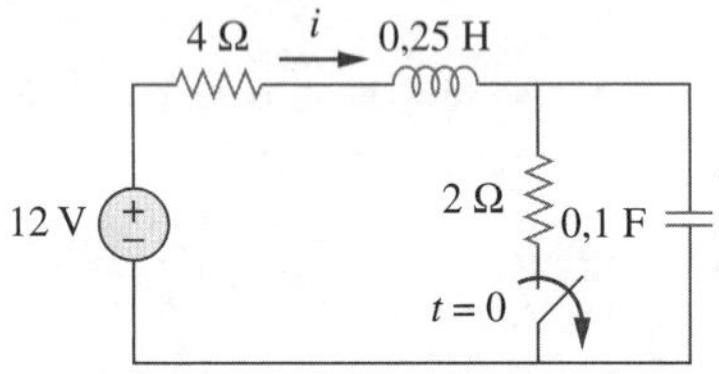

A chave na Figura 8.2 foi fechada há um bom tempo. Ela é aberta em $t = 0$. Determine: (a) $i(0^+)$, $v(0^+)$; (b) $di(0^+)/dt$, $dv(0^+)/dt$; (c) $i(\infty)$, $v(\infty)$.

Solução: (a) Se a chave se encontra fechada há um bom tempo antes de $t = 0$, significa que o circuito atingiu seu estado estável em CC em $t = 0$. Neste estado, o indutor se comporta como um curto-circuito, enquanto o capacitor atua como um circuito aberto, de modo que temos o circuito indicado na Figura 8.3a em $t = 0^-$. Portanto,

$$i(0^-) = \frac{12}{4 + 2} = 2 \text{ A}, \qquad v(0^-) = 2i(0^-) = 4 \text{ V}$$

Figura 8.2 Esquema para o Exemplo 8.1.

Como a corrente no indutor e a tensão no capacitor não podem mudar abruptamente,

$$i(0^+) = i(0^-) = 2 \text{ A}, \qquad v(0^+) = v(0^-) = 4 \text{ V}$$

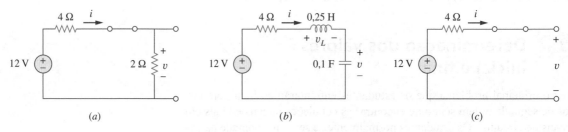

Figura 8.3 Circuito equivalente àquele da Figura 8.2 para: (a) $t = 0^-$; (b) $t = 0^+$; (c) $t \to \infty$.

(b) Em $t = 0^+$, a chave se encontra aberta; o circuito equivalente é aquele mostrado na Figura 8.3b. A mesma corrente flui pelo indutor e capacitor. Logo,

$$i_C(0^+) = i(0^+) = 2 \text{ A}$$

Uma vez que $C\, dv/dt = i_C$, $dv/dt = i_C/C$ e

$$\frac{dv(0^+)}{dt} = \frac{i_C(0^+)}{C} = \frac{2}{0,1} = 20 \text{ V/s}$$

De forma similar, já que $L\, di/dt = v_L$, $di/dt = v_L/L$. Agora, obtemos v_L aplicando a LKT ao laço da Figura 8.3b. O resultado é

$$-12 + 4i(0^+) + v_L(0^+) + v(0^+) = 0$$

ou

$$v_L(0^+) = 12 - 8 - 4 = 0$$

Portanto,

$$\frac{di(0^+)}{dt} = \frac{v_L(0^+)}{L} = \frac{0}{0,25} = 0 \text{ A/s}$$

(c) Para $t > 0$, o circuito passa por um transiente. Porém, à medida que $t \to \infty$, o circuito atinge seu estado estável novamente. O indutor se comporta como um curto-circuito e o capacitor como um circuito aberto, de modo que o circuito da Figura 8.3b se torna aquele mostrado na Figura 8.3c, a partir do qual temos

$$i(\infty) = 0 \text{ A}, \qquad v(\infty) = 12 \text{ V}$$

PROBLEMA PRÁTICO 8.1

A chave na Figura 8.4 foi aberta há um bom tempo, entretanto, foi fechada em $t = 0$. Determine: (a) $i(0^+)$, $v(0^+)$; (b) $di(0^+)/dt$, $dv(0^+)/dt$; (c) $i(\infty)$, $v(\infty)$.

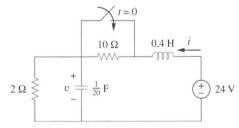

Figura 8.4 Esquema para o Problema prático 8.1.

Resposta: (a) 2 A, 4 V; (b) 50 A/s, 0 V/s, (c) 12 A, 24 V.

EXEMPLO 8.2

No circuito da Figura 8.5, calcule: (a) $i_L(0^+)$, $v_C(0^+)$; $v_R(0^+)$; (b) $di_L(0^+)/dt$, $dv_C(0^+)/dt$, $dv_R(0^+)/dt$; (c) $i_L(\infty)$, $v_C(\infty)$, $v_R(\infty)$.

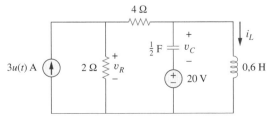

Figura 8.5 Esquema para o Exemplo 8.2.

Solução: (a) Para $t < 0$, $3u(t) = 0$. Em $t = 0^-$, uma vez que o circuito atingiu o estado estável, o indutor pode ser substituído por um curto-circuito, enquanto o capacitor é substituído por um circuito aberto, como mostrado na Figura 8.6a. Dessa figura, obtemos

$$i_L(0^-) = 0, \qquad v_R(0^-) = 0, \qquad v_C(0^-) = -20 \text{ V} \qquad (8.2.1)$$

Embora as derivadas desses valores em $t = 0^-$ não sejam necessárias, fica evidente que todas elas são zero, já que o circuito atingiu o estado estável e nada se altera.

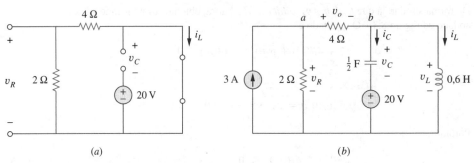

(a)   (b)

Figura 8.6 O circuito da Figura 8.5 para: (a) $t = 0^-$; (b) $t = 0^+$.

Para $t > 0$, $3u(t) = 3$, de modo que o circuito agora equivale àquele da Figura 8.6b. Uma vez que a corrente no indutor e a tensão no capacitor não podem mudar abruptamente,

$$i_L(0^+) = i_L(0^-) = 0, \qquad v_C(0^+) = v_C(0^-) = -20 \text{ V} \qquad (8.2.2)$$

Ainda que a tensão no resistor de 4 Ω não seja necessária, a usaremos para aplicar a LKT e a LKC; chamemos essa tensão v_o. Aplicando a LKC ao nó a da Figura 8.6b, temos

$$3 = \frac{v_R(0^+)}{2} + \frac{v_o(0^+)}{4} \qquad (8.2.3)$$

A aplicação da LKT à malha central da Figura 8.6b leva a

$$-v_R(0^+) + v_o(0^+) + v_C(0^+) + 20 = 0 \qquad (8.2.4)$$

Uma vez que $v_C(0^+) = -20$ V da Equação (8.2.2), a Equação (8.2.4) implica

$$v_R(0^+) = v_o(0^+) \qquad (8.2.5)$$

Das Equações (8.2.3) e (8.2.5), obtemos

$$v_R(0^+) = v_o(0^+) = 4 \text{ V} \qquad (8.2.6)$$

(b) Já que $L \, di_L/dt = v_L$,

$$\frac{di_L(0^+)}{dt} = \frac{v_L(0^+)}{L}$$

Porém, aplicando a LKT à malha da direita na Figura 8.6b, temos

$$v_L(0^+) = v_C(0^+) + 20 = 0$$

Logo,

$$\frac{di_L(0^+)}{dt} = 0 \qquad (8.2.7)$$

De modo similar, desde que $Cdv_C/dt = i_C$, então $dv_C/dt = i_C/C$. Aplicamos a LKC ao nó b na Figura 8.6b para obter i_C:

$$\frac{v_o(0^+)}{4} = i_C(0^+) + i_L(0^+) \qquad (8.2.8)$$

Uma vez que $v_o(0^+) = 4$ e $i_L(0^+) = 0$, $i_C(0^+) = 4/4 = 1$ A. Então

$$\frac{dv_C(0^+)}{dt} = \frac{i_C(0^+)}{C} = \frac{1}{0,5} = 2 \text{ V/s} \qquad (8.2.9)$$

Para obter $dv_R(0^+)/dt$, aplicamos a LKC ao nó a e obtemos

$$3 = \frac{v_R}{2} + \frac{v_o}{4}$$

Extraindo a derivada de cada termo e fazendo $t = 0^+$, nos leva a

$$0 = 2\frac{dv_R(0^+)}{dt} + \frac{dv_o(0^+)}{dt} \qquad (8.2.10)$$

Aplicamos, também, a LKT no ramo médio na Figura 8.6b e obtemos

$$-v_R + v_C + 20 + v_o = 0$$

Novamente, tomando a derivada de cada termo e fazendo $t = 0^+$, temos

$$-\frac{dv_R(0^+)}{dt} + \frac{dv_C(0^+)}{dt} + \frac{dv_o(0^+)}{dt} = 0$$

Substituindo por $dv_C(0^+)/dt = 2$, resulta em

$$\frac{dv_R(0^+)}{dt} = 2 + \frac{dv_o(0^+)}{dt} \qquad (8.2.11)$$

Das Equações (8.2.10) e (8.2.11), obtemos

$$\frac{dv_R(0^+)}{dt} = \frac{2}{3} \text{ V/s}$$

Podemos determinar $di_R(0^+)/dt$, embora isso não seja exigido. Já que $v_R = 5i_R$,

$$\frac{di_R(0^+)}{dt} = \frac{1}{5}\frac{dv_R(0^+)}{dt} = \frac{1}{5}\frac{2}{3} = \frac{2}{15} \text{ A/s}$$

(c) À medida que $t \to \infty$, o circuito atinge seu estado estável. Temos o circuito equivalente na Figura 8.6a, exceto que a fonte de corrente de 3 A agora está em operação. Pelo princípio da divisão de corrente,

$$i_L(\infty) = \frac{2}{2+4}3 \text{ A} = 1 \text{ A}$$

$$v_R(\infty) = \frac{4}{2+4}3 \text{ A} \times 2 = 4 \text{ V}, \qquad v_C(\infty) = -20 \text{ V} \qquad (8.2.12)$$

PROBLEMA PRÁTICO 8.2

Para o circuito da Figura 8.7, determine: (a) $i_L(0^+)$, $v_C(0^+)$; $v_R(0^+)$; (b) $di_L(0^+)/dt$, $dv_C(0^+)/dt$, $dv_R(0^+)/dt$; (c) $i_L(\infty)$, $v_C(\infty)$, $v_R(\infty)$.

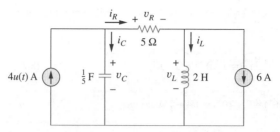

Figura 8.7 Esquema para o Problema prático 8.2.
Resposta: (a) −6 A, 0, 0; (b) 0, 20 V/s; 0; (c) −2 A, 20 V, 20 V.

8.3 Circuito *RLC* em série sem fonte

Saber a resposta natural do circuito *RLC* em série é um conhecimento necessário para estudos futuros nas áreas de projeto de filtros e de redes de comunicação.

Consideremos o circuito *RLC* em série mostrado na Figura 8.8. O circuito é excitado pela energia inicialmente armazenada no capacitor e indutor, representada pela tensão inicial V_0 no capacitor e pela corrente inicial I_0 no indutor. Portanto, em $t = 0$,

$$v(0) = \frac{1}{C}\int_{-\infty}^{0} i \, dt = V_0 \quad \text{(8.2a)}$$

$$i(0) = I_0 \quad \text{(8.2b)}$$

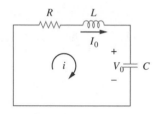

Figura 8.8 Circuito *RLC* em série sem fonte.

Aplicando a LKT no circuito da Figura 8.8,

$$Ri + L\frac{di}{dt} + \frac{1}{C}\int_{-\infty}^{t} i(\tau) d\tau = 0 \quad \text{(8.3)}$$

Para eliminar a integral, diferenciamos em relação a *t* e reorganizamos os termos, obtendo

$$\frac{d^2 i}{dt^2} + \frac{R}{L}\frac{di}{dt} + \frac{i}{LC} = 0 \quad \text{(8.4)}$$

Esta é uma *equação diferencial de segunda ordem* e é o motivo para os circuitos *RLC* neste capítulo serem chamados circuitos de segunda ordem. Nosso objetivo é resolver a Equação (8.4). E para resolvermos uma equação diferencial de segunda ordem como esta, é necessário termos duas condições iniciais: o valor inicial de *i* e sua primeira derivada ou os valores iniciais de alguma *i* e *v*. O valor inicial de *i* é dado na Equação (8.2b). Obtemos o valor inicial da derivada de *i* a partir das Equações (8.2a) e (8.3); isto é,

$$Ri(0) + L\frac{di(0)}{dt} + V_0 = 0$$

ou

$$\frac{di(0)}{dt} = -\frac{1}{L}(RI_0 + V_0) \quad \text{(8.5)}$$

Com as duas condições iniciais nas Equações (8.2b) e (8.5), agora podemos resolver a Equação (8.4). Nossa experiência no capítulo anterior sobre circuitos de primeira ordem nos sugere que a solução é na forma exponencial. Portanto, façamos

$$i = Ae^{st} \quad (8.6)$$

onde A e s são constantes a serem determinadas. Substituindo a Equação (8.6) na Equação (8.4) e realizando as diferenciações necessárias, obtemos

$$As^2 e^{st} + \frac{AR}{L} s e^{st} + \frac{A}{LC} e^{st} = 0$$

ou

$$Ae^{st}\left(s^2 + \frac{R}{L}s + \frac{1}{LC}\right) = 0 \quad (8.7)$$

Já que $i = Ae^{st}$ é a solução pressuposta de que estamos tentando encontrar, apenas a expressão entre parênteses pode ser zero:

$$s^2 + \frac{R}{L}s + \frac{1}{LC} = 0 \quad (8.8)$$

Esta equação quadrática é conhecida como *equação característica* da Equação diferencial (8.4), uma vez que as raízes da equação ditam as características básicas de i. As duas raízes da Equação (8.8) são

> Consulte o Apêndice C.1 para obter a fórmula para encontrar as raízes de uma equação quadrática.

$$s_1 = -\frac{R}{2L} + \sqrt{\left(\frac{R}{2L}\right)^2 - \frac{1}{LC}} \quad (8.9a)$$

$$s_2 = -\frac{R}{2L} - \sqrt{\left(\frac{R}{2L}\right)^2 - \frac{1}{LC}} \quad (8.9b)$$

Uma forma mais condensada de expressar as raízes é

$$\boxed{s_1 = -\alpha + \sqrt{\alpha^2 - \omega_0^2}, \quad s_2 = -\alpha - \sqrt{\alpha^2 - \omega_0^2}} \quad (8.10)$$

onde

$$\boxed{\alpha = \frac{R}{2L}, \quad \omega_0 = \frac{1}{\sqrt{LC}}} \quad (8.11)$$

As raízes s_1 e s_2 são chamadas *frequências naturais*, medidas em nepers por segundo (Np/s), pois estão associadas à resposta natural do circuito; ω_0 é conhecida como *frequência ressonante* ou estritamente como a *frequência natural não amortecida* expressa em radianos por segundo (rad/s); e α é a *frequência de neper* ou *fator de amortecimento* expresso em nepers por segundo. Em termos de α e ω_0, a Equação (8.8) pode ser escrita como segue

> *Neper* (Np) é uma unidade adimensional cujo nome foi dado em homenagem a John Napier (1550-1617), matemático escocês.

$$s^2 + 2\alpha s + \omega_0^2 = 0 \quad (8.8a)$$

As variáveis s e ω_0 são valores importantes que discutiremos ao longo do texto.

Os dois valores de s na Equação (8.10) indicam que há duas soluções possíveis para i, cada uma das quais na forma da solução pressuposta na Equação (8.6); isto é,

> A razão α/ω_0 é conhecida como *fator de amortecimento*, ζ.

$$i_1 = A_1 e^{s_1 t}, \qquad i_2 = A_2 e^{s_2 t} \tag{8.12}$$

Uma vez que a Equação (8.4) é uma equação linear, qualquer combinação das duas soluções distintas i_1 e i_2 também é uma solução para a Equação (8.4). E uma solução completa ou total dessa equação exigiria, portanto, uma combinação linear de i_1 e i_2. Consequentemente, a resposta natural do circuito *RLC* em série é

$$i(t) = A_1 e^{s_1 t} + A_2 e^{s_2 t} \tag{8.13}$$

onde as constantes A_1 e A_2 são determinadas a partir dos valores iniciais $i(0)$ e $di(0)/dt$ nas Equações (8.2b) e (8.5).

Da Equação (8.10), podemos inferir que existem três tipos de soluções:

1. Se $\alpha > \omega_0$, temos o caso de *amortecimento supercrítico*.
2. Se $\alpha = \omega_0$, temos o caso de *amortecimento crítico*.
3. Se $\alpha < \omega_0$, temos o caso de *subamortecimento*.

Veremos, separadamente, cada um desses casos.

> A resposta apresenta amortecimento *supercrítico* quando as raízes da equação característica do circuito são desiguais e reais; apresenta *amortecimento crítico* quando as raízes são iguais e reais; e, finalmente, apresenta *subamortecimento* quando as raízes são complexas.

Caso de amortecimento supercrítico ($\alpha > \omega_0$)

Das Equações (8.9) e (8.10), $\alpha > \omega_0$ implica $C > 4L/R^2$. Quando isso acontece, ambas as raízes s_1 e s_2 são negativas e reais. A resposta é

$$\boxed{i(t) = A_1 e^{s_1 t} + A_2 e^{s_2 t}} \tag{8.14}$$

que decai e se aproxima de zero à medida que *t* aumenta. A Figura 8.9a ilustra uma resposta característica para o caso de amortecimento supercrítico.

Caso de amortecimento crítico ($\alpha = \omega_0$)

Quando $\alpha = \omega_0$ $C = 4L/R^2$ e

$$s_1 = s_2 = -\alpha = -\frac{R}{2L} \tag{8.15}$$

Para esse caso, a Equação (8.13) conduz a

$$i(t) = A_1 e^{-\alpha t} + A_2 e^{-\alpha t} = A_3 e^{-\alpha t}$$

onde $A_3 = A_1 + A_2$. Isso não pode ser a solução, pois as duas condições iniciais não podem ser satisfeitas com a constante única A_3. O que poderia estar errado então? Nossa hipótese de uma solução exponencial é incorreta para o caso especial de amortecimento crítico. Voltemos à Equação (8.4). Quando $\alpha = \omega_0 = R/2L$, a Equação (8.4) fica

$$\frac{d^2 i}{dt^2} + 2\alpha \frac{di}{dt} + \alpha^2 i = 0$$

ou

$$\frac{d}{dt}\left(\frac{di}{dt} + \alpha i\right) + \alpha\left(\frac{di}{dt} + \alpha i\right) = 0 \tag{8.16}$$

Se fizermos

$$f = \frac{di}{dt} + \alpha i \tag{8.17}$$

então a Equação (8.16) resulta em

$$\frac{df}{dt} + \alpha f = 0$$

que é a equação diferencial de primeira ordem com solução $f = A_1 e^{-\alpha t}$, onde A_1 é uma constante. A Equação (8.17) fica então

$$\frac{di}{dt} + \alpha i = A_1 e^{-\alpha t}$$

ou

$$e^{\alpha t}\frac{di}{dt} + e^{\alpha t}\alpha i = A_1 \quad (8.18)$$

Isso pode ser escrito como

$$\frac{d}{dt}(e^{\alpha t}i) = A_1 \quad (8.19)$$

Integrando ambos os lados da equação

$$e^{\alpha t}i = A_1 t + A_2$$

ou

$$i = (A_1 t + A_2)e^{-\alpha t} \quad (8.20)$$

onde A_2 é outra constante. Logo, a resposta natural de um circuito com amortecimento crítico é a soma de dois termos: exponencial negativa e exponencial negativa multiplicada por um termo linear, ou

$$\boxed{i(t) = (A_2 + A_1 t)e^{-\alpha t}} \quad (8.21)$$

Uma resposta característica de um circuito com amortecimento crítico é mostrada na Figura 8.9b. Na realidade, essa figura é um esboço de $i(t) = te^{-\alpha t}$, que atinge um valor máximo igual a e^{-1}/α a $t = 1/\alpha$, uma constante de tempo, e então decresce até chegar a zero.

Caso de subamortecimento ($\alpha < \omega_0$)

Para $\alpha < \omega_0$, $C =< 4L/R^2$. As raízes podem ser escritas como

$$s_1 = -\alpha + \sqrt{-(\omega_0^2 - \alpha^2)} = -\alpha + j\omega_d \quad (8.22a)$$

$$s_2 = -\alpha - \sqrt{-(\omega_0^2 - \alpha^2)} = -\alpha - j\omega_d \quad (8.22b)$$

onde $j = \sqrt{-1}$ e $\omega_d = \sqrt{\omega_0^2 - \alpha^2}$, que é chamada *frequência de amortecimento*. Tanto ω_0 como ω_d são frequências naturais, porque ajudam a determinar a resposta natural; enquanto ω_0 é muitas vezes denominada *frequência natural não amortecida*, ω_d é chamada *frequência natural amortecida*. A resposta natural é

$$i(t) = A_1 e^{-(\alpha - j\omega_d)t} + A_2 e^{-(\alpha + j\omega_d)t}$$
$$= e^{-\alpha t}(A_1 e^{j\omega_d t} + A_2 e^{-j\omega_d t}) \quad (8.23)$$

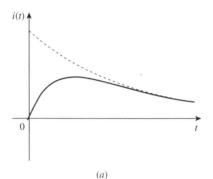

(a)

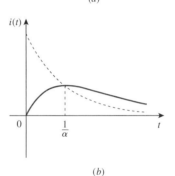

(b)

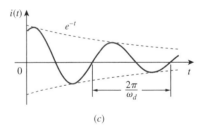

(c)

Figura 8.9 (a) Resposta de amortecimento supercrítico; (b) resposta de amortecimento crítico; (c) resposta de subamortecimento.

Usando as identidades de Euler

$$e^{j\theta} = \cos\theta + j\,\text{sen}\,\theta, \quad e^{-j\theta} = \cos\theta - j\,\text{sen}\,\theta \tag{8.24}$$

obtemos

$$\begin{aligned}i(t) &= e^{-\alpha t}[A_1(\cos\omega_d t + j\,\text{sen}\,\omega_d t) + A_2(\cos\omega_d t - j\,\text{sen}\,\omega_d t)] \\ &= e^{-\alpha t}[(A_1 + A_2)\cos\omega_d t + j(A_1 - A_2)\,\text{sen}\,\omega_d t]\end{aligned} \tag{8.25}$$

Substituindo as constantes $(A_1 + A_2)$ e $j(A_1 - A_2)$ pelas constantes B_1 e B_2, podemos escrever

$$\boxed{i(t) = e^{-\alpha t}(B_1 \cos\omega_d t + B_2\,\text{sen}\,\omega_d t)} \tag{8.26}$$

Com a presença das funções seno e cosseno, fica claro que a resposta natural para esse caso é amortecida exponencialmente e oscilatória por natureza. A resposta tem uma constante de tempo igual a $1/\alpha$ e um período $T = 2\pi/\omega_d$. A Figura 8.9c representa uma resposta característica de um circuito subamortecido. [A Figura 8.9 pressupõe para cada caso que $i(0) = 0$.]

Assim que a corrente $i(t)$ no indutor for determinada para o circuito RLC em série, como mostrado anteriormente, outros valores para o circuito, como a tensão individual nos elementos, poderão ser facilmente determinadas. Por exemplo, a tensão no resistor é $v_R = Ri$ e a tensão no indutor é $v_L = L di/dt$. A corrente $i(t)$ no indutor é selecionada na variável-chave a ser determinada primeiro de modo a tirar proveito da Equação (8.1b).

Concluímos esta seção enfatizando as seguintes propriedades interessantes e peculiares de um circuito RLC:

> $R = 0$ produz uma resposta perfeitamente senoidal. Essa resposta não pode ser concretizada na prática com L e C em virtude das perdas inerentes nesses elementos. (Ver Figuras 6.8 e 6.26.) Um dispositivo eletrônico chamado *oscilador* é capaz de produzir uma resposta perfeitamente senoidal.

1. O comportamento de um circuito destes pode ser compreendido pelo conceito de *amortecimento*, que é a perda gradual da energia inicial armazenada, como fica evidenciado pelo decréscimo contínuo na amplitude da resposta. O efeito de amortecimento se deve à presença da resistência R. O fator de amortecimento α determina a taxa na qual a resposta é amortecida. Se $R = 0$, então $\alpha = 0$, e temos um circuito LC com $1/\sqrt{LC}$ como frequência natural não amortecida. Uma vez que, nesse caso, $\alpha < \omega_0$, a resposta não é apenas não amortecida como também oscilatória. Diz-se que o circuito está *sem perdas*, pois o elemento amortecedor ou dissipador (R) não está presente. Ajustando-se o valor de R, a resposta pode ser não amortecida, com amortecimento supercrítico, com amortecimento crítico ou então subamortecida.

> Os Exemplos 8.5 e 8.7 demonstram o efeito da variação de R.

> A resposta de um circuito de segunda ordem com dois elementos de armazenamento do mesmo tipo, como ocorre nas Figuras 8.1c e d, não pode ser oscilatória.

2. A resposta oscilatória é possível em razão da presença de dois tipos de elementos de armazenamento. Ter tanto L como C possibilita que o fluxo de energia fique indo e vindo entre os dois elementos. A oscilação amortecida, exibida pela resposta subamortecida, é conhecida como *oscilação circular*. Ela provém da capacidade dos elementos de armazenamento L e C transferirem energia que vai e vem entre eles.

3. Observe, a partir da Figura 8.9, que as formas de onda das respostas diferem. Em geral, é difícil dizer pelas formas de onda a diferença entre as respostas com amortecimento supercrítico e as respostas com amortecimento crítico. O caso com amortecimento crítico é a fronteira entre os casos de subamortecimento e de amortecimento supercrítico e ela cai de

forma mais rápida. Com as mesmas condições iniciais, o caso de amortecimento supercrítico tem o tempo de acomodação mais longo, pois ele leva o maior tempo para dissipar a energia inicialmente armazenada. Se desejarmos uma resposta que se aproxime do valor final mais rapidamente sem oscilação ou com oscilação circular, o circuito com amortecimento crítico é o mais indicado.

> O significado disso, na maioria dos circuitos encontrados na prática, é que buscamos um circuito com amortecimento supercrítico que seja o mais próximo de um circuito com amortecimento crítico.

EXEMPLO 8.3

Na Figura 8.8, $R = 40\ \Omega$, $L = 4$ H e $C = 1/4$ F. Calcule as raízes características do circuito. A resposta natural é com amortecimento supercrítico, com subamortecimento ou com amortecimento crítico?

Solução: Primeiro, calculamos

$$\alpha = \frac{R}{2L} = \frac{40}{2(4)} = 5, \qquad \omega_0 = \frac{1}{\sqrt{LC}} = \frac{1}{\sqrt{4 \times \frac{1}{4}}} = 1$$

As raízes são

$$s_{1,2} = -\alpha \pm \sqrt{\alpha^2 - \omega_0^2} = -5 \pm \sqrt{25 - 1}$$

ou

$$s_1 = -0{,}101, \qquad s_2 = -9{,}899$$

Uma vez que $\alpha > \omega_0$, concluímos que a resposta é com amortecimento supercrítico, que também fica evidente do fato de as raízes serem reais e negativas.

PROBLEMA PRÁTICO 8.3

Se $R = 10\ \Omega$, $L = 5$ H e $C = 2$ mF na Figura 8.8, determine α, ω_0, s_1 e s_2. Qual é o tipo de resposta natural que o circuito apresentará?

Resposta: 1, 10, $-1 \pm j9{,}95$, subamortecida.

EXEMPLO 8.4

Determine $i(t)$ no circuito da Figura 8.10. Suponha que o circuito tenha atingido o estado estável em $t = 0^-$.

Solução: Para $t < 0$, a chave está fechada. O capacitor se comporta como um circuito aberto enquanto o indutor atua como um curto-circuito. O circuito equivalente é mostrado na Figura 8.11a. Portanto, em $t = 0$,

$$i(0) = \frac{10}{4 + 6} = 1\ \text{A}, \qquad v(0) = 6i(0) = 6\ \text{V}$$

onde $i(0)$ é a corrente inicial através do indutor e $v(0)$ é a tensão inicial no capacitor.

Para $t > 0$, a chave é aberta e a fonte de tensão é desconectada. O circuito equivalente é ilustrado na Figura 8.11b, que é um circuito RLC em série sem fonte. Note que os resistores

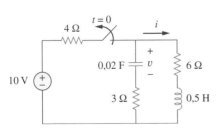

Figura 8.10 Esquema para o Exemplo 8.4.

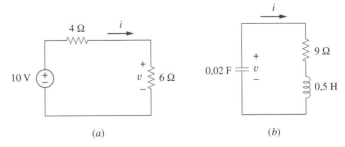

Figura 8.11 Circuito da Figura 8.10: (a) para $t < 0$; (b) para $t > 0$.

de 3 Ω e 6 Ω, que estão ligados em série na Figura 8.10 quando a chave é aberta, foram associados para dar $R = 9\ \Omega$ na Figura 8.11b. As raízes são calculadas como segue:

$$\alpha = \frac{R}{2L} = \frac{9}{2(\frac{1}{2})} = 9, \quad \omega_0 = \frac{1}{\sqrt{LC}} = \frac{1}{\sqrt{\frac{1}{2} \times \frac{1}{50}}} = 10$$

$$s_{1,2} = -\alpha \pm \sqrt{\alpha^2 - \omega_0^2} = -9 \pm \sqrt{81 - 100}$$

ou

$$s_{1,2} = -9 \pm j4{,}359$$

Portanto, a resposta é subamortecida ($\alpha < \omega$); isto é,

$$i(t) = e^{-9t}(A_1 \cos 4{,}359t + A_2 \operatorname{sen} 4{,}359t) \quad \text{(8.4.1)}$$

Agora, obtemos A_1 e A_2 usando as condições iniciais. Em $t = 0$,

$$i(0) = 1 = A_1 \quad \text{(8.4.2)}$$

Da Equação (8.5),

$$\left.\frac{di}{dt}\right|_{t=0} = -\frac{1}{L}[Ri(0) + v(0)] = -2[9(1) - 6] = -6\ \text{A/s} \quad \text{(8.4.3)}$$

Note que é usado $v(0) = V_0 = -6$ V, porque a polaridade de v na Figura 8.11b é oposta em relação àquela da Figura 8.8. Extraindo a derivada de $i(t)$ na Equação (8.4.1),

$$\frac{di}{dt} = -9e^{-9t}(A_1 \cos 4{,}359t + A_2 \operatorname{sen} 4{,}359t)$$

$$+ e^{-9t}(4{,}359)(-A_1 \operatorname{sen} 4{,}359t + A_2 \cos 4{,}359t)$$

Impondo a condição na Equação (8.4.3) em $t = 0$, temos

$$-6 = -9(A_1 + 0) + 4{,}359(-0 + A_2)$$

Porém, $A_1 = 1$ a partir da Equação (8.4.2). Portanto,

$$-6 = -9 + 4{,}359 A_2 \quad \Rightarrow \quad A_2 = 0{,}6882$$

Substituindo os valores de A_1 e A_2 na Equação (8.4.1) nos leva à solução completa como segue

$$i(t) = e^{-9t}(\cos 4{,}359t + 0{,}6882 \operatorname{sen} 4{,}359t)\ \text{A}$$

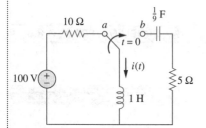

Figura 8.12 Esquema para o Problema prático 8.4.

● **PROBLEMA PRÁTICO 8.4**

O circuito da Figura 8.12 atingiu o estado estável em $t = 0^-$. Se o interruptor muda para a posição b em $t = 0$, calcule $i(t)$ para $t > 0$.

Resposta: $e^{-2,5t}(10 \cos 1{,}6583t - 15{,}076 \operatorname{sen} 1{,}6583t)$ A.

8.4 Circuito RLC em paralelo sem fonte

Circuitos RLC em paralelo têm diversas aplicações, como em projetos de filtros e redes de comunicação.

Consideremos o circuito RLC em paralelo mostrado na Figura 8.13. Suponha que a corrente inicial I_0 no indutor e a tensão inicial V_0 no capacitor sejam

$$i(0) = I_0 = \frac{1}{L}\int_{\infty}^{0} v(t)\,dt \quad \text{(8.27a)}$$

$$v(0) = V_0 \quad \text{(8.27b)}$$

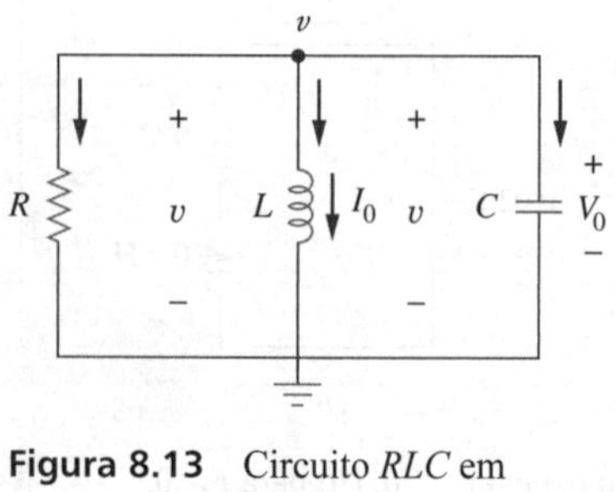

Figura 8.13 Circuito RLC em paralelo sem fonte.

Uma vez que os três elementos estão em paralelo, eles possuem a mesma tensão v neles. De acordo com a regra de sinais (passivo), a corrente está entrando em cada elemento, isto é, a corrente através de cada elemento está deixando o nó superior. Portanto, aplicando a LKC ao nó superior fornece

$$\frac{v}{R} + \frac{1}{L}\int_{-\infty}^{t} v(\tau)d\tau + C\frac{dv}{dt} = 0 \qquad (8.28)$$

Extraindo a derivada em relação a t e dividindo por C resulta em

$$\frac{d^2v}{dt^2} + \frac{1}{RC}\frac{dv}{dt} + \frac{1}{LC}v = 0 \qquad (8.29)$$

Obtemos a equação característica substituindo a primeira derivada por s e a segunda por s^2. Seguindo o mesmo raciocínio usado ao estabelecer das Equações (8.4) a (8.8), a equação característica é obtida como

$$s^2 + \frac{1}{RC}s + \frac{1}{LC} = 0 \qquad (8.30)$$

As raízes da equação característica são

$$s_{1,2} = -\frac{1}{2RC} \pm \sqrt{\left(\frac{1}{2RC}\right)^2 - \frac{1}{LC}}$$

ou

$$\boxed{s_{1,2} = -\alpha \pm \sqrt{\alpha^2 - \omega_0^2}} \qquad (8.31)$$

onde

$$\boxed{\alpha = \frac{1}{2RC}, \qquad \omega_0 = \frac{1}{\sqrt{LC}}} \qquad (8.32)$$

Os nomes desses termos permanecem os mesmo que, anteriormente, já que desempenham o mesmo papel na solução. Repetindo, há três soluções possíveis, dependendo se $\alpha > \omega_0$, $\alpha = \omega_0$ ou $\alpha < \omega_0$. Consideremos tais casos separadamente.

Caso de amortecimento supercrítico ($\alpha > \omega_0$)

A partir da Equação (8.32), $\alpha > \omega_0$, quando $L > 4R^2C$. As raízes da equação característica são reais e negativas. A resposta é

$$\boxed{v(t) = A_1 e^{s_1 t} + A_2 e^{s_2 t}} \qquad (8.33)$$

Caso de amortecimento crítico ($\alpha = \omega_0$)

Para $\alpha = \omega_0$, $L = 4R^2C$. As raízes da equação característica são reais e iguais de modo que a resposta seja

$$\boxed{v(t) = (A_1 + A_2 t)e^{-\alpha t}} \qquad (8.34)$$

Caso de subamortecimento ($\alpha < \omega_0$)

Quando $\alpha < \omega_0$, $L < 4R^2C$. Nesse caso, as raízes são complexas e podem ser expressas como segue

$$s_{1,2} = -\alpha \pm j\omega_d \tag{8.35}$$

onde

$$\omega_d = \sqrt{\omega_0^2 - \alpha^2} \tag{8.36}$$

A resposta é

$$\boxed{v(t) = e^{-\alpha t}(A_1 \cos \omega_d t + A_2 \operatorname{sen} \omega_d t)} \tag{8.37}$$

As constantes A_1 e A_2 em cada caso podem ser determinadas a partir das condições iniciais. Precisamos de $v(0)$ e $dv(0)/dt$. O primeiro termo é conhecido da Equação (8.27b). Encontramos o segundo termo combinando as Equações (8.27) e (8.28), como

$$\frac{V_0}{R} + I_0 + C\frac{dv(0)}{dt} = 0$$

ou

$$\frac{dv(0)}{dt} = -\frac{(V_0 + RI_0)}{RC} \tag{8.38}$$

As formas de onda da tensão são similares àquelas mostradas na Figura 8.9 e dependerão se o circuito apresenta amortecimento supercrítico, subamortecimento ou amortecimento crítico.

Após determinar a tensão $v(t)$ no capacitor para o circuito RLC em paralelo, conforme ilustrado anteriormente, podemos obter prontamente outros valores para o circuito, como as correntes em cada elemento. Por exemplo, a corrente no resistor é $i_R = v/R$ e a tensão no capacitor é $v_C = C\,dv/dt$. Escolhemos a tensão $v(t)$ no capacitor como variável-chave a ser determinada em primeiro lugar de modo a tirar proveito da Equação (8.1a). Note que encontramos inicialmente a corrente $i(t)$ no indutor para o circuito RLC em série, enquanto encontramos primeiro a tensão $v(t)$ no capacitor para o caso do circuito RLC em paralelo.

EXEMPLO 8.5

No circuito paralelo da Figura 8.13, determine $v(t)$ para $t > 0$, supondo que $v(0) = 5$ V, $i(0) = 0$, $L = 1$ H e $C = 10$ mF. Considere os seguintes casos: $R = 1,923\ \Omega$, $R = 5\ \Omega$ e $R = 6,25\ \Omega$.

Solução:

■ **CASO 1** Se $R = 1,923\ \Omega$,

$$\alpha = \frac{1}{2RC} = \frac{1}{2 \times 1{,}923 \times 10 \times 10^{-3}} = 26$$

$$\omega_0 = \frac{1}{\sqrt{LC}} = \frac{1}{\sqrt{1 \times 10 \times 10^{-3}}} = 10$$

Uma vez que nesse caso $\alpha > \omega_0$, a resposta é com amortecimento supercrítico. As raízes da equação característica são

$$s_{1,2} = -\alpha \pm \sqrt{\alpha^2 - \omega_0^2} = -2, -50$$

e a resposta correspondente é

$$v(t) = A_1 e^{-2t} + A_2 e^{-50t} \qquad (8.5.1)$$

Agora, aplicamos as condições iniciais para obter A_1 e A_2,

$$v(0) = 5 = A_1 + A_2$$

$$\frac{dv(0)}{dt} = -\frac{v(0) + Ri(0)}{RC} = -\frac{5 + 0}{1,923 \times 10 \times 10^{-3}} = -260 \qquad (8.5.2)$$

Derivando a Equação (8.5.1),

$$\frac{dv}{dt} = -2A_1 e^{-2t} - 50A_2 e^{-50t}$$

Em $t = 0$,

$$-260 = -2A_1 - 50A_2 \qquad (8.5.3)$$

A partir das Equações (8.5.2) e (8.5.3), obtemos $A_1 = 0{,}2083$ e $A_2 = 5{,}208$. Substituindo A_1 e A_2 na Equação (8.5.1) resulta em

$$v(t) = -0{,}2083 e^{-2t} + 5{,}208 e^{-50t} \qquad (8.5.4)$$

■ **CASO 2** Quando $R = 5\ \Omega$,

$$\alpha = \frac{1}{2RC} = \frac{1}{2 \times 5 \times 10 \times 10^{-3}} = 10$$

enquanto $\omega_0 = 10$ permanece a mesma. Já que $\alpha = \omega_0 = 10$, a resposta corresponde ao amortecimento crítico. Logo, $s_1 = s_2 = -10$ e

$$v(t) = (A_1 + A_2 t) e^{-10t} \qquad (8.5.5)$$

Para obter A_1 e A_2, aplicamos as condições iniciais

$$v(0) = 5 = A_1 \qquad (8.5.6)$$

$$\frac{dv(0)}{dt} = -\frac{v(0) + Ri(0)}{RC} = -\frac{5 + 0}{5 \times 10 \times 10^{-3}} = -100$$

Derivando a Equação (8.5.5),

$$\frac{dv}{dt} = (-10A_1 - 10A_2 t + A_2) e^{-10t}$$

Em $t = 0$,

$$-100 = -10A_1 + A_2 \qquad (8.5.7)$$

A partir das Equações (8.5.6) e (8.5.7), $A_1 = 5$ e $A_2 = -50$. Portanto,

$$v(t) = (5 - 50t) e^{-10t}\ \text{V} \qquad (8.5.8)$$

■ **CASO 3** Quando $R = 6{,}25\ \Omega$,

$$\alpha = \frac{1}{2RC} = \frac{1}{2 \times 6{,}25 \times 10 \times 10^{-3}} = 8$$

enquanto $\omega_0 = 10$ permanece a mesma. Uma vez que nesse caso $\alpha < \omega_0$, a resposta corresponde ao subamortecimento. As raízes da equação característica são

$$s_{1,2} = -\alpha \pm \sqrt{\alpha^2 - \omega_0^2} = -8 \pm j6$$

Portanto,
$$v(t) = (A_1 \cos 6t + A_2 \sin 6t)e^{-8t} \quad (8.5.9)$$

Agora, obtemos A_1 e A_2, como
$$v(0) = 5 = A_1 \quad (8.5.10)$$
$$\frac{dv(0)}{dt} = -\frac{v(0) + Ri(0)}{RC} = -\frac{5 + 0}{6{,}25 \times 10 \times 10^{-3}} = -80$$

Derivando a Equação (8.5.9),
$$\frac{dv}{dt} = (-8A_1 \cos 6t - 8A_2 \sin 6t - 6A_1 \sin 6t + 6A_2 \cos 6t)e^{-8t}$$

Em $t = 0$,
$$-80 = -8A_1 + 6A_2 \quad (8.5.11)$$

Das Equações (8.5.10) e (8.5.11), $A_1 = 5$ e $A_2 = -6{,}667$. Logo,
$$v(t) = (5 \cos 6t - 6{,}667 \sin 6t)e^{-8t} \quad (8.5.12)$$

Note que, aumentando o valor de R, o nível de amortecimento diminui e as respostas são diferentes. A Figura 8.14 apresenta os três casos.

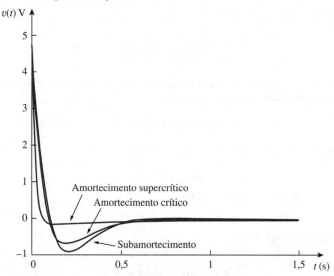

Figura 8.14 Esquema para o Exemplo 8.5: respostas para os três níveis de amortecimento.

● **PROBLEMA PRÁTICO 8.5**

Na Figura 8.13, seja $R = 2\,\Omega$, $L = 0{,}4$ H, $C = 25$ mF, $v(0) = 0$, e $i(0) = 50$ mA. Determine $v(t)$ para $t > 0$.

Resposta: $-2te^{-10t} u(t)$ V.

● **EXEMPLO 8.6**

Determine $v(t)$ para $t > 0$ no circuito RLC da Figura 8.15.

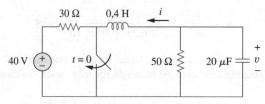

Figura 8.15 Esquema para o Exemplo 8.6.

Solução: Quando $t < 0$, a chave está aberta; o indutor se comporta como um curto-circuito, enquanto o capacitor se comporta como um circuito aberto. A tensão inicial no capacitor é a mesma que a tensão no resistor de 50 Ω, ou seja,

$$v(0) = \frac{50}{30+50}(40) = \frac{5}{8} \times 40 = 25 \text{ V} \qquad (8.6.1)$$

A corrente inicial através do indutor é

$$i(0) = -\frac{40}{30+50} = -0{,}5 \text{ A}$$

O sentido de i é o indicado na Figura 8.15 para se adequar ao sentido de I_0 na Figura 8.13, que está de acordo com a convenção que a corrente flui no terminal positivo de um indutor (ver Figura 6.23). Precisamos expressar isso em termos de dv/dt, uma vez que estamos procurando v.

$$\frac{dv(0)}{dt} = -\frac{v(0) + Ri(0)}{RC} = -\frac{25 - 50 \times 0{,}5}{50 \times 20 \times 10^{-6}} = 0 \qquad (8.6.2)$$

Quando $t > 0$, a chave está fechada. A fonte de tensão ao longo do resistor de 30 Ω é separada do restante do circuito. O circuito RLC em paralelo atua independentemente da fonte de tensão, conforme ilustrado na Figura 8.16. Em seguida, determinamos que as raízes da equação característica são

$$\alpha = \frac{1}{2RC} = \frac{1}{2 \times 50 \times 20 \times 10^{-6}} = 500$$

$$\omega_0 = \frac{1}{\sqrt{LC}} = \frac{1}{\sqrt{0{,}4 \times 20 \times 10^{-6}}} = 354$$

$$s_{1,2} = -\alpha \pm \sqrt{\alpha^2 - \omega_0^2}$$

$$= -500 \pm \sqrt{250.000 - 124.997{,}6} = -500 \pm 354$$

ou

$$s_1 = -854, \qquad s_2 = -146$$

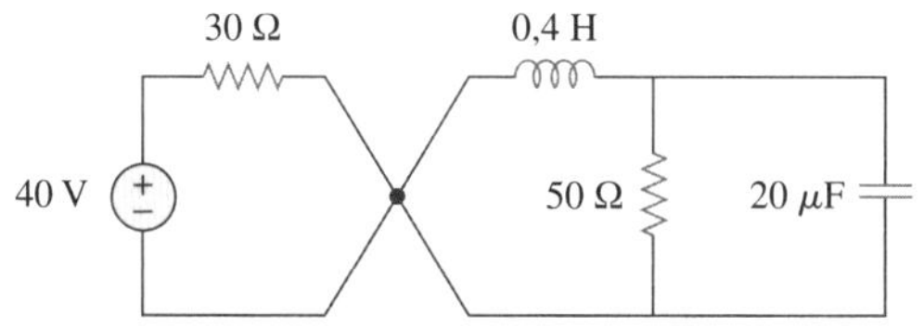

Figura 8.16 O circuito na Figura 8.15, quando $t > 0$. O circuito RLC em paralelo do lado direito atua independentemente do circuito do lado esquerdo da junção.

Já que $\alpha > \omega_0$, temos a resposta com amortecimento supercrítico

$$v(t) = A_1 e^{-854t} + A_2 e^{-146t} \qquad (8.6.3)$$

Em $t = 0$, impomos a condição na Equação (8.6.1),

$$v(0) = 25 = A_1 + A_2 \quad \Rightarrow \quad A_2 = 25 - A_1 \qquad (8.6.4)$$

Extraindo a derivada de $v(t)$ na Equação (8.6.3),

$$\frac{dv}{dt} = -854 A_1 e^{-854t} - 146 A_2 e^{-146t}$$

Impondo a condição na Equação (8.6.2),

$$\frac{dv(0)}{dt} = 0 = -854A_1 - 146A_2$$

ou

$$0 = 854A_1 + 146A_2 \qquad (8.6.5)$$

Resolvendo as Equações (8.6.4) e (8.6.5) gera

$$A_1 = -5{,}156, \qquad A_2 = 30{,}16$$

Portanto, a solução completa na Equação (8.6.3) fica

$$v(t) = -5{,}156e^{-854t} + 30{,}16e^{-146t} \text{ V}$$

PROBLEMA PRÁTICO 8.6

Consulte o circuito da Figura 8.17. Determine $v(t)$ para $t > 0$.

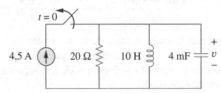

Figura 8.17 Esquema para o Problema prático 8.6.

Resposta: $150(e^{-10t} - e^{-2{,}5t})$ V.

8.5 Resposta a um degrau de um circuito *RLC* em série

Como vimos no capítulo anterior, a resposta a um degrau é obtida por uma aplicação repentina de uma fonte CC. Consideremos o circuito *RLC* em série, mostrado na Figura 8.18. Aplicando a LKT no circuito para $t > 0$,

$$L\frac{di}{dt} + Ri + v = V_s \qquad (8.39)$$

Porém,

$$i = C\frac{dv}{dt}$$

Substituindo *i* na Equação (8.39) e reorganizando os termos,

$$\frac{d^2v}{dt^2} + \frac{R}{L}\frac{dv}{dt} + \frac{v}{LC} = \frac{V_s}{LC} \qquad (8.40)$$

que tem a mesma forma da Equação (8.4). Mais especificamente, os coeficientes são os mesmos (e isso é importante na determinação dos parâmetros da frequência), no entanto, a variável é diferente. [Da mesma forma, ver Equação (8.47).] Logo, a equação característica para o circuito *RLC* em série não é afetada pela presença da fonte CC.

A solução para a Equação (8.40) possui duas componentes: resposta transiente $v_t(t)$ e resposta de estado estável $v_{ss}(t)$; ou seja,

$$v(t) = v_t(t) + v_{ss}(t) \qquad (8.41)$$

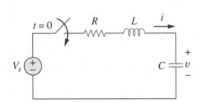

Figura 8.18 Tensão em degrau aplicada a um circuito *RLC* em série.

A resposta transiente $v_t(t)$ é a componente da resposta total que se extingue com o tempo. A forma da resposta transiente é a mesma da solução obtida na Seção 8.3 para o circuito sem fonte, dado pelas Equações (8.14), (8.21) e (8.26). Consequentemente, a resposta transiente $v_t(t)$ para os casos de amortecimento supercrítico, subamortecimento e amortecimento crítico são:

$$v_t(t) = A_1 e^{s_1 t} + A_2 e^{s_2 t} \quad \text{(Amortecimento supercrítico)} \quad \textbf{(8.42a)}$$

$$v_t(t) = (A_1 + A_2 t)e^{-\alpha t} \quad \text{(Amortecimento crítico)} \quad \textbf{(8.42b)}$$

$$v_t(t) = (A_1 \cos \omega_d t + A_2 \operatorname{sen} \omega_d t)e^{-\alpha t} \quad \text{(Subamortecimento)} \quad \textbf{(8.42c)}$$

A reposta de estado estável é o valor final de $v(t)$. No circuito da Figura 8.18, o valor final da tensão no capacitor é o mesmo da fonte de tensão v_s. Logo,

$$v_{ss}(t) = v(\infty) = V_s \quad \textbf{(8.43)}$$

Consequentemente, as soluções completas para os casos de amortecimento supercrítico, subamortecimento e amortecimento crítico são:

$$v(t) = V_s + A_1 e^{s_1 t} + A_2 e^{s_2 t} \quad \text{(Amortecimento supercrítico)} \quad \textbf{(8.44a)}$$

$$v(t) = V_s + (A_1 + A_2 t)e^{-\alpha t} \quad \text{(Amortecimento crítico)} \quad \textbf{(8.44b)}$$

$$v(t) = V_s + (A_1 \cos \omega_d t + A_2 \operatorname{sen} \omega_d t)e^{-\alpha t} \quad \text{(Subamortecimento)} \quad \textbf{(8.44c)}$$

Os valores das constantes A_1 e A_2 são obtidos das condições iniciais: $v(0)$ e $dv(0)/dt$. Tenha em mente que v e i são, respectivamente, a tensão no capacitor e a corrente através do indutor. Portanto, a Equação (8.44) se aplica apenas para determinar v. Porém, assim que a tensão $v_C = v$ no capacitor for conhecida, podemos determinar $i = C\,dv/dt$, que é a mesma corrente através do capacitor, indutor e resistor. Logo, a tensão no resistor é $v_R = iR$, enquanto a tensão no indutor é $v_L = L\,di/dt$.

De forma alternativa, a resposta completa para qualquer variável $x(t)$ pode ser encontrada diretamente, pois ela possui a forma geral

$$x(t) = x_{ss}(t) + x_t(t) \quad \textbf{(8.45)}$$

onde $x_{ss} = x(\infty)$ é o valor final e $x_t(t)$ é a resposta transiente. Esse valor final é determinado como na Seção 8.2. E a resposta transiente possui a mesma forma da Equação (8.42), e as constantes associadas são determinadas a partir da Equação (8.44) tomando como base os valores de $x(0)$ e $dx(0)/dt$.

EXEMPLO 8.7

Para o circuito da Figura 8.19, encontre $v(t)$ e $i(t)$ para $t > 0$. Considere os seguintes casos: $R = 5\ \Omega$, $R = 4\ \Omega$ e $R = 1\ \Omega$.

Solução:

■ **CASO 1** Quando $R = 5\ \Omega$. Para $t < 0$, a chave se encontra fechada há um longo período. O capacitor se comporta como um circuito aberto, enquanto o indutor atua como um curto-circuito. A corrente inicial através do indutor é

$$i(0) = \frac{24}{5 + 1} = 4\ \text{A}$$

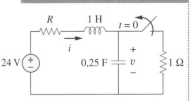

Figura 8.19 Esquema para o Exemplo 8.7.

e a tensão inicial no capacitor é igual à tensão no resistor de 1 Ω; ou seja,

$$v(0) = 1i(0) = 4 \text{ V}$$

Para $t > 0$, a chave está aberta, de modo que temos o resistor de 1 Ω desconectado. O que resta é o circuito RLC em série com a fonte de tensão. As raízes características são determinadas como segue:

$$\alpha = \frac{R}{2L} = \frac{5}{2 \times 1} = 2{,}5, \quad \omega_0 = \frac{1}{\sqrt{LC}} = \frac{1}{\sqrt{1 \times 0{,}25}} = 2$$

$$s_{1,2} = -\alpha \pm \sqrt{\alpha^2 - \omega_0^2} = -1, -4$$

Uma vez que $\alpha > \omega_0$, temos a resposta natural com amortecimento supercrítico. A resposta total é, portanto,

$$v(t) = v_{ss} + (A_1 e^{-t} + A_2 e^{-4t})$$

onde v_{ss} é a resposta de estado estável. Ela é o valor final da tensão no capacitor. Na Figura 8.19, $v_f = 24$ V. Assim,

$$v(t) = 24 + (A_1 e^{-t} + A_2 e^{-4t}) \qquad (8.7.1)$$

Agora, precisamos determinar A_1 e A_2 usando as condições iniciais.

$$v(0) = 4 = 24 + A_1 + A_2$$

ou

$$-20 = A_1 + A_2 \qquad (8.7.2)$$

A corrente no indutor não pode mudar abruptamente e é a mesma corrente através do capacitor em $t = 0^+$, pois o indutor e o capacitor estão agora em série. Logo,

$$i(0) = C\frac{dv(0)}{dt} = 4 \quad \Rightarrow \quad \frac{dv(0)}{dt} = \frac{4}{C} = \frac{4}{0{,}25} = 16$$

Antes de usarmos essa condição, precisamos extrair a derivada de v na Equação (8.7.1).

$$\frac{dv}{dt} = -A_1 e^{-t} - 4A_2 e^{-4t} \qquad (8.7.3)$$

Em $t = 0$,

$$\frac{dv(0)}{dt} = 16 = -A_1 - 4A_2 \qquad (8.7.4)$$

A partir das Equações (8.7.2) e (8.7.4), $A_1 = -64/3$ e $A_2 = 4/3$. Substituindo A_1 e A_2 na Equação (8.7.1), obtemos

$$v(t) = 24 + \frac{4}{3}(-16 e^{-t} + e^{-4t}) \text{ V} \qquad (8.7.5)$$

Já que o indutor e o capacitor estão em série para $t > 0$, a corrente no indutor é a mesma que no capacitor. Logo,

$$i(t) = C\frac{dv}{dt}$$

Multiplicando a Equação (8.7.3) por $C = 0,25$, e substituindo os valores de A_1 e A_2, temos

$$i(t) = \frac{4}{3}(4e^{-t} - e^{-4t}) \text{ A} \qquad (8.7.6)$$

Note que $i(0) = 4$ A, como esperado.

■ **CASO 2**   Quando $R = 4\ \Omega$. Repetindo, a corrente inicial através do indutor é

$$i(0) = \frac{24}{4 + 1} = 4,8 \text{ A}$$

e a tensão inicial no capacitor é

$$v(0) = 1 i(0) = 4,8 \text{ V}$$

Para as raízes características,

$$\alpha = \frac{R}{2L} = \frac{4}{2 \times 1} = 2$$

enquanto $\omega_0 = 2$ permanece a mesma. Nesse caso, $s_1 = s_2 = -\alpha = -2$ e temos a resposta natural com amortecimento crítico. A resposta total é, portanto,

$$v(t) = v_{ss} + (A_1 + A_2 t)e^{-2t}$$

e, como antes, $v_{ss} = 24$ V,

$$v(t) = 24 + (A_1 + A_2 t)e^{-2t} \qquad (8.7.7)$$

Para determinar A_1 e A_2, usamos as condições iniciais. Escrevemos

$$v(0) = 4,8 = 24 + A_1 \quad \Rightarrow \quad A_1 = -19,2 \qquad (8.7.8)$$

Uma vez que $i(0) = C\,dv(0)/dt = 4,8$ ou

$$\frac{dv(0)}{dt} = \frac{4,8}{C} = 19,2$$

A partir da Equação (8.7.7),

$$\frac{dv}{dt} = (-2A_1 - 2tA_2 + A_2)e^{-2t} \qquad (8.7.9)$$

Em $t = 0$,

$$\frac{dv(0)}{dt} = 19,2 = -2A_1 + A_2 \qquad (8.7.10)$$

A partir das Equações (8.7.8) e (8.7.10), $A_1 = -19,2$ e $A_2 = -19,2$. Portanto, a Equação (8.7.7) fica

$$v(t) = 24 - 19,2(1 + t)e^{-2t} \text{ V} \qquad (8.7.11)$$

A corrente no indutor é a mesma que aquela no capacitor; ou seja,

$$i(t) = C\frac{dv}{dt}$$

Multiplicando a Equação (8.7.9) por $C = 0,25$ e substituindo os valores de A_1 e A_2, obtemos

$$i(t) = (4,8 + 9,6t)e^{-2t} \text{ A} \qquad (8.7.12)$$

Note que $i(0) = 4,8$ A, como esperado.

■ **CASO 3**   Quando $R = 1\,\Omega$. A corrente inicial no indutor é

$$i(0) = \frac{24}{1+1} = 12\text{ A}$$

e a tensão inicial no capacitor é a mesma que aquela no resistor de 1 Ω,

$$v(0) = 1i(0) = 12\text{ V}$$

$$\alpha = \frac{R}{2L} = \frac{1}{2\times 1} = 0,5$$

Já que $\alpha = 0,5 < \omega_0 = 2$, temos a resposta subamortecida

$$s_{1,2} = -\alpha \pm \sqrt{\alpha^2 - \omega_0^2} = -0,5 \pm j1,936$$

A resposta total é, portanto,

$$v(t) = 24 + (A_1 \cos 1,936t + A_2 \sen 1,936t)e^{-0,5t} \qquad (8.7.13)$$

Agora, determinamos A_1 e A_2. Escrevemos

$$v(0) = 12 = 24 + A_1 \quad \Rightarrow \quad A_1 = -12 \qquad (8.7.14)$$

Uma vez que $i(0) = C\,dv/dt = 12$,

$$\frac{dv(0)}{dt} = \frac{12}{C} = 48 \qquad (8.7.15)$$

Porém,

$$\frac{dv}{dt} = e^{-0,5t}(-1,936A_1 \sen 1,936t + 1,936A_2 \cos 1,936t)$$
$$- 0,5e^{-0,5t}(A_1 \cos 1,936t + A_2 \sen 1,936t) \qquad (8.7.16)$$

Em $t = 0$,

$$\frac{dv(0)}{dt} = 48 = (-0 + 1,936A_2) - 0,5(A_1 + 0)$$

Substituindo $A_1 = -12$ resulta em $A_2 = 21,694$ e a Equação (8.7.13), temos

$$v(t) = 24 + (21,694 \sen 1,936t - 12 \cos 1,936t)e^{-0,5t}\text{ V} \qquad (8.7.17)$$

A corrente no indutor é

$$i(t) = C\frac{dv}{dt}$$

Multiplicando a Equação (8.7.16) por $C = 0,25$ e substituindo os valores de A_1 e A_2 resulta em

$$i(t) = (3,1 \sen 1,936t + 12 \cos 1,936t)e^{-0,5t}\text{ A} \qquad (8.7.18)$$

Note que $i(0) = 12$ A, como esperado.

A Figura 8.20 representa graficamente as respostas para os três casos. A partir dessa figura, podemos observar que a resposta com amortecimento crítico se aproxima mais rapidamente da entrada em degrau de 24 V.

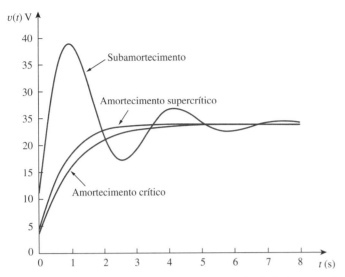

Figura 8.20 Esquema para o Exemplo 8.7: resposta para três níveis de amortecimento.

Já na posição a há muito tempo, a chave na Figura 8.21 é mudada para a posição b em $t = 0$. Determine $v(t)$ e $v_R(t)$ para $t > 0$.

PROBLEMA PRÁTICO 8.7

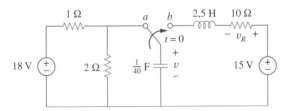

Figura 8.21 Esquema para o Problema prático 8.7.

Resposta: $15 - (1{,}7321 \text{ sen } 3{,}464t \, 1 + 3 \cos 3{,}464t)e^{-2t}$ V, $3{,}464e^{-2t} \text{ sen } 3{,}464t$ V.

8.6 Resposta a um degrau de um circuito *RLC* em paralelo

Consideremos o circuito *RLC* em paralelo, mostrado na Figura 8.22. Queremos determinar i por causa da aplicação súbita de uma corrente CC. Aplicando a LKC ao nó superior para $t > 0$,

$$\frac{v}{R} + i + C\frac{dv}{dt} = I_s \tag{8.46}$$

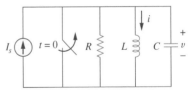

Figura 8.22 Circuito *RLC* em paralelo com corrente aplicada.

Porém,

$$v = L\frac{di}{dt}$$

Substituindo v na Equação (8.46) e dividindo por *LC*, temos

$$\frac{d^2i}{dt^2} + \frac{1}{RC}\frac{di}{dt} + \frac{i}{LC} = \frac{I_s}{LC} \tag{8.47}$$

que tem a mesma equação característica da Equação (8.29).

A solução completa para a Equação (8.47) consiste na resposta transiente $i_t(t)$ e da resposta de estado estável i_{ss}; ou seja,

$$i(t) = i_t(t) + i_{ss}(t) \tag{8.48}$$

A resposta transiente é a mesma que tínhamos na Seção 8.4. A resposta de estado estável é o valor final de i. No circuito da Figura 8.22, o valor final da corrente através do indutor é o mesmo que a corrente da fonte I_s. Portanto,

$$\boxed{\begin{aligned} i(t) &= I_s + A_1 e^{s_1 t} + A_2 e^{s_2 t} \quad \text{(Amortecimento supercrítico)} \\ i(t) &= I_s + (A_1 + A_2 t) e^{-\alpha t} \quad \text{(Amortecimento crítico)} \\ i(t) &= I_s + (A_1 \cos \omega_d t + A_2 \operatorname{sen} \omega_d t) e^{-\alpha t} \quad \text{(Subamortecimento)} \end{aligned}} \tag{8.49}$$

As constantes A_1 e A_2 em cada caso podem ser determinadas a partir das condições iniciais para i e di/dt. Repetindo, devemos ter em mente que a Equação (8.49) aplica-se apenas para se encontrar a corrente i no indutor. Mas, como a corrente no indutor $i_L = i$ já é conhecida, podemos encontrar $v = L\, di/dt$, que é a mesma tensão no indutor, capacitor e resistor. Logo, a corrente através do resistor é $i_R = v/R$, enquanto a corrente no capacitor é $i_C = C\, dv/dt$. De forma alternativa, a resposta completa para qualquer variável $x(t)$ pode ser encontrada diretamente, usando-se

$$x(t) = x_{ss}(t) + x_t(t) \tag{8.50}$$

onde x_{ss} e x_t são, respectivamente, seu valor final e resposta transiente.

EXEMPLO 8.8

No circuito da Figura 8.23, determine $i(t)$ e $i_R(t)$ para $t > 0$.

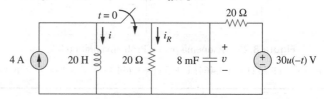

Figura 8.23 Esquema para o Exemplo 8.8.

Solução: Para $t < 0$, a chave se encontra aberta e o circuito se divide em dois subcircuitos independentes. A corrente de 4 A flui através do indutor, de modo que

$$i(0) = 4\text{ A}$$

Uma vez que $30u(-t) = 30$ quando $t < 0$ e 0 quando $t > 0$, a fonte de tensão está operando para $t < 0$. O capacitor atua como um circuito aberto e a tensão nele é a mesma que a tensão no resistor de 20 Ω conectado em paralelo a ele. Pela divisão de tensão, a tensão inicial no capacitor é

$$v(0) = \frac{20}{20+20}(30) = 15\text{ V}$$

Para $t > 0$, a chave está fechada e temos um circuito RLC em paralelo com uma fonte de corrente. A fonte de tensão é zero, significando que ela se comporta como um curto-circuito. Os dois resistores de 20 Ω agora estão em paralelo. Eles são associados para dar $R = 20 \parallel 20 = 10$ Ω. As raízes características são determinadas como segue:

$$\alpha = \frac{1}{2RC} = \frac{1}{2 \times 10 \times 8 \times 10^{-3}} = 6{,}25$$

$$\omega_0 = \frac{1}{\sqrt{LC}} = \frac{1}{\sqrt{20 \times 8 \times 10^{-3}}} = 2{,}5$$

$$s_{1,2} = -\alpha \pm \sqrt{\alpha^2 - \omega_0^2} = -6{,}25 \pm \sqrt{39{,}0625 - 6{,}25}$$
$$= -6{,}25 \pm 5{,}7282$$

ou

$$s_1 = -11{,}978, \quad s_2 = -0{,}5218$$

Uma vez que $\alpha > \omega_0$, temos o caso de amortecimento supercrítico. Logo,

$$i(t) = I_s + A_1 e^{-11{,}978t} + A_2 e^{-0{,}5218t} \qquad (8.8.1)$$

onde $I_s = 4$ é o valor final de $i(t)$. Agora, usamos as condições iniciais para determinar A_1 e A_2. Em $t = 0$,

$$i(0) = 4 = 4 + A_1 + A_2 \quad \Rightarrow \quad A_2 = -A_1 \qquad (8.8.2)$$

Extraindo a derivada de $i(t)$ na Equação (8.8.1),

$$\frac{di}{dt} = -11{,}978 A_1 e^{-11{,}978t} - 0{,}5218 A_2 e^{-0{,}5218t}$$

de modo que em $t = 0$,

$$\frac{di(0)}{dt} = -11{,}978 A_1 - 0{,}5218 A_2 \qquad (8.8.3)$$

Porém,

$$L\frac{di(0)}{dt} = v(0) = 15 \quad \Rightarrow \quad \frac{di(0)}{dt} = \frac{15}{L} = \frac{15}{20} = 0{,}75$$

Substituindo isso na Equação (8.8.3) e incorporando a Equação (8.8.2), obtemos

$$0{,}75 = (11{,}978 - 0{,}5218) A_2 \quad \Rightarrow \quad A_2 = 0{,}0655$$

Portanto, $A_1 = -0{,}0655$ e $A_2 = 0{,}0655$. Inserindo A_1 e A_2 na Equação (8.8.1) nos fornece a solução completa como segue

$$i(t) = 4 + 0{,}0655(e^{-0{,}5218t} - e^{-11{,}978t}) \text{ A}$$

A partir de $i(t)$, obtemos $v(t) = L\,di/dt$ e

$$i_R(t) = \frac{v(t)}{20} = \frac{L}{20}\frac{di}{dt} = 0{,}785 e^{-11{,}978t} - 0{,}0342 e^{-0{,}5218t} \text{ A}$$

Determine $i(t)$ e $v(t)$ para $t > 0$ no circuito da Figura 8.24.

Resposta: $10(1 - \cos(0{,}25t))$ A, $50\,\text{sen}(0{,}25t)$ V.

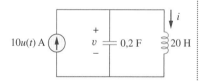

Figura 8.24 Esquema para o Problema prático 8.8.

PROBLEMA PRÁTICO 8.8

8.7 Circuitos de segunda ordem gerais

Agora que já dominamos os circuitos *RLC* em série e em paralelo, estamos preparados para aplicar os conceitos a qualquer circuito de segunda ordem com uma ou mais fontes independentes com valores constantes. Embora esses circuitos de segunda ordem sejam os de maior interesse, outros circuitos de segunda ordem, inclusive aqueles com amplificadores operacionais, também são úteis. Dado um circuito de segunda ordem, determinamos sua resposta a um degrau $x(t)$ (que pode ser tensão ou corrente), conforme as quatro etapas descritas a seguir:

1. Primeiro, determinamos as condições iniciais $x(0)$ e $dx(0)/dt$ e o valor final $x(\infty)$, como discutido na Seção 8.2.
2. Desativamos as fontes independentes e encontramos a forma da resposta transiente $x_t(t)$ aplicando a LKC e LKT. Assim que for obtida uma equação

> Um circuito pode parecer, a princípio, complicado. Porém, uma vez que as fontes tenham sido desativadas em uma tentativa de encontrar a forma da resposta transiente, ele pode ser reduzido a um circuito de primeira ordem, quando os elementos de armazenamento podem ser associados ou reduzidos a um circuito *RLC* em série/paralelo. Se for redutível a um circuito de primeira ordem, a solução é a mesma do Capítulo 7. Se ele for redutível a um circuito *RLC* em série ou em paralelo, aplicamos as técnicas já mostradas anteriormente.

diferencial de segunda ordem, determinamos suas raízes características. Dependendo se a resposta for com amortecimento supercrítico, com amortecimento crítico ou com subamortecimento, obtemos $x_t(t)$ com duas constantes desconhecidas, como fizemos anteriormente.

3. Obtemos a resposta de estado estável como segue

$$x_{ss}(t) = x(\infty) \qquad (8.51)$$

onde $x(\infty)$ é o valor final de x, obtido na etapa 1.

4. A resposta total agora é encontrada como a soma das respostas transiente e de estado estável

$$x(t) = x_t(t) + x_{ss}(t) \qquad (8.52)$$

Finalmente, estabelecer as constantes associadas com a resposta transiente impondo as condições iniciais $x(0)$ e $dx(0)/dt$, determinadas no item 1.

Podemos aplicar esse procedimento geral para encontrar a resposta a um degrau de um circuito de segunda ordem, inclusive aqueles com amplificadores operacionais. Os exemplos a seguir ilustram essas quatro etapas.

> Os problemas deste capítulo também podem ser resolvidos usando transformadas de Laplace, que serão vistas nos Capítulos 15 e 16.

EXEMPLO 8.9

Determine a resposta completa v e, em seguida, i para $t > 0$ no circuito da Figura 8.25.

Solução: Em primeiro lugar, determinamos os valores inicial e final. Em $t = 0^-$, o circuito se encontra no estado estável. A chave está aberta; o circuito equivalente é mostrado na Figura 8.26a. Fica evidente da figura que

$$v(0^-) = 12 \text{ V}, \qquad i(0^-) = 0$$

Em $t = 0^+$, a chave está fechada; o circuito equivalente é aquele da Figura 8.26b. Pela continuidade da tensão no capacitor e da corrente no indutor, sabemos que

$$v(0^+) = v(0^-) = 12 \text{ V}, \qquad i(0^+) = i(0^-) = 0 \qquad (8.9.1)$$

Para obter $dv(0^+)/dt$, usamos $C\, dv/dt = i_C$ ou $dv/dt = i_C/C$. Aplicando a LKC ao nó a da Figura 8.26b,

$$i(0^+) = i_C(0^+) + \frac{v(0^+)}{2}$$

$$0 = i_C(0^+) + \frac{12}{2} \Rightarrow i_C(0^+) = -6 \text{ A}$$

Portanto,

$$\frac{dv(0^+)}{dt} = \frac{-6}{0,5} = -12 \text{ V/s} \qquad (8.9.2)$$

Os valores finais são obtidos quando o indutor é substituído por um curto-circuito e o capacitor por um circuito aberto na Figura 8.26b, resultando em

$$i(\infty) = \frac{12}{4+2} = 2 \text{ A}, \qquad v(\infty) = 2i(\infty) = 4 \text{ V} \qquad (8.9.3)$$

Em seguida, obtemos a forma da resposta transiente para $t > 0$. Desligando a fonte de tensão de 12 V, temos o circuito da Figura 8.27. Aplicando a LKC ao nó a da Figura 8.27, resulta em

$$i = \frac{v}{2} + \frac{1}{2}\frac{dv}{dt} \qquad (8.9.4)$$

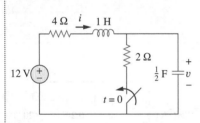

Figura 8.25 Esquema para o Exemplo 8.9.

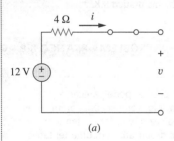

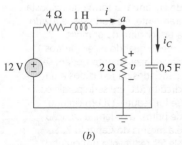

Figura 8.26 Esquema para o Exemplo 8.9. Circuito equivalente ao circuito da Figura 8.25 para: (a) $t < 0$; (b) $t > 0$.

Aplicando a LKT à malha da esquerda, temos

$$4i + 1\frac{di}{dt} + v = 0 \qquad (8.9.5)$$

Já que, no momento, estamos interessados em v, substituímos i da Equação (8.9.4) na Equação (8.9.5). Obtemos então

$$2v + 2\frac{dv}{dt} + \frac{1}{2}\frac{dv}{dt} + \frac{1}{2}\frac{d^2v}{dt^2} + v = 0$$

ou

$$\frac{d^2v}{dt^2} + 5\frac{dv}{dt} + 6v = 0$$

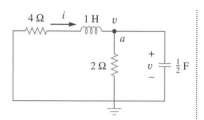

Figura 8.27 Obtenção da forma da resposta transiente para o Exemplo 8.9.

A partir desta, obtemos a equação característica como indicada a seguir

$$s^2 + 5s + 6 = 0$$

com raízes $s = -2$ e $s = -3$. Portanto, a resposta natural é

$$v_n(t) = Ae^{-2t} + Be^{-3t} \qquad (8.9.6)$$

onde A e B são constantes desconhecidas a serem determinadas posteriormente. A resposta de estado estável é

$$v_{ss}(t) = v(\infty) = 4 \qquad (8.9.7)$$

A resposta completa é

$$v(t) = v_t + v_{ss} = 4 + Ae^{-2t} + Be^{-3t} \qquad (8.9.8)$$

Agora, determinamos A e B usando os valores iniciais. Da Equação (8.9.1), $v(0) = 12$. Substituindo isso na Equação (8.9.8) em $t = 0$, obtemos

$$12 = 4 + A + B \quad \Rightarrow \quad A + B = 8 \qquad (8.9.9)$$

Extraindo a derivada de v na Equação (8.9.8),

$$\frac{dv}{dt} = -2Ae^{-2t} - 3Be^{-3t} \qquad (8.9.10)$$

Substituindo a Equação (8.9.2) na Equação (8.9.10) em $t = 0$, teremos

$$-12 = -2A - 3B \quad \Rightarrow \quad 2A + 3B = 12 \qquad (8.9.11)$$

A partir das Equações (8.9.9) e (8.9.11), obtemos

$$A = 12, \quad B = -4$$

de modo que a Equação (8.9.8) fica

$$v(t) = 4 + 12e^{-2t} - 4e^{-3t} \text{ V}, \quad t > 0 \qquad (8.9.12)$$

A partir de v, podemos obter outros valores de interesse referindo-se à Figura 8.26b. Para obter i, por exemplo,

$$i = \frac{v}{2} + \frac{1}{2}\frac{dv}{dt} = 2 + 6e^{-2t} - 2e^{-3t} - 12e^{-2t} + 6e^{-3t}$$
$$= 2 - 6e^{-2t} + 4e^{-3t} \text{ A}, \quad t > 0 \qquad (8.9.13)$$

Note que $i(0) = 0$ de acordo com a Equação (8.9.1).

Determine v e i para $t > 0$ no circuito da Figura 8.28. (Ver comentários sobre fontes de corrente no Problema prático 7.5.)

Resposta: $12(1 - e^{-5t})$ V, $3(1 - e^{-5t})$ A.

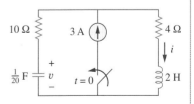

Figura 8.28 Esquema para o Problema prático 8.9.

PROBLEMA PRÁTICO 8.9

EXEMPLO 8.10

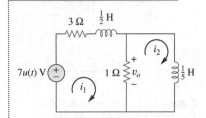

Figura 8.29 Esquema para o Exemplo 8.10.

Descubra $v_o(t)$ para $t > 0$ no circuito da Figura 8.29.

Solução: Este é um exemplo de um circuito de segunda ordem com dois indutores. Primeiro, obtemos as correntes de malha i_1 e i_2, que, por acaso, são as correntes através dos indutores. Precisamos obter os valores inicial e final dessas correntes.

Para $t < 0$, $7u(t) = 0$, de modo que $i_1(0^-) = 0 = i_2(0^-)$. Para $t > 0$, $7u(t) = 7$, sendo que o circuito equivalente é aquele mostrado na Figura 8.30a. Por causa da continuidade da corrente no indutor,

$$i_1(0^+) = i_1(0^-) = 0, \quad i_2(0^+) = i_2(0^-) = 0 \quad (8.10.1)$$

$$v_{L_2}(0^+) = v_o(0^+) = 1[(i_1(0^+) - i_2(0^+))] = 0 \quad (8.10.2)$$

Aplicando a LKT ao laço da esquerda na Figura 8.30a em $t = 0^+$,

$$7 = 3i_1(0^+) + v_{L_1}(0^+) + v_o(0^+)$$

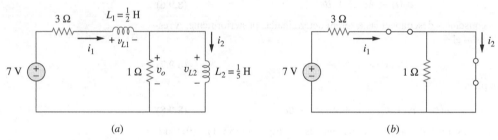

Figura 8.30 Circuito equivalente àquele da Figura 8.29 para: (a) $t > 0$; (b) $t \to \infty$.

ou

$$v_{L_1}(0^+) = 7 \text{ V}$$

Uma vez que $L_1 di_1/dt = v_{L_1}$,

$$\frac{di_1(0^+)}{dt} = \frac{v_{L_1}}{L_1} = \frac{7}{\frac{1}{2}} = 14 \text{ V/s} \quad (8.10.3)$$

De modo similar, já que $L_2 di_2/dt = v_{L_2}$,

$$\frac{di_2(0^+)}{dt} = \frac{v_{L_2}}{L_2} = 0 \quad (8.10.4)$$

Em $t \to \infty$, o circuito atinge o estado estável e os indutores podem ser substituídos por curto-circuitos, conforme mostrado na Figura 8.30b. A partir dessa figura,

$$i_1(\infty) = i_2(\infty) = \frac{7}{3} \text{ A} \quad (8.10.5)$$

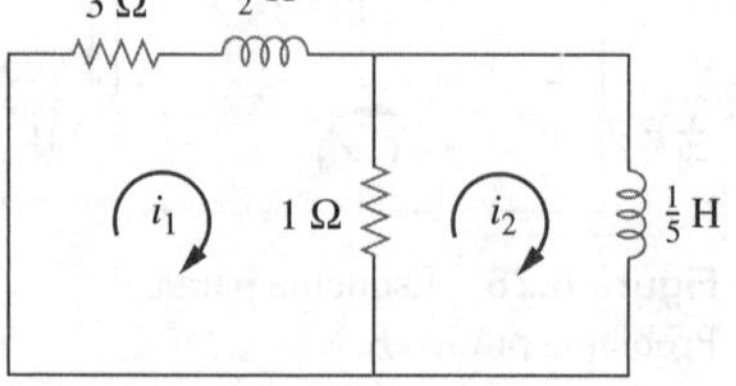

Em seguida, obtemos a forma das respostas transientes eliminando a fonte de tensão, como exposto na Figura 8.31. Aplicando a LKT às malhas nos conduz a

$$4i_1 - i_2 + \frac{1}{2}\frac{di_1}{dt} = 0 \quad (8.10.6)$$

e

$$i_2 + \frac{1}{5}\frac{di_2}{dt} - i_1 = 0 \quad (8.10.7)$$

Figura 8.31 Obtenção da forma da resposta transiente para o Exemplo 8.10.

A partir da Equação (8.10.6),

$$i_2 = 4i_1 + \frac{1}{2}\frac{di_1}{dt} \tag{8.10.8}$$

Substituindo a Equação (8.10.8) na Equação (8.10.7) resulta em

$$4i_1 + \frac{1}{2}\frac{di_1}{dt} + \frac{4}{5}\frac{di_1}{dt} + \frac{1}{10}\frac{d^2i_1}{dt^2} - i_1 = 0$$

$$\frac{d^2i_1}{dt^2} + 13\frac{di_1}{dt} + 30i_1 = 0$$

Desta, obtemos a equação característica como

$$s^2 + 13s + 30 = 0$$

que possui raízes $s = -3$ e $s = -10$. Logo, a forma da resposta transiente é

$$i_{1n} = Ae^{-3t} + Be^{-10t} \tag{8.10.9}$$

onde A e B são constantes. A resposta de estado estável é

$$i_{1ss} = i_1(\infty) = \frac{7}{3}\,\text{A} \tag{8.10.10}$$

A partir das Equações (8.10.9) e (8.10.10), obtemos a resposta completa a seguir

$$i_1(t) = \frac{7}{3} + Ae^{-3t} + Be^{-10t} \tag{8.10.11}$$

Finalmente, obtemos A e B dos valores iniciais. Das Equações (8.10.1) e (8.10.11),

$$0 = \frac{7}{3} + A + B \tag{8.10.12}$$

Extraindo a derivada da Equação (8.10.11), fazendo $t = 0$ na derivada e fazendo respeitar a Equação (8.10.3), obtemos

$$14 = -3A - 10B \tag{8.10.13}$$

A partir das Equações (8.10.12) e (8.10.13), $A = -4/3$ e $B = -1$. Portanto,

$$i_1(t) = \frac{7}{3} - \frac{4}{3}e^{-3t} - e^{-10t} \tag{8.10.14}$$

Agora, obtemos i_2 a partir de i_1. Aplicando a LKT ao laço da esquerda na Figura 8.30a, resulta em

$$7 = 4i_1 - i_2 + \frac{1}{2}\frac{di_1}{dt} \quad \Rightarrow \quad i_2 = -7 + 4i_1 + \frac{1}{2}\frac{di_1}{dt}$$

Substituindo i_1 na Equação (8.10.14), dá

$$i_2(t) = -7 + \frac{28}{3} - \frac{16}{3}e^{-3t} - 4e^{-10t} + 2e^{-3t} + 5e^{-10t}$$

$$= \frac{7}{3} - \frac{10}{3}e^{-3t} + e^{-10t} \tag{8.10.15}$$

A partir da Figura 8.29,

$$v_o(t) = 1[i_1(t) - i_2(t)] \tag{8.10.16}$$

Substituindo as Equações (8.10.14) e (8.10.15) na Equação (8.10.16), conduz a

$$v_o(t) = 2(e^{-3t} - e^{-10t}) \qquad (8.10.17)$$

Note que $v_o(0) = 0$, conforme esperado da Equação (8.10.2).

PROBLEMA PRÁTICO 8.10

Para $t > 0$, obtenha $v_o(t)$ no circuito da Figura 8.32. (*Sugestão*: Determine primeiro v_1 e v_2.)

Resposta: $8(e^{-t} - e^{-6t})$ V, $t > 0$.

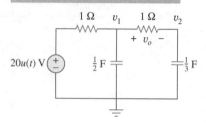

Figura 8.32 Esquema para o Problema prático 8.10.

> O uso de amplificadores operacionais em circuitos de segunda ordem evita o emprego de indutores que são indesejáveis em certas aplicações.

8.8 Circuitos de segunda ordem contendo amplificadores operacionais

Um circuito com amplificadores operacionais com dois elementos de armazenamento, que não podem ser associados em um único elemento equivalente, é um de segunda ordem. Como os indutores são volumosos e pesados, são raramente usados na prática em circuitos com amplificadores operacionais. Por essa razão, consideraremos apenas circuitos de segunda ordem *RC* para os circuitos contendo amplificadores operacionais, pois tais circuitos têm vasta aplicação em dispositivos como filtros e osciladores.

A análise de um circuito de segunda ordem contendo amplificadores operacionais segue os mesmos quatro passos apresentados e demonstrados anteriormente.

EXEMPLO 8.11

No circuito com amplificadores operacionais da Figura 8.33, encontre $v_o(t)$ para $t > 0$ quando $v_s = 10u(t)$ mV. Seja $R_1 = R_2 = 10$ kΩ, $C_1 = 20$ μF e $C_2 = 100$ μF.

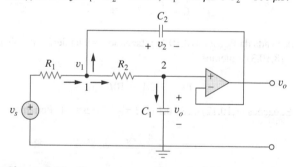

Figura 8.33 Esquema para o Exemplo 8.11.

Solução: Embora possamos seguir as mesmas quatro etapas dadas anteriormente para resolver o problema atual, iremos resolvê-lo de uma forma um pouco diferente. Em virtude da configuração de seguidor de tensão, a tensão em C_1 é v_o. Aplicando a LKC ao nó 1,

$$\frac{v_s - v_1}{R_1} = C_2 \frac{dv_2}{dt} + \frac{v_1 - v_o}{R_2} \qquad (8.11.1)$$

No nó 2, a LKC nos fornece

$$\frac{v_1 - v_o}{R_2} = C_1 \frac{dv_o}{dt} \qquad (8.11.2)$$

Porém,

$$v_2 = v_1 - v_o \qquad (8.11.3)$$

Agora tentamos eliminar v_1 e v_2 nas Equações (8.11.1) a (8.11.3). Substituindo as Equações (8.11.2) e (8.11.3) na Equação (8.11.1) conduz a

$$\frac{v_s - v_1}{R_1} = C_2\frac{dv_1}{dt} - C_2\frac{dv_o}{dt} + C_1\frac{dv_o}{dt} \qquad (8.11.4)$$

A partir da Equação (8.11.2),

$$v_1 = v_o + R_2C_1\frac{dv_o}{dt} \qquad (8.11.5)$$

Substituindo a Equação (8.11.5) na Equação (8.11.4), obtemos

$$\frac{v_s}{R_1} = \frac{v_o}{R_1} + \frac{R_2C_1}{R_1}\frac{dv_o}{dt} + C_2\frac{dv_o}{dt} + R_2C_1C_2\frac{d^2v_o}{dt^2} - C_2\frac{dv_o}{dt} + C_1\frac{dv_o}{dt}$$

ou

$$\frac{d^2v_o}{dt^2} + \left(\frac{1}{R_1C_2} + \frac{1}{R_2C_2}\right)\frac{dv_o}{dt} + \frac{v_o}{R_1R_2C_1C_2} = \frac{v_s}{R_1R_2C_1C_2} \qquad (8.11.6)$$

Com os valores dados de R_1, R_2, C_1 e C_2, a Equação (8.11.6) fica

$$\frac{d^2v_o}{dt^2} + 2\frac{dv_o}{dt} + 5v_o = 5v_s \qquad (8.11.7)$$

Para obter a forma da resposta transiente, configure $v_s = 0$ na Equação (8.11.7), que é o mesmo que desligar a fonte. A equação característica é

$$s^2 + 2s + 5 = 0$$

que possui raízes complexas $s_{1,2} = -1 \pm j2$. Portanto, a forma da resposta transiente é

$$v_{ot} = e^{-t}(A\cos 2t + B\,\text{sen}\,2t) \qquad (8.11.8)$$

onde A e B são constantes desconhecidas a serem determinadas.

À medida que $t \to \infty$, o circuito atinge a condição de estado estável e os capacitores podem ser substituídos por circuitos abertos. Já que nenhuma corrente flui por C_1 e C_2 sob as condições de estado estável e nenhuma corrente pode entrar pelos terminais de entrada do AOP ideal, a corrente não flui através de R_1 e R_2.

Consequentemente,

$$v_o(\infty) = v_1(\infty) = v_s$$

A resposta de estado estável é então

$$v_{oss} = v_o(\infty) = v_s = 10\,\text{mV}, \qquad t > 0 \qquad (8.11.9)$$

A resposta completa é

$$v_o(t) = v_{ot} + v_{oss} = 10 + e^{-t}(A\cos 2t + B\,\text{sen}\,2t)\,\text{mV} \qquad (8.11.10)$$

Para determinar A e B, precisamos das condições iniciais. Para $t < 0$, $v_s = 0$, de modo que

$$v_o(0^-) = v_2(0^-) = 0$$

Para $t > 0$, a fonte está operacional. Entretanto, por causa da continuidade de tensão do capacitor

$$v_o(0^+) = v_2(0^+) = 0 \qquad (8.11.11)$$

A partir da Equação (8.11.3),

$$v_1(0^+) = v_2(0^+) + v_o(0^+) = 0$$

e, portanto, a partir da Equação (8.11.2),

$$\frac{dv_o(0^+)}{dt} = \frac{v_1 - v_o}{R_2 C_1} = 0 \qquad (8.11.12)$$

Agora, impomos a Equação (8.11.11) na resposta completa na Equação (8.11.10) em $t = 0$, para

$$0 = 10 + A \quad \Rightarrow \quad A = -10 \qquad (8.11.13)$$

Derivando a Equação (8.11.10),

$$\frac{dv_o}{dt} = e^{-t}(-A\cos 2t - B\,\text{sen}\,2t - 2A\,\text{sen}\,2t + 2B\cos 2t)$$

Fazendo $t = 0$ e incorporando a Equação (8.11.12), obtemos

$$0 = -A + 2B \qquad (8.11.14)$$

A partir das Equações (8.11.13) e (8.11.14), $A = -10$ e $B = -5$. Portanto, a resposta ao degrau fica

$$v_o(t) = 10 - e^{-t}(10\cos 2t + 5\,\text{sen}\,2t)\text{ mV}, \qquad t > 0$$

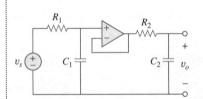

Figura 8.34 Esquema para o Problema prático 8.11.

● **PROBLEMA PRÁTICO 8.11**

No circuito com amplificador operacional exibido na Figura 8.34, $v_s = 10u(t)$ V, determine $v_o(t)$ para $t > 0$. Suponha $R_1 = R_2 = 10$ kΩ, $C_1 = 20$ μF e $C_2 = 100$ μF.

Resposta: $(10 - 12{,}5e^{-t} + 2{,}5e^{-5t})$ V, $t > 0$.

8.9 Análise de circuitos RLC usando o PSpice

Os circuitos *RLC* podem ser analisados com grande facilidade por meio do *PSpice*, da mesma forma que os circuitos *RC* ou *RL* do Capítulo 7. Os dois exemplos, a seguir, ilustram isso. O leitor pode rever a seção sobre análise de transiente no tutorial do *PSpice for Windows*, disponível no nosso *site* (www.grupoa.com.br).

● **EXEMPLO 8.12**

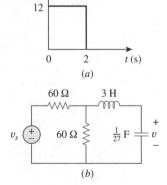

Figura 8.35 Esquema para o Exemplo 8.12.

A tensão de entrada na Figura 8.35*a* é aplicada ao circuito da Figura 8.35*b*. Use o *PSpice* para representar graficamente $v(t)$ para $0 < t < 4$ s.

Solução:

1. *Definição.* Assim como acontece com a maioria dos problemas nos livros didáticos, o presente problema está claramente definido.

2. *Apresentação.* A entrada é igual a uma única onda quadrada de amplitude de 12 V com um período igual a 2 s. É solicitado que plotemos a saída usando o *PSpice*.

3. *Alternativa.* Já que é exigido o emprego do *PSpice*, essa é a única opção para uma solução. Entretanto, podemos verificá-la usando a técnica ilustrada na Seção 8.5 (uma resposta a um degrau para um circuito *RLC* em série).

4. *Tentativa.* O circuito dado é desenhado usando o Schematics como na Figura 8.36. O pulso é especificado utilizando a fonte de tensão VPWL, mas, também, poderíamos usar VPULSE. Usando a função linear por trechos, configuramos os atributos de VPWL, como T1 = 0, V1 = 0, T2 = 0,001, V2 = 12 e assim por diante, conforme ilustrado na Figura 8.36. São inseridos dois marcadores de tensão

para plotar as tensões de entrada e de saída. Assim que o circuito for desenhado e os atributos forem configurados, selecionamos **Analysis/Setup/Transient** para abrir a caixa de diálogo *Transient Analysis*. Na qualidade de circuito *RLC* em paralelo, as raízes da equação característica são –1 e –9. Portanto, podemos configurar *Final Time* em 4 s (quatro vezes a magnitude da menor raiz). Quando o arquivo do esquema é salvo, selecionamos **Analysis/Simulate** e obtemos os gráficos para as tensões de entrada e de saída na janela A/D do *PSpice*, conforme mostrado na Figura 8.37.

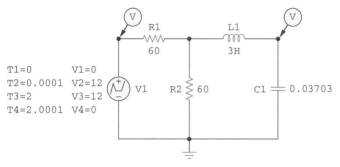

Figura 8.36 Esquema para o circuito da Figura 8.35*b*.

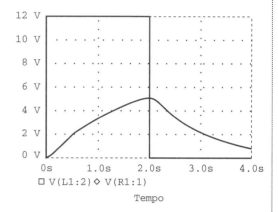

Figura 8.37 Esquema para o Exemplo 8.12: entrada e saída.

Agora, procedemos à verificação usando a técnica descrita na Seção 8.5. Podemos começar constatando que o equivalente de Thévenin para a associação resistor-fonte é $V_{Th} = 12/2$ (a tensão no circuito aberto divide-se igualmente entre os dois resistores) = 6 V. A resistência equivalente é 30 Ω (60 ∥ 60). Portanto, agora podemos tentar encontrar a resposta usando $R = 30$ Ω, $L = 3$ H e $C = (1/27)$ F.

Primeiro, precisamos calcular α e ω_0:

$$\alpha = R/(2L) = 30/6 = 5 \quad \text{e} \quad \omega_0 = \frac{1}{\sqrt{3\frac{1}{27}}} = 3$$

Uma vez que 5 é maior que 3, temos o caso de amortecimento supercrítico

$$s_{1,2} = -5 \pm \sqrt{5^2 - 9} = -1, -9, \quad \begin{array}{l} v(0) = 0, \\ v(\infty) = 6 \text{ V}, \quad i(0) = 0 \end{array}$$

$$i(t) = C\frac{dv(t)}{dt},$$

em que

$$v(t) = A_1 e^{-t} + A_2 e^{-9t} + 6$$
$$v(0) = 0 = A_1 + A_2 + 6$$
$$i(0) = 0 = C(-A_1 - 9A_2)$$

que conduz a $A_1 = -9A_2$. Substituindo esse valor na expressão anterior, obtemos $0 = 9A_2 - A_2 + 6$, ou $A_2 = 0{,}75$ e $A_1 = -6{,}75$.

$v(t) = \mathbf{(-6{,}75e^{-t} + 0{,}75e^{-9t} + 6)}\boldsymbol{u(t)}$ **V** para qualquer $0 < t < 2$ s.

At $t = 1$ s, $v(1) = -6{,}75e^{-1} + 0{,}75e^{-9} = -2{,}483 + 0{,}0001 + 6 = -3{,}552$ V. At $t = 2$ s, $v(2) = -6{,}75e^{-2} + 0 + 6 = 5{,}086$ V.

Note que, a partir de $2 < t < 4$ s, $V_{Th} = 0$, o que implica que $v(\infty) = 0$. Consequentemente, $v(t) = (A_3 e^{-(t-2)} + A_4 e^{-9(t-2)})u(t-2)$ V. Com $t = 2$ s, $A_3 + A_4 = 5{,}086$

$$i(t) = \frac{(-A_3 e^{-(t-2)} - 9A_4 e^{-9(t-2)})}{27}$$

e

$$i(2) = \frac{(6{,}75e^{-2} - 6{,}75e^{-18})}{27} = 33{,}83 \text{ mA}$$

Portanto, $-A_3 - 9A_4 = 0{,}9135$.

Combinando as duas equações, obtemos $-A_3 - 9(5{,}086 - A_3) = 0{,}9135$, que conduz a $A_3 = 5{,}835$ e $A_4 = -0{,}749$.

$$v(t) = (\mathbf{5{,}835}e^{-(t-2)} - \mathbf{0{,}749}e^{-9(t-2)}) \, u(t-2) \text{ V}$$

Em $t = 3$ s, $v(3) = (2{,}147 - 0) = 2{,}147$ V. Em $t = 4$ s, $v(4) = 0{,}7897$ V.

5. **Avaliação.** Uma verificação entre os valores calculados anteriormente e o gráfico mostrado na Figura 8.37 demonstra uma boa concordância dentro do nível de precisão esperado.

6. **Satisfatório?** Sim, temos um entendimento, e os resultados podem ser apresentados como uma solução para o problema.

● **PROBLEMA PRÁTICO 8.12**

Determine $i(t)$ usando o *PSpice* para $0 < t < 4$ s se a tensão do pulso na Figura 8.35a for aplicada no circuito da Figura 8.38.

Resposta: Ver Figura 8.39.

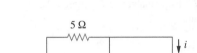

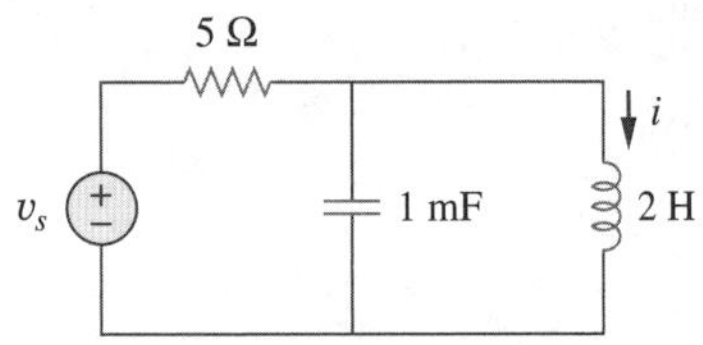

Figura 8.38 Esquema para o Problema prático 8.12.

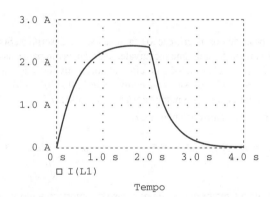

Figura 8.39 Gráfico de $i(t)$ para o Problema prático 8.12.

● **EXEMPLO 8.13**

Para o circuito da Figura 8.40, use o *PSpice* para obter $i(t)$ no intervalo $0 < t < 3$ s.

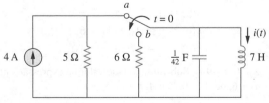

Figura 8.40 Esquema para o Exemplo 8.13.

Solução:

Quando a chave se encontra na posição *a*, o resistor de 6 Ω é redundante, e o esquema para esse caso é mostrado na Figura 8.41a. Para garantir que a corrente $i(t)$ entre no pino 1, o indutor é girado três vezes antes de ser colocado no circuito; veja que o mesmo se aplica para o capacitor. Inserimos os pseudocomponentes VIEWPOINT e IPROBE para determinar a tensão inicial no capacitor e a corrente inicial no indutor. Realizamos uma análise CC no *PSpice* selecionando **Analysis/Simulate**. Como mostrado na Figura 8.41a, obtemos a tensão inicial no capacitor como 0 V e a corrente inicial no indutor $i(0)$ como 4 A a partir da análise CC. Esses valores iniciais serão usados na análise de transiente.

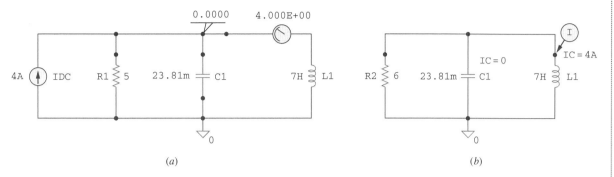

Figura 8.41 Esquema para o Exemplo 8.13: (*a*) para análise CC; (*b*) para análise de transiente.

Quando a chave é mudada para a posição *b*, o circuito se torna um circuito *RLC* em paralelo sem fonte com o esquema indicado na Figura 8.41*b*. Estabelecemos a condição inicial IC = 0 para o capacitor e IC = 4 A para o indutor. Um marcador de corrente é inserido no pino 1 do indutor. Selecionamos **Analisys/Setup/Transient** para abrir a caixa de diálogo *Transient Analysis* e configuramos *Final Time* em 3 s. Após salvar o esquema, selecionamos **Analysis/Transient**. A Figura 8.42 mostra o gráfico de $i(t)$, que concorda com $i(t) = 4{,}8e^{-t} - 0{,}8e^{-6t}$ A, que é a solução obtida pelos cálculos manuais.

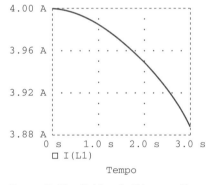

Figura 8.42 Gráfico de $i(t)$ para o Exemplo 8.13.

PROBLEMA PRÁTICO 8.13

Consulte o circuito da Figura 8.21 (ver Problema prático 8.7). Use o *PSpice* para obter $v(t)$ para $0 < t < 2$.

Resposta: Ver a Figura 8.43.

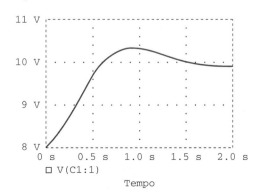

Figura 8.43 Gráfico de $v(t)$ para o Problema prático 8.13.

8.10 †Dualidade

O conceito de dualidade é uma medida que poupa tempo e esforço na resolução de problemas de circuitos. Considere a similaridade entre a Equação (8.4) e a Equação (8.29), e note que são a mesma, exceto pelo fato de que temos de intercambiar os seguintes valores: 1) tensão e corrente; 2) resistência e condutância; 3) capacitância e indutância. Portanto, algumas vezes, ocorre na análise de circuitos que dois circuitos diferentes possuem as mesmas equações e soluções, salvo pelo fato de que os papéis de certos elementos complementares são trocados. Essa intercambilidade é conhecida como o princípio da *dualidade*.

> O **princípio da dualidade** estabelece um paralelismo entre pares de equações características e teoremas de circuitos elétricos.

Os pares duais são mostrados na Tabela 8.1. Veja que a potência não aparece nela por não ter nenhum dual. A razão para isso é o princípio da linearidade; já que a potência não é linear, a dualidade não é aplicável. Notamos também na Tabela 8.1 que o princípio da dualidade se estende a teoremas, configurações e elementos de circuitos.

Diz-se que dois circuitos que são descritos por equações da mesma forma, porém nos quais as variáveis são intercambiadas, são duais entre si.

> Diz-se que **dois circuitos** são **duais** entre si se forem descritos pelas mesmas equações características com valores duais intercambiados.

A utilidade do princípio da dualidade é evidente. Uma vez conhecida a solução para um circuito, automaticamente temos a solução para o circuito dual. É óbvio que os das Figuras 8.8 e 8.13 são duais. Consequentemente, o resultado na Equação (8.32) é o dual daquele na Equação (8.11). Devemos saber que o princípio da dualidade se limita a circuitos planares e que circuitos não planares não possuem duais, uma vez que não podem ser descritos por um sistema de equações de malhas.

Para determinar o dual de um determinado circuito, não precisamos escrever as equações de nós ou malhas, e sim usar uma técnica gráfica. Dado um circuito planar, construímos o circuito dual efetuando as três etapas a seguir:

1. Insira um nó no centro de cada malha do circuito dado. Insira o nó de referência (o terra) do circuito dual fora do circuito dado.
2. Desenhe retas entre os nós tal que cada uma cruze um elemento. Substitua esse elemento por seu dual (ver Tabela 8.1).
3. Para determinar a polaridade das fontes de tensão e o sentido das fontes de corrente, siga a seguinte regra: uma fonte de tensão que produz uma corrente de malha positiva (sentido horário) possui como seu dual uma fonte de corrente cujo sentido de referência é do terra para o nó que não é de não referência.

Em caso de dúvida, pode-se verificar o circuito dual escrevendo as equações de malhas ou de nós. As equações de malhas (ou nodais) do circuito original são semelhantes às equações nodais (ou de malhas) do circuito dual. O princípio da dualidade é ilustrado por meio dos dois exemplos a seguir.

Tabela 8.1 • Pares duais.

Resistência (R)	Condutância (G)
Indutância (L)	Capacitância (C)
Tensão (v)	Corrente (i)
Fonte de tensão	Fonte de corrente
Nó	Malha
Caminho em série	Caminho em paralelo
Circuito aberto	Curto-circuito
LKT	LKC
Thévenin	Norton

EXEMPLO 8.14

Construa o dual do circuito na Figura 8.44.

Solução: Como mostrado na Figura 8.45a, localizamos primeiro os nós 1 e 2 nas duas malhas e também o nó-terra para o circuito dual. Desenhamos uma linha entre um nó e outro cruzando um elemento. Substituímos a linha que conecta os nós pelos duais dos elementos que ele cruza. Por exemplo, uma linha entre os nós 1 e 2 cruza um indutor de 2 H e, depois, inserimos um capacitor de 2 F (dual de um indutor) sobre a linha. Uma linha entre os nós 1 e 0 cruzando a fonte de tensão de 6 V conterá uma fonte de corrente de 6 A. Ao desenhar linhas cruzando todos os elementos, construímos o circuito dual do circuito dado, conforme indicado na Figura 8.45a. O circuito dual é redesenhado na Figura 8.45b para fins de clareza.

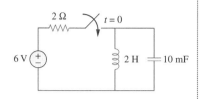

Figura 8.44 Esquema para o Exemplo 8.14.

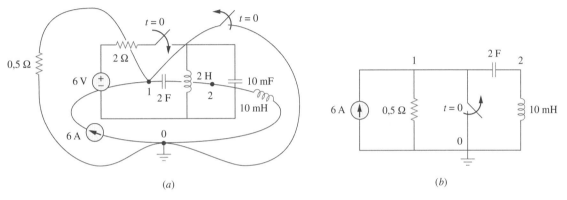

Figura 8.45 (a) Construção do circuito dual da Figura 8.44; (b) circuito dual redesenhado.

PROBLEMA PRÁTICO 8.14

Desenhe o circuito dual daquele exibido na Figura 8.46.

Resposta: Ver Figura 8.47.

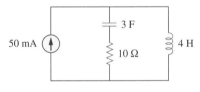

Figura 8.46 Esquema para o Problema prático 8.14.

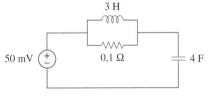

Figura 8.47 Dual do circuito da Figura 8.46.

EXEMPLO 8.15

Obtenha o dual do circuito na Figura 8.48.

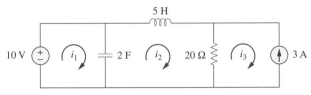

Figura 8.48 Esquema para o Exemplo 8.15.

Solução: O circuito dual é construído no circuito original como indicado na Figura 8.49a. Primeiro, localizamos os nós 1 a 3 e o nó de referência 0. Unindo os nós 1 e 2, cruzamos o capacitor de 2 F, que é substituído por um indutor de 2 H. Unindo os nós 2 e 3, cruzamos o resistor de 20 Ω, que é substituído por um resistor de $\frac{1}{20}$ Ω. Continuamos com isso até que todos os elementos sejam cruzados. O resultado é aquele da Figura 8.49a. O circuito dual é redesenhado na Figura 8.49b.

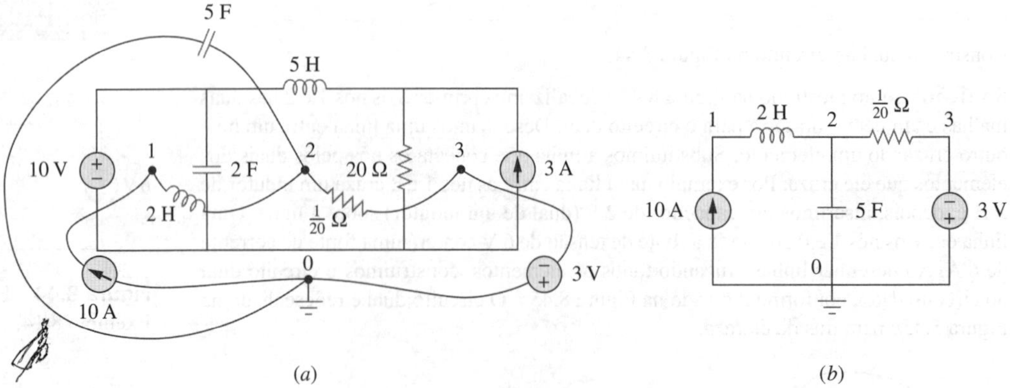

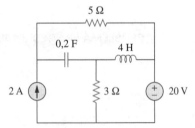

(a)

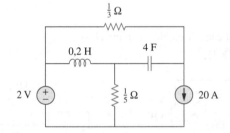

(b)

Figura 8.49 Esquema para o Exemplo 8.15: (*a*) construção do circuito dual da Figura 8.48; (*b*) circuito dual redesenhado.

Para verificar a polaridade da fonte de tensão e o sentido da fonte de corrente, poderíamos aplicar as correntes de malha i_1, i_2 e i_3 (todas no sentido horário) no circuito original da Figura 8.48. A fonte de tensão de 10 V produz a corrente de malha i_1 positiva, de modo que seu dual é uma fonte de corrente de 10 A indo de 0 a 1. Da mesma forma, $i_3 = -3$ A na Figura 8.48 tem como seu dual $v_3 = -3$ V na Figura 8.49*b*.

● **PROBLEMA PRÁTICO 8.15**

Para o circuito da Figura 8.50, obtenha o circuito dual.

Resposta: Ver Figura 8.51.

Figura 8.50 Esquema para o Problema prático 8.15.

Figura 8.51 Dual do circuito da Figura 8.50.

8.11 †Aplicações

Entre as aplicações práticas para os circuitos *RLC*, temos circuitos de comunicação e de controle como circuitos com oscilação circular, circuitos de pico, circuitos ressonantes, circuitos de suavização e filtros. A maioria desses circuitos não pode ser estudada até que tratemos de fontes CA. Por enquanto, limitaremo-nos a duas aplicações simples: circuitos de ignição de automóveis e de suavização.

8.11.1 Sistema de ignição de automóveis

Na Seção 7.9.4, consideramos o sistema de ignição de automóvel como de carga, sendo que este era apenas parte do sistema. Agora, veremos outra parte: o sistema de geração de tensão. O sistema é modelado pelo circuito mostrado na Figura 8.52. A fonte de tensão de 12 V se deve à bateria e ao alternador. O resistor de 4 Ω representa a resistência da fiação. A bobina de ignição tem como modelo um indutor de 8 mH. E o capacitor de 1 μF (conhecido como *condensador* pelos mecânicos de automóvel) está em paralelo com a chave (denominada *distribuidor* ou *ignição eletrônica*). No exemplo a seguir, determinamos como o circuito *RLC* da Figura 8.52 é usado na geração de alta tensão.

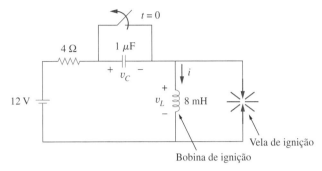

Figura 8.52 Circuito para uma ignição de automóvel.

EXEMPLO 8.16

Supondo que a chave na Figura 8.52 esteja fechada antes de $t = 0^-$, determine a tensão v_L no indutor para $t > 0$.

Solução: Se a chave estiver fechada antes de $t = 0^-$ e o circuito estiver no estado estável, então

$$i(0^-) = \frac{12}{4} = 3 \text{ A}, \qquad v_C(0^-) = 0$$

Em $t = 0^+$, a chave está aberta. As condições de continuidade exigem que

$$i(0^+) = 3 \text{ A}, \qquad v_C(0^+) = 0 \qquad \text{(8.16.1)}$$

Obtemos $di(0^+)/dt$ de $v_L(0^+)$. Aplicando a LKT à malha em $t = 0^+$, conduz a

$$-12 + 4i(0^+) + v_L(0^+) + v_C(0^+) = 0$$
$$-12 + 4 \times 3 + v_L(0^+) + 0 = 0 \quad \Rightarrow \quad v_L(0^+) = 0$$

Portanto,

$$\frac{di(0^+)}{dt} = \frac{v_L(0^+)}{L} = 0 \qquad \text{(8.16.2)}$$

À medida que $t \to \infty$, o sistema atinge o estado estável, de modo que o capacitor atue como um circuito aberto. Então

$$i(\infty) = 0 \qquad \text{(8.16.3)}$$

Se aplicarmos a LKT à malha para $t > 0$, obtemos

$$12 = Ri + L\frac{di}{dt} + \frac{1}{C}\int_0^t i\, dt + v_C(0)$$

Derivando cada termo leva a

$$\frac{d^2i}{dt^2} + \frac{R}{L}\frac{di}{dt} + \frac{i}{LC} = 0 \qquad \text{(8.16.4)}$$

Obtemos a forma da resposta transiente seguindo o procedimento na Seção 8.3. Substituindo $R = 4\ \Omega$, $L = 8$ mH e $C = 1\ \mu$F, temos

$$\alpha = \frac{R}{2L} = 250, \qquad \omega_0 = \frac{1}{\sqrt{LC}} = 1{,}118 \times 10^4$$

Uma vez que $\alpha < \omega_0$, a resposta é subamortecida. A frequência natural amortecida é

$$\omega_d = \sqrt{\omega_0^2 - \alpha^2} \approx \omega_0 = 1{,}118 \times 10^4$$

A forma da resposta transiente é

$$i_t(t) = e^{-\alpha}(A\cos\omega_d t + B\sin\omega_d t) \tag{8.16.5}$$

onde A e B são constantes. A resposta de estado estável é

$$i_{ss}(t) = i(\infty) = 0 \tag{8.16.6}$$

de modo que a resposta completa seja

$$i(t) = i_t(t) + i_{ss}(t) = e^{-250t}(A\cos 11.180t + B\sin 11.180t) \tag{8.16.7}$$

Agora, determinamos A e B

$$i(0) = 3 = A + 0 \quad \Rightarrow \quad A = 3$$

Extraindo a derivada da Equação (8.16.7),

$$\frac{di}{dt} = -250e^{-250t}(A\cos 11.180t + B\sin 11.180t)$$
$$+ e^{-250t}(-11.180A\sin 11.180t + 11.180B\cos 11.180t)$$

Fazendo $t = 0$ e incorporando a Equação (8.16.2),

$$0 = -250A + 11.180B \quad \Rightarrow \quad B = 0{,}0671$$

Portanto,

$$i(t) = e^{-250t}(3\cos 11.180t + 0{,}0671\sin 11.180t) \tag{8.16.8}$$

A tensão no indutor é então

$$v_L(t) = L\frac{di}{dt} = -268e^{-250t}\sin 11.180t \tag{8.16.9}$$

Esta tem um valor máximo quando o seno é unitário, em $11.180 t_0 = \pi/2$ ou $t_0 = 140{,}5\ \mu s$. Em $t = t_0$, a tensão no indutor atinge seu pico, que é

$$v_L(t_0) = -268e^{-250 t_0} = -259\ \text{V} \tag{8.16.10}$$

Embora isso seja bem menos que o intervalo de tensão 6.000 a 10.000 V necessária para gerar uma faísca na vela de ignição em um automóvel popular, um dispositivo conhecido como *transformador* (que será discutido no Capítulo 13) é usado para aumentar a tensão no indutor para o nível necessário.

PROBLEMA PRÁTICO 8.16

Na Figura 8.52, determine a tensão v_C no capacitor para $t > 0$.

Resposta: $12 - 12e^{-250t}\cos 11.180t + 267{,}7e^{-250t}\sin 11.180t$ V.

8.11.2 Circuitos suavizador

Em um sistema de comunicação digital comum, o sinal a ser transmitido é, primeiro, amostrado. Amostragem refere-se ao procedimento de selecionar amostras de um sinal para processamento, em contraposição ao processamento do sinal inteiro. Cada amostra é convertida em um número binário representado por uma série de pulsos. Os pulsos são transmitidos por uma linha de transmissão como um cabo coaxial, um par trançado ou uma fibra óptica. No lado receptor, o sinal é aplicado a um conversor digital-analógico (D/A) cuja saída é uma função tipo "escada", isto é, constante em cada intervalo de tempo. De modo a recuperar o sinal analógico transmitido, a saída é suavizada deixando-o passar por um circuito "suavizador", conforme ilustrado na Figura 8.53, e um circuito *RLC* pode ser usado como esse circuito.

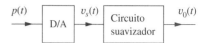

Figura 8.53 Série de pulsos é aplicada no conversor D/A (digital-analógico) cuja saída é aplicada ao circuito de suavização.

EXEMPLO 8.17

A saída de um conversor D/A é mostrada na Figura 8.54a. Se o circuito *RLC* na Figura 8.54b é usado como circuito de suavizador, determine a tensão de saída $v_o(t)$.

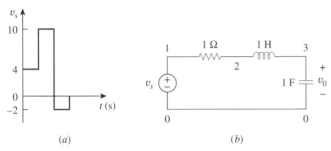

Figura 8.54 Esquema para o Exemplo 8.17: (*a*) saída de um conversor D/A; (*b*) um circuito suavizador *RLC*.

Solução: Considere o *PSpice* para uma melhor resolução. O esquema é apresentado na Figura 8.55a, e o pulso representado na Figura 8.54a é especificado usando a função linear por trechos. Os atributos de V1 são configurados como T1 = 0, V1 = 0, T2 = 0,001, V2 = 4, T3 = 1, V3 = 4 e assim por diante. Para estar apto a colocar as tensões de entrada na forma de gráfico, inserimos dois marcadores de tensão conforme ilustrado. Selecionamos **Analysis/Setup/Transient** para abrir a caixa de diálogo *Transient Analysis* e configuramos *Final Time* igual a 6 s. Assim que o esquema for salvo, selecionamos **Analysis/Simulate** para executar e obter os gráficos ilustrados na Figura 8.55b.

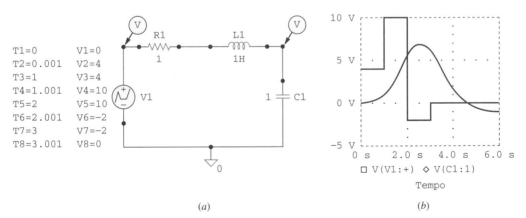

Figura 8.55 Esquema para o Exemplo 8.17: (*a*) esquema (*b*); tensões de entrada e saída.

PROBLEMA PRÁTICO 8.17

Refaça o Exemplo 8.17 se a saída do conversor D/A for aquele mostrado na Figura 8.56.

Resposta: Ver Figura 8.57.

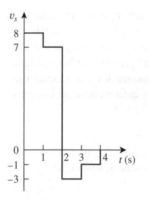
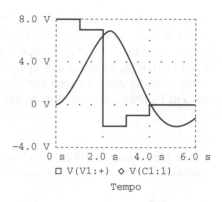

Figura 8.56 Esquema para o Problema prático 8.17.

Figura 8.57 Resultado do Problema prático 8.17.

8.12 Resumo

1. A determinação dos valores iniciais $x(0)$ e $dx(0)/dt$ e o valor final $x(\infty)$ é crucial para análise de circuitos de segunda ordem.

2. O circuito RLC é de segunda ordem, pois é descrito por uma equação diferencial de segunda ordem. Sua equação característica é $s^2 + 2\alpha s + \omega_0^2 = 0$, onde α é o fator de amortecimento e ω_0 é a frequência natural não amortizada. Para um circuito série, $\alpha = R/2L$, para um circuito paralelo $\alpha = 1/2RC$ e para ambos os casos $\omega_0 = 1/0\sqrt{LC}$.

3. Se não houver nenhuma fonte independente no circuito após a comutação (ou mudança brusca), consideramos o circuito como sem fonte. A solução completa é a resposta natural.

4. A resposta natural de um circuito RLC é com amortecimento supercrítico, com subamortecimento ou com amortecimento crítico, dependendo das raízes da equação característica. A resposta é com amortecimento crítico quando as raízes forem iguais ($s_1 = s_2$ ou ω_0), com amortecimento supercrítico quando as raízes forem reais e diferentes ($s_1 \neq s_2$ ou ω_0) ou então subamortecida quando as raízes forem conjugadas complexas ($s_1 = s_2^*$ ou $\alpha < \omega_0$).

5. Se fontes independentes estiverem presentes no circuito após a comutação, a resposta completa é a soma da resposta transiente e a resposta de estado estável.

6. O *PSpice* é usado para analisar circuitos RLC da mesma forma que para os circuitos RC ou RL.

7. Dois circuitos são duais se as equações de malha que descrevem um circuito forem do mesmo formato que as equações nodais que descrevem o outro. A análise de um circuito conduz à análise do seu circuito dual.

8. O circuito para ignição de automóveis e o circuito suavizador são aplicações comuns do assunto visto neste capítulo.

Questões para revisão

8.1 Para o circuito da Figura 8.58, a tensão no capacitor em $t = 0^-$ (logo antes da chave ser fechada) é:

(a) 0 V (b) 4 V
(c) 8 V (d) 12 V

Figura 8.59 Esquema para a Questão para revisão 8.7.

8.8 Considere o circuito RLC em paralelo da Figura 8.60. Que tipo de resposta ele produzirá?

(a) com amortecimento supercrítico
(b) com subamortecimento
(c) com amortecimento crítico
(d) nenhuma das alternativas anteriores

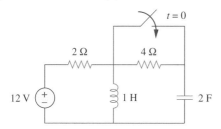

Figura 8.58 Esquema para as Questões para revisão 8.1 e 8.2.

Figura 8.60 Esquema para a Questão para revisão 8.8.

8.2 Para o circuito da Figura 8.58, a corrente inicial no indutor (em $t = 0$) é:

(a) 0 A (b) 2 A (c) 6 A (d) 12 A

8.3 Quando uma entrada em degrau é aplicada a um circuito de segunda ordem, os valores finais das variáveis de circuito são encontrados:

(a) substituindo os capacitores por circuitos fechados e os indutores por circuitos abertos.
(b) substituindo os capacitores por circuitos abertos e os indutores por circuitos fechados.
(c) nenhuma das alternativas anteriores.

8.4 Se as raízes da equação característica de um circuito RLC forem –2 e –3, a resposta é:

(a) $(A \cos 2t + B \sen 2t)e^{-3t}$
(b) $(A + 2Bt)e^{-3t}$
(c) $Ae^{-2t} + Bte^{-3t}$
(d) $Ae^{-2t} + Be^{-3t}$

onde A e B são constantes.

8.5 Em um circuito RLC, fazer $R = 0$ produzirá:

(a) resposta com amortecimento supercrítico
(b) resposta com amortecimento crítico
(c) resposta com subamortecimento
(d) resposta com não amortecimento
(e) nenhuma das alternativas anteriores

8.6 Um circuito RLC em paralelo possui $L = 2$ H e $C = 0,25$ F. O valor de R que produzirá um fator de amortecimento unitário é:

(a) $0,5 \Omega$ (b) 1Ω (c) 2Ω (d) 4Ω

8.7 Consulte o circuito RLC na Figura 8.59. Que tipo de resposta ela produzirá?

(a) com amortecimento supercrítico
(b) com subamortecimento
(c) com amortecimento crítico
(d) nenhuma das alternativas anteriores

8.9 Associe os circuitos da Figura 8.61 aos itens a seguir:

(i) circuito de primeira ordem
(ii) circuito de segunda ordem em série
(iii) circuito de segunda ordem em paralelo
(iv) nenhuma das alternativas anteriores

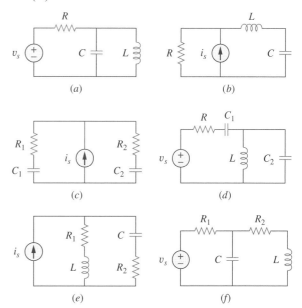

Figura 8.61 Esquema para a Questão para revisão 8.9.

8.10 Em um circuito elétrico, o dual da resistência é:

(a) condutância   (b) indutância
(c) capacitância (d) circuito aberto
(e) curto-circuito

Respostas: 8.1a, 8.2c, 8.3b, 8.4d, 8.5d, 8.6c, 8.7b, 8.8b, 8.9(i)-c, (ii)-b, e, (iii)-a, (iv)-d, f, 8.10a.

Problemas

● **Seção 8.2   Determinação dos valores inicial e final**

8.1 Para o circuito da Figura 8.62, determine:
(a) $i(0^+)$ e $v(0^+)$,
(b) $di(0^+)/dt$ e $dv(0^+)/dt$,
(c) $i(\infty)$ e $v(\infty)$.

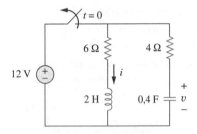

Figura 8.62   Esquema para o Problema 8.1.

8.2 Considere a Figura 8.63 e elabore um problema para ajudar outros estudantes a entenderem melhor como determinar os valores inicial e final.

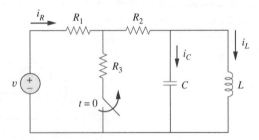

Figura 8.63   Esquema para o Problema 8.2.

8.3 Consulte o circuito mostrado na Figura 8.64. Calcule:
(a) $i_L(0^+)$, $v_C(0^+)$, e $v_R(0^+)$,
(b) $di_L(0^+)/dt$, $dv_C(0^+)/dt$, e $dv_R(0^+)/dt$,
(c) $i_L(\infty)$, $v_C(\infty)$, e $v_R(\infty)$.

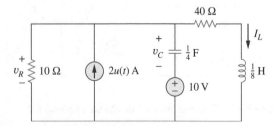

Figura 8.64   Esquema para o Problema 8.3.

8.4 No circuito da Figura 8.65, determine:
(a) $v(0^+)$ e $i(0^+)$,
(b) $dv(0^+)/dt$ e $di(0^+)/dt$,
(c) $v(\infty)$ e $i(\infty)$.

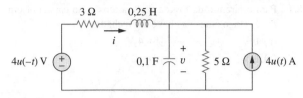

Figura 8.65   Esquema para o Problema 8.4.

8.5 Referindo-se ao circuito da Figura 8.66, determine:
(a) $i(0^+)$ e $v(0^+)$,
(b) $di(0^+)/dt$ e $dv(0^+)/dt$,
(c) $i(\infty)$ e $v(\infty)$.

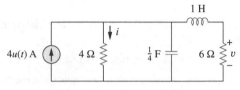

Figura 8.66   Esquema para o Problema 8.5.

8.6 No circuito da Figura 8.67, determine:
(a) $v_R(0^+)$ e $v_L(0^+)$,
(b) $dv_R(0^+)/dt$ e $dv_L(0^+)/dt$,
(c) $v_R(\infty)$ e $v_L(\infty)$.

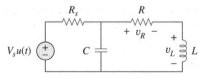

Figura 8.67   Esquema para o Problema 8.6.

● **Seção 8.3   Circuito RLC em série sem fonte**

8.7 Um circuito RLC em série possui $R = 20$ kΩ, $L = 0{,}2$ mH e $C = 5$ μF. Que tipo de amortecimento é apresentado pelo circuito?

8.8 Elabore um problema para ajudar outros estudantes a entenderem melhor como funcionam os circuitos RLC sem fonte.

8.9 A corrente em um circuito RLC é descrita por

$$\frac{d^2i}{dt^2} + 10\frac{di}{dt} + 25i = 0$$

Se $i(0) = 10$ A e $di(0)/dt = 0$ determine $i(t)$ para $t > 0$.

8.10 A equação diferencial que descreve a tensão em um circuito RLC é

$$\frac{d^2v}{dt^2} + 5\frac{dv}{dt} + 4v = 0$$

Dado que $v(0) = 0$, $dv(0)/dt = 10$ V/s, obtenha $v(t)$.

8.11 A resposta natural de um circuito RLC é descrita pela equação diferencial

$$\frac{d^2v}{dt^2} + 2\frac{dv}{dt} + v = 0$$

para a qual as condições iniciais são $v(0) = 10$ V, $dv(0)/dt = 0$. Calcule $v(t)$.

8.12 Se $R = 50\ \Omega$, $L = 1{,}5$ H, qual valor de C tornará um circuito RLC em série:

(a) com amortecimento supercrítico

(b) com amortecimento crítico

(c) com subamortecimento

8.13 Para o circuito da Figura 8.68, calcule o valor de R necessário para se obter uma resposta com amortecimento crítico.

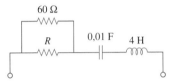

Figura 8.68 Esquema para o Problema 8.13.

8.14 A chave na Figura 8.69 muda da posição A para a B em $t = 0$ (observe atentamente que a chave deve se conectar ao ponto B antes de ela desfazer a conexão em A, um interruptor). Fazendo $v(0) = 0$, determine $v(t)$ para $t > 0$.

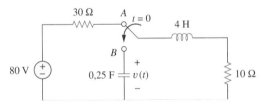

Figura 8.69 Esquema para o Problema 8.14.

8.15 As respostas de um circuito RLC em série são

$$v_C(t) = 30 - 10e^{-20t} + 30e^{-10t}\ \text{V}$$
$$i_L(t) = 40e^{-20t} - 60e^{-10t}\ \text{mA}$$

onde v_C e i_L são, respectivamente, a tensão no capacitor e a corrente no indutor. Determine os valores R, L e C.

8.16 Determine $i(t)$ para $t > 0$ no circuito da Figura 8.70.

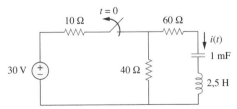

Figura 8.70 Esquema para o Problema 8.16.

8.17 No circuito da Figura 8.71, a chave se move instantaneamente da posição A para B em $t = 0$. Determine $v(t)$ para qualquer $t \geq 0$.

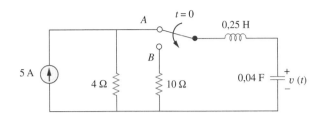

Figura 8.71 Esquema para o Problema 8.17.

8.18 Determine a tensão no capacitor em função do tempo para $t > 0$ para o circuito da Figura 8.72. Suponha a existência de condições de estado estável em $t = 0^-$.

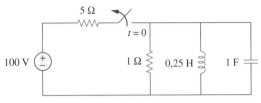

Figura 8.72 Esquema para o Problema 8.18.

8.19 Obtenha $v(t)$ para $t > 0$ no circuito da Figura 8.73.

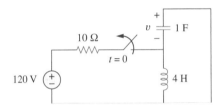

Figura 8.73 Esquema para o Problema 8.19.

8.20 A chave do circuito da Figura 8.74 já se encontra fechada há um longo tempo, porém é aberta em $t = 0$. Determine $i(t)$ para $t > 0$.

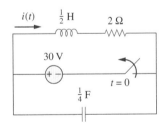

Figura 8.74 Esquema para o Problema 8.20.

*__8.21__ Calcule $v(t)$ para $t > 0$ no circuito da Figura 8.75.

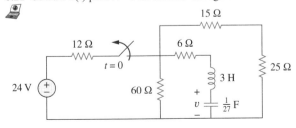

Figura 8.75 Esquema para o Problema 8.21.

---

* O asterisco indica um problema que constitui um desafio.

• **Seção 8.4   Circuito RLC em paralelo sem fonte**

8.22 Supondo que $R = 2\text{ k}\Omega$, desenhe um circuito RLC que tenha a equação característica seguinte

$$s^2 + 100s + 10^6 = 0$$

8.23 Para o circuito da Figura 8.76, que valor de C é necessário para tornar a resposta subamortecida com fator de amortecimento unitário ($\alpha = 1$)?

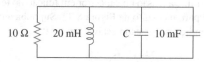

Figura 8.76   Esquema para o Problema 8.23.

8.24 A chave da Figura 8.77 muda da posição A para a posição B em $t = 0$ (observe atentamente que a chave tem de se conectar ao ponto B antes de ela desfazer a conexão em A, um interruptor). Determine $i(t)$ para $t > 0$.

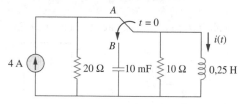

Figura 8.77   Esquema para o Problema 8.24.

8.25 Usando a Figura 8.78, elabore um problema para ajudar outros estudantes a entenderem melhor os circuitos RLC sem fontes.

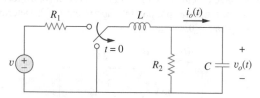

Figura 8.78   Esquema para o Problema 8.25.

• **Seção 8.5   Resposta a um degrau de um circuito RLC em série**

8.26 A resposta a um degrau de um circuito RLC é descrita por

$$\frac{d^2i}{dt^2} + 2\frac{di}{dt} + 5i = 10$$

Dado que $i(0) = 2$ e $di(0)/dt = 4$, determine $i(t)$.

8.27 Uma tensão de ramo em um circuito RLC é descrita por

$$\frac{d^2v}{dt^2} + 4\frac{dv}{dt} + 8v = 24$$

Se as condições iniciais forem $v(0) = 0 = dv(0)/dt$, determine $v(t)$.

8.28 Um circuito RLC em série é descrito por

$$L\frac{d^2i}{dt^2} + R\frac{di}{dt} + \frac{i}{C} = 10$$

Determine a resposta quando $L = 0{,}5$ H, $R = 4\ \Omega$ e $C = 0{,}2$ F. Considere $i(0) = 1$ e $di(0)/dt = 0$.

8.29 Resolva as equações diferenciais a seguir sujeitas às condições iniciais especificadas

(a) $d^2v/dt^2 + 4v = 12,\ v(0) = 0,\ dv(0)/dt = 2$

(b) $d^2i/dt^2 + 5\ di/dt + 4i = 8,\ i(0) = -1,\ di(0)/dt = 0$

(c) $d^2v/dt^2 + 2\ dv/dt + v = 3,\ v(0) = 5,\ dv(0)/dt = 1$

(d) $d^2i/dt^2 + 2\ di/dt + 5i = 10,\ i(0) = 4,\ di(0)/dt = -2$

8.30 As respostas a um degrau de um circuito RLC em série são

$$v_C = 40 - 10e^{-2.000t} - 10e^{-4.000t}\text{ V},\quad t > 0$$
$$i_L(t) = 3e^{-2.000t} + 6e^{-4.000t}\text{ mA},\quad t > 0$$

(a) Determine C.

(b) Determine que tipo de amortecimento é apresentado pelo circuito.

8.31 Considere o circuito da Figura 8.79. Determine $v_L(0^+)$ e $v_C(0^+)$.

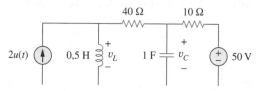

Figura 8.79   Esquema para o Problema 8.31.

8.32 Para o circuito da Figura 8.80, determine $v(t)$ para $t > 0$.

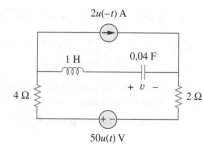

Figura 8.80   Esquema para o Problema 8.32.

8.33 Determine $v(t)$ para $t > 0$ no circuito da Figura 8.81.

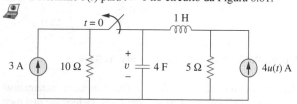

Figura 8.81   Esquema para o Problema 8.33.

8.34 Calcule $i(t)$ para $t > 0$ no circuito da Figura 8.82.

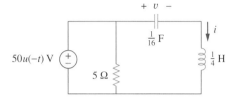

Figura 8.82 Esquema para o Problema 8.34.

8.35 Considere a Figura 8.83 e elabore um problema para ajudar outros estudantes a entenderem melhor a resposta a um degrau de circuitos *RLC* em série.

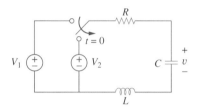

Figura 8.83 Esquema para o Problema 8.35.

8.36 Obtenha $v(t)$ e $i(t)$ para $t > 0$ no circuito da Figura 8.84.

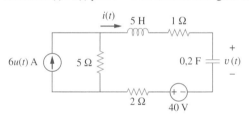

Figura 8.84 Esquema para o Problema 8.36.

* **8.37** Para o circuito da Figura 8.85, determine $i(t)$ para $t > 0$.

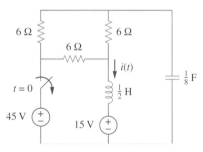

Figura 8.85 Esquema para o Problema 8.37.

8.38 Consulte o circuito da Figura 8.86. Calcule $i(t)$ para $t > 0$.

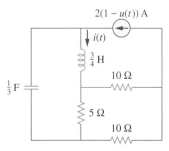

Figura 8.86 Esquema para o Problema 8.38.

8.39 Determine $v(t)$ para $t > 0$ no circuito da Figura 8.87.

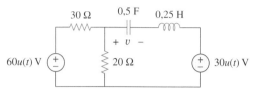

Figura 8.87 Esquema para o Problema 8.39.

8.40 A chave no circuito da Figura 8.88 é deslocada da posição a para a posição b em $t = 0$. Determine $i(t)$ para $t > 0$.

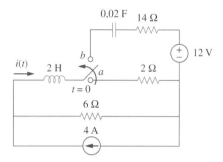

Figura 8.88 Esquema para o Problema 8.40.

* **8.41** Para o circuito da Figura 8.89, determine $i(t)$ para $t > 0$.

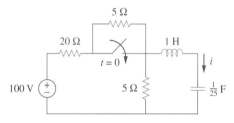

Figura 8.89 Esquema para o Problema 8.41.

* **8.42** Dado o circuito da Figura 8.90, determine $v(t)$ para $t > 0$.

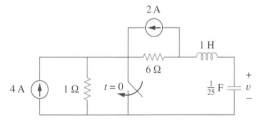

Figura 8.90 Esquema para o Problema 8.42.

8.43 A chave da Figura 8.91 é aberta em $t = 0$ após o circuito ter atingido o estado estável. Determine R e C de modo que $\alpha = 8$ Np/s e $\omega_d = 30$ rad/s.

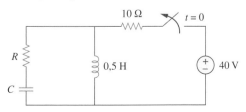

Figura 8.91 Esquema para o Problema 8.43.

8.44 Um circuito *RLC* em série possui os seguintes parâmetros: $R = 1$ kΩ, $L = 1$ H e $C = 10$ nF. Que tipo de amortecimento é apresentado pelo circuito?

● **Seção 8.6   Resposta a um degrau de um circuito *RLC* em paralelo**

8.45 No circuito da Figura 8.92, determine $v(t)$ e $i(t)$ para $t > 0$. Suponha $v(0) = 0$ V e $i(0) = 1$ A.

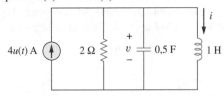

Figura 8.92   Esquema para o Problema 8.45.

8.46 Usando a Figura 8.93, elabore um problema para ajudar outros estudantes a entenderem melhor a resposta a um degrau de um circuito *RLC* em paralelo.

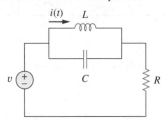

Figura 8.93   Esquema para o Problema 8.46.

8.47 Determine a tensão de saída $v_o(t)$ no circuito da Figura 8.94.

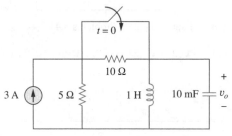

Figura 8.94   Esquema para o Problema 8.47.

8.48 Dado o circuito da Figura 8.95, determine $i(t)$ e $v(t)$ para $t > 0$.

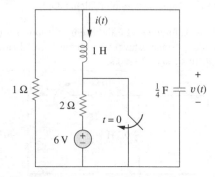

Figura 8.95   Esquema para o Problema 8.48.

8.49 Determine $i(t)$ para $t > 0$ no circuito da Figura 8.96.

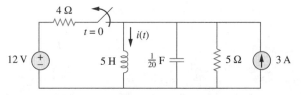

Figura 8.96   Esquema para o Problema 8.49.

8.50 Para o circuito da Figura 8.97, determine $i(t)$ para $t > 0$.

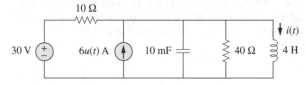

Figura 8.97   Esquema para o Problema 8.50.

8.51 Determine $v(t)$ para $t > 0$ no circuito da Figura 8.98.

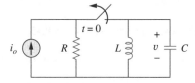

Figura 8.98   Esquema para o Problema 8.51.

8.52 A resposta a um degrau de um circuito *RLC* em paralelo é
$$v = 10 + 20e^{-300t}(\cos 400t - 2 \operatorname{sen} 400t) \text{ V}, \quad t \geq 0$$
quando o indutor é de 50 mH. Determine *R* e *C*.

● **Seção 8.7   Circuitos de segunda ordem gerais**

8.53 Após estar aberta por um dia, a chave do circuito da Figura 8.99 é fechada em $t = 0$. Determine a equação diferencial descrevendo $i(t)$, $t > 0$.

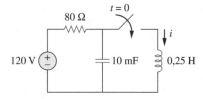

Figura 8.99   Esquema para o Problema 8.53.

8.54 Considere a Figura 8.100 e elabore um problema para ajudar outros estudantes a entenderem melhor os circuitos de segunda ordem gerais.

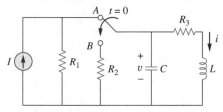

Figura 8.100   Esquema para o Problema 8.54.

8.55 Para o circuito da Figura 8.101, determine $v(t)$ para $t > 0$. Suponha $v(0^+) = 4$ V e $i(0^+) = 2$ A.

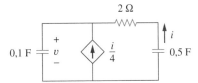

Figura 8.101 Esquema para o Problema 8.55.

8.56 No circuito da Figura 8.102, determine $i(t)$ para $t > 0$.

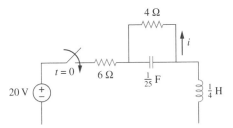

Figura 8.102 Esquema para o Problema 8.56.

8.57 Se a chave na Figura 8.103 se encontrar desligada há um longo tempo antes de $t = 0$, porém é aberta em $t = 0$, determine:

(a) a equação característica do circuito,

(b) i_x e v_R para $t > 0$.

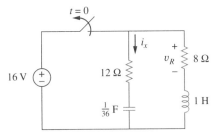

Figura 8.103 Esquema para o Problema 8.57.

8.58 No circuito da Figura 8.104, a chave se encontra na posição 1 há um longo tempo, porém muda para a posição 2 em $t = 0$.

(a) $v(0^+)$, $dv(0^+)/dt$.

(b) $v(t)$ para $t \geq 0$.

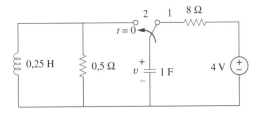

Figura 8.104 Esquema para o Problema 8.58.

8.59 O interruptor da Figura 8.105 se encontrava na posição 1 para $t < 0$. Em $t = 0$, ela muda instantaneamente para o terminal superior do capacitor. Observe que o interruptor fecha um contato (no terminal do capacitor) antes de abrir o outro (posição 1). Determine $v(t)$.

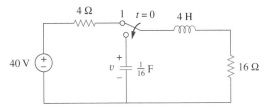

Figura 8.105 Esquema para o Problema 8.59.

8.60 Obtenha i_1 e i_2 para $t > 0$ no circuito da Figura 8.106.

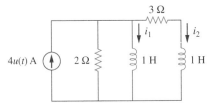

Figura 8.106 Esquema para o Problema 8.60.

8.61 Para o circuito do Problema 8.5, determine i e v para $t > 0$.

8.62 Encontre a resposta $v_R(t)$ para $t > 0$ no circuito da Figura 8.107. Seja $R = 3\ \Omega$, $L = 2$ H e $C = 1/18$ F.

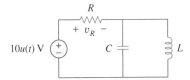

Figura 8.107 Esquema para o Problema 8.62.

• **Seção 8.8 Circuitos de segunda ordem contendo amplificadores operacionais**

8.63 Para o circuito com amplificador operacional da Figura 8.108, determine a equação diferencial para $i(t)$.

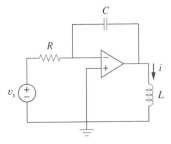

Figura 8.108 Esquema para o Problema 8.63.

8.64 Considere a Figura 8.109 e elabore um problema para ajudar outros estudantes a entenderem melhor os circuitos de segunda ordem com AOP.

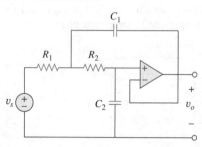

Figura 8.109 Esquema para o Problema 8.64.

8.65 Determine a equação diferencial para o circuito com AOP da Figura 8.110. Se $v_1(0^+) = 2$ V e $v_2(0^+) = 0$ V, determine v_o para $t > 0$. Seja $R = 100$ kΩ e $C = 1$ μF.

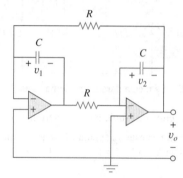

Figura 8.110 Esquema para o Problema 8.65.

8.66 Obtenha a equação diferencial para $v_o(t)$ no circuito com AOP da Figura 8.111.

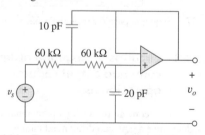

Figura 8.111 Esquema para o Problema 8.66.

*8.67 No circuito com amplificador operacional da Figura 8.112, determine $v_o(t)$ para $t > 0$. Seja $v_{in} = u(t)$ V, $R_1 = R_2 = 10$ kΩ, $C_1 = C_2 = 100$ μF.

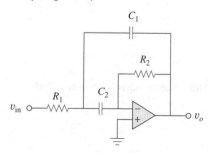

Figura 8.112 Esquema para o Problema 8.67.

● **Seção 8.9 Análise de circuitos *RLC* usando o *PSpice***

8.68 Para a função degrau $v_s = u(t)$, use o *PSpice* ou o *MultiSim* para determinar a resposta $v(t)$ para $0 < t < 6$ s no circuito da Figura 8.113.

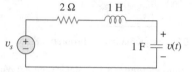

Figura 8.113 Esquema para o Problema 8.68.

8.69 Dado o circuito sem fonte da Figura 8.114, use o *PSpice* ou o *MultiSim* para obter $i(t)$ para $0 < t < 20$ s. Suponha $v(0) = 30$ V e $i(0) = 2$ A.

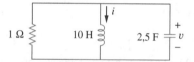

Figura 8.114 Esquema para o Problema 8.69.

8.70 Para o circuito da Figura 8.115, use o *PSpice* ou o *MultiSim* para obter $v(t)$ para $0 < t < 4$ s. Suponha que tanto a tensão no capacitor como a corrente no indutor em $t = 0$ sejam nulas.

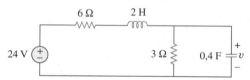

Figura 8.115 Esquema para o Problema 8.70.

8.71 Obtenha $v(t)$ para $0 < t < 4$ s no circuito da Figura 8.116 usando o *PSpice* ou o *MultiSim*.

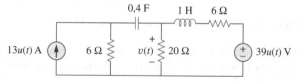

Figura 8.116 Esquema para o Problema 8.71.

8.72 A chave na Figura 8.117 se encontrava na posição 1 por um longo período. Em $t = 0$, ela é mudada para a posição 2. Use o *PSpice* ou o *MultiSim* para determinar $i(t)$ para $0 < t < 0,2$ s.

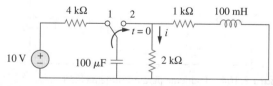

Figura 8.117 Esquema para o Problema 8.72.

8.73 Elabore um problema, para ser resolvido usando o *PSpice* ou o *MultiSim*, de forma a ajudar outros estudantes a entenderem melhor os circuitos *RLC* sem fonte.

● **Seção 8.10 Dualidade**

8.74 Desenhe o circuito dual daquele mostrado na Figura 8.118.

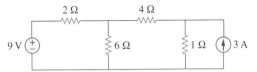

Figura 8.118 Esquema para o Problema 8.74.

8.75 Obtenha o dual do circuito da Figura 8.119.

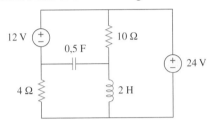

Figura 8.119 Esquema para o Problema 8.75.

8.76 Determine o dual do circuito da Figura 8.120.

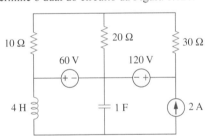

Figura 8.120 Esquema para o Problema 8.76.

8.77 Desenhe o dual do circuito da Figura 8.121.

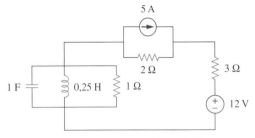

Figura 8.121 Esquema para o Problema 8.77.

● **Seção 8.11 Aplicações**

8.78 Um acionador de *airbag* para automóvel é modelado pelo circuito mostrado na Figura 8.122. Determine o tempo necessário para a tensão no acionador atingir seu primeiro pico após mudar da posição A para B. Seja $R = 3\ \Omega$, $C = 1/30$ F e $L = 60$ mH.

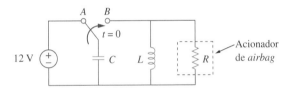

Figura 8.122 Esquema para o Problema 8.78.

8.79 O modelo de uma carga é um indutor de 250 mH em paralelo a um resistor de 12 Ω. É preciso que um capacitor esteja conectado à carga de modo que o circuito apresente amortecimento crítico para a frequência de 60 Hz. Calcule o valor do capacitor.

Problemas abrangentes

8.80 Um sistema mecânico tem como modelo um circuito RLC em série. Deseja-se uma resposta com amortecimento supercrítico com constantes de tempo 0,1 ms e 0,5 ms. Se for usado um resistor de 50 kΩ, determine os valores de L e C.

8.81 Um oscilograma pode ser modelado de forma adequada por meio de um circuito de segunda ordem na forma de um circuito RLC em paralelo. Deseja-se obter uma tensão subamortecida no resistor de 200 Ω. Se a frequência de amortecimento for de 4 kHz e a constante de tempo da envoltória for 0,25 s, determine os valores necessários para L e C.

8.82 O circuito da Figura 8.123 é um modelo elétrico das funções corpóreas usadas em faculdades de medicina para estudo de convulsões. Esse modelo tem as seguintes características:

C_1 = Volume de fluido em um medicamento
C_2 = Volume do fluxo sanguíneo em determinada região
R_1 = Resistência oferecida pela entrada do fluxo sanguíneo durante a passagem do medicamento
R_2 = Resistência do mecanismo de excreção, como rins etc.
v_o = Concentração inicial da dosagem do medicamento
$v(t)$ = Porcentagem de medicamento presente no fluxo sanguíneo

Determine $v(t)$ para $t > 0$, dado que $C_1 = 0,5\ \mu$F, $C_2 = 5\ \mu$F, $R_1 = 5$ MΩ, $R_2 = 2,5$ MΩ e $v_o = 60u(t)$ V.

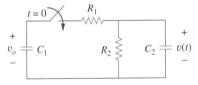

Figura 8.123 Esquema para o Problema 8.82.

8.83 A Figura 8.124 mostra um circuito típico de oscilador com diodo túnel. O modelo para o diodo é um resistor não linear com $i_D = f(v_D)$, ou seja, a corrente no diodo é uma função não linear da tensão no diodo. Deduza a equação diferencial para o circuito em termos de v e i_D.

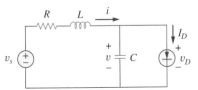

Figura 8.124 Esquema para o Problema 8.83.

PARTE DOIS
CIRCUITOS CA

TÓPICOS

9 Senoide e fasores

10 Análise em regime estacionário senoidal

11 Análise de potência em CA

12 Circuitos trifásicos

13 Circuitos de acoplamento magnético

14 Resposta de frequência

9

SENOIDES E FASORES

Aquele que não sabe, e não sabe que não sabe, é um tolo – evitem-no. Aquele que não sabe, e sabe que não sabe, é uma criança – ensine-o. Aquele que sabe, e não sabe que sabe, é um dormente – desperte-o. Aquele que sabe, e sabe que sabe, é um sábio – siga-o.

Provérbio persa

Progresso profissional

Critérios ABET EC 2000 (3.d), "habilidade para atuar em equipes multidisciplinares".

A "habilidade para atuar em equipes multidisciplinares" é inerentemente crítica para o engenheiro atuante. Raramente, esses profissionais, se é que o fazem, trabalham sozinhos, pois sempre farão parte de alguma equipe. Uma das coisas que gosto de relembrar a meus estudantes é que ninguém é obrigado a se dar bem com todos os membros de uma equipe; deve-se apenas ser uma parte bem-sucedida dela.

Na maioria das vezes, essas equipes são formadas por indivíduos de uma série de disciplinas da engenharia, bem como das que não são da área, como *marketing* e finanças.

Os estudantes podem facilmente desenvolver e aperfeiçoar essa capacidade, trabalhando em grupos de estudo em todas as unidades curriculares que cursarem. E fazer parte de grupos de estudo em cursos que não são de engenharia, bem como em cursos de engenharia fora de sua disciplina, obviamente, lhe darão experiência de trabalho em equipes multidisciplinares.

George Westinghouse.
Foto © Bettmann/Corbis

PERFIS HISTÓRICOS

Nikola Tesla (1856-1943) e **George Westinghouse** (1846-1914) ajudaram a estabelecer a corrente alternada como o principal modo para transmissão e distribuição de eletricidade.

Hoje, não há dúvida de que a geração em CA está bem consolidada como a forma de energia elétrica para sua distribuição ampla de modo eficiente e econômico. Entretanto, no final do século XIX, qual seria a melhor opção – CA ou CC – era motivo de calorosos debates e possuía defensores extremamente categóricos de ambos os lados. A ala da CC era liderada por Thomas Edison, que havia ganhado muito respeito por causa de seus vários inventos. A geração de energia usando CA começou realmente a ser construída após as bem-sucedidas contribuições de Tesla. O verdadeiro sucesso comercial da CA veio com George Westinghouse e a extraordinária equipe, entre os quais Tesla, que ele formou. Além desses, dois outros grandes nomes foram C. F. Scott e B. G. Lamme.

A contribuição mais importante para o sucesso precoce da CA foi o patenteamento do motor CA polifásico de Tesla, em 1888. O motor de indução e os sistemas de geração e distribuição polifásicos condenaram ao fracasso o uso da CC como principal fonte de energia.

9.1 Introdução

Até agora, nossa análise tem-se limitado, na maior parte, aos circuitos CC: aqueles excitados por fontes constantes ou que não variam com o tempo. Restringimos a função de alimentação a fontes CC visando à simplicidade, para fins pedagógicos e também por motivos históricos. Essas fontes, fatalmente, foram o principal meio de fornecimento de energia elétrica até o final dos anos 1800, onde se iniciou a batalha entre corrente contínua e corrente alternada, que possuíam seus defensores entre os engenheiros elétricos da época. Como a CA é mais eficiente e econômica para transmissão por longas distâncias, os sistemas CA acabaram vencendo essa batalha. Portanto, foi para poder acompanhar a sequência de fatos históricos que consideramos primeiro as fontes CC.

Agora, iniciaremos a análise de circuitos nos quais a fonte de tensão ou de corrente varia com o tempo. Neste capítulo, estaremos particularmente interessados na excitação senoidal com variação no tempo ou, simplesmente, excitação por uma *senoide*.

> **Senoide** é um sinal que possui a forma da função seno ou cosseno.

Uma corrente senoidal é normalmente conhecida como *corrente alternada* (*CA*). Uma corrente desse tipo inverte-se em intervalos de tempo regulares e possui, alternadamente, valores positivos e negativos. Os circuitos acionados por fontes de tensão ou de corrente senoidais são chamados *circuitos CA*.

Estamos interessados em senoides por uma série de razões. Em primeiro lugar, a própria natureza é caracteristicamente senoidal. Observamos variação senoidal no movimento de um pêndulo, na vibração de uma corda, nas ondas do oceano e na resposta natural de circuitos de segunda ordem subamortecidos, somente para citar alguns. Em segundo lugar, um sinal senoidal é fácil de ser gerado e transmitido, pois a forma de tensão gerada ao redor do mundo e fornecida às residências, às fábricas, aos laboratórios e assim por diante, como também é a forma dominante do sinal nos segmentos de energia elétrica e comunicação. Em terceiro lugar, por meio da análise de Fourier, qualquer sinal periódico prático pode ser representado por uma soma de senoides, que, portanto, desempenham papel importante na análise de sinais periódicos. Finalmente, uma senoide é fácil de ser tratada matematicamente. A derivada e a integral de uma senoide são, elas próprias, senoides. Por estas e outras razões, ela é uma função extremamente importante na análise de circuitos.

Uma função de alimentação senoidal produz tanto uma resposta transiente como uma resposta em regime estacionário, de forma muito parecida com a função degrau, que estudamos nos Capítulos 7 e 8. A resposta transiente se extingue com o tempo de modo a permanecer apenas a parcela correspondente à resposta em regime estacionário. Quando a resposta transiente se torna desprezível em relação à resposta em regime estacionário, dizemos que o circuito está operando em regime estacionário senoidal. É esta *resposta em regime estacionário senoidal* que nos interessa neste capítulo.

Iniciamos com uma discussão sobre fundamentos de senoides e fasores. Em seguida, introduzimos os conceitos de impedância e admitância. As leis fundamentais de Kirchhoff e de Ohm introduzidas para circuitos CC serão aplicadas a circuitos CA. Finalmente, consideraremos aplicações de circuitos CA em comutadores de fase e pontes.

9.2 Senoides

Consideremos a tensão senoidal

$$v(t) = V_m \operatorname{sen} \omega t \quad (9.1)$$

onde

V_m = *amplitude* da senoide

ω = *frequência angular* em radianos/s

ωt = *argumento* da senoide

A senoide é mostrada na Figura 9.1a em função de seu argumento e na Figura 9.1b em função do tempo. Fica evidente que a senoide se repete a cada T segundos; portanto, T é chamado *período* da senoide. A partir dos dois gráficos da Figura 9.1, observamos que $\omega T = 2\pi$.

$$T = \frac{2\pi}{\omega} \quad (9.2)$$

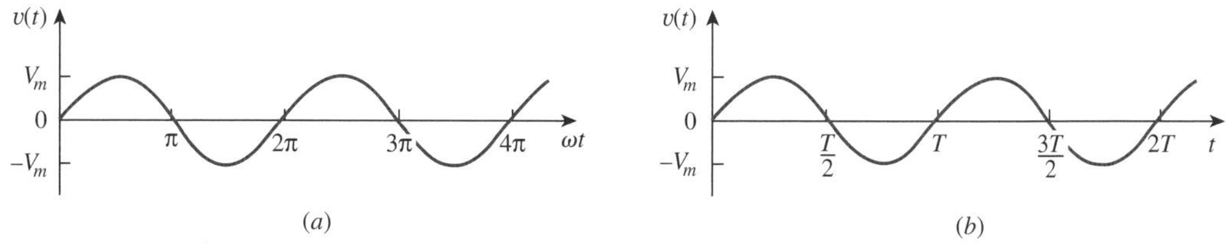

Figura 9.1 Esboço de $V_m \operatorname{sen} \omega t$: (a) em função de ωt; (b) em função de t.

PERFIS HISTÓRICOS

Da Burndy Library Collection na Huntington Library, San Marino, Califórnia.

Heinrich Rudolf Hertz (1857-1894), físico experimental alemão, demonstrou que as ondas eletromagnéticas obedecem às mesmas leis fundamentais da luz. Seu trabalho confirmou a célebre teoria e predição (no ano de 1864), de James Clerk Maxwell, de que tais ondas existiam.

Hertz nasceu em uma próspera família em Hamburgo, Alemanha. Estudou na Universidade de Berlim e realizou seu doutorado sob a orientação do proeminente físico Hermann von Helmholtz. Tornou-se professor da Karlsruhe, onde começou sua busca incansável pelas ondas eletromagnéticas. Hertz foi bem-sucedido na geração e detecção das ondas eletromagnéticas; foi o primeiro a demonstrar que a luz era energia eletromagnética. Em 1887 Hertz percebeu pela primeira vez o efeito fotoelétrico dos elétrons em uma estrutura molecular. Embora Hertz tenha chegado apenas aos 37 anos de vida, sua descoberta das ondas eletromagnéticas abriu caminho para o uso prático de tais ondas no rádio, na televisão e em outros sistemas de comunicação. A unidade de frequência, o hertz, recebeu esse nome em sua homenagem.

O fato de $v(t)$ repetir-se a cada T segundos é demonstrado substituindo-se t por $t + T$ na Equação (9.1). Obtemos, então,

$$v(t + T) = V_m \text{sen}\,\omega(t + T) = V_m \text{sen}\,\omega\left(t + \frac{2\pi}{\omega}\right)$$
$$= V_m \text{sen}(\omega t + 2\pi) = V_m \text{sen}\,\omega t = v(t)$$

(9.3)

Portanto,

$$\boxed{v(t + T) = v(t)}$$

(9.4)

ou seja, v apresenta o mesmo valor em $t + T$ que aquele em t e diz-se que $v(t)$ é *periódica*. Em geral,

Função periódica é aquela que satisfaz $f(t) = f(t + nT)$, para todo t e para todos os inteiros n.

Conforme mencionado anteriormente, o *período* T da função periódica é o tempo de um ciclo completo ou o número de segundos por ciclo. O inverso desse valor é o número de ciclos por segundo, conhecido como *frequência cíclica f* da senoide. Consequentemente,

$$\boxed{f = \frac{1}{T}}$$

(9.5)

A unidade de *f* recebeu o nome em homenagem ao físico alemão Heinrich R. Hertz (1857-1894).

A partir das Equações (9.2) e (9.5), fica evidente que

$$\omega = 2\pi f$$

(9.6)

Enquanto ω é em radianos por segundo (rad/s), f é dado em hertz (Hz).

Consideremos, agora, uma expressão mais genérica para a senoide,

$$v(t) = V_m \operatorname{sen}(\omega t + \phi) \qquad (9.7)$$

onde $(\omega t + \phi)$ é o argumento e ϕ é a *fase*. Tanto um como outro podem ser em radianos ou graus.

Examinemos as duas senoides a seguir

$$v_1(t) = V_m \operatorname{sen} \omega t \quad \text{e} \quad v_2(t) = V_m \operatorname{sen}(\omega t + \phi) \qquad (9.8)$$

exibidas na Figura 9.2. O ponto de partida de v_2 nessa figura ocorre primeiro no tempo. Consequentemente, dizemos que v_2 está *avançada* em relação a v_1 em ϕ, ou que v_1 está *atrasada* em relação a v_2 em ϕ. Se $\phi \neq 0$, também podemos dizer que v_1 e v_2 estão *fora de fase*. Se $\phi = 0$, então v_1 e v_2 estão *em fase*; elas atingem seus mínimos e máximos exatamente ao mesmo tempo. Podemos comparar v_1 e v_2 dessa maneira, pois operam na mesma frequência; e não precisam ter a mesma amplitude.

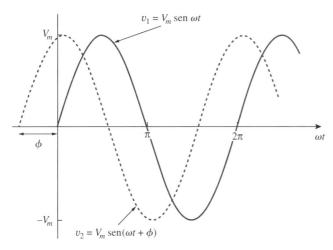

Figura 9.2 Duas senoides com fases distintas.

Uma senoide pode ser expressa em termos de seno ou de cosseno. Ao compararmos duas senoides, é indicado que expressemos ambas como seno ou, então, como cosseno e com amplitudes positivas. Isso pode ser conseguido usando-se as seguintes identidades trigonométricas:

$$\operatorname{sen}(A \pm B) = \operatorname{sen} A \cos B \pm \cos A \operatorname{sen} B$$
$$\cos(A \pm B) = \cos A \cos B \mp \operatorname{sen} A \operatorname{sen} B \qquad (9.9)$$

Com essas identidades, fica fácil demonstrar que

$$\operatorname{sen}(\omega t \pm 180°) = -\operatorname{sen} \omega t$$
$$\cos(\omega t \pm 180°) = -\cos \omega t$$
$$\operatorname{sen}(\omega t \pm 90°) = \pm \cos \omega t \qquad (9.10)$$
$$\cos(\omega t \pm 90°) = \mp \operatorname{sen} \omega t$$

Usando essas relações, podemos transformar uma senoide na forma de seno para uma na forma de cosseno, ou vice-versa.

Poderíamos usar um método gráfico para relacionar ou comparar senoides como uma alternativa em relação ao emprego das identidades trigonométricas nas Equações (9.9) e (9.10). Consideremos o conjunto de eixos mostrado na Figura 9.3a, onde o eixo horizontal representa a magnitude do cosseno,

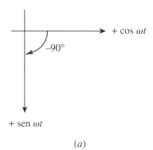

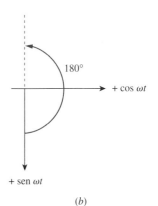

Figura 9.3 Forma gráfica de relacionar seno e cosseno: (*a*) $\cos(\omega t - 90°)$; (*b*) $\operatorname{sen}(\omega t + 180°) = -\operatorname{sen} \omega t$.

enquanto o vertical (que aponta para baixo) indica a magnitude do seno. Os ângulos são medidos positivamente no sentido anti-horário a partir do eixo horizontal, como acontece de praxe no sistema de coordenadas polares. Essa técnica gráfica pode ser usada para relacionar duas senoides. Por exemplo, vemos na Figura 9.3a que subtrair 90° do argumento de cos ωt resulta em sen ωt, ou $\cos(\omega t - 90°) = \text{sen } \omega t$. De forma similar, somando-se 180° ao argumento de sen ωt resulta em $-\text{sen } \omega t$ ou $\text{sen}(\omega t + 180°) = -\text{sen } \omega t$, como ilustra a Figura 9.3b.

A técnica gráfica também pode ser usada para somar duas senoides de mesma frequência quando uma se encontra na forma de seno e a outra na forma de cosseno. Para somar $A \cos \omega t$ e $B \text{ sen } \omega t$, nota-se que A é a magnitude de cos ωt, enquanto B é a magnitude de sen ωt, conforme mostrado na Figura 9.4a. A magnitude e o argumento da senoide resultante na forma de cosseno são imediatamente obtidos do triângulo. Portanto,

$$A \cos \omega t + B \text{ sen } \omega t = C \cos(\omega t - \theta) \quad (9.11)$$

onde

$$C = \sqrt{A^2 + B^2}, \qquad \theta = \text{tg}^{-1} \frac{B}{A} \quad (9.12)$$

Por exemplo, podemos somar $3 \cos \omega t$ e $-4 \text{ sen } \omega t$, conforme nos mostra a Figura 9.4b e obter

$$3 \cos \omega t - 4 \text{ sen } \omega t = 5 \cos(\omega t + 53{,}1°) \quad (9.13)$$

Comparado com as identidades trigonométricas nas Equações (9.9) e (9.10), o método gráfico elimina a necessidade de memorização. Entretanto, não se deve confundir os eixos de seno e cosseno com os eixos para números complexos a serem vistos mais adiante. Outro detalhe a ser observado nas Figuras 9.3 e 9.4 é que, embora a tendência natural seja ter o eixo vertical apontando para cima, o sentido positivo da função seno é, nesse caso, para baixo.

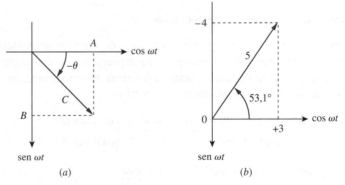

Figura 9.4 (a) Soma de $A \cos \omega t$ e $B \text{ sen } \omega t$; (b) soma de $3 \cos \omega t$ e $-4 \text{ sen } \omega t$.

EXEMPLO 9.1

Determine a amplitude, a fase, o período e a frequência da senoide

$$v(t) = 12 \cos(50t + 10°)$$

Solução: A amplitude é $V_m = 12$ V.

A fase é $\phi = 10°$.

A frequência angular é $\omega = 50$ rad/s.

O período $T = \dfrac{2\pi}{\omega} = \dfrac{2\pi}{50} = 0{,}1257$ s.

A frequência é $f = \dfrac{1}{T} = 7{,}958$ Hz.

PROBLEMA PRÁTICO 9.1

Dada a senoide $30\,\text{sen}(4\pi t - 75°)$, calcule sua amplitude, fase, frequência angular, período e frequência.

Resposta: 30, $-75°$, $12{,}57$ rad/s, $0{,}5$ s, 2 Hz.

EXEMPLO 9.2

Calcule o ângulo de fase entre $v_1 = -10\cos(\omega t + 50°)$ e $v_2 = 12\,\text{sen}(\omega t - 10°)$. Indique qual senoide está avançada.

Solução: Calculemos a fase de três maneiras. Os dois primeiros métodos usam identidades trigonométricas, enquanto o terceiro deles utiliza a abordagem gráfica.

■ **MÉTODO 1** Para poder comparar v_1 e v_2, temos de expressá-las da mesma forma. Se as expressarmos em termos de cosseno com amplitudes positivas,

$$v_1 = -10\cos(\omega t + 50°) = 10\cos(\omega t + 50° - 180°)$$
$$v_1 = 10\cos(\omega t - 130°) \quad \text{ou} \quad v_1 = 10\cos(\omega t + 230°) \quad (9.2.1)$$

e

$$v_2 = 12\,\text{sen}(\omega t - 10°) = 12\cos(\omega t - 10° - 90°)$$
$$v_2 = 12\cos(\omega t - 100°) \quad (9.2.2)$$

Pode ser deduzido das Equações (9.2.1) e (9.2.2) que a diferença de fase entre v_1 e v_2 é de $30°$. Podemos escrever v_2 como

$$v_2 = 12\cos(\omega t - 130° + 30°) \quad \text{ou} \quad v_2 = 12\cos(\omega t + 260°) \quad (9.2.3)$$

A comparação entre as Equações (9.2.1) e (9.2.3) demonstra claramente que v_2 está avançada em relação a v_1 em $30°$.

■ **MÉTODO 2** De forma alternativa, podemos expressar v_1 na forma de seno:

$$v_1 = -10\cos(\omega t + 50°) = 10\,\text{sen}(\omega t + 50° - 90°)$$
$$= 10\,\text{sen}(\omega t - 40°) = 10\,\text{sen}(\omega t - 10° - 30°)$$

Porém, $v_2 = 12\cos(\omega t + 10°)$. Comparando as duas, vemos que v_1 está atrasada em relação a v_2 em $30°$. Isso equivale a dizer que v_2 está avançada em relação a v_1 em $30°$.

■ **MÉTODO 3** Podemos considerar v_1 simplesmente como $v_1 = -10\cos\omega t$ com um deslocamento de fase de $+50°$. Logo, v_1 fica conforme exibido na Figura 9.5. De modo similar, v_2 é $12\,\text{sen}\,\omega t$ com um deslocamento de fase de $-10°$, conforme mostra a Figura 9.5. É fácil notar que v_2 está avançado em relação a v_1 em $30°$, isto é, $90° - 50° - 10°$.

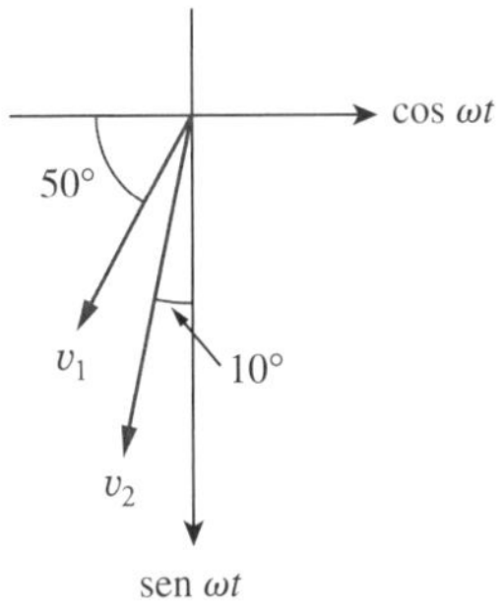

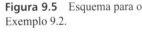

Figura 9.5 Esquema para o Exemplo 9.2.

PROBLEMA PRÁTICO 9.2

Determine o ângulo de fase entre

$$i_1 = -4\,\text{sen}(377t + 55°) \quad \text{e} \quad i_2 = 5\cos(377t - 65°)$$

i_1 está adiantada ou atrasada em relação a i_2?

Resposta: $210°$, i_1 está avançada em relação a i_2.

9.3 Fasores

As senoides são facilmente expressas em termos de fasores, que são mais convenientes de serem trabalhados que as funções de seno e cosseno.

Fasor é um número complexo que representa a amplitude e a fase de uma senoide.

PERFIS HISTÓRICOS

Charles Proteus Steinmetz (1865-1923), matemático e engenheiro austro-germânico, introduziu o método do fasor (estudado neste capítulo) na análise de circuitos CA. Ele também é conhecido por seu trabalho sobre a teoria da histerese.

Steinmetz nasceu em Breslau, Alemanha, e perdeu sua mãe quando tinha apenas um ano. Quando jovem, foi forçado a deixar a Alemanha em decorrência de suas atividades políticas, quando estava prestes a completar sua tese de doutorado em matemática na Universidade de Breslau. Emigrou para a Suíça e mais tarde para os Estados Unidos, onde conseguiu um emprego na General Electric, em 1893. Nesse mesmo ano, publicou um artigo no qual eram usados, pela primeira vez, números complexos para analisar circuitos CA. Isso levou a um de seus muitos livros, *Theory and Calculation of AC Phenomena*, publicado pela McGraw-Hill, em 1897. Em 1901, tornou-se presidente do American Institute of Electrical Engineers, que mais tarde se tornou o IEEE.

© Bettmann/Corbis

Charles Proteus Steinmetz (1865-1923) foi um matemático e engenheiro elétrico austro-alemão.

O Apêndice B apresenta um breve tutorial sobre números complexos.

Os fasores se constituem de maneira simples para analisar circuitos lineares excitados por fontes senoidais; encontrar a solução para circuitos desse tipo seria impraticável de outro modo. A noção de resolução de circuitos CA usando fasores foi introduzida inicialmente por Charles Steinmetz em 1893. Antes de definirmos completamente os fasores e aplicá-los à análise de circuitos, precisamos estar completamente familiarizados com números complexos.

Um número complexo z pode ser escrito na forma retangular como

$$z = x + jy \quad (9.14a)$$

onde $j = \sqrt{-1}$; x é a parte real de z; y é a parte imaginária de z. Nesse contexto, as variáveis x e y não representam uma posição como na análise vetorial bidimensional, mas, sim, as partes real e imaginária de z no plano complexo. Não obstante, notamos que existem algumas semelhanças entre manipular números complexos e vetores bidimensionais.

O número complexo z também pode ser escrito na forma polar ou exponencial, como segue

$$z = r\underline{/\phi} = re^{j\phi} \quad (9.14b)$$

onde r é a magnitude de z e ϕ é a fase de z. Nota-se que z pode ser representado de três maneiras:

$$\begin{aligned} z &= x + jy & \text{Forma retangular} \\ z &= r\underline{/\phi} & \text{Forma polar} \\ z &= re^{j\phi} & \text{Forma exponencial} \end{aligned} \quad (9.15)$$

A relação entre a forma retangular e a forma polar é mostrada na Figura 9.6, onde o eixo x representa a parte real e o eixo y, a parte imaginária de um número complexo. Dados x e y, podemos obter r e ϕ como segue

$$r = \sqrt{x^2 + y^2}, \quad \phi = \text{tg}^{-1}\frac{y}{x} \quad (9.16a)$$

Por outro lado, se conhecermos r e ϕ, podemos obter x e y como

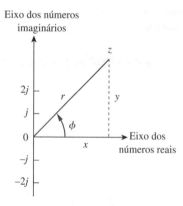

Figura 9.6 Representação de um número complexo $z = x + jy = r\underline{/\phi}$.

$$x = r\cos\phi, \qquad y = r\operatorname{sen}\phi \qquad (9.16b)$$

Portanto, z poderia ser escrito como indicado a seguir

$$\boxed{z = x + jy = r\underline{/\phi} = r(\cos\phi + j\operatorname{sen}\phi)} \qquad (9.17)$$

A adição e a subtração de números complexos são mais bem realizadas na forma retangular; a multiplicação e a divisão são mais bem efetuadas na forma polar. Dados os números complexos

$$z = x + jy = r\underline{/\phi}, \qquad z_1 = x_1 + jy_1 = r_1\underline{/\phi_1}$$
$$z_2 = x_2 + jy_2 = r_2\underline{/\phi_2}$$

as seguintes operações são importantes.

Adição:

$$z_1 + z_2 = (x_1 + x_2) + j(y_1 + y_2) \qquad (9.18a)$$

Subtração:

$$z_1 - z_2 = (x_1 - x_2) + j(y_1 - y_2) \qquad (9.18b)$$

Multiplicação:

$$z_1 z_2 = r_1 r_2 \underline{/\phi_1 + \phi_2} \qquad (9.18c)$$

Divisão:

$$\frac{z_1}{z_2} = \frac{r_1}{r_2} \underline{/\phi_1 - \phi_2} \qquad (9.18d)$$

Inverso:

$$\frac{1}{z} = \frac{1}{r} \underline{/-\phi} \qquad (9.18e)$$

Raiz quadrada:

$$\sqrt{z} = \sqrt{r}\, \underline{/\phi/2} \qquad (9.18f)$$

Conjugado Complexo:

$$z^* = x - jy = r\underline{/-\phi} = re^{-j\phi} \qquad (9.18g)$$

Observe que da Equação (9.18e):

$$\frac{1}{j} = -j \qquad (9.18h)$$

Estas são as propriedades básicas dos números complexos de que precisaremos. Outras propriedades dos números complexos podem ser encontradas no Apêndice B.

A ideia da representação de fasor se baseia na identidade de Euler. Em geral,

$$\boxed{e^{\pm j\phi} = \cos\phi \pm j\operatorname{sen}\phi} \qquad (9.19)$$

que demonstra que podemos considerar cos ϕ e sen ϕ como as partes real e imaginária de $e^{j\phi}$; podemos escrever

$$\cos \phi = \text{Re}(e^{j\phi}) \quad \text{(9.20a)}$$
$$\text{sen } \phi = \text{Im}(e^{j\phi}) \quad \text{(9.20b)}$$

onde Re e Im significam a *parte real de* e a *parte imaginária de*, respectivamente. Dada a senoide $v(t) = V_m \cos(\omega t + \phi)$, usamos a Equação (9.20a) para expressar $v(t)$ como

$$v(t) = V_m \cos(\omega t + \phi) = \text{Re}(V_m e^{j(\omega t + \phi)}) \quad \text{(9.21)}$$

ou

$$v(t) = \text{Re}(V_m e^{j\phi} e^{j\omega t}) \quad \text{(9.22)}$$

Portanto,

$$\boxed{v(t) = \text{Re}(\mathbf{V} e^{j\omega t})} \quad \text{(9.23)}$$

onde

$$\mathbf{V} = V_m e^{j\phi} = V_m \underline{/\phi} \quad \text{(9.24)}$$

> Um fasor pode ser considerado o equivalente matemático de uma senoide com a dependência do tempo eliminada.

$\mathbf{V}$ é, portanto, a *representação fasorial* da senoide $v(t)$, como dissemos anteriormente. Em outras palavras, fasor é uma representação complexa da magnitude e fase de uma senoide. Tanto a Equação (9.20a) como a Equação (9.20b) podem ser usadas para desenvolver o fasor, porém convencionalmente se utiliza a Equação (9.20a).

> Se usarmos seno para fasor em vez de cosseno, então $v(t) = V_m \text{sen}(\omega t + \phi) = \text{Im}(V_m e^{j(\omega t + \phi)})$ e o fasor correspondente é o mesmo do que aquela da Equação (9.24).

Uma maneira de examinar as Equações (9.23) e (9.24) é considerar o gráfico do seno $\mathbf{V}e^{j\omega t} = V_m e^{j(\omega t + \phi)}$ no plano complexo. À medida que o tempo cresce, esse seno gira em um círculo de raio V_m em uma velocidade angular ω no sentido anti-horário, como mostrado na Figura 9.7a. Podemos considerar $v(t)$ como a projeção do seno fasorial $\mathbf{V}e^{j\omega t}$ no eixo real, conforme mostrado na Figura 9.7b. O valor do seno fasorial no instante $t = 0$ é o fasor $\mathbf{V}$ da senoide $v(t)$. O seno fasorial pode ser considerado como o fasor rotacional. Consequentemente, toda vez que uma senoide for expressa como fasor, o termo $e^{j\omega t}$ está implicitamente presente. Assim, é importante, ao lidar com fasores, ter em mente a frequência ω do fasor; caso contrário, podemos cometer erros graves.

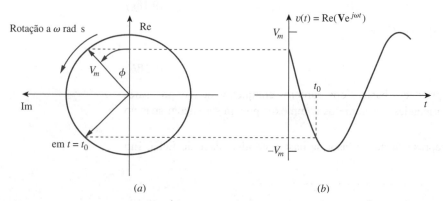

Figura 9.7 Representação de $\mathbf{V}e^{j\omega t}$ (a) seno fasorial girando no sentido anti-horário; (b) sua projeção no eixo real, em função do tempo.

A Equação (9.23) afirma que, para obter a senoide correspondente para dado fasor **V**, devemos multiplicar o fasor pelo fator de tempo $e^{j\omega t}$ e extrair a parte real. Como valor complexo, um fasor pode ser expresso em forma retangular, polar ou exponencial. Uma vez que um fasor tem magnitude e fase ("sentido"), ele se comporta como um vetor e é impresso em negrito. Por exemplo, os fasores $\mathbf{V} = V_m \underline{/\phi}$ e $\mathbf{I} = I_m \underline{/-\theta}$ são representados graficamente na Figura 9.8. Uma representação gráfica dos fasores é conhecida como *diagrama fasorial*.

As Equações (9.21) a (9.23) revelam que, para obter o fasor correspondente a uma senoide, expressamos primeiro a senoide na forma de cosseno de modo que ela possa ser escrita como a parte real de um número complexo. Em seguida, eliminamos o fator de tempo $e^{j\omega t}$ e tudo que resta é o fasor correspondente à senoide. Eliminando-se o fator de tempo, transformamos a senoide no domínio do tempo para o domínio de fasores. Essa transformação é sintetizada a seguir:

> Usamos letras em itálico, como *z*, para representar números complexos, porém, letras em negrito, como **V**, para representar fasores, pois os fasores são quantidades do tipo vetorial.

$$\boxed{\begin{array}{ccc} v(t) = V_m \cos(\omega t + \phi) & \Leftrightarrow & \mathbf{V} = V_m \underline{/\phi} \\ \text{(Representação no} & & \text{(Representação} \\ \text{domínio do tempo)} & & \text{no domínio} \\ & & \text{dos fasores)} \end{array}} \quad (9.25)$$

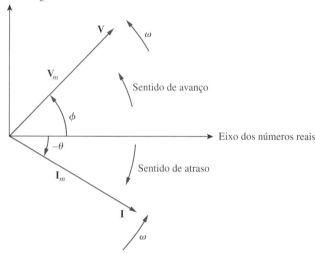

Figura 9.8 Um diagrama fasorial mostrando $\mathbf{V} = V_m \underline{/\phi}$ e $\mathbf{I} = I_m \underline{/-\theta}$.

Dada uma senoide $v(t) = V_m \cos(\omega t + \phi)$, obtemos o fasor correspondente como $\mathbf{V} = V_m \underline{/\phi}$. A Equação (9.25) também é demonstrada na Tabela 9.1, na qual a função seno é considerada além da função cosseno. A partir da Equação (9.25), vemos que, para obter a representação fasorial de uma senoide, a expressamos na forma de cosseno e extraímos a magnitude e a fase. Dado um fasor, obtemos a representação no domínio do tempo como a função cosseno com a mesma magnitude do fasor e o argumento como ωt mais a fase do fasor. A ideia de expressar informações em domínios alternados é fundamental para todas as áreas da engenharia.

Note que, na Equação (9.25), o fator de frequência (ou de tempo) $e^{j\omega t}$ é suprimido e a frequência não é mostrada explicitamente na representação no domínio dos fasores, pois ω é constante. Entretanto, a resposta depende de ω. Por essa razão, o domínio dos fasores também é conhecido como *domínio da frequência*.

Tabela 9.1 • Transformação senoide-fasor.

Representação do domínio do tempo	Representação no domínio dos fasores
$V_m \cos(\omega t + \phi)$	$V_m \underline{/\phi}$
$V_m \,\text{sen}(\omega t + \phi)$	$V_m \underline{/\phi - 90°}$
$I_m \cos(\omega t + \theta)$	$I_m \underline{/\theta}$
$I_m \,\text{sen}(\omega t + \theta)$	$I_m \underline{/\theta - 90°}$

A partir das Equações (9.23) e (9.24), $v(t) = \text{Re}(\mathbf{V}e^{j\omega t}) = V_m \cos(\omega t + \phi)$ de modo que

$$\frac{dv}{dt} = -\omega V_m \,\text{sen}(\omega t + \phi) = \omega V_m \cos(\omega t + \phi + 90°)$$
$$= \text{Re}(\omega V_m e^{j\omega t} e^{j\phi} e^{j90°}) = \text{Re}(j\omega \mathbf{V} e^{j\omega t}) \quad (9.26)$$

Isso mostra que a derivada de $v(t)$ é transformada para o domínio dos fasores como $j\omega \mathbf{V}$

$$\frac{dv}{dt} \quad \Leftrightarrow \quad j\omega \mathbf{V} \quad (9.27)$$
(Domínio do tempo) (Domínio dos fasores)

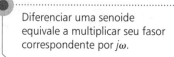
Diferenciar uma senoide equivale a multiplicar seu fasor correspondente por $j\omega$.

De forma similar, a integral de $v(t)$ é transformada para o domínio dos fasores como $\mathbf{V}/j\omega$

$$\int v\, dt \quad \Leftrightarrow \quad \frac{\mathbf{V}}{j\omega} \quad (9.28)$$
(Domínio do tempo) (Domínio dos fasores)

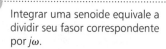
Integrar uma senoide equivale a dividir seu fasor correspondente por $j\omega$.

A Equação (9.27) possibilita a substituição de uma derivada em relação ao tempo com a multiplicação de $j\omega$ no domínio dos fasores, enquanto a Equação (9.28) possibilita a substituição de uma integral em relação ao tempo pela divisão por $j\omega$ no domínio dos fasores. As Equações (9.27) e (9.28) são úteis na descoberta da solução em regime estacionário, que não requer conhecimento prévio dos valores iniciais da variável envolvida. Esta é uma das importantes aplicações dos fasores.

Além da diferenciação e integração do tempo, outro importante emprego dos fasores é na adição de senoides de mesma frequência. Isso é mais bem ilustrado por meio de um exemplo, e o Exemplo 9.6 fornece um.

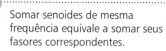
Somar senoides de mesma frequência equivale a somar seus fasores correspondentes.

As diferenças entre $v(t)$ e $\mathbf{V}$ devem ser enfatizadas.

1. $v(t)$ é a representação *instantânea ou no domínio do tempo*, enquanto $\mathbf{V}$ é a representação em termos de *frequência ou no domínio dos fasores*.

2. $v(t)$ é dependente do tempo, enquanto $\mathbf{V}$ não é. (Esse fato é normalmente esquecido pelos estudantes.)

3. $v(t)$ é sempre real sem nenhum termo complexo, enquanto $\mathbf{V}$ geralmente é complexo.

Finalmente, devemos ter em mente que a análise de fasores se aplica apenas quando a frequência é constante; e também na manipulação de dois ou mais sinais senoidais apenas se eles tiverem a mesma frequência.

Capítulo 9 • Senoides e fasores **341**

EXEMPLO 9.3

Calcule os números complexos a seguir:

(a) $(40\underline{/50°} + 20\underline{/-30°})^{1/2}$

(b) $\dfrac{10\underline{/-30°} + (3 - j4)}{(2 + j4)(3 - j5)^*}$

Solução:

(a) Usando transformação polar-retangular,

$$40\underline{/50°} = 40(\cos 50° + j\,\text{sen}\,50°) = 25,71 + j30,64$$

$$20\underline{/-30°} = 20[\cos(-30°) + j\,\text{sen}(-30°)] = 17,32 - j10$$

A soma de ambos resulta em

$$40\underline{/50°} + 20\underline{/-30°} = 43,03 + j20,64 = 47,72\underline{/25,63°}$$

Extraindo a raiz quadrada disso,

$$(40\underline{/50°} + 20\underline{/-30°})^{1/2} = 6,91\underline{/12,81°}$$

(b) Usando transformação polar-retangular, adição, multiplicação e divisão,

$$\dfrac{10\underline{/-30°} + (3 - j4)}{(2 + j4)(3 - j5)^*} = \dfrac{8,66 - j5 + (3 - j4)}{(2 + j4)(3 + j5)}$$

$$= \dfrac{11,66 - j9}{-14 + j22} = \dfrac{14,73\underline{/-37,66°}}{26,08\underline{/122,47°}}$$

$$= 0,565\underline{/-160,13°}$$

PROBLEMA PRÁTICO 9.3

Calcule os seguintes números complexos:

(a) $[(5 + j2)(-1 + j4) - 5\underline{/60°}]^*$

(b) $\dfrac{10 + j5 + 3\underline{/40°}}{-3 + j4} + 10\underline{/30°} + j5$

Resposta: (a) $-15,5 - j13,67$; (b) $8,293 + j7,2$.

EXEMPLO 9.4

Transforme as senoides seguintes em fasores:

(a) $i = 6\cos(50t - 40°)$ A
(b) $v = -4\,\text{sen}(30t + 50°)$ V

Solução:

(a) $i = 6\cos(50t - 40°)$ tem o fasor

$$\mathbf{I} = 6\underline{/-40°}\text{ A}$$

(b) Uma vez que $-\text{sen}\,A = \cos(A + 90°)$,

$$v = -4\,\text{sen}(30t + 50°) = 4\cos(30t + 50° + 90°)$$
$$= 4\cos(30t + 140°)\text{ V}$$

A representação de v em termos de fasores é

$$\mathbf{V} = 4\underline{/140°}\text{ V}$$

PROBLEMA PRÁTICO 9.4

Expresse as senoides seguintes na forma de fasores:

(a) $v = 7\cos(2t + 40°)$ V
(b) $i = -4\,\text{sen}(10t + 10°)$ A

Resposta: (a) $\mathbf{V} = 7\underline{/40°}$ V; (b) $\mathbf{I} = 4\underline{/100°}$ A.

EXEMPLO 9.5

Determine as senoides representadas pelos fasores seguintes:

(a) $\mathbf{I} = -3 + j4$ A
(b) $\mathbf{V} = j8e^{-j20°}$ V

Solução:

(a) $\mathbf{I} = -3 + j4 = 5\underline{/126{,}87°}$. Transformando isso para o domínio do tempo resulta em

$$i(t) = 5\cos(\omega t + 126{,}87°) \text{ A}$$

(b) Já que $j = 1\underline{/90°}$,

$$\mathbf{V} = j8\underline{/-20°} = (1\underline{/90°})(8\underline{/-20°})$$
$$= 8\underline{/90° - 20°} = 8\underline{/70°} \text{ V}$$

Convertendo isso para o domínio do tempo, resulta em

$$v(t) = 8\cos(\omega t + 70°) \text{ V}$$

PROBLEMA PRÁTICO 9.5

Determine as senoides correspondentes aos fasores seguintes:

(a) $\mathbf{V} = -25\underline{/40°}$ V
(b) $\mathbf{I} = j(12 - j5)$ A

Resposta: (a) $v(t) = 25\cos(\omega t - 140°)$ V ou $25\cos(\omega t + 220°)$ V,
(b) $i(t) = 13\cos(\omega t + 67{,}38°)$ A.

EXEMPLO 9.6

Dados $i_1(t) = 4\cos(\omega t + 30°)$ A e $i_2(t) = 5\,\text{sen}(\omega t + 20°)$ A, determine sua soma.

Solução: Eis um importante uso dos fasores – a soma de senoides de mesma frequência. A corrente $i_1(t)$ se encontra na forma-padrão. Seu fasor é

$$\mathbf{I}_1 = 4\underline{/30°}$$

Precisamos expressar $i_2(t)$ na forma de cosseno. A regra para conversão de seno em cosseno é subtrair 90°. Portanto,

$$i_2 = 5\cos(\omega t - 20° - 90°) = 5\cos(\omega t - 110°)$$

e seu fasor é

$$\mathbf{I}_2 = 5\underline{/-110°}$$

Se fizermos $i = i_1 + i_2$, então

$$\mathbf{I} = \mathbf{I}_1 + \mathbf{I}_2 = 4\underline{/30°} + 5\underline{/-110°}$$
$$= 3{,}464 + j2 - 1{,}71 - j4{,}698 = 1{,}754 - j2{,}698$$
$$= 3{,}218\underline{/-56{,}97°} \text{ A}$$

Transformando isso para o domínio do tempo, obtemos

$$i(t) = 3{,}218\cos(\omega t - 56{,}97°) \text{ A}$$

Obviamente, podemos encontrar $i_1 + i_2$ usando a Equação (9.9), porém esta é a forma mais difícil.

PROBLEMA PRÁTICO 9.6

Se $v_1(t) = -10\,\text{sen}(\omega t - 30°)$ V e $v_2(t) = 20\cos(\omega t + 45°)$, determine $v = v_1 + v_2$.

Resposta: $v(t) = 29{,}77\cos(\omega t + 49{,}98°)$ V.

EXEMPLO 9.7

Usando o método de fasores, determine a corrente $i(t)$ em um circuito descrito pela equação diferencial

$$4i + 8\int i\, dt - 3\frac{di}{dt} = 50\cos(2t + 75°)$$

Solução: Transformamos cada termo da equação no domínio do tempo para o domínio dos fasores. Tendo as Equações (9.27) e (9.28) em mente, obtemos a forma em termos de fasores da equação dada como segue

$$4\mathbf{I} + \frac{8\mathbf{I}}{j\omega} - 3j\omega\mathbf{I} = 50\underline{/75°}$$

Porém $\omega = 2$ e, portanto,

$$\mathbf{I}(4 - j4 - j6) = 50\underline{/75°}$$

$$\mathbf{I} = \frac{50\underline{/75°}}{4 - j10} = \frac{50\underline{/75°}}{10,77\underline{/-68,2°}} = 4,642\underline{/143,2°}\ \text{A}$$

Convertendo isso para o domínio do tempo,

$$i(t) = 4,642\cos(2t + 143,2°)\ \text{A}$$

Tenha em mente que esta é a única solução em regime estacionário e ela não requer o conhecimento prévio dos valores iniciais.

PROBLEMA PRÁTICO 9.7

Determine a tensão $v(t)$ em um circuito descrito pela equação integro-diferencial a seguir

$$2\frac{dv}{dt} + 5v + 10\int v\, dt = 50\cos(5t - 30°)$$

usando o método dos fasores.

Resposta: $v(t) = 5,3\cos(5t - 88°)$ V.

9.4 Relações entre fasores para elementos de circuitos

Agora que sabemos como representar tensão e corrente no domínio da frequência ou dos fasores, pode-se perguntar legitimamente como aplicar esse conceito a circuitos contendo os elementos passivos R, L e C. Para isso, precisamos transformar a relação tensão-corrente do domínio de tempo para o domínio de frequência em cada um dos elementos. Mais uma vez, suporemos a regra dos sinais.

Comecemos pelo resistor. Se a corrente através de um resistor R for $i = I_m\cos(\omega t + \phi)$, a tensão nele será dada pela lei de Ohm, como segue

$$v = iR = RI_m\cos(\omega t + \phi) \quad (9.29)$$

Na forma de fasores, esta tensão é

$$\mathbf{V} = RI_m\underline{/\phi} \quad (9.30)$$

Porém, a representação fasorial da corrente é $\mathbf{I} = I_m\underline{/\phi}$. Logo,

$$\mathbf{V} = R\mathbf{I} \quad (9.31)$$

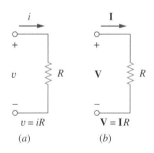

Figura 9.9 Relações tensão-corrente para um resistor: (a) no domínio do tempo; (b) no domínio da frequência.

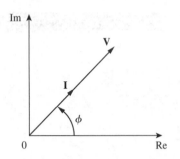

Figura 9.10 Diagrama fasorial para o resistor.

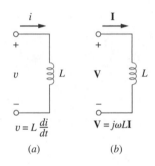

Figura 9.11 Relações tensão-corrente para um indutor: (*a*) no domínio do tempo; (*b*) no domínio da frequência.

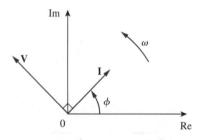

Figura 9.12 Diagrama fasorial para o indutor; **I** está atrasada em relação a **V**.

> Embora seja igualmente correto dizer que a tensão no indutor está adiantada em 90° em relação à corrente, a convenção fornece a fase da corrente em relação à tensão.

mostrando que a relação tensão-corrente para o resistor no domínio dos fasores continua a ser a lei de Ohm, como acontece no domínio do tempo. A Figura 9.9 ilustra as relações tensão-corrente de um resistor. Deve-se notar, a partir da Equação (9.31), que a tensão e a corrente estão em fase, conforme ilustrado no diagrama fasorial da Figura 9.10.

Para o indutor L, suponha que a corrente através dele seja $i = I_m \cos(\omega t + \phi)$. A tensão no indutor é

$$v = L\frac{di}{dt} = -\omega L I_m \operatorname{sen}(\omega t + \phi) \quad (9.32)$$

Relembrando da Equação (9.10) que $-\operatorname{sen} A = \cos(A + 90°)$, podemos escrever a tensão como

$$v = \omega L I_m \cos(\omega t + \phi + 90°) \quad (9.33)$$

que pode ser transformada no fasor

$$\mathbf{V} = \omega L I_m e^{j(\phi + 90°)} = \omega L I_m e^{j\phi} e^{j90°} = \omega L I_m \underline{/\phi + 90°} \quad (9.34)$$

Porém, $I_m\underline{/\phi} = \mathbf{I}$, e a partir da Equação (9.19), $e^{j90°} = j$. Logo,

$$\mathbf{V} = j\omega L \mathbf{I} \quad (9.35)$$

revelando que a tensão tem magnitude igual a $\omega L I_m$ e fase $\phi + 90°$. A tensão e a corrente estão 90° fora de fase. Mais especificamente, a corrente está atrasada em 90°. A Figura 9.11 mostra as relações tensão-corrente para um indutor. A Figura 9.12 mostra o diagrama fasorial.

Para o capacitor C, suponha que a tensão nele seja $v = V_m \cos(\omega t + \phi)$. A corrente através do capacitor é

$$i = C\frac{dv}{dt} \quad (9.36)$$

Seguindo as mesmas etapas realizadas para o caso do indutor ou aplicando a Equação (9.27) na Equação (9.36), obtemos

$$\mathbf{I} = j\omega C \mathbf{V} \quad \Rightarrow \quad \mathbf{V} = \frac{\mathbf{I}}{j\omega C} \quad (9.37)$$

demonstrando que a corrente e a tensão estão 90° fora de fase. Sendo mais específico, a corrente está adiantada em 90° em relação à tensão. A Figura 9.13 mostra as relações tensão-corrente para o capacitor; e a Figura 9.14 fornece o diagrama fasorial. A Tabela 9.2 sintetiza as representações dos elementos de circuitos nos domínios do tempo e dos fasores.

Tabela 9.2 • Resumo das relações tensão-corrente.

Elemento	Domínio do tempo	Domínio da frequência
R	$v = Ri$	$\mathbf{V} = R\mathbf{I}$
L	$v = L\dfrac{di}{dt}$	$\mathbf{V} = j\omega L\mathbf{I}$
C	$i = C\dfrac{dv}{dt}$	$\mathbf{V} = \dfrac{\mathbf{I}}{j\omega C}$

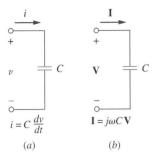
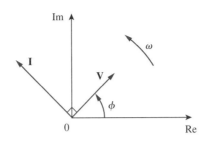

Figura 9.13 Relações tensão-corrente para um capacitor: (a) no domínio do tempo; (b) no domínio da frequência.

Figura 9.14 Diagrama fasorial para o capacitor; **I** está adiantada em relação a **V**.

EXEMPLO 9.8

A tensão $v = 12\cos(60t + 45°)$ é aplicada a um indutor de 0,1 H. Determine a corrente em regime estacionário através do indutor.

Solução: Para o indutor, $\mathbf{V} = j\omega L\mathbf{I}$, onde $\omega = 60$ rad/s e $\mathbf{V} = 12\underline{/45°}$ V. Portanto,

$$\mathbf{I} = \frac{\mathbf{V}}{j\omega L} = \frac{12\underline{/45°}}{j60 \times 0{,}1} = \frac{12\underline{/45°}}{6\underline{/90°}} = 2\underline{/-45°}\ \text{A}$$

Convertendo esta para o domínio do tempo,

$$i(t) = 2\cos(60t - 45°)\ \text{A}$$

PROBLEMA PRÁTICO 9.8

Se a tensão $v = 10\cos(100t + 30°)$ for aplicada a um capacitor de 50 μF, calcule a corrente através do capacitor.

Resposta: $50\cos(100t + 120°)$ mA.

9.5 Impedância e admitância

Anteriormente, obtivemos as relações tensão-corrente para os três elementos passivos como segue

$$\mathbf{V} = R\mathbf{I}, \qquad \mathbf{V} = j\omega L\mathbf{I}, \qquad \mathbf{V} = \frac{\mathbf{I}}{j\omega C} \qquad (9.38)$$

Estas equações podem ser escritas em termos da razão entre a tensão fasorial e a corrente fasorial como indicado a seguir

$$\frac{\mathbf{V}}{\mathbf{I}} = R, \qquad \frac{\mathbf{V}}{\mathbf{I}} = j\omega L, \qquad \frac{\mathbf{V}}{\mathbf{I}} = \frac{1}{j\omega C} \qquad (9.39)$$

Dessas três expressões, obtemos a lei de Ohm na forma fasorial para qualquer tipo de elemento:

$$\boxed{\mathbf{Z} = \frac{\mathbf{V}}{\mathbf{I}} \qquad \text{ou} \qquad \mathbf{V} = \mathbf{Z}\mathbf{I}} \qquad (9.40)$$

onde **Z** é um valor dependente da frequência conhecido como *impedância* e medido em ohms.

Tabela 9.3 • Impedância e admitância de elementos passivos.

Elemento	Impedância	Admitância
R	$\mathbf{Z} = R$	$\mathbf{Y} = \dfrac{1}{R}$
L	$\mathbf{Z} = j\omega L$	$\mathbf{Y} = \dfrac{1}{j\omega L}$
C	$\mathbf{Z} = \dfrac{1}{j\omega C}$	$\mathbf{Y} = j\omega C$

A **impedância Z** de um circuito é a razão entre a tensão fasorial **V** e a corrente fasorial **I**, medida em ohms (Ω).

A impedância representa a oposição que um circuito oferece ao fluxo de corrente senoidal. Embora seja a razão entre dois fasores, ela não é um fasor, pois não corresponde a uma quantidade que varia como uma senoide.

As impedâncias de resistores, indutores e capacitores podem ser prontamente obtidas da Equação (9.39). A Tabela 9.3 fornece um resumo de suas impedâncias. Podemos observar na tabela que $\mathbf{Z}_L = j\omega L$ e $\mathbf{Z}_C = -j/\omega C$. Consideremos dois casos extremos de frequência angular. Quando $\omega = 0$ (ou seja, para fontes CC), $\mathbf{Z}_L = 0$ e $\mathbf{Z}_C \to \infty$, confirmando o que já sabíamos: que o indutor se comporta como um curto-circuito, enquanto o capacitor atua como um circuito aberto. Quando $\omega \to \infty$ (ou seja, para alta frequência), $\mathbf{Z}_L \to \infty$ e $\mathbf{Z}_C = 0$, indicando que o indutor é um circuito aberto em alta frequência, uma vez que o capacitor é um curto-circuito. A Figura 9.15 ilustra esse fato.

Sendo um valor complexo, a impedância pode ser expressa na forma retangular como segue

$$\mathbf{Z} = R + jX \quad (9.41)$$

onde $R = \mathrm{Re}\,\mathbf{Z}$ é a *resistência* e $X = I_m\,\mathbf{Z}$ é a *reatância*. A reatância X pode ser positiva ou negativa. Dizemos que a impedância é indutiva quando X é positiva, ou capacitiva quando X é negativa. Portanto, diz-se que a impedância $\mathbf{Z} = R - jX$ é *capacitiva* ou avançada, porque a corrente está adiantada em relação à tensão. Impedância, resistência e reatância são todas medidas em ohms. A impedância também pode ser expressa na forma polar como

$$\mathbf{Z} = |\mathbf{Z}|\,\underline{/\theta} \quad (9.42)$$

Comparando as Equações (9.41) e (9.42), inferimos que

$$\boxed{\mathbf{Z} = R + jX = |\mathbf{Z}|\,\underline{/\theta}} \quad (9.43)$$

onde

$$|\mathbf{Z}| = \sqrt{R^2 + X^2}, \qquad \theta = \mathrm{tg}^{-1}\dfrac{X}{R} \quad (9.44)$$

e

$$R = |\mathbf{Z}|\cos\theta, \qquad X = |\mathbf{Z}|\,\mathrm{sen}\,\theta \quad (9.45)$$

Algumas vezes, é conveniente trabalhar com o inverso da impedância, conhecida como *admitância*.

A **admitância Y** é o inverso da impedância, medida em siemens (S).

A admitância **Y** de um elemento (ou de um circuito) é a razão entre a corrente fasorial e a tensão fasorial nesse elemento (ou circuito), ou

$$\boxed{\mathbf{Y} = \dfrac{1}{\mathbf{Z}} = \dfrac{\mathbf{I}}{\mathbf{V}}} \quad (9.46)$$

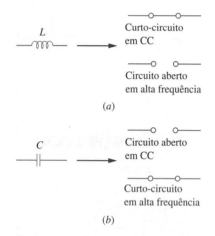

Figura 9.15 Circuitos equivalentes em CC e em alta frequência: (*a*) indutor; (*b*) capacitor.

As admitâncias de resistores, indutores e capacitores podem ser obtidas da Equação (9.39). Todas elas são apresentadas em um resumo na Tabela 9.3.

Sendo um valor complexo, podemos escrever **Y** como segue

$$\boxed{\mathbf{Y} = G + jB} \quad (9.47)$$

onde $G = \text{Re } \mathbf{Y}$ é chamada *condutância* e $B = \text{Im } \mathbf{Y}$ é denominada *susceptância*. Admitância, condutância e susceptância são todas expressas na unidade siemens (ou mhos). A partir das Equações (9.41) e (9.47),

$$G + jB = \frac{1}{R + jX} \quad (9.48)$$

Pela racionalização,

$$G + jB = \frac{1}{R + jX} \cdot \frac{R - jX}{R - jX} = \frac{R - jX}{R^2 + X^2} \quad (9.49)$$

Equacionando as partes real e imaginária resulta em

$$G = \frac{R}{R^2 + X^2}, \qquad B = -\frac{X}{R^2 + X^2} \quad (9.50)$$

demonstrando que $G \neq 1/R$ como acontece em circuitos resistivos. Obviamente, se $X = 0$, então $G = 1/R$.

EXEMPLO 9.9

Determine $v(t)$ e $i(t)$ no circuito apresentado na Figura 9.16.

Solução: Da fonte de tensão $10 \cos 4t$; $\omega = 4$,

$$\mathbf{V}_s = 10 \underline{/0°} \text{ V}$$

A impedância é

$$\mathbf{Z} = 5 + \frac{1}{j\omega C} = 5 + \frac{1}{j4 \times 0,1} = 5 - j2,5 \text{ } \Omega$$

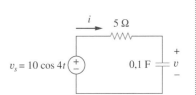

Figura 9.16 Esquema para o Exemplo 9.9.

Portanto, a corrente é

$$\mathbf{I} = \frac{\mathbf{V}_s}{\mathbf{Z}} = \frac{10\underline{/0°}}{5 - j2,5} = \frac{10(5 + j2,5)}{5^2 + 2,5^2} \quad (9.9.1)$$
$$= 1,6 + j0,8 = 1,789 \underline{/26,57°} \text{ A}$$

A tensão no capacitor é

$$\mathbf{V} = \mathbf{IZ}_C = \frac{\mathbf{I}}{j\omega C} = \frac{1,789\underline{/26,57°}}{j4 \times 0,1}$$
$$= \frac{1,789\underline{/26,57°}}{0,4\underline{/90°}} = 4,47\underline{/-63,43°} \text{ V} \quad (9.9.2)$$

Convertendo **I** e **V** nas Equações (9.9.1) e (9.9.2) para o domínio do tempo, obtemos

$$i(t) = 1,789 \cos(4t + 26,57°) \text{ A}$$
$$v(t) = 4,47 \cos(4t - 63,43°) \text{ V}$$

Note que $i(t)$ está adiantada em relação a $v(t)$ em 90°, conforme esperado.

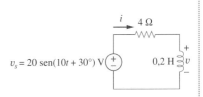

Figura 9.17 Esquema para o Problema prático 9.9.

PROBLEMA PRÁTICO 9.9

Consulte a Figura 9.17. Determine $v(t)$ e $i(t)$.

Resposta: $8,944 \text{ sen}(10t + 93,43°)$ V; $4,472 \text{ sen}(10t + 3,43°)$ A.

9.6 †As leis de Kirchhoff no domínio da frequência

Não é possível realizar análise de circuitos no domínio de frequência sem o uso das leis dos nós e das malhas. Consequentemente, precisamos expressá-las no domínio da frequência.

Para a LKT, seja $v_1, v_2, ..., v_n$ as tensões em um laço fechado. Então

$$v_1 + v_2 + \cdots + v_n = 0 \tag{9.51}$$

No regime estacionário senoidal, cada tensão pode ser escrita na forma de cosseno, de modo que a Equação (9.51) fica

$$V_{m1}\cos(\omega t + \theta_1) + V_{m2}\cos(\omega t + \theta_2) \\ + \cdots + V_{mn}\cos(\omega t + \theta_n) = 0 \tag{9.52}$$

Esta pode ser escrita como

$$\text{Re}(V_{m1}e^{j\theta_1}e^{j\omega t}) + \text{Re}(V_{m2}e^{j\theta_2}e^{j\omega t}) + \cdots + \text{Re}(V_{mn}e^{j\theta_n}e^{j\omega t}) = 0$$

ou

$$\text{Re}[(V_{m1}e^{j\theta_1} + V_{m2}e^{j\theta_2} + \cdots + V_{mn}e^{j\theta_n})e^{j\omega t}] = 0 \tag{9.53}$$

Se fizermos $\mathbf{V}_k = V_{mk}e^{j\theta_k}$, então

$$\text{Re}[(\mathbf{V}_1 + \mathbf{V}_2 + \cdots + \mathbf{V}_n)e^{j\omega t}] = 0 \tag{9.54}$$

Uma vez que $e^{j\omega t} \neq 0$,

$$\mathbf{V}_1 + \mathbf{V}_2 + \cdots + \mathbf{V}_n = 0 \tag{9.55}$$

indicando que a lei de Kirchhoff para tensão é válida para fasores.

Seguindo procedimento similar, podemos demonstrar que a lei de Kirchhoff para corrente também é válida para fasores. Se chamarmos de $i_1, i_2, ..., i_n$ as correntes que entram ou saem em uma superfície fechada em um circuito no instante t, então

$$i_1 + i_2 + \cdots + i_n = 0 \tag{9.56}$$

Se $\mathbf{I}_1, \mathbf{I}_2, ..., \mathbf{I}_n$ forem as formas fasoriais das senoides $i_1, i_2, ..., i_n$, então

$$\mathbf{I}_1 + \mathbf{I}_2 + \cdots + \mathbf{I}_n = 0 \tag{9.57}$$

que é a lei de Kirchhoff para corrente no domínio da frequência.

Uma vez demonstradas as LKT e a LKC no domínio da frequência, fica fácil realizar várias coisas, entre as quais associação de impedâncias, análises nodal e de malhas, superposição e transformação de fontes.

9.7 Associações de impedâncias

Considere as N impedâncias associadas em série mostradas na Figura 9.18. A mesma corrente $\mathbf{I}$ flui pelas impedâncias. Aplicando a LKT no laço, obtemos

$$\mathbf{V} = \mathbf{V}_1 + \mathbf{V}_2 + \cdots + \mathbf{V}_N = \mathbf{I}(\mathbf{Z}_1 + \mathbf{Z}_2 + \cdots + \mathbf{Z}_N) \tag{9.58}$$

A impedância equivalente nos terminais de entrada é

$$\mathbf{Z}_{eq} = \frac{\mathbf{V}}{\mathbf{I}} = \mathbf{Z}_1 + \mathbf{Z}_2 + \cdots + \mathbf{Z}_N$$

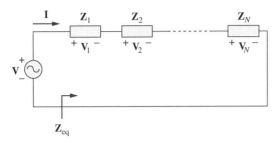

Figura 9.18 N impedâncias em série.

ou

$$\mathbf{Z}_{eq} = \mathbf{Z}_1 + \mathbf{Z}_2 + \cdots + \mathbf{Z}_N \quad (9.59)$$

demonstrando que a impedância total ou equivalente de impedâncias ligadas em série é igual à soma de cada impedância. Isso é similar à associação em série de resistências.

Se $N = 2$, conforme mostrado na Figura 9.19, a corrente através das impedâncias é

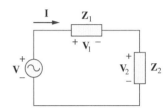

Figura 9.19 Divisão de tensão.

$$\mathbf{I} = \frac{\mathbf{V}}{\mathbf{Z}_1 + \mathbf{Z}_2} \quad (9.60)$$

Uma vez que $\mathbf{V}_1 = \mathbf{Z}_1\mathbf{I}$ e $\mathbf{V}_2 = \mathbf{Z}_2\mathbf{I}$, então

$$\mathbf{V}_1 = \frac{\mathbf{Z}_1}{\mathbf{Z}_1 + \mathbf{Z}_2}\mathbf{V}, \qquad \mathbf{V}_2 = \frac{\mathbf{Z}_2}{\mathbf{Z}_1 + \mathbf{Z}_2}\mathbf{V} \quad (9.61)$$

que é a relação de *divisão de tensão*.

Da mesma maneira, podemos obter a admitância ou impedância equivalente de N impedâncias associadas em paralelo, como mostrado na Figura 9.20. A tensão em cada impedância é a mesma. Aplicando a LKC ao nó superior,

$$\mathbf{I} = \mathbf{I}_1 + \mathbf{I}_2 + \cdots + \mathbf{I}_N = \mathbf{V}\left(\frac{1}{\mathbf{Z}_1} + \frac{1}{\mathbf{Z}_2} + \cdots + \frac{1}{\mathbf{Z}_N}\right) \quad (9.62)$$

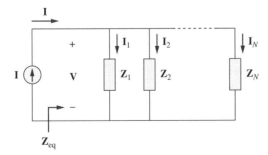

Figura 9.20 N impedâncias em paralelo.

A impedância equivalente é

$$\frac{1}{\mathbf{Z}_{eq}} = \frac{\mathbf{I}}{\mathbf{V}} = \frac{1}{\mathbf{Z}_1} + \frac{1}{\mathbf{Z}_2} + \cdots + \frac{1}{\mathbf{Z}_N} \quad (9.63)$$

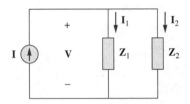

Figura 9.21 Divisão de corrente.

e a admitância equivalente é

$$\mathbf{Y}_{eq} = \mathbf{Y}_1 + \mathbf{Y}_2 + \cdots + \mathbf{Y}_N \quad (9.64)$$

Isso indica que a admitância equivalente de uma associação em paralelo de admitâncias é igual à soma das admitâncias individuais.

Quando $N = 2$, como mostrado na Figura 9.21, a impedância equivalente fica

$$\mathbf{Z}_{eq} = \frac{1}{\mathbf{Y}_{eq}} = \frac{1}{\mathbf{Y}_1 + \mathbf{Y}_2} = \frac{1}{1/\mathbf{Z}_1 + 1/\mathbf{Z}_2} = \frac{\mathbf{Z}_1 \mathbf{Z}_2}{\mathbf{Z}_1 + \mathbf{Z}_2} \quad (9.65)$$

Da mesma forma, já que

$$\mathbf{V} = \mathbf{I}\mathbf{Z}_{eq} = \mathbf{I}_1 \mathbf{Z}_1 = \mathbf{I}_2 \mathbf{Z}_2$$

as correntes nas impedâncias são

$$\mathbf{I}_1 = \frac{\mathbf{Z}_2}{\mathbf{Z}_1 + \mathbf{Z}_2}\mathbf{I}, \qquad \mathbf{I}_2 = \frac{\mathbf{Z}_1}{\mathbf{Z}_1 + \mathbf{Z}_2}\mathbf{I} \quad (9.66)$$

que é o princípio da *divisão de corrente*.

As transformações estrela-triângulo e triângulo-estrela que aplicamos aos circuitos resistivos também são válidas para as impedâncias. Em relação à Figura 9.22, as fórmulas de conversão são as seguintes:

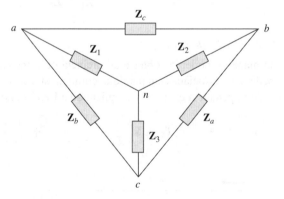

Figura 9.22 Circuitos estrela e triângulo superpostos.

Transformação estrela-triângulo:

$$\mathbf{Z}_a = \frac{\mathbf{Z}_1\mathbf{Z}_2 + \mathbf{Z}_2\mathbf{Z}_3 + \mathbf{Z}_3\mathbf{Z}_1}{\mathbf{Z}_1}$$
$$\mathbf{Z}_b = \frac{\mathbf{Z}_1\mathbf{Z}_2 + \mathbf{Z}_2\mathbf{Z}_3 + \mathbf{Z}_3\mathbf{Z}_1}{\mathbf{Z}_2} \quad (9.67)$$
$$\mathbf{Z}_c = \frac{\mathbf{Z}_1\mathbf{Z}_2 + \mathbf{Z}_2\mathbf{Z}_3 + \mathbf{Z}_3\mathbf{Z}_1}{\mathbf{Z}_3}$$

Transformação triângulo-estrela:

$$\boxed{\begin{aligned} \mathbf{Z}_1 &= \frac{\mathbf{Z}_b \mathbf{Z}_c}{\mathbf{Z}_a + \mathbf{Z}_b + \mathbf{Z}_c} \\ \mathbf{Z}_2 &= \frac{\mathbf{Z}_c \mathbf{Z}_a}{\mathbf{Z}_a + \mathbf{Z}_b + \mathbf{Z}_c} \\ \mathbf{Z}_3 &= \frac{\mathbf{Z}_a \mathbf{Z}_b}{\mathbf{Z}_a + \mathbf{Z}_b + \mathbf{Z}_c} \end{aligned}} \quad (9.68)$$

> Diz-se que um circuito triângulo ou estrela está **equilibrado** se ele tiver impedâncias iguais em todos os três ramos.

Quando um circuito triângulo-estrela está equilibrado, as Equações (9.67) e (9.68) ficam

$$\boxed{\mathbf{Z}_\Delta = 3\mathbf{Z}_Y \quad \text{ou} \quad \mathbf{Z}_Y = \frac{1}{3}\mathbf{Z}_\Delta} \quad (9.69)$$

onde $\mathbf{Z}_Y = \mathbf{Z}_1 = \mathbf{Z}_2 = \mathbf{Z}_3$ e $\mathbf{Z}_\Delta = \mathbf{Z}_a = \mathbf{Z}_b = \mathbf{Z}_c$.

Como podemos ver nesta seção, os princípios de divisão de corrente, divisão de tensão, redução de circuitos, equivalência de impedância e transformação estrela-triângulo se aplicam também aos circuitos CA. O Capítulo 10 mostrará que outras técnicas de circuitos – como superposição, análise nodal, análise de malhas, transformação de fontes, teoremas de Thévenin e de Norton – podem ser aplicados nos circuitos CA de maneira similar às suas aplicações em circuitos CC.

EXEMPLO 9.10

Determine a impedância de entrada do circuito na Figura 9.23. Suponha que o circuito opere com $\omega = 50$ rad/s.

Solução: Seja

$\mathbf{Z}_1$ = Impedância do capacitor de 2 mF

$\mathbf{Z}_2$ = Impedância do resistor de 3 Ω em série com o capacitor de 10 mF

$\mathbf{Z}_3$ = Impedância do indutor de 0,2 H em série com o resistor de 8 Ω.

Então,

$$\mathbf{Z}_1 = \frac{1}{j\omega C} = \frac{1}{j50 \times 2 \times 10^{-3}} = -j10 \; \Omega$$

$$\mathbf{Z}_2 = 3 + \frac{1}{j\omega C} = 3 + \frac{1}{j50 \times 10 \times 10^{-3}} = (3 - j2) \; \Omega$$

$$\mathbf{Z}_3 = 8 + j\omega L = 8 + j50 \times 0{,}2 = (8 + j10) \; \Omega$$

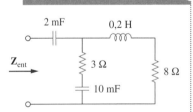

Figura 9.23 Esquema para o Exemplo 9.10.

A impedância de entrada é

$$\mathbf{Z}_{ent} = \mathbf{Z}_1 + \mathbf{Z}_2 \parallel \mathbf{Z}_3 = -j10 + \frac{(3-j2)(8+j10)}{11 + j8}$$

$$= -j10 + \frac{(44 + j14)(11 - j8)}{11^2 + 8^2} = -j10 + 3{,}22 - j1{,}07 \; \Omega$$

Portanto,
$$Z_{ent} = 3{,}22 - j11{,}07 \ \Omega$$

PROBLEMA PRÁTICO 9.10

Determine a impedância de entrada do circuito da Figura 9.24 com $\omega = 10$ rad/s.

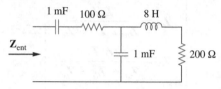

Figura 9.24 Esquema para o Problema prático 9.10.

Resposta: $(149{,}52 - j195) \ \Omega$.

EXEMPLO 9.11

Determine $v_o(t)$ no circuito da Figura 9.25.

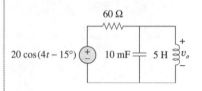

Figura 9.25 Esquema para o Exemplo 9.11.

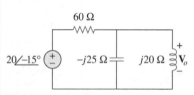

Figura 9.26 O equivalente no domínio da frequência do circuito da Figura 9.25.

Solução: Para podermos fazer análise de circuitos no domínio da frequência, temos, primeiro, de transformar o circuito no domínio do tempo da Figura 9.25 ao equivalente no domínio dos fasores da Figura 9.26. A transformação produz

$$v_s = 20\cos(4t - 15°) \Rightarrow V_s = 20\underline{/-15°} \text{ V}, \quad \omega = 4$$

$$10 \text{ mF} \Rightarrow \frac{1}{j\omega C} = \frac{1}{j4 \times 10 \times 10^{-3}} = -j25 \ \Omega$$

$$5 \text{ H} \Rightarrow j\omega L = j4 \times 5 = j20 \ \Omega$$

Seja

Z_1 = Impedância do resistor de 60 Ω
Z_2 = Impedância da associação em paralelo entre o capacitor de 10 mF e o indutor de 5 H

Então $Z_1 = 60 \ \Omega$ e

$$Z_2 = -j25 \parallel j20 = \frac{-j25 \times j20}{-j25 + j20} = j100 \ \Omega$$

Pelo princípio da divisão de tensão,

$$V_o = \frac{Z_2}{Z_1 + Z_2} V_s = \frac{j100}{60 + j100}(20\underline{/-15°})$$
$$= (0{,}8575\underline{/30{,}96°})(20\underline{/-15°}) = 17{,}15\underline{/15{,}96°} \text{ V}$$

Convertendo essa última para o domínio do tempo, obtemos

$$v_o(t) = 17{,}15\cos(4t + 15{,}96°) \text{ V}$$

PROBLEMA PRÁTICO 9.11

Calcule v_o no circuito da Figura 9.27.

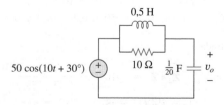

Figura 9.27 Esquema para o Problema prático 9.11.

Resposta: $v_o(t) = 35{,}36\cos(10t - 105°)$ V.

EXEMPLO 9.12

Determine a corrente **I** no circuito da Figura 9.28.

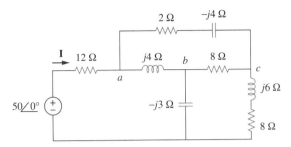

Figura 9.28 Esquema para o Exemplo 9.12.

Solução: A rede conectada em triângulo com os nós a, b e c pode ser convertida na rede em estrela da Figura 9.29. Obtemos as impedâncias Y como segue, usando a Equação (9.68):

$$\mathbf{Z}_{an} = \frac{j4(2 - j4)}{j4 + 2 - j4 + 8} = \frac{4(4 + j2)}{10} = (1{,}6 + j0{,}8)\ \Omega$$

$$\mathbf{Z}_{bn} = \frac{j4(8)}{10} = j3{,}2\ \Omega, \qquad \mathbf{Z}_{cn} = \frac{8(2 - j4)}{10} = (1{,}6 - j3{,}2)\ \Omega$$

A impedância total nos terminais da fonte é

$$\begin{aligned}\mathbf{Z} &= 12 + \mathbf{Z}_{an} + (\mathbf{Z}_{bn} - j3) \parallel (\mathbf{Z}_{cn} + j6 + 8)\\ &= 12 + 1{,}6 + j0{,}8 + (j0{,}2) \parallel (9{,}6 + j2{,}8)\\ &= 13{,}6 + j0{,}8 + \frac{j0{,}2(9{,}6 + j2{,}8)}{9{,}6 + j3}\\ &= 13{,}6 + j1 = 13{,}64\underline{/4{,}204°}\ \Omega\end{aligned}$$

A corrente desejada é

$$\mathbf{I} = \frac{\mathbf{V}}{\mathbf{Z}} = \frac{50\underline{/0°}}{13{,}64\underline{/4{,}204°}} = 3{,}666\underline{/-4{,}204°}\ \text{A}$$

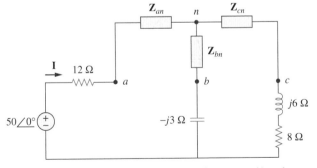

Figura 9.29 O circuito da Figura 9.28 após a transformação triângulo-estrela.

PROBLEMA PRÁTICO 9.12

Determine **I** no circuito da Figura 9.30.

Resposta: $9{,}546\underline{/33{,}8°}$ A.

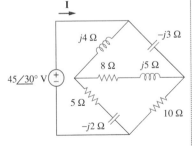

Figura 9.30 Esquema para o Problema prático 9.12.

9.8 †Aplicações

Nos Capítulos 7 e 8, vimos certos empregos dos circuitos RC, RL e RLC em aplicações de CC, os quais também possuem aplicações em CA, como circuitos de acoplamento, comutadores de fase, filtros, circuitos ressonantes, circuitos em ponte e transformadores. Vamos considerar alguns deles depois. Para nós, será suficiente analisarmos aqui apenas dois deles: os circuitos RC comutadores de fase e as pontes CA.

9.8.1 Comutadores de fase

Um comutador de fase é normalmente empregado para corrigir um deslocamento de fase indesejado presente em um circuito, ou então para produzir efeitos especiais desejados. Um circuito RC é adequado a essa finalidade, pois seu capacitor faz a corrente do circuito ficar adiantada em relação à tensão aplicada. Dois circuitos RC comumente utilizados são apresentados na Figura 9.31. (Os circuitos RL ou qualquer circuito reativo também poderiam ser usados para a mesma finalidade.)

Na Figura 9.31a, a corrente $\mathbf{I}$ no circuito está adiantada em relação à tensão $\mathbf{V}_i$ aplicada com algum ângulo θ, $0 < \theta < 90°$, onde dependendo dos valores de R e C. Se $X_C = -1/\omega C$, então a impedância total é $\mathbf{Z} = R + jX_C$ e o deslocamento de fase é dado por

$$\theta = \text{tg}^{-1}\frac{X_C}{R} \qquad (9.70)$$

Isso mostra que o nível de deslocamento de fase depende dos valores de R, C e da frequência operacional. Já que a tensão $\mathbf{V}_o$ no resistor está em fase com a corrente, $\mathbf{V}_o$ está adiantada (deslocamento de fase positivo) em relação a $\mathbf{V}_i$, conforme exposto na Figura 9.32a.

Na Figura 9.31b, a saída é medida no capacitor. O avanço da corrente $\mathbf{I}$ em relação à tensão de entrada $\mathbf{V}_i$ é θ, porém a tensão de saída $v_o(t)$ no capacitor está atrasada (deslocamento de fase negativo) em relação à tensão de entrada $v_i(t)$, conforme ilustrado na Figura 9.32b.

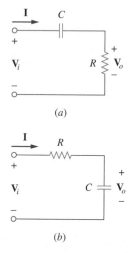

Figura 9.31 Deslocamento de fase em circuitos RC: (a) saída adiantada; (b) saída atrasada.

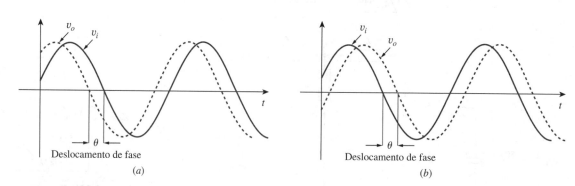

Figura 9.32 Deslocamento de fase em circuitos RC: (a) saída adiantada; (b) saída atrasada.

Devemos ter em mente que os circuitos RC simples da Figura 9.31 também atuam como divisores de tensão. Portanto, à medida que o deslocamento de fase θ se aproxima de 90°, a tensão de saída $\mathbf{V}_o$ se aproxima de zero. Por essa razão, esses circuitos RC simples são usados apenas quando são necessários pequenos deslocamentos de fase, e se esses deslocamentos forem superiores a 60°, os circuitos RC simples são colocados em cascata, fornecendo então um deslocamento de fase total igual à soma dos deslocamentos de fase individuais. Na prática, os deslocamentos de fase em razão dos estágios não são iguais, pois os estágios seguintes sobrecarregam os anteriores, a menos que sejam usados AOPs para separar os estágios.

EXEMPLO 9.13

Projete um circuito RC para fornecer um avanço de fase igual a 90°.

Solução: Se selecionarmos componentes de circuito de mesmo valor ôhmico, como $R = |XC| = 20\ \Omega$, em dada frequência, de acordo com a Equação (9.70), o deslocamento de fase é exatamente igual a 45°. Colocando em cascata dois circuitos RC similares aos da Figura 9.31a, obtemos o circuito da Figura 9.33, fornecendo um deslocamento de fase ou avanço positivo igual a 90°, como mostraremos mais adiante. Usando a técnica de associação em paralelo, **Z** na Figura 9.33 é obtida como

$$\mathbf{Z} = 20\ \|\ (20 - j20) = \frac{20(20 - j20)}{40 - j20} = 12 - j4\ \Omega \quad (9.13.1)$$

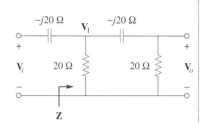

Figura 9.33 Um circuito RC para deslocamento de fase com avanço de 90°; esquema para o Exemplo 9.13.

Usando divisão de tensão,

$$\mathbf{V}_1 = \frac{\mathbf{Z}}{\mathbf{Z} - j20}\mathbf{V}_i = \frac{12 - j4}{12 - j24}\mathbf{V}_i = \frac{\sqrt{2}}{3}\underline{/45°}\ \mathbf{V}_i \quad (9.13.2)$$

e

$$\mathbf{V}_o = \frac{20}{20 - j20}\mathbf{V}_1 = \frac{\sqrt{2}}{2}\underline{/45°}\ \mathbf{V}_1 \quad (9.13.3)$$

Substituindo a Equação (9.13.2) na Equação (9.13.3) leva a

$$\mathbf{V}_o = \left(\frac{\sqrt{2}}{2}\underline{/45°}\right)\left(\frac{\sqrt{2}}{3}\underline{/45°}\ \mathbf{V}_i\right) = \frac{1}{3}\underline{/90°}\ \mathbf{V}_i$$

Portanto, a saída está avançada 90° em relação à entrada, porém sua magnitude é de apenas cerca de 33% da entrada.

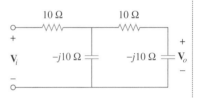

Figura 9.34 Esquema para o Problema prático 9.13.

PROBLEMA PRÁTICO 9.13

Desenhe um circuito RC para fornecer um deslocamento de fase de atraso igual a 90° da tensão de saída em relação à tensão de entrada. Se for aplicada uma tensão CA de 60 V RMS, qual será a tensão de saída?

Resposta: A Figura 9.34 mostra um projeto típico; 20 V RMS.

EXEMPLO 9.14

Para o circuito RL, mostrado na Figura 9.35a, calcule o nível de deslocamento de fase produzido em 2 kHz.

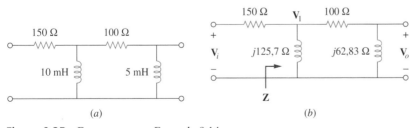

Figura 9.35 Esquema para o Exemplo 9.14.

Solução: Em 2 kHz, transformamos as indutâncias de 10 mH e 5 mH para as impedâncias correspondentes.

$$10\ \text{mH} \quad \Rightarrow \quad X_L = \omega L = 2\pi \times 2 \times 10^3 \times 10 \times 10^{-3}$$
$$= 40\pi = 125{,}7\ \Omega$$

$$5\ \text{mH} \quad \Rightarrow \quad X_L = \omega L = 2\pi \times 2 \times 10^3 \times 5 \times 10^{-3}$$
$$= 20\pi = 62{,}83\ \Omega$$

Considere o circuito da Figura 9.35b. A impedância **Z** é a associação em paralelo de $j125{,}7\ \Omega$ e $100 + j62{,}83\ \Omega$. Portanto,

$$\mathbf{Z} = j125{,}7 \parallel (100 + j62{,}83)$$
$$= \frac{j125{,}7(100 + j62{,}83)}{100 + j188{,}5} = 69{,}56\underline{/60{,}1°}\ \Omega \quad (9.14.1)$$

Usando divisão de tensão,

$$\mathbf{V}_1 = \frac{\mathbf{Z}}{\mathbf{Z} + 150}\mathbf{V}_i = \frac{69{,}56\underline{/60{,}1°}}{184{,}7 + j60{,}3}\mathbf{V}_i$$
$$= 0{,}3582\underline{/42{,}02°}\ \mathbf{V}_i \quad (9.14.2)$$

e

$$\mathbf{V}_o = \frac{j62{,}832}{100 + j62{,}832}\mathbf{V}_1 = 0{,}532\underline{/57{,}86°}\ \mathbf{V}_1 \quad (9.14.3)$$

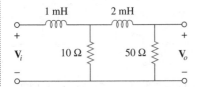

Figura 9.36 Esquema para o Problema prático 9.14.

Combinando as Equações (9.14.2) e (9.14.3),

$$\mathbf{V}_o = (0{,}532\underline{/57{,}86°})(0{,}3582\underline{/42{,}02°})\ \mathbf{V}_i = 0{,}1906\underline{/100°}\ \mathbf{V}_i$$

mostrando que a saída está cerca de 19% da entrada em termos de magnitude, porém avançada em relação à entrada em 100°. Se o circuito for terminado por uma carga, a carga afetará o deslocamento de fase.

PROBLEMA PRÁTICO 9.14

Consulte o circuito *RL* da Figura 9.36. Se for aplicado 10 V, determine a magnitude e o deslocamento de fase produzido em 5 kHz. Especifique se o deslocamento de fase é um avanço ou atraso.

Resposta: 1,7161 V, 120,39°, atraso.

9.8.2 Pontes CA

Uma ponte CA é usada na medida da indutância L de um indutor e da capacitância C de um capacitor, sendo similar em forma à ponte de Wheatstone para medição de uma resistência desconhecida (discutida na Seção 4.10) e seguindo o mesmo princípio. Entretanto, para medir L e C é preciso uma fonte CA, bem como um medidor CA, em vez do galvanômetro. O medidor CA pode ser um voltímetro ou um amperímetro CA sensível.

Consideremos a ponte CA genérica mostrada na Figura 9.37. A ponte está *equilibrada* quando nenhuma corrente flui pelo medidor. Isso significa que $\mathbf{V}_1 = \mathbf{V}_2$. Aplicando o princípio da divisão de tensão,

$$\mathbf{V}_1 = \frac{\mathbf{Z}_2}{\mathbf{Z}_1 + \mathbf{Z}_2}\mathbf{V}_s = \mathbf{V}_2 = \frac{\mathbf{Z}_x}{\mathbf{Z}_3 + \mathbf{Z}_x}\mathbf{V}_s \quad (9.71)$$

Portanto,

$$\frac{\mathbf{Z}_2}{\mathbf{Z}_1 + \mathbf{Z}_2} = \frac{\mathbf{Z}_x}{\mathbf{Z}_3 + \mathbf{Z}_x} \quad \Rightarrow \quad \mathbf{Z}_2\mathbf{Z}_3 = \mathbf{Z}_1\mathbf{Z}_x \quad (9.72)$$

ou

$$\boxed{\mathbf{Z}_x = \frac{\mathbf{Z}_3}{\mathbf{Z}_1}\mathbf{Z}_2} \quad (9.73)$$

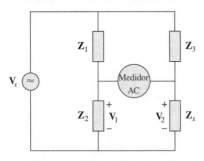

Figura 9.37 Ponte CA geral.

Esta é a Equação equilibrada para a ponte CA e é similar à Equação (4.30) para a ponte resistiva, exceto que os Rs são substituídos por Zs.

Na Figura 9.38 são apresentadas pontes CA específicas para medição de L e C, onde L_x e C_x são a indutância e a capacitância desconhecidas enquanto L_s e C_s são a indutância e a capacitância-padrão (cujos valores são conhecidos com grande precisão). Em cada caso, dois resistores, R_1 e R_2, são variados até que o medidor CA leia zero. Em seguida, a ponte é equilibrada. Da Equação (9.73), obtemos

$$L_x = \frac{R_2}{R_1} L_s \qquad (9.74)$$

e

$$C_x = \frac{R_1}{R_2} C_s \qquad (9.75)$$

Observe que o equilíbrio das pontes CA da Figura 9.38 não depende da frequência f da fonte CA, já que f não aparece nas relações nas Equações (9.74) e (9.75).

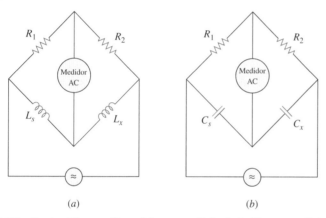

Figura 9.38 Pontes CA específicas: (a) para medição de L; (b) para medição de C.

EXEMPLO 9.15

A ponte CA da Figura 9.37 se equilibra quando Z_1 for um resistor de 1 kΩ, Z_2 for um resistor de 4,2 kΩ, Z_3 for uma associação em paralelo entre um resistor de 1,5 MΩ e um capacitor de 12 pF e $f = 2$ kHz. Determine: (a) os componentes em série que formam Z_x; (b) os componentes em paralelo que formam Z_x.

Solução:

1. *Definição.* O problema está enunciado de forma clara.
2. *Apresentação.* Devemos determinar os componentes desconhecidos sujeitos ao fato de que eles se equilibram com os valores dados. Já que existem associações em paralelo e em série para esse circuito, precisamos determinar ambas.
3. *Alternativa.* Embora existam técnicas alternativas que podem ser usadas para descobrir os valores desconhecidos, uma igualdade direta funciona melhor. Assim que tivermos as respostas, poderemos verificá-las usando técnicas manuais como análise nodal ou simplesmente usando o *PSpice*.
4. *Tentativa.* Da Equação (9.73),

$$Z_x = \frac{Z_3}{Z_1} Z_2 \qquad (9.15.1)$$

Onde $Z_x = R_x + jX_x$,

$$Z_1 = 1.000 \ \Omega, \quad Z_2 = 4.200 \ \Omega \qquad (9.15.2)$$

e

$$\mathbf{Z}_3 = R_3 \parallel \frac{1}{j\omega C_3} = \frac{\dfrac{R_3}{j\omega C_3}}{R_3 + 1/j\omega C_3} = \frac{R_3}{1 + j\omega R_3 C_3}$$

Uma vez que $R_3 = 1{,}5$ MΩ e $C_3 = 12$ pF,

$$\mathbf{Z}_3 = \frac{1{,}5 \times 10^6}{1 + j2\pi \times 2 \times 10^3 \times 1{,}5 \times 10^6 \times 12 \times 10^{-12}} = \frac{1{,}5 \times 10^6}{1 + j0{,}2262}$$

ou

$$\mathbf{Z}_3 = 1{,}427 - j0{,}3228 \text{ M}\Omega \qquad (9.15.3)$$

(a) Supondo que $\mathbf{Z}_x$ seja composta por componentes em série, substituímos as Equações (9.15.2) e (9.15.3) na Equação (9.15.1) e obtemos

$$R_x + jX_x = \frac{4.200}{1.000}(1{,}427 - j0{,}3228) \times 10^6$$
$$= (5{,}993 - j1{,}356) \text{ M}\Omega \qquad (9.15.4)$$

Equacionando as partes real e imaginária, obtemos $R_x = 5{,}993$ MΩ e uma reatância capacitiva

$$X_x = \frac{1}{\omega C} = 1{,}356 \times 10^6$$

ou

$$C = \frac{1}{\omega X_x} = \frac{1}{2\pi \times 2 \times 10^3 \times 1{,}356 \times 10^6} = 58{,}69 \text{ pF}$$

(b) $\mathbf{Z}_x$ permanece a mesma que na Equação (9.15.4), porém R_x e X_x estão em paralelo. Supondo uma associação em paralelo RC,

$$\mathbf{Z}_x = (5{,}993 - j1{,}356) \text{ M}\Omega$$
$$= R_x \parallel \frac{1}{j\omega C_x} = \frac{R_x}{1 + j\omega R_x C_x}$$

Equacionando as partes real e imaginária

$$R_x = \frac{\text{Real}(\mathbf{Z}_x)^2 + \text{Imag}(\mathbf{Z}_x)^2}{\text{Real}(\mathbf{Z}_x)} = \frac{5{,}993^2 + 1{,}356^2}{5{,}993} = \mathbf{6{,}3 \text{ M}\Omega}$$

$$C_x = -\frac{\text{Imag}(\mathbf{Z}_x)}{\omega[\text{Real}(\mathbf{Z}_x)^2 + \text{Imag}(\mathbf{Z}_x)^2]}$$
$$= -\frac{-1{,}356}{2\pi(2.000)(5{,}917^2 + 1{,}356^2)} = \mathbf{2{,}852} \ \mu\mathbf{F}$$

Consideremos uma associação RC em paralelo que funciona nesse caso.

5. *Avaliação.* Usemos o *PSpice* para verificar se temos, de fato, as igualdades corretas. Executando o *PSpice* com os circuitos equivalentes, um circuito aberto entre a parte da "ponte" do circuito e uma tensão de entrada de 10 V leva às tensões a seguir nos terminais da "ponte" em relação a uma referência na parte inferior do circuito:

```
FREQ      VM($N_0002) VP($N_0002)
2.000E+03  9.993E+00  -8.634E-03
2.000E+03  9.993E+00  -8.637E-03
```

Já que as tensões são praticamente as mesmas, então nenhuma corrente mensurável pode fluir pela parte da "ponte" do circuito para qualquer elemento que conecta os dois pontos e, assim, temos uma ponte equilibrada, que é o esperado. Isso indica que determinamos apropriadamente as incógnitas.

Há uma questão muito importante relacionada com aquilo que fizemos! Você sabe o que é? Temos o que é chamada uma resposta "teórica" ideal, mas uma que realmente não seja muito indicada para o mundo real. A diferença entre as magnitudes é muito grande e jamais seria aceita em um circuito-ponte na prática. Para maior precisão, a magnitude geral das impedâncias deve estar pelo menos dentro da mesma ordem. Para aumentar a precisão da solução desse problema, eu recomendaria aumentar a magnitude das impedâncias da parte superior para a faixa entre 500 kΩ e 1,5 MΩ. Mais um comentário prático: o valor dessas impedâncias também cria sérios problemas na medição de medidas reais e, portanto, devem ser usados os instrumentos apropriados de modo a minimizar o efeito de carga (que modificaria as leituras de tensão obtidas) no circuito.

6. **Satisfatório?** Uma vez que encontramos os termos desconhecidos e, em seguida, testamos para ver se eles funcionavam, validamos os resultados. Eles agora podem ser apresentados como uma solução para o problema.

PROBLEMA PRÁTICO 9.15

Na ponte CA da Figura 9.37, suponha que o equilíbrio seja atingido, quando $\mathbf{Z}_1$ for um resistor de 4,8 kΩ, $\mathbf{Z}_2$ for um resistor de 10 Ω em série com um indutor de 0,25 μH, $\mathbf{Z}_3$ for um resistor de 12 kΩ e f = 6 MHz. Determine os componentes em série que formam $\mathbf{Z}_x$.

Resposta: Um resistor de 25 Ω em série com um indutor de 0,625 μH.

9.9 Resumo

1. Senoide é um sinal na forma da função seno ou cosseno. Ela possui a forma geral

$$v(t) = V_m \cos(\omega t + \phi)$$

onde V_m é a amplitude, $\omega = 2\pi f$ é a frequência angular, $(\omega t + \phi)$ é o argumento e ϕ é a fase.

2. Fasor é um valor complexo que representa tanto a magnitude como a fase de uma senoide. Dada a senoide $v(t) = V_m \cos(\omega t + \phi)$, seu fasor $\mathbf{V}$ é

$$\mathbf{V} = V_m \underline{/\phi}$$

3. Em circuitos CA, os fasores de tensão e corrente sempre possuem uma relação fixa entre eles a todo instante. Se $v(t) = V_m \cos(\omega t + \phi_v)$ representar a tensão em um elemento e $i(t) = I_m \cos(\omega t + \phi_i)$ representar a corrente através de um elemento, então $\phi_i = \phi_v$ se o elemento for um resistor, ϕ_i está avançado em 90° em relação a ϕ_v em 90° se o elemento for um capacitor e ϕ_i está atrasado em 90° em relação a ϕ_v em 90° se o elemento for um indutor.

4. A impedância $\mathbf{Z}$ de um circuito é a razão da tensão fasorial e a corrente fasorial nela:

$$\mathbf{Z} = \frac{\mathbf{V}}{\mathbf{I}} = R(\omega) + jX(\omega)$$

A admitância $\mathbf{Y}$ é o inverso da impedância:

$$\mathbf{Y} = \frac{1}{\mathbf{Z}} = G(\omega) + jB(\omega)$$

As impedâncias são associadas em série ou em paralelo da mesma forma que as resistências em série ou em paralelo; isto é, as impedâncias em série são somadas, assim como as admitâncias em paralelo.

5. Para um resistor $\mathbf{Z} = R$, para um indutor $\mathbf{Z} = jX = j\omega L$ e para um capacitor $\mathbf{Z} = -jX = 1/j\omega C$.
6. As leis fundamentais de circuitos (leis de Ohm e de Kirchhoff) podem ser aplicadas a circuitos CA da mesma forma que são para circuitos CC; ou seja,

$$\mathbf{V} = \mathbf{ZI}$$
$$\Sigma \mathbf{I}_k = 0 \quad (\text{LKC})$$
$$\Sigma \mathbf{V}_k = 0 \quad (\text{LKT})$$

7. As técnicas de divisão de tensão-corrente, associação série-paralelo de impedâncias-admitâncias, redução de circuitos e transformações estrela-triângulo são todas aplicáveis à análise de circuitos.
8. Os circuitos CA são aplicados em comutadores de fase e pontes.

Questões para revisão

9.1 Qual das seguintes alternativas *não* é a maneira correta de expressar a senoide $A \cos \omega t$?

(a) $A \cos 2\pi ft$ (b) $A \cos(2\pi t/T)$
(c) $A \cos \omega(t - T)$ (d) $A \operatorname{sen}(\omega t - 90°)$

9.2 Diz-se que uma função que se repete após intervalos fixos é:

(a) um fasor (b) harmônica
(c) periódica (d) reativa

9.3 Qual dessas frequências tem o período mais curto?

(a) 1 krad/s (b) 1 kHz

9.4 Se $v_1 = 30 \operatorname{sen}(\omega t + 10°)$ e $v_2 = 20 \operatorname{sen}(\omega t + 50°)$, qual das seguintes informações são verdadeiras?

(a) v_1 está adiantado em relação a v_2
(b) v_2 está adiantado em relação a v_1
(c) v_2 está atrasado em relação a v_1
(d) v_1 está atrasado em relação a v_2
(e) v_1 e v_2 estão em fase

9.5 A tensão em um indutor está adiantada em relação à corrente que passa por ele em 90°.

(a) Verdadeiro (b) Falso

9.6 A parte imaginária da impedância é chamada:

(a) resistência (b) admitância
(c) susceptância (d) condutância
(e) reatância

9.7 A impedância de um capacitor aumenta com o aumento da frequência.

(a) verdadeiro (b) falso

9.8 Em que frequência a tensão de saída $v_o(t)$ na Figura 9.39 será igual à tensão de entrada $v(t)$?

(a) 0 rad/s (b) 1 rad/s
(c) 4 rad/s (d) ∞ rad/s
(e) nenhuma das alternativas anteriores

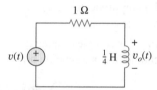

Figura 9.39 Esquema para a Questão para revisão 9.8.

9.9 Um circuito RC em série tem $|V_R| = 12$ V e $|V_C| = 5$ V. A magnitude da fonte de tensão é:

(a) −7 V (b) 7 V (c) 13 V (d) 17 V

9.10 Um circuito RLC em série tem $R = 30$ kΩ, $X_C = 50$ Ω e $X_L = 90$ Ω. A impedância do circuito é:

(a) $30 + j140$ Ω (b) $30 + j40$ Ω
(c) $30 - j40$ Ω (d) $-30 - j40$ Ω
(e) $-30 + j40$ Ω

Respostas: 9.1d, 9.2c, 9.3b, 9.4b, d, 9.5a, 9.6e, 9.7b, 9.8d, 9.9c, 9.10b.

Problemas

● **Seção 9.2 Senoides**

9.1 Dada a tensão senoidal $v(t) = 50 \cos(3t + 10°)$ V, determine:

(a) a amplitude V_m;
(b) o período T;
(c) a frequência f; e
(d) $v(t)$ em $t = 10$ ms.

9.2 Uma fonte de corrente em um circuito linear tem

$$i_s = 15\cos(25\pi t + 25°)\text{ A}$$

(a) Qual a amplitude da corrente?
(b) Qual é a frequência angular?
(c) Determine a frequência da corrente?
(d) Calcule i_s em $t = 2$ ms.

9.3 Expresse as seguintes funções na forma de cosseno:

(a) $10\,\text{sen}(\omega t + 30°)$ (b) $-9\,\text{sen}(8t)$
(c) $-20\,\text{sen}(\omega t + 45°)$

9.4 Elabore um problema para ajudar outros estudantes a entenderem melhor as senoides.

9.5 Dado $v_1 = 45\,\text{sen}(\omega t + 30°)$ V e $v_2 = 50\cos(\omega t - 30°)$ V, determine o ângulo de fase entre as duas senoides e indique qual delas está atrasada em relação a outra.

9.6 Para os pares de senoides a seguir, determine qual delas está adiantada e por quanto?

(a) $v(t) = 10\cos(4t - 60°)$ e $i(t) = 4\,\text{sen}(4t + 50°)$
(b) $v_1(t) = 4\cos(377t + 10°)$ e $v_2(t) = -20\cos 377t$
(c) $x(t) = 13\cos 2t + 5\,\text{sen}\,2t$ e $y(t) = 15\cos(2t - 11{,}8°)$

● **Seção 9.3   Fasores**

9.7 Se $f(\phi) = \cos\phi + j\,\text{sen}\,\phi$, demonstre que $f(\phi) = e^{j\phi}$.

9.8 Calcule os números complexos a seguir e expresse seus resultados na forma retangular:

(a) $\dfrac{60\underline{/45°}}{7{,}5 - j10} + j2$

(b) $\dfrac{32\underline{/-20°}}{(6 - j8)(4 + j2)} + \dfrac{20}{-10 + j24}$

(c) $20 + (16\underline{/-50°})(5 + j12)$

9.9 Calcule os números complexos a seguir e deixe seus resultados na forma polar:

(a) $5\underline{/30°}\left(6 - j8 + \dfrac{3\underline{/60°}}{2 + j}\right)$

(b) $\dfrac{(10\underline{/60°})(35\underline{/-50°})}{(2 + j6) - (5 + j)}$

9.10 Elabore um problema para ajudar outros estudantes a entender melhor os fasores.

9.11 Determine os fasores correspondentes aos seguintes sinais:

(a) $v(t) = 21\cos(4t - 15°)$ V
(b) $i(t) = -8\,\text{sen}(10t + 70°)$ mA
(c) $v(t) = 120\,\text{sen}(10t - 50°)$ V
(d) $i(t) = -60\cos(30t + 10°)$ mA

9.12 Seja $\mathbf{X} = 4\underline{/40°}$ e $\mathbf{Y} = 20\underline{/-30°}$. Calcule as quantidades a seguir e expresse seus resultados na forma polar:

(a) $(\mathbf{X} + \mathbf{Y})\mathbf{X}^*$ (b) $(\mathbf{X} - \mathbf{Y})^*$ (c) $(\mathbf{X} + \mathbf{Y})/\mathbf{X}$

9.13 Calcule os seguintes números complexos:

(a) $\dfrac{(5 - j6) - (2 + j8)}{(-3 + j4)(5 - j) + (4 - j6)}$

(b) $\dfrac{(240\underline{/75°} + 160\underline{/-30°})(60 - j80)}{(67 + j84)(20\underline{/32°})}$

(c) $\left(\dfrac{10 + j20}{3 + j4}\right)^2 \sqrt{(10 + j5)(16 - j20)}$

9.14 Simplifique as expressões a seguir:

(a) $\dfrac{(5 - j6) - (2 + j8)}{(-3 + j4)(5 - j) + (4 - j6)}$

(b) $\dfrac{(240\underline{/75°} + 160\underline{/-30°})(60 - j80)}{(67 + j84)(20\underline{/32°})}$

(c) $\left(\dfrac{10 + j20}{3 + j4}\right)^2 \sqrt{(10 + j5)(16 - j20)}$

9.15 Calcule estes determinantes:

(a) $\begin{vmatrix} 10 + j6 & 2 - j3 \\ -5 & -1 + j \end{vmatrix}$

(b) $\begin{vmatrix} 20\underline{/-30°} & -4\underline{/-10°} \\ 16\underline{/0°} & 3\underline{/45°} \end{vmatrix}$

(c) $\begin{vmatrix} 1 - j & -j & 0 \\ j & 1 & -j \\ 1 & j & 1 + j \end{vmatrix}$

9.16 Transforme as senoides a seguir em fasores:

(a) $-20\cos(4t + 135°)$ (b) $8\,\text{sen}(20t + 30°)$
(c) $20\cos(2t) + 15\,\text{sen}(2t)$

9.17 Duas tensões, v_1 e v_2, aparecem em série de modo que sua soma é $v = v_1 + v_2$. Se $v_1 = 10\cos(50t - \pi/3)$ V e $v_2 = 12\cos(50t + 30°)$ V, determine v.

9.18 Obtenha as senoides correspondentes a cada um dos seguintes fasores:

(a) $\mathbf{V}_1 = 60\underline{/15°}$ V, $\omega = 1$
(b) $\mathbf{V}_2 = 6 + j8$ V, $\omega = 40$
(c) $\mathbf{I}_1 = 2{,}8e^{-j\pi/3}$ A, $\omega = 377$
(d) $\mathbf{I}_2 = -0{,}5 - j1{,}2$ A, $\omega = 10^3$

9.19 Usando fasores, determine:

(a) $3\cos(20t + 10°) - 5\cos(20t - 30°)$
(b) $40\,\text{sen}\,50t + 30\cos(50t - 45°)$
(c) $20\,\text{sen}\,400t + 10\cos(400t + 60°)$
      $-5\,\text{sen}(400t - 20°)$

9.20 Um circuito linear tem corrente de entrada $7{,}5\cos(10t + 30°)$ A e tensão de saída $120\cos(10t + 75°)$ V. Determine a impedância associada.

9.21 Simplifique o seguinte:
(a) $f(t) = 5\cos(2t + 15°) - 4\sen(2t - 30°)$
(b) $g(t) = 8\sen t + 4\cos(t + 50°)$
(c) $h(t) = \int_0^t (10\cos 40t + 50\sen 40t)\,dt$

9.22 Uma tensão alternada é dada por $v(t) = 55\cos(5t + 45°)$ V. Use fasores para determinar

$$10v(t) + 4\frac{dv}{dt} - 2\int_{-\infty}^t v(t)\,dt$$

Suponha que o valor da integral seja zero em $t = -\infty$.

9.23 Aplique análise fasorial para calcular o seguinte:
(a) $v = [110\sen(20t + 30°) + 220\cos(20t - 90°)]$ V
(b) $i = [30\cos(5t + 60°) - 20\sen(5t + 60°)]$ A

9.24 Determine $v(t)$ nas seguintes equações integro-diferenciais usando o método de fasores:
(a) $v(t) + \int v\,dt = 10\cos t$
(b) $\frac{dv}{dt} + 5v(t) + 4\int v\,dt = 20\sen(4t + 10°)$

9.25 Usando fasores, determine $i(t)$ nas seguintes equações:
(a) $2\frac{di}{dt} + 3i(t) = 4\cos(2t - 45°)$
(b) $10\int i\,dt + \frac{di}{dt} + 6i(t) = 5\cos(5t + 22°)$ A

9.26 A equação de malha para um circuito RLC série é

$$\frac{di}{dt} + 2i + \int_{-\infty}^t i\,dt = \cos 2t\text{ A}$$

Supondo que o valor da integral em $t = -\infty$ seja zero, determine $i(t)$ usando o método de fasores.

9.27 Um circuito RLC em paralelo possui a equação nodal a seguir:

$$\frac{dv}{dt} + 50v + 100\int v\,dt = 110\cos(377t - 10°)\text{ V}$$

Determine $v(t)$ usando o método fasorial. Suponha que o valor da integral em $t = -\infty$ seja igual a zero.

● **Seção 9.4   Relações entre fasores para elementos de circuitos**

9.28 Determine a corrente que flui através de um resistor de 8 Ω conectado a uma fonte de tensão $v_s = 110\cos 377t$ V.

9.29 Qual é a tensão instantânea em um capacitor de 2 μF quando a corrente através dele for $i = 4\sen(10^6 t + 25°)$ A?

9.30 Uma tensão $v(t) = 100\cos(60t + 20°)$ V é aplicada a uma associação em paralelo entre um resistor de 40 kΩ e um capacitor de 50 μF. Encontre as correntes em regime estacionário no resistor e no capacitor.

9.31 Um circuito RLC série tem $R = 80$ Ω, $L = 240$ mH e $C = 5$ mF. Se a tensão de entrada for $v(t) = 10\cos 2t$ determine a corrente que flui através do circuito.

9.32 Usando a Figura 9.40, elabore um problema para ajudar
e☉d outros estudantes a entender melhor a relação de fasores para os elementos de circuitos.

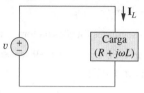

Figura 9.40   Esquema para o Problema 9.32.

9.33 O circuito RL em série é conectado a uma fonte CA de 110 V. Se a tensão no resistor for 85 V, determine a tensão no indutor.

9.34 Qual é o valor de ω que fará que a resposta forçada, v_o, na Figura 9.41, seja zero?

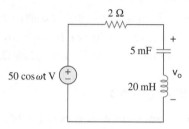

Figura 9.41   Esquema para o Problema 9.34.

● **Seção 9.5   Impedândia e admitância**

9.35 Determine a corrente i no circuito da Figura 9.42 quando $v_s(t) = 50\cos 200t$ V.

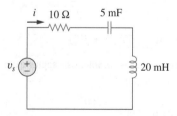

Figura 9.42   Esquema para o Problema 9.35.

9.36 Usando a Figura 9.43, elabore um problema para ajudar
e☉d outros estudantes a entenderem melhor a impedância.

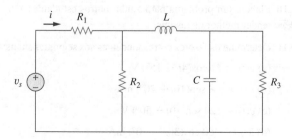

Figura 9.43   Esquema para o Problema 9.36.

9.37 Determine a admitância **Y** para o circuito da Figura 9.44.

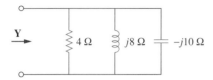

Figura 9.44 Esquema para o Problema 9.37.

9.38 Usando a Figura 9.45, elabore um problema para ajudar e☉d outros estudantes a entender melhor a admitância.

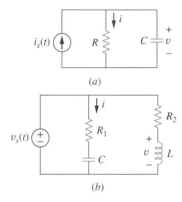

Figura 9.45 Esquema para o Problema 9.38.

9.39 Para o circuito exibido na Figura 9.46, determine Z_{eq} e use esta para determinar a corrente **I**. Considere $\omega = 10$ rad/s.

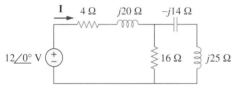

Figura 9.46 Esquema para o Problema 9.39.

9.40 No circuito da Figura 9.47, determine i_o quando:
(a) $\omega = 1$ rad/s   (b) $\omega = 5$ rad/s
(c) $\omega = 10$ rad/s

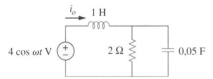

Figura 9.47 Esquema para o Problema 9.40.

9.41 Determine $v(t)$ no circuito RLC da Figura 9.48.

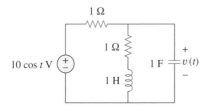

Figura 9.48 Esquema para o Problema 9.41.

9.42 Calcule $v_o(t)$ no circuito da Figura 9.49.

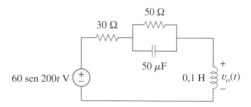

Figura 9.49 Esquema para o Problema 9.42.

9.43 Determine $\mathbf{I}_o$ no circuito apresentado na Figura 9.50.

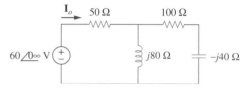

Figura 9.50 Esquema para o Problema 9.43.

9.44 Calcule $i(t)$ no circuito da Figura 9.51.

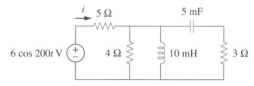

Figura 9.51 Esquema para o Problema 9.44.

9.45 Determine a corrente $\mathbf{I}_o$ no circuito da Figura 9.52.

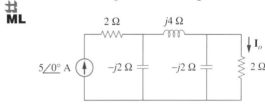

Figura 9.52 Esquema para o Problema 9.45.

9.46 Se $i_s = 5\cos(10t + 40°)$ A no circuito da Figura 9.53, determine i_o.

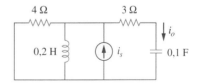

Figura 9.53 Esquema para o Problema 9.46.

9.47 No circuito da Figura 9.54, determine o valor de $i_s(t)$.

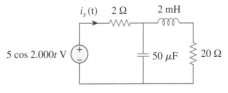

Figura 9.54 Esquema para o Problema 9.47.

9.48 Dado que $v_s(t) = 20\,\text{sen}(100t - 40°)$ na Figura 9.55, determine $i_x(t)$.

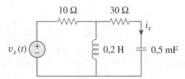

Figura 9.55 Esquema para o Problema 9.48.

9.49 Determine $v_s(t)$ no circuito da Figura 9.56 se a corrente i_x no resistor de 1 Ω for 0,5 sen 200t A.

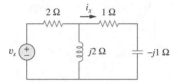

Figura 9.56 Esquema para o Problema 9.49.

9.50 Determine v_x no circuito da Figura 9.57. Considere $i_s(t) = 5\cos(100t + 40°)$ A.

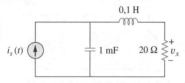

Figura 9.57 Esquema para o Problema 9.50.

9.51 Se a tensão v_o no resistor de 2 Ω no circuito da Figura 9.58 for 10 cos 2t V, obtenha i_s.

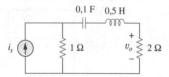

Figura 9.58 Esquema para o Problema 9.51.

9.52 Se $\mathbf{V}_o = 8\underline{/30°}$ V no circuito da Figura 9.59, determine $\mathbf{I}_s$.

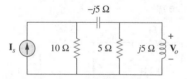

Figura 9.59 Esquema para o Problema 9.52.

9.53 Determine $\mathbf{I}_o$ no circuito da Figura 9.60.

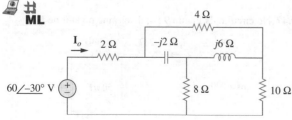

Figura 9.60 Esquema para o Problema 9.53.

9.54 No circuito da Figura 9.61, determine $\mathbf{V}_s$ se $\mathbf{I}_o = 2\underline{/0°}$ A.

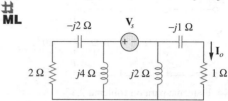

Figura 9.61 Esquema para o Problema 9.54.

*9.55 Determine **Z** no circuito da Figura 9.62 dado que $\mathbf{V}_o = 4\underline{/0°}$ V.

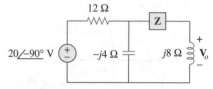

Figura 9.62 Esquema para o Problema 9.55.

● **Sessão 9.7 Associacoes de impedância**

9.56 Com $\omega = 377$ rad/s, determine a impedância de entrada do circuito mostrado na Figura 9.63.

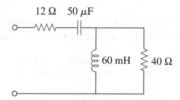

Figura 9.63 Esquema para o Problema 9.56.

9.57 Com $\omega = 1$ rad/s, obtenha a impedância de entrada do circuito da Figura 9.64.

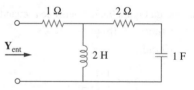

Figura 9.64 Esquema para o Problema 9.57.

9.58 Usando a Figura 9.65, elabore um problema para ajudar outros estudantes a entender melhor as associações de impedâncias.

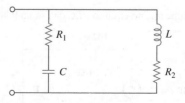

Figura 9.65 Esquema para o Problema 9.58.

---

* Um asterisco indica um problema que constitui um desafio.

9.59 Para o circuito da Figura 9.66, determine $\mathbf{Z}_{ent}$. Considere $\omega = 10$ rad/s.

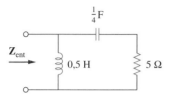

Figura 9.66 Esquema para o Problema 9.59.

9.60 Obtenha $\mathbf{Z}_{ent}$ para o circuito da Figura 9.67.

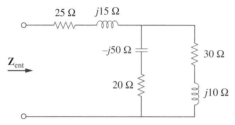

Figura 9.67 Esquema para o Problema 9.60.

9.61 Determine $\mathbf{Z}_{eq}$ no circuito da Figura 9.68.

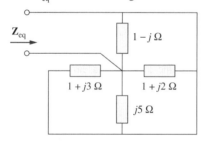

Figura 9.68 Esquema para o Problema 9.61.

9.62 Para o circuito da Figura 9.69, determine a impedância de entrada $\mathbf{Z}_{ent}$ a 10 krad/s.

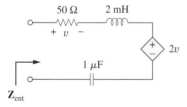

Figura 9.69 Esquema para o Problema 9.62.

9.63 Para o circuito da Figura 9.70, determine o valor de $\mathbf{Z}_T$.

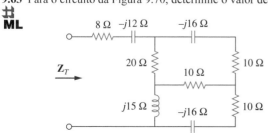

Figura 9.70 Esquema para o Problema 9.63.

9.64 Determine $\mathbf{Z}_T$ e $\mathbf{I}$ no circuito da Figura 9.71.

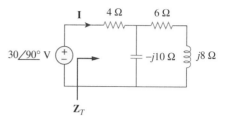

Figura 9.71 Esquema para o Problema 9.64.

9.65 Determine $\mathbf{Z}_T$ e $\mathbf{I}$ no circuito da Figura 9.72.

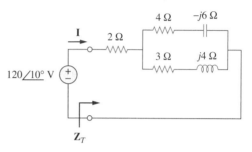

Figura 9.72 Esquema para o Problema 9.65.

9.66 Para o circuito da Figura 9.73, calcule $\mathbf{Z}_T$ e $\mathbf{V}_{ab}$.

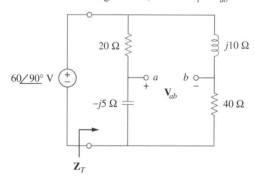

Figura 9.73 Esquema para o Problema 9.66.

9.67 Para $\omega = 10^3$ rad/s, determine a admitância de entrada em cada um dos circuitos da Figura 9.74.

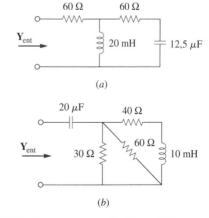

Figura 9.74 Esquema para o Problema 9.67.

9.68 Determine Y_{eq} para o circuito da Figura 9.75.

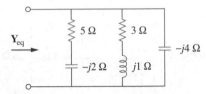

Figura 9.75 Esquema para o Problema 9.68.

9.69 Determine a admitância equivalente Y_{eq} do circuito da Figura 9.76.

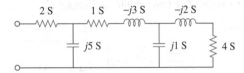

Figura 9.76 Esquema para o Problema 9.69.

9.70 Determine a impedância equivalente do circuito da Figura 9.77.

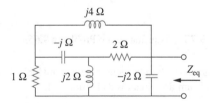

Figura 9.77 Esquema para o Problema 9.70.

9.71 Obtenha a impedância equivalente para o circuito da Figura 9.78

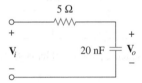

Figura 9.78 Esquema para o Problema 9.71.

9.72 Determine o valor de Z_{ab} no circuito da Figura 9.79.

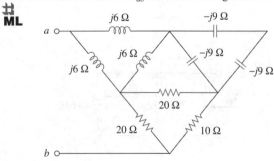

Figura 9.79 Esquema para o Problema 9.72.

9.73 Determine a impedância equivalente do circuito da Figura 9.80.

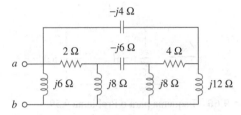

Figura 9.80 Esquema para o Problema 9.73.

● **Seção 9.8 Aplicações**

9.74 Projete um circuito RL para fornecer um deslocamento de fase com avanço de 90°.

9.75 Projete um circuito que transforme uma entrada de tensão senoidal em uma saída de tensão cossenoidal.

9.76 Para os pares de sinais a seguir, determine se v_1 está avançada ou atrasada em relação a v_2 e de quanto.

(a) $v_1 = 10 \cos(5t - 20°)$, $v_2 = 8 \operatorname{sen} 5t$
(b) $v_1 = 19 \cos(2t + 90°)$, $v_2 = 6 \operatorname{sen} 2t$
(c) $v_1 = -4 \cos 10t$, $v_2 = 15 \operatorname{sen} 10t$

9.77 Consulte o circuito RC da Figura 9.81.

(a) Calcule o deslocamento de fase em 2 MHz.
(b) Determine a frequência em que o deslocamento de fase é 45°.

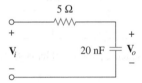

Figura 9.81 Esquema para o Problema 9.77.

9.78 Uma bobina de impedância $8 + j6\ \Omega$ é ligada em série com uma reatância capacitiva X. A associação em série é conectada em paralelo com um resistor R. Dado que a impedância equivalente do circuito resultante é $5\underline{/0°}\ \Omega$, determine o valor de R e X.

9.79 (a) Calcule o deslocamento de fase do circuito da Figura 9.82.
(b) Informe se o deslocamento de fase está avançado ou atrasado (saída em relação à entrada).
(c) Determine a magnitude da saída quando a entrada for de 120 V.

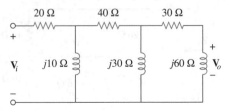

Figura 9.82 Esquema para o Problema 9.79.

9.80 Considere o circuito comutador de fase da Figura 9.83. Seja $V_i = 120$ V, operando a 60 Hz. Determine:

(a) V_o quando R e máxima.
(b) V_o quando R e mínima.
(c) O valor de R que produzirá um deslocamento de fase igual a 45°.

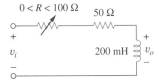

Figura 9.83 Esquema para o Problema 9.80.

9.81 A ponte CA da Figura 9.37 está equilibrada quando $R_1 = 400\ \Omega$, $R_2 = 600\ \Omega$, $R_3 = 1,2\ k\Omega$ e $C_2 = 0,3\ \mu F$. Determine R_x e C_x. Suponha que R_2 e C_2 estejam em série.

9.82 Uma ponte de capacitância está equilibrada quando $R_1 = 100\ \Omega$, $R_2 = 2\ k\Omega$ e $C_s = 40\ \mu F$. Qual é o valor de C_x, a capacitância do capacitor em teste?

9.83 Uma ponte indutiva fica em equilíbrio quando $R_1 = 1,2\ k\Omega$, $R_2 = 500\ \Omega$ e $L_s = 250$ mH. Qual o valor de L_x, a indutância do indutor em teste?

9.84 A ponte CA mostrada na Figura 9.84 é conhecida como *ponte de Maxwell* e é usada para medição precisa de indutância e resistência de uma bobina em termos de uma capacitância-padrão C_s. Demonstre que quando a ponte está equilibrada,

$$L_x = R_2 R_3 C_s \quad \text{e} \quad R_x = \frac{R_2}{R_1} R_3$$

Determine L_x e R_x para $R_1 = 40\ k\Omega$, $R_2 = 1,6\ k\Omega$, $R_3 = 4\ k\Omega$ e $C_s = 0,45\ \mu F$.

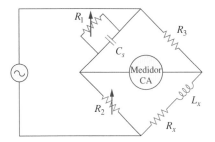

Figura 9.84 Esquema para o Problema 9.84.

9.85 O circuito CA em ponte da Figura 9.85 e chamada *ponte de Wien*. Ele é usado para medir a frequência de uma fonte. Demonstre que quando a ponte está equilibrada,

$$f = \frac{1}{2\pi\ \sqrt{R_2 R_4 C_2 C_4}}$$

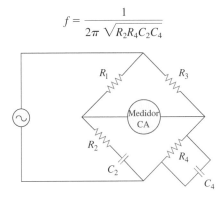

Figura 9.85 Ponte de Wien; Esquema para o Problema 9.85.

Problemas abrangentes

9.86 O circuito mostrado na Figura 9.86 é usado em um televisor. Qual é a impedância total desse circuito?

Figura 9.86 Esquema para o Problema 9.86.

9.87 O circuito da Figura 9.87 faz parte do esquema que descreve um sensor eletrônico industrial. Qual é a impedância total do circuito em 2 kHz?

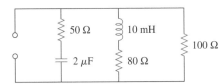

Figura 9.87 Esquema para o Problema 9.87.

9.88 Um circuito de áudio em série é apresentado na Figura 9.88.

(a) Qual é a sua impedância?
(b) Se a frequência for dividida pela metade, qual seria a impedância do circuito?

Figura 9.88 Esquema para o Problema 9.88.

9.89 Uma carga industrial cujo modelo é uma associação em série de uma capacitância e uma resistência é mostrada na Figura 9.89. Calcule o valor de um capacitor C na associação em série de modo que a impedância resultante seja resistiva em uma frequência igual a 2 kHz.

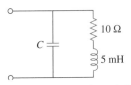

Figura 9.89 Esquema para o Problema 9.89.

9.90 Uma bobina industrial é representada por um modelo que é uma associação em série de uma indutância L e uma resistência R, conforme mostrado na Figura 9.90. Uma vez que um voltímetro CA mede apenas a magnitude de uma senoide, as medidas a seguir foram realizadas em 60 Hz quando o circuito opera no regime estacionário:

$|\mathbf{V}_s| = 145$ V, $\quad |\mathbf{V}_1| = 50$ V, $\quad |\mathbf{V}_o| = 110$ V

Use essas medidas para determinar os valores de L e R.

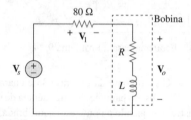

Figura 9.90 Esquema para o Problema 9.90.

9.91 A Figura 9.91 mostra uma associação em paralelo entre uma indutância e uma resistência. Se for desejado conectar um capacitor em série com a associação em paralelo de modo que a impedância resultante seja resistiva em 10 MHz, qual será o valor necessário para C?

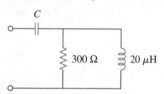

Figura 9.91 Esquema para o Problema 9.91.

9.92 Uma linha de transmissão tem uma impedância em série igual a $\mathbf{Z} = 100\underline{/75°}\ \Omega$ e uma admitância shunt de $\mathbf{Y} = 450\underline{/48°}\ \mu$S. Determine: (a) a impedância característica $\mathbf{Z}_o = \sqrt{\mathbf{Z}/\mathbf{Y}}$; (b) a constante de propagação $\gamma = \sqrt{\mathbf{Z}\mathbf{Y}}$.

9.93 Um sistema de transmissão de energia apresenta o modelo indicado na Figura 9.92. Dado o seguinte:

Tensão da fonte	$V_s = 115\underline{/0°}$ V
Impedância da fonte	$\mathbf{Z}_s = (1 + j0,5)\ \Omega$
Impedância da linha	$\mathbf{Z}_l = (0,4 + j0,3)\ \Omega$
Impedância da carga	$\mathbf{Z}_L = (23,2 + j18,9)\ \Omega$

Determine a corrente $\mathbf{I}_L$ na carga.

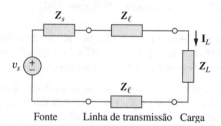

Figura 9.92 Esquema para o Problema 9.93.

10

ANÁLISE EM REGIME ESTACIONÁRIO SENOIDAL

Três tipos de homens são meus amigos – aqueles que me amam, aqueles que me odeiam e aqueles que são indiferentes a mim. Aqueles que me amam ensinam-me ternura; aqueles que me odeiam ensinam-me cautela; aqueles que são indiferentes a mim ensinam-me autoconfiança.

J. E. Dinger

Progresso profissional

Carreira em engenharia de *software*

Engenharia de *software* é a área da engenharia que lida com a aplicação prática de conhecimento científico no projeto, na construção e na validação de programas de computador e com a documentação associada necessária para desenvolvê-los, operá-los e mantê-los. É um ramo que está se tornando cada vez mais importante à medida que mais e mais disciplinas precisam de uma forma ou outra, um pacote de *software* para realizar tarefas rotineiras, já que sistemas microeletrônicos programáveis são usados em um número cada vez maior de aplicações.

O papel de um engenheiro de *software* não deve ser confundido com o de um cientista da computação, pois o engenheiro de *software* é um profissional que atua de maneira pragmática, e não de forma teórica. Ele deve ter bons conhecimentos de programação de computadores e estar familiarizado com linguagens de programação, particularmente, com C^{++}, que estão se tornando mais populares. Como *hardware* e *software* estão intimamente ligados, é fundamental que esse profissional conheça muito bem um projeto de *hardware*. Mais importante ainda, o engenheiro de *software* deve entender sobre a área na qual desenvolverá o *software*.

Em suma, o campo da engenharia de *software* oferece uma exelente oportunidade de carreira para aqueles que gostam de programar e desenvolver pacotes de *software*. Os salários mais altos vão para os mais bem preparados, com as oportunidades mais interessantes e desafiadoras para aqueles com formação superior.

10.1 Introdução

No Capítulo 9, vimos que a resposta forçada ou em regime estacionário de circuitos para entradas senoidais pode ser obtida usando-se fasores. Também sabemos que as leis de Ohm e de Kirchhoff são aplicáveis a circuitos CA. Neste capítulo, veremos como a análise nodal, a análise de malhas, o teorema de Thévenin, o teorema de Norton, a superposição e as transformações de fontes são aplicados na análise de circuitos CA. Como essas técnicas já foram introduzidas para circuitos CC, nosso principal objetivo aqui será o de ilustrá-los por meio de exemplos.

A análise de circuitos CA normalmente requer três etapas.

> **Etapas para análise de circuitos CA:**
> 1. Transformar o circuito para o domínio de fasores ou da frequência.
> 2. Solucionar o problema usando técnicas de circuitos (análise nodal, análise de malhas, superposição etc.).
> 3. Transforme o fasor resultante para o domínio do tempo.

A etapa 1 não é necessária se o problema for especificado no domínio da frequência. Na etapa 2, a análise é realizada da mesma maneira que na análise de circuitos CC, exceto pelo fato de agora estarem envolvidos números complexos. E, por fim, tendo estudado o Capítulo 9, estamos aptos a lidar com a etapa 3.

Até o final do capítulo, aprenderemos como aplicar o *PSpice* na resolução de problemas com circuitos CA. Finalmente, aplicaremos análise de circuitos CA a dois circuitos CA encontrados na prática: ciladores e circuitos CA transistorizados.

> A análise do domínio da frequência do circuito CA via fasores é muito mais fácil do que a análise do circuito no domínio do tempo.

10.2 Análise nodal

A base para a análise nodal é a lei de Kirchhoff para corrente. Como essa lei também vale para fasores, conforme demonstrado na Seção 9.6, podemos analisar circuitos CA pela análise nodal. Os exemplos a seguir ilustram isso.

EXEMPLO 10.1

Determine i_x no circuito da Figura 10.1 usando análise nodal.

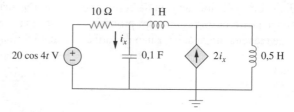

Figura 10.1 Esquema para o Exemplo 10.1.

Solução: Primeiro, convertemos o circuito para o domínio da frequência:

$$20 \cos 4t \Rightarrow 20\underline{/0°}, \quad \omega = 4 \text{ rad/s}$$
$$1 \text{ H} \Rightarrow j\omega L = j4$$
$$0,5 \text{ H} \Rightarrow j\omega L = j2$$
$$0,1 \text{ F} \Rightarrow \frac{1}{j\omega C} = -j2,5$$

Portanto, o circuito equivalente no domínio da frequência é o mostrado na Figura 10.2.

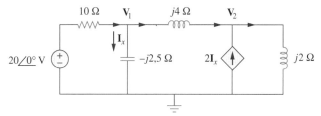

Figura 10.2 Circuito equivalente no domínio da frequência do circuito da Figura 10.1.

Aplicando a LKC ao nó 1,

$$\frac{20 - \mathbf{V}_1}{10} = \frac{\mathbf{V}_1}{-j2,5} + \frac{\mathbf{V}_1 - \mathbf{V}_2}{j4}$$

ou

$$(1 + j1,5)\mathbf{V}_1 + j2,5\mathbf{V}_2 = 20 \quad (10.1.1)$$

No nó 2,

$$2\mathbf{I}_x + \frac{\mathbf{V}_1 - \mathbf{V}_2}{j4} = \frac{\mathbf{V}_2}{j2}$$

Porém $\mathbf{I}_x = \mathbf{V}_1/-j2,5$. Substituindo essa expressão, temos

$$\frac{2\mathbf{V}_1}{-j2,5} + \frac{\mathbf{V}_1 - \mathbf{V}_2}{j4} = \frac{\mathbf{V}_2}{j2}$$

Simplificando, obtemos

$$11\mathbf{V}_1 + 15\mathbf{V}_2 = 0 \quad (10.1.2)$$

As Equações (10.1.1) e (10.1.2) podem ser colocadas na forma matricial como segue

$$\begin{bmatrix} 1 + j1,5 & j2,5 \\ 11 & 15 \end{bmatrix} \begin{bmatrix} \mathbf{V}_1 \\ \mathbf{V}_2 \end{bmatrix} = \begin{bmatrix} 20 \\ 0 \end{bmatrix}$$

Obtemos os determinantes como

$$\Delta = \begin{vmatrix} 1 + j1,5 & j2,5 \\ 11 & 15 \end{vmatrix} = 15 - j5$$

$$\Delta_1 = \begin{vmatrix} 20 & j2,5 \\ 0 & 15 \end{vmatrix} = 300, \quad \Delta_2 = \begin{vmatrix} 1 + j1,5 & 20 \\ 11 & 0 \end{vmatrix} = -220$$

$$\mathbf{V}_1 = \frac{\Delta_1}{\Delta} = \frac{300}{15 - j5} = 18,97 \underline{/18,43°} \text{ V}$$

$$\mathbf{V}_2 = \frac{\Delta_2}{\Delta} = \frac{-220}{15 - j5} = 13,91 \underline{/198,3°} \text{ V}$$

A corrente $\mathbf{I}_x$ é dada por

$$\mathbf{I}_x = \frac{\mathbf{V}_1}{-j2,5} = \frac{18,97 \underline{/18,43°}}{2,5 \underline{/-90°}} = 7,59 \underline{/108,4°} \text{ A}$$

Transformando a expressão anterior para o domínio do tempo,

$$i_x = 7,59 \cos(4t + 108,4°) \text{ A}$$

PROBLEMA PRÁTICO 10.1

Usando análise nodal, determine v_1 e v_2 no circuito da Figura 10.3.

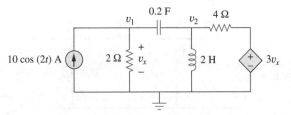

Figura 10.3 Esquema para o Problema prático 10.1.

Resposta: $v_1(t) = 11{,}325 \cos(2t + 60{,}01°)$ V, $v_2(t) = 33{,}02 \cos(2t + 57{,}12°)$ V.

EXEMPLO 10.2

Calcule $\mathbf{V}_1$ e $\mathbf{V}_2$ no circuito da Figura 10.4.

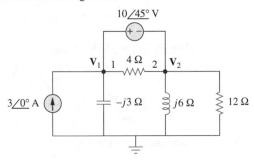

Figura 10.4 Esquema para o Exemplo 10.2.

Solução: Os nós 1 e 2 formam um supernó, como mostra a Figura 10.5. Aplicando a LKC a esse supernó, resulta em

$$3 = \frac{\mathbf{V}_1}{-j3} + \frac{\mathbf{V}_2}{j6} + \frac{\mathbf{V}_2}{12}$$

ou

$$36 = j4\mathbf{V}_1 + (1 - j2)\mathbf{V}_2 \qquad (10.2.1)$$

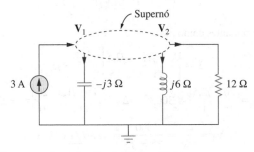

Figura 10.5 Um supernó no circuito da Figura 10.4.

No entanto, a fonte de tensão está ligada entre os nós 1 e 2, de modo que

$$\mathbf{V}_1 = \mathbf{V}_2 + 10\underline{/45°} \qquad (10.2.2)$$

Substituindo a Equação (10.2.2) na Equação (10.2.1) resulta em

$$36 - 40\underline{/135°} = (1 + j2)\mathbf{V}_2 \quad \Rightarrow \quad \mathbf{V}_2 = 31{,}41\underline{/-87{,}18°} \text{ V}$$

Da Equação (10.2.2),

$$\mathbf{V}_1 = \mathbf{V}_2 + 10\underline{/45°} = 25{,}78\underline{/-70{,}48°} \text{ V}$$

PROBLEMA PRÁTICO 10.2

Calcule $\mathbf{V}_1$ e $\mathbf{V}_2$ no circuito mostrado na Figura 10.6.

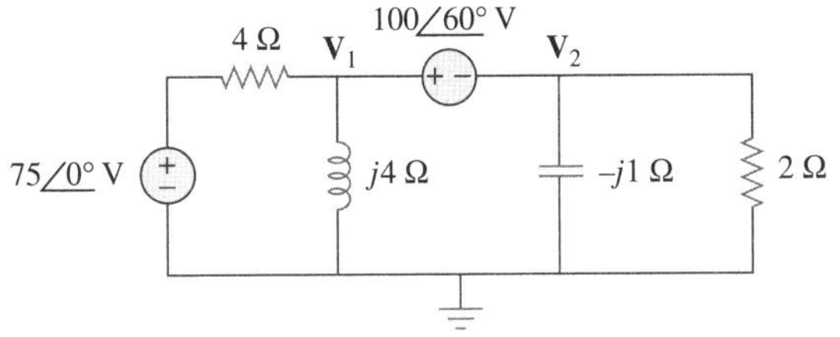

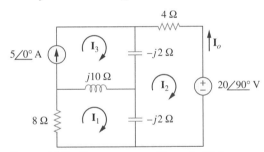

Figura 10.6 Esquema para o Problema prático 10.2.

Resposta: $\mathbf{V}_1 = 96{,}8\,\underline{/69{,}66°}\ \text{V}$, $\mathbf{V}_2 = 16{,}88\,\underline{/165{,}72°}\ \text{V}$.

10.3 Análise de malhas

A lei de Kirchhoff para tensão (LKT), ou lei das malhas, forma a base para a análise de malhas. A validade da LKT para circuitos CA foi apresentada na Seção 9.6 e é ilustrada nos exemplos a seguir. Tenha em mente que a verdadeira razão do uso da análise de malhas é o fato de ela poder ser aplicada em circuitos planares.

EXEMPLO 10.3

Determine a corrente $\mathbf{I}_o$ no circuito da Figura 10.7 usando análise de malhas.

Figura 10.7 Esquema para o Exemplo 10.3.

Solução: Aplicando a LKT à malha 1, temos

$$(8 + j10 - j2)\mathbf{I}_1 - (-j2)\mathbf{I}_2 - j10\mathbf{I}_3 = 0 \quad (10.3.1)$$

Para a malha 2,

$$(4 - j2 - j2)\mathbf{I}_2 - (-j2)\mathbf{I}_1 - (-j2)\mathbf{I}_3 + 20\,\underline{/90°} = 0 \quad (10.3.2)$$

Para a malha 3, $\mathbf{I}_3 = 5$. Substituindo isso nas Equações (10.3.1) e (10.3.2), obtemos

$$(8 + j8)\mathbf{I}_1 + j2\mathbf{I}_2 = j50 \quad (10.3.3)$$
$$j2\mathbf{I}_1 + (4 - j4)\mathbf{I}_2 = -j20 - j10 \quad (10.3.4)$$

As Equações (10.3.3) e (10.3.4) podem ser colocadas na forma matricial como

$$\begin{bmatrix} 8 + j8 & j2 \\ j2 & 4 - j4 \end{bmatrix} \begin{bmatrix} \mathbf{I}_1 \\ \mathbf{I}_2 \end{bmatrix} = \begin{bmatrix} j50 \\ -j30 \end{bmatrix}$$

a partir da qual obtemos os determinantes.

$$\Delta = \begin{vmatrix} 8 + j8 & j2 \\ j2 & 4 - j4 \end{vmatrix} = 32(1 + j)(1 - j) + 4 = 68$$

$$\Delta_2 = \begin{vmatrix} 8 + j8 & j50 \\ j2 & -j30 \end{vmatrix} = 340 - j240 = 416{,}17\,\underline{/-35{,}22°}$$

$$\mathbf{I}_2 = \frac{\Delta_2}{\Delta} = \frac{416{,}17\,\underline{/-35{,}22°}}{68} = 6{,}12\,\underline{/-35{,}22°}\ \text{A}$$

A corrente desejada é

$$\mathbf{I}_o = -\mathbf{I}_2 = 6{,}12\,\underline{/144{,}78°}\ \text{A}$$

PROBLEMA PRÁTICO 10.3

Determine $\mathbf{I}_o$ na Figura 10.8 utilizando análise de malhas.

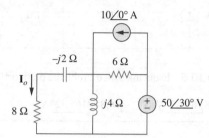

Figura 10.8 Esquema para o Problema prático 10.3.

Resposta: $5{,}969\,\underline{/65{,}45°}\ \text{A}$.

EXEMPLO 10.4

Determine $\mathbf{V}_o$ no circuito da Figura 10.9 usando análise de malhas.

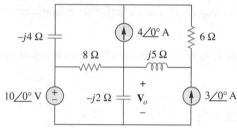

Figura 10.9 Esquema para o Exemplo 10.4.

Solução: Conforme mostrado na Figura 10.10, as malhas 3 e 4 formam uma supermalha em decorrência da fonte de corrente entre elas. Para a malha 1, a LKT fornece

$$-10 + (8 - j2)\mathbf{I}_1 - (-j2)\mathbf{I}_2 - 8\mathbf{I}_3 = 0$$

ou

$$(8 - j2)\mathbf{I}_1 + j2\mathbf{I}_2 - 8\mathbf{I}_3 = 10 \qquad (10.4.1)$$

Para a malha 2,

$$\mathbf{I}_2 = -3 \qquad (10.4.2)$$

Para a supermalha,

$$(8 - j4)\mathbf{I}_3 - 8\mathbf{I}_1 + (6 + j5)\mathbf{I}_4 - j5\mathbf{I}_2 = 0 \qquad (10.4.3)$$

Em virtude da fonte de corrente entre as malhas 3 e 4, no nó A,

$$\mathbf{I}_4 = \mathbf{I}_3 + 4 \qquad (10.4.4)$$

■ **MÉTODO 1** Em vez de resolver as quatro equações anteriores, podemos reduzi-las a duas por meio de eliminação.

Combinando as Equações (10.4.1) e (10.4.2),

$$(8 - j2)\mathbf{I}_1 - 8\mathbf{I}_3 = 10 + j6 \qquad (10.4.5)$$

Combinando as Equações (10.4.2) a (10.4.4),

$$-8\mathbf{I}_1 + (14 + j)\mathbf{I}_3 = -24 - j35 \qquad (10.4.6)$$

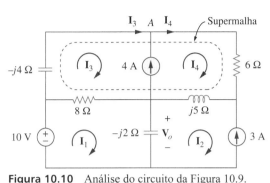

Figura 10.10 Análise do circuito da Figura 10.9.

A partir das Equações (10.4.5) e (10.4.6), obtemos a equação matricial

$$\begin{bmatrix} 8 - j2 & -8 \\ -8 & 14 + j \end{bmatrix} \begin{bmatrix} \mathbf{I}_1 \\ \mathbf{I}_3 \end{bmatrix} = \begin{bmatrix} 10 + j6 \\ -24 - j35 \end{bmatrix}$$

Obtemos os seguintes determinantes

$$\Delta = \begin{vmatrix} 8 - j2 & -8 \\ -8 & 14 + j \end{vmatrix} = 112 + j8 - j28 + 2 - 64 = 50 - j20$$

$$\Delta_1 = \begin{vmatrix} 10 + j6 & -8 \\ -24 - j35 & 14 + j \end{vmatrix} = 140 + j10 + j84 - 6 - 192 - j280$$

$$= -58 - j186$$

A corrente $\mathbf{I}_1$ é obtida como segue

$$\mathbf{I}_1 = \frac{\Delta_1}{\Delta} = \frac{-58 - j186}{50 - j20} = 3{,}618 \underline{/274{,}5°} \text{ A}$$

A tensão $\mathbf{V}_o$ necessária é

$$\mathbf{V}_o = -j2(\mathbf{I}_1 - \mathbf{I}_2) = -j2(3{,}618 \underline{/274{,}5°} + 3)$$

$$= -7{,}2134 - j6{,}568 = 9{,}756 \underline{/222{,}32°} \text{ V}$$

■ **MÉTODO 2** Podemos usar o *MATLAB* para resolver as Equações (10.4.1) a (10.4.4). Em primeiro lugar, formulamos as equações como

$$\begin{bmatrix} 8 - j2 & j2 & -8 & 0 \\ 0 & 1 & 0 & 0 \\ -8 & -j5 & 8 - j4 & 6 + j5 \\ 0 & 0 & -1 & 1 \end{bmatrix} \begin{bmatrix} \mathbf{I}_1 \\ \mathbf{I}_2 \\ \mathbf{I}_3 \\ \mathbf{I}_4 \end{bmatrix} = \begin{bmatrix} 10 \\ -3 \\ 0 \\ 4 \end{bmatrix} \quad (10.4.7a)$$

ou

$$\mathbf{AI} = \mathbf{B}$$

Invertendo **A**, podemos obter **I** como

$$\mathbf{I} = \mathbf{A}^{-1}\mathbf{B} \quad (10.4.7b)$$

Agora, aplicamos o *MATLAB* como segue:

```
>> A = [(8-j*2)  j*2   -8      0;
        0        1     0       0;
        -8       -j*5  (8-j*4) (6+j*5);
        0        0     -1      1];
>> B = [10 -3 0 4]';
>> I = inv(A)*B

I =
  0.2828 - 3.6069i
  -3.0000
  -1.8690 - 4.4276i
   2.1310 - 4.4276i
>> Vo = -2*j*(I(1) - I(2))

Vo =
  -7.2138 - 6.5655i
```

conforme obtido anteriormente.

PROBLEMA PRÁTICO 10.4

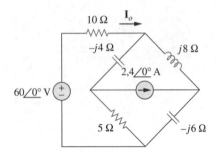

Figura 10.11 Esquema para o Problema prático 10.4.

Calcule a corrente $\mathbf{I}_o$ no circuito da Figura 10.11.

Resposta: $6,089\underline{/5,94°}$ A.

10.4 Teorema da superposição

Como os circuitos CA são lineares, o teorema da superposição se aplica aos circuitos CA da mesma forma que nos circuitos CC e se torna importante se o circuito tiver fontes operando em frequências *diferentes*. Nesse caso, já que as impedâncias dependem da frequência, temos um circuito no domínio da frequência diferente para cada frequência. A resposta total deve ser obtida somando as respostas individuais no domínio do *tempo*. É incorreto tentar somar as respostas no domínio da frequência ou fasores. Por quê? Porque o fator exponencial $e^{j\omega t}$ está implícito na análise senoidal e esse fator alteraria para cada frequência angular ω. Portanto, não faria sentido somar respostas em frequências diferentes no domínio dos fasores. Logo, quando um circuito tiver fontes operando em frequências diferentes, devemos somar as respostas às frequências individuais no domínio do tempo.

EXEMPLO 10.5

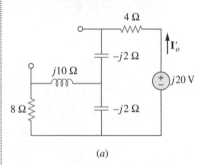

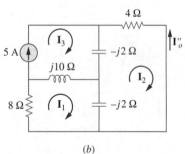

Figura 10.12 Solução para o Exemplo 10.5.

Use o teorema da superposição para determinar $\mathbf{I}_o$ no circuito da Figura 10.7.

Solução: Seja

$$\mathbf{I}_o = \mathbf{I}'_o + \mathbf{I}''_o \quad (10.5.1)$$

onde $\mathbf{I}'_o$ e $\mathbf{I}''_o$ são devidas, respectivamente, às fontes de tensão e de corrente. Para encontrar $\mathbf{I}'_o$, considere o circuito da Figura 10.12a. Se fizermos $\mathbf{Z}$ ser a associação em paralelo de $-j2$ e $8 + j10$, então

$$\mathbf{Z} = \frac{-j2(8 + j10)}{-2j + 8 + j10} = 0,25 - j2,25$$

e a corrente $\mathbf{I}'_o$ for

$$\mathbf{I}'_o = \frac{j20}{4 - j2 + \mathbf{Z}} = \frac{j20}{4,25 - j4,25}$$

ou

$$\mathbf{I}'_o = -2,353 + j2,353 \quad (10.5.2)$$

Para obter $\mathbf{I}''_o$, considere o circuito da Figura 10.12b. Para a malha 1,

$$(8 + j8)\mathbf{I}_1 - j10\mathbf{I}_3 + j2\mathbf{I}_2 = 0 \quad (10.5.3)$$

Para a malha 2,

$$(4 - j4)\mathbf{I}_2 + j2\mathbf{I}_1 + j2\mathbf{I}_3 = 0 \quad (10.5.4)$$

Para a malha 3,

$$\mathbf{I}_3 = 5 \quad (10.5.5)$$

A partir das Equações (10.5.4) e (10.5.5),

$$(4 - j4)\mathbf{I}_2 + j2\mathbf{I}_1 + j10 = 0$$

Expressando $\mathbf{I}_1$ em termos de $\mathbf{I}_2$, temos

$$\mathbf{I}_1 = (2 + j2)\mathbf{I}_2 - 5 \quad (10.5.6)$$

Substituindo as Equações (10.5.5) e (10.5.6) na Equação (10.5.3), obtemos

$$(8 + j8)[(2 + j2)\mathbf{I}_2 - 5] - j50 + j2\mathbf{I}_2 = 0$$

ou

$$\mathbf{I}_2 = \frac{90 - j40}{34} = 2{,}647 - j1{,}176$$

A corrente $\mathbf{I}''_o$ é obtida como segue

$$\mathbf{I}''_o = -\mathbf{I}_2 = -2{,}647 + j1{,}176 \qquad (10.5.7)$$

Das Equações (10.5.2) e (10.5.7), escrevemos

$$\mathbf{I}_o = \mathbf{I}'_o + \mathbf{I}''_o = -5 + j3{,}529 = 6{,}12\underline{/144{,}78°} \text{ A}$$

que concorda com aquilo que obtivemos no Exemplo 10.3. Deve-se notar que a aplicação do teorema da superposição não é a melhor maneira de resolver esse problema. Parece que fizemos o problema ser duas vezes mais difícil que o original usando a superposição. Entretanto, no Exemplo 10.6 ficará claro que a superposição é o método mais fácil.

PROBLEMA PRÁTICO 10.5

Determine a corrente $\mathbf{I}_o$ no circuito da Figura 10.8 empregando o teorema da superposição.

Resposta: $5{,}97\underline{/65{,}45°}$ A.

EXEMPLO 10.6

Determine v_o no circuito da Figura 10.13 utilizando o teorema da superposição.

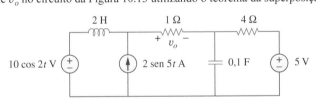

Figura 10.13 Esquema para o Exemplo 10.6.

Solução: Como o circuito opera em três frequências diferentes ($\omega = 0$ para a fonte de tensão CC), uma maneira de obter uma solução é usar a superposição, que subdivide o problema em problemas com uma única frequência. Portanto, fazemos

$$v_o = v_1 + v_2 + v_3 \qquad (10.6.1)$$

onde v_1 é devida à fonte de tensão CC de 5 V, v_2 é devida à fonte de tensão $10\cos 2t$ V e v_3 é decorrente da fonte de corrente $2 \operatorname{sen} 5t$ A.

Para determinar v_1, configuramos todas as fontes para zero, exceto a fonte de CC de 5 V. Relembramos que, em regime estacionário, os capacitores atuam como um circuito aberto em CC, enquanto os indutores desempenham o papel de um curto-circuito em CC. Existe uma forma alternativa de se examinar esse caso. Como $\omega = 0$, $j\omega L = 0$, $1/j\omega C = \infty$. De qualquer forma, o circuito equivalente é aquele mostrado na Figura 10.14a. Por divisão de tensão,

$$-v_1 = \frac{1}{1 + 4}(5) = 1 \text{ V} \qquad (10.6.2)$$

Para determinar v_2, tornamos zero tanto a fonte de 5 V como a fonte de corrente 2 sen $5t$, e transformamos o circuito para o domínio da frequência.

$$10\cos 2t \Rightarrow 10\underline{/0°}, \quad \omega = 2 \text{ rad/s}$$
$$2\text{ H} \Rightarrow j\omega L = j4 \text{ }\Omega$$
$$0{,}1\text{ F} \Rightarrow \frac{1}{j\omega C} = -j5 \text{ }\Omega$$

O circuito equivalente agora é aquele apresentado na Figura 10.14*b*. Façamos

$$\mathbf{Z} = -j5 \parallel 4 = \frac{-j5 \times 4}{4 - j5} = 2{,}439 - j1{,}951$$

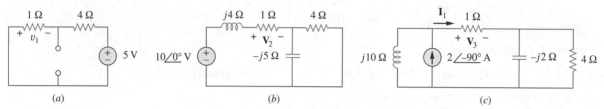

Figura 10.14 Solução para o Exemplo 10.6: (*a*) configurando todas as fontes para zero, exceto a fonte CC de 5 V; (*b*) configurando todas as fontes para zero, exceto a fonte de tensão CA; (*c*) configurando todas as fontes para zero, exceto a fonte de corrente CA.

Por divisão de tensão,

$$\mathbf{V}_2 = \frac{1}{1 + j4 + \mathbf{Z}}(10\underline{/0°}) = \frac{10}{3{,}439 + j2{,}049} = 2{,}498\underline{/-30{,}79°}$$

No domínio do tempo,

$$v_2 = 2{,}498 \cos(2t - 30{,}79°) \tag{10.6.3}$$

Para obter v_3, fazemos que todas as fontes de tensão sejam zero e transformamos o que resta para o domínio da frequência.

$$2 \operatorname{sen} 5t \Rightarrow 2\underline{/-90°}, \quad \omega = 5 \text{ rad/s}$$
$$2 \text{ H} \Rightarrow j\omega L = j10 \; \Omega$$
$$0{,}1 \text{ F} \Rightarrow \frac{1}{j\omega C} = -j2 \; \Omega$$

O circuito equivalente se encontra na Figura 10.14*c*. Façamos

$$\mathbf{Z}_1 = -j2 \parallel 4 = \frac{-j2 \times 4}{4 - j2} = 0{,}8 - j1{,}6 \; \Omega$$

Por divisão de corrente,

$$\mathbf{I}_1 = \frac{j10}{j10 + 1 + \mathbf{Z}_1}(2\underline{/-90°}) \text{ A}$$

$$\mathbf{V}_3 = \mathbf{I}_1 \times 1 = \frac{j10}{1{,}8 + j8{,}4}(-j2) = 2{,}328\underline{/-80°} \text{ V}$$

No domínio do tempo,

$$v_3 = 2{,}33 \cos(5t - 80°) = 2{,}33 \operatorname{sen}(5t + 10°) \text{ V} \tag{10.6.4}$$

Substituindo as Equações (10.6.2) a (10.6.4) na Equação (10.6.1), temos

$$v_o(t) = -1 + 2{,}498 \cos(2t - 30{,}79°) + 2{,}33 \operatorname{sen}(5t + 10°) \text{ V}$$

● **PROBLEMA PRÁTICO 10.6**

Calcule v_o no circuito da Figura 10.15 usando o teorema da superposição.

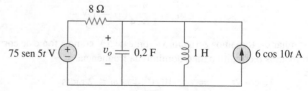

Figura 10.15 Esquema para o Problema prático 10.6.

Resposta: $11{,}577 \operatorname{sen}(5t - 81{,}12°) + 3{,}154 \cos(10t - 86{,}24°)$ V.

10.5 Transformação de fontes

Como mostra a Figura 10.16, a transformação de fontes no domínio da frequência envolve alterar uma fonte de tensão em série com uma impedância em uma fonte de corrente em paralelo com uma impedância, ou vice-versa. Ao transformarmos de um tipo de fonte para outro, devemos ter em mente a seguinte relação:

$$\mathbf{V}_s = \mathbf{Z}_s \mathbf{I}_s \quad \Leftrightarrow \quad \mathbf{I}_s = \frac{\mathbf{V}_s}{\mathbf{Z}_s} \tag{10.1}$$

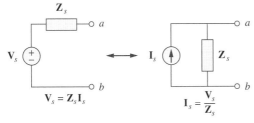

Figura 10.16 Transformação de fontes.

EXEMPLO 10.7

Calcule $\mathbf{V}_x$ no circuito da Figura 10.17 utilizando o método de transformação de fontes.

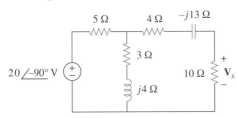

Figura 10.17 Esquema para o Exemplo 10.7.

Solução: Transformamos a fonte de tensão em uma fonte de corrente e obtemos o circuito da Figura 10.18a, no qual:

$$\mathbf{I}_s = \frac{20\underline{/-90°}}{5} = 4\underline{/-90°} = -j4 \text{ A}$$

A associação em paralelo entre a resistência de 5 Ω e a impedância de (3 + j4) resulta em

$$\mathbf{Z}_1 = \frac{5(3 + j4)}{8 + j4} = 2{,}5 + j1{,}25 \text{ Ω}$$

Convertendo a fonte de corrente em uma fonte de tensão resulta no circuito da Figura 10.18b, onde

$$\mathbf{V}_s = \mathbf{I}_s \mathbf{Z}_1 = -j4(2{,}5 + j1{,}25) = 5 - j10 \text{ V}$$

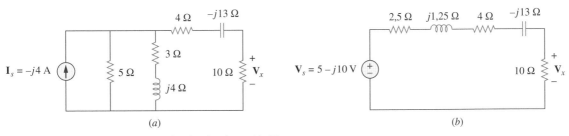

Figura 10.18 A solução para o circuito da Figura 10.17.

Por divisão de tensão,

$$V_x = \frac{10}{10 + 2{,}5 + j1{,}25 + 4 - j13}(5 - j10) = 5{,}519\underline{/-28°}\ \text{V}$$

Determine I_o no circuito da Figura 10.19 usando o conceito de transformação de fontes.

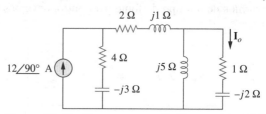

Figura 10.19 Esquema para o Problema prático 10.7

Resposta: $9{,}863\underline{/99{,}46°}$ A.

10.6 Circuitos equivalentes de Thévenin e de Norton

Os teoremas de Thévenin e de Norton se aplicam a circuitos CA da mesma maneira que a circuitos CC, sendo que a única coisa a mais é a necessidade de manipular números complexos. A versão no domínio da frequência de um circuito equivalente de Thévenin é representada na Figura 10.20, na qual um circuito linear é substituído por uma fonte de tensão em série com uma impedância, enquanto o circuito equivalente de Norton é ilustrado na Figura 10.21, na qual um circuito linear é substituído por uma fonte de corrente em paralelo com uma impedância. Tenha em mente que os dois circuitos equivalentes guardam a seguinte relação

$$\boxed{\mathbf{V}_{Th} = \mathbf{Z}_N \mathbf{I}_N, \qquad \mathbf{Z}_{Th} = \mathbf{Z}_N} \qquad (10.2)$$

exatamente como na transformação de fontes. $\mathbf{V}_{Th}$ é a tensão de circuito aberto, enquanto $\mathbf{I}_N$ é a corrente de curto-circuito.

Se o circuito tiver fontes operando em frequências diferentes (ver Exemplo 10.6), o circuito equivalente de Thévenin ou de Norton deve ser determinado em cada frequência. Isso leva a circuitos equivalentes completamente diferentes, um para cada frequência e não um circuito equivalente com fontes e impedâncias equivalentes.

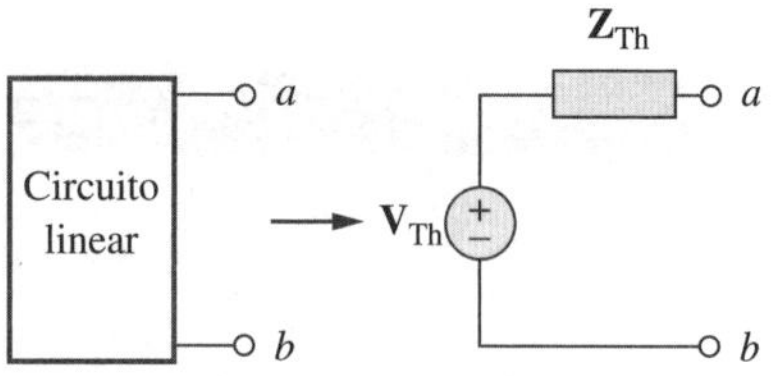

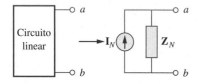

Figura 10.20 Equivalente de Thévenin.

Figura 10.21 Equivalente de Norton.

EXEMPLO 10.8

Obtenha o equivalente de Thévenin nos terminais a-b para o circuito da Figura 10.22.

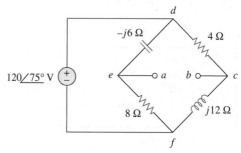

Figura 10.22 Esquema para o Exemplo 10.8.

Solução: Determinamos $\mathbf{Z}_{Th}$ ajustando a fonte de tensão para zero. Conforme mostrado na Figura 10.23a, a resistência de 8 Ω agora está em paralelo com a reatância $-j6$, de modo que sua associação forneça

$$\mathbf{Z}_1 = -j6 \parallel 8 = \frac{-j6 \times 8}{8 - j6} = 2,88 - j3,84 \; \Omega$$

De forma similar, a resistência de 4 Ω está em paralelo com a reatância $j12$ e sua associação resulta em

$$\mathbf{Z}_2 = 4 \parallel j12 = \frac{j12 \times 4}{4 + j12} = 3,6 + j1,2 \; \Omega$$

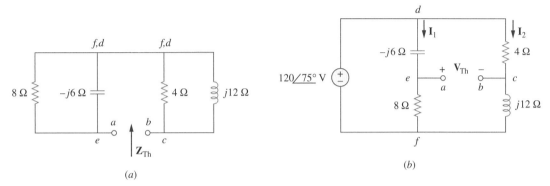

Figura 10.23 Solução para o circuito da Figura 10.22: (a) determinação de $\mathbf{Z}_{Th}$; (b) determinação de $\mathbf{V}_{Th}$.

A impedância de Thévenin é a associação em série de $\mathbf{Z}_1$ e $\mathbf{Z}_2$; isto é,

$$\mathbf{Z}_{Th} = \mathbf{Z}_1 + \mathbf{Z}_2 = 6,48 - j2,64 \; \Omega$$

Para determinar $\mathbf{V}_{Th}$, consideremos o circuito da Figura 10.23b. As correntes $\mathbf{I}_1$ e $\mathbf{I}_2$ são obtidas como segue

$$\mathbf{I}_1 = \frac{120\underline{/75°}}{8 - j6} \; \text{A}, \qquad \mathbf{I}_2 = \frac{120\underline{/75°}}{4 + j12} \; \text{A}$$

Aplicando a LKT no laço *bcdeab* na Figura 10.23b, temos

$$\mathbf{V}_{Th} - 4\mathbf{I}_2 + (-j6)\mathbf{I}_1 = 0$$

ou

$$\begin{aligned}\mathbf{V}_{Th} = 4\mathbf{I}_2 + j6\mathbf{I}_1 &= \frac{480\underline{/75°}}{4 + j12} + \frac{720\underline{/75° + 90°}}{8 - j6} \\ &= 37,95\underline{/3,43°} + 72\underline{/201,87°} \\ &= -28,936 - j24,55 = 37,95\underline{/220,31°} \; \text{V}\end{aligned}$$

PROBLEMA PRÁTICO 10.8

Determine o equivalente de Thévenin nos terminais *a-b* do circuito da Figura 10.24.

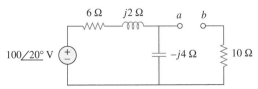

Figura 10.24 Esquema para o Problema prático 10.8.

Resposta: $\mathbf{Z}_{Th} = 12,4 - j3,2 \; \Omega$, $\mathbf{V}_{Th} = 63,24\underline{/-51,57°} \; \text{V}$.

EXEMPLO 10.9

Determine o equivalente de Thévenin do circuito da Figura 10.25 vista pelos terminais a-b.

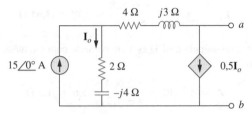

Figura 10.25 Esquema para o Exemplo 10.9.

Solução: Para determinar $\mathbf{V}_{Th}$, aplicamos a LKC no nó 1 na Figura 10.26a.

$$15 = \mathbf{I}_o + 0{,}5\mathbf{I}_o \quad \Rightarrow \quad \mathbf{I}_o = 10 \text{ A}$$

Aplicando a LKT ao laço do lado direito na Figura 10.26a, obtemos

$$-\mathbf{I}_o(2 - j4) + 0{,}5\mathbf{I}_o(4 + j3) + \mathbf{V}_{Th} = 0$$

ou

$$\mathbf{V}_{Th} = 10(2 - j4) - 5(4 + j3) = -j55$$

Portanto, a tensão de Thévenin é

$$\mathbf{V}_{Th} = 55\underline{/-90°} \text{ V}$$

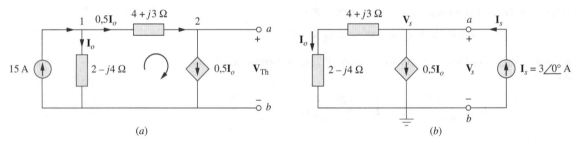

Figura 10.26 Solução do problema da Figura 10.25: (a) determinação de $\mathbf{V}_{Th}$; (b) determinação de $\mathbf{Z}_{Th}$.

Para obter $\mathbf{Z}_{Th}$ eliminamos a fonte independente. Por causa da presença da fonte de corrente dependente, ligamos uma fonte de corrente de 3 A (3 é um valor arbitrário escolhido aqui por conveniência, um número divisível pela soma das correntes que deixam o nó) aos terminais a-b conforme mostrado na Figura 10.26b. No nó, a LKC fornece

$$3 = \mathbf{I}_o + 0{,}5\mathbf{I}_o \quad \Rightarrow \quad \mathbf{I}_o = 2 \text{ A}$$

Aplicar a LKT ao laço externo na Figura 10.26b resulta em

$$\mathbf{V}_s = \mathbf{I}_o(4 + j3 + 2 - j4) = 2(6 - j)$$

A impedância de Thévenin é

$$\mathbf{Z}_{Th} = \frac{\mathbf{V}_s}{\mathbf{I}_s} = \frac{2(6 - j)}{3} = 4 - j0{,}6667 \text{ }\Omega$$

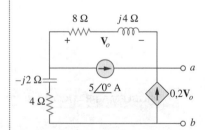

Figura 10.27 Esquema para o Problema prático 10.9.

PROBLEMA PRÁTICO 10.9

Determine o equivalente de Thévenin do circuito da Figura 10.27 visto pelos terminais a-b.

Resposta: $\mathbf{Z}_{Th} = 4{,}473\underline{/-7{,}64°}$ Ω, $\mathbf{V}_{Th} = 7{,}35\underline{/72{,}9°}$ V.

EXEMPLO 10.10

Obtenha a corrente $\mathbf{I}_o$ na Figura 10.28 usando o teorema de Norton.

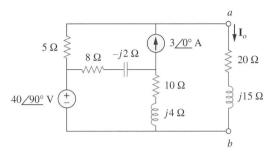

Figura 10.28 Esquema para o Exemplo 10.10.

Solução: Nosso primeiro objetivo é determinar o equivalente de Norton nos terminais a-b. $\mathbf{Z}_N$ é determinada da mesma forma que $\mathbf{Z}_{Th}$. Configuramos as fontes em zero, conforme mostrado na Figura 10.29a. Fica evidente, da figura, que as impedâncias $(8 - j2)$ e $(10 + j4)$ estão curto-circuitadas, de modo que

$$\mathbf{Z}_N = 5 \ \Omega$$

Para obter $\mathbf{I}_N$, curto-circuitamos os terminais a-b como na Figura 10.29b e aplicamos análise de malhas. Note que as malhas 2 e 3 formam uma supermalha por causa da fonte de corrente que as une. Para a malha 1,

$$-j40 + (18 + j2)\mathbf{I}_1 - (8 - j2)\mathbf{I}_2 - (10 + j4)\mathbf{I}_3 = 0 \qquad (10.10.1)$$

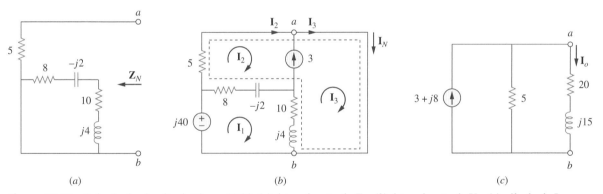

Figura 10.29 Solução do circuito da Figura 10.28: (a) determinação de $\mathbf{Z}_N$; (b) determinação de $\mathbf{V}_N$; (c) cálculo de $\mathbf{I}_o$.

Para a supermalha,

$$(13 - j2)\mathbf{I}_2 + (10 + j4)\mathbf{I}_3 - (18 + j2)\mathbf{I}_1 = 0 \qquad (10.10.2)$$

No nó a, em razão da fonte de corrente entre as malhas 2 e 3,

$$\mathbf{I}_3 = \mathbf{I}_2 + 3 \qquad (10.10.3)$$

Somando as Equações (10.10.1) e (10.10.2), temos

$$-j40 + 5\mathbf{I}_2 = 0 \quad \Rightarrow \quad \mathbf{I}_2 = j8$$

A partir da Equação (10.10.3),

$$\mathbf{I}_3 = \mathbf{I}_2 + 3 = 3 + j8$$

A corrente de Norton é

$$\mathbf{I}_N = \mathbf{I}_3 = (3 + j8) \ \text{A}$$

A Figura 10.29c mostra o circuito equivalente de Norton com a impedância nos terminais a-b. Pelo princípio da divisão de corrente,

$$\mathbf{I}_o = \frac{5}{5 + 20 + j15} \mathbf{I}_N = \frac{3 + j8}{5 + j3} = 1{,}465 \underline{/38{,}48°} \text{ A}$$

● **PROBLEMA PRÁTICO 10.10**

Determine o equivalente de Norton do circuito da Figura 10.30 visto pelos terminais a-b. Use o equivalente para determinar $\mathbf{I}_o$.

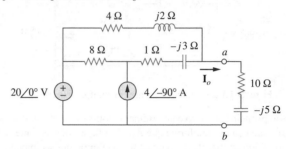

Figura 10.30 Esquema para o Problema prático 10.10 e Problema 10.35.

Resposta: $\mathbf{Z}_N = 3{,}176 + j0{,}706 \, \Omega$, $\mathbf{I}_N = 8{,}396 \underline{/-32{,}68°}$ A,
$\mathbf{I}_o = 1{,}9714 \underline{/-2{,}10°}$ A.

10.7 Circuitos CA com amplificadores operacionais

As três etapas enunciadas na Seção 10.1 também se aplicam a circuitos com amplificadores operacionais, desde que o amplificador operacional esteja operando na região linear. Como de praxe, partiremos do princípio de que os amplificadores operacionais sejam ideais (ver Seção 5.2). Conforme discutido no Capítulo 5, o segredo na análise de circuitos com amplificadores operacionais é ter em mente duas importantes propriedades de um amplificador operacional ideal:

1. Nenhuma corrente circula em seus terminais de entrada.
2. A tensão em seus terminais de entrada é zero.

Os exemplos a seguir ilustram esses conceitos.

● **EXEMPLO 10.11**

Determine $v_o(t)$ para o circuito com amplificador operacional na Figura 10.31a se $v_s = 3 \cos 1.000t$ V.

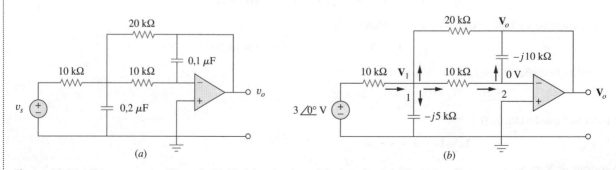

Figura 10.31 Esquema para o Exemplo 10.11: (a) o circuito original no domínio do tempo; (b) seu equivalente no domínio da frequência.

Solução: Primeiro, transformaremos o circuito para o domínio da frequência, conforme mostrado na Figura 10.31b, onde $\mathbf{V}_s = 3\underline{/0°}$, $\omega = 1.000$ rad/s. Aplicando a lei dos nós no nó 1, obtemos

$$\frac{3\underline{/0°} - \mathbf{V}_1}{10} = \frac{\mathbf{V}_1}{-j5} + \frac{\mathbf{V}_1 - 0}{10} + \frac{\mathbf{V}_1 - \mathbf{V}_o}{20}$$

ou

$$6 = (5 + j4)\mathbf{V}_1 - \mathbf{V}_o \qquad (10.11.1)$$

No nó 2, a lei dos nós fornece

$$\frac{\mathbf{V}_1 - 0}{10} = \frac{0 - \mathbf{V}_o}{-j10}$$

que conduz a

$$\mathbf{V}_1 = -j\mathbf{V}_o \qquad (10.11.2)$$

Substituir a Equação (10.11.2) na Equação (10.11.1) nos leva a

$$6 = -j(5 + j4)\mathbf{V}_o - \mathbf{V}_o = (3 - j5)\mathbf{V}_o$$

$$\mathbf{V}_o = \frac{6}{3 - j5} = 1,029\underline{/59,04°}$$

Logo,

$$v_o(t) = 1,029 \cos(1.000t + 59,04°) \text{ V}$$

PROBLEMA PRÁTICO 10.11

Determine v_o e i_o no circuito com amplificadores operacionais da Figura 10.32. Seja $v_s = 12 \cos 5.000t$ V.

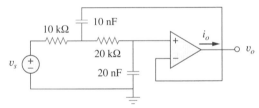

Figura 10.32 Esquema para o Problema prático 10.11.

Resposta: 4 sen 5.000t V, 400 sen 5.000t μA.

EXEMPLO 10.12

Calcule o ganho de realimentação e o deslocamento de fase para o circuito da Figura 10.33. Suponha que $R_1 = R_2 = 10$ kΩ, $C_1 = 2$ μF, $C_2 = 1$ μF e $\omega = 200$ rad/s.

Solução: As impedâncias de realimentação e de entrada são calculadas como segue

$$\mathbf{Z}_f = R_2 \left\| \frac{1}{j\omega C_2} = \frac{R_2}{1 + j\omega R_2 C_2} \right.$$

$$\mathbf{Z}_i = R_1 + \frac{1}{j\omega C_1} = \frac{1 + j\omega R_1 C_1}{j\omega C_1}$$

Como o circuito da Figura 10.33 é um amplificador inversor, o ganho de realimentação é dado por

$$\mathbf{G} = \frac{\mathbf{V}_o}{\mathbf{V}_s} = -\frac{\mathbf{Z}_f}{\mathbf{Z}_i} = \frac{-j\omega C_1 R_2}{(1 + j\omega R_1 C_1)(1 + j\omega R_2 C_2)}$$

Substituindo-se os valores dados de R_1, R_2, C_1, C_2 e ω, obtemos

$$\mathbf{G} = \frac{-j4}{(1 + j4)(1 + j2)} = 0,434\underline{/130,6°}$$

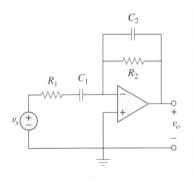

Figura 10.33 Esquema para o Exemplo 10.12.

Portanto, o ganho de realimentação é 0,434 e o deslocamento de fase é 130,6°.

PROBLEMA PRÁTICO 10.12

Obtenha o ganho de realimentação e o deslocamento de fase para o circuito da Figura 10.34. Seja $R = 10$ kΩ, $C = 1$ μF e $\omega = 1.000$ rad/s.

Resposta: 1,0147, –5,6°.

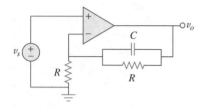

Figura 10.34 Esquema para o Problema prático 10.12.

10.8 Análise CA usando o PSpice

O *PSpice* é de grande ajuda na entediante tarefa de manipular números complexos na análise de circuitos CA. O procedimento para emprego do *PSpice* para análise CA é bastante semelhante àquele necessário para análise CC. É necessário estudar o tópico relativo à análise CA/resposta de frequência no tutorial do *PSpice* disponível em nosso *site* (www.grupoa.com.br), para uma revisão. A análise de circuitos CA é feita nos domínios da frequência ou fasores, e todas as fontes devem ter a mesma frequência. Embora a análise CA com o *PSpice* envolva o emprego de AC Sweep, nossa análise neste capítulo requer uma única frequência $f = \omega/2\pi$. O arquivo de saída do *PSpice* contém fasores de tensão e de corrente. Se necessário, as impedâncias podem ser calculadas usando as tensões e correntes no arquivo de saída.

EXEMPLO 10.13

Obtenha v_o e i_o no circuito da Figura 10.35, empregando o *PSpice*.

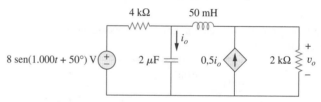

Figura 10.35 Esquema para o Exemplo 10.13.

Solução: Primeiro, convertemos a função seno em cosseno,

$$8\,\text{sen}(1.000t + 50°) = 8\cos(1.000t + 50° - 90°)$$
$$= 8\cos(1.000t - 40°)$$

A frequência f é obtida a partir de ω, como segue

$$f = \frac{\omega}{2\pi} = \frac{1.000}{2\pi} = 159{,}155 \text{ Hz}$$

O esquema para o circuito é mostrado na Figura 10.36. Note que a fonte de corrente F1 controlada por corrente é conectada de tal forma que seu circuito flua do nó 0 para o nó 3 de acordo com o circuito original da Figura 10.35. Uma vez que queremos apenas a magnitude e a fase de v_o e i_o, configuramos os atributos IPRINT e VPRINT1 com *AC = yes*, *MAG = yes*, *PHASE = yes*. Como se trata de uma análise em uma única frequência, selecionamos **Analysis/Setup/AC Sweep** e introduzimos *Total Pts* = 1, *Start Freq* = 159.155 e *Final Freq* = 159.155. Após salvar o arquivo do esquema, o simulamos, selecionando **Analysis/Simulate**. O arquivo de saída inclui a frequência da fonte, além dos atributos marcados para os pseudocomponentes IPRINT e VPRINT1.

```
FREQ        IM(V_PRINT3)    IP(V_PRINT3)
1.592E+02   3.264E-03       -3.743E+01

FREQ        VM(3)           VP(3)
1.592E+02   1.550E+00       -9.518E+01
```

Desse arquivo de saída, obtemos

$$\mathbf{V}_o = 1{,}55\underline{/-95{,}18°} \text{ V}, \quad \mathbf{I}_o = 3{,}264\underline{/-37{,}43°} \text{ mA}$$

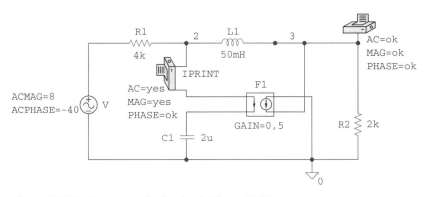

Figura 10.36 O esquema do circuito da Figura 10.35.

que são os fasores para

$$v_o = 1,55 \cos(1.000t - 95,18°) = 1,55 \,\text{sen}(1.000t - 5,18°) \text{ V}$$

e

$$i_o = 3,264 \cos(1.000t - 37,43°) \text{ mA}$$

Use o *PSpice* para obter v_o e i_o no circuito da Figura 10.37.

PROBLEMA PRÁTICO 10.13

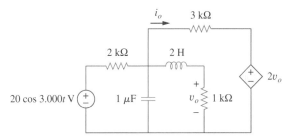

Figura 10.37 Esquema para o Problema prático 10.13.

Resposta: 536,4 cos(3.000t − 154,6°) mV, 1,088 cos(3.000t − 55,12°) mA.

EXEMPLO 10.14

Determine V_1 e V_2 no circuito da Figura 10.38.

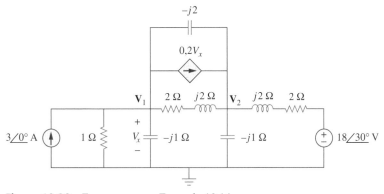

Figura 10.38 Esquema para o Exemplo 10.14.

Solução:

1. **Definição.** Da maneira como se encontra, o problema está enunciado de forma clara. Repetindo, devemos enfatizar que o tempo gasto aqui poupará muito tempo e trabalho posteriormente! Algo que deve ter lhe causado problema é que, se estava faltando a referência para essa questão, você teria de perguntar àquele que a elaborou onde ela deve estar localizada. Caso isso não for possível, então será

necessário supor onde ela estará, para depois enunciar claramente o que foi feito e o porquê.

2. **Apresentação.** O circuito dado é um circuito no domínio da frequência, e as tensões nodais $\mathbf{V}_1$ e $\mathbf{V}_2$ também são valores no domínio da frequência. Fica claro que precisamos de um processo para determinar essas incógnitas no domínio da frequência.

3. **Alternativa.** Temos duas técnicas alternativas de resolução direta das quais podemos lançar mão. A primeira delas é análise nodal direta ou então o uso do *PSpice*. Como esse exemplo se encontra na seção dedicada ao uso do *PSpice* na resolução de problemas, usaremos o *PSpice* para encontrar $\mathbf{V}_1$ e $\mathbf{V}_2$. Em seguida, podemos utilizar a análise nodal para confirmar o resultado.

4. **Tentativa.** O circuito da Figura 10.35 se encontra no domínio do tempo, enquanto o da Figura 10.38 está no domínio da frequência. Como não nos foi fornecida uma frequência em particular e o *PSpice* precisa de uma, escolhemos uma frequência consistente com as impedâncias dadas. Por exemplo, se selecionarmos $\omega = 1$ rad/s, a frequência correspondente será $f = \omega/2\pi = 0{,}15916$ Hz. Obtemos os valores da capacitância ($C = 1/\omega X_C$) e as indutâncias ($L = X_L/\omega$). Efetuar essas alterações nos leva ao esquema da Figura 10.39. Para facilitar as ligações, trocamos as posições da fonte de corrente controlada por tensão G1 com a impedância $2 + j2$. Observe que a corrente de G1 flui do nó 1 para o nó 3, enquanto a tensão de controle está no capacitor C2, como exigido na Figura 10.38. Os atributos dos pseudocomponentes VPRINT1 são configurados conforme indicado. Como se trata de uma análise em uma única frequência, selecionamos **Analysis/Setup/AC Sweep** e introduzimos *Total Pts* = 1, *Start Freq* = 0,15916 e *Final Freq* = 0.15916. Após salvar o arquivo do esquema, selecionamos **Analysis/Simulate** para simular o circuito. Quando isso é feito, o arquivo de saída inclui

```
FREQ         VM(1)        VP(1)
1.592E-01    2.708E+00    -5.673E+01

FREQ         VM(3)        VP(3)
1.592E-01    4.468E+00    -1.026E+02
```

a partir do qual obtemos,

$$\mathbf{V}_1 = 2{,}708 \underline{/-56{,}74°} \text{ V} \qquad \text{e} \qquad \mathbf{V}_2 = 6{,}911 \underline{/-80{,}72°} \text{ V}$$

5. **Avaliação.** Uma das mais importantes lições a serem aprendidas é o fato de, ao usarmos programas como o *PSpice*, ainda assim, precisarmos validar a resposta. Existem muitas chances de se cometer algum erro, inclusive se deparar com algum "*bug*" desconhecido do *PSpice* que leve a resultados incorretos.

Portanto, como podemos validar a solução? Obviamente, podemos refazer o problema inteiro usando a análise nodal ou, talvez, o *MATLAB*, para ver se obtemos os mesmos resultados. Há outra maneira que usaremos nesse caso: escrever as equações nodais e ver se essas confirmam o resultado.

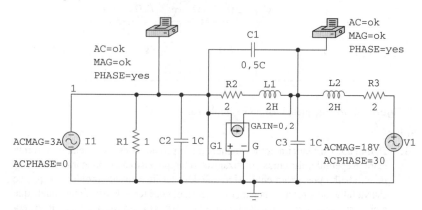

Figura 10.39 Esquema para o circuito na Figura 10.38.

As equações nodais para esse circuito são dadas a seguir. Note que substituímos $V_1 = V_x$ na fonte dependente.

$$-3 + \frac{V_1 - 0}{1} + \frac{V_1 - 0}{-j1} + \frac{V_1 - V_2}{2 + j2} + 0{,}2V_1 + \frac{V_1 - V_2}{-j2} = 0$$

$$(1 + j + 0{,}25 - j0{,}25 + 0{,}2 + j0{,}5)V_1$$
$$- (0{,}25 - j0{,}25 + j0{,}5)V_2 = 3$$
$$(1{,}45 + j1{,}25)V_1 - (0{,}25 + j0{,}25)V_2 = 3$$
$$1{,}9144\underline{/40{,}76°}\, V_1 - 0{,}3536\underline{/45°}\, V_2 = 3$$

Agora, para verificar a resposta, substituímos as respostas do *PSpice* nesta.

$$1{,}9144\underline{/40{,}76°} \times 2{,}708\underline{/-56{,}74°} - 0{,}3536\underline{/45°} \times 6{,}911\underline{/-80{,}72°}$$
$$= 5{,}184\underline{/-15{,}98°} - 2{,}444\underline{/-35{,}72°}$$
$$= 4{,}984 - j1{,}4272 - 1{,}9842 + j1{,}4269$$
$$= 3 - j0{,}0003 \quad [\text{Verificação da resposta}]$$

6. **Satisfatório?** Embora tenhamos usado apenas a equação do nó 1 para verificar a resposta, isso é mais que satisfatório para validar a resposta obtida pelo *PSpice*. Agora, podemos apresentar nossa solução para o problema.

Obtenha V_x e I_x no circuito da Figura 10.40.

PROBLEMA PRÁTICO 10.14

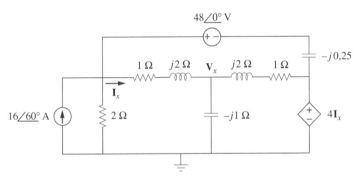

Figura 10.40 Esquema para o Problema prático 10.14.

Resposta: $39{,}37\underline{/44{,}78°}$ V, $10{,}336\underline{/158°}$ A.

10.9 †Aplicações

Os conceitos aprendidos neste capítulo serão aplicados nos capítulos posteriores para calcular a potência elétrica e determinar a resposta da frequência. Os conceitos também são usados na análise de circuitos acoplados, circuitos trifásicos, transistorizados, filtros, osciladores e outros circuitos CA. Nesta seção, aplicaremos os conceitos para desenvolver dois circuitos CA usados na prática: multiplicador de capacitância e osciladores de onda senoidal.

10.9.1 Multiplicador de capacitância

O circuito com amplificadores operacionais (AOPs) da Figura 10.41 é conhecido como *multiplicador de capacitância*, por razões que serão esclarecidas mais adiante. Um circuito destes é usado em tecnologia de circuitos integrados para produzir um múltiplo de uma pequena capacitância física C quando for necessária alta capacitância. O circuito da Figura 10.41 pode ser usado para multiplicar valores de capacitância por um fator até 1.000. Por exemplo, pode-se fazer um capacitor de 10 pF comportar-se como um capacitor de 100 nF.

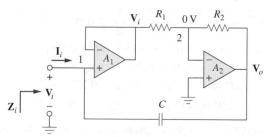

Figura 10.41 Multiplicador de capacitância.

Na Figura 10.41, o primeiro AOP opera como um seguidor de tensão, que isola a capacitância formada pelo circuito da carga imposta pelo amplificador inversor, enquanto o segundo é um amplificador inversor. Como nenhuma corrente entra pelos terminais de entrada do amplificador operacional, a corrente de entrada I_i flui pelo capacitor de realimentação. Portanto, no nó 1,

$$\mathbf{I}_i = \frac{\mathbf{V}_i - \mathbf{V}_o}{1/j\omega C} = j\omega C(\mathbf{V}_i - \mathbf{V}_o) \tag{10.3}$$

Aplicando a LKC no nó 2,

$$\frac{\mathbf{V}_i - 0}{R_1} = \frac{0 - \mathbf{V}_o}{R_2}$$

ou

$$\mathbf{V}_o = -\frac{R_2}{R_1}\mathbf{V}_i \tag{10.4}$$

Substituindo-se a Equação (10.4) na Equação (10.3), temos

$$\mathbf{I}_i = j\omega C\left(1 + \frac{R_2}{R_1}\right)\mathbf{V}_i$$

ou

$$\frac{\mathbf{I}_i}{\mathbf{V}_i} = j\omega\left(1 + \frac{R_2}{R_1}\right)C \tag{10.5}$$

A impedância de entrada é

$$\mathbf{Z}_i = \frac{\mathbf{V}_i}{\mathbf{I}_i} = \frac{1}{j\omega C_{eq}} \tag{10.6}$$

onde

$$C_{eq} = \left(1 + \frac{R_2}{R_1}\right)C \tag{10.7}$$

Portanto, selecionando adequadamente os valores de R_1 e R_2, podemos fazer o circuito com amplificadores operacionais da Figura 10.41 produzir uma capacitância entre o terminal de entrada e o terra, que é um múltiplo da capacitância física C, sendo que seu valor efetivo é limitado, na prática, pela limitação de tensão de saída invertida. Portanto, quanto maior a multiplicação de capacitância, menor é a tensão de entrada permitida para evitar que os amplificadores operacionais atinjam a saturação.

Um amplificador operacional similar pode ser projetado para simular indutância (ver Problema 10.89). Há também uma configuração de circuito com amplificadores operacionais para criar um multiplicador de resistência.

EXEMPLO 10.15

Calcule C_{eq} na Figura 10.41, quando $R_1 = 10$ kΩ, $R_2 = 1$ MΩ e $C = 1$ nF.

Solução: A partir da Equação (10.7)

$$C_{eq} = \left(1 + \frac{R_2}{R_1}\right)C = \left(1 + \frac{1 \times 10^6}{10 \times 10^3}\right)1 \text{ nF} = 101 \text{ nF}$$

PROBLEMA PRÁTICO 10.15

Determine a capacitância equivalente do circuito com AOP na Figura 10.41 se $R_1 = 10$ kΩ, $R_2 = 10$ MΩ e $C = 10$ nF.

Resposta: 10 μF.

10.9.2 Osciladores

Sabemos que a CC é produzida por baterias. Mas como gerar CA? Uma maneira é o emprego de *osciladores*, que são circuitos que convertem CC em CA.

> **Oscilador** é um circuito que produz uma forma de onda CA como saída quando alimentada por uma entrada CC.

A única fonte externa de que um oscilador precisa é a fonte de tensão CC. Ironicamente, essa fonte geralmente é obtida pela conversão de CA pela companhia de energia elétrica em CC. Tendo passado pelo problema da conversão, pode-se perguntar por que precisamos usar um oscilador para converter CC em CA novamente. O problema é que a CA fornecida pela companhia de energia elétrica opera em uma frequência predeterminada de 60 Hz nos Estados Unidos e no Brasil (e 50 Hz em alguns países), enquanto muitas aplicações como circuitos eletrônicos, sistemas de comunicação e dispositivos de micro-ondas exigem frequências geradas internamente variando entre 0 a 10 GHz ou maiores. Os osciladores são usados para gerar essas frequências.

Isso corresponde a $\omega = 2\pi f = 377$ rad/s.

Para que os osciladores de onda senoidal sustentem as oscilações, eles devem atender aos *critérios de Barkhausen*:

1. O ganho total do oscilador deve ser igual a 1 ou maior. Consequentemente, as perdas devem ser compensadas por um dispositivo amplificador.
2. O deslocamento de fase total (da entrada para a saída e de volta para a entrada) deve ser zero.

Três tipos comuns de osciladores de onda senoidal são: os osciladores com ponte de Wien, comutador de fase e T duplo. Consideraremos aqui apenas o oscilador com ponte de Wien.

O *oscilador com ponte de Wien* é largamente usado para gerar senoides no intervalo de frequência abaixo de 1 MHz. Trata-se de um circuito RC com AOPs fácil de ser projetado e contendo apenas alguns componentes facilmente ajustáveis. Como mostra na Figura 10.42, o oscilador consiste basicamente de um amplificador não inversor com dois trajetos de realimentação: o trajeto de realimentação positiva para a entrada não inversora cria oscilações, enquanto que a realimentação negativa para a entrada inversora controla o ganho.

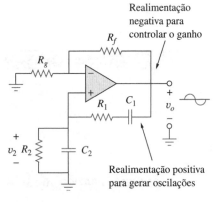

Figura 10.42 Oscilador com ponte de Wien.

Se definirmos as impedâncias das associações RC em série e em paralelo como $\mathbf{Z}_s$ e $\mathbf{Z}_p$, então

$$\mathbf{Z}_s = R_1 + \frac{1}{j\omega C_1} = R_1 - \frac{j}{\omega C_1} \quad (10.8)$$

$$\mathbf{Z}_p = R_2 \parallel \frac{1}{j\omega C_2} = \frac{R_2}{1 + j\omega R_2 C_2} \quad (10.9)$$

A taxa de realimentação é

$$\frac{\mathbf{V}_2}{\mathbf{V}_o} = \frac{\mathbf{Z}_p}{\mathbf{Z}_s + \mathbf{Z}_p} \quad (10.10)$$

Substituir as Equações (10.8) e (10.9) na Equação (10.10) fornece

$$\frac{\mathbf{V}_2}{\mathbf{V}_o} = \frac{R_2}{R_2 + \left(R_1 - \dfrac{j}{\omega C_1}\right)(1 + j\omega R_2 C_2)}$$

$$= \frac{\omega R_2 C_1}{\omega(R_2 C_1 + R_1 C_1 + R_2 C_2) + j(\omega^2 R_1 C_1 R_2 C_2 - 1)} \quad (10.11)$$

Para satisfazer o segundo critério de Barkhausen, $\mathbf{V}_2$ deve estar em fase com $\mathbf{V}_o$, o que implica que a razão na Equação (10.11) deve ser puramente real. Logo, a parte imaginária deve ser zero. Configurar a parte imaginária igual a zero resulta na frequência de oscilação ω_o como

$$\omega_o^2 R_1 C_1 R_2 C_2 - 1 = 0$$

ou

$$\omega_o = \frac{1}{\sqrt{R_1 R_2 C_1 C_2}} \quad (10.12)$$

Na maioria das aplicações, $R_1 = R_2 = R$ e $C_1 = C_2 = C$, de modo que

$$\omega_o = \frac{1}{RC} = 2\pi f_o \quad (10.13)$$

ou

$$\boxed{f_o = \frac{1}{2\pi RC}} \quad (10.14)$$

Substituindo-se a Equação (10.13) e $R_1 = R_2 = R$ e $C_1 = C_2 = C$ na Equação (10.11), nos leva a

$$\frac{\mathbf{V}_2}{\mathbf{V}_o} = \frac{1}{3} \quad (10.15)$$

Portanto, de modo a satisfazer o primeiro critério de Barkhausen, o AOP deve compensar fornecendo um ganho 3 ou superior de modo que o ganho global seja pelo menos 1, ou a unidade. Lembre-se de que para um amplificador operacional não inversor,

$$\frac{\mathbf{V}_o}{\mathbf{V}_2} = 1 + \frac{R_f}{R_g} = 3 \quad (10.16)$$

ou

$$R_f = 2R_g \quad (10.17)$$

Em decorrência do atraso inerente causado pelo amplificador operacional, os osciladores com ponte de Wien são limitados ao intervalo de frequência de 1 MHz ou menos.

EXEMPLO 10.16

Desenhe um circuito com ponte de Wien para que este oscile a 100 kHz.

Solução: Usando a Equação (10.14), obtemos a constante de tempo do circuito como segue

$$RC = \frac{1}{2\pi f_o} = \frac{1}{2\pi \times 100 \times 10^3} = 1{,}59 \times 10^{-6} \quad (10.16.1)$$

Se escolhermos $R = 10$ kΩ, então podemos selecionar $C = 159$ pF para satisfazer a Equação (10.16.1). Como o ganho deve ser 3, $R_f/R_g = 2$. Poderíamos escolher $R_f = 20$ kΩ, enquanto $R_g = 10$ kΩ.

PROBLEMA PRÁTICO 10.16

No circuito oscilador com ponte de Wien da Figura 10.42, seja $R_1 = R_2 = 2{,}5$ kΩ, $C_1 = C_2 = 1$ nF. Determine a frequência f_o do oscilador.

Solução: 63,66 kHz.

10.10 Resumo

1. Aplicamos análise nodal e de malhas a circuitos CA, empregando a LKC e LKT aos circuitos na forma fasorial.

2. Ao determinar a resposta em regime estacionário de um circuito com fontes independentes com frequências diferentes, cada fonte independente *tem de ser* considerada separadamente. A forma mais natural para analisar tais circuitos é aplicar o teorema da superposição. Um circuito com fasores distinto para cada frequência *tem de ser* resolvido de forma independente e a resposta correspondente deve ser obtida no domínio do tempo. A resposta global é a soma das respostas no domínio do tempo de cada um dos circuitos com fasores.

3. O conceito de transformação de fontes também se aplica no domínio de frequência.

4. O circuito equivalente de Thévenin de um circuito CA consiste em uma fonte de tensão $\mathbf{V}_{Th}$ em série com a impedância de Thévenin $\mathbf{Z}_{Th}$.

5. O equivalente de Norton de um circuito CA é composto por uma fonte de corrente $\mathbf{I}_N$ em paralelo com a impedância de Norton $\mathbf{Z}_N$ ($= \mathbf{Z}_{Th}$).

6. O *PSpice* é uma ferramenta simples e poderosa para resolução de problemas envolvendo circuitos CA. Ele minimiza a enfadonha tarefa de trabalhar com números complexos envolvida na análise em regime estacionário.

7. O multiplicador de capacitância e o oscilador CA são duas aplicações típicas para os conceitos apresentados neste capítulo. Um multiplicador de capacitância é um circuito com amplificadores operacionais usado para produzir um múltiplo de uma capacitância física. Oscilador é um dispositivo que usa uma entrada CC para gerar uma saída CA.

Questões para revisão

10.1 A tensão $\mathbf{V}_o$ no capacitor da Figura 10.43 é:
(a) $5\underline{/0°}$ V   (b) $7{,}071\underline{/45°}$ V
(c) $7{,}071\underline{/-45°}$ V   (d) $5\underline{/-45°}$ V

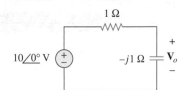

Figura 10.43 Esquema para a Questão para revisão 10.1.

10.2 O valor da corrente $\mathbf{I}_o$ no circuito da Figura 10.44 é:
(a) $4\underline{/0°}$ A   (b) $2{,}4\underline{/-90°}$ A
(c) $0{,}6\underline{/0°}$ A   (d) -1 A

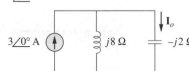

Figura 10.44 Esquema para a Questão para revisão 10.2.

10.3 Usando análise nodal, o valor de $\mathbf{V}_o$ no circuito da Figura 10.45 é:
(a) -24 V   (b) -8 V
(c) 8 V   (d) 24 V

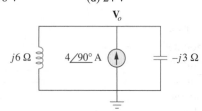

Figura 10.45 Esquema para a Questão para revisão 10.3.

10.4 No circuito da Figura 10.46, a corrente $i(t)$ é:
(a) $10\cos t$ A   (b) $10\operatorname{sen} t$ A   (c) $5\cos t$ A
(d) $5\operatorname{sen} t$ A   (e) $4{,}472\cos(t - 63{,}43°)$ A

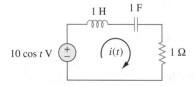

Figura 10.46 Esquema para a Questão para revisão 10.4.

10.5 Consulte o circuito da Figura 10.47 e observe que as duas fontes não têm a mesma frequência. A corrente $i_x(t)$ pode ser obtida por:

(a) transformação de fontes
(b) teorema da superposição
(c) PSpice

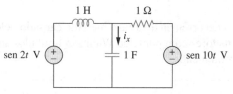

Figura 10.47 Esquema para a Questão para revisão 10.5.

10.6 Para o circuito da Figura 10.48, a impedância de Thévenin nos terminais a-b é:
(a) $1\;\Omega$ (b) $0{,}5 - j0{,}5\;\Omega$
(c) $0{,}5 + j0{,}5\;\Omega$ (d) $1 + j2\;\Omega$
(e) $1 - j2\;\Omega$

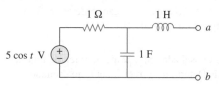

Figura 10.48 Esquema para as Questões para revisão 10.6 e 10.7.

10.7 No circuito da Figura 10.48, a tensão de Thévenin nos terminais a-b é:
(a) $3{,}535\underline{/-45°}$ V   (b) $3{,}535\underline{/45°}$ V
(c) $7{,}071\underline{/-45°}$ V   (d) $7{,}071\underline{/45°}$ V

10.8 Consulte o circuito da Figura 10.49. A impedância equivalente de Norton nos terminais a-b é:
(a) $-j4\;\Omega$ (b) $-j2\;\Omega$
(c) $j2\;\Omega$ (d) $j4\;\Omega$

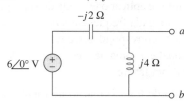

Figura 10.49 Esquema para as Questões para revisão 10.8 e 10.9.

10.9 A corrente de Norton nos terminais a-b no circuito da Figura 10.49 é:
(a) $1\underline{/0°}$ A   (b) $1{,}5\underline{/-90°}$ A
(c) $1{,}5\underline{/90°}$ A   (d) $3\underline{/90°}$ A

10.10 O *PSpice* é capaz de tratar um circuito com duas fontes independentes de frequências diferentes.
(a) verdadeiro   (b) falso

Respostas: 10.1c, 10.2a, 10.3d, 10.4a, 10.5b, 10.6c, 10.7a, 10.8a, 10.9d, 10.10b.

Problemas

● **Seção 10.2 Análise nodal**

10.1 Determine i no circuito da Figura 10.50.

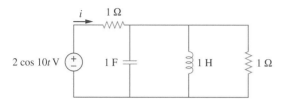

Figura 10.50 Esquema para o Problema 10.1.

10.2 Usando a Figura 10.51, elabore um problema para ajudar outros estudantes a entender melhor a análise nodal.

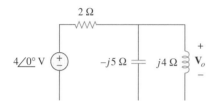

Figura 10.51 Esquema para o Problema 10.2.

10.3 Determine v_o no circuito da Figura 10.52.

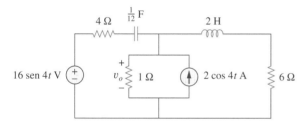

Figura 10.52 Esquema para o Problema 10.3.

10.4 Calcule $v_o(t)$ no circuito da Figura 10.53.

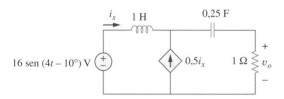

Figura 10.53 Esquema para o Problema 10.4.

10.5 Determine i_o no circuito da Figura 10.54.

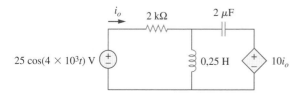

Figura 10.54 Esquema para o Problema 10.5.

10.6 Determine $\mathbf{V}_x$ na Figura 10.55.

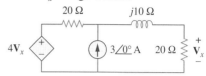

Figura 10.55 Esquema para o Problema 10.6.

10.7 Use a análise nodal para determinar $\mathbf{V}$ no circuito da Figura 10.56.

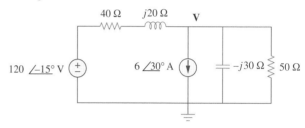

Figura 10.56 Esquema para o Problema 10.7.

10.8 Use a análise nodal para determinar i_o no circuito da Figura 10.57. Seja $i_s = 6\cos(200t + 15°)$ A.

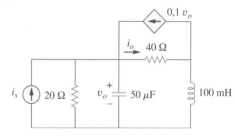

Figura 10.57 Esquema para o Problema 10.8.

10.9 Use a análise nodal para encontrar v_o no circuito da Figura 10.58.

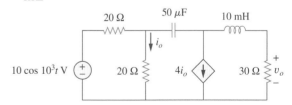

Figura 10.58 Esquema para o Problema 10.9.

10.10 Use a análise nodal para encontrar v_o no circuito da Figura 10.59. Seja $\omega = 2$ krad/s

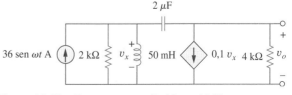

Figura 10.59 Esquema para o Problema 10.10.

10.11 Aplique a análise nodal ao circuito da Figura 10.60 e determine $i_o(t)$.

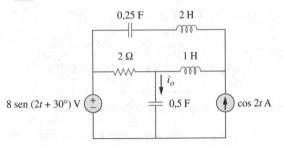

Figura 10.60 Esquema para o Problema 10.11.

10.12 Considere a Figura 10.61 e elabore um problema para ajudar outros estudantes a entenderem melhor a análise nodal.

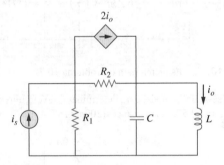

Figura 10.61 Esquema para o Problema 10.12.

10.13 Determine V_x no circuito da Figura 10.62 usando qualquer método de sua escolha.

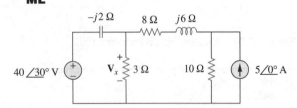

Figura 10.62 Esquema para o Problema 10.13.

10.14 Calcule a tensão nos nós 1 e 2 no circuito da Figura 10.63 utilizando a análise nodal.

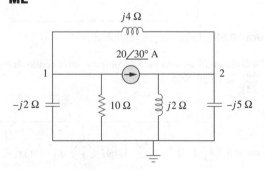

Figura 10.63 Esquema para o Problema 10.14.

10.15 Determine a corrente **I** no circuito da Figura 10.64 usando a análise nodal.

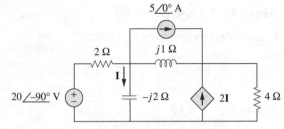

Figura 10.64 Esquema para o Problema 10.15.

10.16 Use a análise nodal para determinar V_x no circuito mostrado na Figura 10.65.

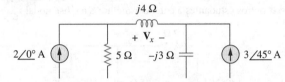

Figura 10.65 Esquema para o Problema 10.16.

10.17 Por meio da análise nodal, obtenha I_o no circuito da Figura 10.66.

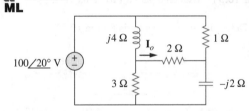

Figura 10.66 Esquema para o Problema 10.17.

10.18 Use a análise nodal para obter V_o no circuito da Figura 10.67 a seguir.

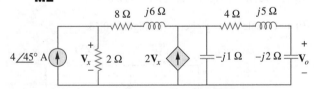

Figura 10.67 Esquema para o Problema 10.18.

10.19 Obtenha V_o na Figura 10.68 utilizando a análise nodal.

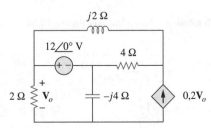

Figura 10.68 Esquema para o Problema 10.19.

10.20 Consulte a Figura 10.69. Se $v_s(t) = V_m \text{sen}\,\omega t$ e $v_o(t) = A\,\text{sen}(\omega t + \phi)$, deduza as expressões para A e ϕ.

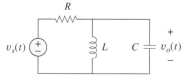

Figura 10.69 Esquema para o Problema 10.20.

10.21 Para cada um dos circuitos da Figura 10.70, determine $\mathbf{V}_o/\mathbf{V}_i$ para $\omega = 0$, $\omega \to \infty$ e $\omega^2 = 1/LC$.

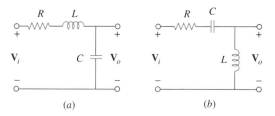

Figura 10.70 Esquema para o Problema 10.21.

10.22 Para o circuito da Figura 10.71, determine $\mathbf{V}_o/\mathbf{V}_s$.

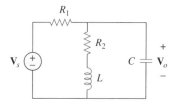

Figura 10.71 Esquema para o Problema 10.22.

10.23 Usando a análise nodal, obtenha $\mathbf{V}$ no circuito da Figura 10.72.

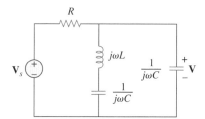

Figura 10.72 Esquema para o Problema 10.23.

● **Seção 10.3 Análise de malhas**

10.24 Elabore um problema para ajudar outros estudantes a entender melhor a análise de malhas.

10.25 Determine i_o na Figura 10.73 usando a análise de malhas.

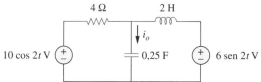

Figura 10.73 Esquema para o Problema 10.25.

10.26 Utilize a análise de malhas para determinar i_o no circuito da Figura 10.74.

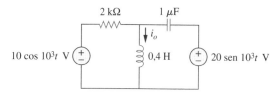

Figura 10.74 Esquema para o Problema 10.26.

10.27 Usando a análise de malhas, determine $\mathbf{I}_1$ e $\mathbf{I}_2$ no circuito da Figura 10.75.

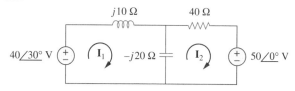

Figura 10.75 Esquema para o Problema 10.27.

10.28 No circuito da Figura 10.76, determine as correntes de malha i_1 e i_2. Seja $v_1 = 10\cos 4t$ V e $v_2 = 20\cos(4t - 30°)$.

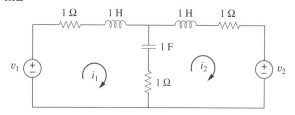

Figura 10.76 Esquema para o Problema 10.28.

10.29 Utilizando a Figura 10.77, elabore um problema para ajudar outros estudantes a entender melhor a análise de malhas.

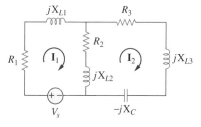

Figura 10.77 Esquema para o Problema 10.29.

10.30 Use a análise de malhas para determinar v_o no circuito da Figura 10.78. Seja $v_{s1} = 120\cos(100t + 90°)$ V e $v_{s2} = 80\cos 100t$ V.

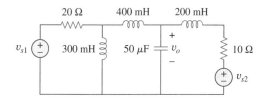

Figura 10.78 Esquema para o Problema 10.30.

10.31 Use a análise de malhas para determinar a corrente I_o no circuito da Figura 10.79 a seguir.
ML

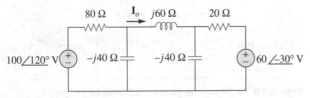

Figura 10.79 Esquema para o Problema 10.31.

10.32 Determine V_o e I_o no circuito da Figura 10.80 usando a análise de malhas.
ML

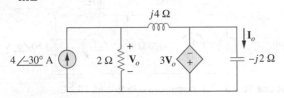

Figura 10.80 Esquema para o Problema 10.32.

10.33 Calcule I no Problema 10.15 utilizando a análise de malhas.
ML

10.34 Use a análise de malhas para determinar I_o na Figura 10.28 (para o Exemplo 10.10).
ML

10.35 Calcule I_o na Figura 10.30 (para o Problema prático 10.10) usando a análise de malhas.
ML

10.36 Calcule V_o no circuito da Figura 10.81 usando a análise de malhas.
ML

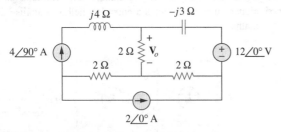

Figura 10.81 Esquema para o Problema 10.36.

10.37 Use a análise de malhas para determinar as correntes I_1, I_2 e I_3 no circuito da Figura 10.82.
ML

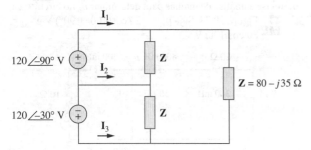

Figura 10.82 Esquema para o Problema 10.37.

10.38 Use a análise de malhas e obtenha I_o no circuito apresentado na Figura 10.83.
ML

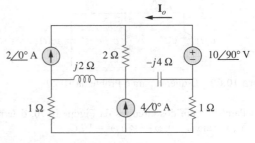

Figura 10.83 Esquema para o Problema 10.38.

10.39 Determine I_1, I_2, I_3 e I_x no circuito da Figura 10.84.
ML

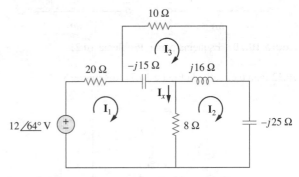

Figura 10.84 Esquema para o Problema 10.39.

● **Seção 10.4   Teorema da superposição**

10.40 Determine i_o no circuito apresentado na Figura 10.85 usando superposição.

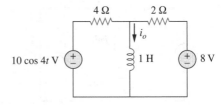

Figura 10.85 Esquema para o Problema 10.40.

10.41 Determine v_o no circuito da Figura 10.86 supondo que $v_s = 6 \cos 2t + 4 \operatorname{sen} 4t$ V.

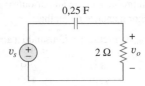

Figura 10.86 Esquema para o Problema 10.41.

10.42 Considere a Figura 10.87 e elabore um problema para ajudar outros estudantes a entender melhor o teorema da superposição.

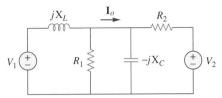

Figura 10.87 Esquema para o Problema 10.42.

10.43 Usando o princípio da superposição, determine i_x no circuito da Figura 10.88.

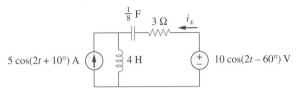

Figura 10.88 Esquema para o Problema 10.43.

10.44 Use o princípio da superposição para obter v_x no circuito da Figura 10.89. Seja $v_s = 50$ sen $2t$ V e $i_s = 12$ cos$(6t + 10°)$ A.

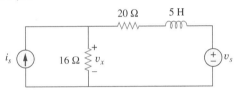

Figura 10.89 Esquema para o Problema 10.44.

10.45 Use superposição para determinar $i(t)$ no circuito da Figura 10.90.

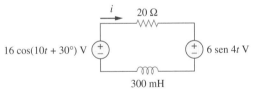

Figura 10.90 Esquema para o Problema 10.45.

10.46 Determine $v_o(t)$ no circuito da Figura 10.91 usando o princípio da superposição.

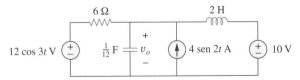

Figura 10.91 Esquema para o Problema 10.46.

10.47 Determine i_o no circuito da Figura 10.92 utilizando o princípio da superposição.

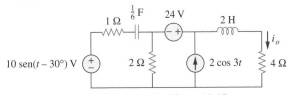

Figura 10.92 Esquema para o Problema 10.47.

10.48 Determine i_o no circuito da Figura 10.93 usando a superposição.

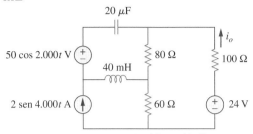

Figura 10.93 Esquema para o Problema 10.48.

• **Seção 10.5   Transformação de fontes**

10.49 Usando a transformação de fontes, determine i no circuito da Figura 10.94.

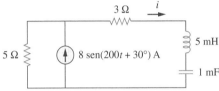

Figura 10.94 Esquema para o Problema 10.49.

10.50 Usando a Figura 10.95, elabore um problema para ajudar outros estudantes a entender melhor a transformação de fontes.

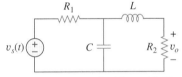

Figura 10.95 Esquema para o Problema 10.50.

10.51 Use a transformação de fontes para determinar $\mathbf{I}_o$ no circuito do Problema 10.42.

10.52 Utilize o método da transformação de fontes para determinar $\mathbf{I}_x$ no circuito da Figura 10.96.

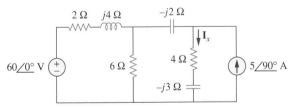

Figura 10.96 Esquema para o Problema 10.52.

10.53 Use o conceito de transformação de fontes para determinar $\mathbf{V}_o$ no circuito da Figura 10.97.

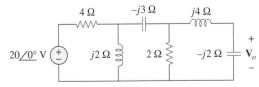

Figura 10.97 Esquema para o Problema 10.53.

10.54 Refaça o Problema 10.7 usando a transformação de fontes.

Seção 10.6 Circuitos equivalentes de Thévenin e de Norton

10.55 Determine os circuitos equivalentes de Thévenin e de Norton nos terminais *a-b* para cada um dos circuitos da Figura 10.98.

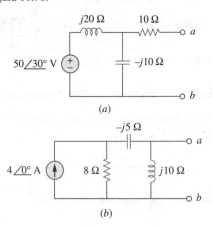

Figura 10.98 Esquema para o Problema 10.55.

10.56 Para cada um dos circuitos da Figura 10.99, obtenha os circuitos equivalentes de Thévenin e de Norton nos terminais *a-b*.

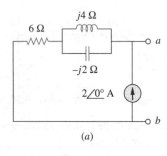

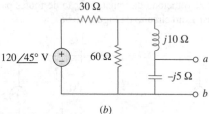

Figura 10.99 Esquema para o Problema 10.56.

10.57 Usando a Figura 10.100, elabore um problema para ajudar outros estudantes a entenderem melhor os circuitos equivalentes de Thévenin e de Norton.

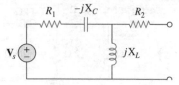

Figura 10.100 Esquema para o Problema 10.57.

10.58 Para o circuito representado na Figura 10.101, determine o circuito equivalente de Thévenin nos terminais *a-b*.

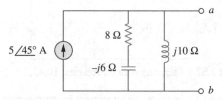

Figura 10.101 Esquema para o Problema 10.58.

10.59 Calcule a impedância de saída do circuito mostrado na Figura 10.102.

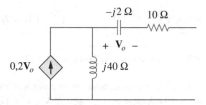

Figura 10.102 Esquema para o Problema 10.59.

10.60 Determine o equivalente de Thévenin do circuito da Figura 10.103 visto a partir dos:

(a) Terminais *a-b*   (b) Terminais *c-d*

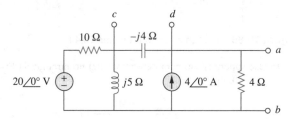

Figura 10.103 Esquema para o Problema 10.60.

10.61 Determine o circuito equivalente de Thévenin nos terminais *a-b* do circuito da Figura 10.104.

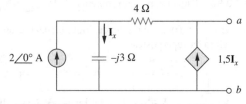

Figura 10.104 Esquema para o Problema 10.61.

10.62 Usando o teorema de Thévenin, determine v_o no circuito da Figura 10.105.

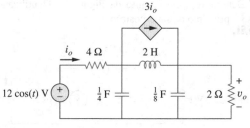

Figura 10.105 Esquema para o Problema 10.62.

10.63 Obtenha o equivalente de Norton do circuito representado na Figura 10.106 nos terminais *a-b*.

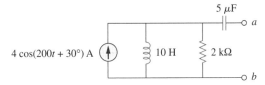

Figura 10.106 Esquema para o Problema 10.63.

10.64 Para o circuito mostrado na Figura 10.107, encontre o circuito equivalente de Norton nos terminais *a-b*.

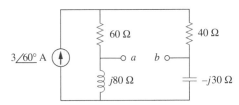

Figura 10.107 Esquema para o Problema 10.64.

10.65 Considere a Figura 10.108 e elabore um problema para ajudar outros estudantes a entender melhor o teorema de Norton.

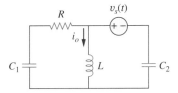

Figura 10.108 Esquema para o Problema 10.65.

10.66 Nos terminais *a-b*, obtenha os circuitos equivalentes de Thévenin e de Norton para o circuito representado na Figura 10.109. Suponha $\omega = 10$ rad/s.

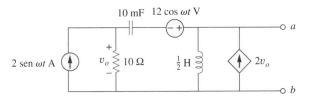

Figura 10.109 Esquema para o Problema 10.66.

10.67 Determine os circuitos equivalentes de Thévenin e de Norton nos terminais *a-b* no circuito da Figura 10.110.

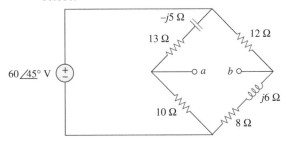

Figura 10.110 Esquema para o Problema 10.67.

10.68 Determine o equivalente de Thévenin nos terminais *a-b* do circuito da Figura 10.111.

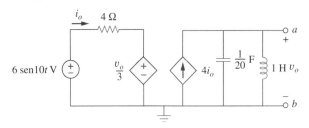

Figura 10.111 Esquema para o Problema 10.68.

● **Seção 10.7   Circuitos CA com amplificadores operacionais**

10.69 Para o diferenciador mostrado na Figura 10.112, obtenha $\mathbf{V}_o/\mathbf{V}_s$. Determine $v_o(t)$ quando $v_s(t) = V_m \operatorname{sen} \omega t$ e $\omega = 1/RC$.

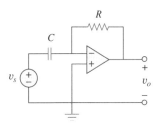

Figura 10.112 Esquema para o Problema 10.69.

10.70 Usando a Figura 10.113, elabore um problema para ajudar outros estudantes a entender melhor os AOPs em circuitos CA.

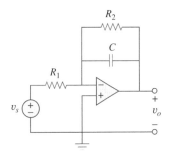

Figura 10.113 Esquema para o Problema 10.70.

10.71 Determine v_o no circuito da Figura 10.114.

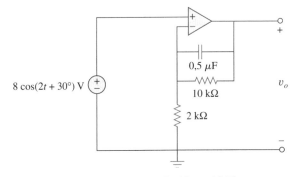

Figura 10.114 Esquema para o Problema 10.71.

10.72 Calcule $i_o(t)$ no circuito com AOP da Figura 10.115 se $v_s = 4\cos(10^4 t)$ V.

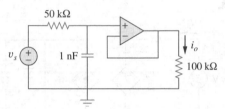

Figura 10.115 Esquema para o Problema 10.72.

10.73 Se a impedância de entrada for definida como $\mathbf{Z}_{ent} = \mathbf{V}_s/\mathbf{I}_s$, determine a impedância de entrada do circuito com AOPs na Figura 10.116 quando $R_1 = 10$ kΩ, $R_2 = 20$ kΩ, $C_1 = 10$ nF, $C_2 = 20$ nF e $\omega = 5.000$ rad/s.

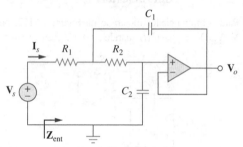

Figura 10.116 Esquema para o Problema 10.73.

10.74 Calcule o ganho de tensão $\mathbf{A}_v = \mathbf{V}_o/\mathbf{V}_s$ no circuito com AOP da Figura 10.117. Determine $\mathbf{A}_v$ para $\omega = 0$, $\omega \to \infty$, $\omega = 1/R_1C_1$ e $\omega = 1/R_2C_2$.

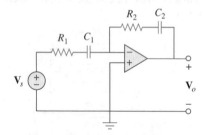

Figura 10.117 Esquema para o Problema 10.74.

10.75 No circuito com AOP da Figura 10.118, determine o ganho de malha fechada (com realimentação) e o deslocamento de fase da tensão de saída em relação à tensão de entrada para $C_1 = C_2 = 1$ nF, $R_1 = R_2 = 100$ kΩ, $R_3 = 20$ kΩ, $R_4 = 40$ kΩ e $\omega = 2.000$ rad/s.

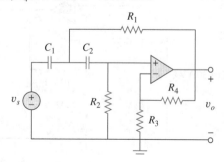

Figura 10.118 Esquema para o Problema 10.75.

10.76 Determine $\mathbf{V}_o$ e $\mathbf{I}_o$ no circuito com AOP da Figura 10.119.

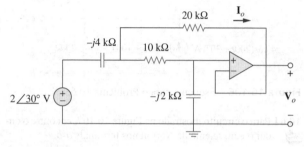

Figura 10.119 Esquema para o Problema 10.76.

10.77 Calcule o ganho de malha fechada (com realimentação) $\mathbf{V}_o/\mathbf{V}_s$ para o circuito com AOP da Figura 10.120.

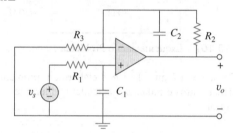

Figura 10.120 Esquema para o Problema 10.77.

10.78 Determine $v_o(t)$ no circuito com AOP da Figura 10.121 a seguir.

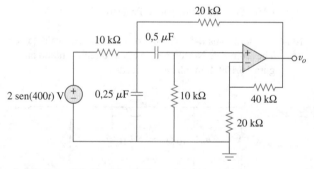

Figura 10.121 Esquema para o Problema 10.78.

10.79 Para o circuito com amplificadores operacionais da Figura 10.122, obtenha $v_o(t)$.

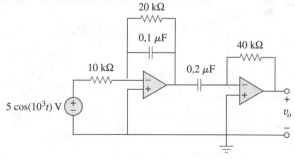

Figura 10.122 Esquema para o Problema 10.79.

10.80 Obtenha $v_o(t)$ para o circuito com AOP na Figura 10.123 para $v_s = 4\cos(1.000t - 60°)$ V.

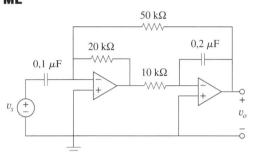

Figura 10.123 Esquema para o Problema 10.80.

Seção 10.8 Análise CA usando o PSpice

10.81 Use o *PSpice* ou *MultiSim* para determinar $\mathbf{V}_o$ no circuito da Figura 10.124. Suponha $\omega = 1$ rad/s.

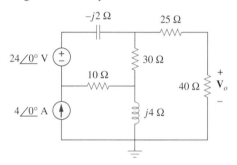

Figura 10.124 Esquema para o Problema 10.81.

10.82 Resolva o Problema 10.19 usando o *PSpice* ou *MultiSim*.

10.83 Use o *PSpice* ou *MultiSim* para determinar $v_o(t)$ no circuito da Figura 10.125. Seja $i_s = 2\cos(10^3 t)$ A.

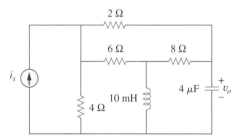

Figura 10.125 Esquema para o Problema 10.83.

10.84 Obtenha $\mathbf{V}_o$ no circuito da Figura 10.126 usando o *PSpice* ou *MultiSim*.

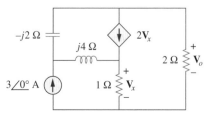

Figura 10.126 Esquema para o Problema 10.84.

10.85 Usando a Figura 10.127, elabore um problema para ajudar outros estudantes a entender melhor como realizar a análise CA com o *PSpice* ou *MultiSim*.

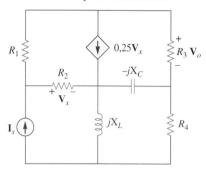

Figura 10.127 Esquema para o Problema 10.85.

10.86 Utilize o *PSpice* ou *MultiSim* para determinar $\mathbf{V}_1$, $\mathbf{V}_2$ e $\mathbf{V}_3$ no circuito da Figura 10.128.

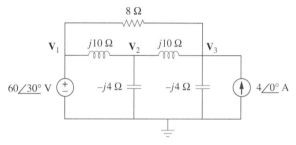

Figura 10.128 Esquema para o Problema 10.86.

10.87 Determine $\mathbf{V}_1$, $\mathbf{V}_2$ e $\mathbf{V}_3$ no circuito da Figura 10.129 utilizando o *PSpice* ou *MultiSim*.

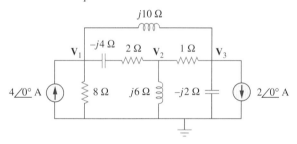

Figura 10.129 Esquema para o Problema 10.87.

10.88 Use o *PSpice* ou *MultiSim* para determinar v_o e i_o no circuito da Figura 10.130 a seguir.

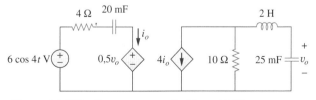

Figura 10.130 Esquema para o Problema 10.88.

Seção 10.9 Aplicações

10.89 O circuito com AOPs na Figura 10.131 é o chamado *simulador de indutância*. Demonstre que a impedância de entrada é dada por

onde

$$Z_{ent} = \frac{V_{ent}}{I_{ent}} = j\omega L_{eq}$$

$$L_{eq} = \frac{R_1 R_3 R_4}{R_2} C$$

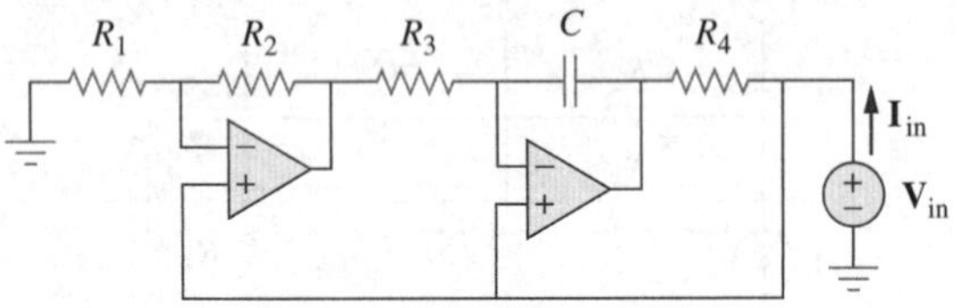

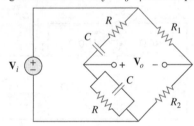

Figura 10.131 Esquema para o Problema 10.89.

10.90 A Figura 10.132 mostra um circuito com a ponte de Wien. Demonstre que a frequência na qual o deslocamento de fase entre os sinais de entrada e de saída é zero é dada por $f = \frac{1}{2}\pi RC$, e que o ganho necessário é $A_v = V_o/V_i$ nessa frequência.

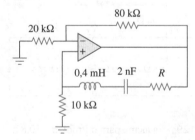

Figura 10.132 Esquema para o Problema 10.90.

10.91 Considere o oscilador da Figura 10.133.
   (a) Determine a frequência de oscilação.
   (b) Obtenha o valor mínimo de R para o qual ocorre a oscilação.

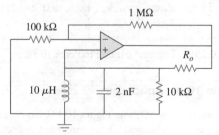

Figura 10.133 Esquema para o Problema 10.91.

10.92 O circuito oscilador da Figura 10.134 usa um AOP ideal.
   (a) Calcule o valor mínimo de R_o que fará ocorrer a oscilação.
   (b) Determine a frequência de oscilação.

Figura 10.134 Esquema para o Problema 10.92.

10.93 A Figura 10.135 mostra um *oscilador Colpitts*. Demonstre que a frequência de oscilação é

$$f_o = \frac{1}{2\pi \sqrt{LC_T}}$$

onde $C_T = C_1 C_2/(C_1 + C_2)$. Considere $R_i \gg X_{C_2}$.

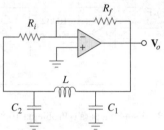

Figura 10.135 Esquema para o Problema 10.93.

(*Sugestão*: Faça a parte imaginária da impedância no circuito de realimentação igual à zero.)

10.94 Projete um oscilador Colpitts que opere em 50 kHz.

10.95 A Figura 10.136 mostra um *oscilador Hartley*. Demonstre que a frequência de oscilação é

$$f_o = \frac{1}{2\pi \sqrt{C(L_1 + L_2)}}$$

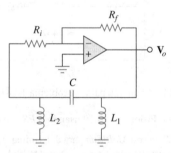

Figura 10.136 Um oscilador Hartley; esquema para o Problema 10.95.

10.96 Observe o oscilador da Figura 10.137.
   (a) demonstre que

$$\frac{V_2}{V_o} = \frac{1}{3 + j(\omega L/R - R/\omega L)}$$

   (b) determine a frequência de oscilação f_o.
   (c) obtenha a relação entre R_1 e R_2 de modo que ocorra a oscilação.

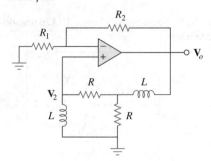

Figura 10.137 Esquema para o Problema 10.96.

11
ANÁLISE DE POTÊNCIA EM CA

*Quatro coisas que não têm retorno: a palavra dita; a flecha lançada;
o tempo passado; a oportunidade negligenciada.*

Al Halif Omar Ibn

Progresso profissional

Carreira em sistemas de potência

A descoberta do princípio de um gerador CA por Michael Faraday, em 1831, foi um grande avanço na engenharia, porque forneceu uma maneira conveniente de gerar energia elétrica necessária para todos os aparelhos eletrônicos, elétricos ou eletromecânicos que usamos hoje.

A energia elétrica é obtida convertendo-se energia de outras fontes, como combustíveis fósseis (gás, petróleo e carvão), combustível nuclear (urânio), energia hidráulica (quedas d'água), energias geotérmicas (água quente, vapor), energia eólica, energia maremotriz e energia de biomassa (resíduos). Essas diversas formas de geração de energia elétrica são estudadas de modo detalhado no campo da engenharia de sistemas de potência, que se tornou uma subdisciplina indispensável da engenharia elétrica. Um engenheiro elétrico deve estar familiarizado com a análise, geração, transmissão, distribuição e custo da energia elétrica.

O setor de energia elétrica abrange milhares de concessionárias de energia elétrica, variando de grandes sistemas interligados, os quais atendem a grandes regiões, a pequenas empresas de energia elétrica, servindo a pequenas comunidades ou fábricas. Por causa dessa complexidade, existem inúmeras oportunidades para engenheiros eletricistas em diversos segmentos do setor: centrais elétricas (geração), transmissão e distribuição, manutenção, pesquisa, aquisição de dados e controle de fluxo e, finalmente, gerenciamento. Já que a energia elétrica é usada em todas as partes, as concessionárias do ramo se encontram em igual posição, oferecendo treinamento específico e emprego estável para homens e mulheres em milhares de comunidades ao redor do mundo.

11.1 Introdução

Nossos esforços na análise de circuitos CA se concentraram, até então, principalmente no cálculo de corrente e tensão. Neste capítulo, nosso objetivo será a análise de potência.

A potência é o valor mais importante em sistemas de energia elétrica, eletrônicos e de comunicação, pois envolvem a transmissão de energia de um ponto a outro. Da mesma forma, todo equipamento elétrico, seja ele de uso residencial ou industrial, como ventilador, motor, lâmpada, ferro de passar roupa, TV, computador, tem uma potência nominal, indicando qual a potência exigida pelo equipamento; ultrapassar a potência nominal pode causar danos permanentes a um aparelho.

A forma mais comum de energia elétrica é a energia CA a 50 ou 60 Hz. A escolha de CA e não de CC permitiu a transmissão de energia em alta tensão da usina geradora até o consumidor.

Iniciamos definindo e deduzindo a *potência instantânea* e a *potência média*. Introduziremos, depois, outros conceitos relacionados com potência. Para aplicações práticas desses conceitos, discutiremos como a potência é medida e examinaremos como as concessionárias de energia elétrica tarifam seus consumidores.

11.2 Potências instantânea e média

Como mencionado no Capítulo 2, a *potência instantânea* $p(t)$ absorvida por um elemento é o produto da tensão instantânea $v(t)$ no elemento e a corrente instantânea $i(t)$ que passa através dele. Supondo a regra dos sinais (passivo),

$$p(t) = v(t)i(t) \tag{11.1}$$

> Também podemos imaginar a potência instantânea como a potência absorvida pelo elemento em dado instante. Quantidades instantâneas são indicadas por letras minúsculas.

Potência instantânea (em watts) é a potência a qualquer instante.

Ela é a taxa na qual um elemento absorve energia.

Consideremos o caso geral de potência instantânea absorvida por uma associação arbitrária de elementos de circuito sob excitação senoidal, conforme mostrado na Figura 11.1. Consideremos que a tensão e a corrente nos terminais do circuito sejam

$$v(t) = V_m \cos(\omega t + \theta_v) \tag{11.2a}$$

$$i(t) = I_m \cos(\omega t + \theta_i) \tag{11.2b}$$

onde V_m e I_m são as amplitudes (ou valores de pico) e θ_v e θ_i são, respectivamente, os ângulos de fase da tensão e da corrente. A potência instantânea absorvida pelo circuito é

$$p(t) = v(t)i(t) = V_m I_m \cos(\omega t + \theta_v) \cos(\omega t + \theta_i) \tag{11.3}$$

Aplicando a identidade trigonométrica

$$\cos A \cos B = \frac{1}{2}[\cos(A - B) + \cos(A + B)] \tag{11.4}$$

expressamos a Equação (11.3) assim

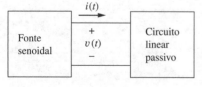

Figura 11.1 Fonte senoidal e circuito linear passivo.

$$p(t) = \frac{1}{2}V_m I_m \cos(\theta_v - \theta_i) + \frac{1}{2}V_m I_m \cos(2\omega t + \theta_v + \theta_i) \quad (11.5)$$

Isso demonstra que a potência instantânea é formada por duas partes, na qual a primeira é constante ou independente do tempo e seu valor depende da diferença de fase entre a tensão e a corrente; a segunda parte é uma função senoidal cuja frequência é 2ω, que é o dobro da frequência angular da tensão ou da corrente.

Um gráfico de $p(t)$ a partir da Equação (11.5) é mostrado na Figura 11.2, onde $T = 2\pi/\omega$ é o período da tensão ou da corrente. Observamos que $p(t)$ é periódica, $p(t) = p(t + T_0)$ e seu período é $T_0 = T/2$, uma vez que sua frequência é o dobro da tensão ou da corrente. Observamos também que $p(t)$ é positiva em parte de cada ciclo e negativa no restante do ciclo. Quando $p(t)$ é positiva, a potência é absorvida pelo circuito. Quando $p(t)$ é negativa, a potência é absorvida pela fonte; isto é, a potência é transferida do circuito para a fonte. Isso é possível em razão dos elementos de armazenamento (capacitores e indutores) no circuito.

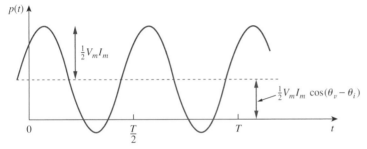

Figura 11.2 A potência instantânea $p(t)$ entrando em um circuito.

A potência instantânea varia com o tempo, sendo, portanto, difícil de ser medida. Já a potência *média* é mais conveniente de ser medida. De fato, o wattímetro, o instrumento usado para medir potência, indica média.

Potência média, em watts, é a média da potência instantânea ao longo de um período.

Portanto, a potência média é dada por

$$P = \frac{1}{T}\int_0^T p(t)\, dt \quad (11.6)$$

Embora a Equação (11.6) mostre a média ao longo de T, poderíamos obter o mesmo resultado se realizássemos a integração ao longo do período real de $p(t)$ que é $T_0 = T/2$.

Substituir $p(t)$ da Equação (11.5) na Equação (11.6), resulta em

$$\begin{aligned}P &= \frac{1}{T}\int_0^T \frac{1}{2}V_m I_m \cos(\theta_v - \theta_i)\, dt \\ &\quad + \frac{1}{T}\int_0^T \frac{1}{2}V_m I_m \cos(2\omega t + \theta_v + \theta_i)\, dt \\ &= \frac{1}{2}V_m I_m \cos(\theta_v - \theta_i)\frac{1}{T}\int_0^T dt \\ &\quad + \frac{1}{2}V_m I_m \frac{1}{T}\int_0^T \cos(2\omega t + \theta_v + \theta_i)\, dt\end{aligned} \quad (11.7)$$

O primeiro integrando é constante, e a média de uma constante é a mesma constante. O segundo integrando é uma senoide, cuja média ao longo de seu período é zero; a área da senoide durante um semiciclo positivo é cancelada pela sua área durante o semiciclo negativo seguinte. Portanto, o segundo termo na Equação (11.7) desaparece e a potência média fica

$$P = \frac{1}{2} V_m I_m \cos(\theta_v - \theta_i) \quad (11.8)$$

Como $\cos(\theta_v - \theta_i) = \cos(\theta_i - \theta_v)$, o importante é a diferença nas fases da tensão e da corrente.

Note que $p(t)$ varia com o tempo, enquanto P não depende do tempo. Para encontrar a potência instantânea, devemos, necessariamente, ter $v(t)$ e $i(t)$ no domínio do tempo. Porém, podemos encontrar a potência média quando a tensão e a corrente estão expressas no domínio do tempo, como na Equação (11.8), ou quando elas são expressas no domínio da frequência. As formas fasoriais de $v(t)$ e $i(t)$ na Equação (11.8) são, respectivamente, $\mathbf{V} = V_m \underline{/\theta_v}$ e $\mathbf{I} = I_m \underline{/\theta_i}$. P é calculado utilizando a Equação (11.8) ou usando os fasores $\mathbf{V}$ e $\mathbf{I}$. Para usar fasores, percebemos que

$$\frac{1}{2} \mathbf{VI}^* = \frac{1}{2} V_m I_m \underline{/\theta_v - \theta_i}$$
$$= \frac{1}{2} V_m I_m [\cos(\theta_v - \theta_i) + j \operatorname{sen}(\theta_v - \theta_i)] \quad (11.9)$$

Reconhecemos a parte real dessa expressão como a potência média P de acordo com a Equação (11.8). Assim,

$$\boxed{P = \frac{1}{2} \operatorname{Re}[\mathbf{VI}^*] = \frac{1}{2} V_m I_m \cos(\theta_v - \theta_i)} \quad (11.10)$$

Consideremos dois casos especiais da Equação (11.10). Quando $\theta_v = \theta_i$, a tensão e a corrente estão em fase. Isso implica um circuito puramente resistivo ou uma carga resistiva R e

$$P = \frac{1}{2} V_m I_m = \frac{1}{2} I_m^2 R = \frac{1}{2} |\mathbf{I}|^2 R \quad (11.11)$$

onde $|\mathbf{I}|^2 = \mathbf{I} \times \mathbf{I}^*$. A Equação (11.11) mostra que um circuito puramente resistivo absorve potência o tempo todo. Quando $\theta_v - \theta_i = \pm 90°$, temos um circuito puramente reativo e

$$P = \frac{1}{2} V_m I_m \cos 90° = 0 \quad (11.12)$$

demonstrando que um circuito puramente reativo não absorve nenhuma potência média. Em suma,

> Uma carga resistiva (R) sempre absorve potência, enquanto uma carga reativa (L ou C) não absorve nenhuma potência média.

EXEMPLO 11.1

Dado que

$$v(t) = 120 \cos(377t + 45°) \text{ V} \quad \text{e} \quad i(t) = 10 \cos(377t - 10°) \text{ A}$$

determine a potência instantânea e a potência média absorvida pelo circuito linear passivo da Figura 11.1.

Solução: A potência instantânea é dada por

$$p = vi = 1.200 \cos(377t + 45°) \cos(377t - 10°)$$

Aplicar a identidade trigonométrica

$$\cos A \cos B = \frac{1}{2}[\cos(A + B) + \cos(A - B)]$$

resulta em

$$p = 600[\cos(754t + 35°) + \cos 55°]$$

ou

$$p(t) = 344{,}2 + 600 \cos(754t + 35°) \text{ W}$$

A potência média é

$$P = \frac{1}{2} V_m I_m \cos(\theta_v - \theta_i) = \frac{1}{2} 120(10) \cos[45° - (-10°)]$$
$$= 600 \cos 55° = 344{,}2 \text{ W}$$

que é a parte constante de $p(t)$ dado anteriormente.

PROBLEMA PRÁTICO 11.1

Calcule a potência instantânea e a potência média absorvida pelo circuito linear passivo da Figura 11.1, se

$$v(t) = 330 \cos(10t + 20°) \text{ V} \quad \text{e} \quad i(t) = 33 \operatorname{sen}(10t + 60°) \text{ A}$$

Resposta: $3{,}5 + 5{,}445 \cos(20t - 10°)$ kW, 3,5 kW.

EXEMPLO 11.2

Calcule a potência média absorvida por uma impedância $\mathbf{Z} = 30 - j70\ \Omega$ quando é aplicada uma tensão $\mathbf{V} = 120\underline{/0°}$ nela.

Solução: A corrente através da impedância é

$$\mathbf{I} = \frac{\mathbf{V}}{\mathbf{Z}} = \frac{120\underline{/0°}}{30 - j70} = \frac{120\underline{/0°}}{76{,}16\underline{/-66{,}8°}} = 1{,}576\underline{/66{,}8°} \text{ A}$$

A potência média é

$$P = \frac{1}{2} V_m I_m \cos(\theta_v - \theta_i) = \frac{1}{2}(120)(1{,}576) \cos(0 - 66{,}8°) = 37{,}24 \text{ W}$$

PROBLEMA PRÁTICO 11.2

Uma corrente $\mathbf{I} = 33\underline{/30°}$ A flui por uma impedância $\mathbf{Z} = 40\underline{/-22°}\ \Omega$. Determina a potência média liberada para a impedância.

Resposta: 20,19 kW.

EXEMPLO 11.3

Para o circuito da Figura 11.3, determine a potência média fornecida pela fonte e a potência média absorvida pelo resistor.

Solução: A corrente $\mathbf{I}$ é dada por

$$\mathbf{I} = \frac{5\underline{/30°}}{4 - j2} = \frac{5\underline{/30°}}{4{,}472\underline{/-26{,}57°}} = 1{,}118\underline{/56{,}57°} \text{ A}$$

A potência média fornecida pela fonte de tensão é

$$P = \frac{1}{2}(5)(1{,}118) \cos(30° - 56{,}57°) = 2{,}5 \text{ W}$$

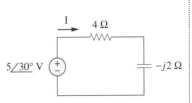

Figura 11.3 Esquema para o Exemplo 11.3.

A corrente através do resistor é

$$\mathbf{I}_R = \mathbf{I} = 1{,}118\underline{/56{,}57°}\text{ A}$$

e a tensão dele é

$$\mathbf{V}_R = 4\mathbf{I}_R = 4{,}472\underline{/56{,}57°}\text{ V}$$

A potência média absorvida pelo resistor é

$$P = \frac{1}{2}(4{,}472)(1{,}118) = 2{,}5\text{ W}$$

que é a mesma que a potência média fornecida. A potência média absorvida pelo capacitor é nula.

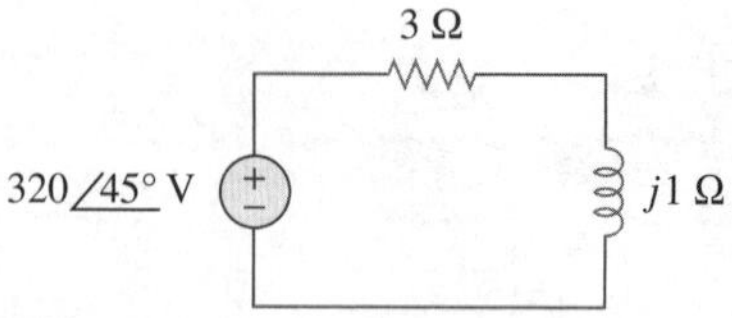

Figura 11.4 Esquema para o Problema prático 11.3.

● **PROBLEMA PRÁTICO 11.3**

No circuito da Figura 11.4, calcule a potência média absorvida pelo resistor e indutor. Determine a potência média fornecida pela fonte de tensão.

Resposta: 15,361 kW, 0 W, 15,361 kW.

● **EXEMPLO 11.4**

Determine a potência média gerada por fonte e a potência média absorvida por elemento passivo no circuito da Figura 11.5a.

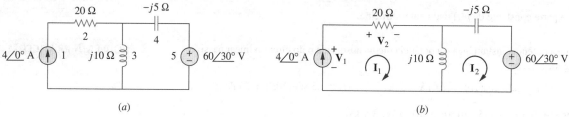

(a)   (b)

Figura 11.5 Esquema para o Exemplo 11.4.

Solução: Aplicamos análise de malhas conforme ilustrado na Figura 11.5b. Para a malha 1,

$$\mathbf{I}_1 = 4\text{ A}$$

Para a malha 2,

$$(j10 - j5)\mathbf{I}_2 - j10\mathbf{I}_1 + 60\underline{/30°} = 0, \quad \mathbf{I}_1 = 4\text{ A}$$

ou

$$j5\mathbf{I}_2 = -60\underline{/30°} + j40 \quad \Rightarrow \quad \mathbf{I}_2 = -12\underline{/-60°} + 8$$
$$= 10{,}58\underline{/79{,}1°}\text{ A}$$

Para a fonte de tensão, a corrente que flui a partir dela é $\mathbf{I}_2 = 10{,}58\underline{/79{,}1°}$ A e a tensão nela é $60\underline{/30°}$ V, de modo que a potência média seja

$$P_5 = \frac{1}{2}(60)(10{,}58)\cos(30° - 79{,}1°) = 207{,}8\text{ W}$$

Seguindo a convenção do sinal passivo (ver Figura 1.8), essa potência média é absorvida pela fonte, por causa do sentido de $\mathbf{I}_2$ e da polaridade da fonte de tensão. Isto é, o circuito está liberando potência média para a fonte de tensão.

Para a fonte de corrente, a corrente através dela é $\mathbf{I}_1 = 4\underline{/0°}$ e a tensão nela é

$$\mathbf{V}_1 = 20\mathbf{I}_1 + j10(\mathbf{I}_1 - \mathbf{I}_2) = 80 + j10(4 - 2 - j10{,}39)$$
$$= 183{,}9 + j20 = 184{,}984\underline{/6{,}21°}\text{ V}$$

A potência média fornecida pela fonte de corrente é

$$P_1 = -\frac{1}{2}(184{,}984)(4)\cos(6{,}21° - 0) = -367{,}8\text{ W}$$

Ela é negativa de acordo com a convenção do sinal passivo, significando que a fonte de corrente está fornecendo potência ao circuito.

Para o resistor, a corrente através dele é $\mathbf{I}_1 = 4\underline{/0°}$ e a tensão nele é $20\mathbf{I}_1 = 80\underline{/0°}$, de modo que a potência absorvida pelo resistor é

$$P_2 = \frac{1}{2}(80)(4) = 160 \text{ W}$$

Para o capacitor, a corrente através dele é $\mathbf{I}_2 = 10{,}58\underline{/79{,}1°}$ e a tensão nele é $-j5\mathbf{I}_2 = (5\underline{/-90°})(10{,}58\underline{/79{,}1°}) = 52{,}9\underline{/79{,}1° - 90°}$. A potência média absorvida pelo capacitor é

$$P_4 = \frac{1}{2}(52{,}9)(10{,}58) \cos(-90°) = 0$$

Para o indutor, a corrente através dele é $\mathbf{I}_1 - \mathbf{I}_2 = 2 - j10{,}39 = 10{,}58\underline{/-79{,}1°}$. A tensão nele é $j10(\mathbf{I}_1 - \mathbf{I}_2) = 10{,}58\underline{/-79{.}1° + 90°}$. Logo, a potência média absorvida pelo indutor é

$$P_3 = \frac{1}{2}(105{,}8)(10{,}58) \cos 90° = 0$$

Note que a absorção de potência média do indutor e do capacitor é nula e que a potência total fornecida pela fonte de corrente é igual à potência absorvida pelo resistor e pela fonte de tensão, ou

$$P_1 + P_2 + P_3 + P_4 + P_5 = -367{,}8 + 160 + 0 + 0 + 207{,}8 = 0$$

indicando que a potência é conservada.

PROBLEMA PRÁTICO 11.4

Calcule a potência média absorvida em cada um dos cinco elementos no circuito da Figura 11.6.

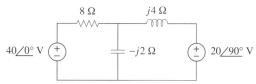

Figura 11.6 Esquema para o Problema prático 11.4.

Resposta: Fonte de tensão de 40 V: –60 W; fonte de tensão de $j20$ V: –40 W; resistor: 100 W; outros: 0 W.

11.3 Máxima transferência de potência média

Na Seção 4.8, resolvemos o problema de maximizar a potência liberada por um circuito resistivo fornecedor de tensão para uma carga R_L. Representando o circuito por seu equivalente de Thévenin, provamos que seria liberada a potência máxima para a carga se a resistência da carga fosse igual à resistência de Thévenin $R_L = R_{Th}$. Agora estenderemos esse resultado aos circuitos CA.

Consideremos o circuito da Figura 11.7, em que um circuito CA é interligado a uma carga $\mathbf{Z}_L$ e é representado por seu equivalente de Thévenin. Normalmente, a carga é representada por uma impedância, que pode ser o modelo de um motor elétrico, uma antena, uma TV e assim por diante. Na forma retangular, a impedância de Thévenin $\mathbf{Z}_{Th}$ e a impedância da carga $\mathbf{Z}_L$ são

$$\mathbf{Z}_{Th} = R_{Th} + jX_{Th} \qquad (11.13a)$$

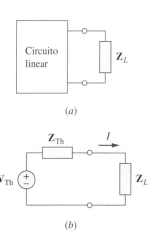

Figura 11.7 Determinando a máxima transferência de potência média: (*a*) no circuito com uma carga; (*b*) no circuito equivalente de Thévenin.

$$\mathbf{Z}_L = R_L + jX_L \tag{11.13b}$$

A corrente através da carga é

$$\mathbf{I} = \frac{\mathbf{V}_{Th}}{\mathbf{Z}_{Th} + \mathbf{Z}_L} = \frac{\mathbf{V}_{Th}}{(R_{Th} + jX_{Th}) + (R_L + jX_L)} \tag{11.14}$$

A partir da Equação (11.11), a potência média liberada para a carga é

$$P = \frac{1}{2}|\mathbf{I}|^2 R_L = \frac{|\mathbf{V}_{Th}|^2 R_L/2}{(R_{Th} + R_L)^2 + (X_{Th} + X_L)^2} \tag{11.15}$$

Nosso objetivo é ajustar os parâmetros das cargas R_L e X_L, de modo que P seja máxima. Para fazer isso, tornamos $\partial P/\partial R_L$ e $\partial P/\partial X_L$ igual a zero. A partir da Equação (11.15), obtemos

$$\frac{\partial P}{\partial X_L} = -\frac{|\mathbf{V}_{Th}|^2 R_L (X_{Th} + X_L)}{[(R_{Th} + R_L)^2 + (X_{Th} + X_L)^2]^2} \tag{11.16a}$$

$$\frac{\partial P}{\partial R_L} = \frac{|\mathbf{V}_{Th}|^2 [(R_{Th} + R_L)^2 + (X_{Th} + X_L)^2 - 2R_L(R_{Th} + R_L)]}{2[(R_{Th} + R_L)^2 + (X_{Th} + X_L)^2]^2} \tag{11.16b}$$

Fazendo que $\partial P/\partial X_L$ seja zero, temos

$$X_L = -X_{Th} \tag{11.17}$$

e fazendo que $\partial P/\partial R_L$ seja zero, resulta em

$$R_L = \sqrt{R_{Th}^2 + (X_{Th} + X_L)^2} \tag{11.18}$$

Combinar as Equações (11.17) e (11.18) nos conduz à conclusão de que, para a máxima transferência de potência média, $\mathbf{Z}_L$ deve ser escolhida de tal forma que $X_L = -X_{Th}$ e $R_L = R_{Th}$, ou seja,

$$\boxed{\mathbf{Z}_L = R_L + jX_L = R_{Th} - jX_{Th} = \mathbf{Z}_{Th}^*} \tag{11.19}$$

> Quando $\mathbf{Z}_L = \mathbf{Z}_{Th}^*$, significa que a carga está casada com a fonte.

Para a máxima transferência de potência média, a impedância da carga, $\mathbf{Z}_L$, deve ser igual ao conjugado complexo da impedância de Thévenin, $\mathbf{Z}_{Th}$.

Esse resultado é conhecido como o *teorema da máxima transferência de potência média* para o regime estacionário senoidal. Fazendo $R_L = R_{Th}$ e $X_L = -X_{Th}$ na Equação (11.15) nos fornece a máxima potência média igual a

$$\boxed{P_{max} = \frac{|\mathbf{V}_{Th}|^2}{8R_{Th}}} \tag{11.20}$$

Em uma situação na qual a carga é puramente real, a condição para a máxima transferência de potência é obtida da Equação (11.18), fazendo $X_L = 0$; ou seja,

$$R_L = \sqrt{R_{Th}^2 + X_{Th}^2} = |\mathbf{Z}_{Th}| \tag{11.21}$$

Isso significa que, para a máxima transferência de potência para uma carga resistiva, a impedância (ou resistência) da carga é igual à magnitude da impedância de Thévenin.

EXEMPLO 11.5

Determine a impedância $\mathbf{Z}_L$ da carga que maximiza a potência média absorvida do circuito da Figura 11.8. Qual é a potência média máxima?

Solução: Primeiro, obtemos o circuito equivalente de Thévenin nos terminais da carga. Para obter $\mathbf{Z}_{Th}$, considere o circuito mostrado na Figura 11.9a. Encontramos

$$\mathbf{Z}_{Th} = j5 + 4 \parallel (8 - j6) = j5 + \frac{4(8 - j6)}{4 + 8 - j6} = 2{,}933 + j4{,}467 \ \Omega$$

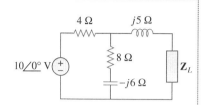

Figura 11.8 Esquema para o Exemplo 11.5.

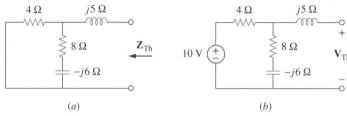

Figura 11.9 Determinação do equivalente de Thévenin do circuito na Figura 11.8.

Para determinar $\mathbf{V}_{Th}$, considere o circuito da Figura 11.8b. Por divisão de tensão,

$$\mathbf{V}_{Th} = \frac{8 - j6}{4 + 8 - j6}(10) = 7{,}454 \underline{/-10{,}3°} \ \text{V}$$

A impedância da carga absorve a potência máxima do circuito quando

$$\mathbf{Z}_L = \mathbf{Z}_{Th}^* = 2{,}933 - j4{,}467 \ \Omega$$

De acordo com a Equação (11.20), a potência média máxima é

$$P_{max} = \frac{|\mathbf{V}_{Th}|^2}{8R_{Th}} = \frac{(7{,}454)^2}{8(2{,}933)} = 2{,}368 \ \text{W}$$

PROBLEMA PRÁTICO 11.5

Para o circuito mostrado na Figura 11.10, determine a impedância $\mathbf{Z}_L$ da carga que absorve a potência média máxima. Calcule essa potência média máxima.

Resposta: $3{,}415 - j0{,}7317 \ \Omega$, 51,47 W.

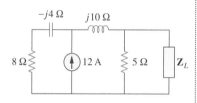

Figura 11.10 Esquema para o Problema prático 11.5.

EXEMPLO 11.6

No circuito da Figura 11.11, determine o valor de R_L que absorverá a potência média máxima. Calcule essa potência.

Solução: Em primeiro lugar, determinamos o equivalente de Thévenin nos terminais de R_L.

$$\mathbf{Z}_{Th} = (40 - j30) \parallel j20 = \frac{j20(40 - j30)}{j20 + 40 - j30} = 9{,}412 + j22{,}35 \ \Omega$$

Por divisão de tensão,

$$\mathbf{V}_{Th} = \frac{j20}{j20 + 40 - j30}(150\underline{/30°}) = 72{,}76 \underline{/134°} \ \text{V}$$

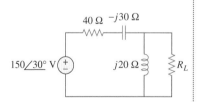

Figura 11.11 Esquema para o Exemplo 11.6.

O valor de R_L que absorverá a potência média máxima é

$$R_L = |\mathbf{Z}_{Th}| = \sqrt{9{,}412^2 + 22{,}35^2} = 24{,}25 \ \Omega$$

A corrente através da carga é

$$\mathbf{I} = \frac{\mathbf{V}_{Th}}{\mathbf{Z}_{Th} + R_L} = \frac{72{,}76\underline{/134°}}{33{,}66 + j22{,}35} = 1{,}8\underline{/100{,}42°} \ \text{A}$$

A potência média máxima absorvida por R_L é

$$P_{max} = \frac{1}{2}|\mathbf{I}|^2 R_L = \frac{1}{2}(1,8)^2(24,25) = 39,29 \text{ W}$$

PROBLEMA PRÁTICO 11.6

Na Figura 11.12, o resistor R_L é ajustado até absorver a potência média máxima. Calcule R_L e a potência média máxima absorvida por ele.

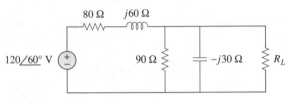

Figura 11.12 Esquema para o Problema prático 11.6.

Resposta: 30 Ω, 6,863 W.

11.4 Valor RMS ou eficaz

O conceito de *valor eficaz* provém da necessidade de medir a eficácia de uma fonte de tensão ou de corrente na liberação de potência para uma carga resistiva.

> **Valor eficaz** de uma corrente periódica é a corrente CC que libera a mesma potência média para um resistor que a corrente periódica.

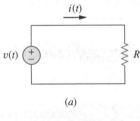

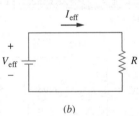

Figura 11.13 Determinação da corrente eficaz: (*a*) circuito CA; (*b*) circuito CC.

Na Figura 11.13, o circuito em (*a*) é CA, enquanto aquele do item (*b*) é CC. Nosso objetivo é determinar I_{ef} que transferirá a mesma potência ao resistor R como a senoide i. A potência média absorvida pelo resistor no circuito CA é

$$P = \frac{1}{T}\int_0^T i^2 R\, dt = \frac{R}{T}\int_0^T i^2\, dt \quad (11.22)$$

enquanto a potência absorvida pelo resistor no circuito CC é

$$P = I_{ef}^2\, R \quad (11.23)$$

Igualando as expressões nas Equações (11.22) e (11.23) e determinando I_{ef}, obtemos

$$I_{ef} = \sqrt{\frac{1}{T}\int_0^T i^2\, dt} \quad (11.24)$$

O valor eficaz da tensão é encontrado da mesma maneira que para a corrente, isto é

$$V_{ef} = \sqrt{\frac{1}{T}\int_0^T v^2\, dt} \quad (11.25)$$

Isso indica que o valor eficaz é a *raiz* (quadrada) da média do quadrado do sinal periódico. Portanto, o valor eficaz é conhecido como *raiz do valor médio quadrático* (*root-mean-square*), ou simplesmente valor RMS, e escrevemos como segue

$$I_{ef} = I_{RMS}, \quad V_{ef} = V_{RMS} \quad (11.26)$$

Para qualquer função periódica $x(t)$ em geral, o valor RMS é dado por

$$X_{\text{RMS}} = \sqrt{\frac{1}{T} \int_0^T x^2 \, dt} \quad (11.27)$$

> O **valor eficaz** de um sinal periódico é a raiz do valor médio quadrático (RMS).

A Equação (11.27) afirma que, para achar o valor RMS de $x(t)$, encontramos primeiro seu *quadrado* x^2 e depois a média deste, ou seja

$$\frac{1}{T} \int_0^T x^2 \, dt$$

e depois a *raiz* quadrada ($\sqrt{}$) dessa média. O valor RMS de uma constante é a própria constante. Para a senoide $i(t) = I_m \cos \omega t$, o valor eficaz ou RMS é

$$\begin{aligned}
I_{\text{RMS}} &= \sqrt{\frac{1}{T} \int_0^T I_m^2 \cos^2 \omega t \, dt} \\
&= \sqrt{\frac{I_m^2}{T} \int_0^T \frac{1}{2}(1 + \cos 2\omega t) \, dt} = \frac{I_m}{\sqrt{2}}
\end{aligned} \quad (11.28)$$

De forma similar, para $v(t) = V_m \cos \omega t$,

$$V_{\text{RMS}} = \frac{V_m}{\sqrt{2}} \quad (11.29)$$

Tenha em mente que as Equações (11.28) e (11.29) são válidas apenas para sinais senoidais.

A potência média na Equação (11.8) pode ser escrita em termos de valores RMS.

$$\begin{aligned}
P &= \frac{1}{2} V_m I_m \cos(\theta_v - \theta_i) = \frac{V_m}{\sqrt{2}} \frac{I_m}{\sqrt{2}} \cos(\theta_v - \theta_i) \\
&= V_{\text{RMS}} I_{\text{RMS}} \cos(\theta_v - \theta_i)
\end{aligned} \quad (11.30)$$

De modo similar, a potência média absorvida por um resistor R na Equação (11.11) pode ser escrita como

$$P = I_{\text{RMS}}^2 R = \frac{V_{\text{RMS}}^2}{R} \quad (11.31)$$

Quando uma tensão ou uma corrente senoidal é especificada, normalmente ela é expressa em termos de seu valor máximo (ou pico) ou de seu valor RMS, já que o valor médio é zero. A indústria do setor de energia elétrica especifica as magnitudes em termos de seus valores RMS e não em termos de seus valores de pico. Por exemplo, os 110 V[*] disponíveis em nossas casas é o valor RMS

---

[*] N. de T.: Esse é um valor-padrão nos Estados Unidos. No Brasil, as residências têm valores nominais de 127 V e/ou 220 V.

da tensão da concessionária de energia elétrica. Em análise de potência é conveniente expressar tensão e corrente em seus valores RMS. Da mesma forma, os voltímetros e os amperímetros analógicos são projetados para mostrarem diretamente o valor RMS da tensão e da corrente, respectivamente.

EXEMPLO 11.7

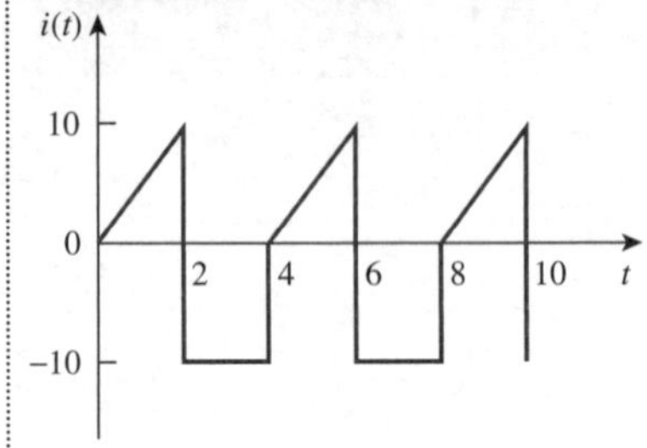

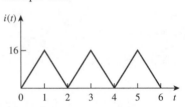

Figura 11.14 Esquema para o Exemplo 11.7.

Determine o valor RMS da forma de onda da corrente mostrada na Figura 11.14. Se a corrente passa através de um resistor de 2 Ω, estipule a potência média absorvida pelo resistor.

Solução: O período da forma de onda é $T = 4$. Ao longo de um período, podemos escrever a forma de onda da corrente como

$$i(t) = \begin{bmatrix} 5t, & 0 < t < 2 \\ -10, & 2 < t < 4 \end{bmatrix}$$

O valor RMS é

$$I_{RMS} = \sqrt{\frac{1}{T}\int_0^T i^2\,dt} = \sqrt{\frac{1}{4}\left[\int_0^2 (5t)^2\,dt + \int_2^4 (-10)^2\,dt\right]}$$

$$= \sqrt{\frac{1}{4}\left[25\frac{t^3}{3}\Big|_0^2 + 100t\Big|_2^4\right]} = \sqrt{\frac{1}{4}\left(\frac{200}{3} + 200\right)} = 8,165\ A$$

A potência absorvida por um resistor de 2 Ω é

$$P = I_{RMS}^2 R = (8,165)^2(2) = 133,3\ W$$

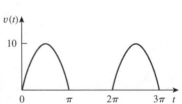

Figura 11.15 Esquema para o Problema prático 11.7.

PROBLEMA PRÁTICO 11.7

Determine o valor RMS da forma de onda da corrente da Figura 11.15. Se a corrente flui através de um resistor de 9 Ω, calcule a potência média absorvida pelo resistor.

Resposta: 9,238 A, 768 W.

EXEMPLO 11.8

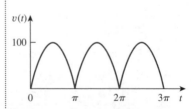

Figura 11.16 Esquema para o Exemplo 11.8.

A forma de onda exibida na Figura 11.16 é uma onda senoidal retificada de meia onda. Determine o valor RMS e a potência média dissipada em um resistor de 10 Ω.

Solução: O período da forma de onda da tensão é $T = 2\pi$ e

$$v(t) = \begin{bmatrix} 10\,\text{sen}\,t, & 0 < t < \pi \\ 0, & \pi < t < 2\pi \end{bmatrix}$$

O valor RMS é obtido como segue

$$V_{RMS}^2 = \frac{1}{T}\int_0^T v^2(t)\,dt = \frac{1}{2\pi}\left[\int_0^\pi (10\,\text{sen}\,t)^2\,dt + \int_\pi^{2\pi} 0^2\,dt\right]$$

Porém, $\text{sen}^2 t = \frac{1}{2}(1 - \cos 2t)$. Logo,

$$V_{RMS}^2 = \frac{1}{2\pi}\int_0^\pi \frac{100}{2}(1 - \cos 2t)\,dt = \frac{50}{2\pi}\left(t - \frac{\text{sen}\,2t}{2}\right)\Big|_0^\pi$$

$$= \frac{50}{2\pi}\left(\pi - \frac{1}{2}\text{sen}\,2\pi - 0\right) = 25, \quad V_{RMS} = 5\ V$$

A potência média absorvida é

$$P = \frac{V_{RMS}^2}{R} = \frac{5^2}{10} = 2,5\ W$$

Figura 11.17 Esquema para o Problema prático 11.8.

PROBLEMA PRÁTICO 11.8

Determine o valor RMS da onda senoidal retificada de onda completa exibida na Figura 11.17. Calcule a potência média dissipada em um resistor de 6 Ω.

Resposta: 70,71 V, 833,3 W.

11.5 Potência aparente e fator de potência

Na Seção 11.2, vimos que se a tensão e a corrente nos terminais de um circuito forem

$$v(t) = V_m \cos(\omega t + \theta_v) \quad \text{e} \quad i(t) = I_m \cos(\omega t + \theta_i) \quad (11.32)$$

ou, na forma fasorial, $\mathbf{V} = V_m \underline{/\theta_v}$ e $\mathbf{I} = I_m \underline{/\theta_i}$, a potência média é

$$P = \frac{1}{2} V_m I_m \cos(\theta_v - \theta_i) \quad (11.33)$$

Na Seção 11.4, vimos que

$$P = V_{\text{RMS}} I_{\text{RMS}} \cos(\theta_v - \theta_i) = S \cos(\theta_v - \theta_i) \quad (11.34)$$

Acrescentamos um novo termo à equação:

$$\boxed{S = V_{\text{RMS}} I_{\text{RMS}}} \quad (11.35)$$

A potência média é o produto de dois termos. O produto $V_{RMS}I_{RMS}$ é conhecido como a *potência aparente S*. O fator $\cos(\theta_v - \theta_i)$ é chamado *fator de potência* (FP).

> **Potência aparente** (em VA) é o produto dos valores RMS da tensão e da corrente.

A potência aparente é assim nomeada porque parece que deve ser o produto tensão-corrente, por analogia com os circuitos resistivos em CC. Ela é medida em volt-ampères ou VA para distingui-la da potência média ou real, que é medida em watts. O fator de potência é adimensional, já que é a razão entre a potência média e a potência aparente,

$$\boxed{\text{FP} = \frac{P}{S} = \cos(\theta_v - \theta_i)} \quad (11.36)$$

O ângulo $\theta_v - \theta_i$ é denominado *ângulo do fator de potência*, uma vez que ele é o ângulo cujo cosseno é o fator de potência. O ângulo do fator de potência é igual ao ângulo da impedância da carga se $\mathbf{V}$ for a tensão na carga e $\mathbf{I}$ a corrente através dela. Isso fica evidente a partir do fato que

$$\mathbf{Z} = \frac{\mathbf{V}}{\mathbf{I}} = \frac{V_m\underline{/\theta_v}}{I_m\underline{/\theta_i}} = \frac{V_m}{I_m}\underline{/\theta_v - \theta_i} \quad (11.37)$$

De modo alternativo, como

$$\mathbf{V}_{\text{RMS}} = \frac{\mathbf{V}}{\sqrt{2}} = V_{\text{RMS}}\underline{/\theta_v} \quad (11.38a)$$

e

$$\mathbf{I}_{\text{RMS}} = \frac{\mathbf{I}}{\sqrt{2}} = I_{\text{RMS}}\underline{/\theta_i} \quad (11.38b)$$

a impedância é

$$\mathbf{Z} = \frac{\mathbf{V}}{\mathbf{I}} = \frac{\mathbf{V}_{\text{RMS}}}{\mathbf{I}_{\text{RMS}}} = \frac{V_{\text{RMS}}}{I_{\text{RMS}}}\underline{/\theta_v - \theta_i} \quad (11.39)$$

Fator de potência é o cosseno da diferença de fase entre tensão e corrente. Ele também é o cosseno do ângulo da impedância da carga.

A partir da Equação (11.36), o fator de potência pode ser visto como aquele fator pelo qual a potência aparente deve ser multiplicada para se obter a potência média ou real. O valor do FP varia entre zero e a unidade. Para uma carga puramente resistiva, a tensão e a corrente estão em fase, de modo que $\theta_v - \theta_i = 0$ e FP = 1. Isso faz que a potência aparente seja igual à potência média. Para uma carga puramente reativa, $\theta_v - \theta_i = \pm 90°$ e FP = 0. Nesse caso, a potência média é zero. Entre esses dois casos extremos, diz-se que o FP está *adiantado* ou *atrasado*. Um fator de potência adiantado significa que a corrente está adiantada em relação à tensão, implicando uma carga capacitiva. Um fator de potência atrasado significa que a corrente está atrasada em relação à tensão, implicando uma carga indutiva. O fator de potência afeta as contas pagas pelos consumidores de energia elétrica às concessionárias, como veremos na Seção 11.9.2.

> A partir da Equação (11.36), o fator de potência também pode ser considerado como a razão entre a potência real dissipada na carga e a potência aparente da carga.

EXEMPLO 11.9

Uma carga ligada em série drena uma corrente $i(t) = 4\cos(100\pi t + 10°)$ A quando a tensão aplicada é $v(t) = 120\cos(100\pi t - 20°)$ V. Determine a potência aparente e o fator de potência da carga. Estabeleça os valores dos elementos que formam a carga conectada em série.

Solução: A potência aparente é

$$S = V_{\text{RMS}} I_{\text{RMS}} = \frac{120}{\sqrt{2}} \frac{4}{\sqrt{2}} = 240 \text{ VA}$$

O fator de potência é

$$\text{FP} = \cos(\theta_v - \theta_i) = \cos(-20° - 10°) = 0{,}866 \quad \text{(adiantado)}$$

O fator de potência está adiantado, pois a corrente está adiantada em relação à tensão. O FP também pode ser obtido da impedância da carga.

$$\mathbf{Z} = \frac{\mathbf{V}}{\mathbf{I}} = \frac{120\underline{/-20°}}{4\underline{/10°}} = 30\underline{/-30°} = 25{,}98 - j15 \text{ Ω}$$

$$\text{FP} = \cos(-30°) = 0{,}866 \quad \text{(adiantado)}$$

A impedância da carga $\mathbf{Z}$ pode ser representada por um modelo formado por um resistor de 25,98 Ω em série com um capacitor:

$$X_C = -15 = -\frac{1}{\omega C}$$

ou

$$C = \frac{1}{15\omega} = \frac{1}{15 \times 100\pi} = 212{,}2 \text{ μF}$$

PROBLEMA PRÁTICO 11.9

Obtenha o fator de potência e a potência aparente de uma carga cuja impedância é $\mathbf{Z} = 60 + j40$ Ω, quando a tensão aplicada for $v(t) = 320\cos(377t + 100°)$ V.

Resposta: 0,8321 atrasado, 710 $\underline{/33{,}69°}$ VA.

EXEMPLO 11.10

Determine o fator de potência de todo o circuito da Figura 11.18 visto pela fonte. Calcule a potência média liberada pela fonte.

Solução: A impedância total é

$$\mathbf{Z} = 6 + 4 \parallel (-j2) = 6 + \frac{-j2 \times 4}{4 - j2} = 6{,}8 - j1{,}6 = 7\underline{/-13{,}24°} \text{ Ω}$$

O fator de potência é

$$\text{FP} = \cos(-13{,}24) = 0{,}9734 \quad \text{(adiantado)}$$

uma vez que a impedância é capacitiva. O valor RMS da corrente é

$$\mathbf{I}_{\text{RMS}} = \frac{\mathbf{V}_{\text{RMS}}}{\mathbf{Z}} = \frac{30\underline{/0^\circ}}{7\underline{/-13{,}24^\circ}} = 4{,}286\underline{/13{,}24^\circ}\ \text{A}$$

A potência média fornecida pela fonte é

$$P = V_{\text{RMS}} I_{\text{RMS}} \text{FP} = (30)(4{,}286)0{,}9734 = 125\ \text{W}$$

ou

$$P = I_{\text{RMS}}^2 R = (4{,}286)^2 (6{,}8) = 125\ \text{W}$$

onde R é a parte resistiva de $\mathbf{Z}$.

Calcule o fator de potência para o circuito inteiro da Figura 11.19 visto pela fonte. Qual é a potência média fornecida pela fonte?

Resposta: 0,936 atrasado, 2,008 kW.

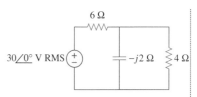

Figura 11.18 Esquema para o Exemplo 11.10.

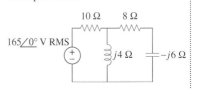

Figura 11.19 Esquema para o Problema prático 11.10.

PROBLEMA PRÁTICO 11.10

11.6 Potência complexa

Foi aplicado um esforço considerável ao longo de anos para expressar as relações de potência da forma mais simples possível. Os engenheiros de sistemas de potência criaram o termo *potência complexa* para determinar o efeito total das cargas em paralelo. A potência complexa é importante na análise de potência por conter *todas* as informações pertinentes à potência absorvida por uma determinada carga.

Consideremos a carga CA da Figura 11.20. Dada a forma fasorial $\mathbf{V} = V_m\underline{/\theta_v}$ e $\mathbf{I} = I_m\underline{/\theta_i}$ da tensão $v(t)$ e da corrente $i(t)$, a *potência complexa* $\mathbf{S}$ absorvida pela carga CA é o produto da tensão e do conjugado complexo da corrente, ou seja,

$$\mathbf{S} = \frac{1}{2}\mathbf{V}\mathbf{I}^* \tag{11.40}$$

considerando a regra dos sinais (passivo) (ver Figura 11.20). Em termos de valores RMS,

$$\mathbf{S} = \mathbf{V}_{\text{RMS}}\mathbf{I}^*_{\text{RMS}} \tag{11.41}$$

onde

$$\mathbf{V}_{\text{RMS}} = \frac{\mathbf{V}}{\sqrt{2}} = V_{\text{RMS}}\underline{/\theta_v} \tag{11.42}$$

e

$$\mathbf{I}_{\text{RMS}} = \frac{\mathbf{I}}{\sqrt{2}} = I_{\text{RMS}}\underline{/\theta_i} \tag{11.43}$$

Portanto, podemos escrever a Equação (11.41) como segue

$$\begin{aligned}\mathbf{S} &= V_{\text{RMS}} I_{\text{RMS}}\underline{/\theta_v - \theta_i} \\ &= V_{\text{RMS}} I_{\text{RMS}} \cos(\theta_v - \theta_i) + j V_{\text{RMS}} I_{\text{RMS}} \operatorname{sen}(\theta_v - \theta_i)\end{aligned} \tag{11.44}$$

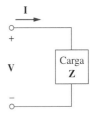

Figura 11.20 Os fasores de tensão e de corrente associados à carga.

Ao trabalhar com valores RMS de tensões ou correntes, podemos eliminar o subscrito RMS, caso isso não venha a causar nenhuma confusão.

Essa equação também pode ser obtida da Equação (11.9). Notamos da Equação (11.44) que a magnitude da potência complexa é a potência aparente; logo, a potência complexa é medida em volt-ampères (VA). Da mesma forma, percebemos que seu ângulo é o ângulo do fator de potência.

A potência complexa pode ser expressa em termos de impedância local **Z**. Da Equação (11.37), a impedância da carga **Z** pode ser escrita como

$$\mathbf{Z} = \frac{\mathbf{V}}{\mathbf{I}} = \frac{\mathbf{V}_{RMS}}{\mathbf{I}_{RMS}} = \frac{V_{RMS}}{I_{RMS}} \underline{/\theta_v - \theta_i} \qquad (11.45)$$

Portanto, $\mathbf{V}_{RMS} = \mathbf{Z}\mathbf{I}_{RMS}$. Substituindo essa expressão na Equação (11.41), resulta em

$$\mathbf{S} = I_{RMS}^2 \mathbf{Z} = \frac{V_{RMS}^2}{\mathbf{Z}^*} = \mathbf{V}_{RMS} \mathbf{I}_{RMS}^* \qquad (11.46)$$

Uma vez que $\mathbf{Z} = R + jX$, a Equação (11.46) fica

$$\mathbf{S} = I_{RMS}^2 (R + jX) = P + jQ \qquad (11.47)$$

onde P e Q são as partes real e imaginária da potência complexa; isto é,

$$P = \text{Re}(\mathbf{S}) = I_{RMS}^2 R \qquad (11.48)$$

$$Q = \text{Im}(\mathbf{S}) = I_{RMS}^2 X \qquad (11.49)$$

P é a potência média ou real e ela depende da resistência da carga, R. Q depende da reatância da carga, X, e é denominada potência *reativa* (ou em quadratura).

Comparando as Equações (11.44) e (11.47), percebemos que

$$P = V_{RMS} I_{RMS} \cos(\theta_v - \theta_i), \quad Q = V_{RMS} I_{RMS} \text{sen}(\theta_v - \theta_i) \qquad (11.50)$$

A potência real P é a potência média em watts liberada para uma carga; ela é a única potência útil e a potência real dissipada pela carga. A potência reativa Q é uma medida de troca de energia entre a fonte e a parte reativa da carga. A unidade de Q é o VAR (*volt-ampère reativo*) para diferenciá-la da potência real cuja unidade é o watt. Vimos no Capítulo 6 que os elementos armazenadores de energia não dissipam nem absorvem energia, mas trocam energia (recebendo-a e fornecendo-a) com o restante do circuito. Da mesma forma, a potência reativa é transferida (nos dois sentidos) entre a carga e a fonte, pois representa uma troca sem perdas entre a carga e a fonte. Note que:

1. $Q = 0$ para cargas resistivas (FP unitário).
2. $Q < 0$ para cargas capacitivas (FP adiantado).
3. $Q > 0$ para cargas indutivas (FP atrasado).

Portanto,

> **Potência complexa** (em VA) é o produto do fasor de tensão RMS e o conjugado complexo do fasor de corrente RMS. Por ser um número complexo, sua parte real é a potência real P e sua parte imaginária é a potência reativa Q.

Introduzir a potência complexa nos permite obter diretamente dos fasores de tensão e de corrente as potências real e reativa.

$$\text{Potência complexa} = \mathbf{S} = P + jQ = \mathbf{V}_{RMS}(\mathbf{I}_{RMS})^*$$
$$= |\mathbf{V}_{RMS}||\mathbf{I}_{RMS}|\underline{/\theta_v - \theta_i}$$
$$\text{Potência aparente} = S = |\mathbf{S}| = |\mathbf{V}_{RMS}||\mathbf{I}_{RMS}| = \sqrt{P^2 + Q^2}$$
$$\text{Potência real} = P = \text{Re}(\mathbf{S}) = S\cos(\theta_v - \theta_i)$$
$$\text{Potência reativa} = Q = \text{Im}(\mathbf{S}) = S\,\text{sen}(\theta_v - \theta_i)$$
$$\text{Fator de potência} = \frac{P}{S} = \cos(\theta_v - \theta_i)$$

(11.51)

Isso demonstra como a potência complexa contém *todas* as informações relevantes em uma determinada carga.

É prática comum representar **S**, *P* e *Q* na forma de um triângulo, conhecido como *triângulo de potência*, mostrado na Figura 11.21a. Isso é similar ao triângulo de potência demonstrando a relação entre **Z**, *R* e *X*, ilustrado na Figura 11.21b. O triângulo de potência possui quatro parâmetros: potência aparente/complexa; potência real; potência reativa, e ângulo do fator de potência. Dados dois desses parâmetros, os outros dois podem ser obtidos a partir do triângulo. Conforme mostrado na Figura 11.22, quando **S** cai no primeiro quadrante, temos uma carga indutiva e um fator de potência atrasado. Quando **S** cai no quarto quadrante, a carga é capacitiva e o fator de potência está adiantado. Também é possível que a potência complexa caia no segundo ou terceiro quadrantes. Isso requer que a impedância da carga tenha uma resistência negativa, que é possível com circuitos ativos.

S contém *todas* as informações de uma carga. A parte real de **S** é a potência *P*, sua parte imaginária é a potência reativa *Q*; sua magnitude é a potência aparente *S* e o cosseno de seu ângulo de fase é o fator de potência FP.

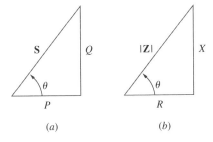

Figura 11.21 (*a*) Triângulo de potência; (*b*) triângulo de impedância.

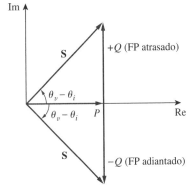

Figura 11.22 Triângulo de potência.

EXEMPLO 11.11

A tensão em uma carga é $v(t) = 60\cos(\omega t - 10°)$ V e a corrente através do elemento no sentido da queda de tensão é $i(t) = 1,5\cos(\omega t + 50°)$ A. Determine: (a) as potências complexa e aparente; (b) as potências real e reativa; (c) o fator de potência e a impedância da carga.

Solução:

(a) Para os valores RMS da tensão e corrente, escrevemos

$$\mathbf{V}_{RMS} = \frac{60}{\sqrt{2}}\underline{/-10°}, \quad \mathbf{I}_{RMS} = \frac{1,5}{\sqrt{2}}\underline{/+50°}$$

A potência complexa é

$$\mathbf{S} = \mathbf{V}_{RMS}\mathbf{I}_{RMS}^* = \left(\frac{60}{\sqrt{2}}\underline{/-10°}\right)\left(\frac{1,5}{\sqrt{2}}\underline{/-50°}\right) = 45\underline{/-60°} \text{ VA}$$

A potência aparente é

$$S = |\mathbf{S}| = 45 \text{ VA}$$

(b) Podemos expressar a potência complexa na forma retangular como

$$\mathbf{S} = 45\underline{/-60°} = 45[\cos(-60°) + j\,\text{sen}(-60°)] = 22{,}5 - j38{,}97$$

Como $\mathbf{S} = P + jQ$, a potência real é

$$P = 22{,}5 \text{ W}$$

enquanto a potência reativa é

$$Q = -38{,}97 \text{ VAR}$$

(c) O fator de potência é

$$\text{FP} = \cos(-60°) = 0{,}5 \text{ (adiantado)}$$

Ele está adiantado porque a potência reativa é negativa. A impedância da carga é

$$\mathbf{Z} = \frac{\mathbf{V}}{\mathbf{I}} = \frac{60\underline{/-10°}}{1{,}5\underline{/+50°}} = 40\underline{/-60°}\ \Omega$$

que é uma impedância capacitiva.

PROBLEMA PRÁTICO 11.11

Para uma carga, $V_{\text{RMS}} = 110\underline{/85°}$ V, $I_{\text{RMS}} = 0{,}4\underline{/15°}$ A. Determine: (a) as potências complexa e aparente; (b) as potências real e reativa; (c) o fator de potência e a impedância da carga.

Resposta: (a) $44\underline{/70°}$ VA, 44 VA; (b) 15,05 W, 41,35 VAR; (c) 0,342 atrasado, $94{,}06 + j258{,}4\ \Omega$.

EXEMPLO 11.12

Uma carga $\mathbf{Z}$ absorve de uma fonte senoidal RMS de 120 V, 12 kVA com um fator de potência igual a 0,856 (atrasado). Calcule: (a) as potências média e reativa liberadas para a carga; (b) a corrente de pico; (c) a impedância da carga.

Solução:

(a) Dado que $\text{PF} = \cos\theta = 0{,}856$, obtemos o ângulo de potência igual a $\theta = \cos^{-1} 0{,}856 = 31{,}13°$. Se a potência aparente for $S = 12.000$ VA, então a potência média ou real será

$$P = S\cos\theta = 12.000 \times 0{,}856 = 10{,}272 \text{ kW}$$

enquanto

$$Q = S\,\text{sen}\,\theta = 12.000 \times 0{,}517 = 6{,}204 \text{ kVA}$$

(b) Como o FP está atrasado, a potência complexa é

$$\mathbf{S} = P + jQ = 10{,}272 + j6{,}204 \text{ kVA}$$

A partir de $\mathbf{S} = \mathbf{V}_{\text{RMS}} \mathbf{I}^*_{\text{RMS}}$, obtemos

$$\mathbf{I}^*_{\text{RMS}} = \frac{\mathbf{S}}{\mathbf{V}_{\text{RMS}}} = \frac{10{,}272 + j6204}{120\underline{/0°}} = 85{,}6 + j51{,}7 \text{ A} = 100\underline{/31{,}13°} \text{ A}$$

Portanto, $\mathbf{I}_{\text{RMS}} = 100\underline{/-31{,}13°}$ e a corrente de pico é

$$I_m = \sqrt{2}\,I_{\text{RMS}} = \sqrt{2}(100) = 141{,}4 \text{ A}$$

(c) A impedância da carga

$$Z = \frac{V_{RMS}}{I_{RMS}} = \frac{120\underline{/0°}}{100\underline{/-31,13°}} = 1,2\underline{/31,13°}\ \Omega$$

que é uma impedância indutiva.

PROBLEMA PRÁTICO 11.12

Uma fonte senoidal fornece alimentação reativa de 10 kVAR para a carga $Z = 250\underline{/-75°}\ \Omega$. Determine: (a) o fator de potência; (b) a potência aparente liberada para a carga; (c) a tensão RMS.

Resposta: (a) 0,2588 adiantado; (b)103,53 kVA; (c) 5,087 kV.

11.7 †Conservação de potência CA

O princípio da conservação da potência se aplica aos circuitos CA, bem como aos circuitos CC (ver Seção 1.5).

De fato, já vimos nos Exemplos 11.3 e 11.4 que a potência média é conservada em circuitos CA.

Para comprovar isso, consideremos o circuito da Figura 11.23a, em que duas impedâncias de carga Z_1 e Z_2 são associadas em paralelo em uma fonte CA igual a **V**. A LKC nos dá

$$I = I_1 + I_2 \tag{11.52}$$

A potência complexa fornecida pela fonte é (a partir de agora, salvo indicação em contrário, todos os valores de tensões e correntes serão considerados como valores eficazes):

$$S = VI^* = V(I_1^* + I_2^*) = VI_1^* + VI_2^* = S_1 + S_2 \tag{11.53}$$

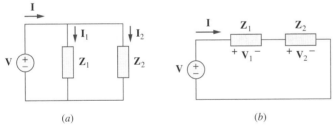

Figura 11.23 Uma fonte de tensão CA alimentando cargas associadas em: (a) paralelo; (b) série.

onde S_1 e S_2 representam, respectivamente, as potências complexas liberadas para as cargas Z_1 e Z_2.

Se as cargas estiverem ligadas em série com a fonte de tensão, como mostrado na Figura 11.23b, a LKT conduz a

$$V = V_1 + V_2 \tag{11.54}$$

A potência complexa fornecida pela fonte é

$$S = VI^* = (V_1 + V_2)I^* = V_1I^* + V_2I^* = S_1 + S_2 \tag{11.55}$$

onde S_1 e S_2 representam, respectivamente, as potências complexas liberadas para as cargas Z_1 e Z_2.

Concluímos das Equações (11.53) e (11.55) que, independentemente das cargas estarem conectadas em série ou em paralelo (ou de forma geral), a potência total *fornecida* pela fonte é igual à potência total *liberada* para a carga. Portanto, em geral, para uma fonte conectada a N cargas,

$$\mathbf{S} = \mathbf{S}_1 + \mathbf{S}_2 + \cdots + \mathbf{S}_N \qquad (11.56)$$

Isso significa que a potência complexa total em um circuito é a soma das potências complexas de cada componente. (Isso vale também para a potência real e para a potência reativa, porém, não é válido para a potência aparente.) Isso expressa o princípio da conservação da potência CA:

> As potências complexa, real e reativa das fontes equivalem às respectivas somas das potências complexa, real e reativa de cada carga.

De fato, todas as formas de potência CA são conservadas: instantânea, real, reativa e complexa.

Disso, pode-se deduzir que o fluxo de potência real (ou reativa) das fontes em um circuito é igual ao fluxo de potência real (ou reativa) nos demais elementos do circuito.

EXEMPLO 11.13

A Figura 11.24 mostra uma carga sendo alimentada por uma fonte de tensão através de uma linha de transmissão. A impedância da linha é representada pela impedância $(4 + j2)\ \Omega$ e um caminho de retorno. Determine as potências real e reativa absorvidas: (a) pela fonte; (b) pela linha; (c) pela carga.

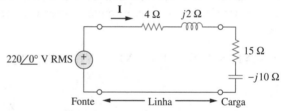

Figura 11.24 Esquema para o Exemplo 11.13.

Solução: A impedância total é

$$\mathbf{Z} = (4 + j2) + (15 - j10) = 19 - j8 = 20{,}62\underline{/-22{,}83°}\ \Omega$$

A corrente através do circuito é

$$\mathbf{I} = \frac{\mathbf{V}_s}{\mathbf{Z}} = \frac{220\underline{/0°}}{20{,}62\underline{/-22{,}83°}} = 10{,}67\underline{/22{,}83°}\ \text{A RMS}$$

(a) Para a fonte, a potência complexa é

$$\mathbf{S}_s = \mathbf{V}_s \mathbf{I}^* = (220\underline{/0°})(10{,}67\underline{/-22{,}83°})$$
$$= 2.347{,}4\underline{/-22{,}83°} = (2.163{,}5 - j910{,}8)\ \text{VA}$$

Desta, obtemos a potência real (2.163,5 W) e a potência reativa (910,8 VAR adiantada).
(b) Para a linha, a tensão é

$$\mathbf{V}_{\text{linha}} = (4 + j2)\mathbf{I} = (4{,}472\underline{/26{,}57°})(10{,}67\underline{/22{,}83°})$$
$$= 47{,}72\underline{/49{,}4°}\ \text{V RMS}$$

A potência complexa absorvida pela linha é

$$\mathbf{S}_{\text{linha}} = \mathbf{V}_{\text{linha}}\mathbf{I}^* = (47{,}72\underline{/49{,}4°})(10{,}67\underline{/-22{,}83°})$$
$$= 509{,}2\underline{/26{,}57°} = 455{,}4 + j227{,}7\ \text{VA}$$

ou

$$S_{linha} = |I|^2 Z_{linha} = (10{,}67)^2(4 + j2) = 455{,}4 + j227{,}7 \text{ VA}$$

Isto é, a potência real é 455,4 W e a potência reativa é 227,76 VAR (atrasada).

(c) Para a carga, a tensão é

$$V_L = (15 - j10)I = (18{,}03\underline{/-33{,}7°})(10{,}67\underline{/22{,}83°})$$
$$= 192{,}38\underline{/-10{,}87°} \text{ V RMS}$$

A potência complexa absorvida pela carga é

$$S_L = V_L I^* = (192{,}38\underline{/-10{,}87°})(10{,}67\underline{/-22{,}83°})$$
$$= 2053\underline{/-33{,}7°} = (1708 - j1139) \text{ VA}$$

A potência real é 1708 W e a potência reativa é 1.139 VAR (adiantada). Note que $S_S = S_{linha} + S_L$, conforme esperado. Usamos os valores RMS das tensões e correntes.

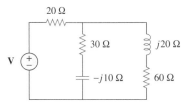

Figura 11.25 Esquema para o Problema prático 11.13.

PROBLEMA PRÁTICO 11.13

No circuito da Figura 11.25, o resistor de 60 Ω absorve uma potência média de 240 W. Determine **V** e a potência complexa de cada ramo do circuito. Qual é a potência complexa total do circuito? (Suponha que a corrente através do resistor de 60 Ω não tenha nenhum deslocamento de fase.)

Resposta: $240{,}7\underline{/21{,}45°}$ (RMS); o resistor de 20 Ω: 656 VA; a impedância $(30 - j10)$ Ω: $480 - j160$ VA; a impedância $(60 + j20)$ Ω: $240 + j80$ VA; total: $1376 - j80$ VA.

EXEMPLO 11.14

No circuito da Figura 11.26, $Z_1 = 60\underline{/-30°}$ Ω e $Z_2 = 40\underline{/45°}$ Ω. Calcule os valores totais da: (a) potência aparente; (b) potência real; (c) potência reativa; (d) FP fornecido pela fonte e visto pela fonte.

Solução: A corrente através de Z_1 é

$$I_1 = \frac{V}{Z_1} = \frac{120\underline{/10°}}{60\underline{/-30°}} = 2\underline{/40°} \text{ A RMS}$$

enquanto a corrente através de Z_2 é

$$I_2 = \frac{V}{Z_2} = \frac{120\underline{/10°}}{40\underline{/45°}} = 3\underline{/-35°} \text{ A RMS}$$

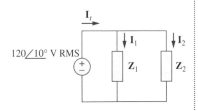

Figura 11.26 Esquema para o Exemplo 11.14.

As potências complexas absorvidas pelas impedâncias são

$$S_1 = \frac{V_{RMS}^2}{Z_1^*} = \frac{(120)^2}{60\underline{/30°}} = 240\underline{/-30°} = 207{,}85 - j120 \text{ VA}$$

$$S_2 = \frac{V_{RMS}^2}{Z_2^*} = \frac{(120)^2}{40\underline{/-45°}} = 360\underline{/45°} = 254{,}6 + j254{,}6 \text{ VA}$$

A potência complexa total é

$$S_t = S_1 + S_2 = 462{,}4 + j134{,}6 \text{ VA}$$

(a) A potência aparente total é

$$|S_t| = \sqrt{462{,}4^2 + 134{,}6^2} = 481{,}6 \text{ VA}$$

(b) A potência real total é

$$P_t = \text{Re}(S_t) = 462{,}4 \text{ W ou } P_t = P_1 + P_2$$

(c) A potência reativa total é

$$Q_t = \text{Im}(S_t) = 134{,}6 \text{ VAR ou } Q_t = Q_1 + Q_2$$

(d) O FP = $P_t/|S_t|$ = 462,4/481,6 = 0,96 (atrasado).

Podemos verificar o resultado determinando a potência complexa $\mathbf{S}_S$ fornecida pela fonte.

$$\mathbf{I}_t = \mathbf{I}_1 + \mathbf{I}_2 = (1{,}532 + j1{,}286) + (2{,}457 - j1{,}721)$$
$$= 4 - j0{,}435 = 4{,}024\underline{/-6{,}21°} \text{ A RMS}$$
$$\mathbf{S}_s = \mathbf{VI}_t^* = (120\underline{/10°})(4{,}024\underline{/6{,}21°})$$
$$= 482{,}88\underline{/16{,}21°} = 463 + j135 \text{ VA}$$

que é o mesmo que aquele obtido anteriormente.

PROBLEMA PRÁTICO 11.14

Duas cargas associadas em paralelo são, respectivamente, 2 kW com um FP igual a 0,75 (adiantado) e 4 kW com um FP igual a 0,95 (atrasado). Calcule o FP das duas cargas. Determine a potência complexa fornecida pela fonte.

Resposta: 0,9972 (adiantado), $6 - j0{,}4495$ kVA.

11.8 Correção do fator de potência

A maioria das cargas de utilidades domésticas (como máquinas de lavar roupa, aparelhos de ar-condicionado e refrigeradores) e também industriais (como motores de indução) são indutivas e operam com um fator de potência baixo e com atraso. Embora sua natureza não possa ser alterada, podemos aumentar seu fator de potência.

> O processo de aumentar o fator de potência sem alterar a tensão ou corrente para a carga original é conhecido como **correção do fator de potência**.

Como forma alternativa, a correção do fator de potência pode ser vista como o acréscimo de um elemento reativo (normalmente, um capacitor) em paralelo com a carga de modo a tornar o fator de potência mais próximo da unidade.

Uma carga indutiva pode ser representada por um modelo que é uma associação em série entre um indutor e um resistor.

Uma vez que a maior parte das cargas é indutiva, conforme mostrado na Figura 11.27a, o fator de potência de uma carga é aumentado ou corrigido instalando-se intencionalmente um capacitor em paralelo com a carga, conforme indicado na Figura 11.27b. O efeito de acrescentar o capacitor pode ser ilustrado usando-se o triângulo de potência ou, então, o diagrama de fasores das correntes em questão. A Figura 11.28 mostra esse último, em que se supõe que o circuito da Figura 11.27a tenha um fator de potência igual a $\cos\theta_1$, enquanto o da Figura 11.27b tem um fator de potência igual a $\cos\theta_2$. Fica evidente da Figura 11.28 que acrescentar o capacitor faz o ângulo da fase entre a tensão e a corrente fornecidas ser reduzido de θ_1 para θ_2 aumentando, portanto, o fator de potência. Também percebemos das magnitudes dos vetores na Figura 11.28 que, com a mesma tensão fornecida, o circuito da Figura 11.27a drena uma corrente I_L maior que a corrente I absorvida pelo circuito da Figura 11.27b.

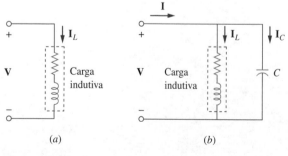

Figura 11.27 Correção do fator de potência: (a) carga indutiva original; (b) carga indutiva com fator de potência aumentado.

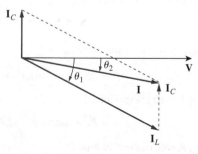

Figura 11.28 Diagrama de fasores mostrando o efeito de se acrescentar um capacitor em paralelo com a carga indutiva.

As concessionárias de energia elétrica cobram mais por correntes maiores, pois resultam em maiores perdas de potência (com um fator ao quadrado, já que $P = I_L^2 R$). Consequentemente, é interessante tanto para a concessionária como para seus consumidores que se tente de tudo para minimizar o nível de corrente ou manter o fator de potência o mais próximo possível da unidade. Escolhendo-se um valor adequado para o capacitor, a corrente pode ser colocada totalmente em fase com a tensão, implicando um fator de potência unitário.

Podemos ver a correção do fator de potência de outra perspectiva. Consideremos o triângulo de potência da Figura 11.29. Se a carga indutiva original tiver potência aparente S_1, então

$$P = S_1 \cos\theta_1, \quad Q_1 = S_1 \text{sen}\theta_1 = P \,\text{tg}\, \theta_1 \quad (11.57)$$

Se desejarmos aumentar o fator de potência de $\cos\theta_1$ para $\cos\theta_2$ sem alterar a potência real (ou seja, $P = S_2 \cos\theta_2$), então a nova potência reativa é

$$Q_2 = P \,\text{tg}\, \theta_2 \quad (11.58)$$

A redução na potência reativa é provocada pelo capacitor shunt; ou seja,

$$Q_C = Q_1 - Q_2 = P(\text{tg}\,\theta_1 - \text{tg}\,\theta_2) \quad (11.59)$$

Porém, da Equação (11.46), $Q_C = V_{RMS}^2/X_C = \omega C V_{RMS}^2$. O valor da capacitância shunt C necessária é determinada como segue

$$\boxed{C = \frac{Q_C}{\omega V_{RMS}^2} = \frac{P(\text{tg}\,\theta_1 - \text{tg}\,\theta_2)}{\omega V_{RMS}^2}} \quad (11.60)$$

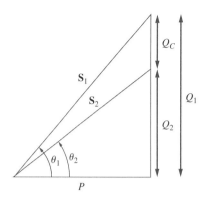

Figura 11.29 Triângulo de potência ilustrando a correção do fator de potência.

Note que a potência real P dissipada pela carga não é afetada pela correção do fator de potência, pois a potência média devida à capacitância é zero.

Embora a situação mais comum na prática seja de uma carga indutiva, também é possível que a carga seja capacitiva; isto é, a carga está operando com um fator de potência adiantado. Nesse caso, um indutor deveria ser ligado na carga para correção do fator de potência. A indutância shunt L necessária pode ser calculada a partir de

$$Q_L = \frac{V_{RMS}^2}{X_L} = \frac{V_{RMS}^2}{\omega L} \quad \Rightarrow \quad L = \frac{V_{RMS}^2}{\omega Q_L} \quad (11.61)$$

onde $Q_L = Q_1 - Q_2$ é a diferença entre a potência reativa atual e a anterior.

EXEMPLO 11.15

Quando conectada a uma rede elétrica de 120 V (RMS), 60 Hz, uma carga absorve 4 kW com um fator de potência atrasado de 0,8. Determine o valor da capacitância necessária para elevar o FP para 0,95.

Solução: Se o FP = 0,8, então

$$\cos\theta_1 = 0,8 \quad \Rightarrow \quad \theta_1 = 36,87°$$

onde θ_1 é a diferença de fase entre a tensão e a corrente. Obtemos a potência aparente a partir da potência real e o FP como

$$S_1 = \frac{P}{\cos\theta_1} = \frac{4.000}{0,8} = 5.000 \text{ VA}$$

A potência reativa é

$$Q_1 = S_1 \text{sen}\,\theta = 5.000 \text{ sen } 36,87 = 3.000 \text{ VAR}$$

Quando o FP for elevado para 0,95,

$$\cos\theta_2 = 0,95 \quad \Rightarrow \quad \theta_2 = 18,19°$$

A potência real P não mudou, mas a potência aparente sim; seu novo valor é

$$S_2 = \frac{P}{\cos\theta_2} = \frac{4.000}{0,95} = 4.210,5 \text{ VA}$$

A nova potência reativa é

$$Q_2 = S_2 \operatorname{sen}\theta_2 = 1.314,4 \text{ VAR}$$

A diferença entre a potência reativa atual e a anterior se deve ao acréscimo do capacitor em paralelo com a carga. A potência reativa devida ao capacitor é

$$Q_C = Q_1 - Q_2 = 3.000 - 1.314,4 = 1.685,6 \text{ VAR}$$

e

$$C = \frac{Q_C}{\omega V_{\text{RMS}}^2} = \frac{1.685,6}{2\pi \times 60 \times 120^2} = 310,5 \text{ }\mu\text{F}$$

Nota: Normalmente os capacitores são adquiridos de acordo com as tensões que se espera obter. Nesse caso, a tensão máxima nesse capacitor será cerca de 170 V de pico. Sugeriríamos a compra de um capacitor com tensão nominal igual a 200 V.

● **PROBLEMA PRÁTICO 11.15**

Determine o valor da capacitância em paralelo necessária para corrigir uma carga de 140 kVAR com FP de 0,85 (atrasado) para um FP unitário. Suponha que a carga seja alimentada por uma linha de 110 V (RMS), 60 Hz.

Resposta: 30,69 mF.

11.9 †Aplicações

Nesta seção, consideraremos duas importantes áreas de aplicação: como a potência é medida e como as concessionárias de energia elétrica determinam o custo do consumo da eletricidade.

11.9.1 Medição de potência

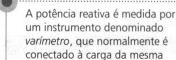
A potência reativa é medida por um instrumento denominado *varímetro*, que normalmente é conectado à carga da mesma forma que o wattímetro.

A potência média absorvida por uma carga é medida por um instrumento chamado *wattímetro*.

> **Wattímetro** é o instrumento para medir a potência média.

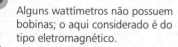
Alguns wattímetros não possuem bobinas; o aqui considerado é do tipo eletromagnético.

A Figura 11.30 mostra um wattímetro formado basicamente por duas bobinas: a bobina de corrente e a bobina de tensão. Uma bobina de corrente de impedância muito baixa (valor ideal nulo) é conectada em série com a carga (Figura 11.31) e responde pela corrente de carga. A bobina de tensão de alta impedância (valor ideal infinito) é conectada em paralelo com a carga, conforme também mostrado na Figura 11.31, e responde pela tensão da carga. Como resultado, a presença do wattímetro não afeta o circuito ou tem algum efeito sobre a medição de potência.

Quando as duas bobinas são energizadas, a inércia mecânica do sistema móvel produz um ângulo de deflexão que é proporcional ao valor médio do

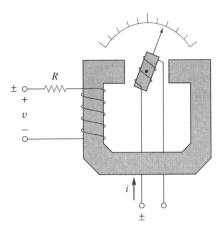

Figura 11.30 Wattímetro.

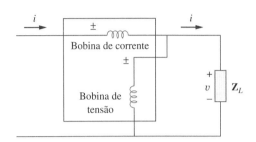

Figura 11.31 Wattímetro conectado à carga.

produto $v(t)i(t)$. Se a corrente e a tensão da carga forem $v(t) = V_m \cos(\omega t + \theta_v)$ e $i(t) = I_m \cos(\omega t + \theta_i)$, seus fasores RMS correspondentes serão

$$\mathbf{V}_{RMS} = \frac{V_m}{\sqrt{2}}\underline{/\theta_v} \quad \text{e} \quad \mathbf{I}_{RMS} = \frac{I_m}{\sqrt{2}}\underline{/\theta_i} \quad (11.62)$$

e o wattímetro mede a potência média dada por

$$P = |\mathbf{V}_{RMS}||\mathbf{I}_{RMS}|\cos(\theta_v - \theta_i) = V_{RMS} I_{RMS}\cos(\theta_v - \theta_i) \quad (11.63)$$

Conforme ilustrado na Figura 11.31, cada bobina do wattímetro tem dois terminais marcados com um sinal ±. Para garantir uma deflexão positiva, o terminal ± da bobina de corrente é conectado do lado da fonte enquanto o terminal ± da bobina de tensão é ligado à mesma linha que a bobina de corrente. Inverter ambas as conexões da bobina ainda resulta em deflexão positiva. Entretanto, inverter apenas uma bobina resulta em deflexão negativa e, consequentemente, nenhuma leitura no wattímetro.

EXEMPLO 11.16

Determine a leitura do wattímetro do circuito da Figura 11.32.

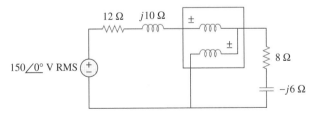

Figura 11.32 Esquema para o Exemplo 11.16.

Solução:

1. **Definição.** O problema está claramente definido. É interessante ver que se trata de um problema no qual o estudante poderia, na verdade, validar os resultados realizando a montagem do circuito no laboratório com um wattímetro real.
2. **Apresentação.** Este problema consiste na determinação da potência média liberada por uma carga através de uma fonte externa com uma impedância em série.
3. **Alternativa.** Trata-se de um problema de circuitos simples em que tudo o que é preciso fazer é encontrar a magnitude e a fase da corrente através da carga e a

magnitude e a fase da tensão na carga. Esses valores também poderiam ser encontrados usando o *PSpice*, que usaremos como forma de verificação.

4. **Tentativa.** Na Figura 11.32, o wattímetro apresenta a leitura da potência média absorvida pela impedância $(8-j6)\,\Omega$, pois a bobina de corrente está em série com a impedância, enquanto a bobina de tensão está em paralelo com ela. A corrente através do circuito é A tensão na impedância é

$$\mathbf{I}_{RMS} = \frac{150\underline{/0°}}{(12+j10)+(8-j6)} = \frac{150}{20+j4}\,A$$

A tensão na impedância $(8-j6)\,\Omega$ é

$$\mathbf{V}_{RMS} = \mathbf{I}_{RMS}(8-j6) = \frac{150(8-j6)}{20+j4}\,V$$

A potência complexa é

$$\mathbf{S} = \mathbf{V}_{RMS}\mathbf{I}^*_{RMS} = \frac{150(8-j6)}{20+j4}\cdot\frac{150}{20-j4} = \frac{150^2(8-j6)}{20^2+4^2}$$
$$= 423{,}7 - j324{,}6\,VA$$

A leitura no wattímetro é

$$P = \operatorname{Re}(\mathbf{S}) = \mathbf{432{,}7\,W}$$

5. **Avaliação.** Podemos verificar nossos resultados usando o *PSpice*.

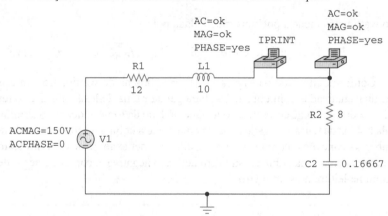

O resultado da simulação é

```
FREQ        IM(V_PRINT2)   IP(V_PRINT2)
1.592E+0    7.354E+00      -1.131E+01
```

e

```
FREQ        VM($N_0004)    VP($N_0004)
1.592E-01   7.354E+01      -4.818E+01
```

Para verificar nossa resposta, basta termos a magnitude da corrente (7,354 A) que flui pelo resistor de carga:

$$P = (I_L)^2 R = (7{,}354)^2 8 = \mathbf{432{,}7\,W}$$

Conforme esperado, a resposta é a mesma!

6. **Satisfatório?** Resolvemos o problema de forma satisfatória, e os resultados agora podem ser apresentados como uma solução para o problema.

PROBLEMA PRÁTICO 11.16

Para o circuito da Figura 11.33, determine a leitura do wattímetro.

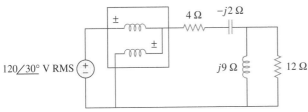

Figura 11.33 Esquema para o Problema prático 11.16.

Resposta: 1,437 kW.

11.9.2 Custo do consumo de energia elétrica

Na Seção 1.7, consideramos um modelo simplificado da maneira pela qual o custo do consumo de eletricidade é determinado. Porém, o conceito do fator de potência não foi incluso nos cálculos. Por isso veremos agora a importância do fator de potência no custo do consumo de eletricidade.

Cargas com fatores de potência baixos custam caro para manter, porque exigem correntes elevadas, conforme explicado na Seção 11.8. A situação ideal seria consumir uma corrente mínima de uma fonte de modo que $S = P$, $Q = 0$ e FP = 1. Uma carga com Q diferente de zero significa que a energia flui nos dois sentidos entre a carga e a fonte, gerando novas perdas de potência. Em razão disso, as concessionárias de energia elétrica normalmente encorajam seus clientes a terem fatores de potência o mais próximo possível da unidade e penalizam alguns clientes que não aumentam seus fatores de potência de carga.

As concessionárias de energia elétrica dividem seus clientes em categorias como residenciais (domésticos), comerciais e industriais, ou baixa, média e alta potências, porque possuem estruturas de tarifação diferentes para cada categoria. A quantidade de energia consumida em unidades de kilowatt-hora (kWh) é medida usando um medidor de kilowatt-hora instalado nas dependências do cliente.

Embora as concessionárias de energia elétrica usem métodos diversos para cobrarem a energia elétrica consumida, a tarifa ou o preço para um consumidor geralmente é composto por duas partes. A primeira é fixa e corresponde ao custo de geração, transmissão e distribuição de eletricidade para atender às necessidades de carga dos consumidores. Essa parte da tarifa geralmente é expressa como certo preço por kW de demanda máxima, ou ela pode se basear em kVA de demanda máxima, para levar em conta o fator de potência (FP) do consumidor. Uma multa do FP pode ser imposta sobre o consumidor, segundo a qual determinada porcentagem da demanda máxima em kW ou kVA é alterada a cada 0,01 de queda no FP abaixo de um valor predeterminado, como 0,85 ou 0,9. Por outro lado, poderia ser dado um crédito de FP para cada 0,01 que o FP exceder o valor predeterminado.

A segunda parte é proporcional à energia consumida em kWh; pois pode estar na forma gradual, por exemplo, os primeiros 100 kWh a um custo de 16 centavos/kWh, os próximos 200 kWh a um custo de 10 centavos/kWh e assim por diante. Portanto, a conta é estabelecida de acordo com a equação a seguir:

$$\text{Custo Total} = \text{Custo Fixo} + \text{Custo da Energia} \quad (11.64)$$

EXEMPLO 11.17

Uma indústria consome 200 MWh em um mês. Se a demanda máxima for 1.600 kWh, calcule a conta de eletricidade tomando como base a seguinte tarifa de duas partes:
- Tarifa por demanda: US$ 5,00 por mês por kW de demanda cobrável.

- Tarifa de energia: 8 centavos por kWh para os primeiros 50.000 kWh, 5 centavos por kWh para o restante da energia consumida.

Solução: A tarifa de demanda é

$$US\$\ 5,00 \times 1.600 = US\$\ 8.000 \qquad (11.17.1)$$

A tarifa de consumo de energia para os primeiros 50.000 kWh é

$$US\$\ 0,08 \times 50.000 = US\$\ 4.000 \qquad (11.17.2)$$

O restante da energia consumida é 200.000 kWh − 50.000 kWh = 150.000 kWh e a tarifa de consumo de energia correspondente é

$$US\$\ 0,05 \times 150.000 = US\$\ 7.500 \qquad (11.17.3)$$

Somando os resultados das Equações (11.17.1) a (11.17.3), obtemos

Conta mensal total = US$ 8.000 + US$ 4.000 + US$ 7.500 = US$ 19.500

Pode parecer que o custo da eletricidade é muito alto. Porém isso, normalmente, é apenas uma fração do custo total de produção de bens manufaturados ou do preço de venda do produto final.

PROBLEMA PRÁTICO 11.17

A leitura mensal do medidor de uma fábrica de papel é a seguinte:

- Demanda máxima: 32.000 kW
- Energia consumida: 500 MWh

Usando a tarifa de duas partes do Exemplo 11.17, calcule a conta mensal dessa fábrica de papel.

Resposta: US$ 186.500.

EXEMPLO 11.18

Uma carga de 300 kW alimentada por 13 kV (RMS) opera 520 horas por mês com um fator de potência de 80%. Calcule o custo médio mensal tomando como base a seguinte tarifa simplificada:

- Tarifa de consumo de energia: 6 centavos por kWh.
- Multa por fator de potência: 0,1% da tarifa de consumo de energia para cada 0,01 que o FP cair abaixo de 0,85.
- Crédito por fator de potência: 0,1% da tarifa de consumo de energia para cada 0,01 que o FP exceder a 0,85.

Solução: A energia consumida é

$$W = 300\ kW \times 520\ h = 156.000\ kWh$$

O fator de potência operacional, FP = 80% = 0,8 é 5 × 0,01 abaixo do fator de potência predeterminado, 0,85. Uma vez que existe uma tarifa de consumo de energia de 0,1% para cada 0,01, há uma multa por fator de potência de 0,5%. Isso chega a uma tarifa de consumo de energia igual a

$$\Delta W = 156.000 \times \frac{5 \times 0,1}{100} = 780\ kWh$$

A energia total é

$$W_t = W + \Delta W = 156.000 + 780 = 156.780\ kWh$$

O custo mensal é dado por

Custo = 6 centavos × W_t = US$ 0,06 × 156,780 = US$ 9.406,80

PROBLEMA PRÁTICO 11.18

Um forno de indução 800 kW com fator de potência 0,88 opera 20 horas por dia durante 26 dias de um mês. Determine a conta mensal de eletricidade tomando como base a tarifa do Exemplo 11.18.

Resposta: US$ 24.885,12.

11.10 Resumo

1. A potência instantânea absorvida por um elemento é o produto da tensão nos terminais do elemento pela corrente através do elemento:

$$p = vi.$$

2. A potência P média ou real (em watts) é a média da potência instantânea p

$$P = \frac{1}{T}\int_0^T p\, dt$$

Se $v(t) = V_m \cos(\omega t + \theta_v)$ e $i(t) = I_m \cos(\omega t + \theta_i)$, então $V_{\text{RMS}} = V_m/\sqrt{2}$, $I_{\text{RMS}} = I_m/\sqrt{2}$, e

$$P = \frac{1}{2}V_m I_m \cos(\theta_v - \theta_i) = V_{\text{RMS}} I_{\text{RMS}} \cos(\theta_v - \theta_i)$$

A potência média absorvida por indutores e capacitores é nula, enquanto a potência média absorvida por um resistor é dada por $(1/2)I_m^2 R = I_{\text{RMS}}^2 R$.

3. A potência média máxima é transferida para uma carga quando a impedância da carga for o conjugado complexo da impedância de Thévenin vista pelos terminais da carga, $\mathbf{Z}_L = \mathbf{Z}_{\text{Th}}^*$.

4. O valor eficaz de um sinal periódico $x(t)$ é a raiz do valor médio quadrático (RMS).

$$X_{\text{ef}} = X_{\text{RMS}} = \sqrt{\frac{1}{T}\int_0^T x^2\, dt}$$

Para uma senoide, o valor RMS, ou eficaz, é sua amplitude dividida por $\sqrt{2}$.

5. O fator de potência é o cosseno da diferença de fase entre tensão e corrente:

$$\text{FP} = \cos(\theta_v - \theta_i)$$

Ele também é o cosseno do ângulo da impedância da carga ou a razão entre a potência real e a potência aparente. O FP está atrasado se a corrente estiver atrasada em relação à tensão (carga indutiva) e está adiantado quando a corrente estiver avançada em relação à tensão (carga capacitiva).

6. A potência aparente S (em VA) é o produto dos valores RMS da tensão e corrente:

$$S = V_{\text{RMS}} I_{\text{RMS}}$$

Ela também é dada por $S = |\mathbf{S}| = \sqrt{P^2 + Q^2}$, onde P é a potência real e Q, a potência reativa.

7. A potência reativa (em VAR) é:

$$Q = \frac{1}{2}V_m I_m \,\text{sen}(\theta_v - \theta_i) = V_{\text{RMS}} I_{\text{RMS}} \,\text{sen}(\theta_v - \theta_i)$$

8. A potência complexa $\mathbf{S}$ (em VA) é o produto do fasor de tensão RMS e do conjugado complexo do fasor de corrente RMS. Ele também é dado pela soma complexa da potência real P e potência reativa Q.

$$\mathbf{S} = \mathbf{V}_{\text{RMS}} \mathbf{I}_{\text{RMS}}^* = V_{\text{RMS}} I_{\text{RMS}}\underline{/\theta_v - \theta_i} = P + jQ$$

Também,

$$S = I_{RMS}^2 Z = \frac{V_{RMS}^2}{Z^*}$$

9. A potência complexa total em um circuito é a soma das potências complexas de cada um dos componentes. A potência real total e a potência reativa também são, respectivamente, as somas das potências reais e reativas individuais, porém, a potência aparente total não é calculada por esse processo.

10. A correção de fator de potência é necessária por razões econômicas; ela é o processo de aumento do fator de potência de uma carga pela redução da potência reativa total.

11. Wattímetro é o instrumento para medição da potência média. A energia consumida é medida com um medidor em kilowatt-hora.

Questões para revisão

11.1 A potência média absorvida por um indutor é zero.

(a) verdadeiro   (b) falso

11.2 A impedância de Thévenin de um circuito vista dos terminais da carga é $80 + j55\ \Omega$. Para máxima a transferência de potência, a impedância da carga deve ser:

(a) $-80 + j55\ \Omega$ (b) $-80 - j55\ \Omega$
(c) $80 - j55\ \Omega$ (d) $80 + j55\ \Omega$

11.3 A amplitude da tensão disponível em uma tomada de 120 V, 60 Hz, em sua residência é:

(a) 110 V   (b) 120 V
(c) 170 V   (d) 210 V

11.4 Se a impedância da carga for $20 - j20$, o fator de potência será:

(a) $\underline{/-45°}$ (b) 0   (c) 1
(d) 0,7071   (e) nenhuma das alternativas anteriores.

11.5 A grandeza que contém todas as informações sobre potência em uma determinada carga é:

(a) o fator de potência
(b) a potência aparente
(c) a potência média
(d) a potência reativa
(e) a potência complexa

11.6 A potência reativa é medida em:

(a) watts
(b) VA
(c) VAR
(d) nenhuma das alternativas anteriores

11.7 No triângulo de potência mostrado na Figura 11.34a, a potência reativa é:

(a) 1.000 VAR adiantada
(b) 1.000 VAR atrasada
(c) 866 VAR adiantada
(d) 866 VAR atrasada

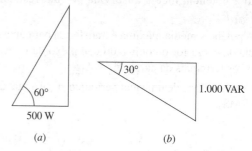

(a)   (b)

Figura 11.34 Esquema para as Questões para revisão 11.7 e 11.8.

11.8 Para o triângulo de potência da Figura 11.34(b), a potência aparente é:

(a) 2.000 VA
(b) 1.000 VAR
(c) 866 VAR
(d) 500 VAR

11.9 Uma fonte é ligada a três cargas Z_1, Z_2 e Z_3 em paralelo. Qual das seguintes afirmativas não é verdadeira?

(a) $P = P_1 + P_2 + P_3$
(b) $Q = Q_1 + Q_2 + Q_3$
(c) $S = S_1 + S_2 + S_3$
(d) $\mathbf{S} = \mathbf{S}_1 + \mathbf{S}_2 + \mathbf{S}_3$

11.10 O instrumento para medir a potência média é o:

(a) voltímetro
(b) amperímetro
(c) wattímetro
(d) varímetro
(e) medidor de kilowatt-hora

Respostas: 11.1a; 11.2c; 11.3c; 11.4d; 11.5e; 11.6c; 11.7d; 11.8a; 11.9c; 11.10c.

Problemas[1]

● **Seção 11.2 Potências instantânea e média**

11.1 Se $v(t) = 1.670 \cos 50t$ V e $i(t) = -33 \operatorname{sen}(50t - 30°)$ A, calcule a potência instantânea e a potência média.

11.2 Dado o circuito da Figura 11.35, determine a potência média fornecida ou absorvida por elemento.

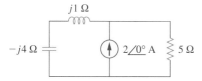

Figura 11.35 Esquema para o Problema 11.2.

11.3 Uma carga é formada por um resistor de 60 Ω em paralelo com um capacitor de 90 μF. Se a carga for conectada a uma fonte de tensão $v_s(t) = 160 \cos 2.000t$, determine a potência média liberada para a carga.

11.4 Elabore um problema para ajudar os estudantes a entender melhor as potências instantânea e média usando a Figura 11.36.

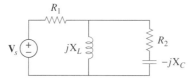

Figura 11.36 Esquema para o Problema 11.4.

11.5 Supondo que no circuito da Figura 11.37 $v_s t = 8 \cos(2t - 40°)$ V, determine a potência média liberada para cada um dos elementos passivos. E determine a potência média absorvida por cada elemento.

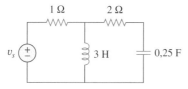

Figura 11.37 Esquema para o Problema 11.5.

11.6 Para o circuito da Figura 11.38, $i_s = 6 \cos 10^3 t$ A. Determine a potência média absorvida pelo resistor de 50 Ω.

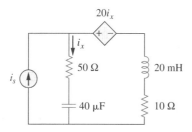

Figura 11.38 Esquema para o Problema 11.6.

11.7 Dado o circuito da Figura 11.39, determine a potência média absorvida pelo resistor de 10 Ω.

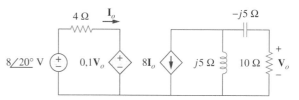

Figura 11.39 Esquema para o Problema 11.7.

11.8 No circuito da Figura 11.40, determine a potência média absorvida pelo resistor de 40 Ω.

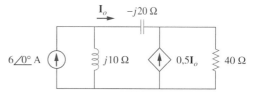

Figura 11.40 Esquema para o Problema 11.8.

11.9 Para o circuito da Figura 11.41, $\mathbf{V}_s = 10\underline{/30°}$ V. Determine a potência média absorvida pelo resistor de 20 Ω.

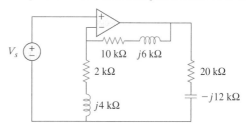

Figura 11.41 Esquema para o Problema 11.9.

11.10 No circuito com AOPs da Figura 11.42, calcule a potência média absorvida pelos resistores.

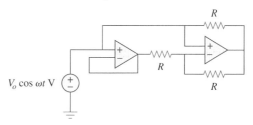

Figura 11.42 Esquema para o Problema 11.10.

11.11 Para o circuito da Figura 11.43, suponha que a impedância da porta seja

$$\mathbf{Z}_{ab} = \frac{R}{\sqrt{1 + \omega^2 R^2 C^2}}\underline{/-\operatorname{tg}^{-1}\omega RC}$$

Determine a potência média consumida pelo circuito quando $R = 10$ kΩ, $C = 200$ nF e $i = 33 \operatorname{sen}(377t + 22°)$ mA.

---
[1] A partir do Problema 22, salvo especificação contrária, considere que todos os valores de tensões e correntes sejam RMS.

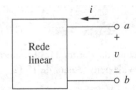

Figura 11.43 Esquema para o Problema 11.11.

• Seção 11.3 Máxima transferência de potência média

11.12 Para o circuito da Figura 11.44, determine a impedância Z da carga para a transferência de potência máxima (para Z). Calcule a potência máxima absorvida pela carga.

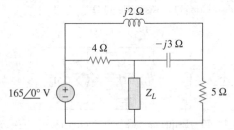

Figura 11.44 Esquema para o Problema 11.12.

11.13 A impedância de Thévenin de uma fonte é $Z_{Th} = 120 + j60$ Ω, enquanto a tensão de Thévenin de pico é $V_{Th} = 165 + j0$ V. Determine a potência média máxima disponível da fonte.

11.14 Elabore um problema para ajudar outros estudantes a entender melhor a máxima transferência de potência média. Considere a Figura 11.45.

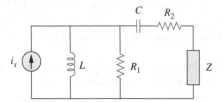

Figura 11.45 Esquema para o Problema 11.14.

11.15 No circuito da Figura 11.46, determine o valor de Z_L, que absorverá a potência máxima, e o valor da potência máxima.

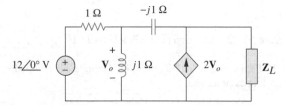

Figura 11.46 Esquema para o Problema 11.15.

11.16 Para o circuito da Figura 11.47, determine a potência máxima liberada para a carga Z_L. Em seguida, calcule a potência fornecida para a carga Z_L.

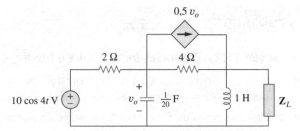

Figura 11.47 Esquema para o Problema 11.16.

11.17 Calcule o valor de Z_L no circuito da Figura 11.48 de modo que Z_L receba a máxima potência média. Qual é a máxima potência média recebida por Z_L?

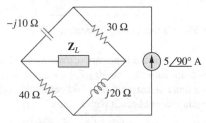

Figura 11.48 Esquema para o Problema 11.17.

11.18 Determine o valor de Z_L no circuito da Figura 11.49 para a transferência de potência máxima.

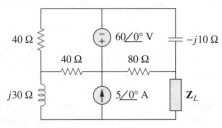

Figura 11.49 Esquema para o Problema 11.18.

11.19 O resistor variável R no circuito da Figura 11.50 é ajustado até ele absorver a máxima potência média. Determine R e a máxima potência média absorvida.

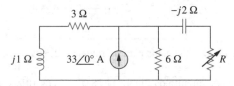

Figura 11.50 Esquema para o Problema 11.19.

11.20 A resistência de carga R_L na Figura 11.51 é ajustada até ela absorver a máxima potência média. Calcule o valor de R_L e a máxima potência média.

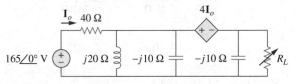

Figura 11.51 Esquema para o Problema 11.20.

11.21 Supondo que a impedância da carga seja puramente resistiva, que carga deveria ser conectada aos terminais *a-b* dos circuitos da Figura 11.52, de modo que seja transferida a potência máxima para a carga.

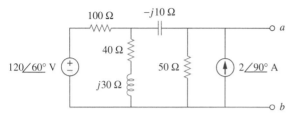

Figura 11.52 Esquema para o Problema 11.21.

● **Seção 11.4 Valor RMS ou eficaz**

11.22 Determine o valor RMS da onda senoidal deslocada da Figura 11.53.

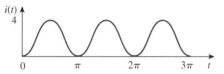

Figura 11.53 Esquema para o Problema 11.22.

11.23 Elabore um problema para ajudar outros estudantes a entender melhor como determinar o valor RMS de uma forma de onda. Usando a Figura 11.54

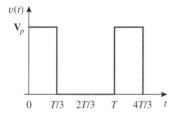

Figura 11.54 Esquema para o Problema 11.23.

11.24 Determine o valor RMS da forma de onda mostrada na Figura 11.55.

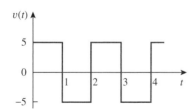

Figura 11.55 Esquema para o Problema 11.24.

11.25 Determine o valor RMS do sinal exibido na Figura 11.56.

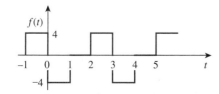

Figura 11.56 Esquema para o Problema 11.25.

11.26 Determine o valor eficaz da forma de onda da tensão mostrada na Figura 11.57.

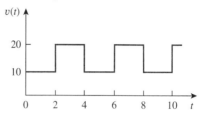

Figura 11.57 Esquema para o Problema 11.26.

11.27 Calcule o valor RMS da forma de onda de corrente da Figura 11.58.

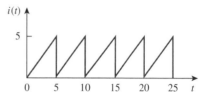

Figura 11.58 Esquema para o Problema 11.27.

11.28 Determine o valor RMS da forma de onda da tensão exposta na Figura 11.59, bem como a potência média absorvida pelo resistor de 2 Ω, quando a tensão for aplicada no resistor.

Figura 11.59 Esquema para o Problema 11.28.

11.29 Calcule o valor eficaz da forma de onda da corrente mostrada na Figura 11.60 e a potência média liberada para um resistor de 12 Ω, quando a corrente percorre o resistor.

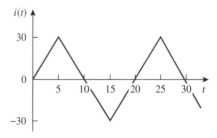

Figura 11.60 Esquema para o Problema 11.29.

11.30 Calcule o valor RMS da forma de onda representada na Figura 11.61.

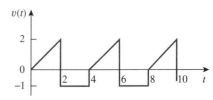

Figura 11.61 Esquema para o Problema 11.30.

11.31 Determine o valor RMS do sinal indicado na Figura 11.62.

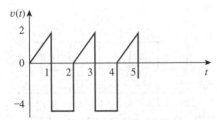

Figura 11.62 Esquema para o Problema 11.31.

11.32 Obtenha o valor RMS da forma de onda de corrente mostrada na Figura 11.63.

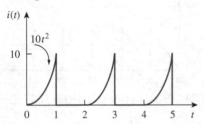

Figura 11.63 Esquema para o Problema 11.32.

11.33 Determine o valor RMS para a forma de onda na Figura 11.64.

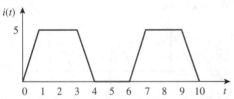

Figura 11.64 Esquema para o Problema 11.33.

11.34 Determine o valor eficaz de $f(t)$ definida na Figura 11.65.

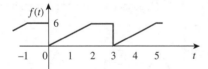

Figura 11.65 Esquema para o Problema 11.34.

11.35 Um ciclo de uma forma de onda periódica é representado na Figura 11.66. Determine o valor eficaz da tensão. Note que o ciclo se inicia em $t = 0$ e termina em $t = 6$ s.

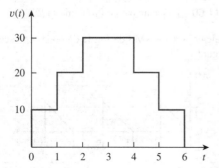

Figura 11.66 Esquema para o Problema 11.35.

11.36 Calcule o valor RMS para cada uma das seguintes funções:
(a) $i(t) = 10$ A (b) $v(t) = 4 + 3\cos 5t$ V
(c) $i(t) = 8 - 6\operatorname{sen} 2t$ A (d) $v(t) = 5\operatorname{sen} t + 4\cos t$ V

11.37 Elabore um problema para ajudar outros estudantes a entender melhor como determinar o valor RMS da soma de correntes múltiplas.

Seção 11.5 Potência aparente e fator de potência

11.38 Para o sistema de potência da Figura 11.67, determine: (a) potência média; (b) potência reativa; (c) fator de potência. Note que 220 V é um valor RMS.

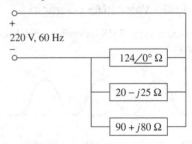

Figura 11.67 Esquema para o Problema 11.38.

11.39 Um motor CA com impedância $\mathbf{Z}_L = 4{,}2 + j3{,}6$ Ω é alimentado por uma fonte de 220 V, 60 Hz. (a) Determine FP, P e Q. (b) Determine o capacitor necessário para ser conectado em paralelo com o motor de modo que o fator de potência seja corrigido para a unidade.

11.40 Elabore um problema para ajudar outros estudantes a entender melhor a potência aparente e o fator de potência.

11.41 Obtenha o fator de potência para cada um dos circuitos da Figura 11.68. Especifique se cada fator de potência está adiantado ou atrasado.

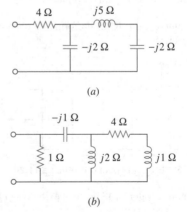

Figura 11.68 Esquema para o Problema 11.41.

Seção 11.6 Potência complexa

11.42 Uma fonte de 110 V RMS, 60 Hz é aplicada a uma impedância de carga $\mathbf{Z}$. A potência aparente entrando na carga é de 120 VA com um fator de potência 0,707 atrasado.

(a) Calcule a potência complexa.
(b) Determine a corrente RMS fornecida para a carga.
(c) Determine **Z**.
(d) Supondo que $\mathbf{Z} = R + j\omega L$, determine os valores de R e L.

11.43 Elabore um problema para ajudar outros estudantes a entender a potência complexa.

11.44 Determine a potência complexa liberada por v_s para o circuito da Figura 11.69. Seja $v_s = 100 \cos 2.000t$ V.

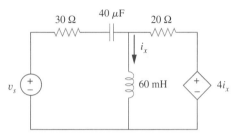

Figura 11.69 Esquema para o Problema 11.44.

11.45 A tensão em uma carga e a corrente através dela são dadas por

$$v(t) = 20 + 60 \cos 100t \text{ V}$$
$$i(t) = 1 - 0{,}5 \text{ sen } 100t \text{ A}$$

Determine:
(a) Os valores RMS de tensão e corrente.
(b) A potência média dissipada na carga.

11.46 Para os fasores de tensão e corrente a seguir, calcule a potência complexa, a potência aparente, a potência real e a potência reativa. Especifique se o FP está adiantado ou atrasado.

(a) $\mathbf{V} = 220\underline{/30°}$ V RMS, $\mathbf{I} = 0{,}5\underline{/60°}$ A RMS
(b) $\mathbf{V} = 250\underline{/-10°}$ V RMS,
    $\mathbf{I} = 6{,}2\underline{/-25°}$ A RMS
(c) $\mathbf{V} = 120\underline{/0°}$ V RMS, $\mathbf{I} = 2{,}4\underline{/-15°}$ A RMS
(d) $\mathbf{V} = 160\underline{/45°}$ V RMS, $\mathbf{I} = 8{,}5\underline{/90°}$ A RMS

11.47 Para cada um dos casos a seguir, determine a potência complexa, a potência média e a potência reativa:

(a) $v(t) = 112 \cos(\omega t + 10°)$ V,
    $i(t) = 4 \cos(\omega t - 50°)$ A
(b) $v(t) = 160 \cos 377t$ V,
    $i(t) = 4 \cos(377t + 45°)$ A
(c) $\mathbf{V} = 80\underline{/60°}$ V RMS, $\mathbf{Z} = 50\underline{/30°}$ Ω
(d) $\mathbf{I} = 10\underline{/60°}$ A RMS, $\mathbf{Z} = 100\underline{/45°}$ Ω

11.48 Determine a potência complexa para os seguintes casos:
(a) $P = 269$ W, $Q = 150$ VAR (capacitivo)
(b) $Q = 2.000$ VAR, FP = 0,9 (adiantado)
(c) $S = 600$ VA, $Q = 450$ VAR (indutivo)
(d) $V_{RMS} = 220$ V, $P = 1$ kW,
    $|\mathbf{Z}| = 40$ Ω (indutivo)

11.49 Determine a potência complexa para os seguintes casos:
(a) $P = 4$ kW, FP = 0,86 (atrasado)
(b) $S = 2$ kVA, $P = 1{,}6$ kW (capacitivo)
(c) $\mathbf{V}_{RMS} = 208\underline{/20°}$ V, $\mathbf{I}_{RMS} = 6{,}5\underline{/-50°}$ A
(d) $\mathbf{V}_{RMS} = 120\underline{/30°}$ V, $\mathbf{Z} = 40 + j60$ Ω

11.50 Obtenha a impedância total para os seguintes casos:
(a) $P = 1.000$ W, FP = 0,8 (adiantado),
    $V_{RMS} = 220$ V
(b) $P = 1.500$ W, $Q = 2.000$ VAR (indutivo),
    $I_{RMS} = 12$ A
(c) $\mathbf{S} = 4.500\underline{/60°}$ VA, $\mathbf{V} = 120\underline{/45°}$ V

11.51 Para o circuito inteiro da Figura 11.70, calcule:
(a) O fator de potência.
(b) A potência média liberada pela fonte.
(c) A potência reativa.
(d) A potência aparente.
(e) A potência complexa.

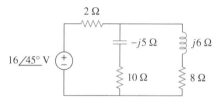

Figura 11.70 Esquema para o Problema 11.51.

11.52 No circuito da Figura 11.71, o dispositivo A recebe 2 kW com FP = 0,8 (atrasado), o dispositivo B recebe 3 kVA com FP = 0,4 (adiantado), enquanto o dispositivo C é indutivo e consome 1 kW e recebe 500 VAR.

(a) Determine o fator de potência para o sistema todo.
(b) Calcule **I** dado que $\mathbf{V}_s = 120\underline{/45°}$ V RMS.

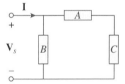

Figura 11.71 Esquema para o Problema 11.52.

11.53 No circuito da Figura 11.72, a carga A recebe 4 kVA com FP = 0,8 (adiantado). A carga B recebe 2,4 kVA com FP = 0,6 (atrasado). C é uma carga indutiva que consome 1 kW e recebe 500 VAR.

(a) Determine **I**.
(b) Calcule o fator de potência da associação.

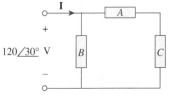

Figura 11.72 Esquema para o Problema 11.53.

Seção 11.7 Conservação de potência CA

11.54 Para o circuito da Figura 11.73, determine a potência complexa absorvida por cada elemento.

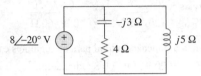

Figura 11.73 Esquema para o Problema 11.54.

11.55 Considere a Figura 11.74 e elabore um problema para ajudar outros estudantes a entender melhor a conservação de potência CA.

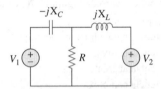

Figura 11.74 Esquema para o Problema 11.55.

11.56 Obtenha a potência complexa liberada pela fonte no circuito da Figura 11.75.

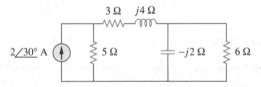

Figura 11.75 Esquema para o Problema 11.56.

11.57 Para o circuito da Figura 11.76, determine as potências média, reativa e complexa liberadas pela fonte de corrente dependente.

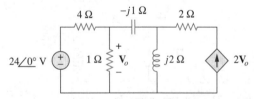

Figura 11.76 Esquema para o Problema 11.57.

11.58 Obtenha a potência complexa liberada para o resistor de 10 kΩ da Figura 11.77 a seguir.

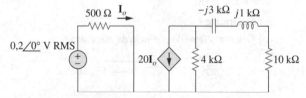

Figura 11.77 Esquema para o Problema 11.58.

11.59 Calcule a potência reativa no indutor e no capacitor da Figura 11.78.

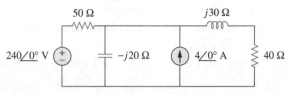

Figura 11.78 Esquema para o Problema 11.59.

11.60 Para o circuito da Figura 11.79, determine V_o e o fator de potência de entrada.

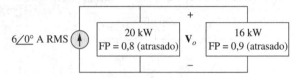

Figura 11.79 Esquema para o Problema 11.60.

11.61 Dado o circuito da Figura 11.80, determine I_o e a potência complexa total fornecida.

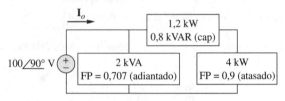

Figura 11.80 Esquema para o Problema 11.61.

11.62 Para o circuito da Figura 11.81, determine V_s.

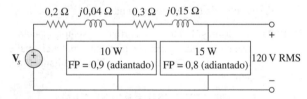

Figura 11.81 Esquema para o Problema 11.62.

11.63 Determine I_o no circuito da Figura 11.82.

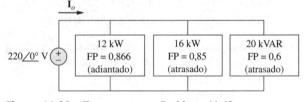

Figura 11.82 Esquema para o Problema 11.63.

11.64 Determine I_s no circuito da Figura 11.83, se a fonte de tensão fornece 2,5 kW e 0,4 kVAR (adiantado).

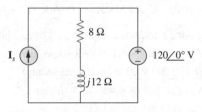

Figura 11.83 Esquema para o Problema 11.64.

11.65 No circuito com amplificador operacional da Figura 11.84, $v_s = 4 \cos 10^4 t$ V. Determine a potência média liberada para o resistor de 50 kΩ.

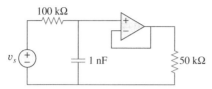

Figura 11.84 Esquema para o Problema 11.65.

11.66 Obtenha a potência média absorvida pelo resistor de 6 kΩ no circuito com AOP Figura 11.85.

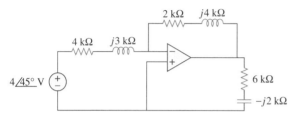

Figura 11.85 Esquema para o Problema 11.66.

11.67 Para o circuito com AOP da Figura 11.86, calcule:
(a) A potência complexa liberada pela fonte de tensão.
(b) A potência média dissipada no resistor de 12 Ω.

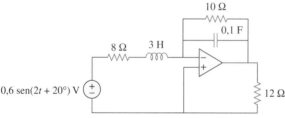

Figura 11.86 Esquema para o Problema 11.67.

11.68 Calcule a potência complexa fornecida pela fonte de corrente no circuito *RLC* em série da Figura 11.87.

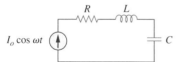

Figura 11.87 Esquema para o Problema 11.68.

● **Seção 11.8 Correção do fator de potência**

11.69 Consulte o circuito mostrado na Figura 11.88.
(a) Qual é o fator de potência?
(b) Qual é a potência média dissipada?
(c) Qual é o valor da capacitância que fornecerá um fator de potência unitário quando conectada à carga?

Figura 11.88 Esquema para o Problema 11.69.

11.70 Elabore um problema para ajudar outros estudantes a entender melhor a correção de fator de potência.

11.71 Três cargas são associadas em paralelo com uma fonte de $120\underline{/0°}$ V RMS. A carga 1 absorve 60 kVAR com FP = 0,85 atrasado, a carga 2 absorve 90 kW e 50 kVAR adiantado e a carga 3 absorve 100 kW com FP = 1. (*a*) Determine a impedância equivalente. (*b*) Calcule o fator de potência da associação em paralelo. (*c*) Determine a corrente fornecida pela fonte.

11.72 Duas cargas conectadas em paralelo absorvem um total de 2,4 kW com FP = 0,8 (atrasado) de uma linha de 120 V RMS, 60 Hz. Uma carga absorve 1,5 kW com FP = 0,707 (atrasado). Determine: (*a*) o FP da segunda carga; (*b*) o elemento em paralelo necessário para corrigir o FP para 0,9 (atrasado) para as duas cargas.

11.73 Uma fonte de 240 V RMS, 60 Hz supre uma carga de 10 kW (resistiva), 15 kVAR (capacitiva) e 22 kVAR (indutiva). Determine:

(a) A potência aparente.
(b) A corrente absorvida da fonte.
(c) A capacitância e valor nominal kVAR necessários para aumentar o fator de potência para 0,96 (atrasado).
(d) A corrente fornecida pela fonte sob as novas condições de fator de potência.

11.74 Uma fonte de 120 V RMS, 60 Hz alimenta duas cargas conectadas em paralelo, como mostra a Figura 11.89.

(a) Determine o fator de potência da associação em paralelo.
(b) Calcule o valor da capacitância conectada em paralelo que elevará o fator de potência para um valor unitário.

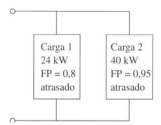

Figura 11.89 Esquema para o Problema 11.74.

11.75 Considere o sistema de potência mostrado na Figura 11.90. Calcule:
(a) A potência complexa total.
(b) O fator de potência.

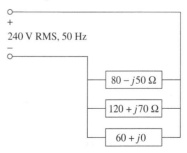

Figura 11.90 Esquema para o Problema 11.75.

Seção 11.9 Aplicações

11.76 Obtenha a leitura do wattímetro no circuito da Figura 11.91.

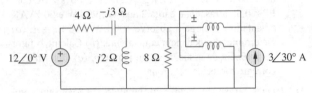

Figura 11.91 Esquema para o Problema 11.76.

11.77 Qual é a leitura do wattímetro no circuito da Figura 11.92?

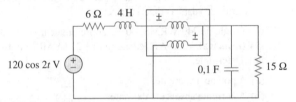

Figura 11.92 Esquema para o Problema 11.77.

11.78 Determine a leitura do wattímetro para o circuito mostrado na Figura 11.93.

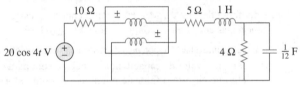

Figura 11.93 Esquema para o Problema 11.78.

11.79 Determine a leitura do wattímetro no circuito da Figura 11.94.

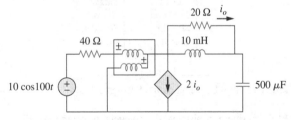

Figura 11.94 Esquema para o Problema 11.79.

11.80 O circuito da Figura 11.95 representa um wattímetro conectado a uma rede CA.

(a) Determine a corrente da carga.
(b) Calcule a leitura do wattímetro.

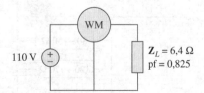

Figura 11.95 Esquema para o Problema 11.80.

11.81 Elabore um problema para ajudar outros estudantes a entender melhor como corrigir um fator de potência diferente da unidade.

11.82 Uma fonte de 240 V RMS, 60 Hz alimenta uma associação em paralelo entre um aquecedor de 5 kW e um motor de indução de 30 kVA cujo fator de potência é 0,82. Determine:

(a) A potência aparente do sistema.
(b) A potência reativa do sistema.
(c) O valor nominal em kVA de um capacitor necessário para ajustar o fator de potência do sistema para 0,9 (atrasado).
(d) O valor do capacitor necessário.

11.83 As medições com um osciloscópio indicam que a tensão em uma carga e a corrente através dela são, respectivamente, $210\underline{/60°}$ V e $8\underline{/25°}$ A. Determine:

(a) A potência real.
(b) A potência aparente.
(c) A potência reativa.
(d) O fator de potência.

11.84 Um consumidor tem um consumo anual de 1.200 MWh e demanda máxima de 2,4 MVA. A tarifa por demanda máxima é de US$ 30 por kVA por ano e a tarifa por energia consumida por kWh é de 4 centavos.

(a) Determine o custo anual da energia.
(b) Calcule a tarifa por kWh com uma taxa fixa se a receita da concessionária de energia elétrica deve permanecer a mesma para a tarifa constituída por duas partes.

11.85 Um sistema residencial comum de um circuito trifilar monofásico permite a operação de eletrodomésticos de 120 V, bem como de 240 V, ambos a 60 Hz. O circuito residencial tem como modelo aquele mostrado na Figura 11.96. Calcule:

(a) As correntes I_1, I_2 e I_n.
(b) A potência complexa total fornecida.
(c) O fator de potência para todo o circuito.

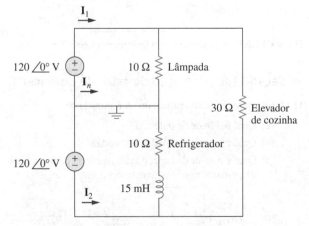

Figura 11.96 Esquema para o Problema 11.85.

Problemas abrangentes

11.86 Um transmissor libera potência máxima para uma antena quando essa última é ajustada para representar uma carga de uma resistência de 75 Ω em série com uma indutância de 4 μH. Se o transmissor opera em 4,12 MHz, determine sua impedância interna.

11.87 Em um transmissor de TV, um circuito em série tem impedância de 3 kΩ e uma corrente total igual a 50 mA. Se a tensão no resistor for 80 V, qual é o fator de potência do circuito?

11.88 Determinado circuito eletrônico é ligado a uma linha CA de 110 V. O valor RMS da corrente absorvida é 2 A, com ângulo de fase 55°.

(a) Determine a potência real absorvida pelo circuito.

(b) Calcule a potência aparente.

11.89 Um aquecedor industrial tem uma plaqueta do fabricante indicando o seguinte: 210 V/60 Hz/ 12kVA/ FP de 0,78 (atrasado). Determine:

(a) As potências aparente e complexa.

(b) A impedância do aquecedor.

* **11.90** Um turbogerador de 2.000 kW com fator de potência 0,85 opera na carga nominal. É acrescentada outra carga de 300 kW com fator de potência 0,8. Qual o valor em kVAR de capacitores é necessário para operar o turbogerador, porém impedir que este fique sobrecarregado?

11.91 A plaqueta do fabricante de um motor elétrico apresenta as seguintes informações:

Tensão de linha: 220 V RMS
Corrente de linha: 15 A RMS
Frequência de linha: 60 Hz
Potência: 2.700 W

Determine o fator de potência (atrasado) do motor. Determine o valor da capacitância C que deve ser ligada ao motor para elevar o FP para um valor unitário.

11.92 Conforme mostrado na Figura 11.97, uma linha de alimentação de 550 V alimenta uma planta industrial formada por um motor que consome 60 kW com FP 0,75 (indutiva), um capacitor com potência nominal 20 kVAR e iluminação que consome 20 kW.

(a) Calcule as potências reativa e aparente totais absorvidas pela fábrica.

(b) Determine o FP geral.

(c) Determine a corrente da linha de alimentação.

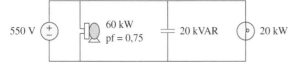

Figura 11.97 Esquema para o Problema 11.92.

11.93 Uma fábrica possui as quatro cargas principais indicadas a seguir:

- Um motor com potência nominal de 5 hp, FP igual a 0,8 (atrasado) (1 hp = 0,7457 kW).
- Um aquecedor com potência nominal 1,2 kW, FP igual a 1,0.
- Dez lâmpadas de 120 W.
- Um motor síncrono com potência nominal 1,6 kVAR, FP igual a 0,6 (adiantado).

(a) Calcule a potência total real e reativa.

(b) Determine o fator de potência geral.

11.94 Uma subestação de 1 MVA opera a plena carga com fator de potência 0,7. Deseja-se aumentar o fator de potência para 0,95 por meio da instalação de capacitores. Suponha que a nova subestação e as instalações de distribuição custem US$ 120 por kVA instalado e os capacitores custem US$ 30 por kVA instalado.

(a) Calcule o custo dos capacitores necessários.

(b) Determine a economia na capacidade da subestação liberada.

(c) Os capacitores são econômicos na liberação da capacidade da subestação?

11.95 Um capacitor de acoplamento é usado para bloquear corrente CC de um amplificador, como mostra a Figura 11.98a. O amplificador e o capacitor atuam como uma fonte, enquanto o alto-falante é a carga como indicado na Figura 11.98b.

(a) Em que frequência ocorre a máxima transferência de potência para o alto-falante?

(b) Se V_s = 4,6 V RMS, quanta potência é liberada para o alto-falante a essa frequência?

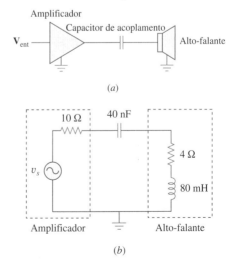

Figura 11.98 Esquema para o Problema 11.95.

---

* Um asterisco indica um problema que constitui um desafio.

11.96 Um amplificador de potência tem impedância de saída igual a $40 - j8\ \Omega$. Ele produz uma tensão de saída sem carga de 146 V a 300 Hz.

(a) Determine a impedância da carga para obter a máxima transferência de potência.

(b) Calcule a potência da carga na condição dada anteriormente.

11.97 Um sistema de transmissão de potência tem como modelo aquele mostrado na Figura 11.99. Se $\mathbf{V}_s = 240\underline{/0°}$ RMS, determine a potência média absorvida pela carga.

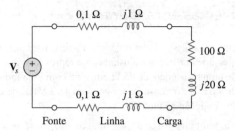

Figura 11.99 Esquema para o Problema 11.97.

12

CIRCUITOS TRIFÁSICOS

Aquele que não consegue perdoar os outros interrompe o seu próprio caminho.
G. Herbert

Progresso profissional

Critérios ABET EC 2000 (3.e), "habilidade em identificar, formular e solucionar problemas de engenharia".

Desenvolver e aperfeiçoar sua "habilidade em identificar, formular e solucionar problemas de engenharia" é o objetivo fundamental deste livro. E seguir nosso processo de seis etapas para resolução de problemas é a melhor maneira de praticar essa habilidade. Recomendamos que você use esse processo sempre que possível. É bem provável que você se alegre ao descobrir que isso também funciona para cursos que não são de engenharia.

Critérios ABET EC 2000 (f), "entendimento sobre responsabilidade ética e profissional".

É necessário que todo engenheiro tenha um "entendimento sobre responsabilidade ética e profissional". Até certo ponto, esse entendimento é muito pessoal, variando, assim, para cada um de nós. Por isso, identificamos alguns indicadores para ajudá-lo a criar esse entendimento. Um dos meus exemplos favoritos é o do engenheiro que tem a responsabilidade de responder àquilo que chamo "pergunta não feita". Suponhamos que você tenha um carro que esteja apresentando um problema de transmissão. No processo de venda desse carro, o possível comprador lhe pergunta se há um problema no mancal da roda frontal direita. Você responde, então, "não". Entretanto, é seu dever como engenheiro informar ao comprador que existe um problema com a transmissão sem que lhe tenha sido perguntado.

Sua responsabilidade, tanto profissional quanto ética, é se comportar de forma que não prejudique aqueles à sua volta e pelos quais você é responsável. Fica claro que desenvolver essa capacidade levará tempo e exigirá maturidade de sua parte. Aconselhamos essa prática pela procura das componentes éticas e profissionais em suas atividades do dia a dia.

12.1 Introdução

Até o momento, neste texto, tratamos de circuitos monofásicos. Um sistema de energia CA monofásico é formado por um gerador conectado por meio de um par de fios (linha de transmissão) a uma carga. A Figura 12.1a representa um sistema bifilar monofásico, em que V_p é a magnitude da tensão da fonte e ϕ é a fase. O que temos de modo geral, na prática, é um sistema trifilar como o mostrado na Figura 12.1b, que contém duas fontes idênticas (mesma magnitude e fase) que são conectadas a duas cargas por dois fios mais externos e o neutro. Por exemplo, o sistema doméstico comum usa esse sistema, pois as tensões nos terminais têm a mesma magnitude e a mesma fase. Um sistema destes permite a conexão tanto de aparelhos para 120 V como para 240 V.

Nota histórica: Thomas Edison inventou um *sistema trifilar*, usando três fios em vez de quatro.

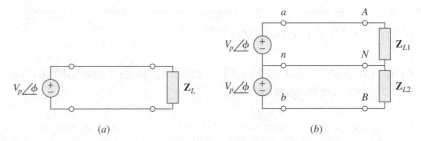

Figura 12.1 Sistemas monofásicos: (*a*) tipo bifilar; (*b*) tipo trifilar.

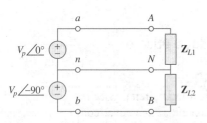

Figura 12.2 Sistema trifilar bifásico.

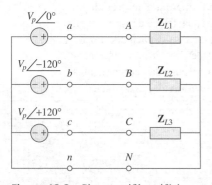

Figura 12.3 Sistema trifilar trifásico.

Circuitos ou sistemas nos quais as fontes CA operam na mesma frequência, porém, em fases diferentes, são conhecidos como *polifásicos*. A Figura 12.2 ilustra um sistema trifásico bifilar e a Figura 12.3, um sistema quadrifilar trifásico. Diferentemente de um sistema monofásico, um sistema bifásico é produzido por um gerador formado por duas bobinas colocadas perpendicularmente uma em relação à outra de modo que a tensão gerada por uma está atrasada em 90° em relação à outra. De forma semelhante, um sistema trifásico é produzido por um gerador formado por três fontes de mesma amplitude e frequência, porém defasadas entre si por 120°. Uma vez que o sistema trifásico é o sistema polifásico muito mais frequente e mais econômico, discutiremos neste capítulo basicamente sobre sistemas trifásicos.

Os sistemas trifásicos são importantes em decorrência, pelo menos, de três razões. Em primeiro lugar, quase toda energia elétrica é gerada e distribuída em três fases, em uma frequência de operação igual a 60 Hz (ou ω = 377 rad/s), nos Estados Unidos, ou 50 Hz (ou ω = 314 rad/s), em algumas outras partes do mundo. Quando se precisa de entradas monofásicas ou trifásicas, elas são extraídas do sistema trifásico em vez de serem geradas de forma independente. Mesmo quando são necessárias mais de três fases – como na indústria do alumínio, por exemplo, onde são indispensáveis 48 fases para fins de fusão –, podem ser fornecidas manipulando-se as três fases fornecidas. Em segundo lugar, a potência instantânea em um sistema trifásico pode ser constante (não pulsante), como veremos na Seção 12.7. Isso resulta em uma transmissão de energia uniforme e menor vibração das máquinas trifásicas. Em terceiro lugar, para a mesma quantidade de energia, o sistema trifásico é mais econômico que o monofásico, pois sua quantidade de fios necessária é menor.

Iniciamos nossa discussão com as tensões trifásicas equilibradas. Em seguida, analisamos cada uma das quatro configurações possíveis dos sistemas trifásicos equilibrados. Também tratamos dos sistemas trifásicos desequilibrados. Aprenderemos como usar o *PSpice for Windows* para analisar um sistema

PERFIS HISTÓRICOS

Nikola Tesla (1856-1943) foi engenheiro croata-americano cujas invenções – entre as quais o motor de indução e o primeiro sistema de energia polifásico – influenciaram muito na definição do debate CA *versus* CC a favor da CA. Ele foi responsável pela adoção de 60 Hz como a frequência-padrão para sistemas de energia elétrica CA nos Estados Unidos.

Nascido no antigo império austro-húngaro (hoje, Croácia), filho de um clérigo, Tesla tinha uma memória incrível e grande afinidade pela matemática. Mudou-se para os Estados Unidos em 1884 e, inicialmente, trabalhou para Thomas Edison. Naquela época, o país se encontrava na "batalha das correntes" com George Westinghouse (1846-1914) promovendo a CA e Thomas Edison liderando de forma estrita as forças da CC. Tesla abandonou Edison e juntou-se a Westinghouse por causa de seu interesse pela CA. Por causa de Westinghouse, Tesla ganhou fama e aceitação para seu sistema polifásico de geração, transmissão e distribuição em CA. Durante sua vida chegou a deter 700 patentes. Entre outras de suas invenções, temos o aparelho de alta tensão (a bobina de Tesla) e o sistema de transmissão sem fio. A unidade de densidade de fluxo magnético, o tesla, recebeu esse nome em sua homenagem.

Cortesia da Smithsonian Institution.

trifásico equilibrado ou desequilibrado. Finalmente, aplicamos os conceitos trabalhados neste capítulo na medição de energia trifásica e na instalação elétrica residencial.

12.2 Tensões trifásicas equilibradas

As tensões trifásicas são produzidas normalmente por um gerador CA trifásico (ou alternador) cuja vista em corte é mostrada na Figura 12.4. Esse gerador é constituído, basicamente, por um ímã rotativo (denominado *rotor*) envolto por um enrolamento fixo (denominado *estator*). Três bobinas ou enrolamentos distintos com terminais $a\text{-}a'$, $b\text{-}b'$ e $c\text{-}c'$ são dispostos e separados fisicamente a 120° em torno do estator. Os terminais a e a', por exemplo, representam um dos terminais da bobina entrando e outro saindo da página. À medida que o rotor gira, seu campo magnético "corta" o fluxo das três bobinas e induz tensões nas bobinas. Como elas se encontram separadas a 120°, as tensões

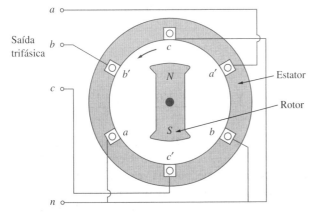

Figura 12.4 Gerador trifásico.

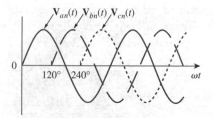

Figura 12.5 As tensões geradas se encontram afastadas a 120° entre si.

induzidas nas bobinas são iguais em magnitude, porém defasadas por 120° (Figura 12.5). Uma vez que cada bobina pode ser considerada ela própria um gerador monofásico, o gerador trifásico é capaz de fornecer energia tanto para cargas monofásicas quanto trifásicas.

Um sistema trifásico típico é formado por três fontes de tensão conectadas a cargas por três ou quatro fios (ou linhas de transmissão). (As fontes de corrente trifásicas são pouco comuns.) Um sistema trifásico equivale a três circuitos monofásicos. As fontes de tensão podem ser interligadas em estrela, como indicado na Figura 12.6a, ou então em triângulo, como indicado na Figura 12.6b.

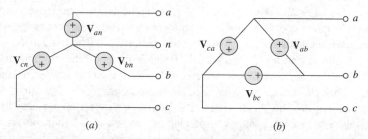

Figura 12.6 Fontes de tensão trifásicas: (a) fonte conectada em estrela; (b) fonte conectada em triângulo.

Por enquanto, consideremos as tensões ligadas em triângulo da Figura 12.6a. As tensões $\mathbf{V}_{an}$, $\mathbf{V}_{bn}$ e $\mathbf{V}_{cn}$, chamadas *tensões de fase*, são, respectivamente, aquelas entre as linhas a, b e c e o neutro n. Se as fontes de tensão tiverem a mesma amplitude e frequência ω e estiverem defasadas por 120°, diz-se que as tensões estão *equilibradas*. Isso implica

$$\mathbf{V}_{an} + \mathbf{V}_{bn} + \mathbf{V}_{cn} = 0 \quad (12.1)$$

$$|\mathbf{V}_{an}| = |\mathbf{V}_{bn}| = |\mathbf{V}_{cn}| \quad (12.2)$$

Portanto,

> As **tensões de fase equilibradas** são iguais em magnitude e estão defasadas entre si por 120°.

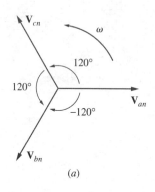

Por conta dessa defasagem há duas situações possíveis. Uma delas é mostrada na Figura 12.7a e expressa matematicamente como

$$\begin{aligned}\mathbf{V}_{an} &= V_p\underline{/0°}\\ \mathbf{V}_{bn} &= V_p\underline{/-120°}\\ \mathbf{V}_{cn} &= V_p\underline{/-240°} = V_p\underline{/+120°}\end{aligned} \quad (12.3)$$

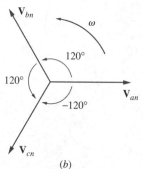

Figura 12.7 Sequências de fases: (a) *abc* ou sequência positiva; (b) *acb* ou sequência negativa.

onde V_p é o valor eficaz ou valor RMS das tensões de fase. Isso é conhecido como *sequência abc* ou *sequência positiva*. Nessa sequência de fases, $\mathbf{V}_{an}$ está adiantada em relação a $\mathbf{V}_{bn}$ que, por sua vez, está adiantada em relação a $\mathbf{V}_{cn}$. Essa sequência é produzida quando o rotor da Figura 12.4 gira no sentido anti-horário. A outra possibilidade é mostrada na Figura 12.7b e dada por

$$\begin{aligned} \mathbf{V}_{an} &= V_p\underline{/0°} \\ \mathbf{V}_{cn} &= V_p\underline{/-120°} \\ \mathbf{V}_{bn} &= V_p\underline{/-240°} = V_p\underline{/+120°} \end{aligned} \quad (12.4)$$

Isso é denominado *sequência acb* ou *sequência negativa*. Para essa sequência de fases, $\mathbf{V}_{an}$ está adiantada em relação a $\mathbf{V}_{cn}$ que, por sua vez, está adiantada em relação a $\mathbf{V}_{bn}$. A sequência *acb* é produzida quando o rotor na Figura 12.4 gira no sentido anti-horário. É fácil demonstrar que as tensões nas Equações (12.3) ou (12.4) satisfazem as Equações (12.10) e (12.2). Por exemplo, da Equação (12.3),

$$\begin{aligned} \mathbf{V}_{an} + \mathbf{V}_{bn} + \mathbf{V}_{cn} &= V_p\underline{/0°} + V_p\underline{/-120°} + V_p\underline{/+120°} \\ &= V_p(1{,}0 - 0{,}5 - j0{,}866 - 0{,}5 + j0{,}866) \quad (12.5) \\ &= 0 \end{aligned}$$

> **Sequência de fases** é a ordem cronológica na qual as tensões passam através de seus valores máximos.

A sequência de fases é determinada pela ordem na qual os fasores passam por determinado ponto no diagrama de fases.

Na Figura 12.7*a*, conforme os fasores giram no sentido anti-horário com frequência ω, passam pelo eixo horizontal em uma sequência *abcabca*... Portanto, a sequência é *abc* ou *bca* ou *cab*. De modo similar, para os fasores da Figura 12.7*b*, à medida que eles forem girando no sentido anti-horário, passam o eixo horizontal em uma sequência *acbacba*... Isso descreve a sequência *acb*. Essa sequência de fases é importante em sistemas de distribuição de energia trifásicos, porque determina, por exemplo, o sentido da rotação de um motor ligado a uma fonte de energia elétrica.

Assim como nas ligações do gerador, uma carga trifásica pode ser conectada em estrela ou triângulo, dependendo da aplicação final. A Figura 12.8*a* mostra uma carga conectada em estrela, e a Figura 12.8*b*, uma carga conectada em triângulo. A linha neutra na Figura 12.8*a* pode ou não estar lá, dependendo se o sistema for quadrifilar ou trifilar. (E, obviamente, uma conexão neutra é topologicamente impossível para uma conexão em triângulo.) Diz-se que uma carga conectada em estrela ou em triângulo está *desequilibrada* se as impedâncias por fase não forem iguais em magnitude ou fase.

> Uma **carga equilibrada** é aquela no qual as impedâncias por fase são iguais em magnitude e fase.

Para uma carga conectada em estrela *equilibrada*,

$$\mathbf{Z}_1 = \mathbf{Z}_2 = \mathbf{Z}_3 = \mathbf{Z}_Y \quad (12.6)$$

onde $\mathbf{Z}_Y$ é a impedância de carga por fase. Para uma carga conectada em estrela equilibrada,

$$\mathbf{Z}_a = \mathbf{Z}_b = \mathbf{Z}_c = \mathbf{Z}_\Delta \quad (12.7)$$

onde $\mathbf{Z}_\Delta$ é, nesse caso, a impedância de carga por fase. Voltando à Equação (9.69), temos

---

Em virtude do uso tradicional em sistemas de energia, a tensão e a corrente neste capítulo estão em valores RMS a menos que seja dito o contrário.

A sequência de fases também pode ser considerada como a ordem na qual as tensões de fase atingem seus valores de pico (ou máximos) em relação ao tempo.

Lembrete: À medida que o tempo aumenta, cada fasor gira em uma velocidade angular ω.

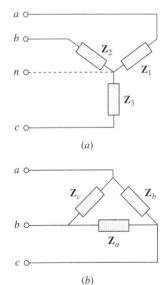

Figura 12.8 Duas configurações possíveis para cargas trifásicas: (*a*) carga conectada em estrela; (*b*) carga conectada em triângulo.

Lembrete: Uma carga conectada em estrela consiste em três impedâncias conectadas a um nó neutro, enquanto uma carga conectada em triângulo é composta por três impedâncias conectadas em volta de um anel. A carga equilibrada se encontra equilibrada quando as três impedâncias forem iguais em qualquer um dos casos.

$$Z_\Delta = 3Z_Y \quad \text{ou} \quad Z_Y = \frac{1}{3}Z_\Delta \qquad (12.8)$$

portanto, sabemos que uma carga conectada em estrela pode ser transformada em uma carga conectada em triângulo, ou vice-versa, usando a Equação (12.8).

Como tanto a fonte trifásica quanto a carga trifásica podem estar conectadas em estrela ou então em triângulo, temos quatro conexões possíveis:

- Conexão estrela-estrela (isto é, fonte conectada em estrela com uma carga conectada em estrela).
- Conexão estrela-triângulo.
- Conexão triângulo-triângulo.
- Conexão triângulo-estrela.

Nas seções seguintes, vamos considerar cada uma dessas possíveis configurações.

É importante citar que uma carga conectada em triângulo equilibrada é mais comum que uma carga conectada em estrela equilibrada. Isso se deve à facilidade com que as cargas podem ser acrescentadas ou eliminadas de cada fase de uma carga conectada em triângulo. Isso é muito mais difícil em uma carga conectada em estrela, pois, talvez, o neutro não esteja acessível. Em contrapartida, as fontes ligadas em triângulo não são comuns na prática em virtude da corrente circulante que resultará na malha Δ, caso as tensões trifásicas estejam ligeiramente desequilibradas.

EXEMPLO 12.1

Determine a sequência de fases do conjunto de tensões

$$v_{an} = 200 \cos(\omega t + 10°)$$
$$v_{bn} = 200 \cos(\omega t - 230°), \quad v_{cn} = 200 \cos(\omega t - 110°)$$

Solução: As tensões podem ser expressas na forma fasorial como

$$\mathbf{V}_{an} = 200\underline{/10°} \text{ V}, \quad \mathbf{V}_{bn} = 200\underline{/-230°} \text{ V}, \quad \mathbf{V}_{cn} = 200\underline{/-110°} \text{ V}$$

Percebemos que $\mathbf{V}_{an}$ está adiantada em relação a $\mathbf{V}_{cn}$ por 120° e que, por sua vez, $\mathbf{V}_{cn}$ está adiantada em relação a $\mathbf{V}_{bn}$ por 120°. Logo, temos uma sequência *acb*.

PROBLEMA PRÁTICO 12.1

Dado que $\mathbf{V}_{bn} = 110\underline{/30°}$ V, determine $\mathbf{V}_{an}$ e $\mathbf{V}_{cn}$ supondo uma sequência positiva (*abc*).
Resposta: $110\underline{/150°}$ V, $110\underline{/-90°}$ V.

12.3 Conexão estrela-estrela equilibrada

Começaremos pelo sistema estrela-estrela, porque qualquer sistema trifásico equilibrado pode ser reduzido a um sistema estrela-estrela equivalente. Logo, a análise desse sistema deve ser considerada como a chave para resolução de todos os sistemas trifásicos equilibrados.

> **Sistema estrela-estrela** equilibrado é um sistema trifásico com uma fonte conectada em estrela equilibrada e uma carga conectada em estrela equilibrada.

Consideremos o sistema estrela-estrela quadrifilar equilibrado da Figura 12.9, em que uma carga conectada em estrela é conectada a uma fonte conectada em estrela. Supomos uma carga equilibrada de modo que as impedâncias de carga sejam iguais. Embora a impedância $\mathbf{Z}_Y$ seja a impedância de carga total por fase, ela também pode ser considerada a soma da impedância da fonte $\mathbf{Z}_s$, a impedância da linha $\mathbf{Z}_\ell$ e a impedância de carga $\mathbf{Z}_L$ por fase, já que essas impedâncias estão em série. Como ilustrado na Figura 12.9, $\mathbf{Z}_s$ representa a impedância interna do enrolamento de fase do gerador; $\mathbf{Z}_\ell$ é a impedância da linha que conecta a fase da fonte com a fase da carga; $\mathbf{Z}_L$ é a impedância de cada fase da carga; e $\mathbf{Z}_n$ é a impedância da linha neutra. Portanto, geralmente

$$\mathbf{Z}_Y = \mathbf{Z}_s + \mathbf{Z}_\ell + \mathbf{Z}_L \qquad (12.9)$$

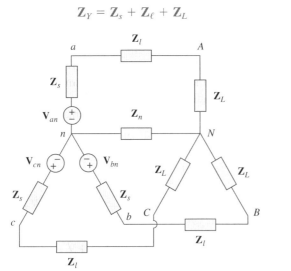

Figura 12.9 Um sistema estrela-estrela equilibrado mostrando as impedâncias da fonte, da linha e das cargas.

$\mathbf{Z}_s$ e $\mathbf{Z}_\ell$ normalmente são muito pequenas quando comparadas a $\mathbf{Z}_L$, de modo que se possa supor $\mathbf{Z}_Y = \mathbf{Z}_L$ caso não sejam fornecidas as impedâncias da linha ou da fonte. De qualquer forma, agrupando-se as impedâncias, o sistema estrela-estrela da Figura 12.9 pode ser simplificado para aquele mostrado na Figura 12.10.

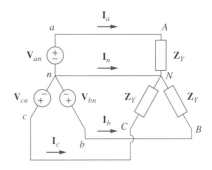

Figura 12.10 Conexão estrela-estrela equilibrada.

Supondo-se a sequência positiva, as tensões de *fase* (ou tensões linha-neutro) são

$$\mathbf{V}_{an} = V_p\underline{/0°}$$
$$\mathbf{V}_{bn} = V_p\underline{/-120°}, \qquad \mathbf{V}_{cn} = V_p\underline{/+120°} \qquad (12.10)$$

As tensões *linha-linha* ou, simplesmente, as tensões de *linha* $\mathbf{V}_{ab}$, $\mathbf{V}_{bc}$ e $\mathbf{V}_{ca}$ estão relacionadas com as tensões de fase. Por exemplo,

$$\mathbf{V}_{ab} = \mathbf{V}_{an} + \mathbf{V}_{nb} = \mathbf{V}_{an} - \mathbf{V}_{bn} = V_p\underline{/0°} - V_p\underline{/-120°}$$
$$= V_p\left(1 + \frac{1}{2} + j\frac{\sqrt{3}}{2}\right) = \sqrt{3}V_p\underline{/30°} \qquad (12.11a)$$

De forma semelhante, podemos obter

$$\mathbf{V}_{bc} = \mathbf{V}_{bn} - \mathbf{V}_{cn} = \sqrt{3}V_p\underline{/-90°} \qquad (12.11b)$$

$$\mathbf{V}_{ca} = \mathbf{V}_{cn} - \mathbf{V}_{an} = \sqrt{3}V_p\underline{/-210°} \qquad (12.11c)$$

Portanto, a magnitude das tensões de linha V_L é $\sqrt{3}$ vezes a magnitude das tensões de fase V_p ou

$$V_L = \sqrt{3}V_p \quad (12.12)$$

onde

$$V_p = |\mathbf{V}_{an}| = |\mathbf{V}_{bn}| = |\mathbf{V}_{cn}| \quad (12.13)$$

e

$$V_L = |\mathbf{V}_{ab}| = |\mathbf{V}_{bc}| = |\mathbf{V}_{ca}| \quad (12.14)$$

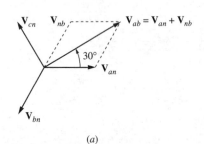

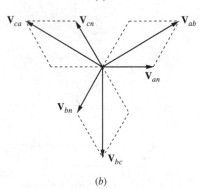

Figura 12.11 Diagrama fasorial ilustrando as relações entre tensões de linha e tensões de fase.

As tensões de linha estão adiantadas em relação às tensões de fase correspondentes a 30°. A Figura 12.11a também mostra como determinar $\mathbf{V}_{ab}$ das tensões de fase, enquanto a Figura 12.11b mostra o mesmo para as três tensões de linha. Note que $\mathbf{V}_{ab}$ está adiantada em relação a $\mathbf{V}_{bc}$ por 120° e $\mathbf{V}_{bc}$ está adiantada em relação a $\mathbf{V}_{ca}$ por 120°, de modo que a soma das tensões de linha seja zero como as tensões de fase.

Aplicando a LKT a cada fase na Figura 12.10, obtemos as correntes de linha, como segue

$$\mathbf{I}_a = \frac{\mathbf{V}_{an}}{\mathbf{Z}_Y}, \quad \mathbf{I}_b = \frac{\mathbf{V}_{bn}}{\mathbf{Z}_Y} = \frac{\mathbf{V}_{an}\underline{/-120°}}{\mathbf{Z}_Y} = \mathbf{I}_a\underline{/-120°}$$

$$\mathbf{I}_c = \frac{\mathbf{V}_{cn}}{\mathbf{Z}_Y} = \frac{\mathbf{V}_{an}\underline{/-240°}}{\mathbf{Z}_Y} = \mathbf{I}_a\underline{/-240°} \quad (12.15)$$

Podemos inferir imediatamente que a soma das correntes de linha é zero

$$\mathbf{I}_a + \mathbf{I}_b + \mathbf{I}_c = 0 \quad (12.16)$$

de modo que

$$\mathbf{I}_n = -(\mathbf{I}_a + \mathbf{I}_b + \mathbf{I}_c) = 0 \quad (12.17a)$$

ou

$$\mathbf{V}_{nN} = \mathbf{Z}_n\mathbf{I}_n = 0 \quad (12.17b)$$

isto é, a tensão no fio neutro é zero. Portanto, a linha neutra pode ser eliminada sem afetar o sistema. De fato, na transmissão de energia elétrica em longas distâncias, os condutores em múltiplos de três são usados com a própria terra atuando como condutor neutro. Os sistemas de energia elétrica projetados dessa forma são bem aterrados em todos os pontos cruciais para garantir segurança.

Enquanto a corrente de *linha* é a corrente em cada linha, a corrente de *fase* é a corrente em cada fase da fonte ou carga. No sistema estrela-estrela, a corrente de linha é a mesma que a corrente de fase. Usaremos subscritos com uma única letra para as correntes de linha, pois é natural e convencional supor que elas fluem da fonte para a carga.

Uma maneira alternativa de analisar um sistema estrela-estrela equilibrado é fazer como "por fase". Observamos uma fase, a fase *a*, e analisamos o circuito monofásico equivalente na Figura 12.12. A análise monofásica leva à corrente de linha $\mathbf{I}_a$, como segue

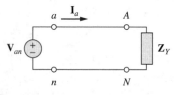

Figura 12.12 Circuito monofásico equivalente.

$$\mathbf{I}_a = \frac{\mathbf{V}_{an}}{\mathbf{Z}_Y} \quad (12.18)$$

A partir de $\mathbf{I}_a$, usamos a sequência de fases para obter outras correntes de linha. Portanto, desde que o sistema esteja equilibrado, precisamos apenas analisar uma fase. Poderíamos fazer isso mesmo se a linha neutra estivesse ausente, como no sistema trifilar.

EXEMPLO 12.2

Calcule as correntes de linha nesse sistema estrela-estrela trifilar da Figura 12.13.

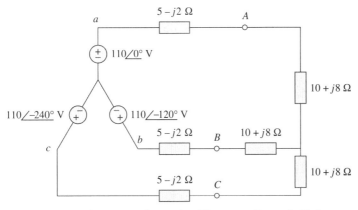

Figura 12.13 Sistema estrela-estrela trifilar para o Exemplo 12.2.

Solução: O circuito trifásico da Figura 12.13 é equilibrado; poderíamos substituí-lo por seu circuito monofásico equivalente como aquele da Figura 12.12. Obtemos $\mathbf{I}_a$ da análise monofásica, como segue

$$\mathbf{I}_a = \frac{\mathbf{V}_{an}}{\mathbf{Z}_Y}$$

onde $\mathbf{Z}_Y = (5 - j2) + (10 + j8) = 15 + j6 = 16{,}155\underline{/21{,}8°}$ por isso,

$$\mathbf{I}_a = \frac{110\underline{/0°}}{16{,}155\underline{/21{,}8°}} = 6{,}81\underline{/-21{,}8°} \text{ A}$$

Já que as tensões da fonte na Figura 12.13 estão na sequência positiva, as correntes de linha também estão na sequência positiva:

$$\mathbf{I}_b = \mathbf{I}_a\underline{/-120°} = 6{,}81\underline{/-141{,}8°} \text{ A}$$
$$\mathbf{I}_c = \mathbf{I}_a\underline{/-240°} = 6{,}81\underline{/-261{,}8°} \text{ A} = 6{,}81\underline{/98{,}2°} \text{ A}$$

PROBLEMA PRÁTICO 12.2

Um gerador trifásico conectado em estrela equilibrado com impedância por fase $0{,}4 + j0{,}3\ \Omega$ é conectado a uma carga em estrela equilibrada com impedância $24 + j19\ \Omega$ por fase. A linha que conecta o gerador e a carga tem impedância $0{,}6 + j0{,}7\ \Omega$ por fase. Supondo uma sequência positiva para as tensões de fonte e que $\mathbf{V}_{an} = 120\underline{/30°}$ V, determine: (a) as tensões de linha; (b) as correntes de linha.

Resposta: (a) $207{,}8\underline{/60°}$ V, $207{,}8\underline{/-60°}$ V, $207{,}8\underline{/-180°}$ V;
(b) $3{,}75\underline{/-8{,}66°}$ A, $3{,}75\underline{/-128{,}66°}$ A, $3{,}75\underline{/111{,}34°}$ A.

12.4 Conexão estrela-triângulo equilibrada

Um **sistema estrela-triângulo** consiste em uma fonte conectada em estrela equilibrada alimentando uma carga conectada em triângulo equilibrada.

> Talvez esse seja o sistema trifásico mais prático, pois as fontes trifásicas são geralmente conectadas em estrela, enquanto as cargas são normalmente conectadas em triângulo.

O sistema estrela-triângulo equilibrado é mostrado na Figura 12.14, em que a fonte está conectada em estrela e a carga, conectada em triângulo. Nesse caso, não há, obviamente, nenhuma conexão neutra da fonte para a carga. Supondo a sequência positiva, as tensões de fase são novamente

$$\mathbf{V}_{an} = V_p\underline{/0°}$$
$$\mathbf{V}_{bn} = V_p\underline{/-120°}, \qquad \mathbf{V}_{cn} = V_p\underline{/+120°} \tag{12.19}$$

Como vimos na Seção 12.3, as tensões de linha são

$$\mathbf{V}_{ab} = \sqrt{3}V_p\underline{/30°} = \mathbf{V}_{AB}, \qquad \mathbf{V}_{bc} = \sqrt{3}V_p\underline{/-90°} = \mathbf{V}_{BC}$$
$$\mathbf{V}_{ca} = \sqrt{3}V_p\underline{/-150°} = \mathbf{V}_{CA} \tag{12.20}$$

mostrando que as tensões de linha são iguais às tensões nas impedâncias de carga para essa configuração do sistema. A partir dessas tensões, podemos obter as correntes de fase, como segue

$$\mathbf{I}_{AB} = \frac{\mathbf{V}_{AB}}{\mathbf{Z}_\Delta}, \qquad \mathbf{I}_{BC} = \frac{\mathbf{V}_{BC}}{\mathbf{Z}_\Delta}, \qquad \mathbf{I}_{CA} = \frac{\mathbf{V}_{CA}}{\mathbf{Z}_\Delta} \tag{12.21}$$

Essas correntes possuem a mesma magnitude, porém, estão defasadas entre si por 120°.

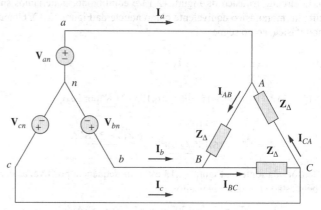

Figura 12.14 Conexão estrela-triângulo equilibrada.

Outra maneira de se obter essas correntes de fase é aplicar a LKT. Aplicando, por exemplo, a LKT na malha *aABbna*, temos

$$-\mathbf{V}_{an} + \mathbf{Z}_\Delta\mathbf{I}_{AB} + \mathbf{V}_{bn} = 0$$

ou

$$\mathbf{I}_{AB} = \frac{\mathbf{V}_{an} - \mathbf{V}_{bn}}{\mathbf{Z}_\Delta} = \frac{\mathbf{V}_{ab}}{\mathbf{Z}_\Delta} = \frac{\mathbf{V}_{AB}}{\mathbf{Z}_\Delta} \tag{12.22}$$

que é o mesmo que a Equação (12.21). Esta é a forma mais genérica de encontrar correntes de fase.

As correntes de linha são obtidas das correntes da fase aplicando a LKC aos nós *A*, *B* e *C*. Portanto,

$$\mathbf{I}_a = \mathbf{I}_{AB} - \mathbf{I}_{CA}, \qquad \mathbf{I}_b = \mathbf{I}_{BC} - \mathbf{I}_{AB}, \qquad \mathbf{I}_c = \mathbf{I}_{CA} - \mathbf{I}_{BC} \tag{12.23}$$

Já que $\mathbf{I}_{CA} = \mathbf{I}_{AB}\underline{/-240°}$,

$$\mathbf{I}_a = \mathbf{I}_{AB} - \mathbf{I}_{CA} = \mathbf{I}_{AB}(1 - 1\underline{/-240°})$$
$$= \mathbf{I}_{AB}(1 + 0{,}5 - j0{,}866) = \mathbf{I}_{AB}\sqrt{3}\underline{/-30°} \quad (12.24)$$

demonstrando que a magnitude I_L da corrente de linha é $\sqrt{3}$ vezes a magnitude I_p da corrente de fase ou

$$\boxed{I_L = \sqrt{3}I_p} \quad (12.25)$$

onde

$$I_L = |\mathbf{I}_a| = |\mathbf{I}_b| = |\mathbf{I}_c| \quad (12.26)$$

e

$$I_p = |\mathbf{I}_{AB}| = |\mathbf{I}_{BC}| = |\mathbf{I}_{CA}| \quad (12.27)$$

Da mesma forma, as correntes de linha estão atrasadas em relação às correntes de fase de 30°, supondo uma sequência positiva. A Figura 12.15 é um diagrama fasorial ilustrando a relação entre as correntes de linha e de fase.

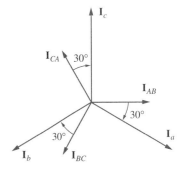

Figura 12.15 Diagrama fasorial ilustrando a relação entre correntes de fase e de linha.

Uma maneira alternativa de analisar o circuito estrela-triângulo é transformar a carga conectada em triângulo em uma carga conectada em estrela equivalente. Usando a fórmula de transformação triângulo-estrela na Equação (12.8),

$$\boxed{\mathbf{Z}_Y = \frac{\mathbf{Z}_\Delta}{3}} \quad (12.28)$$

Após essa transformação, temos um sistema estrela-estrela como o mostrado na Figura 12.10. O sistema trifásico estrela-triângulo na Figura 12.14 pode ser substituído pelo circuito monofásico equivalente da Figura 12.16. Isso permite que calculemos apenas as correntes de linha. As correntes de fase são obtidas usando a Equação (12.25) e utilizando o fato de que cada uma das correntes de fase está adiantada em relação à linha correspondente a 30°.

Figura 12.16 Circuito monofásico equivalente a um circuito estrela-triângulo equilibrado.

EXEMPLO 12.3

Uma fonte conectada em estrela equilibrada com sequência *abc* com $\mathbf{V}_{an} = 100\underline{/10°}$ V é conectada a uma carga em triângulo equilibrada $(8 + j4)$ Ω por fase. Calcule as correntes de fase e de linha.

Solução: Esse problema pode ser resolvido de duas maneiras:

■ **MÉTODO 1** A impedância de carga é

$$\mathbf{Z}_\Delta = 8 + j4 = 8{,}944\underline{/26{,}57°}\ \Omega$$

Se a tensão de fase for $\mathbf{V}_{an} = 100\underline{/10°}$ V, então a tensão da linha será

$$\mathbf{V}_{ab} = \mathbf{V}_{an}\sqrt{3}\underline{/30°} = 100\sqrt{3}\underline{/10° + 30°} = \mathbf{V}_{AB}$$

ou

$$\mathbf{V}_{AB} = 173{,}2\underline{/40°}\ \text{V}$$

As correntes de fase são

$$\mathbf{I}_{AB} = \frac{\mathbf{V}_{AB}}{\mathbf{Z}_\Delta} = \frac{173{,}2\underline{/40°}}{8{,}944\underline{/26{,}57°}} = 19{,}36\underline{/13{,}43°}\ \text{A}$$
$$\mathbf{I}_{BC} = \mathbf{I}_{AB}\underline{/-120°} = 19{,}36\underline{/-106{,}57°}\ \text{A}$$
$$\mathbf{I}_{CA} = \mathbf{I}_{AB}\underline{/+120°} = 19{,}36\underline{/133{,}43°}\ \text{A}$$

As correntes de linha são

$$\mathbf{I}_a = \mathbf{I}_{AB}\sqrt{3}\underline{/-30°} = \sqrt{3}(19{,}36)\underline{/13{,}43° - 30°}$$
$$= 33{,}53\underline{/-16{,}57°}\text{ A}$$
$$\mathbf{I}_b = \mathbf{I}_a\underline{/-120°} = 33{,}53\underline{/-136{,}57°}\text{ A}$$
$$\mathbf{I}_c = \mathbf{I}_a\underline{/+120°} = 33{,}53\underline{/103{,}43°}\text{ A}$$

■ **MÉTODO 2** De modo alternativo, usando análise monofásica,

$$\mathbf{I}_a = \frac{\mathbf{V}_{an}}{\mathbf{Z}_\Delta/3} = \frac{100\underline{/10°}}{2{,}981\underline{/26{,}57°}} = 33{,}54\underline{/-16{,}57°}\text{ A}$$

como exposto anteriormente. As demais correntes de linha são obtidas usando a sequência de fase *abc*.

● **PROBLEMA PRÁTICO 12.3**

Uma tensão de linha de uma fonte conectada em estrela equilibrada é $\mathbf{V}_{AB} = 120\underline{/-20°}$ V. Se a fonte estiver conectada a uma carga em triângulo de $20\underline{/40°}$ Ω, determine as correntes de fase e de linha. Suponha a sequência *abc*.

Resposta: $6\underline{/-60°}$ A, $6\underline{/-180°}$ A, $6\underline{/60°}$ A, $10{,}392\underline{/-90°}$ A, $10{,}392\underline{/150°}$ A, $10{,}392\underline{/30°}$ A.

12.5 Conexão triângulo-triângulo equilibrada

> Um **sistema triângulo-triângulo** é aquele no qual tanto a fonte equilibrada quanto a carga equilibrada estão conectadas em triângulo.

A fonte, bem como a carga, pode estar conectada em triângulo, como visto na Figura 12.17. Nosso objetivo é obter as correntes de fase e de linha como de praxe.

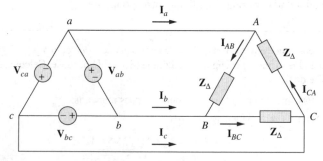

Figura 12.17 Uma conexão triângulo-triângulo equilibrada.

Supondo uma sequência positiva, as tensões de fase para uma fonte conectada em triângulo são

$$\mathbf{V}_{ab} = V_p\underline{/0°}$$
$$\mathbf{V}_{bc} = V_p\underline{/-120°}, \qquad \mathbf{V}_{ca} = V_p\underline{/+120°} \qquad (12.29)$$

As tensões de linha são as mesmas que as tensões de fase. Da Figura 12.17, supondo que não haja impedâncias de linha, as tensões de fase da fonte conectada em triângulo são iguais àquelas das tensões nas impedâncias; isto é,

$$\mathbf{V}_{ab} = \mathbf{V}_{AB}, \qquad \mathbf{V}_{bc} = \mathbf{V}_{BC}, \qquad \mathbf{V}_{ca} = \mathbf{V}_{CA} \qquad (12.30)$$

Logo, as correntes de fase são

$$\mathbf{I}_{AB} = \frac{\mathbf{V}_{AB}}{\mathbf{Z}_\Delta} = \frac{\mathbf{V}_{ab}}{\mathbf{Z}_\Delta}, \qquad \mathbf{I}_{BC} = \frac{\mathbf{V}_{BC}}{\mathbf{Z}_\Delta} = \frac{\mathbf{V}_{bc}}{\mathbf{Z}_\Delta}$$
$$\mathbf{I}_{CA} = \frac{\mathbf{V}_{CA}}{\mathbf{Z}_\Delta} = \frac{\mathbf{V}_{ca}}{\mathbf{Z}_\Delta} \qquad (12.31)$$

Como a carga está conectada em triângulo da mesma forma que na seção anterior, algumas das fórmulas ali derivadas também se aplicam a esse caso. As correntes de linha são obtidas das correntes de fase aplicando-se a LKC aos nós A, B e C, como já fizemos:

$$\mathbf{I}_a = \mathbf{I}_{AB} - \mathbf{I}_{CA}, \qquad \mathbf{I}_b = \mathbf{I}_{BC} - \mathbf{I}_{AB}, \qquad \mathbf{I}_c = \mathbf{I}_{CA} - \mathbf{I}_{BC} \qquad (12.32)$$

Da mesma forma, como mostrado anteriormente, cada corrente de linha está atrasada em relação à corrente de fase correspondente a 30°; a magnitude I_L da corrente de linha é $\sqrt{3}$ vezes a magnitude I_p da corrente de fase,

$$I_L = \sqrt{3} I_p \qquad (12.33)$$

Uma maneira alternativa de analisar o circuito triângulo-triângulo é converter tanto a fonte quanto a carga em seus equivalentes estrela. Já sabemos que $\mathbf{Z}_Y = \mathbf{Z}_\Delta/3$. Para converter uma fonte conectada em triângulo a uma fonte conectada em estrela, veja a próxima seção.

EXEMPLO 12.4

Uma carga conectada em triângulo equilibrada com impedância $20 - j15\ \Omega$ está conectada a um gerador de sequência positiva ligado em triângulo com $\mathbf{V}_{ab} = 330\underline{/0°}$ V. Calcule as correntes de fase da carga e as correntes de linha.

Solução: A impedância de carga por fase é

$$\mathbf{Z}_\Delta = 20 - j15 = 25\underline{/-36{,}87°}\ \Omega$$

Uma vez que $\mathbf{V}_{AB} = \mathbf{V}_{ab}$, as correntes de fase são

$$\mathbf{I}_{AB} = \frac{\mathbf{V}_{AB}}{\mathbf{Z}_\Delta} = \frac{330\underline{/0°}}{25\underline{/-36{,}87}} = 13{,}2\underline{/36{,}87°}\ \text{A}$$
$$\mathbf{I}_{BC} = \mathbf{I}_{AB}\underline{/-120°} = 13{,}2\underline{/-83{,}13°}\ \text{A}$$
$$\mathbf{I}_{CA} = \mathbf{I}_{AB}\underline{/+120°} = 13{,}2\underline{/156{,}87°}\ \text{A}$$

Para uma carga em triângulo, a corrente de linha está atrasada em relação à corrente de fase correspondente a 30° e tem uma magnitude $\sqrt{3}$ vezes a corrente de fase. Logo, as correntes de linha são

$$\mathbf{I}_a = \mathbf{I}_{AB}\sqrt{3}\underline{/-30°} = (13{,}2\underline{/36{,}87°})(\sqrt{3}\underline{/-30°})$$
$$= 22{,}86\underline{/6{,}87°}\ \text{A}$$
$$\mathbf{I}_b = \mathbf{I}_a\underline{/-120°} = 22{,}86\underline{/-113{,}13°}\ \text{A}$$
$$\mathbf{I}_c = \mathbf{I}_a\underline{/+120°} = 22{,}86\underline{/126{,}87°}\ \text{A}$$

PROBLEMA PRÁTICO 12.4

Uma fonte de sequência positiva e conectada em triângulo equilibrada alimenta uma carga conectada em triângulo equilibrada. Se a impedância de carga por fase for $18 + j12\ \Omega$ e $\mathbf{I}_a = 9{,}609\underline{/35°}$ A, determine $\mathbf{I}_{AB}$ e $\mathbf{V}_{AB}$.

Resposta: $5{,}548\underline{/65°}$ A, $120\underline{/98{,}69°}$ V.

12.6 Conexão triângulo-estrela equilibrada

> Um **sistema triângulo-estrela equilibrado** é formado por uma fonte conectada em triângulo equilibrada alimentando uma carga conectada em estrela equilibrada.

Consideremos o circuito triângulo-estrela da Figura 12.18. Novamente, supondo-se a sequência *abc*, as tensões de fase de uma fonte conectada em triângulo são

$$\mathbf{V}_{ab} = V_p\underline{/0°}, \quad \mathbf{V}_{bc} = V_p\underline{/-120°}$$
$$\mathbf{V}_{ca} = V_p\underline{/+120°} \tag{12.34}$$

Há também as tensões de linha, bem como as tensões de fase.

Podemos obter as correntes de linha de várias maneiras. Uma delas é aplicar a LKT à malha *aANBba* da Figura 12.18, escrevendo

$$-\mathbf{V}_{ab} + \mathbf{Z}_Y\mathbf{I}_a - \mathbf{Z}_Y\mathbf{I}_b = 0$$

ou

$$\mathbf{Z}_Y(\mathbf{I}_a - \mathbf{I}_b) = \mathbf{V}_{ab} = V_p\underline{/0°}$$

Portanto,

$$\mathbf{I}_a - \mathbf{I}_b = \frac{V_p\underline{/0°}}{\mathbf{Z}_Y} \tag{12.35}$$

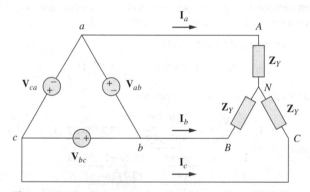

Figura 12.18 Uma conexão triângulo-estrela equilibrada.

Mas $\mathbf{I}_b$ está atrasada em relação a $\mathbf{I}_a$ por 120°, já que supusemos a sequência *abc*; isto é, $\mathbf{I}_b = \mathbf{I}_a\underline{/-120°}$. Logo,

$$\mathbf{I}_a - \mathbf{I}_b = \mathbf{I}_a(1 - 1\underline{/-120°})$$
$$= \mathbf{I}_a\left(1 + \frac{1}{2} + j\frac{\sqrt{3}}{2}\right) = \mathbf{I}_a\sqrt{3}\underline{/30°} \tag{12.36}$$

Substituindo a Equação (12.36) na Equação (12.35) resulta

$$\mathbf{I}_a = \frac{V_p/\sqrt{3}\underline{/-30°}}{\mathbf{Z}_Y} \tag{12.37}$$

A partir dessa última, obtemos as demais correntes de linha, $\mathbf{I}_b$ e $\mathbf{I}_c$, usando a sequência de fases positiva, isto é, $\mathbf{I}_b = \mathbf{I}_a\underline{/-120°}$, $\mathbf{I}_c = \mathbf{I}_a\underline{/+120°}$. As correntes de fase são iguais às correntes de linha.

Outra forma de obtermos as correntes de linha seria substituir a fonte conectada em triângulo pela sua fonte conectada em estrela equivalente, como mostrado na Figura 12.19. Na Seção 12.3, vimos que as tensões linha-linha de uma fonte conectada em estrela estão adiantadas em relação às suas tensões de fase correspondentes a 30°. Consequentemente, obtemos cada tensão de fase da fonte conectada em estrela equivalente dividindo a tensão de linha correspondente da fonte conectada em triângulo por $\sqrt{3}$ e deslocando sua fase em −30°. Portanto, a fonte conectada em estrela equivalente apresenta as seguintes tensões de fase

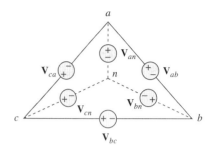

Figura 12.19 Transformação de uma fonte conectada em triângulo em uma fonte conectada em estrela equivalente.

$$\mathbf{V}_{an} = \frac{V_p}{\sqrt{3}}\underline{/-30°}$$
$$\mathbf{V}_{bn} = \frac{V_p}{\sqrt{3}}\underline{/-150°}, \qquad \mathbf{V}_{cn} = \frac{V_p}{\sqrt{3}}\underline{/+90°} \qquad (12.38)$$

Se a fonte conectada em triângulo tiver uma impedância $\mathbf{Z}_s$ por fase, a fonte conectada em estrela equivalente terá uma impedância de fonte igual a $\mathbf{Z}_s/3$ por fase, de acordo com a Equação (9.69).

Assim que a fonte for transformada em estrela, o circuito se torna um sistema estrela-estrela. Consequentemente, podemos usar o circuito monofásico equivalente mostrado na Figura 12.20, a partir do qual a corrente de linha por fase a é

Figura 12.20 Circuito monofásico equivalente.

$$\mathbf{I}_a = \frac{V_p/\sqrt{3}\underline{/-30°}}{\mathbf{Z}_Y} \qquad (12.39)$$

que equivale à Equação (12.37).

De forma alternativa, poderíamos transformar a carga conectada em estrela em uma carga conectada em triângulo equivalente. Isso resulta em um sistema triângulo-triângulo, que pode ser analisado como na Seção 12.5. Note que

$$\mathbf{V}_{AN} = \mathbf{I}_a\mathbf{Z}_Y = \frac{V_p}{\sqrt{3}}\underline{/-30°}$$
$$\mathbf{V}_{BN} = \mathbf{V}_{AN}\underline{/-120°}, \qquad \mathbf{V}_{CN} = \mathbf{V}_{AN}\underline{/+120°} \qquad (12.40)$$

Como afirmado anteriormente, a carga conectada em triângulo é mais requerida que a carga conectada em estrela. É mais fácil alterar as cargas em qualquer uma das fases das cargas ligadas em triângulo já que dificilmente a fonte conectada em triângulo é usada na prática, pois qualquer ligeiro desequilíbrio nas tensões de fase resultará em correntes circulantes indesejadas.

A Tabela 12.1 traz um resumo das fórmulas para correntes e tensões de fase e correntes e tensões de linha para as quatro conexões. Recomenda-se que os alunos não memorizem as fórmulas, mas, sim, entendam-nas. As fórmulas sempre podem ser obtidas diretamente aplicando a LKC e LKT aos circuitos trifásicos apropriados.

Tabela 12.1 • Resumo das fórmulas para correntes/tensões de linha e de fase para sistemas trifásicos equilibrados.[1]

Conexão	Correntes/tensões de fases	Idêntico às correntes de linha
estrela-estrela	$\mathbf{V}_{an} = V_p\underline{/0°}$ $\mathbf{V}_{bn} = V_p\underline{/-120°}$ $\mathbf{V}_{cn} = V_p\underline{/+120°}$ Idêntico às correntes de linha	$\mathbf{V}_{ab} = \sqrt{3}V_p\underline{/30°}$ $\mathbf{V}_{bc} = \mathbf{V}_{ab}\underline{/-120°}$ $\mathbf{V}_{ca} = \mathbf{V}_{ab}\underline{/+120°}$ $\mathbf{I}_a = \mathbf{V}_{an}/\mathbf{Z}_Y$ $\mathbf{I}_b = \mathbf{I}_a\underline{/-120°}$ $\mathbf{I}_c = \mathbf{I}_a\underline{/+120°}$
estrela-triângulo	$\mathbf{V}_{an} = V_p\underline{/0°}$ $\mathbf{V}_{bn} = V_p\underline{/-120°}$ $\mathbf{V}_{cn} = V_p\underline{/+120°}$ $\mathbf{I}_{AB} = \mathbf{V}_{AB}/\mathbf{Z}_\Delta$ $\mathbf{I}_{BC} = \mathbf{V}_{BC}/\mathbf{Z}_\Delta$ $\mathbf{I}_{CA} = \mathbf{V}_{CA}/\mathbf{Z}_\Delta$	$\mathbf{V}_{ab} = \mathbf{V}_{AB} = \sqrt{3}V_p\underline{/30°}$ $\mathbf{V}_{bc} = \mathbf{V}_{BC} = \mathbf{V}_{ab}\underline{/-120°}$ $\mathbf{V}_{ca} = \mathbf{V}_{CA} = \mathbf{V}_{ab}\underline{/+120°}$ $\mathbf{I}_a = \mathbf{I}_{AB}\sqrt{3}\underline{/-30°}$ $\mathbf{I}_b = \mathbf{I}_a\underline{/-120°}$ $\mathbf{I}_c = \mathbf{I}_a\underline{/+120°}$
triângulo-triângulo	$\mathbf{V}_{ab} = V_p\underline{/0°}$ $\mathbf{V}_{bc} = V_p\underline{/-120°}$ $\mathbf{V}_{ca} = V_p\underline{/+120°}$ $\mathbf{I}_{AB} = \mathbf{V}_{ab}/\mathbf{Z}_\Delta$ $\mathbf{I}_{BC} = \mathbf{V}_{bc}/\mathbf{Z}_\Delta$ $\mathbf{I}_{CA} = \mathbf{V}_{ca}/\mathbf{Z}_\Delta$	Idêntico às tensões de fase $\mathbf{I}_a = \mathbf{I}_{AB}\sqrt{3}\underline{/-30°}$ $\mathbf{I}_b = \mathbf{I}_a\underline{/-120°}$ $\mathbf{I}_c = \mathbf{I}_a\underline{/+120°}$
triângulo-estrela	$\mathbf{V}_{ab} = V_p\underline{/0°}$ $\mathbf{V}_{bc} = V_p\underline{/-120°}$ $\mathbf{V}_{ca} = V_p\underline{/+120°}$ Idêntico às correntes de linha	Idêntico às tensões de fase $\mathbf{I}_a = \dfrac{V_p\underline{/-30°}}{\sqrt{3}\mathbf{Z}_Y}$ $\mathbf{I}_b = \mathbf{I}_a\underline{/-120°}$ $\mathbf{I}_c = \mathbf{I}_a\underline{/+120°}$

[1] Supondo a sequência *abc* ou positiva.

EXEMPLO 12.5

Uma carga conectada em estrela equilibrada com impedância por fase $40 + j25\ \Omega$ é alimentada por uma fonte conectada em triângulo equilibrada e de sequência positiva com tensão de linha igual a 210 V. Calcule as correntes de fase. Use $\mathbf{V}_{ab}$ como referência.

Solução: A impedância de carga é

$$\mathbf{Z}_Y = 40 + j25 = 47{,}17\underline{/32°}\ \Omega$$

e a tensão da fonte é

$$\mathbf{V}_{ab} = 210\underline{/0°}\ \text{V}$$

Quando a fonte conectada em triângulo é transformada em uma fonte conectada em estrela,

$$\mathbf{V}_{an} = \frac{\mathbf{V}_{ab}}{\sqrt{3}}\underline{/-30°} = 121{,}2\underline{/-30°}\ \text{V}$$

As correntes de linha são

$$\mathbf{I}_a = \frac{\mathbf{V}_{an}}{\mathbf{Z}_Y} = \frac{121{,}2\underline{/-30°}}{47{,}12\underline{/32°}} = 2{,}57\underline{/-62°} \text{ A}$$
$$\mathbf{I}_b = \mathbf{I}_a\underline{/-120°} = 2{,}57\underline{/-182°} \text{ A}$$
$$\mathbf{I}_c = \mathbf{I}_a\underline{/120°} = 2{,}57\underline{/58°} \text{ A}$$

que são idênticas às correntes de fase.

PROBLEMA PRÁTICO 12.5

Em um circuito triângulo-estrela, $\mathbf{V}_{ab} = 240\underline{/15°}$ e $\mathbf{Z}_Y = (12 + j15)\,\Omega$. Calcule as correntes de linha.

Resposta: $7{,}21\underline{/-66{,}34°}$ A, $7{,}21\underline{/+173{,}66°}$ A, $7{,}21\underline{/53{,}66°}$ A.

12.7 Potência em um sistema equilibrado

Consideremos a potência em um sistema trifásico equilibrado. Iniciemos pelo exame da potência instantânea absorvida pela carga, que requer que a análise seja feita no domínio do tempo. Para uma carga conectada em estrela, as tensões de fase são

$$v_{AN} = \sqrt{2}V_p \cos \omega t, \quad v_{BN} = \sqrt{2}V_p \cos(\omega t - 120°)$$
$$v_{CN} = \sqrt{2}V_p \cos(\omega t + 120°) \quad (12.41)$$

onde o fator $\sqrt{2}$ é necessário, pois V_p foi definida como o valor RMS da tensão de fase. Se $\mathbf{Z}_Y = Z\underline{/\theta}$, as correntes de fase estão atrasadas em relação às suas tensões de fase correspondentes em θ. Portanto,

$$i_a = \sqrt{2}I_p \cos(\omega t - \theta), \quad i_b = \sqrt{2}I_p \cos(\omega t - \theta - 120°)$$
$$i_c = \sqrt{2}I_p \cos(\omega t - \theta + 120°) \quad (12.42)$$

onde I_p é o valor RMS da corrente de fase. A potência instantânea na carga é a soma das potências instantâneas nas três fases; isto é,

$$\begin{aligned} p &= p_a + p_b + p_c = v_{AN}i_a + v_{BN}i_b + v_{CN}i_c \\ &= 2V_p I_p[\cos \omega t \cos(\omega t - \theta) \\ &\quad + \cos(\omega t - 120°)\cos(\omega t - \theta - 120°) \\ &\quad + \cos(\omega t + 120°)\cos(\omega t - \theta + 120°)] \end{aligned} \quad (12.43)$$

Aplicando a identidade trigonométrica

$$\cos A \cos B = \frac{1}{2}[\cos(A + B) + \cos(A - B)] \quad (12.44)$$

obtemos

$$\begin{aligned} p &= V_p I_p[3 \cos \theta + \cos(2\omega t - \theta) + \cos(2\omega t - \theta - 240°) \\ &\quad + \cos(2\omega t - \theta + 240°)] \\ &= V_p I_p[3 \cos \theta + \cos \alpha + \cos \alpha \cos 240° + \operatorname{sen}\alpha \operatorname{sen} 240° \\ &\quad + \cos \alpha \cos 240° - \operatorname{sen}\alpha \operatorname{sen} 240°] \\ &\quad \text{onde } \alpha = 2\omega t - \theta \\ &= V_p I_p\left[3 \cos \theta + \cos \alpha + 2\left(-\frac{1}{2}\right)\cos \alpha\right] = 3V_p I_p \cos \theta \end{aligned} \quad (12.45)$$

Portanto, a potência instantânea total em um sistema trifásico equilibrado é constante – ela não muda com o tempo à medida que a potência instantânea de cada fase muda. Esse resultado é verdadeiro tanto para a carga conectada em triângulo como para a carga conectada em estrela. Isso é importante, independentemente do sistema trifásico gerar e distribuir energia. Veremos outro motivo um pouco mais adiante.

Já que a potência instantânea total é independente do tempo, a potência média por fase, P_p, tanto para a carga conectada em triângulo como para a carga conectada em estrela, é $p/3$ ou

$$P_p = V_p I_p \cos\theta \qquad (12.46)$$

e a potência reativa por fase é

$$Q_p = V_p I_p \operatorname{sen}\theta \qquad (12.47)$$

A potência aparente por fase é

$$S_p = V_p I_p \qquad (12.48)$$

A potência complexa por fase é

$$\mathbf{S}_p = P_p + jQ_p = \mathbf{V}_p \mathbf{I}_p^* \qquad (12.49)$$

em que $\mathbf{V}_p$ e $\mathbf{I}_p$ são, respectivamente, a tensão de fase e a corrente de fase de magnitudes V_p e I_p. A potência média total é a soma das potências médias nas fases:

$$P = P_a + P_b + P_c = 3P_p = 3V_p I_p \cos\theta = \sqrt{3} V_L I_L \cos\theta \qquad (12.50)$$

Para uma carga conectada em estrela, $I_L = I_p$, porém, $V_L = \sqrt{3} V_p$, enquanto para uma carga conectada em triângulo, $I_L = \sqrt{3} I_p$, porém, $V_L = V_p$. Logo, a Equação (12.50) pode ser aplicada tanto para cargas ligadas em estrela como para aquelas ligadas em triângulo. De forma semelhante, a potência reativa total é

$$Q = 3V_p I_p \operatorname{sen}\theta = 3Q_p = \sqrt{3} V_L I_L \operatorname{sen}\theta \qquad (12.51)$$

e a potência complexa total é

$$\mathbf{S} = 3\mathbf{S}_p = 3\mathbf{V}_p \mathbf{I}_p^* = 3I_p^2 \mathbf{Z}_p = \frac{3V_p^2}{\mathbf{Z}_p^*} \qquad (12.52)$$

onde $\mathbf{Z}_p = Z_p\underline{/\theta}$ é a impedância de carga por fase. ($\mathbf{Z}_p$ poderia ser $\mathbf{Z}_Y$ ou $\mathbf{Z}_\Delta$). De modo alternativo, poderíamos escrever a Equação (12.52) como

$$\mathbf{S} = P + jQ = \sqrt{3} V_L I_L \underline{/\theta} \qquad (12.53)$$

Lembre-se de que V_p, I_p, V_L e I_L são todos valores RMS e que θ é o ângulo da impedância de carga ou o ângulo entre a tensão de fase e a corrente de fase.

A segunda grande vantagem dos sistemas trifásicos para distribuição de energia é que o sistema trifásico usa uma quantidade menor de fio que o sistema monofásico para a mesma tensão de linha V_L e a mesma potência absorvida

P_L. Vamos comparar esses casos e supor que ambos os fios são do mesmo material (por exemplo, cobre com resistividade ρ), do mesmo comprimento ℓ, e que as cargas são resistivas (isto é, fator de potência unitário). Para o sistema monofásico bifilar da Figura 12.21a, $I_L = P_L/V_L$ e, portanto, a perda de potência nos dois fios é

$$P_{\text{perda}} = 2I_L^2 R = 2R\frac{P_L^2}{V_L^2} \qquad (12.54)$$

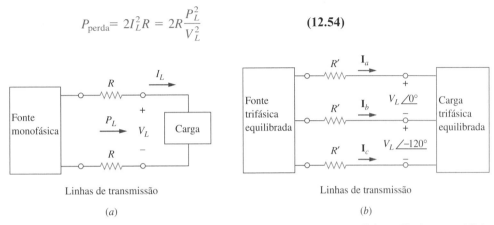

Figura 12.21 Comparação da perda de potência entre: (a) sistemas monofásicos; (b) sistemas trifásicos.

Para o sistema trifásico trifilar da Figura 12.21b, $I_L' = |\mathbf{I}_a| = |\mathbf{I}_b| = |\mathbf{I}_c| = P_L/\sqrt{3}V_L$ a partir da Equação (12.50). A perda de potência nos três fios é

$$P'_{\text{perda}} = 3(I_L')^2 R' = 3R'\frac{P_L^2}{3V_L^2} = R'\frac{P_L^2}{V_L^2} \qquad (12.55)$$

As Equações (12.54) e (12.55) mostram que para a mesma potência total liberada P_L e para a mesma tensão de linha V_L,

$$\frac{P_{\text{perda}}}{P'_{\text{perda}}} = \frac{2R}{R'} \qquad (12.56)$$

Mas, a partir do Capítulo 2, $R = \rho\ell/\pi r^2$ e $R' = \rho\ell/\pi r'^2$, onde r e r' são os raios dos fios. Logo,

$$\frac{P_{\text{perda}}}{P'_{\text{perda}}} = \frac{2r'^2}{r^2} \qquad (12.57)$$

Se a mesma perda de potência for tolerada em ambos os sistemas, então $r^2 = 2r'^2$. O raio do material necessário é determinado pelo número de fios e seus volumes, assim

$$\frac{\text{Material para monofásico}}{\text{Material para trifásico}} = \frac{2(\pi r^2 \ell)}{3(\pi r'^2 \ell)} = \frac{2r^2}{3r'^2}$$
$$= \frac{2}{3}(2) = 1{,}333 \qquad (12.58)$$

uma vez que $r^2 = 2r'^2$. A Equação (12.58) mostra que o sistema monofásico usa 33% mais de material que o sistema trifásico ou que o sistema trifásico usa apenas 75% do material usado no sistema monofásico equivalente. Em outras palavras, é necessária uma quantidade consideravelmente menor de material para transmitir a mesma potência em um sistema trifásico em comparação com um sistema monofásico.

EXEMPLO 12.6

Observe o circuito da Figura 12.13 (no Exemplo 12.2). Determine a potência média total, a potência reativa e a potência complexa na fonte e na carga.

Solução: É suficiente levar em conta uma fase, já que o sistema é equilibrado. Para a fase a,

$$\mathbf{V}_p = 110\underline{/0°}\text{ V} \quad \text{e} \quad \mathbf{I}_p = 6{,}81\underline{/-21{,}8°}\text{ A}$$

Portanto, na fonte, a potência complexa absorvida é

$$\mathbf{S}_s = -3\mathbf{V}_p\mathbf{I}_p^* = -3(110\underline{/0°})(6{,}81\underline{/21{,}8°})$$
$$= -2.247\underline{/21{,}8°} = -(2.087 + j834{,}6)\text{ VA}$$

A potência real ou média absorvida é -2.087 W e a potência reativa é $-834{,}6$ VAR.

Na carga, a potência complexa absorvida é

$$\mathbf{S}_L = 3|\mathbf{I}_p|^2\mathbf{Z}_p$$

onde $\mathbf{Z}_p = 10 + j8 = 12{,}81\underline{/38{,}66°}$ e $\mathbf{I}_p = \mathbf{I}_a = 6{,}81\underline{/-21{,}8°}$. Logo,

$$\mathbf{S}_L = 3(6{,}81)^2 12{,}81\underline{/38{,}66°} = 1.782\underline{/38{,}66}$$
$$= (1.392 + j1.113)\text{ VA}$$

A potência real absorvida é 1.391,7 W e a potência reativa absorvida é 1.113,3 VAR. A diferença entre as duas potências complexas é absorvida pela impedância de linha $(5 - j2)\ \Omega$. Para mostrar que este é o caso, encontramos a potência complexa absorvida pela linha, como segue

$$\mathbf{S}_\ell = 3|\mathbf{I}_p|^2\mathbf{Z}_\ell = 3(6{,}81)^2(5 - j2) = 695{,}6 - j278{,}3\text{ VA}$$

que é a diferença entre $\mathbf{S}_s$ e $\mathbf{S}_L$; isto é, $\mathbf{S}_s + \mathbf{S}_\ell + \mathbf{S}_L = 0$, como esperado.

PROBLEMA PRÁTICO 12.6

Calcule a potência complexa na fonte e na carga para o circuito estrela-estrela do Problema prático 12.2.

Resposta: $-(1.054{,}2 + j843{,}3)$ VA, $(1.012 + j801{,}6)$ VA.

EXEMPLO 12.7

Um motor trifásico pode ser considerado uma carga conectada em estrela equilibrada. E absorve 5,6 kW quando a tensão de linha for 220 V e a corrente de linha for 18,2 A. Determine o fator de potência do motor.

Solução: A potência aparente é

$$S = \sqrt{3}V_L I_L = \sqrt{3}(220)(18{,}2) = 6.935{,}13\text{ VA}$$

Como a potência real é

$$P = S\cos\theta = 5.600\text{ W}$$

o fator de potência será

$$\text{FP} = \cos\theta = \frac{P}{S} = \frac{5.600}{6.935{,}13} = 0{,}8075$$

PROBLEMA PRÁTICO 12.7

Calcule a corrente de linha necessária para um motor trifásico de 30 kW de fator de potência 0,85 (atrasado), se ele estiver conectado a uma fonte equilibrada com tensão de linha 440 V.

Resposta: 46,31 A.

EXEMPLO 12.8

Duas cargas equilibradas são ligadas a uma linha de 60 HZ, 240 kV RMS, como mostrado na Figura 12.22a. A carga 1 absorve 30 kW com um fator de potência 0,6 (atrasado), enquanto a carga 2 absorve 45 kVAR com fator de potência 0,8 (atrasado). Supondo a sequência abc, determine: (a) as potências complexa, real e reativa absorvidas pela carga conectada; (b) as correntes de linha; (c) kVAR nominal dos três capacitores ligados em triângulo em paralelo com a carga que elevará o fator de potência para 0,9 (atrasado) e a capacitância de cada capacitor.

Solução: (a) Para a carga 1, dado que $P_1 = 30$ kW e $\cos \theta_1 = 0,6$, então $\sen \theta_1 = 0,8$. Logo,

$$S_1 = \frac{P_1}{\cos \theta_1} = \frac{30 \text{ kW}}{0,6} = 50 \text{ kVA}$$

e $Q_1 = S_1 \sen \theta_1 = 50(0,8) = 40$ kVAR. Logo, a potência complexa para a carga 1 é

$$\mathbf{S}_1 = P_1 + jQ_1 = 30 + j40 \text{ kVA} \quad (12.8.1)$$

Para a carga 2, se $Q_2 = 45$ kVAR e $\cos \theta_2 = 0,8$, então $\sen \theta_2 = 0,6$. Descobrimos que

$$S_2 = \frac{Q_2}{\sen \theta_2} = \frac{45 \text{ kVA}}{0,6} = 75 \text{ kVA}$$

e $P_2 = S_2 \cos \theta_2 = 75(0,8) = 60$ kW. Portanto, a potência complexa da carga 2 é

$$\mathbf{S}_2 = P_2 + jQ_2 = 60 + j45 \text{ kVA} \quad (12.8.2)$$

A partir das Equações (12.8.1) e (12.8.2), a potência complexa total absorvida pela carga é

$$\mathbf{S} = \mathbf{S}_1 + \mathbf{S}_2 = 90 + j85 \text{ kVA} = 123,8 \underline{/43,36°} \text{ kVA} \quad (12.8.3)$$

que tem um fator de potência igual a $\cos 43,36° = 0,727$ (atrasado). A potência real é então 90 kW, enquanto a potência reativa é 85 kVAR.

(b) Uma vez que $S = \sqrt{3} V_L I_L$, a corrente de linha é

$$I_L = \frac{S}{\sqrt{3} V_L} \quad (12.8.4)$$

Aplicamos esta a cada uma das cargas, tendo em mente que, para ambas as cargas, $V_L = 240$ kV. Para a carga 1,

$$I_{L1} = \frac{50.000}{\sqrt{3}\ 240.000} = 120,28 \text{ mA}$$

Como o fator de potência está atrasado, a corrente de linha está atrasada em relação à tensão de linha em $\theta_1 = \cos^{-1} 0,6 = 53,13°$. Portanto,

$$\mathbf{I}_{a1} = 120,28 \underline{/-53,13°}$$

Para a carga 2,

$$I_{L2} = \frac{75.000}{\sqrt{3}\ 240.000} = 180,42 \text{ mA}$$

e a corrente de linha está atrasada em relação à tensão de linha em $\theta_2 = \cos^{-1} 0,8 = 36,87°$. Logo,

$$\mathbf{I}_{a2} = 180,42 \underline{/-36,87°}$$

A corrente de linha total é

$$\mathbf{I}_a = \mathbf{I}_{a1} + \mathbf{I}_{a2} = 120,28 \underline{/-53,13°} + 180,42 \underline{/-36,87°}$$
$$= (72,168 - j96,224) + (144,336 - j108,252)$$
$$= 216,5 - j204,472 = 297,8 \underline{/-43,36°} \text{ mA}$$

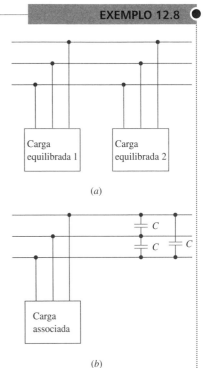

Figura 12.22 Esquema para o Exemplo 12.8: (a) as cargas equilibradas originais; (b) a carga associada com fator de potência melhorado.

De forma alternativa, poderíamos obter a corrente da potência complexa total usando a Equação (12.8.4), como segue

$$I_L = \frac{123.800}{\sqrt{3}\,240.000} = 297{,}82 \text{ mA}$$

e

$$\mathbf{I}_a = 297{,}82\underline{/-43{,}36°} \text{ mA}$$

que é o mesmo resultado obtido anteriormente. As demais correntes de linha, $\mathbf{I}_{b2}$ e $\mathbf{I}_{ca}$, podem ser obtidas de acordo com a sequência *abc* (isto é, $\mathbf{I}_b = 297{,}82\underline{/-163{,}36°}$ mA e $\mathbf{I}_c = 297{,}82\underline{/76{,}64°}$ mA).

(c) Podemos encontrar a potência reativa necessária para elevar o fator de potência para 0,9 (atrasado) usando a Equação (11.59),

$$Q_C = P(\text{tg } \theta_{\text{anterior}} - \text{tg } \theta_{\text{atual}})$$

onde $P = 90$ kW, $\theta_{\text{anterior}} = 43{,}36°$ e $\theta_{\text{atual}} = \cos^{-1} 0{,}9 = 25{,}84°$. Portanto,

$$Q_C = 90.000(\text{tg } 43{,}36° - \text{tg } 25{,}84°) = 41{,}4 \text{ kVAR}$$

Essa potência reativa é para os três capacitores. Para cada um deles, o valor nominal $Q'_C = 13{,}8$ kVAR. Da Equação (11.60), a capacitância necessária é

$$C = \frac{Q'_C}{\omega V_{\text{RMS}}^2}$$

Como os capacitores estão ligados em triângulo conforme mostrado na Figura 12.22*b*, V_{RMS} na fórmula anterior é a tensão linha-linha ou, simplesmente, tensão de linha, que é igual a 240 kV. Portanto,

$$C = \frac{13.800}{(2\pi 60)(240.000)^2} = 635{,}5 \text{ FP}$$

PROBLEMA PRÁTICO 12.8

Suponha que as duas cargas equilibradas na Figura 12.22*a* sejam alimentadas por uma linha de 60 Hz, 840 V RMS. A carga 1 é conectada em estrela com $30 + j40$ Ω por fase, enquanto a carga 2 é um motor trifásico equilibrado absorvendo 48 kW com fator de potência 0,8 (atrasado). Supondo-se a sequência *abc*, calcule: (a) a potência complexa absorvida pela carga associada; (b) o valor nominal de kVAR de cada um dos três capacitores ligados em triângulo em paralelo com a carga para elevar o fator de potência para o valor unitário; (c) a corrente drenada da fonte na condição de fator de potência unitário.

Resposta: (a) $56{,}47 + j47{,}29$ kVA; (b) 15,76 kVAR; (c) 38,81 A.

12.8 †Sistemas trifásicos desequilibrados

Este capítulo seria incompleto se não mencionássemos os sistemas trifásicos desequilibrados, que são provocados por duas situações possíveis: (1) as tensões de fonte não são iguais em magnitude e/ou diferem em fase por ângulos desiguais ou então (2) as impedâncias de carga são desiguais. Logo,

> Um **sistema desequilibrado** se deve a fontes de tensão desequilibradas ou a uma carga desequilibrada.

Para simplificar a análise, vamos supor fontes de tensão equilibradas, porém, uma carga desequilibrada.

Sistemas trifásicos desequilibrados são resolvidos pela aplicação direta de análise de malhas e análise nodal. A Figura 12.23 mostra um exemplo de um sistema trifásico desequilibrado formado por tensões de fonte equilibradas (não mostradas na figura) e por uma carga conectada em estrela desequilibrada (mostrada na figura). Uma vez que a carga está desequilibrada, Z_A, Z_B e Z_C não são iguais. As correntes de linha são determinadas pela lei de Ohm, como segue

$$\mathbf{I}_a = \frac{\mathbf{V}_{AN}}{\mathbf{Z}_A}, \qquad \mathbf{I}_b = \frac{\mathbf{V}_{BN}}{\mathbf{Z}_B}, \qquad \mathbf{I}_c = \frac{\mathbf{V}_{CN}}{\mathbf{Z}_C} \qquad (12.59)$$

Esse conjunto de correntes de linha desequilibradas produz corrente na linha neutra, que não é zero como no sistema equilibrado. Aplicar a lei dos nós ao nó N fornece a corrente da linha neutra, como segue

$$\mathbf{I}_n = -(\mathbf{I}_a + \mathbf{I}_b + \mathbf{I}_c) \qquad (12.60)$$

Em um sistema trifilar no qual a linha neutra não está presente, ainda assim, podemos encontrar as correntes de linha $\mathbf{I}_a$, $\mathbf{I}_b$ e $\mathbf{I}_c$ através da análise de malhas. No nó N, a LKC deve ser satisfeita de modo que $\mathbf{I}_a + \mathbf{I}_b + \mathbf{I}_c = 0$, nesse caso. O mesmo poderia ser feito para um sistema trifilar triângulo-estrela, estrela-triângulo ou triângulo-triângulo. Conforme mencionado anteriormente, em transmissão de energia elétrica a longas distâncias, são usados condutores em múltiplos de três (sistemas trifilares múltiplos), com o próprio terra atuando como condutor neutro.

Calcular a potência em um sistema trifásico desequilibrado requer a determinação da potência em cada fase por meio das Equações (12.46) a (12.49). A potência total não é simplesmente três vezes a potência em cada fase, mas, sim, a soma das potências nas três fases.

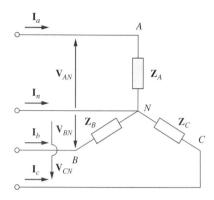

Figura 12.23 Carga trifásica conectada em estrela desequilibrada.

Uma técnica especial para lidar com sistemas trifásicos desequilibrados é o método das *componentes simétricas*, que está fora do escopo deste livro.

EXEMPLO 12.9

A carga conectada em estrela desequilibrada da Figura 12.23 tem tensões equilibradas de 100 V e a sequência *acb*. Calcule as correntes de linha e a corrente neutra. Adote $Z_A = 15\ \Omega$, $Z_B = 10 + j5\ \Omega$ e $Z_C = 6 - j8\ \Omega$.

Solução: Usando a Equação (12.59), as correntes de linha são

$$\mathbf{I}_a = \frac{100\underline{/0°}}{15} = 6,67\underline{/0°}\ \text{A}$$

$$\mathbf{I}_b = \frac{100\underline{/120°}}{10 + j5} = \frac{100\underline{/120°}}{11,18\underline{/26,56°}} = 8,94\underline{/93,44°}\ \text{A}$$

$$\mathbf{I}_c = \frac{100\underline{/-120°}}{6 - j8} = \frac{100\underline{/-120°}}{10\underline{/-53,13°}} = 10\underline{/-66,87°}\ \text{A}$$

Utilizando a Equação (12.60), a corrente na linha neutra é

$$\mathbf{I}_n = -(\mathbf{I}_a + \mathbf{I}_b + \mathbf{I}_c) = -(6,67 - 0,54 + j8,92 + 3,93 - j9,2)$$
$$= -10,06 + j0,28 = 10,06\underline{/178,4°}\ \text{A}$$

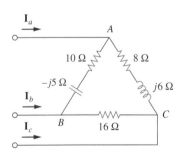

Figura 12.24 Carga conectada em triângulo desequilibrada; esquema para o Problema prático 12.9.

PROBLEMA PRÁTICO 12.9

A carga conectada em triângulo desequilibrada da Figura 12.24 é alimentada por tensões linha-linha equilibradas de 440 V na sequência positiva. Determine as correntes de linha. Adote $\mathbf{V}_{ab}$ como referência.

Resposta: $39{,}71\underline{/-41{,}06°}$ A, $64{,}12\underline{/-139{,}8°}$ A, $70{,}13\underline{/74{,}27°}$ A.

EXEMPLO 12.10

Para o circuito desequilibrado da Figura 12.25, determine: (a) as correntes de linha; (b) a potência complexa total absorvida pela carga; (c) a potência complexa total absorvida pela fonte.

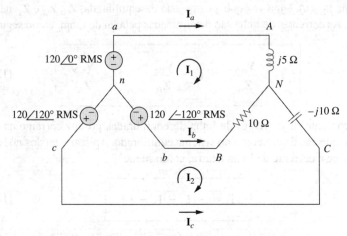

Figura 12.25 Esquema para o Exemplo 12.10.

Solução: (a) Usamos análise de malhas para encontrar as correntes necessárias. Para a malha 1,

$$120\underline{/-120°} - 120\underline{/0°} + (10 + j5)\mathbf{I}_1 - 10\mathbf{I}_2 = 0$$

ou

$$(10 + j5)\mathbf{I}_1 - 10\mathbf{I}_2 = 120\sqrt{3}\underline{/30°} \qquad (12.10.1)$$

Para a malha 2,

$$120\underline{/120°} - 120\underline{/-120°} + (10 - j10)\mathbf{I}_2 - 10\mathbf{I}_1 = 0$$

ou

$$-10\mathbf{I}_1 + (10 - j10)\mathbf{I}_2 = 120\sqrt{3}\underline{/-90°} \qquad (12.10.2)$$

As Equações (12.10.1) e (12.10.2) formam uma equação matricial:

$$\begin{bmatrix} 10 + j5 & -10 \\ -10 & 10 - j10 \end{bmatrix} \begin{bmatrix} \mathbf{I}_1 \\ \mathbf{I}_2 \end{bmatrix} = \begin{bmatrix} 120\sqrt{3}\underline{/30°} \\ 120\sqrt{3}\underline{/-90°} \end{bmatrix}$$

Os determinantes são

$$\Delta = \begin{vmatrix} 10 + j5 & -10 \\ -10 & 10 - j10 \end{vmatrix} = 50 - j50 = 70{,}71\underline{/-45°}$$

$$\Delta_1 = \begin{vmatrix} 120\sqrt{3}\underline{/30°} & -10 \\ 120\sqrt{3}\underline{/-90°} & 10 - j10 \end{vmatrix} = 207{,}85(13{,}66 - j13{,}66)$$

$$= 4015\underline{/-45°}$$

$$\Delta_2 = \begin{vmatrix} 10 + j5 & 120\sqrt{3}\underline{/30°} \\ -10 & 120\sqrt{3}\underline{/-90°} \end{vmatrix} = 207{,}85(13{,}66 - j5)$$

$$= 3.023{,}4\underline{/-20{,}1°}$$

As correntes de malha são

$$\mathbf{I}_1 = \frac{\Delta_1}{\Delta} = \frac{4.015{,}23\underline{/-45°}}{70{,}71\underline{/-45°}} = 56{,}78 \text{ A}$$

$$\mathbf{I}_2 = \frac{\Delta_2}{\Delta} = \frac{3.023{,}4\underline{/-20{,}1°}}{70{,}71\underline{/-45°}} = 42{,}75\underline{/24{,}9°} \text{ A}$$

As correntes de linha são

$$\mathbf{I}_a = \mathbf{I}_1 = 56{,}78 \text{ A}, \qquad \mathbf{I}_c = -\mathbf{I}_2 = 42{,}75\underline{/-155{,}1°} \text{ A}$$
$$\mathbf{I}_b = \mathbf{I}_2 - \mathbf{I}_1 = 38{,}78 + j18 - 56{,}78 = 25{,}46\underline{/135°} \text{ A}$$

(b) Agora, podemos calcular a potência complexa absorvida pela carga. Para a fase A,

$$\mathbf{S}_A = |\mathbf{I}_a|^2 \mathbf{Z}_A = (56{,}78)^2(j5) = j16.120 \text{ VA}$$

Para a fase B,

$$\mathbf{S}_B = |\mathbf{I}_b|^2 \mathbf{Z}_B = (25{,}46)^2(10) = 6480 \text{ VA}$$

Para a fase C,

$$\mathbf{S}_C = |\mathbf{I}_c|^2 \mathbf{Z}_C = (42{,}75)^2(-j10) = -j18.276 \text{ VA}$$

A potência complexa total absorvida pela carga é

$$\mathbf{S}_L = \mathbf{S}_A + \mathbf{S}_B + \mathbf{S}_C = 6480 - j2156 \text{ VA}$$

(c) Verificamos o resultado anterior determinando a potência absorvida pela fonte. Para a fonte de tensão na fase a,

$$\mathbf{S}_a = -\mathbf{V}_{an}\mathbf{I}_a^* = -(120\underline{/0°})(56{,}78) = -6813{,}6 \text{ VA}$$

Para a fonte na fase b,

$$\mathbf{S}_b = -\mathbf{V}_{bn}\mathbf{I}_b^* = -(120\underline{/-120°})(25{,}46\underline{/-135°})$$
$$= -3.055{,}2\underline{/105°} = 790 - j2.951{,}1 \text{ VA}$$

Para a fonte na fase c,

$$\mathbf{S}_c = -\mathbf{V}_{bn}\mathbf{I}_c^* = -(120\underline{/120°})(42{,}75\underline{/155{,}1°})$$
$$= -5.130\underline{/275{,}1°} = -456{,}03 + j5.109{,}7 \text{ VA}$$

A potência complexa total absorvida pela fonte trifásica é

$$\mathbf{S}_s = \mathbf{S}_a + \mathbf{S}_b + \mathbf{S}_c = -6.480 + j2.156 \text{ VA}$$

demonstrando que $\mathbf{S}_s + \mathbf{S}_L = 0$ e confirmando o princípio da conservação de potência CA.

PROBLEMA PRÁTICO 12.10

Determine as correntes de linha no circuito trifásico desequilibrado da Figura 12.26 e a potência real absorvida pela carga.

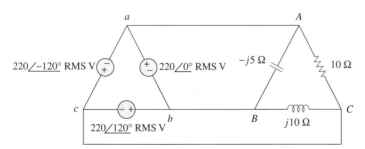

Figura 12.26 Esquema para o Problema prático 12.10.

Resposta: $64\underline{/80{,}1°}$ A, $38{,}1\underline{/-60°}$ A, $42{,}5\underline{/225°}$ A, 4,84 kW.

12.9 PSpice para circuitos trifásicos

O *PSpice* pode ser usado para analisar circuitos trifásicos equilibrados ou não da mesma maneira que é usado para analisar circuitos CA monofásicos. Entretanto, uma fonte conectada em triângulo representa dois grandes problemas para o *PSpice*. Primeiro, uma fonte conectada em triângulo é uma malha de fontes de tensão – do qual o *PSpice* não gosta. E para evitar tal problema, inserimos um resistor de resistência desprezível (como 1 $\mu\Omega$ por fase) em cada fase da fonte conectada em triângulo. Segundo, a fonte conectada em triângulo não fornece um nó conveniente para o nó terra, que é necessário para rodar o *PSpice*. Esse problema pode ser eliminado por meio da inserção de resistores de valor grande ligados em estrela (como 1 MΩ por fase) na fonte conectada em triângulo de modo que o nó neutro dos resistores ligados em estrela sirva como nó-terra 0. O Exemplo 12.12 ilustra isso.

EXEMPLO 12.11

Para o circuito estrela-triângulo equilibrado da Figura 12.27, use o *PSpice* para determinar a corrente de linha I_{aA}, a tensão de fase V_{AB} e a corrente de fase I_{AC}. Suponha uma frequência de fonte igual a 60 Hz.

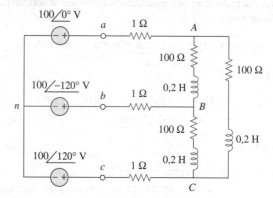

Figura 12.27 Esquema para o Exemplo 12.11.

Solução: O esquema é mostrado na Figura 12.28. Os pseudocomponentes IPRINT são inseridos nas linhas apropriadas para se obter I_{aA} e I_{AC}, enquanto VPRINT2 é inserido entre os nós A e B para mostrar a tensão diferencial V_{AB}. Configuramos os atributos de IPRINT, bem como de VPRINT2 em *AC = yes*, *MAG = yes*, *PHASE = yes*, para exibir apenas a magnitude e a fase das correntes e tensões. Como se trata de uma análise de frequência simples, selecionamos **Analysis/Setup/AC Sweep** e introduzimos *Total Pts* = 1, *Start Freq* = 60 e *Final Freq* = 60. Assim que o arquivo referente ao circuito for salvo, ele é simulado selecionando-se o comando **Analysis/Simulate**. O arquivo de saída apresenta o seguinte resultado:

```
FREQ          V(A,B)          VP(A,B)
6.000E+01     1.699E+02       3.081E+01

FREQ          IM(V_PRINT2)    IP(V_PRINT2)
6.000E+01     2.350E+00       -3.620E+01

FREQ          IM(V_PRINT3)    IP(V_PRINT3)
6.000E+01     1.357E+00       -6.620E+01
```

A partir desse resultado, obtemos

$$I_{aA} = 2{,}35 \underline{/-36{,}2°} \text{ A}$$
$$V_{AB} = 169{,}9 \underline{/30{,}81°} \text{ V}, \quad I_{AC} = 1{,}357 \underline{/-66{,}2°} \text{ A}$$

Capítulo 12 • Circuitos trifásicos **471**

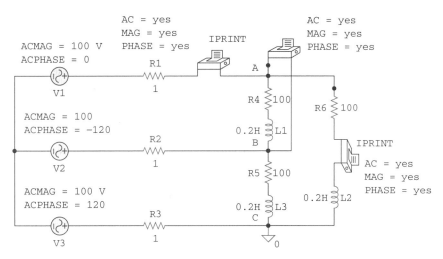

Figura 12.28 Esquema para o circuito da Figura 12.27.

Observe o circuito estrela-estrela equilibrado da Figura 12.29. Use o *PSpice* para determinar a corrente de linha $\mathbf{I}_{bB}$ e a tensão de fase $\mathbf{V}_{AN}$. Adote $f = 100$ Hz.

PROBLEMA PRÁTICO 12.11

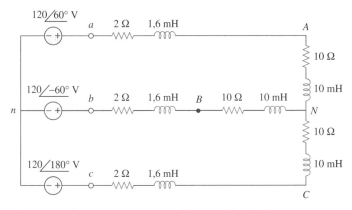

Figura 12.29 Esquema para o Problema prático 12.11.

Resposta: $100{,}9 \underline{/60{,}87°}$ V, $8{,}547 \underline{/-91{,}27°}$ A.

EXEMPLO 12.12

Considere o circuito triângulo-triângulo desequilibrado na Figura 12.30. Use o *PSpice* para encontrar a corrente do gerador $\mathbf{I}_{ab}$, a corrente de linha $\mathbf{I}_{bB}$ e a corrente de fase $\mathbf{I}_{BC}$.

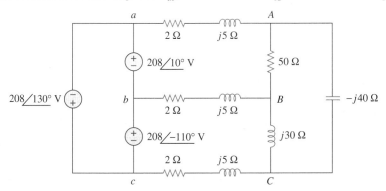

Figura 12.30 Esquema para o Exemplo 12.12.

Solução:

1. **Definição.** O problema e o processo de solução estão definidos de forma clara.
2. **Apresentação.** Precisamos determinar a corrente do gerador fluindo de a para b, a corrente de linha de b para B e a corrente de fase de B para C.
3. **Alternativa.** Embora existam diferentes métodos para resolver esse problema, o uso do *PSpice* é obrigatório. Consequentemente, não usaremos outro método.
4. **Tentativa.** Como mencionado, evitamos a malha das fontes de tensão, inserindo um resistor de 1 $\mu\Omega$ em série na fonte conectada em triângulo. Para fornecer um nó-terra 0, inserimos resistores equilibrados ligados em triângulo (1 MΩ por fase) na fonte conectada em triângulo, conforme mostrado no esquema da Figura 12.31. Três pseudocomponentes IPRINT com seus atributos são inseridos para podermos obter as correntes necessárias I_{ab}, I_{bB} e I_{BC}. Já que a frequência de operação não é dada e as indutâncias e capacitâncias devem ser especificadas em vez das impedâncias, suporemos $\omega = 1$ rad/s de modo que $f = 1/2\pi = 0{,}159155$ Hz. Portanto,

$$L = \frac{X_L}{\omega} \quad \text{e} \quad C = \frac{1}{\omega X_C}$$

Selecionamos **Analysis/Setup/AC Sweep** e introduzimos *Total Pts* = 1, *Start Freq* = 0,159155 e *Final Freq* = 0,159155. Assim que o arquivo referente ao circuito for salvo, selecionamos o comando **Analysis/Simulate** para simular o circuito. O arquivo de saída apresenta o seguinte resultado:

```
FREQ         IM(V_PRINT1)    IP(V_PRINT1)
1.592E-01    9.106E+00       1.685E+02

FREQ         IM(V_PRINT2)    IP(V_PRINT2)
1.592E-01    5.959E+00       -1.772E+02

FREQ         IM(V_PRINT3)    IP(V_PRINT3)
1.592E-01    5.500E+00       1.725E+02
```

que conduz a

$$I_{ab} = 5{,}595 \underline{/-177{,}2°} \text{ A}, I_{bB} = 9{,}106 \underline{/168{,}5°} \text{ A, e}$$
$$I_{BC} = 5{,}5 \underline{/172{,}5°} \text{ A}$$

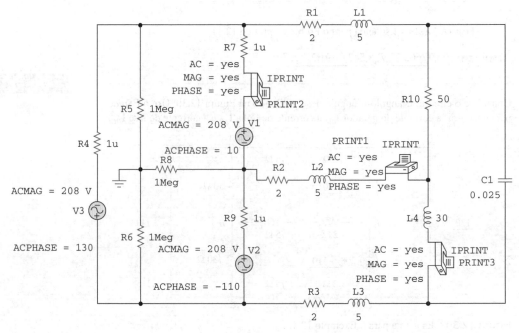

Figura 12.31 Esquema para o circuito da Figura 12.30.

5. **Verificação.** Podemos verificar nossos resultados por meio da análise de malhas. Façamos que a malha $aABb$ seja a malha 1, a malha $bBCc$ seja a malha 2 e a malha ACB seja a malha 3, com as três correntes de malha fluindo no sentido horário. Acabamos chegando às seguintes equações:

Malha 1

$$(54 + j10)I_1 - (2 + j5)I_2 - (50)I_3 = 208\underline{/10°} = 204,8 + j36,12$$

Malha 2

$$-(2 + j5)I_1 + (4 + j40)I_2 - (j30)I_3 = 208\underline{/-110°}$$
$$= -71,14 - j195,46$$

Malha 3

$$-(50)I_1 - (j30)I_2 + (50 - j10)I_3 = 0$$

Usando o *MATLAB* para resolver essas equações, obtemos,

```
>>Z=[(54+10i),(-2-5i),-50;(-2-5i),(4+40i),
-30i;-50,-30i,(50-10i)]

Z=
54.0000+10.0000i -2.0000-5.0000i -50.0000
-2.0000-5.0000i  4.0000+40.0000i 0-30.0000i
-50.0000         0-30.0000i      50.0000-10.0000i
>>V=[(204.8+36.12i);(-71.14-195.46i);0]

V=
1.0e+002*
2.0480+0.3612i
-0.7114-1.9546i
    0
>>I=inv(Z)*V

I=
8.9317+2.6983i
0.0096+4.5175i
5.4619+3.7964i
```

$I_{bB} = -I_1 + I_2 = -(8,932 + j2,698) + (0,0096 + j4,518)$
$\quad = -8,922 + j1,82 = \mathbf{9{,}106\underline{/168{,}47°}\,A}$ 	Verificação das respostas

$I_{BC} = I_2 - I_3 = (0,0096 + j4,518) - (5,462 + j3,796)$
$\quad = -5,452 + j0,722 = \mathbf{5{,}5\underline{/172{,}46°}\,A}$ 	Verificação das respostas

Agora, determinamos I_{ab}. Se supusermos uma pequena impedância interna para cada fonte, podemos obter uma estimativa razoavelmente boa para I_{ab}. Acrescentando-se resistores internos de 0,01 Ω e uma quarta malha em torno do circuito da fonte, obtemos agora

Malha 1

$$(54{,}01 + j10)I_1 - (2 + j5)I_2 - (50)I_3 - 0{,}01I_4 = 208\underline{/10°}$$
$$= 204{,}8 + j36{,}12$$

Malha 2

$$-(2 + j5)I_1 + (4{,}01 + j40)I_2 - (j30)I_3 - 0{,}01I_4$$
$$= 208\underline{/-110°} = -71{,}14 - j195{,}46$$

Malha 3

$$-(50)I_1 - (j30)I_2 + (50 - j10)I_3 = 0$$

Malha 4

$$-(0,01)I_1 - (0,01)I_2 + (0,03)I_4 = 0$$

```
>>Z=[(54.01+10i),(-2-5i),-50,-0.01;(-2-5i),
(4.01+40i),-30i,-0.01;-50,-30i,(50-10i),
0;-0.01,-0.01,0,0.03]

Z=

54.0100+10.0000i -2.0000-5.0000i, -50.0000 -0.0100
-2.0000-5.0000i 4.0100-40.0000i 0-30.0000i 0.0100
-50.0000 0-30.0000i 50.0000-10.0000i 0
-0.0100 -0.0100 0 0.0300

>>V=[(204.8+36.12i);(-71.14-195.46i);0;0]

V=

1.0e+002*

2.0480+0.3612i
-0.7114-1.9546i
    0
    0
>>I=inv(Z)*V

I=

8.9309+2.6973i
0.0093+4.5159i
5.4623+3.7954i
2.9801+2.4044i
```

$I_{ab} = -I_1 + I_4 = -(8{,}931 + j2{,}697) + (2{,}98 + j2{,}404)$
$= -5{,}951 - j0{,}293 = \mathbf{5{,}958 \underline{/-177{,}18°}\ A}$.   Verificação das respostas

6. **Satisfatória?** Temos uma solução satisfatória e uma verificação adequada para a solução. Agora, podemos apresentar os resultados como solução para o problema.

● **PROBLEMA PRÁTICO 12.12**

Para o circuito desequilibrado na Figura 12.32, use o *PSpice* para determinar a corrente do gerador $\mathbf{I}_{ca}$, a corrente de linha $\mathbf{I}_{cC}$ e a corrente de fase $\mathbf{I}_{AB}$.

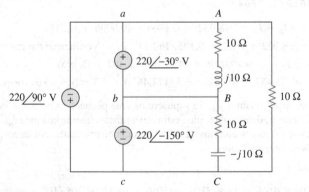

Figura 12.32   Esquema para o Problema prático 12.12

Resposta: $24{,}68\underline{/-90°}$ A, $37{,}25\underline{/83{,}79°}$ A, $15{,}55\underline{/-75{,}01°}$ A.

12.10 †Aplicações

Tanto as ligações de fonte em triângulo quanto as ligações em estrela têm importantes aplicações práticas. A conexão de fonte em estrela é usada para transmissão de energia elétrica a longas distâncias, em que as perdas resistivas ($I^2 R$) devem ser mínimas. Isso se deve ao fato de que a conexão em estrela fornece uma tensão de linha que é $\sqrt{3}$ vezes maior que a conexão em triângulo; portanto, para a mesma potência, a corrente de linha é $\sqrt{3}$ vezes menor. A conexão de fonte em triângulo é usada quando se quer três circuitos monofásicos a partir de uma fonte trifásica, sendo que essa conversão é necessária no cabeamento elétrico residencial, pois a iluminação e os aparelhos domésticos usam potência monofásica. A potência trifásica é utilizada no cabeamento industrial onde são necessárias grandes potências. Em algumas aplicações, é irrelevante se a carga está conectada em estrela ou em triângulo. Por exemplo, esses dois tipos de ligações são satisfatórios com motores de indução. Na realidade, alguns fabricantes ligam um motor em triângulo para 220 V e em estrela para 440 V, de modo que uma linha de motores possa ser facilmente adaptada para duas tensões diferentes.

Agora, consideraremos duas aplicações práticas dos conceitos vistos neste capítulo: medição de potência em circuitos trifásicos e instalação elétrica residencial.

12.10.1 Medição de potência trifásica

A Seção 11.9 apresentou o wattímetro como o instrumento para medição de potência média (ou real) em circuitos monofásicos. Um wattímetro simples também é capaz de medir a potência média em um sistema trifásico equilibrado, de modo que $P_1 = P_2 = P_3$; a potência total é três vezes a leitura desse wattímetro. Entretanto, são necessários wattímetros bifásicos ou trifásicos para medir potência, caso o sistema seja desequilibrado. O *método do wattímetro trifásico* de medição de potência, indicado na Figura 12.33, funcionará independentemente de a carga estar equilibrada ou desequilibrada, conectada em triângulo ou estrela. O método dos três wattímetros é adequado para mediação de potência em um sistema trifásico no qual o fator de potência (FP) varia constantemente. A potência média total é a soma algébrica das três leituras do wattímetro,

$$P_T = P_1 + P_2 + P_3 \qquad (12.61)$$

onde P_1, P_2 e $P3$ correspondem, respectivamente, às leituras dos wattímetros W_1, W_2 e W_3. Note que o ponto de referência ou comum o na Figura 12.33 é selecionado arbitrariamente. Se a carga estiver conectada em estrela, o ponto o pode ser ligado ao ponto neutro n. Para uma carga conectada em triângulo, o ponto o pode ser ligado a qualquer ponto. Se, por exemplo, o ponto o estiver ligado ao ponto b, a bobina de tensão no wattímetro W_2 apresenta uma leitura zero e $P_2 = 0$, indicando que o wattímetro W_2 é desnecessário. Portanto, dois wattímetros são suficientes para medir a potência total.

O *método dos dois wattímetros* é de modo geral o mais usado para medições de potência trifásica. Os dois wattímetros devem estar ligados apropriadamente a duas fases quaisquer, conforme mostrado na Figura 12.34. Observe que a bobina de corrente de cada wattímetro mede a tensão de linha. Perceba também que o terminal ± da bobina de tensão está ligado à linha na qual a bobina de corrente correspondente está conectada. Embora os wattímetros individuais não leiam mais a potência absorvida por qualquer fase em particular, a soma algébrica das leituras dos dois wattímetros é igual à potência média total absorvida pela carga, independentemente se ela estiver conectada em estrela ou triângulo, e se estiver equilibrada ou não. A potência real total é igual à soma algébrica das leituras dos dois wattímetros,

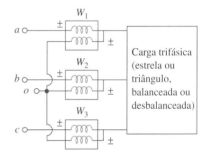

Figura 12.33 Método dos três wattímetros para medição de potência trifásica.

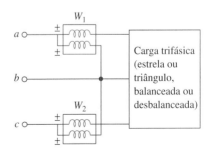

Figura 12.34 Método gráfico dos dois wattímetros para medição de potência trifásica.

$$P_T = P_1 + P_2 \quad (12.62)$$

Demonstraremos aqui que o método funciona para um sistema trifásico equilibrado.

Consideremos a carga conectada em estrela equilibrada da Figura 12.35. Nosso objetivo é aplicar o método dos dois wattímetros para encontrar a potência média absorvida pela carga. Suponha que a fonte esteja na sequência abc e a impedância de carga seja $\mathbf{Z}_Y = Z_Y\underline{/\theta}$. Por causa da impedância de carga, cada bobina de tensão está adiantada em relação à sua bobina de corrente em θ, de modo que o fator de potência é $\cos\theta$. Lembramos que cada tensão de linha está adiantada em relação à tensão de fase correspondente a 30°. Portanto, a diferença de fase total entre a corrente de fase I_a e a tensão de linha $\mathbf{V}_{ab}$ é $0 + 30°$ e a potência média lida pelo wattímetro W_1 é

$$P_1 = \text{Re}[\mathbf{V}_{ab}\mathbf{I}_a^*] = V_{ab}I_a \cos(\theta + 30°) = V_L I_L \cos(\theta + 30°) \quad (12.63)$$

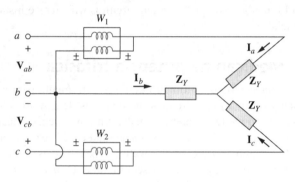

Figura 12.35 Método dos dois wattímetros aplicado a uma carga conectada em estrela equilibrada.

De modo similar, podemos demonstrar que a potência média lida pelo wattímetro 2 é

$$P_2 = \text{Re}[\mathbf{V}_{cb}\mathbf{I}_c^*] = V_{cb}I_c \cos(\theta - 30°) = V_L I_L \cos(\theta - 30°) \quad (12.64)$$

Agora, usaremos as identidades trigonométricas

$$\begin{aligned}\cos(A + B) &= \cos A \cos B - \text{sen}\,A\,\text{sen}\,B \\ \cos(A - B) &= \cos A \cos B + \text{sen}\,A\,\text{sen}\,B\end{aligned} \quad (12.65)$$

para determinar a soma e a diferença das leituras dos dois wattímetros nas Equações (12.63) e (12.64):

$$\begin{aligned}P_1 + P_2 &= V_L I_L[\cos(\theta + 30°) + \cos(\theta - 30°)] \\ &= V_L I_L(\cos\theta \cos 30° - \text{sen}\,\theta\,\text{sen}\,30° \\ &\quad + \cos\theta \cos 30° + \text{sen}\,\theta\,\text{sen}\,30°) \\ &= V_L I_L 2\cos 30° \cos\theta = \sqrt{3}V_L I_L \cos\theta\end{aligned} \quad (12.66)$$

uma vez que $2\cos 30° = \sqrt{3}$. Comparando-se as Equações (12.66) e (12.50), constatamos que a soma das leituras dos wattímetros fornece a potência média total,

$$\boxed{P_T = P_1 + P_2} \quad (12.67)$$

De modo similar,

$$P_1 - P_2 = V_L I_L [\cos(\theta + 30°) - \cos(\theta - 30°)]$$
$$= V_L I_L (\cos\theta \cos 30° - \text{sen}\,\theta \,\text{sen}\, 30°$$
$$\quad - \cos\theta \cos 30° - \text{sen}\,\theta \,\text{sen}\, 30°) \quad \textbf{(12.68)}$$
$$= -V_L I_L 2 \,\text{sen}\, 30° \,\text{sen}\,\theta$$
$$P_2 - P_1 = V_L I_L \,\text{sen}\,\theta$$

já que 2 sen 30° = 1. Comparando-se as Equações (12.68) e (12.51), constatamos que a diferença entre as leituras do wattímetro é proporcional à potência reativa total, ou seja,

$$\boxed{Q_T = \sqrt{3}(P_2 - P_1)} \quad \textbf{(12.69)}$$

A partir das Equações (12.67) e (12.69), a potência aparente total pode ser obtida como segue

$$S_T = \sqrt{P_T^2 + Q_T^2} \quad \textbf{(12.70)}$$

Dividindo-se a Equação (12.69) pela Equação (12.67) dá a tangente do ângulo do fator de potência como segue

$$\text{tg}\,\theta = \frac{Q_T}{P_T} = \sqrt{3}\frac{P_2 - P_1}{P_2 + P_1} \quad \textbf{(12.71)}$$

a partir do qual podemos obter o fator de potência como FP = cos θ. Logo, o método dos dois wattímetros não apenas fornece as potências reativa e real totais, como também pode ser usado para calcular o fator de potência. Das Equações (12.67), (12.69) e (12.71), concluímos que:

1. Se $P_2 = P_1$, a carga é resistiva.
2. Se $P_2 > P_1$, a carga é indutiva.
3. Se $P_2 < P_1$, a carga é capacitiva.

Embora esses resultados sejam derivados de uma carga conectada em estrela equilibrada, eles são igualmente válidos para uma carga conectada em triângulo equilibrada. Entretanto, o método dos dois wattímetros não pode ser usado para medição de potência em um sistema trifásico quadrifilar a menos que a corrente através da linha neutra seja zero. Usamos o método dos três wattímetros para medir a potência real em um sistema trifásico quadrifilar.

EXEMPLO 12.13

Três wattímetros W_1, W_2 e W_3 são interligados, respectivamente, às fases a, b e c para medir a potência total absorvida pela carga conectada em estrela no Exemplo 12.9 (ver Figura 12.23). (a) Preveja as leituras do wattímetro. (b) Determine a potência total absorvida.

Solução: Parte do problema já está resolvida no Exemplo 12.9. Suponha que os wattímetros estejam apropriadamente ligados, como na Figura 12.36.

(a) Do Exemplo 12.9,

$$\mathbf{V}_{AN} = 100\underline{/0°}, \quad \mathbf{V}_{BN} = 100\underline{/120°}, \quad \mathbf{V}_{CN} = 100\underline{/-120°}\ \text{V}$$

enquanto

$$\mathbf{I}_a = 6{,}67\underline{/0°}, \quad \mathbf{I}_b = 8{,}94\underline{/93{,}44°}, \quad \mathbf{I}_c = 10\underline{/-66{,}87°}\ \text{A}$$

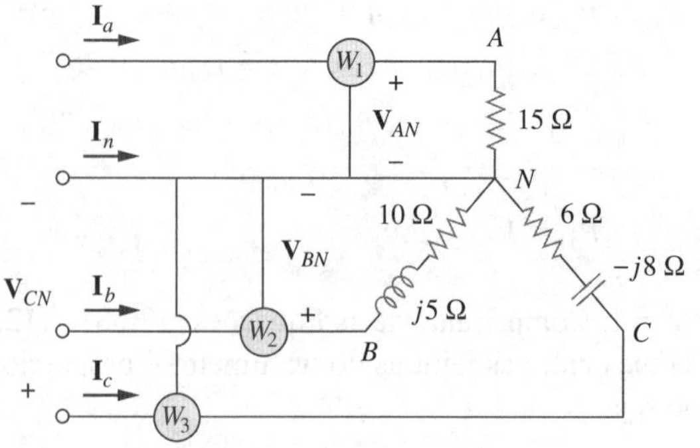

Figura 12.36 Esquema para o Exemplo 12.13.

Calculamos as leituras dos wattímetros como segue:

$$P_1 = \text{Re}(\mathbf{V}_{AN}\mathbf{I}_a^*) = V_{AN}I_a \cos(\theta_{\mathbf{V}_{AN}} - \theta_{\mathbf{I}_a})$$
$$= 100 \times 6{,}67 \times \cos(0° - 0°) = 667 \text{ W}$$
$$P_2 = \text{Re}(\mathbf{V}_{BN}\mathbf{I}_b^*) = V_{BN}I_b \cos(\theta_{\mathbf{V}_{BN}} - \theta_{\mathbf{I}_b})$$
$$= 100 \times 8{,}94 \times \cos(120° - 93{,}44°) = 800 \text{ W}$$
$$P_3 = \text{Re}(\mathbf{V}_{CN}\mathbf{I}_c^*) = V_{CN}I_c \cos(\theta_{\mathbf{V}_{CN}} - \theta_{\mathbf{I}_c})$$
$$= 100 \times 10 \times \cos(-120° + 66{,}87°) = 600 \text{ W}$$

(b) A potência total absorvida é

$$P_T = P_1 + P_2 + P_3 = 667 + 800 + 600 = 2067 \text{ W}$$

Podemos determinar a potência absorvida pelos resistores na Figura 12.36 e usar esta para verificar ou confirmar esse resultado.

$$P_T = |I_a|^2(15) + |I_b|^2(10) + |I_c|^2(6)$$
$$= 6{,}67^2(15) + 8{,}94^2(10) + 10^2(6)$$
$$= 667 + 800 + 600 = 2067 \text{ W}$$

que é exatamente o mesmo resultado.

PROBLEMA PRÁTICO 12.13

Repita o Exemplo 12.13 para o circuito da Figura 12.24 (ver Problema prático 12.9). *Sugestão*: Ligue o ponto de referência *o* na Figura 12.33 ao ponto *B*.

Resposta: (a) 13,175 kW, 0 W, 29,91 kW; (b) 43,08 kW.

EXEMPLO 12.14

O método dos dois wattímetros produz as seguintes leituras: $P_1 = 1.560$ W e $P_2 = 2.100$ kW, quando conectado a uma carga em triângulo. Se a tensão de linha for 220 V, calcule: (a) a potência média por fase; (b) a potência reativa por fase; (c) o fator de potência; (d) a impedância de fase.

Solução: Podemos aplicar os resultados dados à carga conectada em triângulo. (a) A potência média ou real total é

$$P_T = P_1 + P_2 = 1.560 + 2.100 = 3.660 \text{ W}$$

A potência média por fase é então

$$P_p = \frac{1}{3}P_T = 1.220 \text{ W}$$

(b) A potência reativa total é

$$Q_T = \sqrt{3}(P_2 - P_1) = \sqrt{3}(2.100 - 1.560) = 935{,}3 \text{ VAR}$$

de modo que a potência reativa por fase é

$$Q_p = \frac{1}{3}Q_T = 311{,}77 \text{ VAR}$$

(c) O ângulo de potência é

$$\theta = \text{tg}^{-1}\frac{Q_T}{P_T} = \text{tg}^{-1}\frac{935{,}3}{3.660} = 14{,}33°$$

Logo, o fator de potência é

$$\cos\theta = 0{,}9689 \text{ (atrasado)}$$

Trata-se de um FP atrasado, pois Q_T é positiva ou $P_2 > P_1$.

(d) A impedância de fase é $\mathbf{Z}_p = Z_p\underline{/\theta}$. Sabemos que θ é igual ao ângulo do FP; isto é, $\theta = 14{,}33°$.

$$Z_p = \frac{V_p}{I_p}$$

Lembramos que, para uma carga conectada em triângulo, $V_p = V_L = 220$ V. A partir da Equação (12.46),

$$P_p = V_p I_p \cos\theta \quad \Rightarrow \quad I_p = \frac{1.220}{220 \times 0{,}9689} = 5{,}723 \text{ A}$$

Logo,

$$Z_p = \frac{V_p}{I_p} = \frac{220}{5{,}723} = 38{,}44 \text{ }\Omega$$

e

$$\mathbf{Z}_p = 38{,}44\underline{/14{,}33°} \text{ }\Omega$$

PROBLEMA PRÁTICO 12.14

Consideremos que a tensão de linha $V_L = 208$ V e as leituras dos wattímetros do sistema equilibrado da Figura 12.35 sejam $P_1 = -560$ W e $P_2 = 800$ W. Determine:

(a) a potência média total.
(b) a potência reativa total.
(c) o fator de potência.
(d) a impedância por fase.

A impedância é indutiva ou capacitiva?

Resposta: (a) 240 W; (b) 2,356 kVAR; (c) 0,1014; (d) $18{,}25\underline{/84{,}18°}$ Ω, indutiva.

EXEMPLO 12.15

A carga trifásica equilibrada na Figura 12.35 tem impedância por fase de $\mathbf{Z}_Y = 8 + j6$ Ω. Se a carga estiver conectada a linhas de 208 V, preveja as leituras dos wattímetros W_1 e W_2. Determine P_T e Q_T.

Solução: A impedância por fase é

$$\mathbf{Z}_Y = 8 + j6 = 10\underline{/36{,}87°} \text{ }\Omega$$

de modo que o ângulo do FP é 36,87°. Já que a tensão de linha é $V_L = 208$ V, a corrente de linha é

$$I_L = \frac{V_p}{|\mathbf{Z}_Y|} = \frac{208/\sqrt{3}}{10} = 12 \text{ A}$$

Então

$$P_1 = V_L I_L \cos(\theta + 30°) = 208 \times 12 \times \cos(36,87° + 30°)$$
$$= 980,48 \text{ W}$$
$$P_2 = V_L I_L \cos(\theta - 30°) = 208 \times 12 \times \cos(36,87° - 30°)$$
$$= 2.478,1 \text{ W}$$

Logo, o wattímetro 1 apresenta uma leitura 980,48 W, enquanto o wattímetro 2 indica 2.478,1 W. Como $P_2 > P_1$, a carga é indutiva. Isso fica evidente da própria carga $\mathbf{Z}_Y$. Em seguida,

$$P_T = P_1 + P_2 = 3,459 \text{ kW}$$

e

$$Q_T = \sqrt{3}(P_2 - P_1) = \sqrt{3}(1.497,6)\text{VAR} = 2,594 \text{ kVAR}$$

PROBLEMA PRÁTICO 12.15

Se a carga da Figura 12.35 for conectada em triângulo com impedância por fase $\mathbf{Z}_p = 30 - j40 \; \Omega$ e $V_L = 440$ V, determine as leituras dos wattímetros W_1 e W_2. Determine P_T e Q_T.

Resposta: 6,167 kW; 802,1 W; 6,969 kW; −9,292 kVAR.

12.10.2 Instalação elétrica residencial

Nos Estados Unidos, a maior parte da iluminação e dos aparelhos domésticos opera com 120 V, 60 Hz, corrente alternada monofásica. (A eletricidade também pode ser fornecida em 110 V, 115 V ou 117 V, dependendo do local[*].) A concessionária de energia elétrica local alimenta a casa com um sistema CA trifilar. Normalmente, como indicado na Figura 12.37, a tensão de linha de, por exemplo, 12.000 V é reduzida para 120/240 V com um transformador (mais detalhes sobre transformadores serão apresentados no próximo capítulo). Os três fios provenientes do transformador são, normalmente, coloridos: vermelho

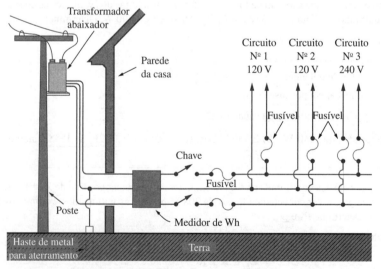

Figura 12.37 Sistema de fornecimento de energia elétrica residencial de 120/240 V.

Fonte: A. Marcus and C. M. Thomson, *Electricity for Technicians*, 2nd edition, © 1975, p. 324. Reproduzido com a permissão da Pearson Education, Inc., Upper Saddle River, NJ.

---

[*] N. de T.: No Brasil as tensões usadas são 127 V e 220 V.

(sob tensão), preto (sob tensão) e branco (neutro). Conforme mostrado na Figura 12.38, as duas tensões de 120 V são opostas em fase e, portanto, sua soma é zero. Isto é, $\mathbf{V}_W = 0\underline{/0°}$, $\mathbf{V}_B = 120\underline{/0°}$, $\mathbf{V}_R = 120\underline{/180°} = -\mathbf{V}_B$.

$$\mathbf{V}_{BR} = \mathbf{V}_B - \mathbf{V}_R = \mathbf{V}_B - (-\mathbf{V}_B) = 2\mathbf{V}_B = 240\underline{/0°} \qquad (12.72)$$

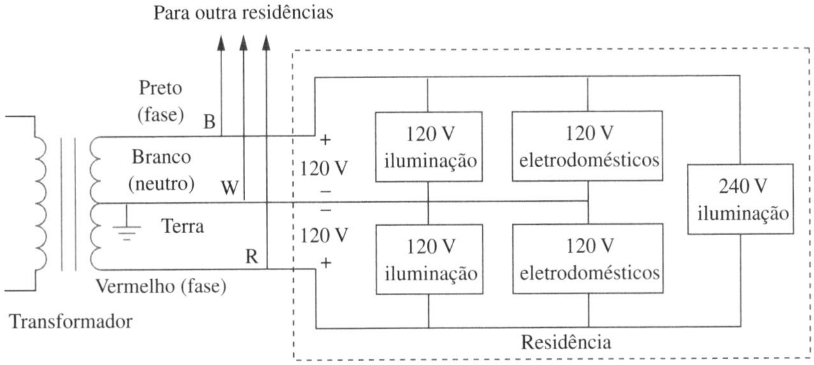

Figura 12.38 Instalação elétrica residencial trifilar monofásica.

Uma vez que a maioria dos eletrodomésticos é projetada para operar com 120 V, a iluminação e os aparelhos são ligados a linhas de 120 V, conforme ilustrado na Figura 12.39 para um ambiente. Note na Figura 12.37 que todos os aparelhos são ligados em paralelo. Eletrodomésticos potentes que consomem grandes correntes, como ar-condicionado, máquinas de lavar louça e roupa, e fornos, são ligados à linha de 240 V.

Por causa dos perigos da eletricidade, a instalação elétrica em residências é regulamentada com cuidado por um código elaborado pelas leis locais e pelo NEC (*National Electrical Code*). Para evitar problemas, são usados isolamento, aterramento, fusíveis e disjuntores. As normas de fiação modernas exigem um terceiro fio para um terra separado. O fio terra não carrega energia como o fio neutro, porém, permite que os aparelhos tenham uma conexão terra separada. A Figura 12.40 mostra a conexão de um receptáculo a uma linha de 120 V RMS e ao terra. Como exposto na figura, a linha neutra é conectada ao terra em vários locais cruciais. Embora a linha de terra pareça redundante, o aterramento é importante por diversas razões. Primeiro, ela é exigida pela NEC. Segundo, o aterramento fornece um caminho conveniente do terra para a descarga elétrica que atinge a linha de fornecimento de energia. E terceiro, os terras minimizam o risco de choque elétrico. O que provoca choque é a passagem de corrente de uma parte do corpo para outra. O corpo humano funciona como um grande resistor R. Se V for a diferença

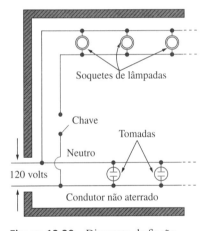

Figura 12.39 Diagrama de fiação comum de uma sala.

Fonte: A. Marcus and C. M. Thomson, *Electricity for Technicians*, 2nd edition, © 1975, p. 325. Reproduzido com a permissão da Pearson Education, Inc., Upper Saddle River, NJ.

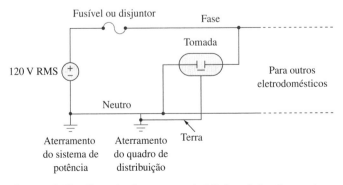

Figura 12.40 Conexão de uma tomada à linha sob tensão e ao terra.

de potencial entre o corpo e o terra, a corrente através do corpo humano é determinada pela lei de Ohm como segue

$$I = \frac{V}{R} \tag{12.73}$$

O valor de R varia de pessoa para pessoa e depende de o corpo estar molhado ou seco. A intensidade e a gravidade de um choque também depende da quantidade de corrente, do trajeto através do corpo e do tempo que o corpo fica exposto à corrente. Correntes menores que 1 mA talvez não sejam prejudiciais ao corpo humano, porém, correntes maiores que 10 mA podem provocar um choque grave. Um moderno dispositivo de segurança é o *interruptor de circuito por falha de aterramento* (GFCI) usado em circuitos internos e em banheiros, onde o risco de choque elétrico é maior. Ele é, basicamente, um disjuntor que abre quando a soma das correntes i_R, i_W e i_B através das linhas vermelha, branca e preta não é igual a zero, ou seja, $i_R + i_W + i_B \neq 0$.

A melhor maneira de se evitar um choque elétrico é seguir as normas de segurança referentes a sistemas e aparelhos elétricos. Eis algumas delas:

- Jamais conclua por antecipação que um circuito elétrico está desligado. Sempre verifique para certificar-se.
- Quando necessário, use dispositivos de segurança e se proteja adequadamente (sapatos com isolamento, luvas etc.)
- Jamais use ambas as mãos ao testar circuitos de alta tensão, já que a corrente que passa de uma mão para a outra tem conexão direta com o peito e o coração.
- Não toque em um aparelho elétrico quando estiver molhado. Lembre-se de que a água conduz eletricidade.
- Seja extremamente cauteloso ao trabalhar com aparelhos eletrônicos como rádio e TV, pois esses aparelhos têm capacitores de grande porte em seu interior. Os capacitores levam tempo para descarregar após a energia ter sido desligada.
- Sempre tenha outra pessoa presente ao trabalhar em um sistema de instalação elétrica, para ajuda em caso de acidentes.

12.11 Resumo

1. Sequência de fases é a ordem na qual ocorrem as tensões de fase de um gerador trifásico em relação ao tempo. Em uma sequência *abc* de tensões de fonte equilibradas, $\mathbf{V}_{an}$ está adiantada em relação a $\mathbf{V}_{bn}$ de 120° que, por sua vez, está adiantada em relação a $\mathbf{V}_{cn}$ por 120°. Em uma sequência *acb* de tensões equilibradas, $\mathbf{V}_{an}$ está adiantada em relação a $\mathbf{V}_{cn}$ por 120° que, por sua vez, está adiantada em relação a $\mathbf{V}_{bn}$ por 120°.
2. Uma carga conectada em triângulo ou em estrela é aquela na qual as impedâncias trifásicas são iguais.
3. A forma mais fácil de analisar um circuito trifásico equilibrado é transformar tanto a fonte quanto a carga em um sistema estrela-estrela e então analisar o circuito monofásico equivalente. A Tabela 12.1 apresenta um resumo das fórmulas para as correntes e tensões de fase, e as correntes e tensões de linha para as quatro configurações possíveis.

4. A corrente de linha I_L é a corrente fluindo do gerador para a carga em cada linha de transmissão em um sistema trifásico. A tensão de linha V_L é a tensão entre cada par de linhas, excluindo a linha neutra, caso ela exista. A corrente de fase I_p é a corrente que flui por fase em uma carga trifásica. A tensão de fase V_p é a tensão de cada fase. Para uma carga conectada em estrela,

$$V_L = \sqrt{3}V_p \quad \text{e} \quad I_L = I_p$$

Para uma carga conectada em triângulo,

$$V_L = V_p \quad \text{e} \quad I_L = \sqrt{3}I_p$$

5. A potência instantânea total em um sistema trifásico equilibrado é constante e igual à potência média.
6. A potência complexa total absorvida por uma carga trifásica equilibrada conectada em estrela ou em triângulo é

$$\mathbf{S} = P + jQ = \sqrt{3}V_L I_L \underline{/\theta}$$

onde θ é o ângulo das impedâncias de carga.
7. Um sistema trifásico desequilibrado pode ser avaliado por meio de análise nodal ou de malhas.
8. O *PSpice* é usado para analisar circuitos trifásicos da mesma forma que é empregado para avaliar circuitos monofásicos.
9. A potência real total é medida em sistemas trifásicos usando o método dos três wattímetros ou o método dos dois wattímetros.
10. A fiação em residências usa um sistema trifilar monofásico de 120/240 V.

Questões para revisão

12.1 Qual é a sequência de fases de um motor trifásico para o qual $\mathbf{V}_{AN} = 220\underline{/-100°}$ V e $\mathbf{V}_{BN} = 220\underline{/140°}$ V?

(a) *abc*   (b) *acb*

12.2 Se em uma sequência de fase *acb*, $V_{an} = 100\underline{/-20°}$, então $\mathbf{V}_{cn}$ é:

(a) $100\underline{/-140°}$ (b) $100\underline{/100°}$
(c) $100\underline{/-50°}$ (d) $100\underline{/10°}$

12.3 Qual das condições a seguir não é necessária para um sistema equilibrado:

(a) $|\mathbf{V}_{an}| = |\mathbf{V}_{bn}| = |\mathbf{V}_{cn}|$
(b) $\mathbf{I}_a + \mathbf{I}_b + \mathbf{I}_c = 0$
(c) $V_{an} + V_{bn} + V_{cn} = 0$
(d) As tensões de fonte estão defasadas a 120° umas em relação às outras.
(e) As impedâncias de carga para as três fases são iguais.

12.4 Em uma carga conectada em estrela, as correntes de linha e de fase são iguais.

(a) verdadeiro   (b) falso

12.5 Em uma carga conectada em triângulo, as correntes de linha e de fase são iguais.

(a) verdadeiro   (b) falso

12.6 Em um sistema estrela-estrela, uma tensão de linha de 220 V produz uma tensão de fase igual a:

(a) 381 V   (b) 311 V   (c) 220 V
(d) 156 V   (e) 127 V

12.7 Em um sistema triângulo-triângulo, uma tensão de fase de 100 V produz uma tensão de linha igual a:

(a) 58 V   (b) 71 V   (c) 100 V
(d) 173 V   (e) 141 V

12.8 Quando uma carga conectada em estrela for alimentada por tensões na sequência de fases *abc*, as tensões de linha estão atrasadas em relação às tensões de fase correspondentes a 30°.

(a) verdadeiro   (b) falso

12.9 Em um circuito trifásico equilibrado, a potência instantânea total é igual à potência média.

(a) verdadeiro   (b) falso

12.10 A potência total fornecida a uma carga em triângulo equilibrada é encontrada da mesma forma que para uma carga em estrela.

(a) verdadeiro   (b) falso

Respostas: 12.1a; 12.2a; 12.3c; 12.4a; 12.5b; 12.6e; 12.7c; 12.8b; 12.9a; 12.10a.

Problemas[1]

● **Seção 12.2   Tensões trifásicas equilibradas**

12.1 Se $V_{ab} = 400$ V em um gerador trifásico conectado em estrela equilibrado, determine as tensões de fase, supondo que a sequência de fases seja:

(a) abc (b) acb

12.2 Qual a sequência de fases de um circuito trifásico equilibrado para o qual $V_{an} = 120\underline{/30°}$ e $V_{cn} = 120\underline{/-90°}$ V? Determine V_{bn}.

12.3 Determine a sequência de fases de um circuito trifásico equilibrado no qual $V_{bn} = 440\underline{/130°}$ V e $V_{cn} = 440\underline{/10°}$ V. Obtenha V_{an}.

12.4 Um sistema trifásico com sequência abc e $V_L = 440$ V alimenta uma carga conectada em estrela com $Z_L = 40\underline{/30°}$ Ω. Determine as correntes de linha.

12.5 Para uma carga conectada em estrela, as expressões no domínio do tempo para três tensões linha-neutro nos terminais são:

$$v_{AN} = 120\cos(\omega t + 32°) \text{ V}$$
$$v_{BN} = 120\cos(\omega t - 88°) \text{ V}$$
$$v_{CN} = 120\cos(\omega t + 152°) \text{ V}$$

Escreva as expressões no domínio do tempo para as tensões linha-linha v_{AB}, v_{BC} e v_{CA}.

● **Seção 12.3   Conexão estrela-estrela equilibrada**

12.6 Considere a Figura 12.41 e elabore um problema para ajudar outros estudantes a entender melhor a conexão estrela-estrela equilibrada.

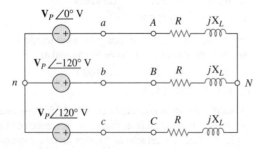

Figura 12.41   Esquema para o Problema 12.6.

12.7 Obtenha as correntes de linha no circuito trifásico da Figura 12.42.

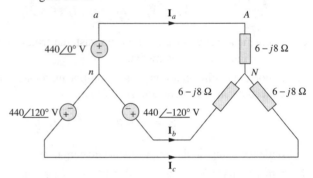

Figura 12.42   Esquema para o Problema 12.7.

12.8 Em um sistema trifásico estrela-estrela equilibrado, a fonte é uma sequência abc de tensões e $V_{an} = 100\underline{/20°}$ V RMS. A impedância de linha por fase é $0,6 + j1,2$ Ω, enquanto a impedância por fase da carga é $10 + j14$ Ω. Calcule as correntes de linha e as tensões de carga.

12.9 Um sistema quadrifilar estrela-estrela equilibrado apresenta as seguintes tensões de fase

$$V_{an} = 120\underline{/0°}, \quad V_{bn} = 120\underline{/-120°}$$
$$V_{cn} = 120\underline{/120°} \text{ V}$$

A impedância de carga por fase é $19 + j13$ Ω e a impedância de linha por fase é $1 + j2$ Ω. Determine as correntes de linha e a corrente do neutro.

12.10 Para o circuito da Figura 12.43, determine a corrente na linha neutra.

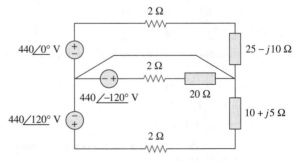

Figura 12.43   Esquema para o Problema 12.10.

---

[1] Lembre-se de que, salvo especificação contrária, todos os valores de tensões e correntes são RMS.

• **Seção 12.4 Conexão estrela-triângulo equilibrada**

12.11 No sistema estrela-triângulo mostrado na Figura 12.44, a fonte é uma sequência positiva com $\mathbf{V}_{an} = 240\,\underline{/0°}$ V e impedância por fase $\mathbf{Z}_p = 2 - j3\,\Omega$. Calcule a tensão de linha $\mathbf{V}_L$ e a corrente de linha $\mathbf{I}_L$.

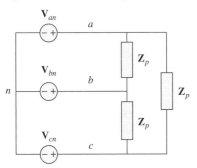

Figura 12.44 Esquema para o Problema 12.11.

12.12 Considere a Figura 12.45 e elabore um problema para ajudar outros estudantes a entender melhor os circuitos com conexão estrela-triângulo.

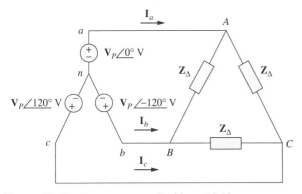

Figura 12.45 Esquema para o Problema 12.12.

12.13 No sistema trifásico estrela-triângulo equilibrado da Figura 12.46, determine a corrente de linha I_L e a potência média liberada para a carga.

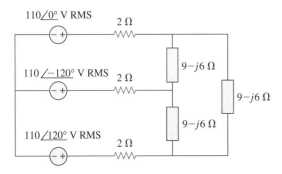

Figura 12.46 Esquema para o Problema 12.13.

12.14 Obtenha as correntes de linha no circuito trifásico da Figura 12.47.

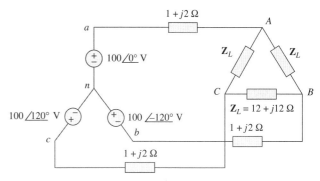

Figura 12.47 Esquema para o Problema 12.14.

12.15 O circuito da Figura 12.48 é excitado por uma fonte trifásica equilibrada com uma tensão de linha de 210 V. Se $\mathbf{Z}_l = 1 + j1\,\Omega$, $\mathbf{Z}_\Delta = 24 - j30\,\Omega$ e $\mathbf{Z}_Y = 12 + j5\,\Omega$, determine a magnitude da corrente de linha das cargas associadas.

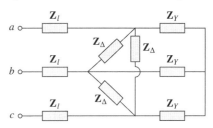

Figura 12.48 Esquema para o Problema 12.15.

12.16 Uma carga conectada em triângulo equilibrada possui uma corrente de fase $\mathbf{I}_{AC} = 5\,\underline{/-30°}$ A.

(a) Determine as três correntes de linha supondo que o circuito opera na sequência de fases positiva.

(b) Calcule a impedância de carga se a tensão de linha for $\mathbf{V}_{AB} = 110\,\underline{/0°}$ V.

12.17 Uma carga conectada em triângulo equilibrada tem corrente de linha $\mathbf{I}_a = 5\,\underline{/-25°}$ A. Determine as correntes de fase $\mathbf{I}_{AB}$, $\mathbf{I}_{BC}$ e $\mathbf{I}_{CA}$.

12.18 Se $\mathbf{V}_{an} = 220\,\underline{/60°}$ V no circuito da Figura 12.49, determine, para a carga, as corrente de fase $\mathbf{I}_{AB}$, $\mathbf{I}_{BC}$ e $\mathbf{I}_{CA}$.

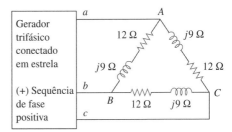

Figura 12.49 Esquema para o Problema 12.18.

• **Seção 12.5 Conexão triângulo-triângulo equilibrada**

12.19 Para o circuito triângulo-triângulo da Figura 12.50, calcule as correntes de linha e de fase.

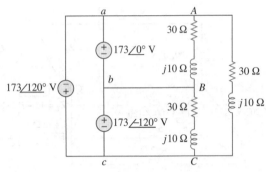

Figura 12.50 Esquema para o Problema 12.19.

12.20 Considere a Figura 12.51 e elabore um problema para ajudar outros estudantes a entender melhor os circuitos conectados em triângulo-triângulo equilibrado.

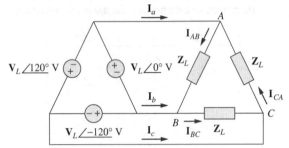

Figura 12.51 Esquema para o Problema 12.20.

12.21 Três geradores de 230 V formam uma fonte conectada em triângulo que é conectada a uma carga em triângulo equilibrada com $Z_L = 10 + j8$ Ω por fase, conforme mostrado na Figura 12.52.

(a) Determine o valor de I_{AC}.

(b) Qual é o valor de I_{bB}?

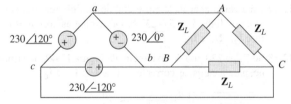

Figura 12.52 Esquema para o Problema 12.21.

12.22 Determine as correntes I_a, I_b e I_c no circuito trifásico da Figura 12.53 a seguir. Adote $Z_\Delta = 12 - j5$ Ω, $Z_Y = 4 + j6$ Ω e $Z_l = 2$ Ω.

12.23 Um sistema trifásico equilibrado com tensão de linha igual a 202 V RMS alimenta uma carga conectada em triângulo com $Z_p = 25\,\underline{/60°}$ Ω.

(a) Determine a corrente de linha.

(b) Determine a potência total fornecida para a carga usando dois wattímetros ligados às linhas A e C.

12.24 Uma fonte conectada em triângulo equilibrada tem tensão de fase $V_{ab} = 416\,\underline{/30°}$ V e uma sequência de fases positiva. Se esta for conectada a uma carga em triângulo equilibrada, determine as correntes de linha e de fase. Adote como impedância de carga por fase $60\,\underline{/30°}$ Ω e impedância de linha por fase $1 + j1$ Ω.

- **Seção 12.6 Conexão triângulo-estrela equilibrada**

12.25 No circuito da Figura 12.54, se $V_{ab} = 440\,\underline{/10°}$, $V_{bc} = 440\,\underline{/-110°}$ $V_{ca} = 440\,\underline{/130°}$ V, determine as correntes de linha.

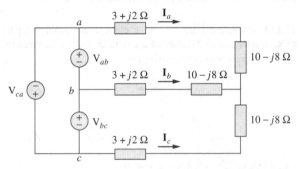

Figura 12.54 Esquema para o Problema 12.25.

12.26 Considere a Figura 12.55 e elabore um problema para ajudar outros estudantes a entender melhor fontes em delta equilibradas que alimentam cargas em estrela equilibradas.

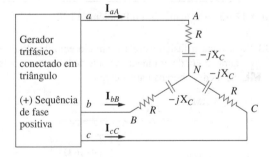

Figura 12.55 Esquema para o Problema 12.26.

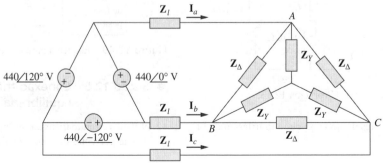

Figura 12.53 Esquema para o Problema 12.22.

12.27 Uma fonte conectada em triângulo fornece energia para uma carga conectada em estrela em um sistema trifásico equilibrado. Dado que a impedância de linha é $2 + j1\ \Omega$ por fase, enquanto a impedância de carga é $6 + j4\ \Omega$ por fase, determine a magnitude da tensão de linha na carga. Suponha que a tensão de fase da fonte seja $\mathbf{V}_{ab} = 208\ \underline{/0°}$ V RMS.

12.28 As tensões linha-linha em uma carga conectada em estrela têm magnitude igual a 440 V e estão na sequência positiva em 60 Hz. Se as cargas estiverem equilibradas com $Z_1 = Z_2 = Z_3 = 25\ \underline{/30°}$, determine todas as correntes de linha e tensões de fase.

● **Seção 12.7   Potência em um sistema equilibrado**

12.29 Um sistema trifásico estrela-triângulo equilibrado possui $\mathbf{V}_{an} = 240\ \underline{/0°}$ V RMS e $\mathbf{Z}_\Delta = 51 - j45\ \Omega$. Se a impedância de linha por fase for $0{,}4 + j1{,}2\ \Omega$, determine a potência complexa total para a carga.

12.30 Na Figura 12.56, o valor RMS da tensão de linha é 208 V. Determine a potência média liberada para a carga.

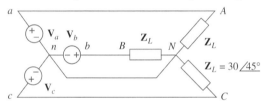

Figura 12.56 Esquema para o Problema 12.30.

12.31 Uma carga conectada em triângulo equilibrada é alimentada por uma fonte trifásica de 60 Hz com tensão de linha igual a 240 V. Cada fase da carga absorve 6 kW com fator de potência igual a 0,8 (atrasado). Determine:

(a) A impedância de carga por fase.
(b) A corrente de linha.
(c) O valor da capacitância necessária para ser conectada. em paralelo com cada fase da carga para minimizar a corrente da fonte.

12.32 Elabore um problema para ajudar outros estudantes a entender melhor a potência em um sistema trifásico equilibrado.

12.33 Uma fonte trifásica libera 4,8 kVA para uma carga conectada em estrela com tensão de fase igual a 208 V e fator de potência 0,9 (atrasado). Calcule a corrente e a tensão de linha da fonte.

12.34 Uma carga conectada em estrela equilibrada com impedância por fase de $10 - j16\ \Omega$ é conectada a um gerador trifásico equilibrado com tensão de linha 220 V. Determine a corrente de linha e a potência complexa absorvida pela carga.

12.35 Três impedâncias iguais, de $60 + j30\ \Omega$ cada, são ligadas em triângulo a um circuito trifásico de 230 V RMS. Outras três impedâncias iguais, de $40 + j10\ \Omega$ cada, são ligadas em estrela no mesmo circuito e nos mesmos pontos. Determine:

(a) A corrente de linha.
(b) A potência complexa total fornecida para as duas cargas.
(c) O fator de potência das duas cargas associadas.

12.36 Uma linha de transmissão trifásica de 4.200 V tem impedância de $4 + j\ \Omega$ por fase. Se ela alimentar uma carga de 1 MVA com fator de potência 0,75 (atrasado), determine:

(a) A potência complexa.
(b) A perda de potência na linha.
(c) A tensão na entrada da linha.

12.37 A potência total medida em um sistema trifásico que alimenta uma carga conectada em estrela equilibrada é de 12 kW com fator de potência 0,6 (adiantado). Se a tensão de linha for 208 V, calcule a corrente de linha I_L e a impedância de carga $\mathbf{Z}_Y$.

12.38 Dado o circuito da Figura 12.57 a seguir, determine a potência complexa total absorvida pela carga.

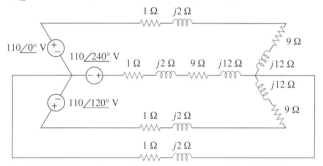

Figura 12.57 Esquema para o Problema 12.38.

12.39 Determine a potência real absorvida pela carga na Figura 12.58.

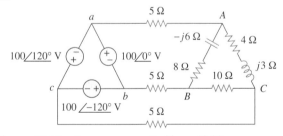

Figura 12.58 Esquema para o Problema 12.39.

12.40 Para o circuito trifásico na Figura 12.59, determine a potência média absorvida pela carga conectada em triângulo com $\mathbf{Z}_\Delta = 21 - j24\ \Omega$.

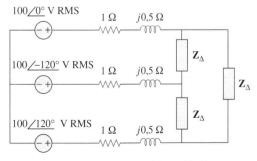

Figura 12.59 Esquema para o Problema 12.40.

12.41 Uma carga conectada em triângulo equilibrada absorve 5 kW com fator de potência 0,8 (atrasado). Se o sistema trifásico tiver uma tensão de linha eficaz igual a 400 V, determine a corrente de linha.

12.42 Um gerador trifásico equilibrado libera 7,2 kW para uma carga conectada em estrela de impedância $30 + j40\ \Omega$ por fase. Determine a corrente de linha I_L e a tensão de linha V_L.

12.43 Consulte a Figura 12.48. Obtenha a potência complexa absorvida pelas cargas associadas.

12.44 Uma linha trifásica tem impedância de $1 + j3\ \Omega$ por fase. A linha alimenta uma carga conectada em triângulo equilibrada que absorve uma potência complexa total de $12 + j5$ kVA. Se a tensão de linha no lado da carga tiver magnitude de 240 V, calcule a magnitude da tensão de linha no lado da fonte e o fator de potência da fonte.

12.45 Uma carga em estrela equilibrada é conectada a um gerador por meio de uma linha de transmissão equilibrada com impedância $0,5 + j2\ \Omega$ por fase. Se a carga nominal for 450 kW, fator de potência 0,708 (atrasado) e tensão de linha 440 V, determine a tensão de linha no gerador.

12.46 Uma carga trifásica é formada por três resistores de 100 Ω que podem ser ligados em triângulo ou em estrela. Determine que conexão absorverá a maior potência média de uma fonte trifásica com tensão de linha 110 V. Suponha impedância de linha igual a zero.

12.47 Três cargas trifásicas associadas em paralelo são alimentadas por uma fonte trifásica equilibrada:

Carga 1: 250 kVA, FP = 0,8 (atrasado)

Carga 2: 300 kVA, FP = 0,95 (adiantado)

Carga 3: 450 kVA, FP unitário

Se a tensão de linha for 13,8 kV, calcule a corrente de linha e o fator de potência da fonte. Suponha que a impedância de linha seja zero.

12.48 Uma fonte conectada em estrela equilibrada e de sequência positiva tem $\mathbf{V}_{an} = 240\underline{/0°}$ V RMS e alimenta uma carga conectada em triângulo desequilibrada por meio de uma linha de transmissão de impedância $2 + j3\ \Omega$ por fase.

(a) Calcule as correntes de linha para $\mathbf{Z}_{AB} = 40 + j15\ \Omega$, $\mathbf{Z}_{BC} = 60\ \Omega$ e $\mathbf{Z}_{CA} = 18 - j12\ \Omega$.

(b) Determine a potência complexa fornecida pela fonte.

12.49 Cada carga de fase é constituída por um resistor de 20 Ω e uma reatância indutiva de 10 Ω. Com uma tensão de linha igual a 220 V RMS, calcule a potência média absorvida pela carga se:

(a) As cargas trifásicas estiverem conectadas em triângulo.

(b) As cargas estiverem conectadas em estrela.

12.50 Uma fonte trifásica equilibrada com $\mathbf{V}_L = 240$ V RMS fornece 8 kVA com fator de potência 0,6 (atrasado) para duas cargas em paralelo ligadas em estrela. Se uma carga absorve 3 kW com fator de potência unitário, calcule a impedância por fase na segunda carga.

Seção 12.8 Sistemas trifásicos desequilibrados

12.51 Considere o sistema triângulo-triângulo mostrado na Figura 12.60. Adote $\mathbf{Z}_1 = 8 + j6\ \Omega$, $\mathbf{Z}_2 = 4,2 - j2,2\ \Omega$ e $\mathbf{Z}_3 = 10 + j0\ \Omega$.

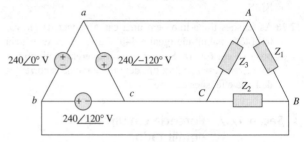

Figura 12.60 Esquema para o Problema 12.51.

(a) Determine as correntes de fase $\mathbf{I}_{AB}$, $\mathbf{I}_{BC}$ e $\mathbf{I}_{CA}$.

(b) Calcule as correntes de linha $\mathbf{I}_{aA}$, $\mathbf{I}_{bB}$ e $\mathbf{I}_{cC}$.

12.52 Um circuito estrela-estrela quadrifilar possui

$$\mathbf{V}_{an} = 120\underline{/120°},\quad \mathbf{V}_{bn} = 120\underline{/0°}$$
$$\mathbf{V}_{cn} = 120\underline{/-120°}\text{ V}$$

se as impedâncias forem

$$\mathbf{Z}_{AN} = 20\underline{/60°},\quad \mathbf{Z}_{BN} = 30\underline{/0°}$$
$$\mathbf{Z}_{cn} = 40\underline{/30°}\ \Omega$$

determine a corrente na linha do neutro.

12.53 Considere a Figura 12.61 e elabore um problema que ajude de outros estudantes a entender melhor sistemas trifásicos não equilibrados.

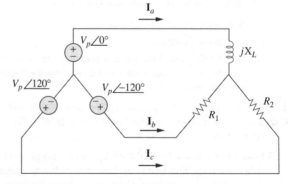

Figura 12.61 Esquema para o Problema 12.53.

12.54 Uma fonte trifásica conectada em estrela equilibrada com $V_p = 210$ V RMS alimenta uma carga trifásica conectada em estrela com impedância por fase $\mathbf{Z}_A = 80\ \Omega$, $\mathbf{Z}_B = 60 + j90\ \Omega$ e $\mathbf{Z}_C = j80\ \Omega$. Calcule as correntes de linha e a potência complexa total liberada para a carga. Suponha que os neutros estejam interligados.

12.55 Uma fonte trifásica com tensão de linha 240 V RMS e fase positiva tem uma carga conectada em triângulo desequilibrada, conforme indicado na Figura 12.62. Determine as correntes de fase e a potência complexa total.

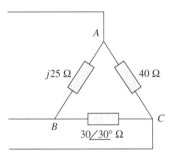

Figura 12.62 Esquema para o Problema 12.55.

12.56 Considere a Figura 12.63 e elabore um problema para ajudar outros estudantes a entender melhor os sistemas trifásicos não equilibrados.

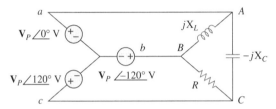

Figura 12.63 Esquema para o Problema 12.56.

12.57 Determine as correntes de linha para o circuito trifásico da Figura 12.64. Seja $\mathbf{V}_a = 110\angle 0°$, $\mathbf{V}_b = 110\angle -120°$ e $\mathbf{V}_c = 110\angle 120°$ V.

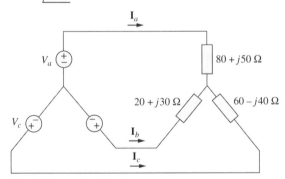

Figura 12.64 Esquema para o Problema 12.57.

● Seção 12.9 *PSpice* para circuitos trifásicos

12.58 Resolva o Problema 12.10 usando o *PSpice* ou *MultiSim*.

12.59 A fonte da Figura 12.65 está equilibrada e apresenta uma sequência de fases positiva. Se $f = 60$ Hz, use o *PSpice* ou *MultiSim* para determinar $\mathbf{V}_{AN}$, $\mathbf{V}_{BN}$ e $\mathbf{V}_{CN}$.

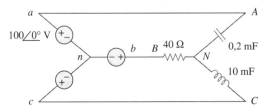

Figura 12.65 Esquema para o Problema 12.59.

12.60 Use o *PSpice* ou *MultiSim* para determinar $\mathbf{I}_o$ no circuito monofásico trifilar da Figura 12.66. Seja $\mathbf{Z}_1 = 15 - j10$ Ω, $\mathbf{Z}_2 = 30 + j20$ Ω e $\mathbf{Z}_3 = 12 + j5$ Ω.

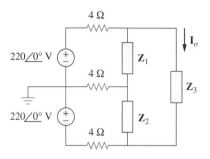

Figura 12.66 Esquema para o Problema 12.60.

12.61 Dado o circuito da Figura 12.67, use o *PSpice* ou *MultiSim* para determinar as correntes $\mathbf{I}_{aA}$ e a tensão $\mathbf{V}_{BN}$.

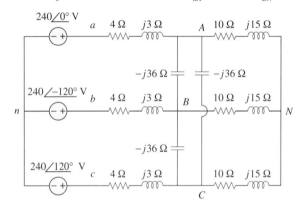

Figura 12.67 Esquema para o Problema 12.61.

12.62 Considere a Figura 12.68 e elabore um problema para ajudar outros estudantes a entender melhor como usar o *PSpice* ou *MultiSim* para analisar circuitos trifásicos.

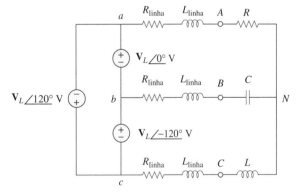

Figura 12.68 Esquema para o Problema 12.62.

12.63 Use o *PSpice* ou *MultiSim* para determinar as correntes $\mathbf{I}_{aA}$ e $\mathbf{I}_{aC}$ no sistema trifásico desequilibrado mostrado na Figura 12.69. Seja

$$\mathbf{Z}_l = 2 + j, \quad \mathbf{Z}_1 = 40 + j20 \text{ Ω},$$
$$\mathbf{Z}_2 = 50 - j30 \text{ Ω}, \quad \mathbf{Z}_3 = 25 \text{ Ω}$$

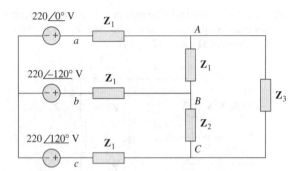

Figura 12.69 Esquema para o Problema 12.63.

12.64 Para o circuito da Figura 12.58, use o *PSpice* ou *MultiSim* para determinar as correntes de linha e as correntes de fase.

12.65 Um circuito trifásico equilibrado é mostrado na Figura 12.70. Use o *PSpice* ou *MultiSim* para determinar as correntes de linha I_{aA}, I_{bB} e I_{cC}.

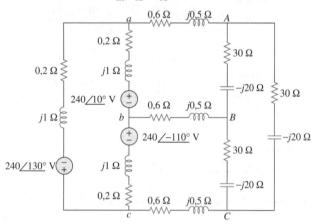

Figura 12.70 Esquema para o Problema 12.65.

● Seção 12.10 Aplicações

12.66 Um sistema trifásico quadrifilar operando com tensão de linha igual a 208 V é mostrado na Figura 12.71. As tensões da fonte estão equilibradas. A potência absorvida pela carga resistiva conectada em estrela é medida pelo método dos três wattímetros. Calcule:

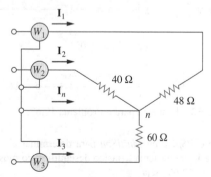

Figura 12.71 Esquema para o Problema 12.66.

(a) A tensão para o neutro.
(b) As correntes I_1, I_2, I_3 e I_n.

(c) As leituras dos wattímetros.
(d) A potência total absorvida pela carga.

* **12.67** Conforme indicado na Figura 12.72, uma linha trifásica quadrifilar com tensão de fase igual a 120 V RMS e sequência de fase positiva alimenta uma carga de motor equilibrada a 260 kVA com FP = 0,85 (atrasado). A carga do motor está conectada a três linhas principais indicadas por *a*, *b* e *c*. Além disso, lâmpadas incandescentes (FP unitário) são ligadas como segue: 24 kW da linha *c* para o neutro, 15 kW da linha *b* para o neutro e 9 kW da linha *c* para o neutro.

(a) se forem dispostos três wattímetros para medir a potência em cada linha, calcule a leitura de cada medidor.
(b) determine a magnitude da corrente na linha do neutro.

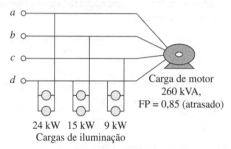

Figura 12.72 Esquema para o Problema 12.67.

12.68 As leituras do medidor para um alternador trifásico ligado em estrela que fornece energia para um motor indicam que as tensões de linha são 330 V, as correntes de linha são 8,4 A e a potência total de linha é 4,5 kW. Determine:

(a) A carga em VA.
(b) O FP da carga.
(c) A corrente de fase.
(d) A tensão de fase.

12.69 Determinada loja tem três cargas trifásicas equilibradas. As três cargas são:

Carga 1: 16 kVA com FP =0,85 (atrasado)
Carga 2: 12 kVA com FP =0,6 (atrasado)
Carga 3: 8 kW com FP unitário

A tensão de linha na carga é 208 V RMS em 60 Hz e a impedância de linha é $0,4 + j0,8$ Ω. Determine a corrente de linha e a potência complexa liberadas para as cargas.

12.70 O método dos dois wattímetros fornece $P_1 = 1200$ W e $P_2 = 400$ W para um motor trifásico alimentado por uma linha de 240 V. Suponha que a carga do motor esteja conectada em estrela e que ela absorva uma corrente de linha de 6 A. Calcule o FP do motor e sua impedância por fase.

12.71 Na Figura 12.73, dois wattímetros estão conectados apropriadamente à carga desequilibrada alimentada por uma fonte equilibrada tal que $V_{ab} = 208\underline{/0°}$ V com sequência de fases positiva.

(a) Determine a leitura de cada wattímetro.
(b) Calcule a potência aparente total absorvida pela carga.

---

* O asterisco indica um problema que constitui um desafio.

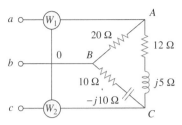

Figura 12.73 Esquema para o Problema 12.71.

12.72 Se os wattímetros W_1 e W_2 estiverem conectados de forma apropriada, respectivamente entre as linhas a e b e as linhas b e c para medir a potência absorvida pela carga conectada em triângulo na Figura 12.44, determine suas leituras.

12.73 Para o circuito mostrado na Figura 12.74, determine as leituras do wattímetro.

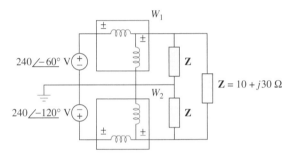

Figura 12.74 Esquema para o Problema 12.73.

12.74 Determine as leituras do wattímetro para o circuito da Figura 12.75.

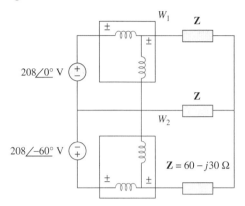

Figura 12.75 Esquema para o Problema 12.74.

12.75 Uma pessoa possui uma resistência de 600 Ω. Qual é o nível de corrente que flui através de seu corpo não aterrado:

(a) Quando ela toca os terminais de uma bateria de automóvel de 12 V?

(b) Quando ela coloca seu dedo em um soquete de lâmpada de 120 V?

12.76 Demonstre que as perdas I^2R serão maiores para um aparelho de 120 V que para um de 240 V, se ambos tiverem a mesma potência nominal.

Problemas abrangentes

12.77 Um gerador trifásico fornece 3,6 kVA com um fator de potência 0,85 (atrasado). Se forem liberados 2.500 W para a carga e as perdas da linha forem 80 W por fase, quais são as perdas no gerador?

12.78 Uma carga trifásica indutiva de 440 V, 51 kW e 60 kVA opera a 60 Hz e está conectada em estrela. Deseja-se corrigir o fator de potência para 0,95 (atrasado). Que valor de capacitor deveria ser colocado em paralelo com cada impedância de carga?

12.79 Um gerador trifásico equilibrado tem uma sequência de fase abc com tensão de fase $\mathbf{V}_{an} = 255\underline{/0°}$ V. O gerador alimenta um motor de indução que pode ser representado por uma carga conectada em estrela equilibrada com impedância $12 + j5$ Ω por fase. Determine as correntes de linha e tensões de carga por fase. Suponha uma impedância de linha de 2 Ω por fase.

12.80 Uma fonte trifásica equilibrada fornece energia para as três cargas a seguir:

Carga 1: 6 kVA com FP = 0,83 (atrasado)
Carga 2: desconhecida
Carga 3: 8 kW com FP = 0,7071 (adiantado)

Se a corrente de linha for 84,6 A RMS, a tensão de linha na carga 208 V RMS e a carga associada com fator de potência 0,8 (atrasado), determine a carga desconhecida.

12.81 Um centro automotivo é alimentado por uma fonte trifásica equilibrada. Esse centro possui quatro cargas trifásicas equilibradas, como segue:

Carga 1: 150 kVA com FP = 0,8 (adiantado)
Carga 2: 100 kW com FP unitário
Carga 3: 200 kVA com FP = 0,6 (atrasado)
Carga 4: 80 kW e 95 kVAR (indutiva)

Se a impedância de linha for $0,02 + j0,05$ Ω por fase e a tensão de linha nas cargas for de 480 V, determine a magnitude da tensão de linha na fonte.

12.82 Um sistema trifásico equilibrado tem um fio de distribuição com impedância $2 + j6$ Ω por fase. O sistema alimenta duas cargas trifásicas que são ligadas em paralelo. A primeira delas é uma carga conectada em estrela equilibrada que absorve 400 kVA com fator de potência 0,8 (atrasado). A segunda carga está conectada em triângulo equilibrada com impedância $10 + j8$ Ω por fase. Se a magnitude da tensão de linha nas cargas for 2.400 V RMS, calcule a magnitude da tensão de linha na fonte e a potência complexa total fornecida para as duas cargas.

12.83 Um motor trifásico disponível comercialmente opera a uma carga plena de 120 HP (1 HP = 746 W) com 95% de eficiência com fator de potência igual a 0,707 (atrasado). O motor é ligado em paralelo a um aquecedor trifásico equilibrado de 80 kW com fator de potência unitário. Se a magnitude da tensão de linha for 480 V RMS, calcule a corrente de linha.

*12.84 A Figura 12.76 mostra uma carga, que é um motor trifásico, em triângulo que é conectada a uma tensão de linha de 440 V e que absorve 4 kVA com fator de potência igual a 72% (atrasado). Além disso, um único capacitor de 1,8 kVAR é ligado entre as linhas a e b, enquanto uma carga de iluminação de 800 W é conectada entre a linha c e o neutro. Supondo uma sequência de fases abc e adotando $\mathbf{V}_{an} = V_p \angle 0°$, determine a magnitude e o ângulo de fase das correntes $\mathbf{I}_a$, $\mathbf{I}_b$, $\mathbf{I}_c$ e $\mathbf{I}_n$.

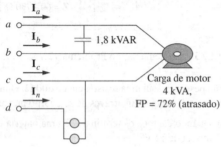

Figura 12.76 Esquema para o Problema 12.84.

12.85 Projete um aquecedor trifásico com cargas simétricas adequadas usando a resistência pura conectada em estrela. Suponha que o aquecedor seja alimentado por uma tensão de linha de 240 V e que deva fornecer 27 kW de calor.

12.86 Para o sistema monofásico trifilar na Figura 12.77, determine as correntes $\mathbf{I}_{aA}$, $\mathbf{I}_{bB}$ e $\mathbf{I}_{nN}$.

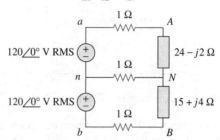

Figura 12.77 Esquema para o Problema 12.86.

12.87 Considere o sistema monofásico trifilar mostrado na Figura 12.78. Determine a corrente no fio neutro e a potência complexa fornecida por fonte. Adote $\mathbf{V}_s$ como uma fonte de 115 $\angle 0°$ V, 60 Hz.

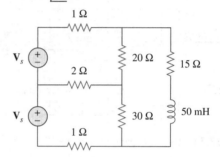

Figura 12.78 Esquema para o Problema 12.87.

13

CIRCUITOS DE ACOPLAMENTO MAGNÉTICO

Se quiser aumentar sua felicidade e prolongar sua vida, esqueça os defeitos de seu próximo... Esqueça as excentricidades de seus amigos e lembre-se apenas dos pontos positivos que o fizeram gostar deles... Apague todas as reminiscências de ontem; escreva hoje em uma folha em branco aquelas coisas bonitas e adoráveis.

Anônimo

Progresso profissional

Carreira em eletromagnetismo

Eletromagnetismo é o ramo da engenharia elétrica (ou da física) que lida com análise e aplicação de campos elétricos e magnéticos. Veremos, em eletromagnetismo, que a análise de circuitos elétricos é aplicada em baixas frequências.

Os princípios do eletromagnetismo (EM) são aplicados em várias disciplinas afins, como máquinas elétricas, conversão de energia eletromecânica, meteorologia com uso de radares, sensoriamento remoto, comunicação via satélite, bioeletromagnetismo, compatibilidade e interferência eletromagnética, plasmas e fibra óptica. Entre os dispositivos eletromagnéticos, temos motores e geradores elétricos, transformadores, eletroímãs, levitação magnética, antenas, radares, fornos de micro-ondas, antenas parabólicas de micro-ondas, supercondutores e eletrocardiogramas. O projeto desses dispositivos requer um conhecimento abrangente das leis e dos princípios dessa área.

Eletromagnetismo é considerado uma das disciplinas mais difíceis da engenharia elétrica. Uma razão para tal é que os fenômenos eletromagnéticos são bastante abstratos. Mas, se a pessoa gostar de matemática e for capaz de visualizar o invisível, deveria considerar a possibilidade de se tornar um especialista em eletromagnetismo, já que poucos engenheiros elétricos se especializam nessa área, e os que se especializam são necessários na indústria de micro-ondas, estações de rádio/TV, laboratórios de pesquisa em eletromagnetismo e vários outros setores da comunicação.

PERFIS HISTÓRICOS

James Clerk Maxwell (1831-1879), formado em matemática pela Cambridge University, Maxwell escreveu, em 1865, um artigo memorável no qual ele unificou matematicamente as leis de Faraday e de Ampère. Essa relação entre os campos elétrico e magnético serviu como base para o que, mais tarde, foi denominado ondas e campos eletromagnéticos, um importante campo de estudo da engenharia elétrica. O Institute of Electrical and Electronics Engineers (IEEE) usa uma representação gráfica desse princípio em seu logotipo, no qual uma seta em linha reta representa corrente e uma seta em linha curva representa o campo eletromagnético. Essa relação é comumente conhecida como a *regra da mão direita*. Maxwell foi um cientista e teórico muito ativo. Ele é mais conhecido pelas "equações de Maxwell". O maxwell, unidade de fluxo magnético, recebeu esse nome em sua homenagem.

© Bettmann/Corbis.

13.1 Introdução

Os circuitos estudados até agora podem ser considerados como *acoplamento condutivo*, pois afetam o vizinho pela condução de eletricidade. Quando dois circuitos com ou sem contatos entre eles se afetam por meio dos campo magnético gerado por um deles, diz-se que são *acoplados magneticamente*.

Os transformadores são um dispositivo elétrico projetado tendo como base o conceito de acoplamento magnético, pois usam bobinas acopladas magneticamente para transferir energia de um circuito para outro. Também são elementos de circuito fundamentais, utilizados em sistemas de geração de energia elétrica para elevar ou abaixar tensões ou correntes CA, assim como são usados em circuitos como receptores de rádio e televisão para finalidades como casamento de impedâncias, isolar uma parte de um circuito de outra e, repetindo, elevar ou abaixar tensões ou correntes CA.

Iniciaremos com o conceito de indutância mútua e introduziremos a convenção do ponto usada para determinar as polaridades das tensões de componentes acopladas indutivamente. Tomando com base o conceito de indutância mútua, introduziremos a seguir o elemento de circuito conhecido como *transformador*. Consideraremos o transformador linear, o transformador ideal, o autotransformador ideal e o transformador trifásico. Finalmente, entre importantes aplicações, estudaremos os transformadores atuando como dispositivos isolantes e para casamento de impedâncias, bem como seu emprego na distribuição de energia elétrica.

13.2 Indutância mútua

Quando dois indutores (ou bobinas) estiverem bem próximos um do outro, o fluxo magnético provocado pela corrente em uma bobina se associa com a outra bobina induzindo, consequentemente, tensão nessa última. Esse fenômeno é conhecido como *indutância mútua*.

Consideremos, primeiro, um único indutor, uma bobina com N espiras. Quando a corrente i flui através da bobina, é produzido um fluxo magnético ϕ em torno dela (Figura 13.1). De acordo com a lei de Faraday, a tensão v induzida

Figura 13.1 Fluxo magnético produzido por uma única bobina com N espiras.

na bobina é proporcional ao número de espiras N e à velocidade de variação do fluxo magnético ϕ; isto é,

$$v = N\frac{d\phi}{dt} \tag{13.1}$$

Porém, o fluxo ϕ é produzido pela corrente i de modo que qualquer variação em ϕ é provocada por uma variação na corrente. Logo, a Equação (13.1) pode ser escrita como segue

$$v = N\frac{d\phi}{di}\frac{di}{dt} \tag{13.2}$$

ou

$$v = L\frac{di}{dt} \tag{13.3}$$

que é a relação tensão-corrente para o indutor. Das Equações (13.2) e (13.3), a indutância L do indutor é dada, portanto, por

$$L = N\frac{d\phi}{di} \tag{13.4}$$

Essa indutância é comumente denominada *autoindutância*, pois ela relaciona a tensão induzida em uma bobina por uma corrente variável no tempo na mesma bobina.

Consideremos agora duas bobinas com autoindutâncias L_1 e L_2 que estão bem próximas uma da outra (Figura 13.2). A bobina 1 tem N_1 espiras, enquanto a bobina 2 tem N_2 espiras. Para simplificar, suporemos que não passe corrente pelo segundo indutor. O fluxo magnético ϕ_1 emanando da bobina 1 tem dois componentes: um componente ϕ_{11} que atravessa apenas a bobina 1 e o outro componente ϕ_{12} se associa com ambas as bobinas. Portanto,

$$\phi_1 = \phi_{11} + \phi_{12} \tag{13.5}$$

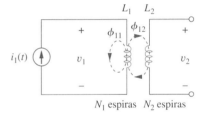

Figura 13.2 Indutância mútua M_{21} da bobina 2 em relação à bobina 1.

Embora as duas bobinas estejam fisicamente separadas, diz-se que elas estão *magneticamente acopladas*. Já que todo o fluxo ϕ_1 atravessa a bobina 1, a tensão induzida na bobina 1 é

$$v_1 = N_1\frac{d\phi_1}{dt} \tag{13.6}$$

Apenas o fluxo ϕ_{12} atravessa a bobina 2, de modo que a tensão induzida na bobina 2 seja

$$v_2 = N_2\frac{d\phi_{12}}{dt} \tag{13.7}$$

Repetindo, já que os fluxos são provocados pela corrente i_1 fluindo na bobina 1, a Equação (13.6) pode ser escrita como

$$v_1 = N_1\frac{d\phi_1}{di_1}\frac{di_1}{dt} = L_1\frac{di_1}{dt} \tag{13.8}$$

onde $L_1 = N_1\, d\phi_1/di_1$ é a autoindutância da bobina 1. De forma similar, a Equação (13.7) pode ser escrita como

$$v_2 = N_2\frac{d\phi_{12}}{di_1}\frac{di_1}{dt} = M_{21}\frac{di_1}{dt} \tag{13.9}$$

onde

$$M_{21} = N_2 \frac{d\phi_{12}}{di_1} \quad (13.10)$$

M_{21} é conhecida como a *indutância mútua* da bobina 2 em relação à bobina 1. O subscrito 21 indica que a indutância M_{21} relaciona a tensão induzida na bobina 2 com a corrente na bobina 1. Portanto, a *tensão mútua* no circuito aberto (ou tensão induzida) na bobina 2 é

$$\boxed{v_2 = M_{21} \frac{di_1}{dt}} \quad (13.11)$$

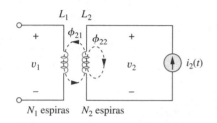

Figura 13.3 Indutância mútua M_{12} da bobina 1 em relação à bobina 2.

Suponha que, agora, façamos a corrente i_2 fluir pela bobina 2, enquanto na bobina 1 não há passagem de corrente (Figura 13.3). O fluxo magnético ϕ_2 emanando da bobina 2 compreende o fluxo ϕ_{22} que atravessa apenas a bobina 2 e o fluxo ϕ_{21} que atravessa ambas as bobinas. Portanto,

$$\phi_2 = \phi_{21} + \phi_{22} \quad (13.12)$$

Todo fluxo ϕ_2 atravessa a bobina 2, de modo que a tensão induzida na bobina 2 seja

$$v_2 = N_2 \frac{d\phi_2}{dt} = N_2 \frac{d\phi_2}{di_2} \frac{di_2}{dt} = L_2 \frac{di_2}{dt} \quad (13.13)$$

Onde $L_2 = N_2 \, d\phi_2/di_2$ é a autoindutância da bobina 2. Como apenas o fluxo ϕ_{21} atravessa a bobina 1, a tensão induzida na bobina 1 é

$$v_1 = N_1 \frac{d\phi_{21}}{dt} = N_1 \frac{d\phi_{21}}{di_2} \frac{di_2}{dt} = M_{12} \frac{di_2}{dt} \quad (13.14)$$

onde

$$M_{12} = N_1 \frac{d\phi_{21}}{di_2} \quad (13.15)$$

que é a *indutância mútua* da bobina 1 em relação à bobina 2. Portanto, a *tensão mútua* de circuito aberto na bobina 1 é

$$\boxed{v_1 = M_{12} \frac{di_2}{dt}} \quad (13.16)$$

Veremos, na próxima seção, que M_{12} e M_{21} são iguais; isto é,

$$M_{12} = M_{21} = M \quad (13.17)$$

e daremos o nome de M para a indutância mútua entre as duas bobinas. Assim como, para a autoindutância L, a indutância M é medida em henrys (H). Tenha em mente que o acoplamento mútuo existe apenas quando os indutores ou bobinas estiverem próximos entre si e os circuitos forem alimentados pelas fontes variáveis com o tempo. Recordamos que, em CC, os indutores atuam como curtos-circuitos.

Dos dois casos indicados nas Figuras 13.2 e 13.3, concluímos que há indutância mútua se for induzida uma tensão através de uma corrente variável no tempo em outro circuito. É propriedade de um indutor gerar tensão em reação a uma corrente variável no tempo em outro indutor próximo a ele. Portanto,

Indutância mútua é a capacidade de um indutor induzir tensão em um indutor vizinho e essa grandeza é medida em henrys (H).

Embora a indutância mútua M seja sempre um valor positivo, a tensão mútua $M\, di/dt$ pode ser negativa ou positiva, da mesma forma que acontece com a tensão induzida $L\, di/dt$. Entretanto, diferentemente da tensão induzida $L\, di/dt$, cuja polaridade é determinada pelo sentido de referência da corrente e pela polaridade de referência da tensão (de acordo com a regra dos sinais), a polaridade da tensão mútua $M\, di/dt$ não é fácil de ser determinada, pois quatro terminais estão envolvidos. A escolha da polaridade para $M\, di/dt$ é feita examinando-se a orientação ou maneira particular em que ambas as bobinas são enroladas fisicamente e aplicando a lei de Lenz em conjunto com a regra da mão direita. Já que não é conveniente mostrarmos os detalhes construtivos das bobinas em um esquema elétrico, aplicamos a *convenção do ponto* em análise de circuitos. Por essa regra, um ponto colocado no circuito em uma extremidade de cada uma das duas bobinas acopladas magneticamente indica o sentido do fluxo magnético se a corrente entrar pelo terminal da bobina marcado com um ponto. Isso é ilustrado na Figura 13.4. Dado um circuito, os pontos já estão situados ao lado das bobinas de modo que não precisamos nos preocupar em como inseri-los. Os pontos são usados com a convenção do ponto para determinar a polaridade da tensão mútua. A convenção do ponto afirma o seguinte:

Se uma corrente **entra** pelo terminal da bobina marcado com um ponto, a polaridade de referência da tensão mútua na segunda bobina é **positiva** no terminal da segunda bobina marcado com um ponto.

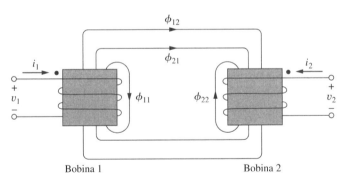

Figura 13.4 Ilustração da convenção do ponto.

De modo alternativo,

Se uma corrente **sai** do terminal da bobina marcado com um ponto, a polaridade de referência da tensão mútua na segunda bobina é **negativa** no terminal marcado com um ponto na segunda bobina.

Portanto, a polaridade de referência da tensão mútua depende do sentido de referência da corrente indutora e dos pontos das bobinas acopladas. A aplicação da convenção do ponto é ilustrada nos quatro pares de bobinas mutuamente acopladas na Figura 13.5. Para as bobinas acopladas na Figura 13.5a, o sinal da tensão mútua v_2 é determinado pela polaridade de referência para e pelo

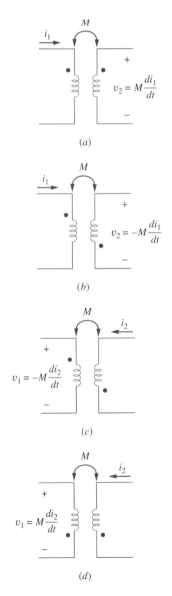

Figura 13.5 Exemplos ilustrando como aplicar a convenção do ponto.

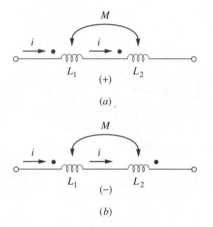

Figura 13.6 Convenção do ponto para bobinas em série; o sinal indica a polaridade da tensão mútua: (*a*) conexão série aditiva; (*b*) conexão série subtrativa.

sentido de i_1. Como i_1 entra pelo terminal marcado com um ponto na bobina 1 e v_2 é positiva no terminal marcado com um ponto na bobina 2, a tensão mútua é $+ M\, di/dt$. Para as bobinas na Figura 13.5*b*, a corrente i_1 entra pelo terminal pontuado da bobina 1 e v_2 é negativa no terminal marcado com um ponto na 2. Logo, a tensão mútua é $-M\, di_1/dt$. O mesmo raciocínio se aplica às bobinas nas Figuras 13.5*c* e 13.5*d*.

A Figura 13.6 mostra a convenção do ponto para bobinas acopladas em série. Para as bobinas indicadas na Figura 13.6*a*, a indutância total é

$$L = L_1 + L_2 + 2M \quad \text{(Conexão em série aditiva)} \quad (13.18)$$

Para as bobinas na Figura 13.6*b*,

$$L = L_1 + L_2 - 2M \quad \text{(Conexão em série subtrativa)} \quad (13.19)$$

Agora que já sabemos como determinar a polaridade da tensão mútua, estamos prontos para analisar circuitos envolvendo indutância mútua. Como primeiro exemplo, consideremos o circuito da Figura 13.7. Aplicar a LKT na bobina 1 resulta em

$$v_1 = i_1 R_1 + L_1 \frac{di_1}{dt} + M \frac{di_2}{dt} \quad (13.20a)$$

Para a bobina 2, a LKT fornece

$$v_2 = i_2 R_2 + L_2 \frac{di_2}{dt} + M \frac{di_1}{dt} \quad (13.20b)$$

Podemos escrever a Equação (13.20) no domínio da frequência como segue

$$\mathbf{V}_1 = (R_1 + j\omega L_1)\mathbf{I}_1 + j\omega M \mathbf{I}_2 \quad (13.21a)$$
$$\mathbf{V}_2 = j\omega M \mathbf{I}_1 + (R_2 + j\omega L_2)\mathbf{I}_2 \quad (13.21b)$$

Como segundo exemplo, considere o circuito da Figura 13.8. Analisemos este no domínio da frequência. Aplicando a LKT na bobina 1, obtemos

$$\mathbf{V} = (\mathbf{Z}_1 + j\omega L_1)\mathbf{I}_1 - j\omega M \mathbf{I}_2 \quad (13.22a)$$

Para a bobina 2, a LKT resulta em

$$0 = -j\omega M \mathbf{I}_1 + (\mathbf{Z}_L + j\omega L_2)\mathbf{I}_2 \quad (13.22b)$$

As Equações (13.21) e (13.22) são resolvidas da maneira usual para determinar as correntes.

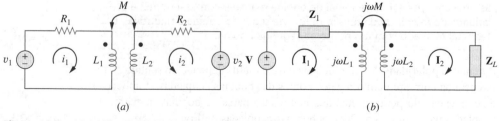

Figura 13.7 (*a*) Análise no domínio do tempo de um circuito contendo bobinas acopladas; (*b*) análise no domínio da frequência de um circuito contendo bobinas acopladas.

Uma das coisas mais importantes para garantir a solução de problemas com precisão é a capacidade de verificar cada etapa durante o processo de solução e fazer que suposições, tidas como verdadeiras, possam ser verificadas. Muitas vezes, resolver circuitos mutuamente acoplados requer que executemos duas ou mais etapas feitas de uma só vez sobre os sinais e os valores das tensões mutuamente induzidas.

A experiência tem mostrado que, se dividirmos em etapas a solução para a determinação de valor e sinal de um problema, as decisões são mais fáceis de serem rastreadas. Sugerimos que o modelo (Figura 13.8b) seja usado na análise de circuitos contendo um circuito acoplado mutuamente como mostra a Figura 13.8a:

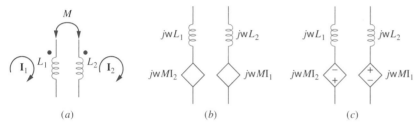

Figura 13.8 Modelo que torna mais fácil a análise de circuitos mutuamente acoplados.

Observe que não incluímos os sinais no modelo. O motivo para isso é que primeiro determinamos os valores das tensões induzidas e, em seguida, determinamos os sinais apropriados. É evidente que, I_1 induz uma tensão na segunda bobina representada pelo valor $j\omega I_1$, e I_2 induz uma tensão de $j\omega I_2$ na primeira bobina. Uma vez que temos os valores, usamos em seguida os dois circuitos para determinar os sinais corretos para as fontes dependentes como mostra a Figura 13.8c.

Uma vez que I_1 entra em L_1 pelo lado do ponto, ela induz uma tensão em L_2 que tenta forçar uma corrente que sai pela extremidade do ponto em L_2, o que significa que a fonte deve ter um sinal + no lado superior e um sinal – no lado inferior, como mostra a Figura 13.8c. I_2 sai pela extremidade do ponto de L_2 significando que ela induz uma tensão em L_1 que tenta forçar uma corrente que entra pela extremidade do ponto em L_1, o que requer uma fonte dependente que tem um sinal + no lado inferior e um sinal – no lado superior, como mostra a Figura 13.8c. Agora tudo o que temos a fazer é analisar um circuito com duas fontes dependentes. Esse processo sempre nos faz verificar cada uma de nossas suposições.

Nesse nível introdutório não estamos preocupados com a determinação das indutâncias mútuas das bobinas e das colocações dos pontos nelas. Assim como ocorre para R, L e C, o cálculo de M envolveria a aplicação da teoria do eletromagnetismo às propriedades físicas reais das bobinas. Neste livro, vamos supor que a indutância mútua e a colocação dos pontos sejam os "dados" do problema de circuitos, assim como os componentes R, L e C.

EXEMPLO 13.1

Calcule as correntes fasoriais I_1 e I_2 no circuito da Figura 13.9.

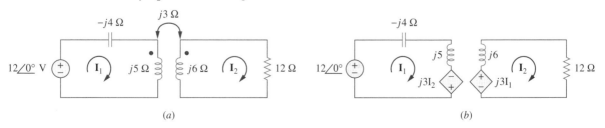

Figura 13.9 Esquema para o Exemplo 13.1.

Solução: Para a bobina 1, a LKT resulta em

$$-12 + (-j4 + j5)\mathbf{I}_1 - j3\mathbf{I}_2 = 0$$

ou

$$j\mathbf{I}_1 - j3\mathbf{I}_2 = 12 \qquad (13.1.1)$$

Para a bobina 2, a LKT resulta em

$$-j3\mathbf{I}_1 + (12 + j6)\mathbf{I}_2 = 0$$

ou

$$\mathbf{I}_1 = \frac{(12 + j6)\mathbf{I}_2}{j3} = (2 - j4)\mathbf{I}_2 \qquad (13.1.2)$$

Substituindo essa última na Equação (13.1.1), obtemos

$$(j2 + 4 - j3)\mathbf{I}_2 = (4 - j)\mathbf{I}_2 = 12$$

ou

$$\mathbf{I}_2 = \frac{12}{4 - j} = 2{,}91\underline{/14{,}04°} \text{ A} \qquad (13.1.3)$$

A partir das Equações (13.1.2) e (13.1.3),

$$\mathbf{I}_1 = (2 - j4)\mathbf{I}_2 = (4{,}472\underline{/-63{,}43°})(2{,}91\underline{/14{,}04°})$$
$$= 13{,}01\underline{/-49{,}39°} \text{ A}$$

● **PROBLEMA PRÁTICO 13.1**

Determine a tensão $\mathbf{V}_o$ no circuito da Figura 13.10.

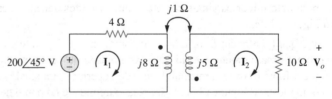

Figura 13.10 Esquema para o Problema prático 13.1.

Resposta: $20\underline{/-135°}$ V.

● **EXEMPLO 13.2**

Calcule as correntes de malha no circuito da Figura 13.11.

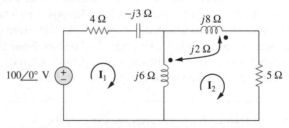

Figura 13.11 Esquema para o Exemplo 13.2.

Solução: O segredo para analisar um circuito com acoplamento magnético é conhecer a polaridade da tensão mútua. Precisamos aplicar a regra do ponto. Na Figura 13.11, suponha que a bobina 1 seja aquela cuja reatância é 6 Ω e a bobina 2 seja aquela cuja reatância é 8 Ω. Para descobrir a polaridade da tensão mútua na bobina 1 devido à corrente $\mathbf{I}_2$, observamos que $\mathbf{I}_2$ sai do terminal marcado com um ponto da bobina 2. Já que estamos aplicando a LKT no sentido horário, isso implica tensão mútua negativa, isto é $-j2\mathbf{I}_2$.

De forma alternativa, talvez fosse melhor descobrir a tensão mútua redesenhando a parte relevante do circuito, conforme nos mostra a Figura 13.12, na qual fica claro que a tensão mútua é $\mathbf{V}_1 = -j2\mathbf{I}_2$.

Portanto, para a malha 1 da Figura 13.11, a LKT fornece

$$-100 + \mathbf{I}_1(4 - j3 + j6) - j6\mathbf{I}_2 - j2\mathbf{I}_2 = 0$$

ou

$$100 = (4 + j3)\mathbf{I}_1 - j8\mathbf{I}_2 \qquad (13.2.1)$$

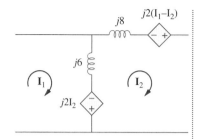

Figura 13.12 Esquema para o Exemplo 13.2 mostrando a polaridade das tensões induzidas.

De forma similar, para descobrirmos a tensão mútua na bobina 2 em razão da corrente $\mathbf{I}_1$, consideremos a parte relevante do circuito, conforme apontado na Figura 13.12. Aplicar a convenção do ponto nos fornece a tensão mútua como $\mathbf{V}_2 = -j2\mathbf{I}_1$. Da mesma forma, a corrente $\mathbf{I}_2$ enxerga as duas bobinas acopladas como em série na Figura 13.11; já que ela deixa os terminais pontuados em ambas as bobinas, a Equação (13.18) se aplica. Portanto, para a malha 2 da Figura 13.11, a LKT dá

$$0 = -2j\mathbf{I}_1 - j6\mathbf{I}_1 + (j6 + j8 + j2 \times 2 + 5)\mathbf{I}_2$$

ou

$$0 = -j8\mathbf{I}_1 + (5 + j18)\mathbf{I}_2 \qquad (13.2.2)$$

Colocando as Equações (13.2.1) e (13.2.2) na forma matricial, obtemos

$$\begin{bmatrix} 100 \\ 0 \end{bmatrix} = \begin{bmatrix} 4 + j3 & -j8 \\ -j8 & 5 + j18 \end{bmatrix} \begin{bmatrix} \mathbf{I}_1 \\ \mathbf{I}_2 \end{bmatrix}$$

Os determinantes são

$$\Delta = \begin{vmatrix} 4 + j3 & -j8 \\ -j8 & 5 + j18 \end{vmatrix} = 30 + j87$$

$$\Delta_1 = \begin{vmatrix} 100 & -j8 \\ 0 & 5 + j18 \end{vmatrix} = 100(5 + j18)$$

$$\Delta_2 = \begin{vmatrix} 4 + j3 & 100 \\ -j8 & 0 \end{vmatrix} = j800$$

Portanto, obtemos as correntes de malha como segue

$$\mathbf{I}_1 = \frac{\Delta_1}{\Delta} = \frac{100(5 + j18)}{30 + j87} = \frac{1.868,2 \underline{/74,5°}}{92,03 \underline{/71°}} = 20,3 \underline{/3,5°} \text{ A}$$

$$\mathbf{I}_2 = \frac{\Delta_2}{\Delta} = \frac{j800}{30 + j87} = \frac{800 \underline{/90°}}{92,03 \underline{/71°}} = 8,693 \underline{/19°} \text{ A}$$

Determine as correntes fasoriais $\mathbf{I}_1$ e $\mathbf{I}_2$ no circuito da Figura 13.13.

PROBLEMA PRÁTICO 13.2

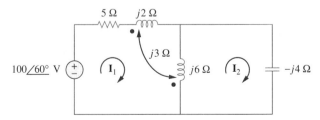

Figura 13.13 Esquema para o Problema prático 13.2.

Resposta: $\mathbf{I}_1 = 17,889 \underline{/86,57°}$ A, $\mathbf{I}_2 = 26,83 \underline{/86,57°}$ A.

13.3 Energia em um circuito acoplado

No Capítulo 6, vimos que a energia armazenada em um indutor é dada por

$$w = \frac{1}{2}Li^2 \quad (13.23)$$

Agora, queremos determinar a energia armazenada em bobinas acopladas magneticamente.

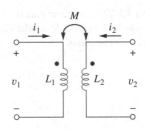

Figura 13.14 Circuito para derivação de energia armazenada em um circuito acoplado.

Consideremos o circuito da Figura 13.14. Suponhamos que as correntes i_1 e i_2 sejam, inicialmente, zero, de modo que a energia armazenada nas bobinas seja zero. Se aumentarmos i_1 de zero até I_1 mantendo $i_2 = 0$, a potência na bobina 1 será

$$p_1(t) = v_1 i_1 = i_1 L_1 \frac{di_1}{dt} \quad (13.24)$$

e a energia armazenada no circuito será

$$w_1 = \int p_1 dt = L_1 \int_0^{I_1} i_1 di_1 = \frac{1}{2} L_1 I_1^2 \quad (13.25)$$

Se agora mantivermos $i_1 = I_1$ e aumentarmos i_2 de zero até I_2, a tensão mútua induzida na bobina 1 será $M_{12}\, di_2/dt$, enquanto a tensão mútua induzida na bobina 2 será zero, já que i_1 não muda. A potência nas bobinas agora é

$$p_2(t) = i_1 M_{12} \frac{di_2}{dt} + i_2 v_2 = I_1 M_{12} \frac{di_2}{dt} + i_2 L_2 \frac{di_2}{dt} \quad (13.26)$$

e a energia armazenada no circuito é

$$w_2 = \int p_2 dt = M_{12} I_1 \int_0^{I_2} di_2 + L_2 \int_0^{I_2} i_2 di_2$$

$$= M_{12} I_1 I_2 + \frac{1}{2} L_2 I_2^2 \quad (13.27)$$

A energia total armazenada nas bobinas quando tanto i_1 quanto i_2 atingiram valores constantes é

$$w = w_1 + w_2 = \frac{1}{2} L_1 I_1^2 + \frac{1}{2} L_2 I_2^2 + M_{12} I_1 I_2 \quad (13.28)$$

Se invertermos a ordem na qual as correntes atingem seus valores finais, isto é, aumentarmos, primeiro, i_2 de zero até I_2 e, posteriormente, i_1 de zero a I_1, a energia total armazenada nas bobinas será

$$w = \frac{1}{2} L_1 I_1^2 + \frac{1}{2} L_2 I_2^2 + M_{21} I_1 I_2 \quad (13.29)$$

Como a energia total armazenada deve ser a mesma independentemente de como atingimos as condições finais, comparar as Equações (13.28) e (13.29) nos leva a concluir que

$$M_{12} = M_{21} = M \quad (13.30a)$$

e

$$w = \frac{1}{2} L_1 I_1^2 + \frac{1}{2} L_2 I_2^2 + M I_1 I_2 \quad (13.30b)$$

Essa equação foi deduzida tomando como base a hipótese de que ambas as correntes nas bobinas entravam pelos terminais marcados com pontos. Se uma corrente entrar por um terminal marcado com um ponto, enquanto a outra corrente deixa o outro terminal marcado com um ponto, a tensão mútua será negativa, de modo que a energia mútua MI_1I_2 também será negativa. Nesse caso,

$$w = \frac{1}{2}L_1I_1^2 + \frac{1}{2}L_2I_2^2 - MI_1I_2 \quad \text{(13.31)}$$

Da mesma forma, como I_1 e I_2 são valores arbitrários, eles podem ser substituídos por i_1 e i_2, que fornece a energia instantânea armazenada no circuito, como a expressão geral

$$\boxed{w = \frac{1}{2}L_1i_1^2 + \frac{1}{2}L_2i_2^2 \pm Mi_1i_2} \quad \text{(13.32)}$$

O sinal positivo é selecionado para o termo mútuo se ambas as correntes entrarem ou deixarem os terminais marcados com pontos das bobinas; caso contrário, é selecionado o sinal negativo.

Agora, estabeleceremos um limite superior para a indutância mútua M. A energia armazenada no circuito não pode ser negativa, pois o circuito é passivo. Isso significa que o valor $1/2L_1i_1^2 + 1/2L_2i_2^2 - Mi_1i_2$ deve ser maior ou igual a zero:

$$\frac{1}{2}L_1i_1^2 + \frac{1}{2}L_2i_2^2 - Mi_1i_2 \geq 0 \quad \text{(13.33)}$$

Para completar o quadrado, adicionamos, bem como subtraímos, o termo $i_1i_2\sqrt{L_1L_2}$ no lado direito da Equação (13.33) e obtemos

$$\frac{1}{2}(i_1\sqrt{L_1} - i_2\sqrt{L_2})^2 + i_1i_2(\sqrt{L_1L_2} - M) \geq 0 \quad \text{(13.34)}$$

O termo quadrático jamais é negativo; ele é, no mínimo, zero. Portanto, o segundo termo do lado direito da Equação (13.34) deve ser maior que zero; isto é,

$$\sqrt{L_1L_2} - M \geq 0$$

ou

$$M \leq \sqrt{L_1L_2} \quad \text{(13.35)}$$

Logo, a indutância mútua não pode ser maior que a média geométrica das autoindutâncias das bobinas. O grau com que a indutância mútua M se aproxima do limite superior é especificado pelo *coeficiente de acoplamento k*, dado por

$$k = \frac{M}{\sqrt{L_1L_2}} \quad \text{(13.36)}$$

ou

$$\boxed{M = k\sqrt{L_1L_2}} \quad \text{(13.37)}$$

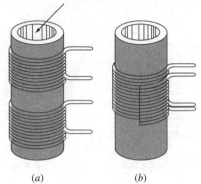

Figura 13.15 Enrolamentos: (*a*) livremente acoplados; (*b*) firmemente acoplados; a vista em corte transversal demonstra ambos os enrolamentos.

onde $0 \leq k \leq 1$ ou, de forma equivalente, $0 \leq M \leq \sqrt{L_1 L_2}$. O coeficiente de acoplamento é a fração do fluxo total que emana de uma bobina que atravessa a outra bobina. Por exemplo, na Figura 13.2,

$$k = \frac{\phi_{12}}{\phi_1} = \frac{\phi_{12}}{\phi_{11} + \phi_{12}} \quad (13.38)$$

e na Figura 13.3,

$$k = \frac{\phi_{21}}{\phi_2} = \frac{\phi_{21}}{\phi_{21} + \phi_{22}} \quad (13.39)$$

Se todo fluxo produzido por uma bobina atravessa a outra bobina, então $k = 1$ e temos um acoplamento 100% ou diz-se que as bobinas estão *perfeitamente acopladas*. Para $k < 0,5$, diz-se que as bobinas estão *livremente acopladas* e, para $k > 0,5$, diz-se que elas estão *firmemente acopladas*. Logo,

> O **coeficiente de acoplamento** k é uma medida do acoplamento magnético entre as duas bobinas; $0 \leq k \leq 1$.

Esperamos que k dependa da proximidade entre as duas bobinas, seus núcleos, suas orientações e seus enrolamentos. A Figura 13.15 mostra enrolamentos livre e firmemente acoplados. Os transformadores de núcleo de ar, usados em circuitos rádio frequência, são livremente acoplados, enquanto os transformadores de núcleo de ferro usados em sistemas de energia elétrica são firmemente acoplados. Os transformadores lineares discutidos na Seção 3.4 possuem, em sua maior parte, núcleo de ar; os transformadores ideais discutidos nas seções 13.5 e 13.6 são principalmente de núcleo de ferro.

EXEMPLO 13.3

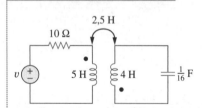

Figura 13.16 Esquema para o Exemplo 13.3.

Considere o circuito da Figura 13.16. Determine o coeficiente de acoplamento e calcule a energia armazenada nos indutores acoplados no instante $t = 1$ s se $v = 60 \cos(4t + 30°)$ V.

Solução: O coeficiente de acoplamento é

$$k = \frac{M}{\sqrt{L_1 L_2}} = \frac{2,5}{\sqrt{20}} = 0,56$$

indicando que os indutores estão firmemente acoplados. Para determinar a energia armazenada, precisamos calcular a corrente. Para determinar a corrente, precisamos obter o equivalente no domínio da frequência do circuito.

$$60 \cos(4t + 30°) \Rightarrow 60\underline{/30°}, \quad \omega = 4 \text{ rad/s}$$
$$5 \text{ H} \Rightarrow j\omega L_1 = j20 \, \Omega$$
$$2,5 \text{ H} \Rightarrow j\omega M = j10 \, \Omega$$
$$4 \text{ H} \Rightarrow j\omega L_2 = j16 \, \Omega$$
$$\frac{1}{16} \text{ F} \Rightarrow \frac{1}{j\omega C} = -j4 \, \Omega$$

O circuito equivalente no domínio da frequência é mostrado na Figura 13.17. Agora, aplicamos análise de malhas. Para a malha 1,

$$(10 + j20)\mathbf{I}_1 + j10\mathbf{I}_2 = 60\underline{/30°} \quad (13.3.1)$$

Para a malha 2,

$$j10\mathbf{I}_1 + (j16 - j4)\mathbf{I}_2 = 0$$

ou

$$\mathbf{I}_1 = -1{,}2\mathbf{I}_2 \qquad (13.3.2)$$

Substituindo esta na Equação (13.3.1) nos leva a

$$\mathbf{I}_2(-12 - j14) = 60\underline{/30°} \quad \Rightarrow \quad \mathbf{I}_2 = 3{,}254\underline{/160{,}6°}\ \text{A}$$

e

$$\mathbf{I}_1 = -1{,}2\mathbf{I}_2 = 3{,}905\underline{/-19{,}4°}\ \text{A}$$

No domínio do tempo,

$$i_1 = 3{,}905\cos(4t - 19{,}4°), \qquad i_2 = 3{,}254\cos(4t + 160{,}6°)$$

Em $t = 1$ s, $4t = 4 = 229{,}2°$ e

$$i_1 = 3{,}905\cos(229{,}2° - 19{,}4°) = -3{,}389\ \text{A}$$
$$i_2 = 3{,}254\cos(229{,}2° + 160{,}6°) = 2{,}824\ \text{A}$$

A energia total armazenada nos indutores acoplados é

$$w = \frac{1}{2}L_1 i_1^2 + \frac{1}{2}L_2 i_2^2 + M i_1 i_2$$

$$= \frac{1}{2}(5)(-3{,}389)^2 + \frac{1}{2}(4)(2{,}824)^2 + 2{,}5(-3{,}389)(2{,}824) = 20{,}73\ \text{J}$$

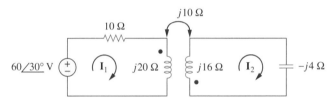

Figura 13.17 Equivalente no domínio da frequência do circuito na Figura 13.16.

Para o circuito da Figura 13.18, determine o coeficiente de acoplamento e a energia armazenada nos indutores acoplados em $t = 1{,}5$ s.

PROBLEMA PRÁTICO 13.3

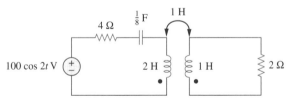

Figura 13.18 Esquema para o Problema prático 13.3.

Resposta: 0,7071, 246,2 J.

13.4 Transformadores lineares

O transformador é um dispositivo magnético que tira proveito do fenômeno da indutância mútua, e o introduzimos como um novo elemento de circuito.

Transformador geralmente é um dispositivo de quatro terminais formado por duas (ou mais) bobinas acopladas magneticamente.

> Um transformador linear também pode ser considerado como um, cujo fluxo é proporcional às correntes em seus enrolamentos.

Como mostrado na Figura 13.19, a bobina que está ligada diretamente à fonte de tensão é chamada *enrolamento primário*. Já a bobina ligada à carga é denominada *enrolamento secundário*. As resistências R_1 e R_2 são incluídas para levar em conta as perdas (dissipação de potência) nas bobinas. Diz-se que o transformador é *linear* se as bobinas forem enroladas em um material magneticamente linear – um material para o qual a permeabilidade magnética é constante. Entre esses materiais, temos ar, plástico, baquelite e madeira. Na realidade, a maioria dos materiais é magneticamente linear. Os transformadores lineares, usados em aparelhos de rádio e TV, são, algumas vezes, chamados *transformadores de núcleo de ar*, embora nem todos sejam necessariamente de núcleo de ar. A Figura 13.20 representa diferentes tipos de transformadores.

Gostaríamos de obter a impedância de entrada $\mathbf{Z}_{ent}$ vista da fonte, pois $\mathbf{Z}_{ent}$ controla o comportamento do circuito primário. A aplicação da LKT às duas malhas na Figura 13.19 resulta em

$$\mathbf{V} = (R_1 + j\omega L_1)\mathbf{I}_1 - j\omega M\mathbf{I}_2 \qquad (13.40a)$$
$$0 = -j\omega M\mathbf{I}_1 + (R_2 + j\omega L_2 + \mathbf{Z}_L)\mathbf{I}_2 \qquad (13.40b)$$

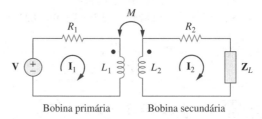

Figura 13.19 Transformador linear.

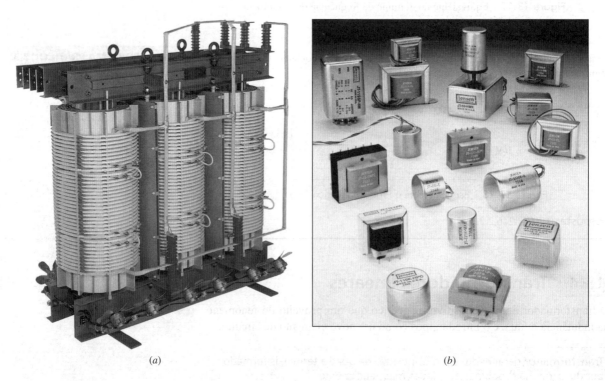

(a)   (b)

Figura 13.20 Diferentes tipos de transformadores: (*a*) transformador de potência de núcleo seco com enrolamento de cobre; (*b*) transformadores de áudio. (*Cortesia de: (a) Electric Service Co.; (b) Jensen Transformers.*)

Na Equação (13.40b), expressamos I_2 em termos de I_1 e a substituímos na Equação (13.40a). Obtemos a impedância de entrada, como segue

$$Z_{ent} = \frac{V}{I_1} = R_1 + j\omega L_1 + \frac{\omega^2 M^2}{R_2 + j\omega L_2 + Z_L} \quad (13.41)$$

Note que a impedância de entrada compreende dois termos. O primeiro termo, $(R_1 + j\omega L_1)$, é a impedância primária. O segundo termo se deve ao acoplamento entre os enrolamentos primário e secundário. É como se essa impedância fosse refletida para o primário. Portanto, ela é conhecida como *impedância refletida* Z_R, e

$$\boxed{Z_R = \frac{\omega^2 M^2}{R_2 + j\omega L_2 + Z_L}} \quad (13.42)$$

Alguns autores a chamam de *impedância acoplada*.

Deve-se notar que o resultado na Equação (13.41) ou (13.42) não é afetado pela posição dos pontos no transformador, pois é produzido o mesmo resultado quando M é substituído por $-M$.

Um pouco da experiência adquirida nas seções 13.2 e 13.3 na análise de circuitos acoplados magneticamente é suficiente para convencer qualquer um de que a análise desses circuitos não é tão fácil como os circuitos dos capítulos anteriores. Por essa razão, algumas vezes, é conveniente substituir um circuito acoplado magneticamente por um sem acoplamento magnético. Queremos substituir o transformador linear na Figura 13.21 por um circuito T ou Π, que não teria indutância mútua.

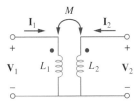

Figura 13.21 Determinação do circuito equivalente de um transformador linear.

As relações tensão-corrente para as bobinas primária e secundária fornecem a equação matricial a seguir

$$\boxed{\begin{bmatrix} V_1 \\ V_2 \end{bmatrix} = \begin{bmatrix} j\omega L_1 & j\omega M \\ j\omega M & j\omega L_2 \end{bmatrix} \begin{bmatrix} I_1 \\ I_2 \end{bmatrix}} \quad (13.43)$$

Por inversão matricial, isso pode ser escrito como

$$\begin{bmatrix} I_1 \\ I_2 \end{bmatrix} = \begin{bmatrix} \dfrac{L_2}{j\omega(L_1 L_2 - M^2)} & \dfrac{-M}{j\omega(L_1 L_2 - M^2)} \\ \dfrac{-M}{j\omega(L_1 L_2 - M^2)} & \dfrac{L_1}{j\omega(L_1 L_2 - M^2)} \end{bmatrix} \begin{bmatrix} V_1 \\ V_2 \end{bmatrix} \quad (13.44)$$

Nosso objetivo é igualar as Equações (13.43) e (13.44) com as equações correspondentes para os circuitos T e Π.

Para o circuito T (ou estrela) da Figura 13.22, a análise de malhas fornece as equações terminais, como segue

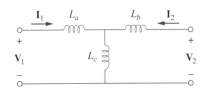

Figura 13.22 Circuito T equivalente.

$$\begin{bmatrix} V_1 \\ V_2 \end{bmatrix} = \begin{bmatrix} j\omega(L_a + L_c) & j\omega L_c \\ j\omega L_c & j\omega(L_b + L_c) \end{bmatrix} \begin{bmatrix} I_1 \\ I_2 \end{bmatrix} \quad (13.45)$$

Se os circuitos nas Figuras 13.21 e 13.22 forem equivalentes, as Equações (13.43) e (13.45) têm de ser idênticas. Equiparando-se os termos nas matrizes de impedância das Equações (13.43) e (13.45) nos leva a

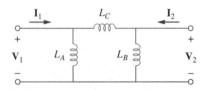

Figura 13.23 Circuito Π equivalente.

$$L_a = L_1 - M, \quad L_b = L_2 - M, \quad L_c = M \quad (13.46)$$

Para o circuito Π (ou Δ) na Figura 13.23, a análise nodal fornece as equações nos terminais, como segue

$$\begin{bmatrix} I_1 \\ I_2 \end{bmatrix} = \begin{bmatrix} \dfrac{1}{j\omega L_A} + \dfrac{1}{j\omega L_C} & -\dfrac{1}{j\omega L_C} \\ -\dfrac{1}{j\omega L_C} & \dfrac{1}{j\omega L_B} + \dfrac{1}{j\omega L_C} \end{bmatrix} \begin{bmatrix} V_1 \\ V_2 \end{bmatrix} \quad (13.47)$$

Igualando os termos nas matrizes de admitância das Equações (13.44) e (13.47), obtemos

$$L_A = \frac{L_1 L_2 - M^2}{L_2 - M}, \quad L_B = \frac{L_1 L_2 - M^2}{L_1 - M}$$

$$L_C = \frac{L_1 L_2 - M^2}{M} \quad (13.48)$$

Note que nas Figuras 13.22 e 13.23 os indutores não estão magneticamente acoplados. Veja também que as mudanças das posições dos pontos na Figura 13.21 pode fazer que M se torne $-M$. Conforme ilustra o Exemplo 13.6, um valor negativo de M é fisicamente irrealizável, porém, o modelo equivalente ainda é matematicamente válido.

EXEMPLO 13.4

No circuito da Figura 13.24, calcule a impedância de entrada e a corrente I_1. Considere $Z_1 = 60 - j100\ \Omega$, $Z_2 = 30 - j40\ \Omega$ e $Z_L = 80 - j60\ \Omega$.

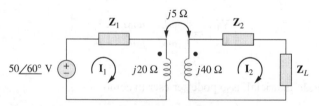

Figura 13.24 Esquema para o Exemplo 13.4.

Solução: A partir da Equação (13.41),

$$Z_{ent} = Z_1 + j20 + \frac{(5)^2}{j40 + Z_2 + Z_L}$$

$$= 60 - j100 + j20 + \frac{25}{110 + j140}$$

$$= 60 - j80 + 0{,}14\underline{/-51{,}84°}$$

$$= 60{,}09 - j80{,}11 = 100{,}14\underline{/-53{,}1°}\ \Omega$$

Portanto,

$$I_1 = \frac{V}{Z_{ent}} = \frac{50\underline{/60°}}{100{,}14\underline{/-53{,}1°}} = 0{,}5\underline{/113{,}1°}\ A$$

PROBLEMA PRÁTICO 13.4

Determine a impedância de entrada do circuito na Figura 13.25 e a corrente da fonte de tensão.

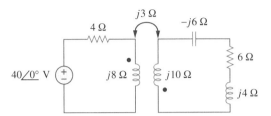

Figura 13.25 Esquema para o Problema prático 13.4.

Resposta: $8,58/\underline{58,05°}$ Ω, $4,662/\underline{-58,05°}$ A.

EXEMPLO 13.5

Determine o circuito T equivalente do transformador linear na Figura 13.26a.

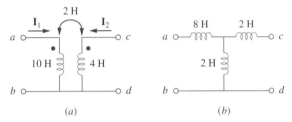

Figura 13.26 Esquema para o Exemplo 13.5: (a) um transformador linear; (b) seu circuito T equivalente.

Solução: Dado que $L_1 = 10$, $L_2 = 4$ e $M = 2$, o circuito T equivalente apresenta os seguintes parâmetros:

$$L_a = L_1 - M = 10 - 2 = 8 \text{ H}$$
$$L_b = L_2 - M = 4 - 2 = 2 \text{ H}, \qquad L_c = M = 2 \text{ H}$$

O circuito T equivalente é apresentado na Figura 13.26b. Consideramos que os sentidos de referência para as polaridades das correntes e tensões nos enrolamentos primário e secundário concordem com aqueles indicados na Figura 13.21. Caso contrário, talvez precisássemos substituir M por $-M$, como ilustra o Exemplo 13.6.

PROBLEMA PRÁTICO 13.5

Para o transformador linear da Figura 13.26a, determine o circuito Π equivalente.

Resposta: $L_A = 18$ H, $L_B = 4,5$ H, $L_C = 18$ H.

EXEMPLO 13.6

Determine $\mathbf{I}_1$, $\mathbf{I}_2$ e $\mathbf{V}_o$ na Figura 13.27 (o mesmo circuito que aquele usado para o Problema prático 13.1) usando o circuito T equivalente para o transformador linear.

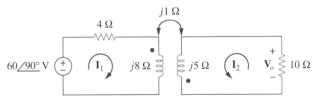

Figura 13.27 Esquema para o Exemplo 13.6.

Solução: Note que o circuito da Figura 13.27 é o mesmo que aquele da Figura 13.10, exceto pelo fato de que o sentido de referência para a corrente $\mathbf{I}_2$ foi invertido, apenas para fazer os sentidos de referência das correntes para as bobinas acopladas magneticamente concordarem com aqueles da Figura 13.21.

Precisamos substituir as bobinas com acoplamento magnético pelo circuito T equivalente. A parte relevante do circuito da Figura 13.27 é mostrada na Figura 13.28a. Comparando-se a Figura 13.28a com a Figura 13.21, vemos que existem duas diferenças.

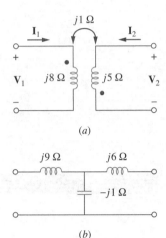

Figura 13.28 Esquema para o Exemplo 13.6: (*a*) circuito para as bobinas acopladas da Figura 13.27; (*b*) circuito T equivalente.

Primeiro, por causa dos sentidos de referência das correntes e das polaridades das tensões, precisamos substituir M por $-M$ para fazer que a Figura 13.28*a* fique em concordância com a Figura 13.21. E segundo, o circuito da Figura 13.21 se encontra no domínio do tempo, enquanto o circuito da Figura 13.28*a* se encontra no domínio da frequência. A diferença é o fator $j\omega$; isto é, L na Figura 13.21 foi substituída por $j\omega L$ e M por $j\omega M$. Como ω não é especificado, podemos considerar $\omega = 1$ rad/s ou qualquer outro valor; isso realmente não importa. Com essas duas diferenças em mente,

$$L_a = L_1 - (-M) = 8 + 1 = 9 \text{ H}$$
$$L_b = L_2 - (-M) = 5 + 1 = 6 \text{ H}, \quad L_c = -M = -1 \text{ H}$$

Portanto, o circuito T equivalente para as bobinas acopladas é aquele mostrado na Figura 13.28*b*.

Inserindo o circuito T equivalente na Figura 13.28*b* para substituir as duas bobinas da Figura 13.27, obtemos o circuito equivalente da Figura 13.29 que pode ser resolvido usando-se análise nodal ou de malhas. Aplicando análise de malhas, obtemos

$$j6 = \mathbf{I}_1(4 + j9 - j1) + \mathbf{I}_2(-j1) \tag{13.6.1}$$

e

$$0 = \mathbf{I}_1(-j1) + \mathbf{I}_2(10 + j6 - j1) \tag{13.6.2}$$

A partir da Equação (13.6.2),

$$\mathbf{I}_1 = \frac{(10 + j5)}{j}\mathbf{I}_2 = (5 - j10)\mathbf{I}_2 \tag{13.6.3}$$

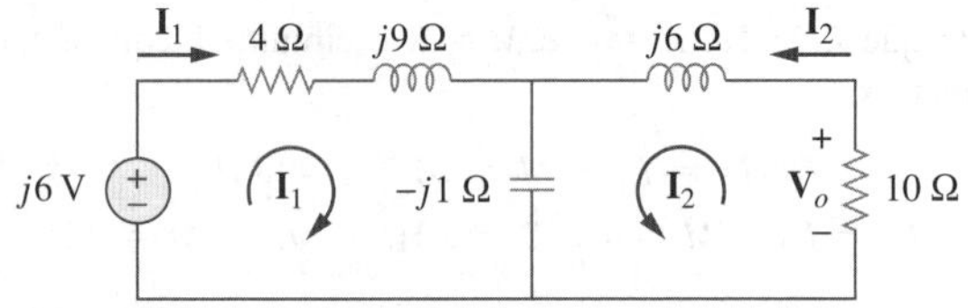

Figura 13.29 Esquema para o Exemplo 13.6.

Substituindo a Equação (13.6.3) na Equação (13.6.1), obtemos

$$j6 = (4 + j8)(5 - j10)\mathbf{I}_2 - j\mathbf{I}_2 = (100 - j)\mathbf{I}_2 \simeq 100\mathbf{I}_2$$

Como 100 é muito grande quando comparado com 1, a parte imaginária de $(100 - j)$ pode ser ignorada de modo que $100 - j \simeq 100$. Logo,

$$\mathbf{I}_2 = \frac{j6}{100} = j0,06 = 0,06\underline{/90°} \text{ A}$$

A partir da Equação (13.6.3),

$$\mathbf{I}_1 = (5 - j10)j0,06 = 0,6 + j0,3 \text{ A}$$

e

$$\mathbf{V}_o = -10\mathbf{I}_2 = -j0,6 = 0,6\underline{/-90°} \text{ V}$$

Esta de acordo com a resposta para o Problema prático 13.1. Obviamente, o sentido de $\mathbf{I}_2$ na Figura 13.10 é oposto àquele da Figura 13.27. Isso não afetará $\mathbf{V}_o$, porém, o valor de $\mathbf{I}_2$ nesse exemplo é o negativo daquele de $\mathbf{I}_2$ no Problema prático 13.1. A vantagem de usar o modelo T equivalente para bobinas acopladas magneticamente é que, na Figura 13.29, não precisamos nos incomodar com o ponto nas bobinas acopladas.

PROBLEMA PRÁTICO 13.6

Resolva o problema do Exemplo 13.1 (ver Figura 13.9) usando o modelo T equivalente para as bobinas acopladas magneticamente.

Resposta: $13\underline{/-49,4°}$ A, $2,91\underline{/14,04°}$ A.

13.5 Transformadores ideais

Transformador ideal é um com acoplamento perfeito ($k = 1$), formado por duas (ou mais) bobinas com grande número de espiras enroladas em um núcleo comum de alta permeabilidade. Em decorrência disso, o fluxo se associa com todas as espiras de ambas as bobinas resultando, consequentemente, em um acoplamento perfeito.

Para verificarmos como um transformador ideal é o caso limitante de dois indutores acoplados em que as indutâncias se aproximam do infinito e o acoplamento é perfeito, reexaminemos o circuito da Figura 13.14. No domínio da frequência,

$$\mathbf{V}_1 = j\omega L_1 \mathbf{I}_1 + j\omega M \mathbf{I}_2 \quad (13.49a)$$
$$\mathbf{V}_2 = j\omega M \mathbf{I}_1 + j\omega L_2 \mathbf{I}_2 \quad (13.49b)$$

A partir da Equação (13.49a), $\mathbf{I}_1 = (\mathbf{V}_1 - j\omega M \mathbf{I}_2)/j\omega L_1$ (devemos usar essa equação também para desenvolver as relações de corrente em vez de usar a conservação de energia que vamos fazer mais adiante). Substituindo esta na Equação (13.49b), resulta em

$$\mathbf{V}_2 = j\omega L_2 \mathbf{I}_2 + \frac{M\mathbf{V}_1}{L_1} - \frac{j\omega M^2 \mathbf{I}_2}{L_1}$$

Porém, $M = \sqrt{L_1 L_2}$ para acoplamento perfeito ($k = 1$). Logo,

$$\mathbf{V}_2 = j\omega L_2 \mathbf{I}_2 + \frac{\sqrt{L_1 L_2}\mathbf{V}_1}{L_1} - \frac{j\omega L_1 L_2 \mathbf{I}_2}{L_1} = \sqrt{\frac{L_2}{L_1}}\mathbf{V}_1 = n\mathbf{V}_1$$

onde $n = \sqrt{L_1 L_2}$ e esta é chamada *relação de espiras*. Como $L_1, L_2, M \to \infty$ de modo que n permanece a mesma, as bobinas acopladas se tornam um transformador ideal. Diz-se que um transformador é ideal se ele tiver as seguintes propriedades:

1. As bobinas possuem reatâncias muito grandes ($L_1, L_2, M \to \infty$).
2. O coeficiente de acoplamento é unitário ($k = 1$).
3. As bobinas primária e secundária são sem perdas ($R_1 = 0 = R_2$).

> **Transformador ideal** é um transformador sem perdas com coeficiente de acoplamento unitário no qual as bobinas primárias e secundária possuem autoindutâncias infinitas.

Os transformadores com núcleo de ferro são boas aproximações dos transformadores ideais, usados em sistemas de geração de energia elétrica e em eletrônica.

A Figura 13.30a ilustra um transformador ideal comum; o símbolo em circuitos é indicado na Figura 13.30b. As linhas verticais entre as bobinas indicam um núcleo de ferro diferentemente do núcleo de ar usado em transformadores lineares. O enrolamento primário possui N_1 espiras; o enrolamento secundário possui N_2 espiras.

Quando uma tensão senoidal é aplicada ao enrolamento primário, conforme mostrado na Figura 13.31, o fluxo magnético ϕ atravessa ambos os enrolamentos. De acordo com a lei de Faraday, a tensão no enrolamento primário é

$$v_1 = N_1 \frac{d\phi}{dt} \quad (13.50a)$$

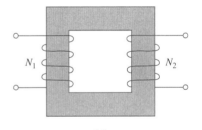

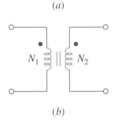

Figura 13.30 (a) Transformador ideal; (b) símbolo usado em circuitos para transformadores ideais.

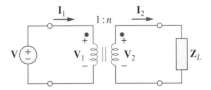

Figura 13.31 Relacionando valores primário e secundário em um transformador ideal.

enquanto no enrolamento secundário é

$$v_2 = N_2 \frac{d\phi}{dt} \tag{13.50b}$$

Dividindo a Equação (13.50b) pela Equação (13.50a), obtemos

$$\frac{v_2}{v_1} = \frac{N_2}{N_1} = n \tag{13.51}$$

onde *n* é, novamente, a *relação de espiras* ou a *relação de transformação*. Podemos usar as tensões fasoriais $\mathbf{V}_1$ e $\mathbf{V}_2$ em vez dos valores instantâneos v_1 e v_2. Portanto, a Equação (13.51) pode ser escrita como segue

$$\boxed{\frac{\mathbf{V}_2}{\mathbf{V}_1} = \frac{N_2}{N_1} = n} \tag{13.52}$$

Por motivo de conservação de energia, a energia fornecida para o primário deve ser igual à energia absorvida pelo secundário, já que não existem perdas em um transformador ideal. Isso implica

$$v_1 i_1 = v_2 i_2 \tag{13.53}$$

Na forma fasorial, a Equação (13.53) em conjunto com a Equação (13.52) fica

$$\frac{\mathbf{I}_1}{\mathbf{I}_2} = \frac{\mathbf{V}_2}{\mathbf{V}_1} = n \tag{13.54}$$

demonstrando que as correntes no primário e no secundário estão relacionadas com a relação de espiras em uma razão inversa das tensões. Portanto,

$$\boxed{\frac{\mathbf{I}_2}{\mathbf{I}_1} = \frac{N_1}{N_2} = \frac{1}{n}} \tag{13.55}$$

Quando *n* = 1, geralmente o transformador é chamado *transformador de isolamento*. A razão para tal ficará óbvia na Seção 13.9.1. Se *n* > 1, temos um *transformador elevador de tensão*, já que a tensão é aumentada do primário para o secundário ($\mathbf{V}_2 > \mathbf{V}_1$). Por outro lado, se *n* < 1, o transformador é um *transformador abaixador* de tensão, uma vez que a tensão é reduzida do primário para o secundário ($\mathbf{V}_2 < \mathbf{V}_1$).

> **Transformador abaixador** de tensão é aquele no qual a tensão no secundário é menor que a tensão no primário.

> **Transformador elevador** de tensão é aquele no qual a tensão no secundário é maior que a tensão no primário.

Os valores nominais dos transformadores são normalmente especificados como V_1/V_2. Um transformador com valor nominal 2.400/120 V deve ter 2.400 V no primário e 120 no secundário (isto é, um transformador abaixador de tensão). Tenha em mente que as tensões nominais são valores RMS.

As empresas de geração de energia elétrica normalmente geram uma tensão conveniente e usam um transformador elevador de tensão para aumentar a tensão de modo que a energia possa ser transmitida em alta tensão e baixa corrente através das linhas de transmissão, resultando em economias significativas. Próximo das instalações dos consumidores residenciais são usados transformadores abaixadores de tensão para reduzir a tensão para 120 V. A Seção 13.9.3 explicará isso em detalhes.

É importante sabermos como obter a polaridade apropriada das tensões e o sentido das correntes para o transformador da Figura 13.31. Se a polaridade de V_1 e V_2 ou o sentido de I_1 e I_2 forem mudados, talvez seja necessário substituir n por $-n$ nas Equações (13.51) a (13.55). As duas regras simples a serem respeitadas são:

1. Se tanto V_1 quanto V_2 forem positivas ou *ambas* negativas nos terminais pontuados, use $+n$ na Equação (13.52). Caso contrário, use $-n$.
2. Se tanto I_1 quanto I_2 entrarem ou *ambos* deixarem os terminais pontuados, use $-n$ na Equação (13.55). Caso contrário, use $+n$.

As regras são demonstradas com os quatro circuitos da Figura 13.32.

Usando as Equações (13.52) e (13.55), sempre podemos expressar V_1 em termos de V_2 e I_1 em termos de I_2 ou vice-versa:

$$V_1 = \frac{V_2}{n} \quad \text{ou} \quad V_2 = nV_1 \qquad (13.56)$$

$$I_1 = nI_2 \quad \text{ou} \quad I_2 = \frac{I_1}{n} \qquad (13.57)$$

A potência complexa no enrolamento primário é

$$\boxed{S_1 = V_1 I_1^* = \frac{V_2}{n}(nI_2)^* = V_2 I_2^* = S_2} \qquad (13.58)$$

mostrando que a potência complexa fornecida para o primário é entregue para o secundário sem perdas. O transformador não absorve nenhuma energia. Obviamente, isso era o esperado, já que o transformador ideal é sem perdas. A impedância de entrada vista pela fonte na Figura 13.31 é encontrada a partir das Equações (13.56) e (13.57), como segue

$$Z_\text{ent} = \frac{V_1}{I_1} = \frac{1}{n^2}\frac{V_2}{I_2} \qquad (13.59)$$

Fica evidente da Figura 13.31 que $V_2/I_2 = Z_L$, de modo que

$$\boxed{Z_\text{ent} = \frac{Z_L}{n^2}} \qquad (13.60)$$

A impedância de entrada também é chamada *impedância refletida*, uma vez que parece como se a impedância da carga fosse refletida para o lado do primário. Essa capacidade de o transformador transformar dada impedância em outra nos dá um meio de *casamento de impedâncias* para garantir a transferência de potência máxima. A ideia de casamento de impedâncias é muito útil na prática e será discutida de forma mais detalhada na Seção 13.9.2.

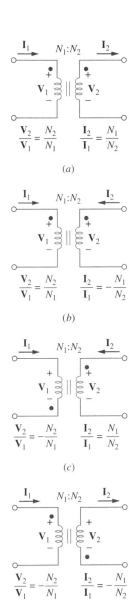

Figura 13.32 Circuitos típicos ilustrando as polaridades das tensões, bem como os sentidos das correntes apropriados em um transformador ideal.

Note que um transformador ideal reflete uma impedância como o quadrado da relação de espiras.

Ao analisarmos um circuito contendo um transformador ideal, é prática comum eliminar o transformador refletindo as impedâncias e as fontes de um lado do transformador para o outro. No circuito da Figura 13.33, suponha que queiramos refletir o lado secundário do circuito para o lado primário. Encontramos o circuito equivalente de Thévenin do circuito à direita dos terminais a-b. Obtemos $\mathbf{V}_{Th}$ como a tensão de circuito aberto nos terminais a-b, conforme mostrado na Figura 13.34a.

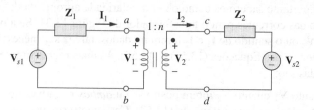

Figura 13.33 Circuito de transformador ideal cujos circuitos equivalentes devem ser encontrados.

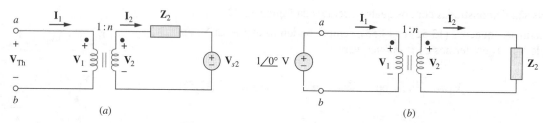

Figura 13.34 (a) Obtenção de $\mathbf{V}_{Th}$ para o circuito da Figura 13.33; (b) obtenção de $\mathbf{Z}_{Th}$ para o circuito da Figura 13.33.

Como os terminais a-b estão abertos, $\mathbf{I}_1 = 0 = \mathbf{I}_2$ de modo que $\mathbf{V}_2$ e $\mathbf{V}_{s2}$. Logo, a partir da Equação (13.56), obtemos

$$\mathbf{V}_{Th} = \mathbf{V}_1 = \frac{\mathbf{V}_2}{n} = \frac{\mathbf{V}_{s2}}{n} \quad (13.61)$$

Para obter $\mathbf{Z}_{Th}$, eliminamos a fonte de tensão no enrolamento secundário e inserimos uma fonte unitária nos terminais a-b, como indicado na Figura 13.34b. Das Equações (13.56) e (13.57), $\mathbf{I}_1 n \mathbf{I}_2$ e $\mathbf{V}_1 = \mathbf{V}_2/n$, de modo que

$$\mathbf{Z}_{Th} = \frac{\mathbf{V}_1}{\mathbf{I}_1} = \frac{\mathbf{V}_2/n}{n\mathbf{I}_2} = \frac{\mathbf{Z}_2}{n^2}, \quad \mathbf{V}_2 = \mathbf{Z}_2 \mathbf{I}_2 \quad (13.62)$$

que é o esperado da Equação (13.60). Assim que tivermos $\mathbf{V}_{Th}$ e $\mathbf{Z}_{Th}$, acrescentamos o circuito equivalente de Thévenin à parte do circuito da Figura 13.33 à esquerda dos terminais a-b. A Figura 13.35 mostra o resultado.

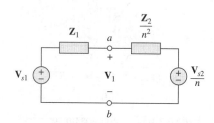

Figura 13.35 Circuito equivalente para a Figura 13.33 obtido refletindo-se o circuito do secundário para o lado do primário.

> A regra para eliminar o transformador e refletir o circuito secundário para o lado primário é: dividir a impedância do secundário por n^2, dividir a tensão do secundário por n e multiplicar a corrente do secundário por n.

Também podemos refletir o lado primário do circuito da Figura 13.33 para o lado secundário. A Figura 13.36 mostra o circuito equivalente.

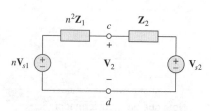

Figura 13.36 Circuito equivalente para a Figura 13.33 obtido refletindo-se o circuito do primário para o lado do secundário.

> A regra para eliminar o transformador e refletir o circuito primário para o lado do secundário é: multiplicar a impedância do primário por n^2, multiplicará a tensão do primário por n e dividir a corrente do primário por n.

De acordo com a Equação (13.58), a potência permanece a mesma, independentemente se calculado no lado primário ou no secundário. Porém, esteja ciente de que esse método de reflexão aplica-se apenas se não existirem ligações externas entre os enrolamentos primário e secundário. Quando temos essas ligações, usamos simplesmente análise nodal ou de malhas. Exemplos de circuitos em que existem ligações eternas entre os enrolamentos primário e secundário são os das Figuras 13.39 e 13.40. Perceba também que, se as posições dos pontos na Figura 13.33 forem alteradas, talvez tenhamos de substituir n por $-n$ de modo a respeitar a regra dos pontos, ilustrada na Figura 13.32.

EXEMPLO 13.7

Um transformador ideal tem os seguintes valores nominais: 2.400/120 V, 9,6 kVA; e tem 50 espiras no secundário. Calcule: (a) a relação de espiras; (b) o número de espiras no primário; (c) os valores nominais das correntes nos enrolamentos primário e secundário.

Solução: (a) Este é um transformador abaixador de tensão já que $V_1 = 2.400$ V $> V_2 = 120$ V.

$$n = \frac{V_2}{V_1} = \frac{120}{2.400} = 0,05$$

(b)

$$n = \frac{N_2}{N_1} \quad \Rightarrow \quad 0,05 = \frac{50}{N_1}$$

ou

$$N_1 = \frac{50}{0,05} = 1.000 \text{ espiras}$$

(c) $S = V_1 I_1 = V_2 I_2 = 9,6$ kVA Portanto,

$$I_1 = \frac{9.600}{V_1} = \frac{9.600}{2.400} = 4 \text{ A}$$

$$I_2 = \frac{9.600}{V_2} = \frac{9.600}{120} = 80 \text{ A} \quad \text{ou} \quad I_2 = \frac{I_1}{n} = \frac{4}{0,05} = 80 \text{ A}$$

PROBLEMA PRÁTICO 13.7

A corrente no primário de um transformador ideal com valor nominal 3.300/110 V é 5 A. Calcule: (a) a relação de espiras; (b) o valor nominal em kVA; (c) a corrente no secundário.

Resposta: (a) 1/20; (b) 11 kVA; (c) 100 A.

EXEMPLO 13.8

Para o circuito com transformador ideal da Figura 13.37, determine: (a) a corrente de fonte $\mathbf{I}_1$; (b) a tensão de saída $\mathbf{V}_o$; (c) a potência complexa fornecida pela fonte.

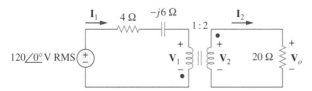

Figura 13.37 Esquema para o Exemplo 13.8.

Solução: (a) A impedância de 20 Ω pode ser refletida para o lado do primário, obtendo-se

$$\mathbf{Z}_R = \frac{20}{n^2} = \frac{20}{4} = 5 \text{ Ω}$$

Portanto,

$$\mathbf{Z}_{ent} = 4 - j6 + \mathbf{Z}_R = 9 - j6 = 10{,}82 \underline{/-33{,}69°}\ \Omega$$

$$\mathbf{I}_1 = \frac{120\underline{/0°}}{\mathbf{Z}_{ent}} = \frac{120\underline{/0°}}{10{,}82\underline{/-33{,}69°}} = 11{,}09\underline{/33{,}69°}\ A$$

(b) Como $\mathbf{I}_1$ e $\mathbf{I}_2$ deixam os terminais marcados com pontos,

$$\mathbf{I}_2 = -\frac{1}{n}\mathbf{I}_1 = -5{,}545\underline{/33{,}69°}\ A$$

$$\mathbf{V}_o = 20\mathbf{I}_2 = 110{,}9\underline{/213{,}69°}\ V$$

(c) A potência complexa fornecida é

$$\mathbf{S} = \mathbf{V}_s\mathbf{I}_1^* = (120\underline{/0°})(11{,}09\underline{/-33{,}69°}) = 1.330{,}8\underline{/-33{,}69°}\ VA$$

PROBLEMA PRÁTICO 13.8

No circuito com transformador ideal da Figura 13.38, determine $\mathbf{V}_o$ e a potência complexa fornecida pela fonte.

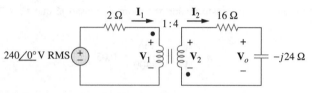

Figura 13.38 Esquema para o Problema prático 13.8.

Resposta: $429{,}4\underline{/116{,}57°}$ V, $17{,}174\underline{/-26{,}57°}$ kVA.

EXEMPLO 13.9

Calcule a potência fornecida ao resistor de 10 Ω no circuito com transformador ideal da Figura 13.39.

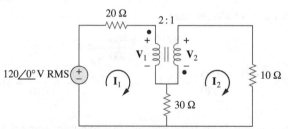

Figura 13.39 Esquema para o Exemplo 13.9.

Solução: A reflexão para o primário ou o secundário não pode ser realizada com esse circuito: existe uma conexão direta entre o primário e o secundário devido ao resistor de 30 Ω. Aplicaremos a análise de malhas. Para a malha 1,

$$-120 + (20 + 30)\mathbf{I}_1 - 30\mathbf{I}_2 + \mathbf{V}_1 = 0$$

ou

$$50\mathbf{I}_1 - 30\mathbf{I}_2 + \mathbf{V}_1 = 120 \qquad (13.9.1)$$

Para a malha 2,

$$-\mathbf{V}_2 + (10 + 30)\mathbf{I}_2 - 30\mathbf{I}_1 = 0$$

ou

$$-30\mathbf{I}_1 + 40\mathbf{I}_2 - \mathbf{V}_2 = 0 \qquad (13.9.2)$$

Nos terminais do transformador,

$$\mathbf{V}_2 = -\frac{1}{2}\mathbf{V}_1 \qquad (13.9.3)$$

$$I_2 = -2I_1 \quad (13.9.4)$$

(Note que $n = 1/2$). Agora, temos quatro equações e quatro incógnitas, porém, nosso objetivo é obter I_2. Portanto, substituímos V_1 e I_1 em termos de V_2 e I_2 nas Equações (13.9.1) e (13.9.2). A Equação (13.9.1) fica

$$-55I_2 - 2V_2 = 120 \quad (13.9.5)$$

e a Equação (13.9.2) fica

$$15I_2 + 40I_2 - V_2 = 0 \quad \Rightarrow \quad V_2 = 55I_2 \quad (13.9.6)$$

Substituindo-se a Equação (13.9.6) na Equação (13.9.5),

$$-165I_2 = 120 \quad \Rightarrow \quad I_2 = -\frac{120}{165} = -0{,}7272 \text{ A}$$

A potência absorvida pelo resistor de 10 Ω é

$$P = (-0{,}7272)^2(10) = 5{,}3 \text{ W}$$

Determine V_o no circuito da Figura 13.40.

PROBLEMA PRÁTICO 13.9

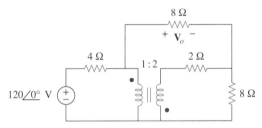

Figura 13.40 Esquema para o Problema prático 13.9.

Resposta: 48 V.

13.6 Autotransformadores ideais

Diferentemente do transformador convencional de dois enrolamentos considerado até agora, um *autotransformador* tem um único enrolamento com um ponto de conexão chamado *derivação* entre o primário e o secundário. Normalmente, a derivação é ajustável de modo a fornecer a relação de espiras desejada para elevar ou abaixar a tensão. Dessa maneira, é fornecida uma tensão variável para a carga conectada ao autotransformador.

Autotransformador é um transformador no qual tanto o primário como o secundário têm um único enrolamento.

A Figura 13.41 mostra um autotransformador-padrão. Como exposto na Figura 13.42, ele pode operar no modo redutor ou elevador e é um tipo de transformador de potência. Sua maior vantagem em relação ao transformador de dois enrolamentos é sua habilidade em transferir potência aparente maior. O Exemplo 13.10 demonstrará isso. Outra vantagem é que um autotransformador é menor e mais leve que um transformador equivalente de dois enrolamentos. Entretanto, como tanto o enrolamento primário como o secundário são um único enrolamento, o *isolamento elétrico* (nenhuma conexão elétrica direta) é perdido. (Veremos como a propriedade de isolamento elétrico no transformador convencional é empregada de forma prática na Seção 13.9.1.) A falta de

Figura 13.41 Autotransformador--padrão. (Cortesia de Todd Systems Inc.)

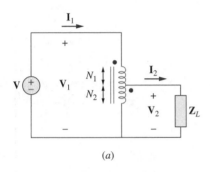

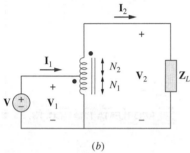

Figura 13.42 (a) Autotransformador abaixador; (b) autotransformador elevador.

isolamento elétrico entre os enrolamentos primário e secundário é uma desvantagem importante do autotransformador.

Algumas das fórmulas derivadas para transformadores ideais aplicam-se também para autotransformadores ideais. Para o circuito do autotransformador abaixador da Figura 13.42a, a Equação (13.52) fornece

$$\boxed{\frac{\mathbf{V}_1}{\mathbf{V}_2} = \frac{N_1 + N_2}{N_2} = 1 + \frac{N_1}{N_2}} \quad (13.63)$$

Na qualidade de autotransformador ideal, não existem perdas, portanto a potência complexa permanece a mesma nos enrolamentos primário e secundário:

$$\mathbf{S}_1 = \mathbf{V}_1 \mathbf{I}_1^* = \mathbf{S}_2 = \mathbf{V}_2 \mathbf{I}_2^* \quad (13.64)$$

A Equação (13.64) também pode ser expressa como

$$V_1 I_1 = V_2 I_2$$

ou

$$\frac{V_2}{V_1} = \frac{I_1}{I_2} \quad (13.65)$$

Portanto, a relação entre correntes é

$$\frac{\mathbf{I}_1}{\mathbf{I}_2} = \frac{N_2}{N_1 + N_2} \quad (13.66)$$

Para o circuito com transformador elevador da Figura 13.42b,

$$\frac{\mathbf{V}_1}{N_1} = \frac{\mathbf{V}_2}{N_1 + N_2}$$

ou

$$\boxed{\frac{\mathbf{V}_1}{\mathbf{V}_2} = \frac{N_1}{N_1 + N_2}} \quad (13.67)$$

A potência complexa dada pela Equação (13.64) também se aplica ao autotransformador elevador de modo que a Equação (13.65) se aplique novamente. Logo, a relação entre correntes é

$$\frac{\mathbf{I}_1}{\mathbf{I}_2} = \frac{N_1 + N_2}{N_1} = 1 + \frac{N_2}{N_1} \quad (13.68)$$

A principal diferença entre transformadores convencionais e autotransformadores é que o primário e o secundário do autotransformador não são apenas acoplados magneticamente, como também acoplados em termos condutivos. O autotransformador pode ser usado no lugar de um transformador convencional quando o isolamento elétrico não é necessário.

EXEMPLO 13.10

Compare as potências nominais do transformador de dois enrolamentos na Figura 13.43a com o autotransformador na Figura 13.43b.

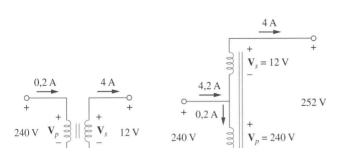

Figura 13.43 Esquema para o Exemplo 13.10.

Solução: Embora os enrolamentos primário e secundário do autotransformador constituam um enrolamento contínuo, eles foram separados na Figura 13.42b para facilitar a análise. Notamos que a corrente e a tensão de cada enrolamento do autotransformador na Figura 13.43b são as mesmas do transformador de dois enrolamentos na Figura 13.43a. Esta é a base de comparação entre potências nominais.

Para o transformador de dois enrolamentos, a potência nominal é

$$S_1 = 0{,}2(240) = 48 \text{ VA} \quad \text{ou} \quad S_2 = 4(12) = 48 \text{ VA}$$

Para o autotransformador, a potência nominal é

$$S_1 = 4{,}2(240) = 1.008 \text{ VA} \quad \text{ou} \quad S_2 = 4(252) = 1.008 \text{ VA}$$

que é 21 vezes a potência nominal do transformador de dois enrolamentos.

PROBLEMA PRÁTICO 13.10

Consulte a Figura 13.43. Se o transformador de dois enrolamentos for um transformador de 120 V/10 V, 60 VA, qual a potência nominal do autotransformador?

Resposta: 780 VA.

EXEMPLO 13.11

Observe o circuito do autotransformador na Figura 13.44. Calcule: (a) $\mathbf{I}_1$, $\mathbf{I}_2$ e $\mathbf{I}_o$ se $\mathbf{Z}_L = 8 + j6 \ \Omega$; (b) a potência complexa fornecida para a carga.

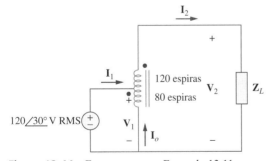

Figura 13.44 Esquema para o Exemplo 13.11.

Solução: (a) Este é um autotransformador elevador com $N_1 = 80$, $N_2 = 120$, $\mathbf{V}_1 = 120\underline{/30°}$, de modo que a Equação (13.67) possa ser usada para determinar $\mathbf{V}_2$, como segue

$$\frac{\mathbf{V}_1}{\mathbf{V}_2} = \frac{N_1}{N_1 + N_2} = \frac{80}{200}$$

ou

$$\mathbf{V}_2 = \frac{200}{80}\mathbf{V}_1 = \frac{200}{80}(120\underline{/30°}) = 300\underline{/30°} \text{ V}$$

$$\mathbf{I}_2 = \frac{\mathbf{V}_2}{\mathbf{Z}_L} = \frac{300\underline{/30°}}{8 + j6} = \frac{300\underline{/30°}}{10\underline{/36{,}87°}} = 30\underline{/-6{,}87°} \text{ A}$$

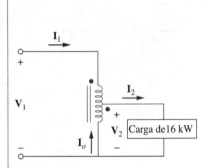

Figura 13.45 Esquema para o Problema prático 13.11.

● **PROBLEMA PRÁTICO 13.11**

Porém,

$$\frac{\mathbf{I}_1}{\mathbf{I}_2} = \frac{N_1 + N_2}{N_1} = \frac{200}{80}$$

ou

$$\mathbf{I}_1 = \frac{200}{80}\mathbf{I}_2 = \frac{200}{80}(30\underline{/-6,87°}) = 75\underline{/-6,87°} \text{ A}$$

Na derivação, aplicando a LKC, temos

$$\mathbf{I}_1 + \mathbf{I}_o = \mathbf{I}_2$$

ou

$$\mathbf{I}_o = \mathbf{I}_2 - \mathbf{I}_1 = 30\underline{/-6,87°} - 75\underline{/-6,87°} = 45\underline{/173,13°} \text{ A}$$

(b) A potência complexa fornecida para a carga é

$$\mathbf{S}_2 = \mathbf{V}_2\mathbf{I}_2^* = |\mathbf{I}_2|^2\mathbf{Z}_L = (30)^2(10\underline{/36,87°}) = 9\underline{/36,87°} \text{ kVA}$$

No circuito do autotransformador da Figura 13.45, encontre as correntes $\mathbf{I}_1$, $\mathbf{I}_2$ e $\mathbf{I}_o$. Adote $\mathbf{V}_1 = 2,5$ kV, $\mathbf{V}_2 = 1$ kV.

Resposta: 6,4 A, 16 A, 9,6 A.

13.7 †Transformadores trifásicos

Para atender à demanda pela transmissão de energia trifásica, são necessárias ligações do transformador compatíveis com operações trifásicas. Podemos obtê-las de duas maneiras: ou ligando transformadores trifásicos formando, consequentemente, o chamado *banco de transformadores*, ou usando um transformador trifásico especial. Para a mesma potência nominal em kVA, um transformador trifásico sempre é menor e mais barato que três transformadores monofásicos. Quando são usados transformadores monofásicos, deve-se garantir que possuam a mesma relação de espiras *n* para atingir um sistema trifásico equilibrado. Existem quatro maneiras-padrão de ligar três transformadores monofásicos ou um transformador trifásico para operações trifásicas: estrela-estrela, triângulo-triângulo, estrela-triângulo e triângulo-estrela.

Para qualquer uma das quatro ligações, a potência aparente total S_T, a potência real P_T e a potência reativa Q_T são obtidas como segue

$$S_T = \sqrt{3}V_L I_L \quad (13.69a)$$
$$P_T = S_T \cos\theta = \sqrt{3}V_L I_L \cos\theta \quad (13.69b)$$
$$Q_T = S_T \operatorname{sen}\theta = \sqrt{3}V_L I_L \operatorname{sen}\theta \quad (13.69c)$$

onde V_L e I_L são, respectivamente, iguais à tensão de linha V_{Lp} e a corrente de linha I_{Lp} para o primário, ou a tensão de linha V_{Ls} e a corrente de linha I_{Ls} para o secundário. Observe, da Equação (13.69), que, para cada uma das quatro conexões, $V_{Ls}I_{Ls} = V_{Lp}I_{Lp}$, uma vez que a potência, em um transformador ideal, tem de ser conservada.

Para a conexão estrela-estrela (Figura 13.46), a tensão de linha V_{Lp} no primário, a tensão de linha V_{Ls} no secundário, a corrente de linha I_{Lp} no primário e a corrente de linha I_{Ls} no secundário estão relacionadas com o transformador pela relação de espiras *n* por fase de acordo com as Equações (13.52) e (13.55), como segue

$$V_{Ls} = nV_{Lp} \qquad (13.70a)$$

$$I_{Ls} = \frac{I_{Lp}}{n} \qquad (13.70b)$$

Para a conexão triângulo-triângulo (Figura 13.47), a Equação (13.70) também se aplica para as tensões de linha e para as correntes de linha. Essa conexão é única no sentido de que, se um dos transformadores for eliminado para reparo ou manutenção, os outros dois formam um *triângulo aberto*, capaz de fornecer tensões trifásicas em um nível reduzido do transformador trifásico original.

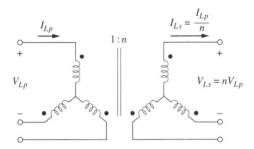

Figura 13.46 Conexão estrela-estrela de um transformador trifásico.

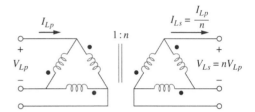

Figura 13.47 Conexão triângulo-triângulo de um transformador trifásico.

Para a conexão estrela-triângulo (Figura 13.48), existe um fator $\sqrt{3}$ proveniente dos valores de linha-fase, além da relação de espiras (n). Portanto,

$$V_{Ls} = \frac{nV_{Lp}}{\sqrt{3}} \qquad (13.71a)$$

$$I_{Ls} = \frac{\sqrt{3}I_{Lp}}{n} \qquad (13.71b)$$

De forma similar, para a conexão triângulo-estrela (Figura 13.49),

$$V_{Ls} = n\sqrt{3}V_{Lp} \qquad (13.72a)$$

$$I_{Ls} = \frac{I_{Lp}}{n\sqrt{3}} \qquad (13.72b)$$

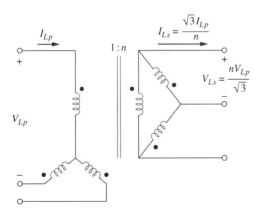

Figura 13.48 Conexão estrela-triângulo de um transformador trifásico.

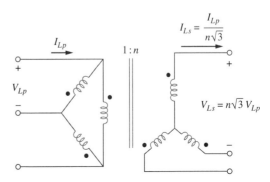

Figura 13.49 Conexão triângulo-estrela de um transformador trifásico.

EXEMPLO 13.12

A carga equilibrada de 42 kVA, representada na Figura 13.50, é alimentada por um transformador trifásico. (a) Determine o tipo de conexões de transformador. (b) Calcule a tensão e a corrente de linha no primário. (c) Determine a potência nominal em kVA de cada transformador usado no banco de transformadores. Suponha que os transformadores sejam ideais.

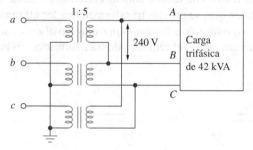

Figura 13.50 Esquema para o Exemplo 13.12.

Solução: (a) Uma observação cuidadosa da Figura 13.50 mostra que o primário está conectado em estrela, enquanto o secundário está conectado em triângulo. Portanto, o transformador trifásico é estrela-triângulo, similar àquele mostrado na Figura 13.48. (b) Dada a carga com potência aparente total $S_T = 42$ kVA, a relação de espiras $n = 5$ e a tensão de linha no secundário $V_{Ls} = 240$ V, podemos determinar a corrente de linha no secundário usando a Equação (13.69a), por meio de

$$I_{Ls} = \frac{S_T}{\sqrt{3}V_{Ls}} = \frac{42.000}{\sqrt{3}(240)} = 101 \text{ A}$$

A partir da Equação (13.71),

$$I_{Lp} = \frac{n}{\sqrt{3}}I_{Ls} = \frac{5 \times 101}{\sqrt{3}} = 292 \text{ A}$$

$$V_{Lp} = \frac{\sqrt{3}}{n}V_{Ls} = \frac{\sqrt{3} \times 240}{5} = 83,14 \text{ V}$$

(c) Como a carga é equilibrada, cada transformador compartilha igualmente a carga total e, já que não há perdas (supondo transformadores ideais), a potência nominal em kVA de cada transformador é $S = S_T/3 = 14$ kVA. De forma alternativa, os valores nominais do transformador podem ser determinados pelo produto da corrente de fase e pela tensão de fase do primário ou secundário. Para o primário, por exemplo, temos uma conexão em triângulo, de modo que a tensão de fase é a mesma que a tensão de linha de 240 V, enquanto a corrente de fase é $I_{Lp}/\sqrt{3} = 58,34$ A. Portanto, $S = 240 \times 58,34 = 14$ kVA.

PROBLEMA PRÁTICO 13.12

Um transformador trifásico triângulo-triângulo é usado para abaixar a tensão de linha de 625 kV, para alimentar uma fábrica operando com uma tensão de linha de 12,5 kV. A fábrica absorve 40 MW com fator de potência (atrasado) igual a 85%. Determine: (a) a corrente absorvida pela fábrica; (b) a relação de espiras; (c) a corrente no primário do transformador; (d) a carga suportada por transformador.

Resposta: (a) 2,174 kA; (b) 0,02; (c) 43,47 A; (d) 15,69 MVA.

13.8 Análise de circuitos magneticamente acoplados usando o *PSpice*

O *PSpice* analisa circuitos acoplados magneticamente, bem como os circuitos indutores, exceto pelo fato de que a convenção dos pontos deve ser seguida. No Schematic do *PSpice*, o ponto (não mostrado) está sempre próximo ao pino

1, que é o terminal do lado esquerdo do indutor quando o indutor cujo nome de componente L é colocado (horizontalmente) sem rotação no esquema. Portanto, o ponto ou pino 1 estará na parte inferior após uma rotação de 90° no sentido anti-horário, já que a rotação é sempre em torno do pino 1. Assim que os indutores acoplados magneticamente forem dispostos, considerando-se que a convenção dos pontos e os valores de seus atributos são estabelecidos em henries, usamos o símbolo de acoplamento K_LINEAR para definir o acoplamento. Para cada par de indutores acoplados, adote as seguintes etapas:

1. Selecione **Draw/Get New Part** e digite K_LINEAR.
2. Pressione <enter> ou clique em **OK** e coloque o símbolo K_LINEAR no esquema, conforme indicado na Figura 13.51. (Note que K_LINEAR não é um componente e, portanto, não tem pinos.)
3. Clique duas vezes com o botão esquerdo (**DCLICKL**) em COUPLING e ajuste o valor do coeficiente de acoplamento k.
4. Clique duas vezes com o botão esquerdo (**DCLICKL**) na caixa (símbolo de acoplamento) e introduza os nomes de referência para os indutores acoplados como valores de Li, i = 1, 2, ..., 6. Por exemplo, se os indutores L20 e L23 estiverem acoplados, configuramos L1 = L20 e L2 = L23. L1 e pelo menos outro Li devem receber valores; outros Lis podem ser deixados em branco.

Figura 13.51 K_Linear para definição de acoplamento.

Na etapa 4, até seis indutores acoplados de igual acoplamento podem ser especificados.

Para o transformador de núcleo de ar, o *partname* é XFMR_LINEAR.

Ele pode ser inserido em um circuito selecionando-se **Draw/Get Part Name** e, então, digitando o nome do componente ou selecionando o nome do componente da biblioteca analog.slb. Como mostrado, normalmente, na Figura 13.52a, os principais atributos do transformador linear são o coeficiente de acoplamento k e os valores de indutância L1 e L2 em henries. Se a indutância mútua M for especificada, seu valor deve ser usado juntamente com L1 e L2 para calcular k. Tenha em mente que o valor de k deve estar entre 0 e 1.

Para o transformador ideal, o nome do componente é XFRM_NONLINEAR e se encontra na biblioteca breakout.slb. Selecione-o clicando em **Draw/Get Part Name** e, então, digitando o nome do componente. Seus atributos são o coeficiente de acoplamento e os números de espiras associados com L1 e L2, conforme ilustrado, comumente, na Figura 13.52b. O valor do coeficiente de acoplamento mútuo $k = 1$.

O *PSpice* tem algumas configurações de transformador adicionais que não trataremos aqui.

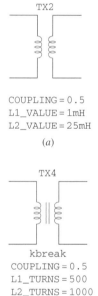

Figura 13.52 (a) Transformador linear XRFM_LINEAR; (b) transformador ideal XFRM_NONLINEAR.

EXEMPLO 13.13

Use o *PSpice* para determinar i_1, i_2 e i_3 no circuito mostrado na Figura 13.53.

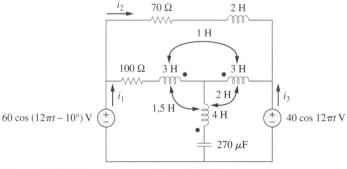

Figura 13.53 Esquema para o Exemplo 13.13.

Solução: Os coeficientes de acoplamento dos três indutores acoplados são determinados como segue:

$$k_{12} = \frac{M_{12}}{\sqrt{L_1 L_2}} = \frac{1}{\sqrt{3 \times 3}} = 0,3333$$

$$k_{13} = \frac{M_{13}}{\sqrt{L_1 L_3}} = \frac{1,5}{\sqrt{3 \times 4}} = 0,433$$

$$k_{23} = \frac{M_{23}}{\sqrt{L_2 L_3}} = \frac{2}{\sqrt{3 \times 4}} = 0,5774$$

A frequência operacional f é obtida da Figura 13.53 como $\omega = 12\pi = 2\pi f \rightarrow f = 6$ Hz.

O esquema do circuito é representado na Figura 13.54. Note como a convenção dos pontos é respeitada. Para L2, o ponto (não indicado) está sobre o pino 1 (o terminal do lado esquerdo) e é, portanto, colocado sem rotação. Para L1, para que o ponto esteja sobre o lado direito do indutor, este deve ser girado a 180°. Para L3, o indutor deve ser girado a 90° de modo que o ponto estará na parte inferior. Observe que o indutor de 2H (L_4) não está acoplado. Para lidar com os três indutores acoplados, usamos três componentes K_LINEAR, fornecidos na biblioteca analógica, e configuramos os seguintes atributos (dando um clique duplo sobre a caixa com símbolo K):

> Os valores do lado direito são os designadores referências dos indutores no esquema.

```
K1 - K_LINEAR
L1 = L1
L2 = L2
COUPLING = 0.3333

K2 - K_LINEAR
L1 = L2
L2 = L3
COUPLING = 0.433

K3 - K_LINEAR
L1 = L1
L2 = L3
COUPLING = 0.5774
```

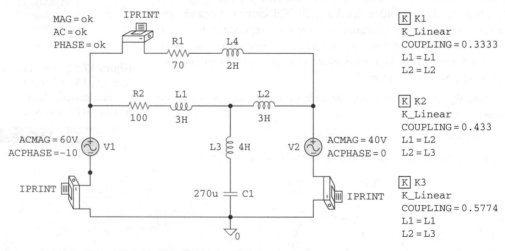

Figura 13.54 Esquema do circuito da Figura 13.53.

São inseridos três pseudocomponentes IPRINT nos ramos apropriados para obter as correntes i_1, i_2 e i_3 necessárias. Como se trata de uma análise de frequência simples em CA, selecionamos **Analysis/Setup/AC Sweep** e introduzimos *Total Pts* = 1, *Start Freq* = 6 e *Final Freq* = 6. Após salvar o esquema, selecionamos **Analysis/Simulate** para simulá-lo. O arquivo de saída inclui o seguinte:

```
FREQ          IM(V_PRINT2)    IP(V_PRINT2)
6.000E+00     2.114E-01       -7.575E+01
FREQ          IM(V_PRINT1)    IP(V_PRINT1)
6.000E+00     4.654E-01       -7.025E+01
FREQ          IM(V_PRINT3)    IP(V_PRINT3)
6.000E+00     1.095E-01       1.715E+01
```

A partir das informações dadas, obtemos:

$$\mathbf{I}_1 = 0{,}4654 \underline{/-70{,}25°}$$
$$\mathbf{I}_2 = 0{,}2114 \underline{/-75{,}75°}, \quad \mathbf{I}_3 = 0{,}1095 \underline{/17{,}15°}$$

Portanto,

$$i_1 = 0{,}4654 \cos(12\pi t - 70{,}25°) \text{ A}$$
$$i_2 = 0{,}2114 \cos(12\pi t - 75{,}75°) \text{ A}$$
$$i_3 = 0{,}1095 \cos(12\pi t + 17{,}15°) \text{ A}$$

PROBLEMA PRÁTICO 13.13

Determine i_o no circuito da Figura 13.55 usando o *PSpice*.

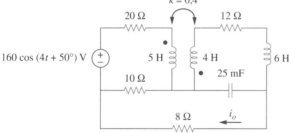

Figura 13.55 Esquema para o Problema prático 13.13.

Resposta: $2{,}012 \cos(4t + 68{,}52°)$ A.

EXEMPLO 13.14

Determine $\mathbf{V}_1$ e $\mathbf{V}_2$ no circuito do transformador ideal da Figura 13.56 usando o *PSpice*.

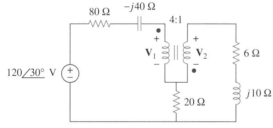

Figura 13.56 Esquema para o Exemplo 13.14.

Solução:

1. **Definição.** O problema está definido de forma clara e podemos prosseguir para o próximo passo.
2. **Apresentação.** Temos um transformador ideal e devemos encontrar as tensões de entrada e de saída para esse transformador. Além disso, usaremos o *PSpice* para determinar as tensões.
3. **Alternativa.** Devemos usar o *PSpice*. Podemos usar análise de malhas para realizar uma verificação.
4. **Tentativa.** Como de praxe, supomos $\omega = 1$ e encontramos os valores de capacitância e de indutância correspondentes aos elementos:

$$j10 = j\omega L \quad \Rightarrow \quad L = 10 \text{ H}$$
$$-j40 = \frac{1}{j\omega C} \quad \Rightarrow \quad C = 25 \text{ mF}$$

Lembrete: para um transformador ideal, as indutâncias para os enrolamentos primário e secundário são infinitamente grandes.

A Figura 13.57 mostra o esquema. Para o transformador ideal, configuramos o fator de acoplamento em 0,99999 e os números de espiras para 400.000 e 100.000. Os dois pseudocomponentes VPRINT2 são interligados nos terminais para obter V_1 e V_2. Como se trata de uma análise de frequência simples em CA, selecionamos **Analysis/Setup/AC Sweep** e introduzimos *Total Pts* = 1, *Start Freq* = 0,1592 e *Final Freq* = 0,1592. Após salvar o esquema, selecionamos **Analysis/Simulate** para simulá-lo. O arquivo de saída inclui o seguinte:

```
FREQ       VM($N_0003,$N_0006)   VP($N_0003,$N_0006)
1.592E-01  9.112E+01              3.792E+01

FREQ       VM($N_0006,$N_0005)   VP($N_0006,$N_0005)
1.592E-01  2.278E+01             -1.421E+02
```

Isso pode ser escrito como

$$V_1 = \mathbf{91{,}12 \underline{/37{,}92°} \text{ V}} \quad \text{e} \quad V_2 = \mathbf{22{,}78 \underline{/-142{,}1°} \text{ V}}$$

5. *Avaliação.* Podemos verificar a resposta usando análise de malhas, como segue:

Laço 1 $\quad -120\underline{/30°} + (80 - j40)I_1 + V_1 + 20(I_1 - I_2) = 0$

Laço 2 $\quad 20(-I_1 + I_2) - V_2 + (6 + j10)I_2 = 0$

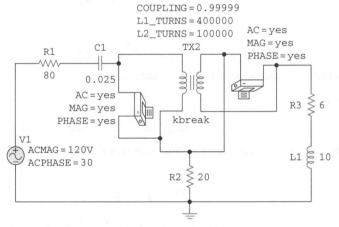

Figura 13.57 Esquema para o circuito da Figura 13.56.

Porém, $V_2 = -V_1/4$ e $I_2 = -4I_1$. Isso conduz a

$$-120\underline{/30°} + (80 - j40)I_1 + V_1 + 20(I_1 + 4I_1) = 0$$
$$(180 - j40)I_1 + V_1 = 120\underline{/30°}$$
$$20(-I_1 - 4I_1) + V_1/4 + (6 + j10)(-4I_1) = 0$$
$$(-124 - j40)I_1 + 0{,}25V_1 = 0 \quad \text{ou} \quad I_1 = V_1/(496 + j160)$$

Substituindo isso na primeira equação nos leva a

$$(180 - j40)V_1/(496 + j160) + V_1 = 120\underline{/30°}$$
$$(184{,}39\underline{/-12{,}53°}/521{,}2\underline{/17{,}88°})V_1 + V_1$$
$$= (0{,}3538\underline{/-30{,}41°} + 1)V_1 = (0{,}3051 + 1 - j0{,}17909)V_1 = 120\underline{/30°}$$
$$V_1 = 120\underline{/30°}/1{,}3173\underline{/-7{,}81°} = \mathbf{91{,}1\underline{/37{,}81°} \text{ V}} \quad \text{e}$$
$$V_2 = \mathbf{22{,}78\underline{/-142{,}19°} \text{ V}}$$

Ambas as respostas conferem.

6. **Satisfatória?** Solucionamos o problema de forma satisfatória e verificamos a resposta. Agora, podemos apresentar a solução inteira para o problema.

PROBLEMA PRÁTICO 13.14

Obtenha V_1 e V_2 no circuito da Figura 13.58 usando o *PSpice*.

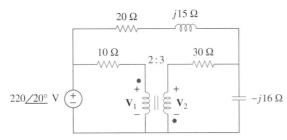

Figura 13.58 Esquema para o Problema prático 13.14.

Resposta: $V_1 = 153 \underline{/2{,}18°}$ V, $V_2 = 230{,}2 \underline{/2{,}09°}$ V.

13.9 †Aplicações

Transformadores são os maiores componentes dos circuitos elétricos, os mais pesados e, normalmente, os mais caros. Não obstante, são dispositivos passivos indispensáveis em circuitos elétricos, que podemos encontrar entre as máquinas mais eficientes, com índices comuns de eficiência de 95%, podendo chegar aos 99% e possuindo diversas aplicações. Os transformadores são usados, por exemplo, para:

- Elevar ou abaixar tensão ou corrente, tornando-os úteis para transmissão e distribuição de energia elétrica.
- Isolar parte de um circuito de outra (isto é, transferir potência sem qualquer conexão elétrica).
- Como dispositivo para casamento de impedâncias para máxima transferência de potência.
- Em circuitos seletivos a frequências cuja operação depende da resposta de indutâncias.

Por seus diversos empregos, existem vários modelos especiais de transformadores (dos quais apenas alguns deles são discutidos neste capítulo): transformadores de tensão, transformadores de corrente, transformadores de potência, transformadores de distribuição, transformadores para casamento de impedâncias, transformadores de áudio, transformadores monofásicos, transformadores trifásicos, transformadores retificadores, transformadores inversores e muitos outros. Nesta seção, consideraremos três importantes aplicações: o transformador usado como dispositivo de isolamento, o transformador atuando como um casador de impedâncias e um sistema de distribuição de energia elétrica.

> Para mais informações sobre os muitos tipos de transformadores, um bom livro é o do W. M. FLANAGAN, *Handbook of Transformer Design and Applications*. 2. ed. (Nova York: McGraw-Hill, 1993).

13.9.1 O transformador como dispositivo de isolamento

Diz-se que existe isolamento elétrico entre dois dispositivos quando não há nenhuma conexão física entre eles. Em um transformador, a energia é transferida por acoplamento magnético, sem conexão elétrica entre o circuito primário e o circuito secundário. Veremos, agora, três exemplos práticos e simples de como tirar proveito dessa propriedade.

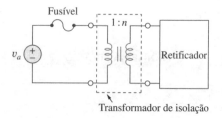

Figura 13.59 Transformador usado para isolar uma fonte de alimentação CA de um retificador.

Consideremos, primeiro, o circuito da Figura 13.59. Retificador é um circuito eletrônico que converte uma fonte CA em uma fonte CC. Normalmente, um transformador é usado para acoplar a fonte CA ao retificador. O uso do transformador tem dois propósitos. Em primeiro lugar, ele eleva ou abaixa a tensão. Em segundo lugar, ele fornece isolamento elétrico entre a fonte de alimentação CA e o retificador, reduzindo, consequentemente, o risco de choque elétrico durante a manipulação desse dispositivo.

Como segundo exemplo, os transformadores são, muitas vezes, usados para acoplar dois estágios de um amplificador, para evitar que qualquer tensão CC em um estágio afete a polarização CC do estágio seguinte. Polarização é a aplicação de uma tensão CC em um amplificador transistorizado ou em qualquer outro dispositivo eletrônico de forma a produzir um modo de operação desejado. Cada estágio amplificador é polarizado separadamente para operar em determinado modo; o modo de operação desejado ficará comprometido sem que um transformador forneça isolamento CC. Conforme mostrado na Figura 13.60, apenas o sinal CA é acoplado através do transformador de um estágio para o seguinte. Recordamo-nos de que não existe acoplamento magnético com uma fonte de tensão CC. Os transformadores são usados em receptores de rádio e TV para acoplar estágios de amplificadores de alta frequência. Quando o único objetivo para um transformador for o de fornecer isolamento, faz-se que sua relação de espiras n seja unitária. Portanto, um transformador de isolamento tem $n = 1$.

Como terceiro exemplo, consideremos a medição de tensão em linhas de 13,2 kV. Obviamente, não é seguro ligar um voltímetro diretamente a linhas de alta tensão como estas. Um transformador pode ser usado tanto para isolar eletricamente a tensão da linha do voltímetro como para abaixar a tensão para um nível seguro, como indicado na Figura 13.61. Uma vez que o voltímetro é usado para medir a tensão no secundário, a relação de espiras é usada para determinar a tensão da linha no lado primário.

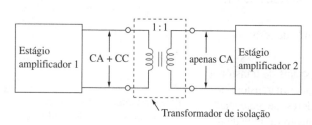

Figura 13.60 Transformador fornecendo isolamento CC entre dois estágios amplificadores.

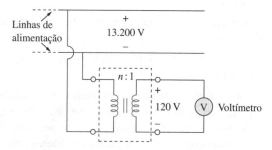

Figura 13.61 Transformador fornecendo isolamento entre as linhas de alta tensão e o voltímetro.

EXEMPLO 13.15

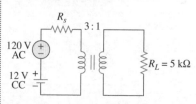

Figura 13.62 Esquema para o Exemplo 13.15.

Determine a tensão na carga da Figura 13.62.

Solução: Podemos aplicar o princípio da superposição para encontrar a tensão na carga. Façamos $v_L = v_{L1} + v_{L2}$, onde v_{L1} é devido à fonte CC e v_{L2}, à fonte CA. Consideremos separadamente as fontes CC e CA, conforme ilustrado na Figura 13.63. A tensão na carga por causa da fonte CC é nula, pois é necessária uma tensão variável com o tempo no circuito primário para induzir uma tensão no circuito secundário. Portanto, $v_{L1} = 0$. Para a fonte CA e um valor de R_s tão pequeno a ponto de poder ser desprezado,

$$\frac{\mathbf{V}_2}{\mathbf{V}_1} = \frac{\mathbf{V}_2}{120} = \frac{1}{3} \quad \text{ou} \quad \mathbf{V}_2 = \frac{120}{3} = 40 \text{ V}$$

Portanto, $V_{L2} = 40$ V CA ou $v_{L2} = 40 \cos \omega t$; isto é, apenas a tensão CA passa pelo transformador para a carga. Esse exemplo demonstra como o transformador fornece isolamento CC.

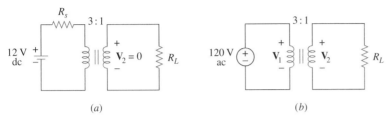

Figura 13.63 Esquema para o Exemplo 13.15: (a) fonte CC; (b) fonte CA.

Consulte a Figura 13.61. Calcule a relação de espiras necessária para abaixar a tensão de linha de 13,2 kV para um nível seguro de 120 V.

Resposta: 110.

PROBLEMA PRÁTICO 13.15

13.9.2 O transformador como dispositivo de casamento de impedâncias

Recordamo-nos de que para se obter a máxima transferência de potência, a resistência de carga, R_L, deve ser igual à resistência da fonte, R_s. Na maioria dos casos, as duas resistências não são iguais; ambas são fixas e não podem ser alteradas. Entretanto, um transformador de núcleo de ferro pode ser usado para fazer que a resistência da carga seja igual à resistência da fonte. Isso é o que chamamos de *casamento de impedâncias*. Por exemplo, para ligar um alto-falante a um amplificador de potência de áudio, é preciso um transformador, pois a sua resistência é de poucos ohms, enquanto a resistência interna do amplificador é de alguns milhares de ohms.

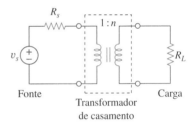

Figura 13.64 Transformador usado como casamento de impedância.

Considere o circuito mostrado na Figura 13.64. Recordemo-nos, da Equação (13.60), de que o transformador ideal reflete sua carga de volta para o primário com um fator de escala igual a n^2. Para casar essa carga refletida R_L/n^2 com a resistência da fonte R_s, fazemos que elas sejam iguais,

$$R_s = \frac{R_L}{n^2} \quad (13.73)$$

A Equação (13.73) pode ser satisfeita pela seleção apropriada da relação de espiras n. Da Equação (13.73), percebemos que é necessário um transformador abaixador de tensão ($n < 1$) como dispositivo de casamento de impedâncias quando $R_s > R_L$, e um transformador elevador de tensão ($n > 1$) quando $R_s < R_L$.

EXEMPLO 13.16

O transformador ideal da Figura 13.65 é usado para casar o circuito amplificador com o alto-falante para atingir a máxima transferência de potência. A impedância de Thévenin (ou de saída) do amplificador é de 192 Ω, e a impedância interna do alto-falante é de 12 Ω. Determine a relação de espiras necessária.

Solução: Substituímos o circuito amplificador pelo equivalente de Thévenin e refletimos a impedância $Z_L = 12$ Ω do alto-falante para o primário do transformador ideal. A Figura 13.66 mostra o resultado. Para a máxima transferência de potência,

$$Z_{Th} = \frac{Z_L}{n^2} \quad \text{ou} \quad n^2 = \frac{Z_L}{Z_{Th}} = \frac{12}{192} = \frac{1}{16}$$

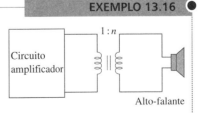

Figura 13.65 Emprego de um transformador ideal para casar o alto-falante com o amplificador; esquema para o Exemplo 13.16.

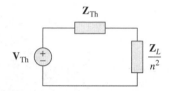

Figura 13.66 Circuito equivalente do circuito mostrado na Figura 13.65; para o Exemplo 13.16.

Logo, a relação de espiras é $n = 1/4 = 0{,}25$.

Usando $P = I^2R$, podemos demonstrar que, de fato, a potência liberada para o alto-falante é muito maior que aquela sem o uso do transformador ideal. Sem o transformador ideal, o amplificador fica conectado diretamente ao alto-falante. A potência liberada para o alto-falante é

$$P_L = \left(\frac{\mathbf{V}_{Th}}{\mathbf{Z}_{Th} + \mathbf{Z}_L}\right)^2 \mathbf{Z}_L = 288 \, \mathbf{V}_{Th}^2 \, \mu\text{W}$$

Com o uso do transformador, as correntes no primário e no secundário são

$$I_p = \frac{\mathbf{V}_{Th}}{\mathbf{Z}_{Th} + \mathbf{Z}_L/n^2}, \quad I_s = \frac{I_p}{n}$$

Logo,

$$P_L = I_s^2 \mathbf{Z}_L = \left(\frac{\mathbf{V}_{Th}/n}{\mathbf{Z}_{Th} + \mathbf{Z}_L/n^2}\right)^2 \mathbf{Z}_L$$

$$= \left(\frac{n\mathbf{V}_{Th}}{n^2 \mathbf{Z}_{Th} + \mathbf{Z}_L}\right)^2 \mathbf{Z}_L = 1.302 \, \mathbf{V}_{Th}^2 \, \mu\text{W}$$

confirmando o que havíamos dito anteriormente.

PROBLEMA PRÁTICO 13.16

Calcule a relação de espiras de um transformador ideal necessário para casar uma carga de 400 Ω com uma carga de impedância interna de 2,5 kΩ. Determine a tensão de carga para uma tensão de fonte de 60 V.

Resposta: 0,4, 12 V.

13.9.3 Distribuição de energia elétrica

Um sistema de energia elétrica é composto, basicamente, por três elementos: geração, transmissão e distribuição. A concessionária de energia elétrica opera uma planta que gera várias centenas de megavolt-ampères (MVA), com um valor-padrão aproximado de 18 kV. Como ilustra a Figura 13.67, são usados transformadores trifásicos elevadores de tensão para alimentar a linha de transmissão com a energia gerada. Por que precisamos do transformador? Suponha que precisemos transmitir 100.000 VA ao longo de uma distância de 50 km. Como $S = VI$, usar uma tensão de linha de 1.000 V implica que a linha de transmissão tem de transportar 100 A e isso requer uma linha de transmissão com diâmetro maior. Se, por outro lado, usarmos uma tensão de linha de 10.000 V, a corrente será de apenas 10 A. Uma corrente menor reduz o diâmetro necessário do condutor, produzindo consideráveis economias, bem como minimizando as perdas I^2R das linhas de transmissão. Minimizar as perdas requer um transformador elevador de tensão. Sem ele, a maior parte da energia gerada seria perdida nas linhas de transmissão. A capacidade de o transformador elevar ou baixar a tensão e distribuir energia é uma das principais razões para a geração em CA, em vez de CC. Portanto, para uma dada potência, quanto maior a tensão, melhor. Hoje, 1 MV é a maior tensão em uso; o nível poderá crescer como resultado de pesquisa e experimentos.

Além da planta de geração, a energia é transmitida por centenas de quilômetros através de uma rede elétrica denominada *malha de distribuição*. A energia elétrica trifásica na malha de distribuição é transmitida através de linhas de transmissão estendidas sobre torres de aço de diversos tamanhos e formas. As linhas (condutores de alumínio reforçados com aço) possuem diâmetros fatais comuns de até 40 mm e são capazes de transmitir correntes de até 1.380 A.

> Poder-se-ia perguntar: "Como o ato de elevar a tensão não eleva a corrente, aumentando, consequentemente, as perdas I^2R? Lembre-se de que $I = V_\ell/R$, onde V_ℓ é a diferença de potencial entre os lados transmissor e receptor da linha. A tensão que é elevada é a tensão V no lado do transmissor e não V_ℓ. Se a tensão no lado receptor for V_R, então $V_\ell = V - V_R$. Como V e V_R são bem próximas, V_ℓ é pequena mesmo quando V é elevada.

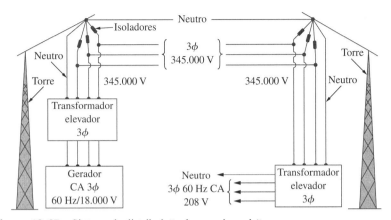

Figura 13.67 Sistema de distribuição de energia-padrão.
A. MARCUS; C. M. THOMSON, *Electricity for Technicians*. 2. ed. © 1975, p. 337. Reproduzido com a permissão da Pearson Education, Inc., Upper Saddle River, NJ.

Nas subestações, são usados transformadores de distribuição para abaixar a tensão. O processo de abaixamento de tensão normalmente é feito por estágios. A energia elétrica pode ser distribuída em uma localidade através de cabos aéreos ou subterrâneos, e as subestações distribuem essa energia para consumidores residenciais, comerciais e industriais. No lado receptor, o consumidor residencial acaba recebendo 120/240 V, enquanto os consumidores industriais ou comerciais são alimentados com tensões mais elevadas como 460/208 V. Os consumidores residenciais geralmente são alimentados por transformadores de distribuição normalmente montados sobre postes da concessionária de energia elétrica. Quando for necessária corrente contínua, a corrente alternada é convertida eletronicamente em CC.

EXEMPLO 13.17

Um transformador de distribuição é usado para alimentar uma residência como na Figura 13.68. A carga é formada por oito lâmpadas de 100 W, uma TV de 350 W e um forno elétrico de cozinha de 15 kW. Se o secundário do transformador tiver 72 espiras, calcule: (a) o número de espiras do enrolamento primário; (b) a corrente I_p no enrolamento primário.

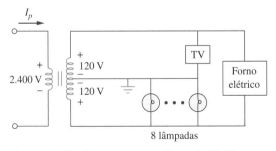

Figura 13.68 Esquema para o Exemplo 13.17.

Solução: (a) As posições dos pontos no enrolamento não são tão importantes, já que estamos interessados apenas nas magnitudes das variáveis envolvidas. Como

$$\frac{N_p}{N_s} = \frac{V_p}{V_s}$$

obtemos

$$N_p = N_s \frac{V_p}{V_s} = 72 \frac{2.400}{240} = 720 \text{ espiras}$$

(b) A potência total absorvida pela carga é

$$S = 8 \times 100 + 350 + 15.000 = 16,15 \text{ kW}$$

Porém $S = V_p I_p = V_s I_s$, de modo que

$$I_p = \frac{S}{V_p} = \frac{16.150}{2.400} = 6,729 \text{ A}$$

PROBLEMA PRÁTICO 13.17

No Exemplo 13.17, se as oito lâmpadas de 100 W forem substituídas por 12 lâmpadas de 60 W e o forno elétrico for substituído por um ar-condicionado de 4,5 kW, determine: (a) a potência total fornecida; (b) a corrente I_p no enrolamento primário.

Resposta: (a) 5,57 kW; (b) 2,321 A.

13.10 Resumo

1. Diz-se que duas bobinas estão mutuamente acopladas se o fluxo magnético ϕ emanando de uma passa pela outra. A indutância mútua entre as duas bobinas é dada por

$$M = k\sqrt{L_1 L_2}$$

onde k é o coeficiente de acoplamento, $0 < k < 1$.

2. Se v_1 e i_1 forem a tensão e a corrente na bobina 1, enquanto v_2 e i_2 forem a tensão e a corrente na bobina 2, então

$$v_1 = L_1 \frac{di_1}{dt} + M\frac{di_2}{dt} \quad \text{e} \quad v_2 = L_2 \frac{di_2}{dt} + M\frac{di_1}{dt}$$

Portanto, a tensão induzida em uma bobina acoplada é formada pela tensão autoinduzida e a tensão mútua.

3. A polaridade de tensão mutua induzida é expressa no esquema pela convenção dos pontos.

4. A energia armazenada em duas bobinas acopladas é

$$\frac{1}{2}L_1 i_1^2 + \frac{1}{2}L_2 i_2^2 \pm M i_1 i_2$$

5. Transformador é um dispositivo de quatro terminais contendo duas ou mais bobinas acopladas magneticamente. Ele é usado na mudança do nível de corrente, de tensão ou de impedância em um circuito.

6. Um transformador linear (ou livremente acoplado) tem suas bobinas enroladas em um material magneticamente linear. Ele pode ser substituído por um circuito equivalente T ou Π para fins de análise.

7. Transformador ideal (ou de núcleo de ferro) é aquele sem perdas ($R_1 = R_2 = 0$) com coeficiente de acoplamento unitário ($k = 1$) e indutâncias infinitas ($L_1, L_2, M \to \infty$).

8. Para um transformador ideal,

$$\mathbf{V}_2 = n\mathbf{V}_1, \quad \mathbf{I}_2 = \frac{\mathbf{I}_1}{n}, \quad S_1 = S_2, \quad \mathbf{Z}_R = \frac{\mathbf{Z}_L}{n^2}$$

onde $n = N_2/N_1$ é a relação de espiras. N_1 é o número de espiras do enrolamento primário e N_2 é o número de espiras do enrolamento secundário. O transformador eleva a tensão do primário quando $n > 1$, e diminui quando

$n < 1$ ou funciona como um dispositivo de casamento de impedâncias quando $n = 1$.

9. Autotransformador é um transformador com um único enrolamento que é comum aos circuitos primário e secundário.
10. O *PSpice* é uma ferramenta útil para análise de circuitos com acoplamento magnético.
11. São necessários transformadores em todos os estágios dos sistemas de distribuição de energia elétrica. As tensões trifásicas podem ser elevadas ou abaixadas por transformadores trifásicos.
12. Os transformadores têm importantes aplicações eletrônicas, tais como dispositivos de isolamento elétrico e de casamento de impedâncias.

Questões para revisão

13.1 Observe as duas bobinas acopladas magneticamente na Figura 13.69a. A polaridade da tensão mútua é:

(a) positiva   (b) negativa

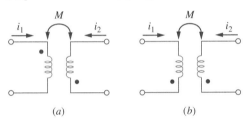

(a)   (b)

Figura 13.69 Esquema para as Questões de revisão 13.1 e 13.2.

13.2 Para as duas bobinas acopladas magneticamente da Figura 13.69b, a polaridade da tensão mútua é:

(a) positiva   (b) negativa

13.3 O coeficiente de acoplamento para duas bobinas com $L_1 = 2$ H, $L_2 = 8$ H, $M = 3$ H é:

(a) 0,8175   (b) 0,75
(c) 1,333   (d) 5,333

13.4 Um transformador é usado para abaixar ou elevar:

(a) tensões CC.
(b) tensões CA.
(c) tensões CC, bem como CA.

13.5 O transformador ideal na Figura 13.70a tem $N_2/N_1 = 10$. A razão V_2/V_1 é:

(a) 10   (b) 0,1   (c) –0,1   (d) –10

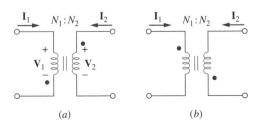

(a)   (b)

Figura 13.70 Esquema para as Questões de revisão 13.5 e 13.6.

13.6 Para o transformador ideal da Figura 13.70b, $N_2/N_1 = 10$. A razão I_2/I_1 é:

(a) 10   (b) 0,1   (c) –0,1   (d) –10

13.7 Um transformador de três enrolamentos é conectado conforme representação na Figura 13.71a. O valor da tensão de saída V_o é:

(a) 10   (b) 0,1   (c) –0,1   (d) –10

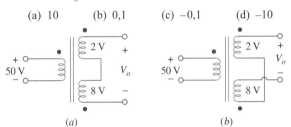

(a)   (b)

Figura 13.71 Esquema para as Questões de revisão 13.7 e 13.8.

13.8 Se o transformador de três enrolamentos estiver conectado conforme indicado na Figura 13.71b, o valor da tensão de saída V_o será:

(a) 10   (b) 6   (c) –6   (d) –10

13.9 Para casar uma fonte de impedância interna de 500 Ω a uma carga de 15 Ω, o que é necessário:

(a) transformador linear elevador de tensão.
(b) transformador linear abaixador de tensão.
(c) transformador ideal elevador de tensão.
(d) transformador ideal abaixado de tensão.
(e) autotransformador.

13.10 Qual dos seguintes transformadores pode ser usado como um dispositivo de isolamento?

(a) transformador linear.
(b) transformador ideal.
(c) autotransformador.
(d) todas as alternativas anteriores.

Respostas: 13.1b; 13.2a; 13.3b; 13.4b; 13.5d; 13.6b; 13.7c; 13.8a; 13.9d; 13.10b.

Problemas[1]

• Seção 13.2 Indutância mútua

13.1 Para as três bobinas acopladas da Figura 13.72, calcule a indutância total.

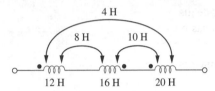

Figura 13.72 Esquema para o Problema 13.1.

13.2 Considere a Figura 13.73 e elabore um problema para ajudar outros estudantes a entender melhor a indutância mútua.

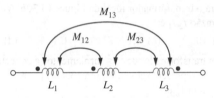

Figura 13.73 Esquema para o Problema 13.2.

13.3 Duas bobinas ligadas de forma a favorecer a conexão em série possuem indutância total de 500 mH. Quando ligadas em uma configuração de forma a se opor à conexão em série, as bobinas apresentam uma indutância total de 300 mH. Se a indutância de uma bobina (L_1) for três vezes a outra, determine L_1, L_2 e M. Qual é o coeficiente de acoplamento?

13.4 (a) Para as bobinas acopladas na Figura 13.74a, demonstre que

$$L_{eq} = L_1 + L_2 + 2M$$

(b) Para as bobinas acopladas na Figura 13.74b, demonstre que

$$L_{eq} = \frac{L_1 L_2 - M^2}{L_1 + L_2 - 2M}$$

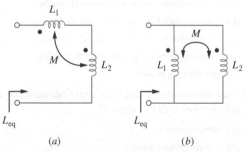

Figura 13.74 Esquema para o Problema 13.4.

13.5 Duas bobinas estão acopladas mutuamente, com $L_1 = 50$ mH, $L_2 = 120$ mH e $k = 0,5$. Calcule a máxima indutância possível se:

(a) As duas bobinas estiverem conectadas em série.

(b) As duas bobinas estiverem conectadas em paralelo.

13.6 As bobinas na Figura 13.75 têm $L_1 = 40$ mH, $L_2 = 5$ mH e coeficiente de acoplamento $k = 0,6$. Determine $i_1(t)$ e $v_2(t)$ dado que $v_1(t) = 20 \cos \omega t$ e $i_2(t) = 4 \operatorname{sen} \omega t$, $\omega = 2.000$ rad/s.

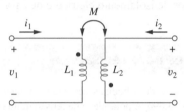

Figura 13.75 Esquema para o Problema 13.6.

13.7 Considere o circuito da Figura 13.76 e determine V_o.

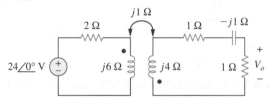

Figura 13.76 Esquema para o Problema 13.7.

13.8 Determine $v(t)$ para o circuito da Figura 13.77.

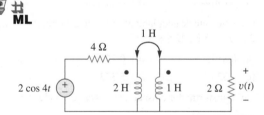

Figura 13.77 Esquema para o Problema 13.8.

13.9 Determine $\mathbf{V}_x$ no circuito da Figura 13.78.

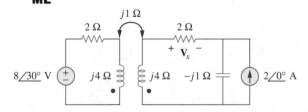

Figura 13.78 Esquema para o Problema 13.9.

---

[1] Lembre-se de que, salvo especificação contrária, todos os valores de tensões e correntes são RMS.

13.10 Determine v_o no circuito da Figura 13.79.

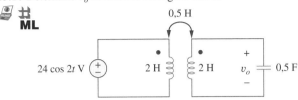

Figura 13.79 Esquema para o Problema 13.10.

13.11 Use a análise de malhas para determinar i_x na Figura 13.80, onde $i_s = 4\cos(600t)$ A e $v_s = 110\cos(600t + 30°)$ V.

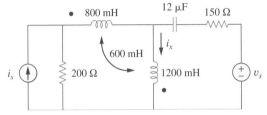

Figura 13.80 Esquema para o Problema 13.11.

13.12 Determine a indutância equivalente, L_{eq}, no circuito da Figura 13.81.

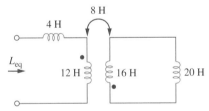

Figura 13.81 Esquema para o Problema 13.12.

13.13 Considere o circuito da Figura 13.82 e determine a impedância vista pela fonte.

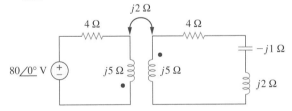

Figura 13.82 Esquema para o Problema 13.13.

13.14 Obtenha o circuito equivalente de Thévenin para o circuito da Figura 13.83 nos terminais a-b.

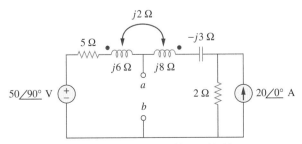

Figura 13.83 Esquema para o Problema 13.14.

13.15 Determine o equivalente de Norton para o circuito da Figura 13.84 nos terminais a-b.

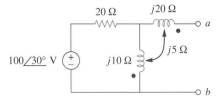

Figura 13.84 Esquema para o Problema 13.15.

13.16 Obtenha o equivalente de Norton nos terminais a-b do circuito da Figura 13.85.

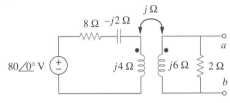

Figura 13.85 Esquema para o Problema 13.16.

13.17 No circuito da Figura 13.86, Z_L é um indutor de 15 mH com impedância de $j40\ \Omega$. Determine Z_{ent} quando $k = 0,6$.

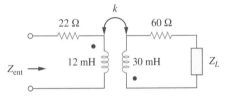

Figura 13.86 Esquema para o Problema 13.17.

13.18 Determine o equivalente de Thévenin à esquerda da carga **Z** no circuito da Figura 13.87.

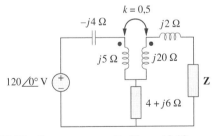

Figura 13.87 Esquema para o Problema 13.18.

13.19 Determine uma seção T equivalente que possa ser usada para substituir o transformador na Figura 13.88.

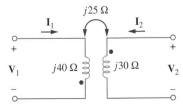

Figura 13.88 Esquema para o Problema 13.19.

• **Seção 13.3 Energia em um circuito acoplado**

13.20 Determine as correntes I_1, I_2 e I_3 no circuito da Figura 13.89. Determine a energia armazenada nas bobinas acopladas em $t = 2$ ms. Adote $\omega = 1.000$ rad/s rad/s.

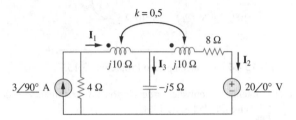

Figura 13.89 Esquema para o Problema 13.20.

13.21 Considere a Figura 13.90 e elabore um problema para ajudar outros estudantes a entender melhor a energia em circuitos acoplados.

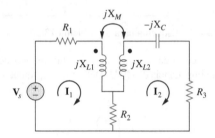

Figura 13.90 Esquema para o Problema 13.21.

* **13.22** Determine a corrente I_o no circuito da Figura 13.91.

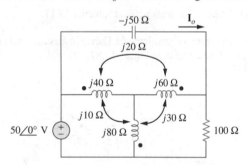

Figura 13.91 Esquema para o Problema 13.22.

13.23 Se $M = 0,2$ H e $v_s = 12 \cos 10t$ V no circuito da Figura 13.92, determine i_1 e i_2. Calcule a *energia* armazenada nas bobinas acopladas em $t = 15$ ms.

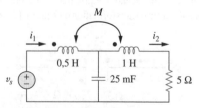

Figura 13.92 Esquema para o Problema 13.23.

---
* O asterisco indica um problema que constitui um desafio.

13.24 No circuito da Figura 13.93,

(a) Determine o coeficiente de acoplamento.
(b) Calcule v_o.
(c) Determine a energia armazenada nos indutores acoplados em $t = 2$ s.

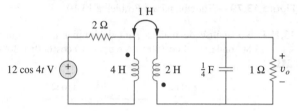

Figura 13.93 Esquema para o Problema 13.24.

13.25 Considere o circuito da Figura 13.94 e determine Z_{ab} e I_o.

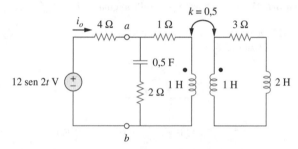

Figura 13.94 Esquema para o Problema 13.25.

13.26 Determine I_o no circuito da Figura 13.95. Inverta o ponto no enrolamento da direita e calcule I_o novamente.

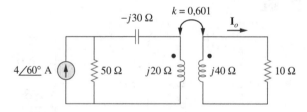

Figura 13.95 Esquema para o Problema 13.26.

13.27 Determine a potência média liberada para o resistor de 50 Ω no circuito da Figura 13.96.

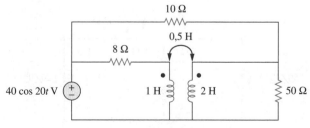

Figura 13.96 Esquema para o Problema 13.27.

13.28 No circuito da Figura 13.97, determine o valor de X que resultará na máxima transferência de potência para a carga de 20 Ω.

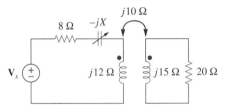

Figura 13.97 Esquema para o Problema 13.28.

• Seção 13.4 Transformadores lineares

13.29 No circuito da Figura 13.98, determine o valor do coeficiente de acoplamento k que fará que o resistor de 10 Ω dissipe 320 W. Para esse valor de k, determine a energia armazenada nas bobinas acopladas em $t = 1,5$ s.

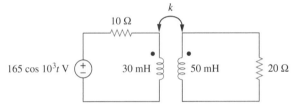

Figura 13.98 Esquema para o Problema 13.29.

13.30 (a) Determine a impedância de entrada do circuito da Figura 13.99 usando o conceito de impedância refletida.

(b) Obtenha a impedância de entrada substituindo o transformador linear por seu circuito equivalente T.

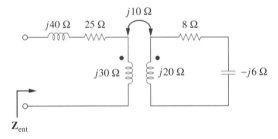

Figura 13.99 Esquema para o Problema 13.30.

13.31 Considere a Figura 13.100 e elabore um problema para ajudar outros estudantes a entender melhor os transformadores lineares e como determinar os circuitos equivalente T e equivalente Π.

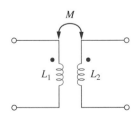

Figura 13.100 Esquema para o Problema 13.31.

13.32 Dois transformadores lineares são colocados em cascata, conforme mostrado na Figura 13.101. Demonstre que

$$Z_{\text{ent}} = \frac{\omega^2 R(L_a^2 + L_a L_b - M_a^2) + j\omega^3(L_a^2 L_b + L_a L_b^2 - L_a M_b^2 - L_b M_a^2)}{\omega^2(L_a L_b + L_b^2 - M_b^2) - j\omega R(L_a + L_b)}$$

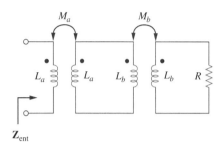

Figura 13.101 Esquema para o Problema 13.32.

13.33 Determine a impedância de entrada do circuito com transformador de núcleo de ar da Figura 13.102.

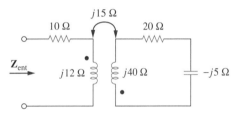

Figura 13.102 Esquema para o Problema 13.33.

13.34 Elabore um problema para ajudar outros estudantes a entender melhor como determinar a impedância de entrada de circuitos com transformadores usando a Figura 13.103.

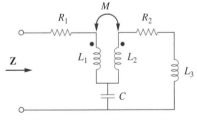

Figura 13.103 Esquema para o Problema 13.34.

13.35 Determine as correntes I_1, I_2 e I_3 no circuito da Figura 13.104.

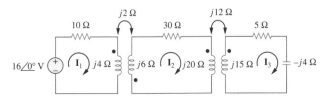

Figura 13.104 Esquema para o Problema 13.35.

Seção 13.5 Transformadores ideais

13.36 Conforme feito na Figura 13.32, obtenha as relações entre as tensões e correntes nos terminais para cada um dos transformadores ideais da Figura 13.105.

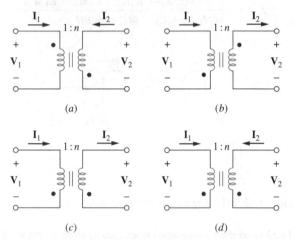

(a)   (b)

(c)   (d)

Figura 13.105 Esquema para o Problema 13.36.

13.37 Um transformador elevador de tensão ideal de 480/2.400 V RMS libera 50 kW para uma carga resistiva. Calcule:

(a) A relação de espiras.
(b) A corrente no primário.
(c) A corrente no secundário.

13.38 Elabore um problema para ajudar outros estudantes a entender melhor os transformadores ideais.

13.39 Um transformador de 1.200/240 V RMS tem impedância $60\underline{/-30°}$ Ω no lado de alta tensão. Se o transformador for conectado a uma carga de $0{,}8\underline{/10°}$ Ω no lado de baixa tensão, determine as correntes no primário e no secundário quando o transformador estiver conectado para 1.200 V RMS.

13.40 O primário de um transformador ideal com relação de espiras igual a 5 é conectado a uma fonte de tensão com parâmetros de Thévenin $v_{Th} = 10\cos 2.000t$ V e $R_{Th} = 100$ Ω. Determine a potência média liberada para uma carga de 200 Ω no enrolamento secundário.

13.41 Determine I_1 e I_2 no circuito da Figura 13.106.

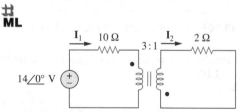

Figura 13.106 Esquema para o Problema 13.41.

13.42 Considere o circuito da Figura 13.107 e determine a potência absorvida pelo resistor de 2 Ω. Suponha que 80 V seja um valor RMS.

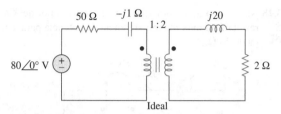

Figura 13.107 Esquema para o Problema 13.42.

13.43 Obtenha V_1 e V_2 no circuito do transformador ideal da Figura 13.108.

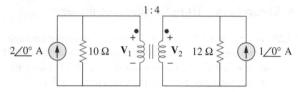

Figura 13.108 Esquema para o Problema 13.43.

* **13.44** No circuito do transformador ideal da Figura 13.109, determine $i_1(t)$ e $i_2(t)$.

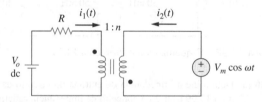

Figura 13.109 Esquema para o Problema 13.44.

13.45 Considere o circuito mostrado na Figura 13.110 e determine o valor da potência média absorvida pelo resistor de 8 Ω.

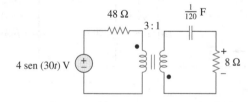

Figura 13.110 Esquema para o Problema 13.45.

13.46 (a) Determine I_1 e I_2 no circuito da Figura 13.111.
(b) Inverta o ponto em um dos enrolamentos. Determine I_1 e I_2 novamente.

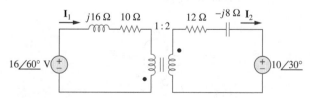

Figura 13.111 Esquema para o Problema 13.46.

13.47 Determine $v(t)$ para o circuito na Figura 13.112.

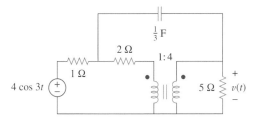

Figura 13.112 Esquema para o Problema 13.47.

13.48 Considere a Figura 13.113 e elabore um problema para ajudar outros estudantes a entender melhor como funciona os transformadores ideais.

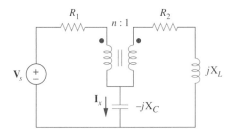

Figura 13.113 Esquema para o Problema 13.48.

13.49 Determine a corrente i_x no circuito do transformador ideal da Figura 13.114.

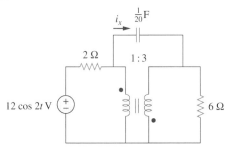

Figura 13.114 Esquema para o Problema 13.49.

13.50 Calcule a impedância de entrada para o circuito da Figura 13.115.

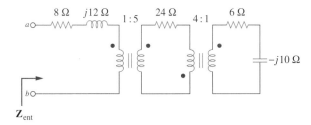

Figura 13.115 Esquema para o Problema 13.50.

13.51 Use o conceito de impedância refletida para determinar a impedância de entrada e a corrente $\mathbf{I}_1$ na Figura 13.116.

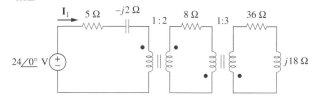

Figura 13.116 Esquema para o Problema 13.51.

13.52 Para o circuito da Figura 13.117, determine a relação de espiras n que resultará na transferência de máxima potência média para a carga. Calcule a máxima potência média.

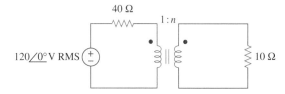

Figura 13.117 Esquema para o Problema 13.52.

13.53 Observe o circuito da Figura 13.118.

(a) Determine n para a máxima potência fornecida para a carga de 200 Ω.

(b) Determine a potência na carga de 200 Ω se $n = 10$.

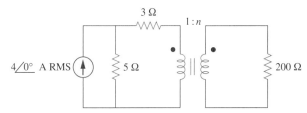

Figura 13.118 Esquema para o Problema 13.53.

13.54 Um transformador é usado para casar um amplificador com uma carga de 8 Ω, conforme mostrado na Figura 13.119. O equivalente de Thévenin do amplificador é: $V_{th} = 10$ V e $R_{th} = 128$ Ω.

(a) Determine a relação de espiras necessária para a máxima transferência de potência.

(b) Determine as correntes no primário e no secundário.

(c) Calcule as tensões no primário e no secundário.

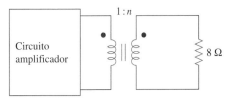

Figura 13.119 Esquema para o Problema 13.54.

13.55 Para o circuito da Figura 13.120, calcule a resistência equivalente.

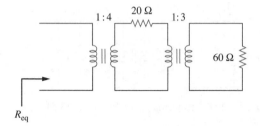

Figura 13.120 Esquema para o Problema 13.55.

13.56 Determine a potência absorvida pelo resistor de 10 Ω no transformador ideal da Figura 13.121.

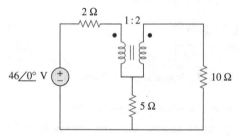

Figura 13.121 Esquema para o Problema 13.56.

13.57 Para o transformador ideal da Figura 13.122 a seguir, determine:
(a) I_1 e I_2.
(b) V_1, V_2 e V_o.
(c) A potência complexa fornecida pela fonte.

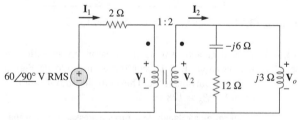

Figura 13.122 Esquema para o Problema 13.57.

13.58 Determine a potência média por cada resistor no circuito da Figura 13.123.

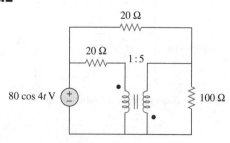

Figura 13.123 Esquema para o Problema 13.58.

13.59 No circuito da Figura 13.124, faça $v_s = 40 \cos 1.000t$. Determine a potência média liberada para cada resistor.

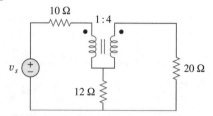

Figura 13.124 Esquema para o Problema 13.59.

13.60 Observe o circuito da Figura 13.125 da próxima página.
(a) Determine as correntes I_1, I_2 e I_3.
(b) Determine a potência dissipada no resistor de 40 Ω.

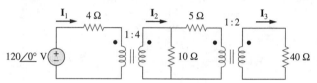

Figura 13.125 Esquema para o Problema 13.60.

* **13.61** Para o circuito da Figura 13.126, determine I_1, I_2 e V_o.

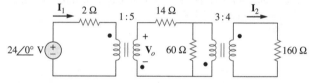

Figura 13.126 Esquema para o Problema 13.61.

13.62 Para o circuito da Figura 13.127, determine:
(a) A potência complexa fornecida pela fonte.
(b) A potência média liberada para o resistor de 18 Ω.

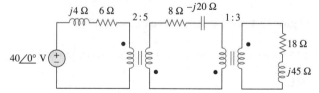

Figura 13.127 Esquema para o Problema 13.62.

13.63 Determine as correntes de malha do circuito da Figura 13.128.

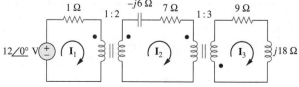

Figura 13.128 Esquema para o Problema 13.63.

13.64 Para o circuito da Figura 13.129, determine a relação de espiras de modo que a potência máxima seja liberada para o resistor de 30 kΩ.

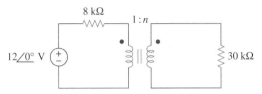

Figura 13.129 Esquema para o Problema 13.64.

* 13.65 Calcule a potência média dissipada pelo resistor de 20 Ω na Figura 13.130.

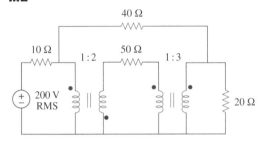

Figura 13.130 Esquema para o Problema 13.65.

● **Seção 13.6 Autotransformadores ideais**

13.66 Elabore um problema para ajudar outros estudantes a entender melhor como funciona o transformador ideal.

13.67 Um autotransformador com uma derivação de 40% é alimentado por uma fonte de 400 V, 60 Hz e é usado para operação de redução de tensão. Uma carga de 5 kVA operando com fator de potência unitário é conectada aos terminais secundários. Determine:

(a) A tensão no secundário

(b) A corrente no secundário

(c) A corrente no primário

13.68 No autotransformador ideal da Figura 13.131, calcule I_1, I_2 e I_o. Determine a potência média liberada para a carga.

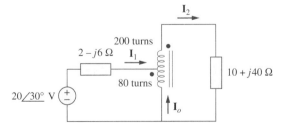

Figura 13.131 Esquema para o Problema 13.68.

* 13.69 No circuito da Figura 13.132, Z_L é ajustada até a máxima potência média ser liberada para Z_L. Determine Z_L e a máxima potência média transferida para ela. Considere $N_1 = 600$ espiras e $N_2 = 200$ espiras.

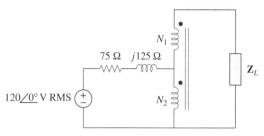

Figura 13.132 Esquema para o Problema 13.69.

13.70 No circuito do transformador ideal da Figura 13.133, determine a potência média liberada para a carga.

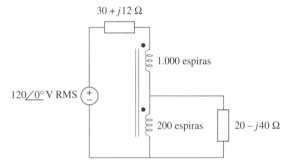

Figura 13.133 Esquema para o Problema 13.70.

13.71 No circuito com autotransformador da Figura 13.134, demonstre que

$$Z_{ent} = \left(1 + \frac{N_1}{N_2}\right)^2 Z_L$$

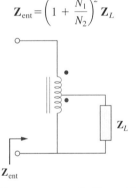

Figura 13.134 Esquema para o Problema 13.71.

● **Seção 13.7 Transformadores trifásicos**

13.72 Para atender a uma possível emergência, três transformadores monofásicos de 12.470/7.200 V RMS são conectados em triângulo-estrela para formar um transformador trifásico que é alimentado por uma linha de transmissão de 12.470 V. Se o transformador fornece 60 MVA para uma carga, determine:

(a) A relação de espiras para cada transformador.

(b) As correntes nos enrolamentos primário e secundário do transformador.

(c) As correntes que entram e saem da linha de transmissão.

13.73 A Figura 13.135 ilustra um transformador trifásico que alimenta uma carga ligada em estrela.

(a) Identifique a conexão do transformador.
(b) Calcule as correntes I_2 e I_c.
(c) Determine a potência média absorvida pela carga.

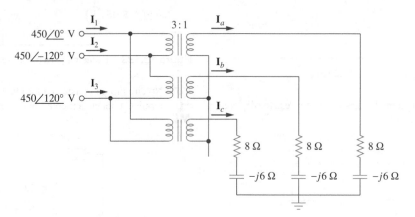

Figura 13.135 Esquema para o Problema 13.73.

13.74 Considere o transformador trifásico mostrado na Figura 13.136. O primário é alimentado por uma fonte trifásica com tensão de linha de 2,4 kV RMS, enquanto o secundário alimenta uma carga equilibrada de 120 kW com FP igual a 0,8. Determine:

(a) Os tipos de ligações do transformador.
(b) Os valores I_{LS} e I_{PS}.
(c) Os valores de I_{LP} e I_{PP}.
(d) O valor nominal em kVA de cada fase do transformador.

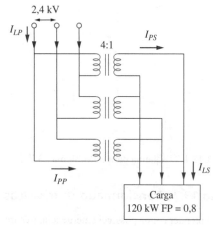

Figura 13.136 Esquema para o Problema 13.74.

13.75 Um banco de transformadores trifásicos equilibrado com conexão triângulo-estrela representado na Figura 13.137 é usado para abaixar tensões de linha de 4.500 V RMS para 900 V RMS. Se o transformador alimenta uma carga de 120 kVA, determine:

(a) A relação de espiras para o transformador.
(b) As correntes de linha no primário e secundário.

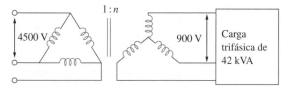

Figura 13.137 Esquema para o Problema 13.75.

13.76 Considere a Figura 13.138 e elabore um problema para ajudar outros estudantes a entender melhor como funciona um transformador trifásico e a conexão estrela-triângulo.

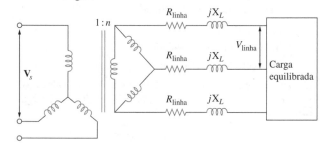

Figura 13.138 Esquema para o Problema 13.76.

13.77 O sistema trifásico de uma torre distribui energia elétrica com uma tensão de linha de 13,2 kV. Um transformador em um poste conectado a um único fio e ao terra abaixa a alta tensão para 120 V RMS e alimenta uma residência, conforme ilustrado na Figura 13.139.

(a) Calcule a relação de espiras do transformador para obter 120 V.
(b) Determine quanta corrente absorve uma lâmpada de 100 W ligada a uma linha quente de 120 V da linha de alta tensão.

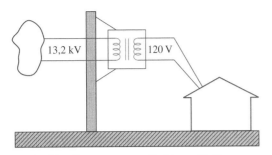

Figura 13.139 Esquema para o Problema 13.77.

● **Seção 13.8 Análise de circuitos magneticamente acoplados usando o PSpice**

13.78 Use o *PSpice* ou *MultiSim* para determinar as correntes de malha no circuito da Figura 13.140. Adote $\omega = 1$ rad/s. Na resolução desse problema use $k = 0{,}5$.

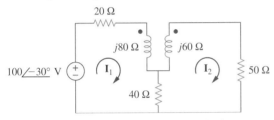

Figura 13.140 Esquema para o Problema 13.78.

13.79 Use o *PSpice* ou *MultiSim* para encontrar I_1, I_2 e I_3 no circuito da Figura 13.141.

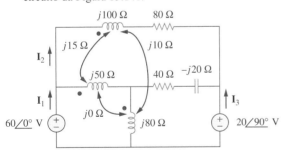

Figura 13.141 Esquema para o Problema 13.79.

13.80 Refaça o Problema 13.22 usando o *PSpice* ou *MultiSim*.

13.81 Use o *PSpice* ou *MultiSim* para determinar I_1, I_2 e I_3 no circuito da Figura 13.142.

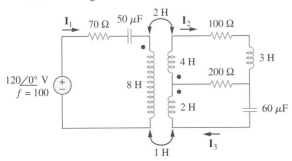

Figura 13.142 Esquema para o Problema 13.81.

13.82 Use o *PSpice* ou *MultiSim* para determinar V_1, V_2 e I_o no circuito da Figura 13.143.

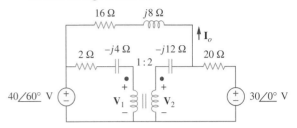

Figura 13.143 Esquema para o Problema 13.82.

13.83 Determine I_x e V_x no circuito da Figura 13.144 usando o *PSpice* ou *MultiSim*.

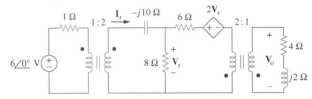

Figura 13.144 Esquema para o Problema 13.83.

13.84 Determine I_1, I_2 e I_3 no circuito do transformador ideal da Figura 13.145 usando o *PSpice* ou *MultiSim*.

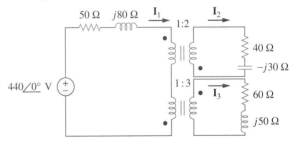

Figura 13.145 Esquema para o Problema 13.84.

● **Seção 13.9 Aplicações**

13.85 Um circuito de amplificador estéreo com impedância de saída de 7,2 kΩ deve ser casado com um alto-falante com impedância de entrada de 8 Ω por um transformador cujo primário possui 3.000 espiras. Calcule o número de espiras necessárias no secundário.

13.86 Um transformador com 2.400 espiras no primário e 48 espiras no secundário é usado como casador de impedâncias. Qual é o valor refletido de uma carga de 3 Ω conectada ao secundário?

13.87 Um receptor de rádio tem resistência de 300 Ω. Quando conectado diretamente a uma antena com impedância característica de 75 Ω ocorre um descasamento de impedância. Inserindo-se um transformador casador de impedância depois do receptor, consegue-se obter a potência máxima. Calcule a relação de espiras necessária.

13.88 Um transformador de potência abaixador de tensão com relação de espiras $n = 0{,}1$ fornece 12,6 V RMS para uma carga resistiva. Se a corrente no primário for 2,5 A RMS, qual é a potência liberada para a carga?

13.89 Um transformador de potência de 240/120 V RMS tem valor nominal 10 kVA. Determine a relação de espiras, a corrente no primário e a corrente no secundário.

13.90 Um transformador de 4 kVA, 2.400/240 V tem 250 espiras no primário. Calcule:

(a) A relação de espiras.

(b) O número de espiras no secundário.

(c) As correntes no primário e no secundário.

13.91 Um transformador de distribuição de 25.000/240 V RMS tem uma corrente primária de valor nominal 75 A.

(a) Determine o valor nominal em kVA para esse transformador.

(b) Calcule a corrente no secundário.

13.92 Uma linha de transmissão de 4.800 V RMS alimenta um transformador de distribuição com 1.200 espiras no primário e 28 espiras no secundário. Quando uma carga de 10 Ω é ligada no secundário, determine:

(a) A tensão no secundário.

(b) As correntes no primário e no secundário.

(c) A potência fornecida para a carga.

Problemas abrangentes

13.93 Um transformador com quatro enrolamentos (Figura 13.146) é usado normalmente em equipamentos (por exemplo, PCs, VCRs) que podem operar tanto em 110 V como em 220 V. Isso torna esse equipamento adequado para operar em qualquer uma das duas tensões. Mostre quais são as ligações necessárias para se obter:

(a) Saída de 14 V com entrada de 110 V.

(b) Saída de 50 V com entrada de 220 V.

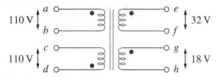

Figura 13.146 Esquema para o Problema 13.93.

* **13.94** Um transformador ideal de 440/110 V pode ser conectado para se tornar um autotransformador ideal de 550/440 V. Existem quatro ligações possíveis, duas das quais estão erradas. Determine a tensão de saída da:

(a) conexão incorreta.

(b) conexão correta.

13.95 Dez lâmpadas em paralelo são alimentadas por um transformador de 7.200/120 V, conforme indicado na Figura 13.147, na qual as lâmpadas são representadas em termos de modelo por resistores de 144 Ω.

Determine:

(a) A relação de espiras n.

(b) A corrente no enrolamento primário.

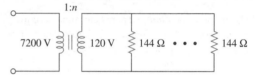

Figura 13.147 Esquema para Problema 13.95.

* **13.96** Alguns sistemas modernos de transmissão de energia elétrica agora têm maiores segmentos de transmissão com altas tensões CC. Existem várias boas razões para isso, mas não vamos analisá-lo nesse momento. Para converter de CA para CC, são usados circuitos eletrônicos de potência. A tensão CA trifásica inicial é retificada (usando um retificador de onda completa). Verifica-se que o secundário conectado em uma combinação triângulo-estrela e triângulo-triângulo proporcionam uma ondulação (*ripple*) muito menor após o retificador de onda completa. Como isso ocorre? Lembre-se de que esses são dispositivos reais e são enrolados em núcleos comuns.

Sugestão: Use as Figuras 13.47 e 13.49 e o fato de que cada bobina do secundário conectado em estrela e cada bobina do secundário conectado em triângulo estão enroladas no mesmo núcleo de cada bobina do primário conectada em triângulo de modo que a tensão de cada uma das bobinas correspondentes estão em fase. Quando os terminais de saída do secundário são conectados à carga através de retificadores de onda completa, vemos que a ondulação é bastante reduzida. Caso necessário, consulte seu professor para mais orientações.

14

RESPOSTA DE FREQUÊNCIA

Você ama a vida? Então não desperdice o tempo, porque é desse material que a vida é feita.

Benjamin Franklin

Progresso profissional

Carreira em sistemas de controle

Sistemas de controle é uma área da engenharia elétrica que também usa a análise de circuitos. Um sistema de controle projetado para regular o comportamento de uma ou mais variáveis de alguma forma desejada e que desempenha importantes funções em nossa vida cotidiana.

Eletrodomésticos como sistemas de aquecimento e de ar-condicionado, termostatos controlados por chaves, máquinas de lavar roupa e secadoras, instrumentação de bordo em automóveis, elevadores, semáforos, plantas industriais, sistemas de navegação – todos esses equipamentos utilizam sistemas de controle. No campo aeroespacial, a orientação precisa de sondas espaciais, a ampla gama de modos operacionais do ônibus espacial e a capacidade em manobrar remotamente veículos espaciais a partir da Terra exigem conhecimento de sistemas de controle. No setor industrial, operações repetitivas em uma linha de produção são cada vez mais realizadas por robôs, que são sistemas de controle programáveis desenvolvidos para operar durante longos períodos sem fadiga.

A engenharia de controle integra as teorias de circuitos e de comunicações. Não se limitando a qualquer disciplina específica da engenharia, pode envolver os seguintes campos da engenharia: química, aeronáutica, mecânica, civil e elétrica. Por exemplo, uma tarefa comum para um engenheiro de sistemas de controle poderia ser: projetar um regulador de velocidade para a cabeça de uma unidade de disco.

Dominar completamente as técnicas de sistemas de controle é essencial para o engenheiro elétrico e é de grande valia no projeto de sistemas de controle para realizar a tarefa desejada.

14.1 Introdução

Em nossa análise de circuitos senoidais, aprendemos como determinar tensões e correntes em um circuito com fonte que tem frequência constante. Se deixarmos a amplitude da fonte senoidal permanecer constante e variarmos a frequência, obtemos a *resposta de frequência* do circuito, que pode ser considerada uma descrição completa do comportamento em regime estacionário senoidal de um circuito em função da frequência.

> **Resposta de frequência** de um circuito é a variação em seu comportamento em virtude da mudança na frequência dos sinais.

> Podemos considerar ainda as respostas de frequência de um circuito como uma variação de ganho e de fase em função da frequência.

As respostas de frequência em regime estacionário senoidal de circuitos são de significativa importância em diversas aplicações, especialmente em comunicações e sistemas de controle. Uma aplicação específica consiste nos filtros elétricos que bloqueiam ou eliminam sinais com as frequências indesejadas e deixam passar sinais com as frequências desejadas. Os filtros são usados em sistemas de rádio, TV e telefonia para separar uma frequência de transmissão de outra.

Iniciamos este capítulo considerando a resposta de frequência de circuitos simples e usando suas funções de transferência. Em seguida, levamos em conta os gráficos de Bode, que são comumente adotados na prática para a apresentação de resposta de frequência. Também consideramos circuitos ressonantes em série e em paralelo e apresentamos importantes conceitos como ressonância, fator de qualidade, frequência de corte e largura de banda. Discutimos diferentes tipos de filtros e fatores de escala para circuitos. Na última seção, consideramos uma aplicação prática para circuitos ressonantes e duas aplicações para filtros.

14.2 Função de transferência

A função de transferência $\mathbf{H}(\omega)$ (também denominada *função de circuito*) é uma ferramenta analítica útil para encontrar a resposta de frequência de um circuito. Na realidade, a resposta de frequência de um circuito é o gráfico da função de transferência do circuito $\mathbf{H}(\omega)$ *versus* ω, com ω variando de $\omega = 0$ a $\omega = \infty$.

Função de transferência é a razão, dependente da frequência, entre uma função forçada e uma função forçante (ou de uma saída para uma entrada). A ideia de função de transferência estava implícita quando usamos os conceitos de impedância e de admitância para relacionar tensão com corrente. Geralmente, um circuito linear pode ser representado pelo diagrama em bloco mostrado na Figura 14.1.

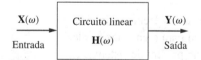

Figura 14.1 Representação em diagrama em bloco de um circuito linear.

> Nesse contexto, $\mathbf{X}(\omega)$ e $\mathbf{Y}(\omega)$ representam os fasores de entrada e de saída de um circuito; não devendo ser confundidos com a mesma simbologia usada para reatância e admitância. O emprego múltiplo do mesmo símbolo é tradicionalmente aceito em razão da falta de um número suficiente de letras no alfabeto para expressar todas as variáveis em circuitos de maneira única.

> **Função de transferência** $\mathbf{H}(\omega)$ de um circuito é a razão, dependente da frequência, entre uma saída fasorial $\mathbf{Y}(\omega)$ (a tensão ou corrente de um elemento) e uma entrada fasorial $\mathbf{X}(\omega)$ (fonte de tensão ou corrente).

Portanto,

$$\mathbf{H}(\omega) = \frac{\mathbf{Y}(\omega)}{\mathbf{X}(\omega)} \quad (14.1)$$

supondo condições iniciais iguais a zero. Como a entrada e a saída podem ser tanto tensão quanto corrente em qualquer ponto do circuito, existem quatro funções de transferência possíveis:

$$\mathbf{H}(\omega) = \text{Ganho de tensão} = \frac{\mathbf{V}_o(\omega)}{\mathbf{V}_i(\omega)} \quad (14.2a)$$

$$\mathbf{H}(\omega) = \text{Ganho de corrente} = \frac{\mathbf{I}_o(\omega)}{\mathbf{I}_i(\omega)} \quad (14.2b)$$

$$\mathbf{H}(\omega) = \text{Impedância de transferência} = \frac{\mathbf{V}_o(\omega)}{\mathbf{I}_i(\omega)} \quad (14.2c)$$

$$\mathbf{H}(\omega) = \text{Admitância de transferência} = \frac{\mathbf{I}_o(\omega)}{\mathbf{V}_i(\omega)} \quad (14.2d)$$

> Alguns autores usam $\mathbf{H}(j\omega)$ para transferência em vez de $\mathbf{H}(\omega)$, já que ω e j formam um par inseparável.

os subscritos i e o denotam os valores de entrada (in) e de saída (out). Por ser um número complexo, $\mathbf{H}(\omega)$ tem uma magnitude $H(\omega)$ e uma fase ϕ; isto é, $\mathbf{H}(\omega) = H(\omega)\underline{/\phi}$.

Para obter a função de transferência usando a Equação (14.2), obtemos primeiro o equivalente no domínio da frequência do circuito substituindo resistores, indutores e capacitores por suas impedâncias R, $j\omega L$ e $1/j\omega C$. Em seguida, usamos alguma técnica (ou técnicas) de um circuito qualquer para obter o valor apropriado na Equação (14.2). Podemos obter a resposta de frequência do circuito colocando em um gráfico a magnitude e a fase da função de transferência à medida que a frequência varia. O uso de computador poupa um bom tempo para obter-se a função de transferência na forma gráfica.

A função de transferência $\mathbf{H}(\omega)$ pode ser expressa em termos de seu polinômio do numerador $\mathbf{N}(\omega)$ e de seu denominador polinomial $\mathbf{D}(\omega)$ como

$$\boxed{\mathbf{H}(\omega) = \frac{\mathbf{N}(\omega)}{\mathbf{D}(\omega)}} \quad (14.3)$$

onde $\mathbf{N}(\omega)$ e $\mathbf{D}(\omega)$ não são necessariamente as mesmas expressões para, respectivamente, as funções de entrada e de saída. A representação de $\mathbf{H}(\omega)$ na Equação (14.3) pressupõe que os fatores comuns no numerador e no denominador em $\mathbf{H}(\omega)$ foram cancelados, reduzindo a razão para o menor número de termos. As raízes de $\mathbf{N}(\omega) = 0$ são chamadas de *zeros* de $\mathbf{H}(\omega)$ e normalmente são representadas na forma $j\omega = z_1, z_2,...$ De forma similar, as raízes de $\mathbf{D}(\omega) = 0$ são denominadas de *polos* de $\mathbf{H}(\omega)$ e são representadas na forma $j\omega = p_1, p_2,...$

> Um **zero**, como uma *raiz* do numerador polinomial, é o valor para o qual a função é zero. Um **polo**, como uma *raiz* do denominador polinomial, é um valor para o qual a função se torna infinita.

> Um zero também pode ser considerado o valor de $s = j\omega$ que torna $\mathbf{H}(s)$ zero, e um polo pode ser considerado o valor de $s = j\omega$ que torna $\mathbf{H}(s)$ infinita.

Para evitar álgebra com números complexos, é oportuno substituir temporariamente $j\omega$ por s ao trabalhar com $\mathbf{H}(\omega)$ e substituir s por $j\omega$ no final.

EXEMPLO 14.1

Para o circuito RC na Figura 14.2a, obtenha a função de transferência $\mathbf{V}_o/\mathbf{V}_s$ e sua resposta de frequência. Seja $v_s = V_m \cos\omega t$.

Solução: O equivalente do circuito no domínio da frequência é aquele mostrado na Figura 14.2b. Pela divisão de tensão, a função de transferência é dada por

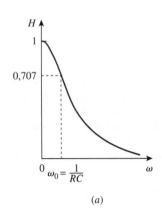

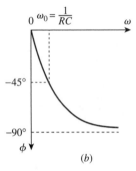

Figura 14.3 Resposta de frequência do circuito RC: (*a*) resposta de frequência; (*b*) resposta de fase.

$$\mathbf{H}(\omega) = \frac{\mathbf{V}_o}{\mathbf{V}_s} = \frac{1/j\omega C}{R + 1/j\omega C} = \frac{1}{1 + j\omega RC}$$

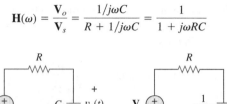

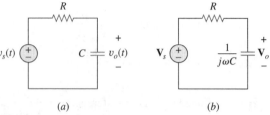

Figura 14.2 Esquema para o Exemplo 14.1: (*a*) circuito RC no domínio do tempo; (*b*) circuito RC no domínio da frequência.

Comparando esta com a Equação (9.18*e*), obtemos a magnitude e a fase de $\mathbf{H}(\omega)$, como segue

$$H = \frac{1}{\sqrt{1 + (\omega/\omega_0)^2}}, \qquad \phi = -\mathrm{tg}^{-1}\frac{\omega}{\omega_0}$$

onde $\omega_0 = 1/RC$. Para colocar H e ϕ em um gráfico no intervalo $0 < \omega < \infty$, obtemos seus valores em alguns pontos cruciais e, em seguida, traçamos o gráfico.

Em $\omega = 0$, $H = 1$ e $\phi = 0$. Em $\omega = \infty$, $H = 0$ e $\phi = -90°$. Da mesma forma, em $\omega = \omega_0$, $H = 1/\sqrt{2}$ e $\phi = -45°$. Com estes e alguns pontos mais, conforme mostrado na Tabela 14.1, descobrimos que a resposta de frequência é como aquela ilustrada na Figura 14.3. Recursos adicionais da resposta de frequência na Figura 14.3 serão explicados na Seção 14.6.1 sobre filtros passa-baixas.

Tabela 14.1 • Tabela para o Exemplo 14.1.

ω/ω_0	H	ϕ	ω/ω_0	H	ϕ
0	1	0	10	0,1	$-84°$
1	0,71	$-45°$	20	0,05	$-87°$
2	0,45	$-63°$	100	0,01	$-89°$
3	0,32	$-72°$	∞	0	$-90°$

PROBLEMA PRÁTICO 14.1

Obtenha a função de transferência $\mathbf{V}_o/\mathbf{V}_s$ do circuito RL da Figura 14.4 supondo que $v_s = V_m \cos\omega t$. Trace sua resposta de frequência.

Resposta: $j\omega L/(R + j\omega L)$; ver Figura 14.5 para a resposta.

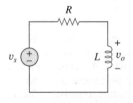

Figura 14.4 Circuito RL para o Problema prático 14.1.

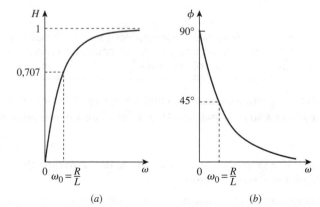

Figura 14.5 Resposta de frequência do circuito RL da Figura 14.4

EXEMPLO 14.2

Para o circuito da Figura 14.6, calcule o ganho $\mathbf{I}_o(\omega)/\mathbf{I}_i(\omega)$ e seus polos e zeros.

Solução: Por divisão de corrente,

$$\mathbf{I}_o(\omega) = \frac{4 + j2\omega}{4 + j2\omega + 1/j0{,}5\omega}\mathbf{I}_i(\omega)$$

ou

$$\frac{\mathbf{I}_o(\omega)}{\mathbf{I}_i(\omega)} = \frac{j0{,}5\omega(4 + j2\omega)}{1 + j2\omega + (j\omega)^2} = \frac{s(s + 2)}{s^2 + 2s + 1}, \quad s = j\omega$$

Os zeros se encontram em

$$s(s + 2) = 0 \quad \Rightarrow \quad z_1 = 0, z_2 = -2$$

Os polos se encontram em

$$s^2 + 2s + 1 = (s + 1)^2 = 0$$

portanto, existe um polo repetido (ou polo duplo) em $p = -1$.

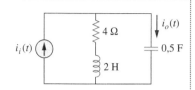

Figura 14.6 Esquema para o Exemplo 14.2.

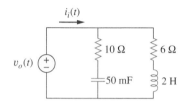

Figura 14.7 Esquema para o Problema prático 14.2.

PROBLEMA PRÁTICO 14.2

Determine a função de transferência $\mathbf{V}_o(\omega)/\mathbf{I}_i(\omega)$ para o circuito da Figura 14.7. Obtenha seus zeros e polos.

Resposta: $\dfrac{10(s + 2)(s + 3)}{s^2 + 8s + 10}$, $s = j\omega$; zeros: $-2, -3$; polos: $-1{,}5505, -6{,}449$.

14.3 †Escala de decibéis

Nem sempre é fácil obter rapidamente um gráfico da magnitude e da fase da função de transferência como fizemos anteriormente. Uma maneira mais sistemática de conseguir a resposta de frequência é usando os gráficos de Bode. Antes de começarmos a construir os gráficos de Bode, devemos tomar cuidado com duas questões: o uso de logaritmos e decibéis para expressar ganho.

Como os gráficos de Bode se baseiam em logaritmos, é importante que guardemos as seguintes propriedades:

1. $\log P_1 P_2 = \log P_1 + \log P_2$
2. $\log P_1/P_2 = \log P_1 - \log P_2$
3. $\log P^n = n \log P$
4. $\log 1 = 0$

Em sistemas de comunicações, o ganho é medido em *bels*. Historicamente, o bel é usado para medir a relação entre dois níveis de potência ou ganho de potência G; isto é,

$$G = \text{Números de bels} = \log_{10}\frac{P_2}{P_1} \quad (14.4)$$

Nota histórica: O *bel* recebeu esse nome em homenagem a Alexander Graham Bell, inventor do telefone.

O *decibel* (dB) nos fornece uma unidade de menor amplitude, porque é um décimo de um bel e é dado por

$$\boxed{G_{\text{dB}} = 10 \log_{10}\frac{P_2}{P_1}} \quad (14.5)$$

PERFIS HISTÓRICOS

Alexander Graham Bell (1847-1922), inventor do telefone, foi cientista escocês-americano.

Bell nasceu em Edimburgo, Escócia, filho de Alexander Melville Bell, notório professor especializado em elocução e correção da voz. Alexander, que era o filho mais novo, também se tornou professor de retórica após formar-se pela University of Edinburgh e pela University of London. Em 1866, interessou-se em transmitir eletricamente a fala. Após seu irmão mais velho ter morrido de tuberculose, seu pai decidiu mudar-se para o Canadá. Alexander foi chamado para trabalhar em Boston, na Escola para Surdos. Lá, conheceu Thomas A. Watson, que se tornou seu assistente em seu experimento com um transmissor eletromagnético. Em 10 de março de 1876, Alexander transmitiu sua primeira mensagem famosa via telefone: "Watson, venha aqui. Preciso de sua ajuda". O bel, a unidade logarítmica introduzida no Capítulo 14, recebeu esse nome em sua homenagem.

Quando $P_1 = P_2$, não existe nenhuma mudança na potência e o ganho em dB é 0. Se $P_2 = 2P_1$, o ganho será

$$G_{dB} = 10 \log_{10} 2 \simeq 3 \text{ dB} \tag{14.6}$$

e quando $P_2 = 0,5P_1$, o ganho será

$$G_{dB} = 10 \log_{10} 0,5 \simeq -3 \text{ dB} \tag{14.7}$$

As Equações (14.6) e (14.7) mostram outra razão para os logaritmos serem muito usados: o logaritmo do inverso de uma quantidade é simplesmente o negativo do logaritmo dessa quantidade.

De forma alternativa, o ganho G pode ser expresso em termos de razão de tensão ou corrente. Para tanto, consideremos o circuito mostrado na Figura 14.8. Se P_1 for a potência de entrada, P_2 a potência de saída (carga), R_1 a resistência de entrada e R_2 a resistência da carga, então $P_1 = 0,5V_1^2/R_1$ e $P_2 = 0,5V_2^2/R_2$ e a Equação (14.5) ficará

$$G_{dB} = 10 \log_{10} \frac{P_2}{P_1} = 10 \log_{10} \frac{V_2^2/R_2}{V_1^2/R_1}$$
$$= 10 \log_{10} \left(\frac{V_2}{V_1}\right)^2 + 10 \log_{10} \frac{R_1}{R_2} \tag{14.8}$$

$$G_{dB} = 20 \log_{10} \frac{V_2}{V_1} - 10 \log_{10} \frac{R_2}{R_1} \tag{14.9}$$

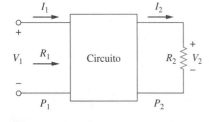

Figura 14.8 Relações tensão-corrente para um circuito de quatro terminais.

Para o caso $R_2 = R_1$, uma condição normalmente suposta ao se comparar níveis de tensão, a Equação (14.9) fica

$$\boxed{G_{dB} = 20 \log_{10} \frac{V_2}{V_1}} \tag{14.10}$$

Se, em vez disso, $P_1 = I_1^2 R_1$ e $P_2 = I_2^2 R_2$, para $R_1 = R_2$, obtemos

$$G_{dB} = 20 \log_{10} \frac{I_2}{I_1} \qquad (14.11)$$

Três coisas importantes devem ser observadas nas Equações (14.5), (14.10) e (14.11):

1. $10 \log_{10}$ é usado para potência, enquanto $20 \log_{10}$ é utilizado para tensão ou corrente, em virtude da relação quadrática entre elas ($P = V^2/R = I^2 R$).
2. O valor em dB é uma medida logarítmica da *razão* entre uma variável e *outra do mesmo tipo*. Portanto, ela se aplica para expressar a função de transferência H nas equações (14.2a) e (14.2b), que são quantidades adimensionais, mas não para expressar H nas equações (14.2c) e (14.2d).
3. É importante notar que usamos apenas amplitudes de tensão e corrente nas equações (14.10) e (14.11). Ângulos e sinais negativos serão tratados de forma independente, como veremos na Seção 14.4.

Sabendo isso, agora podemos aplicar os conceitos de logaritmos e decibéis na construção dos gráficos de Bode.

14.4 Gráficos de Bode

Obter a resposta de frequência da função de transferência como na Seção 14.2 é uma tarefa árdua. O intervalo de frequência necessário na resposta de frequência, muitas vezes, é tão extenso que não é conveniente o uso de uma escala linear para o eixo das frequências. Além disso, existe uma maneira mais sistemática de se localizar as características importantes dos gráficos de amplitude e fase da função de transferência. Por tais razões, tornou-se prática comum representar graficamente a função de transferência em um par de gráficos semilogarítmicos: a amplitude (em decibéis) é representada graficamente *versus* o logaritmo da frequência; em outro gráfico, a fase (em graus) é representada graficamente *versus* o logaritmo da frequência. Esses gráficos semilogarítmicos da função de transferência – conhecidos como *gráficos de Bode* – tornaram-se o padrão adotado pelo mercado.

Nota histórica: Tais gráficos receberam esse nome em homenagem a Hendrik W. Bode (1905-1982), engenheiro da Bell Telephone Laboratories, por seu trabalho pioneiro nos anos 1930 e 1940.

> **Gráficos de Bode** são gráficos semilogarítmicos da magnitude (em decibéis) e da fase (em graus) de uma função de transferência *versus* frequência.

Os gráficos de Bode contêm as mesmas informações dos gráficos não logarítmicos discutidos anteriormente, porém, são muito mais fáceis de ser construídos, como veremos adiante.

A função de transferência pode ser escrita como

$$\mathbf{H} = H \underline{/\phi} = H e^{j\phi} \qquad (14.12)$$

Extraindo o logaritmo natural em ambos os lados da equação,

$$\ln \mathbf{H} = \ln H + \ln e^{j\phi} = \ln H + j\phi \qquad (14.13)$$

Portanto, a parte real de ln **H** é função da amplitude, enquanto a parte imaginária é função da fase. Em um gráfico de Bode da amplitude, o ganho

$$H_{dB} = 20 \log_{10} H \qquad (14.14)$$

Tabela 14.2 • Ganho específico e seus valores em decibéis.*

Amplitude H	20 log$_{10}$ H(dB)
0,001	−60
0,01	−40
0,1	−20
0,5	−6
1/√2	−3
1	0
√2	3
2	6
10	20
20	26
100	40
1.000	60

* Alguns desses valores são aproximados.

Origem é a posição $\omega = 1$ ou log $\omega = 0$ e o ganho é zero.

Década é um intervalo entre duas frequências com uma proporção 10; por exemplo, entre ω_0 e 10 ω_0 ou entre 10 e 100 Hz. Portanto, 20 dB/década significa que a amplitude muda 20 dB toda vez que a frequência for dez vezes maior, ou seja, uma década.

representado graficamente em decibéis (dB) *versus* frequência. A Tabela 14.2 fornece alguns valores de H com os valores correspondentes em decibéis. Em um gráfico de Bode da fase, ϕ é representada graficamente em graus *versus* a frequência. Tanto os gráficos de amplitude como os de fase são construídos em papel semilogarítmico.

Uma função de transferência na forma da Equação (14.3) pode ser escrita em termos de fatores que têm partes real e imaginária. Tal representação pode ser

$$\mathbf{H}(\omega) = \frac{K(j\omega)^{\pm 1}(1 + j\omega/z_1)[1 + j2\zeta_1\omega/\omega_k + (j\omega/\omega_k)^2]\cdots}{(1 + j\omega/p_1)[1 + j2\zeta_2\omega/\omega_n + (j\omega/\omega_n)^2]\cdots} \quad (14.15)$$

que é obtida dividindo-se os polos e zeros em $\mathbf{H}(\omega)$. A representação de $\mathbf{H}(\omega)$ como na Equação (14.15) é chamada *forma-padrão*. $\mathbf{H}(\omega)$ pode incluir até sete tipos diferentes de fatores que podem aparecer em varias combinações em uma função de transferência:

1. Um ganho K
2. Um polo $(j\omega)^{-1}$ ou zero $(j\omega)$ na origem
3. Um polo $1/(1 + j\omega/p_1)$ ou zero simples $(1 + j\omega/z_1)$
4. Um polo quadrático $1/[1 + j2\zeta_2\omega/\omega_n + (j\omega/\omega_n)^2]$ ou zero quadrático $[1 + j2\zeta_1\omega/\omega_k + (j\omega/\omega_k)^2]$

Ao construir um gráfico de Bode, representamos graficamente cada fator separadamente e, então, os adicionamos graficamente. Esses fatores podem ser considerados um por vez e depois combinados de forma aditiva em razão dos logaritmos envolvidos. É essa conveniência matemática do logaritmo que torna os gráficos de Bode uma poderosa ferramenta de engenharia.

Agora criaremos linhas retas a partir dos fatores listados anteriormente. Veremos que esses gráficos com linhas retas, conhecidos como gráficos de Bode, se aproximam dos gráficos reais com um grau de precisão razoável.

Termo constante: Para o ganho K, a amplitude é 20 log$_{10}$ K e a fase é 0°; ambos são constantes com a frequência. Portanto, os gráficos de amplitude e de fase são mostrados na Figura 14.9. Se K for negativo, a amplitude permanece 20 log$_{10}$ $|K|$, porém, a fase é ±180°.

Polo/zero na origem: Para o zero $(j\omega)$ na origem, a amplitude é 20 log$_{10}$ ω e a fase 90°. Estes são representados graficamente na Figura 14.10, na qual percebemos que a inclinação do gráfico da amplitude é 20 dB/década, enquanto a fase é constante com a frequência.

Os gráficos de Bode para o polo $(j\omega)^{-1}$ são similares, exceto pelo fato de a inclinação do gráfico da amplitude ser −20 dB/década, enquanto a fase é −90°. Geralmente, para $(j\omega)^N$, N é um inteiro, o gráfico da amplitude terá uma inclinação de $20N$ dB/década, enquanto a fase é de $90N$ graus.

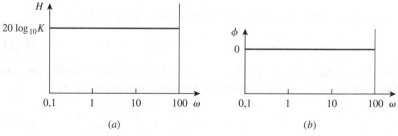

Figura 14.9 Gráficos de Bode para ganho K: (*a*) gráfico da amplitude; (*b*) gráfico da fase.

Polo/zero simples: Para o zero simples $(1 + j\omega/z_1)$, a amplitude é $20\log_{10}|1 + j\omega/z_1|$ e a fase é $tg^{-1}\,\omega/z_1$. Percebemos que

$$H_{dB} = 20\log_{10}\left|1 + \frac{j\omega}{z_1}\right| \Rightarrow 20\log_{10} 1 = 0 \quad (14.16)$$
$$\text{conforme } \omega \to 0$$

$$H_{dB} = 20\log_{10}\left|1 + \frac{j\omega}{z_1}\right| \Rightarrow 20\log_{10}\frac{\omega}{z_1} \quad (14.17)$$
$$\text{conforme } \omega \to \infty$$

> O caso especial de CC ($\omega = 0$) não aparece nos gráficos de Bode, pois log $0 = -\infty$, implicando que a frequência zero está infinitamente à esquerda da origem do gráfico de Bode.

demonstrando que podemos aproximar a amplitude como zero (uma linha reta com inclinação zero) para valores pequenos de ω e por uma linha reta com inclinação 20 dB/década para valores grandes de ω. A frequência $\omega = z_1$ em que as duas linhas assintóticas se cruzam é denominada *frequência de canto* ou *frequência de corte*. Portanto, o gráfico aproximado da amplitude é mostrado na Figura 14.11a, e o gráfico real também é indicado. Note que o gráfico aproximado está próximo do gráfico real, exceto na frequência de corte, $\omega = z_1$ e o desvio é $20\log_{10}(1+j1) = 20\log_{10}\sqrt{2} \approx 3$ dB.

A fase $tg^{-1}(\omega/z_1)$ pode ser expressa como segue

$$\phi = tg^{-1}\left(\frac{\omega}{z_1}\right) = \begin{cases} 0, & \omega = 0 \\ 45°, & \omega = z_1 \\ 90°, & \omega \to \infty \end{cases} \quad (14.18)$$

Como aproximação por linha reta, consideramos $\phi \simeq 0$ para $\omega \leq z_1/10$, $\phi \simeq 45°$ para $\omega = z_1$, e $\phi \simeq 90°$ para $\omega \geq 10z_1$. Conforme mostrado na Figura 14.11(b), juntamente com o gráfico real, o gráfico de linha reta tem uma inclinação de 45° por década.

Os gráficos de Bode para o polo $1/(1 + j\omega/p_1)$ são similares aos mostrados na Figura 14.11, exceto pela frequência de canto que está em $\omega = p_1$, pela amplitude que tem uma inclinação de -20 dB/década e pela fase que tem uma inclinação de $-45°$ por década.

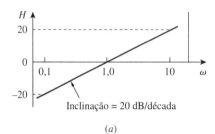
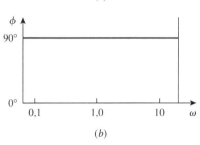

Figura 14.10 Gráfico de Bode para um zero ($j\omega$) na origem: (a) gráfico da amplitude; (b) gráfico da fase.

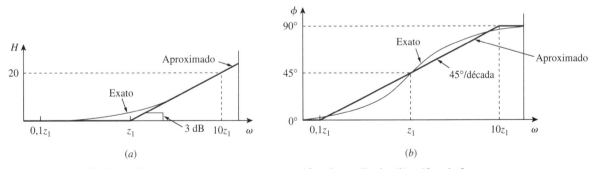

Figura 14.11 Gráfico de Bode para o zero $(1 + j\omega/z_1)$: (a) gráfico da amplitude; (b) gráfico da fase.

Polo/zero quadrático: A amplitude do polo quadrático $1/[1 + j2\zeta_2\omega/\omega_n + (j\omega/\omega_n)^2]$ é $-20\log_{10}|1 + j2\zeta_2\omega/\omega_n + (j\omega/\omega_n)^2|$ e a fase é $-tg^{-1}(2\zeta_2\omega/\omega_n)/(1 - \omega^2/\omega_n^2)$. Mas

$$H_{dB} = -20\log_{10}\left|1 + \frac{j2\zeta_2\omega}{\omega_n} + \left(\frac{j\omega}{\omega_n}\right)^2\right| \Rightarrow 0$$
$$\text{conforme } \omega \to 0 \quad (14.19)$$

e

$$H_{dB} = -20 \log_{10} \left| 1 + \frac{j2\zeta_2\omega}{\omega_n} + \left(\frac{j\omega}{\omega_n}\right)^2 \right| \quad \Rightarrow \quad -40 \log_{10} \frac{\omega}{\omega_n}$$
$$\text{conforme} \quad \omega \to \infty \quad \textbf{(14.20)}$$

Portanto, o gráfico da amplitude consiste em duas linhas retas assintóticas: uma de inclinação zero para $\omega < \omega_n$ e a outra com inclinação -40 dB/década para $\omega > \omega_n$, com ω_n como frequência de corte. A Figura 14.12a ilustra os gráficos real e aproximado. Note que o gráfico real depende do fator de amortecimento ζ_2, bem como da frequência de corte ω_n. O pico significativo nas vizinhanças da frequência angular deve ser acrescentado à aproximação por linha reta se for desejado um nível de precisão elevado. Entretanto, usaremos a aproximação da linha reta para fins de simplicidade.

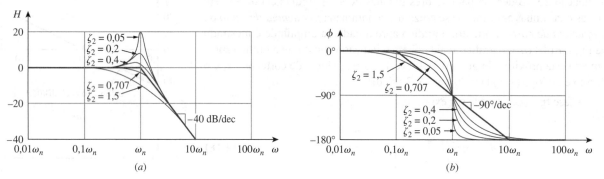

Figura 14.12 Gráficos de Bode do polo quadrático $[1 + j2\zeta\omega/\omega_n - \omega^2/\omega_n^2]^{-1}$: (a) gráfico da amplitude; (b) gráfico da fase.

Existe outro procedimento para a obtenção dos gráficos de Bode, que é mais rápido e, quem sabe, até mais eficiente que aquele que acabamos de ver. Ele consiste no fato de perceber que os zeros provocam aumento na inclinação, enquanto os polos provocam diminuição. Partindo da assíntota de baixa frequência do gráfico de Bode, deslocando-se pelo eixo das frequências e aumentando ou diminuindo a inclinação em cada frequência de corte, pode-se traçar o gráfico de Bode de forma imediata a partir da função de transferência sem o trabalho de traçar gráficos individuais e somá-los. Esse procedimento pode ser usado tão logo você domine o método aqui discutido. Os computadores digitais tornaram o procedimento aqui discutido praticamente obsoleto. Diversos pacotes de *software* como o *PSpice*, *MATLAB*, Mathcad e o Micro-Cap podem ser usados para gerar gráficos de resposta de frequência. Mais adiante, ainda neste capítulo, discutiremos o *PSpice*.

A fase pode ser expressa como segue

$$\phi = -\text{tg}^{-1} \frac{2\zeta_2\omega/\omega_n}{1 - \omega^2/\omega_n^2} = \begin{cases} 0, & \omega = 0 \\ -90°, & \omega = \omega_n \\ -180°, & \omega \to \infty \end{cases} \quad \textbf{(14.21)}$$

O gráfico da fase é uma linha reta de inclinação $-90°$ por década com início em $\omega_n/10$ e término em $10\omega_n$, conforme indicado na Figura 14.12b. Observamos, novamente, que a diferença entre o gráfico real e o gráfico com linhas retas se deve ao fator de amortecimento. Observe que as aproximações com linhas retas para o gráfico da amplitude, assim como para o gráfico da fase para o polo quadrático, são as mesmas de um polo duplo, isto é $(1 + j\omega/\omega_n)^{-2}$. É de se esperar, porque o polo duplo $(1 + j\omega/\omega_n)^{-2}$ é igual ao polo quadrático, $1/[1 + j2\zeta_2\omega/\omega_n + (j\omega/\omega_n)^2]$ quando $\zeta_2 = 1$. Portanto, o polo quadrático pode ser tratado como um polo duplo no que diz respeito à aproximação com linhas retas.

Para o zero quadrático $[1 + j2\zeta_1\omega/\omega_k + (j\omega/\omega_k)^2]$, os gráficos da Figura 14.12 são invertidos, pois o gráfico da amplitude possui uma inclinação de 40 dB/década, enquanto o gráfico da fase tem uma inclinação de 90° por década.

A Tabela 14.3 apresenta um resumo dos gráficos de Bode para os sete fatores. Obviamente, nem toda função de transferência possui todos esses fatores. Para, por exemplo, traçar os gráficos de Bode para uma função $\mathbf{H}(\omega)$ na forma da Equação (14.15), registramos primeiro as frequências de corte no papel semilog, traçamos os fatores um por vez, conforme discutido anteriormente e, em seguida, combinamos, de forma aditiva, os gráficos dos fatores. O gráfico combinado normalmente é traçado da esquerda para a direita, mudando as inclinações de forma apropriada cada vez que for encontrada uma frequência de corte. Os exemplos a seguir ilustram esse procedimento.

Tabela 14.3 • Resumo dos gráficos de linha reta de Bode para amplitude e fase.

Fator	Amplitude	Fase
K	$20 \log_{10} K$ (linha horizontal)	$0°$
$(j\omega)^N$	$20N$ dB/década, cruzando em 1	$90N°$
$\dfrac{1}{(j\omega)^N}$	$-20N$ dB/década, cruzando em 1	$-90N°$
$\left(1 + \dfrac{j\omega}{z}\right)^N$	$20N$ dB/década a partir de z	$0°$ em $\dfrac{z}{10}$, $90N°$ em $10z$
$\dfrac{1}{(1 + j\omega/p)^N}$	$-20N$ dB/década a partir de p	$0°$ em $\dfrac{p}{10}$, $-90N°$ em $10p$
$\left[1 + \dfrac{2j\omega\zeta}{\omega_n} + \left(\dfrac{j\omega}{\omega_n}\right)^2\right]^N$	$40N$ dB/década a partir de ω_n	$0°$ em $\dfrac{\omega_n}{10}$, $180N°$ em $10\omega_n$
$\dfrac{1}{[1 + 2j\omega\zeta/\omega_k + (j\omega/\omega_k)^2]^N}$	$-40N$ dB/década a partir de ω_k	$0°$ em $\dfrac{\omega_k}{10}$, $-180N°$ em $10\omega_k$

EXEMPLO 14.3

Construa os gráficos de Bode para a função de transferência

$$\mathbf{H}(\omega) = \frac{200j\omega}{(j\omega + 2)(j\omega + 10)}$$

Solução: Primeiro, colocamos $\mathbf{H}(\omega)$ na forma-padrão dividindo os polos e zeros. Portanto,

$$\mathbf{H}(\omega) = \frac{10j\omega}{(1 + j\omega/2)(1 + j\omega/10)}$$

$$= \frac{10|j\omega|}{|1 + j\omega/2||1 + j\omega/10|} \underline{/90° - \text{tg}^{-1}\omega/2 - \text{tg}^{-1}\omega/10}$$

Logo, a amplitude e a fase são

$$H_{dB} = 20\log_{10}10 + 20\log_{10}|j\omega| - 20\log_{10}\left|1 + \frac{j\omega}{2}\right|$$

$$- 20\log_{10}\left|1 + \frac{j\omega}{10}\right|$$

$$\phi = 90° - \text{tg}^{-1}\frac{\omega}{2} - \text{tg}^{-1}\frac{\omega}{10}$$

Percebemos que existem duas frequências de corte em $\omega = 2$ e $\omega = 10$. Tanto para o gráfico de amplitude como para o de fase, traçamos cada termo conforme indicado pelas linhas pontilhadas na Figura 14.13. Adicionamos essas linhas graficamente para obter os gráficos globais mostrados pelas linhas cheias.

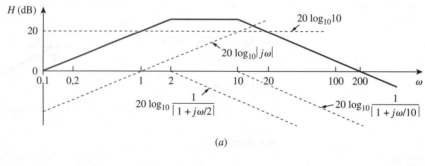

(a)

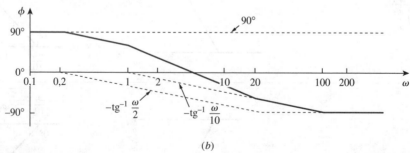

(b)

Figura 14.13 Esquema para o Exemplo 14.3: (a) gráfico da amplitude; (b) gráfico da fase.

PROBLEMA PRÁTICO 14.3

Trace os gráficos de Bode para a função de transferência

$$\mathbf{H}(\omega) = \frac{5(j\omega + 2)}{j\omega(j\omega + 10)}$$

Resposta: Ver Figura 14.14.

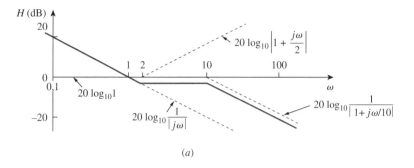

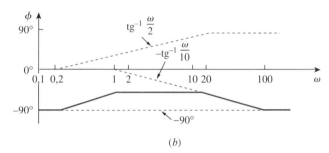

Figura 14.14 Esquema para o Problema prático 14.3: (*a*) gráfico da amplitude; (*b*) gráfico da fase.

EXEMPLO 14.4

Trace os gráficos de Bode para

$$\mathbf{H}(\omega) = \frac{j\omega + 10}{j\omega(j\omega + 5)^2}$$

Solução: Colocando $\mathbf{H}(\omega)$ na forma-padrão, obtemos

$$\mathbf{H}(\omega) = \frac{0{,}4(1 + j\omega/10)}{j\omega(1 + j\omega/5)^2}$$

A partir desta, obtemos a fase e a amplitude como segue

$$H_{dB} = 20\log_{10}0{,}4 + 20\log_{10}\left|1 + \frac{j\omega}{10}\right| - 20\log_{10}|j\omega|$$
$$- 40\log_{10}\left|1 + \frac{j\omega}{5}\right|$$

$$\phi = 0° + \text{tg}^{-1}\frac{\omega}{10} - 90° - 2\,\text{tg}^{-1}\frac{\omega}{5}$$

Há duas frequências de corte em $\omega = 5$ e $\omega = 10$ rad/s. Para o polo com frequência de corte em $\omega = 5$, a inclinação do gráfico de amplitude é -40 dB/década, e para o gráfico de fase, é $-90°$ por década por causa da potência de 2. Os gráficos de amplitude e de fase para os termos individuais (em linha tracejada) e para $\mathbf{H}(j\omega)$ (em linha cheia) estão indicados na Figura 14.15.

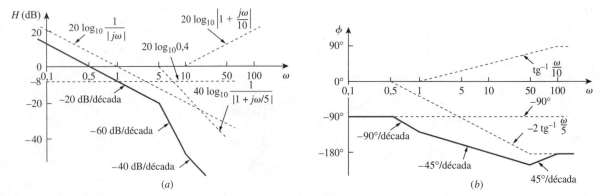

Figura 14.15 Gráficos de Bode para o Exemplo 14.4: (a) gráfico da amplitude; (b) gráfico da fase.

PROBLEMA PRÁTICO 14.4

Trace os gráficos de Bode para

$$\mathbf{H}(\omega) = \frac{50j\omega}{(j\omega + 4)(j\omega + 10)^2}$$

Resposta: Ver Figura 14.16.

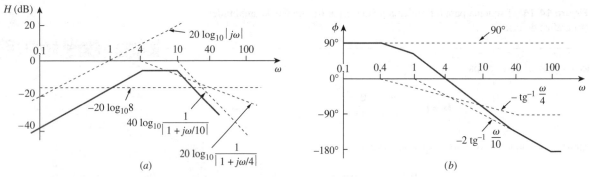

Figura 14.16 Esquema para o Problema prático 14.4: (a) gráfico da amplitude; (b) gráfico da fase.

EXEMPLO 14.5

Desenhe os gráficos de Bode para

$$\mathbf{H}(s) = \frac{s+1}{s^2 + 12s + 100}$$

Solução:

1. *Definição.* O problema está enunciado de forma clara e seguimos a técnica descrita no capítulo.
2. *Apresentação.* Traçaremos o gráfico de Bode aproximado para a função dada, $\mathbf{H}(s)$.
3. *Alternativa.* As duas opções mais eficazes seriam a técnica da aproximação descrita no capítulo, que usaremos nesse caso, e o *MATLAB*, ambos capazes de fornecer efetivamente os gráficos de Bode.
4. *Tentativa.* Expressamos $\mathbf{H}(s)$ como

$$\mathbf{H}(\omega) = \frac{1/100(1 + j\omega)}{1 + j\omega 1,2/10 + (j\omega/10)^2}$$

Para o polo quadrático, $\omega_n = 10$ rad/s, que serve como frequência de corte. A amplitude e a fase são

$$H_{dB} = -20\log_{10}100 + 20\log_{10}|1+j\omega|$$
$$- 20\log_{10}\left|1 + \frac{j\omega 1{,}2}{10} - \frac{\omega^2}{100}\right|$$
$$\phi = 0° + tg^{-1}\omega - tg^{-1}\left[\frac{\omega 1{,}2/10}{1-\omega^2/100}\right]$$

A Figura 14.17 mostra os gráficos de Bode. Observe que o polo quadrático é tratado como um polo repetido em ω_k, isto é, $(1 + j\omega/\omega_k)^2$, que é uma aproximação.

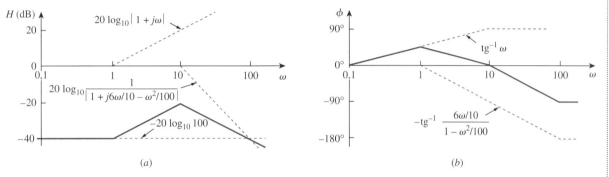

Figura 14.17 Gráficos de Bode para o Exemplo 14.5: (a) gráfico da amplitude; (b) gráfico da fase.

5. **Avaliação.** Embora pudéssemos usar o *MATLAB* para validar a solução, usaremos um método mais objetivo. Em primeiro lugar, temos de ficar cientes de que o denominador pressupõe que $\zeta = 0$ para a aproximação e, portanto, usaremos a equação a seguir para verificar nossa resposta:

$$\mathbf{H}(s) \simeq \frac{s+1}{s^2 + 10^2}$$

Também devemos notar que precisamos encontrar efetivamente H_{dB} e o ângulo de fase ϕ correspondente. Primeiro, façamos $\omega = 0$.

$$H_{dB} = 20\log_{10}(1/100) = -40 \quad e \quad \phi = 0°$$

Tentemos agora $\omega = 1$.

$$H_{dB} = 20\log_{10}(1{,}4142/99) = -36{,}9 \text{ dB}$$

que são os 3 dB acima da frequência de corte.

$$\phi = 45° \quad \text{a partir de} \quad \mathbf{H}(j) = \frac{j+1}{-1+100}$$

Tentemos agora $\omega = 100$.

$$H_{dB} = 20\log_{10}(100) - 20\log_{10}(9.900) = 39{,}91 \text{ dB}$$

ϕ é 90° do numerador menos 180°, que fornece $-90°$. Verificamos três pontos diferentes e obtivemos uma concordância próxima e, já que se trata de uma aproximação, podemos nos sentir seguros de que solucionamos o problema de forma adequada.

Com razão, poder-se-ia perguntar por que não verificar em $\omega = 10$? Se escolhêssemos simplesmente o valor aproximado usado anteriormente, acabaríamos chegando a um valor infinito que se deve esperar de $\zeta = 0$ (Ver Figura 14.12a). Se usássemos o valor real de $\mathbf{H}(j10)$, ainda assim acabaríamos ficando longe dos valores aproximados, já que $\zeta = 0{,}6$ e a Figura 14.12a mostra um desvio significativo da aproximação. Poderíamos ter refeito o problema com $\zeta = 0{,}707$, o que teria nos deixado mais perto dessa aproximação. Entretanto, já temos efetivamente pontos suficientes sem ter de fazer isso.

PROBLEMA PRÁTICO 14.5

6. **Satisfatória?** Estamos satisfeitos com a solução obtida e podemos apresentar os resultados como uma solução para o problema.

Construa os gráficos de Bode para

$$H(s) = \frac{10}{s(s^2 + 80s + 400)}$$

Resposta: Ver Figura 14.18.

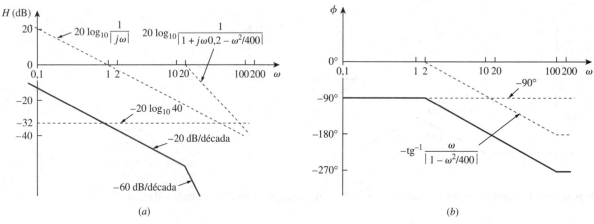

Figura 14.18 Esquema para o Problema prático 14.5: (*a*) gráfico da amplitude; (*b*) gráfico da fase.

EXEMPLO 14.6

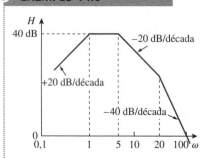

Figura 14.19 Esquema para o Exemplo 14.6.

Dado o gráfico de Bode da Figura 14.19, obtenha a função de transferência $\mathbf{H}(\omega)$.

Solução: Para obter $\mathbf{H}(\omega)$ a partir do gráfico de Bode, tenha em mente que um zero sempre provoca uma mudança para cima na frequência de corte, enquanto um polo provoca uma mudança para baixo. Notamos, da Figura 14.19, que existe um $j\omega$ zero na origem que poderia ter interceptado o eixo da frequência em $\omega = 1$. Isso é indicado pela linha reta de inclinação +20 dB/década. O fato de a linha reta estar deslocada em 40 dB indica que existe um ganho de 40 dB, isto é,

$$40 = 20 \log_{10} K \quad \Rightarrow \quad \log_{10} K = 2$$

ou

$$K = 10^2 = 100$$

Além da $j\omega$ zero na origem, percebemos que existem três fatores com frequências de corte em $\omega = 1, 5$ e $\omega = 20$ rad/s. Portanto, temos:

1. Um polo em $p = 1$ com inclinação -20 dB/década que provoca uma mudança para baixo e reage em oposição ao zero na origem. O polo em $p = 1$ é determinado como $1/(1 + j\omega/1)$.

2. Outro polo em $p = 5$ com inclinação -20 dB/década que provoca uma mudança para baixo. O polo é $1/(1 + j\omega/5)$.

3. Um terceiro polo em $p = 5$ com inclinação -20 dB/década que provoca uma mudança para baixo. O polo é $1/(1 + j\omega/20)$.

Agrupar tudo isso nos fornece a função de transferência correspondente, como segue

$$\mathbf{H}(\omega) = \frac{100 j\omega}{(1 + j\omega/1)(1 + j\omega/5)(1 + j\omega/20)}$$

$$= \frac{j\omega 10^4}{(j\omega + 1)(j\omega + 5)(j\omega + 20)}$$

ou

$$\mathbf{H}(s) = \frac{10^4 s}{(s+1)(s+5)(s+20)}, \quad s = j\omega$$

Obtenha a função de transferência $\mathbf{H}(\omega)$ correspondente ao gráfico de Bode na Figura 14.20.

Resposta: $\mathbf{H}(\omega) = \dfrac{2.000.000\,(s+5)}{(s+10)(s+100)^2}$.

Para ver como usar o *MATLAB* para geração de gráficos de Bode, consulte a Seção 14.11.

PROBLEMA PRÁTICO 14.6

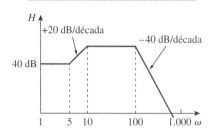

Figura 14.20 Esquema para o Problema prático 14.6.

14.5 Ressonância em série

A característica de maior destaque da resposta de frequência de um circuito pode ser o pico agudo (ou *pico de ressonância*) que aparece em sua curva característica de amplitude. O conceito de ressonância se aplica em diversas áreas da ciência e da engenharia, e ocorre em qualquer circuito que tenha pelo menos um indutor e um capacitor, e em qualquer sistema que tenha um par conjugado de polos; ele é a causa das oscilações de energia armazenada de uma forma para outra. Trata-se do fenômeno que possibilita a discriminação de frequências em circuitos de comunicação.

Ressonância é uma condição em um circuito *RLC* no qual as reatâncias capacitiva e indutiva são iguais em módulo, resultando, portanto, em uma impedância puramente resistiva.

Os circuitos ressonantes (em série ou em paralelo) são úteis na construção de filtros já que suas funções de transferência podem ser altamente seletivas em termos de frequência. Eles são usados em diversas aplicações, como selecionar as estações desejadas em aparelhos de rádio e TV.

Consideremos o circuito *RLC* mostrado na Figura 14.21 no domínio da frequência. A impedância de entrada é

$$\mathbf{Z} = \mathbf{H}(\omega) = \frac{\mathbf{V}_s}{\mathbf{I}} = R + j\omega L + \frac{1}{j\omega C} \quad (14.22)$$

ou

$$\mathbf{Z} = R + j\left(\omega L - \frac{1}{\omega C}\right) \quad (14.23)$$

A ressonância resulta quando a parte imaginária da função de transferência é zero ou

$$\text{Im}(\mathbf{Z}) = \omega L - \frac{1}{\omega C} = 0 \quad (14.24)$$

O valor de ω que satisfaz essa condição é denominado *frequência de ressonância* ω_0. Portanto, a condição de ressonância é

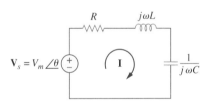

Figura 14.21 Circuito ressonante em série.

$$\omega_0 L = \frac{1}{\omega_0 C} \quad (14.25)$$

ou

$$\boxed{\omega_0 = \frac{1}{\sqrt{LC}} \text{ rad/s}} \quad (14.26)$$

Uma vez que $\omega_0 = 2\pi f_0$,

$$f_0 = \frac{1}{2\pi \sqrt{LC}} \text{ Hz} \quad (14.27)$$

> Note que a observação nº 4 se torna evidente do fato de que onde
>
> $$|\mathbf{V}_L| = \frac{V_m}{R}\omega_0 L = QV_m$$
>
> $$|\mathbf{V}_C| = \frac{V_m}{R}\frac{1}{\omega_0 C} = QV_m$$
>
> Q é o fator de qualidade, definido na Equação (14.38).

Observe que, na ressonância:

1. A impedância é puramente resistiva, portanto, $\mathbf{Z} = R$. Em outras palavras, a associação em série LC atua como um curto-circuito e toda a tensão está em R.
2. A tensão $\mathbf{V}_s$ e a corrente $\mathbf{I}$ estão em fase, de modo que o fator de potência é unitário.
3. O módulo da função de transferência $\mathbf{H}(\omega) = \mathbf{Z}(\omega)$ é mínimo.
4. As tensões no indutor e no capacitor podem ser muito maiores que a tensão da fonte.

A resposta de frequência da amplitude da corrente do circuito

$$I = |\mathbf{I}| = \frac{V_m}{\sqrt{R^2 + (\omega L - 1/\omega C)^2}} \quad (14.28)$$

é mostrada na Figura 14.22; o gráfico exibe apenas a simetria ilustrada quando o eixo da frequência é logarítmica. A potência média dissipada pelo circuito RLC é

$$P(\omega) = \frac{1}{2}I^2 R \quad (14.29)$$

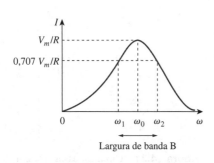

Figura 14.22 A amplitude da corrente *versus* a frequência para o cirucito ressonante em série da Figura 14.21.

A maior potência dissipada ocorre na ressonância, quando $I = V_m/R$, de modo que

$$P(\omega_0) = \frac{1}{2}\frac{V_m^2}{R} \quad (14.30)$$

Em certas frequências $\omega = \omega_1$ e $\omega = \omega_2$, a potência dissipada é metade do valor máximo; isto é,

$$P(\omega_1) = P(\omega_2) = \frac{(V_m/\sqrt{2})^2}{2R} = \frac{V_m^2}{4R} \quad (14.31)$$

Logo, ω_1 e ω_2 são denominados *frequências de meia potência*.

As frequências de meia potência são obtidas fazendo-se Z igual a $\sqrt{2}R$ e escrevendo

$$\sqrt{R^2 + \left(\omega L - \frac{1}{\omega C}\right)^2} = \sqrt{2}R \quad (14.32)$$

Calculando em função de ω, obtemos

$$\boxed{\begin{aligned}\omega_1 &= -\frac{R}{2L} + \sqrt{\left(\frac{R}{2L}\right)^2 + \frac{1}{LC}} \\ \omega_2 &= \frac{R}{2L} + \sqrt{\left(\frac{R}{2L}\right)^2 + \frac{1}{LC}}\end{aligned}} \qquad (14.33)$$

Podemos relacionar as frequências de meia potência com a frequência de ressonância. A partir das equações (14.26) e (14.33),

$$\omega_0 = \sqrt{\omega_1 \omega_2} \qquad (14.34)$$

mostrando que a frequência de ressonância é a média geométrica das frequências de meia potência. Note que ω_1 e ω_2, geralmente, não são simétricas em torno da frequência de ressonância ω_0, pois a resposta de frequência geralmente não é simétrica. Entretanto, como será explicado em breve, a simetria das frequências de meia potência em torno da frequência de ressonância normalmente é uma boa aproximação.

Embora a altura da curva na Figura 14.22 seja determinada por R, a largura da curva depende de outros fatores. A largura da curva de resposta depende da *largura de banda B*, que é definida como a diferença entre as duas frequências de meia potência,

$$B = \omega_2 - \omega_1 \qquad (14.35)$$

Essa definição de largura de banda (*bandwidth*) é apenas uma das várias que são comumente usadas. A rigor, B na Equação (14.35) é uma largura de banda de meia potência, pois é a largura da faixa de frequências entre as frequências de meia potência.

O nível de "estreitamento" da curva de ressonância em um circuito ressonante é medida quantitativamente pelo *fator de qualidade Q*. Na ressonância, a energia reativa no circuito oscila entre o indutor e o capacitor. O fator de qualidade relaciona a energia máxima ou de pico de energia armazenada e a energia dissipada no circuito por ciclo de oscilação:

$$Q = 2\pi \frac{\text{Energia de pico armazenada no circuito}}{\text{Energia dissipada pelo circuito em um período de ressonância}} \qquad (14.36)$$

> Embora o mesmo símbolo Q seja usado para a potência reativa, os dois não são iguais e não devem ser confundidos. Q, nesse caso, é adimensional, enquanto a potência reativa Q é expressa em VAR. Isso pode ajudar a fazer a distinção entre os dois.

Também é considerado uma medida da propriedade de armazenamento de energia de um circuito em relação à sua propriedade de dissipação de energia. No circuito RLC em série, a energia de pico armazenada é $\frac{1}{2}LI^2$, enquanto a energia dissipada em um período é $\frac{1}{2}(I^2R)(1/f_0)$. Portanto,

$$Q = 2\pi \frac{\frac{1}{2}LI^2}{\frac{1}{2}I^2 R(1/f_0)} = \frac{2\pi f_0 L}{R} \qquad (14.37)$$

ou

$$\boxed{Q = \frac{\omega_0 L}{R} = \frac{1}{\omega_0 C R}} \qquad (14.38)$$

Observe que o fator de qualidade é adimensional. A relação entre a largura de banda B e o fator de qualidade Q é obtido substituindo-se a Equação (14.33) na Equação (14.35) e utilizando a Equação (14.38).

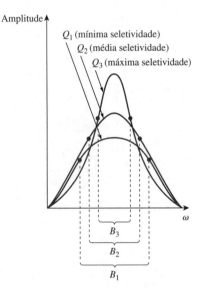

Figura 14.23 Quanto maior o Q do circuito, menor a largura de banda.

Fator de qualidade é uma medida da seletividade (ou nível de "estreitamento" da curva de ressonância) do circuito.

$$B = \frac{R}{L} = \frac{\omega_0}{Q} \quad (14.39)$$

ou $B = \omega_0^2 CR$. Consequentemente,

> **Fator de qualidade** de um circuito ressonante é a razão entre sua frequência ressonante e sua largura de banda.

Tenha em mente que as Equações (14.33), (14.38) e (14.39) se aplicam apenas a um circuito RLC em série.

Conforme ilustrado na Figura 14.23, quanto maior for o valor de Q, mais seletivo é o circuito, porém menor a largura de banda. A *seletividade* de um circuito RLC é a capacidade do circuito em responder a certa frequência e segregar todas as demais frequências. Se a faixa de frequências a ser selecionada ou rejeitada for estreita, o fator de qualidade do circuito ressonante deve ser elevado. Se a faixa de frequências for larga, o fator de qualidade deve ser baixo.

Um circuito ressonante é projetado para operar na frequência de ressonância ou próximo dela. Diz-se que um circuito é de Q *elevado* quando seu fator de qualidade é igual ou superior a 10. Para circuitos de Q elevado ($Q \geq 10$), as frequências de meia potência são, na prática, simétricas em torno da frequência de ressonância e podem ser aproximadas por

$$\omega_1 \simeq \omega_0 - \frac{B}{2}, \quad \omega_2 \simeq \omega_0 + \frac{B}{2} \quad (14.40)$$

Os circuitos de Q elevado são usados em circuitos de comunicação.

Vemos que um circuito ressonante é caracterizado por cinco parâmetros inter-relacionados: as duas frequências de meia potência ω_1 e ω_2, a frequência de ressonância ω_0, a largura de banda B e o fator de qualidade Q.

EXEMPLO 14.7

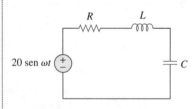

Figura 14.24 Esquema para o Exemplo 14.7.

No circuito da Figura 14.24, $R = 2\,\Omega$, $L = 1$ mH e $C = 0{,}4\,\mu$F. (a) Determine a frequência de ressonância e as frequências de meia potência. (b) Calcule o fator de qualidade e a largura de banda. (c) Estabeleça a amplitude da corrente nas frequências ω_0, ω_1 e ω_2.

Solução: (a) A frequência de ressonância é

$$\omega_0 = \frac{1}{\sqrt{LC}} = \frac{1}{\sqrt{10^{-3} \times 0{,}4 \times 10^{-6}}} = 50 \text{ krad/s}$$

■ **MÉTODO 1** A frequência de meia potência inferior é

$$\omega_1 = -\frac{R}{2L} + \sqrt{\left(\frac{R}{2L}\right)^2 + \frac{1}{LC}}$$

$$= -\frac{2}{2 \times 10^{-3}} + \sqrt{(10^3)^2 + (50 \times 10^3)^2}$$

$$= -1 + \sqrt{1 + 2.500} \text{ krad/s} = 49 \text{ krad/s}$$

De modo similar, a frequência de meia potência superior é

$$\omega_2 = 1 + \sqrt{1 + 2.500} \text{ krad/s} = 51 \text{ krad/s}$$

(b) A largura de banda é

$$B = \omega_2 - \omega_1 = 2 \text{ krad/s}$$

ou

$$B = \frac{R}{L} = \frac{2}{10^{-3}} = 2 \text{ krad/s}$$

O fator de qualidade é

$$Q = \frac{\omega_0}{B} = \frac{50}{2} = 25$$

■ **MÉTODO 2** De forma alternativa, podemos encontrar

$$Q = \frac{\omega_0 L}{R} = \frac{50 \times 10^3 \times 10^{-3}}{2} = 25$$

A partir de Q, obtemos

$$B = \frac{\omega_0}{Q} = \frac{50 \times 10^3}{25} = 2 \text{ krad/s}$$

Como $Q > 10$, este é um circuito de Q elevado e podemos obter as frequências de meia potência como

$$\omega_1 = \omega_0 - \frac{B}{2} = 50 - 1 = 49 \text{ krad/s}$$

$$\omega_2 = \omega_0 + \frac{B}{2} = 50 + 1 = 51 \text{ krad/s}$$

conforme obtido anteriormente.

(c) Em $\omega = \omega_0$,

$$I = \frac{V_m}{R} = \frac{20}{2} = 10 \text{ A}$$

Em $\omega = \omega_1$ e $\omega = \omega_2$,

$$I = \frac{V_m}{\sqrt{2}R} = \frac{10}{\sqrt{2}} = 7{,}071 \text{ A}$$

PROBLEMA PRÁTICO 14.7

Um circuito conectado em série tem $R = 4 \, \Omega$ e $L = 25$ mH. (a) Calcule o valor de C que produzirá um fator de qualidade de 50. (b) Determine ω_1, ω_2 e B. (c) Determine a potência média dissipada em $\omega = \omega_0$, $\omega = \omega_1$ e $\omega = \omega_2$.

Resposta: (a) 0,625 μF; (b) 7.920 rad/s; 8.080 rad/s; 160 rad/s; (c) 1,25 kW, 0,625 kW, 0,625 kW.

14.6 Ressonância em paralelo

O circuito RLC em paralelo da Figura 14.25 é o dual do circuito RLC em série. Portanto, enviaremos repetições desnecessárias. A admitância é

$$\mathbf{Y} = H(\omega) = \frac{\mathbf{I}}{\mathbf{V}} = \frac{1}{R} + j\omega C + \frac{1}{j\omega L} \quad (14.41)$$

ou

$$\mathbf{Y} = \frac{1}{R} + j\left(\omega C - \frac{1}{\omega L}\right) \quad (14.42)$$

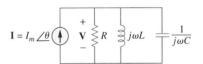

Figura 14.25 Circuito de ressonância em paralelo.

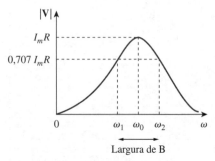

Figura 14.26 A amplitude da corrente *versus* a frequência para o circuito ressonante em série da Figura 14.25.

> Notamos isso do fato de que
>
> $$|\mathbf{I}_L| = \frac{I_m R}{\omega_0 L} = QI_m$$
>
> $$|\mathbf{I}_C| = \omega_0 C I_m R = QI_m$$
>
> onde Q é o fator de qualidade, definido na Equação (14.47).

A ressonância ocorre quando a parte imaginária de **Y** é zero,

$$\omega C - \frac{1}{\omega L} = 0 \tag{14.43}$$

ou

$$\omega_0 = \frac{1}{\sqrt{LC}} \text{ rad/s} \tag{14.44}$$

que é a mesma da Equação (14.26) para o circuito ressonante em série. A tensão |**V**| é representada na Figura 14.26 em função da frequência. Note que, na ressonância, a associação LC em paralelo atua como um circuito aberto, de modo que a corrente toda flua através de R. Da mesma forma, as correntes no indutor e no capacitor podem ser muito maiores que a corrente de fonte na ressonância.

Exploramos a dualidade entre as Figuras 14.21 e 14.25, comparando as Equações (14.42) e (14.23). Substituindo R, L e C nas expressões para o circuito em série com $1/R$, C e L, respectivamente, obtemos para o circuito em paralelo

$$\omega_1 = -\frac{1}{2RC} + \sqrt{\left(\frac{1}{2RC}\right)^2 + \frac{1}{LC}}$$
$$\omega_2 = \frac{1}{2RC} + \sqrt{\left(\frac{1}{2RC}\right)^2 + \frac{1}{LC}} \tag{14.45}$$

$$B = \omega_2 - \omega_1 = \frac{1}{RC} \tag{14.46}$$

$$Q = \frac{\omega_0}{B} = \omega_0 RC = \frac{R}{\omega_0 L} \tag{14.47}$$

Deve-se notar que as Equações (14.45) a (14.47) se aplicam apenas a um circuito RLC em paralelo. Usando as Equações (14.45) e (14.47), podemos expressar as frequências de meia potência em termos de fator de qualidade. O resultado é

$$\omega_1 = \omega_0 \sqrt{1 + \left(\frac{1}{2Q}\right)^2} - \frac{\omega_0}{2Q}, \qquad \omega_2 = \omega_0 \sqrt{1 + \left(\frac{1}{2Q}\right)^2} + \frac{\omega_0}{2Q} \tag{14.48}$$

Novamente, para circuitos de Q elevado ($Q \geq 10$)

$$\omega_1 \simeq \omega_0 - \frac{B}{2}, \qquad \omega_2 \simeq \omega_0 + \frac{B}{2} \tag{14.49}$$

A Tabela 14.4 apresenta um resumo das características dos circuitos ressonantes em série e em paralelo. Além dos circuitos RLC em série e em paralelo aqui considerados, existem outros circuitos ressonantes. O Exemplo 14.9 trata de um caso comum.

Tabela 14.4 • Resumo das características dos circuitos RLC ressonantes.

Característica	Circuito em série	Circuito em paralelo
Frequência de ressonância, ω_0	$\dfrac{1}{\sqrt{LC}}$	$\dfrac{1}{\sqrt{LC}}$
Fator de qualidade, Q	$\dfrac{\omega_0 L}{R}$ ou $\dfrac{1}{\omega_0 RC}$	$\dfrac{R}{\omega_0 L}$ ou $\omega_0 RC$
Largura de banda, B	$\dfrac{\omega_0}{Q}$	$\dfrac{\omega_0}{Q}$
Frequência de meia potência, ω_1, ω_2	$\omega_0\sqrt{1+\left(\dfrac{1}{2Q}\right)^2} \pm \dfrac{\omega_0}{2Q}$	$\omega_0\sqrt{1+\left(\dfrac{1}{2Q}\right)^2} \pm \dfrac{\omega_0}{2Q}$
Para $Q \geq 10$, ω_1, ω_2	$\omega_0 \pm \dfrac{B}{2}$	$\omega_0 \pm \dfrac{B}{2}$

EXEMPLO 14.8

No circuito RLC em paralelo da Figura 14.27, faça $R = 8$ kΩ, $L = 0{,}2$ mH e $C = 8$ μF. (a) Calcule ω_0, Q e B. (b) Determine ω_1 e ω_2. (c) Determine a potência dissipada nas frequências ω_0, ω_1 e ω_2.

Solução:

(a)

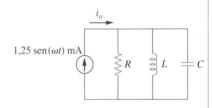

Figura 14.27 Esquema para o Exemplo 14.8.

$$\omega_0 = \dfrac{1}{\sqrt{LC}} = \dfrac{1}{\sqrt{0{,}2 \times 10^{-3} \times 8 \times 10^{-6}}} = \dfrac{10^5}{4} = 25 \text{ krad/s}$$

$$Q = \dfrac{R}{\omega_0 L} = \dfrac{8 \times 10^3}{25 \times 10^3 \times 0{,}2 \times 10^{-3}} = 1.600$$

$$B = \dfrac{\omega_0}{Q} = 15{,}625 \text{ rad/s}$$

(b) Por causa do valor elevado de Q, podemos considerar este como um circuito de Q elevado. Logo,

$$\omega_1 = \omega_0 - \dfrac{B}{2} = 25.000 - 7{,}812 = 24.992 \text{ rad/s}$$

$$\omega_2 = \omega_0 + \dfrac{B}{2} = 25.000 + 7{,}812 = 25.008 \text{ rad/s}$$

(c) Em $\omega = \omega_0$, $\mathbf{Y} = 1/R$ ou $\mathbf{Z} = R = 8$ kΩ. Então,

$$\mathbf{I}_o = \dfrac{\mathbf{V}}{\mathbf{Z}} = \dfrac{10\underline{/-90°}}{8.000} = 1{,}25\underline{/-90°} \text{ mA}$$

Como na ressonância a corrente toda flui por R, a potência média dissipada em $\omega = \omega_0$ é

$$P = \dfrac{1}{2}|\mathbf{I}_o|^2 R = \dfrac{1}{2}(1{,}25 \times 10^{-3})^2(8 \times 10^3) = 6{,}25 \text{ mW}$$

ou

$$P = \frac{V_m^2}{2R} = \frac{100}{2 \times 8 \times 10^3} = 6{,}25 \text{ mW}$$

Em $\omega = \omega_1$ e $\omega = \omega_2$,

$$P = \frac{V_m^2}{4R} = 3{,}125 \text{ mW}$$

PROBLEMA PRÁTICO 14.8

Um circuito ressonante em paralelo possui $R = 100$ kΩ, $L = 20$ mH e $C = 5$ nF. Calcule ω_0, ω_1, ω_2, Q e B.

Resposta: 100 krad/s, 99 krad/s, 101 krad/s, 50, 2 krad/s.

EXEMPLO 14.9

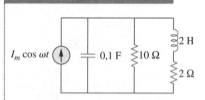

Figura 14.28 Esquema para o Exemplo 14.9.

Determine a frequência ressonante do circuito na Figura 14.28.

Solução: A admitância de entrada é

$$\mathbf{Y} = j\omega 0{,}1 + \frac{1}{10} + \frac{1}{2 + j\omega 2} = 0{,}1 + j\omega 0{,}1 + \frac{2 - j\omega 2}{4 + 4\omega^2}$$

Na ressonância, Im($\mathbf{Y}$) = 0 e

$$\omega_0 0{,}1 - \frac{2\omega_0}{4 + 4\omega_0^2} = 0 \quad \Rightarrow \quad \omega_0 = 2 \text{ rad/s}$$

PROBLEMA PRÁTICO 14.9

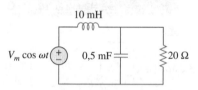

Figura 14.29 Esquema para o Problema prático 14.9.

Calcule a frequência de ressonância do circuito na Figura 14.29.

Resposta: 435,9 rad/s.

14.7 Filtros passivos

O conceito de filtros tem sido parte integrante da evolução da engenharia elétrica desde o início. Várias realizações tecnológicas não teriam sido possíveis sem a existência dos filtros elétricos. Em virtude desse importante papel, foi despendido grande esforço na teoria, no projeto e na construção de filtros e foram escritos muitos artigos e livros sobre eles. Nossa discussão, neste capítulo, será apenas introdutória.

> **Filtro** é um circuito projetado para deixar passar sinais com frequências desejadas e rejeitar ou atenuar outros.

Como dispositivo seletivo de frequências, um filtro pode ser usado para limitar o espectro de frequências de um sinal para alguma faixa de frequências especificada e em receptores de rádio e TV, para possibilitar que selecionemos um sinal desejado de uma grande gama de sinais presentes no ambiente.

Um circuito é um *filtro passivo* se for formado apenas pelos elementos passivos R, L e C. Diz-se que um filtro é *ativo* se ele for formado por elementos ativos (como transistores e amplificadores operacionais), além dos elementos passivos R, L e C. Consideremos filtros passivos nesta seção e os filtros ativos na seção seguinte. Os filtros LC foram usados em aplicações práticas por mais de oito décadas. A tecnologia de filtros LC alimenta áreas relacionadas como equalizadores, circuitos de casamento de impedância, transformadores, circuitos modeladores, divisores de potência, atenuadores e acopladores direcionais e fornece continuamente aos engenheiros oportunidades para inovar e experimentar. Além dos filtros LC que estudaremos nestas seções, existem outros tipos de filtros – como os digitais, eletromecânicos e de micro-ondas –, os quais estão fora do escopo deste texto.

Como pode ser visto na Figura 14.30, existem quatro tipos de filtros, sejam eles passivos ou ativos:

1. Um *filtro passa-baixas* deixa passar frequências baixas e rejeita frequências altas, como mostrado de forma ideal na Figura 14.30a.
2. Um *filtro passa-altas* deixa passar frequências altas e rejeita frequências baixas, conforme mostrado de forma ideal na Figura 14.30b.
3. Um *filtro passa-faixa* deixa passar frequências dentro de uma faixa de frequências e bloqueia ou atenua frequências dentro da faixa, como mostrado de forma ideal na Figura 14.30c.
4. Um *filtro rejeita-faixa* deixa passar frequências fora de uma faixa de frequências e bloqueia ou atenua frequências dentro da faixa, conforme mostrado de forma ideal na Figura 14.30d.

A Tabela 14.5 apresenta um resumo das características desses filtros. Esteja atento para o fato de as características nessa tabela serem válidas apenas para os filtros de primeira ou de segunda ordens – porém não se deve ficar com a impressão de que existem somente esses tipos de filtros. Consideraremos agora circuitos típicos para construção de filtros mostrados na Tabela 14.5.

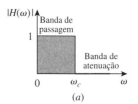
(a)

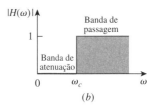
(b)

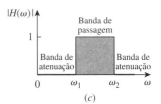
(c)

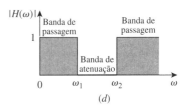
(d)

Figura 14.30 Resposta de frequência ideal de quatro tipos de filtros: (a) passa-baixas; (b) passa-altas; (c) passa-faixa; (d) rejeita-faixa.

Tabela 14.5 • Síntese das características dos filtros ideais.

Tipo de Filtro	$H(0)$	$H(\infty)$	$H(\omega_c)$ ou $H(\omega_0)$
Passa-baixas	1	0	$1/\sqrt{2}$
Passa-altas	0	1	$1/\sqrt{2}$
Passa-faixa	0	0	1
Rejeita-faixa	1	1	0

ω_c é a frequência de corte para os filtros passa-baixas e passa-altas; ω_0 é a frequência central para os filtros passa-faixa e rejeita-faixa.

14.7.1 Filtro passa-baixas

Um filtro passa-baixas padrão é formado quando a saída de um circuito RC é obtida a partir do capacitor, como mostra a Figura 14.31. A função de transferência (ver Exemplo 14.1) é

$$\mathbf{H}(\omega) = \frac{\mathbf{V}_o}{\mathbf{V}_i} = \frac{1/j\omega C}{R + 1/j\omega C}$$

$$\mathbf{H}(\omega) = \frac{1}{1 + j\omega RC} \quad (14.50)$$

Observe que $\mathbf{H}(0) = 1$, $\mathbf{H}(\infty) = 0$. A Figura 14.32 mostra o gráfico de $|\mathbf{H}(\omega)|$, juntamente com a curva característica ideal. A frequência de meia potência, equivalente à frequência de corte nos gráficos de Bode, porém, no contexto de filtros, normalmente conhecida como *frequência de corte* ω_c, é obtida ajustando-se a amplitude de $\mathbf{H}(\omega)$ para $1/\sqrt{2}$, portanto

$$H(\omega_c) = \frac{1}{\sqrt{1 + \omega_c^2 R^2 C^2}} = \frac{1}{\sqrt{2}}$$

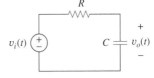

Figura 14.31 Filtro passa-baixas.

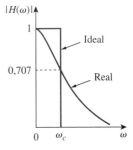

Figura 14.32 Respostas de frequência ideal e real de um filtro passa-baixas.

> Frequência de corte é a frequência na qual a função de transferência **H** cai em módulo para 70,71% de seu valor máximo. Ela também é considerada como a frequência na qual a potência dissipada em um circuito é metade da potência de seu valor máximo.

ou

$$\omega_c = \frac{1}{RC} \quad (14.51)$$

A frequência de corte também é denominada *frequência de aumento de decaimento*.

> Um **filtro passa-baixas** é projetado para deixar passar apenas frequências acima da CC até a frequência de corte ω_c.

Um filtro passa-baixas também pode ser formado quando a saída de um circuito RL é obtida do resistor. Obviamente, existem muitos outros tipos de filtros passa-baixas.

14.7.2 Filtro passa-altas

Um filtro passa-altas é formado quando a saída de um circuito RC é obtida do resistor, conforme mostrado na Figura 14.33. A função de transferência é

$$\mathbf{H}(\omega) = \frac{\mathbf{V}_o}{\mathbf{V}_i} = \frac{R}{R + 1/j\omega C}$$

$$\mathbf{H}(\omega) = \frac{j\omega RC}{1 + j\omega RC} \quad (14.52)$$

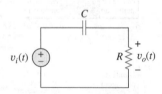

Figura 14.33 Filtro passa-altas.

Note que $\mathbf{H}(0)$, $\mathbf{H}(\infty) = 1$. A Figura 14.34 mostra o gráfico de $|\mathbf{H}(\omega)|$. Repetindo, a frequência de corte ou frequência de canto é

$$\omega_c = \frac{1}{RC} \quad (14.53)$$

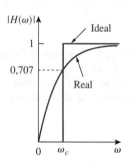

Figura 14.34 Respostas de frequência ideal e real de um filtro passa-altas.

> Um **filtro passa-altas** é projetado para deixar passar todas as frequências acima de sua frequência de corte ω_c.

Um filtro passa-altas também pode ser formado quando a saída de um circuito RL é obtida do indutor.

14.7.3 Filtro passa-faixa

O circuito RLC em série ressonante fornece um filtro passa-faixa quando a saída é extraída do resistor, como mostra a Figura 14.35. A função de transferência é

$$\mathbf{H}(\omega) = \frac{\mathbf{V}_o}{\mathbf{V}_i} = \frac{R}{R + j(\omega L - 1/\omega C)} \quad (14.54)$$

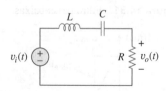

Figura 14.35 Filtro passa-faixa.

Observamos que $\mathbf{H}(0) = 0$, $\mathbf{H}(\infty) = 0$. A Figura 14.36 mostra o gráfico de $|\mathbf{H}(\omega)|$. O filtro passa-faixa deixa passar uma faixa de frequências ($\omega_1 < \omega < \omega_2$) centralizada em ω_0, a frequência central, que é dada por

$$\omega_0 = \frac{1}{\sqrt{LC}} \quad (14.55)$$

> Um **filtro passa-faixa** é projetado para deixar passar todas as frequências dentro de uma faixa de frequências, $\omega_1 < \omega < \omega_2$.

Como o filtro passa-faixa da Figura 14.35 é um circuito ressonante em série, as frequências de meia potência, a largura de banda e o fator de qualidade são determinados, conforme visto na Seção 14.5. Um filtro passa-faixa também pode ser formado pela conexão em cascata de um filtro passa-baixas (onde $\omega_2 = \omega_c$) da Figura 14.31 com o filtro (onde $\omega_1 = \omega_c$) na Figura 14.33. Porém, o resultado não seria o mesmo que simplesmente adicionar a saída do filtro passa-baixas à entrada do filtro passa-altas, pois o segundo circuito atua como carga para o primeiro e altera a função de transferência desejada.

14.7.4 Filtro rejeita-faixa

Um filtro que impede a passagem de uma faixa de frequências entre dois valores designados (ω_1 e ω_2) é conhecido por várias denominações como *filtro corta-faixa*, *rejeita-faixa* ou filtro *notch*. Um filtro rejeita-faixa é formado quando a saída do circuito RLC em série ressonante é obtida da associação LC em série, como mostrado na Figura 14.37. A função de transferência é

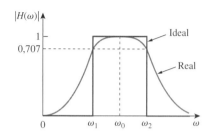

Figura 14.36 Respostas de frequência ideal e real de um filtro passa-faixa.

$$\mathbf{H}(\omega) = \frac{\mathbf{V}_o}{\mathbf{V}_i} = \frac{j(\omega L - 1/\omega C)}{R + j(\omega L - 1/\omega C)} \quad (14.56)$$

Note que $\mathbf{H}(0) = 1$, $\mathbf{H}(\infty) = 1$. A Figura 14.38 mostra o gráfico de $|\mathbf{H}(\omega)|$. Repetindo, a frequência central é dada por

$$\omega_0 = \frac{1}{\sqrt{LC}} \quad (14.57)$$

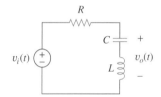

Figura 14.37 Filtro rejeita-faixa.

enquanto as frequências de meia potência, a largura de banda e o fator de qualidade são calculados usando-se as fórmulas da Seção 14.5 para um circuito ressonante em série. Nesse caso, ω_0 é denominada *frequência de rejeição*, enquanto a largura de banda correspondente ($B = \omega_2 - \omega_1$) é conhecida como *largura de banda de rejeição*. Portanto,

> Um **filtro rejeita-faixa** é projetado para barrar ou eliminar todas as frequências dentro de uma faixa de frequências, $\omega_1 < \omega < \omega_2$.

Observe que somar as funções de transferência do passa-faixa e do rejeita-faixa dá um resultado unitário em qualquer frequência para os mesmos valores de R, L e C. Geralmente, isso não é verdade, porém é verdadeiro para os circuitos aqui tratados. Isso se deve ao fato de que a curva característica de uma é o inverso da outra.

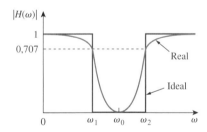

Figura 14.38 Respostas de frequência ideal e real de um filtro rejeita-faixa.

Ao concluir esta seção, devemos notar que:

1. A partir das equações (14.50), (14.52) e (14.56), o ganho máximo de um filtro passivo é a unidade. Para gerar um ganho maior que a unidade, deve-se usar um filtro ativo como indicado mais adiante.
2. Existem outras maneiras de se obter os tipos de filtros tratados nesta seção.
3. Os filtros aqui tratados são os tipos simples. Diversos outros filtros possuem respostas de frequência mais agudas e complexas.

EXEMPLO 14.10

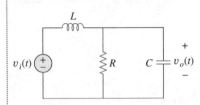

Figura 14.39 Esquema para o Exemplo 14.10.

Determine que tipo de filtro é mostrado na Figura 14.39. Calcule a frequência de corte ou a frequência de canto. Suponha $R = 2$ kΩ, $L = 2$ H e $C = 2$ μF.

Solução: A função de transferência é

$$\mathbf{H}(s) = \frac{\mathbf{V}_o}{\mathbf{V}_i} = \frac{R \parallel 1/sC}{sL + R \parallel 1/sC}, \quad s = j\omega \qquad (14.10.1)$$

Porém,

$$R \parallel \frac{1}{sC} = \frac{R/sC}{R + 1/sC} = \frac{R}{1 + sRC}$$

Substituindo essa equação na Equação (14.10.1), teremos

$$\mathbf{H}(s) = \frac{R/(1 + sRC)}{sL + R/(1 + sRC)} = \frac{R}{s^2 RLC + sL + R}, \quad s = j\omega$$

ou

$$\mathbf{H}(\omega) = \frac{R}{-\omega^2 RLC + j\omega L + R} \qquad (14.10.2)$$

como $\mathbf{H}(0) = 1$ e $\mathbf{H}(\infty) = 0$, concluímos da Tabela 14.5 que o circuito da Figura 14.39 é um filtro passa-baixas de segunda ordem. A amplitude de $\mathbf{H}$ é

$$H = \frac{R}{\sqrt{(R - \omega^2 RLC)^2 + \omega^2 L^2}} \qquad (14.10.3)$$

A frequência de corte é a mesma que a frequência de meia potência, isto é, onde $\mathbf{H}$ é reduzido de um fator igual a $1/\sqrt{2}$. Uma vez que o valor CC de $H(\omega)$ é 1, na frequência de corte, a Equação (14.10.3), após ser elevada ao quadrado, é

$$H^2 = \frac{1}{2} = \frac{R^2}{(R - \omega_c^2 RLC)^2 + \omega_c^2 L^2}$$

ou

$$2 = (1 - \omega_c^2 LC)^2 + \left(\frac{\omega_c L}{R}\right)^2$$

Substituindo-se os valores de R, L e C, obtemos

$$2 = (1 - \omega_c^2 \, 4 \times 10^{-6})^2 + (\omega_c 10^{-3})^2$$

Supondo que ω_c esteja em krad/s,

$$2 = (1 - 4\omega_c^2)^2 + \omega_c^2 \quad \text{ou} \quad 16\omega_c^4 - 7\omega_c^2 - 1 = 0$$

Resolvendo a equação quadrática em ω_c^2, obtemos $\omega_c^2 = 0{,}5509$ e $-0{,}1134$. Uma vez que ω_c é real,

$$\omega_c = 0{,}742 \text{ krad/s} = 742 \text{ rad/s}$$

PROBLEMA PRÁTICO 14.10

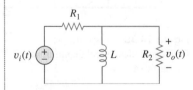

Figura 14.40 Esquema para o Problema prático 14.10.

Para o circuito da Figura 14.40, obtenha a função de transferência $\mathbf{V}_o(\omega)/\mathbf{V}_i(\omega)$. Identifique o tipo de filtro que o circuito representa e determine a frequência de corte. Considere $R_1 = 100$ $\Omega = R_2$, $L = 2$ mH.

Resposta: $\dfrac{R_2}{R_1 + R_2}\left(\dfrac{j\omega}{j\omega + \omega_c}\right)$, filtro passa-altas

$$\omega_c = \frac{R_1 R_2}{(R_1 + R_2)L} = 25 \text{ krad/s}.$$

EXEMPLO 14.11

Se o filtro rejeita-faixa da Figura 14.37 deve rejeitar uma senoide de 200 Hz enquanto deve deixar passar as demais frequências, calcule os valores de L e C. Adote $R = 150\ \Omega$ e a largura de banda como 100 Hz.

Solução: Usamos as fórmulas para um circuito ressonante em série da Seção 14.5.

$$B = 2\pi(100) = 200\pi\ \text{rad/s}$$

Porém,

$$B = \frac{R}{L} \quad\Rightarrow\quad L = \frac{R}{B} = \frac{150}{200\pi} = 0{,}2387\ \text{H}$$

Rejeitar a senoide de 200 Hz significa que f_0 é igual a 200 Hz, de modo que ω_0 na Figura 14.38 é

$$\omega_0 = 2\pi f_0 = 2\pi(200) = 400\pi$$

Uma vez que $\omega_0 = 1/\sqrt{LC}$,

$$C = \frac{1}{\omega_0^2 L} = \frac{1}{(400\pi)^2(0{,}2387)} = 2{,}653\ \mu\text{F}$$

PROBLEMA PRÁTICO 14.11

Projete um filtro passa-faixa da forma exibida na Figura 14.35 com uma frequência de corte inferior de 20,1 kHz e uma frequência de corte superior igual a 20,3 kHz. Adote $R = 20\ \text{k}\Omega$. Calcule L, C e Q.

Resposta: 15,915 H, 3,9 FP, 101.

14.8 Filtros ativos

Existem três limitações principais para os filtros passivos considerados anteriormente. Primeiro, eles não podem gerar ganho superior a 1 nem acrescentar energia ao circuito; segundo, talvez precisem de indutores volumosos e caros; e terceiro, apresentam um fraco desempenho em frequência abaixo do intervalo da audiofrequência (300 Hz $< f <$ 3.000 Hz). Não obstante, os filtros passivos são úteis em frequências elevadas.

Os filtros ativos são formados por associações de resistores, capacitores e amplificadores operacionais, e apresentam algumas vantagens em relação aos filtros RLC. Em primeiro lugar, normalmente, são menores e mais baratos, pois não precisam de indutores, tornando factível a construção de filtros com circuitos integrados. Em segundo lugar, são capazes de fornecer ganho de amplificador, além de fornecer a mesma resposta de frequência que aquela obtida com filtros RLC. E em terceiro lugar, podem ser associados a amplificadores com buffers (seguidores de tensão) para isolar cada estágio do filtro de efeitos de impedância de carga e de fonte. Esse isolamento possibilita o projeto de estágios de forma independente para, em seguida, colocá-los em cascata para obter a função de transferência desejada. (Pelo fato de os gráficos de Bode serem logarítmicos, estes podem ser somados quando as funções de transferência são colocadas em cascata.) Entretanto, os filtros ativos são menos confiáveis e menos estáveis. O limite prático da maioria dos filtros ativos é cerca de 100 kHz – a maioria dos filtros opera bem abaixo dessa frequência.

Normalmente, os filtros são classificados de acordo com sua ordem (ou número de polos) ou conforme seu tipo de desenho específico.

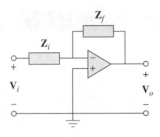

Figura 14.41 Filtro ativo de primeira ordem genérico.

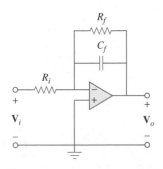

Figura 14.42 Filtro passa-baixas de primeira ordem ativo.

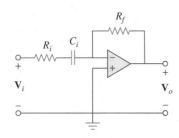

Figura 14.43 Filtro passa-altas de primeira ordem ativo.

> Essa maneira de criar um filtro passa-faixa, não necessariamente a melhor delas, talvez seja a forma mais fácil de entender.

14.8.1 Filtro passa-baixas de primeira ordem

Na Figura 14.41 é mostrado um filtro de primeira ordem. Os componentes escolhidos para Z_i e Z_f determinam se o filtro é passa-baixas ou passa-altas, porém um dos componentes deve ser reativo.

A Figura 14.42 apresenta um filtro passa-baixas ativo padrão. Para esse filtro, a função de transferência é

$$\mathbf{H}(\omega) = \frac{\mathbf{V}_o}{\mathbf{V}_i} = -\frac{\mathbf{Z}_f}{\mathbf{Z}_i} \tag{14.58}$$

onde $\mathbf{Z}_i = R_i$ e

$$\mathbf{Z}_f = R_f \,\Big\|\, \frac{1}{j\omega C_f} = \frac{R_f/j\omega C_f}{R_f + 1/j\omega C_f} = \frac{R_f}{1 + j\omega C_f R_f} \tag{14.59}$$

Consequentemente,

$$\mathbf{H}(\omega) = -\frac{R_f}{R_i}\frac{1}{1 + j\omega C_f R_f} \tag{14.60}$$

Podemos perceber que a Equação (14.60) é similar à Equação (14.50), exceto pelo fato de haver um ganho de frequência baixa ($\omega \to 0$) ou ganho CC igual a $-R_f/R_i$. Da mesma forma, a frequência angular é

$$\omega_c = \frac{1}{R_f C_f} \tag{14.61}$$

que não depende de R_i. Isso significa que diversas entradas com diferentes R_i poderiam ser somadas, se necessário, e que a frequência de corte permanece a mesma para cada entrada.

14.8.2 Filtro passa-altas de primeira ordem

A Figura 14.43 mostra um filtro passa-altas padrão. Como antes,

$$\mathbf{H}(\omega) = \frac{\mathbf{V}_o}{\mathbf{V}_i} = -\frac{\mathbf{Z}_f}{\mathbf{Z}_i} \tag{14.62}$$

onde $\mathbf{Z}_i = R_i + 1/j\omega C_i$ e $\mathbf{Z}_f = R_f$, de modo que

$$\mathbf{H}(\omega) = -\frac{R_f}{R_i + 1/j\omega C_i} = -\frac{j\omega C_i R_f}{1 + j\omega C_i R_i} \tag{14.63}$$

Isso é similar à Equação (14.52), exceto que naquelas em frequências muito elevadas ($\omega \to \infty$), o ganho tende a $-R_f/R_i$. A frequência de corte é

$$\omega_c = \frac{1}{R_i C_i} \tag{14.64}$$

14.8.3 Filtro passa-faixa

O circuito da Figura 14.42 pode ser associado com aquele da Figura 14.43 para formar um filtro passa-faixa que terá um ganho K em relação ao intervalo de frequências exigido. Conectando em cascata um filtro passa-baixas de ganho unitário, um filtro passa-altas, também ganho unitário, e um inversor com ganho $-R_f/R_i$, conforme mostrado no diagrama em bloco da Figura 14.44a, podemos construir um filtro passa-faixa cuja resposta de frequência é aquela indicada na Figura 14.44b. A construção real do filtro passa-faixa é ilustrada na Figura 14.45.

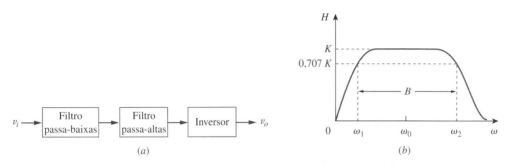

Figura 14.44 Filtro passa-faixa ativo: (a) diagrama em bloco; (b) resposta de frequência.

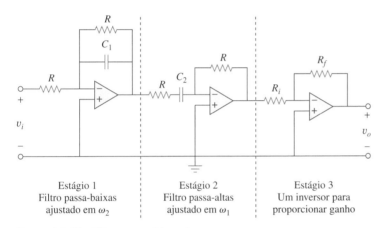

Figura 14.45 Filtro passa-faixa ativo.

A análise do filtro passa-faixa é relativamente simples. Sua função de transferência é obtida multiplicando-se as equações (14.60) e (14.63) com o ganho do inversor; isto é,

$$\mathbf{H}(\omega) = \frac{\mathbf{V}_o}{\mathbf{V}_i} = \left(-\frac{1}{1 + j\omega C_1 R}\right)\left(-\frac{j\omega C_2 R}{1 + j\omega C_2 R}\right)\left(-\frac{R_f}{R_i}\right)$$
$$= -\frac{R_f}{R_i} \frac{1}{1 + j\omega C_1 R} \frac{j\omega C_2 R}{1 + j\omega C_2 R} \quad (14.65)$$

O bloco passa-baixas estabelece a frequência angular superior, como segue

$$\omega_2 = \frac{1}{RC_1} \quad (14.66)$$

enquanto o bloco passa-altas estabelece a frequência de corte inferior, como segue

$$\omega_1 = \frac{1}{RC_2} \quad (14.67)$$

Com esses valores de ω_1 e ω_2, a frequência central, a largura de banda e o fator de qualidade são determinados como segue:

$$\omega_0 = \sqrt{\omega_1 \omega_2} \tag{14.68}$$

$$B = \omega_2 - \omega_1 \tag{14.69}$$

$$Q = \frac{\omega_0}{B} \tag{14.70}$$

Para determinar o ganho da faixa de passagem, escrevemos a Equação (14.65) na forma-padrão da Equação (14.15),

$$\mathbf{H}(\omega) = -\frac{R_f}{R_i} \frac{j\omega/\omega_1}{(1 + j\omega/\omega_1)(1 + j\omega/\omega_2)} = -\frac{R_f}{R_i} \frac{j\omega\omega_2}{(\omega_1 + j\omega)(\omega_2 + j\omega)} \tag{14.71}$$

Na frequência central $\omega_0 = \sqrt{\omega_1 \omega_2}$, a amplitude da função de transferência é

$$|\mathbf{H}(\omega_0)| = \left| \frac{R_f}{R_i} \frac{j\omega_0 \omega_2}{(\omega_1 + j\omega_0)(\omega_2 + j\omega_0)} \right| = \frac{R_f}{R_i} \frac{\omega_2}{\omega_1 + \omega_2} \tag{14.72}$$

Portanto, o ganho na faixa de passagem é

$$K = \frac{R_f}{R_i} \frac{\omega_2}{\omega_1 + \omega_2} \tag{14.73}$$

14.8.4 Filtro rejeita-faixa (ou notch)

Um filtro rejeita-faixa pode ser construído pela associação em paralelo entre um filtro passa-baixas, um filtro passa-altas e um amplificador somador, conforme mostrado no diagrama em bloco da Figura 14.46a. O circuito é projetado de tal forma que a frequência de corte inferior ω_1 é determinada pelo filtro passa-baixas, enquanto a frequência de corte superior ω_2 é estabelecida pelo filtro passa-altas. A lacuna entre ω_1 e ω_2 é a largura de banda do filtro. Como indicado na Figura 14.46b, o filtro deixa passar frequências abaixo de ω_1 e acima de ω_2. O diagrama em bloco da Figura 14.46a é, na verdade, construído conforme ilustrado na Figura 14.47. A função de transferência é

$$\mathbf{H}(\omega) = \frac{\mathbf{V}_o}{\mathbf{V}_i} = -\frac{R_f}{R_i}\left(-\frac{1}{1 + j\omega C_1 R} - \frac{j\omega C_2 R}{1 + j\omega C_2 R}\right) \tag{14.74}$$

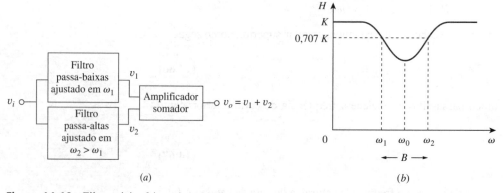

Figura 14.46 Filtro rejeita-faixa ativo: (a) diagrama em bloco; (b) resposta de frequência.

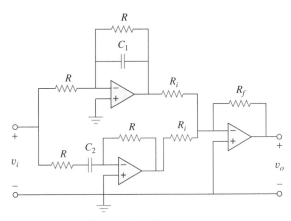

Figura 14.47 Filtro rejeita-faixa ativo.

As fórmulas para calcular os valores de ω_1, ω_2, a frequência central, a largura de banda e o fator de qualidade são as mesmas das equações (14.66) a (14.70).

Para determinar o ganho de faixa da passagem K do filtro, podemos escrever a Equação (14.74) em termos das frequências angulares superior e inferior como

$$\mathbf{H}(\omega) = \frac{R_f}{R_i}\left(\frac{1}{1+j\omega/\omega_2} + \frac{j\omega/\omega_1}{1+j\omega/\omega_1}\right)$$
$$= \frac{R_f}{R_i}\frac{(1+j2\omega/\omega_1 + (j\omega)^2/\omega_1\omega_1)}{(1+j\omega/\omega_2)(1+j\omega/\omega_1)} \quad (14.75)$$

A comparação desta equação com a forma-padrão na Equação (14.15) indica que, nas duas faixas de passagem ($\omega \to 0$ e $\omega \to \infty$), o ganho é

$$K = \frac{R_f}{R_i} \quad (14.76)$$

Também podemos determinar o ganho na frequência central encontrando a amplitude da função de transferência em $\omega_0 = \sqrt{\omega_1\omega_2}$, escrevendo

$$H(\omega_0) = \left|\frac{R_f}{R_i}\frac{(1+j2\omega_0/\omega_1 + (j\omega_0)^2/\omega_1\omega_1)}{(1+j\omega_0/\omega_2)(1+j\omega_0/\omega_1)}\right|$$
$$= \frac{R_f}{R_i}\frac{2\omega_1}{\omega_1+\omega_2} \quad (14.77)$$

Novamente, os filtros tratados nesta seção são apenas simples. Existem muitos outros filtros ativos que são mais complexos.

EXEMPLO 14.12

Projete um filtro ativo passa-baixas com ganho CC igual a 4 e uma frequência de corte de 500 Hz.

Solução: A partir da Equação (14.61), determinamos

$$\omega_c = 2\pi f_c = 2\pi(500) = \frac{1}{R_f C_f} \quad (14.12.1)$$

O ganho CC é

$$H(0) = -\frac{R_f}{R_i} = -4 \quad (14.12.2)$$

Temos duas equações e três incógnitas. Se selecionarmos $C_f = 0{,}2\ \mu F$, então

$$R_f = \frac{1}{2\pi(500)0{,}2 \times 10^{-6}} = 1{,}59\ k\Omega$$

e

$$R_i = \frac{R_f}{4} = 397{,}5\ \Omega$$

Usamos um resistor de 1,6 kΩ para R_f e um resistor de 400 Ω para R_i. A Figura 14.42 mostra o filtro.

PROBLEMA PRÁTICO 14.12

Projete um filtro passa-altas com um ganho 5 em alta frequência e uma frequência de corte de 2 kHz. Use um capacitor de 0,1 μF em seu projeto.

Resposta: $R_i = 800\ \Omega$ e $R_f = 4\ k\Omega$.

EXEMPLO 14.13

Projete um filtro passa-faixa na forma indicada na Figura 14.45 para deixar passar frequências entre 250 Hz e 3.000 Hz e com $K = 10$. Selecione $R = 20\ k\Omega$.

Solução:

1. **Definição.** O problema está enunciado de forma clara e o circuito a ser usado no projeto é especificado.
2. **Apresentação.** É solicitado o uso do circuito com amplificadores operacionais na Figura 14.45 para projetar um filtro passa-faixa. É fornecido o valor de R (20 kΩ). Além disso, o intervalo de frequências dos sinais que terão passagem é de 250 Hz a 3 kHz.
3. **Alternativa.** Usaremos as equações desenvolvidas na Seção 14.8.3 para obter uma solução e, depois, a função de transferência resultante para validar a resposta.
4. **Tentativa.** Uma vez que $\omega_1 = 1/RC_2$, obtemos

$$C_2 = \frac{1}{R\omega_1} = \frac{1}{2\pi f_1 R} = \frac{1}{2\pi \times 250 \times 20 \times 10^3} = \mathbf{31{,}83\ nF}$$

De forma similar, como $\omega_2 = 1/RC_1$,

$$C_1 = \frac{1}{R\omega_2} = \frac{1}{2\pi f_2 R} = \frac{1}{2\pi \times 3.000 \times 20 \times 10^3} = \mathbf{2{,}65\ nF}$$

A partir da Equação (14.73),

$$\frac{R_f}{R_i} = K\frac{\omega_1 + \omega_2}{\omega_2} = K\frac{f_1 + f_2}{f_2} = \frac{10(3.250)}{3.000} = 10{,}83$$

Se selecionarmos $R_i = \mathbf{10\ k\Omega}$, então $R_f = 10{,}83 R_i = \mathbf{108{,}3\ k\Omega}$.

5. **Avaliação.** A saída do primeiro amplificador operacional é dada por

$$\frac{V_i - 0}{20\ k\Omega} + \frac{V_1 - 0}{20\ k\Omega} + \frac{s 2{,}65 \times 10^{-9}(V_1 - 0)}{1}$$

$$= 0 \rightarrow V_1 = -\frac{V_i}{1 + 5{,}3 \times 10^{-5} s}$$

A saída do segundo amplificador operacional é dada por

$$\frac{V_1 - 0}{20\ k\Omega + \dfrac{1}{s 31{,}83\ nF}} + \frac{V_2 - 0}{20\ k\Omega} = 0 \rightarrow$$

$$V_2 = -\frac{6{,}366 \times 10^{-4} s V_1}{1 + 6{,}366 \times 10^{-4} s}$$

$$= \frac{6{,}366 \times 10^{-4} s V_i}{(1 + 6{,}366 \times 10^{-4} s)(1 + 5{,}3 \times 10^{-5} s)}$$

A saída do terceiro amplificador operacional é dada por

$$\frac{V_2 - 0}{10\,k\Omega} + \frac{V_o - 0}{108,3\,k\Omega} = 0 \rightarrow V_o = 10,83 V_2 \rightarrow j2\pi \times 25°$$

$$V_o = -\frac{6,894 \times 10^{-3} s V_i}{(1 + 6,366 \times 10^{-4} s)(1 + 5,3 \times 10^{-5} s)}$$

Seja $j2\pi \times 25°$ e determinemos a amplitude de V_o/V_i.

$$\frac{V_o}{V_i} = \frac{-j10,829}{(1 + j1)(1)}$$

$|V_o/V_i| = \mathbf{(0,7071)10,829}$, que é o ponto da frequência de corte inferior. Seja $s = j2\pi \times 300 = j18,849\,k\Omega$. Obtemos, então,

$$\frac{V_o}{V_i} = \frac{-j129,94}{(1 + j12)(1 + j1)}$$

$$= \frac{129,94\underline{/-90°}}{(12,042\underline{/85,24°})(1,4142\underline{/45°})} = \mathbf{(0,7071)10,791}\underline{/-\mathbf{18,61°}}$$

Fica claro que esta é a frequência de corte superior e a resposta está correta.

6. **Satisfatória?** Projetamos o circuito de forma satisfatória e podemos apresentar os resultados como uma solução para o problema.

Projete um filtro *notch* baseado na Figura 14.47 para $\omega_0 = 20$ krad/s, $K = 5$ e $Q = 10$. Use $R = R_i = 10\,k\Omega$.

PROBLEMA PRÁTICO 14.13

Resposta: $C_1 = 4,762$ nF, $C_2 = 5,263$ nF, e $R_f = 50\,k\Omega$.

14.9 Fatores de escala

No projeto e na análise de filtros e circuitos ressonantes ou na análise de circuitos em geral, algumas vezes é conveniente trabalhar com valores de elementos de 1 Ω, 1 H ou 1 F e depois transformá-los para valores reais por meio de *fatores de escala*. Tiramos proveito dessa ideia não utilizando valores reais para os elementos de circuito na maioria de nossos exemplos e problemas; o domínio da análise de circuitos é facilitado pelo uso de valores de componentes convenientes. Facilitamos, portanto, os cálculos, sabendo que poderíamos lançar mão dos fatores de escala para depois tornar os valores reais.

Existem duas maneiras de aplicarmos fatores de escala a um circuito: *fatores de escala de amplitude* ou *de impedância* e *fatores de escala de frequências*. Ambos são úteis nas respostas de fatores de escala e elementos de circuitos para valores dentro de limites práticos. Embora a aplicação de fatores de escala de amplitude deixe a resposta de frequência de um circuito inalterada, a aplicação de fatores de escala de frequência desloca a resposta de frequência acima ou abaixo do espectro de frequências.

14.9.1 Aplicação de fatores de escala a amplitudes

Aplicação de fatores de escala a amplitudes é o processo de aumento de todas as impedâncias em um circuito por um fator, sendo que a resposta de frequência permanece inalterada.

Lembre-se de que as impedâncias de elementos individuais R, L e C são dadas por

$$\mathbf{Z}_R = R, \quad \mathbf{Z}_L = j\omega L, \quad \mathbf{Z}_C = \frac{1}{j\omega C} \quad (14.78)$$

Na aplicação de fatores de escala a amplitudes, multiplicamos a impedância de cada elemento de circuito por um fator K_m e fazemos que a frequência permaneça constante. Isso fornece as novas impedâncias, como segue

$$\mathbf{Z}'_R = K_m\mathbf{Z}_R = K_mR, \quad \mathbf{Z}'_L = K_m\mathbf{Z}_L = j\omega K_mL$$
$$\mathbf{Z}'_C = K_m\mathbf{Z}_C = \frac{1}{j\omega C/K_m} \quad (14.79)$$

Comparando a Equação (14.79) com a Equação (14.78), percebemos as seguintes mudanças nos valores dos elementos de circuitos: $R \to K_mR$, $L \to K_mL$ e $C \to C/K_m$. Portanto, na aplicação de fatores de escala a amplitudes, os novos valores dos elementos e da frequência são

$$\boxed{R' = K_mR, \quad L' = K_mL \\ C' = \frac{C}{K_m}, \quad \omega' = \omega} \quad (14.80)$$

As variáveis com apóstrofe são os novos valores e as variáveis sem apóstrofe são os valores antigos. Considere o circuito RLC em série ou em paralelo. Agora, temos

$$\omega'_0 = \frac{1}{\sqrt{L'C'}} = \frac{1}{\sqrt{K_mLC/K_m}} = \frac{1}{\sqrt{LC}} = \omega_0 \quad (14.81)$$

demonstrando que a frequência de ressonância, como esperado, não mudou. De forma similar, o fator de qualidade e a largura de banda não são afetados pela aplicação de fatores de escala a amplitudes. Da mesma forma, essa aplicação não afeta as funções de transferência nas formas das equações (14.2a) e (14.2b), que são quantidades adimensionais.

14.9.2 Aplicação de fatores de escala a frequências

> **Aplicação de fatores de escala a frequências** é o processo de deslocar a resposta de frequência de um circuito acima ou abaixo do eixo de frequência, enquanto deixa a impedância inalterada.

Esse processo é atingido multiplicando-se a frequência por um fator K_f, enquanto se mantém a impedância inalterada.

A partir da Equação (14.78), observamos que as impedâncias de L e C são dependentes da frequência. Se aplicarmos fatores de escala de frequências a $\mathbf{Z}_L(\omega)$ e $\mathbf{Z}_C(\omega)$ na Equação (14.78), obtemos

$$\mathbf{Z}_L = j(\omega K_f)L' = j\omega L \quad \Rightarrow \quad L' = \frac{L}{K_f} \quad (14.82a)$$

$$\mathbf{Z}_C = \frac{1}{j(\omega K_f)C'} = \frac{1}{j\omega C} \quad \Rightarrow \quad C' = \frac{C}{K_f} \quad (14.82b)$$

> A aplicação de fatores de escala a frequências equivale a renomear o eixo da frequência na gráfico de resposta de frequência. Isso é necessário quando deslocamos a frequência de ressonância, a frequência de corte, a largura de banda etc., para um nível mais prático, sendo usado para colocar os valores de indutância numa faixa mais adequada ao uso.

já que a impedância do indutor e do capacitor devem permanecer as mesmas após a aplicação de fatores de escala a frequências. Percebemos as seguintes alterações nos valores dos elementos: $L \rightarrow L/K_f$ e $C \rightarrow C/K_f$. O valor de R não é afetado, uma vez que sua impedância não depende da frequência. Portanto, na aplicação de fatores de escala a frequências, os novos valores dos elementos e da frequência são

$$R' = R, \quad L' = \frac{L}{K_f}$$
$$C' = \frac{C}{K_f}, \quad \omega' = K_f \omega \quad (14.83)$$

Enfatizando, se considerarmos o circuito RLC em série ou em paralelo, para a frequência de ressonância

$$\omega_0' = \frac{1}{\sqrt{L'C'}} = \frac{1}{\sqrt{(L/K_f)(C/K_f)}} = \frac{K_f}{\sqrt{LC}} = K_f \omega_0 \quad (14.84)$$

e para a largura de banda

$$B' = K_f B \quad (14.85)$$

porém, o fator de qualidade permanece o mesmo ($Q' = Q$).

14.9.3 Aplicação de fatores de escala a amplitudes e frequências

Se um circuito sofrer a aplicação de um fator de escala tanto em termos de amplitude como de frequência, então

$$R' = K_m R, \quad L' = \frac{K_m}{K_f} L$$
$$C' = \frac{1}{K_m K_f} C, \quad \omega' = K_f \omega \quad (14.86)$$

Essas são fórmulas mais genéricas que aquelas das equações (14.80) e (14.83). Usamos $K_m = 1$ na Equação (14.85), quando não há nenhum fator de escala aplicado a amplitudes ou $K_f = 1$, quando não existe nenhum fator de escala aplicado a frequências.

EXEMPLO 14.14

Um filtro passa-baixa Butterworth de quarta ordem é indicado na Figura 14.48a. O filtro é projetado de forma que a frequência de corte $\omega_c = 1$ rad/s. Aplique fator de escala à frequência de corte de 50 kHz usando resistores de 10 kΩ.

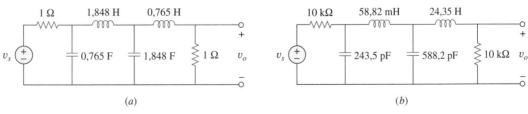

Figura 14.48 Esquema para o Exemplo 14.14: (a) filtro passa-baixas Butterworth normalizado; (b) versão com aplicação de fator de escala do mesmo filtro passa-baixas.

Solução: Se a frequência de corte deve ser deslocada de $\omega_c = 1$ rad/s para $\omega'_c = 2\pi(50)$ krad/s, então o fator de escala aplicado à frequência é

$$K_f = \frac{\omega'_c}{\omega_c} = \frac{100\pi \times 10^3}{1} = \pi \times 10^5$$

Da mesma forma, se cada resistor de 1 Ω tiver de ser substituído por um resistor de 10 kΩ, então o fator de escala aplicado a amplitude deve ser

$$K_m = \frac{R'}{R} = \frac{10 \times 10^3}{1} = 10^4$$

Usando a Equação (14.86),

$$L'_1 = \frac{K_m}{K_f} L_1 = \frac{10^4}{\pi \times 10^5}(1,848) = 58,82 \text{ mH}$$

$$L'_2 = \frac{K_m}{K_f} L_2 = \frac{10^4}{\pi \times 10^5}(0,765) = 24,35 \text{ mH}$$

$$C'_1 = \frac{C_1}{K_m K_f} = \frac{0,765}{\pi \times 10^9} = 243,5 \text{ pF}$$

$$C'_2 = \frac{C_2}{K_m K_f} = \frac{1,848}{\pi \times 10^9} = 588,2 \text{ pF}$$

O circuito com aplicação de fator de escala é mostrado na Figura 14.48b e usa valores práticos que fornecerão a mesma função de transferência que o protótipo da Figura 14.48a, porém, deslocado em frequência.

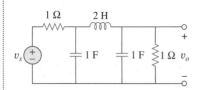

Figura 14.49 Esquema para o Problema prático 14.14.

PROBLEMA PRÁTICO 14.14

Um filtro Butterworth de terceira ordem normalizado para $\omega_c = 1$ rad/s é indicado na Figura 14.49. Aplique fator de escala ao circuito para uma frequência de corte de 10 kHz. Use capacitores de 15 nF.

Resposta: $R'_1 = R'_2 = 1,061$ kΩ, $C'_1 = C'_2 = 15$ nF, $L' = 33,77$ mH.

14.10 Resposta de frequência usando o *PSpice*

O *PSpice* é uma ferramenta útil nas mãos do projetista de circuitos modernos na obtenção da resposta de frequência dos circuitos. A resposta de frequência é obtida usando-se o AC Sweep conforme abordado na seção de análise CA/resposta de frequência no tutorial do *PSpice* que se encontra no *site* www.grupoa.com.br. Isso requer que especifiquemos as opções *Total Pts*, *Start Freq*, *End Freq*, bem como o tipo de varredura na caixa de diálogo AC Sweep. *Total Pts* é o número de pontos na varredura de frequências, e *Start Freq* e *End Freq* são, respectivamente, as frequências inicial e final, em Hertz. De modo a saber quais frequências devemos escolher para *Start Freq* e *End Freq*, precisamos ter uma ideia do intervalo de frequências de interesse, construindo-se um esboço preliminar da resposta de frequência. Em um circuito complexo talvez isso não seja possível. Nesse caso, podemos usar a técnica da tentativa e erro.

Existem três tipos de varredura:

Linear: A frequência é variada linearmente de *Start Freq* até *End Freq* com *Total Pts* pontos (ou respostas) igualmente espaçados.

Oitava: A frequência é varrida de forma logarítmica em oitavas, desde *Start Freq* até *End Freq* com *Total Pts* por oitava. Uma oitava é um fator 2 (por exemplo, 2 a 4, 4 a 8, 8 a 16).

Década: A frequência é variada de forma logarítmica em décadas de *Start Freq* a *End Freq* com *Total Pts* por década. Década é um fator 10 (por exemplo, de 2 Hz a 20 Hz, 20 Hz a 200 Hz, 200 Hz a 2 kHz).

É melhor usar uma varredura linear ao exibir um intervalo de frequências de interesse estreito, já que ela mostra bem o intervalo de frequências para um intervalo estreito. Em contrário, é melhor usar uma varredura logarítmica (oitavas ou décadas) para mostrar um intervalo de frequências de interesse amplo. Se for usada uma varredura linear para um intervalo amplo, todos os dados ficarão acumulados de forma confusa no lado das frequências altas ou baixas e com dados insuficientes na outra ponta.

Com as especificações anteriores, o *PSpice* realiza uma análise em regime estacionário senoidal do circuito já que a frequência de todas as fontes independentes é variada (ou varrida) desde *Start Freq* até *End Freq*.

O programa A/D do *PSpice* produz uma saída gráfica. O tipo de dados de saída pode ser especificado em *Trace Command Box* acrescentando-se um dos seguintes sufixos a V ou I:

M Amplitude da senoide.

P Fase da senoide.

dB Amplitude da senoide em decibéis, isto é, 20 log10 (amplitude).

EXEMPLO 14.15

Determine a resposta de frequência do circuito mostrado na Figura 14.50.

Solução: Fazemos que a tensão de entrada v_s seja uma senoide de amplitude 1 V e fase 0°. A Figura 14.51 é o esquema para o circuito. O capacitor é girado em 270° no sentido anti-horário para garantir que o pino 1 (o terminal positivo) esteja na parte de cima. O marcador de tensão (*voltage marker*) é inserido na saída, que é sobre o capacitor. Para realizar uma varredura linear no intervalo $1 < f < 1.000$ Hz com 50 pontos, selecionamos **Analysis/Setup/AC Sweep**, **DCLICK** *Linear*, digitamos 50 na caixa *Total Pts*, digitamos 1 na caixa *Start Freq* e digitamos 1.000 para *End Freq*. Após salvar o arquivo, selecionamos **Analysis/Simulate** para simular o circuito. Se não existirem erros, a janela A/D do *PSpice* exibirá o gráfico de V(C1:1), que é o mesmo que V_o ou $H(\omega) = V_o/1$, conforme mostrado na Figura 14.52a. Trata-se do gráfico de amplitude, já que V(C1:1) é o mesmo que VM(C1:1). Para obter o gráfico de fase, selecione **Trace/Add** no menu A/D do *PSpice* e digite VP(C1:1) na caixa **Trace Command**. A Figura 14.52b mostra o resultado. Manualmente, a função de transferência é

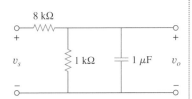

Figura 14.50 Esquema para o Exemplo 14.15.

$$H(\omega) = \frac{V_o}{V_s} = \frac{1.000}{9.000 + j\omega 8}$$

ou

$$H(\omega) = \frac{1}{9 + j16\pi \times 10^{-3}}$$

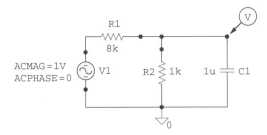

Figura 14.51 Esquema para o circuito da Figura 14.50.

indicando que o circuito é um filtro passa-baixas, conforme demonstrado na Figura 14.52. Note que os gráficos da Figura 14.52 são semelhantes àqueles da Figura 14.3 (observe que o eixo horizontal na Figura 14.52 é logarítmico, enquanto o eixo horizontal na Figura 14.3 é linear).

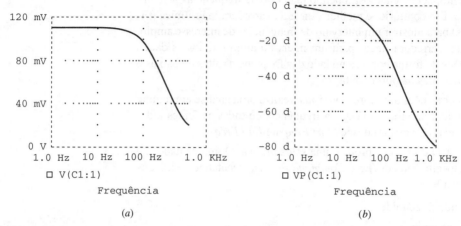

Figura 14.52 Esquema para o Exemplo 14.15: (*a*) gráfico da amplitude; (*b*) gráfico da fase da resposta de frequência.

PROBLEMA PRÁTICO 14.15

Obtenha a resposta de frequência do circuito na Figura 14.53 usando o *PSpice*. Use uma varredura de frequência linear e considere $1 < f < 1.000$ Hz com 100 pontos.

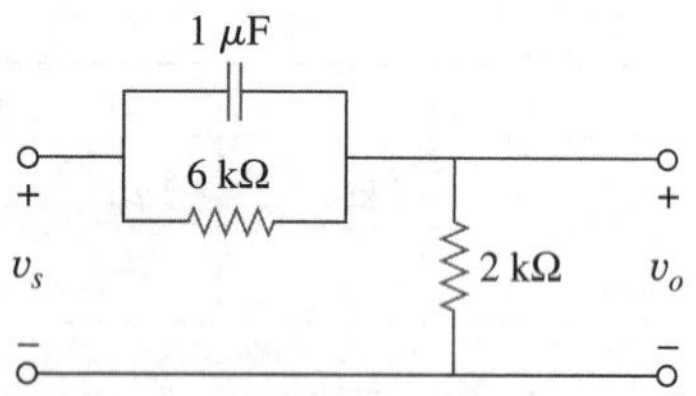

Resposta: Ver Figura 14.54.

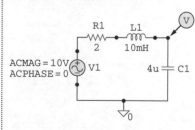

Figura 14.53 Esquema para o Problema prático 14.15.

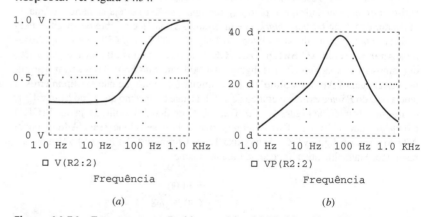

Figura 14.54 Esquema para o Problema prático 14.15: (*a*) gráfico de amplitude; (*b*) gráfico de fase da resposta de frequência.

EXEMPLO 14.16

Use o *PSpice* para gerar os gráficos de Bode de ganho e fase de V no circuito da Figura 14.55.

Solução: O circuito tratado no Exemplo 14.15 é de primeira ordem, enquanto o desse exemplo é de segunda ordem. Como estamos interessados nos gráficos de Bode, usamos a varredura de frequências em décadas no intervalo $300 < f < 3.000$ Hz com 50 pontos por década. Optamos por esse intervalo porque sabemos que a frequência de ressonância do circuito se encontra dentro desse intervalo. Lembre-se de que

$$\omega_0 = \frac{1}{\sqrt{LC}} = 5 \text{ krad/s} \quad \text{ou} \quad f_0 = \frac{\omega}{2\pi} = 795{,}8 \text{ Hz}$$

Figura 14.55 Esquema para o Exemplo 14.16.

Após desenhar o circuito como indicado na Figura 14.55, selecionamos **Analysis/Setup/AC Sweep**, **DCLICK** *Decade*, digitamos 50 na caixa *Total Pts*, 300 como *Start Freq* e 3.000 para *End Freq*. Após salvar o arquivo, simulamos o circuito por meio do comando **Analysis/Simulate**. Isso acionará automaticamente a janela A/D do *PSpice* e exibirá V(C1:1), caso não existam erros. Como estamos interessados no gráfico de Bode, selecionamos **Trace/Add** no menu A/D do *PSpice* e digitamos dB(V(C1:1)) na caixa **Trace Command**. O resultado é o gráfico de Bode de amplitude visto na Figura 14.56a. Para o gráfico de fase, selecionamos **Trace/Add** no menu A/D do *PSpice* e digitar VP(C1:1) na caixa **Trace Command**. O resultado é o gráfico de Bode de fase observado na Figura 14.56b. Note que os gráficos confirmam a frequência de ressonância de 795,8 Hz.

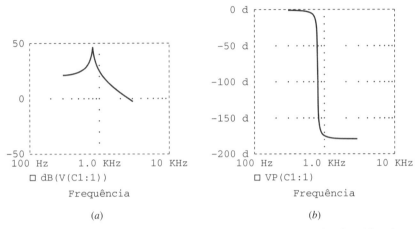

Figura 14.56 Esquema para o Exemplo 14.16: (a) gráfico de Bode; (b) gráfico de fase da resposta de frequência.

Considere o circuito da Figura 14.57. Use o *PSpice* para obter os gráficos de Bode para V_o ao longo do intervalo de frequência entre 1 kHz a 100 kHz usando 20 pontos por década.

PROBLEMA PRÁTICO 14.16

Figura 14.57 Esquema para o Problema prático 14.16.

Resposta: Ver Figura 14.58.

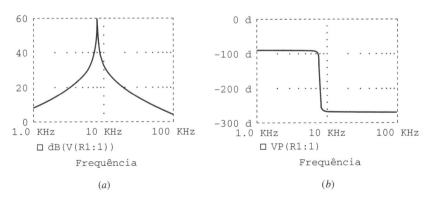

Figura 14.58 Esquema para o Problema prático 14.16: gráficos de Bode com (a) amplitude, (b) fase.

14.11 Cálculos usando o *MATLAB*

MATLAB é um pacote de *software* usado largamente para cálculos e simulação em engenharia. Para aquele principiante, fornecemos uma revisão sobre o *MATLAB* no tutorial que se encontra no *site* www.grupoa.com.br. Esta seção mostra como usar o *software* para realizar numericamente a maioria das operações apresentadas neste e no Capítulo 15. O segredo para descrever um sistema no *MATLAB* é especificar o numerador (num) e o denominador (den) da função de transferência do sistema. Uma vez feito isso, podemos usar vários comandos do *MATLAB* para obter os gráficos de Bode do sistema (resposta de frequência) e a resposta do sistema para uma determinada entrada.

O comando **bode** gera os gráficos de Bode (amplitude e fase) de uma determinada função de transferência $H(s)$. O formato do comando é **bode** (num, den), onde num é o numerador de $H(s)$ e den, seu denominador. O intervalo de frequências e o número de pontos são selecionados automaticamente. Consideremos, por exemplo, a função de transferência do Exemplo 14.3. Primeiro, é melhor escrevermos o numerador e o denominador nas formas polinomiais. Portanto,

$$H(s) = \frac{200j\omega}{(j\omega + 2)(j\omega + 10)} = \frac{200s}{s^2 + 12s + 20}, \quad s = j\omega$$

Usando os comandos a seguir, os gráficos de Bode são gerados conforme ilustrados na Figura 14.59. Se necessário, o comando **logspace** pode ser incluído para gerar frequências espaçadas de forma logarítmica e o comando **semilogx** pode ser usado para produzir uma escala semilogarítmica.

```
>> num = [200 0];    % specify the numerator of H(s)
>> den = [1 12 20];  % specify the denominator of H(s)
>> bode(num, den);   % determine and draw Bode plots
```

A resposta a um degrau $y(t)$ de um sistema é a saída quando a entrada $x(t)$ for a função degrau unitário. O comando **step** gera o gráfico da resposta a um degrau de um sistema dados o numerador e o denominador da função de transferência desse sistema. O intervalo de tempo e o número de pontos são selecionados automaticamente. Considere, por exemplo, um sistema de segunda ordem com a seguinte função de transferência

$$H(s) = \frac{12}{s^2 + 3s + 12}$$

Obtemos a resposta a um degrau do sistema mostrado na Figura 14.60 utilizando os comandos a seguir:

```
>> n = 12;
>> d = [1 3 12];
>> step(n,d);
```

Podemos verificar o gráfico na Figura 14.60, obtendo $y(t) = x(t) * u(t)$ ou $Y(s) = X(s) H(s)$.

O comando **lsim** é mais genérico que o comando **step**, pois calcula a resposta temporal de um sistema a qualquer entrada arbitrária. O formato do comando é y = **lsim** (num, den, x, t), onde $x(t)$ é o sinal de entrada, t é o vetor de

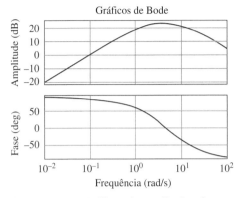

Figura 14.59 Gráficos de amplitude e fase.

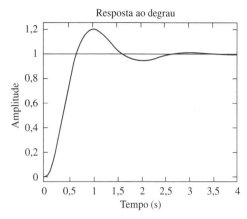

Figura 14.60 Resposta a um degrau de $H(s) = 12/(s^2 + 3s + 12)$.

tempo e $y(t)$ é a saída gerada. Suponhamos, por exemplo, que um sistema seja descrito pela função de transferência

$$H(s) = \frac{s + 4}{s^3 + 2s^2 + 5s + 10}$$

Para encontrar a resposta $y(t)$ do sistema à entrada $x(t) = 10e^{-t}u(t)$, usamos os comandos do *MATLAB* a seguir. Tanto a resposta $y(t)$ quanto a entrada $x(t)$ são representadas graficamente na Figura 14.61.

```
>> t = 0:0.02:5; % time vector 0 < t < 5 with increment
     0.02
>> x = 10*exp(-t);
>> num = [1 4];
>> den = [1 2 5 10];
>> y = lsim(num,den,x,t);
>> plot(t,x,t,y)
```

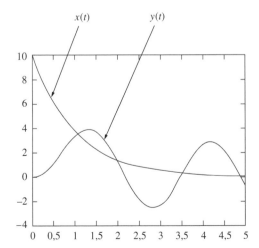

Figura 14.61 Resposta do sistema descrito por $H(s) = (s + 4)/(s^2 + 2s^2 + 5s + 10)$ a uma entrada exponencial.

14.12 †Aplicações

Filtros e circuitos ressonantes são largamente usados, particularmente, em eletrônica, sistemas de potência e de comunicação. Por exemplo, um filtro *notch* de frequência de corte 60 Hz poderia ser usado para eliminar o ruído da linha de transmissão de energia elétrica de 60 Hz em diversos circuitos eletrônicos de comunicação. A filtragem de sinais em sistemas de comunicação é necessária para poder selecionar o sinal desejado de uma fonte em relação a outras no mesmo intervalo (como no caso de receptores de rádio vistos a seguir) e também para minimizar os efeitos de ruído e de interferência sobre o sinal desejado. Nesta seção, consideraremos uma aplicação prática dos circuitos ressonantes e duas aplicações para os filtros. O objetivo de cada aplicação não é entender o funcionamento de cada dispositivo, mas, sim, o de ver como os circuitos considerados neste capítulo são aplicados em dispositivos na prática.

14.12.1 Receptor de rádio

Circuitos ressonantes em série e em paralelo são usados comumente em receptores de rádio e TV para sintonizar as estações e para separar o sinal de áudio da portadora de radiofrequência. Consideremos, por exemplo, o diagrama em bloco de um receptor de rádio AM mostrado na Figura 14.62. As ondas de rádio moduladas em amplitude que chegam (milhares delas com diferentes frequências e provenientes de diferentes estações de transmissão) são recebidas pela antena. É preciso um circuito ressonante (ou um filtro passa-faixa) para selecionar apenas uma dessas ondas que chegam. O sinal selecionado é muito fraco, sendo amplificado em estágios de modo a gerar uma onda em audiofrequência audível. Consequentemente, temos o amplificador RF (de radiofrequência) para amplificar o sinal transmitido selecionado, o amplificador de frequência intermediária (FI) para amplificar um sinal gerado internamente, tomando como base o sinal RF, e o amplificador de áudio para amplificar o sinal de áudio imediatamente antes de ele atingir o alto-falante. É muito mais fácil amplificar o sinal em três estágios que construir um amplificador que forneça a mesma amplificação para toda a faixa de frequências.

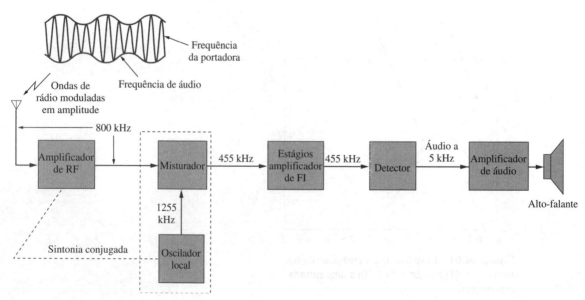

Figura 14.62 Diagrama em bloco simplificado de um receptor de rádio AM super-heteródino.

O tipo de receptor AM mostrado na Figura 14.62 é conhecido como *receptor super-heteródino*. No início do rádio, cada estágio amplificador tinha de ser sintonizado para a frequência do sinal de entrada. Dessa forma, cada estágio possuía vários circuitos sintonizados para cobrir toda a faixa de frequências AM (540 a 1.600 kHz). Para evitar o problema de ter vários circuitos ressonantes, os receptores modernos usam um circuito *misturador de frequências* ou *heteródino* que sempre produz o mesmo sinal FI (445 kHz), porém, preserva as frequências de áudio transportadas no sinal de entrada. Para gerar a frequência FI constante, os eixos de dois capacitores variáveis distintos são acoplados mecanicamente entre si para poderem ser girados simultaneamente por meio de um único eixo de controle; esse processo é denominado *sintonia conjugada*. Um *oscilador local* conjugado a um amplificador RF produz um sinal RF que é combinado com a onda de entrada pelo misturador de frequências para gerar um sinal de saída contendo as frequências somadas e subtraídas dos dois sinais. Por exemplo, se o circuito ressonante for sintonizado para receber um sinal de entrada de 800 kHz, o oscilador local deve produzir um sinal de 1.255 kHz de modo que a soma (1.255 + 800 = 2.055 kHz) e a diferença das frequências (1.255 − 800 = 455 kHz) estejam disponíveis na saída do misturador. Entretanto, apenas a diferença, 455 kHz, é usada na prática, porque é a única frequência na qual todos os estágios amplificadores de FI são sintonizados, independentemente da estação sintonizada. O sinal de áudio original (contendo a "inteligência") é extraído no estágio detector. O detector basicamente elimina o sinal FI, deixando o sinal de áudio, que é amplificado para acionar o alto-falante, que atua como um transdutor convertendo o sinal elétrico em som.

Nossa principal preocupação aqui é o circuito de sintonia para o receptor de rádio AM. A operação do receptor de rádio FM é diferente daquela aqui discutida para o receptor AM e em uma faixa de frequências muito diferente, porém, o estágio de sintonia é similar.

EXEMPLO 14.17

O circuito ressonante ou sintonizador de um rádio AM é representado na Figura 14.63. Dado que $L = 1\ \mu H$, qual deve ser o intervalo de C para que a frequência ressonante seja ajustável de uma ponta da faixa AM à outra?

Solução: A faixa de frequências para transmissão AM é de 540 a 1.600 kHz. Consideramos as extremidades inferior e superior da faixa. Como o circuito ressonante da Figura 14.63 é do tipo em paralelo, aplicamos os conceitos apresentados na Seção 14.8. Da Equação (14.44),

$$\omega_0 = 2\pi f_0 = \frac{1}{\sqrt{LC}}$$

ou

$$C = \frac{1}{4\pi^2 f_0^2 L}$$

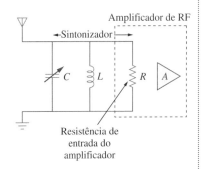

Figura 14.63 Circuito sintonizador para o Exemplo 14.17.

Para a extremidade superior da faixa AM, $f_0 = 1.600$ kHz e o C correspondente é

$$C_1 = \frac{1}{4\pi^2 \times 1.600^2 \times 10^6 \times 10^{-6}} = 9{,}9 \text{ nF}$$

para a extremidade inferior da faixa AM, $f_0 = 540$ kHz e o C correspondente é

$$C_2 = \frac{1}{4\pi^2 \times 540^2 \times 10^6 \times 10^{-6}} = 86{,}9 \text{ nF}$$

PROBLEMA PRÁTICO 14.17

Portanto, C deve ser um capacitor (conjugado) ajustável variando de 9,9 nF a 86,9 nF.

Para um receptor de rádio FM, a onda de entrada se encontra no intervalo de frequências de 88 MHz a 108 MHz. O circuito sintonizador é um circuito RLC em paralelo com uma bobina de 4 μH. Calcule o intervalo de capacitância do capacitor variável necessário para cobrir toda a faixa.

Resposta: De 0,543 pF a 0,818 pF.

14.12.2 Discagem por tom

Uma aplicação comum da filtragem é o telefone com discagem por tom mostrado na Figura 14.64. O teclado possui 12 botões dispostos em quatro linhas e três colunas, que fornece 12 sinais distintos por meio do uso de sete tons divididos em dois grupos: o grupo de baixa frequência (697 Hz a 941 Hz) e o grupo de alta frequência (1.209 Hz a 1.477 Hz). O ato de pressionar um botão gera uma soma de duas senoides correspondentes ao seu par exclusivo de frequências. Por exemplo, pressionar o número 6 gera tons senoidais com frequências de 770 Hz e 1.477 Hz.

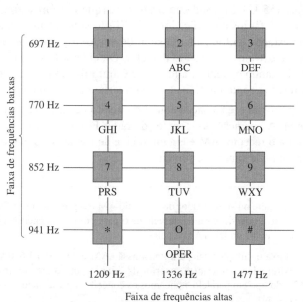

Figura 14.64 Definição de frequência para discagem por tom.
G. Daryanani, *Principles of Active Network Synthesis and Design*, p. 79, © 1976. Reproduzido com a permissão de John Wiley & Sons, Inc.

Quando uma pessoa disca um número de telefone, um conjunto de sinais é transmitido para a central telefônica, na qual os sinais, denominados de tons, são decodificados pela detecção das frequências neles contidas. A Figura 14.65 ilustra o diagrama em bloco para o esquema de detecção. Os sinais são, primeiro, amplificados e separados em seus respectivos grupos por filtros passa-baixas (LP) e passa-altas (HP). Os limitadores (L) são usados para converter os tons separados em ondas quadradas. Os tons individuais são identificados usando-se sete filtros passa-faixa (BP), cada um dos quais deixando passar um tom e rejeitando os demais. Cada filtro é seguido por um detector (D) que é energizado quando sua tensão de entrada excede determinado nível. As saídas dos detectores fornecem os sinais CC necessários pelo sistema de comutação para conectar aquele que faz a chamada àquele que está sendo chamado.

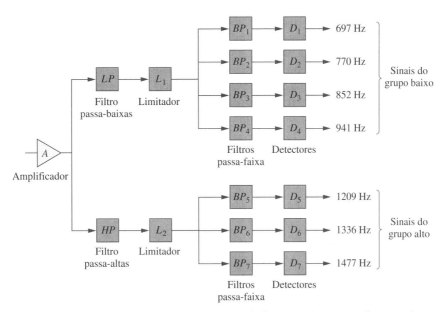

Figura 14.65 Diagrama em bloco do esquema de detecção. G. Daryanani, *Principles of Active Network Synthesis and Design*, p. 79, © 1976. Reproduzido com a permissão de John Wiley & Sons, Inc.

EXEMPLO 14.18

Usando o resistor-padrão de 600 Ω empregado em circuitos telefônicos e um circuito RLC em série, projete o filtro passa-faixa BP_2 da Figura 14.65.

Solução: O filtro passa-faixa é o circuito RLC em série da Figura 14.35. Como BP_2 deixa passar frequências de 697 Hz a 852 Hz e está centralizado em $f_0 = 770$ Hz, sua largura de banda é

$$B = 2\pi(f_2 - f_1) = 2\pi(852 - 697) = 973{,}89 \text{ rad/s}$$

A partir da Equação (14.39),

$$L = \frac{R}{B} = \frac{600}{973{,}89} = 0{,}616 \text{ H}$$

A partir da Equação (14.27) ou (14.55),

$$C = \frac{1}{\omega_0^2 L} = \frac{1}{4\pi^2 f_0^2 L} = \frac{1}{4\pi^2 \times 770^2 \times 0{,}616} = 69{,}36 \text{ nF}$$

PROBLEMA PRÁTICO 14.18

Repita o Exemplo 14.18 para o filtro passa-faixa BP_6.

Resposta: 356 mH, 39,83 nF.

14.12.3 Circuito de cruzamento

Outra aplicação típica dos filtros é o *circuito de cruzamento* que acopla um amplificador de áudio aos *woofers* e *tweeters*, conforme mostrado na Figura 14.66a. O circuito consiste, basicamente, em um filtro RC passa-altas e um filtro RL passa-baixas. Ele direciona frequências superiores a uma determinada frequência de cruzamento f_c para o *tweeter* (alto-falante para frequências altas) e frequências abaixo de f_c para o *woofer* (alto-falante para frequências baixas). Esses

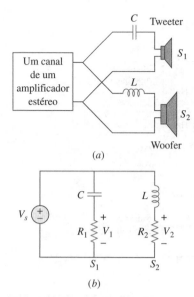

Figura 14.66 (a) Circuito de cruzamento para dois alto-falantes; (b) modelo equivalente.

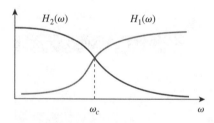

Figura 14.67 Respostas de frequência do circuito de cruzamento da Figura 14.66.

EXEMPLO 14.19

alto-falantes foram projetados para acomodar certas respostas de frequência. Um *woofer* é um alto-falante para frequências baixas projetado para reproduzir a parte inferior do intervalo de frequências, acima de cerca de 3 kHz. Já um *tweeter* pode reproduzir audiofrequências a partir de aproximadamente 3 kHz a cerca de 20 kHz. Os dois tipos de alto-falantes podem ser combinados para reproduzir todo o intervalo de áudio de interesse e fornecer resposta de frequência ótima.

Substituindo o amplificador por uma fonte de tensão, o circuito equivalente aproximado do circuito de cruzamento é mostrado na Figura 14.66b, onde os alto-falantes são representados em termos de modelo por resistores. Como em um filtro passa-altas, a função de transferência V_1/V_s é dada por

$$H_1(\omega) = \frac{V_1}{V_s} = \frac{j\omega R_1 C}{1 + j\omega R_1 C} \quad (14.87)$$

De modo similar, a função de transferência do filtro passa-baixas é dada por

$$H_2(\omega) = \frac{V_2}{V_s} = \frac{R_2}{R_2 + j\omega L} \quad (14.88)$$

Os valores de R_1, R_2, L e C podem ser escolhidos de forma que os dois filtros tenham a mesma frequência de corte, conhecida como *frequência de cruzamento*, conforme mostrado na Figura 14.67.

O princípio por trás do circuito de cruzamento também é usado no circuito ressonante para um receptor de TV, no qual é necessário separar as faixas de áudio e vídeo das frequências de portadora RF. A faixa de baixa frequência (informações de imagem no intervalo que vai de cerca de 30 Hz a cerca de 4 MHz) é direcionada para o amplificador de vídeo do receptor, enquanto a faixa de alta frequência (informações de som em torno dos 4,5 MHz) é direcionada para o amplificador de som do receptor.

No circuito de cruzamento da Figura 14.66, suponha que cada alto-falante atue como uma resistência de 6 Ω. Determine C e L se a frequência de cruzamento for 2,5 kHz.

Solução: Para o filtro passa-altas,

$$\omega_c = 2\pi f_c = \frac{1}{R_1 C}$$

ou

$$C = \frac{1}{2\pi f_c R_1} = \frac{1}{2\pi \times 2{,}5 \times 10^3 \times 6} = 10{,}61 \ \mu F$$

Para o filtro passa-baixa,

$$\omega_c = 2\pi f_c = \frac{R_2}{L}$$

ou

$$L = \frac{R_2}{2\pi f_c} = \frac{6}{2\pi \times 2{,}5 \times 10^3} = 382 \ \mu H$$

PROBLEMA PRÁTICO 14.19

Se cada alto-falante na Figura 14.66 tiver uma resistência igual a 8 Ω e $C = 10 \ \mu F$, determine L e a frequência de cruzamento.

Resposta: 0,64 mH, 1,989 kHz.

14.13 Resumo

1. A função de transferência $\mathbf{H}(\omega)$ é a razão entre a resposta de saída $\mathbf{Y}(\omega)$ e a excitação de entrada $\mathbf{X}(\omega)$; isto é, $\mathbf{H}(\omega) = \mathbf{Y}(\omega)/\mathbf{X}(\omega)$.

2. Resposta de frequência é a variação da função de transferência com a frequência.

3. Zeros de uma função de transferência $\mathbf{H}(s)$ são os valores de $s = j\omega$ que tornam $H(s) = 0$, enquanto polos são os valores de s que fazem que $H(s) \to \infty$.

4. Decibel é a unidade de ganho logarítmico. Para um ganho de tensão ou de corrente G, seu equivalente em decibéis é $G_{dB} = 20 \log_{10} G$.

5. Gráficos de Bode são gráficos semilogarítmicos da amplitude e da fase de uma função de transferência à medida que ela varia com a frequência. As aproximações por linha reta de H (em dB) e ϕ (em graus) são construídas usando-se as frequências de corte definidas pelos polos e zeros de $\mathbf{H}(\omega)$.

6. Frequência de ressonância é aquela na qual a parte imaginária de uma função de transferência desaparece. Para circuitos RLC em série e em paralelo.

$$\omega_0 = \frac{1}{\sqrt{LC}}$$

7. Frequências de meia potência (ω_1, ω_2) são aquelas frequências nas quais a potência dissipada é metade daquela dissipada na frequência de ressonância. A média geométrica entre as frequências de meia potência é a frequência de ressonância, ou seja,

$$\omega_0 = \sqrt{\omega_1 \omega_2}$$

8. Largura de banda é a faixa de frequências entre as frequências de meia potência:

$$B = \omega_2 - \omega_1$$

9. Fator de qualidade é uma medida de estreitamento do pico de ressonância. Ele é a razão entre a frequência de ressonância (angular) e a largura de banda,

$$Q = \frac{\omega_0}{B}$$

10. Filtro é um circuito projetado para deixar passar uma faixa de frequências e rejeitar outras. Os filtros passivos são construídos com resistores, capacitores e indutores. Os filtros ativos são construídos com resistores, capacitores e um dispositivo ativo, normalmente um amplificador operacional.

11. Quatro tipos comuns de filtros são os filtros passa-baixas, passa-altas, passa-faixa e rejeita-faixa. Um filtro passa-baixas deixa passar apenas sinais cujas frequências se encontram abaixo da frequência de corte ω_c. Um filtro passa-altas deixa passar somente sinais cujas frequências se encontram acima da frequência de corte ω_c. Um filtro passa-faixa deixa passar apenas sinais cujas frequências estão dentro de um intervalo determinado ($\omega_1 < \omega < \omega_2$). Um filtro rejeita-faixa deixa passar só sinais cujas frequências se encontram fora de um determinado intervalo ($\omega_1 > \omega > \omega_2$).

12. Aplicação de fatores de escala é o processo no qual os valores ideais de elementos são multiplicados por um fator de escala K_m em termos de amplitude e/ou multiplicados por um fator de escala K_f em termos de frequência para produzirem valores práticos.

$$R' = K_m R, \quad L' = \frac{K_m}{K_f} L, \quad C' = \frac{1}{K_m K_f} C$$

13. O *PSpice* pode ser usado para obter a resposta de frequência de um circuito, caso um intervalo de frequências para a resposta e o número desejado de pontos dentro do intervalo forem especificados em AC Sweep.

14. O receptor de rádio – uma aplicação prática dos circuitos ressonantes – emprega um circuito ressonante passa-faixa para sintonizar em uma frequência entre todos os sinais de transmissão recebidos pela antena.

15. O sistema de discagem por tom e o circuito de cruzamento são duas aplicações típicas dos filtros. O sistema de discagem por tom emprega filtros para separar tons de diferentes frequências para ativar chaves eletrônicas. O circuito de cruzamento separa sinais em diversos intervalos de frequência de modo que eles possam ser entregues para diferentes dispositivos como *tweeters* e *woofers* em um sistema de alto-falantes.

Questões para revisão

14.1 Um zero da função de transferência

$$H(s) = \frac{10(s+1)}{(s+2)(s+3)}$$

encontra-se em

(a) 10 (b) −1 (c) −2 (d) −3

14.2 No gráfico de Bode de amplitude, a inclinação de $1/(5 + j\omega)^2$ para valores altos de ω é

(a) 20 dB/década (b) 40 dB/década
(c) −40 dB/década (d) −20 dB/década

14.3 No gráfico de Bode da fase para o intervalo $0,5 < \omega < 50$, a inclinação de $[1 + j10\omega - \omega^2/25]^2$ é

(a) 45°/década (b) 90°/década
(c) 135°/década (d) 180°/década

14.4 Que indutância é necessária para se ter uma ressonância a 5 kHz com uma capacitância de 12 nF?

(a) 2,652 H (b) 11,844 H
(c) 3,333 H (d) 84,43 H

14.5 A diferença entre as frequências de meia potência é denominada:

(a) fator de qualidade (b) frequência de ressonância
(c) largura de banda (d) frequência de corte

14.6 Em um circuito *RLC* em série, qual dos seguintes fatores de qualidade apresenta a curva de resposta de amplitude mais íngreme próxima à ressonância?

(a) $Q = 20$ (b) $Q = 12$
(c) $Q = 8$ (d) $Q = 4$

14.7 Em um circuito *RLC* em paralelo, a largura de banda B é diretamente proporcional a R.

(a) verdadeiro (b) falso

14.8 Quando aos elementos de um circuito *RLC* forem aplicados fatores de escala tanto em termos de amplitude quanto de frequência, qual qualidade é inalterada?

(a) resistor (b) frequência de ressonância
(c) largura de banda (d) fator de qualidade

14.9 Que tipo de filtro pode ser usado para selecionar um sinal de determinada estação de rádio?

(a) passa-baixas (b) passa-altas
(c) passa-faixa (d) rejeita-faixa

14.10 Uma fonte de tensão fornece um sinal de amplitude constante, de 0 a 40 kHz, a um filtro passa-baixas *RC*. Um resistor de carga, ligado em paralelo ao capacitor, tem sua tensão máxima em:

(a) CC (b) 10 kHz
(c) 20 kHz (d) 40 kHz

Respostas: 14.1b; 14.2c; 14.3d; 14.4d; 14.5c; 14.6a; 14.7b; 14.8d; 14.9c; 14.10a.

Problemas

● Seção 14.2 Função de transferência

14.1 Determine a função de transferência V_o/V_i do circuito RC na Figura 14.68. Expresse-a usando $\omega_0 = 1/RC$.

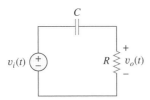

Figura 14.68 Esquema para o Problema 14.1.

14.2 Considere a Figura 14.69 e elabore um problema para ajudar outros estudantes a entender melhor como determinar funções de transferência.

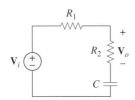

Figura 14.69 Esquema para o Problema 14.2.

14.3 Para o circuito mostrado na Figura 14.70, $R_1 = 2\ \Omega$, $R_2 = 5\ \Omega$, $C_1 = 0{,}1$ F e $C_2 = 0{,}2$ F, determine a função de transferência $H(s) = V_o(s)/V_i(s)$.

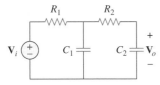

Figura 14.70 Esquema para o Problema 14.3.

14.4 Determine a função de transferência $H(\omega) = V_o/V_i$ dos circuitos mostrados na Figura 14.71.

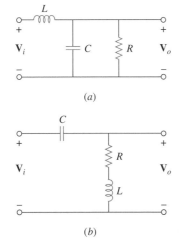

Figura 14.71 Esquema para o Problema 14.4.

14.5 Considere cada um dos circuitos mostrados na Figura 14.72 e determine $H(s) = V_o(s)/V_s(s)$.

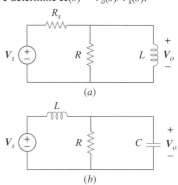

Figura 14.72 Esquema para o Problema 14.5.

14.6 Considere o circuito mostrado na Figura 14.73 e determine $H(s) = I_o(s)/I_s(s)$.

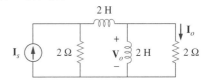

Figura 14.73 Esquema para o Problema 14.6.

● Seção 14.3 Escala de decibéis

14.7 Calcule $|H(\omega)|$ se H_{dB} for igual a

(a) 0,05 dB   (b) –6,2 dB   (c) 104,7 dB

14.8 Elabore um problema para ajudar outros estudantes a calcular a amplitude em dB e a fase em graus de uma variedade de uma função de transferência em termos de ω.

● Seção 14.4 Gráficos de Bode

14.9 Um circuito em cascata apresenta um ganho de tensão de

$$H(\omega) = \frac{10}{(1 + j\omega)(10 + j\omega)}$$

Esboce os gráficos de Bode para o ganho.

14.10 Elabore um problema para ajudar outros estudantes a entender melhor como determinar os gráficos de Bode de amplitude e de fase de uma função de transferência em termos de $j\omega$.

14.11 Trace os gráficos de Bode para

$$H(\omega) = \frac{0{,}2(10 + j\omega)}{j\omega(2 + j\omega)}$$

14.12 Uma função de transferência é dada por

$$T(s) = \frac{100(s + 10)}{s(s + 10)}$$

Trace os gráficos de Bode de fase e amplitude.

14.13 Construa os gráficos de Bode para

$$G(s) = \frac{0{,}1(s+1)}{s^2(s+10)}, \quad s = j\omega$$

14.14 Desenhe os gráficos de Bode para

$$\mathbf{H}(\omega) = \frac{250(j\omega + 1)}{j\omega(-\omega^2 + 10j\omega + 25)}$$

14.15 Construa os gráficos de Bode de amplitude e de fase para

$$H(s) = \frac{2(s+1)}{(s+2)(s+10)}, \quad s = j\omega$$

14.16 Trace os gráficos de Bode de amplitude e de fase para

$$H(s) = \frac{1{,}6}{s(s^2 + s + 16)}, \quad s = j\omega$$

14.17 Trace os gráficos de Bode para

$$G(s) = \frac{s}{(s+2)^2(s+1)}, \quad s = j\omega$$

14.18 Um circuito linear possui a seguinte função de transferência

$$H(s) = \frac{7s^2 + s + 4}{s^3 + 8s^2 + 14s + 5}, \quad s = j\omega$$

Use o *MATLAB* ou equivalente para representar graficamente a amplitude e a fase (em graus) da função de transferência. Considere $0{,}1 < \omega < 10$ rad/s.

14.19 Esboce os gráficos de Bode assintóticos da amplitude e da fase para

$$H(s) = \frac{80s}{(s+10)(s+20)(s+40)}, \quad s = j\omega$$

14.20 Elabore um problema, mais complexo do que o apresentado no Problema 14.10, para ajudar outros estudantes a entender melhor como determinar os gráficos de Bode de amplitude e de fase de uma determinada função de transferência em termos de $j\omega$. Inclua pelo menos uma raiz repetida de segunda ordem.

14.21 Esboce o gráfico de Bode de amplitude para

$$H(s) = \frac{10s(s+20)}{(s+1)(s^2 + 60s + 400)}, \quad s = j\omega$$

14.22 Determine a função de transferência $\mathbf{H}(\omega)$ por meio do gráfico de Bode de magnitude mostrado na Figura 14.74.

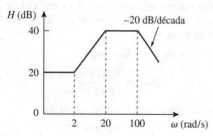

Figura 14.74 Esquema para o Problema 14.22.

14.23 O gráfico de Bode de amplitude de $\mathbf{H}(\omega)$ é indicado na Figura 14.75. Determine $\mathbf{H}(\omega)$.

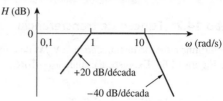

Figura 14.75 Esquema para o Problema 14.23.

14.24 O gráfico de amplitude na Figura 14.76 representa a função de transferência de um pré-amplificador. Determine $H(s)$.

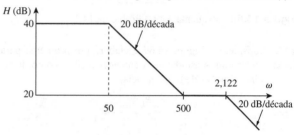

Figura 14.76 Esquema para o Problema 14.24.

● **Seção 14.5 Ressonância em série**

14.25 Um circuito *RLC* em série tem $R = 2$ kΩ, $L = 40$ mH e $C = 1$ μF. Calcule a impedância na ressonância para frequências de um quarto, a metade, o dobro e de quatro vezes a frequência de ressonância.

14.26 Elabore um problema para ajudar outros estudantes a entender melhor ω_0, Q e B na ressonância em circuitos *RLC* em série.

14.27 Projete um circuito ressonante *RLC* em série com $\omega_0 = 40$ rad/s e $B = 10$ rad/s.

14.28 Projete um circuito *RLC* em série com $B = 20$ rad/s e $\omega_0 = 1.000$ rad/s. Determine o Q do circuito. Faça $R = 10$ Ω.

14.29 Seja $v_s = 20 \cos(at)$ V no circuito da Figura 14.77. Determine ω_0, Q e B, visto pelo capacitor.

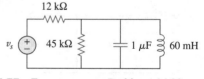

Figura 14.77 Esquema para o Problema 14.29.

14.30 Um circuito formado por uma bobina de indutância 10 mH e por resistência 20 Ω é conectado em série a um capacitor e um gerador com tensão RMS igual a 120 V. Determine:

(a) O valor da capacitância que fará que o circuito entre em ressonância em 15 kHz.

(b) A corrente que atravessa a bobina na ressonância.

(c) O fator Q do circuito.

• Seção 14.6 Ressonância em paralelo

14.31 Projete um circuito RLC ressonante em paralelo com $\omega_0 =$ 10 rad/s e $Q = 20$. Calcule a largura de banda do circuito. Considere $R = 10\ \Omega$.

14.32 Elabore um problema para ajudar outros estudantes a entender melhor o fator de qualidade, a frequência de ressonância e a largura de banda de um circuito RLC em paralelo.

14.33 Um circuito ressonante em paralelo com fator de qualidade 120 apresenta uma frequência de ressonância 6×10^6 rad/s. Calcule a largura de banda e as frequências de meia potência.

14.34 Um circuito RLC em paralelo é ressonante em 5,6 MHz, tem um fator Q igual a 80 e um ramo resistivo de 40 kΩ. Determine os valores de L e C nos outros dois ramos.

14.35 Um circuito RLC em paralelo tem $R = 5$ kΩ, $L = 8$ mH e $C = 60\ \mu$F. Determine:

(a) A frequência de ressonância.

(b) A largura de banda.

(c) O fator de qualidade.

14.36 Espera-se que um circuito ressonante RLC em paralelo tenha uma admitância de faixa média igual a 25×10^{-3} S, um fator de qualidade 80 e uma frequência de ressonância 200 krad/s. Calcule os valores de R, L e C. Determine a largura de banda e as frequências de meia potência.

14.37 Refaça o Problema 14.25 para o caso no qual os elementos estejam ligados em paralelo.

14.38 Determine a frequência de ressonância do circuito na Figura 14.78.

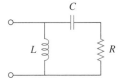

Figura 14.78 Esquema para o Problema 14.38.

14.39 Considere o circuito "tanque" da Figura 14.79 e determine a frequência de ressonância.

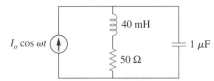

Figura 14.79 Esquema para os Problemas 14.39, 14.71 e 14.91.

14.40 Um circuito ressonante em paralelo tem resistência de 2 kΩ e frequências de meia potência de 86 kHz e 90 kHz. Determine:

(a) A capacitância.

(b) A indutância.

(c) A frequência de ressonância.

(d) A largura de banda.

(e) O fator de qualidade.

14.41 Considere a Figura 14.80 e elabore um problema para ajudar outros estudantes a entender melhor o fator de qualidade, a frequência de ressonância e a largura de banda de circuitos RLC.

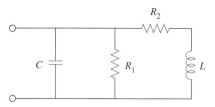

Figura 14.80 Esquema para o Problema 14.41.

14.42 Considere os circuitos da Figura 14.81 e determine a frequência de ressonância ω_0, o fator de qualidade Q e a largura de banda B.

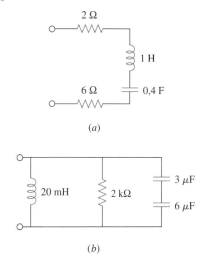

Figura 14.81 Esquema para o Problema 14.42.

14.43 Calcule a frequência de ressonância de cada um dos circuitos da Figura 14.82.

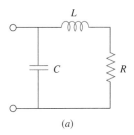

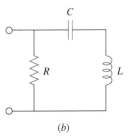

Figura 14.82 Esquema para o Problema 14.43.

* **14.44** Considere o circuito da Figura 14.83 e determine:
  (a) A frequência de ressonância ω_0
  (b) $Z_{ent}(\omega_0)$

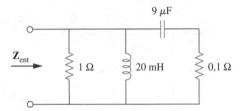

Figura 14.83 Esquema para o Problema 14.44.

14.45 Considere o circuito mostrado na Figura 14.84 e determine ω_0, B e Q, visto pela tensão no indutor.

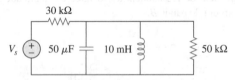

Figura 14.84 Esquema para o Problema 14.45.

14.46 Considere o circuito ilustrado na Figura 14.85 e determine:
  (a) A função de transferência $\mathbf{H}(\omega) = \mathbf{V}_o(\omega)/\mathbf{I}(\omega)$.
  (b) A amplitude de $\mathbf{H}$ em $\omega_0 = 1$ rad/s.

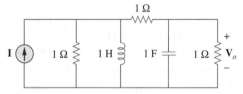

Figura 14.85 Esquema para os Problemas 14.46, 14.78 e 14.92.

● Seção 14.7 Filtros passivos

14.47 Demonstre que um circuito LR em série é um filtro passa-baixas se a saída for extraída no resistor. Calcule a frequência de corte f_c se $L = 2$ mH e $R = 10$ kΩ.

14.48 Determine a função de transferência $\mathbf{V}_o/\mathbf{V}_s$ do circuito na Figura 14.86. Demonstre que o circuito é um filtro passa-baixas.

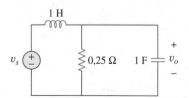

Figura 14.86 Esquema para o Problema 14.48.

14.49 Elabore um problema para ajudar outros estudantes a entender melhor os filtros passa-baixas descritos por funções de transferência.

---
* O asterisco indica um problema que constitui um desafio.

14.50 Determine que tipo de filtro é aquele da Figura 14.87. Calcule a frequência de corte f_c.

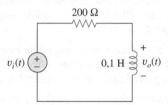

Figura 14.87 Esquema para o Problema 14.50.

14.51 Projete um filtro passa-baixas RL que usa uma bobina de 40 mH e tem frequência de corte 5 kHz.

14.52 Elabore um problema para ajudar outros estudantes a entender melhor os filtros passa-altas passivo.

14.53 Projete um filtro passa-faixa tipo RLC em série com frequências de corte 10 kHz e 11 kHz. Considerando $C = 80$ pF, determine R, L e Q.

14.54 Projete um filtro rejeita-faixa passivo com $\omega_0 = 10$ rad/s e $Q = 20$.

14.55 Determine o intervalo de frequências que passará por um filtro passa-faixa RLC em série com $R = 10$ Ω, $L = 25$ mH e $C = 0,4$ μF. Determine o fator de qualidade.

14.56 (a) Demonstre que para um filtro passa-faixa,
$$\mathbf{H}(s) = \frac{sB}{s^2 + sB + \omega_0^2}, \quad s = j\omega$$
onde B = largura de banda do filtro e ω_0 é a frequência central.

(b) De modo similar, demonstre que, para um filtro rejeita-faixa,
$$\mathbf{H}(s) = \frac{s^2 + \omega_0^2}{s^2 + sB + \omega_0^2}, \quad s = j\omega$$

14.57 Determine a frequência central e a largura de banda dos filtros passa-faixa na Figura 14.88.

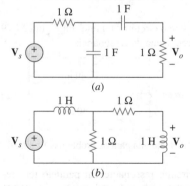

Figura 14.88 Esquema para o Problema 14.57.

14.58 Os parâmetros de circuito para um filtro rejeita-faixa RLC são: $R = 2$ kΩ, $L = 0,1$ H, $C = 40$ pF. Calcule:
  (a) A frequência central.
  (b) As frequências de meia potência.
  (c) O fator de qualidade.

14.59 Determine a largura de banda e a frequência de corte do filtro rejeita-faixa da Figura 14.89.

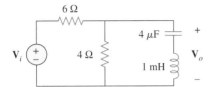

Figura 14.89 Esquema para o Problema 14.59.

● **Seção 14.8 Filtros ativos**

14.60 Obtenha a função de transferência de um filtro passa-altas com ganho na banda de passagem igual a 10 e frequência de corte de 50 rad/s.

14.61 Determine a função de transferência para cada um dos filtros ativos na Figura 14.90.

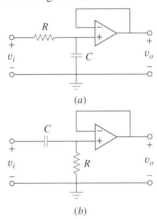

Figura 14.90 Esquema para os Problemas 14.61 e 14.62.

14.62 O filtro na Figura 14.90b tem frequência de corte 3 dB em 1 kHz. Se sua entrada estiver conectada a um sinal de frequência variável de 120 mV, determine a tensão de saída em:

(a) 200 Hz   (b) 2 kHz   (c) 10 kHz

14.63 Projete um filtro passa-altas de primeira ordem ativo com
e⊘d
$$\mathbf{H}(s) = -\frac{100s}{s+10}, \quad s = j\omega$$

Use um capacitor de 1 μF.

14.64 Obtenha a função de transferência do filtro ativo na Figura 14.91. Que tipo de filtro é este?

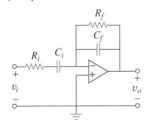

Figura 14.91 Esquema para o Problema 14.64.

14.65 Um filtro passa-altas é mostrado na Figura 14.92. Demonstre que a função de transferência é

$$\mathbf{H}(\omega) = \left(1 + \frac{R_f}{R_i}\right)\frac{j\omega RC}{1 + j\omega RC}$$

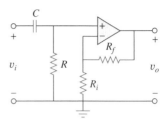

Figura 14.92 Esquema para o Problema 14.65.

14.66 Um filtro de primeira ordem "genérico" é exposto na Figura 14.93.

(a) Demonstre que a função de transferência é
$$\mathbf{H}(s) = \frac{R_4}{R_3 + R_4} \times \frac{s + (1/R_1C)[R_1/R_2 - R_3/R_4]}{s + 1/R_2C},$$
$$s = j\omega$$

(b) Que condição deve ser satisfeita para o circuito operar como um filtro passa-altas?

(c) Que condição deve ser satisfeita para o circuito operar como um filtro passa-baixas?

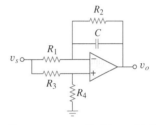

Figura 14.93 Esquema para o Problema 14.66.

14.67 Projete um filtro passa-baixas ativo com ganho CC igual
e⊘d a 0,25 e frequência de corte 500 Hz.

14.68 Elabore um problema para ajudar outros estudantes a en-
e⊘d tender melhor os filtros passa-altas ativo quando as especificações de ganho em alta frequência e frequência de corte são dados.

14.69 Projete o filtro da Figura 14.94 para atender às seguintes
e⊘d exigências:

(a) Ele deve atenuar um sinal de 2 kHz em 3 dB quando comparado com seu valor em 10 MHz.

(b) Ele deve fornecer uma saída em regime estacionário de $v_0(t) = 10\,\text{sen}(2\pi \times 10^8 t + 180°)$ para uma entrada $v_s(t) = 4\,\text{sen}(2\pi \times 10^8 t)$ V.

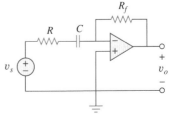

Figura 14.94 Esquema para o Problema 14.69.

* 14.70 Um filtro ativo de segunda ordem conhecido como filtro Butterworth é mostrado na Figura 14.95.

(a) Determine a função de transferência V_o/V_i.

(b) Demonstre que se trata de um filtro passa-baixas.

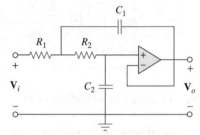

Figura 14.95 Esquema para o Problema 14.70.

Seção 14.9 Fatores de escala

14.71 Use fatores de escala de amplitude e de frequência no circuito da Figura 14.79 para obter um circuito equivalente no qual o indutor e o capacitor possuem, respectivamente, valores de 1 H e 1 F.

14.72 Elabore um problema para ajudar outros estudantes a entender melhor a aplicação de fator de escala a amplitude e a frequência.

14.73 Calcule os valores de R, L e C que resultarão em, respectivamente, $R = 12$ kΩ, $L = 40$ μH e $C = 300$ nF quando houver a aplicação de fator de escala de amplitude 800 e fator de escala de frequência 1.000.

14.74 Um circuito tem $R_1 = 3$ Ω, $R_2 = 10$ Ω, $L = 2$ H e $C = 1/10$ F. Após ser aplicado um fator de escala a amplitude igual a 100 e a frequência de 10^6, determine os novos valores dos elementos de circuitos.

14.75 Em um circuito RLC, $R = 20$ Ω, $L = 4$ H e $C = 1$ F. O circuito sofre uma aplicação de escala na amplitude de 10 e na frequência de 10^5. Calcule os novos valores dos elementos.

14.76 Dado um circuito RLC em paralelo com $R = 5$ kΩ, $L = 10$ mH e $C = 20$ μF, se o circuito sofrer a aplicação de fator de escala na amplitude de $K_m = 500$ e na frequência de $K_f = 10^5$, determine os valores resultantes de R, L e C.

14.77 Um circuito RLC em série possui $R = 10$ Ω, $\omega_0 = 40$ rad/s e $B = 5$ rad/s. Determine L e C quando o circuito sofre uma aplicação de escala:

(a) Na amplitude por um fator 600.

(b) Na frequência por um fator 1.000.

(c) Na amplitude por um fator 400 e na frequência por um fator 10^5.

14.78 Redesenhe o circuito da Figura 14.85, de modo que todos os elementos resistivos sofram um fator de escala 1.000 e todos os elementos sensíveis à frequência sofram um fator de escala 10^4.

* 14.79 Observe o circuito da Figura 14.96.

(a) Determine $Z_{ent}(s)$.

(b) Aplique fatores de escala $K_m = 10$ e $K_f = 100$ aos elementos. Determine $Z_{ent}(s)$ e ω_0.

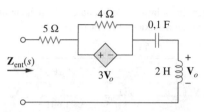

Figura 14.96 Esquema para o Problema 14.79.

14.80 (a) Para o circuito da Figura 14.97, desenhe o novo circuito após este ter sofrido aplicação de escala de $K_m = 200$ e $K_f = 104$.

(b) Obtenha a impedância equivalente de Thévenin nos terminais a-b do circuito que sofreu a aplicação de escala em $\omega = 10^4$ rad/s.

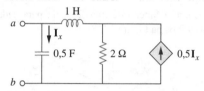

Figura 14.97 Esquema para o Problema 14.80.

14.81 O circuito mostrado na Figura 14.98 tem impedância

$$Z(s) = \frac{1.000(s + 1)}{(s + 1 + j50)(s + 1 - j50)}, \quad s = j\omega$$

Determine:

(a) Os valores de R, L, C e G

(b) Os valores dos elementos que farão que a frequência de ressonância seja elevada por um fator igual a 10^3 pela aplicação de fator de escala de frequência

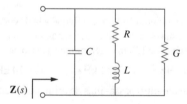

Figura 14.98 Esquema para o Problema 14.81.

14.82 Aplique um fator de escala ao filtro passa-baixas ativo da Figura 14.99, de modo que sua frequência de corte aumente de 1 rad/s para 200 rad/s. Use um capacitor de 1 μF.

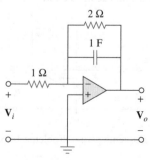

Figura 14.99 Esquema para o Problema 14.82.

14.83 O circuito com amplificadores operacionais na Figura 14.100 deve sofrer uma aplicação de escala 100 na amplitude e de 10^5 em termos de frequência. Determine os valores dos elementos resultantes.

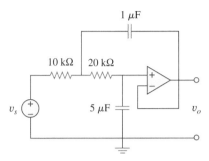

Figura 14.100 Esquema para o Problema 14.83.

● **Seção 14.10 Resposta de frequência usando o *PSpice***

14.84 Use o *PSpice* ou *MultiSim* para obter a resposta de frequência do circuito da Figura 14.101 na página seguinte.

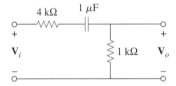

Figura 14.101 Esquema para o Problema 14.84.

14.85 Use o *PSpice* ou *MultiSim* para obter os gráficos de amplitude e de fase de V_o/I_s do circuito da Figura 14.102.

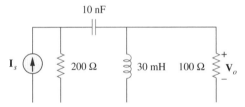

Figura 14.102 Esquema para o Problema 14.85.

14.86 Considere a Figura 14.103 e elabore um problema para ajudar outros estudantes a entender melhor como usar o *PSpice* para obter a resposta de frequência (amplitude e fase de I) em circuitos elétricos.

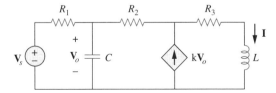

Figura 14.103 Esquema para o Problema 14.86.

14.87 No intervalo $0,1 < f < 100$ Hz, represente graficamente a resposta do circuito na Figura 14.104. Classifique esse filtro e obtenha ω_0.

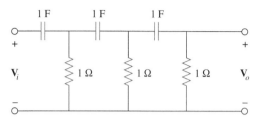

Figura 14.104 Esquema para o Problema 14.87.

14.88 Use o *PSpice* ou *MultiSim* para gerar os gráficos de Bode de amplitude e de fase de V_o no circuito da Figura 14.105.

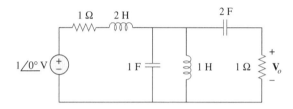

Figura 14.105 Esquema para o Problema 14.88.

14.89 Obtenha o gráfico de amplitude da resposta V_o do circuito da Figura 14.106 para o intervalo de frequências $100 < f < 1.000$ Hz.

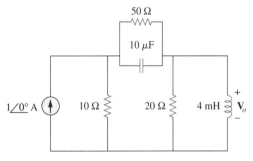

Figura 14.106 Esquema para o Problema 14.89.

14.90 Obtenha a resposta de frequência do circuito na Figura 14.40 (consulte o Problema prático 14.10). Considere $R_1 = R_2 = 100$ Ω, $L = 2$ mH. Use $1 < f < 100.000$ Hz.

14.91 Para o circuito "tanque" da Figura 14.79, obtenha a resposta de frequência (tensão no capacitor) usando o *PSpice* ou *MultiSim*. Determine a frequência de ressonância do circuito.

14.92 Considere o *PSpice* ou *MultiSim* para representar graficamente a amplitude da resposta de frequência do circuito na Figura 14.85.

Seção 14.12 Aplicações

14.93 Considere o circuito deslocador de fase mostrado na Figura 14.107 e determine $H = V_o/V_s$.

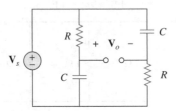

Figura 14.107 Esquema para o Problema 14.93.

14.94 Para uma situação de emergência, um engenheiro precisa construir um filtro passa-altas *RC*. Ele tem à sua disposição um capacitor de 10 pF, um capacitor de 30 pF, um resistor de 1,8 kΩ e um resistor de 3,3 kΩ.

Determine a maior frequência de corte possível usando esses elementos.

14.95 Um circuito de antena sintonizado em série é formado por um capacitor variável (40 pF a 360 pF) e uma bobina de antena de 240 μH que possui uma resistência CC igual a 12 Ω.

(a) Determine o intervalo de frequências de sinais de rádio para o qual o rádio pode ser sintonizado.

(b) Determine o valor de Q em cada extremidade do intervalo de frequências.

14.96 O circuito de cruzamento da Figura 14.108 é um filtro passa-baixas conectado a um *woofer*. Determine a função de transferência $\mathbf{H}(\omega) = \mathbf{V}_o(\omega)/\mathbf{V}_i(\omega)$.

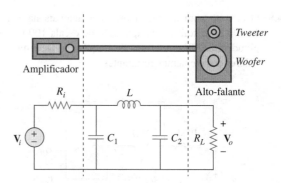

Figura 14.108 Esquema para o Problema 14.96.

14.97 O circuito de cruzamento da Figura 14.109 é um filtro passa-altas conectado a um *tweeter*. Determine a função de transferência $\mathbf{H}(\omega) = \mathbf{V}_o(\omega)/\mathbf{V}_i(\omega)$.

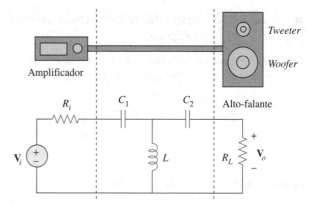

Figura 14.109 Esquema para o Problema 14.97.

Problemas abrangentes

14.98 Determinado circuito eletrônico para teste produziu uma curva ressonante com pontos de meia potência em 432 Hz e 454 Hz. Se $Q = 20$, qual é a frequência de ressonância do circuito?

14.99 Em um dispositivo eletrônico é empregado um circuito em série com resistência de 100 Ω, uma reatância capacitiva de 5 kΩ e uma reatância indutiva de 300 Ω, quando usado em 2 MHz. Determine a frequência de ressonância e a largura de banda do circuito.

14.100 Em determinada aplicação, um filtro passa-baixas *RC* simples é projetado para reduzir o ruído de alta frequência. Se a frequência de corte desejada for 20 kHz e $C = 0,5$ μF, determine o valor de R.

14.101 Em um circuito amplificador é preciso um filtro passa-altas *RC* simples para bloquear a componente CC, enquanto permite a passagem da componente variável com o tempo. Se a frequência de aumento de atenuação desejada for de 15 Hz e $C = 10$ μF, determine o valor de R.

14.102 Na prática, o projeto de filtros *RC* deve prever a inclusão de resistências de carga e de fonte, conforme ilustrado na Figura 14.110. Seja $R = 4$ kΩ e $C = 40$ nF. Obtenha a frequência de corte, quando:

(a) $R_s = 0$, $R_L = \infty$.

(b) $R_s = 1$ kΩ, $R_L = 5$ kΩ.

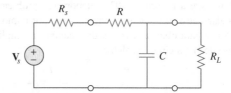

Figura 14.110 Esquema para o Problema 14.102.

14.103 O circuito *RC* na Figura 14.111 é usado para um compensador de avanço em um projeto de um sistema. Obtenha a função de transferência do circuito

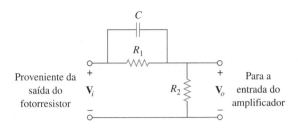

Figura 14.111 Esquema para o Problema 14.103.

14.104 Um filtro passa-faixa de dupla sintonia e baixo fator de qualidade é mostrado na Figura 14.112. Use o *PSpice* ou *MultiSim* para gerar o gráfico de amplitude de $\mathbf{V}_o(\omega)$.

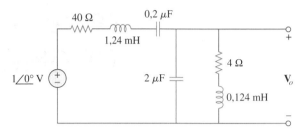

Figura 14.112 Esquema para o Problema 14.104.

PARTE TRÊS
ANÁLISE AVANÇADA DE CIRCUITOS

TÓPICOS

15 Introdução à transformada de Laplace

16 Aplicações da transformada de Laplace

17 Série de Fourier

18 Transformada de Fourier

19 Circuitos de duas portas

15

INTRODUÇÃO À TRANSFORMADA DE LAPLACE

*O importante em relação a um problema não é a sua solução,
mas a força que ganhamos ao encontrar a solução.*

Anônimo

Progresso profissional

Critérios ABET EC 2000 (3.h), "o amplo leque educacional necessário para compreender o impacto das soluções de engenharia em um contexto global e social".

Sendo estudante, você precisa adquirir "o amplo leque educacional necessário para compreender o impacto das soluções de engenharia em um contexto global e social". Caso já esteja matriculado em um programa de engenharia reconhecido pela ABET, então parte dos cursos que você deve fazer atende a esse critério. Minha recomendação é que, mesmo que esteja participando de um desses programas, examine todas as matérias optativas a fazer para ter a certeza de que está aumentando o seu conhecimento em relação às questões globais e aos problemas sociais. Os engenheiros do futuro devem compreender completamente que eles e suas atividades afetam todos nós de uma maneira ou de outra.

Critérios ABET EC 2000 (3.i), "necessidade de, e habilidade para se engajar no aprendizado por toda a vida".

Você deve estar completamente ciente e reconhecer a "necessidade de, e habilidade para se engajar no aprendizado por toda a vida". Quase sempre parece absurdo que isso tenha de ser afirmado. Porém, você ficaria surpreso em ver como muitos engenheiros não entendem a fundo esse conceito. A única maneira de estar realmente apto a acompanhar a explosão da tecnologia pela qual estamos passando atualmente e com a qual nos depararemos no futuro é pelo aprendizado constante. Esse aprendizado deve incluir questões não técnicas, bem como as mais recentes tecnologias em seu campo de atuação.

A melhor maneira de acompanhar o que há de mais novo em seu campo é pelos seus colegas e pela associação com indivíduos com os quais você encontra por meio de sua(s) organização(ões) técnica(s) (particularmente o IEEE). Ler artigos sobre tecnologia de ponta é a segunda melhor maneira de permanecer atualizado.

© Time & Life Pictures/Getty.

PERFIS HISTÓRICOS

Pierre Simon Laplace (1749-1827), astrônomo e matemático francês, foi o primeiro a apresentar a transformada que levou seu nome e suas aplicações em equações diferenciais em 1779.

De origem humilde e nascido em Beaumont-en-Auge, Normandia, França, Laplace tornou-se professor de matemática com 20 anos. Suas habilidades matemáticas inspiraram o famoso matemático Simeon Poisson, que chamaram Laplace o Isaac Newton da França. Suas contribuições mais importantes foram em teoria das possibilidades, teoria da probabilidade, astronomia e mecânica celeste. É muito conhecido por seu trabalho, *Traite de Mecanique Celeste* (Tratado sobre Mecânica Celeste), que complementou o trabalho de Newton sobre astronomia. As transformadas de Laplace, assunto deste capítulo, receberam esse nome em sua homenagem.

15.1 Introdução

Nosso objetivo neste e nos próximos capítulos é desenvolver técnicas para analisar circuitos com ampla gama de variedade de entradas e respostas. Tais circuitos são modelados por *equações diferenciais* cujas soluções descrevem o comportamento de responsabilidade total dos circuitos. Foram concebidos métodos matemáticos para determinar de modo sistemático as soluções das equações diferenciais. Introduzimos agora o poderoso método das *transformadas de Laplace*, que envolve transformar equações diferenciais em *equações algébricas* e, consequentemente, facilitando muito o processo de solução.

O conceito de transformação deve lhe ser familiar agora. Ao usar fasores para a análise de circuitos, transformamos o circuito do domínio do tempo para o domínio da frequência ou para o domínio fasorial. Assim que obtemos o resultado fasorial, o transformamos de volta para o domínio do tempo. O método das transformadas de Laplace segue o mesmo processo: usamos as transformadas de Laplace para transformar o circuito do domínio do tempo para o domínio da frequência, obtemos a solução e aplicamos a transformada de Laplace inversa ao resultado para transformá-lo novamente para o domínio do tempo.

O método das transformadas de Laplace é significativo por uma série de razões. Primeiro, pode ser aplicado a uma variedade maior de entradas que a análise fasorial. Segundo, fornece uma maneira fácil de solucionar problemas de circuitos envolvendo condições iniciais, pois permite que trabalhemos com equações algébricas em vez de equações diferenciais. Terceiro, as transformadas de Laplace são capazes de nos fornecer, em uma única operação, a resposta total do circuito compreendendo tanto as respostas naturais quanto forçadas.

Iniciemos com a definição da transformada de Laplace que suscita o aparecimento de suas propriedades mais essenciais. Examinando essas propriedades, veremos como e por que o método funciona, que também nos ajuda a apreciar melhor a ideia de transformações matemáticas. Consideramos, ainda, algumas propriedades das transformadas de Laplace que são muito úteis na análise de circuitos. Em seguida, levamos em conta a transformada de Laplace inversa, funções de transferência e convolução. Neste capítulo, vamos nos concentrar na mecânica das transformadas de Laplace, e, no Capítulo 16, examinaremos como as transformadas de Laplace são aplicadas na análise de circuitos, na estabilidade dos circuitos e na síntese de circuitos.

15.2 Definição de transformadas de Laplace

Dada uma função $f(t)$, sua transformada de Laplace, representada por $F(s)$ ou $\mathcal{L}[f(t)]$ é definida por

$$\mathcal{L}[f(t)] = F(s) = \int_{0^-}^{\infty} f(t)e^{-st}\, dt \quad (15.1)$$

em que s é uma variável complexa dada por

$$s = \sigma + j\omega \quad (15.2)$$

Como o argumento st do expoente e na Equação (15.1) deve ser adimensional, segue que s tem as dimensões da frequência e das unidades inverso de segundos (s^{-1}) ou "frequência". Na Equação (15.1), o limite inferior é especificado como 0^- para indicar o instante imediatamente anterior a $t = 0$. Usamos 0^- como limite inferior de modo a incluir a origem e capturar qualquer descontinuidade de $f(t)$ em $t = 0$; isso servirá em funções – como as funções de singularidade – que poderiam ser descontínuas em $t = 0$.

Deve-se notar que a integral na Equação (15.1) é uma integral definida em relação ao tempo. Logo, o resultado da integração é independente do tempo e envolve apenas a variável "s".

A Equação (15.1) ilustra o conceito geral de transformação. A função $f(t)$ é transformada na função $F(s)$. Enquanto a primeira função envolve t como seu argumento, a última envolve s. Diz-se que a transformação é do domínio t para o domínio s. Dada a interpretação de s como frequência, chegamos à seguinte descrição de transformada de Laplace:

> **Transformada de Laplace** é uma transformação integral de uma função $f(t)$ do domínio do tempo para o domínio da frequência complexa, fornecendo $F(s)$.

Para uma função simples $f(t)$, o limite inferior pode ser representado por 0.

Quando a transformada de Laplace é aplicada à análise de circuitos, as equações diferenciais representam o circuito no domínio do tempo. Os termos nas equações diferenciais tomam o lugar de $f(t)$. Suas transformadas de Laplace, que correspondem a $F(s)$, constituem equações algébricas representando o circuito no domínio da frequência.

Na Equação (15.1), supomos que $f(t)$ seja ignorado para $t < 0$. Para garantir que este seja o caso, normalmente uma função é multiplicada pela função degrau unitário. Portanto, $f(t)$ é escrita como $f(t)u(t)$ ou $f(t)$, $t \geq 0$.

A transformada de Laplace na Equação (15.1) é conhecida como a transformada de Laplace de *um lado* (*unilateral*). A transformada de Laplace de *dois lados* (ou *bilateral*) é dada por

$$F(s) = \int_{-\infty}^{\infty} f(t)e^{-st}\, dt \quad (15.3)$$

A transformada de Laplace unilateral na Equação (15.1), por ser adequada aos nossos propósitos, é o único tipo de transformada de Laplace que trataremos neste livro.

Pode ser que uma função $f(t)$ não tenha uma transformada de Laplace. Contudo, se $f(t)$ se tiver uma transformada de Laplace, a integral na Equação

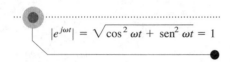

$|e^{j\omega t}| = \sqrt{\cos^2 \omega t + \text{sen}^2 \omega t} = 1$

(15.1) deverá convergir para um valor finito. Como $|e^{j\omega t}| = 1$ para qualquer valor de t, a integral converge quando

$$\int_{0^-}^{\infty} e^{-\sigma t} |f(t)| \, dt < \infty \qquad (15.4)$$

para algum valor real $\sigma = \sigma_c$. Portanto, a região de convergência para a transformada de Laplace é $\text{Re}(s) = \sigma > \sigma_c$, conforme mostrado na Figura 15.1. Nessa região $F(s) < \infty$, e $F(s)$ existe. $F(s)$ é indefinida fora da região de convergência. Felizmente, todas as funções de interesse na análise de circuitos satisfazem o critério de convergência na Equação (15.4) e possuem transformadas de Laplace. Consequentemente, não é necessário especificarmos σ_c naquilo que vem a seguir.

Um companheiro para a transformada de Laplace direta na Equação (15.1) é a transformada de Laplace *inversa* dada por

$$\mathcal{L}^{-1}[F(s)] = f(t) = \frac{1}{2\pi j} \int_{\sigma_1 - j\infty}^{\sigma_1 + j\infty} F(s) e^{st} \, ds \qquad (15.5)$$

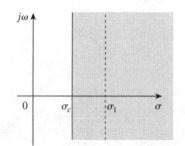

Figura 15.1 Região de convergência para a transformada de Laplace.

na qual a integração é realizada juntamente com uma linha reta $(\sigma_1 + j\omega, -\infty < \omega < \infty)$ na região de convergência, $\sigma_1 > \sigma_c$ (ver Figura 15.1). A aplicação direta da Equação (15.5) envolve algum conhecimento sobre análise complexa que está fora do escopo deste livro. Por essa razão, não usaremos a Equação (15.5) para encontrar a transformada de Laplace inversa. Em vez disso, usaremos uma tabela de referência a ser desenvolvida na Seção 15.3. As funções $f(t)$ e $F(s)$ são consideradas um par da transformada de Laplace onde

$$f(t) \iff F(s) \qquad (15.6)$$

significando que existe uma correspondência um-para-um entre $f(t)$ e $F(s)$. As transformadas de Laplace de algumas funções importantes são obtidas a partir dos exemplos a seguir.

EXEMPLO 15.1

Determine a transformada de Laplace de cada uma das seguintes funções: (a) $u(t)$; (b) $e^{-at}u(t), a \geq 0$; (c) $\delta(t)$.

Solução: (a) Para a função degrau unitário $u(t)$, mostrada na Figura 15.2a, a transformada de Laplace é

$$\mathcal{L}[u(t)] = \int_{0^-}^{\infty} 1 e^{-st} \, dt = -\frac{1}{s} e^{-st} \Big|_0^{\infty}$$

$$= -\frac{1}{s}(0) + \frac{1}{s}(1) = \frac{1}{s} \qquad (15.1.1)$$

(b) Para a função exponencial, indicada na Figura 15.2a, a transformada de Laplace é

$$\mathcal{L}[e^{-at}u(t)] = \int_{0^-}^{\infty} e^{-at} e^{-st} \, dt$$

$$= -\frac{1}{s+a} e^{-(s+a)t} \Big|_0^{\infty} = \frac{1}{s+a} \qquad (15.1.2)$$

(c) Para a função impulso unitário, mostrada na Figura 15.2c,

$$\mathcal{L}[\delta(t)] = \int_{0^-}^{\infty} \delta(t) e^{-st} \, dt = e^{-0} = 1 \qquad (15.1.3)$$

já que a função impulso δ(t) é zero em todos os pontos, exceto em t = 0. A propriedade de separação da Equação (7.33) foi aplicada na Equação (15.13).

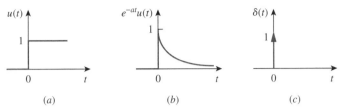

Figura 15.2 Esquema para o Exemplo 15.1: (a) função degrau unitário; (b) função exponencial; (c) função impulso unitário.

PROBLEMA PRÁTICO 15.1

Determine as transformadas de Laplace destas funções: $r(t) = tu(t)$, ou seja, a função de rampa; $Ae^{-at}u(t)$; e $Be^{-j\omega t}u(t)$.

Resposta: $1/s^2$, $A/(s+a)$, $B/(s+j\omega)$.

EXEMPLO 15.2

Determine a transformada de Laplace de $f(t) = \text{sen}\,\omega t\, u(t)$.

Solução: Usando a Equação (B.27), além da Equação (15.1), obtemos a transformada de Laplace da função seno como segue

$$F(s) = \mathcal{L}[\text{sen}\,\omega t] = \int_0^\infty (\text{sen}\,\omega t)e^{-st}\,dt = \int_0^\infty \left(\frac{e^{j\omega t} - e^{-j\omega t}}{2j}\right)e^{-st}\,dt$$

$$= \frac{1}{2j}\int_0^\infty (e^{-(s-j\omega)t} - e^{-(s+j\omega)t})\,dt$$

$$= \frac{1}{2j}\left(\frac{1}{s-j\omega} - \frac{1}{s+j\omega}\right) = \frac{\omega}{s^2+\omega^2}$$

PROBLEMA PRÁTICO 15.2

Determine a transformada de Laplace de $f(t) = 50\cos\omega t\,u(t)$.

Resposta: $50s/(s^2+\omega^2)$.

15.3 Propriedades das transformadas de Laplace

As propriedades das transformadas de Laplace nos ajudam a obter pares de transformação sem usar diretamente a Equação (15.1), como fizemos nos Exemplos 15.1 e 15.2. À medida que obtemos cada uma dessas propriedades, devemos ter em mente a definição da transformada de Laplace na Equação (15.1).

Linearidade

Se $F_1(s)$ e $F_2(s)$ forem, respectivamente, as transformadas de Laplace $f_1(t)$ e $f_2(t)$, então

$$\mathcal{L}[a_1 f_1(t) + a_2 f_2(t)] = a_1 F_1(s) + a_2 F_2(s) \qquad (15.7)$$

em que a_1 e a_2 são constantes. A Equação 15.7 expressa a propriedade de linearidade da transformada de Laplace. A prova da Equação (15.7) é obtida diretamente da definição da transformada de Laplace na Equação (15.1).

Por exemplo, pela propriedade da linearidade na Equação (15.7), poderíamos escrever

$$\mathcal{L}[\cos\omega t\, u(t)] = \mathcal{L}\left[\frac{1}{2}(e^{j\omega t} + e^{-j\omega t})\right] = \frac{1}{2}\mathcal{L}[e^{j\omega t}] + \frac{1}{2}\mathcal{L}[e^{-j\omega t}] \quad (15.8)$$

Porém, do Exemplo 15.1b, $\mathcal{L}[e^{-at}] = 1/(s + a)$. Logo,

$$\mathcal{L}[\cos\omega t\, u(t)] = \frac{1}{2}\left(\frac{1}{s - j\omega} + \frac{1}{s + j\omega}\right) = \frac{s}{s^2 + \omega^2} \quad (15.9)$$

Fatores de escala

Se $F(s)$ for a transformada de Laplace de $f(t)$, então

$$\mathcal{L}[f(at)] = \int_{0^-}^{\infty} f(at)e^{-st}\, dt \quad (15.10)$$

onde a é uma constante e $a > 0$. Se fizermos $x = at$, $dx = a\, dt$, então

$$\mathcal{L}[f(at)] = \int_{0^-}^{\infty} f(x)e^{-x(s/a)}\frac{dx}{a} = \frac{1}{a}\int_{0^-}^{\infty} f(x)e^{-x(s/a)}\, dx \quad (15.11)$$

Comparando essa integral com a definição de transformada de Laplace na Equação (15.1) mostra que s na Equação (15.1) deve ser substituída por s/a, enquanto a variável fictícia t é substituída por x. Portanto, obtemos a propriedade de aplicação de escala como segue

$$\boxed{\mathcal{L}[f(at)] = \frac{1}{a}F\left(\frac{s}{a}\right)} \quad (15.12)$$

Por exemplo, sabemos do Exemplo 15.2 que

$$\mathcal{L}[\text{sen}\,\omega t\, u(t)] = \frac{\omega}{s^2 + \omega^2} \quad (15.13)$$

Usando a propriedade de escala da Equação (15.12),

$$\mathcal{L}[\text{sen}\,2\omega t\, u(t)] = \frac{1}{2}\frac{\omega}{(s/2)^2 + \omega^2} = \frac{2\omega}{s^2 + 4\omega^2} \quad (15.14)$$

que também pode ser obtida da Equação (15.13), substituindo ω por 2ω

Deslocamento no tempo

Se $F(s)$ for a transformada de Laplace de $f(t)$, então

$$\mathcal{L}[f(t - a)u(t - a)] = \int_{0^-}^{\infty} f(t - a)u(t - a)e^{-st}\, dt \quad (15.15)$$
$$a \geq 0$$

Porém, $u(t - a) = 0$ para $t < a$ e $u(t - a) = 1$ para $t > a$. Logo,

$$\mathcal{L}[f(t - a)u(t - a)] = \int_{a}^{\infty} f(t - a)e^{-st}\, dt \quad (15.16)$$

Se fizermos $x = t - a$, então $dx = dt$ e $t = x + a$. Conforme $t \to a$, $x \to 0$ e conforme $t \to \infty$, $x \to \infty$. Portanto,

$$\mathcal{L}[f(t-a)u(t-a)] = \int_{0^-}^{\infty} f(x)e^{-s(x+a)}\,dx$$

$$= e^{-as}\int_{0^-}^{\infty} f(x)e^{-sx}\,dx = e^{-as}F(s)$$

ou

$$\boxed{\mathcal{L}[f(t-a)u(t-a)] = e^{-as}F(s)} \quad (15.17)$$

Em outras palavras, se uma função for retardada no tempo de a, o resultado no domínio s é encontrado multiplicando-se a transformada de Laplace da função (sem o atraso) por e^{-as}. Isso é denominado *retardo no tempo* ou *propriedade de deslocamento de tempo* da transformada de Laplace.

Como exemplo, sabemos da Equação (15.9) que

$$\mathcal{L}[\cos\omega t\, u(t)] = \frac{s}{s^2 + \omega^2}$$

Usando a propriedade de deslocamento de tempo na Equação (15.17),

$$\mathcal{L}[\cos\omega(t-a)u(t-a)] = e^{-as}\frac{s}{s^2 + \omega^2} \quad (15.18)$$

Deslocamento de frequência

Se $F(s)$ for a transformada de Laplace de $f(t)$, então

$$\mathcal{L}[e^{-at}f(t)u(t)] = \int_0^{\infty} e^{-at}f(t)e^{-st}\,dt$$

$$= \int_0^{\infty} f(t)e^{-(s+a)t}\,dt = F(s+a)$$

ou

$$\boxed{\mathcal{L}[e^{-at}f(t)u(t)] = F(s+a)} \quad (15.19)$$

Isto é, a transformada de Laplace de $e^{-at}f(t)$ pode ser obtida da transformada de Laplace de $f(t)$ substituindo todos os s por $s + a$. Isso é conhecido como *deslocamento de frequência* ou *translação de frequência*.

Como exemplo, sabemos que

ou
$$\cos\omega t\, u(t) \Leftrightarrow \frac{s}{s^2 + \omega^2}$$
$$\operatorname{sen}\omega t\, u(t) \Leftrightarrow \frac{\omega}{s^2 + \omega^2} \quad (15.20)$$

Usando a propriedade de deslocamento na Equação (15.19), obtemos a transformada de Laplace das funções seno amortecido e cosseno amortecido como

$$\mathcal{L}[e^{-at}\cos\omega t u(t)] = \frac{s+a}{(s+a)^2 + \omega^2} \quad (15.21a)$$

$$\mathcal{L}[e^{-at}\operatorname{sen}\omega t u(t)] = \frac{\omega}{(s+a)^2 + \omega^2} \quad (15.21b)$$

Diferenciação no tempo

Dado que $F(s)$ é a transformada de Laplace de $f(t)$, a transformada de Laplace de sua derivada é

$$\mathcal{L}\left[\frac{df}{dt}u(t)\right] = \int_{0^-}^{\infty} \frac{df}{dt} e^{-st}\, dt \quad (15.22)$$

Para integrar isso por partes, façamos $u = e^{-st}$, $du = -se^{-st}dt$ e $dv = (df/dt)dt = df(t)$, $v = f(t)$. Então

$$\mathcal{L}\left[\frac{df}{dt}u(t)\right] = f(t)e^{-st}\Big|_{0^-}^{\infty} - \int_{0^-}^{\infty} f(t)[-se^{-st}]\, dt$$

$$= 0 - f(0^-) + s\int_{0^-}^{\infty} f(t)e^{-st}\, dt = sF(s) - f(0^-)$$

ou

$$\boxed{\mathcal{L}[f'(t)] = sF(s) - f(0^-)} \quad (15.23)$$

A transformada de Laplace da segunda derivada de $f(t)$ é uma aplicação repetida da Equação (15.23) como

$$\mathcal{L}\left[\frac{d^2f}{dt^2}\right] = s\mathcal{L}[f'(t)] - f'(0^-) = s[sF(s) - f(0^-)] - f'(0^-)$$

$$= s^2 F(s) - sf(0^-) - f'(0^-)$$

ou

$$\boxed{\mathcal{L}[f''(t)] = s^2 F(s) - sf(0^-) - f'(0^-)} \quad (15.24)$$

Prosseguindo dessa maneira, podemos obter a transformada de Laplace da n-ésima derivada de $f(t)$ como segue

$$\boxed{\begin{aligned}\mathcal{L}\left[\frac{d^n f}{dt^n}\right] &= s^n F(s) - s^{n-1} f(0^-) \\ &\quad - s^{n-2} f'(0^-) - \cdots - s^0 f^{(n-1)}(0^-)\end{aligned}} \quad (15.25)$$

Como exemplo, podemos usar a Equação (15.23) para obter a transformada de Laplace do seno a partir do cosseno. Se fizermos $f(t) = \cos\omega t\, u(t)$, então $f(0) = 1$ e $f'(t) = -\omega\operatorname{sen}\omega t u(t)$. Usando a Equação (15.23) e a propriedade de aplicação de escala,

$$\mathcal{L}[\operatorname{sen}\omega t u(t)] = -\frac{1}{\omega}\mathcal{L}[f'(t)] = -\frac{1}{\omega}[sF(s) - f(0^-)]$$
$$= -\frac{1}{\omega}\left(s\frac{s}{s^2 + \omega^2} - 1\right) = \frac{\omega}{s^2 + \omega^2} \quad (15.26)$$

conforme esperado.

Integração no tempo

Se $F(s)$ for a transformada de Laplace de $f(t)$, a transformada de Laplace de sua integral será

$$\mathcal{L}\left[\int_0^t f(x)\,dx\right] = \int_{0^-}^{\infty}\left[\int_0^t f(x)dx\right]e^{-st}\,dt \quad (15.27)$$

Para integrar isso por partes, façamos

$$u = \int_0^t f(x)\,dx, \quad du = f(t)\,dt$$

e

$$dv = e^{-st}\,dt, \quad v = -\frac{1}{s}e^{-st}$$

Então,

$$\mathcal{L}\left[\int_0^t f(x)\,dx\right] = \left[\int_0^t f(x)\,dx\right]\left(-\frac{1}{s}e^{-st}\right)\bigg|_{0^-}^{\infty}$$
$$- \int_{0^-}^{\infty}\left(-\frac{1}{s}\right)e^{-st}f(t)\,dt$$

Para o primeiro termo do lado direito da equação, calculando o termo em $t = \infty$ resulta em zero por causa de $e^{-s\infty}$ e calculando-o em $t = 0$, temos $\frac{1}{s}\int_0^0 f(x)\,dx = 0$. Portanto, o primeiro termo é zero e

$$\mathcal{L}\left[\int_0^t f(x)\,dx\right] = \frac{1}{s}\int_{0^-}^{\infty} f(t)e^{-st}\,dt = \frac{1}{s}F(s)$$

ou simplesmente,

$$\boxed{\mathcal{L}\left[\int_0^t f(x)dx\right] = \frac{1}{s}F(s)} \quad (15.28)$$

Como exemplo, se fizermos $f(t) = u(t)$, do Exemplo 15.1a, $F(s) = 1/s$. Usando a Equação (15.28),

$$\mathcal{L}\left[\int_0^t f(x)dx\right] = \mathcal{L}[t] = \frac{1}{s}\left(\frac{1}{s}\right)$$

Portanto, a transformada de Laplace da função rampa é

$$\mathcal{L}[t] = \frac{1}{s^2} \qquad (15.29)$$

Aplicando a Equação (15.28), obtemos

$$\mathcal{L}\left[\int_0^t x\,dx\right] = \mathcal{L}\left[\frac{t^2}{2}\right] = \frac{1}{s}\frac{1}{s^2}$$

ou

$$\mathcal{L}[t^2] = \frac{2}{s^3} \qquad (15.30)$$

Aplicações repetidas da Equação (15.28) nos leva a

$$\mathcal{L}[t^n] = \frac{n!}{s^{n+1}} \qquad (15.31)$$

De modo similar, usando integração por partes, podemos demonstrar que

$$\mathcal{L}\left[\int_{-\infty}^t f(x)\,dx\right] = \frac{1}{s}F(s) + \frac{1}{s}f^{-1}(0^-) \qquad (15.32)$$

onde

$$f^{-1}(0^-) = \int_{-\infty}^{0^-} f(t)\,dt$$

Diferenciação em frequência

Se $F(s)$ for a transformada de Laplace de $f(t)$, então

$$F(s) = \int_{0^-}^{\infty} f(t)e^{-st}\,dt$$

Extraindo a derivada em relação a s,

$$\frac{dF(s)}{ds} = \int_{0^-}^{\infty} f(t)(-te^{-st})\,dt = \int_{0^-}^{\infty} (-tf(t))e^{-st}\,dt = \mathcal{L}[-tf(t)]$$

e a propriedade da diferenciação em frequência fica

$$\boxed{\mathcal{L}[tf(t)] = -\frac{dF(s)}{ds}} \qquad (15.33)$$

Aplicações repetidas dessa equação nos levam a

$$\mathcal{L}[t^n f(t)] = (-1)^n \frac{d^n F(s)}{ds^n} \qquad (15.34)$$

Sabemos do Exemplo 15.1b que $\mathcal{L}[e^{-at}] = 1/(s+a)$. Usando a propriedade na Equação (15.33),

$$\mathcal{L}[te^{-at}u(t)] = -\frac{d}{ds}\left(\frac{1}{s+a}\right) = \frac{1}{(s+a)^2} \qquad (15.35)$$

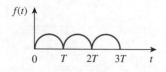

Figura 15.3 Função periódica.

Note que se $a = 0$, obtemos $\mathcal{L}[t] = 1/s^2$ como na Equação (15.29) e aplicações repetidas da Equação (15.33) nos levam à Equação (15.31).

Periodicidade do tempo

Se a função $f(t)$ for uma função periódica, como pode ser visto na Figura 15.3, ela pode ser representada como a soma das funções deslocadas no tempo mostradas na Figura 15.4. Portanto,

$$\begin{aligned} f(t) &= f_1(t) + f_2(t) + f_3(t) + \cdots \\ &= f_1(t) + f_1(t - T)u(t - T) \\ &\quad + f_1(t - 2T)u(t - 2T) + \cdots \end{aligned} \quad (15.36)$$

onde $f_1(t)$ é o mesmo que a função $f(t)$ selecionada no intervalo $0 < t < T$, isto é,

$$f_1(t) = f(t)[u(t) - u(t - T)] \quad (15.37a)$$

ou

$$f_1(t) = \begin{cases} f(t), & 0 < t < T \\ 0, & \text{caso contrário} \end{cases} \quad (15.37b)$$

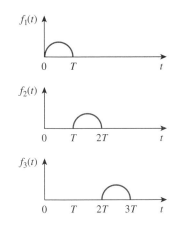

Figura 15.4 Decomposição da função periódica na Figura 15.3.

Agora, transformamos cada termo da Equação (15.36) e aplicamos a propriedade de deslocamento no tempo na Equação (15.7). Obtemos

$$\begin{aligned} F(s) &= F_1(s) + F_1(s)e^{-Ts} + F_1(s)e^{-2Ts} + F_1(s)e^{-3Ts} + \cdots \\ &= F_1(s)[1 + e^{-Ts} + e^{-2Ts} + e^{-3Ts} + \cdots] \end{aligned} \quad (15.38)$$

Porém,

$$1 + x + x^2 + x^3 + \cdots = \frac{1}{1 - x} \quad (15.39)$$

Se $|x| < 1$. Portanto,

$$\boxed{F(s) = \frac{F_1(s)}{1 - e^{-Ts}}} \quad (15.40)$$

onde $F_1(s)$ é a transformada de Laplace de $f_1(t)$; em outras palavras, $F_1(s)$ é a transformada de $f(t)$ definida apenas ao longo de seu primeiro período. A Equação (15.40) mostra que a transformada de Laplace de uma função periódica é a transformada do primeiro período da função dividida por $1 - e^{-Ts}$.

Valores inicial e final

As propriedades dos valores inicial e final nos permitem encontrar o valor inicial $f(0)$ e o valor final $f(\infty)$ de $f(t)$ diretamente a partir de sua transformada de Laplace $F(s)$. Para obtermos essas propriedades, iniciamos com a propriedade da diferenciação na Equação (15.23), a saber,

$$sF(s) - f(0) = \mathcal{L}\left[\frac{df}{dt}\right] = \int_{0^-}^{\infty} \frac{df}{dt} e^{-st} \, dt \quad (15.41)$$

Se fizermos $s \to \infty$, o integrando na Equação (15.41) desaparece em razão do fator exponencial de amortecimento e a Equação (15.41) fica

$$\lim_{s \to \infty}[sF(s) - f(0)] = 0$$

Uma vez que $f(0)$ é independente de s, podemos escrever

$$\boxed{f(0) = \lim_{s \to \infty} sF(s)} \qquad (15.42)$$

Isso é conhecido como o *teorema do valor inicial*. Sabemos, por exemplo, da Equação (15.21a) que

$$f(t) = e^{-2t}\cos 10t \quad \Leftrightarrow \quad F(s) = \frac{s+2}{(s+2)^2 + 10^2} \qquad (15.43)$$

Usando o teorema do valor inicial,

$$f(0) = \lim_{s \to \infty} sF(s) = \lim_{s \to \infty} \frac{s^2 + 2s}{s^2 + 4s + 104}$$

$$= \lim_{s \to \infty} \frac{1 + 2/s}{1 + 4/s + 104/s^2} = 1$$

que confirma aquilo esperado da $f(t)$ dada.

Na Equação (15.41), fazemos $s \to 0$; então

$$\lim_{s \to 0}[sF(s) - f(0^-)] = \int_{0^-}^{\infty} \frac{df}{dt}e^{0t}\, dt = \int_{0^-}^{\infty} df = f(\infty) - f(0^-)$$

ou

$$\boxed{f(\infty) = \lim_{s \to 0} sF(s)} \qquad (15.44)$$

Isso é conhecido como o *teorema do valor final*. Para que teorema esse seja válido, todos os polos de $F(s)$ devem se localizar na metade esquerda do plano s (ver Figura 15.1 ou 15.9); isto é, os polos devem ter partes reais negativas. A única exceção para essa exigência é o caso no qual $F(s)$ tem um único polo em $s = 0$, pois o efeito de $1/s$ será anulado por $sF(s)$ na Equação (15.44). Por exemplo, da Equação (15.21b),

$$f(t) = e^{-2t}\operatorname{sen} 5t\, u(t) \quad \Leftrightarrow \quad F(s) = \frac{5}{(s+2)^2 + 5^2} \qquad (15.45)$$

Aplicando o teorema do valor final

$$f(\infty) = \lim_{s \to 0} sF(s) = \lim_{s \to 0} \frac{5s}{s^2 + 4s + 29} = 0$$

como esperado da função $f(t)$ dada. Outro exemplo seria

$$f(t) = \operatorname{sen} t\, u(t) \quad \Leftrightarrow \quad f(s) = \frac{1}{s^2 + 1} \qquad (15.46)$$

de modo que

$$f(\infty) = \lim_{s \to 0} sF(s) = \lim_{s \to 0} \frac{s}{s^2 + 1} = 0$$

Isso é incorreto, pois $f(t) = \text{sen } t$ oscila entre +1 e –1 e não tem um limite, já que $t \to \infty$. Portanto, o teorema do valor final não pode ser usado para encontrar o valor final de $f(t) = \text{sen } t$, pois $F(s)$ tem polos em $s = \pm j$, que não se encontram na metade esquerda do plano s. Geralmente, o teorema do valor final não se aplica na determinação dos valores finais de funções senoidais – essas funções oscilam para sempre e não possuem valores finais.

Os teoremas dos valores inicial e final representam a relação entre a origem e o infinito no domínio do tempo e no domínio s. Esses teoremas são úteis na checagem da transformada de Laplace.

A Tabela 15.1 fornece uma lista das propriedades da transformada de Laplace. A última propriedade (sobre convolução) será provada na Seção 15.5. Existem outras propriedades, porém, estas já são suficientes para os propósitos atuais. A Tabela 15.2 traz um resumo das transformadas de Laplace de algumas funções comuns. Omitimos o fator $u(t)$, exceto onde ele for necessário.

Devemos mencionar que muitos pacotes de *software*, como o *Mathcad*, *MATLAB*, *Maple* e *Mathematica*, permitem o uso de símbolos matemáticos.

Tabela 15.1 • Propriedades da transformada de Laplace.

Propriedade	f(t)	F(s)
Linearidade	$a_1 f_1(t) + a_2 f_2(t)$	$a_1 F_1(s) + a_2 F_2(s)$
Fator de escala	$f(at)$	$\dfrac{1}{a} F\left(\dfrac{s}{a}\right)$
Deslocamento no tempo	$f(t-a)u(t-a)$	$e^{-as} F(s)$
Deslocamento de frequência	$e^{-at} f(t)$	$F(s+a)$
Diferenciação no tempo	$\dfrac{df}{dt}$	$sF(s) - f(0^-)$
	$\dfrac{d^2 f}{dt^2}$	$s^2 F(s) - sf(0^-) - f'(0^-)$
	$\dfrac{d^3 f}{dt^3}$	$s^3 F(s) - s^2 f(0^-) - sf'(0^-) - f''(0^-)$
	$\dfrac{d^n f}{dt^n}$	$s^n F(s) - s^{n-1} f(0^-) - s^{n-2} f'(0^-) - \cdots - f^{(n-1)}(0^-)$
Integração no tempo	$\displaystyle\int_0^t f(x)\,dx$	$\dfrac{1}{s} F(s)$
Diferenciação em frequência	$t f(t)$	$-\dfrac{d}{ds} F(s)$
Integração em frequência	$\dfrac{f(t)}{t}$	$\displaystyle\int_s^\infty F(s)\,ds$
Periodicidade no tempo	$f(t) = f(t+nT)$	$\dfrac{F_1(s)}{1 - e^{-sT}}$
Valor inicial	$f(0)$	$\displaystyle\lim_{s\to\infty} sF(s)$
Valor final	$f(\infty)$	$\displaystyle\lim_{s\to 0} sF(s)$
Convolução	$f_1(t) * f_2(t)$	$F_1(s) F_2(s)$

Tabela 15.2 • Pares da transformada de Laplace.*

f(t)	F(s)
$\delta(t)$	1
$u(t)$	$\dfrac{1}{s}$
e^{-at}	$\dfrac{1}{s+a}$
t	$\dfrac{1}{s^2}$
t^n	$\dfrac{n!}{s^{n+1}}$
$t e^{-at}$	$\dfrac{1}{(s+a)^2}$
$t^n e^{-at}$	$\dfrac{n!}{(s+a)^{n+1}}$
$\text{sen }\omega t$	$\dfrac{\omega}{s^2 + \omega^2}$
$\cos \omega t$	$\dfrac{s}{s^2 + \omega^2}$
$\text{sen}(\omega t + \theta)$	$\dfrac{s\,\text{sen}\,\theta + \omega \cos\theta}{s^2 + \omega^2}$
$\cos(\omega t + \theta)$	$\dfrac{s \cos\theta - \omega\,\text{sen}\,\theta}{s^2 + \omega^2}$
$e^{-at} \text{sen } \omega t$	$\dfrac{\omega}{(s+a)^2 + \omega^2}$
$e^{-at} \cos \omega t$	$\dfrac{s+a}{(s+a)^2 + \omega^2}$

*Definido para $t \geq 0$; $f(t) = 0$, para $t < 0$.

Por exemplo, o *Mathcad* tem matemática simbólica para as transformadas de Laplace, de Fourier e Z, bem como para suas funções inversas.

EXEMPLO 15.3

Obtenha a transformada de Laplace de $f(t) = \delta(t) + 2u(t) - 3e^{-2t}u(t)$.

Solução: Pela propriedade da linearidade,

$$F(s) = \mathcal{L}[\delta(t)] + 2\mathcal{L}[u(t)] - 3\mathcal{L}[e^{-2t}u(t)]$$
$$= 1 + 2\frac{1}{s} - 3\frac{1}{s+2} = \frac{s^2 + s + 4}{s(s+2)}$$

PROBLEMA PRÁTICO 15.3

Determine a transformada de Laplace de $f(t) = (\cos(2t) + e^{-4t})u(t)$.

Resposta: $\dfrac{2s^2 + 4s + 4}{(s+4)(s^2+4)}$.

EXEMPLO 15.4

Determine a transformada de Laplace de $f(t) = t^2 \operatorname{sen} 2t\, u(t)$.

Solução: Sabemos que

$$\mathcal{L}[\operatorname{sen} 2t] = \frac{2}{s^2 + 2^2}$$

Usando diferenciação de frequência na Equação (15.34),

$$F(s) = \mathcal{L}[t^2 \operatorname{sen} 2t] = (-1)^2 \frac{d^2}{ds^2}\left(\frac{2}{s^2+4}\right)$$
$$= \frac{d}{ds}\left(\frac{-4s}{(s^2+4)^2}\right) = \frac{12s^2 - 16}{(s^2+4)^3}$$

PROBLEMA PRÁTICO 15.4

Determine a transformada de Laplace de $f(t) = t^2 \cos 3t\, u(t)$.

Resposta: $\dfrac{2s(s^2 - 27)}{(s^2+9)^3}$.

EXEMPLO 15.5

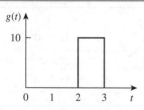

Figura 15.5 Função porta; esquema para o Exemplo 15.5.

Determine a transformada de Laplace da função porta na Figura 15.5.

Solução: Podemos expressar a função porta na Figura 15.5 como

$$g(t) = 10[u(t-2) - u(t-3)]$$

Já que conhecemos a transformada de Laplace de $u(t)$, aplicamos a propriedade de deslocamento de tempo e obtemos

$$G(s) = 10\left(\frac{e^{-2s}}{s} - \frac{e^{-3s}}{s}\right) = \frac{10}{s}(e^{-2s} - e^{-3s})$$

PROBLEMA PRÁTICO 15.5

Determine a transformada de Laplace da função $h(t)$ na Figura 15.6.

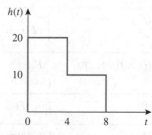

Figura 15.6 Esquema para o Problema prático 15.5.

Resposta: $\dfrac{10}{s}(2 - e^{-4s} - e^{-8s})$.

EXEMPLO 15.6

Calcule a transformada de Laplace da função periódica na Figura 15.7.

Solução: O período da função é $T = 2$. Para aplicar a Equação (15.40), obtemos primeiro a transformada do primeiro período da função.

$$f_1(t) = 2t[u(t) - u(t-1)] = 2tu(t) - 2tu(t-1)$$
$$= 2tu(t) - 2(t - 1 + 1)u(t-1)$$
$$= 2tu(t) - 2(t-1)u(t-1) - 2u(t-1)$$

Usando a propriedade de deslocamento de tempo,

$$F_1(s) = \frac{2}{s^2} - 2\frac{e^{-s}}{s^2} - \frac{2}{s}e^{-s} = \frac{2}{s^2}(1 - e^{-s} - se^{-s})$$

Portanto, a transformada da função periódica na Figura 15.7 é

$$F(s) = \frac{F_1(s)}{1 - e^{-Ts}} = \frac{2}{s^2(1 - e^{-2s})}(1 - e^{-s} - se^{-s})$$

Figura 15.7 Esquema para o Exemplo 15.6.

Figura 15.8 Esquema para o Problema prático 15.6.

PROBLEMA PRÁTICO 15.6

Determine a transformada de Laplace da função periódica na Figura 15.8.

Resposta: $\dfrac{1 - e^{-2s}}{s(1 - e^{-5s})}$.

EXEMPLO 15.7

Determine os valores inicial e final da função cuja transformada de Laplace é

$$H(s) = \frac{20}{(s+3)(s^2 + 8s + 25)}$$

Solução: Aplicando o teorema do valor inicial,

$$h(0) = \lim_{s \to \infty} sH(s) = \lim_{s \to \infty} \frac{20s}{(s+3)(s^2 + 8s + 25)}$$
$$= \lim_{s \to \infty} \frac{20/s^2}{(1 + 3/s)(1 + 8/s + 25/s^2)} = \frac{0}{(1+0)(1+0+0)} = 0$$

Para certificar-se de que o teorema do valor final é aplicável, verificamos onde os polos de $H(s)$ se localizam. Os polos de $H(s)$ são $s = -3, -4 \pm j3$, todos com partes reais negativas: todos eles se localizam na metade esquerda do plano s (Figura 15.9). Logo, o teorema do valor final se aplica e

$$h(\infty) = \lim_{s \to 0} sH(s) = \lim_{s \to 0} \frac{20s}{(s+3)(s^2 + 8s + 25)}$$
$$= \frac{0}{(0+3)(0+0+25)} = 0$$

Tanto o valor inicial quanto o final poderiam ser determinados de $h(t)$ se a conhecêssemos. Ver o Exemplo 15.11, no qual $h(t)$ é dado.

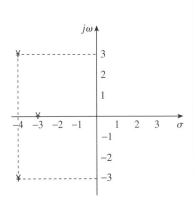

Figura 15.9 Esquema para o Exemplo 15.7: polos de $H(s)$.

PROBLEMA PRÁTICO 15.7

Obtenha os valores inicial e final de

$$G(s) = \frac{6s^3 + 2s + 5}{s(s+2)^2(s+3)}$$

Resposta: 6; 0,4167.

15.4 Transformada de Laplace inversa

Dada $F(s)$, como transformá-la de volta para o domínio do tempo e obter a $f(t)$ correspondente? Comparando as entradas na Tabela 15.2, evitamos o emprego da Equação (15.5) para determinar $f(t)$.

Suponha que $F(s)$ tenha a forma geral

$$F(s) = \frac{N(s)}{D(s)} \tag{15.47}$$

onde $N(s)$ é o polinômio-numerador e $D(s)$ é o polinômio-denominador. As raízes de $N(s) = 0$ são chamadas *zeros* de $F(s)$, enquanto as raízes de $D(s) = 0$ são os *polos* de $F(s)$. Embora a Equação (15.47) seja similar em forma à Equação (14.3), no presente caso $F(s)$ é a transformada de Laplace de uma função que não é, necessariamente, a função de transferência. Usamos *expansão de frações parciais* para subdividir $F(s)$ em termos simples cuja transformada inversa podemos obter na Tabela 15.2. Portanto, encontrar a transformada de Laplace inversa de $F(s)$ envolve duas etapas.

> Pacotes de *software* como o *MATLAB*, *Mathcad* e *Maple* são capazes de determinar expansões de frações parciais de forma bem simples.

Etapas para determinar a transformada de Laplace inversa:

1. Decompor $F(s)$ em termos simples, usando expansão de frações parciais.
2. Encontrar o inverso de cada termo comparando entradas na Tabela 15.2.

Consideremos as três formas possíveis que $F(s)$ pode assumir e como aplicar as duas etapas a cada forma.

15.4.1 Polos simples

Lembre-se, do Capítulo 14, de que um polo simples é um polo de primeira ordem. Se $F(s)$ tiver apenas polos simples, então $D(s)$ se torna um produto de fatores, de modo que

$$F(s) = \frac{N(s)}{(s + p_1)(s + p_2) \cdots (s + p_n)} \tag{15.48}$$

> Caso contrário, temos de aplicar primeiro a divisão de números longos de modo que $F(s) = N(s)/D(s) = Q(s) + R(s)/D(s)$, em que o grau de $R(s)$, o resto desta divisão, é menor que o grau de $D(s)$.

onde $s = -p_1, -p_2, \ldots, -p_n$ são os polos simples e $p_i \neq p_j$ para todo $i \neq j$ (isto é, os polos são distintos). Supondo que o grau de $N(s)$ seja menor que o grau de $D(s)$, usamos a expansão de frações parciais para decompor $F(s)$ na Equação (15.48) como

$$F(s) = \frac{k_1}{s + p_1} + \frac{k_2}{s + p_2} + \cdots + \frac{k_n}{s + p_n} \tag{15.49}$$

Os coeficientes de expansão $k_1, k_2, \ldots, k_n$ são conhecidos como os resíduos de $F(s)$. Existem diversas maneiras de se encontrar os coeficientes de expansão. Uma delas é usar o *método dos resíduos*. Se multiplicarmos ambos os lados da Equação (15.49) por $(s + p_1)$, obtemos

$$(s + p_1)F(s) = k_1 + \frac{(s + p_1)k_2}{s + p_2} + \cdots + \frac{(s + p_1)k_n}{s + p_n} \tag{15.50}$$

Como $p_i \neq p_j$, fazendo $s = -p_1$ na Equação (15.50) deixa apenas k_1 no lado direito da Equação (15.50). Logo,

$$(s + p_1)F(s)\,|_{s=-p_1} = k_1 \tag{15.51}$$

Portanto, geralmente,

$$\boxed{k_i = (s + p_i)F(s)\,|_{s=-p_i}} \tag{15.52}$$

Essa última expressão é conhecida como *teorema de Heaviside*. Uma vez que os valores de k_i sejam conhecidos, prosseguimos para determinar a inversa de $F(s)$, usando a Equação (15.49). Como a transformada inversa de cada termo na Equação (15.49) é $\mathcal{L}^{-1}[k/(s + a)] = ke^{-at}u(t)$, então, da Tabela 15.2,

Nota histórica: Nome dado em homenagem a Olivir Heaviside (1850-1925), engenheiro inglês, pioneiro no cálculo operacional.

$$\boxed{f(t) = (k_1 e^{-p_1 t} + k_2 e^{-p_2 t} + \cdots + k_n e^{-p_n t})u(t)} \tag{15.53}$$

15.4.2 Polos repetidos

Suponha que $F(s)$ tenha n polos repetidos em $s = -p$. Então, podemos representar $F(s)$ como

$$F(s) = \frac{k_n}{(s+p)^n} + \frac{k_{n-1}}{(s+p)^{n-1}} + \cdots + \frac{k_2}{(s+p)^2} + \frac{k_1}{s+p} + F_1(s) \tag{15.54}$$

em que $F_1(s)$ é a parte remanescente de $F(s)$ que não possui um polo em $s = -p$. Determinamos o coeficiente de expansão k_n como segue

$$k_n = (s + p)^n F(s)\,|_{s=-p} \tag{15.55}$$

como fizemos anteriormente. Para determinar k_{n-1}, multiplicamos cada termo na Equação (15.54) por $(s + p)^n$ e diferenciamos para nos livrarmos de k_n, calculando, em seguida, o resultado em $s = -p$ para nos livrarmos dos demais coeficientes, exceto k_{n-1}. Portanto, obtemos

$$k_{n-1} = \frac{d}{ds}[(s + p)^n F(s)]\,|_{s=-p} \tag{15.56}$$

Repetir esse procedimento resulta em

$$k_{n-2} = \frac{1}{2!}\frac{d^2}{ds^2}[(s + p)^n F(s)]\,|_{s=-p} \tag{15.57}$$

O m-ésimo termo se torna

$$k_{n-m} = \frac{1}{m!}\frac{d^m}{ds^m}[(s + p)^n F(s)]\,|_{s=-p} \tag{15.58}$$

em que $m = 1, 2, \ldots, n - 1$. É de se esperar que a diferenciação seja difícil de tratar à medida que m aumente. Uma vez obtido os valores de $k_1, k_2, \ldots, k_n$ por expansão de frações parciais, aplicamos a transformada inversa

$$\mathcal{L}^{-1}\left[\frac{1}{(s+a)^n}\right] = \frac{t^{n-1}e^{-at}}{(n-1)!}u(t) \tag{15.59}$$

a cada termo do lado direito da Equação (15.54) e obtemos

$$f(t) = \left(k_1 e^{-pt} + k_2 t e^{-pt} + \frac{k_3}{2!} t^2 e^{-pt} \right.$$
$$\left. + \cdots + \frac{k_n}{(n-1)!} t^{n-1} e^{-pt} \right) u(t) + f_1(t) \quad (15.60)$$

15.4.3 Polos complexos

Um par de polos complexos é simples se não for repetido; ele será um polo duplicado ou múltiplo se repetido. Os polos complexos simples podem ser tratados da mesma forma que os polos reais simples, porém, como há álgebra complexa envolvida, o resultado é sempre difícil de tratar. Uma forma mais simples seria o método conhecido por *completando o quadrado*, no qual a ideia é expressar cada par de polos complexos (ou termo quadrático) em $D(s)$ como um quadrado completo como $(s + \alpha)^2 + \beta^2$ e então usar a Tabela 15.2 para encontrar o inverso do termo.

Como $N(s)$ e $D(s)$ sempre possuem coeficientes reais e sabemos que as raízes complexas dos polinômios com coeficientes reais devem ocorrer em pares conjugados, $F(s)$ podem ter a forma geral

$$F(s) = \frac{A_1 s + A_2}{s^2 + as + b} + F_1(s) \quad (15.61)$$

onde $F_1(s)$ é a parte remanescente de $F(s)$ que não possui esse par de polos complexos. Se completarmos o quadrado fazendo

$$s^2 + as + b = s^2 + 2\alpha s + \alpha^2 + \beta^2 = (s + \alpha)^2 + \beta^2 \quad (15.62)$$

e também fizermos

$$A_1 s + A_2 = A_1(s + \alpha) + B_1 \beta \quad (15.63)$$

então a Equação (15.61) fica

$$F(s) = \frac{A_1(s + \alpha)}{(s + \alpha)^2 + \beta^2} + \frac{B_1 \beta}{(s + \alpha)^2 + \beta^2} + F_1(s) \quad (15.64)$$

A partir da Tabela 15.2, a transformada inversa é

$$f(t) = (A_1 e^{-\alpha t} \cos\beta t + B_1 e^{-\alpha t} \mathrm{sen}\beta t) u(t) + f_1(t) \quad (15.65)$$

Os termos seno e cosseno podem ser combinados usando a Equação (9.11).

Independentemente de o polo ser simples, repetido ou complexo, um método geral que sempre pode ser usado para encontrar os coeficientes de expansão é o *método algébrico*, ilustrado nos Exemplos 15.9 a 15.11. Para aplicar o método, fazemos primeiro $F(s) = N(s)/D(s)$ igual a uma expansão contendo constantes desconhecidas. Multiplicamos o resultado por um denominador comum. Em seguida, determinamos as constantes desconhecidas igualando-se os coeficientes (isto é, solucionando algebricamente um conjunto de equações simultâneas para esses coeficientes como potências semelhantes de s).

Outro método geral é substituir valores convenientes específicos de s para obter tantas equações simultâneas possíveis que o número de coeficientes desconhecidos e, então, encontrar os coeficientes desconhecidos. Temos de nos certificar de que cada valor selecionado de s não é um dos polos de $F(s)$. O Exemplo 15.11 ilustra esse conceito.

EXEMPLO 15.8

Determine a transformada de Laplace inversa de

$$F(s) = \frac{3}{s} - \frac{5}{s+1} + \frac{6}{s^2+4}$$

Solução: A transformada inversa é dada por

$$f(t) = \mathcal{L}^{-1}[F(s)] = \mathcal{L}^{-1}\left(\frac{3}{s}\right) - \mathcal{L}^{-1}\left(\frac{5}{s+1}\right) + \mathcal{L}^{-1}\left(\frac{6}{s^2+4}\right)$$
$$= (3 - 5e^{-t} + 3 \operatorname{sen} 2t)u(t), \quad t \geq 0$$

em que a Tabela 15.2 foi consultada para o inverso de cada termo.

PROBLEMA PRÁTICO 15.8

Determine a transformada de Laplace inversa de

$$F(s) = 5 + \frac{6}{s+4} - \frac{7s}{s^2+25}$$

Resposta: $5\delta(t) + (6e^{-4t} - 7\cos(5t))u(t)$.

EXEMPLO 15.9

Determine $f(t)$ dado que

$$F(s) = \frac{s^2+12}{s(s+2)(s+3)}$$

Solução: Diferentemente do exemplo anterior em que as frações parciais foram fornecidas, precisamos, inicialmente, determinar as frações parciais. Como existem três polos, fazemos

$$\frac{s^2+12}{s(s+2)(s+3)} = \frac{A}{s} + \frac{B}{s+2} + \frac{C}{s+3} \qquad (15.9.1)$$

onde A, B e C são as constantes a serem determinadas. Podemos encontrar as constantes usando dois métodos.

■ **MÉTODO 1** Método dos resíduos:

$$A = sF(s)\big|_{s=0} = \frac{s^2+12}{(s+2)(s+3)}\bigg|_{s=0} = \frac{12}{(2)(3)} = 2$$

$$B = (s+2)F(s)\big|_{s=-2} = \frac{s^2+12}{s(s+3)}\bigg|_{s=-2} = \frac{4+12}{(-2)(1)} = -8$$

$$C = (s+3)F(s)\big|_{s=-3} = \frac{s^2+12}{s(s+2)}\bigg|_{s=-3} = \frac{9+12}{(-3)(-1)} = 7$$

■ **MÉTODO 2** Método algébrico: Multiplicando-se ambos os lados da Equação (15.9.1) por $s(s+2)(s+3)$, obtemos

$$s^2 + 12 = A(s+2)(s+3) + Bs(s+3) + Cs(s+2)$$

ou

$$s^2 + 12 = A(s^2 + 5s + 6) + B(s^2 + 3s) + C(s^2 + 2s)$$

Igualando-se os coeficientes das potências semelhantes de s fornece

Constante: $\quad 12 = 6A \quad \Rightarrow \quad A = 2$

$s: \quad\quad\quad 0 = 5A + 3B + 2C \quad \Rightarrow \quad 3B + 2C = -10$

$s^2: \quad\quad\quad 1 = A + B + C \quad \Rightarrow \quad B + C = -1$

Portanto, $A = 2$, $B = -8$, $C = 7$ e a Equação (15.9.1) fica

$$F(s) = \frac{2}{s} - \frac{8}{s+2} + \frac{7}{s+3}$$

Encontrando a transformada inversa de cada termo, obtemos

$$f(t) = (2 - 8e^{-2t} + 7e^{-3t})u(t)$$

● **PROBLEMA PRÁTICO 15.9**

Determine $f(t)$ se

$$F(s) = \frac{6(s+2)}{(s+1)(s+3)(s+4)}$$

Resposta: $f(t) = (e^{-t} + 3e^{-3t} - 4e^{-4t})u(t)$.

● **EXEMPLO 15.10**

Calcule $v(t)$, dado que

$$V(s) = \frac{10s^2 + 4}{s(s+1)(s+2)^2}$$

Solução: Enquanto o exemplo anterior tinha raízes simples, este possui raízes repetidas. Façamos

$$V(s) = \frac{10s^2 + 4}{s(s+1)(s+2)^2}$$

$$= \frac{A}{s} + \frac{B}{s+1} + \frac{C}{(s+2)^2} + \frac{D}{s+2} \quad\quad (15.10.1)$$

■ **MÉTODO 1** Método dos resíduos:

$$A = sV(s)\big|_{s=0} = \frac{10s^2 + 4}{(s+1)(s+2)^2}\bigg|_{s=0} = \frac{4}{(1)(2)^2} = 1$$

$$B = (s+1)V(s)\big|_{s=-1} = \frac{10s^2 + 4}{s(s+2)^2}\bigg|_{s=-1} = \frac{14}{(-1)(1)^2} = -14$$

$$C = (s+2)^2 V(s)\big|_{s=-2} = \frac{10s^2 + 4}{s(s+1)}\bigg|_{s=-2} = \frac{44}{(-2)(-1)} = 22$$

$$D = \frac{d}{ds}[(s+2)^2 V(s)]\bigg|_{s=-2} = \frac{d}{ds}\left(\frac{10s^2 + 4}{s^2 + s}\right)\bigg|_{s=-2}$$

$$= \frac{(s^2+s)(20s) - (10s^2+4)(2s+1)}{(s^2+s)^2}\bigg|_{s=-2} = \frac{52}{4} = 13$$

■ **MÉTODO 2** **Método algébrico:** Multiplicando a Equação (15.10.1) por $s(s+1)(s+2)^2$, obtemos

$$10s^2 + 4 = A(s+1)(s+2)^2 + Bs(s+2)^2 + Cs(s+1) + Ds(s+1)(s+2)$$

ou

$$10s^2 + 4 = A(s^3 + 5s^2 + 8s + 4) + B(s^3 + 4s^2 + 4s) + C(s^2 + s) + D(s^3 + 3s^2 + 2s)$$

Igualando-se os coeficientes, obtemos

Constante: $4 = 4A \Rightarrow A = 1$
s: $\quad 0 = 8A + 4B + C + 2D \Rightarrow 4B + C + 2D = -8$
s^2: $\quad 10 = 5A + 4B + C + 3D \Rightarrow 4B + C + 3D = 5$
s^3: $\quad 0 = A + B + D \Rightarrow B + D = -1$

Resolvendo essas equações simultâneas dá $A = 1, B = -14, C = 22, D = 13$, de modo que

$$V(s) = \frac{1}{s} - \frac{14}{s+1} + \frac{13}{s+2} + \frac{22}{(s+2)^2}$$

Calculando a transformada inversa de cada termo, temos

$$v(t) = (1 - 14e^{-t} + 13e^{-2t} + 22te^{-2t})u(t)$$

PROBLEMA PRÁTICO 15.10

Obtenha $g(t)$ se

$$G(s) = \frac{s^3 + 2s + 6}{s(s+1)^2(s+3)}$$

Resposta: $(2 - 3,25e^{-t} - 1,5te^{-t} + 2,25e^{-3t})u(t)$.

EXEMPLO 15.11

Determine a transformada inversa da função no domínio da frequência no Exemplo 15.7:

$$H(s) = \frac{20}{(s+3)(s^2+8s+25)}$$

Solução: Nesse exemplo, $H(s)$ tem um par de polos complexos em $s^2 + 8s + 25 = 0$ ou $s = -4 \pm j3$. Façamos

$$H(s) = \frac{20}{(s+3)(s^2+8s+25)} = \frac{A}{s+3} + \frac{Bs+C}{(s^2+8s+25)} \quad \textbf{(15.11.1)}$$

Agora, determinamos os coeficientes de expansão de duas maneiras.

■ **MÉTODO 1** **Combinação dos métodos:** Podemos obter A usando o método dos resíduos,

$$A = (s+3)H(s)\bigg|_{s=-3} = \frac{20}{s^2+8s+25}\bigg|_{s=-3} = \frac{20}{10} = 2$$

Embora B e C possam ser obtidos usando-se o método dos resíduos, não faremos isso para evitar álgebra complexa. Em vez disso, podemos substituir dois valores específicos de s [digamos $s = 0, 1$, que não são polos de $F(s)$] na Equação (15.11.1). Isso nos dará duas equações simultâneas a partir das quais determinamos B e C. Se fizermos $s = 0$ na Equação (15.11.1), obtemos

$$\frac{20}{75} = \frac{A}{3} + \frac{C}{25}$$

ou

$$20 = 25A + 3C \quad \textbf{(15.11.2)}$$

Como $A = 2$, a Equação (15.11.2) dá $C = -10$. Substituindo-se $s = 1$ na Equação (15.11.1) dá

$$\frac{20}{(4)(34)} = \frac{A}{4} + \frac{B+C}{34}$$

ou

$$20 = 34A + 4B + 4C \qquad (15.11.3)$$

Porém $A = 2$, $C = -10$, de modo que a Equação (15.11.3) gera $B = -2$.

■ **MÉTODO 2** **Método algébrico:** Multiplicando-se ambos os lados da Equação (15.11.1) por $(s + 3)(s^2 + 8s + 25)$ resulta em

$$\begin{aligned}20 &= A(s^2 + 8s + 25) + (Bs + C)(s + 3) \\ &= A(s^2 + 8s + 25) + B(s^2 + 3s) + C(s + 3)\end{aligned} \qquad (15.11.4)$$

Igualando-se os coeficientes dá

s^2: $\quad 0 = A + B \quad \Rightarrow \quad A = -B$

s: $\quad 0 = 8A + 3B + C = 5A + C \quad \Rightarrow \quad C = -5A$

Constante: $20 = 25A + 3C = 25A - 15A \quad \Rightarrow \quad A = 2$

Isto é, $B = -2$, $C = -10$. Portanto,

$$\begin{aligned}H(s) &= \frac{2}{s + 3} - \frac{2s + 10}{(s^2 + 8s + 25)} = \frac{2}{s + 3} - \frac{2(s + 4) + 2}{(s + 4)^2 + 9} \\ &= \frac{2}{s + 3} - \frac{2(s + 4)}{(s + 4)^2 + 9} - \frac{2}{3}\frac{3}{(s + 4)^2 + 9}\end{aligned}$$

Extraindo o inverso de cada termo, obtemos

$$h(t) = \left(2e^{-3t} - 2e^{-4t}\cos 3t - \frac{2}{3}e^{-4t}\operatorname{sen} 3t\right)u(t) \qquad (15.11.5)$$

É correto deixar o resultado dessa maneira. Entretanto, podemos combinar os termos em seno e cosseno como segue

$$h(t) = (2e^{-3t} - Re^{-4t}\cos(3t - \theta))u(t) \qquad (15.11.6)$$

Para obter a Equação (15.11.6) a partir da Equação (15.11.5), aplicamos a Equação (9.11). Em seguida, determinamos o coeficiente R e o ângulo de fase θ:

$$R = \sqrt{2^2 + (\tfrac{2}{3})^2} = 2{,}108, \qquad \theta = \operatorname{tg}^{-1}\frac{\tfrac{2}{3}}{2} = 18{,}43°$$

Consequentemente,

$$h(t) = (2e^{-3t} - 2{,}108e^{-4t}\cos(3t - 18{,}43°))u(t)$$

PROBLEMA PRÁTICO 15.11

Determine $g(t)$ dado que

$$G(s) = \frac{60}{(s + 1)(s^2 + 4s + 13)}$$

Resposta: $6e^{-t} - 6e^{-2t}\cos 3t - 2e^{-2t}\operatorname{sen} 3t$, $t \geq 0$.

15.5 Integral de convolução

O termo *convolução* significa "dobramento". A convolução é uma ferramenta valiosíssima para o engenheiro, pois fornece um meio para visualizar e caracterizar sistemas físicos. Ela é usada, por exemplo, para descobrir a resposta $y(t)$ de um sistema a uma excitação $x(t)$, conhecendo-se a resposta de impulso do sistema $h(t)$. Isso é obtido pela *integral de convolução*, definido como

$$y(t) = \int_{-\infty}^{\infty} x(\lambda)h(t - \lambda)\,d\lambda \qquad (15.66)$$

ou simplesmente

$$y(t) = x(t) * h(t) \qquad (15.67)$$

em que λ é uma variável fictícia e o asterisco representa convolução. A Equação (15.66) ou (15.67) afirma que a saída é igual à entrada que sofreu a convolução com a resposta de impulso unitário. O processo de convolução é comutativo:

$$y(t) = x(t) * h(t) = h(t) * x(t) \qquad (15.68a)$$

ou

$$y(t) = \int_{-\infty}^{\infty} x(\lambda)h(t - \lambda)\,d\lambda = \int_{-\infty}^{\infty} h(\lambda)x(t - \lambda)\,d\lambda \qquad (15.68b)$$

Isso implica que a ordem na qual as duas funções sofrem a convolução é irrelevante. Veremos, em breve, como tirar proveito dessa propriedade comutativa ao realizar cálculos gráficos da integral de convolução.

> **Convolução** de dois sinais consiste em inverter no tempo um dos sinais, deslocá-lo e multiplicá-lo ponto a ponto com o segundo sinal e integrar o produto.

A integral de convolução na Equação (15.66) é aquela genérica e se aplica a qualquer sistema linear. Entretanto, ela pode ser simplificada se supusermos que um sistema possua duas propriedades. Primeiro, se $x(t) = 0$ para $t < 0$, então

$$y(t) = \int_{-\infty}^{\infty} x(\lambda)h(t - \lambda)\,d\lambda = \int_{0}^{\infty} x(\lambda)h(t - \lambda)\,d\lambda \qquad (15.69)$$

Segundo, se a resposta do sistema a um impulso for *causal* (isto é, $h(t) = 0$ para $t < 0$), então $h(t - \lambda) = 0$ para $t - \lambda < 0$ ou $\lambda > t$ de modo que a Equação (15.69) seja

$$\boxed{y(t) = h(t) * x(t) = \int_{0}^{t} x(\lambda)h(t - \lambda)\,d\lambda} \qquad (15.70)$$

Eis algumas propriedades da integral de convolução.

1. $x(t) * h(t) = h(t) * x(t)$ (Comutativa)
2. $f(t) * [x(t) + y(t)] = f(t) * x(t) + f(t) * y(t)$ (Distributiva)
3. $f(t) * [x(t) * y(t)] = [f(t) * x(t)] * y(t)$ (Associativa)
4. $f(t) * \delta(t) = \int_{-\infty}^{\infty} f(\lambda)\delta(t - \lambda)\,d\lambda = f(t)$
5. $f(t) * \delta(t - t_o) = f(t - t_o)$
6. $f(t) * \delta'(t) = \int_{-\infty}^{\infty} f(\lambda)\delta'(t - \lambda)\,d\lambda = f'(t)$
7. $f(t) * u(t) = \int_{-\infty}^{\infty} f(\lambda)u(t - \lambda)\,d\lambda = \int_{-\infty}^{t} f(\lambda)\,d\lambda$

Antes de aprendermos como calcular a integral de convolução na Equação (15.70), estabeleçamos a ligação entre as transformadas de Laplace e a integral de convolução. Dada duas funções $f_1(t)$ e $f_2(t)$ com, respectivamente, transformadas de Laplace $F_1(s)$ e $F_2(s)$, sua convolução será

$$f(t) = f_1(t) * f_2(t) = \int_0^t f_1(\lambda) f_2(t - \lambda)\, d\lambda \quad (15.71)$$

Extrair a transformada de Laplace fornece

$$F(s) = \mathcal{L}[f_1(t) * f_2(t)] = F_1(s) F_2(s) \quad (15.72)$$

Para provar que a Equação (15.72) é verdadeira, iniciemos com o fato de que $F_1(s)$ é definida como

$$F_1(s) = \int_{0^-}^{\infty} f_1(\lambda) e^{-s\lambda}\, d\lambda \quad (15.73)$$

Multiplicando-se esta por $F_2(s)$, obtemos

$$F_1(s) F_2(s) = \int_{0^-}^{\infty} f_1(\lambda) [F_2(s) e^{-s\lambda}]\, d\lambda \quad (15.74)$$

Lembrando-se da propriedade de deslocamento de tempo na Equação (15.17), o termo entre colchetes pode ser escrito como

$$F_2(s) e^{-s\lambda} = \mathcal{L}[f_2(t - \lambda) u(t - \lambda)]$$
$$= \int_0^{\infty} f_2(t - \lambda) u(t - \lambda) e^{-st}\, dt \quad (15.75)$$

Substituir a Equação (15.75) na Equação (15.74) dá

$$F_1(s) F_2(s) = \int_0^{\infty} f_1(\lambda) \left[\int_0^{\infty} f_2(t - \lambda) u(t - \lambda) e^{-st}\, dt \right] d\lambda \quad (15.76)$$

Trocando a ordem da integração, obtemos

$$F_1(s) F_2(s) = \int_0^{\infty} \left[\int_0^t f_1(\lambda) f_2(t - \lambda)\, d\lambda \right] e^{-st}\, dt \quad (15.77)$$

A integral entre colchetes se estende apenas no intervalo de 0 a t, pois a função degrau unitário $u(t - \lambda) = 1$ para $\lambda < t$ e $u(t - \lambda) = 0$ para $\lambda > t$. Notamos que a integral é a convolução de $f_1(t)$ e $f_2(t)$ como na Equação (15.71). Portanto,

$$\boxed{F_1(s) F_2(s) = \mathcal{L}[f_1(t) * f_2(t)]} \quad (15.78)$$

conforme desejado. Isso indica que a convolução no domínio do tempo equivale à multiplicação no domínio s. Por exemplo, se $x(t) = 4e^{-t}$ e $h(t) = 5e^{-2t}$, aplicando a propriedade na Equação (15.78), obtemos

$$h(t) * x(t) = \mathcal{L}^{-1}[H(s) X(s)] = \mathcal{L}^{-1}\left[\left(\frac{5}{s+2}\right)\left(\frac{4}{s+1}\right)\right]$$
$$= \mathcal{L}^{-1}\left[\frac{20}{s+1} + \frac{-20}{s+2}\right] \quad (15.79)$$
$$= 20(e^{-t} - e^{-2t}), \quad t \geq 0$$

Embora possamos determinar a convolução de dois sinais, usando-se a Equação (15.78), como já fizemos anteriormente, se o produto $F_1(s)F_2(s)$ for muito complicado, determinar a inversa provavelmente será uma tarefa árdua. Da mesma maneira, existem situações nas quais $f_1(t)$ e $f_2(t)$ se encontram disponíveis na forma de dados experimentais e não existem transformadas de Laplace explícitas. Nesses casos, deve-se realizar a convolução no domínio do tempo.

O processo de realizar a convolução entre dois sinais no domínio do tempo é mais indicado do ponto de vista gráfico. O procedimento gráfico para calcular a integral de convolução na Equação (15.70) normalmente envolve quatro etapas.

Etapas para calcular a integral de convolução:

1. **Dobramento**: Pegue a imagem espelhada de $h(\lambda)$ em relação ao eixo das ordenadas para obter $h(-\lambda)$.
2. **Deslocamento**: Desloque ou atrase $h(-\lambda)$ de t para obter $h(t - \lambda)$.
3. **Multiplicação**: Determine o produto de $h(t - \lambda)$ e $x(\lambda)$.
4. **Integração**: Para dado instante t, calcule a área sob o produto $h(t - \lambda) x(\lambda)$ para obter $y(t)$ em t.

A operação de dobramento na etapa 1 é a razão para o termo *convolução*. A função $h(t - \lambda)$ varre ou corre sobre $x(\lambda)$. Tendo em vista esse procedimento de superposição, a integral de convolução também é conhecida como *integral de superposição*.

Para aplicar as quatro etapas, é necessário estar apto a traçar $x(\lambda)$ e $h(t - \lambda)$. Obter $x(\lambda)$ a partir da função original $x(t)$ envolve simplesmente a substituição de todos os termos t por λ. Traçar $h(t - \lambda)$ é o segredo do processo de convolução. Ele envolve espelhar em relação ao eixo vertical e deslocá-la de t. Analiticamente, obtemos $h(t - \lambda)$ substituindo todos os termos t em $h(t)$ por $t - \lambda$. Como a convolução é comutativa, talvez seja mais conveniente aplicar as etapas 1 e 2 em $x(t)$ em vez de $h(t)$. A melhor maneira de ilustrarmos esse procedimento é por meio de alguns exemplos.

EXEMPLO 15.12

Determine a convolução entre os dois sinais na Figura 15.10.

Solução: Seguimos as quatro etapas para obter $y(t) = x_1(t) * x_2(t)$. Primeiro, dobramos $x_1(t)$, conforme mostrado na Figura 15.11a e a deslocamos de t como pode ser visto na Figura 15.11b. Para diferentes valores de t, agora multiplicamos as duas funções e integramos para determinar a área da região com sobreposição.

Para $0 < t < 1$, não existe nenhuma sobreposição das duas funções, como indica a Figura 15.12a. Logo,

$$y(t) = x_1(t) * x_2(t) = 0, \quad 0 < t < 1 \quad \text{(15.12.1)}$$

Para $1 < t < 2$, os dois sinais se sobrepõem entre 1 e t, conforme mostrado na Figura 15.12b.

$$y(t) = \int_1^t (2)(1)\, d\lambda = 2\lambda \Big|_1^t = 2(t - 1), \quad 1 < t < 2 \quad \text{(15.12.2)}$$

Para $2 < t < 3$, os dois sinais se sobrepõem completamente entre $(t - 1)$ e t, como mostra a Figura 15.12c. Fica fácil ver que a área sob a curva é 2. Ou

$$y(t) = \int_{t-1}^t (2)(1)\, d\lambda = 2\lambda \Big|_{t-1}^t = 2, \quad 2 < t < 3 \quad \text{(15.12.3)}$$

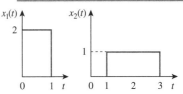

Figura 15.10 Esquema para o Exemplo 15.12.

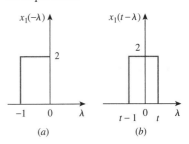

Figura 15.11 (a) Dobramento de $x_1(\lambda)$; (b) deslocamento de $x_1(-\lambda)$ de t.

Para $3 < t < 4$, os dois sinais se sobrepõem entre $(t-1)$ e 3, como exposto na Figura 15.12d.

$$y(t) = \int_{t-1}^{3} (2)(1)\, d\lambda = 2\lambda \Big|_{t-1}^{3} \quad (15.12.4)$$
$$= 2(3 - t + 1) = 8 - 2t, \quad 3 < t < 4$$

Para $t > 4$, os dois sinais não se sobrepõem [Figura 15.12e] e

$$y(t) = 0, \quad t > 4 \quad (15.12.5)$$

Combinando as Equações (15.12.1) para (15.12.5), obtemos

$$y(t) = \begin{cases} 0, & 0 \le t \le 1 \\ 2t - 2, & 1 \le t \le 2 \\ 2, & 2 \le t \le 3 \\ 8 - 2t, & 3 \le t \le 4 \\ 0, & t \ge 4 \end{cases} \quad (15.12.6)$$

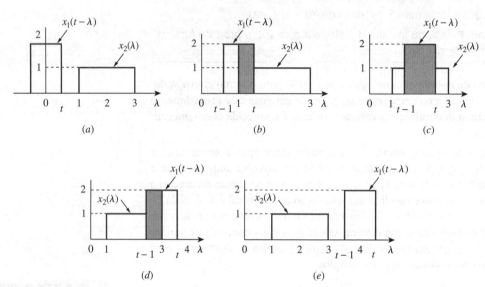

Figura 15.12 Sobreposição de $x_1(t - \lambda)$ e $x_2(\lambda)$ para: (a) $0 < t < 1$; (b) $1 < t < 2$; (c) $2 < t < 3$; (d) $3 < t < 4$; (e) $t > 4$.

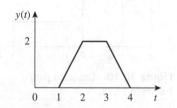

Figura 15.13 Convolução dos sinais $x_1(t)$ e $x_2(t)$ na Figura 15.10.

que é traçado na Figura 15.13. Note que $y(t)$ nessa equação é contínua. Esse fato pode ser usado para verificar os resultados à medida que mudamos de um intervalo de t para outro. O resultado na Equação (15.12.6) pode ser obtido sem usar o procedimento gráfico – empregando diretamente a Equação (15.70) e as propriedades das funções degrau. Isso será ilustrado no Exemplo 15.14.

PROBLEMA PRÁTICO 15.12

Realize graficamente a convolução das duas funções da Figura 15.14. Para mostrar quão poderoso é o trabalho no domínio s, verifique sua resposta através do *desempenho* da operação equivalente no domínio s.

Resposta: O resultado da convolução $y(t)$ é mostrado na Figura 15.15, onde

$$y(t) = \begin{cases} t, & 0 \le t \le 2 \\ 6 - 2t, & 2 \le t \le 3 \\ 0, & \text{caso contrário.} \end{cases}$$

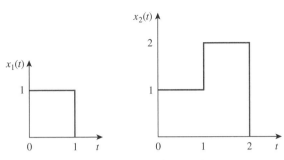

Figura 15.14 Esquema para o Problema prático 15.12.

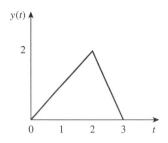

Figura 15.15 Convolução dos sinais na Figura 15.14.

EXEMPLO 15.13

Realize graficamente a convolução entre $g(t)$ e $u(t)$ mostrado na Figura 15.16.

Solução: Façamos $y(t) = g(t) * u(t)$. Podemos determinar $y(t)$ de duas maneiras.

■ **MÉTODO 1** Suponha que dobremos $g(t)$, como na Figura 15.17a e desloque de t, como na Figura 15.17b. Como $g(t) = t$, $0 < t < 1$ originalmente, esperamos que $g(t - \lambda) = t - \lambda$, $0 < t - \lambda < 1$ ou $t - 1 < \lambda < t$. Não existe nenhuma sobreposição das duas funções, quando $t < 0$, de modo que $y(0) = 0$ para esse caso.

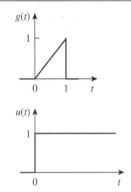

Figura 15.16 Esquema para o Exemplo 15.13.

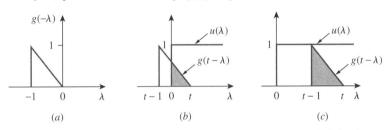

Figura 15.17 Convolução de $g(t)$ e $u(t)$ na Figura 15.16 com $g(t)$ dobrada.

Para $0 < t < 1$, $g(t - \lambda)$ e $u(\lambda)$ se sobrepõem de 0 a t, como fica evidente na Figura 15.17b. Portanto,

$$y(t) = \int_0^t (1)(t - \lambda)\, d\lambda = \left(t\lambda - \frac{1}{2}\lambda^2\right)\Big|_0^t$$
$$= t^2 - \frac{t^2}{2} = \frac{t^2}{2}, \qquad 0 \le t \le 1 \qquad (15.13.1)$$

Para $t > 1$, as duas funções se sobrepõem completamente entre $(t - 1)$ e t (ver Figura 15.17c). Logo,

$$y(t) = \int_{t-1}^t (1)(t - \lambda)\, d\lambda$$
$$= \left(t\lambda - \frac{1}{2}\lambda^2\right)\Big|_{t-1}^t = \frac{1}{2}, \qquad t \ge 1 \qquad (15.13.2)$$

Logo, a partir das Equações (15.13.1) e (15.13.2),

$$y(t) = \begin{cases} \dfrac{1}{2}t^2, & 0 \le t \le 1 \\ \dfrac{1}{2}, & t \ge 1 \end{cases}$$

■ **MÉTODO 2** Em vez de dobrar g, suponha que dobremos a função degrau unitário $u(t)$, como na Figura 15.18a e depois a desloquemos de t, como na Figura 15.18b. Como $u(t) = 1$ para $t > 0$, $u(t - \lambda) = 1$ para $t - \lambda > 0$ ou $\lambda < t$, as duas funções se sobrepõem de 0 a t, de modo que

$$y(t) = \int_0^t (1)\lambda \, d\lambda = \frac{1}{2}\lambda^2 \bigg|_0^t = \frac{t^2}{2}, \quad 0 \le t \le 1 \qquad (15.13.3)$$

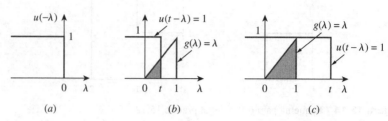

Figura 15.18 Convolução de $g(t)$ e $u(t)$ na Figura 15.16 com $u(t)$ dobrada.

Para $t > 1$, as duas funções se sobrepõem entre 0 e 1, conforme mostrado na Figura 15.18c. Logo,

$$y(t) = \int_0^1 (1)\lambda \, d\lambda = \frac{1}{2}\lambda^2 \bigg|_0^1 = \frac{1}{2}, \quad t \ge 1 \qquad (15.13.4)$$

E, a partir das Equações (15.13.3) e (15.13.4),

$$y(t) = \begin{cases} \dfrac{1}{2}t^2, & 0 \le t \le 1 \\ \dfrac{1}{2}, & t \ge 1 \end{cases}$$

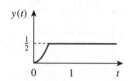

Figura 15.19 Resultado do Exemplo 15.13.

Embora os dois métodos forneçam o mesmo resultado, conforme esperado, note que ele é mais conveniente para dobrar a função degrau unitário $u(t)$ que para dobrar $g(t)$ nesse exemplo. A Figura 15.19 mostra $y(t)$.

● **PROBLEMA PRÁTICO 15.13**

Dado $g(t)$ e $f(t)$ na Figura 15.20, determine graficamente $y(t) = g(t) * f(t)$.

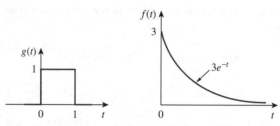

Figura 15.20 Esquema para o Problema prático 15.13.

Resposta: $y(t) = \begin{cases} 3(1 - e^{-t}), & 0 \le t \le 1 \\ 3(e - 1)e^{-t}, & t \ge 1 \\ 0, & \text{caso contrário.} \end{cases}$

● **EXEMPLO 15.14**

Para o circuito RL na Figura 15.21a, use a integral de convolução para encontrar a resposta $i_o(t)$ por causa da excitação mostrada na Figura 15.21b.

Solução:

1. *Definição.* O problema está enunciado de forma clara e o método de solução também é especificado.

2. *Apresentação.* Usaremos a integral de convolução para encontrar a resposta $i_o(t)$ em virtude de $i_s(t)$ mostrada na Figura 15.21b.

3. *Alternativa.* Aprendemos a realizar a convolução usando a integral de convolução e como fazê-la graficamente. Além disso, sempre poderíamos trabalhar no

domínio s para determinar a corrente. Determinaremos a corrente usando a integral de convolução e depois a verificaremos utilizando o método gráfico.

4. **Tentativa.** Conforme afirmado, esse problema pode ser resolvido de duas formas: diretamente usando a integral de convolução ou empregando a técnica gráfica. Para usar qualquer um dos métodos, primeiro, precisaremos da resposta $h(t)$ ao impulso unitário do circuito. No domínio s, aplicando o princípio da divisão de corrente para o circuito na Figura 15.22a dá

$$I_o = \frac{1}{s+1} I_s$$

Logo,

$$H(s) = \frac{I_o}{I_s} = \frac{1}{s+1} \quad (15.14.1)$$

e a transformada de Laplace inversa dessa última resulta em

$$h(t) = e^{-t} u(t) \quad (15.14.2)$$

A Figura 15.22b mostra a resposta $h(t)$ do circuito ao impulso. Para usar diretamente a convolução integral, lembre-se de que a resposta é dada no domínio s como

$$I_o(s) = H(s) I_s(s)$$

Com a $i_s(t)$ da Figura 15.21b,

$$i_s(t) = u(t) - u(t-2)$$

de modo que

$$i_o(t) = h(t) * i_s(t) = \int_0^t i_s(\lambda) h(t-\lambda) \, d\lambda$$
$$= \int_0^t [u(\lambda) - u(\lambda - 2)] e^{-(t-\lambda)} \, d\lambda \quad (15.14.3)$$

Uma vez que $u(\lambda - 2) = 0$ para $0 < \lambda < 2$, o integrando envolvendo $u(\lambda)$ não é zero para todo $\lambda > 0$, enquanto o integrando envolvendo $u(\lambda - 2)$ não é zero para todo $\lambda > 2$. A melhor maneira de tratar a integral é realizar as duas partes separadamente. Para $0 < t < 2$,

$$i'_o(t) = \int_0^t (1) e^{-(t-\lambda)} \, d\lambda = e^{-t} \int_0^t (1) e^{\lambda} \, d\lambda$$
$$= e^{-t}(e^t - 1) = 1 - e^{-t}, \quad 0 < t < 2 \quad (15.14.4)$$

Para $t > 2$,

$$i''_o(t) = \int_2^t (1) e^{-(t-\lambda)} \, d\lambda = e^{-t} \int_2^t e^{\lambda} \, d\lambda$$
$$= e^{-t}(e^t - e^2) = 1 - e^2 e^{-t}, \quad t > 2 \quad (15.14.5)$$

Substituindo as Equações (15.14.4) e (15.14.5) na Equação (15.14.3), obtemos

$$i_o(t) = i'_o(t) - i''_o(t)$$
$$= (1 - e^{-t})[u(t-2) - u(t)] - (1 - e^2 e^{-t}) u(t-2)$$
$$= \begin{cases} 1 - e^{-t} \text{ A}, & 0 < t < 2 \\ (e^2 - 1) e^{-t} \text{ A}, & t > 2 \end{cases} \quad (15.14.6)$$

5. **Avaliação.** Para usar a técnica gráfica, poderíamos dobrar $i_s(t)$ na Figura 15.21b e deslocá-la de t, como mostrado na Figura 15.23a. Para $0 < t < 2$, a sobreposição entre $i_s(t - \lambda)$ e $h(\lambda)$ vai de 0 a t, de modo que

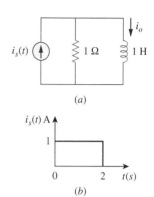

Figura 15.21 Esquema para o Exemplo 15.14.

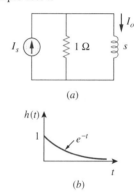

Figura 15.22 Esquema para o circuito da Figura 15.21a: (a) seu equivalente no domínio s; (b) suas respostas a um impulso.

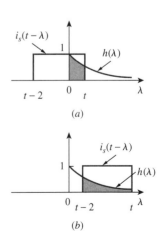

Figura 15.23 Esquema para o Exemplo 15.14.

$$i_o(t) = \int_0^t (1)e^{-\lambda} d\lambda = -e^{-\lambda}\Big|_0^t = (1 - e^{-t})\,\text{A}, \quad 0 \le t \le 2 \quad (15.14.7)$$

Para $t > 2$, as duas funções se sobrepõem entre $(t-2)$ e t, como na Figura 15.23b. Logo,

$$i_o(t) = \int_{t-2}^t (1)e^{-\lambda} d\lambda = -e^{-\lambda}\Big|_{t-2}^t = -e^{-t} + e^{-(t-2)}$$
$$= (e^2 - 1)e^{-t}\,\text{A}, \quad t \ge 0 \quad (15.14.8)$$

A partir das Equações (15.14.7) e (15.14.8), a resposta é

$$i_o(t) = \begin{cases} 1 - e^{-t}\,\text{A}, & 0 \le t \le 2 \\ (e^2 - 1)e^{-t}\,\text{A}, & t \ge 2 \end{cases} \quad (15.14.9)$$

que é a mesma da Equação (15.14.6). Portanto, a resposta $i_o(t)$ ao longo da excitação $i_s(t)$ é aquela mostrada na Figura 15.24.

6. **Satisfatória?** Solucionamos o problema de forma satisfatória e podemos apresentar os resultados como uma solução para o problema.

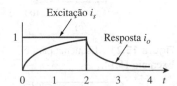

Figura 15.24 Esquema para o Exemplo 15.14; excitação e resposta.

● **PROBLEMA PRÁTICO 15.14**

Use convolução para determinar $v_o(t)$ no circuito da Figura 15.25a, quando a excitação é o sinal apresentado na Figura 15.25b. Para mostrar como é vantajoso trabalhar no domínio s, verifique sua resposta realizando a operação equivalente no domínio s.

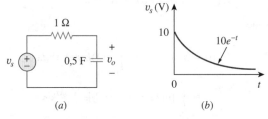

(a)   (b)

Figura 15.25 Esquema para o Problema prático 15.14.

Resposta: $20(e^{-t} - e^{-2t})\,u(t)$ V.

15.6 †Aplicação a equações integro-diferenciais

A transformada de Laplace é útil na solução de equações integro-diferenciais. Usando as propriedades de diferenciação e integração das transformadas de Laplace, cada termo na equação integro-diferencial corresponde à transformada.

As condições iniciais são levadas em conta automaticamente. Determinamos a equação algébrica resultante no domínio s. Em seguida, convertemos a solução de volta para o domínio do tempo usando a transformada inversa. Os exemplos a seguir ilustram o processo.

● **EXEMPLO 15.15**

Use a transformada de Laplace para resolver a equação diferencial

$$\frac{d^2v(t)}{dt^2} + 6\frac{dv(t)}{dt} + 8v(t) = 2u(t)$$

considere $v(0) = 1$, $v'(0) = -2$.

Solução: Extraímos a transformada de Laplace de cada termo na equação diferencial dada e obtemos

$$[s^2V(s) - sv(0) - v'(0)] + 6[sV(s) - v(0)] + 8V(s) = \frac{2}{s}$$

Substituindo $v(0) = 1$, $v'(0) = -2$,

$$s^2V(s) - s + 2 + 6sV(s) - 6 + 8V(s) = \frac{2}{s}$$

ou

$$(s^2 + 6s + 8)V(s) = s + 4 + \frac{2}{s} = \frac{s^2 + 4s + 2}{s}$$

Portanto,

$$V(s) = \frac{s^2 + 4s + 2}{s(s+2)(s+4)} = \frac{A}{s} + \frac{B}{s+2} + \frac{C}{s+4}$$

onde

$$A = sV(s)\big|_{s=0} = \frac{s^2 + 4s + 2}{(s+2)(s+4)}\bigg|_{s=0} = \frac{2}{(2)(4)} = \frac{1}{4}$$

$$B = (s+2)V(s)\big|_{s=-2} = \frac{s^2 + 4s + 2}{s(s+4)}\bigg|_{s=-2} = \frac{-2}{(-2)(2)} = \frac{1}{2}$$

$$C = (s+4)V(s)\big|_{s=-4} = \frac{s^2 + 4s + 2}{s(s+2)}\bigg|_{s=-4} = \frac{2}{(-4)(-2)} = \frac{1}{4}$$

Logo,

$$V(s) = \frac{\frac{1}{4}}{s} + \frac{\frac{1}{2}}{s+2} + \frac{\frac{1}{4}}{s+4}$$

Pela transformada de Laplace inversa,

$$v(t) = \frac{1}{4}(1 + 2e^{-2t} + e^{-4t})u(t)$$

PROBLEMA PRÁTICO 15.15

Resolva a equação diferencial usando o método da transformada de Laplace.

$$\frac{d^2v(t)}{dt^2} + 4\frac{dv(t)}{dt} + 4v(t) = 2e^{-t}$$

se $v(0) = v'(0) = 2$.

Resposta: $(2e^{-t} + 4te^{-2t})u(t)$.

EXEMPLO 15.16

Determine a resposta $y(t)$ na seguinte equação integro-diferencial.

$$\frac{dy}{dt} + 5y(t) + 6\int_0^t y(\tau)\, d\tau = u(t), \qquad y(0) = 2$$

Solução: Extraindo a transformada de Laplace de cada termo, obtemos

$$[sY(s) - y(0)] + 5Y(s) + \frac{6}{s}Y(s) = \frac{1}{s}$$

Substituindo $y(0) = 2$ e multiplicando por s,

$$Y(s)(s^2 + 5s + 6) = 1 + 2s$$

ou

$$Y(s) = \frac{2s + 1}{(s + 2)(s + 3)} = \frac{A}{s + 2} + \frac{B}{s + 3}$$

onde

$$A = (s + 2)Y(s)\,|_{s=-2} = \frac{2s + 1}{s + 3}\bigg|_{s=-2} = \frac{-3}{1} = -3$$

$$B = (s + 3)Y(s)\,|_{s=-3} = \frac{2s + 1}{s + 2}\bigg|_{s=-3} = \frac{-5}{-1} = 5$$

Portanto,

$$Y(s) = \frac{-3}{s + 2} + \frac{5}{s + 3}$$

Sua transformada inversa é

$$y(t) = (-3e^{-2t} + 5e^{-3t})u(t)$$

PROBLEMA PRÁTICO 15.16

Use a transformada de Laplace para solucionar a equação integro-diferencial

$$\frac{dy}{dt} + 3y(t) + 2\int_0^t y(\tau)\,d\tau = 2e^{-3t}, \qquad y(0) = 0$$

Resposta: $(-e^{-t} + 4e^{-2t} - 3e^{-3t})u(t)$.

15.7 Resumo

1. A transformada de Laplace possibilita que um sinal representado por uma função no domínio do tempo seja analisado no domínio s (ou domínio das frequências complexas). Ele é definido como

$$\mathcal{L}[f(t)] = F(s) = \int_0^\infty f(t)e^{-st}\,dt$$

2. As propriedades das transformadas de Laplace são enumeradas na Tabela 15.1, enquanto as transformadas de Laplace de funções comuns básicas são apresentadas na Tabela 15.2.

3. A transformada de Laplace inversa pode ser encontrada usando-se expansões de frações parciais e pares de transformadas de Laplace na Tabela 15.2, como uma tabela de referência. Os polos reais conduzem a funções exponenciais e os polos complexos a senoides amortecidas.

4. Convolução de dois sinais consiste em inverter no tempo um dos sinais, deslocá-lo e multiplicá-lo ponto a ponto com o segundo sinal e integrar o produto. A integral de convolução relaciona a convolução de dois sinais no domínio do tempo com o inverso do produto de suas transformadas de Laplace:

$$\mathcal{L}^{-1}[F_1(s)F_2(s)] = f_1(t) * f_2(t) = \int_0^t f_1(\lambda)f_2(t - \lambda)\,d\lambda$$

5. No domínio do tempo, a saída $y(t)$ do circuito é a convolução da resposta a um impulso com a entrada $x(t)$,

$$y(t) = h(t) * x(t)$$

A convolução pode ser considerada como o método da inversão-deslocamento-multiplicação-tempo-área.
6. A transformada de Laplace pode ser usada para resolver uma equação integro-diferencial.

Questões para revisão

15.1 Toda função $f(t)$ apresenta uma transformada de Laplace.

(a) verdadeiro   (b) falso

15.2 A variável s na transformada de Laplace $H(s)$ é chamada

(a) frequência complexa
(b) função de transferência
(c) zero
(d) polo

15.3 A transformada de Laplace de $u(t-2)$ é:

(a) $\dfrac{1}{s+2}$ (b) $\dfrac{1}{s-2}$

(c) $\dfrac{e^{2s}}{s}$ (d) $\dfrac{e^{-2s}}{s}$

15.4 O zero da função

$$F(s) = \frac{s+1}{(s+2)(s+3)(s+4)}$$

está em

(a) -4 (b) -3
(c) -2 (d) -1

15.5 Os polos da função

$$F(s) = \frac{s+1}{(s+2)(s+3)(s+4)}$$

Estão em

(a) -4 (b) -3
(c) -2 (d) -1

15.6 Se $F(s) = 1/(s+2)$, então $f(t)$ é

(a) $e^{2t}u(t)$ (b) $e^{-2t}u(t)$
(c) $u(t-2)$ (d) $u(t+2)$

15.7 Dado que $F(s) = e^{-2s}/(s+1)$, então $f(t)$ é

(a) $e^{-2(t-1)}u(t-1)$ (b) $e^{-(t-2)}u(t-2)$
(c) $e^{-t}u(t-2)$ (d) $e^{-t}u(t+1)$
(e) $e^{-(t-2)}u(t)$

15.8 O valor inicial de $f(t)$ cuja transformada é

$$F(s) = \frac{s+1}{(s+2)(s+3)}$$

é

(a) inexistente   (b) ∞ (c) 0
(d) 1   (e) $\dfrac{1}{6}$

15.9 A transformada de Laplace inversa de

$$\frac{s+2}{(s+2)^2+1}$$

é

(a) $e^{-t}\cos 2t$ (b) $e^{-t}\operatorname{sen} 2t$
(c) $e^{-2t}\cos t$ (d) $e^{-2t}\operatorname{sen} 2t$
(e) nenhuma das alternativas anteriores

15.10 O resultado de $u(t) * u(t)$ é:

(a) $u^2(t)$ (b) $tu(t)$
(c) $t^2u(t)$ (d) $\delta(t)$

Respostas: 15.1b; 15.2a; 15.3d; 15.4d; 15.5a,b,c; 15.6b; 15.7b; 18.8d; 15.9c; 15.10b.

Problemas

● **Seções 15.2 e 15.3   Definição e propriedades das transformadas de Laplace**

15.1 Determine a transformada de Laplace de:

(a) cosh at (b) senh at

[*Sugestão:* $\cosh x = \dfrac{1}{2}(e^x + e^{-x})$,

$\operatorname{senh} x = \dfrac{1}{2}(e^x - e^{-x})$.]

15.2 Determine a transformada de Laplace de:

(a) $\cos(\omega t + \theta)$
(b) $\operatorname{sen}(\omega t + \theta)$

15.3 Obtenha a transformada de Laplace de cada uma das seguintes funções:

(a) $e^{-2t}\cos 3tu(t)$ (b) $e^{-2t}\operatorname{sen} 4tu(t)$
(c) $e^{-3t}\cosh 2tu(t)$ (d) $e^{-4t}\operatorname{senh} tu(t)$
(e) $te^{-t}\operatorname{sen} 2tu(t)$

15.4 Elabore um problema para ajudar outros estudantes a entender melhor como determinar a transformada de Laplace de diferentes funções que variam no tempo.

15.5 Determine a transformada de Laplace de cada uma das seguintes funções:

(a) $t^2 \cos(2t + 30°)u(t)$ (b) $3t^4 e^{-2t} u(t)$

(c) $2tu(t) - 4\dfrac{d}{dt}\delta(t)$ (d) $2e^{-(t-1)} u(t)$

(e) $5u(t/2)$ (f) $6e^{-t/3} u(t)$

(g) $\dfrac{d^n}{dt^n}\delta(t)$

15.6 Determine $F(s)$ dado que

$$f(t) = \begin{cases} 5t, & 0 < t < 1 \\ -5t, & 1 < t < 2 \\ 0, & \text{caso contrário} \end{cases}$$

15.7 Determine a transformada de Laplace dos seguintes sinais:

(a) $f(t) = (2t + 4)u(t)$

(b) $g(t) = (4 + 3e^{-2t})u(t)$

(c) $h(t) = (6 \operatorname{sen}(3t) + 8 \cos(3t))u(t)$

(d) $x(t) = (e^{-2t} \cos(4t))u(t)$

15.8 Determine a transformada de Laplace $F(s)$, dado que $f(t)$ é:

(a) $2tu(t - 4)$

(b) $5 \cos(t)\,\delta(t - 2)$

(c) $e^{-t} u(t - t)$

(d) $\operatorname{sen}(2t) u(t - \tau)$

15.9 Determine as transformadas de Laplace destas funções:

(a) $f(t) = (t - 4)u(t - 2)$

(b) $g(t) = 2e^{-4t} u(t - 1)$

(c) $h(t) = 5 \cos(2t - 1)u(t)$

(d) $p(t) = 6[u(t - 2) - u(t - 4)]$

15.10 De duas formas diferentes, determine a transformada de Laplace de

$$g(t) = \dfrac{d}{dt}(te^{-t} \cos t)$$

15.11 Determine $F(s)$ se:

(a) $f(t) = 6e^{-t} \cosh 2t$ (b) $f(t) = 3te^{-2t} \operatorname{senh} 4t$

(c) $f(t) = 8e^{-3t} \cosh tu(t - 2)$

15.12 Se $g(t) = e^{-2t} \cos 4t$, determine $G(s)$.

15.13 Determine a transformada de Laplace das seguintes funções:

(a) $t \cos tu(t)$ (b) $e^{-t} t \operatorname{sen} tu(t)$

(c) $\dfrac{\operatorname{sen}\beta t}{t} u(t)$

15.14 Determine a transformada de Laplace do sinal na Figura 15.26.

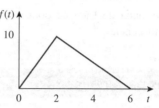

Figura 15.26 Esquema para o Problema 15.14.

15.15 Determine a transformada de Laplace da função da Figura 15.27.

Figura 15.27 Esquema para o Problema 15.15.

15.16 Obtenha a transformada de Laplace de $f(t)$ na Figura 15.28.

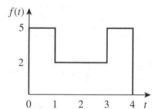

Figura 15.28 Esquema para o Problema 15.16.

15.17 Considere a Figura 15.29 e elabore um problema para ajudar outros estudantes a entender melhor a transformada de Laplace de uma forma de onda simples e não periódica.

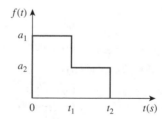

Figura 15.29 Esquema para o Problema 15.17.

15.18 Obtenha as transformadas de Laplace das funções na Figura 15.30.

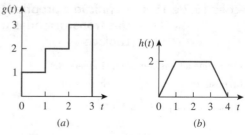

Figura 15.30 Esquema para o Problema 15.18.

15.19 Calcule a transformada de Laplace do trem de impulsos unitários da Figura 15.31.

Figura 15.31 Esquema para o Problema 15.19.

15.20 Considere a Figura 15.32 e elabore um problema para ajudar outros estudantes a entender melhor a transformada de Laplace de uma forma de onda periódica e simples.

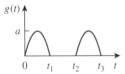

Figura 15.32 Esquema para o Problema 15.20.

15.21 Obtenha a transformada de Laplace da forma de onda periódica na Figura 15.33.

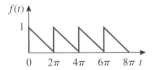

Figura 15.33 Esquema para o Problema. 15.21.

15.22 Determine as transformadas de Laplace das funções na Figura 15.34.

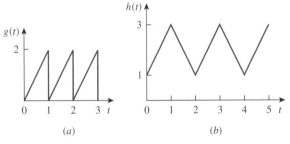

Figura 15.34 Esquema para o Problema 15.22.

15.23 Determine as transformadas de Laplace das funções periódicas na Figura 15.35.

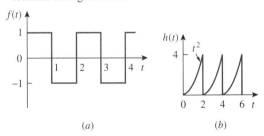

Figura 15.35 Esquema para o Problema 15.23.

15.24 Elabore um problema para ajudar outros estudantes a entender melhor como determinar os valores inicial e final de uma função de transferência.

15.25 Seja

$$F(s) = \frac{5(s+1)}{(s+2)(s+3)}$$

(a) Use os teoremas dos valores inicial e final para determinar $f(0)$ e $f(\infty)$.

(b) Verifique sua resposta no item (a) determinando $f(t)$ usando frações parciais.

15.26 Determine os valores inicial e final de $f(t)$, se existirem, dado que:

(a) $F(s) = \dfrac{5s^2 + 3}{s^3 + 4s^2 + 6}$

(b) $F(s) = \dfrac{s^2 - 2s + 1}{4(s-2)(s^2 + 2s + 4)}$

● **Seção 15.4 Transformada de Laplace inversa**

15.27 Determine a transformada de Laplace inversa de cada uma das seguintes funções:

(a) $F(s) = \dfrac{1}{s} + \dfrac{2}{s+1}$

(b) $G(s) = \dfrac{3s+1}{s+4}$

(c) $H(s) = \dfrac{4}{(s+1)(s+3)}$

(d) $J(s) = \dfrac{12}{(s+2)^2(s+4)}$

15.28 Elabore um problema para ajudar outros estudantes a entenderem melhor como determinar a transformada de Laplace inversa.

15.29 Determine a transformada de Laplace inversa de:

$$V(s) = \frac{2s+26}{s(s^2 + 4s + 13)}$$

15.30 Determine a transformada de Laplace inversa de:

(a) $F_1(s) = \dfrac{6s^2 + 8s + 3}{s(s^2 + 2s + 5)}$

(b) $F_2(s) = \dfrac{s^2 + 5s + 6}{(s+1)^2(s+4)}$

(c) $F_3(s) = \dfrac{10}{(s+1)(s^2 + 4s + 8)}$

15.31 Determine $f(t)$ para cada $F(s)$:

(a) $\dfrac{10s}{(s+1)(s+2)(s+3)}$

(b) $\dfrac{2s^2 + 4s + 1}{(s+1)(s+2)^3}$

(c) $\dfrac{s+1}{(s+2)(s^2 + 2s + 5)}$

15.32 Determine a transformada de Laplace inversa de cada uma das seguintes funções:

(a) $\dfrac{8(s+1)(s+3)}{s(s+2)(s+4)}$

(b) $\dfrac{s^2 - 2s + 4}{(s+1)(s+2)^2}$

(c) $\dfrac{s^2 + 1}{(s+3)(s^2 + 4s + 5)}$

15.33 Calcule a transformada de Laplace inversa de:

(a) $\dfrac{6(s-1)}{s^4 - 1}$ (b) $\dfrac{se^{-\pi s}}{s^2 + 1}$ (c) $\dfrac{8}{s(s+1)^3}$

15.34 Determine as funções temporais que possuem as seguintes transformadas de Laplace:

(a) $F(s) = 10 + \dfrac{s^2 + 1}{s^2 + 4}$

(b) $G(s) = \dfrac{e^{-s} + 4e^{-2s}}{s^2 + 6s + 8}$

(c) $H(s) = \dfrac{(s+1)e^{-2s}}{s(s+3)(s+4)}$

15.35 Obtenha $f(t)$ para as transformadas a seguir:

(a) $F(s) = \dfrac{(s+3)e^{-6s}}{(s+1)(s+2)}$

(b) $F(s) = \dfrac{4 - e^{-2s}}{s^2 + 5s + 4}$

(c) $F(s) = \dfrac{se^{-s}}{(s+3)(s^2+4)}$

15.36 Obtenha as transformadas de Laplace inversa das funções a seguir:

(a) $X(s) = \dfrac{3}{s^2(s+2)(s+3)}$

(b) $Y(s) = \dfrac{2}{s(s+1)^2}$

(c) $Z(s) = \dfrac{5}{s(s+1)(s^2 + 6s + 10)}$

15.37 Determine a transformada de Laplace inversa de:

(a) $H(s) = \dfrac{s+4}{s(s+2)}$

(b) $G(s) = \dfrac{s^2 + 4s + 5}{(s+3)(s^2 + 2s + 2)}$

(c) $F(s) = \dfrac{e^{-4s}}{s+2}$

(d) $D(s) = \dfrac{10s}{(s^2+1)(s^2+4)}$

15.38 Determine $f(t)$, dado que:

(a) $F(s) = \dfrac{s^2 + 4s}{s^2 + 10s + 26}$

(b) $F(s) = \dfrac{5s^2 + 7s + 29}{s(s^2 + 4s + 29)}$

*__15.39__ Determine $f(t)$, se:

(a) $F(s) = \dfrac{2s^3 + 4s^2 + 1}{(s^2 + 2s + 17)(s^2 + 4s + 20)}$

(b) $F(s) = \dfrac{s^2 + 4}{(s^2 + 9)(s^2 + 6s + 3)}$

15.40 Demonstre que

$$\mathcal{L}^{-1}\left[\dfrac{4s^2 + 7s + 13}{(s+2)(s^2 + 2s + 5)}\right] = \left[\sqrt{2}e^{-t}\cos(2t + 45°) + 3e^{-2t}\right]u(t)$$

● **Seção 15.5 Integral de convolução**

*__15.41__ Faça que $x(t)$ e $y(t)$ sejam conforme mostrado na Figura 15.36. Determine $z(t) = x(t) * y(t)$.

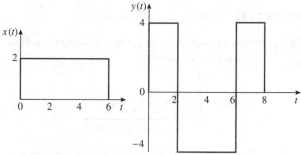

Figura 15.36 Esquema para o Problema 15.41.

15.42 Elabore um problema para ajudar outros estudantes a entenderem melhor como convoluir duas funções.

15.43 Determine $y(t) = x(t) * h(t)$ para cada par $x(t)$ e $h(t)$ na Figura 15.37.

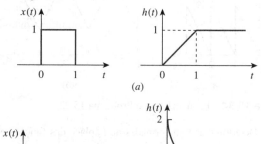

(a)

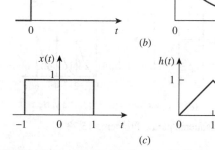

(b)

(c)

Figura 15.37 Esquema para o Problema 15.43.

---

* O asterisco indica um problema que constitui um desafio.

15.44 Obtenha a convolução dos pares de sinais na Figura 15.38.

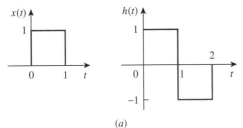

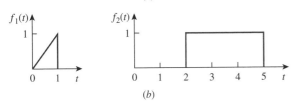

Figura 15.38 Esquema para o Problema 15.44.

15.45 Dado $h(t) = 4e^{-2t}u(t)$ e $(t) = \delta(t) - 2e^{-2t}u(t)$, determine $y(t) = x(t) * h(t)$.

15.46 Dadas as funções a seguir
$$x(t) = 2\delta(t), \quad y(t) = 4u(t), \quad z(t) = e^{-2t}u(t),$$
calcule as seguintes operações de convolução.

(a) $x(t) * y(t)$
(b) $x(t) * z(t)$
(c) $y(t) * z(t)$
(d) $y(t) * [y(t) + z(t)]$

15.47 Um sistema tem a função de transferência
$$H(s) = \frac{s}{(s+1)(s+2)}$$

(a) Encontre a resposta do sistema ao impulso.
(b) Determine a saída $y(t)$, uma vez que a entrada é $x(t) = u(t)$.

15.48 Determine $f(t)$ usando a convolução, dado que:

(a) $F(s) = \dfrac{4}{(s^2 + 2s + 5)^2}$

(b) $F(s) = \dfrac{2s}{(s+1)(s^2+4)}$

*15.49 Use a integral de convolução para determinar:

(a) $t * e^{at}u(t)$
(b) $\cos(t) * \cos(t)u(t)$

● **Seção 15.6 Aplicação a equações integro-diferenciais**

15.50 Use a transformada de Laplace para resolver a equação diferencial
$$\frac{d^2 v(t)}{dt^2} + 2\frac{dv(t)}{dt} + 10v(t) = 3\cos 2t$$
considere $v(0) = 1$, $dv(0)/dt = -2$.

15.51 Dado que $v(0) = 2$ e $dv(0)/dt = 4$, resolva
$$\frac{d^2 v}{dt^2} + 5\frac{dv}{dt} + 6v = 10e^{-t}u(t)$$

15.52 Use a transformada de Laplace para determinar $i(t)$ para $t > 0$, se
$$\frac{d^2 i}{dt^2} + 3\frac{di}{dt} + 2i + \delta(t) = 0,$$
$$i(0) = 0, \quad i'(0) = 3$$

*15.53 Use transformadas de Laplace para determinar $x(t)$ em
$$x(t) = \cos t + \int_0^t e^{\lambda - t} x(\lambda)\, d\lambda$$

15.54 Elabore um problema para ajudar outros estudantes a entender melhor a solução de equações diferenciais de segunda ordem com uma entrada que varia no tempo.

15.55 Determine $y(t)$ na seguinte equação diferencial, se as condições iniciais forem zero.
$$\frac{d^3 y}{dt^3} + 6\frac{d^2 y}{dt^2} + 8\frac{dy}{dt} = e^{-t}\cos 2t$$

15.56 Determine $v(t)$ na equação integro-diferencial
$$4\frac{dv}{dt} + 12\int_{-\infty}^{t} v\, dt = 0$$
dado que $v(0) = -2$.

15.57 Elabore um problema para ajudar outros estudantes a entender melhor a solução de equações integro-diferenciais com uma entrada periódica usando transformadas de Laplace.

15.58 Dado que
$$\frac{dv}{dt} + 2v + 5\int_0^t v(\lambda)\, d\lambda = 4u(t)$$
Com $v(0) = -1$, determine $v(t)$ para $t > 0$.

15.59 Resolva a equação integro-diferencial
$$\frac{dy}{dt} + 4y + 3\int_0^t y\, dt = 6e^{-2t}, \quad y(0) = -1$$

15.60 Resolva a equação integro-diferencial a seguir
$$2\frac{dx}{dt} + 5x + 3\int_0^t x\, dt + 4 = \operatorname{sen} 4t, \quad x(0) = 1$$

15.61 Resolva a equação integro-diferencial a seguir considerando as condições iniciais dadas.

(a) $d^2 v/dt^2 + 4v = 12$, $v(0) = 0$, $dv(0)/dt = 2$
(b) $d^2 i/dt^2 + 5di/dt + 4i = 8$, $i(0) = -1$, $di(0)/dt = 0$
(c) $d^2 v/dt^2 + 2dv/dt + v = 3$, $v(0) = 5$, $dv(0)/dt = 1$
(d) $d^2 i/dt^2 + 2di/dt + 5i = 10$, $i(0) = 4$, $di(0)/dt = -2$

16
APLICAÇÕES DA TRANSFORMADA DE LAPLACE

As habilidades de comunicação são as habilidades mais importantes que qualquer engenheiro pode ter. Um elemento muito importante neste conjunto de ferramentas é a capacidade de fazer uma pergunta e entender a resposta, que é uma coisa muito simples e pode fazer a diferença entre sucesso e fracasso!

James A. Watson

Progresso profissional

Elaboração de perguntas

Com mais de 30 anos de experiência didática, tenho me esforçado ao máximo e tido grande dificuldade para determinar qual a melhor maneira de ajudar meus estudantes a aprender. Independentemente de quanto tempo eles se dedicam aos estudos, a atividade mais útil é a de aprender como formular perguntas em aula e, em seguida, apresentá-las. O estudante, ao fazer perguntas, torna-se ativamente envolvido no processo de aprendizagem e não é mais mero receptor de informações. Acredito que esse envolvimento contribui tanto para o processo de aprendizagem que, provavelmente, seja o único e mais importante aspecto para a formação de um engenheiro moderno. De fato, fazer perguntas é a base da ciência. Como corretamente afirmou Charles P. Steinmetz: "Nenhum homem se torna realmente um estúpido até que ele pare de fazer perguntas".

Parece muito objetivo e bastante simples fazer perguntas. Não passamos nossas vidas fazendo isso? A verdade é que fazê-las de maneira apropriada e maximizar o processo de aprendizagem exige certo raciocínio e preparação.

Tenho a certeza de que existem vários modelos disponíveis para usar de forma eficaz. Permita-me compartilhar com vocês aquilo que realmente funcionou no meu caso. O mais importante a ter em mente é que você não precisa elaborar uma pergunta perfeita. Como o formato pergunta-e-resposta possibilita que a pergunta seja elaborada de forma interativa, a pergunta original pode ser facilmente refinada à medida que se vai avançando. Digo, com frequência, aos meus estudantes que eles são bem-vindos a lerem suas perguntas durante a aula.

Eis três aspectos a serem observados ao se fazer perguntas. Primeiro, prepare sua pergunta; se você for como muitos estudantes que ficam envergonhados ou então não aprenderam como fazer perguntas em aula, talvez seja bom iniciar com uma pergunta que escreveu fora de aula. Segundo, aguarde o momento adequado para fazer a pergunta, simplesmente use o bom senso. E terceiro, esteja preparado para esclarecer sua pergunta parafraseando-a ou expressando-a de forma diferente, caso lhe seja solicitado repetir a pergunta.

Último comentário: nem todos os professores gostam que seus estudantes façam perguntas durante a aula, mesmo quando eles tenham pedido para fazê-las. Você precisa descobrir quais professores gostam de perguntas durante a aula.

Por fim, boa sorte no aperfeiçoamento de uma das mais importantes habilidades como engenheiro.

16.1 Introdução

Agora que introduzimos as transformadas de Laplace, veremos o que fazer com elas. Tenha em mente que, com as transformadas de Laplace, temos, efetivamente, uma das mais poderosas ferramentas matemáticas para análise, síntese e projeto. Ser capaz de analisar circuitos e sistemas no domínio s pode nos ajudar a compreender como nossos circuitos e sistemas realmente funcionam. Neste capítulo, examinaremos de forma profunda quão fácil é trabalhar com circuitos no domínio s. Além disso, examinaremos rapidamente sistemas físicos. Temos a certeza de que você já estudou alguns sistemas mecânicos e deve ter usado as mesmas equações diferenciais para descrevê-los que aquelas que utilizamos para descrever nossos circuitos elétricos; na verdade, esta é uma coisa maravilhosa em relação ao universo físico no qual vivemos, porque as mesmas equações diferenciais podem ser usadas para descrever qualquer circuito, sistema ou processo linear. O segredo aqui é a palavra *linear*.

> **Sistema** é um modelo matemático de um processo físico que estabelece uma relação entre entrada e saída.

É totalmente apropriado considerar os circuitos como sistemas. Historicamente, os circuitos foram discutidos como um tópico separado de sistemas, de modo que, na verdade, trataremos de circuitos e sistemas neste capítulo cientes de que circuitos nada mais são que uma classe de sistemas elétricos.

O mais importante a se lembrar é que tudo o que discutimos neste e no capítulo anterior se aplica a qualquer sistema linear. Anteriormente, vimos como podemos usar as transformadas de Laplace para resolver equações diferenciais e equações integrais. Neste capítulo, introduziremos o conceito de modelar circuitos no domínio s. Podemos usar esse princípio para auxiliar na resolução de praticamente qualquer tipo de circuito linear. Veremos, rapidamente, como variáveis de estado podem ser usadas para analisar sistemas com várias entradas e várias saídas. Finalmente, veremos como as transformadas de Laplace podem ser usadas na análise da estabilidade de circuitos e na síntese de circuitos.

16.2 Modelos de elementos de circuitos

Tendo já dominado como obter a transformada de Laplace e sua inversa, agora estamos preparados para empregar a transformada de Laplace para analisar circuitos. Isso envolve, normalmente, três etapas.

> **Etapas na aplicação da transformada de Laplace:**
> 1. Transformar o circuito do domínio do tempo para o domínio s.
> 2. Resolver o circuito usando análise nodal, análise de malhas, transformação de fontes, superposição ou qualquer outra técnica de análise de circuitos com a qual estejamos familiarizados.
> 3. Efetuar a transformada inversa da solução e, portanto, obter a solução factível no domínio do tempo.

Apenas a primeira etapa é nova e será discutida aqui. Como fizemos na análise fasorial, transformamos um circuito do domínio do tempo para o domínio da frequência, ou domínio s, obtendo a transformada de Laplace de cada termo no circuito.

Como se pode inferir da etapa 2, todas as técnicas de análise de circuitos aplicadas a circuitos CC são aplicáveis ao domínio *s*.

Para um resistor, a relação tensão-corrente no domínio do tempo é

$$v(t) = Ri(t) \tag{16.1}$$

Extraindo a transformada de Laplace, obtemos

$$\boxed{V(s) = RI(s)} \tag{16.2}$$

Para um indutor,

$$v(t) = L\frac{di(t)}{dt} \tag{16.3}$$

Extraindo a transformada de Laplace de ambos os lados, temos

$$V(s) = L[sI(s) - i(0^-)] = sLI(s) - Li(0^-) \tag{16.4}$$

ou

$$\boxed{I(s) = \frac{1}{sL}V(s) + \frac{i(0^-)}{s}} \tag{16.5}$$

Os equivalentes no domínio *s* são mostrados na Figura 16.1, na qual a condição inicial é representada em termos de modelo como uma fonte de tensão ou de corrente.

Para um capacitor,

$$i(t) = C\frac{dv(t)}{dt} \tag{16.6}$$

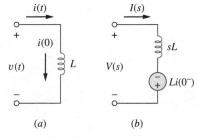
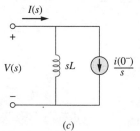

Figura 16.1 Representação de um indutor: (*a*) equivalente no domínio do tempo; (*b*) e (*c*) equivalentes no domínio *s*.

que se transforma no domínio *s* em

$$I(s) = C[sV(s) - v(0^-)] = sCV(s) - Cv(0^-) \tag{16.7}$$

ou

$$\boxed{V(s) = \frac{1}{sC}I(s) + \frac{v(0^-)}{s}} \tag{16.8}$$

Os equivalentes no domínio *s* são mostrados na Figura 16.2. Com equivalentes no domínio *s*, as transformadas de Laplace podem ser usadas imediatamente

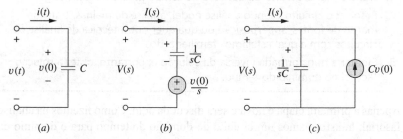

Figura 16.2 Representação de um capacitor: (*a*) equivalente no domínio do tempo; (*b*) e (*c*) equivalentes no domínio *s*.

para resolver circuitos de primeira e de segunda ordens como aqueles considerados nos Capítulos 7 e 8. Devemos observar das Equações (16.3) a (16.8) que as condições iniciais fazem parte da transformação. Esta é uma das vantagens de usar as transformadas de Laplace na análise de circuitos. Outra vantagem é obter-se uma resposta completa – regime estacionário ou transiente – do circuito. Ilustraremos isso por meio dos Exemplos 16.2 e 16.3. Da mesma forma, observemos a dualidade das Equações (16.5) e (16.8), confirmando aquilo que já sabemos do Capítulo 8 (ver Tabela 8.1), isto é, que L e C, $I(s)$ e $V(s)$, além de $v(0)$ e $i(0)$ serem pares duais.

Se supusermos condições iniciais zero para o indutor e capacitor, as equações anteriores se reduzem a:

$$\text{Resistor:} \quad V(s) = RI(s)$$
$$\text{Indutor:} \quad V(s) = sLI(s) \quad \quad (16.9)$$
$$\text{Capacitor:} \quad V(s) = \frac{1}{sC}I(s)$$

Os equivalentes no domínio s são apresentados na Figura 16.3.

Definimos a impedância no domínio s como a razão entre a transformada de tensão e a transformada de corrente sob condições iniciais zero; isto é,

$$Z(s) = \frac{V(s)}{I(s)} \quad \quad (16.10)$$

Portanto, as impedâncias dos três elementos de circuitos são

$$\text{Resistor:} \quad Z(s) = R$$
$$\text{Indutor:} \quad Z(s) = sL \quad \quad (16.11)$$
$$\text{Capacitor:} \quad Z(s) = \frac{1}{sC}$$

A Tabela 16.1 sintetiza essas relações. A admitância no domínio s é o inverso da impedância, ou seja,

$$Y(s) = \frac{1}{Z(s)} = \frac{I(s)}{V(s)} \quad \quad (16.12)$$

O emprego das transformadas de Laplace na análise de circuitos facilita o uso de várias fontes de sinal como impulso, degrau, rampa, exponencial e senoidal.

Os modelos para fontes dependentes e amplificadores operacionais são fáceis de serem desenvolvidos a partir do simples fato de que se a transformada de Laplace de $f(t)$ é $F(s)$, então a transformada de Laplace de $af(t)$ é $aF(s)$ – a propriedade da linearidade. O modelo de fonte dependente é um pouco mais fácil, já que lidamos apenas com um valor. A fonte dependente pode ter apenas dois valores de controle, uma constante vezes uma tensão ou uma corrente. Portanto,

$$\mathcal{L}[av(t)] = aV(s) \quad \quad (16.13)$$

$$\mathcal{L}[ai(t)] = aI(s) \quad \quad (16.14)$$

O amplificador operacional pode ser tratado simplesmente como um resistor. Nada no interior do amplificador operacional, seja real ou ideal, faz além de multiplicar uma tensão por uma constante. Portanto, precisamos escrever apenas as equações como sempre fizemos usando a restrição de que a tensão de entrada para o amplificador operacional tem de ser zero e a corrente de entrada, também.

> A elegância de empregar as transformadas de Laplace na análise de circuitos está na inclusão automática das condições iniciais no processo de transformação, fornecendo, portanto, uma solução completa (regime estacionário ou transiente)

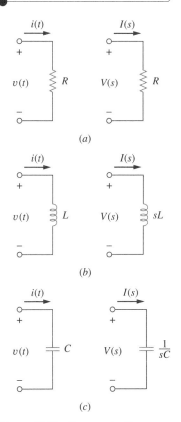

Figura 16.3 Representações no domínio do tempo e no domínio s de elementos passivos sob condições iniciais zero.

Tabela 16.1 • Impedância de um elemento no domínio s.*

Elemento	$Z(s) = V(s)/I(s)$
Resistor	R
Indutor	sL
Capacitor	$1/sC$

*Supondo condições iniciais zero.

EXEMPLO 16.1

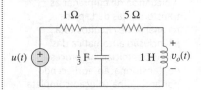

Figura 16.4 Esquema para o Exemplo 16.1.

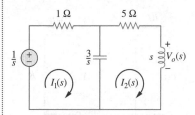

Figura 16.5 Análise de malha do equivalente no domínio da frequência do mesmo circuito.

Determine $v_o(t)$ no circuito da Figura 16.4 supondo condições iniciais zero.

Solução: Primeiro, transformamos o circuito do domínio do tempo para o domínio s.

$$u(t) \Rightarrow \frac{1}{s}$$
$$1\,H \Rightarrow sL = s$$
$$\frac{1}{3}F \Rightarrow \frac{1}{sC} = \frac{3}{s}$$

O circuito resultante no domínio s é aquele indicado na Figura 16.5. Aplicaremos, agora, a análise de malhas. Para a malha 1,

$$\frac{1}{s} = \left(1 + \frac{3}{s}\right)I_1 - \frac{3}{s}I_2 \qquad (16.1.1)$$

Para a malha 2,

$$0 = -\frac{3}{s}I_1 + \left(s + 5 + \frac{3}{s}\right)I_2$$

ou

$$I_1 = \frac{1}{3}(s^2 + 5s + 3)I_2 \qquad (16.1.2)$$

Substituindo essa última na Equação (16.1.1),

$$\frac{1}{s} = \left(1 + \frac{3}{s}\right)\frac{1}{3}(s^2 + 5s + 3)I_2 - \frac{3}{s}I_2$$

Multiplicando por $3s$, obtemos

$$3 = (s^3 + 8s^2 + 18s)I_2 \quad \Rightarrow \quad I_2 = \frac{3}{s^3 + 8s^2 + 18s}$$

$$V_o(s) = sI_2 = \frac{3}{s^2 + 8s + 18} = \frac{3}{\sqrt{2}} \frac{\sqrt{2}}{(s+4)^2 + (\sqrt{2})^2}$$

Extraindo a transformada inversa nos leva

$$v_o(t) = \frac{3}{\sqrt{2}} e^{-4t} \text{ sen } \sqrt{2}t \text{ V}, \qquad t \geq 0$$

PROBLEMA PRÁTICO 16.1

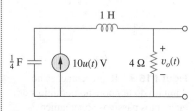

Figura 16.6 Esquema para o Problema prático 16.1.

Determine $v_o(t)$ no circuito da Figura 16.6 supondo condições iniciais zero.

Resposta: $40(1 - e^{-2t} - 2te^{-2t})u(t)$ V.

EXEMPLO 16.2

Determine $v_o(t)$ no circuito da Figura 16.7. Suponha $v_o(0) = 5$ V.

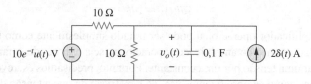

Figura 16.7 Esquema para o Exemplo 16.2.

Solução: Transformamos o circuito para o domínio s conforme ilustrado na Figura 16.8. A condição inicial é inclusa na forma da fonte de corrente $Cv_o(0) = 0,1(5) = 0,5$ A. (Ver Figura 16.2c.) Aplicamos análise nodal. No nó superior,

$$\frac{10/(s+1) - V_o}{10} + 2 + 0,5 = \frac{V_o}{10} + \frac{V_o}{10/s}$$

ou

$$\frac{1}{s+1} + 2,5 = \frac{2V_o}{10} + \frac{sV_o}{10} = \frac{1}{10}V_o(s+2)$$

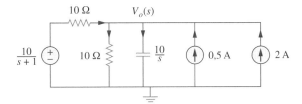

Figura 16.8 Análise nodal do equivalente do circuito da Figura 16.7.

Multiplicando tudo por 10,

$$\frac{10}{s+1} + 25 = V_o(s+2)$$

ou

$$V_o = \frac{25s + 35}{(s+1)(s+2)} = \frac{A}{s+1} + \frac{B}{s+2}$$

onde

$$A = (s+1)V_o(s)|_{s=-1} = \frac{25s+35}{(s+2)}\bigg|_{s=-1} = \frac{10}{1} = 10$$

$$B = (s+2)V_o(s)|_{s=-2} = \frac{25s+35}{(s+1)}\bigg|_{s=-2} = \frac{-15}{-1} = 15$$

Portanto,

$$V_o(s) = \frac{10}{s+1} + \frac{15}{s+2}$$

Extraindo a transformada de Laplace inversa, obtemos

$$v_o(t) = (10e^{-t} + 15e^{-2t})u(t) \text{ V}$$

PROBLEMA PRÁTICO 16.2

Determine $v_o(t)$ no circuito ilustrado na Figura 16.9. Note que, já que a entrada de tensão é multiplicada por $u(t)$, a fonte de tensão é um curto para todo $t < 0$ e $i_L(0) = 0$.

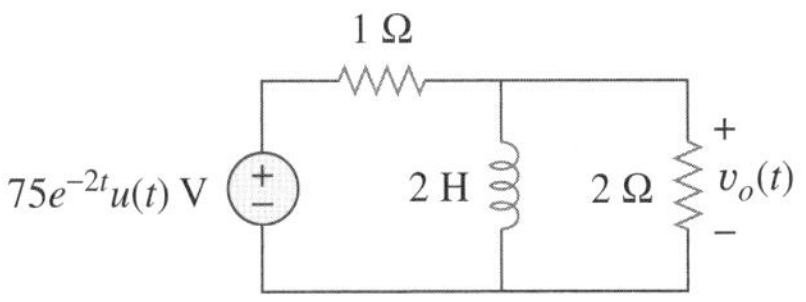

Figura 16.9 Esquema para o Problema prático 16.2.

Resposta: $(60e^{-2t} - 10e^{-t/3})u(t)$ V.

EXEMPLO 16.3

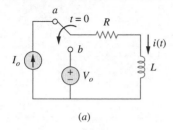

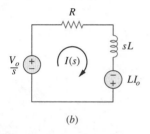

Figura 16.10 Esquema para o Exemplo 16.3.

No circuito da Figura 16.10a, a chave se move da posição a para a posição b em $t = 0$. Determine $i(t)$ para $t > 0$.

Solução: A corrente inicial através do indutor é $i(0) = I_o$. Para $t > 0$, a Figura 16.10b mostra o circuito transformado para o domínio s. A condição inicial é incorporada na forma de uma fonte de tensão, uma vez que $Li(0) = LI_o$. Usando a análise de malhas,

$$I(s)(R + sL) - LI_o - \frac{V_o}{s} = 0 \qquad (16.3.1)$$

ou

$$I(s) = \frac{LI_o}{R + sL} + \frac{V_o}{s(R + sL)} = \frac{I_o}{s + R/L} + \frac{V_o/L}{s(s + R/L)} \qquad (16.3.2)$$

Aplicando a expansão em frações parciais ao segundo termo no lado direito da Equação (16.3.2) resulta em

$$I(s) = \frac{I_o}{s + R/L} + \frac{V_o/R}{s} - \frac{V_o/R}{(s + R/L)} \qquad (16.3.3)$$

A transformada de Laplace inversa dessa última resulta

$$i(t) = \left(I_o - \frac{V_o}{R}\right)e^{-t/\tau} + \frac{V_o}{R}, \qquad t \geq 0 \qquad (16.3.4)$$

onde $\tau = R/L$. O termo entre parênteses é a resposta transiente, enquanto o segundo termo é a resposta em regime estacionário. Em outras palavras, o valor final é $i(\infty) = V_o/R$, que poderíamos ter previsto aplicando-se o teorema do valor final na Equação (16.3.2) ou (16.3.3); isto é,

$$\lim_{s \to 0} sI(s) = \lim_{s \to 0}\left(\frac{sI_o}{s + R/L} + \frac{V_o/L}{s + R/L}\right) = \frac{V_o}{R} \qquad (16.3.5)$$

A Equação (16.3.4) também pode ser escrita na forma

$$i(t) = I_o e^{-t/\tau} + \frac{V_o}{R}(1 - e^{-t/\tau}), \qquad t \geq 0 \qquad (16.3.6)$$

O primeiro termo é a resposta natural, enquanto o segundo termo é a resposta forçada. Se a condição inicial for $I_o = 0$, a Equação (16.3.6) fica

$$i(t) = \frac{V_o}{R}(1 - e^{-t/\tau}), \qquad t \geq 0 \qquad (16.3.7)$$

que é a resposta a um degrau, uma vez que ela se deve à entrada em degrau V_o sem nenhuma energia inicial.

PROBLEMA PRÁTICO 16.3

A chave na Figura 16.11 esteve na posição b por muito tempo. Ela é movida para a posição a em $t = 0$. Determine $v(t)$ para $t > 0$.

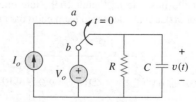

Figura 16.11 Esquema para o Problema prático 16.3.

Resposta: $v(t) = (V_o - I_o R)e^{-t/\tau} + I_o R$, $t > 0$, onde $\tau = RC$.

16.3 Análise de circuitos

Enfatizando, a análise de circuitos é relativamente fácil de se realizar quando nos encontramos no domínio s, basta transformamos um conjunto complicado de relações matemáticas no domínio do tempo para o domínio s no qual convertemos operadores (derivadas e integrais) em multiplicadores simples de s e $1/s$. Isso nos possibilita agora usar álgebra para estabelecer e resolver nossas equações de circuitos. O que há de mais interessante nisso tudo é que *todos* os teoremas e relações para circuitos desenvolvidos para circuitos CC são perfeitamente válidos no domínio s.

> Lembre-se, **circuitos equivalentes**, com capacitores e indutores, existem apenas no domínio s, não podendo ser transformados de volta para o domínio do tempo.

EXEMPLO 16.4

Considere o circuito da Figura 16.12a. Determine o valor da tensão no capacitor supondo que o valor de $v_s(t) = 10u(t)$ V e que em $t = 0$ flui uma corrente igual a -1 A através do indutor, e no capacitor tem uma tensão de +5 V.

Solução: A Figura 16.12b representa todo o circuito no domínio s com as condições iniciais incorporadas. Agora, temos um problema de análise nodal simples. Como o valor de V_1 também é o valor da tensão do capacitor no domínio do tempo e é a única tensão de nó incógnita, precisamos escrever apenas uma equação.

$$\frac{V_1 - 10/s}{10/3} + \frac{V_1 - 0}{5s} + \frac{i(0)}{s} + \frac{V_1 - [v(0)/s]}{1/(0,1s)} = 0 \quad (16.4.1)$$

ou

$$0,1\left(s + 3 + \frac{2}{s}\right)V_1 = \frac{3}{s} + \frac{1}{s} + 0,5 \quad (16.4.2)$$

onde $v(0) = 5$ V e $i(0) = -1$ A. Simplificando, obtemos

$$(s^2 + 3s + 2)V_1 = 40 + 5s$$

ou

$$V_1 = \frac{40 + 5s}{(s+1)(s+2)} = \frac{35}{s+1} - \frac{30}{s+2} \quad (16.4.3)$$

Extrair a transformada de Laplace inversa nos conduz

$$v_1(t) = (35e^{-t} - 30e^{-2t})u(t) \text{ V} \quad (16.4.4)$$

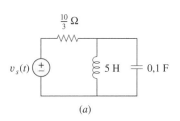
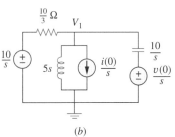

Figura 16.12 Esquema para o Exemplo 16.4.

PROBLEMA PRÁTICO 16.4

Para o circuito ilustrado na Figura 16.12 com as mesmas condições iniciais, encontre a corrente que passa pelo indutor para $t > 0$.

Resposta: $i(t) = (3 - 7e^{-t} + 3e^{-2t})u(t)$ A.

EXEMPLO 16.5

Para o circuito mostrado na Figura 16.12 e as condições iniciais usadas no Exemplo 16.4, use superposição para determinar o valor da tensão no capacitor.

Solução: Já que o circuito no domínio s tem, na verdade, três fontes independentes, podemos examinar a solução fonte por fonte. A Figura 16.13 apresenta os circuitos no

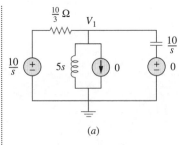

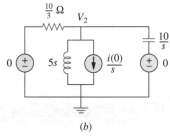

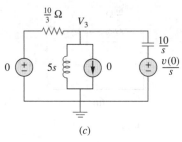

Figura 16.13 Esquema para o Exemplo 16.5.

domínio s, considerando-se uma fonte por vez. Agora, temos três problemas de análise nodal. Encontremos primeiro a tensão no capacitor mostrado na Figura 16.13a.

$$\frac{V_1 - 10/s}{10/3} + \frac{V_1 - 0}{5s} + 0 + \frac{V_1 - 0}{1/(0,1s)} = 0$$

ou

$$0,1\left(s + 3 + \frac{2}{s}\right)V_1 = \frac{3}{s}$$

Simplificando, obtemos

$$(s^2 + 3s + 2)V_1 = 30$$

$$V_1 = \frac{30}{(s+1)(s+2)} = \frac{30}{s+1} - \frac{30}{s+2}$$

ou

$$v_1(t) = (30e^{-t} - 30e^{-2t})u(t) \text{ V} \quad (16.5.1)$$

Para a Figura 16.13b, temos

$$\frac{V_2 - 0}{10/3} + \frac{V_2 - 0}{5s} - \frac{1}{s} + \frac{V_2 - 0}{1/(0,1s)} = 0$$

ou

$$0,1\left(s + 3 + \frac{2}{s}\right)V_2 = \frac{1}{s}$$

Isso nos leva a

$$V_2 = \frac{10}{(s+1)(s+2)} = \frac{10}{s+1} - \frac{10}{s+2}$$

Extraindo a transformada de Laplace inversa, obtemos

$$v_2(t) = (10e^{-t} - 10e^{-2t})u(t) \text{ V} \quad (16.5.2)$$

Para a Figura 16.13c,

$$\frac{V_3 - 0}{10/3} + \frac{V_3 - 0}{5s} - 0 + \frac{V_3 - 5/s}{1/(0,1s)} = 0$$

ou

$$0,1\left(s + 3 + \frac{2}{s}\right)V_3 = 0,5$$

$$V_3 = \frac{5s}{(s+1)(s+2)} = \frac{-5}{s+1} + \frac{10}{s+2}$$

Isso nos leva a

$$v_3(t) = (-5e^{-t} + 10e^{-2t})u(t) \text{ V} \quad (16.5.3)$$

Agora, basta somar as Equações (16.5.1), (16.5.2) e (16.5.3):

$$v(t) = v_1(t) + v_2(t) + v_3(t)$$
$$= \{(30 + 10 - 5)e^{-t} + (-30 + 10 - 10)e^{-2t}\}u(t) \text{ V}$$

ou

$$v(t) = (35e^{-t} - 30e^{-2t})u(t) \text{ V}$$

que está de acordo com nossa resposta no Exemplo 16.4.

PROBLEMA PRÁTICO 16.5

Para o circuito ilustrado na Figura 16.12 e as mesmas condições iniciais no Exemplo 16.4, determine a corrente através do indutor para todo $t > 0$ usando superposição.

Resposta: $i(t) = (3 - 7e^{-t} + 3e^{-2t})u(t)$ A.

EXEMPLO 16.6

Suponha que não haja nenhuma energia armazenada no circuito da Figura 16.14 em $t = 0$ e que $i_s = 10\,u(t)$ A. (a) Determine $V_o(s)$ usando o teorema de Thévenin. (b) Aplique os teoremas dos valores inicial e final para determinar $v_o(0^+)$ e $v_o(\infty)$. (c) Determine $v_o(t)$.

Solução: Como não há nenhuma energia inicial armazenada no circuito, partimos do pressuposto de que a corrente inicial no indutor e a tensão inicial no capacitor sejam zero em $t = 0$.

(a) Para encontrar o circuito equivalente de Thévenin, eliminamos o resistor de 5 Ω e determinamos então $V_{oc}(V_{Th})$ e I_{sc}. Para determinar V_{Th}, usamos o circuito no qual foi aplicado a transformada de Laplace da Figura 16.15a. Como $I_x = 0$, a fonte de tensão dependente não contribui com nada e, portanto,

$$V_{oc} = V_{Th} = 5\left(\frac{10}{s}\right) = \frac{50}{s}$$

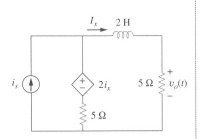

Figura 16.14 Esquema para o Exemplo 16.6.

Para determinar Z_{Th}, consideremos o circuito da Figura 16.15b, na qual determinamos inicialmente I_{sc}. Podemos usar análise nodal para determinar V_1 que nos conduz então a I_{sc} ($I_{sc} = I_x = V_1/2s$).

$$-\frac{10}{s} + \frac{(V_1 - 2I_x) - 0}{5} + \frac{V_1 - 0}{2s} = 0$$

juntamente a

$$I_x = \frac{V_1}{2s}$$

que conduz a

$$V_1 = \frac{100}{2s + 3}$$

Portanto,

$$I_{sc} = \frac{V_1}{2s} = \frac{100/(2s+3)}{2s} = \frac{50}{s(2s+3)}$$

e

$$Z_{Th} = \frac{V_{oc}}{I_{sc}} = \frac{50/s}{50/[s(2s+3)]} = 2s + 3$$

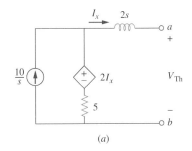

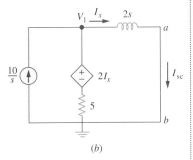

Figura 16.15 Esquema para o Exemplo 16.6: (a) determinação de V_{Th}; (b) determinação de Z_{Th}.

O circuito dado é substituído por seu circuito equivalente de Thévenin nos terminais a-b como ilustrado na Figura 16.16. A partir dessa figura,

$$V_o = \frac{5}{5 + Z_{Th}}V_{Th} = \frac{5}{5 + 2s + 3}\left(\frac{50}{s}\right) = \frac{250}{s(2s+8)} = \frac{125}{s(s+4)}$$

(b) Usando o teorema do valor inicial, determinamos

$$v_o(0) = \lim_{s \to \infty} sV_o(s) = \lim_{s \to \infty} \frac{125}{s+4} = \lim_{s \to \infty} \frac{125/s}{1 + 4/s} = \frac{0}{1} = 0$$

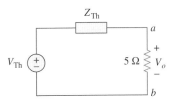

Figura 16.16 Circuito equivalente de Thévenin ao da Figura 16.14 no domínio s.

Utilizando o teorema do valor final, determinamos

$$v_o(\infty) = \lim_{s \to 0} sV_o(s) = \lim_{s \to 0} \frac{125}{s+4} = \frac{125}{4} = 31{,}25 \text{ V}$$

(c) Por meio de frações parciais,

$$V_o = \frac{125}{s(s+4)} = \frac{A}{s} + \frac{B}{s+4}$$

$$A = sV_o(s)\Big|_{s=0} = \frac{125}{s+4}\Big|_{s=0} = 31{,}25$$

$$B = (s+4)V_o(s)\Big|_{s=-4} = \frac{125}{s}\Big|_{s=-4} = -31{,}25$$

$$V_o = \frac{31{,}25}{s} - \frac{31{,}25}{s+4}$$

Extrair a transformada de Laplace inversa resulta em

$$v_o(t) = 31{,}25(1 - e^{-4t})u(t) \text{ V}$$

Note que os valores de $v_o(0)$ e $v_o(\infty)$ obtidos no item (b) são confirmados.

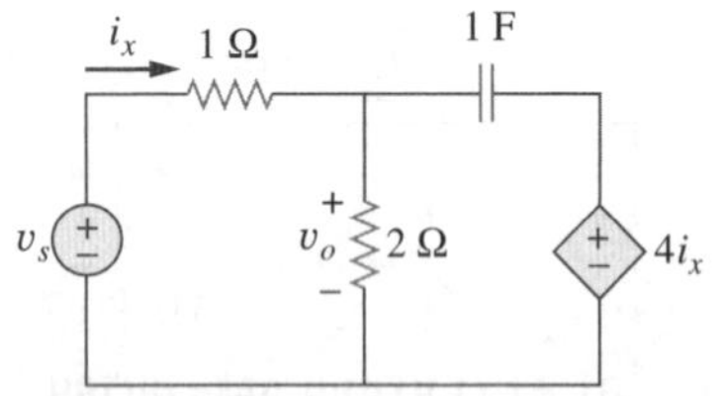

Figura 16.17 Esquema para o Problema prático 16.6.

● **PROBLEMA PRÁTICO 16.6**

A energia inicial no circuito da Figura 16.17 é zero em $t = 0$. Suponha que $v_s = 30u(t)$ V. (a) Determine $V_o(s)$ usando o teorema de Thévenin. (b) Aplique os teoremas dos valores inicial e final para determinar $v_o(0)$ e $v_o(\infty)$. (c) Obtenha $v_o(t)$.

Resposta: (a) $V_o(s) = \frac{24(s+0{,}25)}{s(s+0{,}3)}$; (b) 24 V, 20 V; (c) $(20 + 4e^{-0{,}3t})u(t)$ V.

16.4 Funções de transferência

Função de transferência é um conceito fundamental no processamento de sinais, pois indica como um sinal é processado à medida que ele passa por um circuito. Trata-se de uma ferramenta adequada para encontrar respostas de circuitos, determinação (ou elaboração) da estabilidade de circuitos e da síntese de circuitos. A função de transferência de um circuito descreve como a saída se comporta em relação à entrada. Essa função especifica a transferência da entrada para a saída no domínio s, supondo energia inicial nula.

> Para os circuitos elétricos, a função de transferência também é conhecida como *função de circuito*.

> A **função de transferência** $H(s)$ é a razão entre a resposta de saída $Y(s)$ e a excitação de entrada $X(s)$, supondo que todas as condições iniciais sejam zero.

Portanto,

$$H(s) = \frac{Y(s)}{X(s)} \quad (16.15)$$

A função de transferência depende de como definimos entrada e saída. Como tanto a entrada quanto a saída podem ser corrente ou tensão em qualquer ponto no circuito, existem quatro funções de transferência possíveis:

$$H(s) = \text{Ganho de tensão} = \frac{V_o(s)}{V_i(s)} \quad (16.16a)$$

$$H(s) = \text{Ganho de corrente} = \frac{I_o(s)}{I_i(s)} \quad \text{(16.16b)}$$

$$H(s) = \text{Impedância} = \frac{V(s)}{I(s)} \quad \text{(16.16c)}$$

$$H(s) = \text{Admitância} = \frac{I(s)}{V(s)} \quad \text{(16.16d)}$$

Portanto, um circuito pode ter diversas funções de transferência. Note que $H(s)$ é adimensional nas Equações (16.16a) e (16.16b).

Cada uma das funções de transferência na Equação (16.16) pode ser determinada de duas maneiras. Uma delas é supor qualquer entrada conveniente $X(s)$, usar qualquer técnica de análise de circuitos (como divisão de corrente ou de tensão, análise nodal e análise de malhas) para encontrar a saída $Y(s)$ e então obter a razão entre as duas. Outra maneira é aplicar o *método progressivo*, que envolve ir progredindo no circuito pouco a pouco. Por esse método, supomos que a saída seja 1 V ou 1 A conforme for mais apropriado e usamos as leis básicas de circuitos [leis de Ohm e de Kirchhoff (apenas a LKC)] para obter a entrada. A função de transferência se torna a unidade dividida pela entrada. Esse método pode ser mais conveniente de se usar quando o circuito tiver muitos laços ou nós, de modo que a aplicação da análise nodal ou de malhas se torne muito trabalhosa. No primeiro método, supomos a saída e determinamos a entrada. Em ambos os métodos, calculamos $H(s)$ como a razão entre as transformadas de saída e de entrada. Os dois métodos baseiam-se na propriedade da linearidade já que, neste livro, lidamos apenas com circuitos lineares. O Exemplo 16.8 ilustra esses métodos.

> Alguns autores não considerariam funções de transferência as Equações (16.16c) e (16.16d).

A Equação (16.15) supõe que tanto $X(s)$ como $Y(s)$ são conhecidas. Algumas vezes, conhecemos a entrada $X(s)$ e a função de transferência $H(s)$. Determinamos a saída $Y(s)$ como segue

$$Y(s) = H(s)X(s) \quad \text{(16.17)}$$

e extraímos a transformada inversa para obter $y(t)$. Um caso especial é quando a entrada é a função de impulso unitário, $x(t) = \delta(t)$, de modo que $X(s) = 1$. Para esse caso,

$$Y(s) = H(s) \quad \text{or} \quad y(t) = h(t) \quad \text{(16.18)}$$

onde

$$h(t) = \mathcal{L}^{-1}[H(s)] \quad \text{(16.19)}$$

O termo $h(t)$ representa a *resposta a um impulso unitário* – é a resposta no domínio do tempo – do circuito a um impulso unitário. Portanto, a Equação (16.19) fornece uma nova interpretação para a função de transferência: $H(s)$ é a transformada de Laplace da resposta de impulso unitário do circuito. Uma vez conhecida a resposta ao impulso, $h(t)$, de um circuito, podemos obter a resposta do circuito a qualquer sinal de entrada, usando a Equação (16.17) no domínio s ou usando a integral de convolução (Seção 15.5) no domínio do tempo.

> A resposta a um impulso unitário é aquela de saída de um circuito quando a entrada é um impulso unitário.

EXEMPLO 16.7

A saída de um sistema linear é $y(t) = 10e^{-t}\cos 4t\, u(t)$ quando a entrada é $x(t) = e^{-t}u(t)$. Determine a função de transferência do sistema e sua resposta ao impulso.

Solução: Se $x(t) = e^{-t}u(t)$ e $y(t) = 10e^{-t}\cos 4t\, u(t)$ então

$$X(s) = \frac{1}{s+1} \quad \text{e} \quad Y(s) = \frac{10(s+1)}{(s+1)^2 + 4^2}$$

Logo,

$$H(s) = \frac{Y(s)}{X(s)} = \frac{10(s+1)^2}{(s+1)^2 + 16} = \frac{10(s^2 + 2s + 1)}{s^2 + 2s + 17}$$

Para determinar $h(t)$, escrevemos $H(s)$ como

$$H(s) = 10 - 40\frac{4}{(s+1)^2 + 4^2}$$

A partir da Tabela 15.2, obtemos

$$h(t) = 10\delta(t) - 40e^{-t}\operatorname{sen} 4t\, u(t)$$

PROBLEMA PRÁTICO 16.7

A função de transferência de um sistema linear é

$$H(s) = \frac{2s}{s+6}$$

Determine a saída $y(t)$ em virtude da entrada $10e^{-3t}u(t)$ e sua resposta a um impulso.

Resposta: $(-20e^{-3t} + 40e^{-6t})u(t)$, $t \geq 0$, $2\delta(t) - 12e^{-6t}u(t)$.

EXEMPLO 16.8

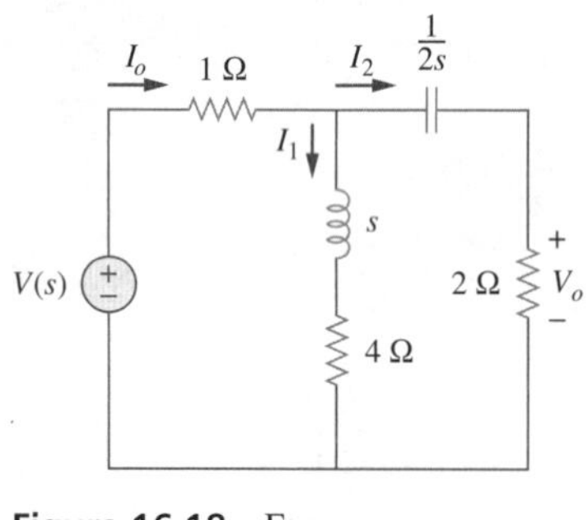

Determine a função de transferência $H(s) = V_o(s)/I_o(s)$ do circuito da Figura 16.18.

Solução:

■ **MÉTODO 1** Por divisão de corrente,

$$I_2 = \frac{(s+4)I_o}{s+4+2+1/2s}$$

Porém,

$$V_o = 2I_2 = \frac{2(s+4)I_o}{s+6+1/2s}$$

Portanto,

$$H(s) = \frac{V_o(s)}{I_o(s)} = \frac{4s(s+4)}{2s^2 + 12s + 1}$$

Figura 16.18 Esquema para o Exemplo 16.8

■ **MÉTODO 2** Podemos aplicar o método progressivo. Façamos $V_o = 1$ V. Pela lei de Ohm, $I_2 = V_o/2 = 1/2$ A. A tensão na impedância $(2 + 1/2s)$ é

$$V_1 = I_2\left(2 + \frac{1}{2s}\right) = 1 + \frac{1}{4s} = \frac{4s+1}{4s}$$

Esta é a mesma que a tensão na impedância $(s + 4)$. Logo,

$$I_1 = \frac{V_1}{s+4} = \frac{4s+1}{4s(s+4)}$$

Aplicando a LKC ao nó superior, nos conduz a

$$I_o = I_1 + I_2 = \frac{4s+1}{4s(s+4)} + \frac{1}{2} = \frac{2s^2 + 12s + 1}{4s(s+4)}$$

Logo,

$$H(s) = \frac{V_o}{I_o} = \frac{1}{I_o} = \frac{4s(s+4)}{2s^2 + 12s + 1}$$

como anteriormente.

Determine a função de transferência $H(s) = I_1(s)/I_o(s)$ no circuito da Figura 16.18.

PROBLEMA PRÁTICO 16.8

Resposta: $\dfrac{4s+1}{2s^2 + 12s + 1}$.

EXEMPLO 16.9

Para o domínio s na Figura 16.19, determine: (a) a função de transferência $H(s) = V_o/V_i$; (b) a resposta a um impulso; (c) a resposta quando $v_i(t) = u(t)$ V; (d) a resposta quando $v_i(t) = 8\cos 2t$ V.

Solução:

(a) Usando divisão de tensão,

$$V_o = \frac{1}{s+1} V_{ab} \quad (16.9.1)$$

Porém,

$$V_{ab} = \frac{1 \parallel (s+1)}{1 + 1 \parallel (s+1)} V_i = \frac{(s+1)/(s+2)}{1 + (s+1)/(s+2)} V_i$$

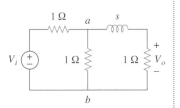

Figura 16.19 Esquema para o Exemplo 16.9.

ou

$$V_{ab} = \frac{s+1}{2s+3} V_i \quad (16.9.2)$$

Substituir a Equação (16.9.2) na Equação (16.9.1) resulta em

$$V_o = \frac{V_i}{2s+3}$$

Portanto, a função de transferência é

$$H(s) = \frac{V_o}{V_i} = \frac{1}{2s+3}$$

(b) Poderíamos escrever $H(s)$ como

$$H(s) = \frac{1}{2} \frac{1}{s + \frac{3}{2}}$$

Sua transformada de Laplace inversa é a resposta ao impulso necessária:

$$h(t) = \frac{1}{2} e^{-3t/2} u(t)$$

(c) Quando $v_i(t) = u(t)$, $V_i(s) = 1/s$ e

$$V_o(s) = H(s)V_i(s) = \frac{1}{2s(s + \frac{3}{2})} = \frac{A}{s} + \frac{B}{s + \frac{3}{2}}$$

onde

$$A = sV_o(s)|_{s=0} = \frac{1}{2(s+\frac{3}{2})}\bigg|_{s=0} = \frac{1}{3}$$

$$B = \left(s+\frac{3}{2}\right)V_o(s)\bigg|_{s=-3/2} = \frac{1}{2s}\bigg|_{s=-3/2} = -\frac{1}{3}$$

Logo, para $v_i(t) = u(t)$,

$$V_o(s) = \frac{1}{3}\left(\frac{1}{s} - \frac{1}{s+\frac{3}{2}}\right)$$

e sua transformada de Laplace inversa é

$$v_o(t) = \frac{1}{3}(1 - e^{-3t/2})u(t) \text{ V}$$

(d) Quando $v_i(t) = 8\cos 2t$, então $V_i(s) = \dfrac{8s}{s^2 + 4}$, e

$$V_o(s) = H(s)V_i(s) = \frac{4s}{(s+\frac{3}{2})(s^2+4)}$$

$$= \frac{A}{s+\frac{3}{2}} + \frac{Bs+C}{s^2+4} \quad (16.9.3)$$

onde

$$A = \left(s+\frac{3}{2}\right)V_o(s)\bigg|_{s=-3/2} = \frac{4s}{s^2+4}\bigg|_{s=-3/2} = -\frac{24}{25}$$

Para obter B e C, multiplicamos a Equação (16.9.3) por $(s + 3/2)(s^2 + 4)$, e obtemos

$$4s = A(s^2+4) + B\left(s^2+\frac{3}{2}s\right) + C\left(s+\frac{3}{2}\right)$$

Igualando os coeficientes,

Constante: $0 = 4A + \dfrac{3}{2}C \Rightarrow C = -\dfrac{8}{3}A$

s: $4 = \dfrac{3}{2}B + C$

s^2: $0 = A + B \Rightarrow B = -A$

Resolvendo essas equações, obtemos $A = -24/25$, $B = 24/25$, $C = 64/25$. Logo, para $v_i(t) = 8\cos 2t$ V,

$$V_o(s) = \frac{-\frac{24}{25}}{s+\frac{3}{2}} + \frac{24}{25}\frac{s}{s^2+4} + \frac{32}{25}\frac{2}{s^2+4}$$

e sua inversa é

$$v_o(t) = \frac{24}{25}\left(-e^{-3t/2} + \cos 2t + \frac{4}{3}\sin 2t\right)u(t) \text{ V}$$

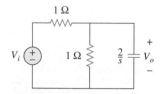

Figura 16.20 Esquema para o Problema prático 16.9.

● **PROBLEMA PRÁTICO 16.9**

Refaça o Exemplo 16.9 para o circuito mostrado na Figura 16.20.

Resposta: (a) $2/(s+4)$; (b) $2e^{-4t}u(t)$; (c) $\frac{1}{2}(1 - e^{-4t})u(t)$ V; (d) $3{,}2(-e^{-4t} + \cos 2t + \frac{1}{2}\sin 2t)u(t)$ V.

16.5 Variáveis de estado

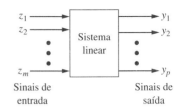

Figura 16.21 Um sistema linear com m entradas e p saídas.

Neste livro, até o momento, consideramos as técnicas para a análise de sistemas com apenas uma entrada e uma saída. Muitos sistemas de engenharia possuem várias entradas e saídas, conforme ilustrado na Figura 16.21. O método das variáveis de estado é uma ferramenta muito importante para analisar e compreender sistemas de alta complexidade. Portanto, o modelo de variáveis de estado é mais genérico que o modelo de uma entrada e uma saída como o da função de transferência. Embora o tópico não possa ser visto de forma adequada em um único capítulo, muito menos em uma seção de um capítulo, o veremos rapidamente nesse ponto.

No modelo de variáveis de estado, especificamos um conjunto de variáveis que descrevem o comportamento interno do sistema. Essas variáveis são conhecidas como as *variáveis de estado* do sistema. Elas são as variáveis que determinam o comportamento futuro de um sistema quando o estado atual do sistema e os sinais de entrada são conhecidos. Em outras palavras, são aquelas variáveis que, se conhecidas, possibilitam que todos os demais parâmetros do sistema sejam determinados usando apenas equações algébricas.

> **Variável de estado** é uma propriedade física que caracteriza o estado de um sistema, independentemente de como o sistema chegou àquele estado.

Exemplos comuns de variáveis de estado são a pressão, o volume e a temperatura. Em um circuito elétrico, as variáveis de estado são a corrente no indutor e a tensão no capacitor, já que elas descrevem de forma coletiva o estado de energia do sistema.

A forma-padrão de representar as equações de estado é dispô-las em um conjunto de equações diferenciais de primeira ordem:

$$\dot{\mathbf{x}} = \mathbf{A}\mathbf{x} + \mathbf{B}\mathbf{z} \qquad (16.20)$$

onde

$$\dot{\mathbf{x}}(t) = \begin{bmatrix} x_1(t) \\ x_2(t) \\ \vdots \\ x_n(t) \end{bmatrix} = \text{vetor de estado representando } n \text{ vetores de estado}$$

e o ponto representa a primeira derivada em relação ao tempo, isto é,

$$\dot{\mathbf{x}}(t) = \begin{bmatrix} \dot{x}_1(t) \\ \dot{x}_2(t) \\ \vdots \\ \dot{x}_n(t) \end{bmatrix}$$

e

$$\mathbf{z}(t) = \begin{bmatrix} z_1(t) \\ z_2(t) \\ \vdots \\ z_m(t) \end{bmatrix} = \text{vetor de entrada representando } m \text{ entradas}$$

A e **B** são, respectivamente, matrizes $n \times n$ e $n \times m$. Além da equação de estado na Equação (16.20), precisamos da equação de saída. O modelo de estado completo ou espaço de estado é

$$\dot{x} = Ax + Bz \quad (16.21a)$$
$$y = Cx + Dz \quad (16.21b)$$

onde

$$y(t) = \begin{bmatrix} y_1(t) \\ y_2(t) \\ \vdots \\ y_p(t) \end{bmatrix} = \text{vetor de saída representando } p \text{ saídas}$$

e **C** e **D** são, respectivamente, matrizes $p \times n$ e $p \times m$. Para o caso especial de uma única entrada e de uma única saída, $n = m = p = 1$.

Supondo condições iniciais zero, a função de transferência do sistema é encontrada extraindo-se a transformada de Laplace da Equação (16.21a); obtemos

$$sX(s) = AX(s) + BZ(s) \quad \rightarrow \quad (sI - A)X(s) = BZ(s)$$

ou

$$X(s) = (sI - A)^{-1}BZ(s) \quad (16.22)$$

onde **I** é a matriz identidade. Extraindo-se a transformada de Laplace da Equação (16.21b) nos leva a

$$Y(s) = CX(s) + DZ(s) \quad (16.23)$$

Substituindo a Equação (16.22) na Equação (16.23) e dividindo por $Z(s)$ nos fornece a função de transferência como segue

$$H(s) = \frac{Y(s)}{Z(s)} = C(sI - A)^{-1}B + D \quad (16.24)$$

onde

- **A** = matriz do sistema
- **B** = matriz conjugada de entrada
- **C** = matriz de saída
- **D** = matriz de avanço

Na maioria dos casos, **D** = 0, de modo que o grau do numerador de $H(s)$ na Equação (16.24) é menor que aquele do denominador. Portanto,

$$H(s) = C(sI - A)^{-1}B \quad (16.25)$$

Por causa do cálculo matricial envolvido, o *MATLAB* pode ser usado para encontrar a função de transferência.

Para aplicar a análise de variáveis de estado a um circuito, seguimos as etapas descritas.

Etapas para aplicação do método de variáveis de estado à análise de circuitos:

1. Escolha a corrente do indutor i e a tensão no capacitor v como variáveis de estado, certificando-se de que sejam consistentes com a regra do sinal.
2. Aplique a LKC e a LKT ao circuito e obtenha as variáveis do circuito (tensões e correntes) em termos de variáveis de estado. Isso deve levar a um conjunto de equações diferenciais de primeira ordem necessárias e suficientes para determinar todas as variáveis de estado.
3. Obtenha a equação de saída e coloque o resultado final na forma estado-espaço.

As etapas 1 e 3 normalmente são diretas; o maior trabalho está na etapa 2. Ilustraremos isso por meio de exemplos.

EXEMPLO 16.10

Encontre a representação estado-espaço do circuito da Figura 16.22. Determine a função de transferência do circuito quando v_s for a entrada e i_x a saída. Adote $R = 1\ \Omega$, $C = 0{,}25$ F e $L = 0{,}5$ H.

Solução: Escolhemos a corrente no indutor i e a tensão no capacitor v como variáveis de estado.

$$v_L = L\frac{di}{dt} \quad (16.10.1)$$

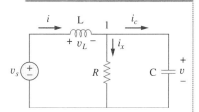

Figura 16.22 Esquema para o Exemplo 16.10.

$$i_C = C\frac{dv}{dt} \quad (16.10.2)$$

Aplicando a LKC ao nó 1, obtemos

$$i = i_x + i_C \quad \rightarrow \quad C\frac{dv}{dt} = i - \frac{v}{R}$$

ou

$$\dot{v} = -\frac{v}{RC} + \frac{i}{C} \quad (16.10.3)$$

já que temos a mesma tensão v aplicada em R e C. Aplicando a LKT na malha externa nos leva a

$$v_s = v_L + v \quad \rightarrow \quad L\frac{di}{dt} = -v + v_s$$

$$\dot{i} = -\frac{v}{L} + \frac{v_s}{L} \quad (16.10.4)$$

As Equações (16.10.3) e (16.10.4) formam as equações de estado. Se considerarmos i_x como saída,

$$i_x = \frac{v}{R} \quad (16.10.5)$$

Colocando as Equações (16.10.3), (16.10.4) e (16.10.5) na forma-padrão nos leva a

$$\begin{bmatrix} \dot{v} \\ \dot{i} \end{bmatrix} = \begin{bmatrix} \frac{-1}{RC} & \frac{1}{C} \\ \frac{-1}{L} & 0 \end{bmatrix} \begin{bmatrix} v \\ i \end{bmatrix} + \begin{bmatrix} 0 \\ \frac{1}{L} \end{bmatrix} v_s \quad (16.10.6a)$$

$$i_x = \begin{bmatrix} \frac{1}{R} & 0 \end{bmatrix} \begin{bmatrix} v \\ i \end{bmatrix} \quad (16.10.6b)$$

Se $R = 1$, $C = \frac{1}{4}$, e $L = \frac{1}{2}$, obtemos, da Equação (16.10.6), as matrizes

$$\mathbf{A} = \begin{bmatrix} \frac{-1}{RC} & \frac{1}{C} \\ \frac{-1}{L} & 0 \end{bmatrix} = \begin{bmatrix} -4 & 4 \\ -2 & 0 \end{bmatrix}, \quad \mathbf{B} = \begin{bmatrix} 0 \\ \frac{1}{L} \end{bmatrix} = \begin{bmatrix} 0 \\ 2 \end{bmatrix},$$

$$\mathbf{C} = \begin{bmatrix} \frac{1}{R} & 0 \end{bmatrix} = [1 \quad 0]$$

$$s\mathbf{I} - \mathbf{A} = \begin{bmatrix} s & 0 \\ 0 & s \end{bmatrix} - \begin{bmatrix} -4 & 4 \\ -2 & 0 \end{bmatrix} = \begin{bmatrix} s+4 & -4 \\ 2 & s \end{bmatrix}$$

Extraindo a inversa desta nos leva a

$$(s\mathbf{I} - \mathbf{A})^{-1} = \frac{\text{adjunto de } \mathbf{A}}{\text{determinante de } \mathbf{A}} = \frac{\begin{bmatrix} s & 4 \\ -2 & s+4 \end{bmatrix}}{s^2 + 4s + 8}$$

Portanto, a função de transferência é dada por

$$\mathbf{H}(s) = \mathbf{C}(s\mathbf{I} - \mathbf{A})^{-1}\mathbf{B} = \frac{[1 \quad 0]\begin{bmatrix} s & 4 \\ -2 & s+4 \end{bmatrix}\begin{bmatrix} 0 \\ 2 \end{bmatrix}}{s^2 + 4s + 8} = \frac{[1 \quad 0]\begin{bmatrix} 8 \\ 2s+8 \end{bmatrix}}{s^2 + 4s + 8}$$

$$= \frac{8}{s^2 + 4s + 8}$$

que é o mesmo resultado que obteríamos diretamente por intermédio da aplicação de transformadas de Laplace ao circuito, obtendo $\mathbf{H}(s) = I_x(s)/V_s(s)$. A grande vantagem do método das variáveis de estado está nas várias entradas e várias saídas. Nesse caso, temos apenas uma entrada v_s e uma saída i_x. No exemplo seguinte, teremos duas entradas e duas saídas.

● **PROBLEMA PRÁTICO 16.10**

Obtenha o modelo de variáveis de estado para o circuito mostrado na Figura 16.23. Seja $R_1 = 1$, $R_2 = 2$, $C = 0,5$ e $L = 0,2$ e obtenha a função de transferência.

Resposta:

$$\begin{bmatrix} \dot{v} \\ \dot{i} \end{bmatrix} = \begin{bmatrix} \frac{-1}{R_1 C} & \frac{-1}{C} \\ \frac{1}{L} & \frac{-R_2}{L} \end{bmatrix} \begin{bmatrix} v \\ i \end{bmatrix} + \begin{bmatrix} \frac{1}{R_1 C} \\ 0 \end{bmatrix} v_s, \quad v_o = [0 \quad R_2] \begin{bmatrix} v \\ i \end{bmatrix}$$

$$\mathbf{H}(s) = \frac{20}{s^2 + 12s + 30}$$

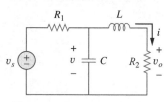

Figura 16.23 Esquema para o Problema prático 16.10.

● **EXEMPLO 16.11**

Considere o circuito da Figura 16.24, que pode ser considerado um sistema de duas entradas e de duas saídas. Determine o modelo de variáveis de estado e encontre a função de transferência do sistema.

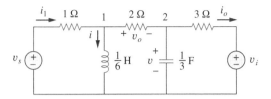

Figura 16.24 Esquema para o Exemplo 16.11.

Solução: Nesse caso, temos duas entradas v_s e v_i e duas v_o e i_o. Enfatizando, escolhemos a corrente no indutor i e a tensão no capacitor v como variáveis de estado. Aplicando a LKT à malha do lado esquerdo, obtemos

$$-v_s + i_1 + \frac{1}{6}\dot{i} = 0 \quad \rightarrow \quad \dot{i} = 6v_s - 6i_1 \qquad (16.11.1)$$

Precisamos eliminar i_1. Aplicando a LKT à malha que contém v_s, o resistor de 1 Ω, o resistor de 2 Ω e o capacitor de 1/3 F, nos leva a

$$v_s = i_1 + v_o + v \qquad (16.11.2)$$

Porém, no nó 1, a LKC dá

$$i_1 = i + \frac{v_o}{2} \quad \rightarrow \quad v_o = 2(i_1 - i) \qquad (16.11.3)$$

Substituindo esta na Equação (16.11.2),

$$v_s = 3i_1 + v - 2i \quad \rightarrow \quad i_1 = \frac{2i - v + v_s}{3} \qquad (16.11.4)$$

Substituindo essa última na Equação (16.11.1), temos

$$\dot{i} = 2v - 4i + 4v_s \qquad (16.11.5)$$

que é uma equação de estado. Para obter a segunda, aplicamos a LKC ao nó 2.

$$\frac{v_o}{2} = \frac{1}{3}\dot{v} + i_o \quad \rightarrow \quad \dot{v} = \frac{3}{2}v_o - 3i_o \qquad (16.11.6)$$

Precisamos eliminar v_o e i_o. Do laço do lado direito, fica evidente que

$$i_o = \frac{v - v_i}{3} \qquad (16.11.7)$$

Substituindo a Equação (16.11.4) na Equação (16.11.3), temos

$$v_o = 2\left(\frac{2i - v + v_s}{3} - i\right) = -\frac{2}{3}(v + i - v_s) \qquad (16.11.8)$$

Substituindo as Equações (16.11.4) e (16.11.8) na Equação (16.11.6) nos leva à segunda equação de estado como segue

$$\dot{v} = -2v - i + v_s + v_i \qquad (16.11.9)$$

As duas equações de saída já foram obtidas nas Equações (16.11.7) e (16.11.8). Colocando juntas as Equações (16.11.5) e (16.11.7) na (16.11.9) na forma-padrão nos leva ao modelo de estados para o circuito, ou seja,

$$\begin{bmatrix} \dot{v} \\ \dot{i} \end{bmatrix} = \begin{bmatrix} -2 & -1 \\ 2 & -4 \end{bmatrix} \begin{bmatrix} v \\ i \end{bmatrix} + \begin{bmatrix} 1 & 1 \\ 4 & 0 \end{bmatrix} \begin{bmatrix} v_s \\ v_i \end{bmatrix} \qquad (16.11.10a)$$

$$\begin{bmatrix} v_o \\ i_o \end{bmatrix} = \begin{bmatrix} -\frac{2}{3} & -\frac{2}{3} \\ \frac{1}{3} & 0 \end{bmatrix} \begin{bmatrix} v \\ i \end{bmatrix} + \begin{bmatrix} \frac{2}{3} & 0 \\ 0 & -\frac{1}{3} \end{bmatrix} \begin{bmatrix} v_s \\ v_i \end{bmatrix} \quad (16.11.10b)$$

PROBLEMA PRÁTICO 16.11

Para o circuito elétrico da Figura 16.25, determine o modelo de estados. Seja v_o e i_o as variáveis de saída.

Resposta:

$$\begin{bmatrix} \dot{v} \\ \dot{i} \end{bmatrix} = \begin{bmatrix} -2 & -2 \\ 4 & -8 \end{bmatrix} \begin{bmatrix} v \\ i \end{bmatrix} + \begin{bmatrix} 2 & 0 \\ 0 & -8 \end{bmatrix} \begin{bmatrix} i_1 \\ i_2 \end{bmatrix}$$

$$\begin{bmatrix} v_o \\ i_o \end{bmatrix} = \begin{bmatrix} 1 & 0 \\ 0 & 1 \end{bmatrix} \begin{bmatrix} v \\ i \end{bmatrix} + \begin{bmatrix} 0 & 0 \\ 0 & 1 \end{bmatrix} \begin{bmatrix} i_1 \\ i_2 \end{bmatrix}$$

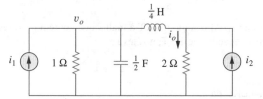

Figura 16.25 Esquema para o Problema prático 16.11.

EXEMPLO 16.12

Suponha um sistema no qual a saída é $y(t)$ e a entrada é $z(t)$. Faça que a equação diferencial a seguir descreva a relação entre entrada e saída.

$$\frac{d^2 y(t)}{dt^2} + 3\frac{dy(t)}{dt} + 2y(t) = 5z(t) \quad (16.12.1)$$

Obtenha o modelo de estados e a função de transferência do sistema.

Solução: Primeiro, escolhemos as variáveis de estado. Façamos que $x_1 = y(t)$ e, portanto,

$$\dot{x}_1 = \dot{y}(t) \quad (16.12.2)$$

Agora, façamos

$$x_2 = \dot{x}_1 = \dot{y}(t) \quad (16.12.3)$$

Observe que, desta vez, estamos examinando um sistema de segunda ordem que normalmente teria dois termos de primeira ordem na solução.

Agora, temos $\dot{x}_2 = \ddot{y}(t)$, em que podemos determinar o valor $\dot{x}_2$ a partir da Equação (16.12.1), isto é,

$$\dot{x}_2 = \ddot{y}(t) = -2y(t) - 3\dot{y}(t) + 5z(t) = -2x_1 - 3x_2 + 5z(t) \quad (16.12.4)$$

A partir das Equações (16.12.2) a (16.12.4), podemos escrever as seguintes equações matriciais:

$$\begin{bmatrix} \dot{x}_1 \\ \dot{x}_2 \end{bmatrix} = \begin{bmatrix} 0 & 1 \\ -2 & -3 \end{bmatrix} \begin{bmatrix} x_1 \\ x_2 \end{bmatrix} + \begin{bmatrix} 0 \\ 5 \end{bmatrix} z(t) \quad (16.12.5)$$

$$\mathbf{y}(t) = \begin{bmatrix} 1 & 0 \end{bmatrix} \begin{bmatrix} x_1 \\ x_2 \end{bmatrix} \quad (16.12.6)$$

Agora, obtemos a função de transferência.

$$s\mathbf{I} - \mathbf{A} = s\begin{bmatrix} 1 & 0 \\ 0 & 1 \end{bmatrix} - \begin{bmatrix} 0 & 1 \\ -2 & -3 \end{bmatrix} = \begin{bmatrix} s & -1 \\ 2 & s+3 \end{bmatrix}$$

A inversa é

$$(s\mathbf{I} - \mathbf{A})^{-1} = \frac{\begin{bmatrix} s+3 & 1 \\ -2 & s \end{bmatrix}}{s(s+3)+2}$$

A função de transferência é

$$\mathbf{H}(s) = \mathbf{C}(s\mathbf{I} - \mathbf{A})^{-1}\mathbf{B} = \frac{(1 \quad 0)\begin{bmatrix} s+3 & 1 \\ -2 & s \end{bmatrix}\begin{pmatrix} 0 \\ 5 \end{pmatrix}}{s(s+3)+2} = \frac{(1 \quad 0)\begin{pmatrix} 5 \\ 5s \end{pmatrix}}{s(s+3)+2}$$

$$= \frac{5}{(s+1)(s+2)}$$

Para verificar isso, aplicamos diretamente a função de transferência a cada termo na Equação (16.12.1). Já que as condições iniciais são zero, obtemos

$$[s^2 + 3s + 2]Y(s) = 5Z(s) \quad \rightarrow \quad H(s) = \frac{Y(s)}{Z(s)} = \frac{5}{s^2 + 3s + 2}$$

que está de acordo com o resultado obtido anteriormente.

Desenvolva um conjunto de equações de variáveis de estado que represente a equação diferencial a seguir.

PROBLEMA PRÁTICO 16.12

$$\frac{d^3y}{dt^3} + 18\frac{d^2y}{dt^2} + 20\frac{dy}{dt} + 5y = z(t)$$

Resposta:

$$\mathbf{A} = \begin{bmatrix} 0 & 1 & 0 \\ 0 & 0 & 1 \\ -5 & -20 & -18 \end{bmatrix}, \quad \mathbf{B} = \begin{bmatrix} 0 \\ 0 \\ 1 \end{bmatrix}, \quad \mathbf{C} = [1 \quad 0 \quad 0].$$

16.6 †Aplicações

Até então, consideramos três aplicações das transformadas de Laplace: análise de circuitos em geral, obtenção de funções de transferência e resolução de equações integro-diferenciais. A transformada de Laplace também encontra aplicação em outras áreas da análise de circuitos, processamento de sinais e sistemas de controle. Consideraremos aqui duas outras importantes aplicações: estabilidade de circuitos e síntese de circuitos.

16.6.1 Estabilidade de circuitos

Um circuito é *estável* se sua resposta $h(t)$ for limitada (isto é, se $h(t)$ convergir para um valor finito) à medida que $t \rightarrow \infty$; ele é *instável* se $h(t)$ crescer sem limites à medida que $t \rightarrow \infty$. Em termos matemáticos, um circuito é estável quando

$$\lim_{t \rightarrow \infty} |h(t)| = \text{finito} \tag{16.26}$$

Como a função de transferência $H(s)$ é a transformada de Laplace da resposta a um impulso $h(t)$, $H(s)$ deve atender a certas exigências de modo que a Equação (16.26) seja válida. Lembre-se de que $H(s)$ pode ser escrita como

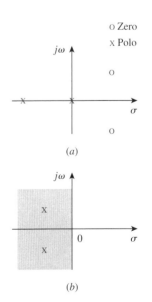

Figura 16.26 O plano complexo s: (*a*) polos e zeros representados graficamente; (*b*) semiplano esquerdo.

$$H(s) = \frac{N(s)}{D(s)} \quad (16.27)$$

em que as raízes de $N(s) = 0$ são denominadas *zeros* de $H(s)$, pois elas tornam $H(s) = 0$, enquanto as raízes de $D(s) = 0$ são conhecidas como *polos* de $H(s)$, porque elas fazem que $H(s) \to \infty$. Os zeros e polos de $H(s)$ normalmente estão localizados no mesmo plano s, conforme mostra a Figura 16.26a. Lembre-se, das Equações (15.47) e (15.48), de que $H(s)$ também poderia ser escrita em termos de seus polos como segue

$$H(s) = \frac{N(s)}{D(s)} = \frac{N(s)}{(s + p_1)(s + p_2) \cdots (s + p_n)} \quad (16.28)$$

$H(s)$ deve atender a dois requisitos para o circuito ser estável. Primeiro, o grau de $N(s)$ deve ser menor que o grau de $D(s)$; caso contrário, a divisão com números longos produziria

$$H(s) = k_n s^n + k_{n-1} s^{n-1} + \cdots + k_1 s + k_0 + \frac{R(s)}{D(s)} \quad (16.29)$$

em que o grau de $R(s)$, o resto da divisão com números longos, é menor que o grau de $D(s)$. A inversa de $H(s)$ na Equação (16.29) não atende à condição da Equação (16.26). E segundo, todos os polos de $H(s)$ na Equação (16.27) (isto é, todas as raízes de $D(s) = 0$) devem ter partes reais negativas; em outras palavras, todos os polos devem estar sobre a metade esquerda do plano s, conforme mostrado de forma típica na Figura 16.26b. A razão para tal ficará evidente se extrairmos a transformada de Laplace inversa de $H(s)$ na Equação (16.27). Como a Equação (16.27) é similar à Equação (15.48), sua expansão de frações parciais é similar àquela da Equação (15.49) de modo que a inversa de $H(s)$ seja similar àquela da Equação (15.53). Portanto,

$$h(t) = (k_1 e^{-p_1 t} + k_2 e^{-p_2 t} + \cdots + k_n e^{-p_n t}) u(t) \quad (16.30)$$

Notamos dessa equação que cada polo p_i deve ser positivo (isto é, polo $s = -p_i$ no semiplano esquerdo), de modo que $e^{-p_i t}$ diminui com o aumento de t. Portanto,

> Um circuito é **estável** quando todos os polos de sua função de transferência $H(s)$ estão situados no lado esquerdo do plano s.

Um circuito instável jamais atinge o regime estacionário, pois a resposta transiente não cai a zero. Consequentemente, a análise em regime estacionário se aplica apenas a circuitos estáveis.

Um circuito formado exclusivamente por elementos passivos (R, L e C) e fontes independentes não podem ser instáveis, uma vez que isso implicaria aumento indefinido de determinadas correntes ou tensões com as fontes zeradas. Elementos passivos não são capazes de gerar um crescimento indefinido destes. Os circuitos passivos são estáveis ou então possuem polos com partes reais nulas. Para demonstrar que este é o caso, considere o circuito RLC série da Figura 16.27. A função de transferência é dada por

$$H(s) = \frac{V_o}{V_s} = \frac{1/sC}{R + sL + 1/sC}$$

ou

$$H(s) = \frac{1/L}{s^2 + sR/L + 1/LC} \quad (16.31)$$

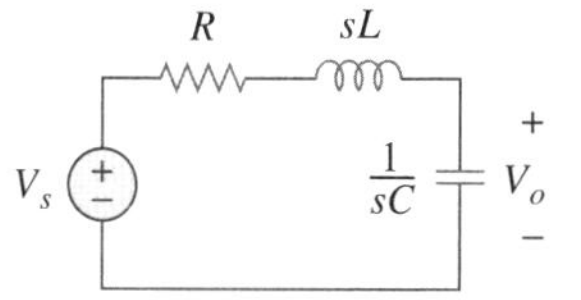

Observe que $D(s) = s^2 + sR/L + 1/LC = 0$ é a mesma equação característica obtida pelo circuito *RLC* em série na Equação (8.8). O circuito tem polos em

$$p_{1,2} = -\alpha \pm \sqrt{\alpha^2 - \omega_0^2} \quad (16.32)$$

onde

$$\alpha = \frac{R}{2L}, \quad \omega_0 = \frac{1}{LC}$$

Figura 16.27 Circuito *RLC* típico.

Para R, L, $C > 0$, os dois polos sempre caem no lado esquerdo do plano s, implicando um circuito sempre estável. Entretanto, quando $R = 0$, $\alpha = 0$ e o circuito torna-se instável. Embora de forma ideal isso seja possível, na prática o mesmo não ocorre, pois R jamais é zero.

Por outro lado, circuitos ativos ou passivos com fontes controladas podem fornecer energia e eles podem ser instáveis. De fato, um oscilador é um exemplo típico de um circuito projetado para ser instável. Um oscilador é projetado de tal modo que sua função de transferência seja da forma

$$H(s) = \frac{N(s)}{s^2 + \omega_0^2} = \frac{N(s)}{(s + j\omega_0)(s - j\omega_0)} \quad (16.33)$$

de modo que sua saída seja senoidal.

EXEMPLO 16.13

Determine os valores de k para os quais o circuito da Figura 16.28 seja estável.

Solução: Aplicando análise de malhas ao circuito de primeira ordem da Figura 16.28, obtemos

$$V_i = \left(R + \frac{1}{sC}\right)I_1 - \frac{I_2}{sC} \quad (16.13.1)$$

e

$$0 = -kI_1 + \left(R + \frac{1}{sC}\right)I_2 - \frac{I_1}{sC}$$

ou

$$0 = -\left(k + \frac{1}{sC}\right)I_1 + \left(R + \frac{1}{sC}\right)I_2 \quad (16.13.2)$$

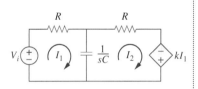

Figura 16.28 Esquema para o Exemplo 16.13.

Podemos escrever as Equações (16.13.1) e (16.13.2) na forma matricial como segue

$$\begin{bmatrix} V_i \\ 0 \end{bmatrix} = \begin{bmatrix} \left(R + \dfrac{1}{sC}\right) & -\dfrac{1}{sC} \\ -\left(k + \dfrac{1}{sC}\right) & \left(R + \dfrac{1}{sC}\right) \end{bmatrix} \begin{bmatrix} I_1 \\ I_2 \end{bmatrix}$$

O determinante é

$$\Delta = \left(R + \frac{1}{sC}\right)^2 - \frac{k}{sC} - \frac{1}{s^2C^2} = \frac{sR^2C + 2R - k}{sC} \quad (16.13.3)$$

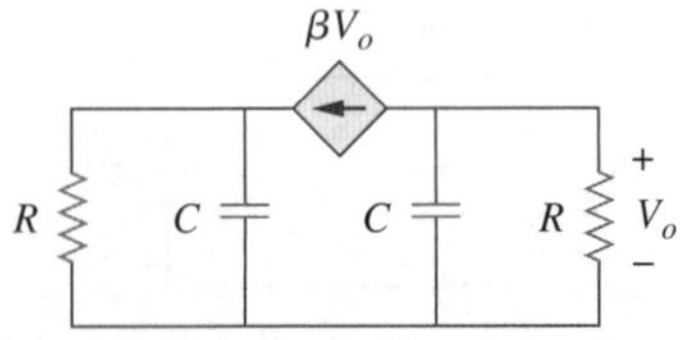

Figura 16.29 Esquema para o Problema prático 16.13.

● **PROBLEMA PRÁTICO 16.13**

A equação característica ($\Delta = 0$) fornece o único polo:

$$p = \frac{k - 2R}{R^2 C}$$

que é negativo quando $k < 2R$. Portanto, concluímos que o circuito é estável quando $k < 2R$ e instável para $k > 2R$.

Para qual valor de β o circuito da Figura 16.29 torna-se estável?

Resposta: $\beta > -1/R$.

● **EXEMPLO 16.14**

Um filtro ativo possui a seguinte função de transferência

$$H(s) = \frac{k}{s^2 + s(4 - k) + 1}$$

Para quais valores de k o filtro é estável?

Solução: Como circuito de segunda ordem, $H(s)$ pode ser escrita como

$$H(s) = \frac{N(s)}{s^2 + bs + c}$$

onde $b = 4 - k$; $c = 1$ e $N(s) = k$. Esta tem polos em $p^2 + bp + c = 0$; isto é,

$$p_{1,2} = \frac{-b \pm \sqrt{b^2 - 4c}}{2}$$

Para o circuito ser estável, os polos devem estar localizados na metade esquerda do plano s. Isso implica que $b > 0$.

Aplicar esta a $H(s)$ dada significa que, para o circuito ser estável, $4 - k > 0$ ou $k < 4$.

● **PROBLEMA PRÁTICO 16.14**

Um circuito de segunda ordem ativo apresenta a seguinte função de transferência

$$H(s) = \frac{1}{s^2 + s(25 + \alpha) + 25}$$

Determine o intervalo dos valores de α para os quais o circuito é estável. Qual é o valor de α que provocará oscilação?

Resposta: $\alpha > -25$, $\alpha = -25$.

16.6.2 Síntese de circuitos

Síntese de circuitos pode ser considerada como o processo de obtenção de um circuito apropriado que represente determinada função de transferência. A síntese de circuitos é mais simples no domínio s que no domínio do tempo.

Na análise de circuitos, encontramos a função de transferência de dado circuito. Já na síntese de circuitos, invertemos o método: dada uma função de transferência, precisamos encontrar um circuito adequado.

Síntese de circuitos é o processo de encontrar um circuito que represente dada função de transferência.

Tenha em mente que, na síntese, podem existir várias respostas diferentes – ou, possivelmente, nenhuma –, pois existem vários circuitos que podem ser usados para representar a mesma função de transferência; na análise de circuitos há apenas uma resposta.

A síntese de circuitos é um campo fascinante de fundamental importância na engenharia. Ser capaz de examinar uma função de transferência e descobrir o tipo de circuito que ele representa é uma excelente ferramenta para um projetista de circuitos. Embora a síntese de circuitos se constitua, por si só, em um curso inteiro e exija certa experiência, os exemplos a seguir destinam-se a aguçar o seu apetite.

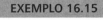

EXEMPLO 16.15

Dada a função de transferência

$$H(s) = \frac{V_o(s)}{V_i(s)} = \frac{10}{s^2 + 3s + 10}$$

concretize a função por meio do circuito da Figura 16.30a. (a) Faça $R = 5\ \Omega$ e determine L e C. (b) Faça $R = 1\ \Omega$ e determine L e C.

Solução:

1. **Definição.** O problema está clara e completamente definido, e é o chamado problema de síntese: dada uma função de transferência, sintetizar um circuito que produza a função de transferência determinada. Entretanto, para deixar o problema mais fácil de ser controlado, damos um circuito que produza a função de transferência desejada.

    Caso uma das variáveis não tivesse valor atribuído, nesse caso, R, o problema teria um número infinito de respostas. Um problema aberto desse tipo exigiria algumas hipóteses adicionais que limitariam o conjunto de soluções.

2. **Apresentação.** Uma função de transferência da tensão de saída *versus* tensão neste é igual a $10/(s^2 + 3s + 10)$. Também é dado um circuito, Figura 16.30, que seria capaz de produzir a função de transferência necessária. Dois valores diferentes de R, $5\ \Omega$ e $1\ \Omega$, devem ser usados para calcular os valores de L e C que produzem a função de transferência dada.

3. **Alternativa.** Todas as alternativas de solução envolvem a determinação da função de transferência da Figura 16.30 e então equiparar os vários termos da função de transferência. Dois métodos possíveis seriam a análise de malhas ou a análise nodal. Como estamos procurando uma relação de tensões, a análise nodal faz mais sentido.

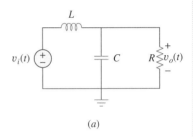

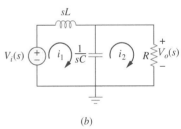

Figura 16.30 Esquema para o Exemplo 16.15.

4. **Tentativa.** Por meio da análise nodal, obtemos

$$\frac{V_o(s) - V_i(s)}{sL} + \frac{V_o(s) - 0}{1/(sC)} + \frac{V_o(s) - 0}{R} = 0$$

Multiplicando tudo por sLR:

$$RV_o(s) - RV_i(s) + s^2RLCV_o(s) + sLV_o(s) = 0$$

Colocando termos em evidência, obtemos

$$(s^2RLC + sL + R)V_o(s) = RV_i(s)$$

ou

$$\frac{V_o(s)}{V_i(s)} = \frac{1/(LC)}{s^2 + [1/(RC)]s + 1/(LC)}$$

Comparar as duas funções de transferência produz duas equações com três incógnitas.

$$LC = 0{,}1 \quad \text{ou} \quad L = \frac{0{,}1}{C}$$

e

$$RC = \frac{1}{3} \quad \text{ou} \quad C = \frac{1}{3R}$$

Temos uma equação de restrições, $R = 5\ \Omega$ para (a) e $= 1\ \Omega$ para (b).

(a) $C = 1/(3 \times 5) =$ **66,67 mF** e $L =$ **1,5 H**

(b) $C = 1/(3 \times 1) =$ **333,3 mF** e $L =$ **300 mH**

5. *Avaliação.* Existem três maneiras distintas de verificar a resposta. Determinar a função de transferência usando a análise de malhas parece a maneira mais direta e será o método que adotaremos aqui. Entretanto, deve-se notar que isso é matematicamente mais complexo e levará mais tempo que o método de análise nodal original. Existem também outros métodos. Podemos supor uma entrada para $v_i(t)$, $v_i(t) = u(t)$ V e usar a análise nodal ou a análise de malhas, verificar se obtemos a mesma resposta que obteríamos utilizando apenas a função de transferência. Este é o método que tentaremos, usando a análise de malhas.

Seja $v_i(t) = u(t)$ V ou $V_i(s) = 1/s$. Isso produzirá

$$V_o(s) = 10/(s^3 + 3s^2 + 10s)$$

Tomando como base a Figura 16.30, a análise de malhas nos leva

(a) Ao laço 1,

$$-(1/s) + 1{,}5sI_1 + [1/(0{,}06667s)](I_1 - I_2) = 0$$

ou

$$(1{,}5s^2 + 15)I_1 - 15I_2 = 1$$

Ao laço 2,

$$(15/s)(I_2 - I_1) + 5I_2 = 0$$

ou

$$-15I_1 + (5s + 15)I_2 = 0 \quad \text{ou} \quad I_1 = (0{,}3333s + 1)I_2$$

Substituindo-se esta na primeira equação, obtemos

$$(0{,}5s^3 + 1{,}5s^2 + 5s + 15)I_2 - 15I_2 = 1$$

ou

$$I_2 = 2/(s^3 + 3s^2 + 10s)$$

porém,

$$V_o(s) = 5I_2 = 10/(s^3 + 3s^2 + 10s)$$

e a resposta está verificada.

(b) Ao laço 1,

$$-(1/s) + 0{,}3sI_1 + [1/(0{,}3333s)](I_1 - I_2) = 0$$

ou

$$(0{,}3s^2 + 3)I_1 - 3I_2 = 1$$

Ao laço 2,

$$(3/s)(I_2 - I_1) + I_2 = 0$$

ou

$$-3I_1 + (s + 3)I_2 = 0 \quad \text{ou} \quad I_1 = (0{,}3333s + 1)I_2$$

Substituindo-se na primeira equação, obtemos

$$(0{,}09999s^3 + 0{,}3s^2 + s + 3)I_2 - 3I_2 = 1$$

ou

$$I_2 = 10/(s^3 + 3s^2 + 10s)$$

porém, $V_o(s) = 1 \times I_2 = 10/(s^3 + 3s^2 + 10s)$
e a resposta está verificada.

6. **Satisfatória?** Identificamos claramente os valores de L e C para cada uma das condições. Além disso, verificamos cuidadosamente as respostas para ver se elas estão corretas. O problema foi solucionado de forma adequada. Os resultados agora podem ser apresentados como uma solução para o problema.

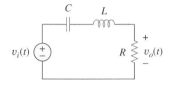

Figura 16.31 Esquema para o Problema prático 16.15.

PROBLEMA PRÁTICO 16.15

Concretize a função

$$G(s) = \frac{V_o(s)}{V_i(s)} = \frac{4s}{s^2 + 4s + 20}$$

usando o circuito na Figura 16.31. Selecione $R = 2\ \Omega$ e determine L e C.

Resposta: 500 mH, 100 mF.

EXEMPLO 16.16

Sintetize a função

$$T(s) = \frac{V_o(s)}{V_s(s)} = \frac{10^6}{s^2 + 100s + 10^6}$$

usando a topologia apresentada na Figura 16.32.

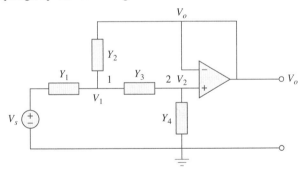

Figura 16.32 Esquema para o Exemplo 16.16.

Solução: Apliquemos a análise nodal aos nós 1 e 2. No nó 1,

$$(V_s - V_1)Y_1 = (V_1 - V_o)Y_2 + (V_1 - V_2)Y_3 \quad \textbf{(16.16.1)}$$

no nó 2,

$$(V_1 - V_2)Y_3 = (V_2 - 0)Y_4 \quad \textbf{(16.16.2)}$$

Entretanto, $V_2 = V_o$, de modo que a Equação (16.16.1) fica

$$Y_1 V_s = (Y_1 + Y_2 + Y_3)V_1 - (Y_2 + Y_3)V_o \quad \textbf{(16.16.3)}$$

e a Equação (16.16.2) se torna

$$V_1 Y_3 = (Y_3 + Y_4)V_o$$

ou

$$V_1 = \frac{1}{Y_3}(Y_3 + Y_4)V_o \qquad (16.16.4)$$

Substituir a Equação (16.16.4) na Equação (16.16.3) resulta em

$$Y_1 V_s = (Y_1 + Y_2 + Y_3)\frac{1}{Y_3}(Y_3 + Y_4)V_o - (Y_2 + Y_3)V_o$$

ou

$$Y_1 Y_3 V_s = [Y_1 Y_3 + Y_4(Y_1 + Y_2 + Y_3)]V_o$$

Portanto,

$$\frac{V_o}{V_s} = \frac{Y_1 Y_3}{Y_1 Y_3 + Y_4(Y_1 + Y_2 + Y_3)} \qquad (16.16.5)$$

Para sintetizar a função de transferência $T(s)$ dada, compare-a com aquela da Equação (16.16.5). Observe duas coisas: (1) $Y_1 Y_3$ não deve envolver s, pois o numerador de $T(s)$ é constante; (2) a função de transferência dada é de segunda ordem, o que implica a necessidade de termos dois capacitores. Consequentemente, temos de tornar Y_1 e Y_3 resistivos, enquanto Y_2 e Y_4 são capacitivos. Portanto, selecionamos

$$Y_1 = \frac{1}{R_1}, \qquad Y_2 = sC_1, \qquad Y_3 = \frac{1}{R_2}, \qquad Y_4 = sC_2 \qquad (16.16.6)$$

Substituir a Equação (16.16.6) na Equação (16.16.5) resulta em

$$\frac{V_o}{V_s} = \frac{1/(R_1 R_2)}{1/(R_1 R_2) + sC_2(1/R_1 + 1/R_2 + sC_1)}$$
$$= \frac{1/(R_1 R_2 C_1 C_2)}{s^2 + s(R_1 + R_2)/(R_1 R_2 C_1) + 1/(R_1 R_2 C_1 C_2)}$$

Comparando-se esta com a função de transferência $T(s)$ dada, percebemos que

$$\frac{1}{R_1 R_2 C_1 C_2} = 10^6, \qquad \frac{R_1 + R_2}{R_1 R_2\ C_1} = 100$$

Se fizermos $R_1 = R_2 = 10$ kΩ, então

$$C_1 = \frac{R_1 + R_2}{100 R_1 R_2} = \frac{20 \times 10^3}{100 \times 100 \times 10^6} = 2\ \mu\text{F}$$
$$C_2 = \frac{10^{-6}}{R_1 R_2 C_1} = \frac{10^{-6}}{100 \times 10^6 \times 2 \times 10^{-6}} = 5\ \text{nF}$$

Por conseguinte, a função de transferência dada é concretizada usando-se o circuito mostrado na Figura 16.33.

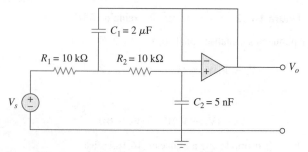

Figura 16.33 Esquema para o Exemplo 16.16.

PROBLEMA PRÁTICO 16.16

Sintetize a função

$$\frac{V_o(s)}{V_{\text{ent}}} = \frac{-2s}{s^2 + 6s + 10}$$

usando o circuito com amplificadores operacionais, mostrado na Figura 16.34. Use

$$Y_1 = \frac{1}{R_1}, \quad Y_2 = sC_1, \quad Y_3 = sC_2, \quad Y_4 = \frac{1}{R_2}$$

Seja $R_1 = 1$ kΩ, determine C_1, C_2 e R_2.

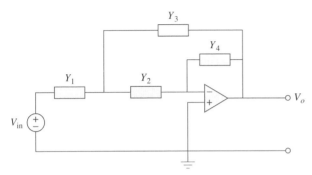

Figura 16.34 Esquema para o Problema prático 16.16.

Resposta: 100 μF, 500 μF, 2 kΩ.

16.7 Resumo

1. As transformadas de Laplace podem ser usadas para analisar um circuito. Convertemos cada um dos elementos do domínio do tempo para o domínio s, resolvemos o problema empregando alguma técnica de análise de circuitos qualquer e convertemos o resultado para o domínio do tempo utilizando a transformada inversa.

2. No domínio s, os elementos de circuito são substituídos pela condição inicial em $t = 0$ como segue. (Note que, embora sejam fornecidos modelos de tensão a seguir, os modelos de corrente também funcionam bem.):

   Resistor: $v_R = Ri \rightarrow V_R = RI$

   Indutor: $v_L = L\dfrac{di}{dt} \rightarrow V_L = sLI - Li(0^-)$

   Capacitor: $v_C = \displaystyle\int i\, dt \rightarrow V_C = \dfrac{1}{sC} - \dfrac{v(0^-)}{s}$

3. O uso de transformadas de Laplace para analisar um circuito resulta em uma resposta completa (tanto transiente como em regime estacionário), pois as condições iniciais são incorporadas no processo de transformação.

4. A função de transferência $H(s)$ de um circuito é a transformada de Laplace da resposta a um impulso, $h(t)$.

5. No domínio s, a função de transferência $H(s)$ é a razão entre a resposta de saída $Y(s)$ e uma excitação de entrada $X(s)$; isto é, $H(s) = Y(s)/X(s)$.

6. O modelo de variáveis de estado é uma ferramenta útil para análise de sistemas complexos com várias entradas e saídas. A análise de variáveis de estado é uma técnica poderosa que é mais popularmente usada em teoria de circuitos e controle. O estado de um sistema é o menor conjunto de quantidades (conhecidas como variáveis de estado) que devemos conhecer

de modo a determinar sua resposta futura a qualquer entrada dada. A equação de estados na forma de variáveis de estados é

$$\dot{x} = Ax + Bz$$

enquanto a equação de saída é

$$y = Cx + Dz$$

7. Para um circuito elétrico, primeiro, escolhemos as tensões nos capacitores e a corrente no indutor como variáveis de estado. Em seguida, aplicamos a LKC e a LKT para obter as equações de estado.

8. Duas outras áreas de aplicação das transformadas de Laplace vistas neste capítulo são a estabilidade e a síntese de circuitos. Um circuito é estável quando todos os polos de sua função de transferência caem na metade esquerda do plano s. Síntese de circuitos é o processo de obter um circuito apropriado para representar dada função de transferência para a qual a análise no domínio s também é perfeitamente adequada.

Questões para revisão

16.1 A tensão em um resistor com corrente $i(t)$ no domínio s é $sRI(s)$.

(a) verdadeiro (b) falso

16.2 A corrente através de um circuito RL em série com tensão de entrada $v(t)$ é dada no domínio s como:

(a) $V(s)\left[R + \dfrac{1}{sL}\right]$ (b) $V(s)(R + sL)$

(c) $\dfrac{V(s)}{R + 1/sL}$ (d) $\dfrac{V(s)}{R + sL}$

16.3 A impedância de um capacitor de 10 F é:

(a) $10/s$ (b) $s/10$ (c) $1/10s$ (d) $10s$

16.4 Normalmente, podemos obter o circuito equivalente de Thévenin no domínio do tempo.

(a) verdadeiro (b) falso

16.5 Uma função de transferência é definida apenas quando todas as condições iniciais são zero.

(a) verdadeiro (b) falso

16.6 Se a entrada para um sistema linear for $\delta(t)$ e a saída $e^{-2t}u(t)$, a função de transferência do sistema será:

(a) $\dfrac{1}{s+2}$ (b) $\dfrac{1}{s-2}$ (c) $\dfrac{s}{s+2}$ (d) $\dfrac{s}{s-2}$

(e) nenhuma das alternativas anteriores

16.7 Se a função de transferência de um sistema for

$$H(s) = \dfrac{s^2 + s + 2}{s^3 + 4s^2 + 5s + 1}$$

segue que a entrada será $X(s) = s^3 + 4s^2 + 5s + 1$, enquanto a saída será $Y(s) = s^2 + s + 2$.

(a) verdadeiro (b) falso

16.8 Um circuito apresenta a função de transferência

$$H(s) = \dfrac{s+1}{(s-2)(s+3)}$$

O circuito é estável.

(a) verdadeiro (b) falso

16.9 Qual das seguintes equações é denominada equação de estados?

(a) $\dot{x} = Ax + Bz$
(b) $y = Cx + Dz$
(c) $H(s) = Y(s)/Z(s)$
(d) $H(s) = C(sI - A)^{-1}B$

16.10 Um sistema com única entrada e única saída é descrito pelo modelo de estados a seguir:

$$\dot{x}_1 = 2x_1 - x_2 + 3z$$
$$\dot{x}_2 = -4x_2 - z$$
$$y = 3x_1 - 2x_2 + z$$

Qual das matrizes seguintes é incorreta?

(a) $A = \begin{bmatrix} 2 & -1 \\ 0 & -4 \end{bmatrix}$ (b) $B = \begin{bmatrix} 3 \\ -1 \end{bmatrix}$

(c) $C = \begin{bmatrix} 3 & -2 \end{bmatrix}$ (d) $D = 0$

Respostas: 16.1b; 16.2d; 16.3c; 16.4b; 16.5b; 16.6a; 16.7b; 16.8b; 16.9a; 16.10d.

Problemas

● **Seções 16.2 e 16.3   Modelos de elementos de circuito e análise de circuitos**

16.1 A corrente em um circuito RLC é descrita por

$$\frac{d^2i}{dt^2} + 10\frac{di}{dt} + 25i = 0$$

Se $i(0) = 2$ e $di(0)/dt = 0$, determine $i(t)$ para $t > 0$.

16.2 A equação diferencial que descreve a tensão em um circuito RLC é

$$\frac{d^2v}{dt^2} + 5\frac{dv}{dt} + 4v = 0$$

Sabendo que $v(0) = 0$, $dv(0)/dt = 5$, obtenha $v(t)$.

16.3 A resposta natural de um circuito RLC é descrita pela equação diferencial

$$\frac{d^2v}{dt^2} + 2\frac{dv}{dt} + v = 0$$

para a qual as condições iniciais são $v(0) = 20$ V e $dv(0)/dt = 0$. Determine $v(t)$.

16.4 Se $R = 20\ \Omega$, $L = 0,6$ H, qual o valor de C que torna o circuito:

(a) Superamortecido.

(b) Criticamente amortecido.

(c) Subamortecido.

16.5 As respostas de um circuito RLC em série são

$$v_c(t) = [30 - 10e^{-20t} + 30e^{-10t}]u(t)\text{V}$$
$$i_L(t) = [40e^{-20t} - 60e^{-10t}]u(t)\text{mA}$$

onde $v_C(t)$ e $i_L(t)$ são, respectivamente, a tensão no capacitor e a corrente no indutor. Determine os valores de R, L e C.

16.6 Projete um circuito RLC que tenha a equação característica
e🅐d

$$s^2 + 100s + 10^6 = 0$$

16.7 A resposta ao degrau de um circuito RLC é dada por

$$\frac{d^2i}{dt^2} + 2\frac{di}{dt} + 5i = 10$$

Sabendo que $i(0) = 6$ e $di(0)/dt = 12$, calcule $i(t)$.

16.8 A tensão em um ramo de um circuito RLC é descrita por

$$\frac{d^2v}{dt^2} + 4\frac{dv}{dt} + 8v = 48$$

Se as condições iniciais forem $v(0) = 0 = dv(0)/dt$, determine $v(t)$.

16.9 Um circuito RLC é descrito por

$$L\frac{d^2i(t)}{dt} + R\frac{di(t)}{dt} + \frac{i(t)}{C} = 2$$

Determine a resposta quando $L = 0,5$ H, $R = 4\ \Omega$ e $C = 0,2$ F. Seja $i(0^-) = 1$ A e $[di(0^-)/dt] = 0$.

16.10 As respostas ao degrau de um circuito RLC são

$$V_c = 40 - 10e^{-2.000t} - 10e^{-4.000t}\text{ V}, t > 0$$
$$i_L(t) = 3e^{-2.000t} + 6e^{-4.000t}\text{ mA}, t > 0$$

(a) Determine C.

(b) Determine que tipo de amortecimento o circuito apresenta.

16.11 A resposta ao degrau de um circuito RLC é

$$v = 10 + 20e^{-300t}(\cos 400t - 2\text{ sen } 400t)\text{V},\ t \geq 0$$

quando o indutor é 50 mH. Determine R e C.

16.12 Determine $i(t)$ no circuito da Figura 16.35 por meio de transformadas de Laplace.

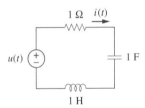

Figura 16.35   Esquema para o Problema 16.12.

16.13 Considere a Figura 16.36 e elabore um problema para
e🅐d ajudar outros estudantes a entender melhor a análise de circuito usando as transformadas de Laplace.

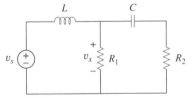

Figura 16.36   Esquema para o Problema 16.13.

16.14 Determine $i(t)$ para $t > 0$ para o circuito na Figura 16.37. Suponha $i_s(t) = [4u(t) + 2\delta(t)]$ mA.

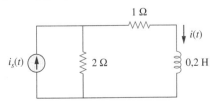

Figura 16.37   Esquema para o Problema 16.14.

16.15 Considere o circuito na Figura 16.38 e calcule o valor de R necessário para que a resposta seja criticamente amortecida.

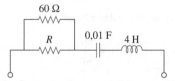

Figura 16.38 Esquema para o Problema 16.15.

16.16 O capacitor no circuito da Figura 16.39 se encontra descarregado inicialmente. Determine $v_o(t)$ para $t > 0$.

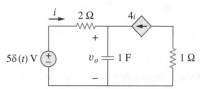

Figura 16.39 Esquema para o Problema 16.16.

16.17 Se $i_s(t) = e^{-2t}u(t)$ A no circuito mostrado na Figura 16.40, determine o valor de $i_o(t)$.

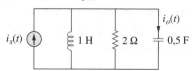

Figura 16.40 Esquema para o Problema 16.17.

16.18 Determine $v(t)$, $t > 0$ no circuito da Figura 16.41. Seja $v_s = 20$ V.

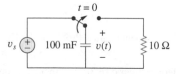

Figura 16.41 Esquema para o Problema 16.18.

16.19 A chave na Figura 16.42 é movida da posição A para B em $t = 0$ (observe que a chave deve ser conectada ao ponto B antes de interromper a conexão com A). Determine $v(t) = $ para $t > 0$.

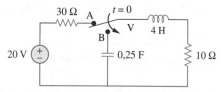

Figura 16.42 Esquema para o Problema 16.19.

16.20 Determine $i(t)$ para $t > 0$ no circuito da Figura 16.43.

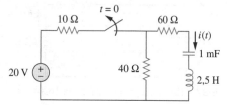

Figura 16.43 Esquema para o Problema 16.20.

16.21 No circuito da Figura 16.44, a chave é movida (o contato é fechado antes de abrir o anterior) da posição A para B em $t = 0$. Determine $v(t)$ para qualquer $t \geq 0$.

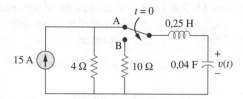

Figura 16.44 Esquema para o Problema 16.21.

16.22 Determine a tensão no capacitor como uma função do tempo para $t > 0$ no circuito da Figura 16.45. Considere condições de estado estacionário em $t = 0^-$.

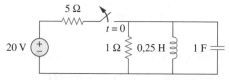

Figura 16.45 Esquema para o Problema 16.22.

16.23 Obtenha $v(t)$ para $t > 0$ no circuito da Figura 16.46.

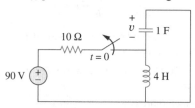

Figura 16.46 Esquema para o Problema 16.23.

16.24 A chave no circuito da Figura 16.47, que estava fechada a um longo tempo, é aberta em $t = 0$. Determine $i(t)$ para $t > 0$.

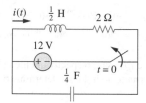

Figura 16.47 Esquema para o Problema 16.24.

16.25 Calcule $v(t)$ para $t > 0$ no circuito da Figura 16.48.

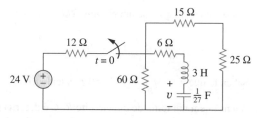

Figura 16.48 Esquema para o Problema 16.25.

16.26 A chave no circuito da Figura 16.49 é movida da posição A para B em $t = 0$ (note que a chave deve ser conectada em B antes de interromper a conexão em A). Determine $i(t)$ para $t > 0$. Considere também que a tensão inicial no capacitor seja zero.

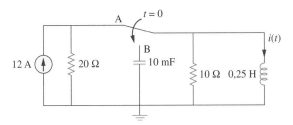

Figura 16.49 Esquema para o Problema 16.26.

16.27 Determine $v(t)$ para $t > 0$ no circuito da Figura 16.50.

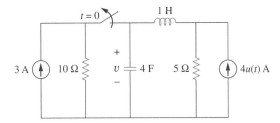

Figura 16.50 Esquema para o Problema 16.27.

16.28 Para o circuito da Figura 16.51, determine $v(t)$ para $t > 0$.

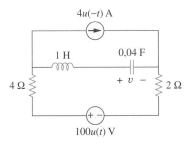

Figura 16.51 Esquema para o Problema 16.28.

16.29 Calcule $i(t)$ para $t > 0$ no circuito da Figura 16.52.

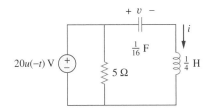

Figura 16.52 Esquema para o Problema 16.29.

16.30 Determine $v_o(t)$, para todo $t > 0$, no circuito da Figura 16.53.

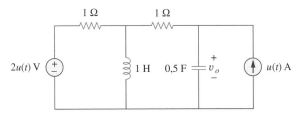

Figura 16.53 Esquema para o Problema 16.30.

16.31 Obtenha $v(t)$ e $i(t)$ para $t > 0$ no circuito da Figura 16.54.

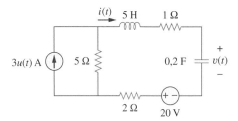

Figura 16.54 Esquema para o Problema 16.31.

16.32 Para o circuito da Figura 16.55, calcule $i(t)$ para $t > 0$.

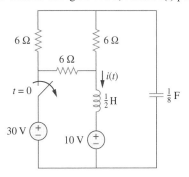

Figura 16.55 Esquema para o Problema 16.32.

16.33 Considere a Figura 16.56 e elabore um problema para
ead ajudar outros estudantes a entender melhor como usar o teorema de Thévenin (no domínio s) para ajudar na análise de circuito.

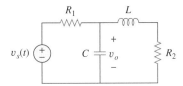

Figura 16.56 Esquema para o Problema 16.33.

16.34 Calcule as correntes de malha no circuito da Figura 16.57. Apresente seus resultados no domínio s.

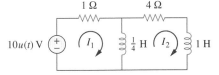

Figura 16.57 Esquema para o Problema 16.34.

16.35 Determine $v_o(t)$ no circuito da Figura 16.58.

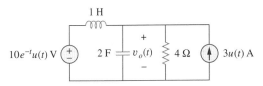

Figura 16.58 Esquema para o Problema 16.35.

16.36 Consulte o circuito da Figura 16.59. Calcule $i(t)$ para $t > 0$.

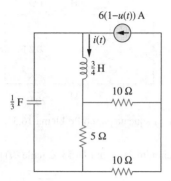

Figura 16.59 Esquema para o Problema 16.36.

16.37 Determine v para $t > 0$ no circuito da Figura 16.60.

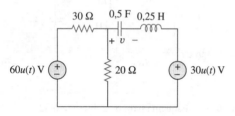

Figura 16.60 Esquema para o Problema 16.37.

16.38 A chave no circuito da Figura 16.61 é movida da posição a para b (a conexão em b ocorre antes da desconexão em a) em $t = 0$. Determine $i(t)$ para $t > 0$.

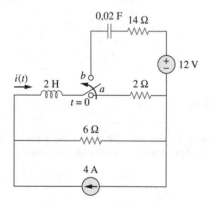

Figura 16.61 Esquema para o Problema 16.38.

16.39 Para o circuito na Figura 16.62, determine $i(t)$ para $t > 0$.

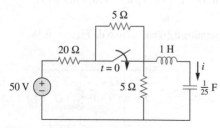

Figura 16.62 Esquema para o Problema 16.39.

16.40 Considere o circuito da Figura 16.63 e determine $v(t)$ e $i(t)$ para $t > 0$. Considere $v(0) = 0$ V e $i(0) = 1$ A.

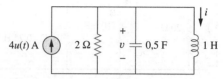

Figura 16.63 Esquema para o Problema 16.40.

16.41 Determine a tensão de saída $v_o(t)$ no circuito da Figura 16.64.

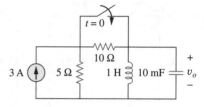

Figura 16.64 Esquema para o Problema 16.41.

16.42 Considere o circuito da Figura 16.65 e determine $i(t)$ e $v(t)$ para $t > 0$.

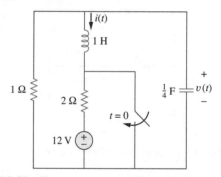

Figura 16.65 Esquema para o Problema 16.42.

16.43 Determine $i(t)$ para $t > 0$ no circuito da Figura 16.66.

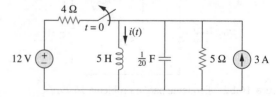

Figura 16.66 Esquema para o Problema 16.43.

16.44 Considere o circuito da Figura 16.67 e determine $i(t)$ para $t > 0$.

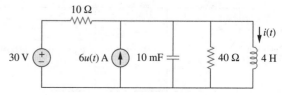

Figura 16.67 Esquema para o Problema 16.44.

16.45 Determine $v(t)$ para $t > 0$ no circuito da Figura 16.68.

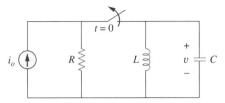

Figura 16.68 Esquema para o Problema 16.45.

16.46 Determine $i_o(t)$ no circuito mostrado na Figura 16.71.

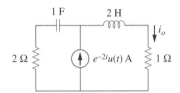

Figura 16.69 Esquema para o Problema 16.46.

16.47 Determine $i_o(t)$ no circuito da Figura 16.70.

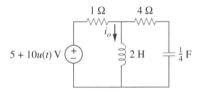

Figura 16.70 Esquema para o Problema 16.47.

16.48 Determine $V_x(s)$ no circuito mostrado na Figura 16.71.

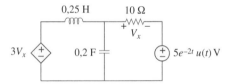

Figura 16.71 Esquema para o Problema 16.48.

16.49 Determine $i_o(t)$ para $t > 0$ no circuito na Figura 16.72.

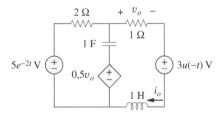

Figura 16.72 Esquema para o Problema 16.49.

16.50 Considere o circuito da Figura 16.73 e determine $v(t)$ para $t > 0$. Considere que $v(0^+) = 4$ V e $i(0^+) = 2$ A.

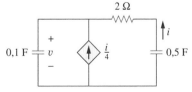

Figura 16.73 Esquema para o Problema 16.50.

16.51 Considere circuito da Figura 16.74 e determine $i(t)$ para $t > 0$.

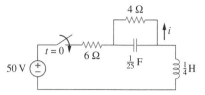

Figura 16.74 Esquema para o Problema 16.51.

16.52 Se a chave na Figura 16.75 esteve fechada a um longo tempo antes de $t = 0$, instante no qual é aberta, determine i_x e v_R para $t > 0$.

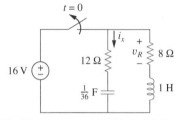

Figura 16.75 Esquema para o Problema 16.52.

16.53 No circuito da Figura 16.76, a chave esteve na posição 1 por um longo tempo antes de ser movida para a posição 2 em $t = 0$. Determine:

a) $v(0^+)$, $dv(0^+)/dt$

b) $v(t)$ para ≥ 0.

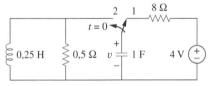

Figura 16.76 Esquema para o Problema 16.53.

16.54 A chave no circuito da Figura 16.77 estava na posição 1 em $t < 0$. Em $t = 0$, ela é movida da posição 1 para o terminal superior do capacitor em $t = 0$. Observe que a chave é conectada no terminal do capacitor antes de interromper a conexão na posição 1. Determine $v(t)$.

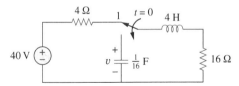

Figura 16.77 Esquema para o Problema 16.54.

16.55 Obtenha i_1 e i_2 para $t > 0$ no circuito da Figura 16.78.

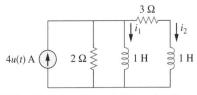

Figura 16.78 Esquema para o Problema 16.55.

16.56 Calcule $i_o(t)$ para $t > 0$ no circuito da Figura 16.79.

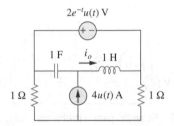

Figura 16.79 Esquema para o Problema 16.56.

16.57 (a) Determine a transformada de Laplace da tensão mostrada na Figura 16.80a. (b) Usando o valor de $v_s(t)$ no circuito mostrado na Figura 16.80b, determine o valor de $v_o(t)$.

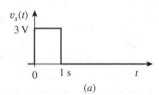

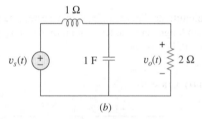

Figura 16.80 Esquema para o Problema 16.57.

16.58 Considere a Figura 16.81 e elabore um problema para ajudar outros estudantes a entender melhor a análise de circuitos no domínio s em circuitos com fontes dependentes.

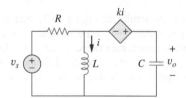

Figura 16.81 Esquema para o Problema 16.58.

16.59 Determine $v_o(t)$ no circuito da Figura 16.82 se $v_x(0) = 2$ V e $i(0) = 1$ A.

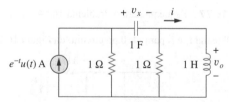

Figura 16.82 Esquema para o Problema 16.59.

16.60 Determine a resposta $v_R(t)$ para $t > 0$ no circuito da Figura 16.83. Seja $R = 3\,\Omega$, $L = 2$ H e $C = 1/8$ F.

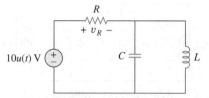

Figura 16.83 Esquema para o Problema 16.60.

*__16.61__ Determine a tensão $v_o(t)$ no circuito da Figura 16.84 por meio da transformada de Laplace.

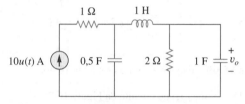

Figura 16.84 Esquema para o Problema 16.61.

16.62 Considere a Figura 16.85 e elabore um problema para ajudar outros estudantes a entenderem melhor o cálculo de tensões nodais no domínio s.

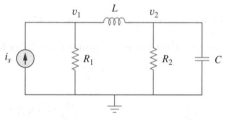

Figura 16.85 Esquema para o Problema 16.62.

16.63 Considere o circuito RLC em paralelo da Figura 16.86. Determine $v(t)$ e $i(t)$ dado que $v(0) = 5$ e $i(0) = -2$ A.

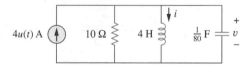

Figura 16.86 Esquema para o Problema 16.63.

16.64 A chave na Figura 16.87 é movida da posição 1 para a 2 em $t = 0$. Determine $v(t)$ para todo $t > 0$.

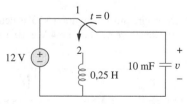

Figura 16.87 Esquema para o Problema 16.64.

---

* O asterisco indica um problema que constitui um desafio.

16.65 Considere o circuito *RLC* mostrado na Figura 16.88 e determine a resposta completa se $v(0) = 2$ V quando a chave é fechada.

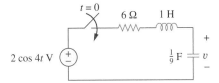

Figura 16.88 Esquema para o Problema 16.65.

16.66 Considere o circuito com AOP da Figura 16.89 e determine $v_0(t)$ para $t > 0$. Suponha que $v_x = 3e^{-5t}u(t)$ V.

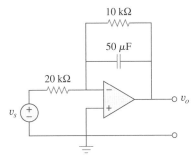

Figura 16.89 Esquema para o Problema 16.66.

16.67 Dado o circuito com AOP da Figura 16.90, se $v_1(0^+) = 2$ e $v_2(0^+) = 0$ V, determine v_0 para $t > 0$. Seja $R = 100$ kΩ e $C = 1$ μF.

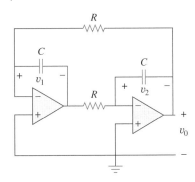

Figura 16.90 Esquema para o Problema 16.67.

16.68 Obtenha V_0/V_s no circuito com AOP da Figura 16.91.

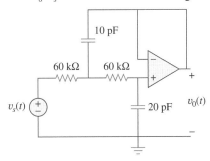

Figura 16.91 Esquema para o Problema 16.68.

16.69 Determine $I_1(s)$ e $I_2(s)$ no circuito da Figura 16.92.

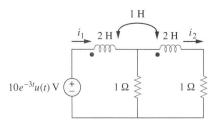

Figura 16.92 Esquema para o Problema 16.69.

16.70 Considere a Figura 16.93 e elabore um problema para ajudar outros estudantes a entender melhor como fazer a análise de circuito no domínio *s* em circuitos que têm elementos mutuamente acoplados.

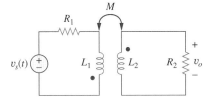

Figura 16.93 Esquema para o Problema 16.70.

16.71 Considere o circuito com transformador ideal da Figura 16.94, determine $i_o(t)$.

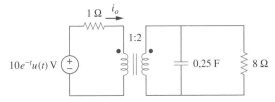

Figura 16.94 Esquema para o Problema 16.71.

● **Seção 16.4 Funções de transferência**

16.72 A função de transferência de um sistema é

$$H(s) = \frac{s^2}{3s + 1}$$

Determine a saída quando o sistema tem uma entrada de $4e^{-t/3}u(t)$.

16.73 Quando a entrada de um sistema é uma função degrau unitário, a resposta é $10 \cos 2t u(t)$. Obtenha a função de transferência do sistema.

16.74 Elabore um problema para ajudar outros estudantes a entenderem melhor como determinar as saídas quando é dada a função de transferência e a entrada.

16.75 Quando um degrau unitário é aplicado a um sistema em $t = 0$, sua resposta é

$$y(t) = \left[4 + \frac{1}{2}e^{-3t} - e^{-2t}(2\cos 4t + 3\,\text{sen}\,4t)\right]u(t)$$

Qual a função de transferência desse sistema?

16.76 Considere o circuito da Figura 16.95 e determine $H(s) = V_o(s)/V_s(s)$. Suponha condições iniciais zero.

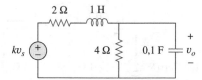

Figura 16.95 Esquema para o Problema 16.76.

16.77 Obtenha a função de transferência $H(s) = V_o/V_s$ para o circuito da Figura 16.96.

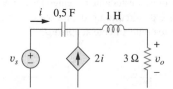

Figura 16.96 Esquema para o Problema 16.77.

16.78 A função de transferência de certo circuito é

$$H(s) = \frac{5}{s+1} - \frac{3}{s+2} + \frac{6}{s+4}$$

Determine a resposta ao impulso do circuito.

16.79 Considere o circuito da Figura 16.97 e determine:

(a) I_1/V_s (b) I_2/V_x

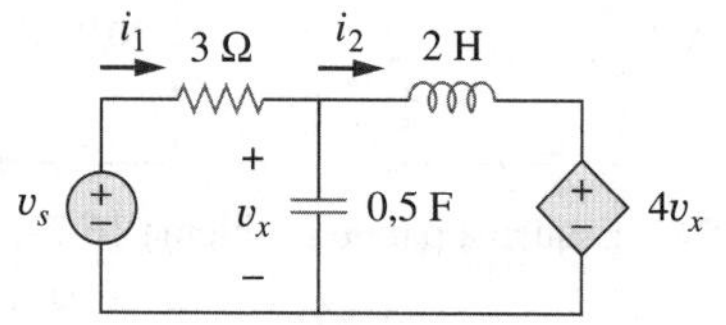

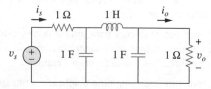

Figura 16.97 Esquema para o Problema 16.79.

16.80 Observe o circuito da Figura 16.98. Determine as funções de transferência a seguir:

(a) $H_1(s) = V_o(s)/V_s(s)$
(b) $H_2(s) = V_o(s)/I_s(s)$
(c) $H_3(s) = I_o(s)/I_s(s)$
(d) $H_4(s) = I_o(s)/V_s(s)$

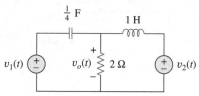

Figura 16.98 Esquema para o Problema 16.80.

16.81 Considere o circuito com AOP da Figura 16.99 e determine a função de transferência $T(s) = I(s)/V_s(s)$. Considere todas as condições iniciais nulas.

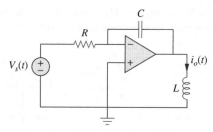

Figura 16.99 Esquema para o Problema 16.81.

16.82 Calcule o ganho $H(s) = V_o/V_s$ no circuito com AOP na Figura 16.100.

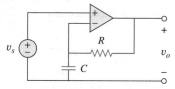

Figura 16.100 Esquema para o Problema 16.82.

16.83 Observe o circuito RL na Figura 16.69. Determine:

(a) A resposta do circuito ao impulso $h(t)$.
(b) A resposta do circuito a um degrau unitário.

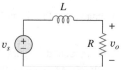

Figura 16.101 Esquema para o Problema 16.83.

16.84 Um circuito RL em paralelo possui $R = 4\ \Omega$ e $L = 1$ H. A entrada para o circuito é $i_s(t) = 2e^{-t}u(t)$ A. Determine a corrente no indutor $i_L(t)$ para todo $t > 0$ e suponha que $I_L(0) = -2$ A.

16.85 Um circuito tem a função de transferência a seguir

$$H(s) = \frac{s+4}{(s+1)(s+2)^2}$$

Determine a resposta ao impulso.

● **Seção 16.5**   **Variáveis de estado**

16.86 Desenvolva as equações de estado para o Problema 16.102.

16.87 Desenvolva as equações de estado para o problema elaborado por você no Problema 16.13.

16.88 Desenvolva as equações de estado para o circuito da Figura 16.102.

Figura 16.102 Esquema para o Problema 16.88.

16.89 Desenvolva as equações de estado para o circuito apresentado na Figura 16.103.

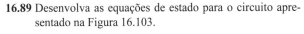

Figura 16.103 Esquema para o Problema 16.89.

16.90 Desenvolva as equações de estado para o circuito mostrado na Figura 16.104.

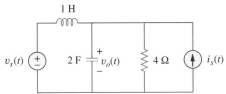

Figura 16.104 Esquema para o Problema 16.90.

16.91 Desenvolva as equações de estado para a seguinte equação diferencial.

$$\frac{d^2y(t)}{dt^2} + \frac{6\,dy(t)}{dt} + 7y(t) = z(t)$$

*16.92 Desenvolva as equações de estado para a seguinte equação diferencial.

$$\frac{d^2y(t)}{dt^2} + \frac{7\,dy(t)}{dt} + 9y(t) = \frac{dz(t)}{dt} + z(t)$$

*16.93 Desenvolva as equações de estado para a seguinte equação diferencial.

$$\frac{d^3y(t)}{dt^3} + \frac{6\,d^2y(t)}{dt^2} + \frac{11\,dy(t)}{dt} + 6y(t) = z(t)$$

*16.94 Dada a equação de estado a seguir, determine $y(t)$:

$$\dot{\mathbf{x}} = \begin{bmatrix} -4 & 4 \\ -2 & 0 \end{bmatrix} x + \begin{bmatrix} 0 \\ 2 \end{bmatrix} u(t)$$

$$\mathbf{y}(t) = [1 \quad 0]x$$

*16.95 Dada a equação de estado a seguir, determine $y_1(t)$ e $y_2(t)$.

$$\dot{\mathbf{x}} = \begin{bmatrix} -2 & -1 \\ 2 & -4 \end{bmatrix} x + \begin{bmatrix} 1 & 1 \\ 4 & 0 \end{bmatrix} \begin{bmatrix} u(t) \\ 2u(t) \end{bmatrix}$$

$$\mathbf{y} = \begin{bmatrix} -2 & -2 \\ 1 & 0 \end{bmatrix} x + \begin{bmatrix} 2 & 0 \\ 0 & -1 \end{bmatrix} \begin{bmatrix} u(t) \\ 2u(t) \end{bmatrix}$$

● Seção 16.6 Aplicações

16.96 Demonstre que o circuito RLC em paralelo mostrado na Figura 16.105 é estável.

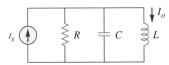

Figura 16.105 Esquema para o Problema 16.96.

16.97 Um sistema é formado pela conexão em cascata de dois sistemas, conforme exibido na Figura 16.106. Dado que as respostas dos sistemas a um impulso são

$$h_1(t) = 3e^{-t}u(t), \qquad h_2(t) = e^{-4t}u(t)$$

(a) Obtenha a resposta a um impulso do sistema como um todo.
(b) Verifique se o sistema como um todo é estável.

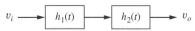

Figura 16.106 Esquema para o Problema 16.97.

16.98 Determine se o circuito com AOP na Figura 16.75 é estável.

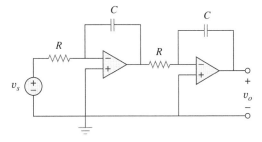

Figura 16.107 Esquema para o Problema 16.98.

16.99 Deseja-se concretizar a função de transferência

$$\frac{V_2(s)}{V_1(s)} = \frac{2s}{s^2 + 2s + 6}$$

usando o circuito da Figura 16.108. Adote $R = 1$ kΩ e determine L e C.

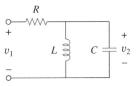

Figura 16.108 Esquema para o Problema 16.99.

16.100 Projete um circuito com AOP usando a Figura 16.109, que concretizará a seguinte função de transferência:

$$\frac{V_o(s)}{V_i(s)} = -\frac{s + 1.000}{2(s + 4.000)}$$

Adote $C_1(t) = 10\ \mu F$; determine R_1, R_2 e C_2.

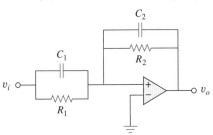

Figura 16.109 Esquema para o Problema 16.100.

16.101 Concretize a função de transferência

$$\frac{V_o(s)}{V_s(s)} = -\frac{s}{s + 10}$$

usando o circuito da Figura 16.110. Seja $Y_1 = sC_1$, $Y_2 = 1/R_1$, $Y_3 = sC_2$. Adote $R_1 = 1\ k\Omega$ e determine C_1 e C_2.

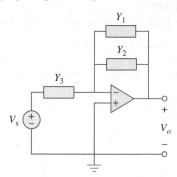

Figura 16.110 Esquema para o Problema 16.101.

16.102 Sintetize a função de transferência

$$\frac{V_o(s)}{V_{ent}(s)} = \frac{10^6}{s^2 + 100s + 10^6}$$

usando a topologia da Figura 16.111. Seja $Y_1 = 1/R_1$, $Y_2 = 1/R_2$, $Y_3 = sC_1$, $Y_4 = sC_2$. Adote $R_1 = 1\ k\Omega$ e determine C_1, C_2 e R_2.

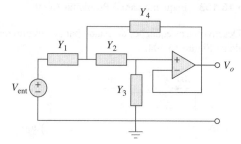

Figura 16.111 Esquema para o Problema 16.102.

Problemas abrangentes

16.103 Obtenha a função de transferência do circuito com AOP da Figura 16.112 na forma

$$\frac{V_o(s)}{V_i(s)} = \frac{as}{s^2 + bs + c}$$

onde a, b e c são constantes. Determine essas constantes.

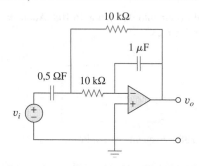

Figura 16.112 Esquema para o Problema 16.103.

16.104 Certo circuito possui uma admitância de entrada $Y(s)$. A admitância tem um polo em $s = -3$, um zero em $s = -1$ e $Y(\infty) = 0,25$ S.

(a) Determine $Y(s)$.

(b) Uma bateria de 8 V é conectada ao circuito por uma chave. Se a chave for fechada em $t = 0$, determine a corrente $i(t)$ através de $Y(s)$ usando transformadas de Laplace.

16.105 Girador é um dispositivo para simular um indutor em um circuito. O circuito de um girador básico é apresentado na Figura 16.113. Determinando a relação $V_i(s)/I_o(s)$, demonstre que a indutância produzida pelo girador é $L = CR^2$.

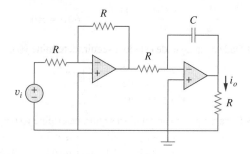

Figura 16.113 Esquema para o Problema 16.105.

17

SÉRIES DE FOURIER

Pesquisar é ver aquilo que todos os demais viram e imaginar aquilo que ninguém havia pensado.
Albert Szent Györgyi

Progresso profissional

Critérios ABET EC 2000 (3.j), "conhecimento de questões contemporâneas".

Os engenheiros devem ter conhecimento de questões contemporâneas. Para ter uma carreira verdadeiramente significativa no século XXI, você precisa conhecer essas questões, especialmente aquelas que possam afetar diretamente seu emprego e/ou trabalho. Uma das maneiras mais fáceis para se atualizar é ler muito – jornais, revistas e livros atuais. Como estudante participante de um programa reconhecido pela ABET, alguns dos cursos que você fará serão direcionados para atender a esse critério.

Critérios ABET EC 2000 (3.k), "habilidade em usar as técnicas, os conhecimentos e as modernas ferramentas necessários para a prática da engenharia".

O engenheiro bem-sucedido deve ter "habilidade em usar as técnicas, os conhecimentos e as modernas ferramentas necessários para a prática da engenharia". É claro que um dos principais objetivos deste livro seja realmente fazer isso. Aprender a usar com perícia as ferramentas que facilitam seu trabalho em um moderno "ambiente de projeto integrado para registro de conhecimento" (KCIDE) é fundamental para seu bom desempenho como engenheiro. É preciso entender sobre essas ferramentas para poder trabalhar em um moderno ambiente KCIDE.

Portanto, um engenheiro bem-sucedido deve se manter atualizado sobre as novas ferramentas de projeto, análise e simulação, assim como deve utilizar essas ferramentas até se sentir à vontade com seu uso. O engenheiro também deve certificar-se de que os resultados obtidos por meio de um *software* sejam consistentes com as questões práticas. Provavelmente seja essa área que a maioria dos engenheiros apresenta grande dificuldade. Portanto, o êxito no emprego dessas ferramentas requer aprendizagem e reaprendizagem constantes dos fundamentos da área na qual o engenheiro está atuando.

© Hulton Archive/Getty

PERFIS HISTÓRICOS

Jean Baptiste Joseph Fourier (1768-1830), matemático francês, apresentou, pela primeira vez, as séries e transformadas que levam seu nome. Os resultados de Fourier não foram recebidos com entusiasmo pelo mundo científico. Ele não teve nem mesmo a oportunidade de ter seu trabalho publicado como um artigo científico.

Nascido em Auxerre, França, Fourier tornou-se órfão aos 8 anos. Frequentou colégio militar de sua cidade, dirigido por monges beneditinos, onde demonstrou grande competência em matemática. Como a maioria de seus contemporâneos, foi arrastado pelos ideais da Revolução Francesa. Fourier teve importante participação nas expedições de Napoleão ao Egito no final dos anos de 1790. Em consequência de seu envolvimento político, escapou da morte por duas vezes.

17.1 Introdução

Investimos um tempo considerável na análise de circuitos com fontes senoidais. Este capítulo mostra um meio para se analisar circuitos sujeitos a excitações periódicas não senoidais. O conceito de funções periódicas foi introduzido no Capítulo 9, no qual foi mencionado que a senoide é a função periódica mais simples e útil. O presente capítulo introduz as séries de Fourier, uma técnica para expressar uma função periódica em termos de senoides. Uma vez que a função de entrada seja expressa nesses termos, podemos aplicar o método dos fasores para análise de circuitos.

As séries de Fourier receberam esse nome em homenagem a Jean Baptiste Joseph Fourier (1768-1830). Em 1822, o gênio Fourier teve a brilhante ideia de que qualquer função periódica prática pode ser representada como uma soma de senoides. Uma representação destas, junto ao teorema de superposição, nos permite encontrar a resposta de circuitos para entradas periódicas arbitrárias usando-se técnicas de fasores.

Iniciamos com as séries de Fourier trigonométricas. Posteriormente, examinamos as séries de Fourier exponenciais. Em seguida, aplicamos as séries de Fourier na análise de circuitos. Finalmente, são demonstradas aplicações práticas das séries de Fourier em filtros e analisadores de espectro.

17.2 Séries de Fourier trigonométricas

Enquanto estudava fluxo térmico, Fourier descobriu que uma função periódica não senoidal podia ser expressa como a soma infinita de funções senoidais. Lembre-se de que uma função periódica é aquela que se repete a cada T segundos. Em outras palavras, uma função periódica $f(t)$ pode ser representada pela relação a seguir

$$f(t) = f(t + nT) \qquad (17.1)$$

onde n é um inteiro e T, o período da função.

De acordo com o *teorema de Fourier*, qualquer função periódica prática de frequência ω_0 pode ser expressa na forma de uma soma infinita de funções seno ou cosseno que são múltiplos inteiros de ω_0. Portanto, $f(t)$ pode ser expressa como

$$f(t) = a_0 + a_1 \cos\omega_0 t + b_1 \operatorname{sen}\omega_0 t + a_2 \cos 2\omega_0 t \\ + b_2 \operatorname{sen} 2\omega_0 t + a_3 \cos 3\omega_0 t + b_3 \operatorname{sen} 3\omega_0 t + \cdots \quad (17.2)$$

ou

$$\boxed{f(t) = \underbrace{a_0}_{\text{dc}} + \underbrace{\sum_{n=1}^{\infty} (a_n \cos n\omega_0 t + b_n \operatorname{sen} n\omega_0 t)}_{\text{ac}}} \quad (17.3)$$

onde $\omega_0 = 2\pi/T$ é a chamada *frequência fundamental*, medida em radianos por segundo. A senoide sen $n\omega_0 t$ ou cos $n\omega_0 t$ é denominada *n*-ésima harmônica de $f(t)$; ela é uma harmônica ímpar se *n* for ímpar e uma harmônica par se *n* for par. A Equação (17.3) é denominada *série de Fourier trigonométrica* de $f(t)$. As constantes a_n e b_n são os *coeficientes de Fourier*. O coeficiente a_0 é a componente CC ou o valor médio de $f(t)$. (Lembre-se de que as senoides possuem valores médios nulos.) Os coeficientes a_n e b_n (para $n \neq 0$) são as amplitudes das senoides no componente CA. Portanto,

> A frequência harmônica ω_n é um múltiplo inteiro da frequência fundamental ω_0, isto é, $\omega_n = n\omega_0$.

Série de Fourier de uma função periódica *f*(t) é uma representação que decompõe *f*(t) em um componente CC e outra CA formada por uma série infinita de senoides harmônicas.

Uma função que pode ser representada por uma série de Fourier como aquela da Equação (17.3) deve atender a certos requisitos, pois a série infinita da Equação (17.3) pode ou não convergir. As condições em relação a $f(t)$ que a levem a uma série de Fourier convergente são as seguintes:

1. $f(t)$ é uma função que apresenta um único valor em qualquer ponto.
2. $f(t)$ tem um número finito de descontinuidades em qualquer período.
3. $f(t)$ tem um número finito de máximos e mínimos em qualquer período.
4. A integral $\displaystyle\int_{t_0}^{t_0+T} |f(t)|\, dt < \infty$ para qualquer t_0.

As condições anteriores são chamadas *condições de Dirichlet*. Embora não sejam necessárias, elas são condições suficientes para que uma série de Fourier exista.

> *Nota histórica*: Embora Fourier tenha publicado seu teorema em 1822, foi P. G. L. Dirichlet (1805-1859) que apresentou, posteriormente, uma prova aceitável do teorema.

Uma tarefa importante nas séries de Fourier é a determinação dos coeficientes de Fourier a_0, a_n e b_n. O processo de determinação dos coeficientes é denominado *análise de Fourier*. As integrais trigonométricas, a seguir, são muito úteis na análise de Fourier. Para inteiros *m* e *n* quaisquer,

> Um pacote de *software*, como o *Mathcad* ou *Maple*, pode ser usado para calcular os coeficientes de Fourier.

$$\int_0^T \operatorname{sen} n\omega_0 t\, dt = 0 \quad (17.4a)$$

$$\int_0^T \cos n\omega_0 t\, dt = 0 \quad (17.4b)$$

$$\int_0^T \operatorname{sen} n\omega_0 t \cos m\omega_0 t \, dt = 0 \qquad (17.4c)$$

$$\int_0^T \operatorname{sen} n\omega_0 t \operatorname{sen} m\omega_0 t \, dt = 0, \qquad (m \neq n) \qquad (17.4d)$$

$$\int_0^T \cos n\omega_0 t \cos m\omega_0 t \, dt = 0, \qquad (m \neq n) \qquad (17.4e)$$

$$\int_0^T \operatorname{sen}^2 n\omega_0 t \, dt = \frac{T}{2} \qquad (17.4f)$$

$$\int_0^T \cos^2 n\omega_0 t \, dt = \frac{T}{2} \qquad (17.4g)$$

Usaremos essas identidades para calcular os coeficientes de Fourier.

Iniciamos pela determinação de a_0. Integramos ambos os lados da Equação (17.3) ao longo de um período e obtemos

$$\int_0^T f(t) \, dt = \int_0^T \left[a_0 + \sum_{n=1}^{\infty} (a_n \cos n\omega_0 t + b_n \operatorname{sen} n\omega_0 t) \right] dt$$

$$= \int_0^T a_0 \, dt + \sum_{n=1}^{\infty} \left[\int_0^T a_n \cos n\omega_0 t \, dt \right. \qquad (17.5)$$

$$\left. + \int_0^T b_n \operatorname{sen} n\omega_0 t \, dt \right] dt$$

Recorrendo às identidades das Equações (17.4a) e (17.4b), as duas integrais envolvendo os termos CA desaparecem. Logo,

$$\int_0^T f(t) \, dt = \int_0^T a_0 \, dt = a_0 T$$

ou

$$\boxed{a_0 = \frac{1}{T} \int_0^T f(t) \, dt} \qquad (17.6)$$

demonstrando que a_0 é o valor médio de $f(t)$.

Para calcular a_n, multipliquemos ambos os lados da Equação (17.3) por $\cos m\omega_0 t$ e integremos ao longo de um período:

$$\int_0^T f(t) \cos m\omega_0 t \, dt$$

$$= \int_0^T \left[a_0 + \sum_{n=1}^{\infty} (a_n \cos n\omega_0 t + b_n \operatorname{sen} n\omega_0 t) \right] \cos m\omega_0 t \, dt$$

$$= \int_0^T a_0 \cos m\omega_0 t \, dt + \sum_{n=1}^{\infty} \left[\int_0^T a_n \cos n\omega_0 t \cos m\omega_0 t \, dt \right.$$

$$\left. + \int_0^T b_n \operatorname{sen} n\omega_0 t \cos m\omega_0 t \, dt \right] dt \qquad (17.7)$$

A integral contendo a_0 é zero em vista da Equação (17.4b), enquanto a integral contendo b_n desaparece de acordo com a Equação (17.4c). A integral contendo a_n será zero, exceto quando $m = n$, cujo caso ela é $T/2$, segundo as Equações (17.4e) e (17.4g). Portanto,

$$\int_0^T f(t) \cos m\omega_0 t \, dt = a_n \frac{T}{2}, \quad \text{para } m = n$$

ou

$$\boxed{a_n = \frac{2}{T} \int_0^T f(t) \cos n\omega_0 t \, dt} \quad (17.8)$$

De modo similar, obtemos b_n multiplicando-se ambos os lados da Equação (17.3) por sen $m\omega_0 t$ e integrando ao longo de um período. O resultado é

$$\boxed{b_n = \frac{2}{T} \int_0^T f(t) \, \text{sen } n\omega_0 t \, dt} \quad (17.9)$$

Sendo $f(t)$ periódica, pode ser mais conveniente realizar as integrações anteriores a partir de $-T/2$ a $T/2$ ou, geralmente, de t_0 a $t_0 + T$, em vez de 0 a T. O resultado será o mesmo.

Uma forma alternativa da Equação (17.3) é a forma *amplitude-fase*

$$\boxed{f(t) = a_0 + \sum_{n=1}^{\infty} A_n \cos(n\omega_0 t + \phi_n)} \quad (17.10)$$

Podemos usar as Equações (9.11) e (9.12) para relacionar a Equação (17.3) com a Equação (17.10) ou, então podemos aplicar a identidade trigonométrica

$$\cos(\alpha + \beta) = \cos\alpha \cos\beta - \text{sen}\,\alpha \, \text{sen}\,\beta \quad (17.11)$$

aos termos CA na Equação (17.10) de modo que

$$a_0 + \sum_{n=1}^{\infty} A_n \cos(n\omega_0 t + \phi_n) = a_0 + \sum_{n=1}^{\infty} (A_n \cos\phi_n) \cos n\omega_0 t \\ - (A_n \, \text{sen}\,\phi_n) \, \text{sen}\, n\omega_0 t \quad (17.12)$$

Igualando os coeficientes das expansões da série nas Equações (17.3) e (17.12) demonstra que

$$a_n = A_n \cos\phi_n, \quad b_n = -A_n \, \text{sen}\,\phi_n \quad (17.13a)$$

ou

$$\boxed{A_n = \sqrt{a_n^2 + b_n^2}, \quad \phi_n = -\text{tg}^{-1} \frac{b_n}{a_n}} \quad (17.13b)$$

Para evitar qualquer confusão na determinação de ϕ_n, pode ser que seja melhor relacionar os termos na forma complexa como segue

O espectro de frequências também é conhecido como o *espectro de linhas* tendo em vista as componentes de frequência discretas.

$$A_n\underline{/\phi_n} = a_n - jb_n \tag{17.14}$$

A conveniência dessa relação se tornará evidente na Seção 17.6. O gráfico da amplitude A_n das harmônicas *versus* $n\omega_0$ é denominado *espectro de amplitudes* de $f(t)$; o gráfico da fase ϕ_n *versus* $n\omega_0$ é o *espectro de fases* de $f(t)$. Os espectros de amplitudes e os de fases formam juntos o *espectro de frequências* de $f(t)$.

Tabela 17.1 • Valores das funções cosseno, seno e exponencial para múltiplos inteiros de π.

Função	Valor
$\cos 2n\pi$	1
$\text{sen}\, 2n\pi$	0
$\cos n\pi$	$(-1)^n$
$\text{sen}\, n\pi$	0
$\cos\dfrac{n\pi}{2}$	$\begin{cases}(-1)^{n/2}, & n = \text{par} \\ 0, & n = \text{ímpar}\end{cases}$
$\text{sen}\,\dfrac{n\pi}{2}$	$\begin{cases}(-1)^{(n-1)/2}, & n = \text{ímpar} \\ 0, & n = \text{par}\end{cases}$
$e^{j2n\pi}$	1
$e^{jn\pi}$	$(-1)^n$
$e^{jn\pi/2}$	$\begin{cases}(-1)^{n/2}, & n = \text{par} \\ j(-1)^{(n-1)/2}, & n = \text{ímpar}\end{cases}$

> O **espectro de frequências** de um sinal é formado pelos gráficos de amplitudes e de fases das harmônicas *versus* a frequência.

Portanto, a análise de Fourier também é uma ferramenta matemática para encontrar o espectro de um sinal periódico. Um sinal do espectro mais bem elaborado é apresentado na Seção 17.6.

Para calcular os coeficientes de Fourier a_0, a_n e b_n, normalmente, aplicamos as seguintes integrais:

$$\int \cos at\, dt = \frac{1}{a}\text{sen}\, at \tag{17.15a}$$

$$\int \text{sen}\, at\, dt = -\frac{1}{a}\cos at \tag{17.15b}$$

$$\int t\cos at\, dt = \frac{1}{a^2}\cos at + \frac{1}{a}t\,\text{sen}\, at \tag{17.15c}$$

$$\int t\,\text{sen}\, at\, dt = \frac{1}{a^2}\text{sen}\, at - \frac{1}{a}t\cos at \tag{17.15d}$$

Também é útil conhecer os valores das funções cosseno, seno e exponencial para múltiplos inteiros de π. Estes são dados na Tabela 17.1, em que n é um inteiro.

EXEMPLO 17.1

Determine as séries de Fourier da forma de onda mostrada na Figura 17.1. Obtenha os espectros de amplitudes e de fases.

Solução: A série de Fourier é dada pela Equação (17.3), a saber,

$$f(t) = a_0 + \sum_{n=1}^{\infty}(a_n\cos n\omega_0 t + b_n\,\text{sen}\, n\omega_0 t) \tag{17.1.1}$$

Nosso objetivo é obter os coeficientes de Fourier a_0, a_n e b_n usando as Equações (17.6), (17.8) e (17.9). Primeiro, descrevemos a forma de onda como segue

$$f(t) = \begin{cases} 1, & 0 < t < 1 \\ 0, & 1 < t < 2 \end{cases} \tag{17.1.2}$$

e $f(t) = f(t + T)$. Como $T = 2$, $\omega_0 = 2\pi/T = \pi$. Portanto,

$$a_0 = \frac{1}{T}\int_0^T f(t)\, dt = \frac{1}{2}\left[\int_0^1 1\, dt + \int_1^2 0\, dt\right] = \frac{1}{2}t\Big|_0^1 = \frac{1}{2} \tag{17.1.3}$$

Usando a Equação (17.8) com a Equação (17.15a),

$$a_n = \frac{2}{T}\int_0^T f(t)\cos n\omega_0 t\, dt$$

$$= \frac{2}{2}\left[\int_0^1 1\cos n\pi t\, dt + \int_1^2 0\cos n\pi t\, dt\right] \tag{17.1.4}$$

$$= \frac{1}{n\pi}\text{sen}\, n\pi t\Big|_0^1 = \frac{1}{n\pi}[\text{sen}\, n\pi - \text{sen}\,(0)] = 0$$

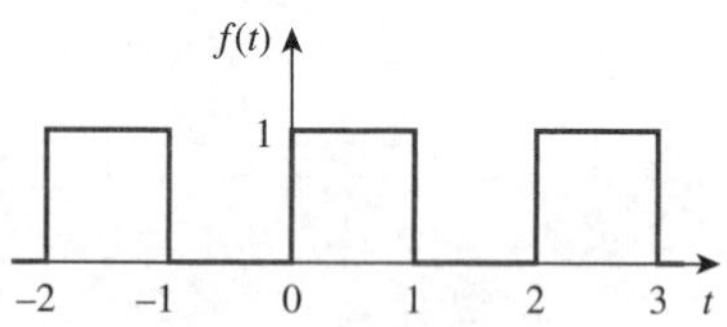

Figura 17.1 Esquema para o Exemplo 17.1; onda quadrada.

Da Equação (17.9), com o auxílio da Equação (17.15b),

$$b_n = \frac{2}{T}\int_0^T f(t)\,\text{sen}\,n\omega_0 t\,dt$$

$$= \frac{2}{2}\left[\int_0^1 1\,\text{sen}\,n\pi t\,dt + \int_1^2 0\,\text{sen}\,n\pi t\,dt\right]$$

$$= -\frac{1}{n\pi}\cos n\pi t\,\bigg|_0^1 \qquad (17.1.5)$$

$$= -\frac{1}{n\pi}(\cos n\pi - 1), \qquad \cos n\pi = (-1)^n$$

$$= \frac{1}{n\pi}[1-(-1)^n] = \begin{cases} \dfrac{2}{n\pi}, & n = \text{ímpar} \\ 0, & n = \text{par} \end{cases}$$

substituindo na Equação (17.1.1) os coeficientes de Fourier obtidos nas Equações (17.1.3) a (17.1.5), temos a séries de Fourier como segue

$$f(t) = \frac{1}{2} + \frac{2}{\pi}\text{sen}\,\pi t + \frac{2}{3\pi}\text{sen}\,3\pi t + \frac{2}{5\pi}\text{sen}\,5\pi t + \cdots \qquad (17.1.6)$$

Como $f(t)$ contém apenas a componente CC e os termos seno com a componente fundamental e as harmônicas ímpares, ela poderia ser escrita como

$$f(t) = \frac{1}{2} + \frac{2}{\pi}\sum_{k=1}^{\infty}\frac{1}{n}\text{sen}\,n\pi t, \qquad n = 2k-1 \qquad (17.1.7)$$

Somando os termos um a um, como demonstrado na Figura 17.2, notamos como a superposição dos termos pode evoluir para o quadrado original. À medida que é somado um número cada vez maior de componentes, a soma fica cada vez mais próxima da onda quadrada. Entretanto, na prática, não é possível somarmos a série na Equação (17.1.6) ou (17.1.7) ao infinito. É possível apenas uma soma parcial ($n = 1, 2, 3, ..., N$, em que N é finito). Se representarmos graficamente a soma parcial (ou série truncada) ao longo de um período por um N grande, como na Figura 17.3, notamos que a soma parcial oscila acima e abaixo do valor real de $f(t)$. Na vizinhança dos pontos de descontinuidade ($x = 0, 1, 2, ...$), existe oscilação com transbordamento e amortecimento. De fato, um transbordamento de aproximadamente 9% do valor de pico está sempre presente, independentemente do número de termos usados para aproximar $f(t)$. Isso é denominado *fenômeno de Gibbs*.

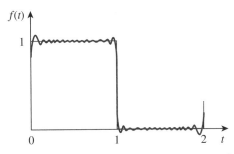

Figura 17.3 Truncamento das séries de Fourier em $N = 11$; fenômeno de Gibbs.

Finalmente, obtemos os espectros de amplitudes e de fases para o sinal da Figura 17.1. Como $a_n = 0$,

$$A_n = \sqrt{a_n^2 + b_n^2} = |b_n| = \begin{cases} \dfrac{2}{n\pi}, & n = \text{ímpar} \\ 0, & n = \text{par} \end{cases} \qquad (17.1.8)$$

Componente CC

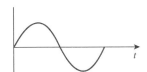

Componente CA fundamental

(a)

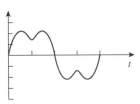

Soma das duas primeiras componentes CA

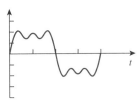

Soma das três primeiras componentes CA

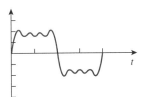

Soma das quatro primeiras componentes CA

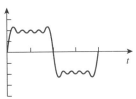

Soma das cinco primeiras componentes CA

(b)

Figura 17.2 Evolução de uma onda quadrada a partir de suas componentes Fourier.

Somar os termos de Fourier por meio de cálculos manuais pode ser entediante. Um computador é útil para calcular os termos e representar graficamente a soma como aqueles mostrados na Figura 17.2.

e

$$\phi_n = -\text{tg}^{-1}\frac{b_n}{a_n} = \begin{cases} -90°, & n = \text{ímpar} \\ 0, & n = \text{par} \end{cases} \quad (17.1.9)$$

Os gráficos de A_n e ϕ_n para diferentes valores de $n\omega_0 = n\pi$ fornece os espectros de amplitudes e de fases na Figura 17.4. Note que as amplitudes das harmônicas decaem muito rapidamente com a frequência.

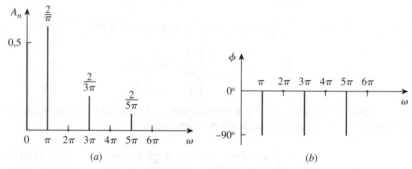

Figura 17.4 Esquema para o Exemplo 17.1: (*a*) espectro de amplitudes; (*b*) espectro de fases da função mostrada na Figura 17.1.

● **PROBLEMA PRÁTICO 17.1**

Determine a série de Fourier da onda quadrada, mostrada na Figura 17.5. Represente graficamente os espectros de amplitude e de fase.

Resposta: $f(t) = \dfrac{4}{\pi}\sum_{k=1}^{\infty}\dfrac{1}{n}\,\text{sen}\,n\pi t,\ n = 2k-1$. Ver Figura 17.6 para os espectros.

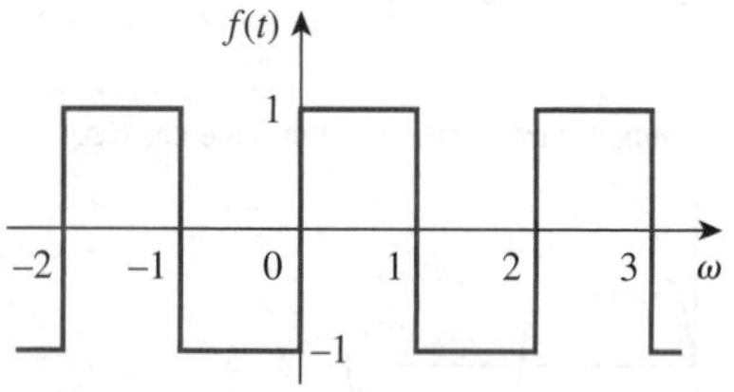

Figura 17.5 Esquema para o Problema prático 17.1.

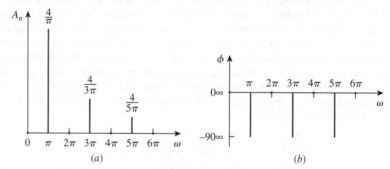

Figura 17.6 Esquema para o Problema prático 17.1: espectros de amplitude e de fase para a função mostrada na Figura 17.5.

● **EXEMPLO 17.2**

Obtenha a série de Fourier para a função periódica na Figura 17.7 e represente graficamente os espectros de amplitudes e de fases.

Solução: A função é descrita como

$$f(t) = \begin{cases} t, & 0 < t < 1 \\ 0, & 1 < t < 2 \end{cases}$$

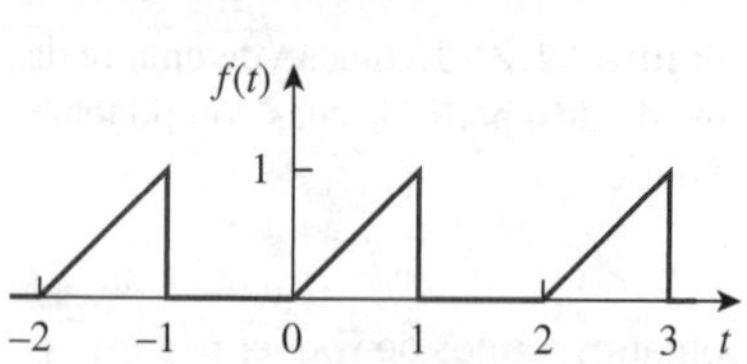

Figura 17.7 Esquema para o Exemplo 17.2.

Como $T = 2$, $\omega_0 = 2\pi/T = \pi$. Então

$$a_0 = \frac{1}{T}\int_0^T f(t)\,dt = \frac{1}{2}\left[\int_0^1 t\,dt + \int_1^2 0\,dt\right] = \frac{1}{2}\frac{t^2}{2}\bigg|_0^1 = \frac{1}{4} \quad (17.2.1)$$

Para calcular a_n e b_n, precisamos das integrais na Equação (17.15):

$$a_n = \frac{2}{T}\int_0^T f(t)\cos n\omega_0 t\, dt$$

$$= \frac{2}{2}\left[\int_0^1 t\cos n\pi t\, dt + \int_1^2 0\cos n\pi t\, dt\right]$$

$$= \left[\frac{1}{n^2\pi^2}\cos n\pi t + \frac{t}{n\pi}\operatorname{sen} n\pi t\right]\Big|_0^1 \qquad (17.2.2)$$

$$= \frac{1}{n^2\pi^2}(\cos n\pi - 1) + 0 = \frac{(-1)^n - 1}{n^2\pi^2}$$

já que $\cos n\pi = (-1)^n$; e

$$b_n = \frac{2}{T}\int_0^T f(t)\operatorname{sen} n\omega_0 t\, dt$$

$$= \frac{2}{2}\left[\int_0^1 t\operatorname{sen} n\pi t\, dt + \int_1^2 0\operatorname{sen} n\pi t\, dt\right]$$

$$= \left[\frac{1}{n^2\pi^2}\operatorname{sen} n\pi t - \frac{t}{n\pi}\cos n\pi t\right]\Big|_0^1 \qquad (17.2.3)$$

$$= 0 - \frac{\cos n\pi}{n\pi} = \frac{(-1)^{n+1}}{n\pi}$$

Substituindo os coeficientes de Fourier que acabamos de encontrar na Equação (17.3) nos leva a

$$f(t) = \frac{1}{4} + \sum_{n=1}^{\infty}\left[\frac{[(-1)^n - 1]}{(n\pi)^2}\cos n\pi t + \frac{(-1)^{n+1}}{n\pi}\operatorname{sen} n\pi t\right]$$

Para obter os espetros de amplitudes e de fases, notamos que, para harmônicas pares, $a_n = 0$, $b_n = -1/n\pi$, de modo que

$$A_n\underline{/\phi_n} = a_n - jb_n = 0 + j\frac{1}{n\pi} \qquad (17.2.4)$$

Logo,

$$A_n = |b_n| = \frac{1}{n\pi}, \qquad n = 2, 4, \ldots \qquad (17.2.5)$$

$$\phi_n = 90°, \qquad n = 2, 4, \ldots$$

Para harmônicas ímpares, $a_n = -2(n^2\pi^2)$, $b_n = 1/(n\pi)$, de modo que

$$A_n\underline{/\phi_n} = a_n - jb_n = -\frac{2}{n^2\pi^2} - j\frac{1}{n\pi} \qquad (17.2.6)$$

Isto é,

$$A_n = \sqrt{a_n^2 + b_n^2} = \sqrt{\frac{4}{n^4\pi^4} + \frac{1}{n^2\pi^2}}$$

$$= \frac{1}{n^2\pi^2}\sqrt{4 + n^2\pi^2}, \qquad n = 1, 3, \ldots \qquad (17.2.7)$$

Da Equação (17.2.6), observamos que ϕ cai no terceiro quadrante, de modo que

$$\phi_n = 180° + \operatorname{tg}^{-1}\frac{n\pi}{2}, \qquad n = 1, 3, \ldots \qquad (17.2.8)$$

A partir das Equações (17.2.5), (17.2.7) e (17.2.8), representamos graficamente A_n e ϕ_n para os diferentes valores de $n\omega_0 = n\pi$ para obter o espectro de amplitudes e de fases, conforme mostrado na Figura 17.8.

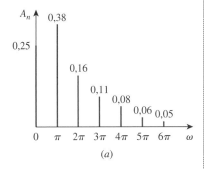

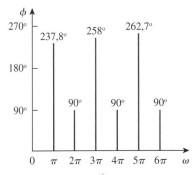

Figura 17.8 Esquema para o Exemplo 17.2: (*a*) espectro de amplitude; (*b*) espectro de fase.

Determine a série de Fourier da forma de onda dente de serra na Figura 17.9.

PROBLEMA PRÁTICO 17.2

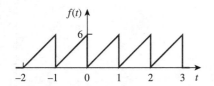

Figura 17.9 Esquema para o Problema prático 17.2.

Resposta: $f(t) = 3 - \dfrac{6}{\pi} \displaystyle\sum_{n=1}^{\infty} \dfrac{1}{n} \operatorname{sen} 2\pi n t$.

17.3 Considerações sobre simetria

Notamos que a série de Fourier do Exemplo 17.1 era formada apenas por termos seno. Poderíamos perguntar se existe um método por meio do qual era possível saber com antecedência que alguns coeficientes de Fourier seriam zero e evitar trabalho desnecessário envolvido no entediante processo de calculá-los. Realmente, existe um método, e ele se baseia no reconhecimento da existência de simetria. Neste ponto, discutiremos três tipos de simetria: (1) simetria par, (2) simetria ímpar, (3) simetria de meia onda.

17.3.1 Simetria par

Uma função $f(t)$ é *par* se seu gráfico for simétrico em relação ao êxito vertical; isto é,

$$f(t) = f(-t) \qquad (17.16)$$

Exemplos de funções pares são t^2, t^4 e $\cos t$. A Figura 17.10 mostra mais exemplos de funções periódicas pares. Note que cada um desses exemplos pode ser representado pela Equação (17.16). Uma importante propriedade de uma função par $f_e(t)$ é que:

$$\int_{-T/2}^{T/2} f_e(t)\,dt = 2 \int_{0}^{T/2} f_e(t)\,dt \qquad (17.17)$$

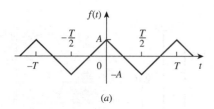
(a)

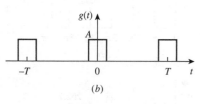
(b)

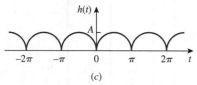
(c)

Figura 17.10 Exemplos típicos de funções periódicas pares.

pois integrar de $-T/2$ a 0 é o mesmo que integrar de 0 a $T/2$. Utilizando essa propriedade, os coeficientes de Fourier para uma função par ficam

$$\begin{aligned} a_0 &= \frac{2}{T} \int_0^{T/2} f(t)\,dt \\ a_n &= \frac{4}{T} \int_0^{T/2} f(t) \cos n\omega_0 t\,dt \\ b_n &= 0 \end{aligned} \qquad (17.18)$$

Como $b_n = 0$, a Equação (17.3) se transforma em uma *série cosseno de Fourier*. Isso faz sentido porque a função cosseno é, por si só, par. Também há um sentido intuitivo de que uma função par não contém nenhum termo seno, já que a função seno é ímpar.

Para confirmar a Equação (17.18) quantitativamente, aplicamos a propriedade de uma função par na Equação (17.17) no cálculo dos coeficientes de Fourier nas Equações (17.6), (17.8) e (17.9). É conveniente em cada caso integrar ao longo do intervalo $-T/2 < t < T/2$, que é simétrica em relação à origem. Portanto,

$$a_0 = \frac{1}{T}\int_{-T/2}^{T/2} f(t)\, dt = \frac{1}{T}\left[\int_{-T/2}^{0} f(t)\, dt + \int_{0}^{T/2} f(t)\, dt\right] \quad \textbf{(17.19)}$$

Trocamos variáveis por integrais ao longo do intervalo $-T/2 < t < 0$ fazendo $t = -x$, de modo que $dt = -dx$, $f(t) = f(-t) = f(x)$, já que $f(t)$ é uma função par e quando $t = -T/2$, $x = T/2$. Então,

$$\begin{aligned}a_0 &= \frac{1}{T}\left[\int_{T/2}^{0} f(x)(-dx) + \int_{0}^{T/2} f(t)\, dt\right] \\ &= \frac{1}{T}\left[\int_{0}^{T/2} f(x)\, dx + \int_{0}^{T/2} f(t)\, dt\right]\end{aligned} \quad \textbf{(17.20)}$$

demonstrando que as duas integrais são idênticas. Logo,

$$a_0 = \frac{2}{T}\int_{0}^{T/2} f(t)\, dt \quad \textbf{(17.21)}$$

como esperado. De modo similar, a partir da Equação (17.8),

$$a_n = \frac{2}{T}\left[\int_{-T/2}^{0} f(t)\cos n\omega_0 t\, dt + \int_{0}^{T/2} f(t)\cos n\omega_0 t\, dt\right] \quad \textbf{(17.22)}$$

Fazemos a mesma troca de variáveis que nos levaram à Equação (17.20) e notamos que tanto $f(t)$ como $\cos n\omega_0 t$ são funções pares, implicando $f(-t) = f(t)$ e $\cos(-n\omega_0 t) = \cos n\omega_0 t$. A Equação (17.22) fica

$$\begin{aligned}a_n &= \frac{2}{T}\left[\int_{T/2}^{0} f(-x)\cos(-n\omega_0 x)(-dx) + \int_{0}^{T/2} f(t)\cos n\omega_0 t\, dt\right] \\ &= \frac{2}{T}\left[\int_{T/2}^{0} f(x)\cos(n\omega_0 x)(-dx) + \int_{0}^{T/2} f(t)\cos n\omega_0 t\, dt\right] \\ &= \frac{2}{T}\left[\int_{0}^{T/2} f(x)\cos(n\omega_0 x)\, dx + \int_{0}^{T/2} f(t)\cos n\omega_0 t\, dt\right]\end{aligned} \quad \textbf{(17.23a)}$$

ou

$$a_n = \frac{4}{T}\int_{0}^{T/2} f(t)\cos n\omega_0 t\, dt \quad \textbf{(17.23b)}$$

conforme esperado. Para b_n, aplicamos a Equação (17.9),

$$b_n = \frac{2}{T}\left[\int_{-T/2}^{0} f(t)\,\text{sen}\, n\omega_0 t\, dt + \int_{0}^{T/2} f(t)\,\text{sen}\, n\omega_0 t\, dt\right] \quad \textbf{(17.24)}$$

Fazemos a mesma troca de variáveis, porém tenha em mente que $f(-t) = f(t)$, no entanto, $\text{sen}(-n\omega_0 t) = -\text{sen}\, n\omega_0 t$. A Equação (17.24) resulta em

$$\begin{aligned}b_n &= \frac{2}{T}\left[\int_{T/2}^{0} f(-x)\,\text{sen}(-n\omega_0 x)(-dx) + \int_{0}^{T/2} f(t)\,\text{sen}\, n\omega_0 t\, dt\right] \\ &= \frac{2}{T}\left[\int_{T/2}^{0} f(x)\,\text{sen}\, n\omega_0 x\, dx + \int_{0}^{T/2} f(t)\,\text{sen}\, n\omega_0 t\, dt\right] \\ &= \frac{2}{T}\left[-\int_{0}^{T/2} f(x)\,\text{sen}(n\omega_0 x)\, dx + \int_{0}^{T/2} f(t)\,\text{sen}\, n\omega_0 t\, dt\right] \\ &= 0\end{aligned} \quad \textbf{(17.25)}$$

confirmando a Equação (17.18).

17.3.2 Simetria ímpar

Diz-se que uma função $f(t)$ é *ímpar* se seu gráfico for antissimétrico em relação ao eixo vertical:

$$f(-t) = -f(t) \quad (17.26)$$

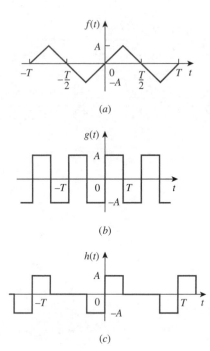

Figura 17.11 Exemplos típicos de funções periódicas.

Exemplos de funções ímpares são t, t^3 e sen t. A Figura 17.11 mostra mais exemplos de funções periódicas ímpares. Todos esses exemplos podem ser representados pela Equação (17.26). Uma função ímpar $f_o(t)$ tem a seguinte característica importante:

$$\int_{-T/2}^{T/2} f_o(t)\, dt = 0 \quad (17.27)$$

pois a integração de $-T/2$ a 0 é o negativo daquele de 0 a $T/2$. Por meio dessa propriedade, os coeficientes de Fourier para uma função ímpar resultam

$$a_0 = 0, \quad a_n = 0$$
$$b_n = \frac{4}{T}\int_0^{T/2} f(t)\operatorname{sen} n\omega_0 t\, dt \quad (17.28)$$

que nos fornece uma *série seno de Fourier*. Enfatizando, isso faz sentido, pois a função seno é, por si só, uma função ímpar. Observe também que não existem termos CC para a expansão da série de Fourier de uma função ímpar.

A prova quantitativa da Equação (17.18) segue o mesmo procedimento usado para provar a Equação (17.18), exceto pelo fato de $f(t)$ agora ser ímpar, de modo que $f(t) = -f(t)$. Com essa diferença simples, porém fundamental, fica fácil constatar que $a_0 = 0$ na Equação (17.20), $a_n = 0$ na Equação (17.23a) e b_n na Equação (17.24) fica

$$b_n = \frac{2}{T}\left[\int_{T/2}^{0} f(-x)\operatorname{sen}(-n\omega_0 x)(-dx) + \int_0^{T/2} f(t)\operatorname{sen} n\omega_0 t\, dt\right]$$

$$= \frac{2}{T}\left[-\int_{T/2}^{0} f(x)\operatorname{sen} n\omega_0 x\, dx + \int_0^{T/2} f(t)\operatorname{sen} n\omega_0 t\, dt\right]$$

$$= \frac{2}{T}\left[\int_0^{T/2} f(x)\operatorname{sen}(n\omega_0 x)\, dx + \int_0^{T/2} f(t)\operatorname{sen} n\omega_0 t\, dt\right]$$

$$b_n = \frac{4}{T}\int_0^{T/2} f(t)\operatorname{sen} n\omega_0 t\, dt \quad (17.29)$$

como esperado.

É interessante notar que qualquer função periódica $f(t)$ sem simetria, seja ela par ou ímpar, pode ser decomposta em partes pares e ímpares. Usando as propriedades das funções pares e ímpares das Equações (17.16) e (17.26), podemos escrever

$$f(t) = \underbrace{\frac{1}{2}[f(t) + f(-t)]}_{\text{par}} + \underbrace{\frac{1}{2}[f(t) - f(-t)]}_{\text{ímpar}} = f_e(t) + f_o(t) \quad \textbf{(17.30)}$$

note que $f_e(t) = \frac{1}{2}[f(t) + f(-t)]$ representa a propriedade de uma função par na Equação (17.16), enquanto $f_o(t) = \frac{1}{2}[f(t) - f(-t)]$ representa a propriedade de uma função ímpar na Equação (17.26). O fato de $f_e(t)$ conter apenas os termos CC e os termos cosseno, enquanto $f_o(t)$ tem apenas os termos seno, pode ser explorado no agrupamento da expansão da série de Fourier de $f(t)$ como segue

$$f(t) = \underbrace{a_0 + \sum_{n=1}^{\infty} a_n \cos n\omega_0 t}_{\text{par}} + \underbrace{\sum_{n=1}^{\infty} b_n \operatorname{sen} n\omega_0 t}_{\text{ímpar}} = f_e(t) + f_o(t) \quad \textbf{(17.31)}$$

Segue imediatamente da Equação (17.31) que, quando $f(t)$ é par, $b_n = 0$, e, quando $f(t)$ é ímpar, $a_0 = 0 = a_n$.

Da mesma forma, observe as propriedades, a seguir, de funções ímpares e pares:

1. O produto de duas funções pares também é uma função par.
2. O produto de duas funções ímpares também é uma função par.
3. O produto de uma função par com uma função ímpar é uma função ímpar.
4. A soma (ou diferença) de duas funções pares também é uma função par.
5. A soma (ou diferença) de duas funções ímpares é uma função ímpar.
6. A soma (ou diferença) de uma função par com uma função ímpar não é nem par nem ímpar.

Cada uma dessas propriedades pode ser provada usando-se as Equações (17.16) e (17.26).

17.3.3 Simetria de meia onda

Uma função é simétrica (ímpar) de meia onda se

$$\boxed{f\left(t - \frac{T}{2}\right) = -f(t)} \quad \textbf{(17.32)}$$

que significa que cada meio ciclo é a imagem espelhada do meio ciclo seguinte. Observe que as funções $\cos n\omega_0 t$ e $\operatorname{sen} n\omega_0 t$ representam a Equação (17.32) para valores ímpares de n e, portanto, possuem simetria de meia onda quando n for ímpar. A Figura 17.12 ilustra outros exemplos de funções simétricas de meia onda. As funções nas Figuras 17.11a e b também são simétricas de meia onda. Note que, para cada função um semiciclo, é a versão invertida do semiciclo adjacente. Os coeficientes de Fourier resultam em

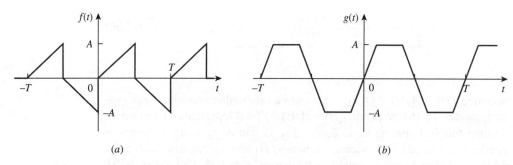

Figura 17.12 Exemplos típicos de funções simétricas ímpares de meia onda.

$$a_0 = 0$$

$$a_n = \begin{cases} \dfrac{4}{T} \displaystyle\int_0^{T/2} f(t) \cos n\omega_0 t \, dt, & \text{para } n \text{ ímpar} \\ 0, & \text{para } n \text{ par} \end{cases}$$

$$b_n = \begin{cases} \dfrac{4}{T} \displaystyle\int_0^{T/2} f(t) \operatorname{sen} n\omega_0 t \, dt, & \text{para } n \text{ ímpar} \\ 0, & \text{para } n \text{ par} \end{cases}$$

(17.33)

demonstrando que a série de Fourier de uma função simétrica de meia onda contém apenas harmônicas ímpares.

Para deduzir a Equação (17.33), aplicamos a propriedade das funções simétricas de meia onda na Equação (17.32) para calcular os coeficientes de Fourier nas Equações (17.6), (17.8) e (17.9). Portanto,

$$a_0 = \frac{1}{T}\int_{-T/2}^{T/2} f(t)\,dt = \frac{1}{T}\left[\int_{-T/2}^{0} f(t)\,dt + \int_{0}^{T/2} f(t)\,dt\right] \quad \text{(17.34)}$$

Trocamos de variáveis na integral ao longo do intervalo $-T/2 < t < 0$, fazendo que $x = t + T/2$, de modo que $dx = dt$; quando $t = -T/2$, $x = 0$, e, quando $t = 0$, $x = T/2$. Da mesma forma, mantemos a Equação (17.32); isto é, $f(x - T/2) = -f(x)$. Portanto,

$$\begin{aligned} a_0 &= \frac{1}{T}\left[\int_0^{T/2} f\!\left(x - \frac{T}{2}\right) dx + \int_0^{T/2} f(t)\,dt\right] \\ &= \frac{1}{T}\left[-\int_0^{T/2} f(x)\,dx + \int_0^{T/2} f(t)\,dt\right] = 0 \end{aligned} \quad \text{(17.35)}$$

confirmando a expressão para a_0 na Equação (17.33). De modo similar,

$$a_n = \frac{2}{T}\left[\int_{-T/2}^{0} f(t) \cos n\omega_0 t\,dt + \int_0^{T/2} f(t) \cos n\omega_0 t\,dt\right] \quad \text{(17.36)}$$

Fazemos a mesma troca de variáveis que nos levou à Equação (17.35), de modo que a Equação (17.36) fica

$$a_n = \frac{2}{T}\left[\int_0^{T/2} f\left(x - \frac{T}{2}\right)\cos n\omega_0\left(x - \frac{T}{2}\right)dx \right.$$
$$\left. + \int_0^{T/2} f(t)\cos n\omega_0 t\, dt\right] \quad (17.37)$$

Como $f(x - T/2) = -f(x)$ e

$$\cos n\omega_0\left(x - \frac{T}{2}\right) = \cos(n\omega_0 t - n\pi)$$
$$= \cos n\omega_0 t \cos n\pi + \sen n\omega_0 t \sen n\pi \quad (17.38)$$
$$= (-1)^n \cos n\omega_0 t$$

substituindo-se estas na Equação (17.37) nos leva a

$$a_n = \frac{2}{T}[1 - (-1)^n]\int_0^{T/2} f(t)\cos n\omega_0 t\, dt$$
$$= \begin{cases} \dfrac{4}{T}\int_0^{T/2} f(t)\cos n\omega_0 t\, dt, & \text{para } n \text{ ímpar} \\ 0, & \text{para } n \text{ par} \end{cases} \quad (17.39)$$

confirmando a Equação (17.33). Seguindo procedimento similar, podemos deduzir b_n como na Equação (17.33).

A Tabela 17.2 sintetiza os efeitos dessas simetrias nos coeficientes de Fourier. A Tabela 17.3 fornece a série de Fourier das mesmas funções periódicas comuns.

Tabela 17.2 • Efeitos da simetria sobre os coeficientes de Fourier.

Simetria	a_0	a_n	b_n	Comentários
Par	$a_0 \neq 0$	$a_n \neq 0$	$b_n = 0$	Integrar ao longo de $T/2$ e multiplicar por 2 para obter os coeficientes
Ímpar	$a_0 = 0$	$a_n = 0$	$b_n \neq 0$	Integrar ao longo de $T/2$ e multiplicar por 2 para obter os coeficientes
Meia onda	$a_0 = 0$	$a_{2n} = 0$ $a_{2n+1} \neq 0$	$b_{2n} = 0$ $b_{2n+1} \neq 0$	Integrar ao longo de $T/2$ e multiplicar por 2 para obter os coeficientes

Tabela 17.3 • A série de Fourier de funções comuns.

Função	Série de Fourier
1. Onda quadrada 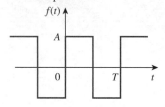	$f(t) = \dfrac{4A}{\pi} \displaystyle\sum_{n=1}^{\infty} \dfrac{1}{2n-1} \operatorname{sen}(2n-1)\omega_0 t$
2. Trem de pulso retangular 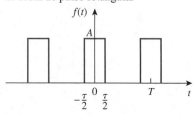	$f(t) = \dfrac{A\tau}{T} + \dfrac{2A}{T} \displaystyle\sum_{n=1}^{\infty} \dfrac{1}{n} \operatorname{sen}\dfrac{n\pi\tau}{T} \cos n\omega_0 t$
3. Onda dente de serra 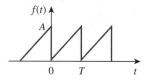	$f(t) = \dfrac{A}{2} - \dfrac{A}{\pi} \displaystyle\sum_{n=1}^{\infty} \dfrac{\operatorname{sen} n\omega_0 t}{n}$
4. Onda triangular 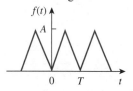	$f(t) = \dfrac{A}{2} - \dfrac{4A}{\pi^2} \displaystyle\sum_{n=1}^{\infty} \dfrac{1}{(2n-1)^2} \cos(2n-1)\omega_0 t$
5. Seno retificado de meia onda 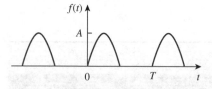	$f(t) = \dfrac{A}{\pi} + \dfrac{A}{2} \operatorname{sen}\omega_0 t - \dfrac{2A}{\pi} \displaystyle\sum_{n=1}^{\infty} \dfrac{1}{4n^2-1} \cos 2n\omega_0 t$
6. Seno retificado de onda completa 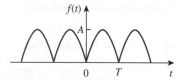	$f(t) = \dfrac{2A}{\pi} - \dfrac{4A}{\pi} \displaystyle\sum_{n=1}^{\infty} \dfrac{1}{4n^2-1} \cos n\omega_0 t$

EXEMPLO 17.3

Determine a expansão da série de Fourier de $f(t)$ dado na Figura 17.13.

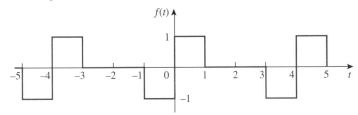

Figura 17.13 Esquema para o Exemplo 17.3.

Solução: A função $f(t)$ é uma função ímpar. Portanto, $a_0 = 0 = a_n$. O período é $T = 4$ e $\omega_0 = 2\pi/T = \pi/2$, de modo que

$$b_n = \frac{4}{T}\int_0^{T/2} f(t)\,\text{sen}\,n\omega_0 t\,dt$$

$$= \frac{4}{4}\left[\int_0^1 1\,\text{sen}\frac{n\pi}{2}t\,dt + \int_1^2 0\,\text{sen}\frac{n\pi}{2}t\,dt\right]$$

$$= -\frac{2}{n\pi}\cos\frac{n\pi t}{2}\Big|_0^1 = \frac{2}{n\pi}\left(1 - \cos\frac{n\pi}{2}\right)$$

consequentemente,

$$f(t) = \frac{2}{\pi}\sum_{n=1}^{\infty}\frac{1}{n}\left(1 - \cos\frac{n\pi}{2}\right)\text{sen}\frac{n\pi}{2}t$$

que é uma série seno de Fourier.

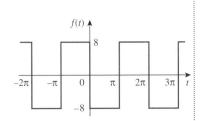

Figura 17.14 Esquema para o Problema prático 17.3.

PROBLEMA PRÁTICO 17.3

Encontre a série de Fourier da função $f(t)$ na Figura 17.14.

Resposta: $f(t) = -\dfrac{32}{\pi}\sum_{k=1}^{\infty}\dfrac{1}{n}\text{sen}\,nt,\ n = 2k - 1$.

EXEMPLO 17.4

Determine a série de Fourier para a função cosseno retificada de meia onda exibida na Figura 17.15.

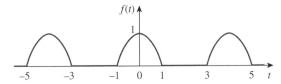

Figura 17.15 Esquema para o Exemplo 17.4: função cosseno retificada de meia onda.

Solução: Esta é uma função par, de modo que $b_n = 0$. Da mesma forma, $T = 4$, $\omega_0 = 2\pi/T = \pi/2$. Ao longo de um período,

$$f(t) = \begin{cases} 0, & -2 < t < -1 \\ \cos\dfrac{\pi}{2}t, & -1 < t < 1 \\ 0, & 1 < t < 2 \end{cases}$$

$$a_0 = \frac{2}{T}\int_0^{T/2} f(t)\,dt = \frac{2}{4}\left[\int_0^1 \cos\frac{\pi}{2}t\,dt + \int_1^2 0\,dt\right]$$

$$= \frac{1}{2}\frac{2}{\pi}\text{sen}\frac{\pi}{2}t\Big|_0^1 = \frac{1}{\pi}$$

$$a_n = \frac{4}{T}\int_0^{T/2} f(t)\cos n\omega_0 t\,dt = \frac{4}{4}\left[\int_0^1 \cos\frac{\pi}{2}t\cos\frac{n\pi t}{2}\,dt + 0\right]$$

Porém, $\cos A \cos B = \frac{1}{2}[\cos(A+B) + \cos(A-B)]$. Então

$$a_n = \frac{1}{2}\int_0^1 \left[\cos\frac{\pi}{2}(n+1)t + \cos\frac{\pi}{2}(n-1)t\right]dt$$

Para $n = 1$,

$$a_1 = \frac{1}{2}\int_0^1 [\cos\pi t + 1]\,dt = \frac{1}{2}\left[\frac{\operatorname{sen}\pi t}{\pi} + t\right]\Big|_0^1 = \frac{1}{2}$$

Para $n > 1$,

$$a_n = \frac{1}{\pi(n+1)}\operatorname{sen}\frac{\pi}{2}(n+1) + \frac{1}{\pi(n-1)}\operatorname{sen}\frac{\pi}{2}(n-1)$$

Para n ímpar ($n = 1, 3, 5, \ldots$), tanto $(n+1)$ quanto $(n-1)$ são pares. Assim,

$$\operatorname{sen}\frac{\pi}{2}(n+1) = 0 = \operatorname{sen}\frac{\pi}{2}(n-1), \quad n = \text{ímpar}$$

Para n par ($n = 2, 4, 6, \ldots$), tanto $(n+1)$ quanto $(n-1)$ são ímpares. Da mesma forma,

$$\operatorname{sen}\frac{\pi}{2}(n+1) = -\operatorname{sen}\frac{\pi}{2}(n-1) = \cos\frac{n\pi}{2} = (-1)^{n/2}, \quad n = \text{par}$$

Logo,

$$a_n = \frac{(-1)^{n/2}}{\pi(n+1)} + \frac{-(-1)^{n/2}}{\pi(n-1)} = \frac{-2(-1)^{n/2}}{\pi(n^2-1)}, \quad n = \text{par}$$

Portanto,

$$f(t) = \frac{1}{\pi} + \frac{1}{2}\cos\frac{\pi}{2}t - \frac{2}{\pi}\sum_{n=\text{par}}^{\infty}\frac{(-1)^{n/2}}{(n^2-1)}\cos\frac{n\pi}{2}t$$

Para evitar o emprego de $n = 2, 4, 6, \ldots$ e também facilitar os cálculos, podemos substituir n por $2k$, em que $k = 1, 2, 3, \ldots$ e obter

$$f(t) = \frac{1}{\pi} + \frac{1}{2}\cos\frac{\pi}{2}t - \frac{2}{\pi}\sum_{k=1}^{\infty}\frac{(-1)^k}{(4k^2-1)}\cos k\pi t$$

que é uma série cosseno de Fourier.

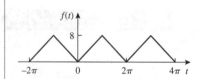

Figura 17.16 Esquema para o Problema prático 17.4.

● **PROBLEMA PRÁTICO 17.4**

Determine a expansão da série de Fourier da função na Figura 17.16.

Resposta: $f(t) = 4 - \dfrac{32}{\pi^2}\sum_{k=1}^{\infty}\dfrac{1}{n^2}\cos nt, n = 2k - 1$.

● **EXEMPLO 17.5**

Calcule a série de Fourier para a função periódica da Figura 17.17.

Solução: A função da Figura 17.17 é simétrica ímpar de meia onda, de modo que $a_0 = 0 = a_n$. Ela é descrita ao longo de meio período como

$$f(t) = t, \quad -1 < t < 1$$

$T = 4$, $\omega_0 = 2\pi/T = \pi/2$. Logo,

$$b_n = \frac{4}{T}\int_0^{T/2} f(t)\operatorname{sen} n\omega_0 t\,dt$$

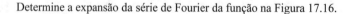

Figura 17.17 Esquema para o Exemplo 17.5.

Em vez de integrar $f(t)$ de 0 a 2, é mais conveniente integrar de –1 a 1.

$$b_n = \frac{4}{4}\int_{-1}^{1} t\,\text{sen}\frac{n\pi t}{2}dt = \left[\frac{\text{sen}\,n\pi t/2}{n^2\pi^2/4} - \frac{t\cos n\pi t/2}{n\pi/2}\right]\Big|_{-1}^{1}$$

$$= \frac{4}{n^2\pi^2}\left[\text{sen}\frac{n\pi}{2} - \text{sen}\left(-\frac{n\pi}{2}\right)\right] - \frac{2}{n\pi}\left[\cos\frac{n\pi}{2} - \cos\left(-\frac{n\pi}{2}\right)\right]$$

$$= \frac{8}{n^2\pi^2}\text{sen}\frac{n\pi}{2}$$

já que sen $(-x) = -$sen x é uma função ímpar, enquanto cos$(-x) = \cos x$ é uma função par. Usando as identidades para sen $n\pi/2$ na Tabela 17.1,

$$b_n = \frac{8}{n^2\pi^2}(-1)^{(n-1)/2}, \quad n = \text{ímpar} = 1, 3, 5, \ldots$$

Portanto,

$$f(t) = \sum_{n=1,3,5}^{\infty} b_n \text{sen}\frac{n\pi}{2}t.$$

Determine a série de Fourier da função da Figura 17.12a. Adote $A = 5$ e $T = 2\pi$.

Resposta: $f(t) = \dfrac{10}{\pi}\sum_{k=1}^{\infty}\left(\dfrac{-2}{n^2\pi}\cos nt + \dfrac{1}{n}\text{sen}\,nt\right), n = 2k - 1.$

PROBLEMA PRÁTICO 17.5

17.4 Aplicações em circuitos

Descobrimos que, na prática, muitos circuitos são comandados por funções periódicas não senoidais. Encontrar a resposta em regime estacionário de um circuito, provocada por uma excitação periódica senoidal, requer a aplicação de uma série de Fourier, análise de fasores em CA e o princípio da superposição. O procedimento normalmente envolve quatro etapas.

Etapas para aplicação das séries de Fourier:

1. Expresse a excitação como série de Fourier.
2. Transforme o circuito do domínio do tempo para o domínio da frequência.
3. Determine a resposta das componentes CC e CA na série de Fourier.
4. Some as respostas CC e CA individuais usando o princípio da superposição.

A primeira etapa é determinar a expansão das séries de Fourier da excitação. Para a fonte de tensão periódica, mostrada na Figura 17.18a, por exemplo, a série de Fourier é expressa como

$$v(t) = V_0 + \sum_{n=1}^{\infty} V_n \cos(n\omega_0 t + \theta_n) \qquad (17.40)$$

(O mesmo poderia ser feito para uma fonte de corrente periódica.) A Equação (17.40) mostra que $v(t)$ é formada por duas partes: a componente CC V_0 e a componente CA $\mathbf{V}_n = V_n \underline{/\theta_n}$ com várias harmônicas. Essa representação de série de Fourier pode ser considerada um conjunto de fontes senoidais ligadas em série, em que cada fonte possui sua própria amplitude e frequência, conforme exibido na Figura 17.18b.

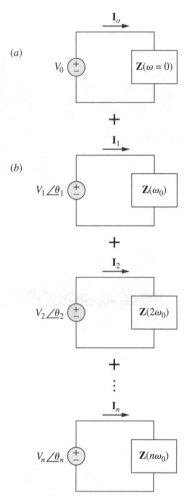

Figura 17.19 Respostas em regime estacionário; (a) do componente; (b) do componente CA (domínio da frequência).

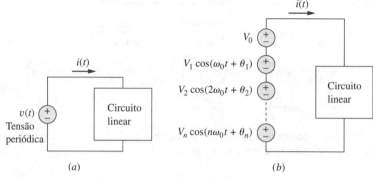

Figura 17.18 (a) Circuito linear excitado por uma fonte de tensão periódica; (b) representação da série de Fourier (domínio do tempo).

A terceira etapa é encontrar a resposta para cada termo na série de Fourier. A resposta à componente CC pode ser determinada no domínio da frequência, fazendo $n = 0$ ou $\omega = 0$, como na Figura 17.19a ou no domínio do tempo, substituindo todos os indutores por curtos-circuitos e todos os capacitores por circuitos abertos. A resposta à componente CA é obtida aplicando-se as técnicas de fasores vistas no Capítulo 9, conforme exibido na Figura 17.19b. O circuito é representado por sua impedância $\mathbf{Z}(n\omega_0)$ ou admitância $\mathbf{Y}(n\omega_0)$. $\mathbf{Z}(n\omega_0)$ é a impedância na entrada, quando todo ω é substituído por $n\omega_0$ e $\mathbf{Y}(n\omega_0)$ é o inverso de $\mathbf{Z}(n\omega_0)$.

Finalmente, seguindo o princípio da superposição, somamos todas as respostas individuais. Para o caso mostrado na Figura 17.19,

$$i(t) = i_0(t) + i_1(t) + i_2(t) + \cdots$$
$$= \mathbf{I}_0 + \sum_{n=1}^{\infty} |\mathbf{I}_n| \cos(n\omega_0 t + \psi_n) \qquad (17.41)$$

em que cada componente $\mathbf{I}_n$ com frequência $n\omega_0$ foi transformado para o domínio do tempo para se obter $i_n(t)$ e ψ_n é o argumento de $\mathbf{I}_n$.

EXEMPLO 17.6

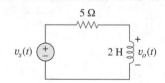

Figura 17.20 Esquema para o Exemplo 17.6.

Usemos a função $f(t)$ do Exemplo 17.1 como fonte de tensão $v_s(t)$ no circuito da Figura 17.20. Encontre a resposta $v_o(t)$ do circuito.

Solução: A partir do Exemplo 17.1,

$$v_s(t) = \frac{1}{2} + \frac{2}{\pi} \sum_{k=1}^{\infty} \frac{1}{n} \operatorname{sen} n\pi t, \quad n = 2k - 1$$

onde $\omega_n = n\omega_0 = n\pi$ rad/s. Usando fasores, obtemos a resposta $\mathbf{V}_o$ no circuito da Figura 17.20 por meio de divisão de tensão:

$$\mathbf{V}_o = \frac{j\omega_n L}{R + j\omega_n L}\mathbf{V}_s = \frac{j2n\pi}{5 + j2n\pi}\mathbf{V}_s$$

Para a componente CC ($\omega_n = 0$ ou $n = 0$)

$$\mathbf{V}_s = \frac{1}{2} \quad \Rightarrow \quad \mathbf{V}_o = 0$$

Isso era esperado, já que o indutor é um curto-circuito em CC. Para o n-ésimo harmônico,

$$\mathbf{V}_s = \frac{2}{n\pi} \angle{-90°} \quad (17.6.1)$$

e a resposta correspondente é

$$\mathbf{V}_o = \frac{2n\pi \angle{90°}}{\sqrt{25 + 4n^2\pi^2} \angle{\text{tg}^{-1} 2n\pi/5}} \left(\frac{2}{n\pi} \angle{-90°} \right)$$

$$= \frac{4 \angle{-\text{tg}^{-1} 2n\pi/5}}{\sqrt{25 + 4n^2\pi^2}} \quad (17.6.2)$$

No domínio do tempo,

$$v_o(t) = \sum_{k=1}^{\infty} \frac{4}{\sqrt{25 + 4n^2\pi^2}} \cos\left(n\pi t - \text{tg}^{-1} \frac{2n\pi}{5}\right), \quad n = 2k - 1$$

Os três primeiros termos (k = 1, 2, 3 ou n = 1, 3, 5) das harmônicas ímpares no somatório nos fornece

$$v_o(t) = 0{,}4981 \cos(\pi t - 51{,}49°) + 0{,}2051 \cos(3\pi t - 75{,}14°)$$
$$+ 0{,}1257 \cos(5\pi t - 80{,}96°) + \cdots \text{V}$$

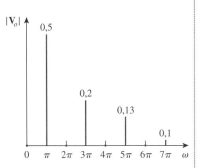

Figura 17.21 Esquema para o Exemplo 17.6: espectro de amplitude da tensão de saída.

A Figura 17.21 ilustra o espectro de amplitudes para a tensão de saída $v_o(t)$, enquanto a tensão de entrada $v_s(t)$ se encontra na Figura 17.4a. Note que os dois espectros estão próximos. Por quê? Observamos que o circuito na Figura 17.20 é um filtro passa-altas com frequência de corte $\omega_c = R/L = 2{,}5$ rad/s, que é menor que a frequência fundamental $\omega_0 = \pi$ rad/s. A componente CC não passa e a primeira harmônica é ligeiramente atenuada, porém, harmônicas mais altas passam. De fato, das Equações (17.6.1) e (17.6.2), $\mathbf{V}_o$ é idêntica a $\mathbf{V}_s$ para n elevado, que é a característica de um filtro passa-altas.

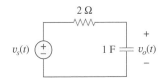

Figura 17.22 Esquema para o Problema prático 17.6.

PROBLEMA PRÁTICO 17.6

Se a forma de onda dente de serra da Figura 17.9 (ver o Problema prático 17.2) for a fonte de tensão $v_s(t)$ no circuito da Figura 17.22, encontre a resposta $v_o(t)$.

Resposta: $v_o(t) = \dfrac{3}{2} - \dfrac{3}{\pi} \sum_{n=1}^{\infty} \dfrac{\text{sen}(2\pi n t - \text{tg}^{-1} 4n\pi)}{n\sqrt{1 + 16n^2\pi^2}}$ V.

EXEMPLO 17.7

Determine a resposta $i_o(t)$ do circuito da Figura 17.23 se a tensão de entrada $v(t)$ tem uma expansão de série de Fourier

$$v(t) = 1 + \sum_{n=1}^{\infty} \frac{2(-1)^n}{1 + n^2}(\cos nt - n \,\text{sen}\, nt)$$

Solução: Usando a Equação (17.13), podemos expressar a tensão de entrada como

$$v(t) = 1 + \sum_{n=1}^{\infty} \frac{2(-1)^n}{\sqrt{1 + n^2}} \cos(nt + \text{tg}^{-1} n)$$

$$= 1 - 1{,}414 \cos(t + 45°) + 0{,}8944 \cos(2t + 63{,}45°)$$
$$- 0{,}6345 \cos(3t + 71{,}56°) - 0{,}4851 \cos(4t + 78{,}7°) + \cdots$$

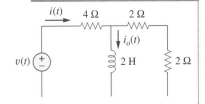

Figura 17.23 Esquema para o Exemplo 17.7.

Notamos que ω_0 = 1, ω_n = n rad/s. A impedância na fonte é

$$\mathbf{Z} = 4 + j\omega_n 2 \parallel 4 = 4 + \frac{j\omega_n 8}{4 + j\omega_n 2} = \frac{8 + j\omega_n 8}{2 + j\omega_n}$$

A corrente de entrada é

$$\mathbf{I} = \frac{\mathbf{V}}{\mathbf{Z}} = \frac{2 + j\omega_n}{8 + j\omega_n 8} \mathbf{V}$$

onde **V** é a forma fasorial da fonte de tensão $v(t)$. Por divisão de corrente,

$$\mathbf{I}_o = \frac{4}{4 + j\omega_n 2}\mathbf{I} = \frac{\mathbf{V}}{4 + j\omega_n 4}$$

Como $\omega_n = n$, $\mathbf{I}_o$ pode ser expressa como segue

$$\mathbf{I}_o = \frac{\mathbf{V}}{4\sqrt{1 + n^2}\,\underline{/\text{tg}^{-1}\,n}}$$

Para a componente CC ($\omega_n = 0$ ou $n = 0$)

$$\mathbf{V} = 1 \quad \Rightarrow \quad \mathbf{I}_o = \frac{\mathbf{V}}{4} = \frac{1}{4}$$

Para o n-ésimo harmônico,

$$\mathbf{V} = \frac{2(-1)^n}{\sqrt{1 + n^2}}\,\underline{/\text{tg}^{-1}\,n}$$

de modo que

$$\mathbf{I}_o = \frac{1}{4\sqrt{1 + n^2}\,\underline{/\text{tg}^{-1}\,n}} \cdot \frac{2(-1)^n}{\sqrt{1 + n^2}}\,\underline{/\text{tg}^{-1}\,n} = \frac{(-1)^n}{2(1 + n^2)}$$

No domínio do tempo,

$$i_o(t) = \frac{1}{4} + \sum_{n=1}^{\infty} \frac{(-1)^n}{2(1 + n^2)} \cos nt \text{ A}$$

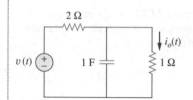

Figura 17.24 Esquema para o Problema prático 17.7.

● **PROBLEMA PRÁTICO 17.7**

Se a tensão de entrada no circuito da Figura 17.24 é

$$v(t) = \frac{1}{3} + \frac{1}{\pi^2}\sum_{n=1}^{\infty}\left(\frac{1}{n^2}\cos nt - \frac{\pi}{n}\text{sen}\,nt\right)\text{V}$$

determine a resposta $i_o(t)$.

Resposta: $\dfrac{1}{9} + \displaystyle\sum_{n=1}^{\infty}\dfrac{\sqrt{1 + n^2\pi^2}}{n^2\pi^2\sqrt{9 + 4n^2}}\cos\left(nt - \text{tg}^{-1}\dfrac{2n}{3} + \text{tg}^{-1}n\pi\right)$ A.

17.5 Potência média e valores RMS

Certamente você se recorda dos conceitos de potência média e valores RMS de um sinal periódico, discutidos no Capítulo 11. Para encontrar a potência média absorvida por um circuito devido a uma excitação periódica, expressamos tensão e corrente na forma amplitude-fase [ver Equação (17.10)] como

$$v(t) = V_{\text{dc}} + \sum_{n=1}^{\infty} V_n \cos(n\omega_0 t - \theta_n) \qquad (17.42)$$

$$i(t) = I_{\text{dc}} + \sum_{m=1}^{\infty} I_m \cos(m\omega_0 t - \phi_m) \qquad (17.43)$$

Seguindo a regra dos sinais (passivo) (Figura 17.25), a potência média é

$$P = \frac{1}{T}\int_0^T vi\,dt \qquad (17.44)$$

Substituindo as Equações (17.42) e (17.43) na Equação (17.44), temos

$$P = \frac{1}{T}\int_0^T V_{\text{dc}} I_{\text{dc}} \, dt + \sum_{m=1}^{\infty} \frac{I_m V_{\text{dc}}}{T} \int_0^T \cos(m\omega_0 t - \phi_m) \, dt$$

$$+ \sum_{n=1}^{\infty} \frac{V_n I_{\text{dc}}}{T} \int_0^T \cos(n\omega_0 t - \theta_n) \, dt \qquad (17.45)$$

$$+ \sum_{m=1}^{\infty} \sum_{n=1}^{\infty} \frac{V_n I_m}{T} \int_0^T \cos(n\omega_0 t - \theta_n) \cos(m\omega_0 t - \phi_m) \, dt$$

A segunda e terceira integrais desaparecem, já que estamos incorporando o cosseno ao longo de seu período. De acordo com a Equação (17.4e), todos os termos na quarta integral são zero quando $m \neq n$. Calculando a primeira integral e aplicando a Equação (17.4g) à quarta integral para o caso $m = n$, obtemos

$$\boxed{P = V_{\text{dc}} I_{\text{dc}} + \frac{1}{2} \sum_{n=1}^{\infty} V_n I_n \cos(\theta_n - \phi_n)} \qquad (17.46)$$

Isso demonstra que, no cálculo da potência média, envolvendo tensão e corrente periódicas, a potência média total é a soma das potências média em cada tensão e corrente relacionadas harmonicamente.

Dada uma função periódica $f(t)$, seu valor RMS (ou valor eficaz) é dado por

$$F_{\text{RMS}} = \sqrt{\frac{1}{T}\int_0^T f^2(t) \, dt} \qquad (17.47)$$

Substituindo $f(t)$ na Equação (17.10) para Equação (17.47) e observando que $(a + b)^2 = a^2 + 2ab + b^2$, obtemos

$$F_{\text{RMS}}^2 = \frac{1}{T}\int_0^T \left[a_0^2 + 2\sum_{n=1}^{\infty} a_0 A_n \cos(n\omega_0 t + \phi_n) \right.$$

$$\left. + \sum_{n=1}^{\infty} \sum_{m=1}^{\infty} A_n A_m \cos(n\omega_0 t + \phi_n) \cos(m\omega_0 t + \phi_m) \right] dt$$

$$= \frac{1}{T}\int_0^T a_0^2 \, dt + 2\sum_{n=1}^{\infty} a_0 A_n \frac{1}{T}\int_0^T \cos(n\omega_0 t + \phi_n) \, dt$$

$$+ \sum_{n=1}^{\infty} \sum_{m=1}^{\infty} A_n A_m \frac{1}{T}\int_0^T \cos(n\omega_0 t + \phi_n) \cos(m\omega_0 t + \phi_m) \, dt \qquad (17.48)$$

Foram introduzidos inteiros distintos n e m para lidar com o produto dos somatórios de duas séries. Usando o mesmo raciocínio anterior, obtemos

$$F_{\text{RMS}}^2 = a_0^2 + \frac{1}{2}\sum_{n=1}^{\infty} A_n^2$$

ou

$$F_{\text{RMS}} = \sqrt{a_0^2 + \frac{1}{2}\sum_{n=1}^{\infty} A_n^2} \qquad (17.49)$$

Em termos de coeficientes de Fourier a_n e b_n, a Equação (17.49) pode ser escrita como

$$F_{\text{RMS}} = \sqrt{a_0^2 + \frac{1}{2}\sum_{n=1}^{\infty}(a_n^2 + b_n^2)} \qquad (17.50)$$

Se $f(t)$ for a corrente através de um resistor R, então a potência dissipada no resistor será

$$P = RF_{\text{RMS}}^2 \qquad (17.51)$$

Ou se $f(t)$ for a tensão em um resistor R, a potência dissipada no resistor será

$$P = \frac{F_{\text{RMS}}^2}{R} \qquad (17.52)$$

Pode-se evitar a especificação da natureza do sinal escolhendo-se uma resistência de 1 Ω. A potência dissipada pela resistência de 1 Ω é

$$\boxed{P_{1\Omega} = F_{\text{RMS}}^2 = a_0^2 + \frac{1}{2}\sum_{n=1}^{\infty}(a_n^2 + b_n^2)} \qquad (17.53)$$

Nota histórica: O teorema recebeu esse nome em homenagem ao matemático francês Marc-Antoine Parseval Des Chênes (1755-1836).

Esse resultado é conhecido como *teorema de Parseval*. Note que a_0^2 é a potência na componente CC, enquanto $\frac{1}{2}(a_n^2 + b_n^2)$ é a potência CA na n-ésima harmônica. Portanto, o teorema de Parseval afirma que a potência média em um sinal periódico é a soma da potência média em sua componente CC e as potências médias em suas harmônicas.

EXEMPLO 17.8

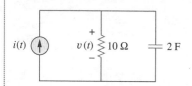

Figura 17.26 Esquema para o Exemplo 17.8.

Determine a potência média fornecida ao circuito da Figura 17.26 se $i(t) = 2 + 10\cos(t + 10°) + 6\cos(3t + 35°)$ A.

Solução: A impedância de entrada do circuito é

$$\mathbf{Z} = 10 \parallel \frac{1}{j2\omega} = \frac{10(1/j2\omega)}{10 + 1/j2\omega} = \frac{10}{1 + j20\omega}$$

Logo,

$$\mathbf{V} = \mathbf{IZ} = \frac{10\mathbf{I}}{\sqrt{1 + 400\omega^2}\;\underline{/\text{tg}^{-1}\,20\omega}}$$

Para a componente CC, $\omega = 0$,

$$\mathbf{I} = 2\text{ A} \quad \Rightarrow \quad \mathbf{V} = 10(2) = 20\text{ V}$$

Isso é esperado, pois o capacitor age como um circuito aberto em CC e toda a corrente de 2 A flui através do resistor. Para $\omega = 1$ rad/s,

$$\mathbf{I} = 10\underline{/10°} \quad \Rightarrow \quad \mathbf{V} = \frac{10(10\underline{/10°})}{\sqrt{1 + 400}\;\underline{/\text{tg}^{-1}\,20}}$$
$$= 5\underline{/-77{,}14°}$$

Para $\omega = 3$ rad/s,

$$\mathbf{I} = 6\underline{/35°} \quad \Rightarrow \quad \mathbf{V} = \frac{10(6\underline{/35°})}{\sqrt{1 + 3600}\;\underline{/\text{tg}^{-1}\,60}}$$
$$= 1\underline{/-54{,}04°}$$

Portanto, no domínio do tempo,

$$v(t) = 20 + 5\cos(t - 77{,}14°) + 1\cos(3t - 54{,}04°)\ \text{V}$$

Obtemos a potência média fornecida ao circuito aplicando a Equação (17.46), como

$$P = V_{dc}I_{dc} + \frac{1}{2}\sum_{n=1}^{\infty} V_n I_n \cos(\theta_n - \phi_n)$$

Para obter os sinais apropriados de θ_n e ϕ_n, temos de comparar v e i em seu exemplo com Equações (17.42) e (17.43). Portanto,

$$P = 20(2) + \frac{1}{2}(5)(10)\cos[77{,}14° - (-10°)]$$

$$+ \frac{1}{2}(1)(6)\cos[54{,}04° - (-35°)]$$

$$= 40 + 1{,}247 + 0{,}05 = 41{,}5\ \text{W}$$

De modo alternativo, podemos encontrar a potência média absorvida pelo resistor como

$$P = \frac{V_{dc}^2}{R} + \frac{1}{2}\sum_{n=1}^{\infty}\frac{|V_n|^2}{R} = \frac{20^2}{10} + \frac{1}{2}\cdot\frac{5^2}{10} + \frac{1}{2}\cdot\frac{1^2}{10}$$

$$= 40 + 1{,}25 + 0{,}05 = 41{,}5\ \text{W}$$

que é o mesmo que a potência fornecida, uma vez que o capacitor não absorve potência média.

PROBLEMA PRÁTICO 17.8

A tensão e a corrente nos terminais de um circuito são

$$v(t) = 128 + 192\cos 120\pi t + 96\cos(360\pi t - 30°)$$
$$i(t) = 4\cos(120\pi t - 10°) + 1{,}6\cos(360\pi t - 60°)$$

Determine a potência média absorvida pelo circuito.

Resposta: 444,7 W.

EXEMPLO 17.9

Determine uma estimativa para o valor RMS da tensão no Exemplo 17.7.

Solução: Do Exemplo 17.7, $v(t)$ é expresso como

$$v(t) = 1 - 1{,}414\cos(t + 45°) + 0{,}8944\cos(2t + 63{,}45°)$$
$$- 0{,}6345\cos(3t + 71{,}56°)$$
$$- 0{,}4851\cos(4t + 78{,}7°) + \cdots\ \text{V}$$

Usando a Equação (17.49), encontramos

$$V_{RMS} = \sqrt{a_0^2 + \frac{1}{2}\sum_{n=1}^{\infty} A_n^2}$$

$$= \sqrt{1^2 + \frac{1}{2}\left[(-1{,}414)^2 + (0{,}8944)^2 + (-0{,}6345)^2 + (-0{,}4851)^2 + \cdots\right]}$$

$$= \sqrt{2{,}7186} = 1{,}649\ \text{V}$$

Esta é apenas uma estimativa, uma vez que não usamos termos suficientes da série. A função real representada pela série de Fourier é

$$v(t) = \frac{\pi e^t}{\text{senh}\,\pi},\qquad -\pi < t < \pi$$

com $v(t) = v(t + T)$. O valor RMS exato desta é 1,776 V.

PROBLEMA PRÁTICO 17.9

Determine o valor RMS da corrente periódica

$$i(t) = 8 + 30\cos 2t - 20\,\text{sen}\,2t + 15\cos 4t - 10\,\text{sen}\,4t\ \text{A}$$

Resposta: 29,61 A.

17.6 Séries de Fourier exponenciais

Uma forma compacta de expressar a série de Fourier na Equação (17.3) é colocá-la na forma exponencial. Isso requer que representemos as funções seno e cosseno na forma exponencial usando a identidade de Euler:

$$\cos n\omega_0 t = \frac{1}{2}[e^{jn\omega_0 t} + e^{-jn\omega_0 t}] \qquad (17.54a)$$

$$\operatorname{sen} n\omega_0 t = \frac{1}{2j}[e^{jn\omega_0 t} - e^{-jn\omega_0 t}] \qquad (17.54b)$$

Substituindo a Equação (17.54) na Equação (17.3) e reunindo termos, obtemos

$$f(t) = a_0 + \frac{1}{2}\sum_{n=1}^{\infty}[(a_n - jb_n)e^{jn\omega_0 t} + (a_n + jb_n)e^{-jn\omega_0 t}] \qquad (17.55)$$

Se definirmos um novo coeficiente c_n de modo que

$$c_0 = a_0, \qquad c_n = \frac{(a_n - jb_n)}{2}, \qquad c_{-n} = c_n^* = \frac{(a_n + jb_n)}{2} \qquad (17.56)$$

então $f(t)$ fica

$$f(t) = c_0 + \sum_{n=1}^{\infty}(c_n e^{jn\omega_0 t} + c_{-n} e^{-jn\omega_0 t}) \qquad (17.57)$$

ou

$$\boxed{f(t) = \sum_{n=-\infty}^{\infty} c_n e^{jn\omega_0 t}} \qquad (17.58)$$

Esta é a representação da *série de Fourier exponencial ou complexa* de $f(t)$. Note que essa forma exponencial é mais compacta que a forma seno-cosseno na Equação (17.3). Embora os coeficientes c_n da série de Fourier exponencial também possam ser obtidos de a_n e b_n usando a Equação (17.56), eles também podem ser obtidos diretamente de $f(t)$ como segue

$$\boxed{c_n = \frac{1}{T}\int_0^T f(t)e^{-jn\omega_0 t}\,dt} \qquad (17.59)$$

onde $\omega_0 = 2\pi/T$, como de praxe. Os gráficos de magnitude e de fase de c_n versus $n\omega_0$ são denominados, respectivamente, *espectro de amplitudes complexas* e *espectro de fases complexas* de $f(t)$. Os dois espectros formam o espectro de frequência complexa de $f(t)$.

> A **série de Fourier exponencial** de uma função periódica $f(t)$ descreve o espectro de $f(t)$ em termos de ângulo de fase e de amplitude das componentes CA nas frequências harmônicas positiva e negativa.

Os coeficientes das três formas da série de Fourier (seno-cosseno, fase-amplitude e exponencial) se relacionam como segue

$$\boxed{A_n\underline{/\phi_n} = a_n - jb_n = 2c_n} \qquad (17.60)$$

ou

$$c_n = |c_n|\underline{/\theta_n} = \frac{\sqrt{a_n^2 + b_n^2}}{2}\underline{/-\text{tg}^{-1} b_n/a_n} \qquad (17.61)$$

se apenas $a_n > 0$. Note que a fase θ_n de c_n é igual a ϕ_n.

Em termos dos coeficientes complexos de Fourier, c_n, o valor RMS de um sinal periódico $f(t)$ pode ser encontrado como

$$\begin{aligned} F_{\text{RMS}}^2 &= \frac{1}{T}\int_0^T f^2(t)\,dt = \frac{1}{T}\int_0^T f(t)\left[\sum_{n=-\infty}^{\infty} c_n e^{jn\omega_0 t}\right]dt \\ &= \sum_{n=-\infty}^{\infty} c_n\left[\frac{1}{T}\int_0^T f(t)e^{jn\omega_0 t}\,dt\right] \\ &= \sum_{n=-\infty}^{\infty} c_n c_n^* = \sum_{n=-\infty}^{\infty} |c_n|^2 \end{aligned} \qquad (17.62)$$

ou

$$F_{\text{RMS}} = \sqrt{\sum_{n=-\infty}^{\infty} |c_n|^2} \qquad (17.63)$$

A Equação (17.62) pode ser escrita como

$$F_{\text{RMS}}^2 = |c_0|^2 + 2\sum_{n=1}^{\infty} |c_n|^2 \qquad (17.64)$$

Enfatizando, a potência dissipada por uma resistência de 1 Ω é

$$P_{1\Omega} = F_{\text{RMS}}^2 = \sum_{n=-\infty}^{\infty} |c_n|^2 \qquad (17.65)$$

que é uma reafirmação do teorema de Parseval. O *espectro de potências* do sinal $f(t)$ é o gráfico de $|c_n|^2$ versus $n\omega_0$. Se $f(t)$ for a tensão em um resistor R, a potência média absorvida pelo resistor é F_{RMS}^2/R; se $f(t)$ for a corrente em R, a potência é $F_{\text{RMS}}^2 R$.

Como exemplo, considere o trem de pulsos periódicos da Figura 17.27. Nosso objetivo é obter seus espectros de amplitudes e de fases. O período do trem de pulsos é $T = 10$, de modo que $\omega_0 = 2\pi/T = \pi/5$. Usando a Equação (17.59),

$$\begin{aligned} c_n &= \frac{1}{T}\int_{-T/2}^{T/2} f(t)e^{-jn\omega_0 t}\,dt = \frac{1}{10}\int_{-1}^{1} 10 e^{-jn\omega_0 t}\,dt \\ &= \frac{1}{-jn\omega_0} e^{-jn\omega_0 t}\bigg|_{-1}^{1} = \frac{1}{-jn\omega_0}(e^{-jn\omega_0} - e^{jn\omega_0}) \\ &= \frac{2}{n\omega_0}\frac{e^{jn\omega_0} - e^{-jn\omega_0}}{2j} = 2\frac{\text{sen}\, n\omega_0}{n\omega_0}, \qquad \omega_0 = \frac{\pi}{5} \\ &= 2\frac{\text{sen}\, n\pi/5}{n\pi/5} \end{aligned} \qquad (17.66)$$

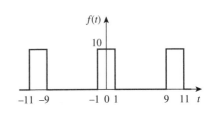

Figura 17.27 Trem de pulsos periódicos.

e

$$f(t) = 2 \sum_{n=-\infty}^{\infty} \frac{\operatorname{sen} n\pi/5}{n\pi/5} e^{jn\pi t/5} \quad (17.67)$$

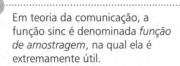

Em teoria da comunicação, a função sinc é denominada *função de amostragem*, na qual ela é extremamente útil.

Note da Equação (17.66) que c_n é o produto entre 2 e uma função da forma sen x/x. Essa função é conhecida como *função sinc*; nós a escrevemos na forma

$$\operatorname{sinc}(x) = \frac{\operatorname{sen} x}{x} \quad (17.68)$$

Algumas propriedades da função sinc são importantes. Para argumento zero, o valor da função sinc é unitário,

$$\operatorname{sinc}(0) = 1 \quad (17.69)$$

Este é obtido aplicando-se a regra de L'Hôspital à Equação (17.68). Para um múltiplo inteiro de π, o valor da função sinc é zero,

$$\operatorname{sinc}(n\pi) = 0, \quad n = 1, 2, 3, \ldots \quad (17.70)$$

Da mesma forma, a função sinc mostra simetria par. Com tudo isso em mente, podemos obter os espectros de amplitude e de fase de $f(t)$. Da Equação (17.66), a magnitude é

$$|c_n| = 2 \left| \frac{\operatorname{sen} n\pi/5}{n\pi/5} \right| \quad (17.71)$$

enquanto a fase é

$$\theta_n = \begin{cases} 0°, & \operatorname{sen} \dfrac{n\pi}{5} > 0 \\ 180°, & \operatorname{sen} \dfrac{n\pi}{5} < 0 \end{cases} \quad (17.72)$$

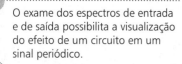

O exame dos espectros de entrada e de saída possibilita a visualização do efeito de um circuito em um sinal periódico.

A Figura 17.28 mostra o gráfico de $|c_n|$ *versus* n variando de -10 a 10, onde $n = \omega/\omega_0$ é a frequência normalizada. A Figura 17.29 mostra o gráfico de θ_n *versus* n. Tanto o espectro de amplitudes como o de fases são denominados *espectros de linhas*, pois os valores de $|c_n|$ e θ_n ocorrem apenas em valores discretos de frequências. O espaçamento entre as linhas é ω_0. O espectro de potências, que é o gráfico de $|c_n|^2$ *versus* $n\omega_0$, também pode ser representado graficamente. Note que a função sinc forma o envoltório do espectro de amplitudes.

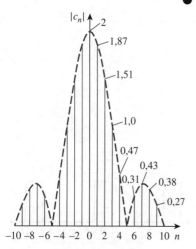

Figura 17.28 Amplitude de um trem de pulsos periódicos.

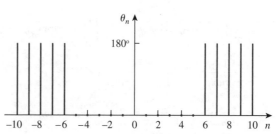

Figura 17.29 Espectro de fases de um trem de pulsos periódicos.

EXEMPLO 17.10

Determine a expansão da série de Fourier exponencial da função periódica $f(t) = e^t$, $0 < t < 2\pi$ com $f(t + 2\pi) = f(t)$.

Solução: Como $T = 2\pi$, $\omega_0 = 2\pi/T = 1$. Logo,

$$c_n = \frac{1}{T}\int_0^T f(t)e^{-jn\omega_0 t}\,dt = \frac{1}{2\pi}\int_0^{2\pi} e^t e^{-jnt}\,dt$$

$$= \frac{1}{2\pi}\frac{1}{1-jn}e^{(1-jn)t}\Big|_0^{2\pi} = \frac{1}{2\pi(1-jn)}[e^{2\pi}e^{-j2\pi n} - 1]$$

Mas, pela identidade de Euler,

$$e^{-j2\pi n} = \cos 2\pi n - j\,\text{sen}\,2\pi n = 1 - j0 = 1$$

Portanto,

$$c_n = \frac{1}{2\pi(1-jn)}[e^{2\pi} - 1] = \frac{85}{1-jn}$$

A série de Fourier complexa é

$$f(t) = \sum_{n=-\infty}^{\infty}\frac{85}{1-jn}e^{jnt}$$

Talvez queiramos representar graficamente o espectro de frequências complexas de $f(t)$. Se fizermos, $c_n = |c_n|\underline{/\theta_n}$, então

$$|c_n| = \frac{85}{\sqrt{1+n^2}}, \qquad \theta_n = \text{tg}^{-1}n$$

Inserindo valores positivos e negativos de n, obtemos os gráficos de amplitudes e de fases de c_n versus $n\omega_0 = n$, como indicado na Figura 17.30.

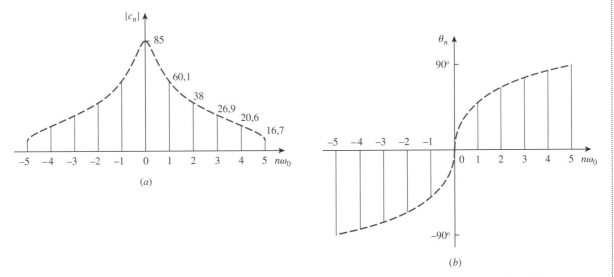

Figura 17.30 Espectro de frequências complexas da função do Exemplo 17.10: (a) espectro de amplitudes; (b) espectro de fases.

PROBLEMA PRÁTICO 17.10

Obtenha a série de Fourier complexa da função da Figura 17.1.

Resposta: $f(t) = \dfrac{1}{2} - \displaystyle\sum_{\substack{n=-\infty \\ n\neq 0 \\ n=\text{ímpar}}}^{\infty}\dfrac{j}{n\pi}e^{jn\pi t}$.

EXEMPLO 17.11

Determine a série de Fourier complexa da onda dente de serra da Figura 17.9. Represente graficamente os espectros de amplitudes e de fases.

Solução: Da Figura 17.9, $f(t) = t$, $0 < t < 1$, $T = 1$ de modo que $\omega_0 = 2\pi/T = 2\pi$. Portanto,

$$c_n = \frac{1}{T}\int_0^T f(t)e^{-jn\omega_0 t}\,dt = \frac{1}{1}\int_0^1 te^{-j2n\pi t}\,dt \quad (17.11.1)$$

Porém,

$$\int te^{at}\,dt = \frac{e^{at}}{a^2}(ax - 1) + C$$

Aplicando essa última na Equação (17.11.1), obtemos

$$c_n = \frac{e^{-j2n\pi t}}{(-j2n\pi)^2}(-j2n\pi t - 1)\bigg|_0^1$$
$$= \frac{e^{-j2n\pi}(-j2n\pi - 1) + 1}{-4n^2\pi^2} \quad (17.11.2)$$

Novamente,

$$e^{-j2\pi n} = \cos 2\pi n - j\,\text{sen}\,2\pi n = 1 - j0 = 1$$

de modo que a Equação (17.11.2) fica

$$c_n = \frac{-j2n\pi}{-4n^2\pi^2} = \frac{j}{2n\pi} \quad (17.11.3)$$

Isso não inclui o caso quando $n = 0$. Quando $n = 0$,

$$c_0 = \frac{1}{T}\int_0^T f(t)\,dt = \frac{1}{1}\int_0^1 t\,dt = \frac{t^2}{2}\bigg|_1^0 = 0{,}5 \quad (17.11.4)$$

Portanto,

$$f(t) = 0{,}5 + \sum_{\substack{n=-\infty \\ n \neq 0}}^{\infty} \frac{j}{2n\pi}e^{j2n\pi t} \quad (17.11.5)$$

e

$$|c_n| = \begin{cases} \dfrac{1}{2|n|\pi}, & n \neq 0 \\ 0{,}5, & n = 0 \end{cases}, \quad \theta_n = 90°, \quad n \neq 0 \quad (17.11.6)$$

Colocando $|c_n|$ e θ_n na forma de gráfico para n diferentes, obtemos o espectro de amplitudes e o de fases, como mostrado na Figura 17.31.

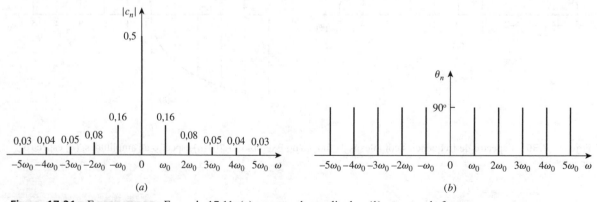

Figura 17.31 Esquema para o Exemplo 17.11: (a) espectro de amplitudes; (b) espectro de fases.

PROBLEMA PRÁTICO 17.11

Obtenha a expansão da série de Fourier complexa de $f(t)$ da Figura 17.17. Mostre os espectros de amplitudes e de fases.

Resposta: $f(t) = \sum_{\substack{n=-1 \\ n \neq 0}}^{\infty} \dfrac{j(-1)^n}{n\pi} e^{jn\pi t}$. Veja os espectros na Figura 17.32.

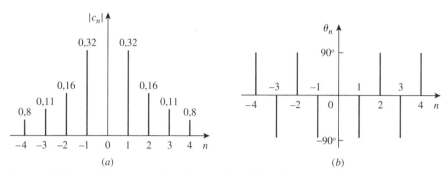

Figura 17.32 Gráficos para o Problema prático 17.11: (a) espectro de amplitudes; (b) espectro de fases.

17.7 Análise de Fourier usando o *PSpice*

Normalmente, a análise de Fourier é realizada com o *PSpice* junto à análise de transientes. Consequentemente, temos de realizar uma análise de transientes para poder realizar uma análise de Fourier, e para realizá-la de uma forma de onda, precisamos de um circuito cuja entrada é a forma de onda onde a saída é a decomposição de Fourier.

Um circuito adequado é uma fonte de corrente (ou de tensão) em série com um resistor de 1 Ω, conforme mostrado na Figura 17.33. A forma de onda é aplicada como entrada $v_s(t)$, usando VPULSE para um pulso ou VSIN para uma senoide, e os atributos da forma de onda são configurados ao longo de seu período T. A saída V(1) do nó 1 é o nível CC (a_0) e as nove primeiras harmônicas (A_n) com suas fases correspondentes ψ_n; isto é,

$$v_o(t) = a_0 + \sum_{n=1}^{9} A_n \operatorname{sen}(n\omega_0 t + \psi_n) \quad (17.73)$$

onde

$$A_n = \sqrt{a_n^2 + b_n^2}, \quad \psi_n = \phi_n - \frac{\pi}{2}, \quad \phi_n = \operatorname{tg}^{-1} \frac{b_n}{a_n} \quad (17.74)$$

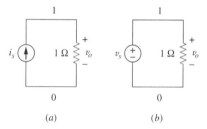

Figura 17.33 Análise de Fourier com o uso do *PSpice*: (a) fonte de corrente; (b) fonte de tensão.

Observe a Equação (17.74) que a saída do *PSpice* se encontra na forma seno e ângulo em vez de cosseno e ângulo da Equação (17.10). A saída do *PSpice* também inclui os coeficientes de Fourier normalizados. Cada coeficiente a_n é normalizado dividindo-o pela magnitude da fundamental a_1, de modo que a componente normalizada é a_n/a_1. A fase correspondente ψ_n é normalizada subtraindo-se dela a fase ψ_1 da fundamental, de modo que a fase normalizada é $\psi_n - \psi_1$.

Existem dois tipos de análises de Fourier disponíveis no *PSpice for Windows*: *Discrete Fourier Transform* (DFT), realizada pelo programa *PSpice* e *Fast Fourier Transform* (FFT), realizada pelo *PSpice A/D*. Enquanto o DFT é uma aproximação da série de Fourier exponencial, o FTT é um algoritmo para cálculo numérico rápido e eficiente do DFT. Uma discussão completa sobre o DFT e FTT está fora do escopo deste livro.

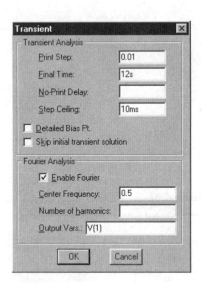

Figura 17.34 Caixa de diálogo Transient.

17.7.1 Transformada de Fourier discreta

Uma transformada de Fourier discreta (DFT) é executada pelo programa *PSpice*, que tabula as harmônicas em um arquivo de saída. Para possibilitar uma análise de Fourier, selecionamos **Analysis/Setup/Transient** e acionamos a caixa de diálogo Transient, mostrada na Figura 17.34. A opção *Print Step* deve ser uma pequena fração do período *T*, enquanto *Final Time* poderia ser igual a 6T. *Center Frequency* é a frequência fundamental $f_0 = 1/T$. A variável particular cuja DFT é desejada, V(1) na Figura 17.34, é introduzida na caixa de diálogo **Output Vars**. Além de preencher a caixa de diálogo Transient, **DCLICK** *Enable Fourier*. Com a análise de Fourier habilitada e o esquema salvo, execute o *PSpice* selecionando **Analysis/Simulate** como de praxe. O programa executa uma decomposição harmônica em componentes de Fourier do resultado da análise de transiente. Os resultados são enviados para um arquivo de saída que pode ser recuperado selecionando **Analysis/Examine Output**. O arquivo de saída inclui o valor CC e a primeira das nove harmônicas (padrão), embora se possa especificar mais no quadro *Number of harmonics* (ver a Figura 17.34).

17.7.2 Transformada de Fourier rápida

Uma transformada de Fourier rápida (FFT) é executada pelo programa *PSpice A/D* e é exibida na forma de um gráfico do *PSpice A/D* do espectro completo de uma expressão transiente. Como explicado, primeiro construímos o esquema da Figura 17.33*b* e introduzimos os atributos da forma de onda. Também precisamos introduzir *Print Step* e *Final Time* na caixa de diálogo Transient. Uma vez feito isso, podemos obter a FFT da forma de onda de duas maneiras.

A primeira delas é inserir um marcador de tensão no nó 1 no esquema do circuito da Figura 17.33*b*. Após salvar o esquema e selecionar **Analysis/Simulate**, a forma de onda V(1) será exibida na janela *PSpice A/D*. Dar um clique duplo sobre o ícone FFT no menu *PSpice A/D* substituirá automaticamente a forma de onda por sua FFT. Do gráfico gerado pela FFT, podemos obter as harmônicas. Caso o gráfico gerado pela FFT esteja congestionado, podemos usar o intervalo de dados *User Defined* (ver a Figura 17.35) para especificar um intervalo menor.

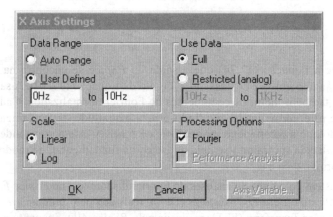

Figura 17.35 Caixa de diálogo de configuração do eixo *X*.

Outra forma de se obter a FFT de V(1) é não inserir um marcador de tensão no nó 1 do esquema. Após selecionar **Analysis/Simulate**, a janela *PSpice A/D* surgirá sem nenhum gráfico em seu interior. Selecionamos **Trace/Add** e digitamos V(1) na caixa **Trace Command** e **DCLICKL OK**. Agora, selecionamos **Plot/X-Axis Settings** para acionar a caixa de diálogo *X-Axis Setting*, mostrada na Figura 17.35 e selecionamos então **Fourier/OK**. Isso fará que seja exibida a FFT do(s) sinal(is) selecionado(s) a ser(em) exibido(s). Esse segundo método é útil para obter a FFT de qualquer sinal associado ao circuito.

A principal vantagem do método FFT é que ele fornece saída gráfica. Porém, sua grande desvantagem é que algumas harmônicas podem ser muito pequenas para serem vistas com clareza.

Tanto na DFT como na FFT, devemos deixar que a simulação seja executada por um grande número de ciclos e usar um pequeno valor para *Step Ceiling* (na caixa de Transient) para garantir resultados precisos. *Final Time* na caixa de diálogo Transient deve ser pelo menos cinco vezes o período do sinal para possibilitar que a simulação atinja o regime estacionário.

EXEMPLO 17.12

Use o *PSpice* para determinar os coeficientes de Fourier do sinal na Figura 17.1.

Solução: A Figura 17.36 ilustra o esquema para obter os coeficientes de Fourier. Tendo já o sinal da Figura 17.1, introduzimos os atributos da fonte de tensão VPULSE, conforme mostrado na Figura 17.36. Resolveremos esse exemplo usando tanto o método DFT como o FFT.

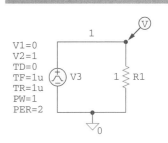

Figura 17.36 Esquema para o Exemplo 17.12.

■ **MÉTODO 1** **Método DFT**: (O marcador de tensão da Figura 17.36 não é necessário para esse método.) A partir da Figura 17.1, fica evidente que $T = 2$ s,

$$f_0 = \frac{1}{T} = \frac{1}{2} = 0{,}5 \text{ Hz}$$

Portanto, selecionamos *Final Time* igual a $6T = 12$ s na caixa de diálogo Transiente. *Print Step* igual a 0,01 s, *Step Ceiling* igual a 10 ms, *Center Frequency* igual a 0,5 Hz e a variável de saída igual a V(1). (Na realidade, a Figura 17.34 é para o exemplo particular.) Quando o *PSpice* for executado, o arquivo de saída conterá o seguinte resultado:

```
FOURIER COEFFICIENTS OF TRANSIENT RESPONSE V(1)

DC COMPONENT = 4.989950E-01
```

HARMONIC NO	FREQUENCY (HZ)	FOURIER COMPONENT	NORMALIZED COMPONENT	PHASE (DEG)	NORMALIZED PHASE (DEG)
1	5.000E-01	6.366E-01	1.000E+00	-1.809E-01	0.000E+00
2	1.000E+00	2.012E-03	3.160E-03	-9.226E+01	-9.208E+01
3	1.500E+00	2.122E-01	3.333E-01	-5.427E-01	-3.619E-01
4	2.000E+00	2.016E-03	3.167E-03	-9.451E+01	-9.433E+01
5	2.500E+00	1.273E-01	1.999E-01	-9.048E-01	-7.239E-01
6	3.000E+00	2.024E-03	3.180E-03	-9.676E+01	-9.658E+01
7	3.500E+00	9.088E-02	1.427E-01	-1.267E+00	-1.086E+00
8	4.000E+00	2.035E-03	3.197E-03	-9.898E+01	-9.880E+01
9	4.500E+00	7.065E-02	1.110E-01	-1.630E+00	-1.449E+00

A comparação do resultado com aquele da Equação (17.1.7) (ver o Exemplo 17.1) ou com os espectros da Figura 17.4 resulta em uma concordância próxima. Da Equação (17.1.7), a componente CC é 0,5, enquanto o *PSpice* fornece 0,498995. Da mesma forma, o sinal possui apenas harmônicas ímpares com fase $\psi_n = -90°$, enquanto o *PSpice* parece indicar que o sinal tem harmônicas pares embora as magnitudes das harmônicas pares sejam pequenas.

■ **MÉTODO 2** **Método FFT**: Com o marcador de tensão da Figura 17.36 posicionado, rodamos o *PSpice* e obtemos a forma de onda V(1) mostrada na Figura 17.37a na janela *PSpice A/D*. Dando um clique duplo sobre o ícone FFT no menu *PSpice A/D* e mudando o ajuste do eixo X para 0 a 10 Hz, obtemos a FFT de V(1), conforme mostrado na Figura 17.37b. O gráfico gerado pelo FFT contém as componentes harmônicas e CC dentro do intervalo de frequências escolhido. Note que as magnitudes e as frequências das harmônicas concordam com os valores tabulados gerados pelo DFT.

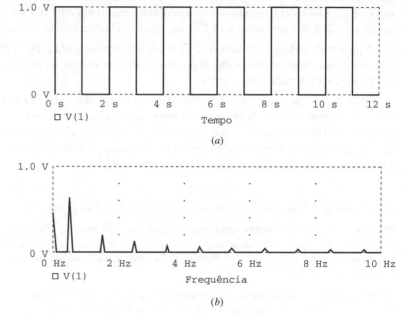

Figura 17.37 (a) Forma de onda original da Figura 17.1; (b) FFT da forma de onda.

PROBLEMA PRÁTICO 17.12

Obtenha os coeficientes de Fourier da função da Figura 17.7, usando o *PSpice*.

Resposta:

```
FOURIER COEFFICIENTS OF TRANSIENT RESPONSE V(1)

DC COMPONENT = 4.950000E-01

HARMONIC    FREQUENCY    FOURIER       NORMALIZED    PHASE         NORMALIZED
NO          (HZ)         COMPONENT     COMPONENT     (DEG)         PHASE (DEG)

  1         1.000E+00    3.184E-01     1.000E+00     -1.782E+02    0.000E+00
  2         2.000E+00    1.593E-01     5.002E-01     -1.764E+02    1.800E+00
  3         3.000E+00    1.063E-01     3.338E-01     -1.746E+02    3.600E+00
  4         4.000E+00    7.979E-02     2.506E-03     -1.728E+02    5.400E+00
  5         5.000E+00    6.392E-01     2.008E-01     -1.710E+02    7.200E+00
  6         6.000E+00    5.337E-02     1.676E-03     -1.692E+02    9.000E+00
  7         7.000E+00    4.584E-02     1.440E-01     -1.674E+02    1.080E+01
  8         8.000E+00    4.021E-02     1.263E-01     -1.656E+02    1.260E+01
  9         9.000E+00    3.584E-02     1.126E-01     -1.638E+02    1.440E+01
```

EXEMPLO 17.13

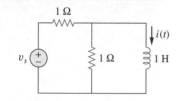

Figura 17.38 Esquema para o Exemplo 17.13.

Se $v_s = 12\,\text{sen}\,(200\pi t)u(t)$ V no circuito da Figura 17.38, determine $i(t)$.

Solução:

1. **Definição.** Embora o problema pareça claro, seria recomendável verificar com o formulador do problema para ter certeza de que ele deseja a resposta transiente e não a resposta em regime estacionário; nesse último caso, o problema se torna trivial.

2. *Apresentação.* Devemos determinar a resposta $i(t)$ dada à entrada $v_s(t)$ usando a análise de Fourier e *PSpice*.
3. *Alternativa.* Usaremos o DFT para realizar a análise inicial. Em seguida, verificaremos empregando o método FFT.
4. *Tentativa.* O esquema é mostrado na Figura 17.39. Poderíamos usar o método DFT para obter os coeficientes de Fourier de $i(t)$. Como o período da forma de onda de entrada é $T = 1/100 = 10$ ms, na caixa de diálogo Transient selecionamos *Print Step*: 0.1 ms, *Final Time*: 100 ms, *Center Frequency*: 100 Hz, *Number of harmonics*: 4 e *Output Vars*: I(L1). Quando o circuito é simulado, o arquivo de saída inclui o seguinte:

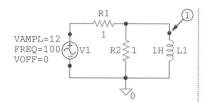

Figura 17.39 Esquema do circuito da Figura 17.38.

```
FOURIER COEFFICIENTS OF TRANSIENT RESPONSE I(VD)

DC COMPONENT = 8.583269E-03
```

HARMONIC NO	FREQUENCY (HZ)	FOURIER COMPONENT	NORMALIZED COMPONENT	PHASE (DEG)	NORMALIZED PHASE (DEG)
1	1.000E+02	8.730E-03	1.000E+00	-8.984E+01	0.000E+00
2	2.000E+02	1.017E-04	1.165E-02	-8.306E+01	6.783E+00
3	3.000E+02	6.811E-05	7.802E-03	-8.235E+01	7.490E+00
4	4.000E+02	4.403E-05	5.044E-03	-8.943E+01	4.054E+00

Com os coeficientes de Fourier, a série de Fourier que descreve a corrente $i(t)$ pode ser obtida usando-se a Equação (17.73); isto é,

$$i(t) = 8{,}5833 + 8{,}73 \text{ sen}(2\pi \cdot 100t - 89{,}84°)$$
$$+ 0{,}1017 \text{ sen}(2\pi \cdot 200t - 83{,}06°)$$
$$+ 0{,}068 \text{ sen}(2\pi \cdot 300t - 82{,}35°) + \cdots \text{ mA}$$

5. *Avaliação.* Também podemos utilizar o método FFT para confirmar nosso resultado. O marcador de corrente é inserido no pino 1 do indutor conforme mostrado na Figura 17.39. Executando o *PSpice*, produzirá automaticamente o gráfico de I(L1) na janela *PSpice A/D*, conforme mostrado na Figura 17.40a. Dando um clique duplo sobre o ícone FFT e configurando o intervalo do eixo X de 0 a 200 Hz, geramos a FFT de I(L1), mostrado na Figura 17.40b. Fica claro, do gráfico gerado pelo FFT, que apenas a componente CC e a primeira harmônica são visíveis. Harmônicos superiores são insignificantes.

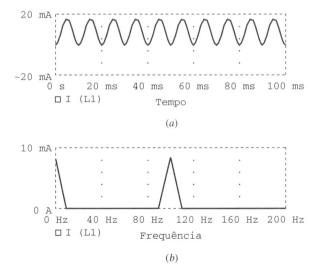

Figura 17.40 Esquema para o Exemplo 17.13: (a) gráfico de $i(t)$; (b) o FFT de $i(t)$.

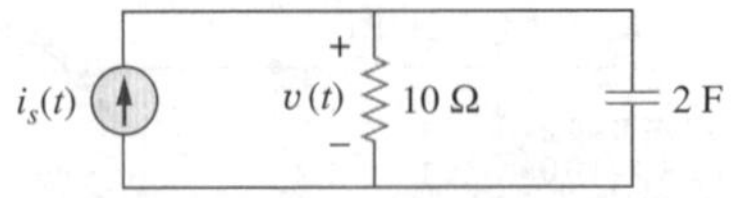

Figura 17.41 Esquema para o Problema prático 17.13.

● **PROBLEMA PRÁTICO 17.13**

Como observação final, a resposta faz sentido? Vejamos a resposta à transiente real, $i(t) = (9{,}549e^{-0{,}5t} - 9{,}549)\cos(200\pi t)u(t)$ mA. O período da onda cosseno é 10 ms, enquanto a constante de tempo da exponencial é 2.000 ms (2 segundos). Portanto, a resposta que obtivemos pelas técnicas de Fourier é concordante.

6. **Satisfatória?** Está claro que resolvemos o problema de forma satisfatória usando o método especificado. Agora, podemos apresentar nossos resultados como uma solução ao problema.

Uma fonte de corrente senoidal de amplitude 4 A e frequência 2 kHz é aplicada ao circuito da Figura 17.41. Use o *PSpice* para encontrar $v(t)$.

Resposta: $v(t) = -150{,}72 + 145{,}5\,\text{sen}(4\pi \cdot 10^3 t + 90°) + \cdots \mu$V. As componentes de Fourier são apresentadas a seguir:

```
FOURIER COEFFICIENTS OF TRANSIENT RESPONSE V(R1:1)

DC COMPONENT = -1.507169E-04

  HARMONIC   FREQUENCY    FOURIER     NORMALIZED    PHASE      NORMALIZED
     NO        (HZ)      COMPONENT    COMPONENT     (DEG)      PHASE (DEG)

      1      2.000E+03   1.455E-04    1.000E+00    9.006E+01    0.000E+00
      2      4.000E+03   1.851E-06    1.273E-02    9.597E+01    5.910E+00
      3      6.000E+03   1.406E-06    9.662E-03    9.323E+01    3.167E+00
      4      8.000E+03   1.010E-06    6.946E-02    8.077E+01   -9.292E+00
```

17.8 †Aplicações

Demonstramos, na Seção 17.4, que a expansão da série de Fourier permite a aplicação das técnicas de fasores usadas na análise CA para circuitos contendo excitações periódicas não senoidais. Essa série possui muitas outras aplicações práticas, particularmente no processamento de sinais e comunicação. Entre as aplicações mais comuns, temos análise espectral, filtragem, retificação e distorção harmônica. Veremos duas delas: analisadores de espectros e filtros.

17.8.1 Analisadores de espectro

A série de Fourier fornece o espectro de um sinal. Conforme vimos, o espectro é formado pelas amplitudes e fases das harmônicas *versus* frequência. Fornecendo o espectro de um sinal $f(t)$, a série de Fourier nos ajuda a identificar as características pertinentes do sinal. Ela demonstra quais frequências estão desempenhando papel importante na forma da saída e quais não estão. Por exemplo, sons audíveis possuem componentes importantes no intervalo de frequências de 20 a 15 kHz, enquanto os sinais luminosos visíveis estão no intervalo de 10^5 a 10^6 GHz. A Tabela 17.4 apresenta alguns outros sinais e os intervalos de frequência de suas componentes. Diz-se que uma função periódica é *limitada em sua faixa* se seu espectro de frequências contiver apenas um número finito de coeficientes A_n ou c_n. Nesse caso, a série de Fourier fica

$$f(t) = \sum_{n=-N}^{N} c_n e^{jn\omega_0 t} = a_0 + \sum_{n=1}^{N} A_n \cos(n\omega_0 t + \phi_n) \quad (17.75)$$

Isso demonstra que precisamos apenas de $2N + 1$ termos (a saber, $a_0, A_1, A_2, ..., A_N, \phi_1, \phi_2, ..., \phi_N$) para especificar completamente $f(t)$ se ω_0 for conhecida. Isso nos leva ao *teorema da amostragem*: uma função periódica limitada em faixa cuja série de Fourier contiver N harmônicas é especificada de maneira única por seus valores em $2N + 1$ instantes em um período.

Tabela 17.4 • Intervalos de frequências de sinais típicos.

Sinal	Intervalo de frequência
Sons audíveis	20 Hz para 15 kHz
Rádio AM	540–1.600 kHz
Rádio de ondas curtas	3–36 MHz
Sinais de vídeo (padrão norte-americano)	dc para 4,2 MHz
Televisão VHF Rádio FM	54–216 MHz
Televisão UHF	470–806 MHz
Telefone celular	824–891,5 MHz
Micro-ondas	2,4–300 GHz
Luz visível	10^5–10^6 GHz
Raios X	10^8–10^9 GHz

Analisador de espectro é um instrumento que exibe a amplitude das componentes de um sinal *versus* a frequência, mostrando as diversas componentes de frequência (linhas espectrais) que indicam a quantidade de energia em cada frequência.

É diferente de um osciloscópio, que exibe o sinal inteiro (todas as componentes) *versus* tempo. Esse instrumento exibe o sinal no domínio do tempo, enquanto o analisador de espectro exibe o sinal no domínio da frequência. Talvez não exista nenhum instrumento mais útil para alguém que precise analisar circuitos que o analisador de espectro. Um analisador é capaz de realizar análise de sinais espúrios e ruído, verificações de fases, exames de filtragem e interferência eletromagnética, medidas de vibração, medidas para radares e outras. Os analisadores de espectro são encontrados no mercado em diversos tamanhos e formatos. A Figura 17.42 mostra um analisador típico.

17.8.2 Filtros

Os filtros são um componente importante de sistemas eletrônicos e de comunicação. O Capítulo 14 apresentou uma discussão completa sobre filtros passivos e ativos. Agora, investigaremos como projetar filtros para escolher a componente fundamental (ou qualquer harmônica desejada) do sinal de entrada e rejeitar outras harmônicas. Esse processo de filtragem não pode ser realizado sem a expansão da série de Fourier do sinal de entrada. Para fins de ilustração, consideraremos dois casos: um filtro passa-baixas e um filtro passa-faixa. No Exemplo 17.6, já analisamos um filtro *RL* passa-altas.

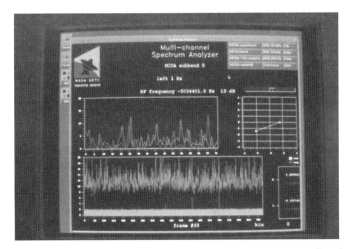

Figura 17.42 Analisador de espectro típico. (© *SETI Institute/SPL/Photo Researchers Inc.*)

A saída de um filtro passa-baixas depende do sinal de entrada, da função de transferência $H(\omega)$ do filtro e da frequência angular ou de meia potência ω_c. Recorde-se que $\omega_c = 1/RC$ para um filtro passivo *RC*. Como mostra a Figura 17.43*a*, o filtro passa-baixas deixa passar as componentes de alta frequência. Fazendo ω_c suficientemente grande ($\omega_c \gg \omega_0$, tornando, por exemplo, *C* pequeno), poderá passar um grande número de harmônicas. Por outro lado, fazendo ω_c suficientemente pequena ($\omega_c \ll \omega_0$), podemos bloquear todas as componentes CA e deixa passar apenas CC, conforme mostrado comumente na Figura 17.43*b*. (Ver a Figura 17.2*a* para a expansão da série de Fourier da onda quadrada.)

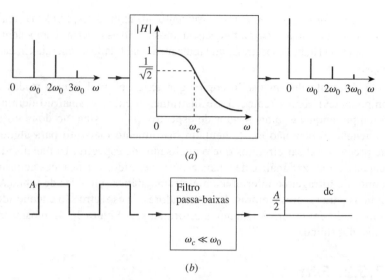

Figura 17.43 (a) Espectros de entrada e de saída de um filtro passa-baixas; (b) filtro passa-baixas deixa passar a componente CC quando $\omega_c \ll \omega_0$.

> Nesta seção, usamos ω_c para a frequência central do filtro passa-faixa em vez de ω_0 como no Capítulo 14, para evitar confundir ω_0 com a frequência fundamental do sinal de entrada.

De modo semelhante, a saída do filtro passa-faixa depende do sinal de entrada, da função de transferência do filtro, $H(\omega)$, sua largura de banda B e sua frequência central ω_c. Conforme ilustrado na Figura 17.44a, o filtro permite a passagem de todos os harmônicos do sinal de entrada dentro da faixa de frequências ($\omega_1 < \omega < \omega_2$) centrada em ω_c. Consideramos que ω_0, $2\omega_0$ e $3\omega_0$ se encontram dentro dessa faixa. Se o filtro for altamente seletivo ($B \ll \omega_0$) e $\omega_c = \omega_0$, onde ω_0 é a frequência fundamental do sinal de entrada, o filtro deixa passar apenas a componente fundamental ($n = 1$) da entrada e bloqueia todas as outras harmônicas de maior frequência. Como nos mostra a Figura 17.44b, com uma onda quadrada como entrada, obtemos uma onda seno de mesma frequência da saída. (Enfatizando, refira-se à Figura 17.2a.)

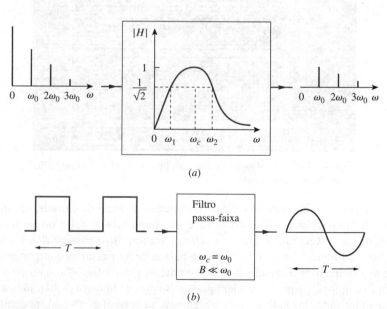

Figura 17.44 (a) Os espectros de entrada e de saída de um filtro passa-faixa; (b) o filtro passa-faixa deixa passar apenas a componente fundamental quando $B \ll \omega_0$.

EXEMPLO 17.14

Se a forma de onda dente de serra da Figura 17.45a for aplicada a um filtro passa-baixas ideal com a função de transferência mostrada na Figura 17.45b, determine a saída.

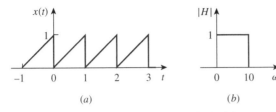

Figura 17.45 Esquema para o Exemplo 17.14.

Solução: O sinal de entrada da Figura 17.45a é o mesmo que o sinal da Figura 17.9. Do Problema prático 17.2, sabemos que a expansão da série de Fourier é

$$x(t) = \frac{1}{2} - \frac{1}{\pi}\operatorname{sen}\omega_0 t - \frac{1}{2\pi}\operatorname{sen} 2\omega_0 t - \frac{1}{3\pi}\operatorname{sen} 3\omega_0 t - \cdots$$

onde o período é $T = 1$ s e a frequência fundamental é $\omega_0 = 2\pi$ rad/s; Como a frequência angular do filtro é $\omega_c = 10$ rad/s, apenas a componente CC e harmônicos com $n\omega_0 <$ 10 terão passagem. Para $n = 2$, $n\omega_0 = 4\pi = 12{,}566$ rad/s, que é mais elevada que 10 rad/s, significando que o segundo harmônico e outros superiores a este serão rejeitados. Consequentemente, somente as componentes fundamental e CC passarão. Logo, a saída do filtro é

$$y(t) = \frac{1}{2} - \frac{1}{\pi}\operatorname{sen} 2\pi t$$

PROBLEMA PRÁTICO 17.14

Refaça o Exemplo 17.14 supondo que o filtro passa-faixa seja substituído pelo filtro passa-faixa ideal mostrado na Figura 17.46.

Resposta: $y(t) = -\dfrac{1}{3\pi}\operatorname{sen} 3\omega_0 t - \dfrac{1}{4\pi}\operatorname{sen} 4\omega_0 t - \dfrac{1}{5\pi}\operatorname{sen} 5\omega_0 t$.

Figura 17.46 Esquema para o Problema prático 17.14.

17.9 Resumo

1. Função periódica é aquela que se repete a cada T segundos; isto é, $f(t \pm nT) = f(t)$, $n = 1, 2, 3, \ldots$

2. Qualquer função periódica não senoidal $f(t)$ que encontramos em engenharia elétrica pode ser expressa em termos de senoides usando séries de Fourier:

$$f(t) = \underbrace{a_0}_{CC} + \underbrace{\sum_{n=1}^{\infty}(a_n \cos n\omega_0 t + b_n \operatorname{sen} n\omega_0 t)}_{CA}$$

onde $\omega_0 = 2\pi/T$ é a frequência fundamental. A série de Fourier decompõe a função na componente CC a_0 e na componente CA contendo um número infinitamente maior de senoides harmonicamente relacionadas. Os coeficientes de Fourier são determinados como segue

$$a_0 = \frac{1}{T}\int_0^T f(t)\,dt, \qquad a_n = \frac{2}{T}\int_0^T f(t)\cos n\omega_0 t\,dt$$

$$b_n = \frac{2}{T}\int_0^T f(t)\operatorname{sen} n\omega_0 t\,dt$$

Se $f(t)$ for uma função par, $b_n = 0$ e quando $f(t)$ for ímpar, $a_0 = 0$ e $a_n = 0$. Se $f(t)$ for simétrica de meia onda, $a_0 = a_n = b_n = 0$ para valores pares de n.

3. Uma alternativa para as séries de Fourier trigonométricas (seno ou cosseno) é a forma amplitude-fase

$$f(t) = a_0 + \sum_{n=1}^{\infty} A_n \cos(n\omega_0 t + \phi_n)$$

onde

$$A_n = \sqrt{a_n^2 + b_n^2}, \qquad \phi_n = -\operatorname{tg}^{-1}\frac{b_n}{a_n}$$

4. A representação de séries de Fourier possibilita que apliquemos o método dos fasores na análise de circuitos quando a função de entrada for uma função periódica não senoidal. Usamos a técnica dos fasores para determinar a resposta de cada harmônica na série, transformamos as respostas para o domínio do tempo e as somamos.

5. A potência média da tensão e da corrente periódicas é

$$P = V_{\text{dc}}I_{\text{dc}} + \frac{1}{2}\sum_{n=1}^{\infty} V_n I_n \cos(\theta_n - \phi_n)$$

Em outras palavras, a potência média total é a soma das potências médias em cada tensão e corrente harmonicamente relacionadas.

6. Uma função periódica também pode ser representada em termos de uma série de Fourier exponencial (ou complexa) como

$$f(t) = \sum_{n=-\infty}^{\infty} c_n e^{jn\omega_0 t}$$

onde

$$c_n = \frac{1}{T}\int_0^T f(t)e^{-jn\omega_0 t}\,dt$$

e $\omega_0 = 2\pi/T$. A forma exponencial descreve o espectro de $f(t)$ em termos das amplitudes e fases das componentes CA nas frequências harmônicas positivas e negativas. Portanto, existem três formas básicas de representação de série de Fourier: a forma trigonométrica, a forma amplitude-fase e a forma exponencial.

7. O espectro de frequências (ou de linhas) é o gráfico de A_n e ϕ_n ou $|c_n|$ e θ_n versus frequência.

8. O valor RMS de uma função periódica é dado por

$$F_{\text{RMS}} = \sqrt{a_0^2 + \frac{1}{2}\sum_{n=1}^{\infty} A_n^2}$$

A potência dissipada por uma resistência de 1 Ω é

$$P_{1\Omega} = F_{\text{RMS}}^2 = a_0^2 + \frac{1}{2}\sum_{n=1}^{\infty}(a_n^2 + b_n^2) = \sum_{n=-\infty}^{\infty}|c_n|^2$$

Essa relação é conhecida como *teorema de Parseval*.

9. Usando o *PSpice*, uma análise de Fourier de um circuito pode ser realizada em conjunto com a análise de transientes.

10. As séries de Fourier encontram aplicação em filtros e analisadores de espectro. Analisador de espectro é um instrumento que exibe os espectros de Fourier discretos de um sinal de entrada, de modo que aquele que realiza a análise possa determinar as frequências e as energias relativas das componentes do sinal. Como os espectros de Fourier são espectros discretos, os filtros podem ser projetados com grande eficiência no bloqueio de componentes de frequência de um sinal que se encontrem fora de um intervalo desejado.

Questões para revisão

17.1 Qual das opções a seguir não pode ser uma série de Fourier?

(a) $t - \dfrac{t^2}{2} + \dfrac{t^3}{3} - \dfrac{t^4}{4} + \dfrac{t^5}{5}$

(b) $5 \operatorname{sen} t + 3 \operatorname{sen} 2t - 2 \operatorname{sen} 3t + \operatorname{sen} 4t$

(c) $\operatorname{sen} t - 2 \cos 3t + 4 \operatorname{sen} 4t + \cos 4\,t$

(d) $\operatorname{sen} t + 3 \operatorname{sen} 2{,}7t - \cos \pi t + 2 \operatorname{tg} \pi t$

(e) $1 + e^{-j\pi t} + \dfrac{e^{-j2\pi t}}{2} + \dfrac{e^{-j3\pi t}}{3}$

17.2 Se $f(t) = t$, $0 < t < \pi$, $f(t + n\pi) = f(t)$, o valor de ω_0 é

(a) 1 (b) 2 (c) π (d) 2π

17.3 Qual das funções a seguir são pares?

(a) $t + t^2$ (b) $t^2 \cos t$ (c) e^{t^2}

(d) $t^2 + t^4$ (e) $\operatorname{senh} t$

17.4 Qual das a seguir funções são impares?

(a) $\operatorname{sen} t + \cos t$ (b) $t \operatorname{sen} t$

(c) $t \ln t$ (d) $t^3 \cos t$

(e) $\operatorname{senh} t$

17.5 Se $f(t) = 10 + 8 \cos t + 4 \cos 3t + 2 \cos 5t + \ldots$, a magnitude do componente CC e:

(a) 10 (b) 8 (c) 4

(d) 2 (e) 0

17.6 Se $f(t) = 10 + 8 \cos t + 4 \cos 3t + 2 \cos 5t + \ldots$, a frequência angular do 6° harmônico e

(a) 12 (b) 11 (c) 9

(d) 6 (e) 1

17.7 A função da Figura 17.14 e simétrica de meia onda.

(a) Verdadeiro (b) Falso

17.8 O gráfico de $|c_n|$ versus $n\omega_0$ é denominado:

(a) espectro de frequências complexas

(b) espectro de amplitudes complexas

(c) espectro de fases complexas

17.9 Quando a tensão periódica $2 + 6 \operatorname{sen} \omega_0 t$ e aplicada a um resistor de 1 Ω, o inteiro mais próximo da potencia (em watts) dissipada no resistor e:

(a) 5 (b) 8 (c) 20

(d) 22 (e) 40

17.10 O instrumento para exibição do espectro de um sinal é conhecido como:

(a) osciloscópio (b) espectrograma

(c) analisador de espectro (d) espectrômetro de Fourier

Respostas: 17.1a,d; 17.2b; 17.3b,c,d; 17.4d,e; 17.5a; 16.6d; 17.7a; 17.8b; 17.9d; 17.10c.

Problemas

● Seção 17.2 Séries de Fourier trigonométricas

17.1 Calcule cada uma das seguintes funções e verifique se ela é periódica. Se for periódica, determine seu período.

(a) $f(t) = \cos \pi t + 2 \cos 3\pi t + 3 \cos 5\pi t$

(b) $y(t) = \operatorname{sen} t + 4 \cos 2\pi t$

(c) $g(t) = \operatorname{sen} 3t \cos 4t$

(d) $h(t) = \cos^2 t$

(e) $z(t) = 4{,}2 \operatorname{sen}(0{,}4\pi t + 10°) + 0{,}8 \operatorname{sen}(0{,}6\pi t + 50°)$

(f) $p(t) = 10$

(g) $q(t) = e^{-\pi t}$

17.2 Usando o *MATLAB*, sintetize a forma de onda periódica para o qual a série de Fourier trigonométrica é

$$f(t) = \frac{1}{2} - \frac{4}{\pi^2}\left(\cos t + \frac{1}{9}\cos 3t + \frac{1}{25}\cos 5t + \cdots\right)$$

17.3 Forneça os coeficientes de Fourier a_0, a_n e b_n da forma de onda na Figura 17.47. Represente graficamente os espectros de amplitude e de fase.

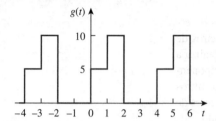

Figura 17.47 Esquema para o Problema 17.3.

17.4 Determine a expansão em série de Fourier da forma de onda mostrada na Figura 17.48. Determine os espectros de amplitudes e de fases.

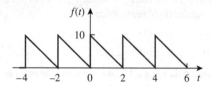

Figura 17.48 Esquema para os Problemas 17.4 e 17.66.

17.5 Obtenha a expansão em série de Fourier para a forma de onda mostrada na Figura 17.49.

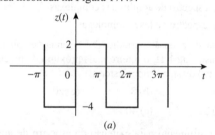

(a)

Figura 17.49 Esquema para o Problema 17.5.

17.6 Determine a série de Fourier trigonométrica para

$$f(t) = \begin{cases} 5, & 0 < t < \pi \\ 10, & \pi < t < 2\pi \end{cases} \quad \text{e} \quad f(t + 2\pi) = f(t).$$

*17.7 Determine a série de Fourier da função periódica na Figura 17.50.

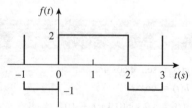

Figura 17.50 Esquema para o Problema 17.7.

---
* O asterisco indica um problema que constitui um desafio.

17.8 Considere a Figura 17.51 e elabore um problema para ajudar outros estudantes a entender melhor como determinar a série de Fourier exponencial de uma forma de onda periódica.

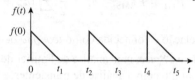

Figura 17.51 Esquema para o Problema 17.8.

17.9 Determine os coeficientes de Fourier a_n e b_n dos três primeiros termos harmônicos da onda cosseno retificada da Figura 17.52.

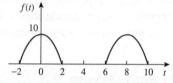

Figura 17.52 Esquema para o Problema 17.9.

17.10 Determine a série de Fourier exponencial para a forma de onda da Figura 17.53.

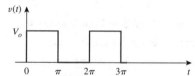

Figura 17.53 Esquema para o Problema 17.10.

17.11 Obtenha a série de Fourier exponencial para o sinal da Figura 17.54.

Figura 17.54 Esquema para o Problema 17.11.

*17.12 Uma fonte de tensão possui uma forma de onda periódica definida ao longo de seu período como

$$v(t) = 10t(2\pi - t) \text{ V}, \quad 0 < t < 2\pi$$

Determine a série de Fourier para essa tensão.

17.13 Elabore um problema para ajudar outros estudantes a entender melhor como obter a série de Fourier de uma função periódica.

17.14 Determine a forma (cosseno e seno) de quadratura da série de Fourier

$$f(t) = 5 + \sum_{n=1}^{\infty} \frac{25}{n^3 + 1} \cos\left(2nt + \frac{n\pi}{4}\right)$$

17.15 Expresse a série de Fourier

$$f(t) = 10 + \sum_{n-1}^{\infty} \frac{4}{n^2 + 1} \cos 10nt + \frac{1}{n^3} \text{sen } 10nt$$

(a) Em uma forma angular e de cosseno.

(b) Em uma forma angular e de seno.

17.16 A forma de onda da Figura 17.55a possui a seguinte série de Fourier:

$$v_1(t) = \frac{1}{2} - \frac{4}{\pi^2}\left(\cos \pi t + \frac{1}{9}\cos 3\pi t + \frac{1}{25}\cos 5\pi t + \cdots \right) \text{V}$$

Obtenha a série de Fourier de $v_2(t)$ na Figura 17.55b.

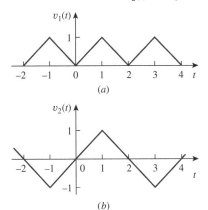

(a)

(b)

Figura 17.55 Esquema para os Problemas 17.16 e 17.69.

● **Seção 17.3 Considerações sobre simetria**

17.17 Determine se estas funções são pares, impares ou nenhuma delas.

(a) $1 + t$ (b) $t^2 - 1$ (c) $\cos n\pi t \operatorname{sen} n\pi t$
(d) $\operatorname{sen}^2 \pi t$ (e) e^{-t}

17.18 Determine a frequência fundamental e especifique o tipo de simetria presente nas funções da Figura 17.56.

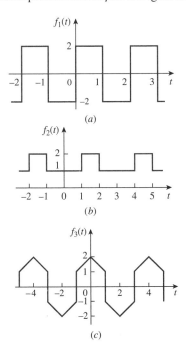

Figura 17.56 Esquema para os Problemas 17.18 e 17.63.

17.19 Obtenha a série de Fourier para a forma de onda periódica da Figura 17.57.

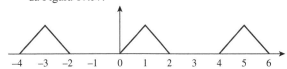

Figura 17.57 Esquema para o Problema 17.19.

17.20 Determine a série de Fourier para o sinal da Figura 17.58. Calcule $f(t)$ em $t = 2$, usando os três harmônicos não nulos.

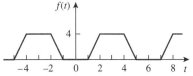

Figura 17.58 Esquema para os Problemas 17.20 e 17.67.

17.21 Determine a série de Fourier trigonométrica do sinal da Figura 17.59.

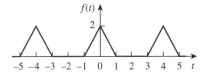

Figura 17.59 Esquema para o Problema 17.21.

17.22 Calcule os coeficientes de Fourier para a função da Figura 17.60.

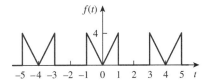

Figura 17.60 Esquema para o Problema 17.22.

17.23 Considere a Figura 17.61 e elabore um problema para ajudar outros estudantes a entender melhor como determinar as séries de Fourier de uma forma de onda periódica.

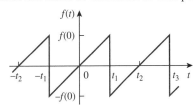

Figura 17.61 Esquema para o Problema 17.23.

17.24 Na função periódica da Figura 17.62,

(a) Determine os coeficientes a_2 e b_2 da série de Fourier trigonométrica.
(b) Calcule a magnitude e a fase da componente de $f(t)$ que possui $\omega_n = 10$ rad/s.
(c) Use os quatro primeiros termos não nulos para estimar $f(\pi/2)$
(d) Demonstre que

$$\frac{\pi}{4} = \frac{1}{1} - \frac{1}{3} + \frac{1}{5} - \frac{1}{7} + \frac{1}{9} - \frac{1}{11} + \cdots$$

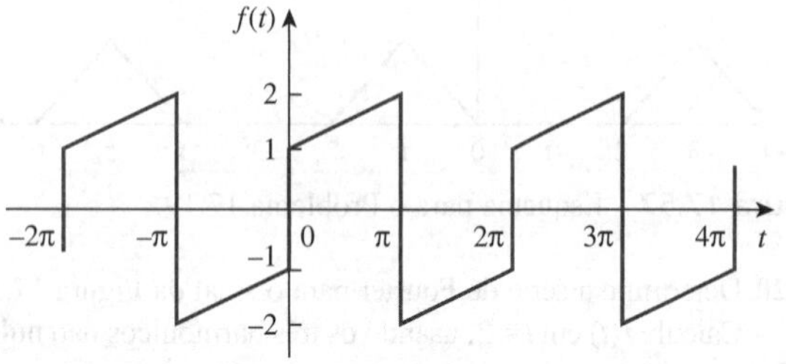

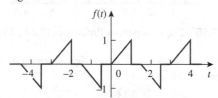

Figura 17.62 Esquema para os Problemas 17.24 e 17.60.

17.25 Determine a representação da série de Fourier da função na Figura 17.63.

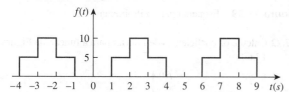

Figura 17.63 Esquema para o Problema 17.25.

17.26 Encontre a representação da série de Fourier do sinal mostrado na Figura 17.64.

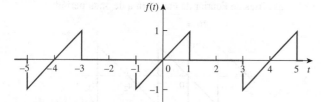

Figura 17.64 Esquema para o Problema 17.26.

17.27 Para a forma de onda mostrada na Figura 17.65 a seguir,

(a) Especifique o tipo de simetria que ela possui.
(b) Calcule a_3 e b_3.
(c) Determine o valor RMS usando os cinco primeiros harmônicos não nulos.

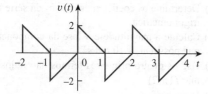

Figura 17.65 Esquema para o Problema 17.27.

17.28 Obtenha a série de Fourier trigonométrica para a forma de onda de tensão mostrada na Figura 17.66.

Figura 17.66 Esquema para o Problema 17.28.

17.29 Determine a expansão da série de Fourier da função onda dente de serra da Figura 17.67.

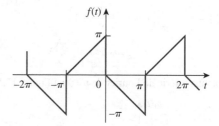

Figura 17.67 Esquema para o Problema 17.29.

17.30 (a) Se $f(t)$ for uma função par, demonstre que

$$c_n = \frac{2}{T}\int_0^{T/2} f(t) \cos n\omega_0 t\, dt$$

(b) Se $f(t)$ for uma função ímpar, demonstre que

$$c_n = -\frac{j2}{T}\int_0^{T/2} f(t) \operatorname{sen} n\omega_0 t\, dt$$

17.31 Admitindo que a_n e b_n sejam os coeficientes da série de Fourier $f(t)$ e ω_0 seja sua frequência fundamental. Suponha que se aplique escala de tempo a $f(t)$, dando $h(t) = f(\alpha t)$. Expresse a'_n e b'_n e ω'_0, de $h(t)$ em termos de a_n, b_n e ω_0 de $f(t)$.

● **Seção 17.4 Aplicações em circuitos**

17.32 Determine $i(t)$ no circuito da Figura 17.68 dado que

$$i_s(t) = 1 + \sum_{n=1}^{\infty} \frac{1}{n^2} \cos 3nt\, \text{A}$$

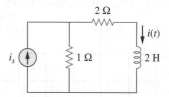

Figura 17.68 Esquema para o Problema 17.32.

17.33 No circuito mostrado na Figura 17.69, a expansão em série de Fourier de $v_s(t)$ é

$$v_s(t) = 3 + \frac{4}{\pi}\sum_{n=1}^{\infty}\frac{1}{n}\operatorname{sen}(n\pi t)$$

Determine $v_o(t)$.

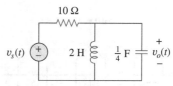

Figura 17.69 Esquema para o Problema 17.33.

17.34 Considere a Figura 17.70 e elabore um problema para ajudar outros estudantes a entender melhor a resposta de um circuito a uma série de Fourier.

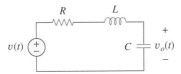

Figura 17.70 Esquema para o Problema 17.34.

17.35 Se v_s no circuito da Figura 17.71 for igual a função $f_2(t)$ da Figura 17.56b, determine a componente CC e os três primeiros harmônicos não nulos de $v_o(t)$.

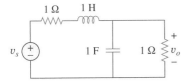

Figura 17.71 Esquema para o Problema 17.35.

* **17.36** Determine a resposta i_o para o circuito da Figura 17.72a, onde $v_s(t)$ é mostrada na Figura 17.72b.

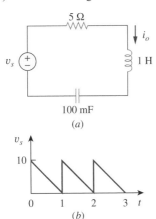

Figura 17.72 Esquema para o Problema 17.36.

17.37 Se a forma de onda de corrente periódica da Figura 17.73a for aplicada ao circuito da Figura 17.73b, determine v_o.

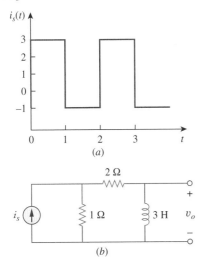

Figura 17.73 Esquema para o Problema 17.37.

17.38 Se a onda quadrada mostrada na Figura 17.74a for aplicada no circuito da Figura 17.74b, determine uma série de Fourier para $v_o(t)$.

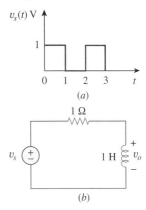

Figura 17.74 Esquema para o Problema 17.38.

17.39 Se a tensão periódica da Figura 17.75a for aplicada ao circuito da Figura 17.75b, determine $i_o(t)$.

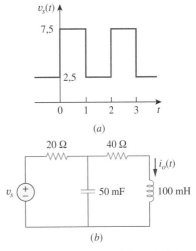

Figura 17.75 Esquema para o Problema 17.39.

* **17.40** O sinal da Figura 17.76a é aplicado ao circuito na Figura 17.76b. Determine $v_o(t)$.

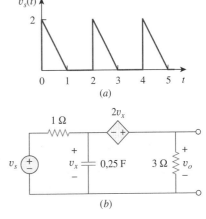

Figura 17.76 Esquema para o Problema 17.40.

17.41 A tensão senoidal retificada de onda completa, indicada na Figura 17.77a, é aplicada ao filtro passa-baixas da Figura 17.77b. Obtenha a tensão de saída $v_o(t)$ do filtro.

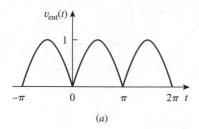

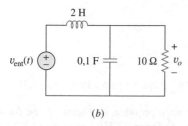

Figura 17.77 Esquema para o Problema 17.41.

17.42 A onda quadrada da Figura 17.78a é aplicada ao circuito da Figura 17.78b. Determine a série de Fourier de $v_o(t)$.

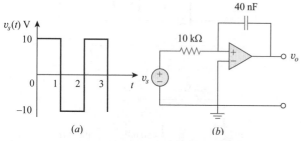

Figura 17.78 Esquema para o Problema 17.42.

● **Seção 17.5 Potência média e valores RMS**

17.43 A tensão nos terminais de um circuito é

$$v(t) = [30 + 20\cos(60\pi t + 45°) + 10\cos(120\pi t - 45°)]\ V$$

Se a corrente que entra no terminal de potencial mais elevado for

$$i(t) = 6 + 4\cos(60\pi t + 10°) - 2\cos(120\pi t - 60°)\ A$$

determine:

(a) O valor RMS da tensão.
(b) O valor RMS da corrente.
(c) A potência média absorvida pelo circuito.

*****17.44** Elabore um problema para ajudar outros estudantes a entender melhor como determinar a tensão e a corrente RMS em um elemento de circuito dadas as séries de Fourier da corrente e da tensão. Além disso, o problema também deve calcular a potência média fornecida ao elemento e o espectro de potência.

17.45 Um circuito RLC tem $R = 10\ \Omega$, $L = 2$ mH e $C = 40\ \mu$F. Determine a corrente eficaz e a potência média absorvida quando a tensão aplicada for

$$v(t) = 100\cos 1.000t + 50\cos 2.000t + 25\cos 3.000t\ V$$

17.46 Use o *MATLAB* para representar graficamente as seguintes senoides para o intervalo $0 < t < 5$:

(a) $5\cos 3t - 2\cos(3t - \pi/3)$
(b) $8\text{sen}(\pi t + \pi/4) + 10\cos(\pi t - \pi/8)$

17.47 A forma de onda de corrente periódica da Figura 17.79 é aplicada em um resistor de 2 kΩ. Determine a percentagem de dissipação de potência média total provocada pela componente CC.

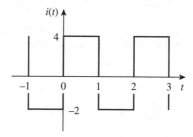

Figura 17.79 Esquema para o Problema 17.47.

17.48 Para o circuito da Figura 17.80,

$$i(t) = 20 + 16\cos(10t + 45°) + 12\cos(20t - 60°)\ mA$$

(a) Determine $v(t)$.
(b) Calcule a potência média dissipada no resistor.

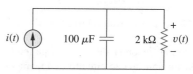

Figura 17.80 Esquema para o Problema 17.48.

17.49 (a) Para a forma de onda periódica do Problema 17.5, determine o valor RMS.

(b) Use os cinco primeiros harmônicos da série de Fourier do Problema 17.5 para determinar o valor eficaz do sinal.

(c) Calcule o erro percentual no valor RMS estimado de $z(t)$ se

$$\%\text{ erro} = \left(\frac{\text{valor estimado}}{\text{valor exato}} - 1\right) \times 100$$

● **Seção 17.6 Séries de Fourier exponenciais**

17.50 Obtenha a série de Fourier exponencial para $f(t) = t$, $-1 < t < 1$, com $f(t + 2n) = f(t)$ para valores inteiros de n.

17.51 Elabore um problema para ajudar outros estudantes a entender melhor como determinar a série de Fourier exponencial de uma determinada função periódica.

17.52 Calcule a série de Fourier complexa para $f(t) = e^t$, $-\pi < t < \pi$, com $f(t + 2\pi n) = f(t)$ para todos os valores inteiros de n.

17.53 Determine a série de Fourier complexa para $f(t) = e^{-t}$ e $0 < t < 1$, com $f(t + n) = f(t)$ para todos os valores inteiros de n.

17.54 Determine a série de Fourier exponencial para a função da Figura 17.81.

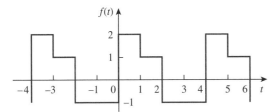

Figura 17.81 Esquema para o Problema 17.54.

17.55 Obtenha a expansão da série de Fourier exponencial da corrente senoidal retificada de meia onda da Figura 17.82.

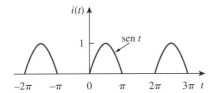

Figura 17.82 Esquema para o Problema 17.55.

17.56 A representação trigonométrica da série de Fourier de uma função periódica é

$$f(t) = 10 + \sum_{n=1}^{\infty} \left(\frac{1}{n^2+1} \cos n\pi t + \frac{n}{n^2+1} \mathrm{sen}\, n\pi t \right)$$

Determine a representação de série de Fourier exponencial de $f(t)$.

17.57 Os coeficientes da representação de série de Fourier trigonométrica de uma função são:

$$b_n = 0, \quad a_n = \frac{6}{n^3 - 2}, \quad n = 0, 1, 2, \ldots$$

Se $\omega_n = 50n$, determine a série de Fourier exponencial para a função.

17.58 Determine a série de Fourier exponencial de uma função que possui os seguintes coeficientes de série de Fourier trigonométrica:

$$a_0 = \frac{\pi}{4}, \quad b_n = \frac{(-1)^n}{n}, \quad a_n = \frac{(-1)^n - 1}{\pi n^2}$$

Adote $T = 2\pi$.

17.59 A série de Fourier complexa da função na Figura 17.83a é

$$f(t) = \frac{1}{2} - \sum_{n=-\infty}^{\infty} \frac{je^{-j(2n+1)t}}{(2n+1)\pi}$$

Determine a série de Fourier complexa da função $h(t)$ da Figura 17.83b.

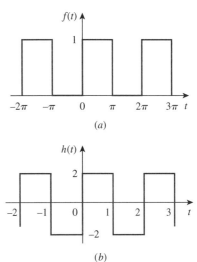

Figura 17.83 Esquema para o Problema 17.59.

17.60 Obtenha os coeficientes de Fourier complexos do sinal da Figura 17.62.

17.61 Os espectros das séries de Fourier de uma função são mostrados na Figura 17.84.

(a) Obtenha a série de Fourier trigonométrica.

(b) Calcule o valor RMS da função.

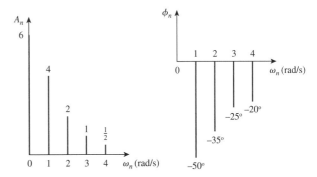

Figura 17.84 Esquema para o Problema 17.61.

17.62 Os espectros de amplitude e fase de uma série de Fourier truncada são indicados na Figura 17.85.

(a) Determine uma expressão para a tensão periódica usando a forma amplitude-fase. Ver Equação (17.10).

(b) A tensão e uma função de t ímpar ou par?

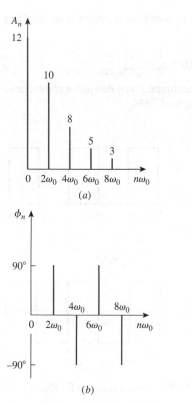

Figura 17.85 Esquema para o Problema 17.62.

17.63 Faça o gráfico do espectro de amplitude para o sinal $f_2(t)$ da Figura 17.56b. Considere os primeiros cinco termos.

17.64 Elabore um problema para ajudar outros estudantes a entender melhor os espectros de amplitude e de fase de uma determinada série de Fourier.

17.65 Dado que

$$f(t) = \sum_{\substack{n=1 \\ n=\text{ímpar}}}^{\infty} \left(\frac{20}{n^2\pi^2} \cos 2nt - \frac{3}{n\pi} \text{sen } 2nt \right)$$

represente graficamente os cinco termos dos espectros de amplitude e de fase para a função.

● **Seção 17.7 Analise de Fourier usando o *PSpice***

17.66 Determine os coeficientes de Fourier para a forma de onda na Figura 17.48 usando o *PSpice* ou o *MultiSim*.

17.67 Calcule os coeficientes de Fourier do sinal na Figura 17.58 usando o *PSpice* ou o *MultiSim*.

17.68 Use o *PSpice* ou o *MultiSim* para determinar as componentes de Fourier do sinal no Problema 17.7.

17.69 Use o *PSpice* ou o *MultiSim* para obter os coeficientes da série de Fourier da forma de onda da Figura 17.55a.

17.70 Elabore um problema para ajudar outros estudantes a entender melhor como usar o *PSpice* ou o *MultiSim* para resolver problemas de circuitos com entradas periódicas.

17.71 Use o *PSpice* ou o *MultiSim* para resolver o Problema 17.39.

● **Seção 17.8 Aplicações**

17.72 O sinal exibido por um aparelho médico pode ser aproximado pela forma de onda mostrada na Figura 17.86. Determine a representação em série de Fourier do sinal.

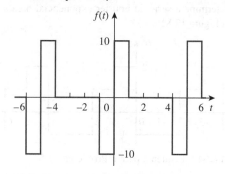

Figura 17.86 Esquema para o Problema 17.72.

17.73 Um analisador de espectros indica que um sinal é formado por apenas três componentes: 640 kHz a 2 V, 644 kHz a 1 V, 636 kHz a 1 V. Se o sinal for aplicado em um resistor de 10 Ω, qual será a potência média absorvida pelo resistor?

17.74 Certa corrente periódica limitada em faixa tem apenas três frequências em sua representação de série de Fourier: CC, 50 Hz e 100 Hz. A corrente pode ser representada como segue

$i(t) = 4 + 6 \text{ sen } 100\pi t + 8 \cos 100\pi t$
$\quad - 3 \text{ sen } 200\pi t - 4 \cos 200\pi t$ A

(a) Expresse $i(t)$ na forma amplitude-fase.
(b) Se $i(t)$ flui pelo resistor de 2 Ω, quantos watts da potência média serão dissipados?

17.75 Projete um filtro RC passa-baixas com uma resistência $R = 2$ kΩ. A entrada para o filtro é um trem de pulsos retangular periódico (ver Tabela 17.3) com $A = 1$ V, $T = 10$ ms e $\tau = 1$ ms. Escolha C de tal forma que a componente CC da saída seja 50 vezes maior que a componente fundamental da saída.

17.76 Um sinal periódico dado por $v_s(t) = 10$ V para $0 < t < 1$ e 0 V para $1 < t < 2$ é aplicado ao filtro passa-altas da Figura 17.87. Determine o valor de R tal que o sinal de saída $v_o(t)$ tenha uma potência media de pelo menos 70% da potência média do sinal de entrada.

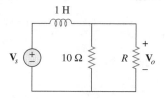

Figura 17.87 Esquema para o Problema 17.76

Problemas abrangentes

17.77 A tensão em um dispositivo é dada por
$$v(t) = -2 + 10\cos 4t + 8\cos 6t + 6\cos 8t - 5\,\text{sen}\,4t - 3\,\text{sen}\,6t - \text{sen}\,8t \text{ V}$$

Determine:

(a) O período de $v(t)$.

(b) O valor médio de $v(t)$.

(c) O valor eficaz de $v(t)$.

17.78 Certa tensão periódica limitada em faixa possui apenas três harmônicos em sua representação na forma de série de Fourier. Os harmônicos possuem os seguintes valores RMS: fundamental 40 V, terceiro harmônico 20 V, quinto harmônico 10 V.

(a) Se a tensão for aplicada em um resistor de 5 Ω, determine a potência média dissipada pelo resistor.

(b) Se uma componente CC for somada à tensão periódica e a potência medida dissipada aumentar 5%, determine o valor da componente CC somada.

17.79 Escreva um programa para calcular os coeficientes de Fourier (até o 10º harmônico) da onda quadrada na Tabela 17.3 com $A = 10$ e $T = 2$.

17.80 Escreva um programa para calcular a série de Fourier exponencial da corrente senoidal retificada de meia onda da Figura 17.82. Considere termos até o 10º harmônico.

17.81 Considere a corrente senoidal retificada de onda completa da Tabela 17.3. Suponha que a corrente passe através de um resistor de 1 Ω.

(a) Determine a potência média absorvida pelo resistor.

(b) Obtenha c_n para $n = 1, 2, 3$ e 4.

(c) Que parcela da potência total é transportada pela componente CC?

(d) Que parcela da potência total é transportada pelo segundo harmônico ($n = 2$)?

17.82 Verifica-se que um sinal de tensão limitado em faixa possui os coeficientes de Fourier complexos apresentados na tabela a seguir. Calcule a potência média que o sinal forneceria a um resistor de 4 Ω.

$n\omega_0$	$|c_n|$	θ_n
0	10,0	0°
ω	8,5	15°
2ω	4,2	30°
3ω	2,1	45°
4ω	0,5	60°
5ω	0,2	75°

TRANSFORMADA DE FOURIER

Planejar é fazer hoje para sermos melhores amanhã, pois o futuro pertence àqueles que tomam as decisões difíceis hoje.
Business Week

Progresso profissional

Carreira em sistemas de comunicação

Os sistemas de comunicação aplicam os princípios da análise de circuitos e são projetados para transmitir informações de uma fonte (o transmissor) a um destino (o receptor) por meio de um canal (o meio de propagação). Os engenheiros de telecomunicação projetam sistemas para transmissão e recepção de informações. As informações podem se encontrar na forma de voz, dados ou vídeo.

Vivemos na era da informação – notícias, previsão do tempo, esportes, compras, finanças, estoque das empresas e outras fontes nos tornam disponíveis as informações de modo quase instantâneo por sistemas de comunicação. Alguns exemplos óbvios são a rede telefônica, telefones celulares, rádio, TV a cabo, TV via satélite, fax e radares. O rádio móvel usado pela polícia, corpo de bombeiros, aviação e várias empresas é outro exemplo.

O campo da comunicação talvez seja a área de crescimento mais rápido da engenharia elétrica. A fusão do campo da comunicação com a tecnologia dos computadores nos últimos anos levou às redes de comunicação de dados digitais, como redes locais, redes de abrangência metropolitana e redes digitais de serviços integrados de banda larga. Por exemplo, a Internet (a "supervia da informação") possibilita que educadores, executivos e outros profissionais enviem suas mensagens de e-mail a computadores espalhados ao redor do mundo, acessem bancos de dados remotos e transfiram arquivos. A Internet afetou o mundo como um maremoto e está mudando drasticamente a maneira pela qual as pessoas fazem negócios, se comunicam e obtêm informações. Essa tendência só tende a crescer.

Um engenheiro de telecomunicação projeta sistemas que fornecem serviços de informação de alta qualidade. Entre esses sistemas, temos o *hardware* para geração, transmissão e recebimento de sinais de informação. Os engenheiros de telecomunicação encontram trabalho em vários setores da comunicação e em locais onde os sistemas de comunicação são usados rotineiramente. Um número cada vez maior de órgãos governamentais, departamentos acadêmicos e empresas está exigindo a transmissão cada vez mais rápida e precisa de informações. Para atender a essas necessidades, há uma grande demanda por engenheiros de comunicação. Consequentemente, o futuro está na comunicação e todos os engenheiros elétricos devem se preparar para isso.

18.1 Introdução

As séries de Fourier permitem que representemos uma função periódica como uma soma de senoides e obtenhamos o espectro de frequências a partir dessas séries. As transformadas de Fourier permitem que estendemos o conceito de um espectro de frequências para funções não periódicas e supõem que uma função não periódica seja uma função periódica de período infinito. Portanto, a transformada de Fourier é uma representação em forma de integrais de uma função não periódica que é análoga a uma representação em séries de Fourier de uma função periódica.

A transformada de Fourier é uma *transformada de integrais* como a transformada de Laplace. Ela transforma uma função no domínio do tempo para o domínio da frequência, da mesma maneira que é muito útil em sistemas de comunicação e processamento de sinais digitais, em situações em que a transformada de Laplace não se aplica. Enquanto a transformada de Laplace pode lidar apenas com circuitos com entradas para $t > 0$ com condições iniciais, a transformada de Fourier é capaz de lidar com circuitos com entradas para $t < 0$, bem como para $t > 0$.

Iniciamos pelo uso de uma série de Fourier como um trampolim na definição da transformada de Fourier. Depois disso, desenvolvemos algumas das propriedades da transformada de Fourier. Em seguida, aplicamos as transformadas de Fourier na análise de circuitos. Discutimos o teorema de Parseval, comparamos as transformadas de Laplace e de Fourier e vemos como as transformadas de Fourier são aplicadas na amostragem e modulação de amplitude.

18.2 Definição de transformada de Fourier

Vimos, anteriormente, que uma função periódica não senoidal pode ser representada por uma série de Fourier, desde que ela satisfaça as condições de Dirichlet. O que acontece se uma função não for periódica? Infelizmente, existem muitas funções não periódicas importantes — como a função degrau unitário ou uma função exponencial — que não conseguimos representar por meio de uma série de Fourier. Como veremos, a transformada de Fourier permite uma transformação do domínio do tempo para o domínio da frequência, mesmo que a função não seja periódica.

Suponha que queiramos encontrar a transformada de Fourier de uma função não periódica $p(t)$, mostrada na Figura 18.1a. Consideramos que uma função periódica $f(t)$ cuja forma ao longo de um período seja a mesma que $p(t)$, conforme indicado na Figura 18.1b. Se fizermos o período $T \to \infty$, resta apenas um único pulso de largura τ (a função não periódica desejada da Figura 18.1a), pois os pulsos adjacentes foram deslocados para o infinito. Portanto, a função $f(t)$ não é mais periódica. Ou seja, $f(t) = p(t)$ à medida que $T \to \infty$. É interessante considerar o espectro de $f(t)$ para $A = 10$ e $\tau = 0,2$ (ver Seção 17.6). A Figura 18.2 mostra o efeito do aumento de T sobre o espectro. De início, percebemos que a forma geral do espectro permanece a mesma e a frequência na qual a envoltória é zero pela primeira vez permanece a mesma. Entretanto, a amplitude do espectro, bem como o espaçamento entre componentes adjacentes, diminui, enquanto o número de harmônicas aumenta. Logo, ao longo de um intervalo de frequências, a soma das amplitudes das harmônicas permanece quase constante. Como a "força" ou energia total das componentes contidas em uma banda devem permanecer inalteradas, as amplitudes das harmônicas devem diminuir

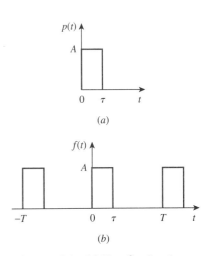

Figura 18.1 (a) Uma função não periódica; (b) com o aumento de T ao infinito, $f(t)$ se torna a função não periódica em a.

à medida que T aumenta. Como $f = 1/T$, conforme T aumenta, f ou ω diminui, de modo que o espectro discreto se torne, em última instância, contínuo.

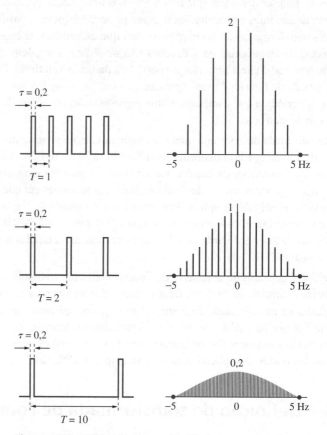

Figura 18.2 Efeito do aumento de T sobre o espectro do trem de pulsos periódicos da Figura 18.1b usando a Equação (17.66) modificada apropriadamente.

Para compreender melhor essa ligação entre uma função não periódica e seu equivalente periódico, consideremos a forma exponencial de uma série de Fourier na Equação (17.58), a saber,

$$f(t) = \sum_{n=-\infty}^{\infty} c_n e^{jn\omega_0 t} \qquad (18.1)$$

onde

$$c_n = \frac{1}{T} \int_{-T/2}^{T/2} f(t) e^{-jn\omega_0 t}\, dt \qquad (18.2)$$

A frequência fundamental é

$$\omega_0 = \frac{2\pi}{T} \qquad (18.3)$$

e o espaçamento entre harmônicos adjacentes é

$$\Delta\omega = (n+1)\omega_0 - n\omega_0 = \omega_0 = \frac{2\pi}{T} \qquad (18.4)$$

Substituindo-se a Equação (18.2) na Equação (18.1), obtemos

$$f(t) = \sum_{n=-\infty}^{\infty} \left[\frac{1}{T} \int_{-T/2}^{T/2} f(t)e^{-jn\omega_0 t}\, dt \right] e^{jn\omega_0 t}$$

$$= \sum_{n=-\infty}^{\infty} \left[\frac{\Delta\omega}{2\pi} \int_{-T/2}^{T/2} f(t)e^{-jn\omega_0 t}\, dt \right] e^{jn\omega_0 t} \qquad (18.5)$$

$$= \frac{1}{2\pi} \sum_{n=-\infty}^{\infty} \left[\int_{-T/2}^{T/2} f(t)e^{-jn\omega_0 t}\, dt \right] \Delta\omega\, e^{jn\omega_0 t}$$

Se fizermos $T \to \infty$, a soma se torna uma integração, o espaçamento incremental $\Delta\omega$ se torna a separação diferencial $d\omega$ e a frequência harmônica discreta $n\omega_0$ se torna uma frequência contínua ω. Portanto, à medida que $T \to \infty$,

$$\begin{aligned} \sum_{n=-\infty}^{\infty} &\Rightarrow \int_{-\infty}^{\infty} \\ \Delta\omega &\Rightarrow d\omega \\ n\omega_0 &\Rightarrow \omega \end{aligned} \qquad (18.6)$$

de modo que a Equação (18.5) fica

$$f(t) = \frac{1}{2\pi} \int_{-\infty}^{\infty} \left[\int_{-\infty}^{\infty} f(t)e^{-j\omega t}\, dt \right] e^{j\omega t}\, d\omega \qquad (18.7)$$

O termo entre colchetes é conhecido como a *transformada de Fourier de* $f(t)$ e é representado por $F(\omega)$. Logo,

$$\boxed{F(\omega) = \mathcal{F}[f(t)] = \int_{-\infty}^{\infty} f(t)e^{-j\omega t}\, dt} \qquad (18.8)$$

> Alguns autores preferem $F(j\omega)$ em vez de $F(\omega)$ para representar a transformada de Fourier.

onde $\mathcal{F}$ é o operador da transformada de Fourier. Fica evidente da Equação (18.8) que:

Transformada de Fourier é uma transformação de integrais de $f(t)$ do domínio do tempo para o domínio da frequência.

Geralmente, $F(\omega)$ é uma função complexa; sua magnitude é denominada espectro de amplitudes, enquanto sua fase é chamada *espectro de fases*. Logo, $F(\omega)$ é o *espectro*.

A Equação (18.7) pode ser escrita em termos de $F(\omega)$ e obtemos a *transformada de Fourier inversa* como

$$\boxed{f(t) = \mathcal{F}^{-1}[F(\omega)] = \frac{1}{2\pi} \int_{-\infty}^{\infty} F(\omega)e^{j\omega t}\, d\omega} \qquad (18.9)$$

A função $f(t)$ e sua transformada $F(\omega)$ formam os pares de transformadas de Fourier:

$$f(t) \quad \Leftrightarrow \quad F(\omega) \qquad (18.10)$$

já que uma pode ser obtida da outra.

A transformada de Fourier $F(\omega)$ existe quando a integral de Fourier na Equação (18.8) converge. Uma condição suficiente, mas não necessária para que $f(t)$ tenha uma transformada de Fourier é que ela seja completamente integrável no sentido de que

$$\int_{-\infty}^{\infty} |f(t)|\, dt < \infty \qquad (18.11)$$

Por exemplo, a transformada de Fourier da função rampa unitária $tu(t)$ não existe, pois a função não satisfaz a condição anterior.

Para evitar cálculos complexos que aparecem explicitamente na transformada de Fourier, algumas vezes, é conveniente substituir $j\omega$ por s e depois s por $j\omega$ final.

EXEMPLO 18.1

Determine a transformada de Fourier das seguintes funções: (a) $\delta(t - t_0)$; (b) $e^{j\omega_0 t}$; (c) $\cos \omega_0 t$.

Solução:

(a) Para a função impulso,

$$F(\omega) = \mathcal{F}[\delta(t - t_0)] = \int_{-\infty}^{\infty} \delta(t - t_0) e^{-j\omega t}\, dt = e^{-j\omega t_0} \qquad (18.1.1)$$

em que a propriedade de crivo da função impulso na Equação (7.32) foi aplicada. Para o caso especial $t_0 = 0$, obtemos

$$\mathcal{F}[\delta(t)] = 1 \qquad (18.1.2)$$

Isso demonstra que a magnitude do espectro da função impulso é constante; isto é, todas as frequências são igualmente representadas na função impulso.

(b) Podemos determinar a transformada de Fourier de $e^{j\omega_0 t}$ de duas formas. Se fizermos

$$F(\omega) = \delta(\omega - \omega_0)$$

poderemos então determinar $f(t)$ usando a Equação (18.9), escrevendo

$$f(t) = \frac{1}{2\pi} \int_{-\infty}^{\infty} \delta(\omega - \omega_0) e^{j\omega t}\, d\omega$$

Utilizando a propriedade de crivo da função impulso, obtemos

$$f(t) = \frac{1}{2\pi} e^{j\omega_0 t}$$

Como $F(\omega)$ e $f(t)$ constituem um par de transformadas de Fourier, assim também deve ser $2\pi\delta(\omega - \omega_0)$ e $e^{j\omega_0 t}$,

$$\mathcal{F}[e^{j\omega_0 t}] = 2\pi\delta(\omega - \omega_0) \qquad (18.1.3)$$

De forma alternativa, a partir da Equação (18.1.2),

$$\delta(t) = \mathcal{F}^{-1}[1]$$

Usando a fórmula de transformada de Fourier inversa na Equação (18.9),

$$\delta(t) = \mathcal{F}^{-1}[1] = \frac{1}{2\pi} \int_{-\infty}^{\infty} 1 e^{j\omega t}\, d\omega$$

ou

$$\int_{-\infty}^{\infty} e^{j\omega t}\, d\omega = 2\pi\delta(t) \qquad (18.1.4)$$

Trocar as variáveis t e ω resulta em

$$\int_{-\infty}^{\infty} e^{j\omega t} dt = 2\pi\delta(\omega) \qquad (18.1.5)$$

Utilizando esse resultado, a transformada de Fourier da função dada é

$$\mathcal{F}[e^{j\omega_0 t}] = \int_{-\infty}^{\infty} e^{j\omega_0 t} e^{-j\omega t} dt = \int_{-\infty}^{\infty} e^{j(\omega_0 - \omega)t} dt = 2\pi\delta(\omega_0 - \omega)$$

Como a função impulso é uma função par, com $\delta(\omega_0 - \omega) = \delta(\omega - \omega_0)$,

$$\mathcal{F}[e^{j\omega_0 t}] = 2\pi\delta(\omega - \omega_0) \qquad (18.1.6)$$

Simplesmente trocando o sinal de ω_0, prontamente obtemos

$$\mathcal{F}[e^{-j\omega_0 t}] = 2\pi\delta(\omega + \omega_0) \qquad (18.1.7)$$

Da mesma forma, fazendo $\omega_0 = 0$,

$$\mathcal{F}[1] = 2\pi\delta(\omega) \qquad (18.1.8)$$

(c) Usando o resultado nas Equações (18.1.6) e (18.1.7), obtemos

$$\mathcal{F}[\cos\omega_0 t] = \mathcal{F}\left[\frac{e^{j\omega_0 t} + e^{-j\omega_0 t}}{2}\right]$$
$$= \frac{1}{2}\mathcal{F}[e^{j\omega_0 t}] + \frac{1}{2}\mathcal{F}[e^{-j\omega_0 t}] \qquad (18.1.9)$$
$$= \pi\delta(\omega - \omega_0) + \pi\delta(\omega + \omega_0)$$

A transformada de Fourier do sinal cosseno é mostrada na Figura 18.3.

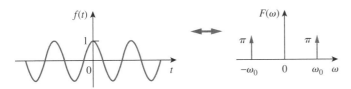

Figura 18.3 Transformada de Fourier de $f(t) = \cos\omega_0 t$.

PROBLEMA PRÁTICO 18.1

Determine as transformadas de Fourier das seguintes funções: (a) função porta $g(t) = 4u(t+1) - 4u(t-2)$; (b) $4\delta(t+2)$; (c) $10 \operatorname{sen}\omega_0 t$.

Resposta: (a) $4(e^{-j\omega} - e^{-j2\omega})/j\omega$; (b) $4e^{j2\omega}$; (c) $j10\pi[\delta(\omega + \omega_0) - \delta(\omega - \omega_0)]$.

EXEMPLO 18.2

Deduza a transformada de Fourier de um pulso retangular simples de largura τ e altura A, mostrado na Figura 18.4.

Solução:

$$F(\omega) = \int_{-\tau/2}^{\tau/2} A e^{-j\omega t} dt = -\frac{A}{j\omega} e^{-j\omega t} \Big|_{-\tau/2}^{\tau/2}$$
$$= \frac{2A}{\omega}\left(\frac{e^{j\omega\tau/2} - e^{-j\omega\tau/2}}{2j}\right)$$
$$= A\tau \frac{\operatorname{sen}\omega\tau/2}{\omega\tau/2} = A\tau \operatorname{sinc}\frac{\omega\tau}{2}$$

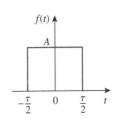

Figura 18.4 Um pulso retangular; para o Exemplo 18.2.

Se fizermos $A = 10$ e $\tau = 2$ como na Figura 17.27 (da mesma forma que na Seção 17.6), então

$$F(\omega) = 20 \operatorname{sinc}\omega$$

cujo espectro de amplitudes é apresentado na Figura 18.5. Comparando-se a Figura 18.4 com o espectro de frequências dos pulsos retangulares da Figura 17.28, notamos que o espectro da Figura 17.28 é discreto e sua envoltória tem o mesmo formato que a transformada de Fourier de um pulso retangular simples.

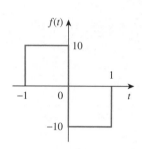

Figura 18.6 Esquema para o Problema prático 18.2.

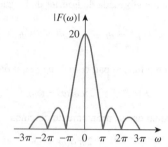

Figura 18.5 Espectro de amplitudes do pulso retangular da Figura 18.4 para o Exemplo 18.2.

● **PROBLEMA PRÁTICO 18.2**

Obtenha a transformada de Fourier da função da Figura 18.6.

Resposta: $\dfrac{20(\cos\omega - 1)}{j\omega}$.

● **EXEMPLO 18.3**

Obtenha a transformada de Fourier da função exponencial "ligada", indicada na Figura 18.7.

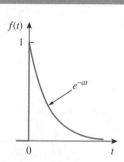

Figura 18.7 Esquema para o Exemplo 18.3.

Solução: A partir da Figura 18.7,

$$f(t) = e^{-at}u(t) = \begin{cases} e^{-at}, & t > 0 \\ 0, & t < 0 \end{cases}$$

Logo,

$$F(\omega) = \int_{-\infty}^{\infty} f(t)e^{-j\omega t}\,dt = \int_{0}^{\infty} e^{-at}e^{-j\omega t}\,dt = \int_{0}^{\infty} e^{-(a+j\omega)t}\,dt$$

$$= \left.\dfrac{-1}{a+j\omega}e^{-(a+j\omega)t}\right|_{0}^{\infty} = \dfrac{1}{a+j\omega}$$

● **PROBLEMA PRÁTICO 18.3**

Determine a transformada de Fourier da função exponencial "desligada" da Figura 18.8.

Resposta: $\dfrac{10}{a - j\omega}$.

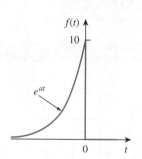

Figura 18.8 Esquema para o Problema prático 18.3.

18.3 Propriedades das transformadas de Fourier

Desenvolveremos, agora, algumas propriedades das transformadas de Fourier que são úteis na determinação das transformadas de funções, complicadas a partir das transformadas de funções simples. Para cada propriedade, primeiro, iremos enunciá-la e deduzi-la e, em seguida, a ilustraremos por meio de alguns exemplos.

Linearidade

Se $F_1(\omega)$ e $F_2(\omega)$ forem, respectivamente, as transformadas de Fourier de $f_1(t)$ e $f_2(t)$, então

$$\mathcal{F}[a_1 f_1(t) + a_2 f_2(t)] = a_1 F_1(\omega) + a_2 F_2(\omega) \qquad (18.12)$$

onde a_1 e a_2 são constantes. Essa propriedade diz simplesmente que a transformada de Fourier de uma combinação linear de funções é a mesma que a combinação linear das transformadas das funções individuais. A prova da propriedade da linearidade na Equação (18.12) é simples. Por definição,

$$\begin{aligned}\mathcal{F}[a_1 f_1(t) + a_2 f_2(t)] &= \int_{-\infty}^{\infty} [a_1 f_1(t) + a_2 f_2(t)] e^{-j\omega t}\, dt \\ &= \int_{-\infty}^{\infty} a_1 f_1(t) e^{-j\omega t}\, dt + \int_{-\infty}^{\infty} a_2 f_2(t) e^{-j\omega t}\, dt \\ &= a_1 F_1(\omega) + a_2 F_2(\omega) \qquad (18.13)\end{aligned}$$

Por exemplo, $\operatorname{sen}\omega_0 t = \frac{1}{2j}(e^{j\omega_0 t} - e^{-j\omega_0 t})$. Usando a propriedade da linearidade,

$$\begin{aligned}F[\operatorname{sen}\omega_0 t] &= \frac{1}{2j}[\mathcal{F}(e^{j\omega_0 t}) - \mathcal{F}(e^{-j\omega_0 t})] \\ &= \frac{\pi}{j}[\delta(\omega - \omega_0) - \delta(\omega + \omega_0)] \\ &= j\pi[\delta(\omega + \omega_0) - \delta(\omega - \omega_0)]\end{aligned} \qquad (18.14)$$

Aplicação de escala de tempo

Se $F(\omega) = \mathcal{F}[f(t)]$, então

$$\mathcal{F}[f(at)] = \frac{1}{|a|} F\left(\frac{\omega}{a}\right) \qquad (18.15)$$

onde a é uma constante. A Equação (18.15) mostra que a expansão no tempo ($|a| > 1$) corresponde à compressão de frequências, ou, ao contrário, a compressão do tempo ($|a| < 1$) implica na expansão da frequência. A prova da propriedade de aplicação de escala de tempo prossegue como segue.

$$\mathcal{F}[f(at)] = \int_{-\infty}^{\infty} f(at) e^{-j\omega t}\, dt \qquad (18.16)$$

Se fizermos $x = at$, de modo que $dx = a\, dt$, então

$$\mathcal{F}[f(at)] = \int_{-\infty}^{\infty} f(x) e^{-j\omega x/a} \frac{dx}{a} = \frac{1}{a} F\left(\frac{\omega}{a}\right) \qquad (18.17)$$

Por exemplo, para o pulso retangular $p(t)$ do Exemplo 18.2,

$$\mathcal{F}[p(t)] = A\tau \operatorname{sinc} \frac{\omega\tau}{2} \qquad (18.18a)$$

Usando a Equação (18.15),

$$\mathcal{F}[p(2t)] = \frac{A\tau}{2} \operatorname{sinc} \frac{\omega\tau}{4} \qquad (18.18b)$$

Pode ser que seja útil representar graficamente $p(t)$ e $p(2t)$ e suas transformadas de Fourier. Como

$$p(t) = \begin{cases} A, & -\dfrac{\tau}{2} < t < \dfrac{\tau}{2} \\ 0, & \text{caso contrário} \end{cases} \quad (18.19a)$$

então, substituir cada t por $2t$, resulta em

$$p(2t) = \begin{cases} A, & -\dfrac{\tau}{2} < 2t < \dfrac{\tau}{2} \\ 0, & \text{caso contrário} \end{cases} = \begin{cases} A, & -\dfrac{\tau}{4} < t < \dfrac{\tau}{4} \\ 0, & \text{caso contrário} \end{cases} \quad (18.19b)$$

demonstrando que $p(2t)$ é comprimida no tempo, conforme indicado na Figura 18.9b. Para colocar em um gráfico ambas as transformadas de Fourier da Equação (18.18), recordamo-nos de que a função sinc possui zeros, quando seu argumento for $n\pi$, onde n é um inteiro. Logo, para a transformada de $p(t)$ da Equação (18.18a), $\omega\pi/2 = 2\pi f\tau/2 = n\pi \to f = n/\tau$ e a transformada de $p(2t)$ da Equação (18.18b), $\omega\tau/4 = 2\pi f\tau/4 = n\pi \to f = 2n/\tau$. Os gráficos das transformadas de Fourier são mostrados na Figura 18.9, que demonstra que a compressão de tempo corresponde à expansão de frequência. Devemos esperar isso de forma intuitiva, pois, quando o sinal é comprimido no tempo, a expectativa é de que ele mude mais rapidamente, provocando, consequentemente, o surgimento de componentes de frequência mais alta.

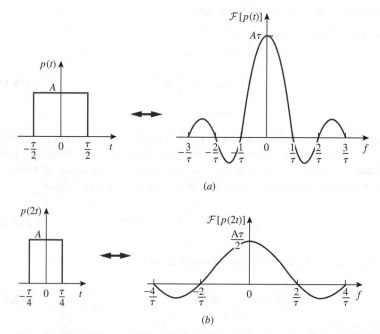

Figura 18.9 Efeito da aplicação de fator de escala de tempo: (a) transformada do pulso; (b) a compressão no tempo do pulso provoca expansão na frequência.

Deslocamento no tempo

Se $F(\omega) = \mathcal{F}[f(t)]$, então

$$\mathcal{F}[f(t - t_0)] = e^{-j\omega t_0} F(\omega) \quad (18.20)$$

isto é, um atraso no domínio do tempo corresponde a um deslocamento de fase no domínio da frequência. Para obter a propriedade de deslocamento de tempo, percebemos que

$$\mathcal{F}[f(t - t_0)] = \int_{-\infty}^{\infty} f(t - t_0)e^{-j\omega t}\, dt \quad (18.21)$$

Se fizermos $x = t - t_0$ de modo que $dx = dt$ e $t = x + t_0$, então

$$\mathcal{F}[f(t - t_0)] = \int_{-\infty}^{\infty} f(x)e^{-j\omega(x + t_0)}\, dx$$
$$= e^{-j\omega t_0}\int_{-\infty}^{\infty} f(x)e^{-j\omega x}\, dx = e^{-j\omega t_0} F(\omega) \quad (18.22)$$

De modo similar, $\mathcal{F}[f(t + t_0)] = e^{j\omega t_0} F(\omega)$.

Por exemplo, do Exemplo 18.3,

$$\mathcal{F}[e^{-at}u(t)] = \frac{1}{a + j\omega} \quad (18.23)$$

A transformada de $f(t) = e^{-(t-2)}u(t - 2)$ é

$$F(\omega) = \mathcal{F}\left[e^{-(t-2)}u(t - 2)\right] = \frac{e^{-j2\omega}}{1 + j\omega} \quad (18.24)$$

Deslocamento de frequência (ou modulação de amplitude)

Essa propriedade afirma que se $F(\omega) = \mathcal{F}[f(t)]$, então

$$\boxed{\mathcal{F}[f(t)e^{j\omega_0 t}] = F(\omega - \omega_0)} \quad (18.25)$$

significando que um deslocamento de frequência no domínio da frequência acrescenta o deslocamento de fase à função de tempo. Por definição,

$$\mathcal{F}[f(t)e^{j\omega_0 t}] = \int_{-\infty}^{\infty} f(t)e^{j\omega_0 t}e^{-j\omega t}\, dt$$
$$= \int_{-\infty}^{\infty} f(t)e^{-j(\omega - \omega_0)t}\, dt = F(\omega - \omega_0) \quad (18.26)$$

Por exemplo, $\cos\omega_0 t = \frac{1}{2}(e^{j\omega_0 t} + e^{-j\omega_0 t})$. Usando a propriedade na Equação (18.25),

$$\mathcal{F}[f(t)\cos\omega_0 t] = \frac{1}{2}\mathcal{F}[f(t)e^{j\omega_0 t}] + \frac{1}{2}\mathcal{F}[f(t)e^{-j\omega_0 t}]$$
$$= \frac{1}{2}F(\omega - \omega_0) + \frac{1}{2}F(\omega + \omega_0) \quad (18.27)$$

Este é um resultado importante na modulação na qual as componentes de frequência de um sinal são deslocadas. Se, por exemplo, o espectro de amplitudes de $f(t)$ for aquele mostrado na Figura 18.10a, então o espectro de amplitudes de $f(t)\cos\omega_0 t$ será aquele exposto na Figura 18.10b. Trataremos da modulação de amplitude de forma detalhada na Seção 18.7.1.

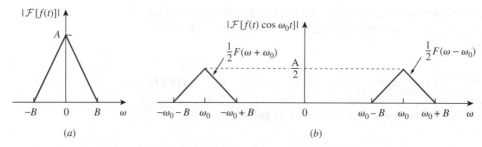

Figura 18.10 Espectros de amplitude de: (a) sinal $f(t)$; (b) sinal modulado $f(t)\cos\omega_0 t$.

Diferenciação no tempo

Dado que $F(\omega) = \mathcal{F}[f(t)]$, então

$$\boxed{\mathcal{F}[f'(t)] = j\omega F(\omega)} \quad (18.28)$$

Em outras palavras, a transformada da derivada de $f(t)$ é obtida, multiplicando-se a transformada de $f(t)$ por $j\omega$. Por definição,

$$f(t) = \mathcal{F}^{-1}[F(\omega)] = \frac{1}{2\pi}\int_{-\infty}^{\infty} F(\omega)e^{j\omega t}\,d\omega \quad (18.29)$$

Extraindo a derivada de ambos os lados em relação a t, obtemos

$$f'(t) = \frac{j\omega}{2\pi}\int_{-\infty}^{\infty} F(\omega)e^{j\omega t}\,d\omega = j\omega\mathcal{F}^{-1}[F(\omega)]$$

ou

$$\mathcal{F}[f'(t)] = j\omega F(\omega) \quad (18.30)$$

Aplicações repetidas da Equação (18.30) resulta em

$$\boxed{\mathcal{F}[f^{(n)}(t)] = (j\omega)^n F(\omega)} \quad (18.31)$$

Se, por exemplo, $f(t) = e^{-at}u(t)$, então

$$f'(t) = -ae^{-at}u(t) + e^{-at}\delta(t) = -af(t) + e^{-at}\delta(t) \quad (18.32)$$

Extraindo as transformadas de Fourier do primeiro e do último termo, obtemos

$$j\omega F(\omega) = -aF(\omega) + 1 \quad \Rightarrow \quad F(\omega) = \frac{1}{a + j\omega} \quad (18.33)$$

que coincide com o resultado do Exemplo 18.3.

Integração no tempo

Dado que $F(\omega) = \mathcal{F}[f(t)]$, então

$$\boxed{\mathcal{F}\left[\int_{-\infty}^{t} f(t)\,dt\right] = \frac{F(\omega)}{j\omega} + \pi F(0)\delta(\omega)} \quad (18.34)$$

isto é, a transformada da integral de $f(t)$ é obtida dividindo-se a transformada de $f(t)$ por $j\omega$ e somando o resultado ao termo impulso que reflete a componente CC $F(0)$. Poder-se-ia perguntar: "Como saber, ao extrair a transformada de Fourier para integração no tempo, que se deve integrar no intervalo $[-\infty, t]$ e não em $[-\infty, \infty]$?" Ao integrarmos ao longo de $[-\infty, \infty]$, o resultado não depende mais do tempo, e a transformada de Fourier de uma constante é o que obteremos no final. Porém, ao integrarmos no intervalo $[-\infty, t]$, obtemos a integral da função do momento anterior até t, de modo que o resultado dependa de t, e podemos extrair a transformada de Fourier deste.

Se ω for substituído por 0 na Equação (18.8),

$$F(0) = \int_{-\infty}^{\infty} f(t)\, dt \qquad (18.35)$$

indicando que a componente CC é zero quando a integral de $f(t)$ vai desaparecendo ao longo do tempo. A prova da integração no tempo na Equação (18.34) será dada posteriormente ao vermos a propriedade de convolução.

Sabemos, por exemplo, que $\mathcal{F}[\delta(t)]$ e que integrar a função impulso fornece a função degrau unitário [ver a Equação (7.39a)]. Aplicando a propriedade na Equação (18.34), obtemos a transformada de Fourier da função degrau unitário como segue

$$\mathcal{F}[u(t)] = \mathcal{F}\left[\int_{-\infty}^{t} \delta(t)\, dt\right] = \frac{1}{j\omega} + \pi\delta(\omega) \qquad (18.36)$$

Inversão

Se $F(\omega) = \mathcal{F}[f(t)]$, então

$$\boxed{\mathcal{F}[f(-t)] = F(-\omega) = F^*(\omega)} \qquad (18.37)$$

em que o asterisco representa o conjugado complexo. Essa propriedade afirma que inverter $f(t)$, em relação ao eixo do tempo, inverte $F(\omega)$ em relação ao eixo da frequência. Esta pode ser considerada um caso especial de aplicação de escala no tempo para o qual $a = -1$ na Equação (18.15).

Por exemplo, $1 = u(t) + u(-t)$. Logo,

$$\mathcal{F}[1] = \mathcal{F}[u(t)] + \mathcal{F}[u(-t)]$$
$$= \frac{1}{j\omega} + \pi\delta(\omega)$$
$$\quad - \frac{1}{j\omega} + \pi\delta(-\omega)$$
$$= 2\pi\delta(\omega)$$

Dualidade

Essa propriedade afirma que, se $F(\omega)$ for a transformada de Fourier de $f(t)$, então a transformada de Fourier de $F(t)$ será $2\pi f(-\omega)$; escrevemos

$$\boxed{\mathcal{F}[f(t)] = F(\omega) \quad \Rightarrow \quad \mathcal{F}[F(t)] = 2\pi f(-\omega)} \qquad (18.38)$$

Isso expressa propriedade de simetria da transformada de Fourier. Para obter essa propriedade, lembramo-nos de que

$$f(t) = \mathcal{F}^{-1}[F(\omega)] = \frac{1}{2\pi}\int_{-\infty}^{\infty} F(\omega)e^{j\omega t}\, d\omega$$

ou

$$2\pi f(t) = \int_{-\infty}^{\infty} F(\omega)e^{j\omega t}\, d\omega \qquad (18.39)$$

Substituindo t por $-t$, obtemos

$$2\pi f(-t) = \int_{-\infty}^{\infty} F(\omega)e^{-j\omega t}\, d\omega$$

Se trocarmos t por ω, temos

$$2\pi f(-\omega) = \int_{-\infty}^{\infty} F(t)e^{-j\omega t}\, dt = \mathcal{F}[F(t)] \qquad (18.40)$$

conforme esperado.

Se, por exemplo, $f(t) = e^{-|t|}$, então

$$F(\omega) = \frac{2}{\omega^2 + 1} \qquad (18.41)$$

Pela propriedade da dualidade, a transformada de Fourier de $F(t) = 2/(t^2 + 1)$ é

$$2\pi f(\omega) = 2\pi e^{-|\omega|} \qquad (18.42)$$

A Figura 18.11 mostra outro exemplo da propriedade da dualidade. Ela ilustra o fato de que se, $f(t) = \delta(t)$, de modo que $F(\omega) = 1$, como na Figura 18.11a, então a transformada de Fourier de $F(t) = 1$ é $2\pi f(\omega) = 2\pi\delta(\omega)$, conforme exposto na Figura 18.11b.

> Como $f(t)$ é a soma dos sinais nas Figuras 18.7 e 18.8, $F(\omega)$ é a soma dos resultados do Exemplo 18.3 e do Problema prático 18.3.

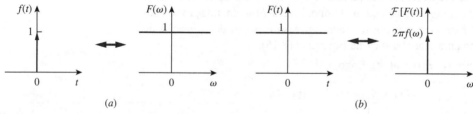

Figura 18.11 Um exemplo típico da propriedade da dualidade das transformadas de Fourier: (*a*) transformada do impulso; (*b*) transformada do nível CC unitário.

Convolução

Recordando, do Capítulo 15, que, se $x(t)$ for a excitação de entrada para um circuito com uma função de impulso $h(t)$, então a resposta $y(t)$ é dada pela integral de convolução

$$y(t) = h(t) * x(t) = \int_{-\infty}^{\infty} h(\lambda)x(t - \lambda)\, d\lambda \qquad (18.43)$$

Se $X(\omega)$, $H(\omega)$ e $Y(\omega)$ forem, respectivamente, as transformadas de Fourier de $x(t)$, $h(t)$ e $y(t)$, então

$$\boxed{Y(\omega) = \mathcal{F}[h(t) * x(t)] = H(\omega)X(\omega)} \qquad (18.44)$$

que indica que a convolução no domínio do tempo corresponde à multiplicação no domínio da frequência.

Para deduzir a propriedade de convolução, extraímos a transformada de Fourier de ambos os lados da Equação (18.43) para obter

$$Y(\omega) = \int_{-\infty}^{\infty} \left[\int_{-\infty}^{\infty} h(\lambda) x(t - \lambda) \, d\lambda \right] e^{-j\omega t} \, dt \qquad (18.45)$$

Trocando a ordem da integração e fatorando $h(\lambda)$, que não depende de t, temos

$$Y(\omega) = \int_{-\infty}^{\infty} h(\lambda) \left[\int_{-\infty}^{\infty} x(t - \lambda) e^{-j\omega t} \, dt \right] d\lambda$$

Para a integral dentro dos colchetes, façamos $\tau = t - \lambda$ de modo que $t = t + \lambda$ e $dt = d\tau$. Portanto,

$$\begin{aligned} Y(\omega) &= \int_{-\infty}^{\infty} h(\lambda) \left[\int_{-\infty}^{\infty} x(\tau) e^{-j\omega(\tau + \lambda)} \, d\tau \right] d\lambda \\ &= \int_{-\infty}^{\infty} h(\lambda) e^{-j\omega\lambda} \, d\lambda \int_{-\infty}^{\infty} x(\tau) e^{-j\omega\tau} \, d\tau = H(\omega) X(\omega) \end{aligned} \qquad (18.46)$$

como esperado. Esse resultado expande o método dos fasores além daquilo que foi feito com as séries de Fourier no capítulo anterior.

Para ilustrar a propriedade de convolução, suponhamos que tanto $h(t)$ como $x(t)$ sejam pulsos retangulares idênticos, como mostram as Figuras 18.12a e b. Recordemo-nos do Exemplo 18.2 e da Figura 18.5, em que as transformadas de Fourier dos pulsos retangulares são funções sinc, conforme mostrado nas Figuras 18.12c e d. De acordo com a propriedade da convolução, o produto de funções sinc deve fornecer a convolução dos pulsos retangulares no domínio do tempo. Consequentemente, a convolução entre os pulsos da Figura 18.12e e o produto das funções sinc da Figura 18.12f forma um par de Fourier.

> A relação importante na Equação (18.46) é a principal razão para o emprego de transformadas de Fourier na análise de sistemas lineares.

Tendo em vista a propriedade da dualidade, espera-se que, se a convolução no domínio do tempo corresponde à multiplicação no domínio da frequência, então a multiplicação no domínio do tempo deveria ter uma correspondência no domínio da frequência. Este é o caso. Se $f(t) = f_1(t) f_2(t)$, assim

$$F(\omega) = \mathcal{F}[f_1(t) f_2(t)] = \frac{1}{2\pi} F_1(\omega) * F_2(\omega) \qquad (18.47)$$

ou

$$F(\omega) = \frac{1}{2\pi} \int_{-\infty}^{\infty} F_1(\lambda) F_2(\omega - \lambda) \, d\lambda \qquad (18.48)$$

que é convolução no domínio da frequência. A prova da Equação (18.48) segue de imediato a partir da propriedade da dualidade na Equação (18.38).

Vamos deduzir agora a propriedade de integração no tempo na Equação (18.34). Se substituirmos $x(t)$ pela função degrau unitário $u(t)$ e $h(t)$ por $f(t)$ na Equação (18.43), então

$$\int_{-\infty}^{\infty} f(\lambda) u(t - \lambda) \, d\lambda = f(t) * u(t) \qquad (18.49)$$

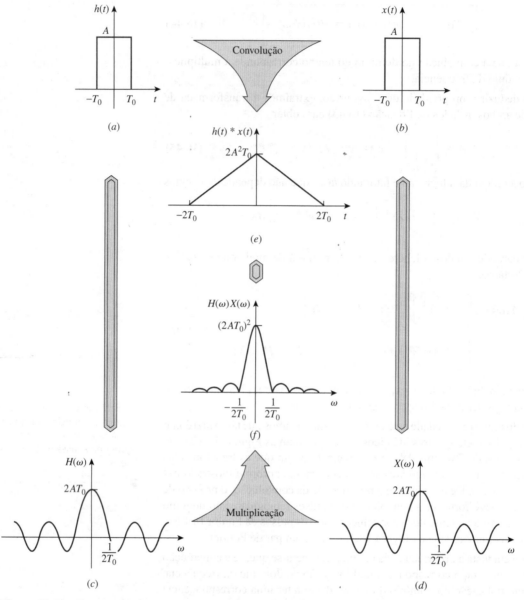

Figura 18.12 Ilustração da propriedade da convolução. E. O. BRIGHAM. *The Fast Fourier Transform*, primeira edição, © 1974, p. 60. Reproduzido com a permissão de Pearson Education, Inc., Upper Saddle River, NJ.

Porém, pela definição da função degrau unitário,

$$u(t - \lambda) = \begin{cases} 1, & t - \lambda > 0 \\ 0, & t - \lambda > 0 \end{cases}$$

Podemos escrever essa última como segue

$$u(t - \lambda) = \begin{cases} 1, & \lambda < t \\ 0, & \lambda > t \end{cases}$$

Substituindo a equação anterior na Equação (18.49) faz que o intervalo de integração mude de $[-\infty, \infty]$ para $[-\infty, t]$ e, portanto, a Equação (18.49) fica

$$\int_{-\infty}^{t} f(\lambda)\, d\lambda = u(t) * f(t)$$

Extrair a transformada de Fourier de ambos os lados conduz a

$$\mathcal{F}\left[\int_{-\infty}^{t} f(\lambda)\, d\lambda\right] = U(\omega)F(\omega) \qquad (18.50)$$

Porém, a partir da Equação (18.36), a transformada de Fourier da função degrau unitário fica

$$U(\omega) = \frac{1}{j\omega} + \pi\delta(\omega)$$

Substituindo esta na Equação (18.50), obtemos

$$\mathcal{F}\left[\int_{-\infty}^{t} f(\lambda)\, d\lambda\right] = \left(\frac{1}{j\omega} + \pi\delta(\omega)\right) F(\omega)$$
$$= \frac{F(\omega)}{j\omega} + \pi F(0)\delta(\omega) \qquad (18.51)$$

que é a propriedade de integração no tempo da Equação (18.34). Observe que, na Equação (18.51), $F(\omega)\delta(\omega) = F(0)\delta(\omega)$, já que $\delta(\omega)$ é diferente de zero somente em $\omega = 0$.

A Tabela 18.1 apresenta essas propriedades das transformadas de Fourier. A Tabela 18.2 apresenta os pares de transformadas de algumas funções comuns. Note as similaridades entre essas tabelas e as Tabelas 15.1 e 15.2.

Tabela 18.1 • Propriedades da transformada de Fourier.

Propriedade	$f(t)$	$F(\omega)$
Linearidade	$a_1 f_1(t) + a_2 f_2(t)$	$a_1 F_1(\omega) + a_2 F_2(\omega)$
Fator de escala	$f(at)$	$\frac{1}{|a|} F\left(\frac{\omega}{a}\right)$
Deslocamento no tempo	$f(t - a)$	$e^{-j\omega a} F(\omega)$
Deslocamento na frequência	$e^{j\omega_0 t} f(t)$	$F(\omega - \omega_0)$
Modulação	$\cos(\omega_0 t) f(t)$	$\frac{1}{2}[F(\omega + \omega_0) + F(\omega - \omega_0)]$
Diferenciação no tempo	$\dfrac{df}{dt}$ $\dfrac{d^n f}{dt^n}$	$j\omega F(\omega)$ $(j\omega)^n F(\omega)$
Integração no tempo	$\int_{-\infty}^{t} f(t)\, dt$	$\dfrac{F(\omega)}{j\omega} + \pi F(0)\delta(\omega)$
Diferenciação de frequência	$t^n f(t)$	$(j)^n \dfrac{d^n}{d\omega^n} F(\omega)$
Inversão	$f(-t)$	$F(-\omega)$ ou $F^*(\omega)$
Dualidade	$F(t)$	$2\pi f(-\omega)$
Convolução em t	$f_1(t) * f_2(t)$	$F_1(\omega) F_2(\omega)$
Convolução em ω	$f_1(t) f_2(t)$	$\dfrac{1}{2\pi} F_1(\omega) * F_2(\omega)$

Tabela 18.2 • Pares de transformada de Fourier.

Propriedade	$F(\omega)$
$\delta(t)$	1
1	$2\pi\delta(\omega)$
$u(t)$	$\pi\delta(\omega) + \dfrac{1}{j\omega}$
$u(t+\tau) - u(t-\tau)$	$2\dfrac{\operatorname{sen}\omega\tau}{\omega}$
$\lvert t \rvert$	$\dfrac{-2}{\omega^2}$
$\operatorname{sgn}(t)$	$\dfrac{2}{j\omega}$
$e^{-at}u(t)$	$\dfrac{1}{a+j\omega}$
$e^{at}u(-t)$	$\dfrac{1}{a-j\omega}$
$t^n e^{-at}u(t)$	$\dfrac{n!}{(a+j\omega)^{n+1}}$
$e^{-a\lvert t \rvert}$	$\dfrac{2a}{a^2+\omega^2}$
$e^{j\omega_0 t}$	$2\pi\delta(\omega-\omega_0)$
$\operatorname{sen}\omega_0 t$	$j\pi[\delta(\omega+\omega_0) - \delta(\omega-\omega_0)]$
$\cos\omega_0 t$	$\pi[\delta(\omega+\omega_0) + \delta(\omega-\omega_0)]$
$e^{-at}\operatorname{sen}\omega_0 t\, u(t)$	$\dfrac{\omega_0}{(a+j\omega)^2 + \omega_0^2}$
$e^{-at}\cos\omega_0 t\, u(t)$	$\dfrac{a+j\omega}{(a+j\omega)^2 + \omega_0^2}$

EXEMPLO 18.4

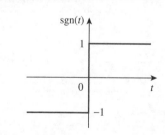

Figura 18.13 Esquema para o Exemplo 18.4.

Determine as transformadas de Fourier das seguintes funções: (a) função sinal (*signum*) $\operatorname{sgn}(t)$, mostrada na Figura 18.13; (b) exponencial bilateral $e^{-a\lvert t\rvert}$; (c) a função sinc (sen t)/t.

Solução: (a) Podemos obter a transformada de Fourier da função *sinal* de três maneiras.

■ **MÉTODO 1** Podemos escrever a função sinal em termos da função degrau unitário como segue

$$\operatorname{sgn}(t) = f(t) = u(t) - u(-t)$$

Porém, da Equação (18.36)

$$U(\omega) = \mathcal{F}[u(t)] = \pi\delta(\omega) + \dfrac{1}{j\omega}$$

Aplicando a propriedade da inversão, obtemos

$$\mathcal{F}[\text{sgn}(t)] = U(\omega) - U(-\omega)$$

$$= \left(\pi\delta(\omega) + \frac{1}{j\omega}\right) - \left(\pi\delta(-\omega) + \frac{1}{-j\omega}\right) = \frac{2}{j\omega}$$

■ **MÉTODO 2** Como $\delta(\omega) = \delta(-\omega)$, outra forma de escrever a função sinal em termos da função degrau unitário é

$$f(t) = \text{sgn}(t) = -1 + 2u(t)$$

Extraindo a transformada de Fourier de cada termo, obtemos

$$F(\omega) = -2\pi\delta(\omega) + 2\left(\pi\delta(\omega) + \frac{1}{j\omega}\right) = \frac{2}{j\omega}$$

■ **MÉTODO 3** Podemos extrair a derivada da função sinal da Figura 18.13 e obter

$$f'(t) = 2\delta(t)$$

Efetuando a transformada dessa última,

$$j\omega F(\omega) = 2 \quad \Rightarrow \quad F(\omega) = \frac{2}{j\omega}$$

como obtido anteriormente.

(b) A exponencial bilateral pode ser expressa como

$$f(t) = e^{-a|t|} = e^{-at}u(t) + e^{at}u(-t) = y(t) + y(-t)$$

onde $y(t) = e^{-at}u(t)$, de modo que $Y(\omega) = 1/(a + j\omega)$. Aplicando a propriedade da inversão,

$$\mathcal{F}[e^{-a|t|}] = Y(\omega) + Y(-\omega) = \left(\frac{1}{a + j\omega} + \frac{1}{a - j\omega}\right) = \frac{2a}{a^2 + \omega^2}$$

(c) A partir do Exemplo 18.2,

$$\mathcal{F}\left[u\left(t + \frac{\tau}{2}\right) - u\left(t - \frac{\tau}{2}\right)\right] = \tau\frac{\text{sen}(\omega\tau/2)}{\omega\tau/2} = \tau\,\text{sinc}\,\frac{\omega\tau}{2}$$

Fazendo $\tau/2 = 1$ fornece

$$\mathcal{F}[u(t + 1) - u(t - 1)] = 2\frac{\text{sen}\,\omega}{\omega}$$

Aplicando-se a propriedade de dualidade nos leva a

$$\mathcal{F}\left[2\frac{\text{sen}\,t}{t}\right] = 2\pi[U(\omega + 1) - U(\omega - 1)]$$

ou

$$\mathcal{F}\left[\frac{\text{sen}\,t}{t}\right] = \pi[U(\omega + 1) - U(\omega - 1)]$$

PROBLEMA PRÁTICO 18.4

Determine as transformadas de Fourier destas funções: (a) função porta $g(t) = u(t) - u(t-1)$; (b) $f(t) = te^{-2t}u(t)$; (c) pulso dente de serra $p(t) = 50t[u(t) - u(t-2)]$.

Resposta: (a) $(1 - e^{-j\omega})\left[\pi\delta(\omega) + \frac{1}{j\omega}\right]$, (b) $\frac{1}{(2 + j\omega)^2}$,

(c) $\frac{50(e^{-j2\omega} - 1)}{\omega^2} + \frac{100j}{\omega}e^{-j2\omega}$.

EXEMPLO 18.5

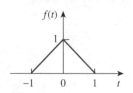

Figura 18.14 Esquema para o Exemplo 18.5.

Determine a transformada de Fourier da função da Figura 18.14.

Solução: A transformada de Fourier pode ser determinada diretamente usando a Equação (18.8), porém é muito mais fácil encontrá-la utilizando a propriedade derivativa. Podemos expressar a função como

$$f(t) = \begin{cases} 1 + t, & -1 < t < 0 \\ 1 - t, & 0 < t < 1 \end{cases}$$

Sua primeira derivada é mostrada na Figura 18.15a e é dada por

$$f'(t) = \begin{cases} 1, & -1 < t < 0 \\ -1, & 0 < t < 1 \end{cases}$$

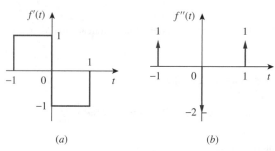

Figura 18.15 Primeira e segunda derivadas de $f(t)$ da Figura 18.14; para o Exemplo 18.5.

Sua segunda derivada se encontra na Figura 18.15b e é dada por

$$f''(t) = \delta(t + 1) - 2\delta(t) + \delta(t - 1)$$

Extraindo a transformada de Fourier de ambos os lados,

$$(j\omega)^2 F(\omega) = e^{j\omega} - 2 + e^{-j\omega} = -2 + 2\cos\omega$$

ou

$$F(\omega) = \frac{2(1 - \cos\omega)}{\omega^2}$$

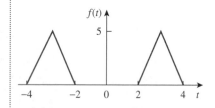

Figura 18.16 Esquema para o Problema prático 18.5.

PROBLEMA PRÁTICO 18.5

Determine a transformada de Fourier da função na Figura 18.16.

Resposta: $(20\cos 3\omega - 10\cos 4\omega - 10\cos 2\omega)/\omega^2$.

EXEMPLO 18.6

Obtenha a transformada de Fourier inversa de:

(a) $F(\omega) = \dfrac{10j\omega + 4}{(j\omega)^2 + 6j\omega + 8}$ (b) $G(\omega) = \dfrac{\omega^2 + 21}{\omega^2 + 9}$

Solução: (a) Por enquanto, para evitar cálculos complexos, podemos substituir $j\omega$ por s. Usando expansão em frações parciais, em que

$$F(s) = \frac{10s + 4}{s^2 + 6s + 8} = \frac{10s + 4}{(s + 4)(s + 2)} = \frac{A}{s + 4} + \frac{B}{s + 2}$$

onde

$$A = (s + 4)F(s)\big|_{s=-4} = \frac{10s + 4}{(s + 2)}\bigg|_{s=-4} = \frac{-36}{-2} = 18$$

$$B = (s + 2)F(s)\big|_{s=-2} = \frac{10s + 4}{(s + 4)}\bigg|_{s=-2} = \frac{-16}{2} = -8$$

Substituindo $A = 18$ e $B = -8$ em $F(s)$ e s por $j\omega$ dá

$$F(j\omega) = \frac{18}{j\omega + 4} + \frac{-8}{j\omega + 2}$$

Com o auxílio da Tabela 18.2, obtemos a transformada inversa como segue

$$f(t) = (18e^{-4t} - 8e^{-2t})u(t)$$

(b) Simplificamos $G(\omega)$ como

$$G(\omega) = \frac{\omega^2 + 21}{\omega^2 + 9} = 1 + \frac{12}{\omega^2 + 9}$$

Com o auxílio da Tabela 18.2, a transformada inversa é obtida como

$$g(t) = \delta(t) + 2e^{-3|t|}$$

PROBLEMA PRÁTICO 18.6

Determine a transformada de Fourier inversa de:

(a) $H(\omega) = \dfrac{6(3 + j2\omega)}{(1 + j\omega)(4 + j\omega)(2 + j\omega)}$

(b) $Y(\omega) = \pi\delta(\omega) + \dfrac{1}{j\omega} + \dfrac{2(1 + j\omega)}{(1 + j\omega)^2 + 16}$

Resposta: (a) $h(t) = (2e^{-t} + 3e^{-2t} - 5e^{-4t})u(t)$;
(b) $y(t) = (1 + 2e^{-t}\cos 4t)u(t)$.

18.4 Aplicações em circuitos

A transformada de Fourier generaliza a técnica dos fasores para funções não periódicas. Consequentemente, aplicamos transformadas de Fourier a circuitos com excitações não senoidais exatamente da mesma forma que aplicamos técnicas de fasores aos circuitos com excitações senoidais. Portanto, a lei de Ohm ainda é válida:

$$V(\omega) = Z(\omega)\, I(\omega) \qquad \text{(18.52)}$$

onde $V(\omega)$ e $I(\omega)$ são as transformadas de Fourier da tensão e da corrente e $Z(\omega)$ é a impedância. Obtemos as mesmas expressões para as impedâncias de resistores, indutores e capacitores da mesma forma usada na análise fasorial, a saber

$$\boxed{\begin{array}{rcl} R & \Rightarrow & R \\ L & \Rightarrow & j\omega L \\ C & \Rightarrow & \dfrac{1}{j\omega C} \end{array}} \qquad \text{(18.53)}$$

Assim que transformamos as funções para os elementos de circuitos para o domínio da frequência e extraírmos as transformadas de Fourier das excitações, podemos usar técnicas de circuitos, como divisão de tensão, transformação de fontes, análise de malhas, análise nodal ou teorema de Thévenin, para encontrar a resposta (corrente ou tensão). Finalmente, extraímos a transformada de Fourier inversa para obter a resposta no domínio do tempo.

Embora o método das transformadas de Fourier produza uma resposta que exista para $-\infty < t < \infty$, a análise de Fourier não é capaz de tratar os circuitos com condições iniciais.

A função de transferência é definida novamente como a razão entre a resposta de saída $Y(\omega)$ e a excitação de entrada $X(\omega)$; isto é

$$H(\omega) = \frac{Y(\omega)}{X(\omega)} \qquad (18.54)$$

ou

$$Y(\omega) = H(\omega)X(\omega) \qquad (18.55)$$

A relação entrada-saída no domínio da frequência é representada na Figura 18.17. A Equação (18.55) mostra que, se conhecermos a função de transferência e a entrada, podemos prontamente determinar a saída. A relação na Equação (18.54) é o principal motivo para usarmos as transformadas de Fourier na análise de circuitos. Note que $H(\omega)$ é idêntica a $H(s)$ com $s = j\omega$. Da mesma forma, se a entrada for uma função impulso [isto é, $x(t) = \delta(t)$], então $X(\omega) = 1$, de modo que a resposta é

$$Y(\omega) = H(\omega) = \mathcal{F}[h(t)] \qquad (18.56)$$

indicando que $H(\omega)$ é a transformada de Fourier da resposta ao impulso $h(t)$.

Figura 18.17 Relação entrada-saída de um circuito no domínio da frequência.

EXEMPLO 18.7

Determine $v_o(t)$ no circuito da Figura 18.18 para $v_i(t) = 2^{-3t}u(t)$.

Solução: A transformada de Fourier da tensão de entrada é

$$V_i(\omega) = \frac{2}{3 + j\omega}$$

e a função de transferência obtida por divisão de tensão é

$$H(\omega) = \frac{V_o(\omega)}{V_i(\omega)} = \frac{1/j\omega}{2 + 1/j\omega} = \frac{1}{1 + j2\omega}$$

Logo,

$$V_o(\omega) = V_i(\omega)H(\omega) = \frac{2}{(3 + j\omega)(1 + j2\omega)}$$

ou

$$V_o(\omega) = \frac{1}{(3 + j\omega)(0,5 + j\omega)}$$

Em frações parciais,

$$V_o(\omega) = \frac{-0,4}{3 + j\omega} + \frac{0,4}{0,5 + j\omega}$$

Extrair a transformada de Fourier inversa conduz a

$$v_o(t) = 0,4(e^{-0,5t} - e^{-3t})u(t)$$

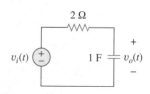

Figura 18.18 Esquema para o Exemplo 18.7.

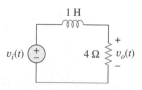

Figura 18.19 Esquema para o Problema prático 18.7.

PROBLEMA PRÁTICO 18.7

Determine $v_o(t)$ na Figura 18.19, se $v_i(t) = 5\text{sgn}(t) = (-5 + 10u(t))$ V.

Resposta: $-5 + 10(1 - e^{-4t})u(t)$ V.

EXEMPLO 18.8

Usando o método da transformada de Fourier, Determine $i_o(t)$ na Figura 18.20, quando $i_s(t) = 10\ \text{sen}\ 2t$ A.

Solução: Por divisão de corrente,

$$H(\omega) = \frac{I_o(\omega)}{I_s(\omega)} = \frac{2}{2 + 4 + 2/j\omega} = \frac{j\omega}{1 + j\omega 3}$$

Se $i_s(t) = 10\ \text{sen}\ 2t$, então

$$I_s(\omega) = j\pi 10[\delta(\omega + 2) - \delta(\omega - 2)]$$

Logo,

$$I_o(\omega) = H(\omega)I_s(\omega) = \frac{10\pi\omega[\delta(\omega - 2) - \delta(\omega + 2)]}{1 + j\omega 3}$$

A transformada de Fourier inversa de $I_o(\omega)$ não pode ser encontrada usando a Tabela 18.2. Recorremos à fórmula da transformada de Fourier inversa na Equação (18.9) e escrevemos

$$i_o(t) = \mathcal{F}^{-1}[I_o(\omega)] = \frac{1}{2\pi}\int_{-\infty}^{\infty} \frac{10\pi\omega[\delta(\omega - 2) - \delta(\omega + 2)]}{1 + j\omega 3} e^{j\omega t}\, d\omega$$

Aplicando a propriedade de crivo da função impulso, a saber,

$$\delta(\omega - \omega_0)f(\omega) = f(\omega_0)$$

ou

$$\int_{-\infty}^{\infty} \delta(\omega - \omega_0)f(\omega)\, d\omega = f(\omega_0)$$

e obtemos

$$i_o(t) = \frac{10\pi}{2\pi}\left[\frac{2}{1 + j6}e^{j2t} - \frac{-2}{1 - j6}e^{-j2t}\right]$$

$$= 10\left[\frac{e^{j2t}}{6{,}082 e^{j80{,}54°}} + \frac{e^{-j2t}}{6{,}082\ e^{-j80{,}54°}}\right]$$

$$= 1{,}644\left[e^{j(2t - 80{,}54°)} + e^{-j(2t - 80{,}54°)}\right]$$

$$= 3{,}288\cos(2t - 80{,}54°)\ \text{A}$$

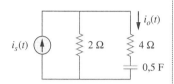

Figura 18.20 Esquema para o Exemplo 18.8.

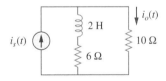

Figura 18.21 Esquema para o Problema prático 18.8.

PROBLEMA PRÁTICO 18.8

Determine a corrente $i_o(t)$ no circuito da Figura 18.21, dado que $i_s(t) = 20\cos 4t$ A.

Resposta: $11{,}18\cos(4t + 26{,}57°)$ A.

18.5 Teorema de Parseval

O teorema de Parseval demonstra uma aplicação prática da transformada de Fourier. Ele relaciona a energia transportada por um sinal com a transformada de Fourier do sinal. Se $p(t)$ for a potência associada ao sinal, a energia transportada pelo sinal é

$$W = \int_{-\infty}^{\infty} p(t)\, dt \qquad (18.57)$$

De modo a podermos comparar o conteúdo de energia dos sinais de corrente e de tensão, é conveniente usar um resistor de 1 Ω como base para o cálculo de energia. Para um resistor de 1 Ω, $p(t) = v^2(t) = i^2(t) = f^2(t)$, onde $f(t)$ pode ser tanto a tensão como a corrente. A energia liberada para o resistor de 1 Ω é

$$W_{1\Omega} = \int_{-\infty}^{\infty} f^2(t)\, dt \qquad (18.58)$$

O teorema de Parseval afirma que essa mesma energia pode ser calculada no domínio da frequência como segue

$$W_{1\Omega} = \int_{-\infty}^{\infty} f^2(t)\, dt = \frac{1}{2\pi} \int_{-\infty}^{\infty} |F(\omega)|^2\, d\omega \qquad (18.59)$$

> O **teorema de Parseval** afirma que a energia total liberada para um resistor de 1 Ω é igual à área total do quadrado formado abaixo de f(t) ou $1/2\pi$ vezes a área total do quadrado formado pela magnitude da transformada de Fourier de f(t).

O teorema de Parseval relaciona a energia associada a um sinal com sua transformada de Fourier e fornece o significado físico de $F(\omega)$, isto é, que $|F(\omega)|^2$ é uma medida da densidade de energia (em joules por hertz) correspondente a $f(t)$.

> Na realidade, $|F(\omega)|^2$ é, algumas vezes, conhecida como a densidade espectral de energia do sinal f(t).

Para deduzir a Equação (18.59), começamos com a Equação (18.58) e substituímos a Equação (18.9) para uma das $f(t)$. Obtemos

$$W_{1\Omega} = \int_{-\infty}^{\infty} f^2(t)\, dt = \int_{-\infty}^{\infty} f(t) \left[\frac{1}{2\pi} \int_{-\infty}^{\infty} F(\omega) e^{j\omega t}\, d\omega \right] dt \qquad (18.60)$$

A função $f(t)$ pode ser deslocada dentro da integral entre os colchetes, já que a integral não envolve tempo:

$$W_{1\Omega} = \frac{1}{2\pi} \int_{-\infty}^{\infty} \int_{-\infty}^{\infty} f(t) F(\omega) e^{j\omega t}\, d\omega\, dt \qquad (18.61)$$

Invertendo a ordem da integração.

$$W_{1\Omega} = \frac{1}{2\pi} \int_{-\infty}^{\infty} F(\omega) \left[\int_{-\infty}^{\infty} f(t) e^{-j(-\omega)t}\, dt \right] d\omega$$
$$= \frac{1}{2\pi} \int_{-\infty}^{\infty} F(\omega) F(-\omega)\, d\omega = \frac{1}{2\pi} \int_{-\infty}^{\infty} F(\omega) F^*(\omega)\, d\omega \qquad (18.62)$$

Porém, se $z = x + jy$, $zz^* = (x + jy)(x - jy) = x^2 + y^2 = |z|^2$. Logo,

$$\boxed{W_{1\Omega} = \int_{-\infty}^{\infty} f^2(t)\, dt = \frac{1}{2\pi} \int_{-\infty}^{\infty} |F(\omega)|^2\, d\omega} \qquad (18.63)$$

como esperado. A Equação (18.63) indica que a energia transportada por um sinal pode ser encontrada integrando-se o quadrado de $f(t)$ no domínio do tempo ou $1/2\pi$ vezes o quadrado de $F(\omega)$ no domínio da frequência.

Como $|F(\omega)|^2$ é uma função par, podemos integrá-la de 0 a ∞ e dobrar o resultado; isto é,

$$W_{1\Omega} = \int_{-\infty}^{\infty} f^2(t)\, dt = \frac{1}{\pi} \int_{0}^{\infty} |F(\omega)|^2\, d\omega \qquad (18.64)$$

Também podemos calcular a energia em qualquer banda de frequência $\omega_1 < \omega < \omega_2$ como segue

$$W_{1\Omega} = \frac{1}{\pi} \int_{\omega_1}^{\omega_2} |F(\omega)|^2 \, d\omega \qquad (18.65)$$

Observe que o teorema de Parseval, conforme enunciado aqui, se aplica a funções não periódicas. O teorema de Parseval para funções periódicas foi apresentado nas Seções 17.5 e 17.6. Como fica evidente na Equação (18.63), o teorema de Parseval mostra que a energia associada a um sinal não periódico é distribuída sobre todo o espectro de frequências de suas componentes harmônicas.

EXEMPLO 18.9

A tensão no resistor de 10 Ω é $v(t) = 5e^{-3t}u(t)$ V. Encontre a energia total dissipada no resistor.

Solução:

1. *Definição.* O problema é bem definido e está enunciado de forma clara.
2. *Apresentação.* É dada a tensão no resistor durante todo o tempo e nos é solicitado determinar a energia dissipada pelo resistor. Notamos que a tensão é zero durante todo o tempo abaixo do instante zero. Portanto, precisamos considerar apenas o tempo a partir de zero até o infinito.
3. *Alternativa.* Existem, basicamente, duas maneiras para encontrar esta resposta. A primeira delas seria encontrar a resposta no domínio do tempo. Usaremos o segundo método para encontrar a resposta por meio da análise de Fourier.
4. *Alternativa.* No domínio do tempo,

$$W_{10\Omega} = 0{,}1 \int_{-\infty}^{\infty} f^2(t) \, dt = 0{,}1 \int_0^{\infty} 25 e^{-6t} \, dt$$

$$= 2{,}5 \frac{e^{-6t}}{-6} \bigg|_0^{\infty} = \frac{2{,}5}{6} = \mathbf{416{,}7 \text{ mJ}}$$

5. *Avaliação.* No domínio da frequência,

$$F(\omega) = V(\omega) = \frac{5}{3 + j\omega}$$

de modo que

$$|F(\omega)|^2 = F(\omega)F(\omega)^* = \frac{25}{9 + \omega^2}$$

Logo, a energia dissipada é

$$W_{10\Omega} = \frac{0{,}1}{2\pi} \int_{-\infty}^{\infty} |F(\omega)|^2 \, d\omega = \frac{0{,}1}{\pi} \int_0^{\infty} \frac{25}{9 + \omega^2} \, d\omega$$

$$= \frac{2{,}5}{\pi} \left(\frac{1}{3} \text{tg}^{-1} \frac{\omega}{3}\right) \bigg|_0^{\infty} = \frac{2{,}5}{\pi} \left(\frac{1}{3}\right) \left(\frac{\pi}{2}\right) = \frac{2{,}5}{6} = \mathbf{416{,}7 \text{ mJ}}$$

6. *Satisfatório?* Resolvemos o problema de forma satisfatória e podemos apresentar os resultados como uma solução para o problema.

PROBLEMA PRÁTICO 18.9

Calcule a energia total absorvida por um resistor de 1 Ω com $i(t) = 10e^{-2|t|}$ A no domínio do tempo. Repita o item (a) no domínio da frequência.

Resposta: (a) 50 J, (b) 50 J.

EXEMPLO 18.10

Calcule a fração da energia total dissipada por um resistor de 1 Ω na banda de frequência −10 < ω < 10 rad/s quando a tensão nele for $v(t) = e^{-2t}u(t)$.

Solução: Dado que $f(t) = v(t) = e^{-2t}u(t)$, então

$$F(\omega) = \frac{1}{2 + j\omega} \quad \Rightarrow \quad |F(\omega)|^2 = \frac{1}{4 + \omega^2}$$

A energia total dissipada pelo resistor é

$$W_{1\Omega} = \frac{1}{\pi}\int_0^\infty |F(\omega)|^2 \, d\omega = \frac{1}{\pi}\int_0^\infty \frac{d\omega}{4 + \omega^2}$$

$$= \frac{1}{\pi}\left(\frac{1}{2}\text{tg}^{-1}\frac{\omega}{2}\bigg|_0^\infty\right) = \frac{1}{\pi}\left(\frac{1}{2}\right)\frac{\pi}{2} = 0{,}25 \text{ J}$$

A energia nas frequências −10 < ω < 10 rad/s é

$$W = \frac{1}{\pi}\int_0^{10} |F(\omega)|^2 \, d\omega = \frac{1}{\pi}\int_0^{10} \frac{d\omega}{4 + \omega^2} = \frac{1}{\pi}\left(\frac{1}{2}\text{tg}^{1}\frac{\omega}{2}\bigg|_0^{10}\right)$$

$$= \frac{1}{2\pi}\text{tg}^{-1} 5 = \frac{1}{2\pi}\left(\frac{78{,}69°}{180°}\pi\right) = 0{,}218 \text{ J}$$

Sua porcentagem da energia total é

$$\frac{W}{W_{1\Omega}} = \frac{0{,}218}{0{,}25} = 87{,}4 \%$$

PROBLEMA PRÁTICO 18.10

Um resistor de 2 Ω tem $i(t) = 2e^{-t}u(t)$ A. Qual é a porcentagem da energia total na banda de frequências −4 < ω < 4 rad/s?

Resposta: 84,4%.

18.6 Comparação entre transformadas de Fourier e de Laplace

Vale a pena investirmos algum tempo comparando as transformadas de Fourier e de Laplace. Observam-se as seguintes semelhanças e diferenças:

1. A transformada de Laplace definida no Capítulo 15 é unilateral, já que a integral é no intervalo $0 < t < \infty$, tornando-a útil para funções com tempo positivo, $f(t)$, $t > 0$. A transformada de Fourier é aplicável às funções definidas para um intervalo de tempo qualquer.

2. Para uma função $f(t)$ que não é zero apenas para tempo positivo (isto é, $f(t) = 0, t < 0$) e $\int_0^\infty |f(t)| \, dt < \infty$, as duas transformadas se relacionam da seguinte forma:

$$F(\omega) = F(s)\,\big|_{s=j\omega} \tag{18.66}$$

Essa equação também mostra que a transformada de Fourier pode ser considerada um caso especial da transformada de Laplace com $s = j\omega$. Lembre-se de que $s = \sigma + j\omega$. Consequentemente, a Equação (18.66) mostra que a transformada de Laplace está relacionada com o plano s inteiro, enquanto a transformada de Fourier se restringe ao eixo $j\omega$. Ver a Figura 15.1.

> Em outras palavras, se todos os polos de $F(s)$ caírem no lado esquerdo do plano s, então é possível obter-se a transformada de Fourier $F(\omega)$ a partir da transformada de Laplace $F(s)$ correspondente simplesmente substituindo s por $j\omega$. Note que este não é o caso, por exemplo, para $u(t)$ ou $\cos at u(t)$.

3. A transformada de Laplace se aplica a maior gama de funções que a transformada de Fourier. Por exemplo, a função $tu(t)$ possui uma transformada de Laplace, mas nenhuma transformada de Fourier. Porém, as transformadas de Fourier existem para sinais que não são realizáveis fisicamente e não possuem transformadas de Laplace.
4. A transformada de Laplace é mais adequada para a análise de problemas transientes envolvendo condições iniciais, já que ela permite a inclusão de condições iniciais, enquanto a transformada de Fourier não, a qual é especialmente útil para problemas em regime estacionário.
5. A transformada de Fourier permite compreender melhor as características da frequência de sinais que a transformada de Laplace.

Algumas das similaridades e diferenças podem ser observadas comparando-se as Tabelas 15.1 e 15.2 com as Tabelas 18.1 e 18.2.

18.7 †Aplicações

Além de sua utilidade na análise de circuitos, as transformadas de Fourier são amplamente usadas em uma série de campos, como óptica, espectroscopia, acústica, computação e engenharia elétrica. Em engenharia elétrica, elas são aplicadas em sistemas de comunicação e processamento de sinais, para os quais a resposta de frequência e os espectros de frequências são vitais. Agora, consideremos duas aplicações simples: modulação de amplitude (AM) e amostragem.

18.7.1 Modulação de amplitude

Radiação eletromagnética ou transmissão de informações através do espaço tornou-se uma parte indispensável de uma sociedade tecnológica moderna. Entretanto, ela é eficiente e econômica apenas em frequências elevadas (acima de 20 kHz). Transmitir sinais inteligentes æ como fala e música æ contidos no intervalo de frequências de 50 Hz a 20 kHz é caro; isso requer uma quantidade imensa de potência e grandes antenas. Um método comum para transmissão de informações de áudio de baixa frequência é transmitir um sinal de alta frequência, denominado *portadora*, que é controlado de alguma forma para corresponder às informações de áudio. Três características (amplitude, frequência ou fase) de uma portadora podem ser controladas de modo a permitir que ela transporte o sinal inteligente, chamado *sinal modulante*. Aqui, consideraremos apenas o controle da amplitude da portadora. Isso é conhecido como *modulação de amplitude*.

> **Modulação de amplitude (AM)** é um processo pelo qual a amplitude da portadora é controlada pelo sinal modulante.

A AM é usada em bandas de frequência de rádios comerciais e para a parte de vídeo da TV comercial.

Suponha que as informações de áudio, como voz ou música (ou o sinal modulante em geral), a serem transmitidas tenham a forma $m(t) = V_m \cos \omega_m t$, enquanto a portadora de alta frequência é $c(t) = V_c \cos \omega_c t$, onde $\omega_c \gg \omega_m$. Em seguida, um sinal AM $f(t)$ é dado por

$$f(t) = V_c[1 + m(t)] \cos \omega_c t \tag{18.67}$$

A Figura 18.22 ilustra o sinal modulante $m(t)$, a portadora $c(t)$ e o sinal AM $f(t)$. Podemos usar o resultado da Equação (18.27) com a transformada de Fourier da função cosseno (ver o Exemplo 18.1 ou a Tabela 18.1) para determinar o espectro do sinal AM:

$$\begin{aligned} F(\omega) &= \mathcal{F}[V_c \cos \omega_c t] + \mathcal{F}[V_c m(t) \cos \omega_c t] \\ &= V_c \pi [\delta(\omega - \omega_c) + \delta(\omega + \omega_c)] \\ &\quad + \frac{V_c}{2}[M(\omega - \omega_c) + M(\omega + \omega_c)] \end{aligned} \tag{18.68}$$

onde $M(\omega)$ é a transformada de Fourier do sinal modulante $m(t)$. Na Figura 18.23, temos o espectro de frequências do sinal AM. Essa figura indica que o sinal AM é formado pela portadora e duas outras senoides. A senoide com frequência $\omega_c - \omega_m$ é denominada *banda lateral inferior*, enquanto a outra de frequência $\omega_c + \omega_m$ é conhecida como *banda lateral superior*.

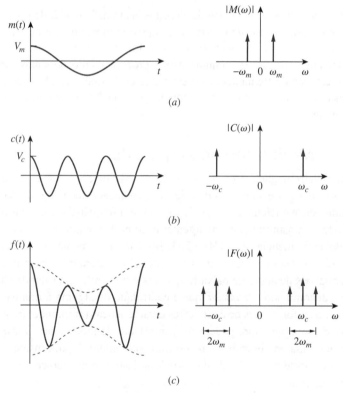

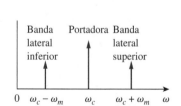

Figura 18.23 Espectro de frequências do sinal AM.

Figura 18.22 Gráficos no domínio do tempo e no domínio da frequência do: (*a*) sinal modulante; (*b*) sinal da portadora; (*c*) sinal AM.

Observe que supusemos que o sinal modulante fosse senoidal para facilitar a análise. Na prática, $m(t)$ é um sinal não senoidal limitado em banda — seu espectro de frequências encontra-se na faixa entre 0 e $\omega_u = 2\pi f_u$ (isto é, o sinal possui um limite superior de frequência). Normalmente, f_u = 5 kHz para rádio AM. Se o espectro de frequências do sinal modulante for como aquele indicado na Figura 18.24*a*, então o espectro de frequências do sinal AM é indicado na Figura 18.24*b*. Portanto, para evitar qualquer interferência, as portadoras para estações de rádio AM são separadas por 10 kHz.

No lado receptor da transmissão, as informações de áudio são recuperadas da portadora modulada por um processo conhecido como *demodulação*.

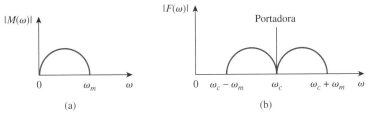

Figura 18.24 Espectro de frequências do: (*a*) sinal modulante; (*b*) sinal AM.

EXEMPLO 18.11

Um sinal de música possui componentes de frequência que vão de 15 Hz a 30 kHz. Se esse sinal puder ser usado para modular em amplitude uma portadora de 1,2 MHz, encontre o intervalo de frequências para as bandas laterais inferior e superior.

Solução: A banda lateral inferior é a diferença entre as frequências de modulação e da portadora. Ela inclui frequências de

$$1.200.000 - 30.000 \text{ Hz} = 1.170.000 \text{ Hz}$$

a

$$1.200.000 - 15 \text{ Hz} = 1.199.985 \text{ Hz}$$

A banda lateral superior é a soma das frequências de modulação e da portadora. Ela incluirá frequências de

$$1.200.000 + 15 \text{ Hz} = 1.200.015 \text{ Hz}$$

a

$$1.200.000 + 30.000 \text{ Hz} = 1.230.000 \text{ Hz}$$

PROBLEMA PRÁTICO 18.11

Se uma portadora de 2 MHz for modulada por um sinal inteligente de 4 kHz, determine as frequências das três componentes do sinal AM resultante.

Resposta: 2.004.000 Hz, 2.000.000 Hz, 1.996.000 Hz.

18.7.2 Amostragem

Em sistemas analógicos, os sinais são processados em sua totalidade. Entretanto, nos sistemas digitais modernos, apenas amostras de sinais são necessárias para processamento. Isso é possível como consequência do teorema da amostragem dado na Seção 17.8.1. A amostragem pode ser feita usando-se um trem de pulsos ou impulsos. Usaremos aqui a amostragem por impulsos.

Considere o sinal contínuo $g(t)$, representado na Figura 18.25*a*. Este pode ser multiplicado por um trem de impulsos $\delta(t - nT_s)$, mostrado na Figura 18.25*b*, onde T_s é o *intervalo de amostragem* e $f_s = 1/T_s$ é a *frequência de amostragem* ou a *taxa de amostragem*. O sinal amostrado $g_s(t)$ é, portanto,

$$g_s(t) = g(t) \sum_{n=-\infty}^{\infty} \delta(t - nT_s) = \sum_{n=-\infty}^{\infty} g(nT_s)\,\delta(t - nT_s) \quad (18.69)$$

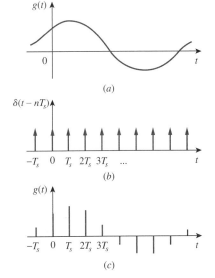

Figura 18.25 (*a*) Sinal (análogo) contínuo a ser amostrado; (*b*) trem de impulsos; (*c*) sinal (digital) amostrado.

A transformada de Fourier desta é

$$G_s(\omega) = \sum_{n=-\infty}^{\infty} g(nT_s)\mathcal{F}[\delta(t - nT_s)] = \sum_{n=-\infty}^{\infty} g(nT_s)e^{-jn\omega T_s} \quad (18.70)$$

Pode ser demonstrado que

$$\sum_{n=-\infty}^{\infty} g(nT_s)e^{-jn\omega T_s} = \frac{1}{T_s}\sum_{n=-\infty}^{\infty} G(\omega + n\omega_s) \quad (18.71)$$

onde $\omega_s = 2\pi/T_s$. Portanto, a Equação (18.70) fica

$$G_s(\omega) = \frac{1}{T_s}\sum_{n=-\infty}^{\infty} G(\omega + n\omega_s) \quad (18.72)$$

Isso demonstra que a transformada de Fourier $G_s(\omega)$ do sinal amostrado é a soma de translações da transformada de Fourier do sinal original a uma taxa igual a $1/T_s$.

De modo a assegurar a recuperação ótima do sinal original, qual deve ser o intervalo de amostragem? Essa questão fundamental na amostragem é respondida por uma parte equivalente do teorema da amostragem:

> Um sinal limitado em faixa, sem nenhuma componente de frequência superior a W hertz, pode ser completamente recuperado a partir de suas amostras extraídas a uma frequência pelo menos duas vezes maior que $2W$ amostras por segundo.

Ou seja, para um sinal com largura de banda W hertz, não há nenhuma perda de informação ou sobreposição se a frequência de amostragem for pelo menos duas vezes a frequência mais alta no sinal modulante. Portanto,

$$\frac{1}{T_s} = f_s \geq 2W \quad (18.73)$$

A frequência de amostragem $f_s = 2W$ é conhecida como taxa ou *frequência de Nyquist* e $1/f_s$ é o *intervalo de Nyquist*.

EXEMPLO 18.12

Um sinal telefônico com frequência de corte 5 kHz é amostrado a uma taxa 60% maior que á taxa mínima permitida. Determine a taxa de amostragem.

Solução: A taxa de amostragem mínima é a taxa de Nyquist = $2W = 2 \times 5 = 10$ kHz. Logo,

$$f_s = 1{,}60 \times 2W = 16 \text{ kHz}$$

PROBLEMA PRÁTICO 18.12

Um sinal de áudio que é limitado em faixa a 12,5 kHz é digitalizado em amostras de 8 bits. Qual é o intervalo de amostragem máximo que deve ser usado para garantir recuperação completa?

Resposta: 40 μs.

18.8 Resumo

1. A transformada de Fourier converte uma função não periódica $f(t)$ em uma transformada $F(\omega)$, onde

$$F(\omega) = \mathcal{F}[f(t)] = \int_{-\infty}^{\infty} f(t)e^{-j\omega t}\, dt$$

2. A transformada de Fourier inversa de $F(\omega)$ é

$$f(t) = \mathcal{F}^{-1}[F(\omega)] = \frac{1}{2\pi} \int_{-\infty}^{\infty} F(\omega)e^{j\omega t}\, d\omega$$

3. Propriedades e pares de transformadas de Fourier importantes são sintetizados, respectivamente, nas Tabelas 18.1 e 18.2.

4. O uso do método das transformadas de Fourier na análise de circuitos envolve encontrar a transformada de Fourier da excitação, transformar o elemento de circuito para o domínio da frequência, determinar a resposta e transformar a resposta para o domínio do tempo usando a transformada de Fourier inversa.

5. Se $H(\omega)$ for a função de transferência de um circuito, então $H(\omega)$ é a transformada de Fourier da resposta do circuito a um impulso; isto é,

$$H(\omega) = \mathcal{F}[h(t)]$$

A saída $V_o(\omega)$ do circuito pode ser obtida a partir da $V_i(\omega)$ de entrada usando

$$V_o(\omega) = H(\omega)V_i(\omega)$$

6. O teorema de Parseval fornece a relação de energia entre uma função $f(t)$ e sua transformada de Fourier $F(\omega)$. A energia em um resistor de 1 Ω é

$$W_{1\Omega} = \int_{-\infty}^{\infty} f^2(t)\, dt = \frac{1}{2\pi} \int_{-\infty}^{\infty} |F(\omega)|^2\, d\omega$$

O teorema é útil no cálculo da energia transportada por um sinal seja no domínio do tempo ou no domínio da frequência.

7. As transformadas de Fourier encontram aplicação típica em modulação de amplitude (AM) e amostragem. Para a aplicação em AM, uma forma de determinar as faixas laterais em uma onda modulada em amplitude é derivada a partir da propriedade de modulação das transformadas de Fourier. Para a aplicação de amostragem, constatamos que não é perdida nenhuma informação na amostragem (necessária para transmissão digital), se a frequência de amostragem for igual a pelo menos duas vezes a taxa de Nyquist.

Questões para revisão

18.1 Qual das funções a seguir não possui uma transformada de Fourier?

(a) $e^t u(-t)$ (b) $te^{-3t}u(t)$
(c) $1/t$ (d) $|t|u(t)$

18.2 A transformada de Fourier de e^{j2t} é:

(a) $\dfrac{1}{2 + j\omega}$ (b) $\dfrac{1}{-2 + j\omega}$
(c) $2\pi\delta(\omega - 2)$ (d) $2\pi\delta(\omega + 2)$

18.3 A transformada de Fourier inversa de $\dfrac{e^{-j\omega}}{2 + j\omega}$ é

(a) e^{-2t} (b) $e^{-2t}u(t - 1)$
(c) $e^{-2(t-1)}$ (d) $e^{-2(t-1)}u(t - 1)$

18.4 A transformada de Fourier inversa de $\delta(\omega)$ é:

(a) $\delta(t)$ (b) $u(t)$ (c) 1 (d) $1/2\pi$

18.5 A transformada de Fourier inversa de $j\omega$ é:

(a) $\delta'(t)$ (b) $u'(t)$
(c) $1/t$ (d) indefinida

18.6 Calculando a integral $\displaystyle\int_{-\infty}^{\infty} \dfrac{10\delta(\omega)}{4 + \omega^2}\, d\omega$, obtemos:

(a) 0 (b) 2 (c) 2,5 (d) ∞

18.7 A integral $\displaystyle\int_{-\infty}^{\infty} \dfrac{10\delta(\omega - 1)}{4 + \omega^2}\, d\omega$ resulta em:

(a) 0 (b) 2 (c) 2,5 (d) ∞

18.8 A corrente através de um capacitor de 1 F, inicialmente descarregado, é δ(*t*) A. A tensão nesse capacitor então é:

(a) *u*(*t*) V   (b) −1/2 + *u*(*t*) V

(c) $e^{-t}u(t)$ V   (d) δ(*t*) V

18.9 Uma corrente em degrau unitário é aplicada a um indutor de 1 H. A tensão no indutor é:

(a) *u*(*t*) V   (b) sgn(*t*) V

(c) $e^{-t}u(t)$ V   (d) δ(*t*) V

18.10 O teorema de Parseval se aplica apenas a funções não periódicas.

(a) verdadeiro   (b) falso

Respostas: 18.1c; 18.2c; 18.3d; 18.4d; 18.5a; 18.6c; 18.7b; 18.8a; 18.9d; 18.10b.

Problemas

• †**Seção 18.2 e 18.3**   **Transformadas de Fourier e suas propriedades**

18.1 Obtenha a transformada de Fourier da função da Figura 18.26.

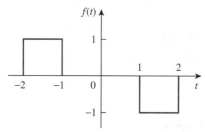

Figura 18.26 Esquema para o Problema 18.1.

18.2 Elabore um problema para ajudar outros estudantes a entender melhor como obter a transformada de Fourier de uma determinada forma de onda usando a Figura 18.27.

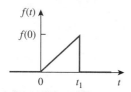

Figura 18.27 Esquema para o Problema 18.2.

18.3 Calcule a transformada de Fourier do sinal na Figura 18.28.

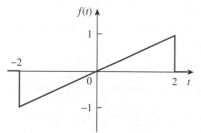

Figura 18.28 Esquema para o Problema 18.3.

18.4 Determine a transformada de Fourier da forma de onda exibida na Figura 18.29.

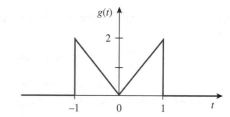

Figura 18.29 Esquema para o Problema 18.4.

18.5 Obtenha a transformada de Fourier do sinal indicado na Figura 18.30.

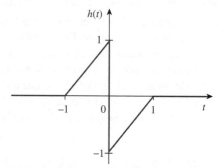

Figura 18.30 Esquema para o Problema 18.5.

18.6 Determine as transformadas de Fourier das duas funções indicadas na Figura 18.31.

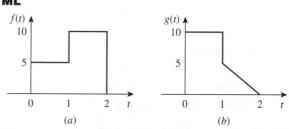

Figura 18.31 Esquema para o Problema 18.6.

---

† Sinalizamos (com o ícone do *MATLAB*) os problemas para os quais solicitamos ao aluno que encontre a transformada de Fourier de uma forma de onda. Adotamos esse procedimento, pois, assim, você poderá usar o *MATLAB* para obter gráficos de seus resultados como forma de verificação.

18.7 Determine as transformadas de Fourier dos sinais indicados na Figura 18.32.

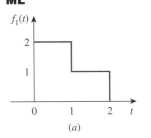 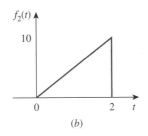

Figura 18.32 Esquema para o Problema 18.7.

18.8 Obtenha as transformadas de Fourier dos sinais exibidos na Figura 18.33.

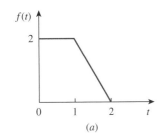

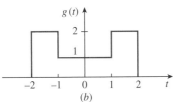

Figura 18.33 Esquema para o Problema 18.8.

18.9 Determine as transformadas de Fourier dos sinais indicados na Figura 18.34.

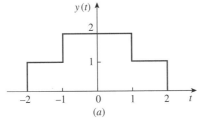

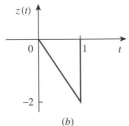

Figura 18.34 Esquema para o Problema 18.9.

18.10 Obtenha as transformadas de Fourier dos sinais mostrados na Figura 18.35.

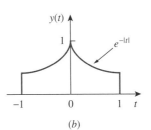

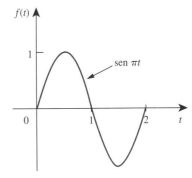

Figura 18.35 Esquema para o Problema 18.10.

18.11 Determine a transformada de Fourier do "pulso de onda senoidal" indicado na Figura 18.36.

Figura 18.36 Esquema para o Problema 18.11.

18.12 Determine a transformada de Fourier dos seguintes sinais:

(a) $f_1(t) = e^{-3t} \operatorname{sen}(10t) u(t)$

(b) $f_2(t) = e^{-4t} \cos(10t) u(t)$

18.13 Determine a transformada de Fourier dos seguintes sinais:

(a) $f(t) = \cos(at - \pi/3)$, $\quad -\infty < t < \infty$

(b) $g(t) = u(t + 1) \operatorname{sen}\pi t$, $\quad -\infty < t < \infty$

(c) $h(t) = (1 + A \operatorname{sen} at) \cos bt$, $\quad -\infty < t < \infty$, em que A, a, e b são constantes

(d) $i(t) = 1 - t$, $\quad 0 < t < 4$

18.14 Elabore um problema para ajudar outros estudantes a entender melhor como determinar a transformada de Fourier de uma diversidade de funções que variam no tempo (exemplifique com pelo menos três funções).

18.15 Determine as transformadas de Fourier das seguintes funções:

(a) $f(t) = \delta(t+3) - \delta(t-3)$

(b) $f(t) = \int_{-\infty}^{\infty} 2\delta(t-1)\,dt$

(c) $f(t) = \delta(3t) - \delta'(2t)$

*18.16 Determine as transformadas de Fourier destas funções:

(a) $f(t) = 4/t^2$

(b) $g(t) = 8/(4+t^2)$

18.17 Determine as transformadas de Fourier de:

(a) $\cos 2t\,u(t)$

(b) $\operatorname{sen} 10t\,u(t)$

18.18 Dado que $F(\omega) = \mathcal{F}[f(t)]$, prove os seguintes resultados usando a definição de transformada de Fourier:

(a) $\mathcal{F}[f(t-t_0)] = e^{-j\omega t_0} F(\omega)$

(b) $\mathcal{F}\left[\dfrac{df(t)}{dt}\right] = j\omega F(\omega)$

(c) $\mathcal{F}[f(-t)] = F(-\omega)$

(d) $\mathcal{F}[tf(t)] = j\dfrac{d}{d\omega}F(\omega)$

18.19 Determine a transformada de Fourier de
$$f(t) = \cos 2\pi t\,[u(t) - u(t-1)]$$

18.20 (a) Demonstre que um sinal periódico com série de Fourier exponencial
$$f(t) = \sum_{n=-\infty}^{\infty} c_n e^{jn\omega_0 t}$$
apresenta a transformada de Fourier
$$F(\omega) = \sum_{n=-\infty}^{\infty} c_n \delta(\omega - n\omega_0)$$
onde $\omega_0 = 2\pi/T$.

(b) Determine a transformada de Fourier do sinal na Figura 18.37.

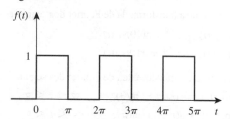

Figura 18.37 Esquema para o Problema 18.20b.

18.21 Demonstre que
$$\int_{-\infty}^{\infty} \left(\dfrac{\operatorname{sen} a\omega}{a\omega}\right)^2 d\omega = \dfrac{\pi}{a}$$

Sugestão: Use o fato de que
$$\mathcal{F}[u(t+a) - u(t-a)] = 2a\left(\dfrac{\operatorname{sen} a\omega}{a\omega}\right)$$

18.22 Prove que se $F(\omega)$ é a transformada de Fourier de $f(t)$,
$$\mathcal{F}[f(t)\operatorname{sen}\omega_0 t] = \dfrac{j}{2}[F(\omega + \omega_0) - F(\omega - \omega_0)]$$

18.23 Se a transformada de Fourier de $f(t)$ é
$$F(\omega) = \dfrac{10}{(2+j\omega)(5+j\omega)}$$
determine as transformadas a seguir:

(a) $f(-3t)$ (b) $f(2t-1)$ (c) $f(t)\cos 2t$

(d) $\dfrac{d}{dt}f(t)$ (e) $\int_{-\infty}^{t} f(t)\,dt$

18.24 Dado que $\mathcal{F}[f(t)] = (j/\omega)(e^{-j\omega} - 1)$, determine as transformadas de Fourier de:

(a) $x(t) = f(t) + 3$

(b) $y(t) = f(t-2)$

(c) $h(t) = f'(t)$

(d) $g(t) = 4f\left(\dfrac{2}{3}t\right) + 10f\left(\dfrac{5}{3}t\right)$

18.25 Obtenha a transformada de Fourier inversa dos seguintes sinais:

(a) $G(\omega) = \dfrac{5}{j\omega - 2}$

(b) $H(\omega) = \dfrac{12}{\omega^2 + 4}$

(c) $X(\omega) = \dfrac{10}{(j\omega - 1)(j\omega - 2)}$

18.26 Determine as transformadas de Fourier inversas do seguinte:

(a) $F(\omega) = \dfrac{e^{-j2\omega}}{1+j\omega}$

(b) $H(\omega) = \dfrac{1}{(j\omega + 4)^2}$

(c) $G(\omega) = 2u(\omega + 1) - 2u(\omega - 1)$

18.27 Determine as transformadas de Fourier das seguintes funções:

(a) $F(\omega) = \dfrac{100}{j\omega(j\omega + 10)}$

(b) $G(\omega) = \dfrac{10j\omega}{(-j\omega + 2)(j\omega + 3)}$

(c) $H(\omega) = \dfrac{60}{-\omega^2 + j40\omega + 1300}$

(d) $Y(\omega) = \dfrac{\delta(\omega)}{(j\omega + 1)(j\omega + 2)}$

---

* O asterisco indica um problema que constitui um desafio.

18.28 Determine as transformadas de Fourier inversa de:

(a) $\dfrac{\pi \delta(\omega)}{(5 + j\omega)(2 + j\omega)}$

(b) $\dfrac{10\delta(\omega + 2)}{j\omega(j\omega + 1)}$

(c) $\dfrac{20\delta(\omega - 1)}{(2 + j\omega)(3 + j\omega)}$

(d) $\dfrac{5\pi\delta(\omega)}{5 + j\omega} + \dfrac{5}{j\omega(5 + j\omega)}$

* **18.29** Determine as transformadas de Fourier inversas de:

(a) $F(\omega) = 4\delta(\omega + 3) + \delta(\omega) + 4\delta(\omega - 3)$

(b) $G(\omega) = 4u(\omega + 2) - 4u(\omega - 2)$

(c) $H(\omega) = 6 \cos 2\omega$

18.30 Para um sistema linear com entrada $x(t)$ e saída $y(t)$, Determine a resposta a um impulso nos seguintes casos:

(a) $x(t) = e^{-at}u(t)$, $\quad y(t) = u(t) - u(-t)$

(b) $x(t) = e^{-t}u(t)$, $\quad y(t) = e^{-2t}u(t)$

(c) $x(t) = \delta(t)$, $\quad y(t) = e^{-at}\operatorname{sen} bt u(t)$

18.31 Dado um sistema linear com saída $y(t)$ e resposta a um impulso $h(t)$, determine a entrada $x(t)$ correspondente para os seguintes casos:

(a) $y(t) = te^{-at}u(t)$, $\quad h(t) = e^{-at}u(t)$

(b) $y(t) = u(t + 1) - u(t - 1)$, $\quad h(t) = \delta(t)$

(c) $y(t) = e^{-at}u(t)$, $\quad h(t) = \operatorname{sgn}(t)$

* **18.32** Determine as funções correspondentes para as seguintes transformadas de Fourier:

(a) $F_1(\omega) = \dfrac{e^{j\omega}}{-j\omega + 1}$ (b) $F_2(\omega) = 2e^{|\omega|}$

(c) $F_3(\omega) = \dfrac{1}{(1 + \omega^2)^2}$ (d) $F_4(\omega) = \dfrac{\delta(\omega)}{1 + j2\omega}$

* **18.33** Determine $f(t)$ se:

(a) $F(\omega) = 2\operatorname{sen}\pi\omega[u(\omega + 1) - u(\omega - 1)]$

(b) $F(\omega) = \dfrac{1}{\omega}(\operatorname{sen} 2\omega - \operatorname{sen}\omega) + \dfrac{j}{\omega}(\cos 2\omega - \cos\omega)$

18.34 Determine o sinal $f(t)$ cuja transformada de Fourier é mostrada na Figura 18.38. (*Sugestão*: Use a propriedade da dualidade.)

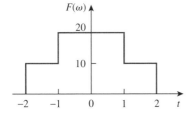

Figura 18.38 Esquema para o Problema 18.34.

18.35 Um sinal $f(t)$ possui transformada de Fourier

$F(\omega) = \dfrac{1}{2 + j\omega}$

Determine a transformada de Fourier dos seguintes sinais:

(a) $x(t) = f(3t - 1)$

(b) $y(t) = f(t) \cos 5t$

(c) $z(t) = \dfrac{d}{dt}f(t)$

(d) $h(t) = f(t) * f(t)$

(e) $i(t) = tf(t)$

● **Seção 18.4 Aplicações em circuitos**

18.36 A função de transferência de um circuito é

$H(\omega) = \dfrac{2}{j\omega + 2}$

Se o sinal de entrada do circuito for $v_s(t) = e^{-4t}u(t)$ V, determine o sinal de saída. Suponha que todas as condições iniciais sejam zero.

18.37 Determine a função de transferência $I_o(\omega)/I_s(\omega)$ para o circuito da Figura 18.39.

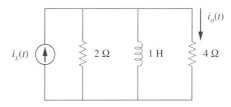

Figura 18.39 Esquema para o Problema 18.37.

18.38 Elabore um problema para ajudar outros estudantes a entender melhor o uso das transformadas de Fourier na análise de circuitos usando a Figura 18.40.

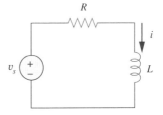

Figura 18.40 Esquema para o Problema 18.38.

18.39 Dado o circuito da Figura 18.41, com sua excitação, determine a transformada de Fourier de $i(t)$.

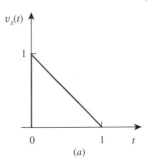

(a)

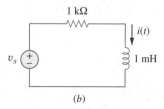

Figura 18.41 Esquema para o Problema 18.39.

18.40 Determine a corrente $i(t)$ no circuito da Figura 18.42b, dada a fonte de tensão indicada na Figura 18.42a.

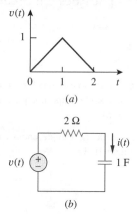

Figura 18.42 Esquema para o Problema 18.40.

18.41 Determine a transformada de Fourier de $v(t)$ no circuito da Figura 18.43.

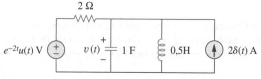

Figura 18.43 Esquema para o Problema 18.41.

18.42 Obtenha a corrente $i_o(t)$ no circuito da Figura 18.44.
(a) seja $i(t) = \text{sgn}(t)$ A.
(b) seja $i(t) = 4[u(t) - u(t-1)]$ A.

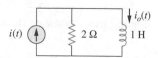

Figura 18.44 Esquema para o Problema 18.42.

18.43 Determine $v_o(t)$ no circuito da Figura 18.45, onde $i_s(t) = 5e^{-t}u(t)$ A.

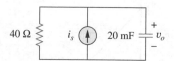

Figura 18.45 Esquema para o Problema 18.43.

18.44 Se o pulso retangular da Figura 18.46a for aplicado ao circuito da Figura 18.46a, determine v_o para $t = 1$ s.

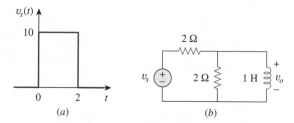

Figura 18.46 Esquema para o Problema 18.44.

18.45 Use transformadas de Fourier para determinar $i(t)$ no circuito da Figura 18.47 se $v_s(t) = 10e^{-2t}u(t)$.

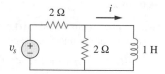

Figura 18.47 Esquema para o Problema 18.45.

18.46 Determine a transformada de Fourier de $i_o(t)$ no circuito da Figura 18.48.

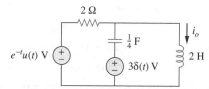

Figura 18.48 Esquema para o Problema 18.46.

18.47 Determine a tensão $v_o(t)$ no circuito da Figura 18.49. Faça $i_s(t) = 8e^{-t}u(t)$ A.

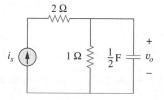

Figura 18.49 Esquema para o Problema 18.47.

18.48 Determine $i_o(t)$ no circuito com amplificador operacional da Figura 18.50.

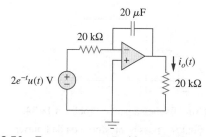

Figura 18.50 Esquema para o Problema 18.48.

18.49 Use o método das transformadas de Fourier para obter $v_o(t)$ no circuito da Figura 18.51.

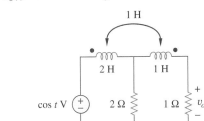

Figura 18.51 Esquema para o Problema 18.49.

18.50 Determine $v_o(t)$ no circuito com transformador da Figura 18.52.

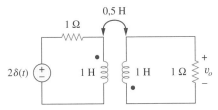

Figura 18.52 Esquema para o Problema 18.50.

18.51 Determine a energia dissipada pelo resistor no circuito da Figura 18.53.

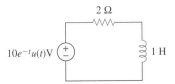

Figura 18.53 Esquema para o Problema 18.51.

● **Seção 18.5 Teorema de Parseval**

18.52 Para $F(\omega) = \dfrac{1}{3 + j\omega}$, determine $J = \displaystyle\int_{-\infty}^{\infty} f^2(t)\,dt$.

18.53 Se $f(t) = e^{-2|t|}$, determine $J = \displaystyle\int_{-\infty}^{\infty} |F(\omega)|^2\,d\omega$.

18.54 Elabore um problema para ajudar outros estudantes a entender melhor como determinar a energia total em um dado sinal.

18.55 Seja $f(t) = 5e^{-(t-2)}u(t)$. Determine $F(\omega)$ e use-a para determinar a energia total em $f(t)$.

18.56 A tensão em um resistor de 1 Ω é $v(t) = te^{-2t}u(t)$ V. (a) Qual é a energia total absorvida pelo resistor? (b) Qual é a fração dessa energia absorvida na banda de frequência $-2 \le \omega \le 2$?

18.57 Seja $i(t) = 2e^t u(-t)$ A. Determine a energia total transportada por $i(t)$ e a porcentagem da energia de 1 Ω no intervalo de frequências $-5 < \omega < 5$ rad/s.

● **Seção 18.7 Aplicações**

18.58 Um sinal AM é especificado por

$$f(t) = 10(1 + 4\cos 200\pi t)\cos \pi \times 10^4 t$$

Determine o seguinte:

(a) A frequência da portadora.
(b) A frequência da banda lateral inferior.
(c) A frequência da banda lateral superior.

18.59 Para o sistema linear na Figura 18.54, quando a tensão de entrada é $v_i(t) = 2\delta(t)$ V, a saída é $v_o(t) = 10e^{-2t} - 6e^{-4t}$ V. Determine a saída para uma entrada $v_i(t) = 4e^{-t}u(t)$ V.

Figura 18.54 Esquema para o Problema 18.59.

18.60 Um sinal limitado em faixa possui a seguinte representação em série de Fourier:

$$i_s(t) = 10 + 8\cos(2\pi t + 30°) + 5\cos(4\pi t - 150°)\text{ mA}$$

Se o sinal for aplicado ao circuito da Figura 18.55, Determine $v(t)$.

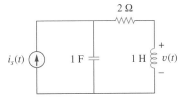

Figura 18.55 Esquema para o Problema 18.60.

18.61 Em um sistema, o sinal de entrada $x(t)$ é modulado em amplitude por $m(t) = 2 + \cos\omega_0 t$. A resposta é $y(t) = m(t)x(t)$. Determine $Y(\omega)$ em termos de $X(\omega)$.

18.62 Um sinal de voz que ocupa a banda de frequências de 0,4 a 3,5 kHz é usado para modular em amplitude uma portadora de 10 MHz. Determine o intervalo de frequências para as bandas laterais inferior e superior.

18.63 Para dada localidade, calcule o número de estações permitidas na faixa de transmissão AM (540 a 1.600 kHz) sem que haja a ocorrência de interferência entre elas.

18.64 Repita o problema anterior para a faixa de transmissão FM (88 a 108 MHz), supondo que as frequências de portadora estejam espaçadas de 200 kHz entre si.

18.65 A componente de frequência mais alta de um sinal de voz é igual a 3,4 kHz. Qual é a taxa de Nyquist do amostrador do sinal de voz?

18.66 Um sinal de TV é limitado em faixa a 4,5 MHz. Se tivermos de reconstruir amostras em um ponto distante, qual será o intervalo máximo de amostragem permitido?

*__18.67__ Dado um sinal $g(t) = \text{sinc}(200\pi t)$, Determine a taxa de Nyquist e o intervalo de Nyquist para o sinal.

Problemas abrangentes

18.68 O sinal de tensão da entrada de um filtro é $v(t) = 50e^{-2|t|}$ V. Qual é a porcentagem da energia total de 1 Ω que cai no intervalo de frequências $1 < \omega < 5$ rad/s?

18.69 Um sinal com a transformada de Fourier

$$F(\omega) = \frac{20}{4 + j\omega}$$

passa por um filtro cuja frequência de corte é 2 rad/s (isto é, $0 < \omega < 2$). Qual é a fração da energia no sinal de entrada que está contida no sinal de saída?

19

CIRCUITOS DE DUAS PORTAS

Não deixe para amanhã o que pode fazer hoje.
Não peça ajuda de outros no que pode fazer por si mesmo.
Não compre coisas inúteis sob pretexto de que são baratos.
O orgulho nos custa mais do que a fome, a sede e o frio.
Não se arrependa de ter comido pouco.
Não gaste seu dinheiro antes de ganhá-lo.
Nada do que fazemos de bom grado é problemático.
Quanta dor nos causaram as desgraças que nunca aconteceram!
Medite todas as coisas sob um ponto de vista favorável.
Quando estiveres contrariado, conte até dez antes de proferir qualquer palavra e conte até cem se estiver com raiva.
Thomas Jefferson

Progresso profissional

Carreira na área de educação

Enquanto dois terços dos engenheiros trabalham no setor privado, alguns trabalham no setor acadêmico e preparam os estudantes para a carreira de engenharia. Se você gosta de ensinar outras pessoas, talvez queira considerar a possibilidade de se tornar um educador no ramo da engenharia, e o curso de Análise de Circuitos é parte importante do processo de preparação.

Os professores de engenharia trabalham em projetos de pesquisa de ponta, ministram cursos para graduação e pós-graduação, e prestam serviços ao seu meio profissional e à comunidade como um todo. É esperado que esses profissionais tenham habilidades necessárias para transmitir seus conhecimentos aos outros e uma educação de base para poderem contribuir para um melhor aprendizado.

Se você gosta de pesquisar, trabalhar com desafios, contribuir para o avanço tecnológico, inventar, prestar consultoria e/ou ensinar, considere uma carreira voltada para a área de educação em engenharia. A melhor maneira para começar é conversar com seus professores e tirar proveito de sua experiência.

Um sólido entendimento de matemática e física na graduação é vital para seu sucesso como professor de engenharia. Caso tenha dificuldade em resolver os problemas didáticos, inicie pela correção de quaisquer pontos fracos que haja nos fundamentos dessas matérias.

Hoje, a maioria das universidades exige doutorado de seus professores, como também pedem que eles estejam envolvidos de forma ativa em pesquisa que conduza à publicação de artigos em veículos de comunicação bem conceituados. Sem dúvida, a área de educação em engenharia é gratificante, e uma maneira de preparar-se é ter um conhecimento amplo e atualizado, pois o mercado está tornando-se interdisciplinar e mudando rapidamente. Os professores sentem-se satisfeitos e realizados ao verem seus alunos se formando, destacando-se em suas profissões e contribuindo de forma significativa para o avanço da humanidade.

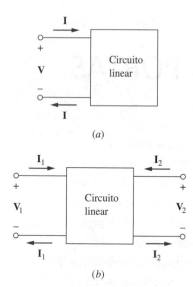

Figura 19.1 (a) Circuito de uma porta; (b) circuito de duas portas.

19.1 Introdução

Um par de terminais através dos quais pode entrar ou sair uma corrente de um circuito é conhecido como *porta*. Dispositivos ou elementos de dois terminais (como resistores, capacitores e indutores) resultam em circuitos de uma porta. Os circuitos que tratamos até então são, em sua maioria, circuitos de dois terminais ou de uma porta, representados na Figura 19.1a; a corrente que entra em um terminal sai pelo outro terminal, de modo que o saldo de corrente que entra pela porta é igual a zero. Consideramos a tensão ou a corrente em um par simples de terminais – como os dois terminais de um resistor, capacitor ou indutor. Também estudamos circuitos com quatro terminais ou duas portas envolvendo amplificadores operacionais, transistores e transformadores, conforme ilustrado na Figura 19.1b. Geralmente, um circuito pode ter *n* portas.

Neste capítulo, estamos interessados basicamente nos circuitos de *duas portas* (ou simplesmente, *duas portas*).

> **Circuito de duas portas** é um circuito elétrico com duas portas distintas para entrada e saída.

Portanto, um circuito de duas portas possui dois pares de terminais atuando como pontos de acesso. Como mostra a Figura 19.1b, a corrente que entra por um terminal de um par deles sai pelo outro terminal do par. Dispositivos de três terminais, como os transistores, podem ser configurados em circuitos de duas portas.

Nosso estudo sobre os circuitos de duas portas se deve pelo menos a duas razões. Primeira, tais circuitos são úteis em comunicação, sistemas de controle, sistemas de potência e eletrônica. Por exemplo, eles são usados em eletrônica para criar modelos de transistores e facilitar o projeto em cascata. Segunda, conhecer os parâmetros de um circuito de duas portas permite que o tratemos como uma "caixa preta", quando inserido em um circuito maior.

Caracterizar um circuito de duas portas requer que estabeleçamos uma relação entre as quantidades V_1, V_2, I_1 e I_2 nos terminais da Figura 19.1b, dos quais dois são independentes. Os vários termos que estabelecem relações entre essas tensões e correntes são chamados *parâmetros*. Nosso objetivo, neste capítulo, é obter seis conjuntos desses parâmetros. Mostraremos a relação entre eles e como os circuitos de duas portas podem ser ligados em série, em paralelo ou em cascata. Assim como nos amplificadores operacionais, estamos interessados apenas no comportamento dos terminais dos circuitos. Suporemos, também, que os circuitos de duas portas não contenham nenhuma fonte independente, embora possam conter fontes de tensão dependentes. Finalmente, aplicaremos alguns dos conceitos desenvolvidos neste capítulo à análise de circuitos transistorizados e à síntese de circuitos em cascata.

19.2 Parâmetros de impedância

Os parâmetros de impedância e de admitância são geralmente usados na síntese de filtros, e também são úteis no projeto e na análise de circuitos para casamento de impedâncias e em redes de distribuição de energia. Trataremos dos parâmetros de impedância nesta seção e dos parâmetros de admitância na seção seguinte.

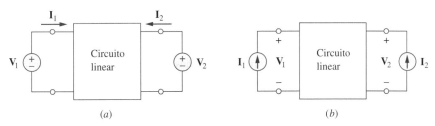

Figura 19.2 Circuito linear de duas portas: (a) excitado por fontes de tensão; (b) excitado por fontes de corrente.

Um circuito de duas portas pode ser excitado por tensão como na Figura 19.2a ou por corrente como na Figura 19.2b. Tanto na a quanto na b, as tensões nos terminais podem ser relacionadas com as correntes nos terminais como segue

$$\begin{aligned} V_1 &= z_{11}I_1 + z_{12}I_2 \\ V_2 &= z_{21}I_1 + z_{22}I_2 \end{aligned} \quad (19.1)$$

Lembrete: Apenas duas das quatro variáveis (V_1, V_2, I_1, e I_2) são independentes. As outras duas podem ser encontradas por intermédio da Equação (19.1).

ou na forma matricial

$$\begin{bmatrix} V_1 \\ V_2 \end{bmatrix} = \begin{bmatrix} z_{11} & z_{12} \\ z_{21} & z_{22} \end{bmatrix} \begin{bmatrix} I_1 \\ I_2 \end{bmatrix} = [z] \begin{bmatrix} I_1 \\ I_2 \end{bmatrix} \quad (19.2)$$

onde os termos **z** são denominados de *parâmetros de impedância*, ou simplesmente de *parâmetros z* e têm unidades de ohms.

Os valores dos parâmetros podem ser calculados, fazendo $I_1 = 0$ (porta de entrada como um circuito aberto) ou $I_2 = 0$ (porta de saída como um circuito aberto). Portanto,

$$\begin{aligned} z_{11} &= \left.\frac{V_1}{I_1}\right|_{I_2=0}, & z_{12} &= \left.\frac{V_1}{I_2}\right|_{I_1=0} \\ z_{21} &= \left.\frac{V_2}{I_1}\right|_{I_2=0}, & z_{22} &= \left.\frac{V_2}{I_2}\right|_{I_1=0} \end{aligned} \quad (19.3)$$

Como os parâmetros *z* são obtidos abrindo-se o circuito da porta de entrada ou de saída, eles são denominados *parâmetros de impedância de circuito aberto*. Especificamente,

z_{11} = Impedância de entrada de circuito aberto.
z_{12} = Impedância de transferência de circuito aberto da porta 1 para a porta 2.
z_{21} = Impedância de transferência de circuito aberto da porta 2 para a porta 1.
z_{22} = Impedância de saída de circuito aberto.

(19.4)

De acordo com a Equação (19.3), obtemos z_{11} e z_{21} conectando uma fonte de tensão V_1 (ou uma fonte de corrente I_1) à porta 1, enquanto deixamos a porta 2 como um circuito aberto, como indicado na Figura 19.3a e determinando I_1 e V_2; obtemos, então,

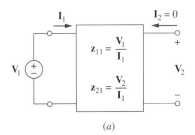
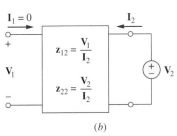

Figura 19.3 Determinação dos parâmetros *z*: (a) determinação de z_{11} e z_{21}; (b) determinação de z_{12} e z_{22}.

$$z_{11} = \frac{V_1}{I_1}, \qquad z_{21} = \frac{V_2}{I_1} \tag{19.5}$$

De modo similar, obtemos z_{12} e z_{22} conectando uma fonte de tensão V_2 (ou uma fonte de corrente I_2) à porta 2, enquanto deixamos a porta 1 como um circuito aberto, conforme indicado na Figura 19.3b, e determinando I_2 e V_1; obtemos, então,

$$z_{12} = \frac{V_1}{I_2}, \qquad z_{22} = \frac{V_2}{I_2} \tag{19.6}$$

O procedimento anterior fornece um meio para calcularmos ou medirmos os parâmetros z.

Algumas vezes, z_{11} e z_{22} são denominadas *impedâncias do ponto de excitação*, enquanto z_{21} e z_{12} são chamadas *impedâncias de transferência*. Uma impedância do ponto de excitação é a impedância de entrada de um dispositivo de dois terminais (uma porta). Portanto, z_{11} é a impedância do ponto de excitação de entrada no qual a porta de saída é um circuito aberto, enquanto z_{22} é impedância do ponto de excitação de saída no qual a porta de entrada é um circuito aberto.

Quando $z_{11} = z_{22}$, diz-se que o circuito de duas portas é *simétrico*. Isso implica o circuito ter simetria tipo espelho em relação a uma linha central; isto é, pode-se encontrar uma linha que divide o circuito em duas metades semelhantes.

Quando o circuito de duas portas for linear e não tiver fontes de tensão dependentes, as impedâncias de transferência são iguais ($z_{12} = z_{21}$) e as duas portas são *recíprocas*. Isso significa que se os pontos de excitação e de resposta forem trocados entre si, as impedâncias de transferência permanecem as mesmas. Conforme ilustrado na Figura 19.4, um circuito de duas portas é recíproco se a troca de uma fonte de tensão ideal em uma porta por um amperímetro ideal na outra porta der a mesma leitura no amperímetro. O circuito recíproco conduz a $V = z_{12}I$, de acordo com a Equação (19.1), quando conectado como mostra a Figura 19.4a, porém, conduz a $V = z_{21}I$, quando conectado conforme indicado na Figura 19.4b. Isso é possível apenas se $z_{12} = z_{21}$. Qualquer circuito de duas portas, formado inteiramente por resistores, capacitores e indutores deve ser recíproco, e pode ser substituído pelo circuito equivalente T da Figura 19.5a. Se não for recíproco, um circuito equivalente mais genérico é mostrado na Figura 19.5b; note que essa figura é obtida diretamente da Equação (19.1).

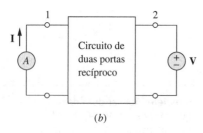

Figura 19.4 Trocar uma fonte de tensão em uma porta por um amperímetro ideal na outra porta produz a mesma leitura em um circuito de duas portas recíproco.

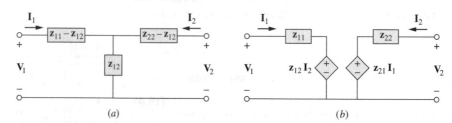

Figura 19.5 (a) Circuito equivalente T (apenas para o caso recíproco); (b) circuito equivalente geral.

Devemos mencionar que, para alguns circuitos de duas portas, os parâmetros z não existem, pois não podem ser descritos pela Equação (19.1). Como exemplo, consideremos o transformador ideal da Figura 19.6. As equações que definem o circuito de duas portas são:

$$V_1 = \frac{1}{n}V_2, \qquad I_1 = -nI_2 \tag{19.7}$$

Observe que é impossível expressar as tensões em termos das correntes, e vice-versa, como requer a Equação (19.1). Portanto, o transformador ideal não tem parâmetros z. Porém, ele possui parâmetros híbridos, como veremos na Seção 19.4.

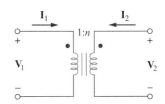

Figura 19.6 Um transformador ideal não possui parâmetros z.

EXEMPLO 19.1

Determine os parâmetros z para o circuito da Figura 19.7.

Solução:

■ **MÉTODO 1** Para determinar z_{11} e z_{22}, aplicamos uma fonte de tensão V_1 à porta de entrada e deixamos a porta de saída aberta, como indicado na Figura 19.8a. Então,

$$z_{11} = \frac{V_1}{I_1} = \frac{(20 + 40)I_1}{I_1} = 60 \, \Omega$$

isto é, z_{11} é a impedância de entrada na porta 1.

$$z_{21} = \frac{V_2}{I_1} = \frac{40 I_1}{I_1} = 40 \, \Omega$$

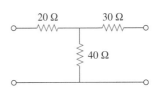

Figura 19.7 Esquema para o Exemplo 19.1.

Para encontrar z_{12} e z_{22}, aplicamos uma fonte de tensão V_2 à porta de saída e deixamos a porta de entrada aberta como mostra a Figura 19.8b. Portanto,

$$z_{12} = \frac{V_1}{I_2} = \frac{40 I_2}{I_2} = 40 \, \Omega, \qquad z_{22} = \frac{V_2}{I_2} = \frac{(30 + 40)I_2}{I_2} = 70 \, \Omega$$

Logo,

$$[z] = \begin{bmatrix} 60 \, \Omega & 40 \, \Omega \\ 40 \, \Omega & 70 \, \Omega \end{bmatrix}$$

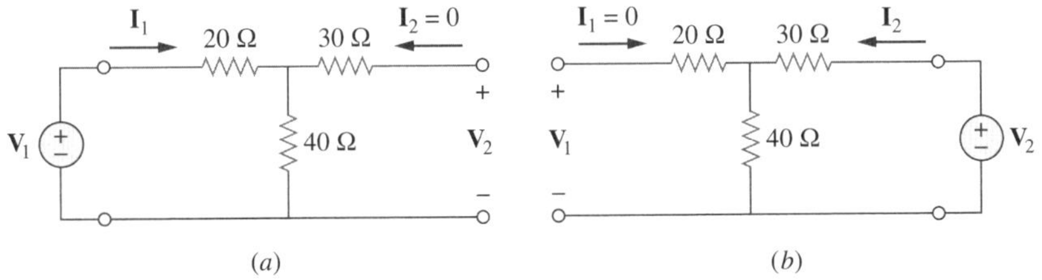

Figura 19.8 Esquema para o Exemplo 19.1: (a) determinando z_{11} e z_{21}; (b) determinando z_{12} e z_{22}.

■ **MÉTODO 2** Alternativamente, já que não há nenhuma fonte dependente no circuito dado, $z_{12} = z_{21}$ e podemos usar a Figura 19.5a. Comparando a Figura 19.7 com a Figura 19.5a, obtemos

$$z_{12} = 40 \, \Omega = z_{21}$$
$$z_{11} - z_{12} = 20 \quad \Rightarrow \quad z_{11} = 20 + z_{12} = 60 \, \Omega$$
$$z_{22} - z_{12} = 30 \quad \Rightarrow \quad z_{22} = 30 + z_{12} = 70 \, \Omega$$

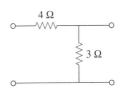

Figura 19.9 Esquema para o Problema prático 19.1.

PROBLEMA PRÁTICO 19.1

Determine os parâmetros z do circuito de duas portas da Figura 19.9.

Resposta: $z_{11} = 7 \, \Omega, z_{12} = z_{21} = z_{22} = 3 \, \Omega$.

EXEMPLO 19.2

Determine I_1 e I_2 no circuito da Figura 19.10.

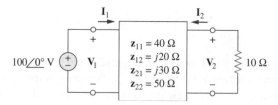

Figura 19.10 Esquema para o Exemplo 19.2.

Solução: Este não é um circuito recíproco. Poderíamos usar o circuito equivalente da Figura 19.5b, mas também podemos empregar diretamente a Equação (19.1). Substituindo os parâmetros z dados na Equação (19.1),

$$V_1 = 40I_1 + j20I_2 \quad (19.2.1)$$

$$V_2 = j30I_1 + 50I_2 \quad (19.2.2)$$

Como estamos buscando I_1 e I_2, substituímos

$$V_1 = 100\underline{/0°}, \quad V_2 = -10I_2$$

nas Equações (19.2.1) e (19.2.2), que fica

$$100 = 40I_1 + j20I_2 \quad (19.2.3)$$

$$-10I_2 = j30I_1 + 50I_2 \quad \Rightarrow \quad I_1 = j2I_2 \quad (19.2.4)$$

Substituir a Equação (19.2.4) na Equação (19.2.3) resulta em

$$100 = j80I_2 + j20I_2 \quad \Rightarrow \quad I_2 = \frac{100}{j100} = -j$$

A partir da Equação (19.2.4), $I_1 = j2(-j) = 2$. Portanto,

$$I_1 = 2\underline{/0°} \text{ A}, \quad I_2 = 1\underline{/-90°} \text{ A}$$

PROBLEMA PRÁTICO 19.2

Calcule I_1 e I_2 no circuito de duas portas da Figura 19.11.

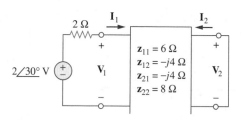

Figura 19.11 Esquema para o Problema prático 19.2.

Resposta: $200\underline{/30°}$ mA, $100\underline{/120°}$ mA.

19.3 Parâmetros de admitância

Vimos, anteriormente, que pode ser que os parâmetros de impedância não existam para um circuito de duas portas; portanto, há a necessidade de uma forma alternativa para descrever um circuito destes, a qual poderia ser atendida pelo segundo conjunto de parâmetros que são obtidos expressando-se as correntes nos terminais em termos de tensões nos terminais. Seja na Figura 19.12a como na b, as correntes de terminais podem ser expressas em termos das tensões nos terminais como segue

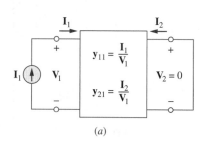

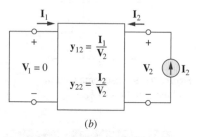

Figura 19.12 Determinação dos parâmetros y: (a) determinação de y_{11} e y_{21}; (b) determinação de y_{12} e y_{22}.

$$\boxed{\begin{aligned} \mathbf{I}_1 &= \mathbf{y}_{11}\mathbf{V}_1 + \mathbf{y}_{12}\mathbf{V}_2 \\ \mathbf{I}_2 &= \mathbf{y}_{21}\mathbf{V}_1 + \mathbf{y}_{22}\mathbf{V}_2 \end{aligned}} \quad (19.8)$$

ou na forma matricial como

$$\begin{bmatrix} \mathbf{I}_1 \\ \mathbf{I}_2 \end{bmatrix} = \begin{bmatrix} \mathbf{y}_{11} & \mathbf{y}_{12} \\ \mathbf{y}_{21} & \mathbf{y}_{22} \end{bmatrix} \begin{bmatrix} \mathbf{V}_1 \\ \mathbf{V}_2 \end{bmatrix} = [\mathbf{y}] \begin{bmatrix} \mathbf{V}_1 \\ \mathbf{V}_2 \end{bmatrix} \quad (19.9)$$

Os termos **y** são conhecidos como *parâmetros de admitância* (ou, simplesmente, *parâmetros y*) e são expressos em siemens.

Os valores dos parâmetros podem ser calculados fazendo $\mathbf{V}_1 = 0$ (porta de entrada curto-circuitada) ou $\mathbf{V}_2 = 0$ (porta de saída curto-circuitada). Portanto,

$$\boxed{\begin{aligned} \mathbf{y}_{11} &= \left.\frac{\mathbf{I}_1}{\mathbf{V}_1}\right|_{\mathbf{V}_2=0}, & \mathbf{y}_{12} &= \left.\frac{\mathbf{I}_1}{\mathbf{V}_2}\right|_{\mathbf{V}_1=0} \\ \mathbf{y}_{21} &= \left.\frac{\mathbf{I}_2}{\mathbf{V}_1}\right|_{\mathbf{V}_2=0}, & \mathbf{y}_{22} &= \left.\frac{\mathbf{I}_2}{\mathbf{V}_2}\right|_{\mathbf{V}_1=0} \end{aligned}} \quad (19.10)$$

Como os parâmetros *y* são obtidos curto-circuitando-se a porta de entrada ou de saída, eles também são denominados *parâmetros de admitância de curto--circuito*. Especificamente,

$\mathbf{y}_{11}$ = Admitância de entrada de curto-circuito.

$\mathbf{y}_{12}$ = Admitância de transferência de curto-circuito da porta 2 para a porta 1.

$\mathbf{y}_{21}$ = Admitância de transferência de curto-circuito da porta 1 para a porta 2. **(19.11)**

$\mathbf{y}_{22}$ = Admitância de saída de curto-circuito.

De acordo com a Equação (19.10), obtemos $\mathbf{y}_{11}$ e $\mathbf{y}_{21}$ conectando-se uma fonte de corrente $\mathbf{I}_1$ à porta 1 e curto-circuitando a porta 2, como mostrado na Figura 19.12*a*, determinando $\mathbf{V}_1$ e $\mathbf{I}_2$; obtemos, então,

$$\mathbf{y}_{11} = \frac{\mathbf{I}_1}{\mathbf{V}_1}, \qquad \mathbf{y}_{21} = \frac{\mathbf{I}_2}{\mathbf{V}_1} \quad (19.12)$$

De modo similar, obtemos $\mathbf{y}_{12}$ e $\mathbf{y}_{22}$ conectando-se uma fonte de corrente $\mathbf{I}_2$ à porta 2 e curto-circuitando a porta 1, conforme indicado na Figura 19.12*b*, determinando $\mathbf{I}_1$ e $\mathbf{V}_2$; e, então, obtendo

$$\mathbf{y}_{12} = \frac{\mathbf{I}_1}{\mathbf{V}_2}, \qquad \mathbf{y}_{22} = \frac{\mathbf{I}_2}{\mathbf{V}_2} \quad (19.13)$$

Esse procedimento fornece um meio para calcularmos ou medirmos os parâmetros *y*. Os parâmetros de impedância e admitância são denominados, conjuntamente, *parâmetros de imitância*.

Para um circuito de duas portas que é linear e não possui nenhuma fonte dependente, as admitância de transferência são iguais ($\mathbf{y}_{12} = \mathbf{y}_{21}$). Isso pode ser provado da mesma forma que fizemos para os parâmetros *z*. Um circuito recíproco ($\mathbf{y}_{12} = \mathbf{y}_{21}$) pode ter como modelo o circuito equivalente Π da Figura 19.13*a*. Se o circuito não for recíproco, é mostrado um circuito equivalente mais genérico na Figura 19.13*b*.

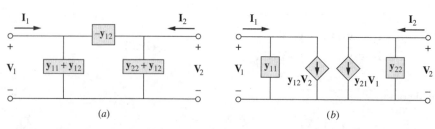

Figura 19.13 (a) Circuito equivalente Π (apenas para o caso recíproco); (b) circuito equivalente geral.

EXEMPLO 19.3

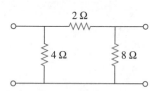

Figura 19.14 Esquema para o Exemplo 19.3.

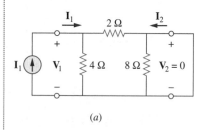

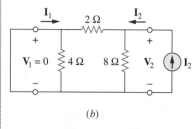

Figura 19.15 Esquema para o Exemplo 19.3: (a) determinando y_{11} e y_{21}; (b) determinando y_{12} e y_{22}.

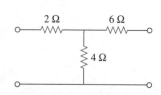

Figura 19.16 Esquema para o Problema prático 19.3.

PROBLEMA PRÁTICO 19.3

Obtenha os parâmetros y para o circuito Π indicado na Figura 19.14.

Solução:

■ **MÉTODO 1** Para determinar y_{11} e y_{21}, curto-circuitamos a porta de saída e conectamos uma fonte de corrente I_1 à porta de entrada, como indicado na Figura 19.15a. Como o resistor de 8 Ω é um curto-circuito, o resistor de 2 Ω está em paralelo com o resistor de 4 Ω. Logo,

$$V_1 = I_1(4 \parallel 2) = \frac{4}{3}I_1, \qquad y_{11} = \frac{I_1}{V_1} = \frac{I_1}{\frac{4}{3}I_1} = 0{,}75 \text{ S}$$

Por divisão de corrente,

$$-I_2 = \frac{4}{4+2}I_1 = \frac{2}{3}I_1, \qquad y_{21} = \frac{I_2}{V_1} = \frac{-\frac{2}{3}I_1}{\frac{4}{3}I_1} = -0{,}5 \text{ S}$$

Para obter y_{12} e y_{22}, curto-circuitamos a porta de entrada e ligamos uma fonte de corrente I_2 à porta de saída, como mostra a Figura 19.15b. O resistor de 4 Ω é curto-circuitado de modo que os resistores de 2 Ω e 8 Ω estão em paralelo.

$$V_2 = I_2(8 \parallel 2) = \frac{8}{5}I_2, \qquad y_{22} = \frac{I_2}{V_2} = \frac{I_2}{\frac{8}{5}I_2} = \frac{5}{8} = 0{,}625 \text{ S}$$

Por divisão de corrente,

$$-I_1 = \frac{8}{8+2}I_2 = \frac{4}{5}I_2, \qquad y_{12} = \frac{I_1}{V_2} = \frac{-\frac{4}{5}I_2}{\frac{8}{5}I_2} = -0{,}5 \text{ S}$$

■ **MÉTODO 2** De forma alternativa, comparando-se a Figura 19.14 com a Figura 19.13a,

$$y_{12} = -\frac{1}{2} \text{ S} = y_{21}$$

$$y_{11} + y_{12} = \frac{1}{4} \quad \Rightarrow \quad y_{11} = \frac{1}{4} - y_{12} = 0{,}75 \text{ S}$$

$$y_{22} + y_{12} = \frac{1}{8} \quad \Rightarrow \quad y_{22} = \frac{1}{8} - y_{12} = 0{,}625 \text{ S}$$

conforme obtido anteriormente.

Obtenha os parâmetros y para o circuito T mostrado na Figura 19.16.

Resposta: $y_{11} = 227{,}3$ mS, $y_{12} = y_{21} = -90{,}91$ mS, $y_{22} = 136{,}36$ mS.

EXEMPLO 19.4

Determine os parâmetros y para o circuito de duas portas mostrado na Figura 19.17.

Solução: Seguimos o mesmo procedimento do exemplo anterior. Para obter y_{11} e y_{21}, usamos o circuito da Figura 19.18a, no qual a porta 2 é curto-circuitada e a fonte de corrente é aplicada à porta 1. No nó 1,

$$\frac{V_1 - V_o}{8} = 2I_1 + \frac{V_o}{2} + \frac{V_o - 0}{4}$$

Porém $I_1 = \dfrac{V_1 - V_o}{8}$; consequentemente,

$$0 = \frac{V_1 - V_o}{8} + \frac{3V_o}{4}$$

$$0 = V_1 - V_o + 6V_o \quad \Rightarrow \quad V_1 = -5V_o$$

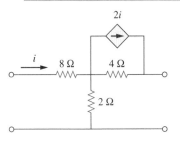

Figura 19.17 Esquema para o Exemplo 19.4.

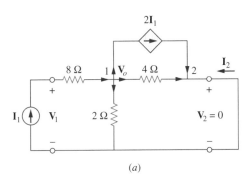
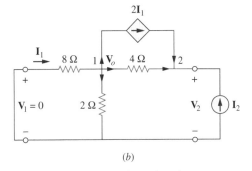

(a) (b)

Figura 19.18 Solução para o Exemplo 19.4: (a) determinando y_{11} e y_{21}; (b) determinando y_{12} e y_{22}.

Logo,

$$I_1 = \frac{-5V_o - V_o}{8} = -0{,}75V_o$$

e

$$y_{11} = \frac{I_1}{V_1} = \frac{-0{,}75V_o}{-5V_o} = 0{,}15 \text{ S}$$

No nó 2,

$$\frac{V_o - 0}{4} + 2I_1 + I_2 = 0$$

ou

$$-I_2 = 0{,}25V_o - 1{,}5V_o = -1{,}25V_o$$

Portanto,

$$y_{21} = \frac{I_2}{V_1} = \frac{1{,}25V_o}{-5V_o} = -0{,}25 \text{ S}$$

De modo similar, obtermos y_{12} e y_{22} usando a Figura 19.18b. No nó 1,

$$\frac{0 - V_o}{8} = 2I_1 + \frac{V_o}{2} + \frac{V_o - V_2}{4}$$

Porém $I_1 = \dfrac{0 - V_o}{8}$; consequentemente,

$$0 = -\frac{V_o}{8} + \frac{V_o}{2} + \frac{V_o - V_2}{4}$$

ou

$$0 = -V_o + 4V_o + 2V_o - 2V_2 \quad \Rightarrow \quad V_2 = 2{,}5V_o$$

Portanto,

$$y_{12} = \frac{I_1}{V_2} = \frac{-V_o/8}{2{,}5V_o} = -0{,}05 \text{ S}$$

No nó 2,

$$\frac{V_o - V_2}{4} + 2I_1 + I_2 = 0$$

ou

$$-I_2 = 0{,}25V_o - \frac{1}{4}(2{,}5V_o) - \frac{2V_o}{8} = -0{,}625V_o$$

Consequentemente,

$$y_{22} = \frac{I_2}{V_2} = \frac{0{,}625V_o}{2{,}5V_o} = 0{,}25 \text{ S}$$

Note que, nesse caso, $y_{12} \neq y_{21}$, já que o circuito não é recíproco.

Obtenha os parâmetros y para o circuito da Figura 19.19.

Resposta: $y_{11} = 625$ mS, $y_{12} = -125$ mS, $y_{21} = 375$ mS, $y_{22} = 125$ mS.

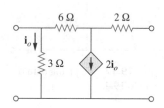

Figura 19.19 Esquema para o Problema prático 19.4.

● **PROBLEMA PRÁTICO 19.4**

19.4 Parâmetros híbridos

Os parâmetros z e y de um circuito de duas portas nem sempre existem. Assim, há a necessidade de criarmos um terceiro conjunto de parâmetros, que se baseia no ato de tornar V_1 e I_2 as variáveis dependentes. Portanto, obtemos

$$\boxed{\begin{aligned} V_1 &= h_{11}I_1 + h_{12}V_2 \\ I_2 &= h_{21}I_1 + h_{22}V_2 \end{aligned}} \quad (19.14)$$

ou, na forma matricial,

$$\begin{bmatrix} V_1 \\ I_2 \end{bmatrix} = \begin{bmatrix} h_{11} & h_{12} \\ h_{21} & h_{22} \end{bmatrix} \begin{bmatrix} I_1 \\ V_2 \end{bmatrix} = [h] \begin{bmatrix} I_1 \\ V_2 \end{bmatrix} \quad (19.15)$$

Os termos **h** são conhecidos como *parâmetros híbridos* (ou, simplesmente, *parâmetros h*), pois são uma combinação híbrida de razões. Eles são muito úteis na descrição de dispositivos eletrônicos como transistores (ver a Seção 19.9); é muito mais fácil medir experimentalmente os parâmetros h desses dispositivos que medir seus parâmetros z ou y. De fato, vimos que o transformador ideal da Figura 19.6, descrito pela Equação (19.7), não possui parâmetros z. O transformador ideal pode ser descrito pelos parâmetros híbridos, uma vez que a Equação (19.7) ajusta-se à Equação (19.14).

Os valores dos parâmetros são determinados como segue

$$\boxed{\begin{aligned} h_{11} &= \left.\frac{V_1}{I_1}\right|_{V_2=0}, & h_{12} &= \left.\frac{V_1}{V_2}\right|_{I_1=0} \\ h_{21} &= \left.\frac{I_2}{I_1}\right|_{V_2=0}, & h_{22} &= \left.\frac{I_2}{V_2}\right|_{I_1=0} \end{aligned}} \quad (19.16)$$

Fica evidente da Equação (19.16) que os parâmetros h_{11}, h_{12}, h_{21} e h_{22} representam, respectivamente, uma impedância, um ganho de tensão, um ganho de corrente e uma admitância. É por essa razão que eles são denominados parâmetros híbridos. Sendo mais específico,

$$h_{11} = \text{Impedância de entrada de curto-circuito.}$$
$$h_{12} = \text{Ganho de tensão inverso de circuito aberto.}$$
$$h_{21} = \text{Ganho de corrente direto de curto-circuito.} \quad (19.17)$$
$$h_{22} = \text{Admitância de saída de circuito aberto.}$$

O procedimento para calcular os parâmetros h é similar àquele usado para os parâmetros z ou y. Aplicamos uma fonte de tensão ou de corrente à porta apropriada, curto-circuitamos ou deixamos como circuito aberto a outra porta, dependendo do parâmetro de interesse, e realizamos uma análise de circuitos comum. Para circuitos recíprocos, $h_{12} = -h_{21}$. Isso pode ser provado da mesma forma que provamos que $z_{12} = z_{21}$. A Figura 19.20 mostra o modelo híbrido do circuito de duas portas.

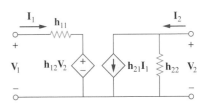

Figura 19.20 O circuito equivalente com parâmetros h de um circuito de duas portas.

Um conjunto de parâmetros estreitamente ligado aos parâmetros h são os *parâmetros g* ou *parâmetros híbridos inversos*. Estes são usados para descrever as correntes e tensões nos terminais

$$\boxed{\begin{aligned} I_1 &= g_{11}V_1 + g_{12}I_2 \\ V_2 &= g_{21}V_1 + g_{22}I_2 \end{aligned}} \quad (19.18)$$

ou

$$\begin{bmatrix} I_1 \\ V_2 \end{bmatrix} = \begin{bmatrix} g_{11} & g_{12} \\ g_{21} & g_{22} \end{bmatrix} \begin{bmatrix} V_1 \\ I_2 \end{bmatrix} = [g] \begin{bmatrix} V_1 \\ I_2 \end{bmatrix} \quad (19.19)$$

Os valores dos parâmetros g são determinados como segue

$$\boxed{\begin{aligned} g_{11} &= \left.\frac{I_1}{V_1}\right|_{I_2=0}, \quad g_{12} = \left.\frac{I_1}{I_2}\right|_{V_1=0} \\ g_{21} &= \left.\frac{V_2}{V_1}\right|_{I_2=0}, \quad g_{22} = \left.\frac{V_2}{I_2}\right|_{V_1=0} \end{aligned}} \quad (19.20)$$

Portanto, os parâmetros híbridos inversos são denominados especificamente

$$g_{11} = \text{Admitância de entrada de circuito aberto.}$$
$$g_{12} = \text{Ganho de corrente inverso de circuito aberto.}$$
$$g_{21} = \text{Ganho de tensão direto de circuito aberto.} \quad (19.21)$$
$$g_{22} = \text{Impedância de saída de curto-circuito.}$$

A Figura 19.21 mostra o modelo híbrido inverso de um circuito de duas portas. Os parâmetros g são frequentemente usados para modelar transistores de efeito de campo (FETs).

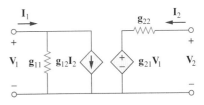

Figura 19.21 O modelo com parâmetros g de um circuito de duas portas.

EXEMPLO 19.5

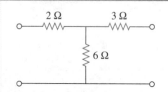

Figura 19.22 Esquema para o Exemplo 19.5.

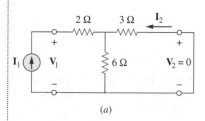

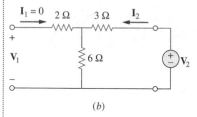

Figura 19.23 Esquema para o Exemplo 19.5: (a) cálculo de h_{11} e h_{21}; (b) cálculo de h_{12} e h_{22}.

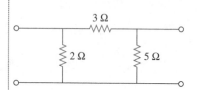

Figura 19.24 Esquema para o Problema prático 19.5.

PROBLEMA PRÁTICO 19.5

EXEMPLO 19.6

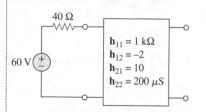

Figura 19.25 Esquema para o Exemplo 19.6.

Determine os parâmetros híbridos para o circuito de duas portas da Figura 19.22.

Solução: Para determinar h_{11} e h_{21}, curto-circuitamos a porta de saída e ligamos uma fonte de corrente I_1 à porta de entrada, conforme ilustrado na Figura 19.23a. Da Figura 19.23a,

$$V_1 = I_1(2 + 3 \parallel 6) = 4I_1$$

Portanto,

$$h_{11} = \frac{V_1}{I_1} = 4\,\Omega$$

Da mesma forma, da Figura 19.23a, obtemos, por divisão de corrente,

$$-I_2 = \frac{6}{6+3}I_1 = \frac{2}{3}I_1$$

Logo,

$$h_{21} = \frac{I_2}{I_1} = -\frac{2}{3}$$

Para obter h_{12} e h_{22}, fazemos que a porta de entrada seja um circuito aberto e ligamos uma fonte de tensão V_2 à porta de saída da Figura 19.23b. Por divisão de tensão,

$$V_1 = \frac{6}{6+3}V_2 = \frac{2}{3}V_2$$

Logo,

$$h_{12} = \frac{V_1}{V_2} = \frac{2}{3}$$

Da mesma forma,

$$V_2 = (3 + 6)I_2 = 9I_2$$

Portanto,

$$h_{22} = \frac{I_2}{V_2} = \frac{1}{9}\,\text{S}$$

Determine os parâmetros h para o circuito da Figura 19.24.

Resposta: $h_{11} = 1{,}2\,\Omega$, $h_{12} = 0{,}4$, $h_{21} = -0{,}4$, $h_{22} = 400$ mS.

Determine o equivalente de Thévenin na porta de saída do circuito da Figura 19.25.

Solução: Para determinar Z_{Th} e V_{Th}, aplicamos o procedimento normal, tendo em mente as fórmulas que relacionam as portas de entrada e de saída do modelo h. Para obter Z_{Th}, eliminamos a fonte de tensão de 60 V na porta de entrada e aplicamos uma fonte de tensão de 1 V na porta de saída, conforme mostrado na Figura 19.26a. Da Equação (19.14),

$$V_1 = h_{11}I_1 + h_{12}V_2 \qquad (19.6.1)$$

$$I_2 = h_{21}I_1 + h_{22}V_2 \qquad (19.6.2)$$

Porém, $V_2 = 1$ e $V_1 = -40I_1$. Substituindo-se estas nas Equações (19.6.1) e (19.6.2), obtemos

$$-40\mathbf{I}_1 = \mathbf{h}_{11}\mathbf{I}_1 + \mathbf{h}_{12} \quad \Rightarrow \quad \mathbf{I}_1 = -\frac{\mathbf{h}_{12}}{40 + \mathbf{h}_{11}} \quad (19.6.3)$$

$$\mathbf{I}_2 = \mathbf{h}_{21}\mathbf{I}_1 + \mathbf{h}_{22} \quad (19.6.4)$$

Substituir a Equação (19.6.3) na Equação (19.6.4) resulta em

$$\mathbf{I}_2 = \mathbf{h}_{22} - \frac{\mathbf{h}_{21}\mathbf{h}_{12}}{\mathbf{h}_{11} + 40} = \frac{\mathbf{h}_{11}\mathbf{h}_{22} - \mathbf{h}_{21}\mathbf{h}_{12} + \mathbf{h}_{22}40}{\mathbf{h}_{11} + 40}$$

Consequentemente

$$\mathbf{Z}_{Th} = \frac{\mathbf{V}_2}{\mathbf{I}_2} = \frac{1}{\mathbf{I}_2} = \frac{\mathbf{h}_{11} + 40}{\mathbf{h}_{11}\mathbf{h}_{22} - \mathbf{h}_{21}\mathbf{h}_{12} + \mathbf{h}_{22}40}$$

Substituindo os valores dos parâmetros h,

$$\mathbf{Z}_{Th} = \frac{1.000 + 40}{10^3 \times 200 \times 10^{-6} + 20 + 40 \times 200 \times 10^{-6}}$$
$$= \frac{1.040}{20,21} = 51,46\ \Omega$$

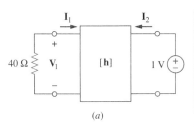

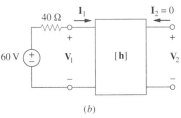

Figura 19.26 Esquema para o Exemplo 19.6: (a) determinando $\mathbf{Z}_{Th}$; (b) determinando $\mathbf{V}_{Th}$.

Para obter $\mathbf{V}_{Th}$, encontramos a tensão de circuito aberto $\mathbf{V}_2$ na Figura19.26b. Na porta de entrada,

$$-60 + 40\mathbf{I}_1 + \mathbf{V}_1 = 0 \quad \Rightarrow \quad \mathbf{V}_1 = 60 - 40\mathbf{I}_1 \quad (19.6.5)$$

Na saída,

$$\mathbf{I}_2 = 0 \quad (19.6.6)$$

Substituindo as Equações (19.6.5) e (19.6.6) nas Equações (19.6.1) e (19.6.2), obtemos

$$60 - 40\mathbf{I}_1 = \mathbf{h}_{11}\mathbf{I}_1 + \mathbf{h}_{12}\mathbf{V}_2$$

ou

$$60 = (\mathbf{h}_{11} + 40)\mathbf{I}_1 + \mathbf{h}_{12}\mathbf{V}_2 \quad (19.6.7)$$

e

$$0 = \mathbf{h}_{21}\mathbf{I}_1 + \mathbf{h}_{22}\mathbf{V}_2 \quad \Rightarrow \quad \mathbf{I}_1 = -\frac{\mathbf{h}_{22}}{\mathbf{h}_{21}}\mathbf{V}_2 \quad (19.6.8)$$

Agora, substituindo a Equação (19.6.8) na Equação (19.6.7), resulta

$$60 = \left[-(\mathbf{h}_{11} + 40)\frac{\mathbf{h}_{22}}{\mathbf{h}_{21}} + \mathbf{h}_{12}\right]\mathbf{V}_2$$

ou

$$\mathbf{V}_{Th} = \mathbf{V}_2 = \frac{60}{-(\mathbf{h}_{11} + 40)\mathbf{h}_{22}/\mathbf{h}_{21} + \mathbf{h}_{12}} = \frac{60\mathbf{h}_{21}}{\mathbf{h}_{12}\mathbf{h}_{21} - \mathbf{h}_{11}\mathbf{h}_{22} - 40\mathbf{h}_{22}}$$

Substituindo-se os valores dos parâmetros h,

$$\mathbf{V}_{Th} = \frac{60 \times 10}{-20,21} = -29,69\ \text{V}$$

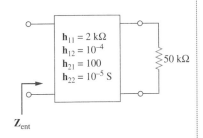

Figura 19.27 Esquema para o Problema prático 19.6.

Determine a impedância na porta de entrada do circuito na Figura 19.27.

Resposta: 1,6667 kΩ

PROBLEMA PRÁTICO 19.6

EXEMPLO 19.7

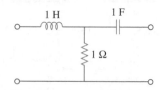

Figura 19.28 Esquema para o Exemplo 19.7.

Determine os parâmetros g em função de s para o circuito da Figura 19.28.

Solução: No domínio s,

$$1\,H \Rightarrow sL = s, \qquad 1\,F \Rightarrow \frac{1}{sC} = \frac{1}{s}$$

Para obter g_{11} e g_{21}, fazemos que a porta de saída seja um circuito aberto e ligamos uma fonte de tensão V_1 à porta de entrada como na Figura 19.29a. A partir da figura,

$$I_1 = \frac{V_1}{s+1}$$

ou

$$g_{11} = \frac{I_1}{V_1} = \frac{1}{s+1}$$

Por divisão de tensão,

$$V_2 = \frac{1}{s+1} V_1$$

ou

$$g_{21} = \frac{V_2}{V_1} = \frac{1}{s+1}$$

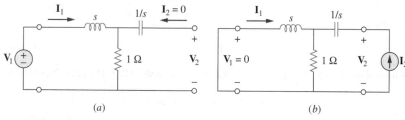

Figura 19.29 Determinando os parâmetros g no domínio s para o circuito da Figura 19.28.

Para obter g_{12} e g_{22}, curto-circuitamos a porta de entrada e ligamos uma fonte de tensão I_2 à porta de saída na Figura 19.29b. Por divisão de corrente,

$$I_1 = -\frac{1}{s+1} I_2$$

ou

$$g_{12} = \frac{I_1}{I_2} = -\frac{1}{s+1}$$

Da mesma forma,

$$V_2 = I_2 \left(\frac{1}{s} + s \parallel 1 \right)$$

ou

$$g_{22} = \frac{V_2}{I_2} = \frac{1}{s} + \frac{s}{s+1} = \frac{s^2 + s + 1}{s(s+1)}$$

Portanto,

$$[g] = \begin{bmatrix} \dfrac{1}{s+1} & -\dfrac{1}{s+1} \\ \dfrac{1}{s+1} & \dfrac{s^2+s+1}{s(s+1)} \end{bmatrix}$$

PROBLEMA PRÁTICO 19.7

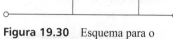

Figura 19.30 Esquema para o Problema prático 19.7.

Para o circuito em cascata da Figura 19.30, determine os parâmetros g no domínio s.

Resposta: $[g] = \begin{bmatrix} \dfrac{s+2}{s^2+3s+1} & -\dfrac{1}{s^2+3s+1} \\ \dfrac{1}{s^2+3s+1} & \dfrac{s(s+2)}{s^2+3s+1} \end{bmatrix}$.

19.5 Parâmetros de transmissão

Já que não existem restrições sobre quais tensões e correntes terminais devem ser consideradas variáveis independentes e quais devem ser consideradas dependentes, a expectativa é de estarmos aptos a gerar diversos conjuntos de parâmetros.

Outro conjunto de parâmetros estabelece uma relação entre as variáveis na porta de entrada e as variáveis na porta de saída. Portanto,

$$\boxed{\begin{aligned} \mathbf{V}_1 &= \mathbf{A}\mathbf{V}_2 - \mathbf{B}\mathbf{I}_2 \\ \mathbf{I}_1 &= \mathbf{C}\mathbf{V}_2 - \mathbf{D}\mathbf{I}_2 \end{aligned}} \qquad (19.22)$$

ou

$$\begin{bmatrix} \mathbf{V}_1 \\ \mathbf{I}_1 \end{bmatrix} = \begin{bmatrix} \mathbf{A} & \mathbf{B} \\ \mathbf{C} & \mathbf{D} \end{bmatrix} \begin{bmatrix} \mathbf{V}_2 \\ -\mathbf{I}_2 \end{bmatrix} = [\mathbf{T}] \begin{bmatrix} \mathbf{V}_2 \\ -\mathbf{I}_2 \end{bmatrix} \qquad (19.23)$$

As Equações (19.22) e (19.23) estabelecem uma relação entre as variáveis de entrada ($\mathbf{V}_1$ e $\mathbf{I}_1$) e de saída ($\mathbf{V}_2$ e $-\mathbf{I}_2$). Observe que, no cálculo dos parâmetros de transmissão, é usado $-\mathbf{I}_2$ em vez de $\mathbf{I}_2$, porque considera-se que a corrente esteja saindo do circuito, como indicado na Figura 19.31, ao contrário do que ocorre na Figura 19.1b, cuja corrente está entrando no circuito. Isso é feito por pura convenção; ao colocarmos circuitos de duas portas em cascata (saída com entrada), é mais lógico pensarmos em $\mathbf{I}_2$ saindo do circuito de duas portas. Também é costumeiro, no setor de energia elétrica, considerar $\mathbf{I}_2$ saindo do circuito de duas portas.

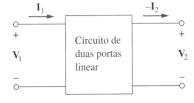

Figura 19.31 Variáveis terminais usadas para definir os parâmetros **ADCB**.

Os parâmetros do circuito de duas portas nas Equações (19.22) e (19.23) dão uma medida de como um circuito transmite tensão e corrente de uma fonte para uma carga. Eles são úteis na análise de linhas de transmissão (como cabo e fibra), pois expressam variáveis do lado transmissor ($\mathbf{V}_1$ e $\mathbf{I}_1$) em termos de variáveis do lado receptor ($\mathbf{V}_2$ e $-\mathbf{I}_2$). Por essa razão, são chamados *parâmetros de transmissão*, também conhecidos como parâmetros **ABCD**. Eles são usados no projeto de sistemas de telefonia, circuitos de micro-ondas e radares.

Os parâmetros de transmissão são determinados como segue

$$\boxed{\begin{aligned} \mathbf{A} &= \left.\dfrac{\mathbf{V}_1}{\mathbf{V}_2}\right|_{\mathbf{I}_2=0}, & \mathbf{B} &= \left.-\dfrac{\mathbf{V}_1}{\mathbf{I}_2}\right|_{\mathbf{V}_2=0} \\ \mathbf{C} &= \left.\dfrac{\mathbf{I}_1}{\mathbf{V}_2}\right|_{\mathbf{I}_2=0}, & \mathbf{D} &= \left.-\dfrac{\mathbf{I}_1}{\mathbf{I}_2}\right|_{\mathbf{V}_2=0} \end{aligned}} \qquad (19.24)$$

Portanto, os parâmetros de transmissão são denominados, especificamente,

A = Razão de tensão de circuito aberto.

B = Impedância de transferência de curto-circuito negativa.

C = Admitância de transferência de circuito aberto. (19.25)
D = Razão de corrente de curto-circuito negativa.

A e **D** são adimensionais, **B** é medido em ohms e **C**, em siemens. Como os parâmetros de transmissão fornecem uma relação direta entre variáveis de entrada e de saída, eles são úteis em circuitos em cascata.

Nosso último conjunto de parâmetros pode ser definido expressando as variáveis da porta de saída em termos das variáveis da porta de entrada. Obtemos

$$\boxed{\begin{aligned}\mathbf{V}_2 &= a\mathbf{V}_1 - b\mathbf{I}_1 \\ \mathbf{I}_2 &= c\mathbf{V}_1 - d\mathbf{I}_1\end{aligned}} \quad (19.26)$$

ou

$$\begin{bmatrix}\mathbf{V}_2 \\ \mathbf{I}_2\end{bmatrix} = \begin{bmatrix}a & b \\ c & d\end{bmatrix}\begin{bmatrix}\mathbf{V}_1 \\ -\mathbf{I}_1\end{bmatrix} = [t]\begin{bmatrix}\mathbf{V}_1 \\ -\mathbf{I}_1\end{bmatrix} \quad (19.27)$$

Os parâmetros a, b, c e d são denominados *parâmetros de transmissão inversa*, ou *parâmetros t*. Eles são determinados como segue:

$$\boxed{\begin{aligned}a &= \left.\frac{\mathbf{V}_2}{\mathbf{V}_1}\right|_{\mathbf{I}_1=0}, & b &= \left.-\frac{\mathbf{V}_2}{\mathbf{I}_1}\right|_{\mathbf{V}_1=0} \\ c &= \left.\frac{\mathbf{I}_2}{\mathbf{V}_1}\right|_{\mathbf{I}_1=0}, & d &= \left.-\frac{\mathbf{I}_2}{\mathbf{I}_1}\right|_{\mathbf{V}_1=0}\end{aligned}} \quad (19.28)$$

A partir da Equação (19.28) e de nossa experiência até então, é evidente que esses parâmetros sejam conhecidos individualmente como

a = Ganho de tensão de circuito aberto.
b = Impedância de transferência de curto-circuito negativa.
c = Admitância de transferência de circuito aberto. (19.29)
d = Ganho de corrente de curto-circuito negativo.

Enquanto **a** e **d** são adimensionais, **b** e **c** são medidos, respectivamente, em ohms e siemens.

Em termos de parâmetros de transmissão ou parâmetros de transmissão inversos, um circuito é recíproco se

$$\boxed{AD - BC = 1, \quad ad - bc = 1} \quad (19.30)$$

Essas relações podem ser provadas da mesma forma que as relações de impedância de transferência para os parâmetros z. De forma alternativa, poderemos usar a Tabela 19.1 um pouco mais à frente para obter a Equação (19.30) pelo fato que $\mathbf{z}_{12} = \mathbf{z}_{21}$ para circuitos recíprocos.

EXEMPLO 19.8

Determine os parâmetros de transferência para o circuito de duas portas da Figura 19.32.

Solução: Para determinar **A** e **C**, fazemos que a porta de saída seja um circuito aberto como na Figura 19.33a, de modo que $\mathbf{I}_2 = 0$, e colocamos uma fonte de tensão $\mathbf{V}_1$ na porta de entrada. Temos

$$V_1 = (10 + 20)I_1 = 30I_1 \quad e \quad V_2 = 20I_1 - 3I_1 = 17I_1$$

Portanto,

$$A = \frac{V_1}{V_2} = \frac{30I_1}{17I_1} = 1{,}765, \quad C = \frac{I_1}{V_2} = \frac{I_1}{17I_1} = 0{,}0588 \text{ S}$$

Para obter **B** e **D**, curto-circuitamos a porta de saída, de modo que $V_2 = 0$, como mostra a Figura 19.33b, e colocamos uma fonte de tensão V_1 na porta de entrada. No nó a do circuito da Figura 19.33b, a LKC dá

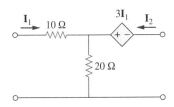

Figura 19.32 Esquema para o Exemplo 19.8.

$$\frac{V_1 - V_a}{10} - \frac{V_a}{20} + I_2 = 0 \qquad (19.8.1)$$

Porém, $V_a = 3I_1$ e $I_1 = (V_1 - V_a)/10$. Combinando essas equações dá

$$V_a = 3I_1 \qquad V_1 = 13I_1 \qquad (19.8.2)$$

Substituindo $V_a = 3I_1$ na Equação (19.8.1) e o primeiro termo por I_1,

$$I_1 - \frac{3I_1}{20} + I_2 = 0 \quad \Rightarrow \quad \frac{17}{20}I_1 = -I_2$$

Consequentemente,

$$D = -\frac{I_1}{I_2} = \frac{20}{17} = 1{,}176, \quad B = -\frac{V_1}{I_2} = \frac{-13I_1}{(-17/20)I_1} = 15{,}29 \ \Omega$$

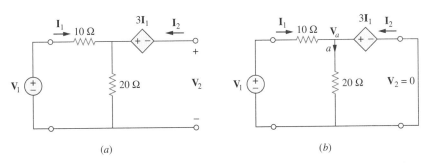

(a)   (b)

Figura 19.33 Esquema para o Exemplo 19.8: (a) determinando **A** e **C**; (b) determinando **B** e **D**.

Determine os parâmetros de transferência para o circuito da Figura 19.16 (ver o Problema prático 19.3).

Resposta: $A = 1{,}5$, $B = 11\ \Omega$, $C = 250$ mS, $D = 2{,}5$.

PROBLEMA PRÁTICO 19.8

EXEMPLO 19.9

Os parâmetros **ABCD** do circuito de duas portas na Figura 19.34 são

$$\begin{bmatrix} 4 & 20\ \Omega \\ 0{,}1\ \text{S} & 2 \end{bmatrix}$$

A porta de saída é conectada a uma carga variável para transferência máxima de potência. Determine R_L e a potência máxima transferida.

Solução: Precisamos determinar o equivalente de Thévenin (Z_{Th} e V_{Th}) na carga ou porta de saída. Encontramos Z_{Th} usando o circuito da Figura 19.35a.

Nosso objetivo é obter $Z_{Th} = V_2/I_2$. Substituindo-se os parâmetros **ABCD** dados na Equação (19.22), obtemos

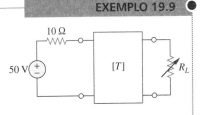

Figura 19.34 Esquema para o Exemplo 19.9.

$$\mathbf{V}_1 = 4\mathbf{V}_2 - 20\mathbf{I}_2 \quad (19.9.1)$$

$$\mathbf{I}_1 = 0{,}1\mathbf{V}_2 - 2\mathbf{I}_2 \quad (19.9.2)$$

Na porta de entrada, $\mathbf{V}_1 = -10\mathbf{I}_1$. Substituindo-se esta na Equação (19.9.1), temos

$$-10\mathbf{I}_1 = 4\mathbf{V}_2 - 20\mathbf{I}_2$$

ou

$$\mathbf{I}_1 = -0{,}4\mathbf{V}_2 + 2\mathbf{I}_2 \quad (19.9.3)$$

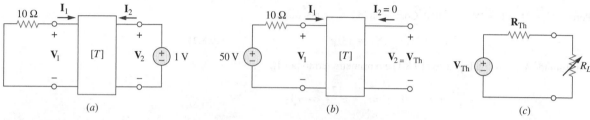

Figura 19.35 Solução do Exemplo 19.9: (*a*) determinação de $\mathbf{Z}_{Th}$; (*b*) determinação de $\mathbf{V}_{Th}$; (*c*) determinação de R_L para a transferência de potência máxima.

Igualando ambos os lados direitos das Equações (19.9.2) e (19.9.3),

$$0{,}1\mathbf{V}_2 - 2\mathbf{I}_2 = -0{,}4\mathbf{V}_2 + 2\mathbf{I}_2 \quad \Rightarrow \quad 0{,}5\mathbf{V}_2 = 4\mathbf{I}_2$$

Logo,

$$\mathbf{Z}_{Th} = \frac{\mathbf{V}_2}{\mathbf{I}_2} = \frac{4}{0{,}5} = 8\ \Omega$$

Para determinar $\mathbf{V}_{Th}$, usamos o circuito da Figura 19.35*b*. Na porta de saída $\mathbf{I}_2 = 0$ e na porta de entrada $\mathbf{V}_1 = 50 - 10\mathbf{I}_1$. Substituindo-se estas nas Equações (19.9.1) e (19.9.2),

$$50 - 10\mathbf{I}_1 = 4\mathbf{V}_2 \quad (19.9.4)$$

$$\mathbf{I}_1 = 0{,}1\mathbf{V}_2 \quad (19.9.5)$$

Substituindo a Equação (19.9.5) na Equação (19.9.4),

$$50 - \mathbf{V}_2 = -4\mathbf{V}_2 \quad \Rightarrow \quad \mathbf{V}_2 = 10$$

Portanto,

$$\mathbf{V}_{Th} = \mathbf{V}_2 = 10\ \text{V}$$

O circuito equivalente é mostrado na Figura 19.35*c*. Para a máxima transferência de potência,

$$R_L = \mathbf{Z}_{Th} = 8\ \Omega$$

A partir da Equação (4.24), a potência máxima é

$$P = I^2 R_L = \left(\frac{\mathbf{V}_{Th}}{2R_L}\right)^2 R_L = \frac{\mathbf{V}_{Th}^2}{4R_L} = \frac{100}{4 \times 8} = 3{,}125\ \text{W}$$

PROBLEMA PRÁTICO 19.9

Determine $\mathbf{I}_1$ e $\mathbf{I}_2$ se os parâmetros de transferência para o circuito de duas portas na Figura 19.36 forem

$$\begin{bmatrix} 5 & 10\ \Omega \\ 0{,}4\ \text{S} & 1 \end{bmatrix}$$

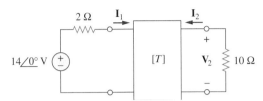

Figura 19.36 Esquema para o Problema prático 19.9.

Resposta: 1 A, −0,2 A.

19.6 †Relações entre parâmetros

Como os seis conjuntos de parâmetros relacionam as mesmas variáveis de terminais de entrada e de saída do mesmo circuito de duas portas, eles devem estar inter-relacionados. Se existirem dois conjuntos de parâmetros, podemos relacionar um conjunto com o outro. Vamos demonstrar o processo com dois exemplos.

Dado os parâmetros z, obtenhamos os parâmetros y. A partir da Equação (19.2),

$$\begin{bmatrix} V_1 \\ V_2 \end{bmatrix} = \begin{bmatrix} z_{11} & z_{12} \\ z_{21} & z_{22} \end{bmatrix} \begin{bmatrix} I_1 \\ I_2 \end{bmatrix} = [z] \begin{bmatrix} I_1 \\ I_2 \end{bmatrix} \qquad (19.31)$$

ou

$$\begin{bmatrix} I_1 \\ I_2 \end{bmatrix} = [z]^{-1} \begin{bmatrix} V_1 \\ V_2 \end{bmatrix} \qquad (19.32)$$

Da mesma forma, a partir da Equação (19.9),

$$\begin{bmatrix} I_1 \\ I_2 \end{bmatrix} = \begin{bmatrix} y_{11} & y_{12} \\ y_{21} & y_{22} \end{bmatrix} \begin{bmatrix} V_1 \\ V_2 \end{bmatrix} = [y] \begin{bmatrix} V_1 \\ V_2 \end{bmatrix} \qquad (19.33)$$

Comparando as Equações (19.32) e (19.33), vemos que

$$[y] = [z]^{-1} \qquad (19.34)$$

A matriz adjunta da matriz $[z]$ é

$$\begin{bmatrix} z_{22} & -z_{12} \\ -z_{21} & z_{11} \end{bmatrix}$$

e seu determinante é

$$\Delta_z = z_{11}z_{22} - z_{12}z_{21}$$

Substituindo estas na Equação (19.34), obtemos

$$\begin{bmatrix} y_{11} & y_{12} \\ y_{21} & y_{22} \end{bmatrix} = \frac{\begin{bmatrix} z_{22} & -z_{12} \\ -z_{21} & z_{11} \end{bmatrix}}{\Delta_z} \qquad (19.35)$$

Igualando os termos conduz a

$$y_{11} = \frac{z_{22}}{\Delta_z}, \quad y_{12} = -\frac{z_{12}}{\Delta_z}, \quad y_{21} = -\frac{z_{21}}{\Delta_z}, \quad y_{22} = \frac{z_{11}}{\Delta_z} \qquad (19.36)$$

Como segundo exemplo, determinemos os parâmetros h a partir dos parâmetros z. A partir da Equação (19.1),

$$V_1 = z_{11}I_1 + z_{12}I_2 \qquad (19.37a)$$
$$V_2 = z_{21}I_1 + z_{22}I_2 \qquad (19.37b)$$

Colocando I_2 no lado direito da Equação (19.37b),

$$I_2 = -\frac{z_{21}}{z_{22}}I_1 + \frac{1}{z_{22}}V_2 \qquad (19.38)$$

Substituindo esta na Equação (19.37a),

$$V_1 = \frac{z_{11}z_{22} - z_{12}z_{21}}{z_{22}}I_1 + \frac{z_{12}}{z_{22}}V_2 \qquad (19.39)$$

Colocando as Equações (19.38) e (19.39) na forma matricial,

$$\begin{bmatrix} V_1 \\ I_2 \end{bmatrix} = \begin{bmatrix} \dfrac{\Delta_z}{z_{22}} & \dfrac{z_{12}}{z_{22}} \\ -\dfrac{z_{21}}{z_{22}} & \dfrac{1}{z_{22}} \end{bmatrix} \begin{bmatrix} I_1 \\ V_2 \end{bmatrix} \qquad (19.40)$$

A partir da Equação (19.15),

$$\begin{bmatrix} V_1 \\ I_2 \end{bmatrix} = \begin{bmatrix} h_{11} & h_{12} \\ h_{21} & h_{22} \end{bmatrix} \begin{bmatrix} I_1 \\ V_2 \end{bmatrix}$$

Comparando essa última com a Equação (19.40), obtemos

$$h_{11} = \frac{\Delta_z}{z_{22}}, \qquad h_{12} = \frac{z_{12}}{z_{22}}, \qquad h_{21} = -\frac{z_{21}}{z_{22}}, \qquad h_{22} = \frac{1}{z_{22}} \qquad (19.41)$$

A Tabela 19.1 fornece as fórmulas de conversão para os seis conjuntos de parâmetros de duas portas. Dado um conjunto de parâmetros, essa tabela pode ser usada para encontrar os demais parâmetros. Por exemplo, dados os parâmetros T, podemos encontrar os parâmetros h na quinta coluna da terceira linha. Da mesma forma, dado que $z_{21} = z_{12}$ para um circuito recíproco, podemos usar a tabela para expressar essa condição em termos de outros parâmetros. Também pode ser demonstrado que

$$[g] = [h]^{-1} \qquad (19.42)$$

porém,

$$[t] \neq [T]^{-1} \qquad (19.43)$$

Tabela 19.1 • Conversão dos parâmetros de duas portas.

	z		y		h		g		T		t	
z	z_{11}	z_{12}	$\dfrac{y_{22}}{\Delta_y}$	$-\dfrac{y_{12}}{\Delta_y}$	$\dfrac{\Delta_h}{h_{22}}$	$\dfrac{h_{12}}{h_{22}}$	$\dfrac{1}{g_{11}}$	$-\dfrac{g_{12}}{g_{11}}$	$\dfrac{A}{C}$	$\dfrac{\Delta_T}{C}$	$\dfrac{d}{c}$	$\dfrac{1}{c}$
	z_{21}	z_{22}	$-\dfrac{y_{21}}{\Delta_y}$	$\dfrac{y_{11}}{\Delta_y}$	$-\dfrac{h_{21}}{h_{22}}$	$\dfrac{1}{h_{22}}$	$\dfrac{g_{21}}{g_{11}}$	$\dfrac{\Delta_g}{g_{11}}$	$\dfrac{1}{C}$	$\dfrac{D}{C}$	$\dfrac{\Delta_t}{c}$	$\dfrac{a}{c}$
y	$\dfrac{z_{22}}{\Delta_z}$	$-\dfrac{z_{12}}{\Delta_z}$	y_{11}	y_{12}	$\dfrac{1}{h_{11}}$	$-\dfrac{h_{12}}{h_{11}}$	$\dfrac{\Delta_g}{g_{22}}$	$\dfrac{g_{12}}{g_{22}}$	$\dfrac{D}{B}$	$-\dfrac{\Delta_T}{B}$	$\dfrac{a}{b}$	$-\dfrac{1}{b}$

(Continua)

Tabela 19.1 • Conversão dos parâmetros de duas portas. (*Continuação*)

	z		y		h		g		T		t	
	$-\dfrac{z_{21}}{\Delta_z}$	$\dfrac{z_{11}}{\Delta_z}$	y_{21}	y_{22}	$\dfrac{h_{21}}{h_{11}}$	$\dfrac{\Delta_h}{h_{11}}$	$-\dfrac{g_{21}}{g_{22}}$	$\dfrac{1}{g_{22}}$	$-\dfrac{1}{B}$	$\dfrac{A}{B}$	$-\dfrac{\Delta_t}{b}$	$\dfrac{d}{b}$
h	$\dfrac{\Delta_z}{z_{22}}$	$\dfrac{z_{12}}{z_{22}}$	$\dfrac{1}{y_{11}}$	$-\dfrac{y_{12}}{y_{11}}$	h_{11}	h_{12}	$\dfrac{g_{22}}{\Delta_g}$	$-\dfrac{g_{12}}{\Delta_g}$	$\dfrac{B}{D}$	$\dfrac{\Delta_T}{D}$	$\dfrac{b}{a}$	$\dfrac{1}{a}$
	$-\dfrac{z_{21}}{z_{22}}$	$\dfrac{1}{z_{22}}$	$\dfrac{y_{21}}{y_{11}}$	$\dfrac{\Delta_y}{y_{11}}$	h_{21}	h_{22}	$-\dfrac{g_{21}}{\Delta_g}$	$\dfrac{g_{11}}{\Delta_g}$	$-\dfrac{1}{D}$	$\dfrac{C}{D}$	$\dfrac{\Delta_t}{a}$	$\dfrac{c}{a}$
g	$\dfrac{1}{z_{11}}$	$-\dfrac{z_{12}}{z_{11}}$	$\dfrac{\Delta_y}{y_{22}}$	$\dfrac{y_{12}}{y_{22}}$	$\dfrac{h_{22}}{\Delta_h}$	$-\dfrac{h_{12}}{\Delta_h}$	g_{11}	g_{12}	$\dfrac{C}{A}$	$-\dfrac{\Delta_T}{A}$	$\dfrac{c}{d}$	$-\dfrac{1}{d}$
	$\dfrac{z_{21}}{z_{11}}$	$\dfrac{\Delta_z}{z_{11}}$	$-\dfrac{y_{21}}{y_{22}}$	$\dfrac{1}{y_{22}}$	$-\dfrac{h_{21}}{\Delta_h}$	$\dfrac{h_{11}}{\Delta_h}$	g_{21}	g_{22}	$\dfrac{1}{A}$	$\dfrac{B}{A}$	$\dfrac{\Delta_t}{d}$	$-\dfrac{b}{d}$
T	$\dfrac{z_{11}}{z_{21}}$	$\dfrac{\Delta_z}{z_{21}}$	$-\dfrac{y_{22}}{y_{21}}$	$-\dfrac{1}{y_{21}}$	$-\dfrac{\Delta_h}{h_{21}}$	$-\dfrac{h_{11}}{h_{21}}$	$\dfrac{1}{g_{21}}$	$\dfrac{g_{22}}{g_{21}}$	A	B	$\dfrac{d}{\Delta_t}$	$\dfrac{b}{\Delta_t}$
	$\dfrac{1}{z_{21}}$	$\dfrac{z_{22}}{z_{21}}$	$-\dfrac{\Delta_y}{y_{21}}$	$-\dfrac{y_{11}}{y_{21}}$	$-\dfrac{h_{22}}{h_{21}}$	$-\dfrac{1}{h_{21}}$	$\dfrac{g_{11}}{g_{21}}$	$\dfrac{\Delta_g}{g_{21}}$	C	D	$\dfrac{c}{\Delta_t}$	$\dfrac{a}{\Delta_t}$
t	$\dfrac{z_{22}}{z_{12}}$	$\dfrac{\Delta_z}{z_{12}}$	$-\dfrac{y_{11}}{y_{12}}$	$-\dfrac{1}{y_{12}}$	$\dfrac{1}{h_{12}}$	$\dfrac{h_{11}}{h_{12}}$	$-\dfrac{\Delta_g}{g_{12}}$	$-\dfrac{g_{22}}{g_{12}}$	$\dfrac{D}{\Delta_T}$	$\dfrac{B}{\Delta_T}$	a	b
	$\dfrac{1}{z_{12}}$	$\dfrac{z_{11}}{z_{12}}$	$-\dfrac{\Delta_y}{y_{12}}$	$-\dfrac{y_{22}}{y_{12}}$	$\dfrac{h_{22}}{h_{12}}$	$\dfrac{\Delta_h}{h_{12}}$	$-\dfrac{g_{11}}{g_{12}}$	$-\dfrac{1}{g_{12}}$	$\dfrac{C}{\Delta_T}$	$\dfrac{A}{\Delta_T}$	c	d

$\Delta_z = z_{11}z_{22} - z_{12}z_{21}$, $\quad \Delta_h = h_{11}h_{22} - h_{12}h_{21}$, $\quad \Delta_T = AD - BC$
$\Delta_y = y_{11}y_{22} - y_{12}y_{21}$, $\quad \Delta_g = g_{11}g_{22} - g_{12}g_{21}$, $\quad \Delta_t = ad - bc$

EXEMPLO 19.10

Determine [z] e [g] de um circuito de duas portas se

$$[T] = \begin{bmatrix} 10 & 1,5 \, \Omega \\ 2 \, S & 4 \end{bmatrix}$$

Solução: Se $A = 10$, $B = 1,5$, $C = 2$, $D = 4$ o determinante da matriz é

$$\Delta_T = AD - BC = 40 - 3 = 37$$

A partir da Tabela 19.1,

$$z_{11} = \frac{A}{C} = \frac{10}{2} = 5, \quad z_{12} = \frac{\Delta_T}{C} = \frac{37}{2} = 18,5$$

$$z_{21} = \frac{1}{C} = \frac{1}{2} = 0,5, \quad z_{22} = \frac{D}{C} = \frac{4}{2} = 2$$

$$g_{11} = \frac{C}{A} = \frac{2}{10} = 0,2, \quad g_{12} = -\frac{\Delta_T}{A} = -\frac{37}{10} = -3,7$$

$$g_{21} = \frac{1}{A} = \frac{1}{10} = 0,1, \quad g_{22} = \frac{B}{A} = \frac{1,5}{10} = 0,15$$

Portanto,

$$[z] = \begin{bmatrix} 5 & 18,5 \\ 0,5 & 2 \end{bmatrix} \Omega, \quad [g] = \begin{bmatrix} 0,2 \, S & -3,7 \\ 0,1 & 0,15 \, \Omega \end{bmatrix}$$

PROBLEMA PRÁTICO 19.10

Determine [y] e [T] de um circuito de duas portas cujos parâmetros z são

$$[z] = \begin{bmatrix} 6 & 4 \\ 4 & 6 \end{bmatrix} \Omega$$

Resposta: $[y] = \begin{bmatrix} 0,3 & -0,2 \\ -0,2 & 0,3 \end{bmatrix}$ S, $[T] = \begin{bmatrix} 1,5 & 5\ \Omega \\ 0,25\ S & 1,5 \end{bmatrix}$.

EXEMPLO 19.11

Obtenha os parâmetros y do circuito com amplificador operacional da Figura 19.37. Demonstre que o circuito não possui nenhum parâmetro z.

Solução: Como nenhuma corrente pode entrar pelos terminais de entrada do amplificador operacional, $\mathbf{I}_1 = 0$, que pode ser expresso em termos de $\mathbf{V}_1$ e $\mathbf{V}_2$ como

$$\mathbf{I}_1 = 0\mathbf{V}_1 + 0\mathbf{V}_2 \qquad (19.11.1)$$

Comparando esta com a Equação (19.8), temos

$$\mathbf{y}_{11} = 0 = \mathbf{y}_{12}$$

Da mesma forma,

$$\mathbf{V}_2 = R_3 \mathbf{I}_2 + \mathbf{I}_o(R_1 + R_2)$$

onde $\mathbf{I}_o$ é a corrente através de R_1 e R_2. Porém, $\mathbf{I}_o = \mathbf{V}_1/R_1$. Logo,

$$\mathbf{V}_2 = R_3 \mathbf{I}_2 + \frac{\mathbf{V}_1(R_1 + R_2)}{R_1}$$

que pode ser escrito na forma

$$\mathbf{I}_2 = -\frac{(R_1 + R_2)}{R_1 R_3}\mathbf{V}_1 + \frac{\mathbf{V}_2}{R_3}$$

Comparar essa última com a Equação (19.8) mostra que

$$\mathbf{y}_{21} = -\frac{(R_1 + R_2)}{R_1 R_3}, \qquad \mathbf{y}_{22} = \frac{1}{R_3}$$

O determinante da matriz [y] é

$$\Delta_y = \mathbf{y}_{11}\mathbf{y}_{22} - \mathbf{y}_{12}\mathbf{y}_{21} = 0$$

Como $\Delta_y = 0$, a matriz [y] não possui inversa; consequentemente, a matriz [z] não existe de acordo com a Equação (19.34). Note que o circuito não é recíproco por causa do elemento ativo.

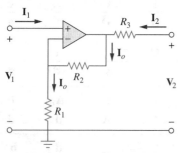

Figura 19.37 Esquema para o Exemplo 19.11.

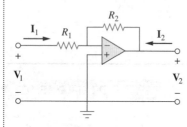

Figura 19.38 Esquema para o Problema prático 19.11.

PROBLEMA PRÁTICO 19.11

Determine os parâmetros z do circuito com amplificador operacional na Figura 19.38. Demonstre que o circuito não possui nenhum parâmetro y.

Resposta: $[z] = \begin{bmatrix} R_1 & 0 \\ -R_2 & 0 \end{bmatrix}$. Uma vez que $[z]^{-1}$ não existe, [y] não existe.

19.7 Interconexão de circuitos elétricos

Um circuito elétrico grande e complexo pode ser dividido em subcircuitos para fins de análise e projeto, os quais são modelados como circuitos de duas portas interligados de modo a formar o circuito original. Os circuitos de duas portas são, portanto, considerados como os componentes básicos que podem ser interligados para formar um circuito complexo. A interconexão pode ser em série, em paralelo ou em cascata. Embora o circuito interligado deva ser descrito por qualquer um dois seis conjuntos de parâmetros, um determinado conjunto de parâmetros pode ser vantajoso. Por exemplo, quando os circuitos estão em série, seus parâmetros individuais z se somam para dar os parâmetros z do circuito maior. Quando estão em paralelo, seus parâmetros individuais y se somam para fornecer os parâmetros y do circuito maior. Quando estão em cascata, seus parâmetros de transmissão individuais podem ser multiplicados entre si para se obter os parâmetros de transmissão do circuito maior.

Consideremos a conexão em série de dois circuitos de duas portas mostrada na Figura 19.39. Os circuitos são considerados como estando em série porque suas correntes de entrada são idênticas e suas tensões são somadas. Além disso, cada circuito tem uma referência comum e quando eles são colocados em série, os pontos de referência comuns de cada circuito são ligados juntos. Para o circuito N_a,

$$\mathbf{V}_{1a} = \mathbf{z}_{11a}\mathbf{I}_{1a} + \mathbf{z}_{12a}\mathbf{I}_{2a}$$
$$\mathbf{V}_{2a} = \mathbf{z}_{21a}\mathbf{I}_{1a} + \mathbf{z}_{22a}\mathbf{I}_{2a} \tag{19.44}$$

e para o circuito N_b,

$$\mathbf{V}_{1b} = \mathbf{z}_{11b}\mathbf{I}_{1b} + \mathbf{z}_{12b}\mathbf{I}_{2b}$$
$$\mathbf{V}_{2b} = \mathbf{z}_{21b}\mathbf{I}_{1b} + \mathbf{z}_{22b}\mathbf{I}_{2b} \tag{19.45}$$

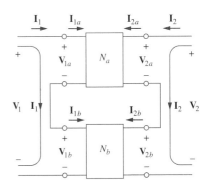

Figura 19.39 Conexão em série de circuitos de duas portas.

Percebemos da Figura 19.39 que

$$\mathbf{I}_1 = \mathbf{I}_{1a} = \mathbf{I}_{1b}, \qquad \mathbf{I}_2 = \mathbf{I}_{2a} = \mathbf{I}_{2b} \tag{19.46}$$

e que

$$\mathbf{V}_1 = \mathbf{V}_{1a} + \mathbf{V}_{1b} = (\mathbf{z}_{11a} + \mathbf{z}_{11b})\mathbf{I}_1 + (\mathbf{z}_{12a} + \mathbf{z}_{12b})\mathbf{I}_2$$
$$\mathbf{V}_2 = \mathbf{V}_{2a} + \mathbf{V}_{2b} = (\mathbf{z}_{21a} + \mathbf{z}_{21b})\mathbf{I}_1 + (\mathbf{z}_{22a} + \mathbf{z}_{22b})\mathbf{I}_2 \tag{19.47}$$

Portanto, os parâmetros z, para o circuito como um todo, são

$$\begin{bmatrix} \mathbf{z}_{11} & \mathbf{z}_{12} \\ \mathbf{z}_{21} & \mathbf{z}_{22} \end{bmatrix} = \begin{bmatrix} \mathbf{z}_{11a} + \mathbf{z}_{11b} & \mathbf{z}_{12a} + \mathbf{z}_{12b} \\ \mathbf{z}_{21a} + \mathbf{z}_{21b} & \mathbf{z}_{22a} + \mathbf{z}_{22b} \end{bmatrix} \tag{19.48}$$

ou

$$\boxed{[\mathbf{z}] = [\mathbf{z}_a] + [\mathbf{z}_b]} \tag{19.49}$$

demonstrando que os parâmetros z, para o circuito global, são a soma dos parâmetros z para os circuitos individuais. Isso pode ser estendido a n circuitos em série. Se, por exemplo, dois circuitos de duas portas no modelo [**h**] estiverem ligados em série, utilizamos a Tabela 19.1 para converter o **h** para **z** e então aplicamos a Equação (19.49). Finalmente, convertemos o resultado de volta para **h** usando a Tabela 19.1.

Os circuitos de duas portas estão em paralelo quando as tensões em suas portas forem iguais e as correntes nas portas do circuito maior forem as somas das correntes em cada porta. Além disso, cada circuito deve ter uma referência comum e quando eles estiverem interligados, devem ter suas referências comuns interligadas. A conexão em paralelo de dois circuitos de duas portas é indicada na Figura 19.40. Para os dois circuitos,

$$\mathbf{I}_{1a} = \mathbf{y}_{11a}\mathbf{V}_{1a} + \mathbf{y}_{12a}\mathbf{V}_{2a}$$
$$\mathbf{I}_{2a} = \mathbf{y}_{21a}\mathbf{V}_{1a} + \mathbf{y}_{22a}\mathbf{V}_{2a} \tag{19.50}$$

e

$$\mathbf{I}_{1b} = \mathbf{y}_{11b}\mathbf{V}_{1b} + \mathbf{y}_{12b}\mathbf{V}_{2b}$$
$$\mathbf{I}_{2a} = \mathbf{y}_{21b}\mathbf{V}_{1b} + \mathbf{y}_{22b}\mathbf{V}_{2b} \tag{19.51}$$

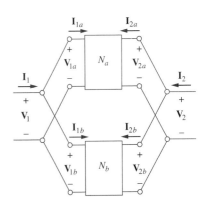

Figura 19.40 Conexão em paralelo de dois circuitos de duas portas.

Porém, a partir da Figura 19.40,

$$\mathbf{V}_1 = \mathbf{V}_{1a} = \mathbf{V}_{1b}, \qquad \mathbf{V}_2 = \mathbf{V}_{2a} = \mathbf{V}_{2b} \tag{19.52a}$$
$$\mathbf{I}_1 = \mathbf{I}_{1a} + \mathbf{I}_{1b}, \qquad \mathbf{I}_2 = \mathbf{I}_{2a} + \mathbf{I}_{2b} \tag{19.52b}$$

Substituindo as Equações (19.50) e (19.51) na Equação (19.52b), obtemos

$$\mathbf{I}_1 = (\mathbf{y}_{11a} + \mathbf{y}_{11b})\mathbf{V}_1 + (\mathbf{y}_{12a} + \mathbf{y}_{12b})\mathbf{V}_2$$
$$\mathbf{I}_2 = (\mathbf{y}_{21a} + \mathbf{y}_{21b})\mathbf{V}_1 + (\mathbf{y}_{22a} + \mathbf{y}_{22b})\mathbf{V}_2 \tag{19.53}$$

Logo, os parâmetros y para o circuito global são

$$\begin{bmatrix} \mathbf{y}_{11} & \mathbf{y}_{12} \\ \mathbf{y}_{21} & \mathbf{y}_{22} \end{bmatrix} = \begin{bmatrix} \mathbf{y}_{11a} + \mathbf{y}_{11b} & \mathbf{y}_{12a} + \mathbf{y}_{12b} \\ \mathbf{y}_{21a} + \mathbf{y}_{21b} & \mathbf{y}_{22a} + \mathbf{y}_{22b} \end{bmatrix} \tag{19.54}$$

ou

$$\boxed{[\mathbf{y}] = [\mathbf{y}_a] + [\mathbf{y}_b]} \tag{19.55}$$

demonstrando que os parâmetros y do circuito global são a soma dos parâmetros y de cada circuito. O resultado pode ser estendido para n circuitos de duas portas em paralelo.

Diz-se que dois circuitos estão em *cascata* quando a saída de um for a entrada do outro. A conexão de dois circuitos de duas portas em cascata é ilustrada na Figura 19.41. Para os dois circuitos,

$$\begin{bmatrix} \mathbf{V}_{1a} \\ \mathbf{I}_{1a} \end{bmatrix} = \begin{bmatrix} \mathbf{A}_a & \mathbf{B}_a \\ \mathbf{C}_a & \mathbf{D}_a \end{bmatrix} \begin{bmatrix} \mathbf{V}_{2a} \\ -\mathbf{I}_{2a} \end{bmatrix} \tag{19.56}$$

$$\begin{bmatrix} \mathbf{V}_{1b} \\ \mathbf{I}_{1b} \end{bmatrix} = \begin{bmatrix} \mathbf{A}_b & \mathbf{B}_b \\ \mathbf{C}_b & \mathbf{D}_b \end{bmatrix} \begin{bmatrix} \mathbf{V}_{2b} \\ -\mathbf{I}_{2b} \end{bmatrix} \tag{19.57}$$

A partir da Figura 19.41,

$$\begin{bmatrix} \mathbf{V}_1 \\ \mathbf{I}_1 \end{bmatrix} = \begin{bmatrix} \mathbf{V}_{1a} \\ \mathbf{I}_{1a} \end{bmatrix}, \qquad \begin{bmatrix} \mathbf{V}_{2a} \\ -\mathbf{I}_{2a} \end{bmatrix} = \begin{bmatrix} \mathbf{V}_{1b} \\ \mathbf{I}_{1b} \end{bmatrix}, \qquad \begin{bmatrix} \mathbf{V}_{2b} \\ -\mathbf{I}_{2b} \end{bmatrix} = \begin{bmatrix} \mathbf{V}_2 \\ -\mathbf{I}_2 \end{bmatrix} \tag{19.58}$$

Substituindo estas nas Equações (19.56) e (19.57),

$$\begin{bmatrix} \mathbf{V}_1 \\ \mathbf{I}_1 \end{bmatrix} = \begin{bmatrix} \mathbf{A}_a & \mathbf{B}_a \\ \mathbf{C}_a & \mathbf{D}_a \end{bmatrix} \begin{bmatrix} \mathbf{A}_b & \mathbf{B}_b \\ \mathbf{C}_b & \mathbf{D}_b \end{bmatrix} \begin{bmatrix} \mathbf{V}_2 \\ -\mathbf{I}_2 \end{bmatrix} \tag{19.59}$$

Portanto, os parâmetros de transmissão para o circuito global são o produto dos parâmetros para cada parâmetro de transmissão individual:

$$\begin{bmatrix} \mathbf{A} & \mathbf{B} \\ \mathbf{C} & \mathbf{D} \end{bmatrix} = \begin{bmatrix} \mathbf{A}_a & \mathbf{B}_a \\ \mathbf{C}_a & \mathbf{D}_a \end{bmatrix} \begin{bmatrix} \mathbf{A}_b & \mathbf{B}_b \\ \mathbf{C}_b & \mathbf{D}_b \end{bmatrix} \tag{19.60}$$

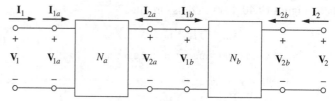

Figura 19.41 Conexão em cascata de dois circuitos de duas portas.

ou

$$[\mathbf{T}] = [\mathbf{T}_a][\mathbf{T}_b] \qquad (19.61)$$

É essa propriedade que torna os parâmetros de transmissão tão úteis. Tenha em mente que a multiplicação de matrizes deve ser na ordem na qual os circuitos N_a e N_b são colocados em cascata.

EXEMPLO 19.12

Calcule $\mathbf{V}_2/\mathbf{V}_s$ no circuito da Figura 19.42.

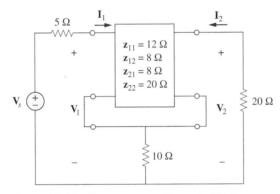

Figura 19.42 Esquema para o Exemplo 19.12.

Solução: Este pode ser considerado dois circuitos de duas portas em série. Para N_b,

$$\mathbf{z}_{12b} = \mathbf{z}_{21b} = 10 = \mathbf{z}_{11b} = \mathbf{z}_{22b}$$

Assim,

$$[\mathbf{z}] = [\mathbf{z}_a] + [\mathbf{z}_b] = \begin{bmatrix} 12 & 8 \\ 8 & 20 \end{bmatrix} + \begin{bmatrix} 10 & 10 \\ 10 & 10 \end{bmatrix} = \begin{bmatrix} 22 & 18 \\ 18 & 30 \end{bmatrix}$$

Porém,

$$\mathbf{V}_1 = \mathbf{z}_{11}\mathbf{I}_1 + \mathbf{z}_{12}\mathbf{I}_2 = 22\mathbf{I}_1 + 18\mathbf{I}_2 \qquad (19.12.1)$$

$$\mathbf{V}_2 = \mathbf{z}_{21}\mathbf{I}_1 + \mathbf{z}_{22}\mathbf{I}_2 = 18\mathbf{I}_1 + 30\mathbf{I}_2 \qquad (19.12.2)$$

Da mesma forma, na porta de entrada

$$\mathbf{V}_1 = \mathbf{V}_s - 5\mathbf{I}_1 \qquad (19.12.3)$$

e na porta de saída

$$\mathbf{V}_2 = -20\mathbf{I}_2 \quad \Rightarrow \quad \mathbf{I}_2 = -\frac{\mathbf{V}_2}{20} \qquad (19.12.4)$$

Substituindo as Equações (19.12.3) e (19.12.4) na Equação (19.12.1), temos

$$\mathbf{V}_s - 5\mathbf{I}_1 = 22\mathbf{I}_1 - \frac{18}{20}\mathbf{V}_2 \quad \Rightarrow \quad \mathbf{V}_s = 27\mathbf{I}_1 - 0{,}9\mathbf{V}_2 \qquad (19.12.5)$$

enquanto a substituição da Equação (19.12.4) na Equação (19.12.2) conduz a

$$\mathbf{V}_2 = 18\mathbf{I}_1 - \frac{30}{20}\mathbf{V}_2 \quad \Rightarrow \quad \mathbf{I}_1 = \frac{2{,}5}{18}\mathbf{V}_2 \qquad (19.12.6)$$

Substituindo a Equação (19.12.6) na Equação (19.12.5), obtemos

$$\mathbf{V}_s = 27 \times \frac{2{,}5}{18}\mathbf{V}_2 - 0{,}9\mathbf{V}_2 = 2{,}85\mathbf{V}_2$$

E, portanto,

$$\frac{V_2}{V_s} = \frac{1}{2,85} = 0,3509$$

PROBLEMA PRÁTICO 19.12

Determine V_2/V_s no circuito da Figura 19.43.

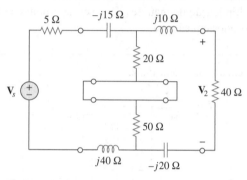

Figura 19.43 Esquema para o Problema prático 19.12.

Resposta: $0,6799\underline{/-29,05°}$.

EXEMPLO 19.13

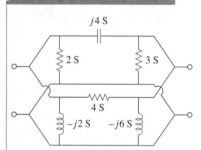

Figura 19.44 Esquema para o Exemplo 19.13.

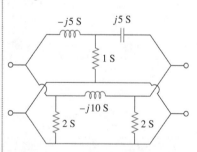

Figura 19.45 Esquema para o Problema prático 19.13.

Determine os parâmetros y do circuito de duas portas na Figura 19.44.

Solução: Chamemos o circuito superior de N_a e o inferior de N_b. Os dois circuitos estão em paralelo. Comparando N_a e N_b com o circuito da Figura 19.13a, obtemos

$$y_{12a} = -j4 = y_{21a}, \quad y_{11a} = 2 + j4, \quad y_{22a} = 3 + j4$$

ou

$$[y_a] = \begin{bmatrix} 2+j4 & -j4 \\ -j4 & 3+j4 \end{bmatrix} S$$

e

$$y_{12b} = -4 = y_{21b}, \quad y_{11b} = 4 - j2, \quad y_{22b} = 4 - j6$$

ou

$$[y_b] = \begin{bmatrix} 4-j2 & -4 \\ -4 & 4-j6 \end{bmatrix} S$$

Os parâmetros y globais são

$$[y] = [y_a] + [y_b] = \begin{bmatrix} 6+j2 & -4-j4 \\ -4-j4 & 7-j2 \end{bmatrix} S$$

PROBLEMA PRÁTICO 19.13

Obtenha os parâmetros y para o circuito da Figura 19.45.

Resposta: $\begin{bmatrix} 27-j15 & -25+j10 \\ -25+j10 & 27-j5 \end{bmatrix} S$.

EXEMPLO 19.14

Determine os parâmetros de transmissão para o circuito da Figura 19.46.

Solução: Podemos considerar o circuito dado na Figura 19.46 como uma conexão em cascata de dois circuitos T, conforme indicado na Figura 19.47a. Podemos demonstrar que um circuito T, mostrado na Figura 19.47*b*, possui os seguintes parâmetros de transmissão [ver Problema 19.52*b*]:

$$A = 1 + \frac{R_1}{R_2}, \quad B = R_3 + \frac{R_1(R_2 + R_3)}{R_2}$$

$$C = \frac{1}{R_2}, \quad D = 1 + \frac{R_3}{R_2}$$

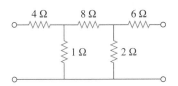

Figura 19.46 Esquema para o Exemplo 19.14.

Aplicando estas aos circuitos ligados em cascata, N_a e N_b, na Figura 19.47*a*, obtemos

$$A_a = 1 + 4 = 5, \quad B_a = 8 + 4 \times 9 = 44\,\Omega$$
$$C_a = 1\,\text{S}, \quad D_a = 1 + 8 = 9$$

ou na forma matricial,

$$[\mathbf{T}_a] = \begin{bmatrix} 5 & 44\,\Omega \\ 1\,\text{S} & 9 \end{bmatrix}$$

e

$$A_b = 1, \quad B_b = 6\,\Omega, \quad C_b = 0{,}5\,\text{S}, \quad D_b = 1 + \frac{6}{2} = 4$$

isto é,

$$[\mathbf{T}_b] = \begin{bmatrix} 1 & 6\,\Omega \\ 0{,}5\,\text{S} & 4 \end{bmatrix}$$

Portanto, para o circuito como um todo da Figura 19.46,

$$[\mathbf{T}] = [\mathbf{T}_a][\mathbf{T}_b] = \begin{bmatrix} 5 & 44 \\ 1 & 9 \end{bmatrix} \begin{bmatrix} 1 & 6 \\ 0{,}5 & 4 \end{bmatrix}$$

$$= \begin{bmatrix} 5 \times 1 + 44 \times 0{,}5 & 5 \times 6 + 44 \times 4 \\ 1 \times 1 + 9 \times 0{,}5 & 1 \times 6 + 9 \times 4 \end{bmatrix}$$

$$= \begin{bmatrix} 27 & 206\,\Omega \\ 5{,}5\,\text{S} & 42 \end{bmatrix}$$

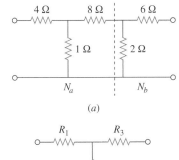

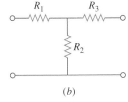

Figura 19.47 Esquema para o Exemplo 19.14: (*a*) subdividindo o circuito da Figura 19.46 em dois circuitos de duas portas; (*b*) um circuito de duas portas T geral.

Note que

$$\Delta_{T_a} = \Delta_{T_b} = \Delta_T = 1$$

mostrando que o circuito é recíproco.

Obtenha a representação de parâmetros **ABCD** do circuito na Figura 19.48.

Resposta: $[\mathbf{T}] = \begin{bmatrix} 6{,}3 & 472\,\Omega \\ 0{,}425\,\text{S} & 32 \end{bmatrix}$.

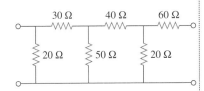

Figura 19.48 Esquema para o Problema prático 19.14.

PROBLEMA PRÁTICO 19.14

19.8 Cálculo de parâmetros de circuitos de duas portas usando o *PSpice*

O cálculo manual dos parâmetros de duas portas pode ficar complicado quando o circuito de duas portas for complexo, e por isso recorremos ao *PSpice*. Se o circuito for puramente resistivo, pode ser usada a análise CC no *PSpice*; caso contrário, usa-se a análise CA do *PSpice* em uma frequência específica. O segredo do uso do *PSpice* no cálculo de um parâmetro de duas portas particular é lembrar-se de como esse parâmetro é definido e restringir a variável de porta apropriada com uma fonte de 1 A ou 1 V, enquanto se emprega um curto-circuito ou circuito aberto para impor as demais restrições necessárias. Os dois exemplos ilustram a ideia.

EXEMPLO 19.15

Determine os parâmetros h do circuito na Figura 19.49.

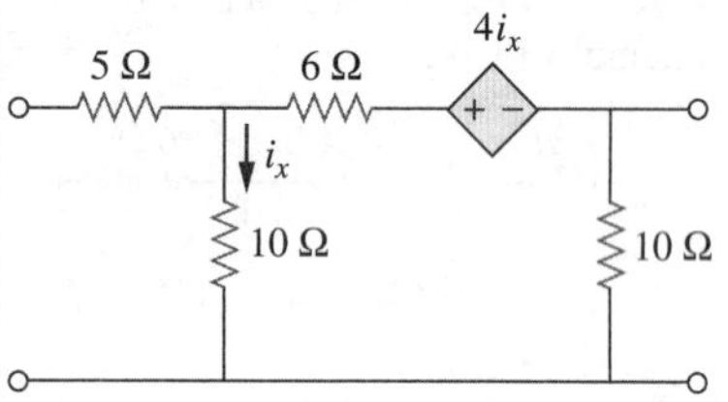

Solução: A partir da Equação (19.16),

$$\mathbf{h}_{11} = \left.\frac{\mathbf{V}_1}{\mathbf{I}_1}\right|_{\mathbf{V}_2=0}, \qquad \mathbf{h}_{21} = \left.\frac{\mathbf{I}_2}{\mathbf{I}_1}\right|_{\mathbf{V}_2=0}$$

mostrando que $\mathbf{h}_{11}$ e $\mathbf{h}_{21}$ podem ser encontrados fazendo-se $\mathbf{V}_2 = 0$. Também fazendo $\mathbf{I}_1 = 1$ A, $\mathbf{h}_{11}$ torna-se $\mathbf{V}_1/1$ enquanto $\mathbf{h}_{21}$ torna-se $\mathbf{I}_2/1$. Com isso em mente, desenhamos o esquema na Figura 19.50a. Inserimos uma fonte de corrente CC de 1 A IDC para cuidar de $\mathbf{I}_1 = 1$ A, o pseudocomponente VIEWPOINT para exibir $\mathbf{V}_1$ e o pseudocomponente IPROBE para exibir $\mathbf{I}_2$. Após salvar o esquema, rodamos o *PSpice* selecionando-se **Analysis/Simulate** e anotamos os valores exibidos nos pseudocomponentes. Obtemos

$$\mathbf{h}_{11} = \frac{\mathbf{V}_1}{1} = 10\,\Omega, \qquad \mathbf{h}_{21} = \frac{\mathbf{I}_2}{1} = -0{,}5$$

Figura 19.49 Esquema para o Exemplo 19.15.

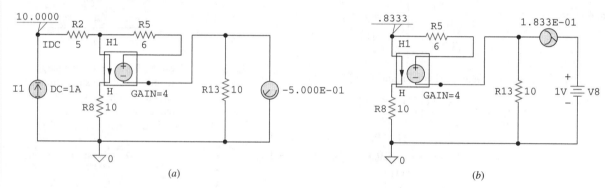

Figura 19.50 Esquema para o Exemplo 19.15: (a) cálculo de $\mathbf{h}_{11}$ e $\mathbf{h}_{21}$; (b) cálculo de $\mathbf{h}_{12}$ e $\mathbf{h}_{22}$.

De modo similar, a partir da Equação (19.16),

$$\mathbf{h}_{12} = \left.\frac{\mathbf{V}_1}{\mathbf{V}_2}\right|_{\mathbf{I}_1=0}, \qquad \mathbf{h}_{22} = \left.\frac{\mathbf{I}_2}{\mathbf{V}_2}\right|_{\mathbf{I}_1=0}$$

indicando que obtemos $\mathbf{h}_{12}$ e $\mathbf{h}_{22}$ fazendo que a porta de entrada ($\mathbf{I}_1 = 0$) seja um circuito aberto. Fazendo $\mathbf{V}_2 = 1$ V, $\mathbf{h}_{12}$ torna-se $\mathbf{V}_1/1$ enquanto $\mathbf{h}_{22}$ torna-se $\mathbf{I}_2/1$. Portanto, usamos o esquema da Figura 19.50b com uma fonte de tensão VDC de 1 V CC inserido no terminal de saída para cuidar de $\mathbf{V}_2 = 1$ V. Os pseudocomponentes VIEWPOINT e IPROBE são inseridos para exibir, respectivamente, os valores de $\mathbf{V}_1$ e $\mathbf{I}_2$. (Note que na Figura 19.50b, o resistor de 5 Ω é ignorado, pois a porta de entrada é curto-circuitada e o *PSpice* não permitirá isso. Poderíamos incluir o resistor de 5 Ω se substituirmos o circuito aberto por um resistor de valor bem elevado, digamos, 10 MΩ.) Após simular o esquema, obtemos os valores exibidos nos pseudocomponentes, como mostra a Figura 19.50b. Portanto,

$$\mathbf{h}_{12} = \frac{\mathbf{V}_1}{1} = 0{,}8333, \qquad \mathbf{h}_{22} = \frac{\mathbf{I}_2}{1} = 0{,}1833 \text{ S}$$

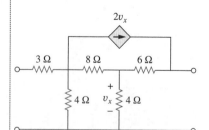

Figura 19.51 Esquema para o Problema prático 19.15.

PROBLEMA PRÁTICO 19.15

Obtenha os parâmetros h para o circuito da Figura 19.51 usando o *PSpice*.

Resposta: $h_{11} = 4{,}238\,\Omega$, $h_{21} = -0{,}6190$, $h_{12} = -0{,}7143$, $h_{22} = -0{,}1429$ S.

EXEMPLO 19.16

Determine os parâmetros z para o circuito da Figura 19.52 em $\omega = 10^6$ rad/s.

Solução: Observe que usamos análise CC no Exemplo 19.15, porque o circuito da Figura 19.49 é puramente resistivo. No presente caso, usamos análise CA em $f = \omega/2\pi = 0{,}15915$ MHz, pois L e C são dependentes da frequência.

Na Equação (19.3), definimos os parâmetros z como segue

$$\mathbf{z}_{11} = \left.\frac{\mathbf{V}_1}{\mathbf{I}_1}\right|_{\mathbf{I}_2=0}, \qquad \mathbf{z}_{21} = \left.\frac{\mathbf{V}_2}{\mathbf{I}_1}\right|_{\mathbf{I}_2=0}$$

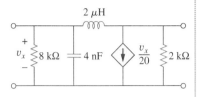

Figura 19.52 Esquema para o Exemplo 19.16.

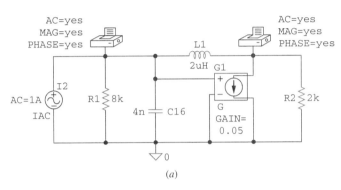

(a)

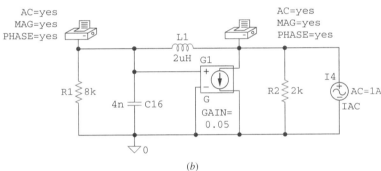

(b)

Figura 19.53 Esquema para o Exemplo 19.16: (a) circuito para determinar $\mathbf{z}_{11}$ e $\mathbf{z}_{21}$; (b) circuito para determinar $\mathbf{z}_{12}$ e $\mathbf{z}_{22}$.

Isso sugere que se adotarmos $\mathbf{I}_1 = 1$ A e fizermos que a porta de saída seja um circuito aberto de modo que $\mathbf{I}_2 = 0$, obtemos então

$$\mathbf{z}_{11} = \frac{\mathbf{V}_1}{1} \quad \text{e} \quad \mathbf{z}_{21} = \frac{\mathbf{V}_2}{1}$$

Concretizamos isso com o esquema da Figura 19.53a. Inserimos uma fonte de corrente CA de 1 A, IAC, no terminal de entrada do circuito e dois pseudocomponentes VPRINT1 para obter $\mathbf{V}_1$ e $\mathbf{V}_2$. Os atributos de cada VPRINT1 são configurados como $AC = yes$, $MAG = yes$ e $PHASE = yes$ para colocar em gráfico os valores de magnitude e fase das tensões. Selecionamos **Analysis/Setup/AC Sweep** e introduzimos 1 em *Total Pts*, 0,1519MEG em *Start Freq* e 0,1519MEG em *Final Freq* na caixa de diálogo **AC Sweep and Noise Analysis**. Após salvar o esquema, selecionamos **Analysis/Simulate** para simulá-lo. Obtemos $\mathbf{V}_1$ e $\mathbf{V}_2$ do arquivo de saída. Portanto,

$$\mathbf{z}_{11} = \frac{\mathbf{V}_1}{1} = 19{,}70\underline{/175{,}7°}\ \Omega, \qquad \mathbf{z}_{21} = \frac{\mathbf{V}_2}{1} = 19{,}79\underline{/170{,}2°}\ \Omega$$

De forma similar, a partir da Equação (19.3),

$$\mathbf{z}_{12} = \left.\frac{\mathbf{V}_1}{\mathbf{I}_2}\right|_{\mathbf{I}_1=0}, \qquad \mathbf{z}_{22} = \left.\frac{\mathbf{V}_2}{\mathbf{I}_2}\right|_{\mathbf{I}_1=0}$$

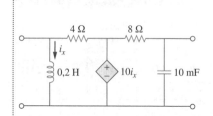

Figura 19.54 Esquema para o Problema prático 19.16.

● **PROBLEMA PRÁTICO 19.16**

sugerindo que, se fizermos $I_2 = 1$ A e fizermos da porta de entrada um

$$z_{12} = \frac{V_1}{1} \quad \text{e} \quad z_{22} = \frac{V_2}{1}$$

Isso nos leva ao esquema da Figura 19.53b. A única diferença entre esse esquema e aquele da Figura 19.53a é que a fonte de corrente CA de 1 A, IAC, agora se encontra no terminal de saída. Executamos o esquema da Figura 19.53b e obtemos V_1 e V_2 do arquivo de saída. Portanto,

$$z_{12} = \frac{V_1}{1} = 19{,}70\underline{/175{,}7°}\ \Omega, \quad z_{22} = \frac{V_2}{1} = 19{,}56\underline{/175{,}7°}\ \Omega$$

Obtenha os parâmetros z do circuito na Figura 19.54 em $f = 60$ Hz.

Resposta: $z_{11} = 3{,}987\underline{/175{,}5°}\ \Omega$, $z_{21} = 0{,}0175\underline{/-2{,}65°}\ \Omega$, $z_{12} = 0$, $z_{22} = 0{,}2651\underline{/91{,}9°}\ \Omega$.

19.9 †Aplicações

Vimos como os seis conjuntos de parâmetros de circuitos podem ser usados para caracterizar ampla gama de circuitos de duas portas. Dependendo da maneira como os circuitos de duas portas forem ligados para formar um circuito maior, o emprego de determinado conjunto de parâmetros pode ser mais vantajoso em relação aos demais, como pode ser constatado na Seção 19.7. Nesta seção, consideraremos duas importantes áreas de aplicação dos parâmetros de duas portas: circuitos transistorizados e síntese de circuitos em cascata.

19.9.1 Circuitos transistorizados

Um circuito de duas portas é usado normalmente para isolar uma carga da excitação de um circuito. Por exemplo, o da Figura 19.55 poderia representar um amplificador, um filtro ou algum outro circuito. Quando o circuito de duas portas representar um amplificador, as expressões para o ganho de tensão A_v, o ganho de corrente A_i, a impedância de entrada Z_{ent} e a impedância de saída Z_{sai} podem ser derivadas com facilidade. Eles são definidos como:

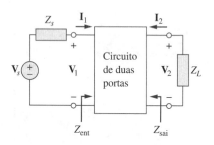

Figura 19.55 Circuito de duas portas isolando fonte e carga.

$$A_v = \frac{V_2(s)}{V_1(s)} \tag{19.62}$$

$$A_i = \frac{I_2(s)}{I_1(s)} \tag{19.63}$$

$$Z_{ent} = \frac{V_1(s)}{I_1(s)} \tag{19.64}$$

$$Z_{sai} = \left.\frac{V_2(s)}{I_2(s)}\right|_{V_s=0} \tag{19.65}$$

Qualquer um dos seis conjuntos de parâmetros de duas portas pode ser usado para derivar as expressões nas Equações (19.62) a (19.65). Entretanto, os parâmetros híbridos (h) são os mais úteis para os transistores, pois são medidos facilmente e normalmente são fornecidos nos manuais de especificações e dados técnicos do fabricante para transistores. Os parâmetros h fornecem uma estimativa rápida do desempenho dos circuitos transistorizados e são usados para determinar os valores exatos do ganho de tensão, da impedância de entrada e da impedância de saída de um transistor.

Os parâmetros h para transistores possuem significados específicos expressos por seus subscritos, e são listados pelo primeiro subscrito e relacionados aos parâmetros gerais h como segue:

$$h_i = h_{11}, \quad h_r = h_{12}, \quad h_f = h_{21}, \quad h_o = h_{22} \quad (19.66)$$

Os subscritos i, r, f e o significam entrada, inverso, direto e saída. O segundo subscrito especifica o tipo de conexão usada: e para emissor comum (EC), c para coletor comum (CC) e b para base comum (BC). Aqui, estamos interessados, principalmente, com a conexão emissor comum. Portanto, os quatro parâmetros h para o amplificador de emissor comum são:

h_{ie} = Impedância de entrada de base.
h_{re} = Razão de realimentação de tensão inversa.
h_{fe} = Ganho de corrente coletor-base.   (19.67)
h_{oe} = Admitância de saída.

Estes são calculados ou medidos da mesma forma que os parâmetros h genéricos. Valores típicos são h_{ie} = 6 kΩ, h_{re} = 1,5 x 10^{-4}, h_{fe} = 200 e h_{oe} = 8 μS. Devemos ter em mente que esses valores representam características CA dos transistores, medidos sob circunstâncias específicas.

A Figura 19.56 mostra o esquema para o amplificador de emissor comum e o modelo híbrido equivalente. A partir da figura, vemos que

$$\mathbf{V}_b = h_{ie}\mathbf{I}_b + h_{re}\mathbf{V}_c \quad (19.68a)$$
$$\mathbf{I}_c = h_{fe}\mathbf{I}_b + h_{oe}\mathbf{V}_c \quad (19.68b)$$

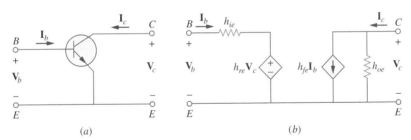

Figura 19.56 Amplificador de emissor comum: (a) circuito esquemático; (b) modelo híbrido.

Consideremos o amplificador transistorizado ligado a uma fonte CA e a uma carga, como indicado na Figura 19.57. Trata-se de um exemplo de um

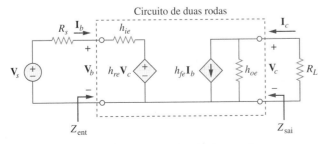

Figura 19.57 Amplificador transistorizado com fonte e resistência de carga.

circuito de duas portas inserido em um circuito maior. Podemos analisar o circuito híbrido equivalente como de praxe com a Equação (19.68) em mente. (Ver Exemplo 19.6.) Reconhecendo da Figura 19.57 que $\mathbf{V}_c = -R_L\mathbf{I}_c$ e substituindo essa última na Equação (19.68b), temos

$$\mathbf{I}_c = h_{fe}\mathbf{I}_b - h_{oe}R_L\mathbf{I}_c$$

ou

$$(1 + h_{oe}R_L)\mathbf{I}_c = h_{fe}\mathbf{I}_b \qquad (19.69)$$

Desta, obtemos o ganho de corrente como segue

$$\boxed{A_i = \frac{\mathbf{I}_c}{\mathbf{I}_b} = \frac{h_{fe}}{1 + h_{oe}R_L}} \qquad (19.70)$$

A partir das Equações (19.68b) e (19.70), podemos expressar $\mathbf{I}_b$ em termos de $\mathbf{V}_c$:

$$\mathbf{I}_c = \frac{h_{fe}}{1 + h_{oe}R_L}\mathbf{I}_b = h_{fe}\mathbf{I}_b + h_{oe}\mathbf{V}_c$$

ou

$$\mathbf{I}_b = \frac{h_{oe}\mathbf{V}_c}{\dfrac{h_{fe}}{1 + h_{oe}R_L} - h_{fe}} \qquad (19.71)$$

Substituindo a Equação (19.71) na Equação (19.68a) e dividindo por $\mathbf{V}_c$ resulta

$$\frac{\mathbf{V}_b}{\mathbf{V}_c} = \frac{h_{oe}h_{ie}}{\dfrac{h_{fe}}{1 + h_{oe}R_L} - h_{fe}} + h_{re} \qquad (19.72)$$

$$= \frac{h_{ie} + h_{ie}h_{oe}R_L - h_{re}h_{fe}R_L}{-h_{fe}R_L}$$

Consequentemente, o ganho de tensão é

$$\boxed{A_v = \frac{\mathbf{V}_c}{\mathbf{V}_b} = \frac{-h_{fe}R_L}{h_{ie} + (h_{ie}h_{oe} - h_{re}h_{fe})R_L}} \qquad (19.73)$$

Substituindo-se $\mathbf{V}_c = -R_L\mathbf{I}_c$ na Equação (19.68a), gera

$$\mathbf{V}_b = h_{ie}\mathbf{I}_b - h_{re}R_L\mathbf{I}_c$$

ou

$$\frac{\mathbf{V}_b}{\mathbf{I}_b} = h_{ie} - h_{re}R_L\frac{\mathbf{I}_c}{\mathbf{I}_b} \qquad (19.74)$$

Substituindo-se $\mathbf{I}_c/\mathbf{I}_b$ pelo ganho de corrente na Equação (19.70) resulta na impedância de entrada

$$\boxed{Z_{\text{ent}} = \frac{\mathbf{V}_b}{\mathbf{I}_b} = h_{ie} - \frac{h_{re}h_{fe}R_L}{1 + h_{oe}R_L}} \qquad (19.75)$$

A impedância de saída Z_{sai} é a mesma do equivalente de Thévenin nos terminais de saída. Como de praxe, eliminando a fonte de tensão e inserindo uma fonte de 1 V nos terminais de saída, obtemos o circuito da Figura 19.58, da qual Z_{sai} é determinada como $1/I_c$. Como $V_c = 1$ V, o laço de entrada fornece

$$h_{re}(1) = -I_b(R_s + h_{ie}) \quad \Rightarrow \quad I_b = -\frac{h_{re}}{R_s + h_{ie}} \qquad (19.76)$$

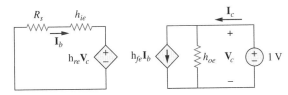

Figura 19.58 Determinação da impedância de saída do circuito amplificador da Figura 19.57.

Do laço externo,

$$I_c = h_{oe}(1) + h_{fe}I_b \qquad (19.77)$$

Substituindo a Equação (19.76) na Equação (19.77), temos

$$I_c = \frac{(R_s + h_{ie})h_{oe} - h_{re}h_{fe}}{R_s + h_{ie}} \qquad (19.78)$$

Desta obtemos a impedância de saída Z_{sai} como $1/I_c$; isto é,

$$\boxed{Z_{sai} = \frac{R_s + h_{ie}}{(R_s + h_{ie})h_{oe} - h_{re}h_{fe}}} \qquad (19.79)$$

EXEMPLO 19.17

Considere o circuito amplificador de emissor comum da Figura 19.59. Determine o ganho de tensão, o ganho de corrente, a impedância de entrada e a impedância de saída usando-se os seguintes parâmetros h:

$$h_{ie} = 1 \text{ k}\Omega, \quad h_{re} = 2{,}5 \times 10^{-4}, \quad h_{fe} = 50, \quad h_{oe} = 20 \text{ }\mu\text{S}$$

Determine a tensão de saída V_o.

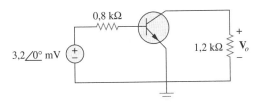

Figura 19.59 Esquema para o Exemplo 19.17.

Solução:

1. **Definição.** Em uma análise à primeira vista, parece que o problema está enunciado de forma clara. Entretanto, quando nos é solicitado determinar a impedância de entrada e o ganho de tensão, estes se referem ao transistor ou ao circuito? No que se refere ao ganho de corrente e à impedância de entrada, eles são os mesmos para ambos os casos.

   Solicitamos esclarecimentos e nos foi dito que deveríamos calcular a impedância de entrada, a impedância de saída e o ganho de tensão para o circuito e não para o transistor. É interessante notar que o problema pode ser enunciado novamente, de modo que ele se torne um problema de projeto simples: dados os parâmetros h, projete um amplificador simples com ganho igual a -60.

2. **Apresentação.** Dado um circuito com transistores simples, uma tensão de entrada igual a 3,2 mV e os parâmetros h do transistor, calcule a tensão de saída.

3. **Alternativa.** Existe uma série de maneiras pelas quais podemos abordar o problema, e a mais direta é usar o circuito equivalente mostrado na Figura 19.57. Assim que tivermos o circuito equivalente, podemos usar análise de circuitos para determinar a resposta. Assim que tivermos uma solução, poderemos testá-la incorporando-a nas equações de circuitos para verificar se estão corretas. Outra forma seria simplificar o lado direito do circuito equivalente e fazer o problema ao contrário para ver se obtemos aproximadamente a mesma resposta. Usaremos esta última aqui.

4. **Tentativa.** Notamos que $R_s = 0{,}8$ kΩ e $R_L = 1{,}2$ kΩ. Tratamos o transistor da Figura 19.59 como um circuito de duas portas e aplicamos as Equações (19.70) a (19.79).

$$h_{ie}h_{oe} - h_{re}h_{fe} = 10^3 \times 20 \times 10^{-6} - 2{,}5 \times 10^{-4} \times 50$$
$$= 7{,}5 \times 10^{-3}$$

$$A_v = \frac{-h_{fe}R_L}{h_{ie} + (h_{ie}h_{oe} - h_{re}h_{fe})R_L} = \frac{-50 \times 1.200}{1.000 + 7{,}5 \times 10^{-3} \times 1.200}$$
$$= -59{,}46$$

A_v é o ganho de tensão do amplificador $= V_o/V_b$. Para calcular o ganho do circuito, precisamos determinar V_o/V_s. Podemos fazer isso usando a equação de malhas para o circuito no lado esquerdo e as Equações (19.71) e (19.73).

$$-V_s + R_s I_b + V_b = 0$$

ou

$$V_s = 800\frac{20 \times 10^{-6}}{\frac{50}{1 + 20 \times 10^{-6} \times 1{,}2 \times 10^3} - 50} - \frac{1}{59{,}46}V_o$$
$$= -0{,}03047\, V_o.$$

Portanto, o ganho do circuito é igual a **–32,82**. Agora, podemos calcular a tensão de saída.

$$V_o = \text{ganho} \times V_s = \mathbf{-105{,}09\underline{/0°}\ mV}.$$

$$A_i = \frac{h_{fe}}{1 + h_{oe}R_L} = \frac{50}{1 + 20 \times 10^{-6} \times 1.200} = 48{,}83$$

$$Z_{ent} = h_{ie} - \frac{h_{re}h_{fe}R_L}{1 + h_{oe}R_L}$$
$$= 1.000 - \frac{2{,}5 \times 10^{-4} \times 50 \times 1.200}{1 + 20 \times 10^{-6} \times 1.200}$$
$$= 985{,}4\ \Omega$$

Podemos modificar Z_{ent} para incluir o resistor de 800 Ω de modo que a impedância de entrada do circuito $= 800 + 985{,}4 = \mathbf{1785{,}4\ \Omega}$.

$$(R_s + h_{ie})h_{oe} - h_{re}h_{fe}$$
$$= (800 + 1.000) \times 20 \times 10^{-6} - 2{,}5 \times 10^{-4} \times 50 = 23{,}5 \times 10^{-3}$$

$$Z_{sai} = \frac{R_s + h_{ie}}{(R_s + h_{ie})h_{oe} - h_{re}h_{fe}} = \frac{800 + 1.000}{23{,}5 \times 10^{-3}} = 76{,}6\ \text{k}\Omega$$

5. **Avaliação.** No circuito equivalente, h_{oe} representa um resistor de 50.000 Ω. Este está em paralelo com um resistor de carga igual a 1,2 kΩ. O tamanho do resistor

de carga é tão pequeno em relação ao resistor h_{oe} que h_{oe} pode ser desprezado. Isso conduz a

$$I_c = h_{fe}I_b = 50I_b, \quad V_c = -1.200I_c,$$

e a equação de malha a seguir do lado esquerdo do circuito:

$$-0,0032 + (800 + 1.000)I_b + (0,00025)(-1.200)(50)I_b = 0$$
$$I_b = 0,0032/(1785) = 1,7927 \ \mu A.$$
$$I_c = 50 \times 1,7927 = 89,64 \ \mu A \text{ e } V_c = -1.200 \times 89,64 \times 10^{-6}$$
$$= -107,57 \text{ mV}$$

Esta é uma aproximação razoável para –105,09 mV.

$$\text{Ganho de tensão} = -107,57/3,2 = -33,62$$

Novamente, esta é uma boa aproximação para 32,82.

Impedância de entrada do circuito = $0,032/1,7927 \times 10^{-6}$ = **1.785 Ω**

que é bem próximo de 1.785,4 Ω, conforme obtido antes.

Para esses cálculos, supomos que $Z_{sai} = \infty$ Ω; nossos cálculos produziram 72,6 kΩ. Podemos testar nossa hipótese calculando a resistência equivalente deste e a resistência de carga.

$$72.600 \times 1.200(72.600 + 1.200) = 1.180,5 = 1,1805 \text{ k}\Omega$$

Outra vez, temos uma boa aproximação.

6. *Satisfatório?* Resolvemos o problema de maneira satisfatória e verificamos os resultados. Agora, podemos apresentar nossos resultados como solução para o problema.

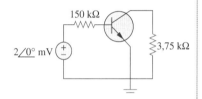

Figura 19.60 Esquema para o Problema prático 19.17.

PROBLEMA PRÁTICO 19.17

Para o amplificador transistorizado da Figura 19.60, determine o ganho de tensão, o ganho de corrente e a impedância de saída. Suponha que

$$h_{ie} = 6 \text{ k}\Omega, \quad h_{re} = 1,5 \times 10^{-4}, \quad h_{fe} = 200, \quad h_{oe} = 8 \ \mu S$$

Resposta: –123,61 para o transistor e –4,753 para o circuito, 194,17, 6 kΩ para o transistor e 156 kΩ para o circuito, 128,08 kΩ.

19.9.2 Síntese de circuitos em cascata

Outra aplicação dos parâmetros de duas portas é a síntese (ou construção) de circuitos em cascata, que são encontrados frequentemente na prática e tem uso particular no projeto de filtros passa-baixa passivos. Tomando como base nossa discussão dos circuitos de segunda ordem no Capítulo 8, a ordem do filtro é a ordem da equação característica que descreve o filtro e é determinada pelo número de elementos reativos que não podem ser combinados em elementos simples (por exemplo, por meio de associação em série ou em paralelo). A Figura 19.61*a* mostra um circuito em cascata *LC* com um número ímpar de elementos (para construir um filtro de ordem ímpar), enquanto a Figura 19.61*b* mostra um com um número par de elementos (para construir um filtro de ordem par). Quando qualquer um dos circuitos é terminado pela impedância de carga Z_L e a impedância da fonte Z_s, obtemos a estrutura indicada na Figura 19.62. Para tornar o projeto menos complicado, suporemos que $Z_s = 0$. Nosso objetivo é sintetizar a função de transferência do circuito em cascata *LC*. Começaremos caracterizando o circuito em cascata por intermédio de seus parâmetros de admitância, a saber,

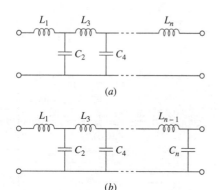

Figura 19.61 Os circuitos em cascata LC para filtros passa-baixas de: (a) ordem ímpar; (b) ordem par.

$$\mathbf{I}_1 = \mathbf{y}_{11}\mathbf{V}_1 + \mathbf{y}_{12}\mathbf{V}_2 \quad (19.80a)$$
$$\mathbf{I}_2 = \mathbf{y}_{21}\mathbf{V}_1 + \mathbf{y}_{22}\mathbf{V}_2 \quad (19.80b)$$

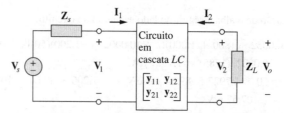

Figura 19.62 Circuito em cascata LC com impedâncias de terminação.

(Obviamente, os parâmetros de impedância poderiam ser usados em vez dos parâmetros de admitância.) Na porta de entrada, $\mathbf{V}_1 = \mathbf{V}_s$ já que $\mathbf{Z}_s = 0$. Na porta de saída, $\mathbf{V}_2 = \mathbf{V}_o$ e $\mathbf{I}_2 = -\mathbf{V}_2/\mathbf{Z}_L = -\mathbf{V}_o\mathbf{Y}_L$. Portanto, a Equação (19.80b) fica

$$-\mathbf{V}_o\mathbf{Y}_L = \mathbf{y}_{21}\mathbf{V}_s + \mathbf{y}_{22}\mathbf{V}_o$$

ou

$$\mathbf{H}(s) = \frac{\mathbf{V}_o}{\mathbf{V}_s} = \frac{-\mathbf{y}_{21}}{\mathbf{Y}_L + \mathbf{y}_{22}} \quad (19.81)$$

Podemos escrever esta como segue

$$\boxed{\mathbf{H}(s) = -\frac{\mathbf{y}_{21}/\mathbf{Y}_L}{1 + \mathbf{y}_{22}/\mathbf{Y}_L}} \quad (19.82)$$

Poderíamos ignorar o sinal negativo na Equação (19.82), pois as exigências de filtros normalmente são expressas em termos da magnitude da função de transferência. O principal objetivo no projeto de filtros é selecionar capacitores e indutores de modo que os parâmetros $\mathbf{y}_{21}$ e $\mathbf{y}_{22}$ sejam sintetizados concretizando, consequentemente, a função de transferência desejada. Para se conseguir isso, tiramos proveito de uma importante propriedade do circuito em cascata LC: todos os parâmetros z e y são razões de polinômios que contêm apenas potências pares de s ou potências ímpares de s — isto é, elas são razões entre $Od(s)/Ev(s)$ ou $Ev(s)/Od(s)$, onde Od e Ev são, respectivamente, funções ímpares e pares. Seja

$$\mathbf{H}(s) = \frac{\mathbf{N}(s)}{\mathbf{D}(s)} = \frac{\mathbf{N}_o + \mathbf{N}_e}{\mathbf{D}_o + \mathbf{D}_e} \quad (19.83)$$

onde $\mathbf{N}(s)$ e $\mathbf{D}(s)$ são o numerador e o denominador da função de transferência $\mathbf{H}(s)$; $\mathbf{N}_o$ e $\mathbf{N}_e$ são as partes ímpares e pares de $\mathbf{N}$; $\mathbf{D}_o$ e $\mathbf{D}_e$ são as partes ímpares e pares de $\mathbf{D}$. Como $\mathbf{N}(s)$ deve ser ímpar ou par, podemos escrever a Equação (19.83) como

$$\mathbf{H}(s) = \begin{cases} \dfrac{\mathbf{N}_o}{\mathbf{D}_o + \mathbf{D}_e}, & (\mathbf{N}_e = 0) \\[2mm] \dfrac{\mathbf{N}_e}{\mathbf{D}_o + \mathbf{D}_e}, & (\mathbf{N}_o = 0) \end{cases} \quad (19.84)$$

e podemos reescrevê-la como

$$\mathbf{H}(s) = \begin{cases} \dfrac{\mathbf{N}_o/\mathbf{D}_e}{1 + \mathbf{D}_o/\mathbf{D}_e}, & (\mathbf{N}_e = 0) \\ \dfrac{\mathbf{N}_e/\mathbf{D}_o}{1 + \mathbf{D}_e/\mathbf{D}_o}, & (\mathbf{N}_o = 0) \end{cases} \quad (19.85)$$

Comparando esta com a Equação (19.82), obtemos os parâmetros y do circuito como segue

$$\frac{\mathbf{y}_{21}}{\mathbf{Y}_L} = \begin{cases} \dfrac{\mathbf{N}_o}{\mathbf{D}_e}, & (\mathbf{N}_e = 0) \\ \dfrac{\mathbf{N}_e}{\mathbf{D}_o}, & (\mathbf{N}_o = 0) \end{cases} \quad (19.86)$$

e

$$\frac{\mathbf{y}_{22}}{\mathbf{Y}_L} = \begin{cases} \dfrac{\mathbf{D}_o}{\mathbf{D}_e}, & (\mathbf{N}_e = 0) \\ \dfrac{\mathbf{D}_e}{\mathbf{D}_o}, & (\mathbf{N}_o = 0) \end{cases} \quad (19.87)$$

O exemplo a seguir ilustra o procedimento.

EXEMPLO 19.18

Projete o circuito em cascata LC terminado com um resistor de 1 Ω com a função de transferência normalizada

$$\mathbf{H}(s) = \frac{1}{s^3 + 2s^2 + 2s + 1}$$

(Essa função de transferência é aquela para um filtro passa-baixas Butterworth.)

Solução: O denominador mostra que se trata de um circuito de terceira ordem, de modo que o circuito em cascata LC é mostrado na Figura 19.63a, com dois indutores e um capacitor. Nosso objetivo é determinar os valores dos indutores e do capacitor. Para isso, agrupamos os termos do denominador em partes ímpares ou pares:

$$\mathbf{D}(s) = (s^3 + 2s) + (2s^2 + 1)$$

de modo que

$$\mathbf{H}(s) = \frac{1}{(s^3 + 2s) + (2s^2 + 1)}$$

Dividimos o numerador e o denominador pela parte ímpar do denominador para obter

$$\mathbf{H}(s) = \frac{\dfrac{1}{s^3 + 2s}}{1 + \dfrac{2s^2 + 1}{s^3 + 2s}} \quad (19.18.1)$$

Da Equação (19.82), quando $\mathbf{Y}_L = 1$,

$$\mathbf{H}(s) = \frac{-\mathbf{y}_{21}}{1 + \mathbf{y}_{22}} \quad (19.18.2)$$

Comparando as Equações (19.19.1) e (19.19.2), temos

$$\mathbf{y}_{21} = -\frac{1}{s^3 + 2s}, \quad \mathbf{y}_{22} = \frac{2s^2 + 1}{s^3 + 2s}$$

Qualquer concretização de y_{22}, automaticamente, concretizará y_{21}, já que y_{22} é a admitância do ponto de saída, isto é, a admitância de saída do circuito com a porta de

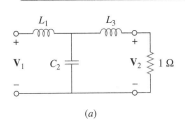

(a)

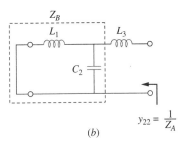

(b)

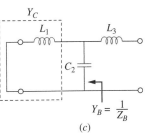

(c)

Figura 19.63 Esquema para o Exemplo 19.18.

entrada curto-circuitada. Determinamos os valores de L e C na Figura 19.63a que nos fornecerá y_{22}. Lembre-se de que y_{22} é a admitância de saída de curto-circuito. Portanto, curto-circuitamos a porta de entrada, conforme mostrado na Figura 19.63b. Primeiro, obtemos L_3 fazendo

$$Z_A = \frac{1}{y_{22}} = \frac{s^3 + 2s}{2s^2 + 1} = sL_3 + Z_B \qquad (19.18.3)$$

Por meio de divisão longa,

$$Z_A = 0{,}5s + \frac{1{,}5s}{2s^2 + 1} \qquad (19.18.4)$$

Comparando-se as Equações (19.18.3) e (19.18.4) demonstra que

$$L_3 = 0{,}5\text{H}, \qquad Z_B = \frac{1{,}5s}{2s^2 + 1}$$

Em seguida, procuramos obter C_2 como na Figura 19.63c e fazemos

$$Y_B = \frac{1}{Z_B} = \frac{2s^2 + 1}{1{,}5s} = 1{,}333s + \frac{1}{1{,}5s} = sC_2 + Y_C$$

a partir do qual $C_2 = 1{,}33$ F e

$$Y_C = \frac{1}{1{,}5s} = \frac{1}{sL_1} \quad \Rightarrow \quad L_1 = 1{,}5 \text{ H}$$

Portanto, o circuito em cascata LC na Figura 19.63a com $L_1 = 1{,}5$ H, $C_2 = 1{,}333$ F e $L_3 = 0{,}5$ H foi sintetizado para fornecer a função de transferência $\mathbf{H}(s)$ dada. Esse resultado pode ser confirmado encontrando $\mathbf{H}(s) = \mathbf{V}_2/\mathbf{V}_1$ na Figura 19.63a ou confirmando o y_{21} necessário.

● **PROBLEMA PRÁTICO 19.18**

Concretize a função de transferência usando um circuito em cascata LC terminado em um resistor de $1\ \Omega$:

$$H(s) = \frac{2}{s^3 + s^2 + 4s + 2}$$

Resposta: O circuito em cascata na Figura 19.63a com $L_1 = L_3 = 1{,}0$ H e $C_2 = 500$ mF.

19.10 Resumo

1. Um circuito de duas portas é aquele com duas portas (ou dois pares de terminais de acesso), conhecidas como portas de entrada e de saída.
2. Os seis parâmetros usados para modelar um circuito de duas portas são os parâmetros de impedância [z], admitância [y], híbrido [h], híbrido inverso [g], de transmissão [T] e de transmissão inversa [t].
3. Os parâmetros estabelecem uma relação entre variáveis de portas de entrada e de saída como segue

$$\begin{bmatrix} \mathbf{V}_1 \\ \mathbf{V}_2 \end{bmatrix} = [\mathbf{z}] \begin{bmatrix} \mathbf{I}_1 \\ \mathbf{I}_2 \end{bmatrix}, \quad \begin{bmatrix} \mathbf{I}_1 \\ \mathbf{I}_2 \end{bmatrix} = [\mathbf{y}] \begin{bmatrix} \mathbf{V}_1 \\ \mathbf{V}_2 \end{bmatrix}, \quad \begin{bmatrix} \mathbf{V}_1 \\ \mathbf{I}_2 \end{bmatrix} = [\mathbf{h}] \begin{bmatrix} \mathbf{I}_1 \\ \mathbf{V}_2 \end{bmatrix}$$

$$\begin{bmatrix} \mathbf{I}_1 \\ \mathbf{V}_2 \end{bmatrix} = [\mathbf{g}] \begin{bmatrix} \mathbf{V}_1 \\ \mathbf{I}_2 \end{bmatrix}, \quad \begin{bmatrix} \mathbf{V}_1 \\ \mathbf{I}_1 \end{bmatrix} = [\mathbf{T}] \begin{bmatrix} \mathbf{V}_2 \\ -\mathbf{I}_2 \end{bmatrix}, \quad \begin{bmatrix} \mathbf{V}_2 \\ \mathbf{I}_2 \end{bmatrix} = [\mathbf{t}] \begin{bmatrix} \mathbf{V}_1 \\ -\mathbf{I}_1 \end{bmatrix}$$

4. Os parâmetros podem ser calculados ou medidos curto-circuitando ou abrindo o circuito da porta de entrada ou de saída apropriada.

5. Um circuito de duas portas é recíproco se $z_{12} = z_{21}$, $y_{12} = y_{21}$, $h_{12} = -h_{21}$, $g_{12} = -g_{21}$, $\Delta_T = 1$ ou $\Delta_t = 1$. Os circuitos que possuem fontes dependentes não são recíprocos.

6. A Tabela 19.1 fornece as relações entre os seis conjuntos de parâmetros. Três relações importantes são

$$[\mathbf{y}] = [\mathbf{z}]^{-1}, \quad [\mathbf{g}] = [\mathbf{h}]^{-1}, \quad [\mathbf{t}] \neq [\mathbf{T}]^{-1}$$

7. Os circuitos de duas portas podem ser ligados em série, em paralelo ou em cascata. Na conexão em série, os parâmetros z são somados, na conexão em paralelo os parâmetros y são somados e na conexão em cascata os parâmetros de transmissão são multiplicados na ordem correta.

8. Pode-se usar o *PSpice* para calcular os parâmetros de duas portas restringindo as variáveis de portas com uma fonte de 1 A ou de 1 V, enquanto se utiliza um circuito aberto ou curto-circuito para impor as demais restrições necessárias.

9. Os parâmetros de circuito são aplicados especificamente na análise de circuitos transistorizados e na síntese de circuitos em cascata *LC*. Os parâmetros são particularmente úteis na análise de circuitos transistorizados, pois esses circuitos podem ser modelados facilmente como circuitos de duas portas. Os circuitos em cascata *LC*, importantes nos filtros passa-baixa passivos, lembram circuitos T em cascata e são, portanto, mais bem analisados como circuitos de duas portas.

Questões para revisão

19.1 Para o circuito de duas portas com um único elemento da Figura 19.64a, z_{11} é:
(a) 0   (b) 5   (c) 10
(d) 20   (e) indefinido

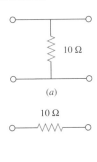

(a)

(b)

Figura 19.64 Esquema para as Questões para revisão.

19.2 Para o circuito de duas portas com um único elemento da Figura 19.64b, z_{11} é:
(a) 0   (b) 5   (c) 10
(d) 20   (e) indefinido

19.3 Para o circuito de duas portas com um único elemento da Figura 19.64a, y_{11} é:
(a) 0   (b) 5   (c) 10
(d) 20   (e) indefinido

19.4 Para o circuito de duas portas com um único elemento da Figura 19.64b, h_{21} é:
(a) −0,1   (b) −1   (c) 0
(d) 10   (e) indefinido

19.5 Para o circuito de duas portas com um único elemento da Figura 19.64a, **B** é:
(a) 0   (b) 5   (c) 10
(d) 20   (e) indefinido

19.6 Para o circuito de duas portas com um único elemento da Figura 19.64b, **B** é:
(a) 0   (b) 5
(c) 10   (d) 20
(d) indefinido

19.7 Quando a porta 1 de um circuito de duas portas é curto-circuitada, $\mathbf{I}_1 = 4\mathbf{I}_2$ e $\mathbf{V}_2 = 0,25\mathbf{I}_2$. Qual das seguintes opções é verdadeira?
(a) $y_{11} = 4$ (b) $y_{12} = 16$
(c) $y_{21} = 16$ (d) $y_{22} = 0,25$

19.8 Um circuito de duas portas é descrito pelas seguintes equações:

$$\mathbf{V}_1 = 50\mathbf{I}_1 + 10\mathbf{I}_2$$
$$\mathbf{V}_2 = 30\mathbf{I}_1 + 20\mathbf{I}_2$$

Qual das relações a seguir *não* é verdadeira?
(a) $z_{12} = 10$ (b) $y_{12} = -0,0143$
(c) $h_{12} = 0,5$ (d) **A** = 50

19.9 Se um circuito de duas portas for recíproco, qual das relações a seguir *não* é verdadeira?

(a) $z_{21} = z_{12}$
(b) $y_{21} = y_{12}$
(c) $h_{21} = h_{12}$
(d) $AD = BC + 1$

19.10 Se os dois circuitos de duas portas com um único elemento da Figura 19.64 forem colocados em cascata, então **D** será:

(a) 0 (b) 0,1 (c) 2
(d) 10 (e) indefinido

Respostas: 19.1c; 19.2e; 19.3e; 19.4b; 19.5a; 19.6c; 19.7b; 19.8d; 19.9c; 19.10c.

Problemas

● **Seção 19.2 Parâmetros de impedância**

19.1 Obtenha os parâmetros z para o circuito da Figura 19.65.

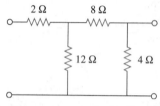

Figura 19.65 Esquema para os Problemas 19.1 e 19.28.

***19.2** Determine o parâmetro de impedância equivalente para o circuito da Figura 19.66.

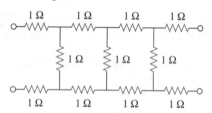

Figura 19.66 Esquema para o Problema 19.2.

19.3 Determine os parâmetros z para o circuito da Figura 19.67.

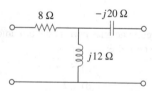

Figura 19.67 Esquema para o Problema 19.3.

19.4 Elabore um problema para ajudar outros estudantes a entender melhor como determinar os parâmetros z a partir de um circuito elétrico usando a Figura 19.68.

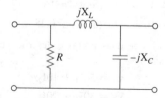

Figura 19.68 Esquema para o Problema 19.4.

---
* O asterisco indica um problema que constitui um desafio.

19.5 Obtenha os parâmetros z em função de s para o circuito da Figura 19.69.

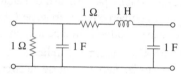

Figura 19.69 Esquema para o Problema 19.5.

19.6 Calcule os parâmetros z para o circuito da Figura 19.70.

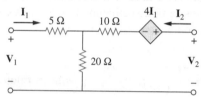

Figura 19.70 Esquema para os Problemas 19.6 e 19.73.

19.7 Calcule o parâmetro de impedância equivalente para o circuito da Figura 19.71.

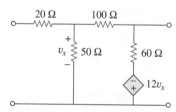

Figura 19.71 Esquema para os Problemas 19.7 e 19.80.

19.8 Determine os parâmetros z do circuito de duas portas da Figura 19.72.

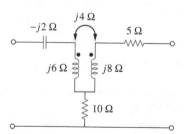

Figura 19.72 Esquema para o Problema 19.8.

19.9 Os parâmetros y de um circuito são:

$$Y = [y] = \begin{bmatrix} 0,5 & -0,2 \\ -0,2 & 0,4 \end{bmatrix} S$$

Determine os parâmetros z do circuito.

19.10 Construa um circuito de duas portas que concretize cada um dos parâmetros z a seguir:

(a) $[z] = \begin{bmatrix} 25 & 20 \\ 5 & 10 \end{bmatrix} \Omega$

(b) $[z] = \begin{bmatrix} 1 + \dfrac{3}{s} & \dfrac{1}{s} \\ \dfrac{1}{s} & 2s + \dfrac{1}{s} \end{bmatrix} \Omega$

19.11 Determine um circuito de duas portas que é representado pelos seguintes parâmetros z:

$$[z] = \begin{bmatrix} 6 + j3 & 5 - j2 \\ 5 - j2 & 8 - j \end{bmatrix} \Omega$$

19.12 Para o circuito mostrado na Figura 19.73, seja

$$[z] = \begin{bmatrix} 10 & -6 \\ -4 & 12 \end{bmatrix} \Omega$$

Determine I_1, I_2, V_1 e V_2.

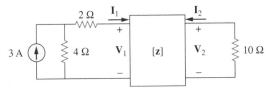

Figura 19.73 Esquema para o Problema 19.12.

19.13 Determine a potência média liberada para $Z_L = 5 + j4$ no circuito da Figura 19.74. *Nota*: o valor da tensão é RMS.

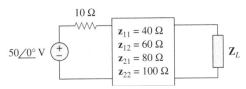

Figura 19.74 Esquema para o Problema 19.13.

19.14 Para o circuito de duas portas indicado na Figura 19.75, demonstre que, nos terminais de saída, e

$$\mathbf{Z}_{Th} = \mathbf{z}_{22} - \frac{\mathbf{z}_{12}\mathbf{z}_{21}}{\mathbf{z}_{11} + \mathbf{Z}_s}$$

e

$$\mathbf{V}_{Th} = \frac{\mathbf{z}_{21}}{\mathbf{z}_{11} + \mathbf{Z}_s}\mathbf{V}_s$$

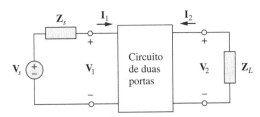

Figura 19.75 Esquema para os Problemas 19.14 e 19.41.

19.15 Para o circuito de duas portas da Figura 19.76,

$$[z] = \begin{bmatrix} 40 & 60 \\ 80 & 120 \end{bmatrix} \Omega$$

(a) determine $\mathbf{Z}_L$ para a transferência de potência máxima para a carga.

(b) calcule a potência máxima liberada para a carga.

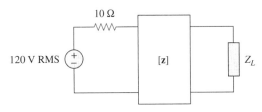

Figura 19.76 Esquema para o Problema 19.15.

19.16 Para o circuito da Figura 19.77, em $\omega = 2$ rad/s, $\mathbf{z}_{11} = 10\ \Omega$, $\mathbf{z}_{12} = \mathbf{z}_{21} = j6\ \Omega$, $\mathbf{z}_{22} = 4\ \Omega$. Obtenha o circuito equivalente de Thévenin nos terminais a-b e calcule v_o.

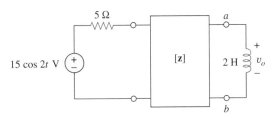

Figura 19.77 Esquema para o Problema 19.16.

• **Seção 19.3 Parâmetros de admitância**

*19.17** Determine os parâmetros z e y para o circuito da Figura 19.78.

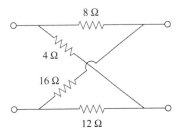

Figura 19.78 Esquema para o Problema 19.17.

19.18 Calcule os parâmetros y para o circuito de duas portas da Figura 19.79.

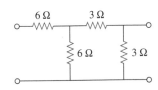

Figura 19.79 Esquema para os Problemas 19.18 e 19.37.

19.19 Elabore um problema para ajudar outros estudantes a entender melhor como determinar os parâmetros y no domínio s usando a Figura 19.80.

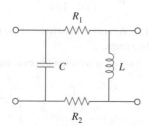

Figura 19.80 Esquema para o Problema 19.19.

19.20 Determine os parâmetros y para o circuito da Figura 19.81.

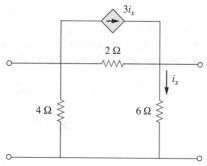

Figura 19.81 Esquema para o Problema 19.20.

19.21 Obtenha o circuito equivalente de parâmetro de admitância para o circuito de duas portas da Figura 19.82.

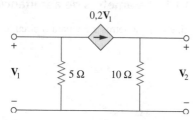

Figura 19.82 Esquema para o Problema 19.21.

19.22 Obtenha os parâmetros y para o circuito de duas portas da Figura 19.83.

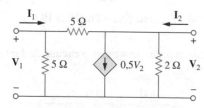

Figura 19.83 Esquema para o Problema 19.22.

19.23 (a) Determine os parâmetros y para o circuito de duas portas da Figura 19.84.
(b) Determine $\mathbf{V}_2(s)$ para $v_s = 2u(t)$ V.

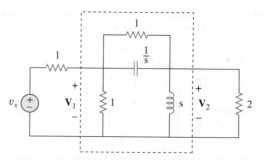

Figura 19.84 Esquema para o Problema 19.23.

19.24 Determine o circuito resistivo que representa os parâmetros y a seguir:

$$[\mathbf{y}] = \begin{bmatrix} \dfrac{1}{2} & -\dfrac{1}{4} \\ -\dfrac{1}{4} & \dfrac{3}{8} \end{bmatrix} \text{S}$$

19.25 Desenhe o circuito de duas portas que possui os seguintes parâmetros y:

$$[\mathbf{y}] = \begin{bmatrix} 1 & -0{,}5 \\ -0{,}5 & 1{,}5 \end{bmatrix} \text{S}$$

19.26 Calcule $[\mathbf{y}]$ para o circuito de duas portas da Figura 19.85.

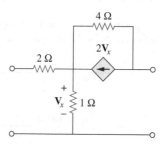

Figura 19.85 Esquema para o Problema 19.26.

19.27 Determine os parâmetros y para o circuito da Figura 19.86.

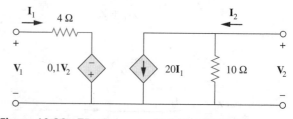

Figura 19.86 Esquema para o Problema 19.27.

19.28 No circuito da Figura 19.65, a porta de entrada é ligada a uma fonte de corrente contínua de 1 A. Calcule a potência dissipada pelo resistor de 2 Ω usando os parâmetros y. Confirme seu resultado por meio da análise de circuitos direta.

19.29 No circuito ponte da Figura 19.87, $I_1 = 10$ A e $I_2 = -4$ A.

(a) Determine V_1 e V_2 usando parâmetros y.

(b) Confirme os resultados obtidos no item (a) pela análise de circuitos direta.

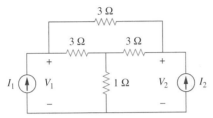

Figura 19.87 Esquema para o Problema 19.29.

● **Seção 19.4 Parâmetros híbridos**

19.30 Determine os parâmetros h para os circuitos da Figura 19.88.

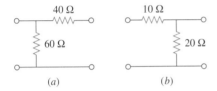

Figura 19.88 Esquema para o Problema 19.30.

19.31 Determine os parâmetros híbridos para o circuito da Figura 19.89.

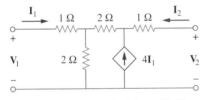

Figura 19.89 Esquema para o Problema 19.31.

19.32 Elabore um problema para ajudar outros estudantes a entender melhor como determinar os parâmetros h e g para um circuito no domínio s usando a Figura 19.90.

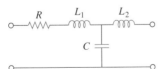

Figura 19.90 Esquema para o Problema 19.32.

19.33 Obtenha os parâmetros h para o circuito de duas portas da Figura 19.91.

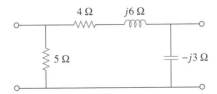

Figura 19.91 Esquema para o Problema 19.33.

19.34 Obtenha os parâmetros h e g para o circuito de duas portas da Figura 19.92.

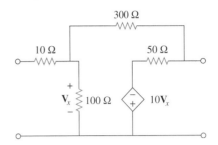

Figura 19.92 Esquema para o Problema 19.34.

19.35 Determine os parâmetros h para o circuito da Figura 19.93.

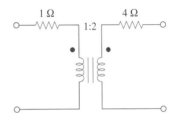

Figura 19.93 Esquema para o Problema 19.35.

19.36 Para o circuito de duas portas da Figura 19.94,

$$[\mathbf{h}] = \begin{bmatrix} 16\ \Omega & 3 \\ -2 & 0{,}01\ \mathrm{S} \end{bmatrix}$$

Determine:

(a) V_2/V_1 (b) I_2/I_1
(c) I_1/V_1 (d) V_2/I_1

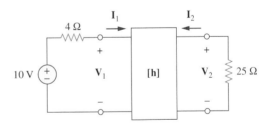

Figura 19.94 Esquema para o Problema 19.36.

19.37 A porta de entrada do circuito da Figura 19.79 é ligada a uma fonte de tensão CC de 10 V, enquanto a terminação da porta é um resistor de 5 Ω. Determine a tensão no resistor de 5 Ω usando os parâmetros h do circuito. Confirme seu resultado usando análise de circuitos direta.

19.38 Os parâmetros h do circuito de duas portas da Figura 19.95 são:

$$[\mathbf{h}] = \begin{bmatrix} 600\ \Omega & 0{,}04 \\ 30 & 2\ \mathrm{mS} \end{bmatrix}$$

Dado que $Z_s = 2$ kΩ e $Z_L = 400$ Ω, determine Z_{ent} e Z_{sai}.

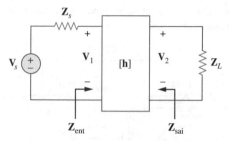

Figura 19.95 Esquema para o Problema 19.38.

19.39 Obtenha os parâmetros g para o circuito estrela da Figura 19.96.

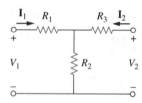

Figura 19.96 Esquema para o Problema 19.39.

19.40 Elabore um problema para ajudar outros estudantes a entender melhor como determinar os parâmetros g de um circuito CA usando a Figura 19.97.

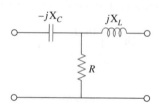

Figura 19.97 Esquema para o Problema 19.40.

19.41 Para o circuito de duas portas da Figura 19.75, mostre que

$$\frac{I_2}{I_1} = \frac{-g_{21}}{g_{11}Z_L + \Delta_g}$$

$$\frac{V_2}{V_s} = \frac{g_{21}Z_L}{(1 + g_{11}Z_s)(g_{22} + Z_L) - g_{21}g_{12}Z_s}$$

em que Δ_g é o determinante da matriz [g].

19.42 Os parâmetros h de um dispositivo de duas portas são dados por

$$h_{11} = 600 \, \Omega, \quad h_{12} = 10^{-3}, \quad h_{21} = 120,$$
$$h_{22} = 2 \times 10^{-6} \, S$$

Desenhe um modelo de circuito do dispositivo incluindo o valor de cada elemento.

● Seção 19.5 **Parâmetros de transmissão**

19.43 Determine os parâmetros de transmissão para os circuitos de duas portas com um só elemento na Figura 19.98.

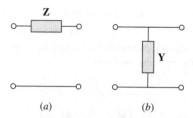

Figura 19.98 Esquema para o Problema 19.43.

19.44 Elabore um problema para ajudar outros estudantes a entender melhor como determinar os parâmetros de transmissão de um circuito CA usando a Figura 19.99.

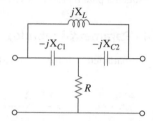

Figura 19.99 Esquema para o Problema 19.44.

19.45 Determine os parâmetros **ABCD** para o circuito na Figura 19.100.

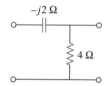

Figura 19.100 Esquema para o Problema 19.45.

19.46 Determine os parâmetros para o circuito na Figura 19.101.

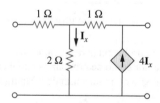

Figura 19.101 Esquema para o Problema 19.46.

19.47 Obtenha os parâmetros **ABCD** para o circuito na Figura 19.102.

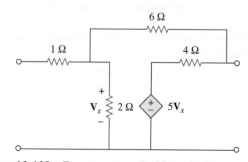

Figura 19.102 Esquema para o Problema 19.47.

19.48 Para um circuito de duas portas, seja $\mathbf{A} = 4$, $\mathbf{B} = 30\ \Omega$, $\mathbf{C} = 0,1$ S e $\mathbf{D} = 1,5$. Calcule a impedância de entrada $\mathbf{Z}_{ent} = \mathbf{V}_1/\mathbf{I}_1$, quando:

(a) os terminais de saída são curto-circuitados.

(b) a porta de saída é um circuito aberto.

(c) a porta de saída tem como terminação uma carga de $10\ \Omega$.

19.49 Obtenha os parâmetros de transmissão para o circuito na Figura 19.103 usando impedâncias no domínio s.

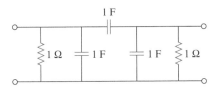

Figura 19.103   Esquema para o Problema 19.49.

19.50 Deduza a expressão no domínio s para os parâmetros t do circuito na Figura 19.104.

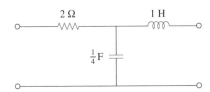

Figura 19.104   Esquema para o Problema 19.50.

19.51 Obtenha os parâmetros t para o circuito da Figura 19.105.

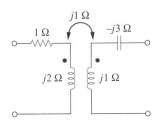

Figura 19.105   Esquema para o Problema 19.51.

● **Seção 19.6   Relações entre parâmetros**

19.52 (a) Para o circuito T da Figura 19.106, demonstre que os parâmetros h são:

$$\mathbf{h}_{11} = R_1 + \frac{R_2 R_3}{R_1 + R_3}, \qquad \mathbf{h}_{12} = \frac{R_2}{R_2 + R_3}$$

$$\mathbf{h}_{21} = -\frac{R_2}{R_2 + R_3}, \qquad \mathbf{h}_{22} = \frac{1}{R_2 + R_3}$$

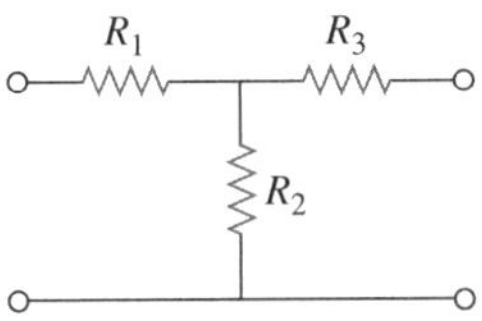

Figura 19.106   Esquema para o Problema 19.52.

(b) Para o mesmo circuito, demonstre que os parâmetros de transmissão são:

$$\mathbf{A} = 1 + \frac{R_1}{R_2}, \qquad \mathbf{B} = R_3 + \frac{R_1}{R_2}(R_2 + R_3)$$

$$\mathbf{C} = \frac{1}{R_2}, \qquad \mathbf{D} = 1 + \frac{R_3}{R_2}$$

19.53 Pela derivação, expresse os parâmetros z em termos dos parâmetros **ABCD**.

19.54 Demonstre que os parâmetros de transmissão de um circuito de duas portas podem ser obtidos a partir dos parâmetros y como segue:

$$\mathbf{A} = -\frac{\mathbf{y}_{22}}{\mathbf{y}_{21}}, \qquad \mathbf{B} = -\frac{1}{\mathbf{y}_{21}}$$

$$\mathbf{C} = -\frac{\Delta_y}{\mathbf{y}_{21}}, \qquad \mathbf{D} = -\frac{\mathbf{y}_{11}}{\mathbf{y}_{21}}$$

19.55 Prove que os parâmetros g podem ser obtidos a partir dos parâmetros z como segue:

$$\mathbf{g}_{11} = \frac{1}{\mathbf{z}_{11}}, \qquad \mathbf{g}_{12} = -\frac{\mathbf{z}_{12}}{\mathbf{z}_{11}}$$

$$\mathbf{g}_{21} = \frac{\mathbf{z}_{21}}{\mathbf{z}_{11}}, \qquad \mathbf{g}_{22} = \frac{\Delta_z}{\mathbf{z}_{11}}$$

19.56 Para o circuito da Figura 19.107, obtenha $\mathbf{V}_o/\mathbf{V}_s$.

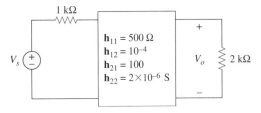

Figura 19.107   Esquema para o Problema 19.56.

19.57 Dados os parâmetros de transmissão

$$[\mathbf{T}] = \begin{bmatrix} 3 & 20 \\ 1 & 7 \end{bmatrix}$$

obtenha os cinco outros parâmetros de portas.

19.58 Elabore um problema para ajudar outros estudantes a entender melhor como desenvolver os parâmetros y e de transmissão, dadas as equações em termos dos parâmetros híbridos.

19.59 Dado que

$$[\mathbf{g}] = \begin{bmatrix} 0,06\ \text{S} & -0,4 \\ 0,2 & 2\ \Omega \end{bmatrix}$$

determine:

(a) $[\mathbf{z}]$ (b) $[\mathbf{y}]$ (c) $[\mathbf{h}]$ (d) $[\mathbf{T}]$

19.60 Projete um circuito T necessário para concretizar os seguintes parâmetros z com $\omega = 10^6$ rad/s.

$$[z] = \begin{bmatrix} 4 + j3 & 2 \\ 2 & 5 - j \end{bmatrix} k\Omega$$

19.61 Para o circuito em ponte da Figura 19.108, obtenha:
(a) Os parâmetros z.
(b) Os parâmetros h.
(c) Os parâmetros de transmissão.

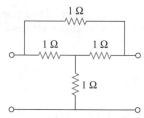

Figura 19.108 Esquema para o Problema 19.61.

19.62 Determine os parâmetros z do circuito com amplificador operacional da Figura 19.109. Obtenha os parâmetros de transmissão.

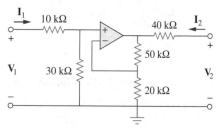

Figura 19.109 Esquema para o Problema 19.62.

19.63 Determine os parâmetros z do circuito de duas portas da Figura 19.110.

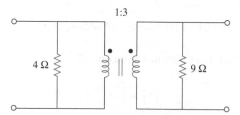

Figura 19.110 Esquema para o Problema 19.63.

19.64 Determine os parâmetros y em $\omega = 1.000$ rad/s para o circuito com amplificador operacional da Figura 19.111. Obtenha os parâmetros h correspondentes.

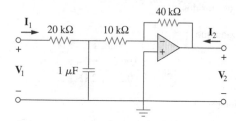

Figura 19.111 Esquema para o Problema 19.64.

● **Seção 19.7 Interconexão de circuitos elétricos**

19.65 Qual é a apresentação dos parâmetros y no circuito da Figura 19.112?

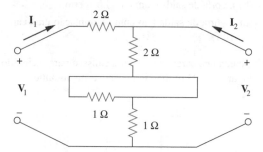

Figura 19.112 Esquema para o Problema 19.65.

19.66 No circuito de duas portas da Figura 19.113, seja $y_{12} = y_{21} = 0$, $y_{11} = 2$ mS e $y_{22} = 10$ mS. Determine $\mathbf{V}_o/\mathbf{V}_s$.

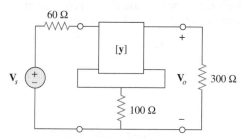

Figura 19.113 Esquema para o Problema 19.66.

19.67 Se três cópias do circuito da Figura 19.114 forem ligadas em paralelo, determine os parâmetros de transmissão globais.

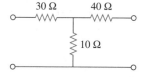

Figura 19.114 Esquema para o Problema 19.67.

19.68 Obtenha os parâmetros h para o circuito da Figura 19.115.

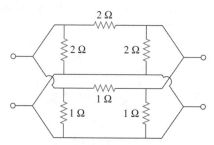

Figura 19.115 Esquema para o Problema 19.68.

***19.69** O circuito da Figura 19.116 pode ser considerado dois circuitos de duas portas ligados em paralelo. Obtenha os parâmetros y em função de s.

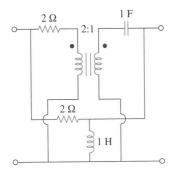

Figura 19.116 Esquema para o Problema 19.69.

*19.70 Para a conexão série-paralelo dos dois circuitos de duas portas da Figura 19.117, determine os parâmetros g.

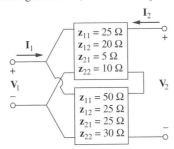

Figura 19.117 Esquema para o Problema 19.70.

*19.71 Determine os parâmetros z para o circuito da Figura 19.118.

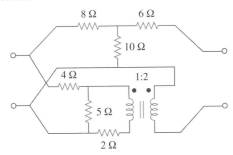

Figura 19.118 Esquema para o Problema 19.71.

*19.72 Uma conexão série-paralelo de dois circuitos de duas portas é mostrado na Figura 19.119. Determine a representação em parâmetros z do circuito.

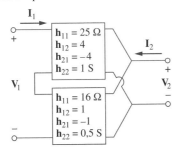

Figura 19.119 Esquema para o Problema 19.72.

19.73 Três cópias do circuito indicado na Figura 19.70 são conectadas em cascata. Determine os parâmetros z.

*19.74 Determine os parâmetros **ABCD** do circuito da Figura 19.120 em função de s. (*Sugestão*: Divida o circuito em subcircuitos e conecte-os em cascata, usando os resultados do Problema 19.43.)

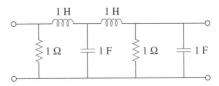

Figura 19.120 Esquema para o Problema 19.74.

*19.75 Para os dois circuitos de duas portas individuais indicados na Figura 19.121 onde

$$[\mathbf{z}_a] = \begin{bmatrix} 8 & 6 \\ 4 & 5 \end{bmatrix} \Omega \quad [\mathbf{y}_b] = \begin{bmatrix} 8 & -4 \\ 2 & 10 \end{bmatrix} S$$

(a) Determine os parâmetros y do circuito de duas portas global.
(b) Determine a relação de tensões $\mathbf{V}_o/\mathbf{V}_i$ quando $\mathbf{Z}_L = 2 \Omega$.

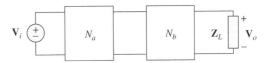

Figura 19.121 Esquema para o Problema 19.75.

Seção 19.8 Cálculo de parâmetros de circuitos de duas portas usando o *PSpice*

19.76 Use o *PSpice* ou o *MultiSim* para obter os parâmetros z do circuito da Figura 19.122.

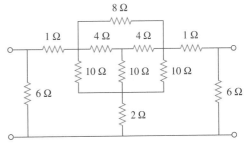

Figura 19.122 Esquema para o Problema 19.76.

19.77 Use o *PSpice* ou o *MultiSim* para determinar os parâmetros h do circuito na Figura 19.123. Adote ω = 1 rad/s.

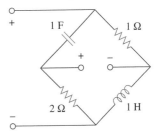

Figura 19.123 Esquema para o Problema 19.77.

19.78 Obtenha os parâmetros h em ω = 4 rad/s para o circuito da Figura 19.124 usando o *PSpice* ou o *MultiSim*.

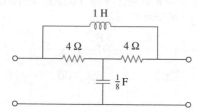

Figura 19.124 Esquema para o Problema 19.78.

19.79 Use o *PSpice* ou o *MultiSim* para determinar os parâmetros z do circuito na Figura 19.125. Adote ω = 2 rad/s.

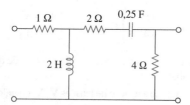

Figura 19.125 Esquema para o Problema 19.79.

19.80 Use o *PSpice* ou o *MultiSim* para obter os parâmetros z do circuito da Figura 19.71.

19.81 Repita o Problema 19.26 usando o *PSpice* ou o *MultiSim*.

19.82 Use o *PSpice* ou o *MultiSim* para refazer o Problema 19.31.

19.83 Refaça o Problema 19.47 usando o *PSpice* ou o *MultiSim*.

19.84 Use o *PSpice* ou o *MultiSim* para determinar os parâmetros de transmissão para o circuito da Figura 19.126.

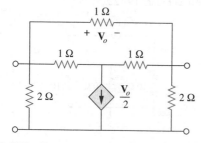

Figura 19.126 Esquema para o Problema 19.84.

19.85 Em ω = 1 rad/s, determine os parâmetros de transmissão do circuito da Figura 19.127 usando o *PSpice* ou o *MultiSim*.

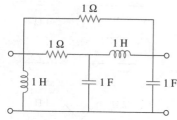

Figura 19.127 Esquema para o Problema 19.85.

19.86 Obtenha os parâmetros g para o circuito da Figura 19.128 usando o *PSpice* ou o *MultiSim*.

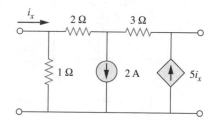

Figura 19.128 Esquema para o Problema 19.86.

19.87 Para o circuito exibido na Figura 19.129, use o *PSpice* ou o *MultiSim* para obter os parâmetros t. Suponha ω = 1 rad/s.

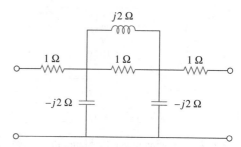

Figura 19.129 Esquema para o Problema 19.87.

● **Seção 19.9   Aplicações**

19.88 Use os parâmetros y para obter fórmulas para Z_{ent}, Z_{sai}, A_i e A_v para o circuito com transistor de emissor comum.

19.89 Um transistor possui os seguintes parâmetros em um circuito de emissor comum:

$$h_{ie} = 2.640 \, \Omega, \quad h_{re} = 2,6 \times 10^{-4}$$
$$h_{fe} = 72, \quad h_{oe} = 16 \, \mu S, \quad R_L = 100 \, k\Omega$$

Qual é a amplificação de tensão do transistor? Quanto representa em decibéis esse ganho?

19.90 Um transistor com

$$h_{fe} = 120, \quad h_{ie} = 2 \, k\Omega$$
$$h_{re} = 10^{-4}, \quad h_{oe} = 20 \, \mu S$$

é usado para um amplificador emissor comum fornecer uma resistência de entrada de 1,5 kΩ.

(a) determine a resistência de carga necessária R_L.
(b) calcule A_v, A_i e Z_{sai} se o amplificador for excitado por uma fonte de 4 mV com resistência interna de 600 Ω.
(c) determine a tensão na carga.

19.91 Para o circuito transistorizado da Figura 19.130,

$$h_{fe} = 80, \quad h_{ie} = 1,2 \, k\Omega$$
$$h_{re} = 1,5 \times 10^{-4}, \quad h_{oe} = 20 \, \mu S$$

Determine:

(a) O ganho de tensão $A_v = V_o/V_s$.
(b) O ganho de corrente $A_i = I_o/I_i$.
(c) A impedância de entrada Z_{ent}.
(d) A impedância de saída Z_{sai}.

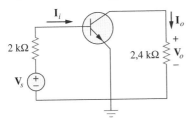

Figura 19.130   Esquema para o Problema 19.91.

*__19.92__ Determine A_v, A_i, Z_{ent} e Z_{sai} para o amplificador mostrado na Figura 19.131. Suponha que

$$h_{ie} = 4\text{ k}\Omega, \quad h_{re} = 10^{-4}$$
$$h_{fe} = 100, \quad h_{oe} = 30\text{ }\mu\text{S}$$

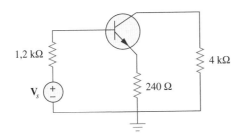

Figura 19.131   Esquema para o Problema 19.92.

*__19.93__ Calcule A_v, A_i, Z_{ent} e Z_{sai} para o circuito com transistores da Figura 19.132. Suponha que

$$h_{ie} = 2\text{ k}\Omega, \quad h_{re} = 2{,}5 \times 10^{-4}$$
$$h_{fe} = 150, \quad h_{oe} = 10\text{ }\mu\text{S}$$

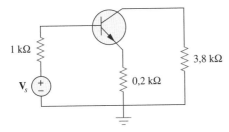

Figura 19.132   Esquema para o Problema 19.93.

19.94 Um transistor em seu modo de emissor comum é especificado por

$$[\mathbf{h}] = \begin{bmatrix} 200\text{ }\Omega & 0 \\ 100 & 10^{-6}\text{ S} \end{bmatrix}$$

Dois transistores idênticos destes são conectados em cascata para formar um amplificador de dois estágios usado em frequências de áudio. Se o amplificador tiver uma terminação com um resistor de 4 kΩ, calcule A_v e Z_{ent} globais.

19.95 Concretize um circuito em cascata LC tal que

$$y_{22} = \frac{s^3 + 5s}{s^4 + 10s^2 + 8}$$

19.96 Desenhe um circuito em cascata LC para concretizar um filtro passa-baixa com função de transferência

$$H(s) = \frac{1}{s^4 + 2{,}613s^3 + 3{,}414s^2 + 2{,}613s + 1}$$

19.97 Sintetize a função de transferência

$$H(s) = \frac{V_o}{V_s} = \frac{s^3}{s^3 + 6s + 12s + 24}$$

usando o circuito em cascata LC da Figura 19.133.

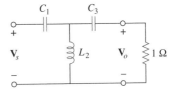

Figura 19.133   Esquema para o Problema 19.97.

19.98 Um amplificador de dois estágios indicado na Figura 19.134 contém dois estágios idênticos com

$$[\mathbf{h}] = \begin{bmatrix} 2\text{ k}\Omega & 0{,}004 \\ 200 & 500\text{ }\mu\text{S} \end{bmatrix}$$

Se $\mathbf{Z}_L = 20$ kΩ, determine o valor necessário de $\mathbf{V}_s$ para gerar $\mathbf{V}_o = 16$ V.

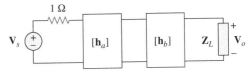

Figura 19.134   Esquema para o Problema 19.98.

Problemas abrangentes

19.99 Suponha que os dois circuitos da Figura 19.135 sejam equivalentes. Os parâmetros dos dois circuitos devem ser iguais. Usando esse fator e os parâmetros z, obtenha a partir destes as Equações (9.67) e (9.68).

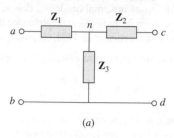

(a)

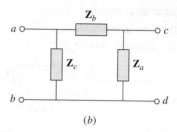

(b)

Figura 19.135 Esquema para o Problema 19.99.

Apêndice A

Equações simultâneas e inversão de matrizes

Na análise de circuitos, normalmente encontramos um conjunto de equações simultâneas na seguinte forma

$$\begin{aligned} a_{11}x_1 + a_{12}x_2 + \cdots + a_{1n}x_n &= b_1 \\ a_{21}x_1 + a_{22}x_2 + \cdots + a_{2n}x_n &= b_2 \\ &\vdots \\ a_{n1}x_1 + a_{n2}x_2 + \cdots + a_{nn}x_n &= b_n \end{aligned} \quad \textbf{(A.1)}$$

onde existem n incógnitas $x_1, x_2, ..., x_n$ a serem determinadas. A Equação (A.1) pode ser escrita na forma matricial, como segue

$$\begin{bmatrix} a_{11} & a_{12} & \cdots & a_{1n} \\ a_{21} & a_{22} & \cdots & a_{2n} \\ \vdots & \vdots & \cdots & \vdots \\ a_{n1} & a_{n2} & \cdots & a_{nn} \end{bmatrix} \begin{bmatrix} x_1 \\ x_2 \\ \vdots \\ x_n \end{bmatrix} = \begin{bmatrix} b_2 \\ b_2 \\ \vdots \\ b_n \end{bmatrix} \quad \textbf{(A.2)}$$

Essa equação matricial pode ser colocada em uma forma compacta como

$$\mathbf{AX} = \mathbf{B} \quad \textbf{(A.3)}$$

onde

$$\mathbf{A} = \begin{bmatrix} a_{11} & a_{12} & \cdots & a_{1n} \\ a_{21} & a_{22} & \cdots & a_{2n} \\ \vdots & \vdots & \cdots & \vdots \\ a_{n1} & a_{n2} & \cdots & a_{nn} \end{bmatrix}, \quad \mathbf{X} = \begin{bmatrix} x_1 \\ x_2 \\ \vdots \\ x_n \end{bmatrix}, \quad \mathbf{B} = \begin{bmatrix} b_1 \\ b_2 \\ \vdots \\ b_n \end{bmatrix} \quad \textbf{(A.4)}$$

$\mathbf{A}$ é uma matriz quadrada ($n \times n$) enquanto $\mathbf{X}$ e $\mathbf{B}$ são matrizes coluna.

Existem vários métodos para resolver a Equação (A.1) ou (A.3). Entre esses estão a substituição, a eliminação Gaussiana, a regra de Cramer, a inversão de matrizes e a análise numérica.

A.1 Regra de Cramer

Em muitos casos, a regra de Cramer pode ser usada para resolver equações simultâneas que encontramos na análise de circuitos. A regra de Cramer afirma que a solução para a Equação (A.1) ou (A.3) é

$$\begin{array}{|l|} \hline x_1 = \dfrac{\Delta_1}{\Delta} \\ x_2 = \dfrac{\Delta_2}{\Delta} \\ \vdots \\ x_n = \dfrac{\Delta_n}{\Delta} \\ \hline \end{array} \qquad (A.5)$$

onde os Δ's são os determinantes dados por

$$\Delta = \begin{vmatrix} a_{11} & a_{12} & \cdots & a_{1n} \\ a_{21} & a_{22} & \cdots & a_{2n} \\ \vdots & \vdots & \cdots & \vdots \\ a_{n1} & a_{n2} & \cdots & a_{nn} \end{vmatrix}, \quad \Delta_1 = \begin{vmatrix} b_1 & a_{12} & \cdots & a_{1n} \\ b_2 & a_{22} & \cdots & a_{2n} \\ \vdots & \vdots & \cdots & \vdots \\ b_n & a_{n2} & \cdots & a_{nn} \end{vmatrix}$$

$$\Delta_2 = \begin{vmatrix} a_{11} & b_1 & \cdots & a_{1n} \\ a_{21} & b_2 & \cdots & a_{2n} \\ \vdots & \vdots & \cdots & \vdots \\ a_{n1} & b_n & \cdots & a_{nn} \end{vmatrix}, \ldots, \Delta_n = \begin{vmatrix} a_{11} & a_{12} & \cdots & b_1 \\ a_{21} & a_{22} & \cdots & b_2 \\ \vdots & \vdots & \cdots & \vdots \\ a_{n1} & a_{n2} & \cdots & b_n \end{vmatrix}$$

(A.6)

Note que Δ é o determinante da matriz $\mathbf{A}$ e Δ_k é o da matriz formada pela substituição da k-ésima coluna de $\mathbf{A}$ por $\mathbf{B}$. Fica evidente, da Equação (A.5), que a regra de Cramer se aplica apenas quando $\Delta \neq 0$. Quando $\Delta = 0$, o conjunto de equações não tem uma solução única, pois as equações são linearmente dependentes.

O valor do determinante Δ, por exemplo, pode ser obtido expandindo-se ao longo da primeira linha:

$$\Delta = \begin{vmatrix} a_{11} & a_{12} & a_{13} & \cdots & a_{1n} \\ a_{21} & a_{22} & a_{23} & \cdots & a_{2n} \\ a_{31} & a_{32} & a_{33} & \cdots & a_{3n} \\ \vdots & \vdots & \vdots & \cdots & \vdots \\ a_{n1} & a_{n2} & a_{n3} & \cdots & a_{nn} \end{vmatrix} \qquad (A.7)$$

$$= a_{11}M_{11} - a_{12}M_{12} + a_{13}M_{13} + \cdots + (-1)^{1+n}a_{1n}M_{1n}$$

onde a M_{ij} menor é um determinante $(n-1) \times (n-1)$ da matriz formada pela eliminação da i-ésima linha e da j-ésima coluna. O valor de Δ também pode ser obtido expandindo-se ao longo da primeira coluna:

$$\Delta = a_{11}M_{11} - a_{21}M_{21} + a_{31}M_{31} + \cdots + (-1)^{n+1}a_{n1}M_{n1} \qquad (A.8)$$

Agora, desenvolvemos especificamente as fórmulas para cálculo dos determinantes das matrizes 2×2 e 3×3, por causa da ocorrência constante destas neste texto. Para uma matriz 2×2,

$$\Delta = \begin{vmatrix} a_{11} & a_{12} \\ a_{21} & a_{22} \end{vmatrix} = a_{11}a_{22} - a_{12}a_{21} \qquad (A.9)$$

Para uma matriz 3 × 3,

$$\Delta = \begin{vmatrix} a_{11} & a_{12} & a_{13} \\ a_{21} & a_{22} & a_{23} \\ a_{31} & a_{32} & a_{33} \end{vmatrix} = a_{11}(-1)^2 \begin{vmatrix} a_{22} & a_{23} \\ a_{32} & a_{33} \end{vmatrix} + a_{21}(-1)^3 \begin{vmatrix} a_{12} & a_{13} \\ a_{32} & a_{33} \end{vmatrix}$$

$$+ a_{31}(-1)^4 \begin{vmatrix} a_{12} & a_{13} \\ a_{22} & a_{23} \end{vmatrix}$$

$$= a_{11}(a_{22}a_{33} - a_{32}a_{23}) - a_{21}(a_{12}a_{33} - a_{32}a_{13})$$
$$+ a_{31}(a_{12}a_{23} - a_{22}a_{13})$$

(A.10)

Um método alternativo de se obter o determinante de uma matriz 3 × 3 é repetir as duas primeiras colunas e multiplicar os termos diagonalmente como segue.

$$\Delta = \begin{vmatrix} a_{11} & a_{12} & a_{13} \\ a_{21} & a_{22} & a_{23} \\ a_{31} & a_{32} & a_{33} \\ a_{11} & a_{12} & a_{13} \\ a_{21} & a_{22} & a_{23} \end{vmatrix}$$

$$= a_{11}a_{22}a_{33} + a_{21}a_{32}a_{13} + a_{31}a_{12}a_{23} - a_{13}a_{22}a_{31} - a_{23}a_{32}a_{11}$$
$$- a_{33}a_{12}a_{21}$$

(A.11)

Em suma:

> A solução para equações lineares simultâneas por meio da regra de Cramer se resume a encontrar
>
> $$x_k = \frac{\Delta_k}{\Delta}, \quad k = 1, 2, \ldots, n \quad \textbf{(A.12)}$$
>
> onde Δ é o determinante da matriz **A** e Δ_k é o determinante da matriz formada pela substituição da k-ésima coluna de **A** por **B**.

Talvez você não ache necessário usar o método de Cramer descrito neste apêndice, dada a existência de calculadoras, computadores e pacotes de *software*, como o *MATLAB*, que podem ser usados facilmente para resolver um conjunto de equações lineares. Mas, no caso de vir a precisar resolver as equações manualmente, o material visto neste apêndice torna-se útil. De qualquer modo, é importante conhecer a base matemática dessas calculadoras e dos pacotes de *software*.

> Podem-se usar outros métodos, como eliminação e inversão de matrizes. Aqui, tratamos apenas do método de Cramer por causa de sua simplicidade e também em razão da disponibilidade de calculadoras poderosas.

EXEMPLO A.1

Resolva as equações simultâneas

$$4x_1 - 3x_2 = 17, \quad -3x_1 + 5x_2 = -21$$

Solução: O conjunto de equações dado é formulado na forma matricial, como segue

$$\begin{bmatrix} 4 & -3 \\ -3 & 5 \end{bmatrix} \begin{bmatrix} x_1 \\ x_2 \end{bmatrix} = \begin{bmatrix} 17 \\ -21 \end{bmatrix}$$

Os determinantes são calculados como

$$\Delta = \begin{vmatrix} 4 & -3 \\ -3 & 5 \end{vmatrix} = 4 \times 5 - (-3)(-3) = 11$$

$$\Delta_1 = \begin{vmatrix} 17 & -3 \\ -21 & 5 \end{vmatrix} = 17 \times 5 - (-3)(-21) = 22$$

$$\Delta_2 = \begin{vmatrix} 4 & 17 \\ -3 & -21 \end{vmatrix} = 4 \times (-21) - 17 \times (-3) = -33$$

Logo,

$$x_1 = \frac{\Delta_1}{\Delta} = \frac{22}{11} = 2, \quad x_2 = \frac{\Delta_2}{\Delta} = \frac{-33}{11} = -3$$

PROBLEMA PRÁTICO A.1

Determine a solução das equações simultâneas:

$$3x_1 - x_2 = 4, \quad -6x_1 + 18x_2 = 16$$

Resposta: $x_1 = 1{,}833$, $x_2 = 1{,}5$.

EXEMPLO A.2

Determine x_1, x_2, x_3 para esse conjunto de equações simultâneas:

$$25x_1 - 5x_2 - 20x_3 = 50$$
$$-5x_1 + 10x_2 - 4x_3 = 0$$
$$-5x_1 - 4x_2 + 9x_3 = 0$$

Solução: Na forma matricial, o conjunto de equações dado fica

$$\begin{bmatrix} 25 & -5 & -20 \\ -5 & 10 & -4 \\ -5 & -4 & 9 \end{bmatrix} \begin{bmatrix} x_1 \\ x_2 \\ x_3 \end{bmatrix} = \begin{bmatrix} 50 \\ 0 \\ 0 \end{bmatrix}$$

Aplicamos a Equação (A.11) para obter os determinantes. Isso requer que repitamos as duas primeiras linhas da matriz. Portanto,

$$\Delta = \begin{vmatrix} 25 & -5 & -20 \\ -5 & 10 & -4 \\ -5 & -4 & 9 \end{vmatrix}$$

$$= 25(10)9 + (-5)(-4)(-20) + (-5)(-5)(-4)$$
$$- (-20)(10)(-5) - (-4)(-4)25 - 9(-5)(-5)$$
$$= 2.250 - 400 - 100 - 1.000 - 400 - 225 = 125$$

De modo semelhante,

$$\Delta_1 = \begin{vmatrix} 50 & -5 & -20 \\ 0 & 10 & -4 \\ 0 & -4 & 9 \end{vmatrix}$$

$$= 4.500 + 0 + 0 - 0 - 800 - 0 = 3.700$$

$$\Delta_2 = \begin{vmatrix} 25 & 50 & -20 \\ -5 & 0 & -4 \\ -5 & 0 & 9 \end{vmatrix} =$$

$$= 0 + 0 + 1.000 - 0 - 0 + 2.250 = 3.250$$

$$\Delta_3 = \begin{vmatrix} 25 & -5 & 50 \\ -5 & 10 & 0 \\ -5 & -4 & 0 \end{vmatrix} =$$

$$= 0 + 1.000 + 0 + 2.500 - 0 - 0 = 3.500$$

Logo, encontramos

$$x_1 = \frac{\Delta_1}{\Delta} = \frac{3.700}{125} = 29,6$$

$$x_2 = \frac{\Delta_2}{\Delta} = \frac{3.250}{125} = 26$$

$$x_3 = \frac{\Delta_2}{\Delta} = \frac{3.500}{125} = 28$$

PROBLEMA PRÁTICO A.2

Obtenha a solução do seguinte conjunto de equações simultâneas:

$$3x_1 - x_2 - 2x_3 = 1$$
$$-x_1 + 6x_2 - 3x_3 = 0$$
$$-2x_1 - 3x_2 + 6x_3 = 6$$

Resposta: $x_1 = 3 = x_3, x_2 = 2$.

A.2 Inversão de matrizes

O sistema linear de equações na Equação (A.3) pode ser resolvido por meio de inversão de matrizes. Na equação $\mathbf{AX} = \mathbf{B}$, podemos inverter $\mathbf{A}$ para obter $\mathbf{X}$, ou seja,

$$\mathbf{X} = \mathbf{A}^{-1}\mathbf{B} \tag{A.13}$$

onde $\mathbf{A}^{-1}$ é o inverso de $\mathbf{A}$. A inversão de matrizes é necessária em outras aplicações além de usá-la para resolver um conjunto de equações.

Por definição, a inversa da matriz $\mathbf{A}$ satisfaz

$$\mathbf{A}^{-1}\mathbf{A} = \mathbf{A}\mathbf{A}^{-1} = \mathbf{I} \tag{A.14}$$

onde $\mathbf{I}$ é uma matriz identidade. $\mathbf{A}^{-1}$ é dada por

$$\mathbf{A}^{-1} = \frac{\text{adj } \mathbf{A}}{\det \mathbf{A}} \tag{A.15}$$

onde adj **A** é a matriz adjunta de **A** e det **A** = |**A**| é o determinante de **A**. A adjunta de **A** é a matriz transposta dos cofatores de **A**. Suponha que seja fornecida a matriz, $n \times n$, **A** como segue

$$\mathbf{A} = \begin{bmatrix} a_{11} & a_{12} & \cdots & a_{1n} \\ a_{21} & a_{22} & \cdots & a_{2n} \\ \vdots & & & \\ a_{n1} & a_{n2} & \cdots & a_{nn} \end{bmatrix} \quad (A.16)$$

Os cofatores de **A** são definidos como

$$\mathbf{C} = \text{cof}(\mathbf{A}) = \begin{bmatrix} c_{11} & c_{12} & \cdots & c_{1n} \\ c_{21} & c_{22} & \cdots & c_{2n} \\ \vdots & & & \\ c_{n1} & c_{n2} & \cdots & c_{nn} \end{bmatrix} \quad (A.17)$$

onde o cofator c_{ij} é o produto de $(-1)^{i+j}$ e o determinante da submatriz $(n-1) \times (n-1)$ é obtido eliminando-se a i-ésima linha e a i-ésima coluna de **A**. Por exemplo, eliminando a primeira linha e a primeira coluna de **A** na Equação (A.16), obtemos o cofator $c11$ como

$$c_{11} = (-1)^2 \begin{vmatrix} a_{22} & a_{23} & \cdots & a_{2n} \\ a_{32} & a_{33} & \cdots & a_{3n} \\ \vdots & & & \\ a_{n2} & a_{n3} & \cdots & a_{nn} \end{vmatrix} \quad (A.18)$$

Assim que os cofatores forem determinados, a matriz adjunta de **A** é obtida como segue

$$\text{adj}(\mathbf{A}) = \begin{bmatrix} c_{11} & c_{12} & \cdots & c_{1n} \\ c_{21} & c_{22} & \cdots & c_{2n} \\ \vdots & & & \\ c_{n1} & c_{n2} & \cdots & c_{nn} \end{bmatrix}^T = \mathbf{C}^T \quad (A.19)$$

onde T representa a matriz transposta.

Além de usar os cofatores para determinar a adjunta de **A**, eles também são usados para obter o determinante de **A** que é dado por

$$|\mathbf{A}| = \sum_{j=1}^{n} a_{ij} c_{ij} \quad (A.20)$$

onde i é qualquer valor de 1 a n. Substituindo as equações (A.19) e (A.20) na Equação (A.15), obtemos a inversa de **A**, como segue

$$\boxed{\mathbf{A}^{-1} = \frac{\mathbf{C}^T}{|\mathbf{A}|}} \quad (A.21)$$

Para uma matriz 2×2, se

$$\mathbf{A} = \begin{bmatrix} a & b \\ c & d \end{bmatrix} \quad (A.22)$$

sua inversa será

$$\mathbf{A}^{-1} = \frac{1}{|\mathbf{A}|}\begin{bmatrix} d & -b \\ -c & a \end{bmatrix} = \frac{1}{ad-bc}\begin{bmatrix} d & -b \\ -c & a \end{bmatrix} \quad (\mathbf{A.23})$$

Para uma matriz 3 × 3, se

$$\mathbf{A} = \begin{bmatrix} a_{11} & a_{12} & a_{13} \\ a_{21} & a_{22} & a_{23} \\ a_{31} & a_{32} & a_{33} \end{bmatrix} \quad (\mathbf{A.24})$$

obtemos, primeiro, os cofatores como

$$\mathbf{C} = \begin{bmatrix} c_{11} & c_{12} & c_{13} \\ c_{21} & c_{22} & c_{23} \\ c_{31} & c_{32} & c_{33} \end{bmatrix} \quad (\mathbf{A.25})$$

onde

$$c_{11} = \begin{vmatrix} a_{22} & a_{23} \\ a_{32} & a_{33} \end{vmatrix}, \quad c_{12} = -\begin{vmatrix} a_{21} & a_{23} \\ a_{31} & a_{33} \end{vmatrix}, \quad c_{13} = \begin{vmatrix} a_{21} & a_{22} \\ a_{31} & a_{32} \end{vmatrix},$$

$$c_{21} = -\begin{vmatrix} a_{12} & a_{13} \\ a_{32} & a_{33} \end{vmatrix}, \quad c_{22} = \begin{vmatrix} a_{11} & a_{13} \\ a_{31} & a_{33} \end{vmatrix}, \quad c_{23} = -\begin{vmatrix} a_{11} & a_{12} \\ a_{31} & a_{32} \end{vmatrix},$$

$$c_{31} = \begin{vmatrix} a_{12} & a_{13} \\ a_{22} & a_{23} \end{vmatrix}, \quad c_{32} = -\begin{vmatrix} a_{11} & a_{13} \\ a_{21} & a_{23} \end{vmatrix}, \quad c_{33} = \begin{vmatrix} a_{11} & a_{12} \\ a_{21} & a_{22} \end{vmatrix}$$

$$(\mathbf{A.26})$$

O determinante da matriz 3 × 3 pode ser obtido usando a Equação (A.11). Aqui, queremos utilizar a Equação (A.20), isto é,

$$|\mathbf{A}| = a_{11}c_{11} + a_{12}c_{12} + a_{13}c_{13} \quad (\mathbf{A.27})$$

A ideia pode ser estendida para $n > 3$, porém, neste livro, lidamos principalmente com matrizes 2 × 2 e 3 × 3.

EXEMPLO A.3

Use a inversão de matrizes para resolver as equações simultâneas

$$2x_1 + 10x_2 = 2, \quad -x_1 + 3x_2 = 7$$

Solução: Expressamos, em primeiro lugar, as duas equações na forma matricial como

$$\begin{bmatrix} 2 & 10 \\ -1 & 3 \end{bmatrix}\begin{bmatrix} x_1 \\ x_2 \end{bmatrix} = \begin{bmatrix} 2 \\ 7 \end{bmatrix}$$

ou

$$\mathbf{AX} = \mathbf{B} \longrightarrow \mathbf{X} = \mathbf{A}^{-1}\mathbf{B}$$

onde

$$\mathbf{A} = \begin{bmatrix} 2 & 10 \\ -1 & 3 \end{bmatrix}, \quad \mathbf{X} = \begin{bmatrix} x_1 \\ x_2 \end{bmatrix}, \quad \mathbf{B} = \begin{bmatrix} 2 \\ 7 \end{bmatrix}$$

O determinante de $\mathbf{A}$ é $|\mathbf{A}| = 2 \times 3 - 10(-1) = 16$, de modo que o inverso de $\mathbf{A}$ é

$$\mathbf{A}^{-1} = \frac{1}{16}\begin{bmatrix} 3 & -10 \\ 1 & 2 \end{bmatrix}$$

Portanto,

$$\mathbf{X} = \mathbf{A}^{-1}\mathbf{B} = \frac{1}{16}\begin{bmatrix} 3 & -10 \\ 1 & 2 \end{bmatrix}\begin{bmatrix} 2 \\ 7 \end{bmatrix} = \frac{1}{16}\begin{bmatrix} -64 \\ 16 \end{bmatrix} = \begin{bmatrix} -4 \\ 1 \end{bmatrix}$$

isto é, $x_1 = -4$ e $x_2 = 1$.

PROBLEMA PRÁTICO A.3

Solucione as duas equações a seguir por meio de inversão de matrizes.

$$2y_1 - y_2 = 4, \quad y_1 + 3y_2 = 9$$

Resposta: $y_1 = 3, y_2 = 2$.

EXEMPLO A.4

Determine x_1, x_2 e x_3 para as seguintes equações simultâneas usando inversão de matrizes.

$$x_1 + x_2 + x_3 = 5$$
$$-x_1 + 2x_2 = 9$$
$$4x_1 + x_2 - x_3 = -2$$

Solução: Na forma matricial, as equações ficam

$$\begin{bmatrix} 1 & 1 & 1 \\ -1 & 2 & 0 \\ 4 & 1 & -1 \end{bmatrix}\begin{bmatrix} x_1 \\ x_2 \\ x_3 \end{bmatrix} = \begin{bmatrix} 5 \\ 9 \\ -2 \end{bmatrix}$$

ou

$$\mathbf{AX} = \mathbf{B} \longrightarrow \mathbf{X} = \mathbf{A}^{-1}\mathbf{B}$$

onde

$$\mathbf{A} = \begin{bmatrix} 1 & 1 & 1 \\ -1 & 2 & 0 \\ 4 & 1 & -1 \end{bmatrix}, \quad \mathbf{X} = \begin{bmatrix} x_1 \\ x_2 \\ x_3 \end{bmatrix}, \quad \mathbf{B} = \begin{bmatrix} 5 \\ 9 \\ -2 \end{bmatrix}$$

Agora, encontramos os cofatores

$$c_{11} = \begin{vmatrix} 2 & 0 \\ 1 & -1 \end{vmatrix} = -2, \quad c_{12} = -\begin{vmatrix} -1 & 0 \\ 4 & -1 \end{vmatrix} = -1, \quad c_{13} = \begin{vmatrix} -1 & 2 \\ 4 & 1 \end{vmatrix} = -9$$

$$c_{21} = -\begin{vmatrix} 1 & 1 \\ 1 & -1 \end{vmatrix} = 2, \quad c_{22} = \begin{vmatrix} 1 & 1 \\ 4 & -1 \end{vmatrix} = -5, \quad c_{23} = -\begin{vmatrix} 1 & 1 \\ 4 & 1 \end{vmatrix} = 3$$

$$c_{31} = \begin{vmatrix} 1 & 1 \\ 2 & 0 \end{vmatrix} = -2, \quad c_{32} = -\begin{vmatrix} 1 & 1 \\ -1 & 0 \end{vmatrix} = -1, \quad c_{33} = \begin{vmatrix} 1 & 1 \\ -1 & 2 \end{vmatrix} = 3$$

A adjunta da matriz $\mathbf{A}$ é

$$\text{adj } \mathbf{A} = \begin{bmatrix} -2 & -1 & -9 \\ 2 & -5 & 3 \\ -2 & -1 & 3 \end{bmatrix}^T = \begin{bmatrix} -2 & 2 & -2 \\ -1 & -5 & -1 \\ -9 & 3 & 3 \end{bmatrix}$$

Podemos obter o determinante de $\mathbf{A}$ usando qualquer linha ou coluna de $\mathbf{A}$. Como um elemento da segunda linha é 0, podemos aproveitar para encontrar o determinante como segue

$$|\mathbf{A}| = -1c_{21} + 2c_{22} + (0)c_{23} = -1(2) + 2(-5) = -12$$

Portanto, a inversa de **A** é

$$\mathbf{A}^{-1} = \frac{1}{-12} \begin{bmatrix} -2 & 2 & -2 \\ -1 & -5 & -1 \\ -9 & 3 & 3 \end{bmatrix}$$

$$\mathbf{X} = \mathbf{A}^{-1}\mathbf{B} = \frac{1}{-12} \begin{bmatrix} -2 & 2 & -2 \\ -1 & -5 & -1 \\ -9 & 3 & 3 \end{bmatrix} \begin{bmatrix} 5 \\ 9 \\ -2 \end{bmatrix} = \begin{bmatrix} -1 \\ 4 \\ 2 \end{bmatrix}$$

isto é, $x_1 = -1$, $x_2 = 4$, $x_3 = 2$.

Resolva as seguintes equações por meio de inversão de matrizes.

PROBLEMA PRÁTICO A.4

$$y_1 - y_3 = 1$$
$$2y_1 + 3y_2 - y_3 = 1$$
$$y_1 - y_2 - y_3 = 3$$

Resposta: $y_1 = 6$, $y_2 = -2$, $y_3 = 5$.

Apêndice B

Números complexos

A habilidade em manipular números complexos é muito prática na análise de circuitos e na engenharia elétrica em geral. Os números complexos são particularmente úteis na análise de circuitos CA. Repetindo, embora as calculadoras e os pacotes de *software* para computador estejam disponíveis para manipular números complexos, ainda assim é aconselhável aos estudantes estarem familiarizados com a maneira de lidar com eles manualmente.

B.1 Representações de números complexos

Um número complexo z pode ser escrito na *forma retangular* como

$$z = x + jy \quad \text{(B.1)}$$

onde $j = \sqrt{-1}$; x é a *parte real* de z, enquanto y é a sua *parte imaginária*; isto é,

$$x = \text{Re}(z), \qquad y = \text{Im}(z) \quad \text{(B.2)}$$

O número complexo z é representado graficamente no plano complexo na Figura B.1. Como $j = \sqrt{-1}$,

$$\begin{aligned}
\frac{1}{j} &= -j \\
j^2 &= -1 \\
j^3 &= j \cdot j^2 = -j \\
j^4 &= j^2 \cdot j^2 = 1 \\
j^5 &= j \cdot j^4 = j \\
&\vdots \\
j^{n+4} &= j^n
\end{aligned} \quad \text{(B.3)}$$

> O plano complexo se parece com o espaço de coordenadas curvilíneo bidimensional, porém, na realidade, eles são diferentes.

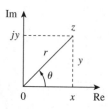

Figura B.1 Representação gráfica de um número complexo.

Uma segunda maneira de se representar o número complexo z é especificar seu módulo r e o ângulo θ que ele forma com o eixo real, como mostra a Figura B.1. Isso é conhecido como *forma polar*. Ele é dado por

$$z = |z|\underline{/\theta} = r\underline{/\theta} \quad \text{(B.4)}$$

onde

$$r = \sqrt{x^2 + y^2}, \qquad \theta = \text{tg}^{-1}\frac{y}{x} \qquad \text{(B.5a)}$$

ou

$$x = r\cos\theta, \qquad y = r\,\text{sen}\,\theta \qquad \text{(B.5b)}$$

isto é,

$$z = x + jy = r\underline{/\theta} = r\cos\theta + jr\,\text{sen}\,\theta \qquad \text{(B.6)}$$

Ao converter da forma retangular para a forma polar usando a Equação (B.5), temos de tomar cuidado para determinar o valor correto de θ. Existem quatro possibilidades:

$$\begin{aligned} z &= x + jy, & \theta &= \text{tg}^{-1}\frac{y}{x} & &\text{(1º Quadrante)} \\ z &= -x + jy, & \theta &= 180° - \text{tg}^{-1}\frac{y}{x} & &\text{(2º Quadrante)} \\ z &= -x - jy, & \theta &= 180° + \text{tg}^{-1}\frac{y}{x} & &\text{(3º Quadrante)} \\ z &= x - jy, & \theta &= 360° - \text{tg}^{-1}\frac{y}{x} & &\text{(4º Quadrante)} \end{aligned} \qquad \text{(B.7)}$$

supondo que x e y sejam positivos.

A terceira maneira para se representar o número complexo z é a *forma exponencial*:

$$z = re^{j\theta} \qquad \text{(B.8)}$$

> Na forma exponencial, $z = re^{j\theta}$, de modo que $dz/d\theta = jre^{j\theta} = jz$.

Essa última é quase a mesma que a forma polar, pois usamos o mesmo módulo (amplitude) r e o ângulo θ.

As três formas de representação de um número complexo são sintetizadas como segue:

$$\begin{aligned} z &= x + jy, & (x = r\cos\theta, y = r\,\text{sen}\,\theta) & &\text{Forma retangular} \\ z &= r\underline{/\theta}, & \left(r = \sqrt{x^2+y^2},\, \theta = \text{tg}^{-1}\frac{y}{x}\right) & &\text{Forma polar} \\ z &= re^{j\theta}, & \left(r = \sqrt{x^2+y^2},\, \theta = \text{tg}^{-1}\frac{y}{x}\right) & &\text{Forma exponencial} \end{aligned}$$

$$\text{(B.9)}$$

As duas primeiras formas estão relacionadas entre si pelas Equações (B.5) e (B.6). Na Seção B.3, obteremos a fórmula de Euler que demonstra que a terceira forma também é equivalente às duas primeiras.

EXEMPLO B.1

Expresse os números complexos a seguir nas formas polar e exponencial: (a) $z_1 = 6 + j8$; (b) $z_2 = 6 - j8$; (c) $z_3 = -6 + j8$; (d) $z_4 = -6 - j8$.

Solução: Note que escolhemos deliberadamente esses números complexos para que eles caíssem nos quatro quadrantes possíveis, como indicado na Figura B.2.

(a) Para $z_1 = 6 + j8$ (1º quadrante),

$$r_1 = \sqrt{6^2 + 8^2} = 10, \qquad \theta_1 = \mathrm{tg}^{-1}\frac{8}{6} = 53,13°$$

Portanto, a forma polar é $10\underline{/53,13°}$ e a forma exponencial é $10e^{j53,13°}$.

(b) Para $z_2 = 6 - j8$ (4º quadrante)

$$r_2 = \sqrt{6^2 + (-8)^2} = 10, \qquad \theta_2 = 360° - \mathrm{tg}^{-1}\frac{8}{6} = 306,87°$$

de modo que a forma polar é $10\underline{/306,87°}$ e a forma exponencial, $10e^{j306,87°}$. O ângulo θ_2 também pode ser suposto como $-53,13°$, conforme indicado na Figura B.2, de maneira que a forma polar fica $10\underline{/-53,13°}$ e a forma exponencial $10e^{-j53,13°}$.

(c) Para $z_3 = -6 + j8$ (2º quadrante),

$$r_3 = \sqrt{(-6)^2 + 8^2} = 10, \qquad \theta_3 = 180° - \mathrm{tg}^{-1}\frac{8}{6} = 126,87°$$

Portanto, a forma polar é $10\underline{/126,87°}$ e a forma exponencial, $10e^{j126,87°}$.

(d) Para $z_4 = -6 - j8$ (3º quadrante),

$$r_4 = \sqrt{(-6)^2 + (-8)^2} = 10, \qquad \theta_4 = 180° + \mathrm{tg}^{-1}\frac{8}{6} = 233,13°$$

assim a forma polar é $10\underline{/233,13°}$ e a forma exponencial, $10e^{j233,13°}$.

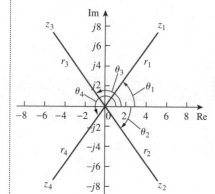

Figura B.2 Esquema para o Exemplo B.1.

PROBLEMA PRÁTICO B.1

Converta os números complexos a seguir para as formas polar e exponencial: (a) $z_1 = 3 - j4$; (b) $z_2 = 5 + j12$; (c) $z_3 = -3 - j9$; (d) $z_4 = -7 + j$.

Resposta: (a) $5\underline{/306,9°}$, $5e^{j306,9°}$; (b) $13\underline{/67,38°}$, $13e^{j67,38°}$; (c) $9,487\underline{/251,6°}$, $9,487e^{j251,6°}$; (d) $7,071\underline{/171,9°}$, $7,071e^{j171,9°}$.

EXEMPLO B.2

Converta os seguintes números complexos para a forma retangular:
(a) $12\underline{/-60°}$; (b) $-50\underline{/285°}$; (c) $8e^{j10°}$; (d) $20e^{-j\pi/3}$.

Solução: (a) Usando a Equação (B.6),

$$12\underline{/-60°} = 12\cos(-60°) + j12\,\mathrm{sen}(-60°) = 6 - j10,39$$

Note que $\theta = -60°$ é igual a $\theta = 360° - 60° = 300°$.

(b) Podemos escrever

$$-50\underline{/285°} = -50\cos 285° - j50\,\mathrm{sen}\,285° = -12,94 + j48,3$$

(c) De modo similar,

$$8e^{j10°} = 8\cos 10° + j8\,\mathrm{sen}\,10° = 7,878 + j1,389$$

(d) Finalmente,

$$20e^{-j\pi/3} = 20\cos(-\pi/3) + j20\operatorname{sen}(-\pi/3) = 10 - j17,32$$

Determine a forma retangular dos seguintes números complexos:

(a) $-8\underline{/210°}$; (b) $40\underline{/305°}$; (c) $10e^{-j30°}$; (d) $50e^{j\pi/2}$.

Resposta: (a) $6,928 + j4$; (b) $22,94 - j32,77$; (c) $8,66 - j5$; (d) $j50$.

PROBLEMA PRÁTICO B.2

B.2 Operações matemáticas

Dois números complexos $z_1 = x_1 + jy_1$ e $z_2 = x_2 + jy_2$ são iguais se, e somente se, suas partes reais forem iguais, assim como suas partes imaginárias.

$$x_1 = x_2, \quad y_1 = y_2 \tag{B.10}$$

O *conjugado complexo* de $z = x + jy$ é

$$z^* = x - jy = r\underline{/-\theta} = re^{-j\theta} \tag{B.11}$$

Portanto, o conjugado complexo de um número complexo é determinado substituindo-se todo j por $-j$.

Dados dois números complexos $z_1 = x_1 + jy_1 = r_1\underline{/\theta_1}$ e $z_2 = x_2 + jy_2 = r_2\underline{/\theta_2}$, sua soma é

$$z_1 + z_2 = (x_1 + x_2) + j(y_1 + y_2) \tag{B.12}$$

e sua diferença é

$$z_1 - z_2 = (x_1 - x_2) + j(y_1 - y_2) \tag{B.13}$$

Embora seja mais conveniente realizar a soma e a subtração de números complexos na forma retangular, o produto e o quociente de dois números complexos são mais facilmente realizados na forma polar ou então na forma exponencial. Para seu produto,

$$z_1 z_2 = r_1 r_2 \underline{/\theta_1 + \theta_2} \tag{B.14}$$

De modo alternativo, usando a forma retangular,

$$\begin{aligned} z_1 z_2 &= (x_1 + jy_1)(x_2 + jy_2) \\ &= (x_1 x_2 - y_1 y_2) + j(x_1 y_2 + x_2 y_1) \end{aligned} \tag{B.15}$$

Para seu quociente,

$$\frac{z_1}{z_2} = \frac{r_1}{r_2}\underline{/\theta_1 - \theta_2} \tag{B.16}$$

De forma alternativa, usando a forma retangular,

$$\frac{z_1}{z_2} = \frac{x_1 + jy_1}{x_2 + jy_2} \tag{B.17}$$

> Usamos a notação regular para números complexos – uma vez que eles não são dependentes do tempo ou da frequência –, enquanto usamos a notação em negrito para fasores.

Racionalizamos o denominador, multiplicando-se tanto o numerador como o denominador por z_2^*.

$$\frac{z_1}{z_2} = \frac{(x_1 + jy_1)(x_2 - jy_2)}{(x_2 + jy_2)(x_2 - jy_2)} = \frac{x_1 x_2 + y_1 y_2}{x_2^2 + y_2^2} + j\frac{x_2 y_1 - x_1 y_2}{x_2^2 + y_2^2} \quad \text{(B.18)}$$

EXEMPLO B.3

Se $A = 2 + j5$ e $B = 4 - j6$, determine: (a) $A^*(A + B)$; (b) $(A + B)/(A - B)$.

Solução: (a) Se $A = 2 + j5$, então $A^* = 2 - j5$ e,

$$A + B = (2 + 4) + j(5 - 6) = 6 - j$$

de modo que

$$A^*(A + B) = (2 - j5)(6 - j) = 12 - j2 - j30 - 5 = 7 - j32$$

(b) De modo similar,

$$A - B = (2 - 4) + j(5 - -6) = -2 + j11$$

Portanto,

$$\frac{A + B}{A - B} = \frac{6 - j}{-2 + j11} = \frac{(6 - j)(-2 - j11)}{(-2 + j11)(-2 - j11)}$$

$$= \frac{-12 - j66 + j2 - 11}{(-2)^2 + 11^2} = \frac{-23 - j64}{125} = -0,184 - j0,512$$

PROBLEMA PRÁTICO B.3

Dado que $C = -3 + j7$ e $D = 8 + j$, calcule:

(a) $(C - D^*)(C + D^*)$, (b) D^2/C^*, (c) $2\,CD/(C + D)$.

Resposta: (a) $-103 - j26$; (b) $-5,19 + j6,776$; (c) $6,045 + j11,53$.

EXEMPLO B.4

Calcule:

(a) $\dfrac{(2 + j5)(8e^{j10°})}{2 + j4 + 2\underline{/-40°}}$ (b) $\dfrac{j(3 - j4)^*}{(-1 + j6)(2 + j)^2}$

Solução: (a) Já que existem termos nas formas polar e exponencial, pode ser melhor expressar todos os termos na forma polar:

$$2 + j5 = \sqrt{2^2 + 5^2}\underline{/\text{tg}^{-1}5/2} = 5{,}385\underline{/68{,}2°}$$
$$(2 + j5)(8e^{j10°}) = (5{,}385\underline{/68{,}2°})(8\underline{/10°}) = 43{,}08\underline{/78{,}2°}$$
$$2 + j4 + 2\underline{/-40°} = 2 + j4 + 2\cos(-40°) + j2\,\text{sen}(-40°)$$
$$= 3{,}532 + j2{,}714 = 4{,}454\underline{/37{,}54°}$$

Logo,

$$\frac{(2 + j5)(8e^{j10°})}{2 + j4 + 2\underline{/-40°}} = \frac{43{,}08\underline{/78{,}2°}}{4{,}454\underline{/37{,}54°}} = 9{,}672\underline{/40{,}66°}$$

(b) Podemos calcular essa expressão na forma retangular já que todos os termos se encontram nessa forma. Porém,

$$j(3 - j4)^* = j(3 + j4) = -4 + j3$$
$$(2 + j)^2 = 4 + j4 - 1 = 3 + j4$$
$$(-1 + j6)(2 + j)^2 = (-1 + j6)(3 + j4) = -3 - 4j + j18 - 24$$
$$= -27 + j14$$

Portanto,

$$\frac{j(3-j4)^*}{(-1+j6)(2+j)^2} = \frac{-4+j3}{-27+j14} = \frac{(-4+j3)(-27-j14)}{27^2+14^2}$$

$$= \frac{108+j56-j81+42}{925} = 0{,}1622 - j0{,}027$$

PROBLEMA PRÁTICO B.4

Calcule as seguintes frações complexas:

(a) $\dfrac{6\underline{/30°} + j5 - 3}{-1+j+2e^{j45°}}$ (b) $\left[\dfrac{(15-j7)(3+j2)^*}{(4+j6)^*(3\underline{/70°})}\right]^*$

Resposta: (a) $3{,}387\underline{/-5{,}615°}$; (b) $2{,}759\underline{/-287{,}6°}$.

B.3 Fórmula de Euler

A fórmula de Euler é um resultado importante em variáveis complexas. Obtemos essa fórmula a partir da expansão da série de e^x, $\cos\theta$ e $\text{sen}\,\theta$. Sabemos que

$$e^x = 1 + x + \frac{x^2}{2!} + \frac{x^3}{3!} + \frac{x^4}{4!} + \cdots \quad \text{(B.19)}$$

Substituindo-se x por $j\theta$, obtemos

$$e^{j\theta} = 1 + j\theta - \frac{\theta^2}{2!} - j\frac{\theta^3}{3!} + \frac{\theta^4}{4!} + \cdots \quad \text{(B.20)}$$

Da mesma forma,

$$\cos\theta = 1 - \frac{\theta^2}{2!} + \frac{\theta^4}{4!} - \frac{\theta^6}{6!} + \cdots$$

$$\text{sen}\,\theta = \theta - \frac{\theta^3}{3!} + \frac{\theta^5}{5!} - \frac{\theta^7}{7!} + \cdots \quad \text{(B.21)}$$

de modo que

$$\cos\theta + j\,\text{sen}\,\theta = 1 + j\theta - \frac{\theta^2}{2!} - j\frac{\theta^3}{3!} + \frac{\theta^4}{4!} + j\frac{\theta^5}{5!} - \cdots \quad \text{(B.22)}$$

Comparando as Equações (B.20) e (B.22), concluímos que

$$\boxed{e^{j\theta} = \cos\theta + j\,\text{sen}\,\theta} \quad \text{(B.23)}$$

Essa última é conhecida como *fórmula de Euler*. A forma exponencial de representação de um número complexo, como na Equação (B.8), baseia-se na fórmula de Euler. Da Equação (B.23), note que

$$\boxed{\cos\theta = \text{Re}(e^{j\theta}), \quad \text{sen}\,\theta = \text{Im}(e^{j\theta})} \quad \text{(B.24)}$$

e que

$$|e^{j\theta}| = \sqrt{\cos^2\theta + \text{sen}^2\theta} = 1$$

Substituindo θ por $-\theta$ na Equação (B.23), obtemos

$$e^{-j\theta} = \cos\theta - j\,\text{sen}\,\theta \tag{B.25}$$

A soma das Equações (B.23) e (B.25) resulta em

$$\boxed{\cos\theta = \frac{1}{2}(e^{j\theta} + e^{-j\theta})} \tag{B.26}$$

Subtrair a Equação (B.25) da Equação (B.23) nos conduz a

$$\boxed{\text{sen}\,\theta = \frac{1}{2j}(e^{j\theta} - e^{-j\theta})} \tag{B.27}$$

Identidades úteis

As identidades a seguir são úteis ao lidarmos com números complexos. Se $z = x + jy = r\underline{/\theta}$, então

$$zz^* = x^2 + y^2 = r^2 \tag{B.28}$$

$$\sqrt{z} = \sqrt{x+jy} = \sqrt{r\,e^{j\theta/2}} = \sqrt{r}\,\underline{/\theta/2} \tag{B.29}$$

$$z^n = (x+jy)^n = r^n\underline{/n\theta} = r^n e^{jn\theta} = r^n(\cos n\theta + j\,\text{sen}\,n\theta) \tag{B.30}$$

$$z^{1/n} = (x+jy)^{1/n} = r^{1/n}\underline{/\theta/n + 2\pi k/n} \\ k = 0, 1, 2, \ldots, n-1 \tag{B.31}$$

$$\ln(re^{j\theta}) = \ln r + \ln e^{j\theta} = \ln r + j\theta + j2k\pi \\ (k = \text{inteiro}) \tag{B.32}$$

$$\begin{aligned} \frac{1}{j} &= -j \\ e^{\pm j\pi} &= -1 \\ e^{\pm j2\pi} &= 1 \\ e^{j\pi/2} &= j \\ e^{-j\pi/2} &= -j \end{aligned} \tag{B.33}$$

$$\begin{aligned} \text{Re}(e^{(\alpha+j\omega)t}) &= \text{Re}(e^{\alpha t}e^{j\omega t}) = e^{\alpha t}\cos\omega t \\ \text{Im}(e^{(\alpha+j\omega)t}) &= \text{Im}(e^{\alpha t}e^{j\omega t}) = e^{\alpha t}\,\text{sen}\,\omega t \end{aligned} \tag{B.34}$$

EXEMPLO B.5

Se $A = 6 + j8$, determine: (a) $\sqrt{A}$; (b) A^4.

Solução: (a) Primeiro, convertemos A para a forma polar:

$$r = \sqrt{6^2 + 8^2} = 10, \qquad \theta = \text{tg}^{-1}\frac{8}{6} = 53{,}13°, \qquad A = 10\underline{/53{,}13°}$$

em seguida

$$\sqrt{A} = \sqrt{10}\underline{/53{,}13°}/2 = 3{,}162\underline{/26{,}56°}$$

(b) Como $A = 10\underline{/53{,}13°}$,

$$A^4 = r^4\underline{/4\theta} = 10^4\underline{/4 \times 53{,}13°} = 10.000\underline{/212{,}52°}$$

PROBLEMA PRÁTICO B.5

Se $A = 3 - j4$, determine: (a) $A^{1/3}$ (3 raízes) e (b) $\ln A$.

Resposta: (a) $1{,}71\underline{/102{,}3°}$, $1{,}71\underline{/222{,}3°}$, $1{,}71\underline{/342{,}3°}$;
(b) $1{,}609 + j5{,}356 + j2n\pi$ ($n = 0, 1, 2, \ldots$).

Apêndice C

Fórmulas matemáticas

Este apêndice – que de forma alguma pretende ser completo – serve como uma prática referência, contendo realmente todas as fórmulas necessárias para solucionar problemas de circuitos deste livro.

C.1 Fórmula quadrática

As raízes da equação quadrática $ax^2 + bx + c = 0$ são

$$x_1, x_2 = \frac{-b \pm \sqrt{b^2 - 4ac}}{2a}$$

C.2 Identidade trigonométrica

$$\operatorname{sen}(-x) = -\operatorname{sen} x$$
$$\cos(-x) = \cos x$$
$$\sec x = \frac{1}{\cos x}, \quad \csc x = \frac{1}{\operatorname{sen} x}$$
$$\operatorname{tg} x = \frac{\operatorname{sen} x}{\cos x}, \quad \cot x = \frac{1}{\operatorname{tg} x}$$
$$\operatorname{sen}(x \pm 90°) = \pm \cos x$$
$$\cos(x \pm 90°) = \mp \operatorname{sen} x$$
$$\operatorname{sen}(x \pm 180°) = -\operatorname{sen} x$$
$$\cos(x \pm 180°) = -\cos x$$
$$\cos^2 x + \operatorname{sen}^2 x = 1$$

$$\frac{a}{\operatorname{sen} A} = \frac{b}{\operatorname{sen} B} = \frac{c}{\operatorname{sen} C} \quad \text{(lei dos senos)}$$

$$a^2 = b^2 + c^2 - 2bc \cos A \quad \text{(lei dos cossenos)}$$

$$\frac{\operatorname{tg} \frac{1}{2}(A - B)}{\operatorname{tg} \frac{1}{2}(A + B)} = \frac{a - b}{a + b} \quad \text{(lei das tangentes)}$$

$$\operatorname{sen}(x \pm y) = \operatorname{sen} x \cos y \pm \cos x \operatorname{sen} y$$
$$\cos(x \pm y) = \cos x \cos y \mp \operatorname{sen} x \operatorname{sen} y$$
$$\operatorname{tg}(x \pm y) = \frac{\operatorname{tg} x \pm \operatorname{tg} y}{1 \mp \operatorname{tg} x \operatorname{tg} y}$$

$$2 \operatorname{sen} x \operatorname{sen} y = \cos(x - y) - \cos(x + y)$$
$$2 \operatorname{sen} x \cos y = \operatorname{sen}(x + y) + \operatorname{sen}(x - y)$$
$$2 \cos x \cos y = \cos(x + y) + \cos(x - y)$$
$$\operatorname{sen} 2x = 2 \operatorname{sen} x \cos x$$
$$\cos 2x = \cos^2 x - \operatorname{sen}^2 x = 2\cos^2 x - 1 = 1 - 2\operatorname{sen}^2 x$$
$$\operatorname{tg} 2x = \frac{2 \operatorname{tg} x}{1 - \operatorname{tg}^2 x}$$
$$\operatorname{sen}^2 x = \frac{1}{2}(1 - \cos 2x)$$
$$\cos^2 x = \frac{1}{2}(1 + \cos 2x)$$
$$K_1 \cos x + K_2 \operatorname{sen} x = \sqrt{K_1^2 + K_2^2} \cos\left(x + \operatorname{tg}^{-1} \frac{-K_2}{K_1}\right)$$
$$e^{jx} = \cos x + j \operatorname{sen} x \quad \text{(Fórmula de Euler)}$$
$$\cos x = \frac{e^{jx} + e^{-jx}}{2}$$
$$\operatorname{sen} x = \frac{e^{jx} - e^{-jx}}{2j}$$
$$1 \text{ rad} = 57{,}296°$$

C.3 Funções hiperbólicas

$$\operatorname{senh} x = \frac{1}{2}(e^x - e^{-x})$$
$$\cosh x = \frac{1}{2}(e^x + e^{-x})$$
$$\operatorname{tgh} x = \frac{\operatorname{senh} x}{\cosh x}$$
$$\coth x = \frac{1}{\operatorname{tgh} x}$$
$$\operatorname{cossec} x = \frac{1}{\operatorname{senh} x}$$
$$\sec x = \frac{1}{\cosh x}$$
$$\operatorname{senh}(x \pm y) = \operatorname{senh} x \cosh y \pm \cosh x \operatorname{senh} y$$
$$\cosh(x \pm y) = \cosh x \cosh y \pm \operatorname{senh} x \operatorname{senh} y$$

C.4 Derivadas

Se $U = U(x)$, $V = V(x)$ e a = constante,

$$\frac{d}{dx}(aU) = a\frac{dU}{dx}$$
$$\frac{d}{dx}(UV) = U\frac{dV}{dx} + V\frac{dU}{dx}$$

$$\frac{d}{dx}\left(\frac{U}{V}\right) = \frac{V\frac{dU}{dx} - U\frac{dV}{dx}}{V^2}$$

$$\frac{d}{dx}(aU^n) = naU^{n-1}$$

$$\frac{d}{dx}(a^U) = a^U \ln a \frac{dU}{dx}$$

$$\frac{d}{dx}(e^U) = e^U \frac{dU}{dx}$$

$$\frac{d}{dx}(\operatorname{sen} U) = \cos U \frac{dU}{dx}$$

$$\frac{d}{dx}(\cos U) = -\operatorname{sen} U \frac{dU}{dx}$$

C.5 Integrais indefinidas

Se $U = U(x)$, $V = V(x)$, a = constante,

$$\int a\, dx = ax + C$$

$$\int U\, dV = UV - \int V\, dU \quad \text{(integração por partes)}$$

$$\int U^n\, dU = \frac{U^{n+1}}{n+1} + C, \quad n \neq 1$$

$$\int \frac{dU}{U} = \ln U + C$$

$$\int a^U\, dU = \frac{a^U}{\ln a} + C, \quad a > 0, a \neq 1$$

$$\int e^{ax}\, dx = \frac{1}{a} e^{ax} + C$$

$$\int x e^{ax}\, dx = \frac{e^{ax}}{a^2}(ax - 1) + C$$

$$\int x^2 e^{ax}\, dx = \frac{e^{ax}}{a^3}(a^2 x^2 - 2ax + 2) + C$$

$$\int \ln x\, dx = x \ln x - x + C$$

$$\int \operatorname{sen} ax\, dx = -\frac{1}{a} \cos ax + C$$

$$\int \cos ax\, dx = \frac{1}{a} \operatorname{sen} ax + C$$

$$\int \operatorname{sen}^2 ax\, dx = \frac{x}{2} - \frac{\operatorname{sen} 2ax}{4a} + C$$

$$\int \cos^2 ax\, dx = \frac{x}{2} + \frac{\operatorname{sen} 2ax}{4a} + C$$

$$\int x \operatorname{sen} ax\, dx = \frac{1}{a^2}(\operatorname{sen} ax - ax \cos ax) + C$$

$$\int x \cos ax\, dx = \frac{1}{a^2}(\cos ax + ax \operatorname{sen} ax) + C$$

$$\int x^2 \operatorname{sen} ax\, dx = \frac{1}{a^3}(2ax \operatorname{sen} ax + 2 \cos ax - a^2 x^2 \cos ax) + C$$

$$\int x^2 \cos ax\, dx = \frac{1}{a^3}(2ax \cos ax - 2 \operatorname{sen} ax + a^2 x^2 \operatorname{sen} ax) + C$$

$$\int e^{ax} \operatorname{sen} bx\, dx = \frac{e^{ax}}{a^2 + b^2}(a \operatorname{sen} bx - b \cos bx) + C$$

$$\int e^{ax} \cos bx\, dx = \frac{e^{ax}}{a^2 + b^2}(a \cos bx + b \operatorname{sen} bx) + C$$

$$\int \operatorname{sen} ax \operatorname{sen} bx\, dx = \frac{\operatorname{sen}(a-b)x}{2(a-b)} - \frac{\operatorname{sen}(a+b)x}{2(a+b)} + C, \quad a^2 \neq b^2$$

$$\int \operatorname{sen} ax \cos bx\, dx = -\frac{\cos(a-b)x}{2(a-b)} - \frac{\cos(a+b)x}{2(a+b)} + C, \quad a^2 \neq b^2$$

$$\int \cos ax \cos bx\, dx = \frac{\operatorname{sen}(a-b)x}{2(a-b)} + \frac{\operatorname{sen}(a+b)x}{2(a+b)} + C, \quad a^2 \neq b^2$$

$$\int \frac{dx}{a^2 + x^2} = \frac{1}{a} \operatorname{tg}^{-1} \frac{x}{a} + C$$

$$\int \frac{x^2\, dx}{a^2 + x^2} = x - a \operatorname{tg}^{-1} \frac{x}{a} + C$$

$$\int \frac{dx}{(a^2 + x^2)^2} = \frac{1}{2a^2}\left(\frac{x}{x^2 + a^2} + \frac{1}{a} \operatorname{tg}^{-1} \frac{x}{a}\right) + C$$

C.6 Integrais definidas

Se m e n forem inteiros,

$$\int_0^{2\pi} \operatorname{sen} ax\, dx = 0$$

$$\int_0^{2\pi} \cos ax\, dx = 0$$

$$\int_0^{\pi} \operatorname{sen}^2 ax\, dx = \int_0^{\pi} \cos^2 ax\, dx = \frac{\pi}{2}$$

$$\int_0^{\pi} \operatorname{sen} mx \operatorname{sen} nx\, dx = \int_0^{\pi} \cos mx \cos nx\, dx = 0, \quad m \neq n$$

$$\int_0^{\pi} \operatorname{sen} mx \cos nx\, dx = \begin{cases} 0, & m+n = \text{par} \\ \dfrac{2m}{m^2 - n^2}, & m+n = \text{ímpar} \end{cases}$$

$$\int_0^{2\pi} \operatorname{sen} mx \operatorname{sen} nx\, dx = \int_{-\pi}^{\pi} \operatorname{sen} mx \operatorname{sen} nx\, dx = \begin{cases} 0, & m \neq n \\ \pi, & m = n \end{cases}$$

$$\int_0^\infty \frac{\operatorname{sen} ax}{x} dx = \begin{cases} \dfrac{\pi}{2}, & a > 0 \\ 0, & a = 0 \\ -\dfrac{\pi}{2}, & a < 0 \end{cases}$$

C.7 Regra de L'Hôpital

Se $f(0) = 0 = h(0)$, então

$$\lim_{x \to 0} \frac{f(x)}{h(x)} = \lim_{x \to 0} \frac{f'(x)}{h'(x)}$$

onde o apóstrofo indica diferenciação.

Apêndice D

Respostas para os problemas ímpares

Capítulo 1

1.1 (a) $-103,84$ mC; (b) $-198,65$ mC; (c) $-3,941$ C; (d) $-26,08$ C.

1.3 (a) $3t + 1$ C, (b) $t^2 + 5t$ mC; (c) $2 \operatorname{sen}(10t + \pi/6) + 1$ μC; (d) $-e^{-30t}[0,16 \cos 40t + 0,12 \operatorname{sen} 40t]$ C.

1.5 25 C

1.7 $i = \begin{cases} 25 \text{ A}, & 0 < t < 2 \\ -25 \text{ A}, & 2 < t < 6 \\ 25 \text{ A}, & 6 < t < 8 \end{cases}$

Ver diagrama na Figura D.1.

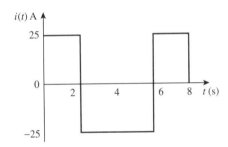

Figura D.1 Esquema para o Problema 1.7.

1.9 (a) 10 C; (b) 22,5 C; (c) 30 C.
1.11 3,888 kC, 5,832 kJ
1.13 123,37 mW, 58,76 mJ
1.15 (a) 2,945 mC; (b) $-720e^{-4t}$ μW; (c) -180 μJ.
1.17 70 W
1.19 6 A, -72 W, 18 W, 18 W, 36 W
1.21 $2,696 \times 10^{23}$ elétrons, 43.200 C
1.23 US$ 1,35
1.25 21,52 centavos
1.27 (a) 43,2 kC; (b) 475,2 kJ; (c) 1,188 centavos.
1.29 39,6 centavos
1.31 US$ 42,05
1.33 6 C
1.35 2,333 MWh
1.37 1,728 MJ
1.39 24 centavos

Capítulo 2

2.1 Este é um problema de projeto com várias respostas.
2.3 184,3 mm
2.5 $n = 9, b = 15, l = 7$
2.7 6 ramos e 4 nós
2.9 7 A, -1 A, 5 A
2.11 6 V, 3 V
2.13 12 A, -10 A, 5 A, -2 A
2.15 6 V, -4 A
2.17 2 V, -22 V, 10 V
2.19 -2 A, 12 W, -24 W, 20 W, 16 W
2.21 4,167 V
2.23 2 V, 21,33 W
2.25 0,1 A, 2 kV, 0,2 kW
2.27 1 A
2.29 8,125 Ω
2.31 56 A, 8 A, 48 A, 32 A, 16 A
2.33 3 V, 6 A
2.35 32 V, 800 mA
2.37 2,5 Ω
2.39 (a) 727,3 Ω; (b) 3 kΩ.
2.41 16 Ω
2.43 (a) 12 Ω; (b) 16 Ω.
2.45 (a) 59,8 Ω; (b) 32,5 Ω.
2.47 24 Ω
2.49 (a) 4 Ω; (b) $R_1 = 18$ Ω, $R_2 = 6$ Ω, $R_3 = 3$ Ω
2.51 (a) 9,231 Ω; (b) 36,25 Ω.
2.53 (a) 142,32 Ω; (b) 33,33 Ω.
2.55 997,4 mA
2.57 12,21 Ω, 1,64 A
2.59 5,432 W, 4,074 W, 3,259 W

2.61 Usar as lâmpadas R_1 e R_3
2.63 0,4 Ω, ≅ 1 W
2.65 4 kΩ
2.67 (a) 4 V; (b) 2,857 V; (c) 28,57%; (d) 6,25%.
2.69 (a) 1,278 V (com), 1,29 V (sem);
(b) 9,30 V (com), 10 V (sem);
(c) 25 V (com), 30,77 V (sem).
2.71 10 Ω
2.73 45 Ω
2.75 2 Ω
2.77 (a) Quatro resistores de 20 Ω em paralelo.
(b) Um resistor de 300 Ω em série com um resistor de 1,8 Ω e uma associação em paralelo de dois resistores de 20 Ω.
(c) Dois resistores de 24 kΩ em paralelo conectados em série com dois resistores de 56 kΩ em paralelo.
(d) Uma associação em série de resistores de 20 Ω, 300 Ω e 24 kΩ e uma associação em paralelo de dois resistores de 56 kΩ.
2.79 75 Ω
2.81 38 kΩ, 3,333 kΩ
2.83 3 kΩ, ∞ Ω (melhor resposta)

Capítulo 3

3.1 Este é um problema de projeto com várias respostas.
3.3 −6 A, −3 A, −2 A, 1 A, −60 V
3.5 20 V
3.7 5,714 V
3.9 79,34 mA
3.11 3 V, 293,9 W, 750 mW, 121,5 W
3.13 40 V, 40 V
3.15 29,45 A, 144,6 W, 129,6 W, 12 W
3.17 1,73 A
3.19 10 V, 4,933 V, 12,267 V
3.21 1 V, 3 V
3.23 22,34 V
3.25 25,52 V, 22,05 V, 14,842 V, 15,055 V
3.27 625 mV, 375 mV, 1,625 V
3.29 −0,7708 V, 1,209 V, 2,309 V, 0,7076 V
3.31 4,97 V, 4,85 V, −0,12 V
3.33 Tanto (a) quanto (b) são planares e podem ser redesenhados, como mostra a Figura D.2.

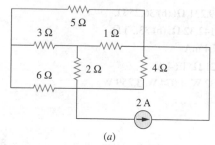

(a)

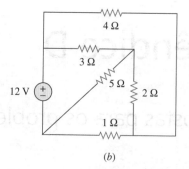

(b)

Figura D.2 Esquema para o Problema 3.33.

3.35 20 V.
3.37 12 V
3.39 Este é um problema de projeto com várias respostas.
3.41 1,188 A
3.43 1,7778 A, 53,33 V
3.45 8,561 A
3.47 10 V, 4,933 V, 12,267 V
3.49 57 V, 18 A
3.51 20 V
3.53 1,6196 mA, −1,0202 mA, −2,461 mA, 3 mA, −2,423 mA
3.55 −1 A, 0 A, 2 A
3.57 6 kΩ, 60 V, 30 V
3.59 −4,48 A, −1,0752 kvolts
3.61 −0,3
3.53 −4 V, 2,105 A
3.65 2,17 A, 1,9912 A, 1,8119 A, 2,094 A, 2,249 A
3.67 −30 V
3.69 $\begin{bmatrix} 1,75 & -0,25 & -1 \\ -0,25 & 1 & -0,25 \\ -1 & -0,25 & 1,25 \end{bmatrix} \begin{bmatrix} V_1 \\ V_2 \\ V_3 \end{bmatrix} = \begin{bmatrix} 20 \\ 5 \\ 5 \end{bmatrix}$
3.71 6,255 A, 1,9599 A, 3,694 A
3.73 $\begin{bmatrix} 9 & -3 & -4 & 0 \\ -3 & 8 & 0 & 0 \\ -4 & 0 & 6 & -1 \\ 0 & 0 & -1 & 2 \end{bmatrix} \begin{bmatrix} i_1 \\ i_2 \\ i_3 \\ i_4 \end{bmatrix} = \begin{bmatrix} 6 \\ 4 \\ 2 \\ -3 \end{bmatrix}$
3.75 −3 A, 0 A, 3 A
3.77 3,111 V, 1,4444 V
3.79 −10,556 volts, 20,56 volts, 1,3889 volts, −43,75 volts
3.81 26,67 V, 6,667 V, 173,33 V, −46,67 V
3.83 Ver Figura D.3; −12,5 V

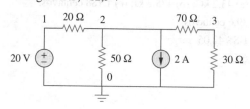

Figura D.3 Esquema para o Problema 3.83.

3.85 9 Ω
3.87 −8
3.89 22,5 μA, 12,75 V
3.91 0,6105 μA, 8,34 V, 49,08 mV
3.93 1,333 A, 1,333 A, 2,6667 A

Capítulo 4

4.1 600 mA, 250 V
4.3 (a) 0,5 V, 0,5 A; (b) 5 V, 5 A; (c) 5 V, 500 mA
4.5 4,5 V
4.7 888,9 mV
4.9 2 A
4.11 17,99 V, 1,799 A
4.13 8,696 V
4.15 1,875 A, 10,55 W
4.17 −8,571 V
4.19 −26,67 V
4.21 Este é um problema de projeto com várias respostas.
4.23 1 A, 8 W
4.25 −6,6 V
4.27 −48 V
4.29 3 V
4.31 3,652 V
4.33 40 V, 20 Ω, 1,6 A
4.35 −125 mV
4.37 10 Ω, 666,7 mA
4.39 20 Ω, −49,2 V
4.41 4 Ω, −8 V, −2 A
4.43 10 Ω, 0 V
4.45 3 Ω, 2 A
4.47 1,1905 V, 476,2 mΩ, 2,5 A
4.49 28 Ω, 3,286 A
4.51 (a) 2 Ω, 7 A; (b) 1,5 Ω, 12,667 A.
4.53 3 Ω, 1 A
4.55 100 kΩ, −20 mA
4.57 10 Ω, 166,67 V, 16,667 A
4.59 22,5 Ω, 40 V, 1,7778 A
4.61 1,2 Ω, 9,6 V, 8 A
4.63 −3,333 Ω, 0 A
4.65 $V_0 = 24 - 5I_0$
4.67 25 Ω, 7,84 W
4.69 ∞ (teoricamente)
4.71 8 kΩ, 1,152 W
4.73 20,77 W
4.75 1 kΩ, 3 mW
4.77 (a) 3,8 Ω, 4 V; (b) 3,2 Ω, 15 V.
4.79 10 Ω, 167 V
4.81 3,3 Ω, 10 V (Observação: valores obtidos graficamente)
4.83 8 Ω, 12 V
4.85 (a) 24 V, 30 kΩ; (b) 9,6 V.
4.87 (a) 10 mA, 8 kΩ; (b) 9,926 mA.
4.89 (a) 99,99 μA; (b) 99,99 μA.
4.91 (a) 100 Ω, 20 Ω; (b) 100 Ω, 200 Ω.
4.93 $\dfrac{V_s}{R_s + (1 + \beta)R_o}$
4.95 5,333 V, 66,67 kΩ
4.97 2,4 kΩ, 4,8 V

Capítulo 5

5.1 (a) 1,5 MΩ; (b) 60 Ω; (c) 98,06 dB.
5.3 10 V
5.5 0,999990
5.7 −100 nV, −10 mV
5.9 2 V, 2 V
5.11 Este é um problema de projeto com várias respostas.
5.13 2,7 V, 288 μA
5.15 (a) $-\left(R_1 + R_3 + \dfrac{R_1 R_3}{R_2}\right)$; (b) −92 kΩ.
5.17 (a) −2,4; (b) −16; (c) −400.
5.19 −562,5 μA
5.21 −4 V
5.23 $-\dfrac{R_f}{R_1}$
5.25 2,312 V
5.27 2,7 V
5.29 $\dfrac{R_2}{R_1}$
5.31 727,2 μA
5.33 12 mW, −2 mA
5.35 Se $R_i = 60$ k, $R_f = 390$ k.
5.37 1,5 V
5.39 3 V
5.41 Ver Figura D.4.

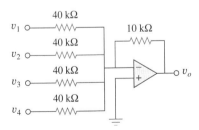

Figura D.4 Esquema para o Problema 5.41.

5.43 20 k.
5.45 Ver Figura D.5, onde $R \le 100$ kΩ.

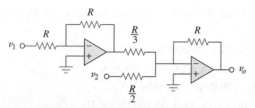

Figura D.5 Esquema para o Problema 5.45.

5.47 14,09 V
5.49 $R_1 = R_3 = 20$ kΩ, $R_2 = R_4 = 80$ kΩ
5.51 Ver Figura D.6;

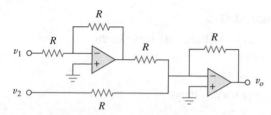

Figura D.6 Esquema para o Problema 5.51.

5.53 Prova
5.55 7,956, 7,956, 1,989
5.57 $6v_{s1} - 6v_{s2}$
5.59 -12
5.61 2,4 V
5.63 $\dfrac{R_2R_4/R_1R_5 - R_4/R_6}{1 - R_2R_4/R_3R_5}$
5.65 $-21,6$ mV
5.67 2 V
5.69 $-25,71$ mV
5.71 7,5 V
5.73 10,8 V
5.75 $-2,200$ μA
5.77 $-6,686$ mV
5.79 $-4,992$ V
5.81 343,4 mV, 24,51 μA
5.83 O resultado depende de seu projeto. Portanto, façamos
$R_G = 10$ k ohms, $R_1 = 10$ k ohms,
$R_2 = 20$ k ohms, $R_3 = 40$ k ohms,
$R_4 = 80$ k ohms, $R_5 = 160$ k ohms,
$R_6 = 320$ k ohms, então,

$-v_o = (R_f/R_1)v_1 + \underline{} + (R_f/R_6)v_6$
$= v_1 + 0{,}5v_2 + 0{,}25v_3 + 0{,}125v_4$
$+ 0{,}0625v_5 + 0{,}03125v_6$

(a) $|v_o| = 1{,}1875 = 1 + 0{,}125 + 0{,}0625 =$
$1 + (1/8) + (1/16)$, que implica,
$[v_1\,v_2\,v_3\,v_4\,v_5\,v_6] =$ **[100.110]**

(b) $|v_o| = 0 + (1/2) + (1/4) + 0 + (1/16) +$
$(1/32) = (27/32) =$ **843,75 mV**

(c) Isso corresponde a [111111].
$|v_o| = 1 + (1/2) + (1/4) + (1/8) + (1/16)$
$+ (1/32)$
$= 63/32 =$ **1,96875 V**

5.85 160 kΩ

5.87 $\left(1 + \dfrac{R_4}{R_3}\right)v_2 - \left[\dfrac{R_4}{R_3} + \left(\dfrac{R_2R_4}{R_1R_3}\right)\right]v_1$

Seja $R_4 = R_1$ e $R_3 = R_2$;

então $v_0 = \left(1 + \dfrac{R_4}{R_3}\right)(v_2 - v_1)$

um subtrator com ganho $\left(1 + \dfrac{R_4}{R_3}\right)$.

5.89 Um somador com $v_0 = -v_1 - (5/3)v_2$ onde $v_2 = 6$ V (a bateria de 6 V) e um amplificador inversor com $v_1 = -12\,v_s$.

5.91 9

5.93 $A = \dfrac{1}{(1 + \frac{R_1}{R_3})R_L - R_1(\frac{R_2 + R_L}{R_2R_3})(R_4 + \frac{R_2R_L}{R_2 + R_L})}$

Capítulo 6

6.1 $15(1 - 3t)e^{-3t}$ A, $30t(1 - 3t)e^{-6t}$ W

6.3 Este é um problema de projeto com várias respostas.

6.5 $v = \begin{cases} 20 \text{ mA}, & 0 < t < 2 \text{ ms} \\ -20 \text{ mA}, & 2 < t < 6 \text{ ms} \\ 20 \text{ mA}, & 6 < t < 8 \text{ ms} \end{cases}$

6.7 $[0{,}1t^2 + 10]$ V

6.9 13,624 V, 70,66 W

6.11 $v(t) = \begin{cases} 10 + 3{,}75t \text{ V}, & 0 < t < 2\text{s} \\ 22{,}5 - 2{,}5t \text{ V}, & 2 < t < 4\text{s} \\ 12{,}5 \text{ V}, & 4 < t < 6\text{s} \\ 2{,}5t - 2{,}5 \text{ V}, & 6 < t < 8\text{s} \end{cases}$

6.13 $v_1 = 42$ V, $v_2 = 48$ V

6.15 (a) 125 mJ, 375 mJ; (b) 70,31 mJ, 23,44 mJ.

6.17 (a) 3 F; (b) 8 F; (c) 1 F.

6.19 10 μF

6.21 2,5 μF

6.23 Este é um problema de projeto com várias respostas.

6.25 (a) Para os capacitores em série,

$$Q_1 = Q_2 \rightarrow C_1v_1 = C_2v_2 \rightarrow \dfrac{v_1}{v_2} = \dfrac{C_2}{C_1}$$

$$v_s = v_1 + v_2 = \dfrac{C_2}{C_1}v_2 + v_2 = \dfrac{C_1 + C_2}{C_1}v_2$$

$$\rightarrow v_2 = \dfrac{C_1}{C_1 + C_2}v_s$$

De forma semelhante, $v_1 = \dfrac{C_2}{C_1 + C_2} v_s$

(b) Para os capacitores em paralelo,

$$v_1 = v_2 = \dfrac{Q_1}{C_1} = \dfrac{Q_2}{C_2}$$

$$Q_s = Q_1 + Q_2 = \dfrac{C_1}{C_2} Q_2 + Q_2 = \dfrac{C_1 + C_2}{C_2} Q_2$$

ou

$$Q_2 = \dfrac{C_2}{C_1 + C_2}$$

$$Q_1 = \dfrac{C_1}{C_1 + C_2} Q_s$$

$$i = \dfrac{dQ}{dt} \rightarrow i_1 = \dfrac{C_1}{C_1 + C_2} i_s,$$

$$i_2 = \dfrac{C_2}{C_1 + C_2} i_s$$

6.27 $1\,\mu\text{F}, 16\,\mu\text{F}$

6.29 (a) 1,6 C, (b) 1 C

6.31 $v(t) = \begin{cases} 1{,}5t^2 \text{ kV}, & 0 < t < 1\text{s} \\ [3t - 1{,}5]\text{ kV}, & 1 < t < 3\text{s}; \\ [0{,}75t^2 - 7{,}5t + 23{,}25]\text{ kV}, & 3 < t < 5\text{s} \end{cases}$

$i_1 = \begin{cases} 18t \text{ mA}, & 0 < t < 1\text{s} \\ 18 \text{ mA}, & 1 < t < 3\text{s}; \\ [9t - 45]\text{ mA}, & 3 < t < 5\text{s} \end{cases}$

$i_2 = \begin{cases} 12t \text{ mA}, & 0 < t < 1\text{s} \\ 12 \text{ mA}, & 1 < t < 3\text{s} \\ [6t - 30]\text{ mA}, & 3 < t < 5\text{s} \end{cases}$

6.33 15 V, 10 F

6.35 6,4 mH

6.37 $4{,}8 \cos 100t$ V, 96 mJ

6.39 $(5t^3 + 5t^2 + 20t + 1)$ A

6.41 5,977 A, 35,72 J

6.43 144 μJ

6.45 $i(t) = \begin{cases} 250t^2 \text{ A}, & 0 < t < 1\text{s} \\ [1 - t + 0{,}25t^2]\text{ kA}, & 1 < t < 2\text{s} \end{cases}$

6.47 5 Ω

6.49 3,75 mH

6.51 7,778 mH

6.53 20 mH

6.55 (a) 1,4 L; (b) 500 mL.

6.57 6,625 H

6.59 Prova

6.61 (a) 6,667 mH, e^{-t} mA, $2e^{-t}$ mA;
(b) $-20e^{-t}\,\mu$V (c) 1,3534 nJ.

6.63 Ver Figura D.7.

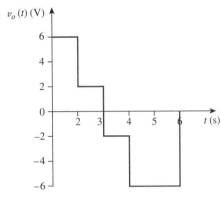

Figura D.7 Esquema para o Problema 6.63.

6.65 (a) 40 J; 40 J; (b) 80 J; (c) $5 \times 10^{-5}(e^{-200t} - 1) + 4\text{A}$,
$1{,}25 \times 10^{-5}(e^{-200t} - 1) - 2$ A;
(d) $6{,}25 \times 10^{-5}(e^{-200t} - 1) + 2$ A.

6.67 $100 \cos(50t)$ mV

6.69 Ver Figura D.8.

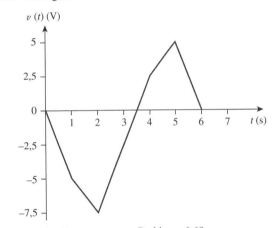

Figura D.8 Esquema para o Problema 6.69.

6.71 Combinando um somador e um integrador, obtemos o circuito mostado na Figura D.9.

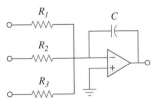

Figura D.9 Esquema para o Problema 6.71.

$$v_o = -\dfrac{1}{R_1 C}\int v_1\,dt - \dfrac{1}{R_2 C}\int v_2\,dt - \dfrac{1}{R_2 C}\int v_2\,dt$$

Para o problema dado, $C = 2\mu\text{F} : R_1 = 500\text{ k}\Omega$,
$R_2 = 125$ kΩ, $R_3 = 50$ kΩ.

6.73 Considere o AOP, conforme mostra a Figura D.10.

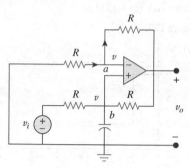

Figura D.10 Esquema para o Problema 6.73.

Seja $v_a = v_b = v$. No nó a,

$$\frac{0-v}{R} = \frac{v-v_0}{R} \rightarrow 2v - v_0 = 0 \quad (1)$$

No nó b, $\dfrac{v_i - v}{R} = \dfrac{v - v_0}{R} + C\dfrac{dv}{dt}$

$$v_i = 2v - v_o + RC\frac{dv}{dt} \quad (2)$$

Combinando as Equações (1) e (2),

$$v_i = v_o - v_o + \frac{RC}{2}\frac{dv_o}{dt} \quad \text{ou} \quad v_o = \frac{2}{RC}\int v_i \, dt$$

demonstrando que o circuito é um integrador não inversor.

6.75 -30 mV

6.77 Ver Figura D.11.

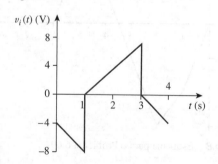

Figura D.11 Esquema para o Problema 6.77.

6.79 Ver Figura D.12.

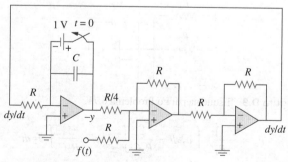

Figura D.12 Esquema para o Problema 6.79.

6.81 Ver Figura D.13.

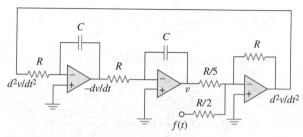

Figura D.13 Esquema para o Problema 6.81.

6.83 Oito grupos em paralelo com cada grupo formado por dois capacitores em série.

6.85 Indutor de 1,25 mH.

Capítulo 7

7.1 (a) $0{,}7143$ μF; (b) 5 ms; (c) 3,466 ms.

7.3 $3{,}222$ μs

7.5 Este é um problema de projeto com várias respostas.

7.7 $12e^{-t}$ volts para $0 < t < 1$ sec, $4{,}415e^{-2(t-1)}$ volts para 1 sec $< t < \infty$

7.9 $4e^{-t/12}$ V

7.11 $1{,}2e^{-3t}$ A

7.13 (a) 16 kΩ, 16 H, 1 ms; (b) 126,42 μJ

7.15 (a) 10 Ω, 500 ms; (b) 40 Ω, 250 μs.

7.17 $-6e^{-16t}u(t)$ V

7.19 $6e^{-5t}u(t)$ A

7.21 13,333 Ω

7.23 $10e^{-4t}$ V, $t > 0$, $2{,}5e^{-4t}$ V, $t > 0$

7.25 Este é um problema de projeto com várias respostas.

7.27 $[5u(t+1) + 10u(t) - 25u(t-1) + 15u(t-2)]$ V

7.29 (c) $z(t) = \cos 4t\, \delta(t-1) = \cos 4\delta(t-1) = -0{,}6536\delta(t-1)$, que é ilustrado a seguir.

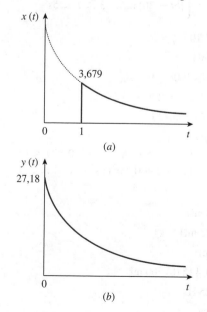

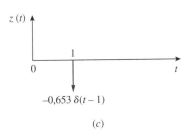

Figura D.14 Esquema para o Problema 7.29.

7.31 (a) 112×10^{-9}; (b) 7.

7.33 $1,5u(t - 2)$ A

7.35 (a) $-e^{-2t}u(t)$ V; (b) $2e^{1,5t}u(t)$ A.

7.37 (a) 4 s; (b) 10 V; (c) $(10 - 8e^{-t/4})u(t)$ V.

7.39 (a) 4 V, $t < 0, 20 - 16e^{-t/8}, t > 0$;
(b) 4 V, $t < 0, 12 - 8e^{-t/6}$ V, $t > 0$.

7.41 Este é um problema de projeto com várias respostas.

7.43 0,8 A, $0,8e^{-t/480}u(t)$ A

7.45 $[20 - 15e^{-14,286t}]u(t)$ V

7.47 $\begin{cases} 24(1 - e^{-t}) \text{ V}, & 0 < t < 1 \\ 30 - 14,83e^{-(t-1)} \text{ V}, & t > 1 \end{cases}$

7.49 $\begin{cases} 8(1 - e^{-t/5}) \text{ V}, & 0 < t < 1 \\ 1,45e^{-(t-1)/5} \text{ V}, & t > 1 \end{cases}$

7.51 $V_S = Ri + L\dfrac{di}{dt}$

ou $L\dfrac{di}{dt} = -R\left(i - \dfrac{V_S}{R}\right)$

$\dfrac{di}{i - V_S/R} = \dfrac{-R}{L}dt$

Integrando os dois lados,

$\ln\left(i - \dfrac{V_S}{R}\right)\Big|_{I_0}^{i(t)} = \dfrac{-R}{L}t$

$\ln\left(\dfrac{i - V_S/R}{I_0 - V_S/R}\right) = \dfrac{-t}{\tau}$

ou $\dfrac{i - V_S/R}{I_0 - V_S/R} = e^{-t/\tau}$

$i(t) = \dfrac{V_S}{R} + \left(I_0 - \dfrac{V_S}{R}\right)e^{-t/\tau}$

que equivale à Equação (7.60).

7.53 (a) 5 A, $5e^{-t/2}u(t)$ A; (b) 6 A, $6e^{-2t/3}u(t)$ A.

7.55 96 V, $96e^{-4t}u(t)$ V

7.57 $2,4e^{-2t}u(t)$ A, $600e^{-5t}u(t)$ mA

7.59 $6e^{-4t}u(t)$ volts

7.61 $20e^{-8t}u(t)$ V, $(10 - 5e^{-8t})u(t)$ A

7.63 $2e^{-8t}u(t)$ A, $-8e^{-8t}u(t)$ V

7.65 $\begin{cases} 2(1 - e^{-2t}) \text{ A} & 0 < t < 1 \\ 1,729e^{-2(t-1)} \text{ A} & t > 1 \end{cases}$

7.67 $5e^{-100t/3}u(t)$ V

7.69 $48(e^{-t/3.000} - 1)u(t)$ V

7.71 $6(1 - e^{-5t})u(t)$ V

7.73 $-6e^{-5t}u(t)$ V

7.75 $(6 - 3e^{-50t})u(t)$ V, $-0,2$ mA

7.77 Ver Figura D.15.

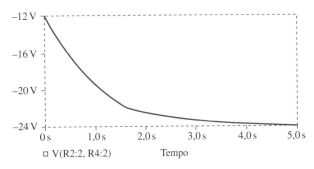

Figura D.15 Esquema para o Problema 7.77.

7.79 $(-0,5 + 4,5e^{-80t/3})u(t)$ A

7.81 Ver Figura D.16.

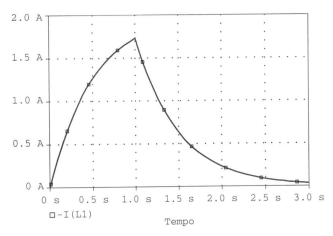

Figura D.16 Esquema para o Problema 7.81.

7.83 6,278 m/s

7.85 (a) 659,7 μs; (b) 16,636 s.

7.87 441 mA

7.89 $L < 200$ mH

7.91 1,271 Ω

Capítulo 8

8.1 (a) 2 A, 12 V; (b) -4 A/s, -5 V/s; (c) 0 A, 0 V

8.3 (a) 0 A, -10 V, 0 V; (b) 0 A/s, 8 V/s, 8 V/s; (c) 400 mA, 6 V, 16 V.

8.5 (a) 0 A, 0 V; (b) 4 A/s, 0 V/s; (c) 2,4 A, 9,6 V

8.7 Amortecimento supercrítico

8.9 $[(10 + 50t)e^{-5t}]$ A

8.11 $[(10 + 10t)e^{-t}]$ V

8.13 120 Ω

8.15 750 Ω, 200 μF, 25 H

8.17 $[21{,}55e^{-2{,}679t} - 1{,}55e^{-37{,}32t}]$ V

8.19 $24\,\text{sen}(0{,}5t)$ V

8.21 $18e^{-t} - 2e^{-9t}$ V

8.23 40 mF

8.25 Este é um problema de projeto com várias respostas.

8.27 $[3 - 3(\cos(2t) + \text{sen}(2t))e^{-2t}]$ volts

8.29 (a) $3 - 3\cos 2t + \text{sen}\,2t$ V;
(b) $2 - 4e^{-t} + e^{-4t}$ A;
(c) $3 + (2 + 3t)e^{-t}$ V;
(d) $2 + 2\cos 2t e^{-t}$ A.

8.31 80 V, 40 V

8.33 $[20 + 0{,}2052e^{-4{,}95t} - 10{,}205e^{-0{,}05t}]$ V

8.35 Este é um problema de projeto com várias respostas.

8.37 $7{,}5e^{-4t}$ A

8.39 $(-6 + [0{,}021e^{-47{,}83t} - 6{,}02e^{-0{,}167t}])$ V

8.41 $727{,}5\,\text{sen}(4{,}583t)e^{-2t}$ mA

8.43 8 Ω, 2,075 mF

8.45 $[4 - [3\cos(1{,}3229t) + 1{,}1339\,\text{sen}(1{,}3229t)]e^{-t/2}]$ A,
$[4{,}536\,\text{sen}(1{,}3229t)e^{-t/2}]$ V

8.47 $(200te^{-10t})$ V

8.49 $[3 + (3 + 6t)e^{-2t}]$ A

8.51 $\left[-\dfrac{i_0}{\omega_o C}\text{sen}(\omega_o t)\right]$ V onde $\omega_o = 1/\sqrt{LC}$

8.53 $(d^2i/dt^2) + 0{,}125(di/dt) + 400i = 600$

8.55 $7{,}448 - 3{,}448e^{-7{,}25t}$ V, $t > 0$

8.57 (a) $s^2 + 20s + 36 = 0$;
(b) $-\dfrac{3}{4}e^{-2t} - \dfrac{5}{4}e^{-18t}$ A, $6e^{-2t} + 10e^{-18}$.

8.59 $-32te^{-t}$ V

8.61 $2{,}4 - 2{,}667e^{-2t} + 0{,}2667e^{-5t}$ A,
$9{,}6 - 16e^{-2t} + 6{,}4e^{-5t}$ V

8.63 $\dfrac{d^2i(t)}{dt^2} = -\dfrac{v_s}{RCL}$

8.65 $\dfrac{d^2v_o}{dt^2} - \dfrac{v_o}{R^2C^2} = 0$, $e^{10t} - e^{-10t}$ V

Observação: o circuito é instável.

8.67 $-te^{-t}u(t)$ V

8.69 Ver Figura D.17.

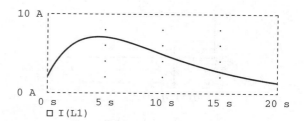

Figura D.17 Esquema para o Problema 8.69.

8.71 Ver Figura D.18.

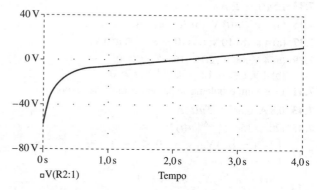

Figura D.18 Esquema para o Problema 8.71.

8.73 Este é um problema de projeto com várias respostas.

8.75 Ver Figura D.19.

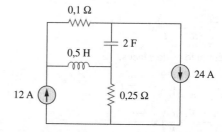

Figura D.19 Esquema para o Problema 8.75.

8.77 Ver Figura D.20.

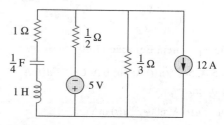

Figura D.20 Esquema para o Problema 8.77.

8.79 434 μF

8.81 2,533 μH, 625 μF

8.83 $\dfrac{d^2v}{dt^2} + \dfrac{R}{L}\dfrac{dv}{dt} + \dfrac{R}{LC}i_D + \dfrac{1}{C}\dfrac{di_D}{dt} = \dfrac{v_s}{LC}$

Capítulo 9

9.1 (a) 50 V; (b) 209,4 ms; (c) 4,775 Hz; (d) 44,48 V, 0,3 rad.

9.3 (a) $10\cos(\omega t - 60°)$; (b) $9\cos(8t + 90°)$; (c) $20\cos(\omega t + 135°)$.

9.5 30°, v_1 lags v_2

9.7 Prova

9.9 (a) $50,88\underline{/-15,52°}$; (b) $60,02\underline{/-110,96°}$.

9.11 (a) $21\underline{/-15°}$ V; (b) $8\underline{/160°}$ mA;
(c) $120\underline{/-140°}$ V; (d) $60\underline{/-170°}$ mA.

9.13 (a) $-1,2749 + j0,1520$; (b) $-2,083$; (c) $35 + j14$.

9.15 (a) $-6 - j11$; (b) $120,99 + j4,415$; (c) -1.

9.17 $15,62\cos(50t - 9,8°)$ V

9.19 (a) $3,32\cos(20t + 114,49°)$;
(b) $64,78\cos(50t - 70,89°)$;
(c) $9,44\cos(400t - 44,7°)$.

9.21 (a) $f(t) = 8,324\cos(30t + 34,86°)$;
(b) $g(t) = 5,565\cos(t - 62,49°)$;
(c) $h(t) = 1,2748\cos(40t - 168,69°)$.

9.23 (a) $320,1\cos(20t - 80,11°)$ A;
(b) $36,05\cos(5t + 93,69°)$ A.

9.25 (a) $0,8\cos(2t - 98,13°)$ A;
(b) $0,745\cos(5t - 4,56°)$ A.

9.27 $0,289\cos(377t - 92,45°)$ V

9.29 $2\operatorname{sen}(10^6 t - 65°)$

9.31 $78,3\cos(2t + 51,21°)$ mA

9.33 69,82 V

9.35 $4,789\cos(200t - 16,7°)$ A

9.37 $(250 - j25)$ mS

9.39 $9,135 + j27,47\,\Omega$, $414,5\cos(10t - 71,6°)$ mA

9.41 $6,325\cos(t - 18,43°)$ V

9.43 $499,7\underline{/-28,85°}$ mA

9.45 -5 A

9.47 $460,7\cos(2.000t + 52,63°)$ mA

9.49 $1,4142\operatorname{sen}(200t - 45°)$ V

9.51 $25\cos(2t - 53,13°)$ A

9.53 $8,873\underline{/-21,67°}$ A

9.55 $(2,798 - j16,403)\,\Omega$

9.57 $0,3171 - j0,1463$ S

9.59 $2,707 + j2,509$

9.61 $1 + j0,5\,\Omega$

9.63 $34,69 - j6,93\,\Omega$

9.65 $17,35\underline{/0,9°}$ A, $6,83 + j1,094\,\Omega$

9.67 (a) $14,8\underline{/-20,22°}$ mS; (b) $19,704\underline{/74,56°}$ mS.

9.69 $1,661 + j0,6647$ S

9.71 $1,058 - j2,235\,\Omega$

9.73 $0,3796 + j1,46\,\Omega$

9.75 Pode ser realizado por meio do circuito RL mostrado na Figura D.21.

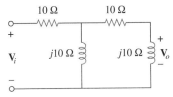

Figura D.21 Esquema para o Problema 9.75.

9.77 (a) 51,49° atrasada; (b) 1,5915 MHz.

9.79 (a) 140,2°; (b) adiantada; (c) 18,43 V.

9.81 $1,8\,k\Omega$, $0,1\,\mu F$

9.83 104,17 mH

9.85 Prova

9.87 $38,21\underline{/-8,97°}\,\Omega$

9.89 $25\,\mu F$

9.91 235 pF

9.93 $3,592\underline{/-38,66°}$ A

Capítulo 10

10.1 $1,9704\cos(10t + 5,65°)$ A

10.3 $3,835\cos(4t - 35,02°)$ V

10.5 $12,398\cos(4\times 10^3 t + 4,06°)$ mA

10.7 $124,08\underline{/-154°}$ V

10.9 $6,154\cos(10^3 t + 70,26°)$ V

10.11 $199,5\underline{/86,89°}$ mA

10.13 $29,36\underline{/62,88°}$ A

10.15 $7,906\underline{/43,49°}$ A

10.17 $9,25\underline{/-162,12°}$ A

10.19 $7,682\,\underline{/50,19°}$ V

10.21 (a) $1, 0, -\dfrac{j}{R}\sqrt{\dfrac{L}{C}}$, (b) $0, 1, \dfrac{j}{R}\sqrt{\dfrac{L}{C}}$

10.23 $\dfrac{(1 - \omega^2 LC)V_s}{1 - \omega^2 LC + j\omega RC(2 - \omega^2 LC)}$

10.25 $1,4142\cos(2t + 45°)$ A

10.27 $4,698\underline{/95,24°}$ A, $0,9928\underline{/37,71°}$ A

10.29 Este é um problema de projeto com várias respostas.

10.31 $2,179\underline{/61,44°}$ A

10.33 $7,906\underline{/43,49°}$ A

10.35 $1,971\underline{/-2,1°}$ A

10.37 $2,38\underline{/-96,37°}$ A, $2,38\underline{/143,63°}$ A, $2,38\underline{/23,63°}$ A

10.39 $381,4\underline{/109,6°}$ mA, $344,3\underline{/124,4°}$ mA, $145,5\underline{/-60,42°}$ mA, $100,5\underline{/48,5°}$ mA

10.41 $[4,243\cos(2t + 45°) + 3,578\operatorname{sen}(4t + 25,56°)]$ V

10.43 $9{,}902\cos(2t - 129{,}17°)$ A

10.45 $791{,}1\cos(10t + 21{,}47°)$
$+ 299{,}5\,\text{sen}(4t + 176{,}6°)$ mA

10.47 $[4 + 0{,}504\,\text{sen}(t + 19{,}1°)$
$+ 0{,}3352\cos(3t - 76{,}43°)]$ A

10.49 $[4{,}472\,\text{sen}(200t + 56{,}56°)]$ A

10.51 $109{,}3\underline{/30°}$ mA

10.53 $(3{,}529 - j5{,}883)$ V

10.55 (a) $\mathbf{Z}_N = \mathbf{Z}_{Th} = 22{,}63\underline{/-63{,}43°}\ \Omega$,
$\mathbf{V}_{Th} = 50\underline{/-150°}$ V, $\mathbf{I}_N = 2{,}236\underline{/-86{,}6°}$ A;
(b) $\mathbf{Z}_N = \mathbf{Z}_{Th} = 10\underline{/26°}\ \Omega$,
$\mathbf{V}_{Th} = 33{,}92\underline{/58°}$ V, $\mathbf{I}_N = 3{,}392\underline{/32°}$ A.

10.57 Este é um problema de projeto com várias respostas.

10.59 $-6 + j38\ \Omega$

10.61 $-24 + j12$ V, $-8 + j6\ \Omega$

10.63 $1\ \text{k}\Omega$, $5{,}657\cos(200t + 75°)$ A

10.65 Este é um problema de projeto com várias respostas.

10.67 $4{,}945\underline{/-69{,}76°}$ V, $0{,}4378\underline{/-75{,}24°}$ A,
$11{,}243 + j1{,}079\ \Omega$

10.69 $-j\omega RC$, $-V_m \cos\omega t$

10.71 $48\cos(2t + 29{,}53°)$ V

10.73 $21{,}21\underline{/-45°}$ kΩ

10.75 $0{,}12499\underline{/180°}$

10.77 $\dfrac{R_2 + R_3 + j\omega C_2 R_2 R_3}{(1 + j\omega R_1 C_1)(R_3 + j\omega C_2 R_2 R_3)}$

10.79 $3{,}578\cos(1.000t + 26{,}56°)$ V

10.81 $11{,}27\underline{/128{,}1°}$ V

10.83 $6{,}611\cos(1.000t - 159{,}2°)$ V

10.85 Este é um problema de projeto com várias respostas.

10.87 $15{,}91\underline{/169{,}6°}$ V, $5{,}172\underline{/-138{,}6°}$ V, $2{,}27\underline{/-152{,}4°}$ V

10.89 Prova

10.91 (a) 180 kHz;
(b) 40 kΩ.

10.93 Prova

10.95 Prova

Capítulo 11

(Considere que todos os valores de corrente e tensão sejam RMS a menos quando especificado o contrário.)

11.1 $[1{,}320 + 2{,}640\cos(100t + 60°)]$ kW, 1,320 kW

11.3 213,4 W

11.5 $P_{1\Omega} = 1{,}4159$ W, $P_{2\Omega} = 5{,}097$ W,
$P_{3H} = P_{0{,}25F} = 0$ W

11.7 160 W

11.9 22,42 mW

11.11 3,472 W

11.13 28,36 W

11.15 90 W

11.17 20 Ω, 31,25 W

11.19 258,5 W

11.21 19,58 Ω

11.23 Este é um problema de projeto com várias respostas.

11.25 3,266

11.27 2,887 A

11.29 17,321 A, 3,6 kW

11.31 2,944 V

11.33 3,332 A

11.35 21,6 V

11.37 Este é um problema de projeto com várias respostas.

11.39 (a) 0,7592, 6,643 kW, 5,695 kVAR;
(b) 312 μF.

11.41 (a) 0,5547 (adiantada); (b) 0,9304 (atrasada).

11.43 Este é um problema de projeto com várias respostas.

11.45 (a) 46,9 V, 1,061 A; (b) 20 W.

11.47 (a) $S = 112 + j194$ VA,
potência média = 112 W,
potência reativa = 194 VAR;
(b) $S = 226{,}3 - j226{,}3$ VA,
potência média = 226,3 W,
potência reativa = $-226{,}3$ VAR;
(c) $S = 110{,}85 + j64$ VA, potência média = 110,85 W, potência reativa = 64 VAR;
(d) $S = 7{,}071 + j7{,}071$ kVA, potência média = 7,071 kW, potência reativa = 7,071 kVAR.

11.49 (a) $4 + j2{,}373$ kVA;
(b) $1{,}6 - j1{,}2$ kVA;
(c) $0{,}4624 + j1{,}2705$ kVA;
(d) $110{,}77 + j166{,}16$ VA.

11.51 (a) 0,9956 (atrasada);
(b) 31,12 W;
(c) 2,932 VAR;
(d) 31,26 VA;
(e) $[31{,}12 + j2{,}932]$ VA.

11.53 (a) $47\underline{/29{,}8°}$ A; (b) 1,0 (atrasada).

11.55 Este é um problema de projeto com várias respostas.

11.57 $(50{,}45 - j33{,}64)$ VA

11.59 $j339{,}3$ VAR, $-j1{,}4146$ kVAR

11.61 $66{,}2\underline{/92{,}4°}$ A, $6{,}62\underline{/-2{,}4°}$ kVA

11.63 $221{,}6\underline{/-28{,}13°}$ A

11.65 80 μW

11.67 (a) $18\underline{/36{,}86°}$ mVA; (b) 2,904 mW.

11.69 (a) 0,6402 (atrasada);
(b) 590,2 W;
(c) 130,4 μF.

11.71 (a) $50{,}14 + j1{,}7509$ mΩ;
(b) 0,9994 atrasada;
(c) $2{,}392\underline{/-2°}$ kA.

11.73 (a) 12,21 kVA; (b) $50{,}86\underline{/-35°}$ A;
(c) 4,083 kVAR, 188,03 μF; (d) $43{,}4\underline{/-16{,}26°}$ A.

11.75 (a) $1.835,9 - j114,68$ VA; (b) 0,998 (adiantada);
(c) não é necessária nenhuma correção.

11.77 157,69 W

11.79 50 mW

11.81 Este é um problema de projeto com várias respostas.

11.83 (a) 688,1 W; (b) 840 VA;
(c) 481,8 VAR; (d) 0,8191 (atrasada).

11.85 (a) 20 A, $17,85\underline{/163,26°}$ A, $5,907\underline{/-119,5°}$ A;
(b) $4.451 + j617$ VA; (c) 0,9904 (atrasada).

11.87 0,5333

11.89 (a) 12 kVA, $9,36 + j7,51$ kVA;
(b) $2,866 + j2,3\ \Omega$.

11.91 0,8182 (atrasada), 1,398 μF

11.93 (a) 7,328 kW, 1,196 kVAR; (b) 0,987.

11.95 (a) 2,814 kHz;
(b) 431,8 mW.

11.97 547,3 W

Capítulo 12

(Considere que todos os valores de corrente e tensão sejam RMS a menos quando especificado o contrário.)

12.1 (a) $231\underline{/-30°}, 231\underline{/-150°}, 231\underline{/90°}$ V;
(b) $231\underline{/30°}, 231\underline{/150°}, 231\underline{/-90°}$ V.

12.3 sequência abc, $440\underline{/-110°}$ V

12.5 $207,8\cos(\omega t + 62°)$ V, $207,8\cos(\omega t - 58°)$ V, $207,8\cos(\omega t - 178°)$ V

12.7 $44\underline{/53,13°}$ A, $44\underline{/-66,87°}$ A, $44\underline{/173,13°}$ A

12.9 $4,8\underline{/-36,87°}$ A, $4,8\underline{/-156,87°}$ A, $4,8\underline{/83,13°}$ A

12.11 207,8 V, 199,69 A

12.13 20,43 A, 3,744 kW

12.15 13,66 A

12.17 $2,887\underline{/5°}$ A, $2,887\underline{/-115°}$ A, $2,887\underline{/125°}$ A

12.19 $5,47\underline{/-18,43°}$ A, $5,47\underline{/-138,43°}$ A, $5,47\underline{/101,57}$
$9,474\underline{/-48,43°}$ A, $9,474\underline{/-168,43°}$ A,
$9,474\underline{/71,57°}$ A

12.21 $17,96\underline{/-98,66°}$ A, $31,1\underline{/171,34°}$ A

12.23 (a) 13,995 A;
(b) 2,448 kW.

12.25 $17,742\underline{/4,78°}$ A, $17,742\underline{/-115,22°}$ A,
$17,742\underline{/124,78°}$ A

12.27 91,79 V

12.29 $[5,197 + j4,586]$ kVA

12.31 (a) $6,144 + j4,608\ \Omega$;
(b) 18,04 A; (c) 207,2 μF.

12.33 7,69 A, 360,3 V

12.35 (a) $14,61 - j5,953$ A;
(b) $[10,081 + j4,108]$ kVA;
(c) 0,9261.

12.37 55,51 A, $1,298 - j1,731\ \Omega$

12.39 431,1 W

12.41 9,021 A

12.43 $4,373 - j1,145$ kVA

12.45 $2,109\underline{/24,83°}$ kV

12.47 39,19 A (RMS), 0,9982 (atrasada)

12.49 (a) 5,808 kW; (b) 1,9356 kW.

12.51 (a) $19,2 - j14,4$ A, $-42,76 + j27,09$ A,
$-12 - j20,78$ A;
(b) $31,2 + j6,38$ A, $-61,96 + j41,48$ A,
$30,76 - j47,86$ A.

12.53 Este é um problema de projeto com várias respostas.

12.55 $9,6\underline{/-90°}$ A, $6\underline{/120°}$ A, $8\underline{/-150°}$ A,
$3,103 + j3,264$ kVA

12.57 $I_a = 1,9585\underline{/-18.1°}$ A, $I_b = 1,4656\underline{/-130,55°}$ A,
$I_c = 1,947\underline{/117,8°}$ A

12.59 $220,6\underline{/-34,56°}, 214,1\underline{/-81,49°}, 49,91\underline{/-50,59°}$ V,
supondo que N esteja aterrado.

12.61 $11,15\underline{/37°}$ A, $230,8\underline{/-133,4°}$ V,
supondo que N esteja aterrado.

12.63 $18,67\underline{/158,9°}$ A, $12,38\underline{/144,1°}$ A

12.65 $11,02\underline{/12°}$ A, $11,02\underline{/-108°}$ A, $11,02\underline{/132°}$ A

12.67 (a) 97,67 kW, 88,67 kW, 82,67 kW;
(b) 108,97 A.

12.69 $I_a = 94,32\underline{/-62,05°}$ A, $I_b = 94,32\underline{/177,95°}$ A,
$I_c = 94,32\underline{/57,95°}$ A, $28,8 + j18,03$ kVA

12.71 (a) 2.590 W, 4.808 W;
(b) 8.335 VA.

12.73 2.360 W, −632,8 W

12.75 (a) 20 mA;
(b) 200 mA.

12.77 320 W

12.79 $17,15\underline{/-19,65°}, 17,15\underline{/-139,65°}, 17,15\underline{/100,35°}$ A,
$223\underline{/2,97°}, 223\underline{/-117,03°}, 223\underline{/122,97°}$ V

12.81 516 V

12.83 183,42 A

12.85 $Z_Y = 2,133\ \Omega$

12.87 $1,448\underline{/-176,6°}$ A, $1.252 + j711,6$ VA,
$1.085 + j721,2$ VA

Capítulo 13

(Considere que todos os valores de corrente e tensão sejam RMS a menos quando especificado o contrário.)

13.1 20 H

13.3 300 mH, 100 mH, 50 mH, 0,2887

13.5 (a) 247,4 mH; (b) 48,62 mH.

13.7 $1,081\underline{/144,16°}$ V

13.9 $2,074\underline{/21,12°}$ V

13.11 $461{,}9\cos(600t - 80{,}26°)$ mA
13.13 $[4{,}308 + j4{,}538]\,\Omega$
13.15 $[1{,}0014 + j19{,}498]\,\Omega,\; 1{,}1452\underline{/6{,}37°}$ mA
13.17 $[25{,}07 + j25{,}86]\,\Omega$
13.19 Ver Figura D.22.

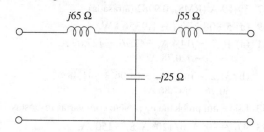

Figura D.22 Esquema para o Problema 13.19.

13.21 Este é um problema de projeto com várias respostas.
13.23 $3{,}081\cos(10t + 40{,}74°)$ A, $2{,}367\cos(10t - 99{,}46°)$ A, $10{,}094$ J
13.25 $2{,}2\,\text{sen}(2t - 4{,}88°)$ A, $1{,}5085\underline{/17{,}9°}\,\Omega$
13.27 11,608 W
13.29 0,984, 130,5 mJ
13.31 Este é um problema de projeto com várias respostas.
13.33 $12{,}769 + j7{,}154\,\Omega$
13.35 $1{,}4754\underline{/-21{,}41°}$ A, $77{,}5\underline{/-134{,}85°}$ mA, $77\underline{/-110{,}41°}$ mA
13.37 (a) 5; (b) 104,17 A; (c) 20,83 A.
13.39 $15{,}7\underline{/20{,}31°}$ A, $78{,}5\underline{/20{,}31°}$ A
13.41 500 mA, $-1{,}5$ A
13.43 4,186 V, 16,744 V
13.45 36,71 mW
13.47 $2{,}656\cos(3t + 5{,}48°)$ V
13.49 $0{,}937\cos(2t + 51{,}34°)$ A
13.51 $[8 - j1{,}5]\,\Omega$, $8{,}95\underline{/10{,}62°}$ A
13.53 (a) 5; (b) 8 W.
13.55 $1{,}6669\,\Omega$
13.57 (a) $25{,}9\underline{/69{,}96°}$, $12{,}95\underline{/69{,}96°}$ A (RMS);
(b) $21{,}06\underline{/147{,}4°}$, $42{,}12\underline{/147{,}4°}$;
$42{,}12\underline{/147{,}4°}$ V(RMS); (c) $1554\underline{/20{,}04°}$ VA.
13.59 24,69 W, 16,661 W, 3,087 W
13.61 6 A, 0,36 A, -60 V
13.63 $3{,}795\underline{/18{,}43°}$ A, $1{,}8975\underline{/18{,}43°}$ A, $0{,}6325\underline{/161{,}6°}$ A
13.65 11,05 W
13.67 (a) 160 V; (b) 31,25 A; (c) 12,5 A.
13.69 $(1{,}2 - j2)$ kΩ, 5,333 W
13.71 $[1 + (N_1/N_2)]^2 Z_L$
13.73 (a) transformador triângulo-estrela trifásico;
(b) $8{,}66\underline{/156{,}87°}$ A, $5\underline{/-83{,}13°}$ A;
(c) 1,8 kW.
13.75 (a) 0,11547; (b) 76,98 A, 15,395 A.
13.77 (a) um transformador monofásico, $1:n$, $n = 1/110$;
(b) 7,576 mA.
13.79 $1{,}306\underline{/-68{,}01°}$ A, $406{,}8\underline{/-77{,}86°}$ mA, $1{,}336\underline{/-54{,}92°}$ A
13.81 $104{,}5\underline{/13{,}96°}$ mA, $29{,}54\underline{/-143{,}8°}$ mA, $208{,}8\underline{/24{,}4°}$ mA
13.83 $1{,}08\underline{/33{,}91°}$ A, $15{,}14\underline{/-34{,}21°}$ V
13.85 100 espiras
13.87 0,5
13.89 0,5, 41,67 A, 83,33 A
13.91 (a) 1.875 kVA; (b) 7.812 A.
13.93 (a) Ver Figura D.23a; (b) ver Figura D.23b.

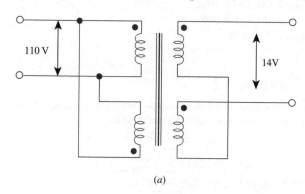

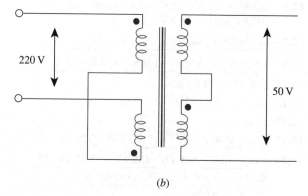

Figura D.23 Esquema para o Problema 13.93.

13.95 (a) 1/60; (b) 139 mA.

Capítulo 14

14.1 $\dfrac{j\omega/\omega_o}{1 + j\omega/\omega_o}$, $\omega_o = \dfrac{1}{RC}$

14.3 $5s/(s^2 + 8s + 5)$

14.5 (a) $\dfrac{sRL}{(R + R_s)Ls + RR_s}$;

(b) $\dfrac{R}{LRCs^2 + Ls + R}$.

14.7 (a) 1,005773; (b) 0,4898; (c) $1,718 \times 10^5$.

14.9 Ver Figura D.24.

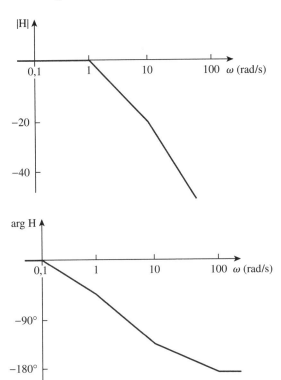

Figura D.24 Esquema para o Problema 14.9.

14.11 Ver Figura D.25.

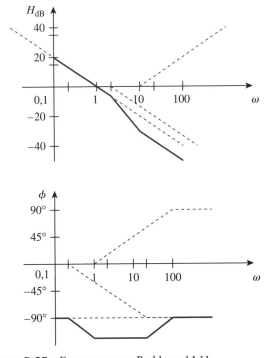

Figura D.25 Esquema para o Problema 14.11.

14.13 Ver Figura D.26.

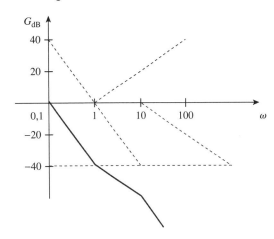

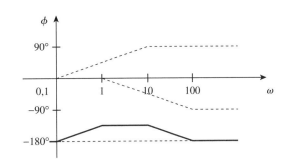

Figura D.26 Esquema para o Problema 14.13.

14.15 Ver Figura D.27.

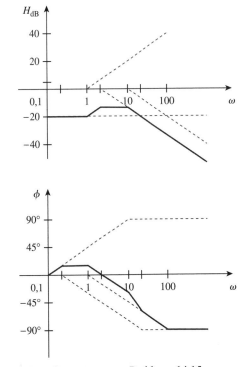

Figura D.27 Esquema para o Problema 14.15.

14.17 Ver Figura D.28.

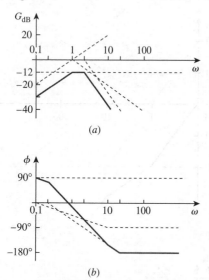

Figura D.28 Esquema para o Problema 14.17.

14.19 Ver Figura D.29.
14.21 Ver Figura D.30.

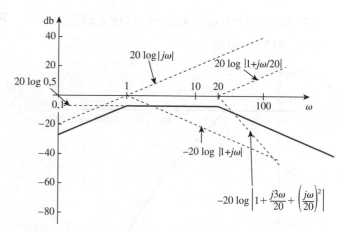

Figura D.30 Esquema para o Problema 14.21.

14.23 $\dfrac{100\,j\omega}{(1 + j\omega)(10 + j\omega)^2}$

(Deve-se notar que essa função também pode ter um sinal negativo sem deixar de estar correta. O gráfico de amplitude não contém essa informação, podendo ser obtido apenas a partir do gráfico de fase.)

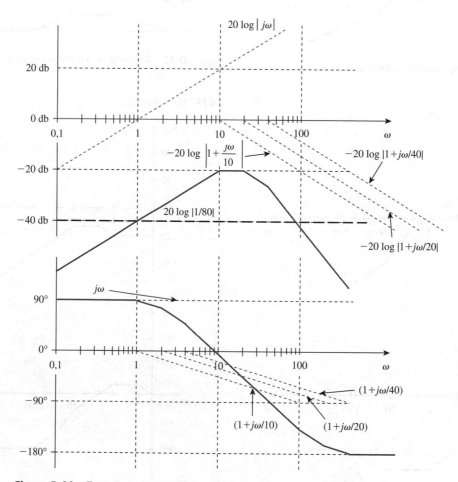

Figura D.29 Esquema para o Problema 14.19.

14.25 2 kΩ, 2 − j0,75 kΩ, 2 − j0,3 kΩ, 2 + j0,3 kΩ, 2 + j0,75 kΩ

14.27 $R = 1\ \Omega, L = 0,1\ H, C = 25\ mF$

14.29 4,082 krad/s, 105,55 rad/s, 38,67

14.31 50 mH, 200 mF, 0,5 rad/s

14.33 50 krad/s, $5,95 \times 10^6$ rad/s, $6,05 \times 10^6$ rad/s.

14.35 (a) 1,443 krad/s; (b) 3,33 rad/s; (c) 432,9.

14.37 2 kΩ, $(1,4212 + j53,3)\ \Omega$, $(8,85 + j132,74)\ \Omega$, $(8,85 − j132,74)\ \Omega$, $(1,4212 − j53,3)\ \Omega$

14.39 4,841 krad/s

14.41 Este é um problema de projeto com várias respostas.

14.43 $\sqrt{\dfrac{1}{LC} - \dfrac{R^2}{L^2}}, \dfrac{1}{\sqrt{LC}}$

14.45 447,2 rad/s, 1,067 rad/s, 419,1

14.47 796 kHz

14.49 Este é um problema de projeto com várias respostas.

14.51 1,256 kΩ

14.53 18,045 kΩ. 2,872 H, 10,5

14.55 1,56 kHz $< f <$ 1,62 kHz, 25

14.57 (a) 1 rad/s, 3 rad/s; (b) 1 rad/s, 3 rad/s.

14.59 2,408 krad/s, 15,811 krad/s

14.61 (a) $\dfrac{1}{1 + j\omega RC}$;

(b) $\dfrac{j\omega RC}{1 + j\omega RC}$.

14.63 10 MΩ, 100 kΩ

14.65 Prova

14.67 Se $R_f = 20$ kΩ, então $R_i = 80$ kΩ e $C = 15,915$ nF.

14.69 Se $R = 10$ kΩ, então $R_f = 25$ kΩ, $C = 7,96$ nF.

14.71 $K_f = 2 \times 10^{-4}, K_m = 5 \times 10^{-3}$

14.73 9,6 MΩ, 32 μH, 0,375 pF

14.75 200 Ω, 400 μH, 1 μF

14.77 (a) 1.200 H, 0,5208 μF; (b) 2 mH, 312,5 nF; (c) 8 mH, 7,81 pF.

14.79 (a) $8s + 5 + \dfrac{10}{s}$;

(b) $0,8s + 50 + \dfrac{10^4}{s}$, 111,8 rad/s.

14.81 (a) 0,4 Ω, 0,4 H, 1 mF, 1 mS; (b) 0,4 Ω, 0,4 mH, 1 μF, 1 mS.

14.83 0,1 pF, 0,5 pF, 1 MΩ, 2 MΩ

14.85 Ver Figura D.31.

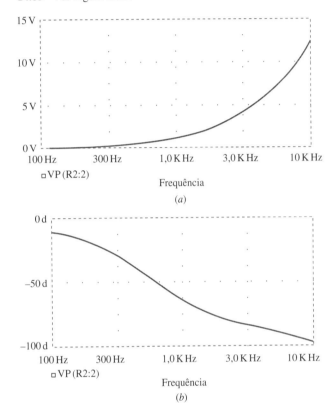

Figura D.31 Esquema para o Problema 14.85.

14.87 Ver Figura D.32 filtro passa-altas, $f_0 = 1,2$ Hz.

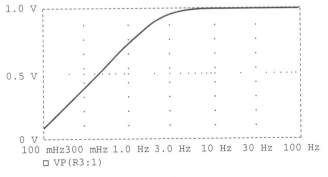

Figura D.32 Esquema para o Problema 14.87.

14.89 Ver Figura D.33.

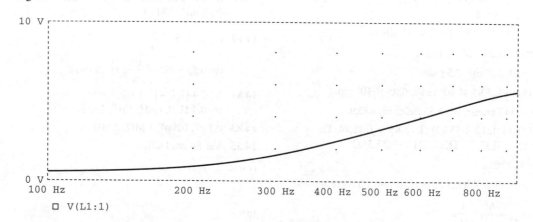

Figura D.33 Esquema para o Problema 14.89.

14.91 Ver Figura D.34; $f_o = 800$ Hz.

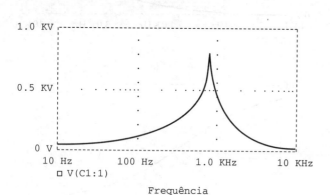

Figura D.34 Esquema para o Problema 14.91.

14.93 $\dfrac{-RCs + 1}{RCs + 1}$

14.95 (a) $0{,}541$ MHz $< f_o < 1{,}624$ MHz; (b) $67{,}98,\ 204{,}1$.

14.97 $\dfrac{s^3 LR_L C_1 C_2}{(sR_iC_1 + 1)(s^2LC_2 + sR_LC_2 + 1) + s^2LC_1(sR_LC_2 + 1)}$

14.99 $8{,}165$ MHz, $4{,}188 \times 10^6$ rad/s

14.101 $1{,}061$ kΩ

14.103 $\dfrac{R_2(1 + sCR_1)}{R_1 + R_2 + sCR_1R_2}$

Capítulo 15

15.1 (a) $\dfrac{s}{s^2 - a^2}$; (b) $\dfrac{a}{s^2 - a^2}$.

15.3 (a) $\dfrac{s + 2}{(s + 2)^2 + 9}$;
(b) $\dfrac{4}{(s + 2)^2 + 16}$;
(c) $\dfrac{s + 3}{(s + 3)^2 - 4}$;
(d) $\dfrac{1}{(s + 4)^2 - 1}$;
(e) $\dfrac{4(s + 1)}{[(s + 1)^2 + 4]^2}$.

15.5 (a) $\dfrac{8 - 12\sqrt{3}s - 6s^2 + \sqrt{3}s^3}{(s^2 + 4)^3}$;
(b) $\dfrac{72}{(s + 2)^5}$;
(c) $\dfrac{2}{s^2} - 4s$;
(d) $\dfrac{2e}{s + 1}$;
(e) $\dfrac{5}{s}$; (f) $\dfrac{18}{3s + 1}$; (g) s^n.

15.7 (a) $\dfrac{2}{s^2} + \dfrac{4}{s}$;
(b) $\dfrac{4}{s} + \dfrac{3}{s + 2}$;
(c) $\dfrac{8s + 18}{s^2 + 9}$;
(d) $\dfrac{s + 2}{s^2 + 4s - 12}$.

15.9 (a) $\dfrac{e^{-2s}}{s^2} - \dfrac{2e^{-2s}}{s}$; (b) $\dfrac{2e^{-s}}{e^4(s + 4)}$;
(c) $\dfrac{2{,}702s}{s^2 + 4} + \dfrac{8{,}415}{s^2 + 4}$; (d) $\dfrac{6}{s}e^{-2s} - \dfrac{6}{s}e^{-4s}$.

15.11 (a) $\dfrac{6(s + 1)}{s^2 + 2s - 3}$;
(b) $\dfrac{24(s + 2)}{(s^2 + 4s - 12)^2}$;
(c) $\dfrac{e^{-(2s+6)}[(4e^2 + 4e^{-2})s + (16e^2 + 8e^{-2})]}{s^2 + 6s + 8}$

15.13 (a) $\dfrac{s^2 - 1}{(s^2 + 1)^2}$;
(b) $\dfrac{2(s + 1)}{(s^2 + 2s + 2)^2}$;
(c) $\operatorname{tg}^{-1}\left(\dfrac{\beta}{s}\right)$.

15.15 $5\dfrac{1 - e^{-s} - se^{-s}}{s^2(1 - e^{-3s})}$

15.17 Este é um problema de projeto com várias respostas.

15.19 $\dfrac{1}{1 - e^{-2s}}$

15.21 $\dfrac{(2\pi s - 1 + e^{-2\pi s})}{2\pi s^2(1 - e^{-2\pi s})}$

15.23 (a) $\dfrac{(1 - e^{-s})^2}{s(1 - e^{-2s})}$;

(b) $\dfrac{2(1 - e^{-2s}) - 4se^{-2s}(s + s^2)}{s^3(1 - e^{-2s})}$.

15.25 (a) 5 e 0; (b) 5 e 0.

15.27 (a) $u(t) + 2e^{-t}u(t)$; (b) $3\delta(t) - 11e^{-4t}u(t)$;
(c) $(2e^{-t} - 2e^{-3t})u(t)$;
(d) $(3e^{-4t} - 3e^{-2t} + 6te^{-2t})u(t)$.

15.29 $\left(2 - 2e^{-2t}\cos 3t - \dfrac{2}{3}e^{-2t}\operatorname{sen} 3t\right)u(t),\ t \geq 0$

15.31 (a) $(-5e^{-t} + 20e^{-2t} - 15e^{-3t})u(t)$;

(b) $\left(-e^{-t} + \left(1 + 3t - \dfrac{t^2}{2}\right)e^{-2t}\right)u(t)$;

(c) $(-0{,}2e^{-2t} + 0{,}2e^{-t}\cos(2t) + 0{,}4e^{-t}\operatorname{sen}(2t))u(t)$.

15.33 (a) $(3e^{-t} + 3\operatorname{sen}(t) - 3\cos(t))u(t)$;
(b) $\cos(t - \pi)u(t - \pi)$;
(c) $8[1 - e^{-t} - te^{-t} - 0{,}5t^2e^{-t}]u(t)$.

15.35 (a) $[2e^{-(t-6)} - e^{-2(t-6)}]u(t-6)$;

(b) $\dfrac{4}{3}u(t)[e^{-t} - e^{-4t}] - \dfrac{1}{3}u(t-2)[e^{-(t-2)} - e^{-4(t-2)}]$;

(c) $\dfrac{1}{13}u(t-1)[-3e^{-3(t-1)} + 3\cos 2(t-1) + 2\operatorname{sen} 2(t-1)]$.

15.37 (a) $(2 - e^{-2t})u(t)$;
(b) $[0{,}4e^{-3t} + 0{,}6e^{-t}\cos t + 0{,}8e^{-t}\operatorname{sen} t]u(t)$;
(c) $e^{-2(t-4)}u(t-4)$;
(d) $\left(\dfrac{10}{3}\cos t - \dfrac{10}{3}\cos 2t\right)u(t)$.

15.39 (a) $(-1{,}6e^{-t}\cos 4t - 4{,}05e^{-t}\operatorname{sen} 4t + 3{,}6e^{-2t}\cos 4t + (3{,}45e^{-2t}\operatorname{sen} 4t)u(t)$;

(b) $[0{,}08333\cos 3t + 0{,}02778\operatorname{sen} 3t + 0{,}0944e^{-0{,}551t} - 0{,}1778e^{-5{,}449t}]u(t)$.

15.41 $z(t) = \begin{cases} 8t, & 0 < t < 2 \\ 16 - 8t, & 2 < t < 6 \\ -16, & 6 < t < 8 \\ 8t - 80, & 8 < t < 12 \\ 112 - 8t, & 12 < t < 14 \\ 0, & \text{caso contrário} \end{cases}$

15.43 (a) $y(t) = \begin{cases} \dfrac{1}{2}t^2, & 0 < t < 1 \\ -\dfrac{1}{2}t^2 + 2t - 1, & 1 < t < 2 \\ 1, & t > 2 \\ 0, & \text{caso contrário} \end{cases}$

(b) $y(t) = 2(1 - e^{-t}),\ t > 0$,

(c) $y(t) = \begin{cases} \dfrac{1}{2}t^2 + t + \dfrac{1}{2}, & -1 < t < 0 \\ -\dfrac{1}{2}t^2 + t + \dfrac{1}{2}, & 0 < t < 2 \\ \dfrac{1}{2}t^2 - 3t + \dfrac{9}{2}, & 2 < t < 3 \\ 0, & \text{caso contrário} \end{cases}$

15.45 $(4e^{-2t} - 8te^{-2t})u(t)$

15.47 (a) $(-e^{-t} + 2e^{-2t})u(t)$; (b) $(e^{-t} - e^{-2t})u(t)$

15.49 (a) $\left(\dfrac{t}{a}(e^{at} - 1) - \dfrac{1}{a^2} - \dfrac{e^{at}}{a^2}(at - 1)\right)u(t)$;

(b) $[0{,}5\cos(t)(t + 0{,}5\operatorname{sen}(2t)) - 0{,}5\operatorname{sen}(t)(\cos(t) - 1)]u(t)$.

15.51 $(5e^{-t} - 3e^{-3t})u(t)$

15.53 $\cos(t) + \operatorname{sen}(t)$ ou $1{,}4142\cos(t - 45°)$

15.55 $\left(\dfrac{1}{40} + \dfrac{1}{20}e^{-2t} - \dfrac{3}{104}e^{-4t} - \dfrac{3}{65}e^{-t}\cos(2t)\right.$

$\left. - \dfrac{2}{65}e^{-t}\operatorname{sen}(2t)\right)u(t)$

15.57 Este é um problema de projeto com várias respostas.

15.59 $[-2{,}5e^{-t} + 12e^{-2t} - 10{,}5e^{-3t}]u(t)$

15.61 (a) $[3 + 3{,}162\cos(2t - 161{,}12°)]u(t)$ volts;
(b) $[2 - 4e^{-t} + e^{-4t}]u(t)$ amps;
(c) $[3 + 2e^{-t} + 3te^{-t}]u(t)$ volts;
(d) $[2 + 2e^{-t}\cos(2t)]u(t)$ amps.

Capítulo 16

16.1 $[(2 + 10t)e^{-5t}]u(t)$ A

16.3 $[(20 + 20t)e^{-t}]u(t)$ V

16.5 750 Ω, 25 H, 200 μF

16.7 $[2 + 4e^{-t}(\cos(2t) + 2\operatorname{sen}(2t))]u(t)$ A

16.9 $[400 + 789{,}8e^{-1{,}5505t} - 189{,}8e^{-6{,}45t}]u(t)$ mA

16.11 20,83 Ω, 80 μF

16.13 Este é um problema de projeto com várias respostas.

16.15 120 Ω

16.17 $\left(e^{-2t} - \dfrac{2}{\sqrt{7}} e^{-0.5t} \operatorname{sen}\left(\dfrac{\sqrt{7}}{2} t\right)\right) u(t)$ A

16.19 $[-1{,}3333 e^{-t/2} + 1{,}3333 e^{-2t}] u(t)$ volts

16.21 $[64{,}65 e^{-2{,}679t} - 4{,}65 e^{-37{,}32t}] u(t)$ volts

16.23 $18 \cos(0{,}5t - 90°) u(t)$ volts

16.25 $[18 e^{-t} - 2 e^{-9t}] u(t)$ volts

16.27 $[20 - 10{,}206 e^{-0{,}05051t} + 0{,}2052 e^{-4{,}949t}] u(t)$ volts

16.29 $10 \cos(8t + 90°) u(t)$ amps

16.31 $[35 + 25 e^{-0{,}8t} \cos(0{,}6t + 126{,}87°)] u(t)$ volts,
$5 e^{-0{,}8t} [\cos(0{,}6t - 90°)] u(t)$ amps

16.33 Este é um problema de projeto com várias respostas.

16.35 $[3{,}636 e^{-t} + 7{,}862 e^{-0{,}0625t} \cos(0{,}7044t - 117{,}55°)] u(t)$ volts

16.37 $[-6 + 6{,}022 e^{-0{,}1672t} - 0{,}021 e^{-47{,}84t}] u(t)$ volts

16.39 $[0{,}3636 e^{-2t} \cos(4{,}583t - 90°)] u(t)$ amps

16.41 $[200 t e^{-10t}] u(t)$ volts

16.43 $[3 + 3 e^{-2t} + 6 t e^{-2t}] u(t)$ amps

16.45 $[i_o/(\omega C)] \cos(\omega t + 90°) u(t)$ volts

16.47 $[15 - 10 e^{-0{,}6t}(\cos(0{,}2t) - \operatorname{sen}(0{,}2t))] u(t)$ A

16.49 $[0{,}7143 e^{-2t} - 1{,}7145 e^{-0{,}5t} \cos(1{,}25t) + 3{,}194 e^{-0{,}5t} \operatorname{sen}(1{,}25t)] u(t)$ A

16.51 $[-5 + 17{,}156 e^{-15{,}125t} \cos(4{,}608t - 73{,}06°)] u(t)$ amps

16.53 $[4{,}618 e^{-t} \cos(1{,}7321 t + 30°)] u(t)$ volts

16.55 $[4 - 3{,}2 e^{-t} - 0{,}8 e^{-6t}] u(t)$ amps,
$[1{,}6 e^{-t} - 1{,}6 e^{-6t}] u(t)$ amps

16.57 (a) $(3/s)[1 - e^{-s}]$; (b) $[(2 - 2 e^{-1{,}5t}) u(t) - (2 - 2 e^{-1{,}5(t-1)}) u(t-1)]$ V.

16.59 $[e^{-t} - 2 e^{-t/2} \cos(t/2)] u(t)$ V

16.61 $[6{,}667 - 6{,}8 e^{-1{,}2306t} + 5{,}808 e^{-0{,}6347t} \cos(1{,}4265 t + 88{,}68°)] u(t)$ V

16.63 $[5 e^{-4t} \cos(2t) + 230 e^{-4t} \operatorname{sen}(2t)] u(t)$ V,
$[6 - 6 e^{-4t} \cos(2t) - 11{,}375 e^{-4t} \operatorname{sen}(2t)] u(t)$ A

16.65 $\{2{,}202 e^{-3t} + 3{,}84 t e^{-3t} - 0{,}202 \cos(4t) + 0{,}6915 \operatorname{sen}(4t)\} u(t)$ V

16.67 $[e^{10t} - e^{-10t}] u(t)$ volts; este é um circuito instável!

16.69 $6{,}667(s + 0{,}5)/[s(s + 2)(s + 3)]$, $-3{,}333(s-1)/[s(s + 2)(s + 3)]$

16.71 $10[2 e^{-1{,}5t} - e^{-t}] u(t)$ A

16.73 $\dfrac{10 s^2}{s^2 + 4}$

16.75 $4 + \dfrac{s}{2(s + 3)} - \dfrac{2s(s + 2)}{s^2 + 4s + 20} - \dfrac{12s}{s^2 + 4s + 20}$

16.77 $\dfrac{9s}{3s^2 + 9s + 2}$

16.79 (a) $\dfrac{s^2 - 3}{3s^2 + 2s - 9}$; (b) $\dfrac{-3}{2s}$.

16.81 $-1/(RLCs^2)$

16.83 (a) $\dfrac{R}{L} e^{-Rt/L} u(t)$; (b) $(1 - e^{-Rt/L}) u(t)$.

16.85 $[3 e^{-t} - 3 e^{-2t} - 2 t e^{-2t}] u(t)$

16.87 Este é um problema de projeto com várias respostas.

16.89 $\begin{bmatrix} v'_C \\ i'_L \end{bmatrix} = \begin{bmatrix} -0{,}25 & 1 \\ -1 & 0 \end{bmatrix} \begin{bmatrix} v_C \\ i_L \end{bmatrix} + \begin{bmatrix} 0 & 1 \\ 1 & 0 \end{bmatrix} \begin{bmatrix} v_s \\ i_s \end{bmatrix};$

$v_o(t) = \begin{bmatrix} 1 \\ 0 \end{bmatrix} \begin{bmatrix} v_C \\ i_L \end{bmatrix} + \begin{bmatrix} 0 & 0 \\ 0 & 0 \end{bmatrix} \begin{bmatrix} v_s \\ i_s \end{bmatrix}$

16.91 $\begin{bmatrix} x'_1 \\ x'_2 \end{bmatrix} = \begin{bmatrix} 0 & 1 \\ -3 & -4 \end{bmatrix} \begin{bmatrix} x_1 \\ x_2 \end{bmatrix} + \begin{bmatrix} 0 \\ 1 \end{bmatrix} z(t);$

$y(t) = \begin{bmatrix} 1 & 0 \end{bmatrix} \begin{bmatrix} x_1 \\ x_2 \end{bmatrix} + [0] z(t)$

16.93 $\begin{bmatrix} x'_1 \\ x'_2 \\ x'_3 \end{bmatrix} = \begin{bmatrix} 0 & 1 & 0 \\ 0 & 0 & 1 \\ -6 & -11 & -6 \end{bmatrix} \begin{bmatrix} x_1 \\ x_2 \\ x_3 \end{bmatrix} + \begin{bmatrix} 0 \\ 0 \\ 1 \end{bmatrix} z(t),$

$y(t) = \begin{bmatrix} 1 & 0 & 0 \end{bmatrix} \begin{bmatrix} x_1 \\ x_2 \\ x_3 \end{bmatrix} + [0] z(t)$

16.95 $[-2{,}4 + 4{,}4 e^{-3t} \cos(t) - 0{,}8 e^{-3t} \operatorname{sen}(t)] u(t)$, $[-1{,}2 - 0{,}8 e^{-3t} \cos(t) + 0{,}6 e^{-3t} \operatorname{sen}(t)] u(t)$

16.97 (a) $(e^{-t} - e^{-4t}) u(t)$; (b) o sistema é estável.

16.99 500 μF, 333,3 H

16.101 100 μ F

16.103 $-100, 400, 2 \times 10^4$

16.105 Se fizermos $L = R^2 C$ então $V_o/I_o = sL$.

Capítulo 17

17.1 (a) periódica, 2; (b) não periódica;
(c) periódica, 2π; (d) periódica, π;
(e) periódica, 10; (f) não periódica;
(g) não periódica.

17.3 Ver Figura D.35.

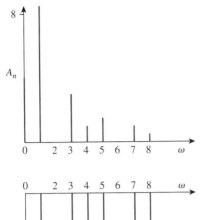

Figura D.35 Esquema para o Problema 17.3.

17.5 $-1 + \sum_{\substack{n=1 \\ n=\text{ímpar}}}^{\infty} \frac{12}{n\pi} \operatorname{sen} nt$

17.7 $1 + \sum_{n=0}^{\infty}\left[\frac{3}{n\pi}\operatorname{sen}\frac{4n\pi}{3}\cos\frac{2n\pi t}{3}\right.$
$\left.+\frac{3}{n\pi}\left(1-\cos\frac{4n\pi}{3}\right)\operatorname{sen}\frac{2n\pi t}{3}\right]$. Ver Figura D.36.

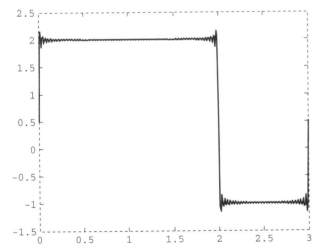

Figura D.36 Esquema para o Problema 17.7.

17.9 $a_0 = 3{,}183$, $a_1 = 10$, $a_2 = 4{,}244$, $a_3 = 0$,
$b_1 = 0 = b_2 = b_3$

17.11 $\sum_{n=-\infty}^{\infty} \frac{10}{n^2\pi^2}[1 + j(jn\pi/2 - 1)\operatorname{sen} n\pi/2$
$+ n\pi \operatorname{sen} n\pi/2]e^{jn\pi t/2}$

17.13 Este é um problema de projeto com várias respostas.

17.15 (a) $10 + \sum_{n=1}^{\infty}\sqrt{\frac{16}{(n^2+1)^2} + \frac{1}{n^6}}$
$\cos\left(10nt - \operatorname{tg}^{-1}\frac{n^2+1}{4\pi^3}\right)$;

(b) $10 + \sum_{n=1}^{\infty}\sqrt{\frac{16}{(n^2+1)} + \frac{1}{n^6}}$
$\operatorname{sen}\left(10nt + \operatorname{tg}^{-1}\frac{4n^3}{n^2+1}\right)$.

17.17 (a) nem ímpar nem par; (b) par; (c) ímpar; (d) par; (e) nem ímpar nem par.

17.19 $\frac{5}{n^2\omega_o^2}\operatorname{sen} n\pi/2 - \frac{10}{n\omega_o}(\cos \pi n - \cos n\pi/2)$
$-\frac{5}{n^2\omega_o^2}(\operatorname{sen}\pi n - \operatorname{sen} n\pi/2) - \frac{2}{n\omega_o}\cos n\pi - \frac{\cos \pi n/2}{n\omega_o}$

17.21 $\frac{1}{2} + \sum_{n=1}^{\infty}\frac{8}{n^2\pi^2}\left[1 - \cos\left(\frac{n\pi}{2}\right)\right]\cos\left(\frac{n\pi t}{2}\right)$

17.23 Este é um problema de projeto com várias respostas.

17.25
$\sum_{\substack{n=1 \\ n=\text{ímpar}}}^{\infty}\left\{\left[\frac{3}{\pi^2 n^2}\left(\cos\left(\frac{2\pi n}{3}\right) - 1\right) + \frac{2}{\pi n}\operatorname{sen}\left(\frac{2\pi n}{3}\right)\right]\cos\left(\frac{2\pi n}{3}\right)\right.$
$\left.+\left[\frac{3}{\pi^2 n^2}\operatorname{sen}\left(\frac{2\pi n}{3}\right) - \frac{2}{\pi n}\cos\left(\frac{2\pi n}{3}\right)\right]\operatorname{sen}\left(\frac{2\pi n}{3}\right)\right\}$

17.27 (a) ímpar; (b) $-0{,}045$; (c) $0{,}383$.

17.29 $2\sum_{k=1}^{\infty}\left[\frac{2}{n^2\pi}\cos(nt) - \frac{1}{n}\operatorname{sen}(nt)\right]$, $n = 2k-1$

17.31 $\omega_o' = \frac{2\pi}{T'} = \frac{2\pi}{T/\alpha} = \alpha\omega_o$

$a_n' = \frac{2}{T'}\int_0^{T'} f(\alpha t)\cos n\omega_o' t\, dt$

Seja $\alpha t = \lambda$, $dt = d\lambda/\alpha$, e $\alpha T' = T$. Então,

$a_n' = \frac{2\alpha}{T}\int_0^T f(\lambda)\cos n\omega_o\lambda\, d\lambda/\alpha = a_n$

De modo similar, $b_n' = b_n$

17.33 $v_o(t) = \sum_{n=1}^{\infty} A_n\operatorname{sen}(n\pi t - \theta_n)$ V,

$A_n = \frac{8(4 - 2n^2\pi^2)}{\sqrt{(20 - 10n^2\pi^2)^2 - 64n^2\pi^2}}$,

$\theta_n = 90° - \operatorname{tg}^{-1}\left(\frac{8n\pi}{20 - 10n^2\pi^2}\right)$

17.35 $\frac{3}{8} + \sum_{n=1}^{\infty} A_n\cos\left(\frac{2\pi n}{3} + \theta_n\right)$, onde

$A_n = \frac{\frac{6}{n\pi}\operatorname{sen}\frac{2n\pi}{3}}{\sqrt{9\pi^2 n^2 + (2\pi^2 n^2/3 - 3)^2}}$,

$\theta_n = \frac{\pi}{2} - \operatorname{tg}^{-1}\left(\frac{2n\pi}{9} - \frac{1}{n\pi}\right)$

17.37 $\sum_{n=1}^{\infty}\frac{2(1 - \cos \pi n)}{\sqrt{1 + n^2\pi^2}}\cos(n\pi t - \operatorname{tg}^{-1} n\pi)$

17.39 $\dfrac{1}{20} + \dfrac{200}{\pi} \sum_{k=1}^{\infty} I_n \mathrm{sen}(n\pi t - \theta_n), n = 2k - 1,$

$\theta_n = 90° + \mathrm{tg}^{-1} \dfrac{2n^2\pi^2 - 1.200}{802n\pi},$

$I_n = \dfrac{1}{n\sqrt{(804n\pi)^2 + (2n^2\pi^2 - 1.200)}}$

17.41 $\dfrac{2}{\pi} + \sum_{n=1}^{\infty} A_n \cos(2nt + \theta_n)$ onde

$A_n = \dfrac{20}{\pi(4n^2 - 1)\sqrt{16n^2 - 40n + 29}}$ e

$\theta_n = 90° - \mathrm{tg}^{-1}(2n - 2,5)$

17.43 (a) 33,91 V;
(b) 6,782 A;
(c) 203,1 W.

17.45 4,263 A, 181,7 W

17.47 10%

17.49 (a) 3,162;
(b) 3,065;
(c) 3,068%.

17.51 Este é um problema de projeto com várias respostas.

17.53 $\sum_{n=-\infty}^{\infty} \dfrac{0,6321 e^{j2n\pi t}}{1 + j2n\pi}$

17.55 $\sum_{n=-\infty}^{\infty} \dfrac{1 + e^{-jn\pi}}{2\pi(1 - n^2)} e^{jnt}$

17.57 $-3 + \sum_{n=\infty, n\neq 0}^{\infty} \dfrac{3}{n^3 - 2} e^{j50nt}$

17.59 $-\sum_{\substack{n=-\infty \\ n\neq 0}}^{\infty} \dfrac{j4 e^{-j(2n+1)\pi t}}{(2n+1)\pi}$

17.61 (a) $6 + 2,571 \cos t - 3,83 \mathrm{sen}\, t + 1,638 \cos 2t - 1,147 \mathrm{sen}\, 2t + 0,906 \cos 3t - 0,423 \mathrm{sen}\, 3t + 0,47 \cos 4t - 0,171 \mathrm{sen}\, 4t$; (b) 6,828.

17.63 Ver Figura D.37.

17.65 Ver Figura D.38.

17.67

```
DC COMPONENT = 2.000396E+00
```

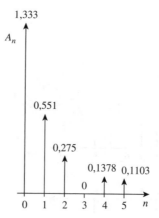

Figura D.37 Esquema para o Problema 17.63.

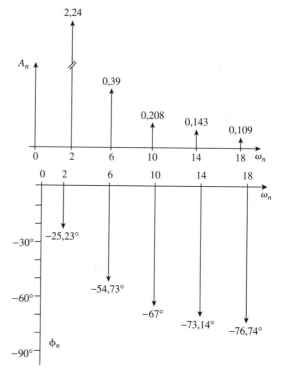

Figura D.38 Esquema para o Problema 17.65.

HARMONIC NO	FREQUENCY (HZ)	FOURIER COMPONENT	NORMALIZED COMPONENT	PHASE (DEG)	NORMALIZED PHASE (DEG)
1	1.667E-01	2.432E+00	1.000E+00	-8.996E+01	0.000E+00
2	3.334E-01	6.576E-04	2.705E-04	-8.932E+01	6.467E-01
3	5.001E-01	5.403E-01	2.222E-01	9.011E+01	1.801E+02
4	6.668E+01	3.343E-04	1.375E-04	9.134E+01	1.813E+02
5	8.335E-01	9.716E-02	3.996E-02	-8.982E+01	1.433E-01
6	1.000E+00	7.481E-06	3.076E-06	-9.000E+01	-3.581E-02
7	1.167E+00	4.968E-02	2.043E-01	-8.975E+01	2.173E-01
8	1.334E+00	1.613E-04	6.634E-05	-8.722E+01	2.748E+00
9	1.500E+00	6.002E-02	2.468E-02	-9.032E+01	1.803E+02

17.69

HARMONIC NO	FREQUENCY (HZ)	FOURIER COMPONENT	NORMALIZED COMPONENT	PHASE (DEG)	NORMALIZED PHASE (DEG)
1	5.000E-01	4.056E-01	1.000E+00	-9.090E+01	0.000E+00
2	1.000E+00	2.977E-04	7.341E-04	-8.707E+01	3.833E+00
3	1.500E+00	4.531E-02	1.117E-01	-9.266E+01	-1.761E+00
4	2.000E+00	2.969E-04	7.320E-04	-8.414E+01	6.757E+00
5	2.500E+00	1.648E-02	4.064E-02	-9.432E+01	-3.417E+00
6	3.000E+00	2.955E-04	7.285E-04	-8.124E+01	9.659E+00
7	3.500E+00	8.535E-03	2.104E-02	-9.581E+01	-4.911E+00
8	4.000E+00	2.935E-04	7.238E-04	-7.836E+01	1.254E+01
9	4.500E+00	5.258E-03	1.296E-02	-9.710E+01	-6.197E+00

TOTAL HARMONIC DISTORTION = 1.214285+01 PERCENT

17.71 Ver Figura D.39.

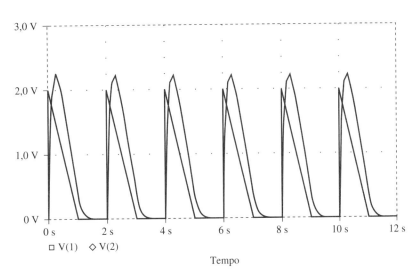

Figura D.39 Esquema para o Problema 17.71.

17.73 300 mW

17.75 24,59 mF

17.77 (a) π; (b) -2 V; (c) 11,02 V.

17.79 Veja a seguir o programa em *MATLAB* e os resultados.

```
% for problem 17.79
a = 10;
c = 4.*a/pi
for n = 1:10
  b(n)=c/(2*n-1);
end
diary
n, b
diary off
```

n	b_n
1	12,7307
2	4,2430
3	2,5461
4	1,8187
5	1,414
6	1,1573
7	0,9793
8	0,8487
9	0,7488
10	0,6700

17.81 (a) $\dfrac{A^2}{2}$; (b) $|c_1| = 2A/(3\pi)$, $|c_2| = 2A/(15\pi)$, $|c_3| = 2A/(35\pi)$, $|c_4| = 2A/(63\pi)$; (c) 81,1% (d) 0,72%.

Capítulo 18

18.1 $\dfrac{2(\cos 2\omega - \cos\omega)}{j\omega}$

18.3 $\dfrac{j}{\omega^2}(2\omega\cos 2\omega - \text{sen}\,2\omega)$

18.5 $\dfrac{2j}{\omega} - \dfrac{2j}{\omega^2}\text{sen}\,\omega$

18.7 (a) $\dfrac{2 - e^{-j\omega} - e^{-j2\omega}}{j\omega}$; (b) $\dfrac{5e^{-j2\omega}}{\omega^2}(1 + j\omega 2) - \dfrac{5}{\omega^2}$.

18.9 (a) $\dfrac{2}{\omega}\text{sen}\,2\omega + \dfrac{4}{\omega}\text{sen}\,\omega$;
(b) $\dfrac{2}{\omega^2} - \dfrac{2e^{-j\omega}}{\omega^2}(1 + j\omega)$.

18.11 $\dfrac{\pi}{\omega^2 - \pi^2}(e^{-j\omega 2} - 1)$

18.13 (a) $\pi e^{-j\pi/3}\delta(\omega - a) + \pi e^{j\pi/3}\delta(\omega + a)$;
(b) $\dfrac{e^{j\omega}}{\omega^2 - 1}$; (c) $\pi[\delta(\omega + b) + \delta(\omega - b)]$
$+ \dfrac{j\pi A}{2}[\delta(\omega + a + b) - \delta(\omega - a + b)$
$+ \delta(\omega + a - b) - \delta(\omega - a - b)]$;
(d) $\dfrac{1}{\omega^2} - \dfrac{e^{-j4\omega}}{j\omega} - \dfrac{e^{-j4\omega}}{\omega^2}(j4\omega + 1)$.

18.15 (a) $2j\,\text{sen}\,3\omega$; (b) $\dfrac{2e^{-j\omega}}{j\omega}$; (c) $\dfrac{1}{3} - \dfrac{j\omega}{2}$.

18.17 (a) $\dfrac{\pi}{2}[\delta(\omega + 2) + \delta(\omega - 2)] - \dfrac{j\omega}{\omega^2 - 4}$;
(b) $\dfrac{j\pi}{2}[\delta(\omega + 10) - \delta(\omega - 10)] - \dfrac{10}{\omega^2 - 100}$.

18.19 $\dfrac{j\omega}{\omega^2 - 4\pi^2}(e^{-j\omega} - 1)$

18.21 Prova

18.23 (a) $\dfrac{30}{(6 - j\omega)(15 - j\omega)}$;
(b) $\dfrac{20e^{-j\omega/2}}{(4 + j\omega)(10 + j\omega)}$;
(c) $\dfrac{5}{[2 + j(\omega + 2)][5 + j(\omega + 2)]} + \dfrac{5}{[2 + j(\omega - 2)][5 + j(\omega - 2)]}$;
(d) $\dfrac{j\omega 10}{(2 + j\omega)(5 + j\omega)}$;
(e) $\dfrac{10}{j\omega(2 + j\omega)(5 + j\omega)} + \pi\delta(\omega)$.

18.25 (a) $5e^{2t}u(t)$; (b) $6e^{-2t}$; (c) $(-10e^t u(t) + 10e^{2t})u(t)$.

18.27 (a) $5\,\text{sgn}(t) - 10e^{-10t}u(t)$;
(b) $4e^{2t}u(-t) - 6e^{-3t}u(t)$;
(c) $2e^{-20t}\text{sen}(30t)u(t)$; (d) $\dfrac{1}{4}\pi$.

18.29 (a) $\dfrac{1}{2\pi}(1 + 8\cos 3t)$; (b) $\dfrac{4\,\text{sen}\,2t}{\pi t}$;
(c) $3\delta(t + 2) + 3\delta(t - 2)$.

18.31 (a) $x(t) = e^{-at}u(t)$;
(b) $x(t) = u(t + 1) - u(t - 1)$;
(c) $x(t) = \dfrac{1}{2}\delta(t) - \dfrac{a}{2}e^{-at}u(t)$.

18.33 (a) $\dfrac{2j\,\text{sen}\,t}{t^2 - \pi^2}$; (b) $u(t - 1) - u(t - 2)$.

18.35 (a) $\dfrac{e^{-j\omega/3}}{6 + j\omega}$; (b) $\dfrac{1}{2}\left[\dfrac{1}{2 + j(\omega + 5)} + \dfrac{1}{2 + j(\omega - 5)}\right]$;
(c) $\dfrac{j\omega}{2 + j\omega}$; (d) $\dfrac{1}{(2 + j\omega)^2}$; (e) $\dfrac{1}{(2 + j\omega)^2}$.

18.37 $\dfrac{j\omega}{4 + j3\omega}$

18.39 $\dfrac{10^3}{10^6 + j\omega}\left(\dfrac{1}{j\omega} + \dfrac{1}{\omega^2} - \dfrac{1}{\omega^2}e^{-j\omega}\right)$

18.41 $\dfrac{2j\omega(4,5 + j2\omega)}{(2 + j\omega)(4 - 2\omega^2 + j\omega)}$

18.43 $1.000(e^{-1t} - e^{-1,25t})u(t)$ V

18.45 $5(e^{-t} - e^{-2t})u(t)$ A

18.47 $16(e^{-t} - e^{-2t})u(t)$ V

18.49 $0{,}542\cos(t + 13{,}64°)$ V

18.51 $16{,}667$ J

18.53 π

18.55 $682{,}5$ J

18.57 2 J, $87{,}43\%$

18.59 $(16e^{-t} - 20e^{-2t} + 4e^{-4t})u(t)$ V

18.61 $2X(\omega) + 0{,}5X(\omega + \omega_0) + 0{,}5X(\omega - \omega_0)$

18.63 106 estações

18.65 $6{,}8$ kHz

18.67 200 Hz, 5 ms

18.69 $35{,}24\%$

Capítulo 19

19.1 $\begin{bmatrix} 8 & 2 \\ 2 & 3{,}333 \end{bmatrix} \Omega$

19.3 $\begin{bmatrix} (8 + j12) & j12 \\ j12 & -j8 \end{bmatrix} \Omega$

19.5 $\begin{bmatrix} \dfrac{s^2 + s + 1}{s^3 + 2s^2 + 3s + 1} & \dfrac{1}{s^3 + 2s^2 + 3s + 1} \\ \dfrac{1}{s^3 + 2s^2 + 3s + 1} & \dfrac{s^2 + 2s + 2}{s^3 + 2s^2 + 3s + 1} \end{bmatrix}$

19.7 $\begin{bmatrix} 29{,}88 & 3{,}704 \\ -70{,}37 & 11{,}11 \end{bmatrix} \Omega$

19.9 $\begin{bmatrix} 2{,}5 & 1{,}25 \\ 1{,}25 & 3{,}125 \end{bmatrix} \Omega$

19.11 Ver Figura D.40.

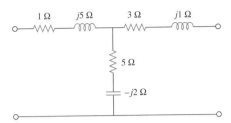

Figura D.40 Esquema para o Problema 19.11.

19.13 329,9 W

19.15 24 Ω, 384 W

19.17 $\begin{bmatrix} 9,6 & -0,8 \\ -0,8 & 8,4 \end{bmatrix} \Omega$ e $\begin{bmatrix} 0,105 & 0,01 \\ 0,01 & 0,12 \end{bmatrix}$ S

19.19 Este é um problema de projeto com várias respostas.

19.21 Ver Figura D.41.

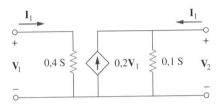

Figura D.41 Esquema para o Problema 19.21.

19.23 $\begin{bmatrix} s+2 & -(s+1) \\ -(s+1) & \dfrac{s^2+s+1}{s} \end{bmatrix}, \dfrac{0,8(s+1)}{s^2+1,8s+1,2}$

19.25 Ver Figura D.42.

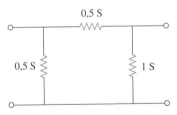

Figura D.42 Esquema para o Problema 19.25.

19.27 $\begin{bmatrix} 0,25 & 0,025 \\ 5 & 0,6 \end{bmatrix}$ S

19.29 (a) 22 V, 8 V; (b) igual.

19.31 $\begin{bmatrix} 3,8\,\Omega & 0,4 \\ -3,6 & 0,2\,\text{S} \end{bmatrix}$

19.33 $\begin{bmatrix} (3,077+j1,2821)\,\Omega & 0,3846-j0,2564 \\ -0,3846+j0,2564 & (76,9+282,1)\,\text{mS} \end{bmatrix}$

19.35 $\begin{bmatrix} 2\,\Omega & 0,5 \\ -0,5 & 0 \end{bmatrix}$

19.37 1,1905 V

19.39 $g_{11} = \dfrac{1}{R_1+R_2},\; g_{12} = -\dfrac{R_2}{R_1+R_2}$
$g_{21} = \dfrac{R_2}{R_1+R_2},\; g_{22} = R_3 + \dfrac{R_1R_2}{R_1+R_2}$

19.41 Prova

19.43 (a) $\begin{bmatrix} 1 & \mathbf{Z} \\ 0 & 1 \end{bmatrix}$; (b) $\begin{bmatrix} 1 & 0 \\ \mathbf{Y} & 1 \end{bmatrix}$.

19.45 $\begin{bmatrix} 1-j0,5 & -j2\,\Omega \\ 0,25\,\text{S} & 1 \end{bmatrix}$

19.47 $\begin{bmatrix} 0,3235 & 1,176\,\Omega \\ 0,02941\,\text{S} & 0,4706 \end{bmatrix}$

19.49 $\begin{bmatrix} \dfrac{2s+1}{s} & \dfrac{1}{s}\,\Omega \\ \dfrac{(s+1)(3s+1)}{s}\,\text{S} & 2+\dfrac{1}{s} \end{bmatrix}$

19.51 $\begin{bmatrix} 2 & 2+j5 \\ j & -2+j \end{bmatrix}$

19.53 $z_{11} = \dfrac{A}{C},\; z_{12} = \dfrac{AD-BC}{C},\; z_{21} = \dfrac{1}{C},\; z_{22} = \dfrac{D}{C}$

19.55 Prova

19.57 $\begin{bmatrix} 3 & 1 \\ 1 & 7 \end{bmatrix}\Omega,\; \begin{bmatrix} \dfrac{7}{20} & \dfrac{-1}{20} \\ \dfrac{-1}{20} & \dfrac{3}{20} \end{bmatrix}\text{S},\; \begin{bmatrix} \dfrac{20}{7}\Omega & \dfrac{1}{7} \\ \dfrac{-1}{7} & \dfrac{1}{7}\text{S} \end{bmatrix},$
$\begin{bmatrix} \dfrac{1}{3}\text{S} & \dfrac{-1}{3} \\ \dfrac{1}{3} & \dfrac{20}{3}\Omega \end{bmatrix},\; \begin{bmatrix} 7 & 20\,\Omega \\ 1\,\text{S} & 3 \end{bmatrix}$

19.59 $\begin{bmatrix} 16{,}667 & 6{,}667 \\ 3{,}333 & 3{,}333 \end{bmatrix}\Omega,\; \begin{bmatrix} 0{,}1 & -0{,}2 \\ -0{,}1 & 0{,}5 \end{bmatrix}\text{S},$
$\begin{bmatrix} 10\,\Omega & 2 \\ -1 & 0{,}3\,\text{S} \end{bmatrix},\; \begin{bmatrix} 5 & 10\,\Omega \\ 0{,}3\,\text{S} & 1 \end{bmatrix}$

19.61 (a) $\begin{bmatrix} \dfrac{5}{3} & \dfrac{4}{3} \\ \dfrac{4}{3} & \dfrac{5}{3} \end{bmatrix}\Omega$, (b) $\begin{bmatrix} \dfrac{3}{5}\Omega & \dfrac{4}{5} \\ \dfrac{-4}{5} & \dfrac{3}{5}\text{S} \end{bmatrix}$, (c) $\begin{bmatrix} \dfrac{5}{4} & \dfrac{3}{4}\Omega \\ \dfrac{3}{4}\text{S} & \dfrac{5}{4} \end{bmatrix}$

19.63 $\begin{bmatrix} 0,8 & 2,4 \\ 2,4 & 7,2 \end{bmatrix}\Omega$

19.65 $\begin{bmatrix} \dfrac{0,5}{3} & \dfrac{1}{-0,5} \\ -\dfrac{0,5}{3} & \dfrac{2}{5/6} \end{bmatrix}$ S

19.67 $\begin{bmatrix} 4 & 63{,}29\,\Omega \\ 0{,}1576\,\text{S} & 4{,}994 \end{bmatrix}$

19.69 $\begin{bmatrix} \dfrac{s+1}{s+2} & \dfrac{-(3s+2)}{2(s+2)} \\ \dfrac{-(3s+2)}{2(s+2)} & \dfrac{5s^2+4s+4}{2s(s+2)} \end{bmatrix}$

19.71 $\begin{bmatrix} 2 & -3{,}334 \\ 3{,}334 & 20{,}22 \end{bmatrix} \Omega$

19.73 $\begin{bmatrix} 14{,}628 & 3{,}141 \\ 5{,}432 & 19{,}625 \end{bmatrix} \Omega$

19.75 (a) $\begin{bmatrix} 0{,}3015 & -0{,}1765 \\ 0{,}0588 & 10{,}94 \end{bmatrix}$ S; (b) $-0{,}0051$.

19.77 $\begin{bmatrix} 0{,}9488\underline{/-161{,}6°} & 0{,}3163\underline{/18{,}42°} \\ 0{,}3163\underline{/-161{,}6°} & 0{,}9488\underline{/-161{,}6°} \end{bmatrix}$

19.79 $\begin{bmatrix} 4{,}669\underline{/-136{,}7°} & 2{,}53\underline{/-108{,}4°} \\ 2{,}53\underline{/-108{,}4°} & 1{,}789\underline{/-153{,}4°} \end{bmatrix} \Omega$

19.81 $\begin{bmatrix} 1{,}5 & -0{,}5 \\ 3{,}5 & 1{,}5 \end{bmatrix}$ S

19.83 $\begin{bmatrix} 0{,}3235 & 1{,}1765\ \Omega \\ 0{,}02941\ \text{S} & 0{,}4706 \end{bmatrix}$

19.85 $\begin{bmatrix} 1{,}581\underline{/71{,}59°} & -j\ \Omega \\ j\ \text{S} & 5{,}661 \times 10^{-4} \end{bmatrix}$

19.87 $\begin{bmatrix} -j1{,}765 & -j1{,}765\ \Omega \\ j888{,}2\ \text{S} & j888{,}2 \end{bmatrix}$

19.89 $-1{,}613$, $64{,}15$ dB

19.91 (a) $-25{,}64$ para o transistor e $-9{,}615$ para o circuito; (b) $74{,}07$; (c) $1{,}2$ kΩ; (d) $51{,}28$ kΩ.

19.93 $-17{,}74$, $144{,}5$, $31{,}17\ \Omega$, $-6{,}148$ MΩ

19.95 Ver Figura D.43.

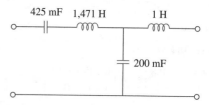

Figura D.43 Esquema para o Problema 19.95.

19.97 250mF, 333,3 mH, 500 mF

19.99 Prova

Referências

Aidala, J. B., and L. Katz. *Transients in Electric Circuits.* Englewood Cliffs, NJ: Prentice Hall, 1980.

Angerbaur, G. J. *Principles of DC and AC Circuits.* 3rd ed. Albany, NY: Delman Publishers, 1989.

Attia, J. O. *Electronics and Circuit Analysis Using MATLAB.* Boca Raton, FL: CRC Press, 1999.

Balabanian, N. *Electric Circuits.* New York: McGraw-Hill, 1994.

Bartkowiak, R. A. *Electric Circuit Analysis.* New York: Harper & Row, 1985.

Blackwell, W. A., and L. L. Grigsby. *Introductory Network Theory.* Boston, MA: PWS Engineering, 1985.

Bobrow, L. S. *Elementary Linear Circuit Analysis.* 2nd ed. New York: Holt, Rinehart & Winston, 1987.

Boctor, S. A. *Electric Circuit Analysis.* 2nd ed. Englewood Cliffs, NJ: Prentice Hall, 1992.

Boylestad, R. L. *Introduction to Circuit Analysis.* 10th ed. Columbus, OH: Merrill, 2000.

Budak, A. *Circuit Theory Fundamentals and Applications.* 2nd ed. Englewood Cliffs, NJ: Prentice Hall, 1987.

Carlson, B. A. *Circuit: Engineering Concepts and Analysis of Linear Electric Circuits.* Boston, MA: PWS Publishing, 1999.

Chattergy, R. *Spicey Circuits: Elements of Computer-Aided Circuit Analysis.* Boca Raton, FL: CRC Press, 1992.

Chen, W. K. *The Circuit and Filters Handbook.* Boca Raton, FL: CRC Press, 1995.

Choudhury, D. R. *Networks and Systems.* New York: John Wiley & Sons, 1988.

Ciletti, M. D. *Introduction to Circuit Analysis and Design.* New York: Oxford Univ. Press, 1995.

Cogdeil, J. R. *Foundations of Electric Circuits.* Upper Saddle River, NJ: Prentice Hall, 1998.

Cunningham, D. R., and J. A. Stuller. *Circuit Analysis.* 2nd ed. New York: John Wiley & Sons, 1999.

Davis, A., (ed.). *Circuit Analysis Exam File.* San Jose, CA: Engineering Press, 1986.

Davis, A. M. *Linear Electric Circuit Analysis.* Washington, DC: Thomson Publishing, 1998.

DeCarlo, R. A., and P.M. Lin. *Linear Circuit Analysis.* 2nd ed. New York: Oxford Univ. Press, 2001.

Del Toro, V. *Engineering Circuits.* Englewood Cliffs, NJ: Prentice Hall, 1987.

Dorf, R. C., and J. A. Svoboda. *Introduction to Electric Circuits.* 4th ed. New York: John Wiley & Sons, 1999.

Edminister, J. *Schaum's Outline of Electric Circuits.* 3rd ed. New York: McGraw-Hill, 1996.

Floyd, T. L. *Principles of Electric Circuits.* 7th ed. Upper Saddle River, NJ: Prentice Hall, 2002.

Franco, S. *Electric Circuits Fundamentals.* Fort Worth, FL: Saunders College Publishing, 1995.

Goody, R. W. *Microsim PSpice for Windows.* Vol. 1. 2nd ed. Upper Saddle River, NJ: Prentice Hall, 1998.

Harrison, C. A. *Transform Methods in Circuit Analysis.* Philadelphia, PA: Saunders, 1990.

Harter, J. J., and P. Y. Lin. *Essentials of Electric Circuits.* 2nd ed. Englewood Cliffs, NJ: Prentice Hall, 1986.

Hayt, W. H., and J. E. Kemmerly. *Engineering Circuit Analysis.* 6th ed. New York: McGraw-Hill, 2001.

Hazen, M. E. *Fundamentals of DC and AC Circuits.* Philadelphia, PA: Saunders, 1990.

Hostetter, G. H. *Engineering Network Analysis.* New York: Harper & Row, 1984.

Huelsman, L. P. *Basic Circuit Theory.* 3rd ed. Englewood Cliffs, NJ: Prentice Hall, 1991.

Irwin, J. D. *Basic Engineering Circuit Analysis.* 7th ed. New York: John Wiley & Sons, 2001.

Jackson, H. W., and P. A. White. *Introduction to Electric Circuits.* 7th ed. Englewood Cliffs, NJ: Prentice Hall, 1997.

Johnson, D. E. et al. *Electric Circuit Analysis.* 3rd ed. Upper Saddle River, NJ: Prentice Hall, 1997.

Kami, S. *Applied Circuit Analysis.* New York: John Wiley & Sons, 1988.

Kraus, A. D. *Circuit Analysis.* St. Paul, MN: West Publishing, 1991.

Madhu, S. *Linear Circuit Analysis.* 2nd ed. Englewood Cliffs, NJ: Prentice Hall, 1988.

Mayergoyz, I. D., and W. Lawson. *Basic Electric Circuits Theory.* San Diego, CA: Academic Press, 1997.

Mottershead, A. *Introduction to Electricity and Electronics: Conventional and Current Version.* 3rd ed. Englewood Cliffs, NJ: Prentice Hall, 1990.

Nasar, S. A. *3000 Solved Problems in Electric Circuits. (Schaum's Outline)* New York: McGraw-Hill, 1988.

Neudorfer, P. O., and M. Hassul. *Introduction to Circuit Analysis.* Englewood Cliffs, NJ: Prentice Hall, 1990.

Nilsson, J. W., and S. A. Riedel. *Electric Circuits.* 5th ed. Reading, MA: Addison-Wesley, 1996.

O'Malley, J. R. *Basic Circuit Analysis. (Schaum's Outline)* 2nd ed. New York: McGraw-Hill, 1992.

Parrett, R. *DC-AC Circuits: Concepts and Applications.* Englewood Cliffs, NJ: Prentice Hall, 1991.

Paul, C. R. *Analysis of Linear Circuits.* New York: McGraw-Hill, 1989.

Poularikas, A. D., (ed.). *The Transforms and Applications Handbook.* 2nd ed. Boca Raton, FL: CRC Press, 1999.

Ridsdale, R. E. *Electric Circuits.* 2nd ed. New York: McGraw-Hill, 1984.

Sander, K. F. *Electric Circuit Analysis: Principles and Applications.* Reading, MA: Addison-Wesley, 1992.

Scott, D. *Introduction to Circuit Analysis: A Systems Approach.* New York: McGraw-Hill, 1987.

Smith, K. C., and R. E. Alley. *Electrical Circuits: An Introduction.* New York: Cambridge Univ. Press, 1992.

Stanley, W. D. *Transform Circuit Analysis for Engineering and Technology.* 3rd ed. Upper Saddle River, NJ: Prentice Hall, 1997.

Strum, R. D., and J. R. Ward. *Electric Circuits and Networks.* 2nd ed. Englewood Cliffs, NJ: Prentice Hall, 1985.

Su, K. L. *Fundamentals of Circuit Analysis.* Prospect Heights, IL: Waveland Press, 1993.

Thomas, R. E., and A. J. Rosa. *The Analysis and Design of Linear Circuits.* 3rd ed. New York: John Wiley & Sons, 2000.

Tocci, R. J. *Introduction to Electric Circuit Analysis.* 2nd ed. Englewood Cliffs, NJ: Prentice Hall, 1990.

Tuinenga, P. W. *SPICE: A Guide to Circuit Simulation.* Englewood Cliffs, NJ: Prentice Hall, 1992.

Whitehouse, J. E. *Principles of Network Analysis.* Chichester, U.K.: Ellis Horwood, 1991.

Yorke, R. *Electric Circuit Theory.* 2nd ed. Oxford, U.K.: Pergamon Press, 1986.

Índice

A

A, 4-5
a, 4-5
Acoplado
 condutivo, 494
 firmemente, 504-505
 magneticamente, 494
Adjunta de A, 823-824
Admitância, 345-348
Alexander, Charles K., 112, 276
Ambiente de projeto integrado para registro de conhecimento (KCIDE), 683
American Institute of Electrical Engineers (AIEE), 13, 336-337
Amostragem, 236-237, 759-760
Ampère, André-Marie, 6-7
Amperímetro, 54-55
Amplificador
 de instrumentação, 164-165, 166-168, 174-176
 de média, 182-183
 diferencial, 164-168
 emissor comum, 149-150, 153, 799-800
 não inversor, 161-163
 somador, 163-165
 transistorizado, 799-800
Amplificador operacional, 155-188
 circuito CA, 384-386
 circuitos de primeira ordem, 251-256
 circuitos de segunda ordem, 306-309
 circuitos em cascata, 168-171
 conversor digital-analógico, 172-174
 definição, 155
 ideal, 157-160
 instrumentação, 164-168, 174-176
 inversor, 159-162
 pinagem, 155
 PSpice, 170-172
 realimentação, 157
 seguidor de tensão, 162-163
Amplificadores de transresistência, 161-162
Analisadores de espectro, 718-719
Análise de circuitos, 12-14, 92-94, 648-652
Análise de estado estacionário senoidal, 369-404
 circuitos CA com AOP, 384-386
 circuitos equivalentes de Norton, 380-384
 circuitos equivalentes de Thévenin, 380-384
 de malha, 370-373
 multiplicador de capacitância, 389-392
 nodal, 370-373
 osciladores, 391-394
 PSpice, 386-390
 teorema da superposição, 376-379
 transformação de fontes, 378-380
Análise de Fourier, 331, 685-686
Análise de malha, 81-92
 com fontes de corrente, 85-88
 definição, 71
 LKT, 372-376
 passos para determinar, 82-83
 por inspeção, 87-89
 versus nodal, 91-92
Análise de potência CA, 405-444
 conservação de, 422-426
 correção do fator de potência, 426-428
 custo do consumo de energia elétrica, 430-433
 fator de potência, 417-419
 máxima transferência de potência média, 411-414
 medição de potência, 428-431
 potência aparente, 416-418
 potência complexa, 419-423
 potência instantânea, 406-407
 potência média, 407-411
 valor eficaz, 413-415
 valor RMS, 414-417
Análise de transiente com o *PSpice*, 255-259
Análise nodal,
 com fontes de tensão, 77-78
 LKC e, 370-373
 passos, 71-74
 por inspeção, 87-89
 versus malha, 91-92
Ângulo do fator de potência, 417-418
AOP
 ideal, 157-160
 inversor, 159-162
Aplicação de
 circuitos, 701-705, 751-753
 escala de tempo, 738-741
 fatores de escala na amplitude, 579-581
 fatores de escala na frequência, 580-581
Atenuador, 153
 progressivo ponderado binário, 172-173
Atraso de tempo, 610-611
Atto, 4-5

Autoindutância, 495-496, 511-512
Autotransformador(es), 517-521
    abaixador, 517-518
    elevador, 517-518
    ideais, 517-521

B

Bacon, Francis, 3
Bailei, P. J., 223
Banco de transformador, 520-521
Bardeen, John, 94-95
Bateria, 9-10
    elétrica, 9-10
Bell, Alexander Graham, 549-550
Bell Laboratories, 94-95, 128-129, 551
Bels, 549
Bit mais significativo (MSB), 172-173
Bit menos significativo (LSB), 172-173
Bobina, 199
    de solenoide, 199
    de Tesla, 446-447
Bode, Hendrik W., 551
Brattain, Walter, 94-95
Braun, Karl Ferdinand, 16-17
Brush Electric Company, 13
Bunsen, Robert, 34-35
Buxton, W. J. Wilmont, 70
Byron, Lord, 154

C

C, 4-5
c, 4-5
CA (corrente alternada), 6-8, 330-331
Capacitância, 190-191
    de enrolamento, 200-201
    equivalente, 196-198
Capacitor
    cerâmico, 192
    de poliéster, 192
    eletrolítico, 192
    fixo, 192
    linear, 192
    não linear, 192
    trimmer, 192
    trimmer de filme, 192
    variável, 192
Capacitores, 189-198
    características, 204-205
    computador analógico, 209-213
    definição, 190-191

    diferenciador, 207-209
    em série e em paralelo, 195-198
    indutores, 199-206
    integrador, 206-208
    propriedades especiais, 206-207
    tipos de, 191-192
Carga, 61, 122-123
    elétrica, 5-7
    reativa, 408-409
    resistiva, 408-409
Carreira em
    educação, 769
    eletromagnetismo, 493
    eletrônica, 70
    engenharia de computação, 223
    engenharia de *software*, 369
    instrumentação eletrônica, 154
    sistemas de comunicação, 732
    sistemas de controle, 545
    sistemas de potência, 405
Casamento de impedância, 513-514, 528-529
Caso de amortecimento crítico
    circuito *RLC* em paralelo sem fonte, 289-290
    circuito *RLC* em série sem fonte, 283-285
    resposta ao degrau de um circuito *RLC* em paralelo, 299-300
    resposta ao degrau de um circuito *RLC* em série, 294-295
Caso subamortecido
    circuito *RLC* em paralelo sem fonte, 289-292
    circuito *RLC* em série sem fonte, 285-288
    resposta a um degrau de um circuito *RLC* em paralelo, 299-300
    resposta a um degrau de um circuito *RLC* em série, 294-295, 297-299
CC (corrente contínua), 6-8
cd, 4-5
Centi, 4-5
Césio, 34-35
Circuito
    à relé, 261-263
    aberto, 26
    de alto Q, 563-564
    de cruzamento, 591-593
    de ignição de automóvel, 263-264
    elétrico, 4
    em ponte CA, 355-360

    equilibrado, 48-49
    equivalente, 119-120
    equivalente de Norton, 380-384
    equivalente de Thévenin, 122-123, 380-384
    heteródino, 588-589
    linear, 113-114
    monofásico equivalente, 452-453
    não linear, 81-82
    planar, 81-82
    RC sem fonte, 224-229
    recíproco, 772-773
    simétrico, 772-773
    triângulo-estrela equilibrado, 351-352
    versus rede, 31-32
Circuitos
    CA, 330-331, 370
    CC transistorizados (aplicações), 93-96
    com AOP de primeira ordem, 251-256
    com AOP em cascata, 168-171
    de atraso, 258-261
    de deslocamento de fase, 353-356
    em cascata, 792-793
    RL, 228-234, 247-252
    suavizadores, 316-318
    transistorizados, 798-803
Circuitos acoplados magneticamente, 493-544
    autotransformadores ideais, 517-521
    convenção do ponto, 497-499
    distribuição de potência, 530-532
    energia em um circuito acoplado, 502-505
    indutância mútua, 494-501
    PSpice, 522-527
    transformador como um dispositivo de casamento, 528-530
    transformador como um dispositivo de isolação, 527-529
    transformadores ideais, 510-517
    transformadores lineares, 505-511
    transformadores trifásicos, 520-523
Circuitos de duas portas, 769-818
    circuito recíproco, 772-773
    circuito simétrico, 772-773
    circuitos transistorizados, 798-803
    conexão em cascata, 792-793
    conexão em série, 791-792

definição, 769-770
interconexão de circuitos, 790-796
parâmetros de admitância, 774-778
parâmetros de impedância, 769-774
parâmetros de transmissão, 782-787
parâmetros híbridos, 777-783
PSpice, 795-799
relações entre parâmetros, 787-791
síntese de circuito em cascata, 802-807
Circuitos de primeira ordem, 223-275
análise de transiente com o *PSpice*, 255-259
circuito de ignição de automóvel, 263-264
circuito *RC* sem fonte, 224-220
circuito *RL* sem fonte, 228-234
circuitos com relé, 261-263
circuitos de atraso, 258-261
circuitos de primeira ordem com AOP, 251-256
constante de tempo, 226-227
funções de singularidade, 233-241
resposta ao degrau de um circuito *RC*, 241-247
resposta ao degrau de um circuito *RL*, 247-252
resposta natural, 225
Circuitos de segunda ordem, 276-327
circuitos com AOP, 306-309
circuitos de amortecimento, 316-318
circuitos de segunda ordem gerais, 301-306
circuitos *RLC* em paralelo sem fone, 288-294
circuitos *RLC* em série sem fonte, 281-289
dualidade, 312-314
equação característica, 282-283
equações diferenciais de segunda ordem, 282-283
gerais, 301-306
PSpice, 308-311
resposta ao degrau de um circuito *RLC* em paralelo, 298-302
resposta ao degrau de um circuito *RLC* em série, 293-299
sistema de ignição para automóveis, 314-317
valores inicial e final, 277-375
Circuitos *RC*
atraso, 258-261

para deslocamento de fase, 353-356
resposta ao degrau, 241-247
sem fonte, 224-229
Circuitos *RLC*
em paralelo sem fonte, 288-294
em série sem fonte, 281-289
resposta ao degrau de um circuito em paralelo, 298-302
resposta ao degrau de um circuito em série, 293-299
Circuitos trifásicos, 46-47, 445-492
importância de, 446
instalação elétrica residencial, 479-482
medição de potência, 475-480
potência em sistemas equilibrados, 460-467
PSpice, 470-475
sistemas trifásicos desequilibrados, 466-469
tensões trifásicas equilibradas, 446-450
Código Morse, 55-56
Coeficiente
de acoplamento, 504-505
de Fourier, 685
Cofatores de A, 823-824
Completando o quadrado, 621-622
Computador analógico, 209-213
Condutância, 30, 346-347
equivalente, 41-42
resistores em paralelo, 41-44
resistores em série, 57-58
Conexão
em cascata de três estágios, 168-169
estrela-estrela equilibrada, 450-454
estrela-triângulo equilibrada, 453-456
triângulo-estrela equilibrada, 455-461
triângulo-triângulo equilibrada, 455-457
Conferência Geral de Pesos e Medidas, 4-5
Conjugado complexo, 831-832
Conservação
da potência CA, 422-426
de energia, 35-36
Constante de tempo, 226-227
Contas de consumo de energia elétrica (aplicação), 17-18
Convenção

de sinal passivo, 10
de triângulo para estrela, 46-48, 350-351
do ponto, 497-499
Conversor analógico-digital (DAC), 172-174
Convolução, 743-747
de dois sinais, 627-628
Correção do fator de potência, 426-428
Corrente
elétrica, 5-8
alternada (CA), 6-8, 330-331
contínua (CC), 6-8
Coulomb, 5-7
Critério de Barkhausen, 391-393
Curto-circuito, 26
Custo do consumo de energia, 430-433

D

d, 4-5
da, 4-5
DAC, 172-174
de quatro bits, 172-173
Darwin, Francis, 189
Deca, 4-5
Deci, 4-5
Decibel (dB), 549-550
Demodulação, 758-759
Densidade de fluxo magnético, 446-447
Derivadas, 837-838
Des Chênes, Marc-Antoine Parseval, 705-706
Deslocamento
de frequência, 610-613, 740-742
no tempo, 609-611, 740-741
Determinante de A, 823-824
Diagrama de fasores, 338-340, 343-344
Diferença de potencial, 8-9
Diferenciação
de frequência, 614-615
no tempo, 612-613, 741-743
Diferenciador, 207-209
Dinger, J. E., 369
Dirichlet, P. G. L., 685
Discagem por tom, 590-591
Distribuição de potência, 530-532
Divisão de tensão, 39-40, 349-350
Divisor
de corrente, 41-42

de tensão, 39-40
Domínio da frequência, 339-340, 347-349
Dualidade, 312-314, 743-744

E

E, 4-5
Edison, Thomas, 13, 51-52, 330-331, 446-447
Educação, carreiras em, 769
Efeito de carga, 138-139
Elemento(s), 4
   ativos, 12-14
   de armazenamento, 190-191
   passivos, 12-14
Eletrodinâmica, 6-7
Eletromagnetismo, carreira em, 493
Eletrônica, 70
Energia, 9-11
Engenharia
   de *software*, carreira em, 369
   elétrica, 70
Enrolamento
   primário, 505-506
   secundário, 505-506
Equação(ões)
   característica, 282-283
   de Maxwell, 494
   diferenciais, 606
   diferencial de primeira ordem, 225
   integro-diferenciais, 633-636
   simultâneas, 819-823
Equilibrado, 140
Equipes multidisciplinares, 329
Escala decibel, 549-551
Espectro de
   amplitude, 687-688, 735
   amplitude complexa, 708-709
   fase, 687-688, 735
   fase complexa, 708-709
   frequência, 687-688
   linhas, 710-711
   potência, 709-710
Estabilidade de circuito, 663-667
Estator, 446-447
Ética, 445
Exa, 4-5
Excitação, 113-114
Expansão em frações parciais, 619-620
Exposição Internacional de Eletricidade de 1884, 13

F

f, 4-5
Faraday, Michael, 191, 405
Fasores, 335-343. *Ver também* Senoides
Fator de
   amortecimento, 283-286
   escala, 578-402, 609-610
   escala de impedância, 579-580
   potência, 417-419
   potência adiantado, 417-418
   potência atrasado, 417-418
   qualidade, 563-564
Femto, 4-5
Fenômeno de Gibbs, 689-690
Filtro(s)
   ativos, 568-569, 573-579
      passa-faixa, 573-576
      rejeita-faixa, 575-577
   Butterworth, 581-582
   definição, 568-569
   notch, 571-572, 575-577
   passa-altas, 569-572
      de primeira ordem, 573-574
   passa-baixas, 569-571
      de primeira ordem, 573-574
   passa-faixa, 570-576
      passivo(s), 570-572, 568-573
   projeto de, 718-722
   rejeita-faixa, 571-572, 575-577
Flash eletrônico para câmera fotográfica, 260-262
Fluxo de corrente, 7-8
   negativa, 7-8
   positiva, 7-8
Fonte
   controlada, 12-14
   de corrente dependente, 12-15
   de corrente ideal, 21
   de corrente independente, 12-14
   de tensão dependente, 12-15
   de tensão ideal, 21
   dependente ideal, 12-14
   independente ideal, 12-14
   sem carga, 138-139
Força eletromotriz (FEM) externa, 8-9
Forma
   exponencial, 829-830
   fase-amplitude, 686-687
   polar, 828-829
   retangular de números complexos, 828-829
Forma-padrão, 552
Fórmula de Euler, 833-835
Fórmulas matemáticas
   derivadas, 837-838
   funções hiperbólicas, 837
   identidades trigonométricas, 836-837
   integrais definidas, 839-840
   integrais indefinidas, 838-839
   quadráticas, 836
   regra de L'Hôpital, 840
Fourier, Jean Baptiste Joseph, 684
Franklin, Benjamin, 5-6, 545
Frequência(s)
   cíclica, 332
   de amortecimento, 285-286
   de amostragem, 759-760
   de canto, 553
   de corte, 553, 569-571
   de decaimento, 570-571
   de meia potência, 562-563
   de Neper, 283-284
   de Nyquist, 760
   de rejeição, 571-572
   de ressonância, 283-284, 561-562
   fundamental, 685
   naturais, 283-284, 285-286
   natural amortecida, 285-286, 315-316
   natural não amortecida, 283-286
Função(ões)
   de amostragem, 709-710
   de circuito, 546
   de comutação, 233-234
   de singularidade, 233-241
   de transferência, 546-549, 652-657
   degrau unitário, 234-236
   delta, 235-236
   dente de serra, 238-239
   hiperbólicas, 837
   impulso, 235-238
   impulso unitário, 235-237
   periódica, 332, 684
   porta, 237-238
   rampa unitária, 236-237
   sinc, 709-710

G

G, 4-5
Galvanômetro de d'Arsonval, 53-56

Ganho
  de corrente em base comum, 95-96
  de corrente em emissor comum, 95-96
  de tensão em malha aberta, 156
  em malha fechada, 157
  unitário, 162-163
Gibbs, Josiah Willard, 689-690
Giga, 4-5
Girador, 682
Gráfico de Bode, 551-560
Györgyi, Albert Szent, 683

H

h, 4-5
Habilidades em comunicação, 112
Heaviside, Oliver, 620-621
Hecto, 4-5
Henry, Joseph, 199-200
Herbert, G., 445
Hertz, Heinrich Rudorf, 332
Histerese, 336-337

I

Ibn, Al Halif Omar, 405
Identidades de Euler, 285-286, 707-708
Identidades trigonométricas, 836-837
IEEE, 13, 70, 223, 336-337, 494
Impedância(s), 345-354
  de transferência, 772-773
  do ponto de excitação, 772-773
  refletida, 506-507, 513-514
Indução eletromagnética, 191, 200
Indutância, 199
  equivalente, 203-206
  mútua, 494-501
Indutivo, 345-346
Indutor
  bobinado solenoidal, 199
  em pastilha, 199
  linear, 200
  não linear, 200
  toroidal, 199
Indutores, 199-206. *Ver também* Capacitores computador analógico, 209-213
  características, 204-205
  definição, 199
  diferenciador, 207-209
  em paralelo, 202-206
  em série, 202-206

  em série e em paralelo, 202-206
  integrador, 206-208
  propriedades especiais, 206-207
Inspeção, 87-89
Instalação elétrica residencial, 479-482
  trifilar monofásica, 480-481
Institute of Electrical and Electronics Engineers (IEEE), 13, 70, 223, 336-337, 494
Institute of Radio Engineers (IRE), 13
Instituto Franklin, 13
Instrumentação eletrônica, carreira em, 154
Integração no tempo, 613-615, 742-743
Integrador, 206-208
Integral(is)
  de convolução, 626-634
  de superposição, 629-630
  definidas, 839-840
  indefinidas, 838-839
Intensidade da função impulso, 235-236
Interruptor de circuito por falha de aterramento (GFCI), 481-482
Intervalo
  de amostragem, 759-760
  de Nyquist, 760
Inversa, 742-744
Inversão de matriz, 73-75, 823-827
Isolação elétrica, 527-528

J

Jefferson, Thomas, 769

K

K, 4-5
k, 4-5
kg, 4-5
Kirchhoff, Gustav Robert, 33-35

L

Laço, 32-33
Lamme, B. G., 330-331
Laplace, Pierre Simon, 606
Largura de banda, 562-563
  de rejeição, 571-572
Lei
  da radiação de Kirchhoff, 34-35
  das tangentes, 836
  de Faraday, 494, 511-512
  de Ohm, 27-30, 40-41, 72-74, 345-346

  do eletromagnetismo, 7
  dos cossenos, 836
  dos senos, 836
Lei da conservação
  da carga, 5-6, 33-35
  da energia, 11
Lei de Kirchhoff
  para correntes (LKC), 33-36, 40-41, 72-74, 77-78, 370-373
  para tensões (LKT), 35-36, 347-349, 372-375
Lilienfeld, J. E., 94-95
Limite fechado, 34-35
Linearidade, 113-114, 609-610, 738-739
Livremente acopladas, 504-505
LSB, 172-173

M

M, 4-5
m, 4-5
Malha, 81-82
  de distribuição, 530-531
Maple, 73-74
Mathcad, 73-74
MATLAB, 71, 73-74, 585-588
Matriz
  de condutância, 88-89
  de resistências, 88-89
Máxima transferência de potência, 132-134
  média, 411-414
Maxwell, James Clerk, 332, 494
Medalha Copley, 28
Medição de resistências, 140-142
Medida de potência, 428-431
Medidor
  analógico, 55-56
  digital, 55-56
  Megger, 140
Medidores CC, projeto de, 52-56
Mega, 4-5
Método
  algébrico, 622-623
  da substituição, 73-74, 83-84
  da tensão nodal, 71-74
  de eliminação, 73-76
  do resíduo, 620-621
  dos dois wattímetros, 475-476
  dos três wattímetros, 475-476
  malha-corrente, 81-82
  progressivo, 652-653

Mho, 30
μ, 4-5
Micro, 4-5
Mili, 4-5
Miliohmímetro, 140
Misturador de frequência, 588-589
Modelamento de fonte, 137-139
Modelos de elementos de circuitos, 643-649
Modulação de amplitude (AM), 740-742, 757-760
Morse, Samuel F. B., 55-56, 140
Motor CA polifásico, 330-331
Multímetro, 53-55
Multiplicador de capacitância, 389-392

N

n, 4-5
Nano, 4-5
Não balanceada, 140
Nó, 31-33
   base, 71-73
   de referência, 71-73
   genérico, 77-78
Norton, E. L., 128-129
Números complexos, 335-338, 828-835

O

Ohm, Georg Simon, 28
Ohmímetro, 55-56
Onda(s)
   dente de serra, 697-698
   eletromagnéticas, 332
   quadrada, 697-698
   triangular, 697-698
Oscilador
   Colpitts, 404
   em ponte de Wien, 391-393
   Hartley, 404
   local, 588-589
Osciladores, 391-394
   de onda senoidal, 389-392

P

P, 4-5
p, 4-5
Paralelo, 32-33
Parâmetros
   ABCD, 783-784
   de admitância, 774-778
   de admitância de curto-circuito, 774-775
   de imitância, 774-775
   de impedância, 769-774
   de impedância de circuito aberto, 771-772
   de transmissão, 782-787
   de transmissão inversa, 784-785
   g, 778-779
   h, 778-779
   híbridos, 777-783
   híbridos inversos, 778-779
   relações entre, 787-791
   t, 784-785
   y, 774-775
   z, 771-772
Parte imaginária, 828-829
Parte real de números complexos, 828-829
Peneiramento, 236-237
Perfeitamente acoplado, 504-505
Periodicidade no tempo, 614-616
Período, 332
Peta, 4-5
Pico, 4-5
   de ressonância, 559-560
Poisson, Semeon, 606
Polifásico, 446
Polo, 547-548, 549, 552
Polo/zero quadrático, 553
Ponte
   de Maxwell, 367-368
   de resistências, 140
   de Wheatstone, 140-141
   de Wien, 367-368
Porta, 769-770
Potência, 9-11
   aparente, 416-418
   complexa, 419-423
   em quadratura, 419-420
   instantânea, 10, 406-407
   média, 407-411, 704-708
   real, 419-420
   reativa, 419-420
Potenciômetro, 29, 52-53
Princípio da divisão de
   corrente, 41-42, 350-351
   tensão, 39-40
Projeto de sistema, 189
Propriedade
   aditiva, 113-114
   da homogeneidade, 113-114
   do deslocamento no tempo, 610-611
PSpice,
   amplificador operacional, 170-172
   análise CA, 386-390
   analise de circuitos, 92-94
   análise de circuitos *RLC*, 308-311
   análise de Fourier, 712-718
   análise de transiente, 255-259
   circuitos acoplados magneticamente, 522-527
   circuitos de duas portas, 795-799
   circuitos trifásicos, 470-475
   resposta de frequência, 582-586
   verificação de teoremas de circuitos, 133-138

Q

Quattro pro, 73-74
Quilo, 4-5

R

Ragazzini, John, 155
Raiz do valor médio quadrático, 414-417
Ramo, 31-33
Reatância, 345-346
Receptor
   de rádio, 586-590
   superheteródino, 588-589
Rede *versus* circuito, 31-32
Regra
   da mão direita, 494
   de Cramer, 71, 73-75, 80-81
   de L'Hôpital, 710-711, 840
Relação
   de espiras, 511-512
   de transformação, 511-512
Relações de fasores para elementos de circuito, 343-345
Resíduos, 620-621
Resistência, 27-28, 345-346
   de enrolamento, 200-201
   de Thévenin, 411-412
Resistência equivalente, 39-40
   combinação, 42-43
   resistores em paralelo, 40-41
   resistores em série, 39-40
Resistividade, 27-28
Resistor(es)
   características, 204-205
   em paralelo, 40-43
   em série, 38-40

fixos, 29
lei de Ohm, 27-30
linear, 30
não linear, 30
shunt, 54-55
variáveis, 29
Resposta, 113-114
  completa, 243-245
  de estado estacionário, 244-245
  de estado estacionário senoidal, 331
  forçada, 243-244
  natural, 225
  total, 243-244
  transiente, 244-245
Resposta a um degrau de um circuito
  RC, 241-247
  RL, 247-252
  RLC em paralelo, 298-302
  RLC em série, 293-299
Resposta de frequência, 545-603
  circuito de cruzamento, 591-593
  definição, 546
  discagem por tom, 590-591
  escala decibel, 549-551
  fator de escala, 578-582
  filtros ativos, 573-579
  filtros passivos, 568-573
  função de transferência, 546-549
  gráfico de Bode, 551-560
  MATLAB, 585-588
  PSpice, 582-586
  receptor de rádio, 587-590
  ressonância em paralelo, 565-569
  ressonância em série, 559-566
Ressonância, 561-562
Retificador senoidal de onda completa, 697-698
Rotor, 446-447
Rubídio, 34-35

S

s, 4-5
Schockley, William, 94-95
Scott, C. F., 330-331
Seguidor de tensão, 162-163
Seguir as normas de segurança referentes a sistemas e aparelhos elétricos, 481-482
Seletividade, 563-564
Seno retificado em meia onda, 697-698

Senoides, 330-336. *Ver também* Fasores
Sensibilidade, 56-57
Sequência
  abc, 448-449
  de fase, 448-449
  negativa, 448-449
  positiva, 447-449
Série, 32-33
Séries de Fourier, 683-731
  analisadores de espectro, 718-719
  aplicações de circuitos, 701-705
  coeficientes de Fourier, 685
  complexa, 708-709
  condições de Dirichlet, 685
  considerações de simetria, 691-702
  cosseno, 692-693
  definição, 685
  exponencial, 707-713
  fenômeno de Gibbs, 689-690
  filtros, 718-722
  função seno, 709-710
  funções comuns, 697-698
  potência média, 704-708
  PSpice, 712-718
  seno, 694-695
  teorema de Parseval, 705-706
  trigonométricas, 684-692
  valor RMS, 704-708
Séries senoidais de Fourier, 694-695
SI. *Ver* Sistema Internacional de Unidades
Siemens (S), 30
Simetria
  de onda completa, 695-702
  ímpar, 693-696
  meia onda, 695-702
  par, 691-694
Simulador de indutância, 403-404
Sinal, 9-10
Síntese de circuitos, 666-671
  escada, 802-807
Sintonia conjugada, 588-589
Sistema, 643
  de fornecimento de energia elétrica residencial 96-97, 193-194, 480-481
  de ignição de automóvel, 314-317
  de iluminação (aplicação), 51-53
  de três fios, 446
  monofásico bifilar, 446
  trifásico não balanceado, 466-469

trifásico quadrifilar, 446
trifilar bifásico, 446
Sistema Internacional de Unidades (SI), 4-5
Sistemas
  de comunicação, carreira em, 732
  de controle, carreira em, 545
  de iluminação (aplicação), 51-53
  de potência, carreira em, 405
Sprague, Frank, 13
Steinmetz, Charles Proteus, 335-337
Supermalha, 85-87
Superposição, 115-120
Susceptância, 346-347

T

T, 4-5
Taxa de amostragem, 759-760
Técnica de resolução de problemas, 18-20
Tempo de retardo do relé, 262
Tensão, 8-10
  CA, 9-10
  CC, 9-10
  mútua, 496-499
Tensões
  de fase, 447-448
  trifásicas equilibradas, 446-450
Teorema
  da amostragem, 718-719
  da potência máxima, 132-133
  da superposição, 376-379
  de Fourier, 685
  de Heaviside, 620-621
  de Norton, 128-133
  de Parseval, 705-706, 753-757
  de Thévenin, 122-129, 131-133, 230-231, 245-246
  do valor final, 616-617
  do valor inicial, 615-617
Teoremas de circuito, 112-153
  linearidade, 113-114
  máxima transferência de potência, 132-134
  medição de resistência, 140-142
  modelamento de fonte, 137-139
  PSpice, 133-138
  superposição, 115-120
  transformação de fonte, 119-122
Teoria de circuito elétrico, 9-10
Tera, 4-5
Terminais, 155

Terra, 71-73
   (chassi), 72-73
   (solo), 72-73
Tesla, Nikola, 330-331, 446-447
Thévenin, M. Leon, 122-123
Thompson, Elihu, 13
Tilley, D. E., 15-16
Transformação
   de fontes, 119-122, 378-380
   estrela-triângulo, 52-58, 350-351
Transformada de Fourier, 732-768
   amostragem, 759-760
   aplicação de escala de tempo, 738-741
   aplicações de circuito, 751-753
   convolução, 743-747
   definição, 733-739
   deslocamento de frequência, 740-742
   deslocamento no tempo, 740-741
   diferenciação no tempo, 741-743
   discreta, 713-714
   dualidade, 743-744
   integração no tempo, 742-743
   inversa, 735, 742-744
   linearidade, 738-739
   modulação de amplitude, 740-742, 757-760
   pares, 747-748
   propriedades, lista de, 745-748
   rápida, 713-714
   teorema de Parseval, 753-757
   versus transformada de Laplace, 756-757
Transformada de integrais, 733
Transformada de Laplace, 605-682
   análise de circuito, 648-652
   bilateral, 607
   definição, 607
   deslocamento de frequência, 610-613
   deslocamento no tempo, 609-611
   diferenciação de frequência, 614-615
   diferenciação no tempo, 612-613
   equações integro-diferenciais, 633-636
   estabilidade de circuito, 663-667
   etapas na aplicação, 643
   fator de escala, 609-610
   funções de transferência, 652-657
   integração no tempo, 613-615
   integral de convolução, 626-652
   inversa, 607-608, 619-627
   linearidade, 609-610
   modelos de elementos de circuito, 643-649
   periodicidade no tempo, 614-616
   significância, 606
   síntese de circuitos, 666-671
   unilateral, 607
   valores inicial e final, 615-617
   variáveis de estado, 656-664
   versus transformada de Fourier, 756-757
Transformador(es)
   abaixador, 512-513
   de áudio, 505-506
   de distribuição, 530-531
   de isolação, 527-528
   de núcleo de ar, 504-505
   de potência de núcleo seco com enrolamento de cobre, 505-506
   definição, 505-506
   distribuição, 530-531
   elevador, 512-513
   ideais, 510-517
   isolação, 527-528
   lineares, 505-511
   núcleo de ar, 504-505
   trifásicos, 520-523
Transistor, 93-96
   de junção, 94-95
   de junção bipolar (BJT), 93-95
   de ponto de contato, 94-95
   npn, 94-96
Transistores de efeito de campo (FETs), 93-95
Translação de frequência, 610-611
Transmissão inversa, 784-785
Trem de pulsos retangular, 697-698
Triângulo
   aberto, 521-522
   de impedância, 420-421
   de potência, 420-421
Tubo de
   imagem de TV, 15-16
   raios catódicos (CRT), 15-17

V

Valor
   eficaz, 413-415
   RMS, 414-417, 704-708
Variáveis de estado, 656-664
Volta, Alessandro Antonio, 8-10
Volt-ampère reativo (VAR), 419-420
Voltímetro, 53-56
Volt-ohmímetro (VOM), 53-55
Von Helmholtz, Hermann, 332

W

Watson, James A., 642
Watson, Thomas A., 549-550
Wattímetro, 475-476
Westinghouse, George, 330-331, 446-447
Weston, Edward, 13
Wheatstone, Charles, 140

Z

Zero, 547-548, 549, 552
Zworykin, Vladimir K., 16-17